Nr. 49
S. 17457–17816

Chemisches Zentralblatt

1961
6. Dezember

Vollständiges Repertorium für alle Zweige der reinen und angewandten Chemie

1830 gegründet. 1897—1945 von der Deutschen Chemischen Gesellschaft fortgeführt. Im Auftrage der Deutschen Akademie der Wissenschaften zu Berlin, der Chemischen Gesellschaft in der DDR, der Akademie der Wissenschaften zu Göttingen und der Gesellschaft Deutscher Chemiker (in der BRD)

herausgegeben von Prof. Dr. Heinrich Bertsch und Prof. Dr. Dr. h. c. Wilhelm Klemm

132. Jahrgang
1961

Chefredakteure: Dr. Willi Barz (komm.) und Dr. Eugen Klever

Akademie-Verlag GmbH., Berlin — Verlag Chemie, GmbH., Weinheim/Bergstr.

Inhalt

Chemisches Zentralblatt

1961 Bibliographien Nr. 49

Neue Bücher

E_1. Allgemeine Biologie und Biochemie

Hans von Euler, Beobachtungen und Betrachtungen über die am Tumor-Stoffwechsel beteiligten Wirkstoffe. Leipzig: J. A. Barth. 1961. (29 S.) 4° = Nova Acta Leopoldina. N. F. Bd. 24. Nr. 149.

—, Cancer chemotherapy. Springfield (Illinois): Thomas; Oxford: Blackwell Scientific. 1961. (XII + 253 S. m. Abb., Tab. u. Diagr.) = American lecture series no. 439. 84 s.

—, Membrane transport and metabolism. Proceedings of a symposium held in Prague 1960. Prag: Verl. der Tschechoslowakischen Akademie der Wissenschaften. 1961. (612 S. m. 183 Abb.) 8°. Kčs 68.50.

E_3. Mikrobiologie. Bakteriologie. Immunologie

Wilhelm Schwartz und **Adelheid Schwartz**, Grundriß der allgemeinen Mikrobiologie. Teil 1. Zweite verb. u. erg. Aufl. Berlin: de Gruyter. 1960. (147 S. m. 25 Abb.) 8° = Sammlung Göschen. Bd. 1155. DM 3,60.

E_4. Pflanzenchemie. Pflanzenphysiologie. Pflanzenpathologie

Leo Brauner, Das kleine pflanzenphysiologische Praktikum. Anleitung zu bodenkundlichen und pflanzenphysiologischen Versuchen für Hoch-, Ober- und Fachschulen. 6. Aufl. Jena: G. Fischer. 1961. (VIII + 278 S. m. 150 Abb.) 8°. DM 26,60.

E_5. Tierchemie. Tierphysiologie. Tierpathologie

Brian Anthony Fox and **Allan Gillies Cameron**, A chemical approach to food and nutrition. London: University of London P. 1961. (326 S. m. Abb., Tab. u. Diagr.) 30 s.

Vernon M. Ingram, Hemoglobin and its abnormalities. Springfield (Illinois): Thomas; Oxford: Blackwell Scientific. 1961. (XIV + 153 S. m. Abb., Tab. u. Diagr.) = American lectures series no. 416. 60 s.

Johannes Jochims, Hrsg., Die Bedeutung der Nahrungsfette in der Pädiatrie. Vorträge und Diskussionen auf dem Symposion am 29. September 1960 in Bad Wildungen. Stuttgart: Enke. 1961. (131 S. m. 48 Abb. u. 31 Tab.) 8°. DM 27,—.

Joachim Kühnau, Die Rolle der Fette in unserer Ernährung. Die natriumarme Kost und ihre Gestaltung im besonderen durch diätetische Lebensmittel. Von **Walter Becker**. Vorträge. Frankfurt/Main: Verband d. Diätet. Lebensmittelindustrie. 1960. (31 S.) 8° = Schriftenreihe des Verbandes der Diätet. Lebensmittelindustrie. Heft 9. Nicht im Buchhandel.

Joseph Schumacher, Index zum Diabetes mellitus. Eine internationale Bibliographie. München, Berlin: Urban & Schwarzenberg. 1961. (XLVIII + 877 S.) 8°. DM 286,—.

E_6. Pharmakologie. Therapie. Toxikologie. Hygiene

Z. M. Bacq, Pharmacodynamie biochemique. 2e édit. Paris: Masson. 1961. (XVI + 1228 S. m. Abb.) 8°. 140 NF.

Friedrich Doenecke, Hrsg., Therapie der Infektionskrankheiten. Diagnostik und Behandlung von Leberkrankheiten. Medikamentöse und diätetische Therapie des Diabetes mellitus. Vorträge. München: Werk-Verl. 1961. (197 S. m. Abb.) 8°. DM. 15,35.

Peter Gustav Hesse, Hrsg., Beiträge zur modernen Therapie. 3. Vorträge und Diskussionsbemerkungen der 6. Weimarer Therapietagung 1960. Jena: G. Fischer. 1961. (XII + 481 S. m. 227 Abb. u. 29 Tab.) 8°. DM 54,40.

Richard Jeffery Jones and Louis Cohen, Chemistry and therapy of chronic cardiovascular disease. Spring field (Illinois): Thomas; Oxford: Blackwell Scientific. 1961. (XVI + 200 S. m. Tab. u. Diagr.) = American lecture series no. 438. 60 s.

Fernand Mercier et René Clogne, Manuel de pharmacologie. 8e édit. Paris: Poinat. 1960. (471 S.)

Manfred Meyer, Hrsg., Berliner Symposion über Anaesthesieprobleme des offenen Thorax. Vom 28.—30. Oktober 1959 in der Deutschen Akademie der Wissenschaften zu Berlin. Berlin: Akademie-Verl. 1961. (VIII + 154 S. m. 82 Abb. u. 13 Tab.) 4° = Abhandlungen der Deutschen Akademie der Wissenschaften zu Berlin. Klasse für Medizin. Jahrgang 1961, Nr. 1. DM 18,—.

H. VIII. Metallurgie. Korrosion

Lidiya Iosifovna Sokol'skaya, Gases in light metals. Oxford, London: Pergamon. 1961. (VIII + 142 S. m. Abb., Tab. u. Diagr.) 60 s.

W. I. Karmasin, Moderne Methoden der magnetischen Anreicherung von Eisenerzen. Moskau: Gossgortechisdat. 1961. (20 Bogen.) 1 Rbl. 10 Kop. [Russ.]

XV. Gärungsindustrie

Gunther Müller, Die Hefen. Wittenberg: Ziemsen. 1961. (92 S. m. 64 Abb.) 8° = Die neue Brehm-Bücherei. 279. DM 5,20.

Ausgewertete Bibliographie-Fachzeitschriften

Belgien	Bibliographie de Belgique — Belgische Bibliographie
ČSSR	Bulletin — Die Neuesten Forschungsergebnisse der Tschechoslowakischen Wissenschaft
	Nové Knihy (Neue Bücher)
	Novinky (Neuheiten)
Dänemark	Danske Bogmarked
Deutschland	Börsenblatt für den Deutschen Buchhandel — Frankfurter Ausgabe
	Börsenblatt für den Deutschen Buchhandel — Leipziger Ausgabe
	Deutsche Bibliographie. Wöchentliches Verzeichnis. Ausgabe II. [Frankfurt/Main]
	Deutsche Nationalbibliographie. Reihe A: Neuerscheinungen des Buchhandels [Leipzig]
England	British Books (Incorporating the Publishers Circular & Booksellers Record)
	British National Bibliography
Frankreich	Bibliographie de la France
Holland	Nieuwsblad voor de Boekhandel
Italien	Bibliografia Nazionale Italiana
Japan	Nōhon Shūhō (Current Publications)
Österreich	Österreichische Bibliographie
Schweiz	Schweizer Buch. Serie A und Serie B
UdSSR	Bücherverzeichnis des Jahres (Книжная летопись)
	Neue Bücher (Новые книги)
USA	Publishers' Weekly

Namenregister

Patentregister

	Nr.	Seite
Aust.P.	161511*	17811
Aust.P.	162117*	17816
Aust.P.	162862*	17800
Aust.P.	162883*	17795
Aust.P.	162894*	17800
Aust.P.	162916*	17811
Aust.P.	162933*	17801
Aust.P.	162976*	17816
Aust.P.	167334*	17811
Aust.P.	167342*	17811
Aust.P.	167367*	17800
Aust.P.	167885*	17774
Aust.P.	168146*	17676
Aust.P.	168168*	17676
Aust.P.	168172*	17676
Aust.P.	168173*	17676
Aust.P.	168179*	17792
Aust.P.	168183*	17676
Aust.P.	168185*	17675
Aust.P.	204130*	17675
Aust.P.	204607*	17676
Aust.P.	204628*	17675
Aust.P.	204974*	17756
Aust.P.	204977*	17773
Aust.P.	209575*	17764
Aust.P.	209579*	17763
Aust.P.	213405	17700
Aust.P.	214022*	17676
Aust.P.	215343*	17728
Aust.P.	215468*	17705
Aust.P.	215661*	17676
Aust.P.	216504*	17675
Aust.P.	216518*	17728
Aust.P.	217721*	17676
Aust.P.	218003*	17675
Aust.P.	218157*	17677
Aust.P.	218741*	17675
Aust.P.	218756	17672
Aust.P.	218980*	17728
Aust.P.	219378*	17676
Aust.P.	219468	17800
Aust.P.	219498*	17744
Aust.P.	220733	17776
Aust.P.	220940	17768
Aust.P.	221098	17766
Aust.P.	221154*	17744
Aust.P.	221904*	17757

Belgische Patente (Belg.P.)

	Nr.	Seite
Belg.P.	533352*	17700
Belg.P.	536274	17673
Belg.P.	537539*	17792
Belg.P.	540511*	17756
Belg.P.	541051*	17743
Belg.P.	543850*	17745
Belg.P.	545614*	17745
Belg.P.	546956	17676
Belg.P.	548770*	17744
Belg.P.	551428*	17705
Belg.P.	553070*	17706
Belg.P.	553098*	17706
Belg.P.	556243*	17677
Belg.P.	556683	17768
Belg.P.	550778*	17792
Belg.P.	557757*	17677
Belg.P.	558422*	17792
Belg.P.	558423*	17792
Belg.P.	559097*	17744
Belg.P.	559269*	17744
Belg.P.	559276*	17674
Belg.P.	559526*	17744
Belg.P.	559572*	17676
Belg.P.	559639	17759
Belg.P.	561069*	17677
Belg.P.	561307*	17706
Belg.P.	561654*	17706
Belg.P.	561738	17753
Belg.P.	561833*	17675
Belg.P.	562843	17671
Belg.P.	562872*	17743
Belg.P.	563443	17815
Belg.P.	563590*	17698
Belg.P.	564539	17739
Belg.P.	564745	17741
Belg.P.	565314	17739
Belg.P.	565576*	17776
Belg.P.	565793*	17677
Belg.P.	565935*	17706
Belg.P.	566121*	17792
Belg.P.	566279*	17774
Belg.P.	566695*	17773
Belg.P.	566975	17739
Belg.P.	567398	17738
Belg.P.	567850*	17676

Englische Patente (E.P.)

	Nr.	Seite
E.P.	664468*	17675
E.P.	745689*	17756
E.P.	750934	17741
E.P.	763311	17754
E.P.	773632*	17756
E.P.	777488*	17800
E.P.	778262*	17761
E.P.	778750*	17756
E.P.	778871*	17757
E.P.	779142*	17677
E.P.	780605	17808
E.P.	784884	17741
E.P.	788174	17741
E.P.	793115	17808
E.P.	795186	17816
E.P.	795789*	17676
E.P.	796003*	17773
E.P.	796311*	17677
E.P.	802251*	17743
E.P.	803042*	17756
E.P.	804237*	17675
E.P.	805855	17770
E.P.	807229*	17756
E.P.	807418*	17676
E.P.	809802*	17706
E.P.	810051*	17745
E.P.	810403	17727
E.P.	810525*	17788
E.P.	810918	17700
E.P.	811136*	17756
E.P.	811700*	17675
E.P.	813896*	17677
E.P.	814011	17700
E.P.	814031*	17744
E.P.	814794*	17677
E.P.	814927	17699
E.P.	815941*	17706
E.P.	816249*	17756
E.P.	816581*	17706
E.P.	816582*	17676
E.P.	818301	17772
E.P.	818622*	17706
E.P.	818697*	17744
E.P.	818844*	17774
E.P.	818908*	17744
E.P.	820517	17752
E.P.	820705*	17744
E.P.	825071*	17706
E.P.	825740*	17745
E.P.	826827*	17743
E.P.	827437*	17675
E.P.	827521	17727
E.P.	827522	17727
E.P.	827523	17727
E.P.	828376*	17744
E.P.	828649*	17811
E.P.	828723*	17706
E.P.	829114*	17745
E.P.	830054*	17792
E.P.	830707*	17743
E.P.	830850	17750
E.P.	831129*	17744
E.P.	831346	17754
E.P.	832318*	17744
E.P.	832424*	17677
E.P.	832598	17739
E.P.	833143*	17706
E.P.	833574	17810
E.P.	834900	17763
E.P.	835058*	17743
E.P.	835267*	17800
E.P.	835463*	17744
E.P.	836131*	17811
E.P.	836436	17770
E.P.	836644*	17756
E.P.	837876	17763
E.P.	838018	17790
E.P.	838240	17791
E.P.	838289	17767
E.P.	838652*	17773
E.P.	839300*	17676
E.P.	840127*	17800
E.P.	840204*	17801
E.P.	840323	17742
E.P.	840841	17767
E.P.	841651*	17811
E.P.	841671	17728
E.P.	841830*	17801
E.P.	842139	17806
E.P.	842205*	17777
E.P.	842248	17740
E.P.	843692*	17675
E.P.	844227	17743
E.P.	844266	17742
E.P.	844633	17787
E.P.	845086	17750
E.P.	846290	17776
E.P.	847246	17773
E.P.	847343*	17773
E.P.	847397*	17757
E.P.	847781	17807
E.P.	847802*	17757
E.P.	848373	17772
E.P.	848492	17750
E.P.	848678	17772
E.P.	848782*	17761
E.P.	849189*	17757
E.P.	849793*	17757
E.P.	850536	17753
E.P.	850600	17807
E.P.	850913	17810
E.P.	850958*	17816
E.P.	850986	17771
E.P.	851698	17755
E.P.	851742	17672
E.P.	851858*	17761
E.P.	852067*	17816
E.P.	852097	17755
E.P.	852340*	17816
E.P.	852585	17754
E.P.	852689	17760
E.P.	852903*	17816
E.P.	853374*	17757
E.P.	853786	17761
E.P.	854355	17755
E.P.	854632*	17757
E.P.	857153	17772
E.P.	861431	17799

Französische Patente (F.P.)

	Nr.	Seite
F.P.	62057	17811
F.P.	62982	17811
F.P.	66573	17698
F.P.	66722	17809
F.P.	67474	17699
F.P.	67527*	17801
F.P.	67528*	17801
F.P.	67529*	17801
F.P.	1073364*	17744
F.P.	1083654*	17700
F.P.	1083709*	17700
F.P.	1092148*	17706
F.P.	1107833*	17706
F.P.	1110303*	17706
F.P.	1110731*	17700
F.P.	1110896*	17743
F.P.	1112582*	17706
F.P.	1114299	17809
F.P.	1115631*	17700
F.P.	1118809*	17698
F.P.	1119315*	17700
F.P.	1119421	17810
F.P.	1120750	17809
F.P.	1125629*	17700
F.P.	1128498	17807
F.P.	1131119	17810
F.P.	1131525	17809
F.P.	1131897	17714
F.P.	1137298	17810
F.P.	1140362*	17764
F.P.	1140411	17808
F.P.	1140910	17808
F.P.	1142807	17811
F.P.	1145781	17806
F.P.	1146069	17806
F.P.	1148379	17808
F.P.	1149011	17810
F.P.	1152623*	17773
F.P.	1153182*	17773
F.P.	1153323*	17773
F.P.	1153908*	17773
F.P.	1154075*	17773
F.P.	1154109*	17773
F.P.	1155933*	17773
F.P.	1156029*	17757
F.P.	1157080	17759
F.P.	1157257	17741
F.P.	1157831	17760
F.P.	1157854*	17773
F.P.	1158257*	17773
F.P.	1160752	17800
F.P.	1161737*	17773
F.P.	1162005	17698
F.P.	1162737	17800
F.P.	1163069	17759
F.P.	1163451	17773
F.P.	1163556*	17745
F.P.	1164103	17760
F.P.	1165649*	17774
F.P.	1166131*	17795
F.P.	1168028*	17706
F.P.	1174338*	17677
F.P.	1175161*	17728
F.P.	1177003*	17743
F.P.	1179939	17671
F.P.	1179945*	17758
F.P.	1180810*	17744
F.P.	1184511*	17675
F.P.	1186842	17766
F.P.	1186870	17772
F.P.	1188886*	17743
F.P.	1188943	17815
F.P.	1189691	17752
F.P.	1190181*	17757
F.P.	1190391*	17761
F.P.	1190438	17760
F.P.	1190638	17749
F.P.	1191566*	17800
F.P.	1191765	17771
F.P.	1192296	17749
F.P.	1192370	17755
F.P.	1192428	17768
F.P.	1192847	17753
F.P.	1193876	17744
F.P.	1194073*	17743
F.P.	1194605	17799
F.P.	1194658	17766
F.P.	1195133	17748
F.P.	1195266	17756
F.P.	1195357	17761
F.P.	1195374*	17743
F.P.	1195958	17795
F.P.	1196050*	17756
F.P.	1196218*	17800
F.P.	1196488*	17801
F.P.	1196898	17671
F.P.	1197922	17673
F.P.	1198113	17671
F.P.	1198386	17766
F.P.	1198523	17744
F.P.	1199344	17800

Chemisches Zentralblatt

1961 Nr. 49 6. Dezember

Geschichte. Unterricht

Anton Wladimirowitsch Dumanski (zum 80. Geburtstag). Je. F. Nekrjatsch. (Украинский Химический Журнал [Ukrain. chem. J.] **26.** 283—88. 1960.) (Russ.)
Lebenslauf u. Würdigung der Arbeiten von A. W. DUMANSKI (geb. am 20. 6. 1880 im Iwanowo-Wosnessensk) auf dem Gebiete der Kolloidchemie. — Bild.
E. KLEVER. 1□

Gustav Pistor 85 Jahre. Anonym. (Aluminium **33.** 493. Juli 1957.) (Dt.)
Würdigung der Lebensarbeit von Prof. Dr. phil. Dr.-Ing. e. h. G. PISTOR, geb. 17/7. 1872, die grundlegend war für den Aufbau der großtechn. Aluminiumindustrie in Deutschland. Er führte Mg-Legg. als Werkstoff unter dem Namen Elektronmetall in die Technik ein. — Bild. W. KUNTZ. 1□

Nachruf auf Norman Levi Bowen (1887—1956). J. F. Schairer. (Proc. geol. Soc. America **1956.** 117—21. Sept. 1957.) (Engl.)
Nachruf auf Prof. NORMAN LEVI BOWEN, geb. 21/6. 1887 in Kingston, Ontario, gest. 11/9. 1956 in Washington, Petrologe am Geophysikal. Labor. der CARNEGIE INSTITUTION in Washington, u. Würdigung seiner Forschungen, bei denen die Entw. vulkan. Gesteine im Vordergrund stand. Liste der wichtigsten Veröffentlichungen. — Bild.
W. KUNTZ. 1□

Georges Destriau (1903—1960). P. Delrieu. (Bull. Soc. franç. Électriciens [8] **1.** 579—80. Sept. 1960.) (Franz.)
Nachruf auf den Entdecker der Elektroluminescenz der Festkörper, G. DESTRIAU. — Bild. E. KLEVER. 1□

Das wissenschaftliche Werk von Georges Destriau. J. Mattler. (Bull. Soc. franç. Électriciens [8] **1.** 581—83. Sept. 1960.) (Franz.) — Vgl. vorst. Referat.
Würdigung der Arbeiten von G. DESTRIAU bes. auf dem Gebiete der Luminescenz, die auch zur Entdeckung der Elektroluminescenz führte. E. KLEVER. 1□

Carl Faessler 1895—1957. René Bureau. (Naturaliste canad. [3] **84** (28). 185—228. Okt./Nov. 1957. Quebec, Univ. Laval.) (Franz.)
Nachruf auf Dr. C. FAESSLER, geb. 24/9. 1894 in Steinen, Schweiz, gest. 1/10. 1957 in Quebec, seit 1923 Professor der Chemie, Mineralogie u. Geologie an der Univ. Laval in Quebec, Würdigung seiner Lehrtätigkeit u. seiner geolog. Erforschung weiter Gebiete Kanadas auch im Hinblick auf die wirtschaftliche Nutzung von Eisenlagern u. dergleichen. — Bild. W. KUNTZ. 1□

Anatoli Fedorowitsch Kapusstinski. Ss. I. Drakin, A. A. Kudrjawzew, M. M. Sseliwanowa und M. Ss. Stachanowa. (Журнал Физической Химии [J. physik. Chem.] **34.** 2848—50. Dez. 1960.) (Russ.)
Nachruf auf den hervorragenden Physikochemiker A. F. KAPUSSTINSKI (geb. am 29/12. 1906 in Shitomir, gest. 26/8. 1960). Seine zahlreichen, sich auf verschiedenste Gebiete erstreckenden Arbeiten umfaßten in erster Linie thermochem. Probleme. — Bild. E. KLEVER. 1□

Armand Dufrénoy (1792—1857). Jean Orcel. (Rev. gén. Sci. pures appl. Bull. Assoc. franç. Avancement Sci. **64.** 229—37. Juli/Aug. 1957.) (Franz.)
Lebensbild des Geologen u. Mineralogen Prof. A. DUFRÉNOY, geb. 5/9. 1792 in Sévran (Seine-et-Oise), gest. 1857. Er schuf zusammen mit ÉLIE DE BEAUMONT die erste geolog. Karte von Frankreich, erweiterte die mineralog. Sammlung des Musée d'Histoire Naturelle u. zeichnete sich durch seine Lehrtätigkeit, eine Abhandlung über Mineralogie u. seine Forschertätigkeit aus, wobei er der chem. Zus. u. der kristallograph. Eigenart der Minerale gleiche Aufmerksamkeit schenkte. — Bild. W. KUNTZ. 1□

Nikolai Ssemenowitsch Kurnakow (zum 100. Geburtstag). N. K. Wosskressenskaja. (Журнал Физической Химии [J. physik. Chem.] **34.** 2625—29. Dez. 1960.) (Russ.)
Würdigung des Lebenswerkes des bekannten Physikochemikers N. Ss. KURNAKOW (geb. am 6/12. 1860 in Nolinsk, Gouvernement Wjatka, gest. am 19/3. 1940), des Mitbegründers der „Physikal.-chem. Analyse". — Bild. E. KLEVER. 1□

Erinnerungen an meinen Vater Wilhelm Ostwald. Walter Ostwald. (J. chem. Educat. **34.** 328—30. Juli 1957. Heppenheim/Bergstr.) (Engl.)

Vf. gibt an der Hand einer Reihe von Jugenderinnerungen ein Bild von der Persönlichkeit seines Vaters. — Bilder. W. KUNTZ. 1□

Zum 125. Geburtstag von Carl Schorlemmer. Heinig. (Chem. Techn. **11.** 277—84. Juni 1959.) (Dt.)

Lebensbild von C. SCHORLEMMER, geb. 30/9. 1834 in Darmstadt, gest. 27/6. 1892, Prof. für organ. Chem. am OWENS-Coll. in Manchester, u. Würdigung seiner Lebensarbeit, die zunächst einer systemat. Erforschung der einfachen KW-Stoffe u. ihrer Derivv. galt. Aufbauend auf die Strukturtheorie von COUPER, KEKULÉ u. BUTLEROW leistete er einen entscheidenden Beitrag zur Durchsetzung dieser Theorie durch den Nachw. der Gleichwertigkeit der 4 Valenzen von C u. durch die Feststellung der Identität von Methyl mit Äthylwasserstoff. — Abbildungen. W. KUNTZ. 1□

Ssergei Iwanowitsch Wawilow (zum 70. Geburtstag). W. L. Lewschin. (Успехи Физических Наук [Fortschr. physik. Wiss.] **73.** 373—80. März 1961.) (Russ.)

Lebenslauf u. Würdigung des Lebenswerkes von Ss. I. WAWILOW (geb. am 24/3. 1891, gest. am 25/1. 1951). Seine Arbeiten umfaßten u. a. Unterss. über die Quantennatur des Lichts, über die Luminescenzerscheinungen u. die Wrkg. von γ-Strahlen auf luminescierende Stoffe (WAWILOW-ČERENKOV-Effekt). — Bild. E. KLEVER. 1□

Dud Dudley, ein überschätzter Schriftsteller. R. A. Mott. (Metallurgia [Manchester] **56.** 296—98. Dez. 1957.) (Engl.)

In krit. Auseinandersetzung mit einem Artikel von ERIC SIMONS in gleicher Zeitschrift vom Juli 1956 wird nachgewiesen, daß DUD DUDLEY, der im 17. Jahrhundert lebte, keinesfalls mit Hilfe von Steinkohlen Schmiede- u. Gußeisen gewinnen konnte. W. KUNTZ. 2□

Mendelejews Besuch in Amerika. Henry M. Leicester. (J. chem. Educat. **34.** 331—33. Juli 1957. San Francisco, Calif., Coll. of Physicians and Surg.) (Engl.)

Bericht über MENDELEJEWS Aufenthalt in Pennsylvanien 1876, wo er im Auftrage der russ. Regierung die Ölfelder- u. -raffinierien besuchte u. Anregungen für die Ölindustrie in Baku heimbrachte. W. KUNTZ. 2□

Lötrohre und Metallurgen. M. Schofield. (Metallurgia [Manchester] **58.** 289—90. Dez. 1958.) (Engl.)

Aus Anlaß des 100jährigen Todestages von CARL FRIEDRICH PLATTNER, der ebenso wie ROBERT HARE die Lötrohrprobe bei seinen Arbeiten bevorzugte, wird ein kurzer Überblick über die Meth. u. ihre Erfolge gegeben. K. STEIN. 2□

Historischer Bericht über die Entwicklung der Chemie in Puerto Rico. Luis Torres Diaz. (Rev. Soc. venezolana Quím. **1959.** Nr. 29. 44—54. Jan./Juni. Univ. de Puerto Rico, Fac. de Farm.) (Span.)

Es wird die Entw. des chem. Unterrichts seit der Ankunft (1832) des galiz. Paters RUFO MANUEL FERNÁNDEZ mit ihren Beziehungen zu verwandten Wissenschaften geschildert. Nachdem die chem. Praxis sich zunächst auf die Chemie der Nahrungsmittel, Drogen u. Pharmaka beschränkt hatte, befaßte sie sich mit der Zeit auch mit weiteren Gebieten (z. B. Düngemittel). 1931 wurden die Berufsangelegenheiten des Chemikers gesetzlich geregelt, 1941 wurde das „Colegio de Químicos de Puerto Rico" gegründet. W. METZENER. 2□

Vereinfachtes stöchiometrisches Formelregister. Herman Skolnik und Jane K. Hopkins. (J. chem. Educat. **35.** 150—52. März 1958. Wilmington, Del., Hercules Powder Co., Res. Center.) (Engl.)

Die Verbb. werden in der Weise registriert, daß H völlig fortgelassen u. C an letzter Stelle angegeben wird, während alle anderen Elemente in streng alphabet. Reihenfolge vor C aufgeführt werden. 1-Chlor-2-nitroäthan z. B. würde unter $ClNO_2C_2$ registriert werden. Die Vernachlässigung der H-Atome bewirkt bei der Registrierung mehrerer tausend Verbb. noch keine Nachteile. W. SCHICKE. 4□

Einige Tendenzen in der veröffentlichten spektroskopischen Literatur. Ford R. Bryan. (Appl. Spectroscopy **12.** 133—36. 1958. Dearborn, Mich., Ford Motor Co., Sci. Labor.) (Engl.)

Vf. gibt eine einfache statist. Übersicht über die in der 10-Jahres-Bibliographie von den BELL TELEPHONE LABOR. zusammengestellte u. in Appl. Spectroscopy veröffentlichte spektroskop. Literatur. Die Zahl der verzeichneten Arbeiten wird nach Gegenstand, Jahr u. Zeitschrift geordnet u. tabellar. mitgeteilt, um Tendenzen in den Veröffentlichungen über den Zeitraum von 1948—1957 festzustellen.

GERHARD SCHULZE. 4□

Japanische chemische Literatur — lies sie selber! H. M. Powell. (Proc. chem. Soc. [London] **1960.** 138—44. April. Oxford, Univ.) (Engl.)

Vf. sucht zu zeigen, daß geringe Kenntnisse genügen, um einen ersten Einblick in den Inhalt japan. Veröffentlichungen zu gewinnen. Er erörtert den Gebrauch verschiedener Ziffern (arab., röm. u. chines.) u. Schriftarten (japan. Silbenschriften in Katakana u. Hiragana, chines. Begriffsschrift, latein. u. griech. Lautbuchstaben) für verschiedene Zwecke. Bes. wird auf das für Fremdworte, die sich nur schlecht durch chines. Zeichen wiedergeben lassen, benutzte Katakana eingegangen (prakt. Übersichtstabelle). Weiter wird an Hand einiger Beispiele gezeigt, wie man durch Erraten einiger chines. Schriftzeichen, die sich oft wiederholen, den Sinn eines Textes, bes. in seinem prakt. Teil, erfassen kann. Der theoret. Teil der Veröffentlichungen erfordert eine umfangreichere Kenntnis der durch die chines. Zeichen ausgedrückten Begriffe u. ihrer log. Verknüpfung. W. METZENER. 4□

Verfahrenstechnik und Kerntechnik als Ausbildungsfächer an Ingenieurschulen. W. Mialki. (Kerntechnik **2.** 288—92. Sept. 1960. Berlin, TH, Inst. für allg. u. Kernverfahrenstechn.) (Dt.)

Gedanken u. Vorschläge zu einer zweckentsprechenden Gestaltung des Lehrplans bzgl. der Fächer für Verf.-Technik u. Kern-Verf.-Technik an den Ingenieurschulen. HERBERT WEBER. 6□

A. Allgemeine, physikalische und anorganische Chemie

A_1. Kernphysik und Kernchemie

Gravitationseigenschaften von Antimaterie. L. I. Schiff. (Proc. nat. Acad. Sci. USA **45.** 69—80. Jan. 1959. Stanford, Calif., Stanford Univ., Dep. of Phys. and Inst. of Theoret. Phys.) (Engl.)

Theoret. Unters. mit ausführlicher Behandlung der Gravitationsmasse des Positrons. HERBERT WEBER. 80□

Höhenstrahlschauer. Kenneth Greisen. (Annu. Rev. Nuclear Sci. **10.** 63—108. 1960. Ithaca, N.Y., Cornell Univ., Labor. for Nucl. Stud.) (Engl.)

Übersicht. — 35 Literaturangaben. P. GOLINSKE. 85□

Höhenstrahl-Luftschauer auf Seehöhe. G. W. Clark, J. Earl, W. L. Kraushaar, J. Linsley, B. B. Rossi, F. Scherb und D. W. Scott. (Physic. Rev. [2] **122.** 637—54. 15/4. 1961. Cambridge, Mass., MIT, Labor. for Nucl. Sci.) (Engl.)

Vff. untersuchen Höhenstrahlschauer auf Seehöhe mit $5 \cdot 10^5$ bis $>10^9$ Teilchen. Experimentell bestimmt werden die Lagen der Schauerkerne, die Auftreffrichtungen u. die Teilchendichteverteilungen. Als wichtigste Ergebnisse werden angeführt: Die Existenz von prim. Teilchen mit Energien $>10^{18}$ eV wird durch die Beobachtung eines Schauers mit mehr als 10^9 Teilchen festgestellt. Bei Entfernungen >50 m vom Schauerkern haben die Dichteschwankungen in einzelnen Schauern eine POISSON-Verteilung. Größe u. Zenitwinkelverteilung können formelmäßig wiedergegeben werden. Der Beweis einer Anisotropie in den Auftreffrichtungen oder eines Einschnitts im Energiespektrum der Primärteilchen bis zu den größten beobachteten Energien kann nicht erbracht werden. Das integrale Energiespektrum der Primärteilchen läßt sich unter bestimmten Voraussetzungen (u. a. spezif. Modell der Schauer-Entw.) formelmäßig darstellen. GERHARD SCHMIDT. 85□

Über die Natur der Teilchen in breiten atmosphärischen Schauern. Ss. N. Wernow, I. P. Iwanenko, G. W. Kulikow und G. B. Chrisstianssen. (Журнал Экспериментальной и Теоретической Физики [J. exp. theoret. Physik] **39.** 509—12. Aug. 1960. Moskau, Univ., Inst. für Kernphys.) (Russ.)

Mittels einer Diffusionskammer, die teilweise bedeckt war, sowie eines Syst. von Ionisationskammern wurde festgestellt, daß der Teilchenstrom aus energiereichen Myonen besteht. M. WIEDEMANN. 90□

Coulomb-Dissoziation von Bündelteilchen. M. L. Good und W. D. Walker. (Physic. Rev. [2] **120.** 1855—56. 1/12. 1960. Madison, Wis., Univ. of Wisconsin.) (Engl.)

Es ist möglich, den Massenzustand eines Teilchens nur als Ergebnis einer Wechselwrkg. mit einem anderen Teilchen zu ändern. Wenn der Impuls eines Teilchens gesteigert wird, wird seine Energie nur sehr wenig von der eines massiveren Teilchens des gleichen Impulses abweichen. Dabei kann ein Teilchen der Masse M einen virtuellen Übergang in einen Zustand der Masse M* erleiden. Es ist möglich, die Impulsübertragung durch ein COULOMB-Feld zu bewirken. Die Möglichkeit der Dissoziation von Bündelteilchen durch das COULOMB-Feld des Kerns wird diskutiert. Der Prozeß ist ähnlich den Prozessen der

Paarerzeugung u. Bremsstrahlung. Analoge Prozesse können sein a) $\pi^- + {}^A N \rightarrow \bar{p} + n + {}^A N$ u. b) $p + {}^A N \rightarrow p + \pi^0 + {}^A N$. Diese Prozesse werden wahrscheinlich bei Energien > 74 GeV für a) u. > 14 GeV für b) meßbare Querschnitte für ihr Auftreten haben, wenn *Pb* als Targetmaterial benutzt wird. Mit derartigen Rkk. lassen sich Photoerzeugungsexperimente an Targets unstabiler Teilchen durchführen. Querschnittsabschätzungen für Dissoziation lassen sich unter Benutzung der WEIZSÄCKER-WILLIAMS-Näherung durchführen (vgl. nachst. Ref.). HERBERT WEBER. 90□

Beugungsdissoziation von Bündelteilchen. M. L. Good und W. D. Walker. (Physic. Rev. [2] **120.** 1857—60. 1/12. 1960.) (Engl.) — Vgl. vorst. Referat.

Vff. sagen ein Phänomen voraus, bei dem ein energiereiches Teilchenbündel bei der Beugungsstreuung an einem Kern Komponenten bildet, die verschiedenen Prodd. der virtuellen Dissoziationen der einfallenden Teilchen entsprechen, z. B. $p \rightarrow \Lambda + K^+$ oder $\pi^- \rightarrow \bar{p} + n$. Diese durch Beugung erzeugten Syst. würden eine charakterist., extrem schmale Verteilung des transversalen Impulses aufweisen u. würden alle die gleichen Quantenzahlen wie die ursprünglichen Teilchen haben, d. h. die gleichen Spins, Isotopenspins u. Paritäten. Der Prozeß ist mit dem im vorst. Ref. diskutierten verwandt u. hat die gleiche effektive Energieschwelle. HERBERT WEBER. 90□

Photodissoziation des μ-Mesons. M. E. Ebel und W. D. Walker. (Physic. Rev. [2] **122.** 1639—40. 1/6. 1961. Madison, Wis., Univ. of Wisconsin.) (Engl.) — Vgl. vorst. Referat.

Der Querschnitt für die Erzeugung eines geladenen Vektorbosons B durch die Dissoziation eines energiereichen μ-Mesonenbündels bei der COULOMB-Streuung wird berechnet. Es ergibt sich $(1 - 3) \cdot 10^{-34}$ cm² in *Pb*. HERBERT WEBER. 90□

Formfaktor und Einfang von μ-Mesonen durch leichte Kerne mit dem Spin 1/2. Zso-ssju Che. (Журнал Экспериментальной и Теоретической Физики [J. exp. theoret. Physik] **38.** 1620—26. Mai 1960. Verein. Inst. für Kernforsch.) (Russ.; Auszug: Engl.)

Der Einfang eines Myons durch einen leichten Kern mit dem Spin 1/2 ohne Emission eines Protons oder Neutrons wird behandelt, dabei werden die Wahrscheinlichkeit der Übergänge, die Winkelverteilung, Polarisation des Kerns u. Korrelation zwischen ν–γ u. μ–β untersucht u. festgestellt, daß der Formfaktor beträchtliche Korrekturen an diesen Effekten bewirkt. M. WIEDEMANN. 90□

Pion–Pion-Wechselwirkung und elektromagnetische Struktur des Nucleons in der statischen Theorie. E. W. Teodorowitsch. (Журнал Экспериментальной и Теоретической Физики [J. exp. theoret. Physik] **39.** 476—79. Aug. 1960. Moskau, Univ.) (Russ.; Auszug: Engl.)

Auf der Grundlage der Beziehung zwischen dem Radius der Pionenladung u. der Resonanzenergie der Pion–Pion-Streuung wird der quadrat. Mittelwert des Radius berechnet. Anschließend wird der quadrat. Mittelwert der Nucleonenladungsverteilung unter Beachtung der elektromagnet. Struktur des Mesons ermittelt u. gute Übereinstimmung mit den experimentellen Daten erhalten. M. WIEDEMANN. 90□

Bestimmung des Umladungsquerschnittes des π-Mesons am π-Meson aus der Analyse der Reaktion $\pi^- + p \rightarrow \pi^- + \pi^+ + n$ bei Energien von 290 MeV. Ju. A. Batussow, Ss. A. Bunjatow, W. M. Ssidorow und W. A. Jarba. (Журнал Экспериментальной и Теоретической Физики [J. exp. theoret. Physik] **39.** 506—09. Aug. 1960. Verein. Inst. für Kernforsch.) (Russ.) — Vgl. C. **1961.** 7102.

Eine Emulsionskammer wurde dem negativen Pionenbündel des Synchrocyclotrons ausgesetzt. Untersucht wurde die Rk. $\pi^- + p \rightarrow \pi^- + \pi^+ + n$, hieraus wurde für die Umladung $\pi^+ + \pi^- \rightarrow 2\pi^0$ ein Wrkg.-Querschnitt von 4 (+6, −4) mbarn ermittelt. M. WIEDEMANN. 90□

Energiereiche Pion–Kern-Streuung. Mirza A. Baqi Bég. (Physic. Rev. [2] **120.** 1867—70. 1/12. 1960. Birmingham, Univ., Dep. of Math. Phys.) (Engl.)

Es wird angenommen, daß eine Inkonsequenz bei der gewöhnlichen Behandlung der Effekte des PAULI-Prinzips für die Diskrepanz zwischen den experimentell beobachteten Streuquerschnitten energiereicher Pionen an Kernen u. den aus Zweikörperamplituden in der Impulsapproximation berechneten Werten verantwortlich ist. Der im Rahmen einer t-Matrix-Theorie diskutierte Effekt ist der inverse Ellipseneffekt (GLAUBER). Ergebnisse für das opt. Potential u. der effektive Querschnitt werden angegeben. Numer. Werte für Streuung negativer Pionen an ${}^{12}C$ werden berechnet. HERBERT WEBER. 90□

Über das D-Meson. Din-tschan Sjan. (Журнал Экспериментальной и Теоретической Физики [J. exp. theoret. Physik] **38.** 1627—29. Mai 1960. Verein. Inst. für Kernforsch.) (Russ.; Auszug: Engl.)

Die Möglichkeit der Bldg. des D-Mesons (ca. 750 MeV, Zerfall nach $D^+ \rightarrow K^0 + \pi^+$) bei den Rkk. $\pi + N \rightarrow D + 2K + N$, $K + N \rightarrow D + K + N$, $K + N \rightarrow D +$ Hyperon, $N + \bar{N} \rightarrow D^+ + D^-$ wird erörtert. Am geeignetsten zum Nachw. dürfte ein K^+-Bündel sein. Die Zerfalls-Rkk. von D^0, D^+ u. D^- sind zusammengestellt, Spin u. Parität dürften am ehesten aus $D^- + d \rightarrow 2\Lambda^0 \rightarrow 2p + 2\pi^-$ bestimmt werden können.
M. Wiedemann. 90☐

Möglicher Fall des Zerfalls eines neutralen Kaskadenmesons. I. A. Iwanowskaja, Je. W. Kusnetzow, E. I. Malzew, A. Prokesch, G. M. Staschkow und I. W. Tschuwilo. (Журнал Экспериментальной и Теоретической Физики [J. exp. theoret. Physik] **39.** 44—46. Juli 1960. Verein. Inst. für Kernforsch.) (Russ.; Auszug: Engl.)

Mittels einer 2-Liter-Blasenkammer, gefüllt mit Xe, wurden ohne Magnetfeld 20000 Aufnahmen gemacht. Darunter befand sich ein Zerfall, der als D^0 (schweres Meson) $\rightarrow K^+ + \pi^- + Q$ gedeutet wird. Die Identifizierung der einzelnen Teilchen erfolgte durch Messung der Ionisation u. Mehrfachstreuung. Die Daten der einzelnen Teilchen sind tabelliert. Aus den Impulsen des K^+ u. des Pions ergab sich $m_{D^0} = 660 \pm 50$ MeV. Auch einige Bldg.-Rkk. der schweren Mesonen werden erörtert, vermutlich existieren drei von ähnlicher Masse u. gleicher Zerfallsart, D^+, D^- u. D^0. M. Wiedemann. 90☐

Energie- und Winkelverteilung beim Zerfall von Hyperkernen. W. A. Ljulka. (Журнал Экспериментальной и Теоретической Физики [J. exp. theoret. Physik] **39.** 471—75. Aug. 1960.) (Russ.; Auszug: Engl.)

Der Einfl. der starken Wechselwrkg. im Syst. Proton–^{3}He bzw. Proton–Deuteron auf die Energie- u. Winkelverteilung bei den Zerfällen $^4_\Lambda H \rightarrow {}^3He + p + \pi^-$ u. $^3_\Lambda H \rightarrow d + p + \pi^-$ wird theoret. untersucht. Die Übereinstimmung mit den experimentellen Daten ist befriedigend. M. Wiedemann. 90☐

Elementarteilchen und Symmetrieprinzipien. M. A. Melvin. (Rev. mod. Physics **32.** 477—518. Juli 1960. Tallahassee, Fla., Florida State Univ.) (Engl.)

Theoret. Überblick mit Behandlung von Gruppen u. Darst., Invarianz u. Feldgleichungen, CPT u. a. Erhaltungen u. Symmetrien sowie der universellen Fermi-Wechselwirkung. — Ca. 100 Literaturangaben. Herbert Weber. 90☐

Teilchenerzeugung bei Elektron–Elektron-Stößen. F. Calogero und C. Zemach. (Physic. Rev. [2] **120.** 1860—66. 1/12. 1960. Roma, Univ., Ist. di Fis., Ist. Naz. di Fis. Nucl.) (Engl.)

Theoret. Unters. der Paarerzeugung bei energiereichen Elektron–Elektron-Stößen mit bes. Berücksichtigung der Erzeugung von Pionenpaaren. Ein vollständiges Ergebnis wird für den Fall erhalten, bei dem 2 Pionen mit gleichen Energien u. entgegengesetzten Impulsen auftreten. Herbert Weber. 90☐

Spin-Bahn-Korrelationen bei μ–e- und e^-–e^--Streuung. A. O. Barut und C. Fronsdal. (Physic. Rev. [2] **120.** 1871—74. 1/12. 1960. Geneva, CERN.) (Engl.)

Der Imaginärteil des Matrixelements vierter Ordnung für die elektromagnet. Streuung zweier Fermionen führt zu einer kleinen Abhängigkeit des Querschnitts von der Größe $\mathbf{s} \cdot \mathbf{p}_1 \times \mathbf{k}_1$, wobei $\mathbf{s}$ u. $\mathbf{p}_1$ Spin u. Impuls eines der einfallenden Teilchen u. $\mathbf{k}_1$ der Impuls des gleichen Teilchens nach der Streuung sind. Die resultierende Winkelasymmetrie kann wahrscheinlich gemessen werden. Herbert Weber. 90☐

Eine experimentelle Suche nach einer Dipolstruktur des Elektrons. George R. Burleson und H. W. Kendall. (Nuclear Physics [Amsterdam] **19.** 68—78. 3. Sept.-H. 1960. Stanford, Calif., Stanford Univ., High-Energy Phys. Labor.) (Engl.)

Durch Messung der abs. Querschnitte für die elast. Streuung von Elektronen am α-Teilchen wurde eine Best. der Größe $\alpha(q) = [\lambda^2(q) + \mu^2(q)]^{1/2}$ gefunden, wobei $\lambda(q)$ u. $\mu(q)$ Strukturfaktoren eines elektr. Dipolmoments u. eines anomalen magnet. Dipolmoments des Elektrons sind. Sie sind Funktionen der Vierimpulsübertragung q. Das Ergebnis ist $\alpha(q) = (9{,}3 \pm 6) \cdot 10^{-5}\ e\hbar/m_0 c$ mit einer zusätzlichen Unsicherheit von $\pm\ 7 \cdot 10^{-5}\ (e\hbar/m_0 c)$ für $q \leq 2{,}25 \cdot 10^{-13}$ cm. Durch den Vers. wird ferner der Ladungsformfaktor des α-Teilchens bestimmt. Die Daten entsprechen der Streuung an einer Gaussschen Ladungsverteilung mit einem quadrat. Mittelwert des Radius von $(1{,}68 \pm 0{,}04) \cdot 10^{-13}$ cm. Herbert Weber. 90☐

Nucleon–Nucleon-Streuversuche und ihre phänomenologische Analyse. M. H. MacGregor, M. J. Moravcsik uno H. P. Stapp. (Annu. Rev. Nuclear Sci. **10.** 291—352. 1960. Livermore and Berkeley, Calif., Univ. of California, Lawrence Radiat. Labor.) (Engl.)

Übersicht über die verschiedenen Streusyst. mit den experimentellen Daten. — 254 Literaturhinweise. P. Golinske. 90☐

Messungen der räumlichen Anisotropien beim Zerfall polarisierter Neutronen. M. T. Burgy, V. E. Krohn, T. B. Novey, G. R. Ringo und V. L. Telegdi. (Physic. Rev. [2] **120.** 1829—38. 1/12. 1960. Argonne, Ill., Argonne Nat. Labor.; Chicago, Ill., Univ. of Chicago.) (Engl.)

Zur Unters. der räumlichen Symmetrie-Eigg. des β-Zerfalls des freien Neutrons wurde eine Reihe von Verss. durchgeführt. Messungen der Winkelverteilungen der Elektronen u. Protonen aus dem Zerfall polarisierter Neutronen zeigten, daß der Korrelations-Koeff. zwischen den Richtungen von Elektronenimpuls u. Neutronenspin $-0{,}11 \pm 0{,}02$ ist u. derjenige zwischen dem Antineutrinoimpuls u. dem Neutronenspin $0{,}88 \pm 0{,}15$ beträgt. Der Koeff. des Terms, der zum skalaren Dreifachprod. von Antineutrinoimpuls, Elektronenimpuls u. Neutronenspin proportional ist (invariant unter Zeitumkehr) beträgt $0{,}04 \pm 0{,}05$. Alle diese Ergebnisse sind im Einklang mit der A–V-Theorie des β-Zerfalls. Einzelheiten der Meßverff. u. der Meth. zur Erzeugung eines Bündels polarisierter Neutronen durch Reflexion an einem Co–Fe-Spiegel werden beschrieben. Herbert Weber. 90□

Vielfachstreuung von Neutronen. G. W. Stuart. (Nuclear Sci. Engng. **2.** 617—25. Sept. 1957. Richland, Wash., Gen. Electr. Co., Hanford Atom. Prod. Operat.) (Engl.)

Vf. leitet ein Variationsprinzip für die Wahrscheinlichkeit ab, daß ein auf einen Körper beliebiger Gestalt einfallendes u. innerhalb des Körpers Mehrfachstöße erleidendes Neutron durch den Körper absorbiert wird. Die Ergebnisse der Variationsrechnung unter Verw. einer konst. Vers.-Funktion werden für den Fall eines unendlichen Zylinders mit exakten numer. Ergebnissen verglichen. D. Jörchel. 90□

Monte-Carlo-Berechnung der Abbremszeitverteilung für Neutronen in Wasserstoff. George E. Haynam und Marshall F. Crouch. (Nuclear Sci. Engng. **2.** 626—29. Sept. 1957. Cleveland, Ohio, Case Inst. of Technol.) (Engl.)

Vff. berechnen die zum Abbremsen von Neutronen in H_2 auf verschiedene Energien benötigten Zeiten. Die Zeitverteilungskurven für epitherm. Energien haben die Gestalt einer Pearson-Kurve des Typs III (vgl. nachst. Ref.). D. Jörchel. 90□

Experimentelle Messung der Abbremszeitverteilung für Neutronen in Wasser. Marshall F. Crouch. (Nuclear Sci. Engng. **2.** 631—39. Sept. 1957.) (Engl.) — Vgl. vorst. Referat.

Die an schnellen Neutronen innerhalb eines Wassermoderators gemessenen Abbremszeiten bis zur Cd-Kante lieferten für die mittlere Abbremszeit auf 0,35 eV u. ihre Varianz 5,2 μs bzw. 8,0 $μs^2$. Das stimmt befriedigend mit der Rechnung (l. c.) überein, wenn man annimmt, daß bei Neutronenenergien unterhalb 1,6 eV nur ganze H_2O-Moll. beim Stoß beteiligt sind. D. Jörchel. 90□

Oberflächenstörungstheorie. Jeffery Lewins. (Nuclear Sci. Engng. **7.** 481—86. Juni 1960. Cambridge, Mass., MIT.) (Engl.)

Beschreibung einer Oberflächenstörungstheorie mit Vielgruppen-Darst. zur Best. von Reaktivitäten, die bei der Entfernung von Reflektoren, der Senkung des Wasserspiegels in Reaktoren, der Einführung von Steuerstäben usw. benutzt werden kann. Herbert Weber. 90□

Verlangsamung von Neutronen in Eisen–Wasser-Gemischen. L. A. Gerassewa und W. W. Wawilow. (Атомная Энергия [Atomenergie] **8.** 556—57. Juni 1960.) (Russ.)

Unter Verw. von In-Folien mit Cd-Bedeckung als Indicatoren wurde die Verteilung der Neutronen in W. u. in Mischungen mit verschiedenen Konzz. an Fe bestimmt. Als Quelle diente Uranoxyd mit 75% ^{235}U, das den therm. Reaktorneutronen ausgesetzt wurde. Aus der Neutronendichte wurden die τ-Werte der Neutronen berechnet, sie betrugen für W. 30,2 cm^2, für Fe 743 cm^2, für die Mischungen 31,0 cm^2 bei Vol.-Anteil des Fe von 0,14; 39,7 cm^2 bei 0,26 u. 50,4 cm^2 bei 0,43. Die experimentellen Punkte liegen auf der theoret. Kurve für 1,46-eV-Neutronen. M. Wiedemann. 90□

Messungen der Resonanzfluchtwahrscheinlichkeit in Leichtwasser-moderierten Th–2%-^{235}U-Gittern. J. P. Phelps und R. Sher. (Nuclear Sci. Engng. **2.** 676—78. Sept. 1957. Upton, N.Y., Brookhaven Nat. Labor.) (Engl.)

Eine Messung dieser Werte für 2% ^{235}U enthaltende Th-Gitterproben von 0,387 in. ⌀ lieferte für die Vol.-Verhältnisse W./Metall 1; 1,5; 2; 3 bzw. 4 die p-Werte 0,821, 0,859, 0,889, 0,918 bzw. 0,937. Diese Daten liegen etwas höher als die entsprechenden Werte für ähnliche leicht angereicherte U-Gitter. D. Jörchel. 90□

Analyse einiger unelastischer p–n-Wechselwirkungen bei Energien von 9 GeV. Sh. Ss. Takibajew, W. A. Botwin und I. Ja. Tschassnikow. (Доклады Академии Наук СССР [Ber. Akad. Wiss. UdSSR] **135.** 571—72. 21/11. 1960.) (Russ.)

Ein Emulsionsstapel wurde dem Protonenbündel des Synchrophasotrons ausgesetzt u. unter den 72 dreizackigen Sternen 22 analysiert, in welchen alle sek. Teilchen mit

Ladung identifiziert werden konnten. Die Identifizierung erfolgte durch Ionisation u. COULOMB-Mehrfachstreuung. Während die Winkelverteilung der Protonen im Schwerpunkts-Syst. nahezu symm. war, war die der Pionen stark asymmetrisch. Die mittlere Energie u. der mittlere Transversalimpuls ergaben sich zu $E_p = 1{,}303$ u. $E_\pi = 0{,}436$ GeV, $P_p = 0{,}244$ u. $P_\pi = 0{,}158$ GeV/c. M. WIEDEMANN. 90□

Elastische Streuung von Protonen an ^{3}He und von Neutronen an ^{3}H. M. I. Ali, A. Hossain, M. Islam und A. Q. Sarker. (Physic. Rev. [2] **120.** 1851–54. 1/12. 1960. Dacca, East Pakistan, Univ. of Dacca, Dep. of Phys.) (Engl.)

Die differentiellen Streuquerschnitte für die elast. p-^{3}He- u. n-^{3}H-Streuung wurden bei Schwerpunktsenergien von 7,31; 6,45; 3,72 u. 10,72 MeV auf der Basis des Kernschalenmodells mit Spin–Bahn-Wechselwrkg.-Term berechnet. Die berechneten Querschnitte mit dem Quadratmuldenpotential sind in der Rückwärtsrichtung in besserer Übereinstimmung mit den gemessenen Querschnitten als diejenigen mit anderen Potentialmulden. Die Polarisation der gestreuten Teilchen wurde berechnet, so daß durch Doppelstreuexperimente die Theorie geprüft werden kann. HERBERT WEBER. 90□

Unelastische Streuung von Deuteronen an den Magnesiumisotopen. A. G. Blair und E. W. Hamburger. (Physic. Rev. [2] **122.** 566–71. 15/4. 1961. Pittsburgh, Pa., Univ. of Pittsburgh.) (Engl.) — Vgl. HAMBURGER u. BLAIR, C. **1961.** 15642.

Natürliche u. angereicherte Mg-Targets werden mit den 15-MeV-Deuteronen aus dem Cyclotron beschossen. Die Rk.-Prodd. werden magnet. analysiert u. durch einen CsJ(Tl)-Scintillator oder durch Kernemulsionen nachgewiesen. Die Winkelverteilungen werden für die Deuteronen erhalten, die unelast. an den ^{24}Mg-, 37-MeV-, ^{25}Mg-, 61-MeV- u. ^{26}Mg-1,83-MeV-Zuständen gestreut worden sind. Die Ergebnisse werden mit den Vorhersagen der BORNschen Approximationstheorie der ebenen Welle u. des Modells für unelast. Beugungsstreuung verglichen. Die aus der BORNschen Approximation erhaltenen Kurven entsprechen im ganzen besser den Meßpunkten. Das Modell der unelast. Beugungsstreuung jedoch gestattet die direkte Best. der effektiven Werte des Kerndeformationsparameters β. Für $|\beta|$ ergibt sich 0,20; 0,10 u. 0,17 für ^{24}Mg, ^{25}Mg bzw. ^{26}Mg. Die Spektren der unelast. an ^{25}Mg u. ^{26}Mg gestreuten Deuteronen werden ebenfalls bei $\Theta \approx 12$, 30 u. 60° (Labor.-Syst.) beobachtet. Die einzigen großen Querschnitte in ^{25}Mg sind diejenigen für das 1,61-MeV-Niveau ($7/2^+$) u. für ein Niveau nahe 3,4 MeV. Die Stärke der Rk. zu dem letzteren Niveau läßt vermuten, daß es sich um den $9/2^+$-Term der Grundzustands-Rotationsbande handelt, die in Analogie zu ^{25}Al bei angenähert dieser Energie auftreten sollte. Die Ergebnisse führen zur Bestätigung der Auswahlregel, die kollektive Anregungen gegenüber der Einzelteilchenanregung bei unelast. Streuung bevorzugt. In ^{26}Mg wird starke Streuung nur an den beiden ersten angeregten Zuständen beobachtet. Ein bisher nicht mitgeteilter ^{26}Mg-Zustand wird bei der Anregungsenergie von 3,614 $\pm$ 0,020 MeV festgestellt. GERHARD SCHMIDT. 90□

Isotope und Radioisotope. Jean Heyl. (Ind. aliment. agric. **77.** 627–31. Sept./Okt. 1960.) (Franz.)

Grundlagenbetrachtung mit bes. Hinweis auf bestehende Anomalien u. deren Beseitigung. GERHARD SCHMIDT. 95□

Kernstruktureffekte bei innerer Konversion. E. L. Church und J. Weneser. (Annu. Rev. Nuclear Sci. **10.** 193–234. 1960. Philadelphia, Pa., Frankford Arsenal, Pitman-Dunn-Labor.; Upton, N.Y., Brookhaven Nat. Labor.) (Engl.)

Übersicht über die dynam. Effekte bei nuclearen Übergängen. — 66 Literaturangaben. P. GOLINSKE. 95□

Bemerkungen über spiegelasymmetrische Kerne. V. M. Strutinski. (J. nuclear Energy **4.** 523–29. April 1957.) (Engl.) — C. **1957.** 9563. HERBERT WEBER. 95□

Kollektive Anregung nichtaxialer gerade–gerade-Kerne. A. A. Tschaban. (Журнал Экспериментальной и Теоретической Физики [J. exp. theoret. Physik] **38.** 1630–36. Mai 1960. Moskau, Univ.) (Russ.; Auszug: Engl.)

Die kollektiven Anregungszustände der nichtaxialen Kerne vom gerade–gerade-Typ werden unter Beachtung der Wechselwrkg. zwischen Rotations- u. Schwingungszuständen untersucht. Energieniveaus u. Wahrscheinlichkeit der Quadrupolstrahlung werden berechnet. M. WIEDEMANN. 95□

Theoretische Interpretation der Energieniveaus in leichten Kernen. I. Talmi und I. Unna (mit einem Anhang von F. Ajzenberg-Selove und T. Lauritsen). (Annu. Rev. Nuclear Sci. **10.** 353–424. 1960. Rehovoth, Weizmann Inst. of Sci., Dep. of Phys.) (Engl.)

Übersicht über den mathemat. Rahmen des Schalenmodells u. Vgl. der theoret. Voraussagen mit den experimentellen Daten. — 67 Literaturangaben.
P. GOLINSKE. 95□

Berechnung der Aufspaltung von $3s_{1/2}$-Neutronenniveaus. F. C. Barker. (Nuclear Physics [Amsterdam] **19.** 110—12. 3. Sept.-H. 1960. Canberra, Australian Nat. Univ., Res. School of Phys. Sci.) (Engl.)

Eine einfache Berechnung der Trennung der Niveaus, die durch Hinzufügung eines $3\,s_{1/2}$-Neutrons zu einen Kern mit einem ungeraden Proton erzeugt wird, liefert eine befriedigende Übereinstimmung mit dem Experiment. Herbert Weber. 95□

Niedrige Niveaus von ^{27}Al. E. Almqvist, D. A. Bromley, H. E. Gove und und A. E. Litherland. (Nuclear Physics [Amsterdam] **19.** 1—17. 3. Sept.-H. 1960. Chalk River, Ontario, Atom. Energy of Canada Ltd., Chalk River Labor.) (Engl.)

Die Abklingstrahlung aus den 0,84- u. 1,013-MeV-Niveaus in ^{27}Al wurde bei einer Anzahl von Resonanzen in der Rk. ^{27}Al(p, p' γ) mit Protonenenergien zwischen 1,7 u. 2,8 MeV untersucht. Die Daten sprechen für die Zuordnungen $1/2^+$ u. $3/2^+$ zu den 0,84- u. 1,013-MeV-Zuständen. Der 1,013-MeV-Zustand klingt zu $2{,}4 \pm 0{,}3\%$ über einen 0,170-MeV-Übergang zum 0,84-MeV-Niveau ab, der Rest verläuft zum Grundzustand. Es wird gezeigt, daß entweder eine oder beide dieser Strahlungen ein E2/M1-Amplitudenverhältnis $\geq 0{,}2$ haben. Diese Ergebnisse u. andere Eigg. der niedrigen Niveaus in ^{27}Al werden nach dem Rotationskollektivmodell diskutiert.

Herbert Weber. 95□

Isotopenzusammensetzung von Ruthenium. K. G. Ordshonikidse und O. Ss. Akirtawa. (Атомная Энергия [Atomenergie] **9.** 501—03. Dez. 1960.) (Russ.)

Mittels eines Massenspektrometers mit Mikroamperemeter u. automat. Elektronenpotentiometer wurde die Isotopen-Zus. von Ru bestimmt. Als Ionenquelle diente durch Elektronenstoß ionisierter Ru-Dampf oder ein Thermoionenemitter. Es wurden einfach, doppelt u. dreifach geladene Ru-Ionen erhalten. Folgende Häufigkeiten (in %) wurden bestimmt: ^{96}Ru $5{,}46 \pm 0{,}01$, ^{98}Ru $1{,}868 \pm 0{,}005$, ^{99}Ru $12{,}63 \pm 0{,}02$; ^{100}Ru $12{,}53 \pm 0{,}02$; ^{101}Ru $17{,}02 \pm 0{,}03$; ^{102}Ru $31{,}63 \pm 0{,}06$ u. ^{104}Ru $18{,}87 \pm 0{,}04$.

M. Wiedemann. 95□

Kernorientierung von Jod durch elektrische Hyperfeinstruktur-Ausrichtung. C. F. Johnson, J. F. Schooley und D. A. Shirley. (Physic. Rev. [2] **120.** 1777—80. 1/12. 1960. Berkeley, Calif., Univ. of California, Lawrence Radiat. Labor. and Dep. of Chem.) (Engl.)

Die Kernausrichtung von J in einem Einkristall von *Cu-p-Jodbenzolsulfonat* bei einer Temp. von ca. 0,03° K wurde durch Messung der anisotropen Winkelverteilung von γ-Strahlung aus ausgerichtetem ^{131}J nachgewiesen. Es wurde kein Beweis für eine Kernspin–Gitter-Relaxationszeit gefunden, die länger als einige Sek. ist. Der Spin des 637-keV-Niveaus in ^{131}*Xe* wurde zu 5/2 bestimmt, u. das E 2/M 1-Mischungsverhältnis des 364-keV-Überganges ergab sich zu $\delta = -6{,}7 \pm 0{,}5$. Die Quadrupolkopplungs-Konst. eQq/h ergab sich zu -950 ± 190 MHz. Herbert Weber. 95□

Kernspin von ^{166}Ho. W. J. Childs und L. S. Goodman. (Physic. Rev. [2] **122.** 591—94. 15/4. 1961. Argonne, Ill., Argonne Nat. Labor.) (Engl.)

Die 27-h-^{166}Ho-Quelle wird durch Neutroneneinfang in ^{165}Ho (100%) bei einem Neutronenfluß von $2 \cdot 10^{13}$ n cm^{-2} s^{-1} hergestellt. Die Hyperfeinstruktur von ^{166}Ho wird nach der Atomstrahlresonanz-Meth. untersucht. Der Grundzustand des Atoms ist $4J_{15/2}$ u. g_J wird zu $1{,}19509 \pm 0{,}00007$ in Übereinstimmung mit dem Russell-Saunders-Wert von 6/5 gemessen. Nur eine Resonanz wird beobachtet, deren Übergangsfrequenz für $0{,}15 \leq H \leq 150$ Gauß ist der magnet. Feldstärke innerhalb des experimentellen Fehlers proportional. Die einfachste Erklärung besteht darin, daß der Kernspin J = 0 ist. Falls J = 1 ist, muß die magnet. Hyperfeinwechselwrkg.-Konst. $a \leq 5$ kHz sein. Gerhard Schmidt. 95□

Kernwechselwirkungen schwerer Ionen. A. Zucker. (Annu. Rev. Nuclear Sci. **10.** 27—62. 1960. Oak Ridge, Tenn., Oak Ridge Nat. Labor.) (Engl.)

Übersicht über die verschiedenen Arten von Rkk. mit den dazugehörigen Modellen. — 98 Literaturangaben. P. Golinske. 103□

Querschnitt der Reaktion ^{6}Li(n, α)^{3}H für 2,15-MeV-Neutronen. W. P. Perelygin und K. D. Tolstow. (Атомная Энергия [Atomenergie] **9.** 488—89. Dez. 1960.) (Russ.)

Durch Tränken mit $LiC_2H_3O_2 \cdot 2\,H_2O$ wurden Emulsionen erhalten, deren Li-Geh. durch Spektralanalyse zu $2{,}75 \cdot 10^{-4}$ g/cm^2 mit 92% ^{6}Li bestimmt wurde. Durch Beschuß von Schwerem Eis mit 500-keV-Deuteronen wurden D + D-Neutronen mit 2,15 MeV erhalten u. mit diesen die Photoemulsion bestrahlt. Auf 1,05 cm^2 wurden 311 ^{6}Li(n, α)^{3}H-Rkk. beobachtet. Der Gesamt-Wrkg.-Querschnitt ergab sich zu 215 ± 30 mbarn. Der differentielle Wrkg.-Querschnitt sinkt von 23 mbarn/sterad bei 20° auf 15 bei 90°, um dann wieder leicht anzusteigen. M. Wiedemann. 103□

Der ^{7}Li(d, p)^{8}Li-Querschnitt als Funktion der Deuteronenenergie im Bereich 1,1 bis 4 MeV. L. S. Bezrukov, D. A. Panov und D. V. Timoshuk. (J. nuclear Energy **4.** 521—23. April 1957.) (Engl.) — C. **1957.** 9564. Herbert Weber. 103□

Der totale Neutronenquerschnitt von Kohlenstoff-13. H. O. Cohn, J. K. Bair und H. B. Willard. (Physic. Rev. [2] **122.** 534—35. 15/4. 1961. Oak Ridge, Tenn., Oak Ridge Nat. Labor.) (Engl.)

Zu 58,3% in ^{13}C angereicherter C wird aus isotop. angereichertem $BaCO_3$ durch chem. Red. hergestellt. Das Präp. wird unter Druck in einen dünnwandigen Ni-Zylinder ($^3/_4$ in. Ø u. 2,2 in. Länge) gebracht. Die Durchlässigkeits-Verss. werden mit einem Propanrückstoßzähler u. verschiedenen neutronenerzeugenden Targets an dem Ausgangsfenster des 5,5-MV-van de Graaff durchgeführt. Die totalen Neutronenquerschnitte von ^{13}C werden für Energien von 110 keV bis 9 MeV u. von 16—23 MeV gemessen. Vier schmale Resonanzen werden beobachtet sowie eine breite Resonanzstruktur oberhalb 3 MeV. Die wahrscheinlichsten Spinzuordnungen, die sich auf Resonanzhöhen u. -breiten gründen, sind: $E_R = 153 \pm 5$ keV, $\Gamma = 13$ keV, $J = 1^+$; $E_R = 1751 \pm 8$ keV, $\Gamma = 20$ keV, $J = 1$; $E_R = 2432 \pm 10$ keV, $\Gamma = 17$ keV, $J = 2$; $E_R = 2454 \pm 10$ keV, $\Gamma = 10$ keV, $J \geq 1$. Gerhard Schmidt. 103□

Elastische Streuung und Reaktionen von Protonen an ^{18}O. R. R. Carlson, C. C. Kim, J. A. Jacobs und A. C. L. Barnard. (Physic. Rev. [2] **122.** 607—16. 15/4. 1961. Iowa City, Iowa, State Univ. of Iowa, Dep. of Phys. and Astronom.) (Engl.)

Vff. untersuchen die abs. differentiellen Querschnitte für elast. Streuung der Protonen u. für die folgenden Rkk.: ^{18}O(p, p')^{18}O* (1,982-MeV-Zustand), ^{18}O(p, α_0)^{15}N (Grundzustand) u. ^{18}O(p, $\alpha_{1,2}$)^{15}N* (5,28-MeV- u./oder 5,31-MeV-Zustände) unter Verw. eines dünnen Gastargets mit einem elektrostat. Generator. Die geladenen Teilchen werden unter Labor.-Winkeln von 86,8 u. 159,5° im Bereich der einfallenden Protonenenergien 790 keV $< E_p <$ 3550 keV beobachtet. Die γ-Ausbeutekurven bei 90° werden ebenfalls erhalten. Die Winkelverteilungen der elast. gestreuten Protonen u. α_0-Teilchen werden bei mehreren Resonanzen gemessen. Zwei ^{19}*F*-Niveaus werden beobachtet, die bisher nicht festgestellt worden sind, u. einige neue Zerfallsmodi werden für bereits bekannte Niveaus wiedergegeben. Aus der Betrachtung des detaillierten Verlaufes der Anomalien bei der elast. Streuung u. der Winkelverteilungen ergeben sich Spin- u. Paritätszuordnungen zu einigen ^{19}F-Niveaus. Die Niveaucharakteristiken für Resonanzen bei 844, 1736, 1765 u. 2007 keV werden angeführt. Gerhard Schmidt. 103□

Stickstoffinduzierte Kernreaktionen in Natrium. Ryuzo Nakasima. (Progr. theoret. Physics [Kyoto] **20.** 625—30. Nov. 1958. Osaka, Osaka City Univ., Res. Inst. for Atom. Energy.) (Engl.)

Die Kern-Rkk. ^{23}Na(^{14}N, α p)^{32}*P* u. ^{23}Na(^{14}N, α 2p)^{31}*Si* bei 26 MeV Beschußenergie wurden auf der Basis des Compoundkernmodells analysiert. Unter Berücksichtigung des Effektes der herabgesetzten Höhe der Coulomb-Barriere wird die richtige Größenordnung für die Anregungsquerschnitte beider Rkk. erhalten. Herbert Weber. 103□

Die Reaktion ^{24}Mg(γ, n)^{23}Mg. J. D. King und W. J. McDonald. (Nuclear Physics [Amsterdam] **19.** 94—100. 3. Sept.-H. 1960. Saskatoon, Univ. of Saskatchewan, Dep. of Phys.) (Engl.)

Die Rk. ^{24}Mg(γ, n)^{23}Mg wurde untersucht durch Bestrahlung von Mg im Röntgenstrahlenbündel eines 25-MeV-Betatrons u. Messung der Positronenaktivität von ^{23}Mg durch Koinzidenz-Nachw. der Vernichtungsstrahlung. Der Querschnitt hat einen kleinen Peak bei 17,2 MeV; die Riesenresonanz erscheint bei 19,2 MeV; es liegt ein ausgeprägter Schweif hoher Energie vor. Die Ergebnisse werden mit früheren Unterss. der inversen photonuclearen Rk. ^{23}Na(p, γ)^{24}Mg verglichen. Beide Querschnitte zeigen kleine Peaks unterhalb der Riesenresonanzen. Es wird versucht, die Querschnittsformen durch eine Deformation des ^{24}Mg-Kerns zu erklären; die Ergebnisse sind aber ohne Beweiskraft. Herbert Weber. 103□

(p, d)-Pickup-Reaktionen in leichten Kernen. E. F. Bennett. (Physic. Rev. [2] **122.** 595—606. 15/4. 1961. Princeton, N.J., Princeton Univ., Palmer Phys. Labor.) (Engl.)

Unter Verw. eines dünnen Proportionalzählers als Geschw.-Selektor in Verbindung mit einem NaJ-Kristall zur Energiemessung untersucht Vf. die Deuteronen aus durch Protonen induzierten Rkk. in einigen leichten Kernen. Die bei den (p, d)-Verss. verwendete Protonenenergie (Cyclotron) schwankt zwischen 16,5 u. 18,5 MeV. Die große Schwankung in den Q-Werten für (p, d)-Rkk. erfordert den Nachw. von Neutronen zwischen ca. 6 u. 16 MeV. Das gewählte Nachw.-Syst. ermöglicht die Wiedergabe eines im wesentlichen unverzerrten Spektrums der Deuteronen in Ggw. von Protonen der gleichen Energie u. wesentlich stärkerer Intensität. Aufgezeichnet werden die Winkelverteilungen der Deuteronen aus den Rkk. ^{13}C(p, d)^{12}C, ^{14}N(p, d)^{13}N, ^{15}N(p, d)^{14}N, ^{19}F(p, d)^{18}F, ^{25}Mg(p, d)^{24}Mg u. ^{31}P(p, d)^{30}P. Die Butler-Kurven werden berechnet u. die Niveaubreiteverhältnisse für die untersuchten Rkk. angeführt.

Gerhard Schmidt. 103□

Zerfall von ^{42}K und ^{44}Sc. John D. McCullen und J. J. Kraushaar. (Physic. Rev. [2] **122.** 555—65. 15/4. 1961. Boulder, Colo., Univ. of Colorado.) (Engl.)

Vff. untersuchen die niedrig angeregten Zustände von ^{42}Ca u. ^{44}Ca beim Zerfall von ^{42}K u. ^{44}Sc unter bes. Berücksichtigung der schwach besetzten Zustände. Beim Zerfall von ^{42}K werden γ-Strahlen bei 0,31 MeV (1,1%), 0,49 MeV ($<$ 0,1%), 0,60 MeV (0,1%), 0,90 MeV (0,1%), 1,02 MeV (0,1%), 1,52 MeV (100%), 1,92 MeV (0,3%) u. 2,42 MeV (0,2%) beobachtet. Die Koinzidenzfolge der Übergänge wird gemessen u. ein Niveauschema konstruiert. Beim Zerfall von ^{44}Sc betragen die Energien u. Intensitäten der γ-Strahlen 0,68 MeV (3,2%), 1,02 MeV (3,1%), 1,12 MeV (4,7%), 1,16 MeV (100%), 1,50 MeV (1,7%), 1,72 MeV (0,8%), 2,28 MeV (0,2%) u. 2,69 MeV (0,2%). Für dieses Nuclid werden ebenfalls die Koinzidenzmessungen herangezogen, um die Kaskadenfolgen zu klären; ein Niveauschema wird aufgestellt. Es wird nach Konversionselektronen (E $<$ 1 MeV) gesucht, um die Existenz oder Nichtexistenz eines tiefliegenden 0^+-Zustandes in ^{44}Ca festzustellen, dessen Analog als zweiter angeregter 1,84-MeV-Zustand in ^{42}Ca auftritt. Weder durch Elektronenspektrometer-Unterss. noch durch Koinzidenzmessungen von Elektronen u. verzögerten γ-Strahlen können solche Konversionselektronen nachgewiesen werden. Eine obere Grenze von 0,05% des totalen Zerfalls von ^{44}Sc wird für die Besetzung eines solchen Zustandes aufgestellt. Gerhard Schmidt. 103□

Messung der γ-Spektren beim Strahlungseinfang von Neutronen in einigen Gesteinen. A. A. Fedorow, M. M. Ssokolow und A. P. Otschkur. (Атомная Энергия [Atomenergie] **8.** 555—56. Juni 1960.) (Russ.)

Es wird gezeigt, daß die γ-Strahlung von Gesteinen beim Einfang von Neutronen einer Po + Be-Quelle mit $2 \cdot 10^6$ Neutronen/Sek., die mittels Scintillationsspektrometer untersucht wurde, Aufschluß über die chem. Zus. gibt. *O* fängt prakt. keine Neutronen ein, die 5-MeV-γ-Strahlung entspricht dem *Si* (4,95 MeV), die 6,4-MeV-γ dem *Ca* u. die 7,6-MeV-γ dem *Al* (7,70 MeV) u. *Fe* (7,64 MeV). M. Wiedemann. 103□

Das Niveauschema von ^{136}Ba. R. K. Girgis und R. Van Lieshout. (Nuclear Physics [Amsterdam] **12.** 204—17. 1. Juli-H. 1959. Amsterdam, Inst. voor kernphys. Onderzoek.) (Engl.)

Die dem Zerfall von ^{136}Cs folgende γ-Strahlung wurde mit einem NaJ(Tl)-Scintillationsspektrometer untersucht. Energien, Intensitäten u. Koinzidenzen der γ-Strahlen wurden bestimmt. Ein mit den Ergebnissen übereinstimmendes Zerfallsschema besteht aus Niveaus bei 830, 1900, 2090, 2170, 2240, 2330, 2430 u. 2490 keV. Ferner wurde der β^+-Zerfall von ^{136}La, der ebenfalls zu Niveaus in ^{136}Ba führt, untersucht, wobei nur der γ-Strahl von 830 keV mit Sicherheit gefunden wurde. Herbert Weber. 103□

Die 85-Minuten-Aktivität von ^{139}Ba. W. H. Kelly, G. B. Beard, W. B. Chaffee und J. M. Gonser. (Nuclear Physics [Amsterdam] **19.** 79—84. 3. Sept.-H. 1960. East Lansing, Mich., Michigan State Univ.) (Engl.)

Das Zerfallsschema des durch Neutronenbestrahlung von $BaCO_3$ erhaltenen ^{139}Ba wurde mit Scintillationsdetektoren untersucht. Die Halbwertszeit ergibt sich zu 85 $\pm$ 3 Minuten. β–γ- u. γ–γ-Koinzidenzmessungen zeigten, daß dieser Zerfall aus 3 β-Gruppen von 2,38; 2,23 u. 0,95 MeV besteht, die zum Grundzustand u. 2 angeregten Zuständen von 0,167 $\pm$ 0,003 u. 1,43 $\pm$ 0,05 MeV von ^{139}La führen. Die Übergänge von den beiden angeregten Zuständen verlaufen zum Grundzustand. Die Verzweigungsverhältnisse betragen 0,72; 0,26 u. 0,02 für die β-Gruppen von 2,38; 2,23 bzw. 0,95 MeV. Messungen der verzögerten β–γ-Koinzidenz für den 0,167-MeV-Zustand ergeben eine Halbwertszeit dieses Zustandes von 1,7 $\pm$ 0,2 ns. Log *ft*-Werte der β-Gruppen von 6,9; 7,3 bzw. 7,0 deuten an, daß die 3 Zustände in ^{139}La, die beim β-Zerfall von ^{139}Ba angeregt werden, positive Parität haben. Herbert Weber. 103□

Parameter der ^{176}Lu-Neutronenresonanz bei 0,142 eV. Joseph P. Roberge und Vance L. Sailor. (Nuclear Sci. Engng. **7.** 502—04. Juni 1960. Upton, Long Island, N.Y., Brookhaven Nat. Labor.) (Engl.)

Der totale Querschnitt von ^{176}Lu wurde über den Neutronenenergiebereich von 0,02—0,25 eV gemessen. Die Resonanz bei 0,142 eV wurde einer Breit-Wigner-Einzelniveauformel durch die Meth. der Formanalyse angepaßt. Parameter für die Berechnung des Aktivierungsquerschnittes als Funktion der Neutronenenergie im untersuchten Bereich werden für das Isotop ^{176}Lu sowie für das normale Element Lu (2,6% ^{176}Lu) wiedergegeben. Herbert Weber. 103□

Das ^{187}W-Zerfallsschema und mögliche Schwingungsniveaus in einem Kern ungerader Masse. C. J. Gallagher jun., W. F. Edwards und G. Manning. (Nuclear Physics [Amsterdam] **19.** 18–39. 3. Sept.-H. 1960. Pasadena, Calif., California Inst. of Technol., Norman Bridge Labor. of Phys.) (Engl.)

Die Übergänge u. Niveaus von ^{187}*Re*, die beim β^--Zerfall von ^{187}W auftreten, wurden mit einem Spektrometer mit gebogenem Kristall, zwei eisenfreien Spektrometern u. einer Schnell–Langsam-Koinzidenz-Winkelkorrelations-App. untersucht. Es wurden 17 Übergänge mit γ-Energien von 72,00 $\pm$ 0,01 bis 867 $\pm$ 3 keV beobachtet, die 8 angeregten Niveaus in ^{187}Re zugeordnet wurden. Eine Analyse der Niveaus nach der Nilsson-Beschreibung zeigt, daß gewisse endliche Diskrepanzen zwischen der theoret. erwarteten Niveauordnung u. der beobachteten existieren. Es wird daher angenommen, daß 2 der beobachteten Niveaus der Kopplung von Einzelteilchenzuständen an γ-Schwingungen entsprechen können. Das aufgestellte Niveauschema von ^{187}Re hat angeregte Zustände bei 134,25; 206,25; 511,6; (529); 618,2; 625,3; 686,1; 773 u. 864,5 keV.
Herbert Weber. 103□

Bestimmung des Gleichgewichtsgrades von kurzlebigen Tochterprodukten des Zerfalls von Radon in der Luft. L. Ss. Ruser. (Атомная Энергия [Atomenergie] **8.** 557–59. Juni 1960.) (Russ.)

Die Menge an Rn u. der Grad, bis zu dem sich das Gleichgewicht mit den Tochter-Prodd. RaA, RaB u. RaC eingestellt hat, kann durch Messung des Ionisationsstromes in der Emanationskammer zu verschiedenen Zeiten ermittelt werden. Die Kurven werden abgeleitet, dabei wird die α-Strahlung von RaA u. RaC′ berücksichtigt.
M. Wiedemann. 103□

Kernspaltung. G. N. Walton. (Quart. Rev. (chem. Soc., London) **15.** 71–98. 1961. Harwell, U.K.A.E.A.) (Engl.)

Übersicht. — 65 Literaturangaben. P. Golinske. 103□

Spektren der ^{235}U-Spaltneutronen, die unter Winkeln von 0,45 und 90° zur Richtung der wegfliegenden Spaltprodukte emittiert werden. Ju. A. Wassiljew, Ju. Ss. Samjatnin, Je. I. Ssirotinin und E. F. Fomuschkin. (Атомная Энергия [Atomenergie] **9.** 449–54. Dez. 1960.) (Russ.)

Nach der Flugzeit-Meth. wurden die Spektren der unter 0, 45 u. 90° zur Richtung der Spalt-Prodd. wegfliegenden Neutronen bei Spaltung von ^{235}U mit 14,3-MeV-Neutronen sowie die Winkelverteilung dieser Neutronen gemessen. Als Quelle der Spaltneutronen diente eine mit Ar + CO_2 (10%) bis zu 760 Torr gefüllte Mehrplattenkammer mit Kollimation der Spaltprodukte. Es ergab sich das Intensitätsverhältnis N (0°) : N (45°) : N (90°) = (3,23 $\pm$ 0,12) : (1,75 $\pm$ 0,07) : 1,00. Mit einer isotropen Maxwell-Verteilung der Neutronen im Syst. der Spalt-Prodd. sind die Ergebnisse bei keiner Wahl der Temp. verträglich. M. Wiedemann. 103□

Bestimmung des Verhältnisses von Einfang- zu Spaltquerschnitten im EBR-1. P. Kafalas, M. Levenson und C. M. Stevens. (Nuclear Sci. Engng. **2.** 657–63. Sept. 1957. Lemont, Ill., Argonne Nat. Labor.) (Engl.)

Vff. bestimmten die Änderungen des Verhältnisses von Einfang- zu Spaltquerschnitten für ^{235}U u. ^{239}Pu als Funktion des Ortes der Proben im schnellen Forschungsbrutreaktor EBR-I u. geben die Resultate (Einfang- u. Spaltwahrscheinlichkeiten sowie Zahl der pro absorbiertem Neutron emittierten Neutronen in Abhängigkeit vom horizontalen u. von vertikalen Abstand von der Reaktormitte) graph. an. D. Jörchel. 103□

Der Absorptionsquerschnitt von ^{240}Pu für thermische Neutronen. J. Halperin, J. O. Oliver und H. S. Pomerance. (J. inorg. Nuclear Chem. **9.** 1–2. Jan. 1959. Oak Ridge, Tenn., Oak Ridge Nat. Labor.) (Engl.)

Bei der Messung des Absorptionsquerschnittes von ^{240}Pu für therm. Neutronen mit dem Pile-Oscillator wurden angereicherte ^{240}Pu-Proben u. nahezu isotrop. reine ^{239}Pu-Proben mit einem Au-Standard verglichen. ^{240}Pu liefert ein Ansprechen-pro-Atom, das 2,94mal größer ist als das für Au. Nach einer Korrektur für den nicht-(1/v)-Charakter der ^{240}Pu-Absorption wird ein Wert von 285 $\pm$ 15 barn für den 2200-m/s-Absorptionsquerschnitt berechnet. Der aus den Resonanzparametern von ^{240}Pu berechnete Wert von 314 $\pm$ 30 barn ist in Einklang mit dieser Messung. Herbert Weber. 103□

Die Isotope. Ihre Trennung. Eduardo Vitoria. (Afinidad [3] **32.** 138–47. Juli/Aug. 1955.) (Span.)

Übersicht. R. K. Müller. 104□

Abtrennung des ^{235}U. P. Caldirola. (Energia Nucleare, Suppl. **3.** 74–81. 15/12. 1956.) (Ital.)

Übersicht. C. Gottfried. 104

Die Anwendung der Isotope in der landwirtschaftlichen Forschung. R. Schiemann. (Wiss. Z. Univ. Rostock, math.-naturwiss. Reihe **7.** 181—89. 1957/58. Rostock, Oskar-Kellner-Inst. für Tierernährung der Dt. Akad. der Landwirtschaftswiss. zu Berlin.) (Dt.)

Vortrag. Übersicht. Gerhard Schmidt. 106□

Die Grundlagen der Kernreaktoren. C. Salvetti. (Energia Nucleare, Suppl. **3.** 40—51. 15. Dez. 1956.) (Ital.)

Übersicht. C. Gottfried. 110

Herstellung von kerntechnischen Materialien. E. Cerrai. (Energia Nucleare **5.** 735—39. Nov. 1958. Milano, CISE.) (Ital.)

Überblick über die Herst. von Spaltstoff-, Can- u. Moderatormaterialien „nuclearer Reinheit" an Hand der Berichte der 2. Genfer Konferenz. — 24 Literaturangaben. Herbert Weber. 110□

Chemische und metallurgische Probleme. A. Cacciari. (Energia Nucleare, Suppl. **3.** 93—100. 15. Dez. 1956.) (Ital.)

Übersicht mit bes. Berücksichtigung der Kernspaltung u. der Reaktortechnik. C. Gottfried. 110

Gasblasen-Bildung in bestrahlten Plasten und Reaktorbrennstoffen. G. G. Bentle. (Nuclear Sci. Engng. **7.** 487—95. Juni 1960. Canago Park, Calif., Atom. Internat.) (Engl.)

Bei Hochtemp.-Bestrahlung von *U*-Metall-Brennstoffen tritt eine große Vol.-Zunahme (Schwellung) auf, die der Ansammlung von Spaltproduktgasen zugeschrieben wird. Zur Unters. des Mechanismus der Bldg. u. des Wachstums von Gasblasen wurde eine durchsichtige Schicht von *Polymethylmethacrylat* von 0,25 in. Dicke, in der durch γ-Bestrahlung Gas gebildet wurde, benutzt. Während einer Bestrahlung bei 100° werden größere, aber weniger Blasen gebildet als bei einer Bestrahlung bei niedrigerer Temp. u. anschließender Erwärmung auf 100°. Einschlüsse (Verunreinigungen) erhöhen die Blasenbildung; innere Oberflächen fördern das Blasenwachstum. Ferner wurde der Einfl. von Spannungen (Druck) untersucht. Eine Anwendung der Ergebnisse auf Kernbrennstoffe läßt schließen, daß die Schwellung durch eine erhöhte Spaltungsrate u. durch Verringerung der die Blasen-Keimbildung u. das Blasen-Wachstum begünstigenden Stellen verkleinert werden kann. Herbert Weber. 110□

Zerstörungsfreie Prüfung von Reaktorbrennelementen. W. J. McGonnagle. (Nuclear Sci. Engng. **2.** 602—16. Sept. 1957. Lemont, Ill., Argonne Nat. Labor.) (Engl.)

Ausführliche Darst. vgl. C. **1960.** 6393. D. Jörchel. 110□

Forschungsreaktor SsM von 50 MW. Ss. M. Feinberg, Ss. T. Konobejewski, N. A. Dolleshal, I. Ja. Jemeljanow, W. A. Zykanow, Ju. M. Bulkin, A. D. Shirnow, A. G. Filippow, O. L. Schtschipakin, W. P. Perfiljew, A. G. Ssamoilow und W. I. Agejenkow. (Атомная Энергия [Atomenergie] **8.** 493—504. Juni 1960.) (Russ.)

Der Forschungsreaktor arbeitet mit intermediären (epitherm.) Neutronen. In der Wasserzone wird ein Neutronenstrom von $2{,}2 \cdot 10^{15}/\text{cm}^2\,\text{s}$ erzielt. Das Verhältnis Neutronenstrom zu Wärmeleistung ist bes. günstig. Der Reaktor arbeitet bei 25%ig. Abbrand von ^{235}U 60—65 Tage. Die krit. Masse beträgt 7,3 kg ^{235}U, mit Experimentierkanälen 9,5 kg ^{235}U. Die 5 horizontalen, 15 vertikalen u. ein gekrümmter Kanal werden beschrieben. M. Wiedemann. 110□

Ein berylliummoderierter Reaktor. A. K. Krasin und B. G. Dubovsky. (J. nuclear Energy **4.** 520—21. April 1957. — C. **1957.** 13242.) (Engl.)

Herbert Weber. 110□

Entwurf eines LMFR-Kraftwerks. D. Mars, J. N. Inglima und R. T. Schomer. (Nuclear Sci. Engng. **2.** 582—600. Sept. 1957. New York, N.Y., Babcock & Wilcox Co., AE Div.) (Engl.)

Es wird über den Entwurf eines zentralen Kernkraftwerks berichtet. Ein 550-MW-LMFR (Reaktor mit fl. metall. Brennstoff), der mit einer in Bi gelösten, umlaufenden Brennstoff-Lsg. von ^{233}U sowie einer in Bi dispergierten Breeder-Fl. von Thoriumwismutid arbeitet, erzeugt Dampf von 140 at u. 524°, der einen Turbogenerator mit einer Ausgangsleistung von 226000 kW speist. D. Jörchel. 110□

Modell eines Ring-Phasotrons. W. A. Petuchow, I. Gabanetz, A. A. Shurawlew, M. Karmassin, W. I. Kotow, E. A. Mjae, Ju. L. Obuchow, W. Ssochor, Ju. Zirak, F. Benda, I. Dobiasch, M. Marek, T. Fukatko und L. W. Swetow. (Атомная Энергия [Atomenergie] **9.** 491—92. Dez. 1960.) (Russ.)

Die Konstruktion eines Ringphasotrons, eines stark fokussierenden Beschleunigers mit zeitlich konstantem Magnetfeld, wird behandelt. Das Modell kann zur Beschleuni-

gung von Elektronen dienen, injiziert werden kontinuierlich oder nach der Impuls-Meth. Elektronen mit 20—40 keV. Es lassen sich Elektronenbündel mit bis zu 2 MeV erzielen.
M. Wiedemann. 112□

Ring-Cyclotronbeschleuniger mit vertikal wachsendem Magnetfeld. A. P. Fatejew und B. N. Jablokow. (Атомная Энергия [Atomenergie] **8.** 552—53. Juni 1960.) (Russ.)

Es wird ein Cyclotronbeschleuniger mit vertikal wachsendem, zeitlich konstantem Magnetfeld betrachtet. Die Stabilitätsgrenzen der Teilchenbewegung unter bestimmten Bedingungen werden abgeschätzt. M. Wiedemann. 112□

Über einige Eigenschaften der Bahnen in Beschleunigern unter Analogiebedingungen. A. A. Kolomenski und A. N. Lebedew. (Атомная Энергия [Atomenergie] **8.** 553—55. Juni 1960.) (Russ.)

Die Bedingung der dynam. Analogie ebener Bahnen, die eine spezielle Form des Magnetfelds darstellt, wird angegeben. Aus ihr sich ergebende geometr. Eigg. der Bahnen sowie der Dynamik der Teilchenbeschleunigung werden abgeleitet.
M. Wiedemann. 112□

Optik von Hochenergiebündeln. Owen Chamberlain. (Annu. Rev. Nuclear Sci. **10.** 161—92. 1960. Berkeley, Calif., Univ. of California, Phys. Dep.) (Engl.)

Übersicht über hauptsächlich magnet. Kolliminierung hochenergetischer Teilchenbündel aus Beschleunigern. — 39 Literaturangaben. P. Golinske. 112□

Eine Apparatur für strahlungschemische Untersuchungen unter Benutzung einer ^{60}Co-γ-Quelle von 280 g Radiumäquivalent. A. K. Breger, V. A. Belynsky und S. D. Prokudin. (J. nuclear Energy **4.** 504—10. April 1957. — C. **1957.** 13243.) (Engl.)
Herbert Weber. 112□

Anwendungsmöglichkeiten der Tritium-Bremsstrahlung in der Industrie. W. Kühn und F. Herrmann. (Kerntechnik **2.** 268—70. Sept. 1960. Karlsruhe, Inst. der Isotopen-Studien-Ges. e. V.) (Dt.)

Als Beispiele industrieller Anwendungen der niederenerget. Bremsstrahlung von ^{3}H (β^-_{max}-Energie = 18 keV) werden bes. Konz.-Messungen von Lsgg. u. die Anregung der Röntgenfluorescenzstrahlung der Elemente beschrieben. Herbert Weber. 112□

Dosiskonstante des Radiums. B. Rajewsky und A. Sewkor. (Naturwissenschaften **48.** 216. 1. April-H. 1961. Frankfurt/M., MPI für Biophys.) (Dt.)

Mittels Ionisationskammern aus graphitierter Hostaphanfolie u. luftäquivalentem Material wurden in einem Luftraum von 26 × 24 × 22 m^3 Messungen an einem 298-mg-Präp. Ra durchgeführt. Als Schwächungs-Koeff. wurde $\mu = (7{,}27 \pm 0{,}5) \cdot 10^{-5}$ cm^{-1} bestimmt. Die Dosis-Konst. ergab sich zu $8{,}13 \pm 0{,}2$ r·cm^2·h^{-1}·mg^{-1}. Errechnung der Dosis-Konst. aus dem γ-Spektrum des Ra, der Zahl der Zerfälle pro mg Ra-Element ($3{,}56 \cdot 10^7$), dem Energieverbrauch für die Bldg. eines Ionenpaares (34,0 eV) u. anderer physikal. Daten ergibt den Wert $8{,}30 \pm 5\%$ r·cm^2·h^{-1}·mg^{-1}. W. Reusse. 112□

Über die Messung der absoluten Thoronkonzentration in der Luft von Industrieräumen. Ju. N. Burmisstenko. (Атомная Энергия [Atomenergie] **9.** 505—06. Dez. 1960.) (Russ.)

Der durch Tn in der Ionisationskammer verursachte Ionisationsstrom nähert sich mit steigender Strömungs-Geschw. der Luft einem Grenzwert. Aus diesem Strom u. dem Vol. der Kammer kann nach Eichmessungen die Tn-Konz. ermittelt werden.
M. Wiedemann. 112□

Methoden zur gerichteten Registrierung der γ-Strahlung. W. P. Bowin. (Атомная Энергия [Atomenergie] **9.** 483—87. Dez. 1960.) (Russ.)

Zur Richtungsregistration der γ-Strahlung sind Scintillationsradiometer besser geeignet als Gasentladungszähler. Verschiedene Konstruktionen des Kompensations-Syst. werden beschrieben. Die allg. Charakteristiken u. die Parameter der Richtungsregistration werden behandelt. M. Wiedemann. 112□

Luminescenzdosimeter für γ-Strahlung, β-Teilchen und Neutronen auf der Basis des Phosphors $CaSO_4$–Mn. W. A. Archangelskaja, B. I. Wainberg, W. M. Kodjukow und T. K. Rasumowa. (Атомная Энергия [Atomenergie] **8.** 559—61. Juni 1960.) (Russ.) — Vgl. C. **1961.** 13434.

Der Phosphor $CaSO_4$·Mn kann als Dosimeter für γ-Strahlung, UV-Strahlung u. Röntgenstrahlung, β-Teilchen u. in Verb. mit Cd. bzw. Polymethylmethacrylatfolien für schnelle sowie langsame Neutronen dienen. Mittels einer Pb-Folie kann die Empfindlichkiet für γ-Strahlung zwischen 0,1—2,6 MeV konst. gehalten werden. Die Abhängigkeit der Lichtsumme von der Dosis der ionisierenden Strahlung ist bei γ, Röntgen- u. β-Strahlung nahezu linear. Der Einfl. des Alterns wurde ebenfalls untersucht.
M. Wiedemann. 112□

Blasenkammern. Hugh Bradner. (Annu. Rev. Nuclear Sci. **10.** 109—60. 1960. Berkeley, Calif., Univ. of California, Lawrence Radiat. Labor.) (Engl.)
Übersicht. — 91 Literaturangaben. P. Golinske. 112□

Rückstoßtechnik bei der Untersuchung von Kernreaktionen und Kernspaltungen. B. G. Harvey. (Annu. Rev. Nuclear Sci. **10.** 235—58. 1960. Berkeley, Calif., Univ. of California, Lawrence Radiat. Labor.) (Engl.)
Übersicht. — 81 Literaturangaben. P. Golinske. 112□

A_2. Optisches Verhalten der Materie

Untersuchung des „Auroral Afterglow" und seiner Präparationsstadien. 2. Mitt. **Das Abklingen des Nachleuchtens im Airglow-, NO- und Lewis-Rayleigh-Stadium.** Herbert Heinrich Brömer. (Z. Physik **158.** 1—11. 1960. Braunschweig, TH, Phys. Inst.) — 1. vgl. C. **1961.** 17098.
Es wird über Messungen des zeitlichen Abklingens im Airglow-, NO- u. Lewis-Rayleigh Stadium (L. R. St.) mit der l. c. beschriebenen App. berichtet. Im Air afterglow wurde die Abnahme des Kontinuums gleichmäßig im ganzen Spektralgebiet gefunden. Die Abnahmekurven im NO u. L. R. St. stimmen mit der Rekombinationstheorie von N_2 u. NO durch Dreikörperkollision überein. H. Lindberg. 113□

Atomarer Stickstoff in der Thermosphäre. M. Nicolet. (J. sci. ind. Res. [New Delhi], Sect. A **17.** 36. Dez. 1958. Brussels.) (Engl.)
Vf. weist darauf hin, daß atomares N nicht von einer direkten Dissoziation von N_2 oberhalb 100 km herrühren kann, sondern von Ionisation u. nachfolgenden Dissoziationsrekombinationen gemäß $N_2 + h\nu \rightarrow N_2^+ + e$ u. $N_2^+ + e \rightarrow N + N$. N reagiert mit O gemäß $N + O_2 \rightarrow NO + O$. Da die Aktivierungsenergie dieser Rk. von der Größenordnung von 6 kcal ist, wird N in NO in der Thermosphäre, wo die Temp. hoch ist, umgewandelt. Anderseits verläuft die Rk. zwischen NO u. N sehr schnell, da die Aktivierungsenergie sicher $<$ 1 kcal ist. Die Rk. $NO + N \rightarrow N_2 + O$ führt zu einer gleichzeitigen Zerstörung der neuen Bestandteile. Obwohl die Konz. von N prim. von der für die Ionisation des N_2 verfügbaren Sonnenenergie abhängig ist, steht die Konz. von NO nur in Verbindung mit dem Verhältnis der beiden letzten Rkk. u. hängt von der Konz. an O_2 bei einer gegebenen Temp. ab. Atomarer N ist je nach der Sonnenaktivität Schwankungen unterworfen u. ist nur als unbedeutender Bestandteil anzusehen.
C. Gottfried. 113

Über die Umkehrung der Molwärmefunktion. George Weiss. (Progr. theoret. Physics [Kyoto] **22.** 526—30. Okt. 1959. Rehovoth, Israel, Weizmann Inst. of Sci., Dep. of Appl. Math.) (Engl.)
Vf. entwickelte eine Meth. für die Umkehrung der Molwärme-Daten zur Ermittlung des Schwingungsfrequenz-Spektrums eines Festkörpers. Die Ergebnisse werden dabei in Form einer Potenzreihe der Frequenz dargestellt, in der die Koeff. von $C_v(T)$ u. den Ableitungen bei T = 0 abhängen. Die abgeleitete Beziehung ist asymptot. u. gilt daher exakt nur bei niedrigen Frequenzen, stellt aber eine Verbesserung gegenüber den von Montroll [1942] u. Kroll [1952] angegebenen Verff. dar, da nicht mehr die Kenntnis spezieller, aus den Daten abgeleiteter Funktionen u. eine Berechnung von Doppelintegralen über diese Funktionen erforderlich sind. Wolfgang Wagner. 114□

Das Auger-Spektrum der L_{III}-Schale von Wismut. K. Risch. (Z. Physik **159.** 89—100. 1960. Göttingen, Univ., II. Physik. Inst.) (Dt.)
Eine dünne Bi-Schicht wurde mit Röntgenlicht bestrahlt, so daß L-Auger-Elektronen emittiert wurden. Das Elektronenspektrum wurde mit einem magnet. Linsenspektrometer aufgenommen. Für 14 Linien werden Energie, Übergang u. relative Intensität gemessen. Unter günstigsten Bedingungen ist die Zahl der L_{III}-Ionisationen 10mal so groß wie die Zahl der L_{II}-Ionisationen. Die L_{II}-Elektronen sind nur in geringer Intensität dem L_{III}-Auger-Spektrum überlagert. Das Verhältnis der Intensitäten der Liniengruppen $L_{III}MN$ u. $L_{III}MM$ ergibt sich durch Extrapolation zu $0{,}46 \pm 0{,}02$. Unter Mitverw. früherer Resultate ergibt sich daraus eine L_{III}-Auger-Ausbeute von $a_3 = 0{,}64 \pm 0{,}04$. Die L_{III}-Fluorescenzausbeute beträgt entsprechend $\omega_3 = 0{,}36 \pm 0{,}04$. Eine weitere Anwendung des Verf., derzufolge sich für ein irgendwie angeregtes L-Auger-Spektrum durch Ausmessen von nur drei Linien die Intensitäten der drei L_I-Teilspektren bestimmen lassen, wird beschrieben. W. Betcke. 116□

Theorie der Ladungsübergangsspektren. J. N. Murrell. (Quart. Rev. (chem. Soc., London) **15.** 191—206. 1961. Sheffield, Univ., Chem. Dep.) (Engl.)
Übersicht. — 32 Literaturangaben. P. Golinske. 118□

Lamb-Verschiebung der Grundzustände von ^{4}He und ^{3}He. G. Herzberg. (Оптика и Спектроскопия [Optik u. Spektroskopie] **6.** 429—30. April 1959. Ottawa, Nat. wiss. Forsch.-Beirat, Abt. für reine Phys.) (Russ.)

Mit einer Genauigkeit von $\pm$ 0,0005 Å wurden für ^{4}He folgende Linien bestimmt: 584,3339 (1^1S-2^1P), 537,0293 (1^1S-3^1P) u. 591,4121 Å ($1^1S-2^3P_1$). Für ^{3}H liegen die entsprechenden Linien bei 584,3640, 537,0577 u. 591,4466 Å. Das Ionisationspotential für ^{4}He ist 198310,82 $\pm$ 0,15 (cm^{-1}) u. für ^{3}He 198300,32 $\pm$ 0,15. Die Isotopenverschiebung im Grundzustand ist dann 10,50 $\pm$ 0,05. Die LAMB-Verschiebung wird mit — 1,19 bzw. 1,23 für ^{4}He bzw. ^{3}He angegeben. CH. WEISKE. 118□

Heutiger Stand des Problems der Spektren der Seltenen Erden vom experimentellen Gesichtspunkt. W. F. Meggers. (Оптика и Спектроскопия [Optik u. Spektroskopie] **6.** 430—33. April 1959. Washington, D. C., Nat. Bur. of Stand.) (Russ.) — Vgl. C. **1961.** 13432.

Überblick. — 10 Literaturangaben. CH. WEISKE. 118□

Heutige Daten über die Spektren Seltener Erden (August 1958). C. E. Moore. (Оптика и Спектроскопия [Optik u. Spektroskopie] **6.** 433—37. April 1959. Washington, D. C.) (Russ.) — Vgl. C. **1961. 13432.**

Angaben über Lanthaniden u. Actiniden verschiedener Oxydationsstufen (Unters.-Bereich, Zahl der interpretierten Linien, Ionisationspotential). Überblick. — 8 Literaturangaben. CH. WEISKE. 118□

Untersuchungen der Molekularstruktur und der Spektren im Laboratorium von Chicago. R. S. Mullikan. (Оптика и Спектроскопия [Optik u. Spektroskopie] **6.** 437—39. April 1959.) (Russ.)

Kurze Übersicht über die Arbeiten aus dem Labor. für Mol.-Strukturen u. Spektren der Physikal. Fakultät der Universität in Chicago. CH. WEISKE. 118□

Ultraviolettabsorptionsspektren und Elektronenstruktur von Metallkomplexen. 2. Mitt. Cyanid-Komplexe. Sigeo Kida, Junnosuke Fujita, Kazuo Nakamoto und Ryutaro Tsuchida. (Bull. chem. Soc. Japan **31.** 79—87. Jan. 1958. Masagocho, Wakayama, Wakayama Univ., Dep. of Chem.; Kita-ku, Osaka, Osaka Univ., Fac. of Sci., Dep. of Chem.) (Engl.) — 1. vgl. C. **1958.** 1201.

Die Energieniveaus der Cyanokomplexanionen $[Sr(CN)_6]^{3-}$, $[Co(CN)_6]^{3-}$, $[Ni(CN)_4]^{2-}$ u. $[Cu(CN)_4]^{3-}$ wurden nach der halbempir. M.O.-Meth. unter Berücksichtigung der π-Orbitale der Liganden berechnet. Die Ionisationspotentiale wurden so ausgewählt, daß die berechnete Ladungsverteilung nicht dem PAULINGschen Elektroneutralitätsprinzip widerspricht. Die Berechnungen geben die Stabilität u. die magnet. Figg. der Komplexe richtig wieder. Die ersten u. zweiten Banden von $[Cr(CN)_6]^{3-}$ u. $[Co(CN)_6]^{3-}$ sind den $f'_{2g} \rightarrow e'_g$-Übergängen zuzuordnen. Beim $[Cu(CN)_4]^{3-}$ existieren keine entsprechenden Banden. D. ERTEL. 118□

Graphische Methode für die Untersuchung der Diffusion des Lichtes in der Atmosphäre. Mircea Herovanu. (Bul. ştiinţ., Secţ. Ştiinţe mat. fizice **8.** 673—78. Juli/Sept. 1956.) (Rum.)

Mit einer graph. Meth. kann man feststellen, ob die Diffusion des Lichts in einem trüben Medium, das durch eine Anzahl von monochromat. Streuungs-Koeff. gekennzeichnet ist, dem Gesetz von MIE folgt oder nicht. Wenn das Gesetz gilt, kann man nach dieser Meth. rasch den Radius der streuenden Teilchen bestimmen.

R. K. MÜLLER. 119□

Die Theorie der Lichtstreuung und der Röntgenkleinwinkelstreuung durch halbstarre Kettenmoleküle. A. R. Stokes. (Proc. physic. Soc. **75.** 489—97. 1/4. 1960. London, King's Coll., Wheatstone Phys. Labor.) (Engl.)

Unter einer halbstarren Kette versteht Vf. eine Kette, die aus vielen ident. Bindungen besteht, so daß, wenn der Winkel zwischen der normalen Bindung u. der (n + 1)-ten Bindung Φ_n ist, jedes Φ_n dieselbe Wahrscheinlichkeitsverteilung hat u. jedes Φ_n stat. unabhängig von jedem anderen Φ_n ist; außerdem besteht vollkommene Rotationsfreiheit um die lange Achse jeder Bindung. C. GOTTFRIED. 119

Farbzentren-Assoziate in Alkalihalogeniden. H. Pick. (Z. Physik **159.** 69—76. 1960. Stuttgart, TH, II. Physik. Inst.) (Dt.)

In Alkalihalogenidkristallen wandeln sich F-Zentren unter Licht bei Temp. nahe Zimmer-Temp. in Assoziate um. Für diese Assoziate werden neue Modelle vorgeschlagen, u. zwar ist im Modell des F-Zentrums eine Halogenionenlücke mit einem Elektron oktaedrisch von Kationen umgeben, während die Modelle der M-, R-, N_1- u. N_2-Zentren aus 2, 3 bzw. 4 solchen Oktaedern aufgebaut gedacht sind. Zur Unterstützung dieser

Annahmen wurden Messungen der opt. Absorptionsbanden, Beobachtungen des auftretenden Dichroismus u. Best. des Polarisationsgrades der Fluorescenz durchgeführt. W. Betcke. 119□

F-Band-Struktur in Cäsiumbromid. Herbert Rabin und James H. Schulman. (Phys. Rev. Letters **4.** 280—82. 15/3. 1960. Washington, D.C., Naval Res. Labor.) (Engl.)

Von einem mit K^+ angefärbten u. einem 90 Min. bei Zimmer-Temp. mit Röntgenstrahlen (**43** kV, 20 mA) behandelten CsBr-Einkristall wurden opt. Absorptionsspektren aufgenommen. Eine starke Absorptionsbande erscheint bei beiden Proben bei 680 mμ u. wird durch Unters. ihres Verh. u. durch Vgl. mit dem Verh. von F-Zentren in Alkalihalogeniden vom NaCl-Typ als F-Bande identifiziert, obwohl sie bei der Temp. des fl. He Substrukturen zeigt. W. Sobieski. 119□

Über den Einfluß freier Elektronen auf die optische Eigenabsorption von Cadmiumoxyd. H. Finkenrath. (Z. Physik **159.** 112—24. 1960. Darmstadt, TH, Physik. Inst.) (Dt.)

An durch Kathodenzerstäubung hergestellten CdO-Schichten wurden elektr. Leitfähigkeit, Hall-Effekt u. opt. Absorption im sichtbaren Bereich u. im nahen UV gemessen. Wie beim InSb rückt die Absorptionskante mit zunehmender Elektronen-Konz. zu kürzeren Wellenlängen hin, da die unterhalb der Fermi-Kante liegenden Leitungsband-Terme — das Elektronengas ist durchweg hochentartet — durch Leitungselektronen besetzt sind. Eine befriedigende Erklärung des Absorptionsverlaufs erhält man nur bei Annahme einer beträchtlichen Unschärfe für die einzelnen Übergänge, die durch die von IR-Messungen her bekannte starke Wechselwrkg. der Elektronen mit dem Gitter u. die hierdurch bedingte kurze Lebensdauer der angeregten Zustände nahegelegt wird. Elektronen-Konz. u. Lage der Absorptionskante lassen sich dann eindeutig einander zuordnen. Extrapolation der aus der Absorption des klass. gedämpften Resonators hergeleiteten Absorptionsformel auf vernachlässigbare Termunschärfen ergibt bis auf einen Faktor π Übereinstimmung mit der auf quantentheoret. Wege ermittelten Gleichung für die Absorption durch direkte Band–Band-Übergänge. W. Betcke. 119□

Die durch die durchsichtige Autoklavierung beobachtete Thermochromie des Vanadinoxinat–Alkoholkomplexes in Nitrobenzol. Motoharu Tanaka und Tominosuke Katsurai. (Naturwissenschaften **48.** 48. 2. Jan.-H. 1961. Nagoya-Aichi, Nagoya Univ., Wiss. Fak., Chem. Abt. u. Hiratsuka Kanagawa, Pilot Labor.) (Dt.)

Vff. untersuchen mit Hilfe der durchsichtigen Autoklavierung (vgl. Katsurai, Kolloid-Z. **170.** [1960.] 57) die Thermochromie von *Vanadinoxinat* (I). Bei Zimmer-Temp. hat eine Lsg. von I in Nitrobenzol eine dunkelgrüne Farbe; diese schlägt $> 130^0$ nach Gelb um. Die Farbänderung ist reversibel u. wird auf eine unter dem Einfl. der Temp.-Erhöhung stattfindende Dissoziation des I in Vanadinoxyd u. Oxin, die beide gelb gefärbt sind, zurückgeführt. Der dunkelgrüne Farbton verändert sich nach Rotorange beim Zusatz von Alkoholen (Methyl-, n-Propyl-, n-Butyl-, n-Octyl- bzw. Laurylalkohol). Es bilden sich Vanadinoxinat–Alkohol-Komplexe. Die rotorangefarbene Lsg. geht bei der Autoklavierung ohne Zwischenfarbtöne direkt in die gelbgefärbte Lsg. über. Die Farbänderung beginnt beim I-Methylalkohol-Komplex bereits bei 90^0, bei den anderen I-Alkohol-Komplexen erst $> 100^0$. — Bei *Eisenoxinat*, das bei Zimmer-Temp. schwarz ist, tritt bei der Autoklavierung selbst bei 200^0 keine Farbänderung auf. H. Schroeder. 119□

Einfluß optischer Gitterschwingungen auf die Infrarot-Dispersion in zweiatomigen polaren Kristallen mit trigonaler, tetragonaler und hexagonaler Symmetrie. L. Merten. (Z. Naturforsch. **16 a.** 447—59. Mai 1961. Augsburg, Osram-Studienges.) (Dt.)

Vf. untersucht den Einfl. der Richtungsabhängigkeit IR-akt. langer opt. Gitterschwingungen in zweiatomigen polaren Kristallen mit trigonaler, tetragonaler u. hexagonaler Symmetrie auf das IR-Spektrum. Zur quant. Berechnung der Dispersion u. der Form der IR-Banden in Abhängigkeit von der Richtung ist die Kenntnis des (komplexen) Brechungsindex notwendig. Dieser läßt sich als Funktion der Frequenz u. der Richtung aus dem vollständigen Syst. der Schwingungsgleichungen berechnen, welches man durch Hinzufügen einer dritten, die Kopplung, mit dem Maxwell-Feld beschreibenden Gleichung zu den Grundgleichungen für die langen opt. Gitterschwingungen erhält. Bei der Diskusion ergeben sich zwei wesentlich verschiedene Fälle. Fall 1 tritt auf bei starken Coulomb-Kräften u. relativ schwacher Anisotropie der Kräfte kurzer Reichweite, Fall 2 bei starker Anisotropie u. relativ schwachen Coulomb-Kräften. Die Kurven für die Abhängigkeit der Eigenfrequenzen von der Fortpflanzungsrichtung im Kristallinnern zeigen angenähert gleiche Form. Im Fall 1 sind jedoch die Frequenzen der longitudinalen Schwingungen in den ausgezeichneten Normalenrichtungen beide größer als die der transversalen in diesen Richtungen. Im Fall 2 ist für eine der ausgezeichneten Normalenrichtungen die Frequenz der longitudinalen Schwingung kleiner als die der transversalen in dieser Richtung. Im Grenzfall 1 bei großen Coulomb-Kräften u. verschwindender Anisotropie sind die Schwingungen für jede Richtung streng transversal (zweifach) oder streng longitudinal, im Grenzfall 2 bei großer Anisotropie u. verschwindenden Coulomb-Kräften entweder senkrecht oder parallel zur opt. Achse polarisiert. Zwei Beispiele für die beiden Fälle sind dargestellt. P. Frenzel. 120□

Über die Gitterschwingungen in Kristallen mit Wurtzitstruktur. 2. Mitt. **Einfluß der Coulomb-Kräfte auf die Grenzschwingungen.** Ludwig Merten. (Z. Naturforsch. **15a.** 626—33. Juli 1960. Münster, Univ., Inst. für theoret. Physik.) (Dt.) — 1. vgl. C. **1961.** 3225.

Die l. c. abgeleiteten Formeln genügen nicht, um auch den Einfl. der weitreichenden Coulomb-Kräfte zu erfassen. Die Unters. ihres zusätzlichen Einfl. auf die Grenzschwingungen zeigt, daß die 4 IR-inakt. opt. Grenzschwingungen in ihrer Form nicht beeinflußt werden. Nur ihre Frequenzen ändern sich etwas. Die 3 restlichen, mit einem Dipolmoment verbundenen opt. Grenzschwingungen werden dagegen durch die Coulomb-Kräfte auch in ihrer Form verändert. Bei zweien von ihnen werden die Frequenzen richtungsabhängig. Die Polarisationsvektoren dieser beiden Schwingungen sind, abgesehen von den ausgezeichneten Richtungen, weder rein transversal noch rein longitudinal. Die weitere, in ihrer Frequenz richtungsunabhängige Schwingung ist dagegen immer streng transversal. G. Ruban. 120□

Die Schwingungsspektren und die Struktur von Bis-[cyclopentadienyl]-magnesium. Ellis R. Lippincott, J. Xavier und D. Steele. (J. Amer. chem. Soc. **83.** 2262—66. 20/5. 1961. College Park, Md., Univ. of Maryland, Dep. of Chem.) (Engl.)

Die IR- u. Raman-Spektren von festem u. in Bzl. gelöstem $Mg(C_5H_5)_2$ (I) werden mitgeteilt u. diskutiert. Ein Vgl. der Schwingungsfrequenzen mit denen von $Fe(C_5H_5)_2$ (II) u. $Ru(C_5H_5)_2$ zeigt, daß die Geometrie des I-Mol. am besten durch ein „sandwich“-Modell beschrieben wird. Die vorgeschlagene Zuordnung der Banden ähnelt derjenigen, die früher für II getroffen wurde; das bedeutet, daß I eher kovalenten als ion. Bindungscharakter besitzt (d^2sp^3-Hybridisierung). Für eine kovalente Bindung zwischen Mg u. den beiden C_5H_5-Ringen spricht auch der nur geringe Unterschied zwischen dem Lsg.- u. dem Kristallspektrum, die Intensität der antisymm. Ring-Metall-Valenzschwingung (526 cm^{-1}), sowie die gute Löslichkeit in Bzl. (ca. 1 g/5 ml). A. Blaschette. 120□

Sulfoxyde als Liganden. 2. Mitt. **Infrarotspektren einiger Dimethylsulfoxydkomplexe.** F. A. Cotton, R. Francis und W. D. Horrocks jun. (J. physic. Chem. **64.** 1534—36. Okt. 1960. Cambridge, Mass., MIT, Dep. of Chem.) (Engl.) — 1. vgl. C. **1961.** 1852.

Die IR-Spektren von $(CH_3)_2SO$ (I), $(CD_3)_2SO$ (II), $[(CH_3)_3SO]J$ (III), $[(CD_3)_3SO]J$ (IV), $[(CH_3)_3SO]NO_3$ (V) u. $[(CH_3)_2SOCH_3]NO_3$, einer Anzahl von Komplexen von I mit Metallsalzen u. einiger analoger Komplexe von II werden mitgeteilt u. für die bei 650—4000 cm^{-1} auftretenden Banden Zuordnungen vorgeschlagen. Bes. berücksichtigt wird dabei die SO-Valenzschwingung, da sie je nach Bindungszustand charakterist. Verschiebungen erfährt. Sie wird bei nachst. Wellenzahlen (in cm^{-1}) beobachtet: **I**, 1055 (in Chlf./CS_2) bzw. 1102 (Dampf); **II**, 1064 (in Chlf./CS_2) bzw. 1096 (Dampf); **III**, 1233; **IV**, 1240; **V**, 1210; **VI**, im Bereich 1050—925. Da sich S-Koordinierung somit in einer Erhöhung, O-Koordinierung in einer Erniedrigung der SO-Frequenz äußert, lassen sich aus der Lage dieser Bande in den Spektren der Komplexe Rückschlüsse auf das Donatoratom ziehen. Die Spektren werden durch die Anzahl der koordinierten I-Moll. u die Natur des Zentralatoms nur wenig beeinflußt. Die untersuchten Komplexe von *Sn(IV)*, *Cr(III)*, *Fe(III)* u. der 2wertigen Ionen von *Co, Cu, Cd, Mn, Ni, Fe* u. *Zn* zeigen die SO-Frequenz im Bereich 970—911, entsprechend einer O-Koordinierung der Moll. von I oder II. Lediglich bei $PdCl_2 \cdot 2\,(CH_3)_2SO$ u. $PtCl_2 \cdot 2\,(CH_3)_2SO$ erscheint die SO-Frequenz bei 1116 bzw. 1157/1134, d. h. es scheint S-Koordination vorzuliegen. A. Blaschette. 120□

Die Luminescenz, Verfärbung und Exoelektronenemission von nach verschiedenen Arten gefärbten CaF_2-Kristallen. Jarmila Dolejší, Josef Kantůrek, Antonín Bohun und Jaroslav Trnka. (Czechoslov. J. Physics **8.** 548—55. 1958. Prag, Tschechoslow. Akad. der Wiss., Inst. für techn. Phys.) (Dt.)

An CaF_2-Kristallen verschiedener Herkunft, die photochem. (durch Röntgenbestrahlung), additiv (indem sie Ca-Dämpfen bei 700—800° ausgesetzt wurden) oder auf beide Arten kombiniert gefärbt waren, wurden Unterss. der Thermoabsorption (Absorption bei konst. u. gleichmäßig ansteigender Temp.), des Thermoluminescenzspektrums u. der Elektronenemission durchgeführt. Bei allen untersuchten Kristallen ließ sich durch geeignete Austemperierung u. Färbung erreichen, daß die Hauptthermoemissionsmaxima in der Umgebung von 370, 480 u. 650° K u. die ihnen entsprechenden Absorptionsbanden über 5800, bei 5200 u. bei 3600 Å liegen. Es ließ sich (auch in Ggw. von Kolloiden) auf einfache Weise feststellen, wie viele verschiedene Farbzentrenarten im Kristall vorhanden sind. Bei CaF_2 bringt die Thermoabsorptions-Meth. keine eindeutigen Ergebnisse in bezug auf die gegenseitige Zuordnung der Exoemissions-, Luminescenz- u. Absorptionsmaxima. Das Thermoluminescenzspektrum macht eine wesentliche Rolle von Schwermetallen (z. B. Cu) beim Luminescenzprozeß wahrscheinlich.

W. BETCKE. 125□

A_3. Elektrizität. Magnetismus. Elektrochemie

Plasma-Beschleunigung durch ein schnell veränderliches Magnetfeld. Milton M. Klein und Keith A. Brueckner. (J. appl. Physics **31.** 1437—48. Aug. 1960. Philadelphia, Pa., Gen. Electr. Comp., Missile and Space Vehicle Dep., Univ. of Pennsylvania.) (Engl.)

Berechnet wird die Bewegung eines Plasmas unter der Wrkg. eines schnell veränderlichen Magnetfeldes einer stationären Spule, u. zwar 1. für ein vollständig diamagnet. Plasma, d. h. bei Vernachlässigung der Ionisationsgeschichte des Plasmas u. 2. für den nichtdiamagnet. Fall, d. h. bei Berücksichtigung des Ionisationsprozesses. Für den Fall 1 führt die Rechnung zu einer Reihe gekoppelter nichtlinearer Differentialgleichungen, die für eine Reihe von Parametern gelöst werden. Damit sind auch Informationen für ein gegebenes physikal. Syst. möglich. Bei Feldfrequenzen von 1 MHz können Plasma-Geschw. von 10^7 cm/s erreicht werden, wobei aber die Umwandlung in die kinet. Energie des Plasmas nur 5—10% beträgt u. nicht nennenswert durch eine Änderung der physikal. u. geometr. Parameter des Syst. geändert werden kann. Für den nichtdiamagnet. Fall war noch keine Lösung möglich. Dafür wurde nur ein typ. Beispiel herausgearbeitet, das die Hauptunterschiede der beiden Fälle zeigt. Der Wrkg.-Grad im nichtdiamagnet. Fall ist danach wesentlich kleiner, so daß in diesem Fall ein durch ein Magnetfeld einer stationären Spule bewegtes Plasma keine Aussicht auf eine prakt. Verwirklichung besitzt. H. FAHLENBRACH. 131□

Über die minimalen und maximalen Absorptionen von elektromagnetischen Wellen durch ionisierte Gase bei hohen Gleichstromstärken. V. P. Mihu. (Bul. ştiinţ., Secţ. Ştiinţe mat. fizice **7.** 425—31. April/Juni 1955.) (Rum.; Auszug: Franz.)

Bei der Absorption der Energie von elektromagnet. Wellen durch ionisierte Gase ist die Stärke des ionisierenden Stroms, bei der ein Minimum an Energie absorbiert wird, proportional dem Quadrat des Druckes (p^2) des ionisierten Gases, wenn p nicht zu klein, z. B. bei H_2 mindestens 0,14 Torr ist. Bei geringem p wird eine neue Art der Maxima u. Minima (M_3 bzw. m_3) gefunden. Bei kleinen Entladungsstromstärken ($<$ 1 mA) treten Maxima u. Minima (M_1 bzw. m_1) der Absorption auf, die nicht einem Parabelgesetz folgen u. bei konst. p von der Wellenfrequenz unabhängig sind. R. K. MÜLLER. 131□

Corona-Beziehung für die niederfrequente stille Entladung. D. P. Jatar und H. D. Sharma. (Proc. nat. Acad. Sci., India, Sect. A **26.** 87—93. März 1957. Saugar, Univ. of Saugar, Dep. of Phys.) (Engl.) — Vgl. C. **1960.** 14595.

Als experimentelle Anordnung wurden Entladungsröhren vom Typ des MAZE-Zähler verwendet. Es wurde die Abhängigkeit des Zündpotentials der Corona-Entladung in Luft vom Durchmesser des Glaszylinders unterhalb 250 Torr untersucht, u. zwar für niederfrequente Wechselspannungen bis ca. 3 kV. Wenn man den Spannungsabfall an den Glaswänden durch eine Korrektur berücksichtigt, gilt die für Metallelektroden bekannte Coronabeziehung. Auch für Glaszylinder hängt also das Zündpotential in solcher Weise vom Zylinderradius ab, daß die Feldstärke am Draht konst. bleibt. J. WOLFF. 131□

Untersuchung negativer Wasserstoffionen in Gegenwart von Quecksilberdampf. Paul Ştiubei. (Bul. ştiinţ., Secţ. Ştiinţe mat. fizice **7.** 433—63. April/Juni 1955.) (Rum.; Auszug: Franz.)

In ein Gleichstromentladungsrohr wird H_2 mit 0,12—0,76 Torr u. Hg-Dampf mit $1{,}7 \cdot 10^{-3}$ bis $28{,}4 \cdot 10^{-3}$ Torr eingeführt u. vom außen ein Hochfrequenzfeld (31,25, 50, 78,8 MHz) angelegt. Die vom ionisierten Gas aufgenommene Energie hat ein Maximum, das sich mit steigendem Hg-Druck nach schwächeren, bei steigendem H_2-Druck nach stärkeren Entladungsströmen verschiebt, u. offenbar dem Punkt entpricht, an dem gleich viele negative Ionen entstehen u. verschwinden. Es scheinen 2 verschiedene Gruppen von Elektronen in MAXWELLscher Verteilung vorzuliegen, wobei die Temp. der einen Gruppe der Außentemp. entspricht, die der anderen fast das 10fache beträgt. Für die Existenz der ersten Gruppe werden 2 Hypothesen erörtert. R. K. MÜLLER. 131□

Der Anregungsmechanismus von Ar^+-Ionen mit 5—24 keV in He, Ne, Ar, Kr, Xe. Th. J. M. Sluyters und J. Kistemaker. (Physica [Utrecht] **25.** 182—84. Febr. 1959. Amsterdam, Labor. voor Massaspectrogr.) (Engl.)

Mit dem aus einem Isotopentrenner austretenden Strahl von Ar^+-Ionen u. einer Stoßkammer werden Ladungsaustausch- u. Ionisationsquerschnitte sowie Intensität sowie Zus. des Strahls untersucht; zum Nachw. der sehr schwachen Lichtintensität wird ein spezieller Gitter-Vakuum-Spektrograph, der senkrecht an die Stoßkammer angeflanscht ist, verwendet. Der Spektralbereich umfaßt 1000—6000 Å. Für die verschiedenen Gaskombinationen wurden die Anregungsquerschnitte in Abhängigkeit von der Energie der anregenden Ionen gemessen. H. SCHIRRWITZ. 131

Anregungsmechanismus von Ar^+-Ionen in He, Ne, Ar, Kr und Xe. 2. Mitt. Th. J. M. Sluyters und J. Kistemaker. (Physica [Utrecht] **25.** 1389—1404. Dez. 1959.) (Engl.) — Vgl. vorst. Referat.

Mit der im vorst. Ref. beschriebenen App. werden Bogen- u. Funkenspektren von den zum Beschuß verwendeten Teilchen sowie vom Targetgas untersucht. Speziell werden für die Ar II-Spektrallinien 4610, 4658, 4765 u. 4806 Å die abs. opt. Emissionsfunktionen in Abhängigkeit von der Energie der Ar^+-Ionen beim Stoß mit He, Ne, Ar u. Kr sowie für die Xe II-Linie 2475 Å beim Stoß von Ar^+ mit Xe gemessen. Für Ar^+ bei Stößen mit He u. Ne ist der Emissionsquerschnitt der Linie 4658 Å ($^2P^0_{1/2} - {}^2P_{3/2}$) gleich dem Anregungsquerschnitt des Energieniveaus $^2P^0_{1/2}$. Die Anregungsquerschnitte der prim. Ar^+-Ionen sind in He größer als in Ne. In dem untersuchten Energiebereich liegen die gemessenen Emissionsquerschnitte zwischen $1 \cdot 10^{-19}$ u. $5 \cdot 10^{-18}$ cm². H. SCHIRRWITZ. 131 □

Streuung von Galliumatomen in verschiedenen Zeeman-Zuständen. K. Berkling, Ch. Schlier und P. Toscher. (Z. Naturforsch. **15a.** 838—39. Sept. 1960. Bonn, Univ., Physik. Inst.) (Dt.)

Die Streuquerschnitte von Atomen in den einzelnen ZEEMAN-Zuständen wurden für die Kombination Ga-Edelgas bestimmt u. die Differenz der totalen Querschnitte für die beiden Terme $m_J = +3/2$ u. $m_J = -1/2$ des therm. angeregten Zustandes $^2P_{3/2}$ gemessen (Zustände 33 u. 31). Diese Zustände wurden während eines Vers. allein durch Umschalten des Magnetstroms abwechselnd durch das Spalt-Syst. hindurchgelassen. Die Streukammer war in einem quer zum Strahl gerichteten homogenen Magnetfeld angebracht, so daß der 33- u. 31-Strahl transversal polarisiert waren. Für verschiedene Abschwächungen I/I_0 des Atomstrahls wurde das Intensitätsverhältnis I_{31}/I_{33} gemessen. Für die Abschwächung $I/I_0 = 1/e$ ist direkt $I_{31}/I_{33} = (\sigma_{31} - \sigma_{33})/\sigma$. Durch Mittelung wurde $(\sigma_{31} - \sigma_{33})/\sigma$ für Ga-*Xe*, Ga-*Ar* u. Ga-*He* zu $82 \pm 6{,}65 \pm 5$ bzw. $37 \pm 10 \cdot 10^{-4}$ bestimmt. Mit verschiedenen Approximationen ließ sich der Wert $(\sigma_{31} - \sigma_{33})/\sigma$ für Ga-Xe zu $126 \cdot 10^{-4}$ berechnen. Eine nutzbare Ausrichtung des Atomstrahls allein durch Streuung erschien wegen der niedrigen Werte für die Differenz des Streuquerschnitts aussichtslos. W. BETCKE. 131 □

Über die Energieverteilung der Ionen aus einer Hochfrequenz-Ionenquelle. Günter Forst. (Z. Physik **159.** 7—18. 1960. Berlin, TU, Phys. Inst.) (Dt.)

Vf. untersucht den Ursprung der früher bestimmten anomalen Breite der Energieverteilung von *H*-, *He*-, *Ne*-, *Ar*- u. *Xe*-Ionen, die in einer Hochfrequenzionenquelle erzeugt werden (vgl. Z. angew. Physik **10.** [1958.] 546). Die Energiebreite kann im wesentlichen auf Umladungsprozesse zurückgeführt werden. Vf. bestimmt deshalb die Umladungen von H-Ionen mit einer Anordnung, bei der die aus der Ionenquelle austretenden Ionen ein Gitter mit variablem Gegenpotential passieren u. dann in einen Käfig fallen, der eine berußte Pt-Scheibe mit angeschweißtem Thermoelement enthält; damit können die Energien der Ionen u. Neutralatome gemessen werden. Das experimentell gewonnene Verhältnis der Gesamtenergie der Ionen zu derjenigen der Neutralatome stimmt mit dem aus der Energieverteilung der Ionen berechneten befriedigend überein. H. SCHIRRWITZ. 131 □

Strukturelle, dielektrische und optische Eigenschaften von ferroelektrischem Bleimetaniobat. M. H. Francombe und B. Lewis. (Acta crystallogr. [Copenhagen] **11.** 696—703. 1 Tafel. 10/10. 1958. Wembley, Gen. Electr. Co. Ltd., Res. Labor.) (Engl.)

Vff. untersuchen die röntgenograph., elektr. u. opt. Eigg. von ferroelektr. *$PbNb_2O_6$* an Einkristallen u. keram. Proben. Röntgenograph. Pulveraufnahmen bei hohen Temp. zeigen, daß oberhalb der CURIE-Temp. (560°) ein Übergang von rhomb. zu tetragonaler Struktur erfolgt; die paraelektr. Struktur ist eng verwandt mit der verschiedener tetragonaler Alkaliwolframbronzen. Tafelförmige $PbNb_2O_6$-Einkristalle zeigen eine Domänenstruktur mit ferroelektr. Polarisation in Richtung [0 1 0]. In dieser Richtung u. in [1 0 0], aber nicht [0 0 1], tritt bei der CURIE-Temp. ein scharfes Durchlässigeitsmaximum auf. Die strukturellen u. elektr. Daten fester Lsgg. vom Typ $PbO \cdot x Nb_2O_5$ mit $1 \leq x \leq 3$

zeigen, daß mit wachsendem x die rhomb., für reines $PbNb_2O_6$ typ. Struktur in die tetragonale Symmetrie der Wolframbronzen, wie $K_{0,57}WO_3$ oder $Na_{0,28}WO_3$ übergeht. Für $x > 1$ sind die Strukturen nicht ferroelektrisch. Ersatz von Nb durch Ta in den festen Lsgg. $PbNb_2O_6$—$PbTa_2O_6$ hebt allmählich die rhomb. Verzerrung auf, die für reines $PbNb_2O_6$ charakterist. ist, u. hat auch eine Entartung der ferroelektr. Eigg. zur Folge. Vff. entwickeln ein einfaches Modell, das den ferroelektr. Eigg. der $PbNb_2O_6$-Struktur u. dem Verschwinden der Ferroelektrizität im Syst. $PbO \cdot xNb_2O_5$ für $x > 1$ Rechnung trägt. G. Ruban. 133□

Methoden zur Verringerung der Energiedissipation in der Oberflächenschicht des Quarzes. A. G. Smagin. (Кристаллография [Kristallographie] **4.** 862—66. Nov./Dez. 1959. Allunions-Forsch.-Inst. für physik.-techn. u. radiotechn. Messungen.) (Russ.)

Die Energieverluste in der Oberflächenschicht des für Präzisionsfrequenzmessung verwendeten Quarzes können herabgesetzt u. dadurch die Qualität der Resonatoren gesteigert werden, wenn man piezoelektr. Kristalle in einer bestimmten Reihenfolge mit Schleifmitteln derart behandelt, daß die Oberflächenfehler einer Behandlungsstufe durch die nachfolgende beseitigt werden u. schließlich so poliert, daß sich ein asymptot. Qualitätswert einstellt. R. K. Müller. 133□

Die Exoelektronen-Emission (Kramer-Effekt) von Zinkoxyd. Richard Menold. (Z. Physik **157.** 499—509. 1960. Leverkusen, Farbenfabriken Bayer AG.) (Dt.) — Vgl. C. **1959.** 15577.

Die Emissionsglowkurven von ZnO-Einkristallen u. von reinem u. dotiertem ZnO-Pulver werden nach Röntgenbestrahlung mit dem Geiger-Müller-Zählrohr ausgezählt. Die Proben befanden sich in einem aufheizbaren Näpfchen, dessen Temp. mit einem Pt–Pt/Rh-Element gemessen wurde. Impulsmaxima wurden bei 135, 192 u. 260° festgestellt. Leitfähigkeitsglowmessungen bei verschiedenen Temp. zeigten zwischen 20 u. 280° kein Maximum. — Die Unterss. ergaben, daß die Emission von Exoelektronen nicht eine Folge der Anreicherung von Elektronen, die aus metastabilen Zuständen in Zn-Lücken während der Erhitzung der Probe freigesetzt wurden, im Leitungsband sein kann. Zu demselben Ergebnis führen auch theoret. Überlegungen. Die Exoelektronenemission läßt sich auch nicht durch einen Rekombinationsprozeß in der Randschicht erklären, sondern es ist anzunehmen, daß die emittierten Elektronen der Sorptionsschicht entstammen. Die Tatsache, daß die beim ZnO beobachteten Maxima auch bei anderen Stoffen mit wechselnder Intensität in Erscheinung treten, unterstützt diese Annahme. W. Betcke. 134□

Ionenstreuung warmer Elektronen in nichtentarteten unpolaren Halbleitern. Karlheinz Seeger. (Z. Physik **156.** 582—91. 1959. Heidelberg, Univ., II. Physik. Inst.) (Dt.)

Es wird eine Theorie der Trägeraufheizung in nichtentarteten, unpolaren Halbleitern unter dem Einfl. von Ionen- u. Gitterstreuung entwickelt. Die Streuung von akust. u. opt. Phononen wird erörtert. Bei einer Elektronen-Temp. wenig oberhalb der Gitter-Temp. wird eine Maxwellsche Geschw.-Verteilung angenommen. Bei n-leitendem *Ge* macht sich der Einfl. der Ionenstreuung auf die Aufheizung der Elektronen viermal so stark bemerkbar wie auf die Nullfeldbeweglichkeit bei kleinen Ionendichten. Wenn nach einer Theorie von Sodha die opt. Phononen vernachlässigt werden, wird das 5fache erreicht. Ein Vgl. mit experimentellen Ergebnissen zeigt, daß die Ionenstreuung die Unterschiede zwischen verschiedenen Proben nicht erklären kann. W. Betcke. 135□

Mechanismus der Verunreinigungsleitung in Halbleitern. Jerzy Mycielski. (Physic. Rev. [2] **123.** 99—103. 1/7. 1961. Warschau, Inst. für Phys., Pol. Akad. der Wiss.) (Engl.)

Ein neuer möglicher Mechanismus der Leitung in Halbleitern durch Verunreinigungen wird für tiefe Temp. vorgeschlagen: durch Sprünge über den Coulomb-Potentialwall von den durch die Verunreinigungen eingenommenen Zentren zu Leerstellen. Die Aktivierungsenergie der Leitfähigkeit u. für den Fall starker Ladungsträger–Phonon-Wechselwrkg. die Leitfähigkeit selbst wird berechnet u. verglichen mit Meßwerten der sog. ε_2-Anomalie in p- u. n-Germanium. H. Newesely. 135□

Die Energiebänderstruktur in Germanium und Silicium vom p-Typ. E. O. Kane. (Physics Chem. Solids **1.** 82—99. Sept./Okt. 1956. Schenectady, N.Y., Gen. Electr. Res. Labor.) (Engl.)

Für die drei Valenzbänder in Si u. Ge wurden Energiebandberechnungen in Termen des Cyclotronresonanzparameters durchgeführt. Die Bandenergie (gemessen von $k = 0$) wird im Vgl. zu der Spin–Bahn-Aufspaltung nicht als klein vorausgesetzt, so daß parabol. Bänder nicht resultieren. Die obige Berechnung ergibt sich aus einer Betrachtung des ersten Terms einer Störungs-Entw. der $k \cdot p$- u. Spin–Bahn-Störungen. Die Beiträge von Termen höherer Ordnung sind für Ge, nicht aber für Si von Bedeutung. An Hand der Cyclotronresonanz-Konst. werden die Matrixelemente für einen direkten opt. Übergang zwischen den Valenzbändern berechnet. Die Absorption freier Träger wird aus den gegenwärtigen Bandstrukturberechnungen ermittelt. Die Ergebnisse werden mit experimentellen Daten von Newman für Ge verglichen u. unter Verw. letzterer wird eine Korrektur der Valenzbandaufspaltungsberechnung vorgenommen. Für eine Theorie der entarteten Störung, bei der zwei Störungen verschiedener Ordnung wirksam sind, werden Formeln abgeleitet. W. Betcke. 135□

Optische Konstanten von Germanium im Bereich 0—27 eV. Om P. Rustgi, J. S. Nodvik und G. L. Weissler. (Physic. Rev. [2] **122.** 1131—34. 15/5. 1961. Los Angeles, Calif., Dep. of Phys., Univ. of Southern California.) (Engl.)

Das Reflexionsvermögen von Ge-Kristallen wird über den Energiebereich 7,6 bis 18,0 eV u. die Durchlässigkeit für einen aufgedampften Ge-Film über 16,6—27,4 eV gemessen. Die Reflexionswerte für fast senkrechten Einfall werden in Verbindung mit weiteren Daten für niedere Energie an Hand der Kramers-Kronigschen Beziehung benützt, um den Brechungsindex u. den Extinktions-Koeff. von Ge über den Bereich von 0—18 eV zu bestimmen. Die Plasmafrequenz von massivem Ge-, aus opt. Daten bestimmt, ist $\hbar\omega = 10$ eV. H. Newesely. 135□

Thermische Acceptoren in Germanium. Harry Letaw jun. (Physics Chem. Solids **1.** 100—16. Sept./Okt. 1956. Urbana, Ill., Univ. of Illinois, Electr. Engng. Res. Labor.) (Engl.)

In einer theoret. Unters. werden unter Heranziehung der Arbeiten verschiedener Autoren in bezug auf therm. Acceptoren in Ge folgende Punkte geklärt: Die in Ge bei hohen Temp. auftretenden therm. Acceptoren sind Gitterleerstellen, die wahrscheinlich bei Trockeneis-Temp. u. darüber ein Elektron einfangen. Der erste Schritt beim Ausheizen überschüssiger therm. Acceptoren in Abwesenheit einer hohen Versetzungsdichte ist die Bldg. von Doppelleerstellen durch direkten Zusammenschluß von zwei wandernden Leerstellen. Dieser Prozeß ist mit einer Aktivierungsenergie von 1,7 eV verbunden, von denen 0,96 eV der Diffusion einer Leerstelle u. 0,7 eV der weitreichenden Abstoßung zweier Leerstellen zuzuschreiben sind. Die Doppelleerstellen fangen wahrscheinlich zwei Elektronen bei Raum-Temp. u. vier Elektronen bei Trockeneis-Temp. ein. Der nächste Schritt könnte in der Diffusion der Doppelleerstellen zur Oberfläche, wo sie vernichtet werden, bestehen, oder wahrscheinlicher, in der Bldg. von Clustern von vier Leerstellen. Die Aktivierungsenergie für diesen Schritt, der bes. bei mittleren u. höheren Temp. vorherrschend zu sein scheint, beträgt 2,8 eV. Bei hoher Temp. können noch größere Cluster gebildet werden. Die Bldg.-Energie einer Leerstelle bzw. einer Doppelleerstelle beträgt 2,0 bzw. 1,1 eV, die Bindungsenergie einer Doppelleerstelle 2,9 eV. W. Betcke. 135□

Thermischer Widerstand von n-Germanium bei niedriger Temperatur. Robert W. Keyes. (Physic. Rev. [2] **122.** 1171—76. 15/5. 1961. Poughkeepsie, N.Y., Internat. Business Machines, Res. Labor.) (Engl.)

Die Streuung von Phononen durch Donatoren in Ge bei niedriger Temp. geht möglicherweise auf den starken Spannungs-Einfl. auf die Energie eines Elektrons im wasserstoffähnlichen Donatorzustand zurück. Die Berechnung der therm. Leitfähigkeit mittels dieses Streumechanismus wird dargestellt. Vernünftige Übereinstimmung mit folgenden Merkmalen der beobachteten therm. Leitfähigkeit wird erreicht: die große Streukraft von Donatoren, die Differenz zwischen der Streukraft von *Sb* u. *As*, eine Temp.-Abhängigkeit der therm. Leitfähigkeit größer als T^3, u. eine Abhängigkeit der Streuung von der Zahl der besetzten Donatorstellen, die stärker ist als die auf die gesamte Verunreinigungs-Konz. bezogene. H. Newesely. 135□

Wärmeleitfähigkeit von InSb. G. Busch, E. Steigmeier und E. Wettstein. (Helv. physica Acta **32.** 463—65. 31/12. 1959. Zürich, ETH, Labor. für Festkörperphysik.) (Dt.)

Die Wärmeleitfähigkeit (λ) von *InSb* wurde zwischen 190 u. 750° K bei $< 5 \cdot 10^{-5}$ Torr gemessen. Bei drei p- bzw. n-leitenden Einkristallen mit verschiedener Störstellen-Konz. ergaben sich für Zimmer-Temp. bis auf $\pm$ 0,6% übereinstimmende Werte. Ein von anderen Autoren gemessener Anstieg von λ bei hohen Temp. wird nicht bestätigt. Die Resultate lassen sich unter der Annahme erklären, daß sich λ additiv aus einem Gitteranteil u. einem Ladungsträgeranteil zusammensetzt. W. Betcke. 135□

Magnetische Susceptibilität von InSb und InAs bei hohen Temperaturen. G. Busch und Y. Yuan. (Helv. physica Acta **32.** 465—67. 31/12. 1959. Zürich, ETH, Labor. für Festkörperphys.) (Dt.)

An *InSb*- u. *InAs*-Proben wurden Susceptibilitätsmessungen bis zu Temp. von 1200° durchgeführt. Bei InSb erreicht der Diamagnetismus nach exponentiellem Anstieg ein Maximum bei 600° K. Am F. (796° K) wird ein Sprung der Vol.-Susceptibilität $\chi_{fest} =$

$-1{,}73 \cdot 10^{-6}$ zu $\chi_{fl} = -0{,}38 \cdot 10^{-6}$ beobachtet. In der Schmelze ist die Abnahme des Diamagnetismus schwach linear. Bei 600° K erreicht die Konz. der eigenleitenden Elektronen die Störstellen-Konz. ($7 \cdot 10^{17}$ cm^{-3}). Ein gleiches Verh., aber noch ausgeprägter, zeigte InAs, bei dem das Maximum des Diamagnetismus bei 920° K auftritt. W. Betcke. 135☐

Die Voraussage von Halbleitereigenschaften bei anorganischen Verbindungen. C. H. L. Goodman. (Physics Chem. Solids **6.** 305—14. Sept. 1958. Wembley, England, Gen. Electr. Co. Ltd., Res. Labor.) (Engl.)

Verschiedene empir. Kriterien für die Voraussage von Halbleiter-Eigg. anorgan. Verbb. werden aufgezeigt: Eine gemischte Ionen–Atom-Bindung (z. B. bei $Ga^{3+}As^{3-}$, $Mg_2{}^{2+}Sn^{4-}$, $Bi_2{}^{3+}Te_3{}^{2-}$), das Auftreten einer „Linienphase" (bei sehr kleiner Löslichkeit im festen Zustand der Bestandteile) im Phasendiagramm, „Vertikalsubstitution" u. „Kreuzsubstitution" bei konst. Zahlenverhältnis zwischen Valenzelektronen u. Atomen in der Formeleinheit (Substitution eines Elements durch ein solches der gleichen Gruppe im Perioden-Syst. bzw. zweier Elemente durch solche in benachbarten Gruppen, wie z. B. bei den III–V-Halbleitern), äußere Merkmale, wie Sprödigkeit u. Metallglanz. Der Einfl. der Beweglichkeit der Ladungsträger wird erörtert. Diese Gesichtspunkte sowie die Beziehung zwischen Bindungslänge, Elektronegativität u. Energielücke zwischen den Bindungspartnern werden bes. für Halbleiter vom Diamanttyp (Zinkblendetyp) diskutiert. W. Betcke. 135☐

Halbleitereigenschaften von kubischem Borphosphid. B. Stone und D. Hill, (Physic. Rev. Letters **4.** 282—84. 15/3. 1960. Dayton, Ohio, Monsanto Chem. Comp. Res. and Engng. Div.) (Engl.)

BP wurde durch Dampfphasen-Rk. als nadelförmige feinkrist. Substanz (1) u. aus der Schmelze der Elemente als Einkristalle (2) hergestellt. Halbleiter-Eigg. von (1) u. (2) wurden gemessen. Identität von (1) u. (2) wurde bei Röntgenpulveraufnahmen, bei den chem. Eigg. u. durch chem. Analyse festgestellt. BP ist sehr resistent gegen alle sonst zur Halbleiterätzung verwendeten Reagenzien, nur NaOH-Schmelze greift schwach an, die Härte entspricht der des SiC, die thermoelektr. Kraft beträgt 300 μV/Grad. Substanz (1), als polykrist. dünner Film gemessen, ergab (unter Vernachlässigung von Streueffekten) einen Absorptions-Koeff. von $5 \cdot 10^4$/cm bei 0,3 μ. Die Kristalle vom n-Typ hatten einen Verunreinigungsgrad von ca. 10^{17} Träger/cm^3. Substanz (2), als Einkristall gemessen, hatte einen Absorptions-Koeff. von $1 \cdot 10^3$/cm u. Verunreinigungen von $1-5 \cdot 10^{18}$ Träger/cm^3. Die Kristalle sind vom p-Typ, der Hall-Koeff. ist konst. zwischen 900° K u. 160° K. W. Sobieski. 135☐

Beziehungen zwischen dem elektrischen Widerstand und dem Wasserstoffgehalt von Palladium. Ted B. Flanagan und F. A. Lewis. (Z. physik. Chem. [Frankfurt/M.] [N. F.] **27.** 104—11. Jan. 1961. Belfast, Queen's Univ., Chem. Dep.) (Engl.)

Der Widerstand von Pd-Drähten (0,027 cm ∅, 15 cm lang) wurde in Abhängigkeit vom H-Geh. nach einer potentiometr. Meth. gemessen. Die Probedrähte wurden mit Pt-Zuführungen verschweißt u. die Schweißstellen mit Weichglas überzogen. H wurde entweder direkt aus H_2 gesätt. HCl-Lsgg. absorbiert oder durch Elektrolyse bei 5 mA eingeführt. Nach den Messungen wurden die Proben auf 300° erhitzt u. der H-Geh. aus dem Gasdruck berechnet. Vor der Sorption wurden die Proben entgast u. durch Anodisation präaktiviert. Zur Best. des Temp.-Koeff. präpalladisierten Vff. die Drähte 2 Min. lang in 2%ig. $PdCl_2$-Lsg., die Schweißstellen wurden in diesem Falle nicht mit Glas überzogen. Diese Proben absorbieren H aus H_2-gesätt. dest. Wasser. Die Meßergebnisse für kalt gezogene Pd-Drähte u. für 19 Std. auf 950° angelassenes Pd werden tabellar. u. graph. wiedergegeben. Sie stimmen bei höheren H-Geh. besser mit den Werten von Wolf [1914] als mit denen von Fischer [1906] überein. Außer für kleine H/Pd-Werte nimmt bei einem bestimmten H/Pd-Verhältnis der relative Widerstand zwischen 0 u. 55° mit steigender Temp. ab. Die Ergebnisse werden im Zusammenhang mit Literaturangaben erörtert. Gerhard Schulze. 136☐

Das elektrische und magnetische Verhalten von verdünnten Legierungen von Mn in Cu bei tiefen Temperaturen. R. W. Schmitt und I. S. Jacobs. (Physics Chem. Solids **3.** 324—37. 1957. Schenectady, N.Y., Gen. Electr. Res. Labor.) (Engl.)

Die Magnetisierung, der spezif. Widerstand u. die magnet. Widerstandsänderung von Cu-Mn-Legg. mit einem Geh. von 0,05; 0,2; 0,4; 1,0 u. 1,8 Atom-% Mn wurden gemessen. Es wurde die isotherme Magnetisierung als Funktion der Feldstärke (bis 8000 Oe) bei 1,76—20,4° K für verschiedene Proben, die isotherme remanente Magnetisierung als Funktion der Temp. bis 5500 Oe zwischen 2 u. 20° K u. als Funktion der Feldstärke (bis 7000 Oe) bei 4,2° K für Proben mit 1,8% Mn, der Widerstand als Funktion der Temp. im Bereich der Temp. von fl. He, H_2 u. N_2 für verschiedene Proben u. die Änderung des elektr. Widerstands (Magnetowiderstand) als Funktion des Quadrats der magnet. Feldstärke zwischen 0 u. 60 kOe bei $<2-20,4^0$K für verschiedene Proben aufgenommen. Bei tiefen Temp. zeigen sich Anomalien beim Widerstand u. Magnetowiderstand. Bei tiefsten Temp. ist die Widerstandsänderung im Magnetfeld proportional dem Quadrat der Magnetisierung. Außer bei den am stärksten verd. Legg. zeigen Magnetisierung u. Magnetowiderstand bei sehr tiefen Temp. Hysteresis. — Aus den experimentellen Ergebnissen wurde eine magnet. Struktur derart abgeleitet, daß innerhalb eines Vol., dessen Dimensionen der mittleren freien Weglänge der Elektronen vergleichbar sind, die reine Magnetisierung in einer frischen Leg. gleich Null ist. — Es wird die Phänomenologie einer möglichen magnet. Struktur unterbreitet, die dieser Forderung gerecht wird u. die die Widerstandsanomalie bei tiefen Temp. u. das eigentümliche Magnetowiderstands-Verh. erklären kann. W. BETCKE. 136□

Magnetische Eigenschaften der Materie. R. W. Telessnin. (Физика в Школе [Physik in d. Schule] **20**. Nr. 5. 21—27. Sept./Okt. 1960.) (Russ.)

Allg. Übersicht. E. KLEVER. 137□

Ferromagnetische und seignetteelektrische Raumgruppen. N. N. Neronowa und N. W. Below. (Кристаллография [Kristallographie] **4**. 807—12. Nov./Dez. 1959. Inst. für Kristallogr. der Akad. der Wiss. der UdSSR.) (Russ.)

In 2 Tabellen werden für die 31 Punktgruppen die entsprechenden ferromagnet. u. seignetteelektr. Raumgruppen angegeben u. für jede Gruppenart die Symbole in internationalen Bezeichnungen mitgeteilt. Auch bei den Raumgruppen ist die Zahl der ferromagnet. Gruppen gleich derjenigen der seignetteelektr. u. zwar 275. R. K. MÜLLER. 137□

Einige magnetische Eigenschaften des Ising-Modells. D. M. Burley. (Philos. Mag. [8] **5**. 909—919. Sept. 1960. Glasgow, Univ., Math. Dep.) (Engl.)

Durch Extrapolation geeigneter Reihen-Entw. wird die spontane Magnetisierung eines dreidimensionalen Gitters ferromagnet. Stoffe mit dem ISING-Modell errechnet. Mit diesen Ergebnissen werden genaue Werte der CURIE-Temp. erhalten. Mit der Näherungsberechnung von KIKUCHI wird mit dem gleichen Modell ferner das Hochtemp.-Verh. der Susceptibilität eines antiferromagnet. Stoffes abgeleitet. Die dabei erhaltenen Susceptibilitäts-Temp.-Kurven ergeben für lose gepackte Gitter ein Susceptibilitätsmaximum dicht oberhalb des NÉEL-Punktes. Bei dichter gepackten Gittern tritt ein solches Maximum nicht auf. H. FAHLENBRACH. 137□

Die statistische Dynamik der Wandbewegung. Ryoichi Kikuchi. (Ann. Physics **11**. 328—37. Nov. 1960. Malibu, Calif., Hughes Res. Labor.) (Engl.)

Mit Hilfe der Theorie der statist. Dynamik des Vf. wird auf der Grundlage des ISING-Modells die Bewegung einer BLOCH-Wand untersucht. Dabei wird angenommen, daß jeder Spin eine bestimmte endliche Wahrscheinlichkeit für einen Vorzeichenwechsel in der Einheitszeit besitzt u. daß das Spin-Syst. in therm. Kontakt mit einem Wärmebad steht. Die Wanderungswahrscheinlichkeit für die BLOCH-Wand wird mit den Zustandsänderungen des Spin-Syst. über einige Wegparameter in Zusammenhang gebracht. Die Änderung des BLOCH-Wandprofils konnte als Differentialgleichung formuliert werden. Im stationären Zustande, wenn die Wand nur parallel zu sich selbst verschoben wird, nimmt diese Differentialgleichung die Form einer Eigenwertgleichung an, wobei die Wand-Geschw. v die Eigenwerte darstellen. Diese Eigenwertgleichung ist nicht linear. Bei kleinem v u. schwachen äußeren Magnetfeldern kann die Gleichung linearisiert werden. Dieser linearisierte Fall konnte gelöst werden, wobei v durch bekannte Größen ausgedrückt werden konnte. Die entwickelte Rechentechnik kann mit Erfolg auf vorhandene Modelle von BLOCH-Wänden angewandt werden. H. FAHLENBRACH. 137□

Kleinwinkelkorngrenzen als Bewegungshindernisse für Blochwände in Siliciumeisen. Wolfgang Stephan. (Z. angew. Physik **12**. 398—400. Sept. 1960. Aachen, Inst. für Reaktorwerkstoffe der Ges. zur Förderung der kernphys. Forsch.) (Dt.)

Auf der Oberfläche 4%ig. Fe–Si-Legg. werden nach elektrolyt. Politur sowohl BLOCH-Wandstrukturen durch die BITTERsche Streifen-Meth. als auch Kleinwinkelkorngrenzen sichtbar gemacht. Aus diesen Bildern kann über den in der Literatur (VICENA, KERSTEN) behandelten Einfl. von Versetzungen auf die BLOCH-Wandbeweglichkeit geschlossen werden, daß die BLOCH-Wände kleiner Elementarbereiche auf leicht gegen (1 0 0) geneigten Oberflächen von Siliciumeisen (Tannenbaumstrukturen) in ihrer Bewegung durch Kleinwinkelkorngrenzen gehemmt werden.

H. FAHLENBRACH. 137□

Über die Rechteckigkeit der Hystereseschleife von Manganferrit. Aleksander Brągiński. (Czechoslov. J. Physics **9**. 755—68; Českoslov. Časopis Fysiku **9**. 666. 1959. Warschau, Polen, Binrū, Badaweze „Polfer".) (Engl.)

Gestützt auf die Ergebnisse von STERNBERK (Czechoslov. J. Physics **9.** [1959.] 408) über die Hystereseschleifen von Mn-Ferriten der Zus. $Mn_{1+x}Fe_{2-x}O_{4+\gamma}$ (0,06 $\leq$ x $\leq$ 0,36, $|\gamma| < 0{,}05$) wird gezeigt, daß die magnet. Kristallanisotropie die Rechteckigkeit der Hystereseschleife im wesentlichen beeinflußt. Daneben ist die Spannungsanisotropie u. vor allen Dingen die Formanisotropie von untergeordneter Bedeutung.
H. FAHLENBRACH. 137□

Eine Bemerkung zum gyromagnetischen Verhältnis von Co^{2+} und zum Jahn-Teller-Effekt von Fe^{2+}. J. H. van Vleck. (Physica [Utrecht] **26.** 544—52. Juli 1960. Boston, Mass., Harvard Univ., Phys. Dep.) (Engl.)

Mit Hilfe der Meth. des Pseudowinkelmomentes (bei einem dreifach entarteten Energieniveau in einem kub. Felde gehorcht das Bahnmoment den gleichen Kommutationsregeln wie ein p-Zustand) wird das gyromagnet. Verhältnis von Co^{2+} in einem Felde kub. Symmetrie zu 1,65 berechnet. Damit wird eine bessere Übereinstimmung mit den experimentellen Ergebnissen von SUCKSMITH (Proc. Roy. Soc. [London], Ser. A **133.** [1931.] 179) an $CoSO_4$ u. an $CoCl_2$ erreicht. Die Rechnung wird ferner auf den JAHN-TELLER-Effekt bei Fe^{2+} angewendet. Dabei zeigt sich, daß für die linearen Terme bei Fe^{2+} so kleine Größen der Koeff. errechnet werden, daß man versteht, daß LOW (C. **1958.** 7966) bei seinen magnet. Resonanz-Unterss. an Fe^{2+} keinen JAHN-TELLER-Effekt gefunden hat.
H. FAHLENBRACH. 137□

Über die magnetischen Eigenschaften eines $CrBr_3$-Einkristalls. Ichiro Tsubokawa. (J. physic. Soc. Japan **15.** 1664—68. Sept. 1960. Sendai, Tohoku Univ., Res. Inst. for Iron, Steel and Other Metals.) (Engl.)

An Einkristallen aus $CrBr_3$ werden mit der magnet. Waage u. mit einer Drehmagnetmeßeinrichtung die magnet. Eigg. bei tiefen Temp. bis herunter zu 4° K gemessen. Dabei ergab sich ein ferromagnet. CURIE-Punkt bei 37° K. Der paramagnet. CURIE-Punkt liegt bei 47° K. Aus der Susceptibilitäts–Temp.-Kurve oberhalb der CURIE-Punkte wird ein magnet. Moment von 3,85 BOHRschen Magnetonen (μ_B) ermittelt, während aus Sättigungsmessungen bei 4,2° K ein $\mu_B = 3$ abgeschätzt wird, das mit dem Spinmoment aus den Susceptibilitätsmessungen übereinstimmt. $CrBr_3$ krist. hexagonal, die c-Achse ist dabei die Richtung der leichtesten Magnetisierbarkeit. Die Anisotropie-Konst. zweiter (K_1) u. vierter (K_2) Ordnung ergaben die Werte $K_1 = -5{,}08 \cdot 10^5$ bzw. $K_2 = 0{,}65 \cdot 10^5$ erg/cm³. Die Drehmagnetkurven in Abhängigkeit vom Winkel Θ zur Feldrichtung zeigten eine kleine Abweichung von der reinen Sinusform (sin 2 Θ), die durch das Auftreten von Termen höherer Ordnung in der magnet. Anisotropie bei höheren Feldstärken oder durch theoret. Betrachtungen über Elementarbereiche bei kleineren Feldstärken erklärt werden konnten.
H. FAHLENBRACH. 137□

Spin-Konfiguration und Magnetisierungsprozeß von Dysprosium. U. Enz. (Physica [Utrecht] **26.** 698—99. Sept. 1960. Eindhoven, Philips Res. Labor.) (Engl.)

Zur Erklärung der magnet. Eigg. von Dy-Einkristallen (Ferromagnetismus unterhalb 85° K, Antiferromagnetismus zwischen 85 u. 178,5° K) wird eine schneckenförmige („helical") Spinkonfiguration, bezogen auf die hexagonale Basisebene des Kristalls angenommen. Dabei sollen sich die Spins in 2 benachbarten Schichtebenen um den Winkel α gedreht haben. Ferner wird eine positive Austausch-Wechselwrkg. zwischen nächsten Nachbarn angenommen. Mit diesen Annahmen gelingt eine Berechnung der Magnetisierungskurven in verschiedenen Kristallrichtungen. Eine Erklärung der magnet. Eigg. des Dy-Kristalls durch die Annahme verschiedener Untergitter führt zu Schwierigkeiten.
H. FAHLENBRACH. 137□

Der Alpha-Umwandlungsvorgang des antiferromagnetischen Eisensulfids. Miyuki Murakami. (Sci. Rep. Tôhoku Univ., Ser. I **43.** 53—61. Aug. 1959. Tôhoku Univ., Fac. of Sci., Phys. Inst.) (Engl.) — Vgl. C. **1958.** 8254.

An einem stöchiometr. FeS-Einkristall (5 · 3 · 3 mm) wurden das anomale Verh. der magnet. Susceptibilität u. die Wärmeausdehnung am α-Umwandlungspunkt gemessen. Hieraus folgt, daß sich am α-Punkt gleichzeitig die Konst. der antiferromagnet. Austauschenergie u. der Anisotropieenergie ändern.
K. REICHEL. 137□

Die Anisotropieenergie im paramagnetischen Gebiet des Eisensulfids. Miyuki Murakami. (Sci. Rep. Tôhoku Univ., Ser. I **43.** 62—66. Aug. 1959.) (Engl.) — Vgl. vorst. Referat.

Die im paramagnet. Bereich (oberhalb der NÉEL-Temp.) beobachtete starke Anisotropie des FeS wird unter der Annahme, daß sie vom anisotropen kristallinen Feld herrührt, theoret. abgeschätzt.
K. REICHEL. 137□

Paramagnetische Resonanz im Kaliumozonid. A. K. Pisskunow, A. A. Manenkow und S. A. Bagdassarjan. (Журнал Экспериментальной и Теоретической Физики [J. exp. theoret. Physik] **37.** 302—04. Juli 1959. Physikal.-chem. Karpow-Inst.) (Russ.)

Vff. untersuchen die paramagnet. Resonanz (pR) in polykristallinen 90%ig. KO_3-Proben bei Frequenzen von 2580, 9375, 12000 u. 37000 MHz bei Zimmer-Temp. u. der Temp. des fl. N_2. Bei den Frequenzen 2580, 9375 u. 12000 wurde Auslöschung symm. Linien mit der Breite 31 ± 3, 39 ± 2 u. 45 ± 3 Gauß beobachtet. Bei 37000 trat eine asymm. Linie mit einer Breite von ca. 77 Gauß bei halber Intensität auf. Die Frequenzabhängigkeit der Linienbreite der pR u. bes. die Asymmetrie der Linie bei der Frequenz 37000 weisen auf eine Anisotropie des g-Faktors hin. Dieser beträgt für senkrechte Orientierung der Kristallachse zum äußeren Magnetfeld (bzw. für parallele Orientierung) $g_\perp = 2{,}012 \pm 0{,}002$, $g_\parallel = 2{,}005 \pm 0{,}003$. In diesem Zusammenhang wird die Spin-Wechselwrkg. betrachtet. Ferner wurde die Kinetik des Selbstzerfalls von KO_3 bei 295° K untersucht. D. HOENE. 137□

Paramagnetische Resonanz von Cr^{3+} in Yttriumoxyd. J. W. Carson, D. P. Devor und R. H. Hoskins. (Physic. Rev. [2] 122. 1141—43. 15/5. 1961. Malibu, Calif., Hughes Res. Labor.) (Engl.)

Vff. beobachteten das paramagnet. Resonanzspektrum von Cr^{3+} in Y_2O_3-Einkristallen bei Frequenzen von 9—71 kMHz u. Temp. von 4,2—300° K u. fanden folgende Beschreibung des Spektrums durch die Spin-HAMILTON-Funktion $H = g\beta H \cdot S + D[S_z^2 - S(S+1)/3]$ mit $g = 1{,}97 \pm 0{,}01$, $S = 3/2$ u. $2D = 72{,}9 \pm 0{,}2$ kMHz bei 300° K bzw. $72{,}7 \pm 0{,}2$ kMHz bei 77 u. 4,2° K. Die bemerkenswert große Nullfeldaufspaltung der KRAMERSschen Dubletts entsteht, wenn Cr^{3+} im Gitter an einem Y^{3+}-Platz im Kristallfeld der Punktgruppensymmetrie S_6 substituiert wird. Die schwache isotrope Linie im Spektrum ist wegen der nur leichten Änderung des g-Werts erkennbar. D. JÖRCHEL. 137□

Paramagnetische Relaxation in Chromkalium- und Eisenammoniumalaunen. N. Ss. Garifjanow. (Журнал Экспериментальной и Теоретической Физики [J. exp. theoret. Physik] 35. 612—17. Sept. 1958. Physikal.-techn. Inst. der Kasaner Zweigstelle der Akad. der Wiss. der UdSSR.) (Russ.)

Mit Hilfe der paramagnet. Relaxation wurden oscillograph. im Magnetfeld von 50 Hz u. einer Amplitude bis zu 2500 Oe die Phasenübergänge von $KCr(SO_4)_2 \cdot 12H_2O$ u. $NH_4Fe(SO_4)_2 \cdot 12H_2O$ zwischen 90 u. 300° K gemessen. Der Phasenübergang beider Alaune zeichnet sich mit Änderungen von ϱ_L, $\Delta H_\perp$, $\Delta H_\parallel$ sowie b/c aus, wobei ϱ_L sich beim Temp.-Übergang von 300 auf 200° K bis auf ca. 10^{-9} s bei ca. 200° K verkürzt u. bei weiterem Abkühlen wieder größere Werte erreicht. Bei dem Cr-Alaun entspricht das kürzeste ϱ_L dem minimalen δ (Aufspaltung des Spindubletts). Damit diese Resultate mit der Theorie von VAN VLECK im Einklang stehen, muß nach Vf. vorausgesetzt werden, daß die Änderung der Orbitalniveaus im kub. Feld als Resultat des Phasenübergangs die Relaxationszeit ϱ_L tiefer beeinflußt als die beginnende Änderung der Spinunterniveaus. J. TŮMOVÁ. 137□

Eine nucleare Pseudovektor-Hyperfeinwechselwirkung. Harden M. McConnell. (Proc. nat. Acad. Sci. USA 44. 766—67. Aug. 1958. Pasadena, Calif., California Inst. of Technol., Gates and Crellin Labor. of Chem.) (Engl.)

Theoret. Unters. zur Einbeziehung einer Pseudovektorkopplung in die Behandlung der nuclearen Hyperfein-Wechselwrkg. in vielatomigen Moll. u. Festkörpern. Für ein Mol., das ein paramagnet. Metallion u. einen magnet. Kern in einem anderen Atom enthält (Pseudovektorkopplung zwischen einem Elektronenspin u. einem Kernspin), wird ein Modell aufgestellt. Der Pseudovektorbeitrag zur Hyperfein-Wechselwrkg. kann Effekte erster Ordnung bei der Hyperfeinstruktur der paramagnet. Resonanzspektren hervorrufen. HERBERT WEBER. 137□

Mechanismus der Doppelresonanz in Festkörpern. J. Lambe, N. Laurance, E. C. McIrvine und R. W. Terhune. (Physic. Rev. [2] 122. 1161—70. 15/5. 1961. Dearborn, Mich., Ford Motor Corp., Sci. Labor.) (Engl.)

Vff. beschreiben den bei der Elektron–Kern-Doppelresonanz in Rubin u. a. Festkörpern auftretenden „Ferneffekt", der eine Änderung des elektronenparamagnet. Resonanzsignals einschließt u. durch die Depolarisation „ferner" Kerne (mit vernachlässigbarer Hyperfein-Wechselwrkg. mit den paramagnet. Zentren) verursacht wird. Im einzelnen werden die experimentelle Technik zur Beobachtung des Ferneffekts u. der lokalen Elektron–Kern-Doppelresonanz, die Beobachtung dieser Resonanz mit Hilfe der kernmagnet. Resonanz sowie Resultate an verd. u. isotop. angereichertem Rubin (>99,9% ^{52}Cr), an mit Fe^{3+} dotiertem Saphir u. an Cr-dotiertem „GASH" [$C(NH_2)_3 \cdot AlSO_4 \cdot 6H_2O:Cr^{3+}$] erörtert u. ein Kernpolarisationsmodell zur Deutung der Effekte behandelt. D. JÖRCHEL. 137□

Protonenmagnetische Resonanzspektren von Thalliumtrialkylverbindungen; chemischer Austausch und Bildung gemischter Alkylverbindungen. J. P. Maher und

D. F. Evans. (Proc. chem. Soc. [London] **1961.** 208—09. Juni. London, Imp. Coll. of Sci. and Technol.) (Engl.)

^{203}Tl u. ^{205}Tl zeigen starke Spin–Spin-Aufspaltungen in den Protonenresonanzspektren der Tl-Dialkyl- u. -Diarylkationen in wss. Lsg.; $Tl(CH_3)_3$ (**I**) u. $Tl(C_2H_5)_3$ (**II**) hingegen ergeben in Lsgm., wie CH_2Cl_2 u. Toluol, bei Raum-Temp. eine einzige breite Protonenresonanzlinie. Es erfolgt schneller chem. Austausch, der von Konz. u. Lsgm. abhängig ist; die Aktivierungsenergie des Austausches bei **I** wird auf 6 ± 1 kcal/Mol geschätzt. Bei der Unters. von Gemischen von **I** u. **II** in CH_2Cl_2 wird bei 85° die Ggw. von $Tl(CH_3)_2C_2H_5$ u. $Tl(CH_3)(C_2H_5)_2$ festgestellt. Die Spin–Spin-Kopplungs-Konst. u. chem. Verschiebungen werden tabellar. mitgeteilt u. diskutiert. Hinweise für die Bldg. von gemischten Tl-Alkylen liefert die Hydrolyse eines Gemisches von **I** u. **II**; es entsteht neben $[Tl(CH_3)_2]^+$ u. $[Tl(C_2H_5)_2]^+$ das stabile $[Tl(CH_3)(C_2H_5)]^+$. F. HUBER. 137□

Das elektrische Sauerstoff-Konzentrationselement und die Thermodynamik. N. Vasilescu Karpen. (Bul. ştiinţ., Secţ. Ştiinţe mat. fizice **7.** 161—65. Jan./März 1955.) (Rum.)

Bei einem galvan. Element, bei dem die EMK (E) auf der Differenz der O_2-Konzz. an den Elektroden beruht, folgt aus dem Prinzip von CARNOT-CLAUSIUS die klass. Beziehung $E = (RT/4) \ln [O_2]_1/[O_2]_2$. Die tatsächliche EMK ist aber 6,3mal größer als die hiernach berechnete. Wenn durch 1—5%ig. H_2SO_4 bei 1 at an der einen Elektrode O_2, an der anderen Luft strömt, berechnet sich E zu 0,0098, während experimentell $E = 0{,}062$ gefunden wird. R. K. MÜLLER. 140□

Die bestimmende Rolle der Elektronen im Betrieb elektrischer Elemente. N. Vasilescu Karpen. (Bul. ştiinţ., Secţ., Ştiinţe mat. fizice **7.** 167—71. Jan./März 1955.) (Rum.; Auszug: Franz.) — Vgl. vorst. Referat.

Vf. entwickelt die Theorie, daß die EMK aller Elemente $E = RT \ln [e]_a/[e]_k$ ist, wobei $[e]_a$ u. $[e]_k$ die Elektronen-Konzz. an der Oberfläche der Anode bzw. der Kathode sind, daß also alle Elemente Elektronen-Konz.-Elemente sind. Dabei werden an der Kathode Elektronen aus dem Metallinnern abgegeben, an der Anode in das Metallinnere hineingepreßt. Wirksam ist die Differenz zwischen den Drücken der Kompression u. der Entspannung. Wenn dem Element keine chem. Rk. zugrunde liegt, entnimmt das Element seine Energie der Wärme der Umgebung u. das Ausgleichbestreben der Konzz. an den Elektrodenoberflächen führt zu einer Abnahme der EMK; analog verhalten sich die Elemente mit verschiedenen Konzz. an O_2 oder H_2 an den Elektroden. Wenn die Rk.-Wärme K ist, gibt das Element bei $K > E$ die Wärme $K - E$ an die Umgebung ab u. nimmt bei $K < E$ daraus die Wärme $E - K$ auf. R. K. MÜLLER. 140□

Die Kinetik der Absorption und Entwicklung von Wasserstoff durch Palladium- und Palladium/Platin-Elektroden. Ted B. Flanagan und F. A. Lewis. (J. electrochem. Soc. **108.** 473—77. Mai 1961. Belfast, North Ireland, Queen's Univ., Chem. Dep.) (Engl.)

Vff. untersuchen die Kinetik der H-Sorption durch drahtförmige Pd- u. eine Reihe von Pd–Pt-Leg.-Elektroden (2,79—18,99 Atom-% Pt) in HCl-Lösungen. Die für Pd festgestellte direkte Proportionalität zwischen Elektrodenpotential (EP) u. H-Geh. in der Nähe des Gleichgewichts (vgl. VON STACKELBERG u. BISCHOFF, C. **1956.** 1810; PERMINOW u. Mitarbeiter, C. **1954.** 3878), scheint auch für die Legg. gültig zu sein. Vff. leiten eine Gleichung für die Beziehung zwischen Adsorptions-Geschw. u. EP ab u. wenden diese auf bekannte Adsorptionsdaten sowie auf die bestimmten Werte der H-Desorption für übersätt. Elektroden an. Die Gleichung $\frac{1}{2}\, d[H]/dt = k_0 (P - p) = k_0 (1 - p)$ mit k_0 = Geschw.-Konst. für den H_2-Transport zur Metalloberfläche in Moll./$cm^2 \cdot s \cdot atm$, [H] = Konz. der adsorbierten H-Atome (Anzahl der H-Atome, bezogen auf ein der Fläche 1 der Proben entsprechendes Vol.), P = äußerer H_2-Druck, p = effektiver H_2-Druck innerhalb der Probe, hat allg. Gültigkeit für alle untersuchten Legierungen. Vff. nehmen an, daß sie ähnlich auch für Metallelektroden mit geringer H-Adsorption (Pt, Rh) allg. angewendet werden kann, sofern diese so „akt." sind, daß die Wanderung der H_2-Moll. zur Metalloberfläche geschwindigkeitsbestimmend ist.

P. FRENZEL. 140□

Struktur der im Nickel bei elektrolytischer Beladung entstehenden wasserstoffreichen Phase. A. Janko. (Naturwissenschaften **47.** 225. 2. Mai-H. 1960. Warschau, Poln. Akad. der Wiss., Inst. für physikal. Chem.) (Dt.)

Elektrolyse von Thioharnstoff enthaltendem H_2SO_4 an Ni-Elektroden führt zu einer Aufnahme von 0,7 H pro Ni. DEBYE-SCHERRER-Aufnahmen zeigen, daß außer dem normalen Ni-Gitter dabei eine H/Ni-Phase mit einem um 6% geweiteten Ni-Gitter auftritt, die sich aber nach mehr als $2\frac{1}{2}$ Std. nicht mehr nachweisen läßt.

G. BERGERHOFF. 141□

Irreversible polarographische Wellen. A. I. Lopuschanskaja und A. W. Pamfilow. (Успехи Химии [Fortschr. Chem.] **30.** 386–409. März 1961. Tschernowitz, Univ.) (Russ.)

Zusammenfassende krit. Übersicht über die irreversiblen polarograph. Wellen, bei denen die Konz. der reagierenden Substanz an der Oberfläche der Elektrode durch die Diffusions-Geschw. bestimmt wird. — 122 Literaturangaben. E. KLEVER. 142☐

Polarographie von Wismut in geschmolzenem Wismut(III)-chlorid. L. E. Topol und R. A. Osteryoung. (J. electrochem. Soc. **108.** 573–76. Juni 1961. Canoga Park, Calif., Atom. Internat.) (Engl.)

Als Modell für das bisher nicht untersuchte Syst. Metall/Metallsalz wurde das polarograph. Verh. von Bi in einer $BiCl_3$-Schmelze zwischen 240 u. 350° untersucht. Durch coulometr. Red. zwischen einer in die $BiCl_3$-Schmelze tauchenden Graphitelektrode u. einer durch eine Glasfritte abgetrennten W-Anode wurden definierte Mengen eines Red.-Prod. (I) erzeugt. Anschließend durchgeführte Polarogramme (W- oder Pt-Mikroelektrode; Graphit/Bi–$BiCl_3$-Gegenelektrode) zeigten anod. Oxydationsstufen, deren Stufenhöhen proportional der I-Konz. waren u. einem vermutlich reversiblen Elektrodenvorgang entsprachen. Die Natur von I konnte nicht geklärt werden; jedoch wird vermutet, daß es sich um ein Subhalogenid (etwa BiCl) handelt, welches entweder durch Umsetzung zwischen $BiCl_3$ u. dem prim. bei der Red. entstandenen Bi oder in einem Red.-Schritt direkt bei der Red. gebildet wird. E. MOISAR. 142☐

Methode zur elektrochemischen Oxydation von Eisen und Stahl in heißer konzentrierter Lauge. W. W. Lossew. (Журнал Прикладной Химии [J. angew. Chem.] **29.** 948–50. Juni 1956. Inst. für physikal. Chem. der Akad. der Wiss. der UdSSR.) (Russ.)

Die Probe wird nach mechan. Reinigung bei 80° in 30%ig. NaOH getaucht u. 10 Min. lang einer Kathodenpolarisation unterworfen (3–5 A/dm^2). Dann wird die Elektrode durch Anodenpolarisation mit einer Stromdichte von 0,2–0,3 A/dm^2 behandelt. Die Passivierung der Elektrode tritt gewöhnlich nach 20–30 Sek. ein. Nach Eintritt der Passivierung wird die Anodenstromdichte auf $3-5 \cdot 10^{-2}$ A/dm^2 gesenkt (dabei fällt das Potential der Elektrode um 0,6–0,8 V). Die Elektrode wird dann, je nach der erforderlichen Dicke des Oxydfilms, 1½–3 Std. lang polarisiert.

H. TREUMANN. 143☐

Einfluß der Chloridkonzentration auf die Korrosion einer Magnesiumlegierung in Wasser. D. de G. Jones und H. G. Masterson. (Nature [London] **191.** 165–66. 8/7. 1961. Leatherhead, Central Electricity Res. Labor., Phys. Chem. Sect.) (Engl.)

Vff. untersuchen die Korrosion einer Mg-Leg. (A 12) durch W. in Ggw. von Cl^- u. an Proben mit einem C-Nd. auf der Oberfläche. Die Korrosion spielt bei der Lagerung erschöpfter Brennstoffelemente unter W. an den Hülsen aus dieser Leg. eine Rolle. Die C-Abscheidung auf dem Hülsenmaterial ist auf das CO_2-Kühlmittel im Reaktor zurückzuführen. Die Polarisationskurven an geglühten u. gebeizten Proben sowie an Proben mit C-Nd. werden potentiostat. im Bereich –2,0 V kathod. bis +2,0 V anod. gegen die gesätt. Kalomelelektrode bei einer Geschw. von 0,17 V/min aufgenommen. Der Elektrolyt enthält 200 ppm NaOH u. 530 ppm Na_2CO_3. An den Proben mit C-Abscheidung ist bei Zugabe von Cl^--Ionen erhöhte Korrosion festzustellen, die bereits bei Konzz. von ca. 4 ppm Cl^- wirksam ist, während sich an den reinen Proben erst bei Konzz. von 10–15 ppm Cl^- u. darüber ein Einfl. der Cl^--Ionen bemerkbar macht.

P. FRENZEL. 143☐

A₄. Thermodynamik. Thermochemie

Zur statistischen Theorie kondensierter Systeme. L. A. Rott. (Журнал Физической Химии [J. physik. Chem.] **32.** 1425–28. Juni 1958. Minsk, Beloruss. Forstinst.) (Russ.)

Mit vorliegender Arbeit setzt Vf. seine früheren Unterss. (Журнал Физической Химии [J. physik. Chem.] **31.** [1957.] 1468) über die mathemat. Behandlung kondensierter Syst., speziell der statist. Verteilungsfunktionen der Moll., fort. Konkrete Beispiele werden nicht behandelt. E. KORDES. 146☐

Potentialenergieschwelle der Rotation und die Kondensationskoeffizienten von H_2 und D_2 an Aluminiumoxyd aus gaschromatographischen Messungen. Earl M. Mortensen und Henry Eyring. (J. physic. Chem. **64.** 433–34. April 1960. Salt Lake City, Utah, Univ. of Utah, Dep. of Chem.) (Engl.)

Aus den Retentionszeiten für Ortho- u. Para-H_2 sowie Ortho- u. Para-D_2 an einer mit Tonerde gefüllten Trennsäule wurden die Potentialenergieschwelle, die zur Ingangsetzung der Rotation überwunden werden muß, u. die Kondens.-Koeff. bestimmt. Die Höhe der Energieschwelle wurde zu 460 cal/Mol ermittelt; für die Tonerdeoberfläche bei 77,4° K errechneten sich die Kondens.-Koeff. α zu: $\alpha_{Para-H_2} = 1,0$, $\alpha_{Ortho-H_2} = 0,53$, $\alpha_{Para-D_2} = 0,55$ u. $\alpha_{Ortho-D_2} = 0,97$. W. HEIN. 149□

Der Dampfdruck von nahezu klassischen Flüssigkeiten. William A. Steele. (J. chem. Physics **34.** 802—03. März 1961. University Park, Pa., Pennsylvania State Univ., Dep. of Chem.) (Engl.)

Vf. untersucht den red. Dampfdruck von Fll. mit nahezu idealem Verhalten. Der Einfl. der intermol. Quanteneffekte auf die Parameter der red. Dampfdruckgleichungen solcher Fll. ist klein gegenüber anderen Einfl. auf diese Parameter. Trotzdem kann man die Quanteneffekte gut abschätzen, wenn man die Dampfdruckänderungen bei isotop. Substitutionen in geeigneten einfachen Syst. ermittelt. Auf diese Weise können aus einer Analyse experimenteller Daten quant. Abschätzungen der Einfl. der Quanteneffekte auf die red. Verdampfungswärme, das temperaturunabhängige Glied in der Dampfdruckgleichung u. den Konfigurationsanteil der Mol-Wärme nahezu klass. Fll. vorgenommen werden. WOLFGANG WAGNER. 150□

Dissoziationsenergien von gasförmigen Metalldioxyden. Leo Brewer und Gerd M. Rosenblatt. (Chem. Reviews **61.** 257—63. Juni 1961. Berkeley, Calif., Univ. of California, Dep. of Chem., Lawrence Radiat. Labor.) (Engl.)

Übersicht über Dissoziationsenergien von Dioxyden von Metallen der IV., V. u. VI. Gruppe u. von Dioxyden der Platinmetalle. — 42 Literaturangaben. P. GOLINSKE. 156□

Untersuchungen über die Bildungswärmen von Mangannitriden. Cesare Brisi und Fedele Abbattista. (Ricerca sci. **29.** 1402—06. Juli 1959. Torino, Politecn., Ist. di chim. gen. e appl. e di metallurgia.) (Ital.)

Von 2 Mangannitriden, einem mit 5,72% N (I) u. einem mit 9,27% N (II), bestimmten Vff. in 2,4n HCl die Bldg.-Wärmen. Die Röntgen-Unters. an I ergab ein kub.-flächenzentriertes Gitter mit a = 3,864 Å, entsprechend der ε-Phase des Syst. Mn–N. II erwies sich als hexagonal mit a = 2,79 u. c = 4,53 Å. Hierbei handelt es sich um die ζ-Phase des Syst. Mn–N. Die Lsg.-Wärme von reinem *Mn* wurde zu 966 cal/g, die von I zu 909,5 ± 2 cal/g u. die von II zu 929 ± 2 cal/g bestimmt. Unter Berücksichtigung der bekannten Bldg.-Wärmen von NH_3 u. NH_4Cl errechnet sich für die Bldg.-Wärme von I der Wert $-\Delta H = 62400 \pm 3100$ cal pro g-Mol. gebundenen Stickstoffs u. für II $-\Delta H = 46100 \pm 2500$ cal pro g-Mol. gebundenen Stickstoffs. C. GOTTFRIED. 156

Experimentelle Abschätzung der Freien Bildungsenergie von Plutoniumtrifluorid. A. G. Buyers und E. W. Murbach. (Nuclear Sci. Engng. **2.** 679—86. Sept. 1957. Canoga Park, Calif., Atom. Internat., A Div. of North Amer. Aviat., Inc.) (Engl.)

Vff. bestimmten aus Unterss. der Gleichgewichtseinstellung zwischen geschmolzenem UF_4 u. geschmolzenem bestrahltem U die Freie Energie der Bldg. von PuF_3 bei 1573° K zu 93 ± 1,5 kcal/Val. Es wird vorausgesetzt, daß Pu während der Gleichgewichtseinstellung nach einer der folgenden Gleichungen in das geschmolzene UF_4 extrahiert wird: 1/3 Pu (fl.) + 1/4 UF_4 (fl.) ⇌ 1/3 PuF_3 (fl.) + 1/4 U (fl.) oder 1/3 Pu (fl.) + 1/3 UF_3 (fest) ⇌ 1/3 PuF_3 (fl.) + 1/3 U (fl.). Zur Best. der Freien Energie für die PuF_3-Bldg. aus den experimentellen Gleichgewichts-Konst. u. der Freien Energie der UF_4-Bldg. wurde die Beziehung $1/3\, \Delta F^0_{PuF_3} = 1/4\, \Delta F^0_{UF_4} - 2{,}3\, RT \log K$ benutzt. D. JÖRCHEL. 156□

Über Aromatenkomplexe von Metallen. 42. Mitt. Bildungswärmen von Dimesitylenchrom(0) und Dipseudocumolchrom(0). Ernst Otto Fischer, Siegfried Schreiner und Arno Reckziegel. (Chem. Ber. **94.** 258—62. 20/1. 1961. München, Univ., Inst. für anorgan. Chem.) (Dt.) — 41. vgl. C. **1961.** 17135.

Die Verbrennungswärme von Dimesitylenchrom(O) (I) wurde calorimetr. zu −2634,0 ± 3,0 kcal/Mol, die von Dipseudocumolchrom(O) (II) zu −2636,0 ± 1,9 kcal/Mol bestimmt; daraus errechneten sich für den Gaszustand die Bldg.-Wärmen der Aromaten-Metall-Komplexe aus Aromat u. Metall zu $\Delta H^{\pi}_{298} = -73{,}9 \pm 3{,}0$ bzw. $-75{,}8 \pm 1{,}9$ kcal/Mol. Der Vgl. der Bldg.-Wärmen von I u. Dibenzolchrom(O) ($\Delta H^{\pi}_{298} = -56{,}6 \pm 2{,}0$ kcal/Mol) zeigt, daß I in exothermer Rk. mit einem um ca. 17 kcal/Mol höheren Wert entsteht. Dieser Betrag liegt weit außerhalb der Fehlergrenze u. kann daher nur mit einer π-Bindungsverfestigung zwischen Ringen u. Metall unter dem Einfl. der Methylgruppen erklärt werden, der die Elektronendichte im Ring verstärkt. Ein Vgl. der Bldg.-Wärmen von I u. II zeigt hingegen keinen meßbaren Unterschied. Ein Symmetrieeffekt im Sinne einer festeren Bindung des Mesitylens (Methylgruppen in 1.3.5-Stellung) gegenüber dem Pseudocumol (1.2.4-Stellung) kann demnach durch calorimetr. Messungen nicht festgestellt werden. GERHARD SCHULZE. 156□

Neue Methode zur Messung der Wärmestreuung und Wärmeleitfähigkeit schlecht wärmeleitender Körper. Şt. Nicolae Luscal. (Bul. ştiinţ., Secţ. Ştiinţe mat. fizice **9.** 215—25. Jan./März 1957.) (Rum.)

Die vorgeschlagene Meth. sieht eine Messung der Wärmestreuung unter nichtstationären Bedingungen der Abkühlung einer Platte geringer Wärmeleitfähigkeit u. eine Messung der Wärmeleitfähigkeit nach Erreichen eines stationären therm. Zustands vor. Man erhält dadurch ohne Bezugssubstanz abs. Werte der Koeff. der Wärmestreuung u. Wärmeleitung. Die Auswertung der Meßergebnisse wird erläutert. Die erhaltenen Koeff. stimmen mit denjenigen der Tabellen der therm. Konst. überein.

R. K. MÜLLER. 158□

Bestimmung des Wärmeleitfähigkeitskoeffizienten von Cu und Fe unter variablen Bedingungen nach der Methode des momentanen thermischen Impulses. Ştefan Procopiu und Ilie Bursuc. (Bul. ştiinţ., Secţ. Ştiinţe mat. fizice **7.** 413—24. April/Juni 1955.) (Rum.; Auszug: Franz.)

Wenn man einen Metallstab an einem Ende erhitzt u. in einer Entfernung x nach der Zeit t_m die Maximaltemp. mißt, ist der Temp.-Leitfähigkeits-Koeff. $K = x^2/t_m$ u. der Wärmeleitfähigkeits-Koeff. $\lambda = K \cdot c \cdot d$ (c = spezif. Wärme, d = spezif. Gew. des Metalls). Mißt man nach den Zeiten t_1 u. t_2 die Temp. T_1 bzw. T_2, dann ist $K = [(t_2 - t_1)/t_1 \cdot t_2] \cdot x^2/2\,[2 \log (T_2/T_1) + \log (t_2/t_1)]$. Vff. messen an Cu u. Fe die Änderungen der Temp. nach kurzem (1—2 Sek.) Erhitzen u. ermitteln für Cu $\lambda = 0{,}92$, für Fe $\lambda = 0{,}16$ cal/cm·s·Grad bei 18°.

R. K. MÜLLER. 158□

A₅. Kolloidchemie. Grenzschichtforschung

Einwirkung von Aerosolteilchen auf einen Polyvinylalkoholfilm. Neil H. Farlow. (J. Colloid Sci. **14.** 356—58. Juni 1959. San Francisco, Calif., U.S. Naval Radiolog. Def. Labor.) (Engl.)

Kurze Bemerkung zu einer Arbeit von GALLILY u. LAMER (C. **1959.** 11811).

L. SCHWIEGK. 166□

Relative Oberflächenladung und Oberflächenleitfähigkeit einiger verdünnter Elektrolytlösungen. Silvano Bordi und Fiorenza Vannel. (Ann. Chimica **49.** 2135—42. Dez. 1959. Firenze, Univ., Ist. di chim. fis.) (Ital.) — Vgl. C. **1960.** 6413.

Vff. messen an wss. Lsgg. von KCl mit Konzz. zwischen 2000 u. 50 μMol pro Liter die relative elektr. Ladung der Oberfläche u. die Oberflächenleitfähigkeit. Die Meßmeth. werden beschrieben. Bei einer Konz. von 1000 μMol pro Liter wurde das Minimum von JONES u. RAY, der sog. JONES-RAY-Effekt (vgl. J. Amer. chem. Soc. **64.** [1942.] 2744 u. früher) gefunden. Ein weiteres, bisher nicht beobachtetes Minimum wurde bei einer Konz. von 200 μMol pro Liter festgestellt.

C. GOTTFRIED. 167

Theorie der diffusen Doppelschicht. Frank H. Stillinger und John G. Kirkwood. (J. chem. Physics **33.** 1282—90. Nov. 1960. New Haven, Conn., Yale Univ., Sterling Chem. Labor.) (Engl.)

Eine Reihen-Entw. nach Momenten steigender Ladung für die Potentiale der Durchschnittskräfte, die zwischen den Ionen eines Elektrolyten wirken, wird in einer für Oberflächenphasen anwendbaren Form geprüft. Eine Integralgleichung wird auf diese Weise abgeleitet für die näherungsweise Best. der mittleren Ladungsverteilung in der Nähe einer ebenen Elektrode. Die linearisierte Gleichung wird für einen Elektrolyten gelöst, der aus geladenen harten Kugeln besteht, die sich in einem dielektr. Kontinuum befinden. Für sehr verd. Lsgg. werden die Ergebnisse der linearisierten POISSON-BOLTZMANN-Gleichung bestätigt. Bei höheren Konzz. alterniert das Vorzeichen der Raumladung in der Nähe der Elektrode infolge einer örtlichen gitterähnlichen Anordnung der Ionen, was durch kurzreichende Ionenabstoßung zustande kommt. Berechnete Werte des ζ-Potentials, bezogen auf solche aus der linearen POISSON-BOLTZMANN-Theorie werden dargestellt.

H. FALKENHAGEN. 168□

Elektrophoretische Untersuchungen über anorganische Komplexe in Lösungen. 4. Mitt. Über eine Bestimmungsmethode des Äquivalentgewichtes komplexer Elektrolyte. Vittorio Carassiti und Maria Claudi. (Ann. Chimica **49.** 2149—56. Dez. 1959. Bologna, Univ., Ist. Chim. „G. Ciamician".) (Ital.) — 3. vgl. C. **1957.** 10682.

Die Meth. der beweglichen Grenzfläche (moving boundary method) wurde zur Best. des Äquivalentgewichts komplexer Elektrolyte angewandt. Es wurde hierbei in TISELIUS-Zellen gleichzeitig die Bewegung von 2 anion. u. kation. Grenzflächen verfolgt. Es wurden folgende Salze untersucht (in Klammern sind die verwendeten Indicatoren angegeben): 0,1n *KCl* (0,080m LiCl u. 0,070m KJO_3); 0,0503n *KNO_3* (0,035m $LiNO_3$ u. 0,035m Natriumacetat); 0,04n *$NaNO_3$* (0,033m $LiNO_3$ u. 0,035m Natriumacetat); 0,06n K_2SO_4 (0,035m $LiNO_3$ u. 0,035m Natriumacetat); 0,06n $[Co\ en_3]Cl_3$ [0,015m Na-Formiat u. 0,015m $N(C_2H_5)_4J$]; 0,0408n $K_4[Fe(CN)_6]$ (0,0075m Na-Tartrat u. 0,010m $LiNO_3$); $K_4[Mo(CN)_8]$ (0,011m Na-Tartrat u. 0,015m $LiNO_3$) u. 0,4811 g pro 100 cm³ $[(NH_3)_5Cr(OH)Cr(NH_3)_5](NO_3)_5$ [0,020m Na-Acetat u. 0,008m $N(C_2H_5)_4NO_3$]. Die Vers.-Ergebnisse sind tabellar. angegeben. C. GOTTFRIED. 168

Zeta-Potentialmessungen an Asbestmineralien. Edward Martinez und Gordon L. Zucker. (J. physic. Chem. **64.** 924—26. Juli 1960. South Plainfield, N.J., Amer. Smelting and Refining Co., Central Res. Labor.; Dallas, Tex., Texas Instruments Incorp.) (Engl.)

Vff. untersuchen die elektr. Oberflächen-Eigg. von *Chrysotil* (**I**) u. *Lizardit* (**II**) sowie den Einfl. des pH-Werts u. einiger Elektrolyte auf diese Eigg. durch Messung der ζ-Potentiale mit Hilfe der Strömungs-Potential-Methode. Die Mineralien wurden in Form eines porösen Pfropfens zwischen zwei Elektroden gebracht u. von 10^{-5}m KCl-Lsg. durchströmt. Aus dem zwischen den Enden des Pfropfens gemessenen Potential wurde das ζ-Potential berechnet. Das Gleichgewichtspotential für **I** ergab sich zu + 93 mV, das für **II** zu + 2 mV. Durch Zusatz von HCl bzw. NaOH zu der durchfließenden KCl-Lsg. wurde der pH-Wert variiert. Stark alkal. Lsgg. lieferten negative Potentiale für beide Mineralien, in stärker saurem Medium wurden positive Potentiale gemessen. Der I.P. für **I** lag bei pH 11,8, für **II** bei pH ca. 9,6. Bei Absinken des pH-Werts von 7 auf 3 wurde für **I** ein sehr scharfer Potentialanstieg beobachtet; weitere pH-Erniedrigung verursacht einen scharfen Abfall des Potentials. Für **II** nimmt das Potential beim Absinken des pH-Werts von 8 auf 3 allmählich ab. Zusatz von Na-Silicat zur durchfließenden Lsg. läßt mit steigender Konz. die zuerst positiven Potentiale abnehmen u. dann negativ werden (ζ-Potential bei 10^{-2}m Na-Silicat — 30 mV). Zusätze von Na_2CO_3 u. Na-Phosphat bewirken ebenfalls eine Potentialabnahme, jedoch keine Umkehr des Vorzeichens. Die Ergebnisse werden auf Grund der Struktur der Mineralien diskutiert. GERHARD SCHULZE. 168□

Ternäre isotherme Diffusion und die Gültigkeit der Reziprozitätsbeziehungen von Onsager. D. G. Miller. (J. physic. Chem. 63. 2089. Dez. 1959.) (Engl.)

Druckfehlerberichtigungen zur C. **1959.** 16556 referierten Arbeit. D. ERTEL. 171□

Daten für die Diffusion in einer konzentrierten Lösung des Systems NaCl–KCl–H_2O bei 25°. Eine Prüfung der Onsager-Reziprozitätsbeziehung für diese Zusammensetzung. P. J. Dunlop. (J. physic. Chem. 63. 2089—90. Dez. 1959.) (Engl.)

Druckfehlerberichtigungen zur C. **1959.** 16556 referierten Arbeit. D. ERTEL. 171□

Auf poröse Körper ausgeübte hydrodynamische Wirkung. Şt. I. Gheorghiţă. (Bul. ştiinţ., Secţ. Ştiinţe mat. fizice 7. 149—52. Jan./März 1955.) (Rum.)

Wenn bei der Filtration einer nichtkompressiblen Fl. vom spezif. Gew. γ durch ein poröses Medium mit Filtrations-Koeff. k u. Porositäts-Koeff. m die Filtrations-Geschw. $\vec{V}$ ist, dann gilt für die Filtrationskraft $\vec{F}$ die Gleichung $\vec{F} = (m\gamma/k)\cdot\vec{V}$, bezogen auf die Vol.-Einheit des porösen Mediums. Aus dieser Gleichung entwickelt Vf. die Beziehungen für den Durchgang einer Fl. durch einen isotropen porösen Körper u. stellt fest, daß formal für homogene poröse Körper in einer idealen Fl. dieselben Gleichungen gelten wie für undurchlässige Körper, wobei jedoch der Druck von k abhängt. R. K. MÜLLER. 173□

Elektronenmikroskopische Untersuchungen an Mischsystemen von Silberhalogeniden, -cyanid und -rhodanid. M. Wrischer und B. Černicki. (Croat. chem. Acta **30.** 163—65. 2 Tafeln. 1958. Zagreb, Univ., Labor. of Electron Microscopy, Inst. „Ruder Bošković" u. Labor. of Physic. Chem.) (Engl.)

Durch gemeinsame Fällung hergestellte Mischsyst. von Ag-Halogeniden, AgCN u. AgSCN wurden elektronenmkr. untersucht. Die Größe der gebildeten Partikel hängt vorwiegend vom Mischungsverhältnis der Komponenten ab. Auch geringe Mengen der einen Komponente können die Form der anderen wesentlich beeinflussen. Die Ergebnisse werden mit Aufnahmen belegt. M. VOGELMANN. 175□

Redoxharze. G. Manecke. (Abh. Fritz-Haber-Inst. Max-Planck-Ges. Berlin-Dahlem **35.** 95—112. 1958.) (Dt.)

Übersicht über Definition, Herst., Eigg. u. Verw. von Redoxharzen. — 41 Literaturangaben (bis Jan. 1957.) W. BETCKE. 177□

Einfluß der Acidität auf die Beweglichkeit von Aluminium in Tonmischungen. Jean Girod und Jean Lacroix. (C. R. hebd. Séances Acad. Sci. **250.** 4182—83. 20/6. 1960. Toulouse, E.N.S. Agronom., Labor. de Chim.) (Franz.)

Es werden Verss. beschrieben, die zeigen, daß verd. HCl in einem Gemisch von Kaolinit (**I**) u. Montmorillonit (**II**) einen Austausch von Al^{3+} bewirkt, der zu einem Gleichgewicht führt. **I** gibt Al^{3+} ab, **II** nimmt Al^{3+} auf. G. BERGERHOFF. 177□

A_6. Strukturforschung

Das Feldemissionsmikroskop. 2. Mitt. F. A. Vick. (Sci. Progr. **45.** 473—79. Juli 1957. Univ. Coll. of North Staffordshire.) (Engl.) — 1. vgl. Sci. Progr. **45.** [1957.] 250.

Überblick über neuere Arbeiten der Feldemissionsmikroskopie, bes. von MÜLLER über das Feldionenmikroskop u. die Anwendung des Feldionenemitters als Ionenquelle in einem Massenspektrometer. H. LIEPACK. 181□

Eine Röntgenkamera für sehr tiefe Temperaturen. H. Gränicher, U. Helg und R. Schär. (Helv. physica Acta **32.** 474—76. 31/12. 1959. Zürich, ETH, Physikal. Inst.) (Dt.)

Eine Zylinderkamera mit Gaskryostat (Kühlmittelgefäß über dem Präp.) wird beschrieben, die bei einer Genauigkeit der Temp.-Messung u. -Konstanz von abs. $\pm 2^0$K (relativ $\pm 0{,}2^0$K) eine Genauigkeit der Gitter-Konst.-Best. (bei guten Rückstrahlinterferenzen) $\Delta a/a$ besser als $5 \cdot 10^{-5}$ erlaubt. Es wurden bei Zimmer-Temp. u. mit fl. N_2 als Kühlmittel tadellos schleierfreie DEBYE-SCHERRER-Diagramme erhalten. W. BETCKE. 181□

Sichtbarmachung der Versetzungsausbeuten an einer Kristalloberfläche durch eine Ätzmethode. W. R. Regel, A. A. Urussowskaja und W. I. Kolomitschuk. (Кристаллография [Kristallographie] **4.** 937—55. Nov./Dez. 1959. Inst. für Kristallogr. der Akad. der Wiss. der UdSSR.) (Russ.)

Übersicht der Literatur mit mehrseitiger Tabelle der bisher behandelten Beispiele. — 264 Literaturhinweise. R. K. MÜLLER. 181□

Über das Grundtheorem in der Theorie der dichtesten Kugelpackungen. N. W. Below. (Кристаллография [Kristallographie] **4.** 918—19. Nov./Dez. 1959. Inst. für Kristallogr. der Akad. der Wiss. der UdSSR.) (Russ.)

Die dichteste Kugelpackung besteht nicht, wie dies meist dargestellt wird, aus einer mittleren Lage von 7 Kugeln (6 regelmäßig um eine angeordnet) u. 2 darüber u. darunter befindlichen Lagen von je 3 Kugeln, sondern aus 2 im Dreieck (mit entgegengesetzten Spitzen) angeordneten Lagen von je 6 Kugeln u. einer dazwischen zentral befindlichen Kugel, wie in Abb. gezeigt wird. R. K. MÜLLER. 181□

Theorie des Debyeschen Extinktionsfaktors der Intensität normaler Röntgenstrahlenreflexion nichtidealer Kristalle. M. A. Kriwoglas. (Кристаллография [Kristallographie] **4.** 813—20. Nov./Dez. 1959. Inst. für Metallphys. der Akad. der Wiss. der UkrainSSR.) (Russ.)

Vf. behandelt die durch die therm. u. stat. Verschiebungen der Atome eines nichtidealen Kristalls bewirkte Schwächung der Intensität der regulären Reflexionen. Die Wahrscheinlichkeit der Verschiebungen unterliegt nicht der GAUSSschen Verteilung. Die Beziehung zwischen dem Exponenten im Schwächungsfaktor u. dem Streuungsvektor ist nicht quadrat. wie bei den idealen Kristallen, sondern komplizierter. Die Abweichungen von der quadrat. Beziehung zeigen sich bei größeren lokalen Gitterverzerrungen um die Fehlstellen. Für die Best. der Verschiebungen werden Gleichungen gegeben. R. K. MÜLLER. 181□

Über die Beziehung zwischen den Dimensionen des Interferenzflecks, der Größe und dem Desorientierungswinkel eines reflektierenden Kristallits. Je. P. Kosstjukowa. (Кристаллография [Kristallographie] **4.** 826—28. Nov./Dez. 1959. Inst. für Maschinenkunde der Akad. der Wiss. der UdSSR.) (Russ.)

Aus den Dimensionen des Interferenzflecks kann man Größe u. Desorientierungswinkel eines Kristallits ziemlich zuverlässig bestimmen. Aus einer Analyse der sich widersprechenden Gleichungen der Literatur wird eine allgemeinere Gleichung entwickelt. R. K. MÜLLER. 181□

Die Natur der chemischen Zweielektronenbindung. 1. Mitt. **Der homöopolare Fall.** Harrison Shull. (J. Amer. chem. Soc. **82.** 1287—95. 20/3. 1960. Uppsala, Uppsala Univ., Quantum Chem. Group; Bloomington, Ind., Indiana Univ., Chem. Dep.) (Engl.)

Wenn der Abstand zwischen 2 Atomen durch eine ideelle, zur Verbindungslinie der Kerne senkrecht stehende Ebene in zwei Teile geteilt wird, besteht die Möglichkeit, eine Zweikonfiguration–Zweielektronenwellenfunktion in zwei orthogonale Hälften aufzuteilen. Eine Aufteilung der Elektronendichte-Verteilungen für die WANG-WEINBAUM-ROSEN-Funktionen in ion., atomare u. ion.-atomare Anteile wird vorgenommen. Vf. zeigt, daß die beiden ersten Anteile für Bindungseffekte kaum in Frage kommen, dagegen der letzte Teil hauptsächlich für die Elektronendichte zwischen den Atomkernen in der Bindungsregion verantwortlich ist. Eine Analyse der energet. Parameter führte zu derselben Schlußfolgerung. Die Meth. kann auch zur theoret. Unters. heteropolarer Bindungen angewendet werden. D. ERTEL. 182□

Normalkoordinaten-Analyse für trans-zentrosymmetrische X_2Y_2-Moleküle. Anwendung auf das Hyponitrit-Ion. D. J. Millen, C. N. Polydoropoulos und D. Watson. (J. chem. Soc. [London] **1960.** 687—91. Febr. London, Univ. Coll., William Ramsay and Ralph Forster Labor.) (Engl.)

Es wird eine Koordinatenanalyse für trans-zentrosymm. X_2Y_2-Moll. (Punktgruppe C_{2h}) unter Anwendung einer Valenzkraft-Potentialfunktion durchgeführt. Die Frequenzen der IR- u. RAMAN-Spektren des *Hyponitritions* werden mitgeteilt u. in Übereinstimmung mit den Ergebnissen der Normalkoordinaten-Analyse den einzelnen Schwingungszuständen zugeordnet. Die Kraft-Konst. der N—O- bzw. N—N-Schwingung von $N_2O_2^{2-}$ werden zu 4,6 bzw. 6,9 mdyn/Å ermittelt. Bei den Oxyden u. Oxoanionen des Stickstoffs besteht eine empir. Beziehung zwischen dem Bindungsgrad u. der Kraft-Konst. der N—O-Bindung. Nachst. Kraft-Konst. (mdyn/Å) wurden ermittelt: NO^+ 23,0; NO 15,5; NO_2 10,4; NO_2^- 7,2; NO_3^- 6,5. D. ERTEL. 182□

Elektronegativität, Wechselwirkungen ohne Bindungscharakter und Polarisierbarkeit bei den Halogenwasserstoffen und den Interhalogenverbindungen. Ronald F. Brown. (J. Amer. chem. Soc. **83.** 36—42. 5/1. 1961. Los Angeles, Calif., Univ. of Southern California, Dep. of Chem.) (Engl.)

Vf. korr. nach einem empir. Schema die Dissoziationsenergien der Halogenwasserstoffe u. der Interhalogen-Verbb. auf Grund von nicht durch gewöhnliche Bindungen bedingte Wechsel-Wrkg. („non-bonded interactions") u. berechnet mit den korr. Werten die Elektronegavitäten der Halogene u. von H. Es wird eine neue Elektronegativitätsskala, die auf der Ionisationsenergie des Wasserstoffs beruht, vorgeschlagen. Die Werte (F 0,9872; Cl 0,8107; Br 0,7722; J 0,7018; H 0,5287) werden tabellar. mit denen anderer Elektronegativitätsskalen verglichen. Multiplikation der Werte mit dem Faktor 4,0519 ergibt E_F = 4,000 u. erlaubt einen Vgl. mit den Werten von PAULING: F 4,0 (nach PAULING)/4,000; Cl 3,0/3,285; Br 2,8/3,129; J 2,5/2,844; H 2,1/2,142. Mit Hilfe der auf Grund der Elektronegativitätswerte vorausgesagten u. der aus den Dipolmomenten der Halogenwasserstoffe berechneten Ladungen werden „Induktive Ladungsübergangs"-Koeff. erhalten, für die gezeigt wird, daß sie mit der mol. Geometrie u. der longitudinalen Polarisierbarkeit der Bindungen in Zusammenhang gebracht werden können. Vf. schließt, daß der Beitrag des Polarisierbarkeitsterms zum Dipolmoment bedeutender u. der Überlappungsterm weniger bedeutend ist als bisher angenommen wurde. F. HUBER. 182□

Bewertung der Valenzbindungsstrukturen und der Hybridisierung in Verbindungen der Elemente der 1. Periode. Henry A. Bent. (Chem. Reviews **61.** 275—311. Juni 1961. Minneapolis, Minn., Univ. of Minnesota, School of Chem., Inst. of Technol.) (Engl.)

Übersicht über Hybridorbitale, isoelektron. Verb.-Gruppen, LEWIS-Strukturen, Beziehung zwischen LEWIS-Struktur u. Mol.-Eigg., Atomhybridisierung u. elektronegative Substituenten. P. GOLINSKE. 182□

Zellenmethode in der großen kanonischen Gesamtheit. J. M. Richardson und S. R. Brinkley jun. (J. chem. Physics **33.** 1467—78. Nov. 1960. Malibu, Calif., Div. of Hughes Aircraft Co., Hughes Res. Labor.) (Engl.)

Es wird eine veränderte Form der Zellentheorie von Fll., die mehrere Komponenten enthalten, auf der Grundlage der großen kanon. Gesamtheit entwickelt. Mehr explizite Ergebnisse werden für den Fall gegeben, wo jede Zelle höchstens eine Partikel enthält u. die Korrelation zwischen den Zellen vernachlässigt wird. Zusätzlich wird eine Theorie gegeben, in welcher Korrelationen in der Art der Zellenbesetzung von zweiter Ordnung vorliegen. Die Beziehung zwischen der radialen Verteilungsfunktion u. den Ergebnissen der einfachen Zellentheorie wird erörtert. H. FALKENHAGEN. 186□

Einige Prüfungen der Superpositionsapproximation in der flüssigen Phase. Frank P. Buff und R. Brout. (J. chem. Physics **33.** 1417—20. Nov. 1960. Rochester, N.Y., Univ. of Rochester, Dep. of Chem.) (Engl.)

Die statist.-mechan. Theorie der Konz.-Abhängigkeit der Paar-Korrelationsfunktion sieht eine delikate Prüfung der Superpositionsapproximation in der fl. Phase vor. Die numer. Abschätzung geschieht direkt mit Hilfe der experimentellen Röntgenstrahlzerstreuungsfunktion für fl. Argon. Es zeigt sich, daß die Verwertung der Superposition in dem theoret. Ausdruck eine zu hohe Konz.-Abhängigkeit der ersten Koordinationssphäre der radialen Verteilungsfunktion bewirkt. Die Superpositionsapproximation ist nützlich bei Anwendungen auf kurzreichende Kräfte. H. FALKENHAGEN. 186□

Über das Wachstum und einige Eigenschaften von Metallwhiskern. (Übersicht.) D. Je. Owssijenko. (Український Фізичний Журнал [Ukrain. physik. J.] **4.** 545—62. Sept./Okt. 1959.) (Ukrain.; Auszug: Engl.)

Zusammenfassende krit. Übersicht. — 93 Literaturangaben. E. KLEVER. 190□

Geschwindigkeit des Schicht-Spiralwachstums von Kristallen aus Lösungen und Schmelzen. A. A. Tschernow. (Доклады Академии Наук СССР [Ber. Akad. Wiss. UdSSR] **133.** 1323. 21/8. 1960. Inst. für Kristallogr. der Akad. der Wiss. der UdSSR). (Russ.)

Für ein ständig gerührtes Syst., bei dem also nur die Diffusion in der Grenzschicht eine Rolle spielt, wird eine Formel für die Aufwachsgeschw. von rechtwinkligen makroskop. Stufen bestimmter Höhe abgeleitet. CH. WEISKE. 190□

Über den Einfluß von Metallsalzen auf die Kristallisation von Kaliumchlorid aus übersättigten Lösungen. I. Schnerb und M. R. Bloch. (Bull. Res. Council Israel, Sect. A **7A.** 179—85. Sept. 1958. Beersheba, Dead Sea Works Ltd.; Res. Council of Israel.) (Engl.)

Anwesenheit einer geringen Konz. von Fe^{3+}-Ionen bewirkt Habitusänderung u. Verlust der Transparenz, dagegen wurden transparente Oktaeder von KCl erhalten, wenn die Lsgg. Sn^{2+} in Spuren enthielten. Sn^{2+} u. Pb^{2+} stabilisieren übersätt. KCl-Lösungen. Es wurden ferner die Einfl. von Sn^{2+}-Salzen auf die Übersättigung von Lsgg. untersucht, die durch Zers. von Carnallit erhalten wurden. Metastabile Gleichgewichte im Syst. KCl–$MgCl_2$–H_2O können durch Zusatz von $SnCl_2$ verfolgt werden.

H. MOENKE. 190□

Verhalten individueller Versetzungen in durch Verformung gehärteten LiF-Kristallen. J. J. Gilman und W. G. Johnston. (J. appl. Physics **31.** 687—92. April 1960. Schenectady, N.Y., Gen. Electr. Res. Labor.) (Engl.) — Vgl. C. **1960.** 6419.

An unverformten u. verformten LiF-Kristallen wird mit Hilfe von Ätzfiguren die Geschw. von Versetzungen in Abhängigkeit von der einwirkenden mechan. Spannung gemessen. In verformten Kristallen muß zur Erzielung der gleichen Geschw. die Spannung um die Differenz der Fließspannungen (im verformten u. unverformten Zustand) erhöht werden. Auch in verformten Kristallen können die Versetzungen große Wegstrecken zurücklegen. Die Härtezunahme ist proportional zur Versetzungsdichte. Daher weicht die vorgeschlagene Deutung von bisherigen Theorien ab u. basiert auf den von den bewegten Versetzungen zurückgelassenen Gitterdefekten, die die nachfolgenden Versetzungen auf den annähernd gleichen Gleitebenen behindern. J. TELTOW. 190□

Vervielfachung von Versetzungen in Lithiumfluoridkristallen. W. G. Johnston und J. J. Gilman. (J. appl. Physics **31.** 632—43. April 1960. Schenectady, N.Y., Gen. Electr. Res. Labor.) (Engl.) — Vgl. C. **1960.** 12256.

An Hand von mkr. Ätzbildern wird die Vervielfachung von Versetzungsschleifen u. die Ausbildung ganzer Gleitbänder in verformten LiF-Kristallen belegt. Der „cros glide"-Mechanismus nach KOEHLER u. OROWAN ermöglicht eine befriedigende Deutung der Befunde. J. TELTOW. 190□

Modelle von Korngrenzen im Diamantgitter. 2. Mitt. **Neigung gegen ⟨0 0 1⟩ und Theorie.** J. Hornstra. (Physica [Utrecht] **26.** 198—208. März 1960. Eindhoven, N. V. Philips' Gloeilampenfabrieken, Res. Labor.) (Engl.) — 1. vgl. C. **1960.** 16017.

Vf. beschreibt Modelle für Großwinkelkorngrenzen u. einer ⟨0 0 1⟩-Neigungsachse. Eines der Modelle läßt sich entweder als eine Anordnung von Kantenversetzungen oder eine Anordnung von 45^0-Versetzungen beschreiben. Diskutiert wird die Kristallographie regelmäßiger Korngrenzen, wobei ein Korngrenzenindex eingeführt wird.

C. GOTTFRIED. 190

Beiträge zur Polymorphie der im Sinne von W. Hückel artfremde Gitter bildenden Modifikationen. 5. Mitt. **Zur Graphitisierung des Diamanten.** H. J. Rodewald. (Helv. chim. Acta **43.** 1657—66. 17/10. 1960. Zürich, Aluminium-Ind.-A.G., Forsch.-Inst. Neuhausen.) (Dt.) — 3. vgl. C. **1960.** 13279; 4. vgl. Chimia [Zürich] **14.** [1960.] 162.

Vf. wertet die in der Literatur vorhandenen experimentellen Ergebnisse über Druck- u. Temp.-Abhängigkeit, untere Grenz-Temp. u. Geschw. der Graphitisierung des Diamanten krit. aus u. kommt zu dem Ergebnis, daß dieser Prozeß nicht als klass. Gitterumlagerung aufzufassen ist, sondern unter Abspaltung von Bausteinen des Diamantgitters verläuft, wobei der geschwindigkeitsbestimmende Schritt in der Lösung einer C—C-Bindung besteht. Dadurch wird die Auffassung gestützt, daß Diamant u. Graphit trotz pauschalchem. gleicher Zus. thermodynam. als zwei verschiedene Stoffe zu behandeln sind, die sich vom kinet. Standpunkt betrachtet hauptsächlich in der Aktivität u. der Atomzahl ihrer Nährphasen voneinander unterscheiden. Alle relativen Stabilitäts- u. Gleichgewichts-Betrachtungen sowie die Suche nach Umwandlungspunkten bzw. -linien im gemeinsamen Zustandsdiagramm sind als äußerst problemat. zu bezeichnen. Der Diamant ist nicht die instabile bzw. metastabile Tief- bzw. Hochdruck-Modifikation des C im Sinne der klass. Polymorphiebegriffe, sondern sein Gitter weist einfach eine Bindungsart auf, die therm. weniger stabil ist als die des Graphits, u. erfordert zu seinem Wachstum eine andere Nährphase als letzterer. Analog dürfte das kub. BN zu behandeln sein.

GERHARD SCHULZE. 190□

Nomenklatur von Siliciumdioxyd. I. Bergman. (Nature [London] **191.** 270. 15/7. 1961. Sheffield, Ministry of Power, Safety in Mines Res. Establ.) (Engl.)

Vf. weist auf die häufig falsche u. nicht folgerichtige Verw. der Ausdrücke „fused quartz", „vitreous silica" u. „amorphous silica" in der Literatur hin. „Fused quartz" sollte zur Bezeichnung von glasigem SiO_2 benutzt werden, das durch Schmelzen von gemahlenen Quarzkristallen hergestellt wurde. „Vitreous silica" ist häufig dem Material vorbehalten, das aus Sand, der mit Säuren gewaschen wurde, gewonnen wurde u. das im allg. größere Mengen an Verunreinigungen enthält. „Amorphous silica" bezeichnet im allg. einen künstlichen SiO_2-Füllstoff oder natürlich vorkommende Substanzen, wie Opal oder Diatomit. Das künstliche SiO_2-Pulver ist von submkr. Teilchengröße mit entsprechend hoher spezif. Oberfläche. „Fransil" besteht aus winzigen SiO_2-Glaskügelchen u. sollte besser als feines glasiges SiO_2 bezeichnet werden. Diatomit ist relativ grob u. extrem porös. Die chem. u. biolog. Eigg. der verschiedenen SiO_2-Arten hängen von der polymorphen Form (glasiges SiO_2, Cristobalit, Tridymit, Quarz, Coesit), der Teilchengröße, der Porosität u. der therm. Vorbehandlung der Oberfläche ab, auch dann, wenn es sich um sehr reine Substanzen handelt. GERHARD SCHULZE. 190□

Bemerkungen über die Dilatation von Quarz. Ovidiu Bolgiu und Aurelia Dumitrescu. (Studii Cercetări Metalurgie **4.** 587—92. 1959. Bucureşti, Inst. politehn., Labor. de materii prime şi auxil.) (Franz.)

Vff. bestimmten dilatometr. die Wärmeausdehnung des Quarzes zwischen 20 u. 1000° u. verglichen die Ergebnisse mit denen der DTA. Neben dem bekannten Umwandlungspunkt bei 573° wurden Umwandlungen festgestellt, bei denen sich nur die Ausdehnungs-Koeff. plötzlich ändern, u. andere, bei denen sich auch die Ausdehnung plötzlich ändert. Zum ersten Mal konnten Ausdehnungsanomalien geringer Amplitude (1,7 bis $2{,}1 \cdot 10^{-3}$ Å) nachgewiesen werden. C. GOTTFRIED. 190

Diffuse Streuung von Röntgenstrahlen durch Quarzkristalle vor und nach Bestrahlung mit Neutronen. Je. W. Kolonzowa und L. A. Ignatjewa. (Кристаллография [Kristallographie] **4.** 821—25. 1 Tafel. Nov./Dez. 1959. Moskau, Lomonossow-Univ.) (Russ.)

Der Unterschied im Vollkommenheitsgrad natürlicher u. künstlicher Quarzkristalle ist bei der diffusen Streuung nicht nachzuweisen, auch nicht nach Bestrahlung mit 10^{17}—10^{18} Neutronen/cm²; aber nach Bestrahlung mit 10^{19} Neutronen/cm² nimmt die Konz. der Fehlstellen im Kristall stark zu. Der Bestrahlungseffekt geht beim Lagern der Kristalle zurück. R. K. MÜLLER. 190□

Eigenschaftsänderungen von SiO_2-Cristobalit durch Bestrahlung mit schnellen Neutronen und durch Einbau von Fremdatomen. O. Krisement und G. Trömel. (Z. Naturforsch. **15 a.** 634—40. Juli 1960. Düsseldorf, MPI für Eisenforsch.) (Dt.)

Durch Bestrahlung mit schnellen Neutronen ($1{,}3 \cdot 10^{19}$/cm²) bei ca. 50° wird die $\alpha \rightarrow \beta$-Umwandlung von reinem *Cristobalit* merklich zu tieferen Temp. hin verschoben. Die Gitterparameter wachsen. Wiederholtes Tempern bis 500° ist ohne Einfl. auf die Eigg. des bestrahlten Materials. Tempern bei 1600° führt zu vollständiger Erholung u. ergibt wieder die normale Umwandlungstemperatur. Bei Zugabe von *TiO_2* zu reinem SiO_2 (Cristobalit) entsteht ein Cristobalit mit Inversions-Temp., die mit denen von bestrahltem Cristobalit übereinstimmen; die Gitterparameter werden ebenfalls größer.

G. RUBAN. 190□

Elektronische Eigenschaften der Übergangsmetalloxyde. 2. Mitt. **Die Kationenverteilung zwischen Oktaeder- und Tetraederlagen.** J. D. Dunitz und L. E. Orgel. (Physics Chem. Solids **3.** 318—23. 1957. London, Royal Inst., Davy Faraday Res. Labor.; Cambridge, Univ., Chem. Labor.) (Engl.) — 1. vgl. C. **1959.** 7385.

Die Verteilung von Übergangsmetallionen zwischen oktaedr. u. tetraedr. Lagen in Oxyden, bes. vom Spinelltyp, wird vom Gesichtspunkt der Kristallfeldtheorie diskutiert. Es wird gezeigt, daß die zugänglichen experimentellen Ergebnisse im Sinne einer Kristallfeld-Stabilisierung gedeutet werden können, deren Ausmaß aus opt. u. magnet. Daten bestimmt wird. W. BETCKE. 195□

Über die Einheitlichkeit des Aufbaus von Strukturtypen. N. L. Smirnowa. (Журнал Структурной Химии [J. Strukturchem.] **1.** 342—45. Sept./Okt. 1960. Moskau, Lomonossow-Univ.) (Russ.)

Durch Austausch u. durch Verteilung von Atomen in die tetraedr. Hohlräume des β-W (= V_3Si) Gittertyps ließen sich folgende Strukturtypen ableiten (Vertreter in Klammern angegeben): V_3Si (V_3M mit M = Co, Ni, Au, Ga, Ge, Sn, As, Sb; Nb_3M mit

M = Os, Ir, Pt, Au, Al, Ga, Sn, Sb; Ta_3Sn; Cr_3M mit M = Ru, Os, Si, Ge, O; Mo_3M mit M = Os, Al, Ga, Si, Ge; W_3O); Ni_3S_2; PdS; Granat $Ca_3Al_2[SiO_4]_3$ ($Al_2Na_3[LiF_4]_3$; $Fe_2M_3[FeO_4]_3$ mit M = Y, $Y_{0,5} + Nd_{0,5}$, Sm, Gd, Tb, Dy, Ho, Er, Tm, Yb, Lu; $Al_2M_3 \cdot [AlO_4]_3$ mit M = V, Gd, Dy, Er; $Ga_2M_3[GaO_4]_3$ mit M = Y, Nd, Sm, Gd, Dy, Er; $M_2Ca_3 \cdot [SiO_4]_3$ mit M = Cr, Fe; $(Fe, Ti)_2(Ca, Na)_3[SiO_4]_3$; $Al_2M_3[SiO_4]_3$ mit M = Ca, Mg + Fe, Mn, Fe; $(Mg, Mn)_2(Ca_2, Na)[AsO_4]_3$; Plazolith $Ca_3Al_2(SiO_4)_2(OH)_4$; $Ca_3[Al(OH)_6]_2(Sr_3 \cdot [Al(OH)_6])$; Bi_4Rh; $AuZn_3$ (Cu_6AsSb; UH_3; UD_3); $NaPt_3O_4$. Tabellen der angeführten Vertreter der Strukturtypen mit teilweise Angaben der Abweichungen von der idealen Struktur sind wiedergegeben. — 31 Literaturangaben. G. WINKHAUS. 195□

Die Kristallstruktur von Natriumpolymetaarsenit $(NaAsO_2)_x$. J. W. Menary. (Acta crystallogr. [Copenhagen] **11.** 742—43. 10/10. 1958. P.O. Northrand, Transvaal, Afric. Explos. and Chem. Ind. Ltd.) (Engl.)

Vf. formuliert die in der ASTM-Kartei als Na_2HAsO_3 angegebene Verb. als *$NaAsO_2$*, dessen Zus. durch Analyse gesichert ist. Die Verb. krist. rhomb. mit a = 14,314, b = 6,779, c = 5,086 Å (Genauigkeit ± 0,005 Å); experimentelle Dichte 3,40 $g \cdot cm^{-3}$, berechnete Dichte 3,49 $g \cdot cm^{-3}$, Z = 8 $NaAsO_2$; Raumgruppe P b c a. PATTERSON-, FOURIER- u. Differenz-Synth. ergeben die Parameter (x; y; z): As (0,080; 0,103; 0,250), O_1 (0,127; 0,322; 0,405), O_2 (0,154; 0,568; 0,810), Na^+ (0,306; 0,102; 0,250). Die Verfeinerung mit Hilfe anisotroper Temp.-Koeff. führt auf R = 12,0% (0 k l) bzw. 15% (h k 0). G. RUBAN. 195□

Die Kristallstruktur von wasserfreiem Magnesiumsulfat. P. J. Rentzeperis und C. T. Soldatos. (Acta crystallogr. [Copenhagen] **11.** 686—88. 10/10. 1958. Thessaloniki, Greece, Univ., Dep. of Mineral.) (Engl.)

Vff. bestimmen die Kristallstruktur von *$MgSO_4$* aus Pulveraufnahmen mit Hilfe eines Röntgendiffraktometers. Die Elementarzelle ist rhomb. mit a_0 = 5,182, b_0 = 7,893, c_0 = 6,506 Å, Z = 4; Raumgruppe D_{2h}^{17}—C m c m. Die unbekannten Parameter werden durch „trial ard error" unter Zuhilfenahme des isostrukturellen $NiSO_4$ ermittelt. Das S-Atom liegt im Mittelpunkt eines fast regulären Tetraeders aus O-Atomen, das Mg inmitten eines verzerrten Oktaeders aus O-Atomen. G. RUBAN. 195□

Über die Kristallographie von Calclacit, $Ca(CH_3COO)Cl \cdot 5H_2O$. R. van Tassel. (Acta crystallogr. [Copenhagen] **11.** 745—46. 10/10. 1958. Brussels, Inst. royal des Sci. nat. de Belg.) (Engl.)

Calclacit ist ein auf Fossilen u. Kalksteinen in hölzernen Museumskästen gebildetes Mineral der Zus. $Ca(CH_3COO)Cl \cdot 5\,H_2O$. Die opt. u. röntgenograph.Unters. (Drehkristall- u. WEISSENBERG-Aufnahmen) führt auf eine monokline Zelle mit a = 11,51, b = 13,72, c = 6,82 Å, β = 116° 42′, a : b : c = 0,839 : 1 : 0,496 (in Übereinstimmung mit den von HANDL [1861] u. RAMMELSBERG [1882] für das synthet. Prod. gleicher Zus. genannten Daten). Experimentelle Dichte 1,52, berechnet 1,55 $g \cdot cm^{-3}$, Z = 4. Aus den beobachteten Auslöschungen folgt die Raumgruppe P 2_1/a. Die opt. Achsenebene ist (1 0 0), die kristallograph. c-Achse ist parallel zur opt. Richtung Z; b ist die stumpfe Bisektrix. Achsenwinkel ist 2 $V_{obs.}$ = + 80°, Brechungsindices: n_α = 1,468, n_β = 1,484, n_γ=1,515. G. RUBAN. 195□

Röntgenkristallographie und Kristallchemie von Gowerit, $CaO \cdot 3\,B_2O_3 \cdot 5\,H_2O$. C. L. Christ und Joan R. Clark. (Amer. Mineralogist **45.** 230—34. Jan./Febr. 1960. Washington, D.C., U.S. Geol. Surv.) (Engl.)

Vff. untersuchten röntgenograph. das neue, von ERD u. Mitarbeitern (Amer. Mineralogist **44.** [1959.] 911) beschriebene Mineral Gowerit (**I**). Einkristallaufnahmen unter Verw. von Cu/Ni-Strahlung ergaben monokline Symmetrie mit a = 11,03 ± 0,04, b = 16,40 ± 0,05 u. c = 6,57₇ ± 0,02 Å; β = 90° 56′ ± 05′; Raumgruppe P 2_1/a oder P 2_1/n; Z = 4. Die Auswertung eines Pulverdiagramms unter Zugrundelegung der Raumgruppe P 2_1/n ist tabellar. angegeben. Unter Bezugnahme auf Unterss. von CHRIST (Amer. Crystal. Assoc. meeting, Ithaca, N.Y. **1959.** July 20—24) über den möglichen strukturellen Aufbau von Kristallen mit der Formel $MO \cdot 3\,B_2O_3 \cdot x\,H_2O$ (M = zweiwertiges Kation) treten nach Ansicht der Vff. in dem Gitter des **I** entweder diskrete Polyionen der Form $[B_3O_3(OH)_4]^{1-}$ oder Dimere der Form $[B_6O_7[OH]_6]^{2-}$ oder aber unendliche Ketten der Form $[B_3O_4(OH)_2]_n^{n-}$ auf. Die entsprechenden strukturellen Formen für diese 3 Möglichkeiten für **I** sind $Ca[B_3O_3(OH)_4]_2 \cdot H_2O$ oder $CaB_6O_7(OH)_6 \cdot 2\,H_2O$ oder aber $Ca[B_3O_4(OH)_2]_2 \cdot 3\,H_2O$. C. GOTTFRIED. 195

Der Einfluß verschiedener Substituenten auf die Gitterkonstanten von tetragonalem Bariumtitanat. Jerry Donohue, Stanley J. Miller und Robert F. Cline. (Acta crystallogr. [Copenhagen] **11.** 693—95. 10/10. 1958. Los Angeles, Calif., Univ. of Southern California, Dep. of Chem.; Electr. Mach. Mfg. Co., Mullenbach Div.) (Engl.)

Vff. messen bei Zimmer-Temp. die Gitter-Konst. von *$BaTiO_3$* nach Zusatz (feste Lsgg.) verschiedener Mengen *TiO_2*, *SnO_2* oder *$CaSnO_3$*. Die beiden letzteren lassen das Gitter kub. werden, u. zwar tritt Gleichheit von a_0 u. c_0 bei 9 (Mol-%) SnO_2 bzw. 13 $CaSnO_3$ auf. TiO_2 bleibt ohne Einfl. innerhalb der Meßgenauigkeit. G. RUBAN. 195□

Eine Bemerkung zur Kristallstruktur des Natriumdimolybdates. Ingvar Lindqvist. (Acta chem. scand. **14.** 960. 1960. Uppsala, Univ. of Uppsala, Inst. of Chem.) (Engl.)

Mit Hilfe der BUERGERschen Minimumfunktion wird eine dreidimensionale PATTERSON-Synth. für $Na_2Mo_2O_7$ durchgeführt, wobei sich die frühere Strukturannahme (C. **1951.** II. 1400) bestätigt. G. BERGERHOFF. 195□

Röntgenographische Untersuchung von Orthowolframsäureestern. Ju. T. Strutschkow und G. M. Lobanowa. (Вестник Московского Университета, Серия Математики, Механики, Астрономии, Физики, Химии [Nachr. Moskauer Univ., Ser. Math., Mechan., Astronom., Physik, Chem.] **14.** Nr. 2. 169—78. 1959. Inst. für element-organ. Verbb. der Akad. der Wiss. der UdSSR, Lehrstuhl für Kristallogr. u. Kristallchem.) (Russ.)

Die Kristalle von *Wolframsäurehexaphenylester* u. *-hexa-p-tolylester* werden goniometr. ausgemessen. Die Kristalle beider Verbb. gehören zur rhomb.-prismat. Klasse 2/m monokliner Syngonie. $W(OC_6H_5)_6$ gehört der Raumgruppe P $2_1/n$ an mit $a = 13{,}80 \pm 0{,}06$, $b = 16{,}14 \pm 0{,}05$, $c = 14{,}01 \pm 0{,}08$ Å; $\beta = 90^0\,14' \pm 20'$; Z = 4. $W(OC_6H_4CH_3)_6$ krist. ebenfalls in der Raumgruppe P $2_1/n$ mit $a = 14{,}77 \pm 0{,}05$, $b = 17{,}68 \pm 0{,}07$, $c = 14{,}91 \pm 0{,}05$ Å; $\beta = 102^0\,15' \pm 30'$; Z = 4. Aus den Projektionen der Elektronendichte werden die Koordinaten **x**, y u. z der W-Atome der beiden Verbb. bestimmt. Durch geometr. Analyse der räumlichen Hinderungen wird die zentrosymm. Konfiguration der Moll. der untersuchten Verbb. als die wahrscheinlichste angesehen. HELMUT SCHÄFER. 195□

Die Kristallstruktur des Eisen(III)-salicylaldehydäthylendiiminchlorids. C. Scheringer, K. Hinkler und M. v. Stackelberg. (Z. anorg. allg. Chem. **306.** 35—38. 1960. Bonn, Univ., Inst. für Physikal. Chem.) (Dt.)

Nach WEISSENBERG-Aufnahmen ist das dunkelrote $Fe(C_{16}H_{14}N_2O_2)Cl$ monoklin mit $a = 11{,}7$, $b = 6{,}8$, $c = 10{,}4$ Å; $\beta = 78^0$; Z = 2; Raumgruppe C_{2h}^2 — P $2_1/m$. Aus PATTERSON- u. FOURIER-Projektionen werden die x- u. z-Parameter von Fe u. Cl abgeleitet. Durch Packungsüberlegungen ergibt sich eine plane Lage der Komplexmoleküle. Sämtliche Atome besitzen die Höhe y = 0,25, wobei die Moll. zweier aufeinander folgender Schichten gegeneinander verschoben sind. G. BERGERHOFF. 195□

Über die Kristallstruktur isomorpher Dipyridinzink- und Dipyridinkobalthalogenide. (Über die Natur der Isomerie von Kobaltverbindungen der Zusammensetzung CoA_2X_2.) M. A. Porai-Koschitz, L. O. Atowmjan und G. N. Tischtschenko. (Журнал Структурной Химии [J. Strukturchem.] **1.** 337—41. Sept./Okt. 1960. Kurnakow-Inst. für allg. u. anorg. Chem. der Akad. der Wiss. der UdSSR.) (Russ.)

Durch Unters. der Kristallstruktur der isomorphen Verbb. $Co(Pyridin)_2Br_2$ (I) u. $Zn(Pyridin)_2Cl_2$ (II) wurde indirekt die Struktur des damit isostrukturellen β-Isomers von $Co(Pyridin)_2Cl_2$ (III) bestimmt. **I** ist monoklin-prismat. mit a = 8,40, b = 18,0, c = 8,52 Å, $\beta = 101^0\,15'$, Raumgruppe P 2_1/C, $D._{(gemessen)}$ 1,87 u. Z = 4. **II** ist ebenfalls monoklin-prismat. mit a = 8,44, b = 17,5, c = 8,25 Å, $\beta = 102^0$, Raumgruppe P 2_1/c; $D._{(gemessen)}$ 1,64 u. Z = 4. Die interatomaren Abstände sind: $Zn-Cl_{(1)}$ 2,15 u. $Zn-Cl_{(2)}$ 2,25 Å. Der Winkel von Cl—Zn—Cl = 126° u. N—Zn—Cl ca. 100—110°. Daraus folgt für die Verbb. tetraedr. Struktur. Die monomere tetraedr. β-Form u. die kettenförmige oktaedr. α-Form von **III** (vgl. DUNITZ, C. **1958.** 1505) stellen Polykoordinations- oder Konfigurationsisomere dar. G. WINKHAUS. 195□

Die Kristallstruktur des primären Kupfer(II)-dithizonats. R. F. Bryan und P. M. Knopf. (Proc. chem. Soc. [London] **1961.** 203. Juni. Cambridge, Mass., MIT, Biol. Dep.) (Engl.)

Vff. berichten über vorläufige Ergebnisse der Strukturaufklärung des prim. *Cu(II)-Dithizonats* (I) mittels Röntgenbeugung. Rote Nadeln von I, aus Chlf.-Lsg. gewonnen, sind triklin, a = 13,36; b = 10,97; c = 4,29 Å; $\alpha = 85^0\,44'$, $\beta = 84^0\,25'$, $\gamma = 90^0\,48'$; Z = 1, Raumgruppe P 1; das Symmetriezentrum des Mol. fällt mit dem Cu-Atom zusammen. Die Projektion der Elektronendichteverteilung entlang der c-Achse wird mitgeteilt; Abstände Cu—N = 2,00; Cu—S = 1,85 Å. F. HUBER. 195□

Über die Struktur von Uran in dünnen Filmen. S. N. Chatterjee. (Acta crystallogr. [Copenhagen] **11.** 679—80. 10/10. 1958. Calcutta, Inst. of Nucl. Phys.) (Engl.)

Vf. untersucht dünne U-Filme, die durch Aufdampfen im Vakuum hergestellt wurden, mittels Elektronenmikroskopie u. Elektronenbeugung. Hiernach besitzt U in dünnen Filmen β-Struktur: tetragonal mit a = 10,52 u. c = 5,57 Å, Raumgruppe P 4 n m. G. RUBAN. 197□

Textur von aufgedampften dünnen NiFe-Filmen. R. R. Verderber. (J. appl. Physics **30.** 1359—63. Sept. 1959. Paoli, Pa., Burroughs Corp., Res. Center.) (Engl.)

NiFe-Filme mit einer Dicke von ca. 1000 oder 2000 Å u. einem Ni-Geh. von 82, 70, 60 u. 50% wurden im Vakuum auf Glasplättchen aufgedampft, wobei die Substrat-Temp. für die genannten Zus. 260, 320 u. 385° waren. Während des Aufdampfens u. bis zum Erkalten des Films auf Zimmer-Temp. wurde ein homogenes magnet. Feld von 50 Oe parallel zur langen Achse des Glasplättchens angelegt. Die Textur der Filme wurde an röntgenograph. mit einem GEIGER-Zähler aufgenommenen Polfiguren bestimmt. Die Kornorientierung der dünnen Filme läßt sich durch 3 Texturen beschreiben: regellos, Faserachse [1 1 1] oder Faserachse [3 1 1], wobei die regellose Textur bei niedrigen Substrat-Temp. auftritt. Aus magnet. Messungen ergab sich, daß die Textur keinen beobachtbaren Einfl. auf die Koerzitivkraft hat. Dagegen war ein Zusammenhang zwischen der Selektivität u. der Textur der Filme festzustellen. Filme mit einer [3 1 1]-Faserachse hatten eine Selektivität von < 0,5, während Filme mit einer [1 1 1]-Faserachse eine Selektivität von 0,5 oder mehr hatten. C. GOTTFRIED. 197

Elektronenmikroskopische Untersuchung über die Ausscheidung in einer Al-Zn-Mg-Legierung mit 7% Zn und 3% Mg (AZ 7 G 3). Bernard Genty, René Graf und Gabriel Lenoir. (C. R. hebd. Séances Acad. Sci. **247.** 2126—29. 10/12. 1958.) (Franz.) — Vgl. C. **1959.** 9146.

Vff. beschreiben die Art der kristallinen Ausscheidungen in einer Al–Zn–Mg-Leg. mit 7% Zn u. 3% Mg. Bei gleicher Behandlung sind die Ausscheidungen kleiner, als in einer Al–Zn–Mg-Leg. mit 9% Zn u. 1% Mg, u. in ihrer Form weniger gut ausgebildet. Voluminöse Ndd. entwickeln sich an den Korngrenzen, die von verarmten Zonen umgeben sind. M. VOGELMANN. 197□

Über die Überstruktur der geordneten Legierung Cu_3Pd. 3. Mitt. **Elektronenbeugungsuntersuchung bei hoher Temperatur.** Denjiro Watanabe. (J. physic. Soc. Japan **14.** 436—43. April 1959. Sendai, Tohoku Univ., Res. Inst. for Iron, Steel and Other Metals.) (Engl.) — 2. vgl. HIRABAYASHI u. OGAWA, C. **1958.** 8554; vgl. auch C. **1958.** 6181.

Einkristallfilme von Cu–Pd-Legg. mit 13; 18; 25 u. 28 Atom-% Pd wurden ca. 300 Std. in dem Temp.-Bereich zwischen den krit. Temp. u. 250° angelassen u. hierauf auf Zimmer-Temp. abgekühlt. Die Proben wurden in der Elektronenbeugungskamera mit einer Temp.-Steigerung von 1—0,3°/Min. erhitzt u. die Änderung der Diagramme auf dem Fluorescenzschirm verfolgt u. gleichzeitig photograph. registriert. In Legg. der α''-Phase (18; 25 u. 28 Atom-% Pd) nimmt die Anzahl der in einer Linie liegenden Antiphasendomänen u. der Ordnungszustand innerhalb der Domänen mit ansteigender Temp. im Bereich von 20—40° unterhalb des krit. Punktes zu; am krit. Punkt tritt dann eine plötzliche Abnahme der in einer Linie liegenden Domänen auf. 100—150° oberhalb des krit. Punktes verbleiben kurze Ketten eindimensionaler Antiphasendomänen mit der gleichen Periode wie in dem geordneten Zustand regellos in einem Gleichgewichtszustand. In der Leg. der α'-Phase (13 Atom-% Pd) treten weder oberhalb noch unterhalb des krit. Punktes Antiphasendomänen auf. C. GOTTFRIED. 197

Anomalie der Wärmekapazität und des spezifischen Widerstands in Palladiumhydrid. Paul Mitacek jun. und J. G. Aston. (Nature [London] **191.** 271. 15/7. 1961. Pennsylvania State Univ., Coll. of Chem. and Phys., Cryogenic Labor.) (Engl.)

Vff. wiederholen Verss. von SCHINDLER u. Mitarbeitern (vgl. Intern. Inst. Refrig., Copenhagen [1959]) u. stellen ein Maximum des spezif. elektr. Widerstandes bei 52° K nur für ein H/Pd-Verhältnis (R) von 0,60 fest. Bei niedrigen Temp. könnte sich das gesamte H_2 in der β-Phase befinden. Therm. Unterss. zeigen langsame exotherme Vorgänge beim Abkühlen von H_2-Lsgg. in polykristallinem Pd nahe 150° K u. über 200° K mit den entsprechenden Aktivierungsenergien von 2900 u. 6400 cal. In beiden Fällen ergibt die einfach-logarithm. graph. Darst. der Geschw. der Energieabgabe gegen 1/T gerade Linien, außer in der Nähe des Gleichgewichtes. Der eine oder beide dieser Vorgänge könnte mit der H_2-Wanderung von der α- in die β-Phase in Beziehung stehen. Best. der Wärmekapazität (C_p) für R = 0,25 u. 1,25 ergeben ein Maximum bei 55° K, das bei den verschiedenen Zus. nicht verschoben ist. Die Wert für beide Lsgg. liegen auf der gleichen Kurve. Der Vgl. der ρ- u. C_p-Werte weist auf einen Zusammenhang der Maxima hin. P. FRENZEL. 197□

Die Kristallstrukturen von Zr_5Sn_3 und Zr_3Sn. Gunnar Gran und Sten Andersson. (Acta chem. scand. **14.** 956—57. 1960. Stockholm, Univ. of Stockholm, Inst. of Inorg. and Phys. Chem.) (Engl.)

Im Syst. *Zr–Sn* wurden Präpp. unter Ar geschmolzen u. bei 900° 2 Monate im Vakuum getempert. GUINIER-Aufnahmen zeigen, daß bei der Zus. $ZrSn_{0,6}$ zwei Phasen existieren. Die eine wird bei der Zus. $ZrSn_{0,5}$ in Einkristallen erhalten. Die Struktur gehört mit a = 8,46, c = 5,78 Å, Raumgruppe P 6_3/m c m dem D 8_8-Typ an. Die Linien der zweiten Phase lassen sich hexagonal mit a = 8,50, c = 5,81 Å indizieren. Bei der Zus. $ZrSn_{0,4}$ tritt neben Zr_5Sn_3 die Phase Zr_3Sn auf. Auf Grund von GUNIER-Aufnahmen hat sie β-W-Struktur mit a = 5,634 Å. G. BERGERHOFF. 197□

Eutektische Zusammensetzungen und Nichtmischbarkeit im flüssigen Zustand bei gewissen binären Legierungen. W. Hume-Rothery und E. Anderson. (Philos. Mag. [8] **5.** 383–405. 1 Tafel. April 1960. Oxford, Univ., Dep. of Metallurgy.) (Engl.)

Vff. diskutieren eine größere Zahl bekannter bin. Syst. mit Eutektikum u. kommen auf Grund einer statist. Darst. der Verteilung der eutekt. Punkte in Abhängigkeit von der Konz. der Leg.-Komponente (in Atom-%) zu folgenden Ergebnissen: Eine große Anzahl Eutektika liegt in unmittelbarer Nähe der Zus. der reinen Komponente (sog. „0%-Eutectika"). Mit steigender Zunahme der Konz. der Leg.-Komponente fällt die Verteilungskurve zunächst rasch ab, um im Konz.-Bereich 8–10 Atom-% wieder anzusteigen. Im Gebiet äquiatomarer Konzz. liegen sehr wenige Eutektika. Über den gesamten Konz.-Bereich sind verschiedene Spitzen in Abständen von 7–8 Atom-% verteilt. Die letzten drei Spitzen liegen im Bereich 25, 33 u. 40 Atom-%. Die Hypothese von STOCKDALE [1935], daß im Gleichgewichtsdiagramm bin. metall. Syst. die Zus. der Eutektika ganzzahligen Verhältnissen der beiden Atomarten entsprechen, konnte nicht aufrechterhalten werden. Gewisse Konz.-Bereiche scheinen aber bevorzugt zu sein u. entsprechen etwa den Atomverhältnissen 1 : 6, 1 : 3, 1 : 2 u. 2 : 3. Die Gründe dafür werden angegeben. An Hand der Kurven der Änderung der Freien Enthalpie mit der Konz. u. am Beispiel einiger Schmelzdiagramme werden die verschiedenen Arten von Nichtmischbarkeit im fl. Zustand diskutiert. G. BAUER. 197□

Mechanismus der Volumen-Selbstdiffusion in α-Fe und γ-Fe. C. J. Meechan. (Physic. Rev. Letters **4.** 284–86. 15/3. 1960. Canoga Park, Calif., Atom. Internat.) (Engl.)

Mit 99,99%ig. Fe-Draht wurde die Selbstdiffusion in α-Fe u. γ-Fe nach der Oberflächensinter-Meth. (100 Std. bei 935° u. 885°) gemessen: $D_{935} = 3{,}5 \cdot 10^{-13}$ cm²/s für kub.-flächenzentriertes γ-Fe; $D_{885} = 6 \cdot 10^{-14}$ cm²/s für kub.-raumzentriertes α-Fe. Vgl. mit Werten nach der Isotopen-Meth. zeigen, daß beim Phasenübergang α-/γ-Fe (910°) auch ein Wechsel in der Dominanz der die Diffusion bestimmenden Mechanismen eintritt. Für γ-Fe herrscht ein Fehlstellenmechanismus, für α-Fe ein Ringmechanismus vor, in dem ein oder mehrere Nachbaratome gleichzeitig ihre Gitterplätze wechseln. Theoret. Energieberechnungen machen einen Vier-Atom-Ringmechanismus wahrscheinlich.
W. SOBIESKI. 197□

Der Einfluß von Ultraschall auf das Kriechen von Kupferfedern. Roland Siegel. (Ann. Physik [7] **5.** 107–12. 1959. Zwickau, Forsch.-Inst. für bildsame Formung der Metalle.) (Dt.)

Mit Hilfe einer näher beschriebenen Vers.-Anordnung untersuchte Vf. den Einfl. von Ultraschall auf das Kriechen von zylindr. Schraubenfedern an 99,998%ig. Cu. Bei den Verss. betrug die maximale Dehnungsbelastung 9 g, die maximale Schalleistung bei einer Frequenz von 0,8 MHz ca. 35 Watt. Die Dehnung wurde ohne u. mit Ultraschall gemessen. Die beobachtete Aktivierung des Kriechens wird teilweise auf die gleichzeitige Erwärmung während der Beschallung, vor allem aber auf eine mechan. Wrkg. zurückgeführt. Analoge Verss. an *Ag* zeigten das gleiche Ergebnis. C. GOTTFRIED. 200

Die mechanische Relaxation in Eis–NH_4F-Mischkristallen. E. Walz und S. Magun. (Z. Physik **157.** 266–74. 1959. Stuttgart, TH, I. Phys. Inst.) (Dt.)

Vff. beschreiben ein Verf. zur Züchtung von Eis–NH_4F-Mischeinkristallen unter Verw. einer bes. konstruierten Zucht-App. (Abb.) u. bestimmen die mechan. Relaxation dieser Kristalle bei Konzz. von $1{,}4 \cdot 10^{-4}$ u. $5{,}4 \cdot 10^{-6}$ Gewichtsteilen NH_4F im Temp.-Bereich von 0 bis −120° u. im Frequenzgebiet von 0,5–6 kHz für zwei Verformungsarten. Der beim reinen Eis beobachtete u. gedeutete einfache Relaxationsprozeß tritt hier mit zwei verschiedenen Aktivierungsenergien (13,4 u. 2,3 kcal/Mol) auf.
GERHARD SCHULZE. 200□

A₇. Gleichgewichte. Kinetik

Über die Gültigkeit der Hypothese der innermolekularen Dissoziation cyclischer Salze. Ju. Bankowski und A. Ieviņš. (Известия Академии Наук Латвийской ССР [Nachr. Akad. Wiss. LettSSR] **1959.** Nr. 12. 171–73.) (Russ.) — Vgl. C. **1961.** 16363.

Vff. diskutieren die Hypothese von KUSNETZOW (C. **1953.** 8547) u. die Argumente von NEMODRUK [1953] gegen die Annahme einer innermol. Dissoziation. Sie kommen zu dem Schluß, daß die experimentellen Arbeiten NEMODRUKS nicht den Ansichten von KUSNETZOW widersprechen. Jedoch bedürfen die Ansichten von KUSNETZOW weiterer Unterss. u. einer Überprüfung der Grenzen der Gültigkeit. E. STEINBERG. 223□

Die Assoziation von n-Tetraalkoxy- und n-Alkoxychlorderivaten des Titans. R. L. Martin und G. Winter. (J. chem. Soc. [London] **1961.** 2947—57. Juli. Melbourne, Australia, Imp. Chem. Ind. of Australia and New Zealand Ltd., Central Res. Labor.) (Engl.)

Mit Hilfe einer neu entwickelten, empfindlichen kryoskop. Meßtechnik u. calorimetr. Messungen wird die Temp.- u. Konz.-Abhängigkeit der Mol.-Assoziation von $Ti(OBu)_4$ (I), $TiCl(OBu)_3$ (II), $TiCl_2(OBu)_2$ (III), $TiCl_3(OBu)$ (IV) (Bu = n-Butyl-) in Bzl. verfolgt. Dabei ergibt sich für I mit steigender Konz. der maximale Assoziationsgrad (AG) 3, II hat einen von der Konz. nahezu unabhängigen AG von 3, III ist von der Konz. unabhängig dimer, während IV in jedem Fall monomer ist. Für I ergibt sich die Assoziationsenergie ΔH_B rechner. zu ca. 8 kcal/Ti-Atom, experimentell zu 9,8 kcal/Ti-Atom. Die Diskussion der Struktur des trimeren I führt zur Annahme einer cycl. Assoziation mit 2 Alkoxybrücken je Ti-Atom, die sich auch mit dem hydrolyt. Verh. vereinbaren läßt.

Versuche: $TiCl(OC_4H_9)_3$ (II), aus 1 Val I u. 0,9 Val Acetylchlorid, Dest. u. Fraktionierung bei 1 Torr. — $TiCl_2(OC_4H_9)_2$ (III), durch langsames Zufügen von 1 Val CCl_4 zu 2 Val Butanol-(1) unter Kühlen, Entfernen des gebildeten HCl unter vermindertem Druck, Dest. u. Fraktionierung des Rohesters bei 1 Torr. — $TiCl_3(OC_4H_9)$ (IV), durch Rk. von 1 Val CCl_4 in Hexan mit 1 Val Butanol-(1), zweimaliges Waschen mit Hexan u. zweimaliges Umkristallisieren aus Benzol. P. SARTORI. 223□

Anorganische Komplexe. A. E. van Arkel. (Recueil Trav. chim. Pays-Bas **75.** 557—61. Juni 1956.) (Engl.) — C. **1960.** 1433. W. KÄSTNER. 223□

Neuere Entwicklungslinien in der Untersuchung von Komplexverbindungen. A. G. Sharpe. (Recueil Trav. chim. Pays-Bas **75.** 562—68. Juni 1956. Cambridge, Univ.) (Engl.)

Es wird eine Übersicht über die Zusammenhänge in Komplex-Verbb. zwischen physikal. Eigg. u. chem. Rkk. einerseits u. Kristallstruktur u. Elektronenaufbau andererseits gegeben. — 23 Literaturangaben. W. KÄSTNER. 223□

Die Chemie der Metalloxalato-Komplexe. Kotra V. Krishnamurty und Gordon M. Harris. (Chem. Reviews **61.** 213—46. Juni 1961. Buffalo, N.Y., Univ. of Buffalo, Dep. of Chem.) (Engl.)

Übersicht über Oxalsäure u. einfache Oxalate, Oxalatokomplexe, ihre Struktur, Stabilität, Rkk., Rk.-Kinetik u. Anwendung. — 456 Literaturangaben.
P. GOLINSKE. 223□

Bestimmung der Gleichgewichtskonstanten für eine Anzahl Metall-Phosphat-Komplexe. J. A. Wolhoff und J. Th. G. Overbeek. (Recueil Trav. chim. Pays-Bas **78.** 759—82. Sept./Okt. 1959. Vlaardingen, Lever's Zeep-Maatschappij N. V., Labor.; Utrecht, Univ., Van't Hoff Labor.) (Engl.)

Die Bldg. lösl. Komplexe zwischen zahlreichen Metallionen u. Pyro- sowie Tripolyphosphationen hat eine Abnahme des pH-Wertes zur Folge. Durch pH-Messungen u. in einigen Fällen durch Ermittlung der Konz. der freien Metallionen bestimmen Vff. die Gleichgewichts-Konst. einer Anzahl Metall-$P_2O_7^{4-}$- bzw. Metall-$P_3O_{10}^{5-}$-Komplexe bei 25 u. 40°, wobei Korrekturen im Hinblick auf die Aktivität angebracht wurden. Die Neigung zur Komplex-Bldg. nimmt in folgender Reihenfolge zu: $Cs \sim K \sim Na < Li < Ba < Sr < Ca < Mg < Cd \sim Zn$. Tripolyphosphat besitzt etwas stärker ausgeprägte Komplex-Bldg.-Eigg. als Pyrophosphat. Der Einfl. der Temp. ist in den meisten Fällen gering. Die Werte werden tabellar. mitgeteilt. GERHARD SCHULZE. 223□

Die Donatoreigenschaften des Triphenylarsinoxyds. D. J. Phillips und S. Y. Tyree jun. (J. Amer. chem. Soc. **83.** 1806—10. 20/4. 1961. Chapel Hill, N.C., Univ. of North Carolina, Dep. of Chem.) (Engl.)

Das koordinative Verh. von *Triphenylarsinoxyd* (I) gegenüber einer Reihe von Acceptoren wurde untersucht u. dabei eine Anzahl von Komplexen zwischen I u. Metallsalzen isoliert u. durch Messung der mol. Leitfähigkeit LF ($\Omega^{-1}\cdot cm^2$) bei 25° an 10^{-3}m Lsgg. in Nitrobenzol (II), des Molgew. M (kryoskop. in II), des magnet. Moments μ (BM) u. der Verschiebung $\Delta\nu$ (cm^{-1}) der AsO-Frequenz gegenüber der von I (879 cm^{-1}) charakterisiert. Die meisten komplexen Halogenide sind in II Nichtelektrolyte, die Nitrate u. Perchlorate Ionenkomplexe. Der in einigen Fällen bei Halogeniden beobachtete niedrige Wert von M beruht wahrscheinlich auf einer Verdrängung von I- durch II-Moleküle.

Versuche: $[MnCl_2\cdot 2\ (C_6H_5)_3AsO]$, aus 0,462 g $MnCl_2\cdot 4\ H_2O$ u. 1,5 g I in abs. A.; 1,4 g (Ausbeute); blasse, grünlichgelbe Nadeln (aus A.); Zers. durch W.; LF 1,5; M 557; μ 5,90; AsO-Frequenz 930—950 cm^{-1}. — $[CrCl_2\cdot 4\ (C_6H_5)_3AsO]Cl$ (III), analog aus

$CrCl_3 \cdot 4,25\ H_2O$; lavendelfarben; LF 21,4; M 796; μ 3,83; $\Delta\nu$ —14. — *[$CoCl_2 \cdot 2\ (C_6H_5)_3AsO$]*, aus $CoCl_2 \cdot 6\ H_2O$; blau; LF 2,0; M 539; μ 4,77; $\Delta\nu$ —17. — *[$CoBr_2 \cdot 2\ (C_6H_5)_3AsO$]*, aus $CoBr_2 \cdot 6\ H_2O$; blau; LF 2,3; M 836; μ 4,76; $\Delta\nu$ —19. — *[$HgCl_2 \cdot (C_6H_5)_3AsO$]*, aus $HgCl_2$; weiß; LF 0,9; M 583; $\Delta\nu$ —69. — *[$CrCl_2 \cdot 4\ (C_6H_5)_3AsO$]$\cdot ClO_4$*, aus 1 g **III** u. 0,7 g $LiClO_4$ in abs. A.; rosafarben; ziemlich beständig gegen kaltes W.; LF 25,6; μ 4,00; $\Delta\nu$ —5. — *[$HgCl_2 \cdot 2\ (C_6H_5)_3AsO$]*, aus 0,84 g $HgCl_2$ in 150 ml heißem Ae. u. 2,0 g **I** in 150 ml Ae. (+ 10 ml A.); farblose Plättchen; LF 1,2; M 570; $\Delta\nu$ —9. — *$FeCl_3 \cdot 2\ (C_6H_5)_3AsO$* bzw. [$FeCl_2 \cdot 4\ (C_6H_5)_3AsO$][$FeCl_4$] (?), durch Extraktion von 0,25 g $FeCl_3$ mit 100 ml heißem abs. Bzl. u. Einfiltrieren in eine heiße Lsg. von 2 g **I** in Bzl. u. Wiederholen dieser Operation; gelbe Nadeln; LF 11,9; M 493; μ 5,92; $\Delta\nu$ —21. — *[$NiCl_2 \cdot 2\ (C_6H_5)_3AsO$]*, durch Zugabe von 3,0 g **I** in 15 ml abs. A. zu 1,0 g $NiCl_2 \cdot 6\ H_2O$ in 15 ml abs. A. (+ 3 Tropfen 12n HCl); blau; LF 2,8; μ 3,69; $\Delta\nu$ —38. — *{$Mn[(C_6H_5)_3AsO]_4$}$(ClO_4)_2$*, durch Zugabe einiger ml einer gesätt. Lsg. von $NaClO_4$ in abs. A. zu einer Lsg. von 0,123 g $MnCl_2 \cdot 4\ H_2O$ u. 1 g **I** in 60 ml heißem A.; glänzende farblose Plättchen; LF 43,8; μ 6,02; $\Delta\nu$ —7. — *{$Fe[(C_6H_5)_3AsO]_4$}$(ClO_4)_3$*, analog aus $Fe(NO_3)_3 \cdot 6\ H_2O$; farblos; LF 52,4; μ 6,11; $\Delta\nu$ —54. — *{$Co[(C_6H_5)_3AsO]_4$}$(ClO_4)_2$*, analog aus $Co(NO_3)_2 \cdot 6\ H_2O$; blau; LF 50,8; μ 4,73; $\Delta\nu$ —19. — *{$Ni[(C_6H_5)_3AsO]_4$}$(ClO_4)_2$*, aus $Ni(ClO_4)_2 \cdot 7\ H_2O$ u. **I** in abs. A.; gelb; LF 45,8; μ 3,50; $\Delta\nu$ —21. — *{$Cu[(C_6H_5)_3AsO]_4$}$(NO_3)_2$*, durch langsames Versetzen einer heißen Lsg. von 3 g **I** in 50 ml abs. A. mit einer heißen Lsg. von 0,56 g $Cu(NO_3)_2 \cdot 3\ H_2O$ u. 6 Tropfen 15n HNO_3 in abs. A.; blaßblau; LF 149,3 (in Dimethylformamid); μ 1,91; $\Delta\nu$ —38. — *{$Zn[(C_6H_5)_3AsO]_4$}$(ClO_4)_2$*, aus $Zn(ClO_4)_2 \cdot 6\ H_2O$ u. **I** in warmem abs. A.; farblos; LF 54,0; $\Delta\nu$ —12. — *[$SnCl_4 \cdot 2 \cdot (C_6H_5)_3AsO$]*, durch Einfiltrieren einer Lsg. von 0,2 g $SnCl_4$ in 30 ml warmem CCl_4 in eine erwärmte Lsg. von 0,5 g **I** in 35 ml CCl_4 (N_2-Schutzgas); farblos; LF 0,9; $\Delta\nu$ —29. — *[$SnBr_4 \cdot 2\ (C_6H_5)_3AsO$]*, aus $SnBr_4$ u. **I** in abs. A. unter trockenem N_2; farblos; LF 2,4; M 646; $\Delta\nu$ — 39. — *$SbCl_3 \cdot 2\ (C_6H_5)_3AsO$*, aus **I** u. $SbCl_3$ in warmem Bzl.; farblos; LF 10,4; $\Delta\nu$ ca. —64. — *[$SbCl_5 \cdot (C_6H_5)_3AsO$]* (verunreinigt), aus einer warmen Lsg. von **I** in CCl_4 u. einer Cl_2-gesätt. Lsg. von $SbCl_5$ in CCl_4 unter trockenem N_2; farblos; LF 0,6; M 375; $\Delta\nu$ —44.

A. BLASCHETTE. 223□

Komplexone. 31.Mitt. **N-[o-Hydroxycyclohexyl]-äthylendiamin-N.N'.N'-triessigsäure (OETA).** Jack Schubert, G. Anderegg und G. Schwarzenbach. (Helv. chim. Acta **43.** 410—13. 1/2. 1960. Zürich, ETH, Labor. für Anorg. Chem.) (Dt.)— 30. vgl. C. **1960.** 2448.

Die Stabilitäts-Konst. der Komplexe von *N-[o-Hydroxycyclohexyl]-äthylendiamin-N.N'.N'-triessigsäure* (**I**) mit H^+, Ca^{2+}, Sr^{2+}, Fe^{2+}, Cu^{2+}, Zn^{2+}, Hg^{2+}, Fe^{3+} werden bestimmt u. mit denen der Äthylendiamintetraessigsäure u. der Hydroxyäthyläthylendiamintriessigsäure verglichen. Der Cyclohexanring im Mol. von **I** wirkt beträchtlich stabilisierend auf die Komplexe. G. BERGERHOFF. 223□

Komplexone. 32. Mitt. **Die 1:2-Komplexe der Kationen der Seltenen Erden mit Nitrilotriacetat (NTE).** G. Anderegg. (Helv. chim. Acta **43.** 825—30. 2/5. 1960.) (Dt.) — 31. vgl. vorst. Referat.

Im Gegensatz zu den Ergebnissen anderer Autoren werden zwischen den Kationen der Lanthaniden u. Nitrilotriacetat außer 1:1- nur 1:2-Komplexe gefunden. Die Komplex-Bldg.-Konst. der letzteren nehmen bei 20° von La^{3+} (lok K_2 = 7,37) zu Gd^{3+} (9,35) zu, um dann wieder leicht abzufallen. Die 1:1-Komplexe haben Stabilitäts-Konst. von ca. 10^{11}, die regelmäßig von La^{3+} (log K_1 = 10,47) bei Y (11,41) ansteigen.

G. BERGERHOFF. 223□

Die Löslichkeit von Erdalkalihydroxyden bei hohen Temperaturen. I. Ss. Galinker und M. L. Gawrisch. (Журнал Физической Химии [J. physik. Chem.] **34.** 2610—12. Nov. 1960.) (Russ.)

Die Löslichkeit (%) in W. von *$Ca(OH)_2$* ist 0,171 (0°), 0,165 (10°), 0,155 (20°), 0,149 (25°), 0,144 (30°), 0,132 (40°), 0,109 (60°), 0,087 (80°), 0,068 (100°), 0053 (120°), 0,032 (150°), 0,110 (190°), von *$Sr(OH)_2$* 0,41 (0°), 0,82 (20°), 1,74 (40°), 3,54 (60°), 7,60 (80°), 13,71 (90°), 22,05 (100°) u. von *$Ba(OH)_2$* 1,64 (0°), 3,73 (20°), 7,59 (40°), 17,36 (60°), 38,83 (75°), 50,34 (80°), 63,9 (109°–), 20,5 (175°), 23,7 (180°), 29,9 (200°), 32,5 (210°), 33,7 (220°) 35,5 (230°), 35,9 (245°), 34,2 (255°), 29,1 (260°), 16,2 (280°), 8,5 (290°), 7,2 (295°), 5,1 (300°), 3,0 (310°), 0,5 (360°). CH. WEISKE. 224□

Einige quantitative Bemerkungen über Extraktionsgleichgewichte. 2. Mitt. M. Oosting. (Analytica chim. Acta [Amsterdam] **21.** 397—406. Nov. 1959. Rijswijk, Analytic. Res. Inst. T.N.O.) (Engl.) — 1. vgl. C. **1960.** 6598.

Auf der Grundlage der l. c. mitgeteilten Gleichungen untersucht Vf. den Verlauf der Extraktion in den Syst. *Cu^{2+}-Oxin-Chlf.* u. *Ni^{2+}-Oxin-Chloroform.* Die Vers.-Ergebnisse sind graph. u. tabellar. wiedergegeben. Die Gleichungen beschreiben das Extraktions-Verh. korrekt. C. GOTTFRIED. 224

Solventextraktion organischer Verbindungen. 2. Mitt. **Der Einfluß der Verdünnerkonzentration auf den Verteilungskoeffizienten.** S. Niese und E. Leibnitz. (J. prakt. Chem. [4] **10** (**282**). 311—15. Aug. 1960. Rossendorf über Dresden, Zentralinst. für Kernphys., Bereich Radiochem.) (Dt.) — 1. vgl. J. prakt. Chem. **7** (**279**). [1959.] 251.

Es wird die Verteilung von $Th(NO_3)_4$ zwischen Mesityloxyd–Methylisobutylketon-, Tetrahydrofuran–Diäthyläther-, Mesityloxyd–Heptan-, Keton–Heptan-Gemischen u. wss. Nitrat-Lsgg. beschrieben. Bei der Auswertung der Verteilerdaten wurde festgestellt, daß sich mit Ketonen u. einfachen Äthern keine definierten Solvate wie mit den Alkylphosphaten bilden. W. HAMPEL. 224□

Nicht-monotones Verhalten der Lanthaniden in Tributylphosphat–Salpetersäure Extraktionssystemen. D. F. Peppard, W. J. Driscoll, R. J. Sironen und S. McCarty. (J. inorg. Nuclear Chem. **4.** 326—33. 1957. Lemont, Ill., Argonne Nat. Labor.) (Engl.)

Die Verteilung von Lanthaniden-, Y- u. Am-Spuren zwischen Tri-n-butylphosphat (TBP) u. HNO_3 wurde radiometr. als Funktion der Lsgm.-Konz., der HNO_3-Konz. u. der Ordnungszahl (Z) untersucht. Bei unverd. TBP-Syst. zeigt die graph. Darst. von log K (K = Verteilungs-Koeff.) gegen Z bei Z = 64 einen Knick. Der Kurvenabschnitt (KA) oberhalb Z = 64 bei 18,5 m HNO_3 zeigt nur eine geringe Neigung, die etwas schwächer ist, als die des KA unterhalb Z = 64. Dieser Unterschied in der Neigung der beiden KA prägt sich deutlicher aus, wenn die Konz. von HNO_3 sinkt, oberhalb Z = 64 neigt sich der KA dann stärker nach unten. Die Neigung des KA unterhalb Z = 64 bleibt im gesamten untersuchten Bereich ansteigend. Diese allg. als Effekt der halbgefüllten Elektronenschale (half-filled shell effect) bekannte Erscheinung tritt auch bei Syst. auf, in denen das TBP verd. ist. Es wird angenommen, daß die Formel für den extrahierten Komplex $[M(TBP)_a(H_2O)_{(x-a)}](NO_3)_3$ lautet, wobei a eine Funktion der Säure-Konz. u. von Z ist. Für alle untersuchten Syst. läßt sich Y seinem Verh. nach auf den Kurven zwischen Z = 65 u. 68 auftragen. In verd. salpetersauren Syst. fällt der Punkt für Am fast genau mit dem von Pr zusammen. CH. KULICKE. 224□

Die fraktionierte Extraktion der dreiwertigen Lanthaniden als Dialkylorthophosphate. D. F. Peppard, G. W. Mason, J. L. Maier und W. J. Driscoll. (J. inorg. Nuclear Chem. **4.** 334—43. 1957.) (Engl.) — Vgl. vorst. Referat.

Die Extraktion der 3wertigen Lanthaniden u. des Y(III) in eine Lsg. von Di-[2-äthylhexyl]-orthophosphorsäure (HDEHP) wurde als Funktion der HDEHP-Konz. in der organ. Phase u. der Ordnungszahl (Z) unter Anwendung radioakt. Tracer u. Am als Vgl.-Element untersucht. Der Verteilungs-Koeff. K, definiert als das Verhältnis der Konzz. des radioakt. Nuclids in der organ. u. der wss. Phase, zeigt eine direkte Abhängigkeit dritter Ordnung von der HDEHP-Konz. in der organ. Phase u. eine umgekehrte Abhängigkeit dritter Ordnung von der Mineralsäure-Konz. in der wss. Phase. Verss. zeigten, daß kein mit dem zu extrahierenden Kation verbundenes Anion mit in die organ. Phase verschleppt wird. Die Formel für den extrahierten Komplex lautet $M(DEHP)_3$, wahrscheinlich mit Solvat–Wasser. Die graph. Darst. von log K = f(Z) ist eine Gerade. Das Verhältnis der K-Werte zweier benachbarter Lanthaniden ist gleich 2,5. Eine Trennung von Lanthanidenpaaren sowie die Abtrennung eines Lanthanids von allen anderen ist deshalb möglich. Die Abtrennung von reinem Ho oder Er ist schwierig, da Y stört. Umgekehrt bietet das untersuchte Syst. die Möglichkeit, Y von allen Lanthaniden außer Ho u. E abzutrennen. Y zeigt in der graph. Darst. seinem Verh. nach auf einen „scheinbaren" Z-Wert von 67,6. CH. KULICKE. 224□

Die Isolierung von Berkelium durch Lösungsmittelextraktion im vierwertigen Zustand. D. F. Peppard, S. W. Moline und G. W. Mason. (J. inorg. Nuclear Chem. **4.** 344—48. 1957.) (Engl.) — Vgl. vorst. Referate.

Die Verteilungs-Koeff. K für die Extraktion von Cm(III), Bk(III) u. Bk(IV) in n-Heptan-Lsg. der Di[2-äthylhexyl]-orthophosphorsäure aus wss. HNO_3 wurden bestimmt. Der K-Wert für Bk(IV) ist ungefähr um den Faktor 10^6 größer als für Bk(III) oder Cm(III). Unter den oxydierenden Bedingungen verbleibt Am im 3wertigen Zustand. ^{249}Bk konnte aus einer verunreinigten Probe (Targetmaterial) mit ca. 97% Ausbeute gewonnen werden. Die α- u. β-Dekontaminationsfaktoren lagen bei $6 \cdot 10^3$ bzw. $9 \cdot 10^5$. Die Abtrennung dauerte ausschließlich Verdampfung weniger als 30 Minuten. Es konnte gezeigt werden, daß sich Bk von folgenden Elementen schnell u. sicher trennen läßt: La, Pm, Eu, Y, U, Np, Pu, Am u. Cm. Anzunehmen ist, daß sich Bk(IV) von den schwereren Transuranen (Z > 97) ebenfalls gut abtrennen läßt, wenn sie sich im 3wertigen Zustand befinden. Dieses Trenn-Verf. ist nicht nur zur Isolierung des Bk geeignet, sondern kann auch zur Isotopengewinnung dienen, wenn Bk als Mutter- oder Tochterelement auftritt, bes. wenn es sich um kurzlebige Isotope handelt.

CH. KULICKE. 224□

Mechanismus des Elektronenübergangs und verwandter Prozesse in Lösung. J. Halpern. (Quart. Rev. [chem. Soc., London] **15.** 207—36. 1961. Cambridge, Univ., Dep. of Theoret. Chem., Chem. Labor.) (Engl.)

Übersicht. — 91 Literaturangaben. P. GOLINSKE. 225□

Eine neue anorganische Reaktion: Salpetersäure–Stickstoffwasserstoffsäure. J. Mašek. (Nature [London] **191.** 166—67. 3 Abb. 8/7. 1961. Prague, Czechoslov. Acad. of Sci., Polarogr. Inst.) (Engl.)

Im Gegensatz zu bisherigen Annahmen zeigt Vf. durch polarograph. Unterss. in 13m H_2SO_4, daß außer +3wertigem auch +5wertiger Stickstoff in genügend stark saurer Lsg. mit Azid reagiert. Die Gesamt-Rk. $4\,HN_3 + 2\,NO_2^+ \rightarrow 4\,N_2 + 3\,N_2O + H_2O + 2\,H^+$ kann in folgende Einzelschritte zerlegt werden: (1) $HN_3 + NO_2^+ \xrightarrow{k_1} 2\,NO + N_2 + H^+$; (2) $2\,NO + NO_2^+ + 2\,H^+ \xrightarrow{k_2} 3NO^+ + H_2O$; (3) $3\,NO^+ + 3\,HN_3 \xrightarrow{k_3} 3\,N_2O + 3\,N_2 + 3\,H^+$. Rk. (3) ist die bekannte Nitrit–Azid-Rk. u. verläuft schon bei geringer Acidität rasch u. wird mit steigender Acidität schneller, k_3 ist also in saurer Lsg. viel größer als k_1 u. k_2. Bei einer Acidität < 13 Mol H_2SO_4/Liter ist Rk. (1) gescheindigkeitsbestimmend, in stärkerer Säure ist $k_1 > k_2$, der Rk.-Verlauf wird komplizierter: Rk (1) kann mehr als 1 Mol NO_2^+ verbrauchen, so daß für (2) weniger als 1 Mol NO_2^+ übrig bleibt; hierdurch entsteht NO im Überschuß u. kann nicht mehr vollständig nach (2) verbraucht werden. Die Schlußfolgerungen lassen sich durch Gaschromatographie der Rk.-Prodd. erhärten. P. SARTORI. 225□

Die Reduktion von Dichromat durch Bromwasserstoff- und salpetrige Säure in Gegenwart von Mangan(II)-sulfat. K. Chatterjee und B. P. Gyani. (J. Indian chem. Soc. **34.** 721—24. Okt. 1957. Patna, B. N. Coll. and Sci. Coll., Chem. Labor.) (Engl.)

HBr u. HNO_2 können mit $K_2Cr_2O_7$ in stark schwefelsaurer Lsg. (8—12n, HCl nicht geeignet) u. in Ggw. von überschüssigem $MnSO_4$ (0,3m) bei Zimmer-Temp. (20—22°) potentiometr. titriert werden. Die stationären Potentiale werden unter diesen Bedingungen rasch erreicht. Die Rk. verläuft unter Oxydation des Mn^{2+} zu Mn^{3+}, obwohl das Standardoxydationspotential von Cr^{3+}—$Cr_2O_7^{2-}$ (—1,33) höher ist als das von Mn^{2+}—Mn^{3+} (—1,51); durch Mn^{3+} wird Br^- bzw. NO_2^- rasch zu Br_2 bzw. NO_3^- oxydiert. M. SCHENK. 225□

Charakteristika der Reduktion von natürlichen und künstlichen Haematiten durch Wasserstoff. John Henderson. (Nature [London] **191.** 268. 15/7. 1961. Shortland, New South Wales, Broken Hill Ltd. Co. Ltd., Central Res. Labor.) (Engl.)

Vf. untersucht die Geschw. der Red. durch H_2 von künstlichem (I) u. natürlichem Haematit (II). Angenähert kugelförmige I-Teilchen (Ø ca. 0,03 cm) werden durch 1std. Rollen von Fe_2O_3, 2std. Glühen in einem Pt-Schiffchen bei 1370° in O_2-Atmosphäre u. langsames Abkühlen auf Raum-Temp. unter O_2 hergestellt. Entsprechend behandelt man gewaschene Teilchen ähnlicher Form u. Größe von **II**; eine weitere Probe wird in Luft bei 110° getrocknet (**III**). Weiterhin stellt man **I**- u. **II**-Teilchen mit einem Ø von ca. 0,003 cm her, die in Luft bei 110° getrocknet werden (**IV** bzw. **V**). Die 100-mg-Proben red. man in einem H_2-Strom (2000 ml/min). Die Temp.-Abhängigkeit der Red.-Geschw. wird graph., die physikal. Eigg. von **I** u. **II** tabellar. mitgeteilt. Die Red. Geschw. von **I** u. **IV** steigt gleichmäßig von 550—900°, **II** u. **III** zeigen die gleiche Kurve mit einem ausgeprägten Minimum bei ca. 700°, das auch bei **V**, wenn auch mit wesentlich kleinerer Ordinate, beobachtet wird. Sowohl die künstlichen als auch die natürlichen Proben sind schwach magnetisch. Bei Erhitzen auf 500, 700 bzw. 900° unter N_2 u. anschließendem Abschrecken ist keine Änderung der Gitterparameter festzustellen. Der einzige wesentliche Unterschied ist die ausgeprägte „Unterstruktur" (im reflektierten, polarisierten Licht) von künstlichen Proben, die natürliche nicht zeigen. Die Gangmineralien (hauptsächlich SiO_2- u. Al_2O_3-Mineralien) in letzteren treten als getrennte Teilchen auf, während in den künstlichen Haematiten mit Fe_2O_3 zusammengesetzte Teilchen festzustellen sind. P. FRENZEL. 225□

Die thermische Zersetzung von NH_4-Montmorilloniten. 1. Mitt. J. L. Martin Vivaldi, F. Girela Vilchez, M. Hernaiz Bermudez de Castro und M. Rodriguez Gallego. (Clay Minerals Bull. **4.** 81—87. Dez. 1959. Granada, Spain, Estac. Exp. del Zaidín.) (Engl.)

DTA-Kurven gewisser NH_4-Montmorillonite zeigten einen exothermen Effekt, der in einer inerten Atmosphäre (N_2) durch einen an seiner Stelle auftretenden endothermen Effekt verdrängt wurde. NH_4-Montmorillonit zersetzt sich unter NH_3-Verlust in der Hauptsache oberhalb 400°, eine geringe Zers. ist schon unterhalb 100° zu beobachten. Dabei wird NH_3 vollständig oder z. T. abgegeben, kann aber unter Umständen auch oxydiert werden, was durch Verw. einer inerten Atmosphäre verhindert wird. Verschiedene energet. Zustände des verbleibenden NH_4^+ oder NH_3 sind für den exothermen Effekt in oxydierender bzw. den endothermen Effekt in inerter Atmosphäre verantwortlich. Eine in den Kurven zwischen dem NH_3-Verlust u. der Abgabe des Strukturwassers sich bemerkbar machende Energieaufnahme deutet auf eine kontinuierliche Diffusion von NH_3 durch das Gitter hin; möglicherweise wird in diesem Intervall auch W. (entstanden durch Protonen–OH-Rkk.) abgegeben. W. BETCKE. 225□

Die Bedeutung von primären kinetischen Isotopeneffekten für Wasserstoff- und Deuteriumverbindungen. F. H. Westheimer. (Chem. Reviews **61.** 265—73. Juni 1961. Cambridge, Mass., Harvard Univ., James Bryant Conant Labor.) (Engl.)

Übersicht über die 1. Näherung, experimentelle Befunde, Erklärungen für niedrige $k_H:k_D$-Verhältnisse, die 2. Näherung u. eine vereinfachte mathemat. Behandlung. — 50 Literaturangaben. P. GOLINSKE. 225□

Der strahlungsinduzierte Austausch von Deuterium zwischen schwerem Wasser und gelöstem Wasserstoff. J. Bardwell und P. J. Dyne. (Canad. J. Chem. **35.** 82—88. Jan. 1957. Chalk River, Ontario, Canada, Atomic Energy of Canada Ltd., Chem. and Metallurgy Div.) (Engl.)

Der durch γ-Strahlung (von ^{60}Co) induzierte D-Austausch wurde an gesätt. Lsgg. von H_2 in schwerem W. (1% D_2O) bei 25° untersucht; das Rk.-Gas wurde im Massenspektrometer analysiert. Die Rk.-Geschw. entspricht dem exponentiellen Austauschgesetz; sie beträgt bei einer Dosisleistung von $1{,}01 \cdot 10^{22}$ eV/Liter·h R = $1{,}57 \cdot 10^{-4}$ g-Atom/Liter·h; $G_{Austausch} = 0{,}94$. G u. R sind prakt. unabhängig von Dosisleistung ($0{,}185 \cdot 10^{22}$ bis $1{,}01 \cdot 10^{22}$ eV/Liter·h) u. H_2-Konz. (pH_2 363—726 mm). Lang dauernde Betrahlung führt zu einem stationären Zustand, in dem die Isotopen-Zus. des Gases ähnlich der Lsg. wird. Für den strahlungsstationären Zustand beträgt die Gleichgewichts-Konst. für $H_2 + HDO \rightleftharpoons HD + H_2O$ $K = 0{,}83$, entsprechend dem thermodynam. Gleichgewicht bei ca. 750°. M. SCHENK. 226□

Chemische Wirkungen ionisierender Strahlen auf wässerige Vanadin-Lösungen. 1. Mitt. **Die Reduktion des fünfwertigen Vanadins in saurem Medium durch γ-Strahlen aus Radiokobalt.** Jacques Pucheault und Christiane Ferradini. (J. Chim. physique Physico-Chim. biol. **54.** 659—68. Sept./Okt. 1957. Paris, Inst. du Radium.) (Franz.)

Die Einw. von γ-Strahlen (90 c ^{60}Co, Strahlungsintensität 0,17 bis $6{,}25 \cdot 10^{18}$ eV/cm³·h) auf Lsgg. von Na-Orthovanadat in 0,8n H_2SO_4 wurde in Abhängigkeit von einer Reihe von Faktoren untersucht. V(V) wird dabei zu V(IV) red., die Red. ist proportional der aufgenommenen Energie, unabhängig von Strahlungsintensität, Ggw. oder Abwesenheit von Luft; bei der Red. werden weder H_2O_2, noch peroxyd. Komplexe beobachtet. Bei Abwesenheit von Luft tritt geringe H_2- u. O_2-Entw. auf ($G_{H_2} = 0{,}45$; $G_{O_2} = 0{,}90$). Die Red.-Ausbeute beträgt $G = 2{,}7$, unabhängig von [V(V)] zwischen $3 \cdot 10^{-4}$ u. 10^{-2} Mol/Liter. Durchleiten von H_2 durch die bestrahlte Lsg. erhöht G auf 3,7, Zusatz von V(IV) vermindert G auf 2, unabhängig von der Ggw. von Luft; mit zunehmendem pH (1—2) nimmt G rasch auf 5,5 zu. Aus den experimentellen Ergebnissen bestimmen Vff. folgende G-Werte für die Radiolyse von W. in guter Übereinstimmung mit anderen Autoren: $G_H = 3{,}7$; $G_{OH} = 2{,}8$; $G_{H_2} = 0{,}45$; $G_{H_2O_2} = 0{,}90$. M. SCHENK. 226□

Die Chemie anorganischer freier Radikale in wässerigem Medium. 2. Mitt. **Der durch Peroxodisulfat induzierte Austausch von Sauerstoffatomen zwischen Wasser und molekularem Sauerstoff und die Aciditätskonstante des Hydroxylradikals.** C. R. Giuliano, N. Schwartz und W. K. Wilmarth. (J. physic. Chem. **63.** 2089. Dez. 1959.) (Engl.)

Druckfehlerberichtigungen zur C. **1959.** 12157 referierten Arbeit. D. ERTEL. 227□

Die durch Silber katalysierte Oxydation von arseniger Säure mit Peroxodisulfat. Yugul Kishore Gupta und Deen Dayal Misra. (Bull. chem. Soc. Japan **32.** 1306—10. Dez. 1959. Kanpur/India, D.A.V. Coll., Dep. of Chem.) (Engl.)

Die Kinetik der Ag-katalysierten Oxydation von H_3AsO_3 (I) durch $S_2O_8^{2-}$ wurde durch Titration mit $KMnO_4$ verfolgt. Die Oxydation verläuft schneller als die analogen Rkk. mit Cr^{3+}, VO^{2+}, Mn^{2+}, Ce^{2+}. Sie ist bzgl. der $S_2O_8^{2-}$-Konz. 1. Ordnung u. unabhängig von der I-Konz.; die Aktivierungsenergie beträgt 8941 cal, der Häufigkeitsexponent $1{,}55 \cdot 10^6$ Liter/Val·s, die Aktivierungsentropie $-31{,}06$ Entropieeinheiten. Der vermutliche Rk.-Mechanismus ist $S_2O_8^{2-} \rightleftharpoons 2\,SO_4^-$, $2\,SO_4^- + Ag^+ \rightarrow 2\,SO_4^{2-} + Ag^{3+}$ (geschwindigkeitsbestimmend), $Ag^{3+} + 2\,H_2O \rightarrow Ag^+ + 2\,H^+ + 2\,OH$, $I + 2\,OH \rightarrow H_3AsO_4 + H_2O$. Der Salzeffekt konnte wegen des spezif. Effektes der Ionen nicht untersucht werden. Die Rk.-Geschw. wird durch $K^+ > Na^+ > NH_4^+ > Mg^{2+}$ gehemmt u. durch NO_3^- erhöht; SO_4^{2-} ist offenbar ohne Einfluß. CLAUS FISCHER. 227□

Einfluß der festen Phase auf die Oxydation von Stickstoff in einer Hochfrequenzentladung. T. W. Sabolotzki. (Известия Сибирского Отделения Академии Наук СССР [Nachr. sibir. Abt. Akad. Wiss. UdSSR] **1958.** Nr. 4. 51—55. Westsibir. Zweigstelle der Akad. der Wiss. der UdSSR.) (Russ.)

Der Einfl. der festen Phase auf die Oxydation von N_2 in einer Hochfrequenzentladung in Capillar- u. Zylinderröhren wird an Porzellan, Cu-Spänen, speziell zubereitetem Kaolin u. pulverförmigen Beimengungen von CuO, MgO, K_2O, Fe_2O_3 untersucht. Es zeigt sich, daß bei Porzellan als fester Phase außerhalb der Entladungszone keine merkliche Änderung in der N_2-Oxydation stattfindet, wogegen Cu-Späne die Oxydation stark vermindern: In Zylinderröhren wird die Oxydation bei Anlage von Spezialkaolin in der Entladungszone stark vermindert. Die Bldg. von NO erfolgt hauptsächlich in der leuchtenden Zone der Entladung. Die Verminderung der Ausbeute an NO wird durch Desaktivierung der angeregten Teilchen an der Oberfläche von Metallen oder ihren Oxyden hervorgerufen, die sich in der Entladungszone befinden. D. HOENE. 227 □

Nachweis von atomarem Sauerstoff unter den Zersetzungsprodukten von Distickstoffoxyd am Platinkatalysator bei niedrigen Drücken. Kazuo Mitani und Yoshio Harano. (Bull. chem. Soc. Japan **32.** 1386. Dez. 1959. Kyoto, Kita-Ku, Taishogun, Kyoto Pref. Univ. of Med., Inst. of Chem.) (Engl.)

Der nach $N_2O \rightarrow N_2 + O$ an einem heißen Pt-Blech entstehende atomare Sauerstoff (1400°; $1 \cdot 10^{-3}$ bis $5 \cdot 10^{-4}$ Torr) wurde durch die Farbänderung von MoO_3 von Hellgelb nach Dunkelblau nachgewiesen. Diese Rk. tritt nicht bei höheren Drücken auf.
CLAUS FISCHER. 227 □

Über peroxydatische Eigenschaften von Mehrstoffkatalysatoren mit Erdalkalicarbonaten als Träger. Alfons Krause, F. Domka und J. Sławek. (Z. anorg. allg. Chem. **311.** 76—78. 1961. Poznań, Univ., Inst für anorg. Chem.) (Dt.)

Erdalkalicarbonatträger ($CaCO_3$, $SrCO_3$, $BaCO_3$), auf die zwei verschiedene Ionenarten ($WO_4^{2-} + Cu^{2+}$ oder $WO_4^{2-} + Co^{2+}$) aufgebracht werden, können unter Umständen schon bei 20° eine sehr beachtliche peroxydat. Wrkg. bei der Indigocarminentfärbung aufweisen, wobei sich auch die Spezifität der einzelnen Carbonatträger abzeichnet. Da diese Träger/Ion-Katalysatoren nach ähnlichen Prinzipien aufgebaut sind wie die natürlichen Enzyme, sind sie als regelrechte Peroxydasemodelle zu bezeichnen. Der Einfl. der einzelnen Träger–Ion-Kombinationen auf die Entfärbungszeit von Indigocarmin wird tabellar. wiedergegeben u. diskutiert. H. FRIES. 227 □

Der Einfluß von ultraroter Strahlung auf die Aktivität einiger Hydroxyd- und Oxydkatalysatoren. Alfons Krause, F. Domka und J. Sławek. (Z. anorg. allg. Chem. **311.** 79—82. 1961.) (Dt.) — Vgl. vorst. Referat.

Vff. stellten fest, daß sich unter dem Einfl. von ultraroten Strahlen die katalyt. Aktivität von Hydroxyd- u. Oxydkatalysatoren in Redox-Syst. verstärkt, wobei vielfach von der sensibilisierenden Wrkg. des Co^{2+} Gebrauch gemacht wurde. Als entsprechende Katalysatoren wurden röntgenamorphes Fe(III)-Hydroxyd, Al-Oxydhydrat u. ZnO verwendet, die man auf H_2O_2- oder Indigocarmin-Lsg. bei 20° einwirken ließ. Die Ergebnisse werden tabellar. aufgeführt. H. FRIES. 227 □

Zur Vergiftung von Nickel-Hydrierungskatalysatoren durch Sauerstoff. Horst Kinza und Manfred Ambrosch. (Z. anorg. allg. Chem. **311.** 40—52. 1961. Berlin-Adlershof, Dt. Akad. der Wiss., Inst. für anorgan. Katalyseforsch.; Berlin, Humboldt-Univ., Chem. Inst.) (Dt.)

Es werden die Ergebnisse von Verss. zur Vergiftung von Ni-Katalysatoren bei der Hydrierung von Zimtsäureäthylester durch dosierte Mengen von mol.O_2 bzw. äquivalenten Mengen H_2O_2 mitgeteilt. Die Grenze der reversiblen zur irreversiblen Vergiftung der Katalysatoren wird bestimmt. H. FRIES. 227 □

Die Untersuchung von Chemisorption und von Katalysatorvergiftungen durch radiochemische Methoden. 2. Mitt. Selektive Katalysatorvergiftung bei der Hydrierung von Cyclopropan und Propylen. K. C. Campbell und S. J. Thomson. (Trans. Faraday Soc. **55.** 985—91. Juni 1959. Durham, Univ., Durham Coll.; Londonderry Labor. for Radiochem.) (Engl.) — 1. vgl. C. **1960. 4769.**

Vff. messen die Hydrierungs-Geschw. von *Cyclopropan* (**I**) u. *Propylen* (**II**) an Ni-Filmen bei 20°. Der Einfl. von auf den Ni-Filmen adsorbiertem Hg wird untersucht. Die katalyt. Wrkg. des Ni auf die Hydrierung von I wird durch Hg herabgesetzt, die Fähigkeit zur Hydrierung von II durch Hg nicht beeinflußt. Weiterhin werden Messungen der Adsorption von I, II, H_2 u. Hg an den Ni-Filmen bei 25° durchgeführt. Vff. diskutieren einen Mechanismus, durch den die selektive Vergiftung des Ni-Katalysators durch Hg für die I-Hydrierung verständlich wird. L. SCHWIEGK. 227 □

Über die Temperaturabhängigkeit der Aktivität von Platin–Kohle-Katalysatoren. Cl. Nicolau, P. Venker und E. Pobitschka. (Z. anorg. allg. Chem. **311.** 127—33. 1961. Berlin-Buch, Inst. für Med. u. Biol. der dt. Akad. der Wiss., Arbeitsber.Phys.u. Arbeitsber. Angew. Isotopenforsch.) (Dt.)

Vff. berichten über katalyt. Unterss. bei der Hydrierung von Crotonsäure u. p-Nitroanisol mit Pt–C-Katalysatoren (5% Pt), die vor ihrer Verw. 3 Std. lang auf verschiedene Temp. zwischen 50 u. 500° erhitzt wurden. Dabei ergab sich eine Abnahme der katalyt. Wrkg. infolge der therm. Behandlung der Katalysatoren. Die Verringerung dieser Wrkg. läuft parallel mit der Abnahme der Zahl der ungepaarten freien Elektronen in den therm. behandelten Katalysatoren. Außerdem wurden Unterschiede in der Intensität der Abnahme der katalyt. Wrkg. bei den verschiedenen Substraten gefunden, die auf die zunehmende Graphitisierung u. Vervollständigung der „Pseudosandwich"-Komplexe zurückgeführt werden. H. FRIES. 227☐

A_8. Präparative anorganische Chemie. Komplexverbindungen. Metallorganische Verbindungen

Derivate von N.N-Dialkyldiselenocarbamidsäuren. D. Barnard und D. T. Woodbridge. (J. chem. Soc. [London] **1961.** 2922—26. Juli. Welwyn Garden City, Herts., Natural Rubber Producers' Res. Assoc.) (Engl.)

Zufügen von CSe_2 (I) zu alkal. Lsgg. von sek. Aminen führt zu Verharzung von I, ebenso wie die Zugabe von alkal. Amin-Lsg. zu I. Die Bldg. von *N.N-Dialkyldiselenocarbamaten* läßt sich erreichen, wenn I in Dioxan-Lsg. langsam unter Vermeidung eines örtlichen Überschusses bei tiefer Temp. unter kräftigem Rühren zur alkal. Lsg. des sek. Amins getropft wird. Bei Zusatz von $ZnSO_4$ fallen beständige, fahlbraune bis gelbe *Zinkdialkyldiselenocarbamate* aus, die unlösl. in W., in organ. Lsgm. mit wachsender Größe der Alkylgruppen steigend lösl. sind. In Chlf.- oder CH_2Cl_2-Lsg. lassen sich die Zn-Salze durch Schütteln mit wss. $CuSO_4$-Lsg. quant. in die tiefroten *Cu-Verbb.* überführen. Die Spektren der Diselenocarbamate ähneln denen der entsprechenden Dithiocarbamate mit einer leichten Verschiebung nach größeren Wellenlängen. Bei der Oxydation der Diselenocarbamate entsteht ein Gemisch von *Bis-[N.N-dialkylselenocarbamyl]-mono-* u. *-triseleniden,* wahrscheinlich als Folge der Disproportionierung des prim. entstandenen Diselenids. Die Bis-[N.N-dialkylselenocarbamyl]-triselenide u. die Metall-N.N-dialkyldiselenocarbamate sind wirksame Antioxydantien für einfache Olefine u. Kautschuk; letztere übertreffen die entsprechenden Dithiocarbamate.

Versuche: *CSe_2* (I), $Kp._{50}$ 45,5—46°, durch Einleiten von CH_2Cl_2-Dampf unter trocknem N_2 in Se bei 600°, Dest. des Kondensats unter vermindertem Druck; aus 70 g Se 20 g CSe_2. — Beste Bedingungen für die Darst. von *Na-N.N-Dialkyldiselenocarbamat*-Lsgg.: 2,11 g (0,0124 Mol) I in 20 ml Dioxan werden innerhalb 30 Min. unter Rühren zu einer Lsg. von 0,5 g (0,0124 Mol) NaOH u. 0,0124 Mol sek. Amin in 20 ml W. bei —10° in N_2-Atmosphäre zugegeben, die Lsg. wird filtriert u. sofort weiterverarbeitet. — *Zn-Dimethyldiselenocarbamat,* F. 242—243°, die Lsg. des Na-Salzes (vorst.) wird schnell zu 1,80 g $ZnSO_4$ (0,0062 Mol) in 10 ml W. bei 0° gegeben u. der Nd. abfiltriert; rosafarbener Nd. (3,03 g; 97% Ausbeute); nach Umkristallisieren aus Toluol hellbraun. — In gleicher Weise wurden dargestellt: *Zn-Diäthyldiselenocarbamat* (II), F. 154,5—155°, fahlgelb (aus Aceton), λ_{max} in CH_2Cl_2 285 mμ (ε = 25850) u. 317 mμ (13040). — *Zn-Dibutyldiselenocarbamat,* F. 68—68,5°, fahlbraun (aus wss. Aceton). — *Cu-Diäthyldiselenocarbamat,* F. 225—226°, 0,498 g II in 20 ml Chlf. mit 10 g $CuSO_4$ in 100 ml W. schütteln, tiefrote Chlf.-Schicht abdampfen; 0,5 g (100%); schwarze Kristalle (aus Aceton–Chlf.), λ_{max} in CH_2Cl_2 290 mμ (ε = 34800), 324 (ε = 17120), 495 (ε = 11780). — *N.N-Dimethyldiselenocarbamidsäure,* F. 98—105°, Lsg. des Na-Salzes mit verd. H_2SO_4 ansäuern, orangefarbenen Nd. (1,60 g aus 0,0124 Mol) unter Luftabschluß filtrieren; lösl. in Alkali, durch Luft oxydierbar zu orangefarbenem Festkörper vom F. 190—210°; hieraus durch Umkristallisation aus Chlf. oder Pyridin *Bis-[dimethyldiselenocarbamyl]-triselenid,* F. 223 bis 224°. — Durch Oxydation eines wie vorst. dargestellten Ansatzes des Na-Diäthyl-Salzes mit 27%ig. H_2O_2 (0,72 ml, 0,0068 Mol) in 23%ig. H_2SO_4 (2,64 ml, 0,0062 Mol), oder mit $K_3[Fe(CN)_6]$ (4,11 g, 0,0062 Mol) in 20 ml W. wird ein orangefarbener Festkörper (2,5 g; 83%), F. 102—112°, erhalten, der durch Kristallisation aus A.–Chlf. in 2 Komponenten zerlegbar ist. Das weniger lösl. Prod. ist *Bis-[N.N-diäthylselenocarbamyl]-triselenid,* rote Kristalle, F. 136—137°, 0,4 g (+ 0,15 g vom F. 126—129°), λ_{max} 287 mμ (ε = 55200), Knick bei 310 mμ (40500). Einengen der Mutterlaugen liefert 0,4 g unreines *Bis-[N.N-diäthylselenocarbamyl]-monoselenid.* P. SARTORI. 254☐

Untersuchungen über die analytische Anwendung von Onium-Verbindungen. 16. Mitt. Das polarographische Verhalten von Triphenyltelluroniumchlorid. Hiroshi Matsuo. (J. Sci. Hiroshima Univ., Ser. A **22.** 51—56. Juli 1958. Hiroshima, Univ., Fac. of Sci., Dep. of Chem.) (Engl.) — 15. vgl. C. **1959.** 16936.

$(C_6H_5)_3TeCl$ (I), F. 243—245°, wurde durch Rk. von Te-Pulver mit S_2Cl_2 bei 300° zu $TeCl_4$, Umsetzen mit C_6H_5MgBr in Ae. zu *$(C_6H_5)_3TeBr$* (II) u. Durchschicken einer wss.-äther. Lsg. von II durch einen Anionenaustauscher (Amberlite IR-4-B) in der Chloridform erhalten. I zeigt bei der polarograph. Analyse eine Zweistufen-Red. mit den Halbstufenpotentialen —0,77 V (gegen die gesätt. Kalomelelektrode) bei der ersten u. —1,10 V bei der zweiten Stufe. Letzteres Potential war pH-abhängig, während das Halbstufenpotential der ersten Stufe zwischen pH 2 u. 11 konst. blieb. Zwischen den Konzz. $1{,}0 \cdot 10^{-4}$ u. $1{,}0 \cdot 10^{-2}$m war bei der ersten Stufe eine lineare Abhängigkeit zwischen der Stufenhöhe u. der I-Konz. zu beobachten, während dieser Zusammenhang bei der 2. Stufe dem Verlauf einer LANGMUIRschen Adsorptionsisotherme entsprach. Die Rkk. von I mit den Anionen J^-, Br_3^-, J_3^-, MnO_4^-, MoO_4^{2-}, $Cr_2O_7^{2-}$, $PtCl_6^{2-}$, $PW_{12}O_{40}^{3-}$, $PMo_{12}O_{40}^{3-}$, $SiW_{12}O_{40}^{4-}$, $SiMo_{12}O_{40}^{4-}$ u. $(C_6H_5)_4B^-$ werden beschrieben, ferner die Rkk. von I mit Komplexionen, die durch Zusammengeben von KBr, KSCN bzw. KCN im Überschuß u. verschiedenen Metallionen, wie Hg^{2+}, Cu^{2+}, Fe^{3+}, Sn^{4+} u. a. erhalten werden. Es entstehen im allg. weiße oder gelb bis braun gefärbte Niederschläge. W. BETCKE. 255□

Halogenide der Elemente der Phosphorgruppe (P, As, Sb, Bi). D. S. Payne. (Quart. Rev. [chem. Soc., London] **15.** 173—89. 1961. Glasgow, Univ.) (Engl.)

Übersicht. — 117 Literaturhinweise. P. GOLINSKE. 263□

Zur Kenntnis nichtmetallischer Iminverbindungen. 7. Mitt. Über einige Reaktionen des Triphenylphosphinimins und des Triphenylphosphinbromimins. Rolf Appel und Alfred Hauss. (Z. anorg. allg. Chem. **311.** 290—301. 1961. Heidelberg, Univ., Anorg.-chem. Inst.) (Dt.) — 6. vgl. Chem. Ber. **93.** [1960.] 405.

Das Rk.-Verh. des Triphenylphosphinimins (I) wird durch folgende Eigg. gek.: I reagiert bas.; in wss. Lsg. entsteht das Triphenylphosphiniminiumkation, $[(C_6H_5)_3P \cdot NH_2]^+$, zu dessen Charakterisierung sich bes. das in kaltem W. schwer, in heißem W. gut lösl. Jodid eignet. Mit verschiedenen O- u. S-Verbb. erfolgt Rk. unter Austausch des NH-Restes gegen O bzw. S. So läßt sich aus Brenztraubensäureester u. I der α-Ketiminoester erhalten, der sich zum Alaninester katalyt. hydrieren läßt. Zur Übertragung der Imingruppe auf Carbonsäureester ist I jedoch nicht geeignet. Der Iminwasserstoff läßt sich durch andere Atome oder Atomgruppen ersetzen. So erfolgt mit Alkyljodiden vollständige Alkylierung des N; analog verläuft die Rk. mit Acylchloriden. Bei der Substitutions-Rk. mit Br_2 wird *Triphenylphosphin-N-bromimin* (II), F. 170—172°, erhalten, das in Bzl., Cyclohexan, Chlf. u. Acetonitril gut lösl. ist. Die Einw. des II auf Triphenylphosphin, Triphenylarsin u. Thioäther führt zu den salzartigen Verbb. $[(C_6H_5)_3P]_2NBr$, $[(C_6H_5)_3P][As(C_6H_5)_3]NBr$ u. $[(C_6H_5)_3P](R_2S)NBr$ mit R = CH_3 u. C_2H_5, die als *Bis-[triphenylphosphin]-*, *Triphenylphosphintriphenylarsin-* u. *Triphenylphosphindialkylsulfidnitridbromide* aufgefaßt werden. Bei der Rk. von II mit Aminen u. Äthern entstehen erst nach tagelangem Schütteln Triphenylphosphiniminiumbromid u. harzartige Substanzen.

Versuche: *Triphenylphosphiniminiumjodid*, $C_{18}H_{17}JNP$, F. 254° (aus W.), aus 7 g I in 100 ml Bzl. durch tropfenweise Zugabe von 4 g Äthyljodid in 15 Min. unter Rühren bei Zimmer-Temp.; Kristalle; 5,1 g (Ausbeute). — *Triphenylphosphindiäthyliminiumjodid*, $C_{22}H_{25}JNP$, F. 162° (aus Chlf. durch Zusatz von Essigsäureäthylester), durch Versetzen des benzol. Filtrates bei der Darst. vorst. Verb. mit 300 ml Ae.; Kristalle, lösl. in A. u. W., schwer lösl. in Bzl.; 5 g. — *Triphenylphosphinäthylimin*, $C_{20}H_{20}NP$, F. 96°, durch Pyrolyse von 3 g vorst. Verb. im Vakuum bei 198°/0,5 Torr; gut lösl. in Bzl. u. Ae.; 1,5 g. — *Hydrochlorid des Alaninmethylesters*, F. 158° (aus Methanol/Ae.), aus 3 g Brenztraubensäuremethylester in 50 ml Ae. u. 9 g I in 250 ml Ae. unter Rühren u. 2std. Sieden, Abdestillieren des Ketiminoesters mit dem Ae., Hydrieren der äther. Lsg. mit RANEY-Ni u. H_2 im Autoklaven u. Einleiten von trockenem HCl-Gas; Kristalle; 1,8 g. Durch Kochen mit HCl (1:1) entstanden daraus 0,9 g *Alanin.* — *Triphenylphosphiniminsulfamid*, $C_{18}H_{17}N_2O_2PS$, F. 198° (aus A./W.), aus 5,6 g I in 150 ml Bzl. u. 1,2 g Amidoschwefelsäurechlorid in 50 ml Bzl., Abfiltrieren des Triphenylphosphiniminiumchlorids u. Abdest. des Bzl.; nadelförmige Kristalle; 2,1 g. — *Triphenylphosphiniminiumbromid*, $C_{18}H_{17}BrNP$, F. 248° (aus Acetonitril), aus 14 g I in 15 ml abs. Bzl. durch Zugabe von 4 g Br_2 in 50 ml Bzl. innerhalb 30 Min. unter Rühren; Kristalle; 8,1 g. — *Triphenylphosphinbromimin* (II), $C_{18}H_{15}BrNP$, F. 170—172° (aus Bzl.), durch Eindampfen des bei der Darst. vorst. Verb. anfallenden benzol. Filtrats bei Zimmer-Temp. im Vakuum; gelbliche Kristalle; 8,6 g. — *Bis-[triphenylphosphin]-nitridbromid* (III), $C_{36}H_{30}BrNP_2$, F. 256° (aus W.), a) aus 1,1 g II in 200 ml Bzl. u. 2 g Triphenylphosphin in 50 ml Bzl. unter

Rühren; Kristalle; 1,8 g; b) aus 2,6 g Triphenylphosphin in 50 ml Ae. u. 1,6 g Br_2 in 20 ml Bzl., Auflösen des Nd. von $(C_6H_5)_3PBr_2$ in 250 ml Chlf., Zusatz von 6 g I in 50 ml Chlf., Abdest. von 220 ml Chlf., Zugabe von 300 ml Essigester u. Umkrist. aus 200 ml W.; 5,2 g; versetzt man das wss. Filtrat mit KJ, so fällt *Triphenylphosphiniminiumjodid*, F. 254°, aus; 3,3 g. — *Bis-[triphenylphosphin]-nitridnitrat*, $C_{36}H_{30}N_2O_3P$, F. 232°, aus 5 g III in 200 ml heißem W. u. wss. $AgNO_3$-Lsg. im Überschuß; Nadeln. — *Triphenylphosphintriphenylarsinnitridbromid*, $C_{36}H_{30}AsBrNP$, F. 226° (aus W.), aus 4,3 g Triphenylarsin u. 5,2 g II in je 80 ml Bzl. unter Rühren; Kristalle, gut lösl. in A., Acetonitril u. Chlf.; 9 g. — *Triphenylphosphindimethylsulfidnitridbromid*, $C_{20}H_{21}BrNPS$, F. 188° (Zers.; aus Chlf./Essigester), aus 0,8 g II in 100 ml Bzl. u. 5 ml Dimethylsulfid in 50 ml Bzl. durch Zusatz von 100 ml Essigester; Kristalle, lösl. in vielen polaren organ. Lsgm. u. W.; 0,8 g. — *Triphenylphosphindiäthylsulfidnitridbromid*, $C_{22}H_{25}BrNPS$, F. 148° (aus Chlf./Essigester), analog vorst. Verb. aus 3,5 g II u. 3 g Diäthylsulfid; Kristalle; 4,2 g. — *Triphenylphosphindiäthylsulfidnitridjodid*, $C_{22}H_{25}JNPS$, F. 158° (aus W.), aus der wss. Lsg. vorst. Verb. durch Zusatz von KJ-Lösung. GERHARD SCHULZE. 264□

Zur Kenntnis nichtmetallischer Iminverbindungen. 8. Mitt. **Triphenylphosphin-N-halogenimine.** Rolf Appel, Alfred Hauss und Günter Büchler. (Z. Naturforsch. **16b.** 405. Juni 1961.) (Dt.) — 7. vgl. vorst. Referat.

Vff. stellten als erste N-Halogen-Verbb. der Phosphinimine durch Einw. der Halogene auf Triphenylphosphinimin in benzol. Lsg. bei 20° nach $2\,(C_6H_5)_3P = NH + X_2 \rightarrow (C_6H_5)_3P = N - X + [(C_6H_5)_3PNH]^+X^-$ mit X = Cl, Br, J folgende Substanzen dar: *Triphenylphosphin-N-chlorimin*, F. 179—180° (Zers.), hellgelb, *Triphenylphosphin-N-bromimin*, F. 170—172° (Zers.), braun u. *Triphenylphosphin-N-jodimin*, F. 174—175° (Zers.), orangerot. Die Ausbeute ist beim Jodimin wegen der gleichzeitigen Bldg. von Polyjodiden nicht quant., man verwendet in diesem Fall besser JCl an Stelle von J_2. Die Verbb. sind gut krist. u. beständig, sie zeigen das Rk.-Verh. von N-Halogen-Verbb.; mit dreibindigen P- u. As-Verbb. sowie mit Thioäthern erfolgt Umsetzung nach $(C_6H_5)_3P = N-Br + PY_3 \rightarrow [(C_6H_5)_3P-\overline{N}-PY_3]^+Br^-$ mit Y = Phenyl, O-Phenyl, Halogen. Die salzartige Struktur der letzten Verb. mit Y = Phenyl konnte durch Überführung des Kations in andere Salze u. durch kernmagnet. Unterss. gesichert werden.
GERHARD SCHULZE. 264□

Zur Kenntnis nichtmetallischer Iminverbindungen. 9. Mitt. **Triphenylphosphinimin-Komplexe von Übergangselementen.** Rolf Appel und Regina Schaaff. (Z. Naturforsch. **16b.** 405. Juni 1961.) (Dt.) — 8. vgl. vorst. Referat.

Vff. fanden, daß sich Komplex-Verbb. des Co(II) u. Cu(II) mit Phosphiniminen als Liganden herstellen lassen. Aus $CoCl_2$ bzw. $CuCl_2$ u. Triphenylphosphinimin (I) wurden in Acetonitril die Verbb. $\{[(C_6H_5)_3PNH]_2CoCl_2\}$, F. 217°, u. $\{[(C_6H_5)_3PNH]_2CuCl_2\}$, F. 193°, erhalten. Die blaue Farbe u. das magnet. Verh. der Stoffe deutet auf einen tetraedr. Bau der Nichtelektrolytkomplexe hin. Wasserfreies NiJ_2 reagiert unter gleichen Bedingungen mit I im Mol-Verhältnis 1:4 zu der ebenfalls blau gefärbten Verb. $[(C_6H_5)_3PNH]_4NiJ_2 \cdot CH_3CN$. Beim Erhitzen im Vakuum verliert die Substanz das Kristallacetonitril. $[(C_6H_5)_3PNH]_4NiJ_2$ schmilzt dann bei 226°. GERHARD SCHULZE. 264□

Zur Chemie der kondensierten Phosphate und Arsenate. 29. Mitt. **Der Entwässerungsverlauf von (NaH_2PO_4-H_3PO_4)- und (KH_2PO_4-H_3PO_4)-Gemischen bei Temperaturen bis zu 350° C.** Anneliese Winkler, Horst Hofsäss und Erich Thilo. (Z. anorg. allg. Chem. **306.** 317—32. 1960. Berlin-Adlershof, Dt. Akad. der Wiss., Inst. für anorg. Chem.) (Dt.) — 28. vgl. WIEKER, Z. anorg. allg. Chem. **306.** [1960.] 48; 24. vgl. C. **1960.** 16692.

Die Vorgänge bei der therm. Entwässerung von Gemischen aus 90 Mol-% NaH_2PO_4 u. 10 Mol-% H_3PO_4 wurden durch Best. des Konstit.-Wasserverlusts bei verschiedenen Temp. u. Wasserdampfpartialdrücken (bei 125—325° u. möglichst niedrigem Druck, bei 175—400° u. ca. 17 Torr sowie bei 175—375° u. ca. 300 Torr), des Geh. der einzelnen Präpp. an durch Dioxan nicht extrahierbarer Phosphorsäure u. durch papierchromatograph. Analyse der einzelnen Prodd. verfolgt. Bei nicht zu hohem H_2O-Druck bilden sich zunächst vorwiegend Diphosphat, MADDRELLsches Salz u. $Na_2H[P_3O_9]$. Mit zunehmender Temp. treten in steigendem Maße wieder Mono- u. Diphosphationen auf, die schließlich in Oligophosphate u. vernetzte Phosphate übergehen. Bei höherem Wasserdampfpartialdruck liegen neben Mono- vorwiegend Diphosphatanionen vor, u. zwar zu maximal 10% des Gesamt-P als $NaH_3[P_2O_7]$, ab 225° außerdem MADDRELLsches Salz. Bei der therm. Entwässerung von Gemischen aus 90 Mol-% KH_2PO_4 u. 10 Mol-% H_3PO_4 entstehen im Gegensatz zu den Na-Phosphat–Phosphorsäure-Gemischen keine definierten stark sauren kondensierten Phosphate, sondern eine aus Mono-, Di- u. wenig Oligophosphatanionen bestehende Glasphase, die die gesamte Phosphorsäure enthält, u. ab 275° hochmol. krist. K-Polyphosphat. A. BLASCHETTE. 264□

Zur Chemie der kondensierten Phosphate und Arsenate. 32. Mitt. Darstellung und Eigenschaften von ^{32}P-markierten Penta-, Hexa-, Hepta- und Oktaphosphaten. Wolfgang Wieker. (Z. Elektrochem., Ber. Bunsenges. physik. Chem. **64.** 1047—50. 1960. Berlin-Adlershof, Dt. Akad. der Wiss. zu Berlin, Inst. für Anorg. Chem.) (Dt.) — 31. vgl. GRUNZE u. Mitarbeiter, Chem. Ber. **93.** [1960.] 2631; 29. vgl. vorst. Referat.

Die Abtrennung mol. einheitlicher kettenförmiger Polyphosphate $Na_2O_3PO[PO_3 \cdot Na]_{n-2}PO_3Na_2$ ($n > 4$) aus einem ^{32}P-markierten Polyphosphatglas wurde an einem Ionenaustauscher Dowex-1 X 10 (200—400 Maschen/cm) untersucht. Bei der Elution mit KCl-Lsg. werden Fraktionen erhalten, deren Impulsraten in Abhängigkeit vom Elutions-Vol. eine gute Trennung von Mono-, Di-, Tri-, Tetra-, Penta-, Hexa-, Hepta-, Okta-, Nona- u. Dekaphosphat zeigen. Aus den einzelnen Fraktionen (40—100 ml; 0,5—2 mg P) wurden die Polyphosphate mit einer 2%ig. Benzidiniumchlorid-Lsg. bei pH 6—7 gefällt, die Ndd. abzentrifugiert, mit NaOH zersetzt u. das abgeschiedene Benzidin mit CCl_4 oder Chlf. extrahiert. Auf diesem Weg wurden radiochromatograph. reine Lsgg. von *Penta-*, *Hexa-*, *Hepta-* u. *Oktaphosphat* erhalten. Die chromatograph. Verfolgung des Abbaus der verschiedenen Oligophosphat-Lsgg. an hochpolymeren Phosphaten bei 60° u. pH 8 (vgl. THILO u. WIEKER, C. **1958.** 2369) zeigt, daß bei Phosphaten mit $n = 5-8$ zwei Mechanismen konkurrieren. Die beim Tetraphosphat unter Bldg. von Triphosphat ausschließlich ablaufende Abspaltung von Monophosphat wird mit steigender Kettenlänge zunehmend von der Bldg. des um 3 PO_3-Gruppen kürzeren Polyphosphats unter Trimetaphosphatabspaltung überlagert. Die Rk.-Geschw.-Konst. 1. Ordnung steigen vom Di- zum Oktaphosphat um etwa zwei Zehnerpotenzen an. Die Trimetaphosphat-Bldg. beruht wahrscheinlich auf einer intramol. Phosphorylierungsreaktion.

A. BLASCHETTE. 264□

Metallderivate des Cyclopentadiens. M. Nehmé. (Chim. mod. **5.** 179—85. Juli/Aug. 1960.) (Franz.)

Übersicht über die Darst., die physikal. u. chem. Eigg. sowie die Struktur der Metall-Verbb. des Cyclopentadiens. A. BLASCHETTE. 270□

Sulfat–Carbonat-Austausch der Alkalimetalle in Schmelzen. L. F. Wolkowa. (Известия Сибирского Отделения Академии Наук СССР [Nachr. sibir. Abt. Akad. der Wiss. UdSSR] **1958.** Nr. 3. 60—64. Irkutsk, Landwirtschaftl. Inst.) (Russ.)

Es werden die Syst. Me^1, Me^2/X, Y (Me^1, Me^2 = Li, Na, K, Rb, Cs, jedoch Me^1 nie gleich Me^2, $X = CO_3^{2-}$, $Y = SO_4^{2-}$) untersucht u. deren Schmelz-Verh. im Vierecksdiagramm wiedergegeben. Der Charakter der Diagramme wird durch das Verhältnis der Radiensumme der Kationen zu der Radiensumme der Anionen geprägt. Die Neigung zur Bldg. von Sulfat- u. Carbonatkomplexen wird nur beim Li beobachtet. Sie ist um so größer, je größer das Radiensummenverhältnis ist. Alle Syst. bilden Mischkristalle.

CH. WEISKE. 272□

Blaue „Lösungen" von Kalium in Äthern. F. S. Dainton, D. M. Wiles und A. N. Wright. (J. chem. Soc. [London] **1960.** 4283—89. Nov. Leeds, Univ., Dep. of Phys. Chem.) (Engl.)

Wird ein dünner Film aus K mit sehr reinem *1.2-Dimethoxyäthan* (**I**) oder *Tetrahydrofuran* (**II**) unter N_2 bei 20° in Berührung gebracht, so geht ein Teil des K in Lsg.; die nach Filtration erhaltene Lsg. (L) ist bei Raumtemp. unbeständig, hält sich aber bei tiefer Temp. (z. B. —78°). Von L wurden Absorptionsspektren gemessen. Für **I** liegt ein Maximum der Absorption bei 7000 Å u. für **II** bei 7200 Å vor; ferner liegt ein 2. Maximum bei ca. 10000 Å. Die Farbintensität fällt bei 20° zeitlich stark ab, nicht bei —78°. L von **I** u. **II** ist innerhalb der Meßgenauigkeit nicht paramagnetisch. Die spezif. Leitfähigkeit beträgt bei —78° $10^{-5}\ \Omega^{-1} \cdot cm^{-1}$ bei einer Konz. von 10^{-3} g-Atom K/Liter **I**. Beim Erwärmen von —78 auf 36° wird L teilweise entfärbt, da sich feste Teilchen bilden; dasselbe tritt beim Bestrahlen mit Röntgen- oder γ-Strahlen auf. Mit L von **I** läßt sich *Styrol* polymerisieren; nur 30% des gelösten K wirken als Initiatoren. Die Konz. des akt. K ist proportional der opt. Dichte von L bei 7000 Å. Völlig farbloses L löst keine Polymerisation mehr aus u. zeigt auch eine nur geringe Leitfähigkeit. Die Eigg. von L werden kurz diskutiert, doch lassen sich noch keine eindeutigen Aussagen machen. Vermutlich liegen Teilchen vor, die Elektronen mit gepaartem Spin enthalten. Die Polymerisation verläuft anionisch. O. FUCHS. 275□

Bildungsbedingungen von Bariumsilicaten. 2. Mitt. Reaktionen zwischen Bariumperoxyd und Siliciumdioxyd. W. B. Gluschkowa und E. K. Keler. (Журнал Неорганической Химии [J. anorg. Chem.] **2.** 1001—06. Mai 1957. Inst. für Silicatchem. der Akad. der Wiss. der UdSSR.) (Russ.) — 3. vgl. C. **1960.** 8799.

Therm., mkr., röntgenograph. u. chem. Unterss. von BaO_2–SiO_2-Gemischen (1:1, 2:1, 1:2, 3:1), die bis 1200° erhitzt wurden, ergaben, daß, unabhängig vom Mischungsverhältnis der Ausgangsstoffe, als Primär-Prodd. Metasilicat, bzw. $BaSi_2O_5$ u. $Ba_2Si_3O_8$ auftreten, während Orthosilicat nur bei höheren Temp. (1000—1100°), z. B. aus Ba_3SiO_5 u. SiO_2, gebildet wird. Die therm. Existenzbereiche von $BaSi_2O_5$, $Ba_2Si_3O_8$, $BaSiO_3$, Ba_3SiO_5 u. Ba_2SiO_4 wurden bestimmt. Die Rk. zwischen BaO_2 u. SiO_2 setzt bei wesentlich tieferen Temp. ein als die zwischen $BaCO_3$ u. SiO_2. H. JÄGER. 285□

Untersuchung von Salzen organischer Säuren. 2. Mitt. **Ternäres System. I. I.** Iljassow und A. G. Bergman. (Журнал Общей Химии [J. allg. Chem.] **30** (**92**). 1075—78. April 1960. Rostow/Don, Bauingenieur-Inst.) (Russ.) — 1. vgl. Журнал Общей Химии [J. allg. Chem.] **30** (**92**). [1960.] 355.

Untersucht wurde das Syst. *Natriumacetat–Kaliumacetat–Cadmiumbromid.* Die vier Felder des Syst. laufen in dem tern. Eutektikum mit 4% $CdBr_2$, 48% $(NaOOCCH_3)_2$ u. 48% $(KOOCCH_3)_2$ (F. 229°) zusammen. Bei 4,5% $CdBr_2$, 33% $(NaOOCCH_3)_2$ u. 62,5% $(KOOCCH_3)_2$ liegt ein Umwandlungspunkt (242°). Die bin. Syst. $(NaOOCCH_3)_2$–$CdBr_2$ bzw. $(KOOCCH_3)_2$–$CdBr_2$ besitzen Eutektika bei 75% $(NaOOCCH_3)_2$ u. 293° bzw. 88,5% $(KOOCCH_3)_2$ u. 283°. Schmelzen des tern. Syst. sind stabil bis 350°, bei kurzzeitigem Erwärmen auf 400° tritt jedoch Zers. ein. M. HÄNSSGEN. 289□

Komplexe Pseudohalogenide des Bors und Aluminiums. F. Klanberg. (Proc. chem. Soc. [London] **1961.** 203—04. Juni. Darmstadt, TH, Eduard-Zintl-Inst. für Anorg. u. Physik. Chem.) (Engl.)

Nach $MBH_4 + x/2\,(SCN)_2 \rightarrow MBH_{4-x}(NCS)_x + x/2\,H_2$ können Verbb. des B mit Pseudohalogenen, bes. B-Isothiocyanate, bequem in Lsgm., wie Ae. oder Tetrahydrofuran, bei oder wenig unterhalb Raumtemp. gewonnen werden. Für M = Na ist x maximal 3. *$NaBH(NCS)_3$* (I) ist weiß, fest, hygroskop.; Zers. bei ca. 130°. Leitfähigkeitsmessungen in Dimethylsulfoxyd sprechen für eine ion. Struktur (1:1-Elektrolyt). **I** bildet einen öligen Bis-Ae.-Komplex u. einen festen Bis-Dioxan-Komplex. Für M = Li ist x = 4; bei Rk. in Ae. bildet sich letztlich ein Ae.-Komplex, obschon es Hinweise für die intermediäre Bldg. H-enthaltender Verbb. gibt. Beim Vers., Ae. bei 80° im Vakuum zu entfernen, tritt Zers. ein. Der Dioxankomplex *$LiB(NCS)_4 \cdot 2\,C_4H_8O_2$*, Nd. aus Ae., ist bis 100° stabil. Aus $LiAlH_4$ u. $(SCN)_2$ in Ae. entsteht hauptsächlich ein sehr instabiler Ae.-Komplex des *$LiAl(NCS)_4$*; Zers. 50°. Reduktive Spaltung der C–S-Bindung im $(SCN)_2$ mit $LiAlH_4$ ergibt H_2S u. HCN als Nebenprodukte. MBH_4 oder $LiAlH_4$ u. $(SeCN)_2$ liefern ein Gemisch der entsprechenden Selenocyanate u. deren Spalt-Prodd.; mit $(CN)_2$ bilden sich unlösl. Polymere. Vorläufige IR-Ergebnisse sprechen für Bindung der NCS-Gruppe über N. F. HUBER. 294□

Basales Tetraeder ½ Li_2SO_4–NaCl–$RbNO_3$–TlBr im reziproken Siebenstoffsystem Li, Na, Rb, Tl || Br, Cl, NO_3, SO_4. N. Ss. Dombrowskaja, Je. A. Alexejewa, N. W. Chochlowa und W. I. Possypaiko. (Доклады Академии Наук СССР [Ber. Akad. Wiss. UdSSR] **130.** 1027—29. 11/2. 1960. Allunions-Forsch.- u. Konstruktions-Inst. für chem. Maschinenbau.) (Russ.)

Auf Grund der thermoanalyt. Unters. des Syst. ½ Li_2SO_4–NaCl–$RbNO_3$–TlBr kann das reziproke Siebenstoff-Syst. *Li, Na, Rb, Tl || Br, Cl, NO_3, SO_4* als umkehrbar-reziprokes Syst. bezeichnet werden. Das Diagramm des basalen Tetraeder wird angegeben. H. JÄGER. 297□

Das System Lanthan–Bor. Robert W. Johnson und A. H. Daane. (J. physic. Chem. **65.** 909—15. Juni 1961. Ames, Iowa, Iowa State Univ., Inst. for Atom. Res., Dep. of Chem.) (Engl.)

Vff. untersuchen mit Hilfe therm., metallograph., Röntgen- u. Widerstandsmessungen das Syst. La–B u. diskutieren ein Phasendiagramm. Die Löslichkeit von B in α- oder β-La ist sehr gering. Zugabe von B zu La ergibt keinen meßbaren Einfl. auf den F. oder auf die Umwandlungspunkte des La. Umgekehrt scheint auch Zugabe von La zu B sehr wenig Einfl. auf den F. von B zu haben. Es werden die beiden Verbb. *LaB_4* u. *LaB_6* gebildet. LaB_4 hat einen sehr engen Homogenitätsbereich; es zersetzt sich bei 1800 ± 15° zu LaB_6 u. einer Fl. (La + 2B); die La-Phase steht in La-reichen Legg. von Raum-Temp. bis 1800° mit LaB_4 im Gleichgewicht. In Übereinstimmung mit den Vorstellungen von der Gitterstruktur ist LaB_4 ein metall. Leiter ($(24 \pm 12 \cdot 10^{-6}\,\Omega \cdot cm$ bei Raum-Temp.). Das Kristall-Syst. ist tetragonal mit $a_0 = 7{,}3240 \pm 0{,}0005$, $c_0 = 4{,}1811 \pm 0{,}0006$ Å. Der Existenzbereich von LaB_6 liegt zwischen 85,8 u. 88% B; es hat ein einfaches kub. Gitter mit $a_0 = 4{,}1561 \pm 0{,}0003$ Å; F. > 2500°; die Farbe ist von der Zus. abhängig, sie ändert sich mit dem B-Geh. von Rosa-Purpurfarben (85,8% B) nach Blau (88% B). Die Kristallgitter von Hexaboriden werden allg., das von LaB_6 im besonderen diskutiert. Eine LaB_{12}-Phase wurde nicht beobachtet. Die metallograph. Unterss. lieferten Hinweise für eine allotrope Umwandlung von B bei 2250 ± 100^0. Weitere Beobachtungen im Zusammenhang mit einem Modell für die Elektronenstruktur der Tetraboride sprechen für die neue Verb. *CaB_4*, die mit LaB_4 isomorph zu sein scheint ($a_0 = 7{,}11$; $c_0 = 4{,}11$ Å). Ggw. von C in La–B-Legg. führt zu einer Erniedrigung des F. von La u. zu einer eutekt. Rk. bei 850°; es bildet sich eine tern. Verb. der mutmaßlichen Zus. *LaBC*.

Versuche: *LaB_4*, aus B-Pulver u. 2—3fachem La-Überschuß beim Schmelzen im Lichtbogen u. Entfernen von La u. Verunreinigungen mit verd. HCl; schwarze Kristalle. — *LaB_6*, aus LaB_4 u. B in 15 Min. bei 1600° im Vakuum. F. HUBER. 301□

Mono- und Difluorgerman. T. N. Srivastava und M. Onyszchuk. (Proc. chem. Soc. [London] **1961**. 205. Juni. Montreal, McGill Univ., Dep. of Chem.) (Engl.)

Beim Überleiten von GeH_3Br (7,59 mMol) über AgF (auf Glasspiralen) bei 25° im Vakuum entstehen in exothermer Rk. *GeH_4* (0,56), *GeH_3F* (I; 5,70) u. *GeH_2F_2* (II; 0,43). Die Rk. $2\,I \rightarrow II + GeH_4$ verläuft in 16 Std. bei 25° zu 15%. Der Dampfdruck von I entspricht zwischen —45 u. 0° der Gleichung $\log p\,[\mathrm{Torr}] = 8{,}639 - 1662/T$; extrapolierter Kp. 15,6°; latente Verdampfungswärme 7605 cal/Mol; TROUTON-Konst. 26,4; F. —22°; starke IR-Banden bei 2140, 2120, 875 u. 702 cm^{-1} (asymm. u. symm. Ge–H-Valenz-, GeH_3-Deformations- u. Ge–F-Valenzschwingung). Aus I u. W. entsteht kein GeH_3OH oder $(GeH_3)_2O$. Aus I u. NH_3 bei —78° entsteht *$GeH_3F \cdot 2\,NH_3$*, das bei 25° in weißes, nichtflüchtiges, sich bei 180° zersetzendes *$GeH_3F \cdot NH_3$* übergeht. Für diese Verb. wird nach IR-Messungen die Struktur $[GeH_3NH_3]^+F^-$ vorgeschlagen.

F. HUBER. 326□

Basisches Zinn(II)-nitrat. J. D. Donaldson und W. Moser. (J. chem. Soc. [London] **1961**. 1996—2000. Mai. Old Aberdeen, Univ. of Aberdeen, Chem. Dep.) (Engl.)

Von den in der Literatur beschriebenen Sn(II)-Nitraten konnte von Vff. nur *$Sn_3(OH)_4(NO_3)_2$* (I) aus wss. Lsg. in reiner Form gewonnen werden. I zersetzt sich explosionsartig bei 120—125° zu SnO_2, H_2O u. nitrosen Gasen ($NO \leq 93\%$, NO_2 ca. 3%, N_2O 0,5%, N_2). Das explosive Verh. wird untersucht u. mit dem von $Pb(N_3)_2$ u. Pb-Styphnat verglichen. I ist empfindlicher gegen Schlag u. Erwärmung, aber weniger empfindlich gegen Reibung. Die Explosivkraft ist geringer. Gegen Zündung mit Funken ist es sehr widerstandsfähig. I ist nach der Röntgenstrukturanalyse monoklin mit $a = 16{,}16 \pm 0{,}02$, $b = 9{,}07 \pm 0{,}02$, $c = 16{,}38 \pm 0{,}02$ Å, $\beta = 122°$; $V = 2036$ Å^3; $D_{(gemessen)}$ $3{,}61 \pm 0{,}02$, $D_{(berechnet)}$ 3,64; $Z = 8$. I ist schwer lösl. in kaltem, besser lösl. in heißem W., wird in beiden Fällen teilweise zu Sn(II)-Oxyd (II) zersetzt. Bei sorgfältiger Hydrolyse erhält man krist. II. I kann einige Monate in Glas aufbewahrt werden, es wird langsam gelb u. zersetzt sich schließlich spontan. Eine konz. Lsg. von I in 2n HCl oder eine entsprechende Lsg. aus $SnCl_2$ u. $Pb(NO_3)_2$ scheidet nach wenigen Tagen ein Gel ab. Nach Röntgenaufnahmen des getrockneten Prod. ist dieses im wesentlichen Sn(IV)-Oxyd. Beim Erwärmen gibt es W. u. adsorbierte N-Oxyde ab; es ist kein $Sn(NO_3)_4$. Die Darst. von $Sn(NO_3)_2$ ist nicht gelungen.

Versuche: *$Sn_3(OH)_4(NO_3)_2$* (I), aus $SnSO_4$-Lsg. (hergestellt aus 50 g $CuSO_4$, 400 ml W., 20 ml H_2SO_4 u. 50 g Sn), 140 ml wss. NH_3 (D. 0,88) u. 140 ml W. wird unter CO_2 wasserhaltiges II gefällt, der Nd. durch Zentrifugieren NH_3-frei gewaschen, in wenig luftfreiem dest. W. suspendiert, abgesaugt u. auf dem Filter ausgepreßt. Diese II-Paste wird langsam unter Rühren in kleinen Anteilen in HNO_3 (26 ml HNO_3 von D. 1,42 u. 39 ml W.) bei —20° bis zur Sättigung eingetragen u. die Lsg. nach Temp.-Anstieg auf 0°, 20° usw. bis zum Kochen jeweils erneut mit II gesättigt. Nach 2 Min. langem Kochen wird abgesaugt u. langsam abgekühlt, das krist. Prod. nach Filtration schnell mit Aceton gewaschen u. nach Absaugen im Vakuum getrocknet; Ausbeute 18—25 g.

F. HUBER. 327□

Fluorovanadate(IV). W. Liebe, E. Weise und W. Klemm. (Z. anorg. allg. Chem. **311**. 281—89. 1961. Münster/Westf., Univ., Anorg.-Chem. Inst.) (Dt.)

Darst. u. Eigg. der Fluorovanadate(IV) werden beschrieben. *K_2VF_6*, *Rb_2VF_6* u. *Cs_2VF_6* sind hellrosa-gelbliche Verbb., die an trockener Luft gut haltbar sind, sich in Ggw. von Feuchtigkeit zersetzen u. sich in verd. Säuren unter Bldg. der bekannten blauen V(IV)-Lsgg. ohne Gas-Entw. lösen. Bei allen drei Verbb. treten in Abhängigkeit von der Darst.-Temp. mehrere Modifikationen auf. Beim K_2VF_6 wurde der hexagonale K_2MnF_6- u. der trigonale K_2GeF_6-Typ mit den Gitter-Konst. $a = 5{,}79$, $c = 9{,}24$ Å bzw. $a = 5{,}67$, $c = 4{,}65$ Å beobachtet. Rb_2VF_6 krist. ebenfalls in diesen beiden Strukturtypen mit $a = 5{,}95$, $c = 9{,}58$ Å bzw. $a = 5{,}88$, $c = 4{,}78$ Å. Beim Cs_2VF_6 tritt zusätzlich noch der kub. K_2PtCl_6-Typ auf. Die Gitter-Konst. sind für den hexagonalen Typ $a = 6{,}28$, $c = 10{,}08$ Å, für den trigonalen $a = 6{,}17$, $c = 4{,}98$ Å u. für den kub. $a = 9{,}03$ Å. Magnet. Unterss. ergaben für die $Me_2VF_5 \cdot H_2O$-Verbb. des V(III) Werte für das magnet. Moment μ, die dem erwarteten Spinwert von 2 Elektronen entsprechen, während für die M_2VF_6-Verbb. des V(IV) μ-Werte erhalten wurden, die größer sind als dem Spinwert entspricht. Erklärungsmöglichkeiten für dieses Ergebnis werden diskutiert.

Versuche: *K_2VF_6*, durch Umsetzung von K_2VF_5 oder $K_2VF_5 \cdot H_2O$ mit F_2 (CO_2:F_2= 100:1) bei 520° in 10 Min. u. schnelles Abkühlen des schokoladenbraunen Prod. auf —78°; scharfe Röntgendiagramme ergaben sich erst nach 1std. Tempern bei 450° unter 1%ig. F_2-Gas. — *Rb_2VF_6* u. *Cs_2VF_6*, analog vorst. Verb. in 10—15 Min. bei 500°. — *$RbVF_4 \cdot 2H_2O$*, durch Umsetzung von VF_3 mit RbF in neutraler wss. Lösung.

GERHARD SCHULZE. 330□

Die Darstellung von Uran(IV)-oxoformiat. B. Sahoo und D. Patnaik. (Current Sci. **27.** 243—44. Juli 1958. Cuttack, Ravenshaw Coll., Dep. of Chem.) (Engl.)

$UO(HCO_2)_2 \cdot 1,5H_2O$ entsteht in Form tiefgrüner Kristalle bei der Photolyse eines Gemisches aus gleichen Vol. gesätt. wss. Uranylformiat-Lsg., Ameisensäure u. abs. A. im Sonnenlicht. 4—6std. Erhitzen der gepulverten Verb. auf 160—170° im Vakuum liefert wasserfreies *$UO(HCO_2)_2$*. Es ist unlösl. in W. u. HCOONa-Lsg., lösl. in Säuren; mit warmem W. erfolgt Hydrolyse. A. BLASCHETTE. 339□

Nitratopentacarbonylmangan(I). C. C. Addison, M. Kilner und A. Wojcicki. (Proc. chem. Soc. [London] **1961.** 202. Juni. Nottingham, Univ., Dep. of Chem.) (Engl.)

Bei der Einw. von $AgNO_3$ oder $Pb(NO_3)_2$ auf $Mn(CO)_5X$ (X = Halogen) entsteht kein $Mn(CO)_5NO_3$, jedoch ist es das Haupt-Prod. der Rk. zwischen $Mn_2(CO)_{10}$ u. N_2O_4 in Petroläther.

Versuche: *Nitratopentacarbonylmangan(I)*, aus 4 g $Mn_2(CO)_{10}$ in 250 ml PAe. (Kp. 40—60°) u. 12 g N_2O_4 in 5 ml PAe. bei 0°; flockiger, gelber Nd. in 40 Std.; wiederholtes fraktioniertes Umkristallisieren aus Chlf./PAe. bei —40°, wobei wahrscheinlich die entsprechende Nitro-Verb. abgetrennt wird, führt zu gelbem Pulver; diamagnet., bei Raum-Temp. an Luft stabil, Zers. im Vakuum bei ca. 55°; gut lösl. in Chlf., Äthylacetat, A., Aceton, CH_3NO_2 u. $C_6H_5NO_2$; schlecht lösl. in W., CH_3CN, CCl_4, Bzl. u. Ae.; unlösl. in aliphat. KW-Stoffen u. CS_2. Die Verb. ist in Lsg. ein Nichtelektrolyt; nach 30 Min. merkliche Leitfähigkeitszunahme durch Zers.-Prodd.; Vff. vermuten, daß bei der Zers. die Nitratogruppe z. T. durch das Lsgm. ersetzt wird. IR-Banden bei 1486, 1284, 1010 u. 805 cm^{-1} beweisen die kovalente Bindung der NO_3-Gruppe. CO-Banden bei 2060 u. 2002 cm^{-1} entsprechen den Banden von Pentacarbonylhalogeniden.

F. HUBER. 350□

Über einige komplexe Halogenosäuren des Mangans und des Eisens und über das Mangantribromid. Konst. I. Askitopoulos und Andr. Gr. Galinos. (Praktika Akad. Athenon **32.** 395—98. 1957, herausgeg. 1958. Athen, Nat. TH, Chem. Labor.) (Griech.) — Vgl. C. **1961.** 17133.

Beim Einleiten von trockenem HBr in konz. Lsgg. von $FeBr_3$ oder $MnBr_3$ in abs. Ae. werden die *Ätherate* der *Tetrabromoeisen(III)-säure*, $H[FeBr_4] \cdot 5(C_2H_5)_2O$ (I), u. der *Tetrabromomangan(III)-säure*, $H[MnBr_4] \cdot 5(C_2H_5)_2O$ (II), als unlösl. ölige Fll. erhalten, die nach Trocknen über H_2SO_4 im Vakuum fast analysenrein sind. I ist braunschwarz, II ist hellrotbraun, beide rauchen stark an der Luft u. werden von W. schnell hydrolysiert. II bildet bei längerer Berührung mit metall. Mn eine gelbrote feste Verb. von neutraler Rk., die auf einer Trockenplatte an der Luft langsam sublimiert u. als *$MnBr_3$* identifiziert wird. R. K. MÜLLER. 354□

Fluorkohlenstoffkomplexe von Übergangsmetallen. 1. Mitt. **Derivate von Perfluorolefinen.** H. H. Hoehn, L. Pratt, K. F. Watterson und G. Wilkinson. (J. chem. Soc. [London] **1961.** 2738—45. Juli. London, Imp. Coll. of Sci. and Technol., Inorg. Chem. Res. Labor.; Wilmington, Del., E. I. du Pont de Nemours & Co., Central Res. Dep., Exp. Stat.) (Engl.)

Aus $Fe_3(CO)_{12}$ (I) u. Oktafluorcyclohexadien-(1.3) oder -(1.4) entsteht *$C_6F_8Fe(CO)_3$* (II), das als π-Olefinkomplex formuliert wird. I u. C_2F_4 bilden eine Verb. *$C_4F_8Fe(CO)_4$*, in der im Gegensatz zu II das Fe-Atom durch σ-Bindungen mit 2 C-Atomen eines Perfluorcycloalkanringes verknüpft ist. Aus $Co_2(CO)_8$ u. C_2F_4 entsteht *$(CO)_4Co(CF_2)_2Co \cdot (CO)_4$*, aus $(\pi\text{-}C_5H_5)_2Co$ (III) u. C_2F_4 bildet sich *$(\pi\text{-}C_5H_5CoC_5H_5 \cdot CF_2—)_2$*, aus III u. CF_3J *$\pi\text{-}C_5H_5CoC_5H_5 \cdot CF_3$*. Die Strukturen werden durch Messungen der kernmagnet. Resonanz, der IR-Absorption, der Massenspektren u. durch Röntgenstruktur-Unterss. begründet.

Versuche: *Oktafluorcyclohexadien-(1.3)-eisentricarbonyl*, F. 45°, 2 g I mit ca. 3 g Oktafluorcyclohexadien-(1.3) oder -(1.4) 12 Std. bei 120—130° im Bombenrohr erhitzen, Rohr nach Kühlen in fl. O_2 öffnen, überschüssiges Olefin u. flüchtige Prodd. abpumpen, festen Rückstand mit PAe. (Kp. 40—60°) extrahieren; bei —80° hellgelbe Kristalle, Reinigen durch Umkristallisieren u. Vakuumsublimation von +30 nach —80°; 1,38 g (31% Ausbeute bzgl. I); D. 2,133 ± 0,007; rhomb. mit a = 13,38, b = 6,85, c = 11,88 Å;

Raumgruppe P c a 2_1. — *Oktafluortetramethyleneisentetracarbonyl*, F. 77—78°, ca. 3 g C_2F_4 (über Natronkalk getrocknet) mit 2 g **I** im Bombenrohr 10—15 Std. bei 110—120° umsetzen, weiter wie bei vorst. Verb.; ca. 100 mg. Bei größerem Ansatz wird das Prod. mit Äthylacetat (**IV**) extrahiert, die filtrierte Lsg. nach Zusatz von Methylcyclohexan im Vakuum dest., wobei sich nach Entfernen von **IV** das Prod. in schneeweißen Kristallen abscheidet. D. 2,097 ± 0,001; monoklin mit a = 12,86, b = 7,55, c = 13,58 Å, β = 116,4°; ab 150°, schneller bei 185° Zers. unter Bldg. von Perfluorcyclobutan. — *Oktacarbonyl-μ-tetrafluordimethyldicobalt*, F. 80° (Zers.), 1 g Co-Carbonyl mit überschüssigem C_2F_4 im Bombenrohr 10 Tage bei 25° umsetzen, restliches Carbonyl u. C_2F_4 bei 60° im Vakuum entfernen, Rückstand aus PAe. (Kp. 40—60°) bei —80° kristallisieren; nach Vakuumsublimation orangefarbene Kristalle; 30% (bezogen auf Co-Carbonyl); an Luft mäßig stabil, Zers. in Lsg., in sd. Bzl. auch bei Luftabschluß zersetzlich. — *Di-[π-cyclopentadienylkobalt]-endo-μ-tetrafluordimethylencyclopentadien*, aus 2 g **III** in 10 ml Tetrahydrofuran u. 10 ml fl. C_2F_4 durch 2tägige Rk. im Bombenrohr bei 25°, Entfernen der flüchtigen Anteile, SOXHLET-Extraktion der Rückstände mit PAe. (Kp. 30—80°), Kristallisieren bei —80°; rotbraune Kristalle (0,5 g), Zers. bei 140° ohne Schmelzen, wenig lösl. in PAe., mäßig lösl. in CCl_4, Chlf., CS_2, Aceton; luftbeständig, ziemlich beständig in Lösung. — *π-Cyclopentadienyl-[endo-trifluormethylcyclopentadien]-kobalt*, F. —10°, 0,7 g **III** u. 2 ml CF_3J 4 Tage lang bei 25° im Bombenrohr reagieren lassen, Überschuß an CF_3J entfernen, Rückstand mit PAe. (Kp. 40—60°) extrahieren, blutrote Lsg. im N_2-Strom eindampfen, das zurückbleibende Öl in ein ca. —80° kaltes Gefäß dest.; blutrote Kristalle (40% bzgl. Co-Verb.); Zers. oberhalb 110°; an der Luft u. in organ. Lsg. leicht oxydierbar, bei Luftabschluß in organ. Lsgm. beständig. P. SARTORI. 355□

Zusammensetzung des Kobalt-Thiocyanat-Komplexes in Aceton. G. Sitaramaiah und C. L. Sanghi. (Proc. Nat. Acad. Sci., India, Sect. A **27.** 103—04. März 1958. Pilani, Birla Coll. of Sci., Dep. of Chem.) (Engl.)

Die colorimetr. Verfolgung der Rk. zwischen $Co(ClO_4)_2$ (0,001—0,05m) u. steigenden Mengen von LiSCN (bis zu Co/SCN = 1/8) zeigt, daß bei niedrigen Co^{2+}-Konzz. $[Co(SCN)_3]^-$ (I) u. $[Co(SCN)_4]^{2-}$ nebeneinander vorliegen, während bei höheren Konzz. lediglich I existiert. A. BLASCHETTE. 355□

Die Bindung des Selenocyanations in Komplexen mit Kobalt(II). A. Turco, C. Pecile und M. Niccolini. (Proc. chem. Soc. [London] **1961.** 213—14. Juni. Padua, Univ., Inst. of Inorg. Chem. and Physic. Chem.) (Engl.)

Vff. isolieren das $Co(NCSe)_4^{2-}$-Ion in Form seines Tetraphenylarsoniumsalzes u. stellen auf Grund des Spektrums (scharfe Bande bei 625—627 mμ, ε_{max} 1700) fest, daß die Bindung zwischen Co u. N erfolgt u. daß tetraedr. Koordination vorliegt, was mit magnet. Messungen (4,5 BM bei 20°) übereinstimmt. Vff. schließen auf ähnliche Koordinations-Eigg. wie bei SCN^- u. erwarten, daß $SeCN^-$ als Brücke zwischen 2 verschiedenen Metallatomen dienen kann, z. B. im $Co(NCSe)_4Hg$.

Versuche: $[As(C_6H_5)_4]_2Co(NCSe)_4$; aus $CoCl_2$-Lsg. in A. u. der stöchiometr. Menge KSeCN bei Zugabe von $[As(C_6H_5)_4]Cl$; blaugrüne Kristalle; molare Leitfähigkeit bei 20° in $5 \cdot 10^{-4}$m Lsg. in Nitromethan 168 mho (entsprechend einem 1:2-Elektrolyten.)

F. HUBER. 355□

Tetrakoordination von zweiwertigem Nickel. 2. Mitt. **Komplexe zwischen Nickelhalogeniden und Tricyclohexylphosphin.** Aldo Turco, Vladimiro Scatturin und Giovanni Giacometti. (Gazz. chim. ital. **89.** 2005—17. Sept. 1959. Padova, Univ., Ist. di Chim. gen. e di Chim. fis.) (Ital.) — Vgl. C. **1959.** 12786; vgl. auch vorst. Referat.

Es wurden die folgenden Komplexsalze dargestellt: $NiCl_2 \cdot 2\,P(C_6H_{11})_3$ (I), $NiBr_2 \cdot 2\,P(C_6H_{11})_3$ (II) u. $Ni(SCN)_2 \cdot 2\,P(C_6H_{11})_3$ (III). Zur Darst. von **I** u. **II** wurden die teilweise wasserhaltigen Nickelhalogenide in 95%ig. A. gelöst u. dieser Lsg. unter Erwärmen u. Rühren in inerter Atmosphäre eine alkohol. Lsg. von Tricyclohexylphosphin zugesetzt. Beim Abkühlen scheiden sich krist. Komplexe aus, die mit A. gewaschen u. über P_2O_5 aufbewahrt werden: **I**, F. 227°, rosafarben; **II**, F. 204°, olivgrün mit starkem rotem Dichroismus. Zur Darst. von **III** wurde zunächst zu einer wss. Lsg. von $Ba(SCN)_2$ langsam die stöchiometr. Menge $NiSO_4$ zugegeben. Nach Abfiltrieren des ausgefallenen $BaSO_4$ bildet sich nach Eindampfen auf dem Wasserbad wasserfreies braunes $Ni(SCN)_2$. Die Verb. ist in A. u. Aceton nur bei Ggw. von W. löslich. Man erhält eine tiefgrüne Lsg. des hydratisierten Salzes, das nach einigem Stehen auskrist. u. als $Ni(SCN)_2 \cdot 4\,H_2O$ identifiziert werden konnte. Die Darst. des Komplexes ist analog wie bei **I** u. **II**. **III** bildet orangegelbe Kristalle vom F. 230°. Alle 3 Verbb. sind leicht lösl. in Bzl., Cyclohexan, Chlorbenzol u. Nitrobenzol, unter Zers. lösl. in CCl_4, CS_2 u. Pyridin u. unlösl. in Chlf., Methylalkohol, A., in höheren Alkoholen, Dioxan, Ae., Aceton u. Formamid. Die 3 Verbb. erwiesen sich als diamagnetisch. Röntgenograph. konnten nur **II** u. **III** untersucht werden. **II** krist. triklin mit a = $9{,}98_2$, b = $10{,}2_8$, c = $10{,}7_4$ Å; α = 112°44′; β = 109°41′;

$\gamma = 90°41'$; Raumgruppe ist P1 oder P$\bar{1}$; Z = 1; D. (berechnet) 1,37; D. (gemessen) 1,34. **III** ist monoklin u. hat die Zelldimensionen a = 9,63$_7$, b = 13,3$_8$, c = 17,8$_3$ Å; β = 117°52'; Raumgruppe ist P2$_1$/c; Z = 2; D. (berechnet) 1,20; D. (gemessen) 1,197. Für **I** u. **III** wurde in benzol. Lsg. ein Dipolmoment von Null, für **II** ein Moment von 1,96 D erhalten. Analoge Verss. mit $Ni(ClO_4)_2$, NiJ_2 u. $Ni(NO_3)_2$ verliefen ohne Ergebnis.

C. GOTTFRIED. 356

Tetrakoordination von Nickel(II). — Einige Komplexe mit Cyclohexylphosphin. Aldo Turco, Vladimiro Scatturin und Giovanni Giacometti. (Nature [London] **183.** 601—02. 28/2. 1959. Padova, Univ., Ist. Chim. Gen.; Centro Struttur. Chim. C.N.R.; Ist. Chem. Fis.) (Engl.) — Vorl. Mitt. zur vorst. referierten Arbeit.

A. BLASCHETTE. 356□

Beiträge zur Komplexchemie der Phosphine und Phosphinoxyde. 6. Mitt. Schwermetallkomplexe sekundärer aliphatischer und cycloaliphatischer Phosphine. K. Issleib und G. Döll. (Z. anorg. allg. Chem. **305.** 1—14. 1960. Jena, Friedrich-Schiller-Univ., Inst. für Anorg. Chem.) (Dt.) — 5. vgl. C. **1961.** 1851.

Diäthylphosphin (I) reagiert mit den wasserfreien Salzen des Ni, Co, Fe(II) u. Cr(III) in Bzl. oder A. unter Bldg. von Komplexen verschiedener Zusammensetzung. Während die Ni- u. Co-Komplexe die allg. Formel $\{MeX_2[HP(C_2H_5)_2]_4\}$ besitzen, können aus $FeCl_2$ bzw. $CrCl_3$ die Verbb. $\{FeCl_2[HP(C_2H_5)_2]_2\}$ (II) u. $\{CrCl_3[HP(C_2H_5)_2]_3\}$ dargestellt werden. **II** wird auch aus $FeCl_3$ u. **I** erhalten (Red. des Fe^{3+} durch **I**). Die Leitfähigkeitsmessungen u. Molgew.-Best. beweisen den Nichtelektrolytcharakter dieser Komplexe. Aus *Dicyclohexylphosphin* (III) u. wasserfreien Metallsalzen werden Komplex-Verbb. der allg. Zus. $\{MeX_2[HP(C_6H_{11})_2]_2\}$ dargestellt, wobei Me = Ni, Co oder Fe ist; sie sind gleichfalls Nichtelektrolyte u. wesentlich beständiger als die Komplexe von **I**. Die geringere Basizität sowie das größere Mol.-Vol. von **III** gegenüber **I** sind vermutlich für die unterschiedliche Komplex-Bldg.-Tendenz verantwortlich. An Hand magnet. Unterss. u. Dipolmomentmessungen wird die Struktur der Verbb. näher charakterisiert. **I** u. **III** liefern mit $K_3[Cr(SCN)_6]$ (**IV**) unter teilweiser Substitution des Rhodanids REINECKE-Salz-analoge Phosphinkomplexe, die in Form von Phosphoniumsalzen der Zus. $[R_2PH_2][Cr(SCN)_4(HPR_2)_2]$ ausgefällt werden können.

Versuche: Alle Darst. wurden unter N_2 u. in abs. trockenen Lsgm. durchgeführt (M = Molgew.; LF = Leitfähigkeit in Aceton in $cm^2 \cdot Mol^{-1} \cdot \Omega^{-1}$; DM = Dipolmoment in Debye; $\chi = \chi_g \cdot 10^6$ in $cm^3 \cdot g^{-1}$; $\mu = \mu_{eff}/\mu_B$ in BM). — $\{[(C_2H_5)_2PH]_4NiBr_2\}$, Zers. bei 110—115°, durch 3—4std. Schütteln von $NiBr_2$ mit **I** in A., Filtrieren, Versetzen mit Ae., mehrstd. Stehenlassen im Eisschrank; rote Nadeln; 66% (Ausbeute); gut lösl. in A., Bzl., Aceton u. Tetrahydrofuran, schwer in Ae. u. PAe.; zersetzt sich in W.; in trockenem Zustand an der Luft ziemlich beständig; M (kryoskop. in Bzl.) 447; LF 10,1 bis 18,4 (geringe Dissoziation in $NiBr_2$ u. **I**); $\chi = -0,54 \pm 0,08$; μ = Null ($3d^24s4p^3$-Hybridisierung, die beiden ungepaarten 3d-Elektronen des Ni paaren sich im 5s-Niveau); DM 7,88 ± 0,1 (unsymm. Bau). — $\{[(C_2H_5)_2PH]_4NiCl_2\}$, aus $NiCl_2$ u. **I** in sd. Bzl. (1 Std.); rote Nadeln; 57%. — $\{[(C_6H_{11})_2PH]_2NiBr_2\}$, aus $NiBr_2$ u. **III** in A.; M = 610; $\chi = -0,5 \pm 0,2$; μ = Null; DM = Null (transplanarer Durchdringungskomplex). — $\{[(C_2H_5)_2PH]_4CoBr_2\}$, Zers. bei 108—112°, durch 15 Min. langes Kochen von $CoBr_2$ u. **I** in A. u. Stehenlassen im Eisschrank; grüne Würfel; 75%; an der Luft erst nach einigen Std. verändert; M = 539; LF = 9,8—16,4; $\chi = 2,30 \pm 0,07$; $\mu = 1,97 \pm 0,03$ ($3d^24s4p^3$-Hybridisierung, ein 3d-Elektron des Co im 5s-Niveau); DM = 5,63 ± 0,01. — $\{[(C_2H_5)_2PH]_4CoCl_2\}$, Zers. bei 78—82°, aus $CoCl_2$ u. **I** in 1 Std. in sd. Bzl.; grün; 64%. — $\{[(C_6H_{11})_2PH]_2CoBr_2\}$, Zers. bei 112—114°, aus $CoBr_2$ u. **III** in sd. A. (15 Min.); hellblau; 78%; M = 614; LF = 7,2—15,1; $\chi = 16,02 \pm 0,45$; $\mu = 4,85 \pm 0,07$; DM = 7,89 ± 0,01 (tetraedr. Koordination). — $\{[(C_2H_5)_2PH]_2FeCl_2\}$, Zers. bei 75—80°, aus $FeCl_2$ u. **I** in sd. A. (10 Min.); rot; 66%; an trockener Luft allmählich Braunfärbung; in W. sofort zersetzt, rasch auch in A. u. Aceton; M (kroskop. in Acetophenon) = 289; $\chi = 17,91 \pm 0,5$; $\mu = 3,61 \pm 0,05$ (planquadrat. Koordinierung mit $3d4s4p^2$-Hybridisierung). — $\{[(C_6H_{11})_2PH]_2FeCl_2\}$, Zers. bei 95—98°, aus $FeCl_2$ u. **III** in A. nach mehrstd. Stehen im Eisschrank; farblos; 68%; in Lsg. unbeständig; M = 516; LF = 39,9—65,7 (infolge Zers.); $\chi = 21,10 \pm 0,6$; $\mu = 5,12 \pm 0,07$ (tetraedr.; $4s4p^3$-Hybridisierung). — $\{[(C_2H_5)_3P]_2FeCl_2\}$, aus $FeCl_2$ u. $(C_2H_5)_3P$; farblos; luftempfindlich; $\chi = 28,8 \pm 0,3$; $\mu = 5,00 \pm 0,03$. — $\{[(C_6H_5)_3P]_2FeCl_2\}$, aus $FeCl_2$ u. $(C_6H_5)_3P$; farblos; luftempfindlich; $\chi = 16,3 \pm 0,5$; $\mu = 5,07 \pm 0,07$. — $\{[(C_2H_5)_2PH]_3CrCl_3\}$, Zers. bei 69—71°, durch 30 Min. langes Kochen von $CrCl_3$ mit **I** in Bzl., Filtrieren u. Versetzen mit PAe.; dunkelviolette glänzende Kristalle; 76%; an trockener Luft mehrere Tage beständig, durch W. zersetzt; M = 511 (teilweise Aggregation); LF = 3,6—7,3; $\chi = 14,24 \pm 0,3$; $\mu = 3,84 \pm 0,04$ (oktaedr. Koordination). — $[(C_2H_5)_2PH_2]\{Cr(SCN)_4[(C_2H_5)_2PH]_2\}$, Zers. bei 78—83°, durch Kochen von **IV** u. **I** in Isopropanol während 15 Min. u. Versetzen mit **I** in halbkonz. HCl; rotviolette Nadeln; 70%. — $[(C_6H_{11})_2PH]_2\{Cr(SCN)_4[(C_6H_{11})_2PH]_2\}$, Zers. bei 154—156°, analog vorst. Verb.; blauviolett; 63%. A. BLASCHETTE. 356□

Beiträge zur Komplexchemie der Phosphine und Phosphinoxyde. 7. Mitt. Schwermetallkomplexe des Diphenylphosphins. K. Issleib und E. Wenschuh. (Z. anorg. allg. Chem. **305.** 15—24. 1960.) (Dt.) — 6. vgl. vorst. Referat.

Aus wasserfreiem $CoBr_2$ u. *Diphenylphosphin* (**I**) entstehen in abs. Methanol (**II**) nacheinander drei verschiedene Komplexe. Das sich zuerst bildende $\{[(C_6H_5)_2PH]_3CoBr_2\}$ liegt in Bzl. monomer vor, besitzt Nichtelektrolytcharakter u. eine trigonal-bipyramidale Struktur (dsp^3-Hybridisierung). Weiter konnte ein isomerer Komplex der Struktur $\{[(C_6H_5)_2PH]_3CoBr\}Br$ isoliert werden, der eine Leitfähigkeit im Ausmaß eines bin. Elektrolyten aufweist. Sein magnet. Moment läßt auf eine tetraedr. Konfiguration schließen (sp^3-Hybridisierung). Schließlich entsteht noch der Zweikernkomplex $\{[(C_6H_5)_2\cdot PH]_4CoBr_2\}_2Br_2$, dessen Diamagnetismus eine Co–Co-Wechselwrkg. vermuten läßt; die beiden $\{[(C_6H_5)_2PH]_4CoBr\}^+$-Kationen haben sich unter Ausbildung von zwei μ-Bromobrücken dimerisiert. $NiBr_2$ reagiert mit **I** unter HBr-Abspaltung u. Bldg. von $\{[(C_6H_5)_2PH]_2\cdot Ni[P(C_6H_5)_2]_2\}$ (**III**), das auf Grund seines diamagnet. Verh. planquadrat. gebaut sein muß. Mit LiC_6H_5 in Bzl. reagiert es nach **III** + 2 LiC_6H_5 → $\{[(C_6H_5)_2PLi]_2Ni[P(C_6H_5)_2]_2\}$ (**IV**) + 2 C_6H_6 u. **IV** → 2 $LiP(C_6H_5)_2$ + $Ni[P(C_6H_5)_2]_2$. Aus $PdCl_2$ u. **I** entsteht unter teilweiser HCl-Abspaltung $\{[(C_6H_5)_2PH]PdCl[P(C_6H_5)_2]\}_2$, das in Nitrobenzol (**V**) keine Leitfähigkeit zeigt u. darin dimer vorliegt; es ist symm.-transplanar konfiguriert. Wie aus magnet. Messungen u. Molgew.-Best. hervorgeht, entsteht aus CuBr u. **I** ein tetramerer, tetraedr. Komplex $\{[(C_6H_5)_2PH]CuBr\}_4$, in dem das Cu eine stabile Edelgaskonfiguration besitzt.

Versuche (Rk.-Bedingungen u. Bedeutung der Symbole, vgl. vorst. Ref.): $\{[(C_6H_5)_2PH]_3CoBr_2\}$, Zers. bei 163—165°, durch Versetzen einer filtrierten Lsg. von 5 g $CoBr_2$ in 40 ml abs. **II** mit 10 g **I** in 30 ml abs. **II** in einem SCHLENK-Gefäß, 5 Min. langes Kochen u. sofortiges Abfiltrieren; dunkelbraun, luftbeständig; 13,5%; M (in Bzl.) = 740; 810; $\chi = 1{,}71 \pm 0{,}05$; $\mu = 2{,}01 \pm 0{,}03$. — $\{[(C_6H_5)_2PH]_3CoBr\}Br$, Zers. bei 141 bis 143°, durch 15—20 Min. langes Kochen des vorst. erhaltenen Filtrats; grün; 19%; luftbeständig; M (in Acetophenon) = 390; 420; LF (in **II**) = 122—167; $\chi = 5{,}74 \pm 0{,}015$; $\mu = 3{,}37 \pm 0{,}05$. — $\{[(C_6H_5)_2PH]_4CoBr\}_2Br_2$, Zers. bei 135—136°, durch Einengen des Filtrats vorst. Verb. auf die Hälfte u. 12—15std. Stehenlassen im Eisschrank; gelb; 6,8%; M (in Phenol) = 590; LF (in **II**) = 79—155; $\chi = -0{,}17 \pm 0{,}06$; μ = Null. — *Bis-[diphenylphosphido]-bis-[diphenylphosphin]-nickel(II)* (**III**), Zers. bei 172—173°, durch 10 Min. langes Kochen einer Lsg. von 3 g $NiBr_2$ u. 10,5 g **I** in 150 ml A., Abfiltrieren, Lösen in Dioxan u. Ausfällen mit **II**; gelb; 40%; luftbeständig; χ = Null; μ = Null. — *Bis-[diphenylphosphido]-bis-[diphenylphosphin]-μ-dichloropalladium(II)*, Zers. bei 253 bis 255°, a) durch 15—20 Min. langes Kochen von 4 g $PdCl_2$ u. 8,4 g **I** in 150 ml **II**, Filtrieren der heißen Lsg., Versetzen mit 150—200 ml Ae., erneutes Kochen während 10 Min., Abfiltrieren u. Umkristallisieren aus **II** (+ etwas Ae. + 1—2 g **I**); 43%; b) durch 20 bis 30 Min. langes Kochen von 1 g $PdCl_2$ u. 4,2 g **I** in 70 ml Bzl.; 31%; gelborange; luftbeständig; M (in **V**) = 987; 1030. — *Tetrakis-[monobromodiphenylphosphinkupfer(I)]*, Zers. bei 160—162°, durch langsames Erwärmen von 4 g CuBr u. 3,9 g **I** in 110 ml Bzl., 10 Min. langes Kochen u. Filtrieren der heißen Lsg.; farblos; 65%; relativ luftbeständig; M (in Bzl.) = 1290; 1343; $\chi = -0{,}41 \pm 0{,}06$; μ = Null. A. BLASCHETTE. 356□

Über Fluorphosphin-Komplexe des Nickels. Fritz Seel, Kurt Ballreich und Reinhard Schmutzler. (Chem. Ber. **94.** 1173—84. 18/5. 1961. Stuttgart, TH, Labor. für Anorg. Chem.) (Dt.)

Aus den entsprechenden Chlor-Verbb. wurden durch Umsetzung mit K-Fluorsulfinat (**I**) die Komplexe $Ni[PF_3]_4$ (**II**), $Ni[PF_2CH_3]_4$ (**III**) u. $Ni[PF_2C_6H_5]_4$ (**IV**) erhalten. Ihre IR-Spektren sind innerhalb des NaCl- u. CsBr-Bereiches nahezu ident. mit denen der entsprechenden freien Phosphine; das gleiche gilt für die Chlorverbindungen. Bemerkenswert ist die geringe Verschiebung der P-Halogenbanden bei der Komplexbildung. Charakterist. für **II** ist eine sehr schmale Bande bei 2080 cm^{-1}. Es handelt sich (abgesehen von **III**) um recht beständige Stoffe, die weiteren Rkk. zugänglich sind. So entsteht aus **II** u. schm. NH_3 zunächst $Ni[P(NH_2)_3]_4$, das rasch zu hochviscosem, unbeständigem *Nickeltetrakis-[nitridophosphin]*, $[Ni(PN)_4]_n$, polykondensiert. Mit Isopropylamin erfolgt ebenfalls quant. Eliminierung des Fluors in Form von Isopropylammoniumfluorid. Gegenüber W. ist **II** bemerkenswert resistent; so läßt es sich unter nur geringer Zers. mit Wasserdampf destillieren. Die Chlorphosphinkomplexe bilden mit Dimethylsulfoxyd (**V**) grüne, in der Wärme tiefblaue Lsgg., wobei Geruch nach Dimethylsulfid auftritt; diese Thermochromie wird auch an Lsgg. von $NiCl_2$ in **V** beobachtet. Die Darst.

der freien Fluor- aus den Chlorphosphinen gelang nicht. $C_6H_5PCl_2$ reagiert mit I in Bzl. zu einem nicht trennbaren Gemisch von $C_6H_5POF_2$ (VI), Kp.$_{12}$ 70—71°, n_D^{20} 1,4675, u. $C_6H_5PSF_2$ (VII), Kp.$_{13}$ 70°, n_D^{20} 1,5140, mit SbF_3 zu $C_6H_5PF_4$, koll. Sb u. $SbCl_3$, mit KF in Ggw. von Sb_2O_3 in Acetonitril zu **VI**, Sb u. NaCl. Die Entschwefelung von **VII** mit Cu, Fe oder $(C_6H_5O)_2P$ mißlang ebenfalls.

Versuche: *Nickeltetrakis-[trichlorphosphin]*, $Ni[PCl_3]_4$, aus 550 g PCl_3 durch Zutropfen von 136,5 g $Ni(CO)_4$, 10std. Rühren bei 20°, Stehenlassen über Nacht, 10std. Rühren bei 50° (Innentemp.), erneutes Stehenlassen über Nacht u. mehrstd. Rühren bei 50°, Abkühlen mit Eis, rasches Absaugen des Nd. (160 g), Befreien der Mutterlauge von PCl_3 u. mehrtägiges Stehenlassen (weitere 250 g); hellgrüngelbe Kristalle; Gesamtausbeute 80%; Umkristallisieren aus PAe. oder Pentan; gut lösl. in vielen sauerstofffreien organ. Lsgm. (Lsgg. instabil); mit Ae., A., Tetrahydrofuran u. Aceton Zers.; bestes Lsgm. PCl_3. — *Nickeltetrakis-[trifluorphosphin]* (II), F. —55,0°, Kp.$_{33,8}$ 0°, Kp.$_{69,3}$ 14°, Kp.$_{120,5}$ 25°, Kp.$_{760}$ 70,5°, durch Rk. von 70 g der vorst. Verb. mit 240 g 80%ig. I in 400 ml m-Dichlorbenzol unter Eiskühlung, 30 Min. langes Rühren bei 20° u. 2 Std. lang bei 90° u. sorgfältige Fraktionierung (Einzelheiten vgl. Original); 20—35%; leicht bewegliche Fl. von erstickendem Geruch, unter N_2 bei 760 Torr destillierbar, unempfindlich gegen Licht, in zugeschmolzenen Ampullen jahrelang haltbar. — *Nickeltetrakis-[methyldichlorphosphin]*, $Ni[PCl_2CH_3]_4$, aus Ni-Spänen u. CH_3PCl_2; 80%; an der Luft sehr beständig, wird durch W. u. konz. HCl oder H_2SO_4 nur langsam, durch Basen rasch zersetzt; Lsgg. in organ. Lsgm. unbeständig. — *Nickeltetrakis-[methyldifluorphosphin]* (III), Kp.$_{3-4}$ 66—68°, aus vorst. Verb. u. I in Bzl. bei 80—100° Bad-Temp. (3 Std.), Filtrieren u. Fraktionieren; schlechte Ausbeute; sehr unbeständige farblose Fl.; n_D^{20} 1,4565. — *Nickeltetrakis-[phenyldifluorphosphin]* (IV), F. 63,5°, aus 15 g $Ni[PCl_2C_6H_5]_4$ u. 25 g I in 150 ml Bzl. durch 30 Min. langes Rühren bei 20°, 30 Min. lang bei 60—65°, Erwärmen auf 90°, Filtrieren der heißen Lsg., Einengen bei 60°/12 Torr u. Umkristallisieren aus Ae./PAe. (1:1); farb- u. geruchlos, sehr beständig, hydrophob, in konz. HCl u. H_2SO_4 tagelang unzersetzt, gut lösl. in organ. Lsgm., im Hochvakuum bei 120—150° sublimierbar, Zers. $>$150°. A. BLASCHETTE. 356□

Strukturuntersuchungen an Nickelcarbonyl und Substitutionsderivaten. Michaël Bigorgne (unter Mitarbeit von Arian Zelwer). (Bull. Soc. chim. France **1960.** 1986 bis 2002. Nov./Dez. Paris, E.N.S.C.P., Labor. de Chim. min.) (Franz.)

Der Bindungsgrad N der Ni–C- u. C–O-Bindungen in $Ni(CO)_4$ u. seinen Derivv. vom Typ $Ni(CO)_xL_{4-x}$, mit x = 1, 2, 3 u. L = $P(CH_3)_3$, $P(C_2H_5)_3$, $P(C_6H_5)_3$, $P(OCH_3)_3$, $P(OC_2H_5)_3$, $P(O\text{-}n\text{-}C_4H_9)_3$, $P(OC_6H_5)_3$, PCl_3, PF_3, wird an Hand der IR- u. RAMAN-Spektren ermittelt u. die Tendenz der Liganden zur Komplex-Bldg. als Funktion ihrer Basizität verfolgt. Die untersuchten Verbb. wurden aus $Ni(CO)_4$ u. L dargestellt, wobei der von der Temp. abhängige Substitutionsgrad durch Messung der entwickelten CO-Menge u. Aufnahme der IR-Spektren ermittelt wurde (vgl. C. **1961.** 1851). Die Spektren der einzelnen Verbb. wurden an 0,3—1%ig. Lsgg. in Cetan, bei flüchtigen Stoffen auch am Dampf gemessen. Ihre Diskussion führt zu nachst. Regelmäßigkeiten: Mit zunehmender Substitution durch einen bestimmten Liganden wird die C–O-Valenzschwingung zu niedrigeren, die Ni–C-Valenzschwingung zu höheren Frequenzen verschoben. Da die Verschiebung in regelmäßiger Weise erfolgt, kann durch geeignete Extrapolation die C–O-Valenzschwingung des unsubstituierten $Ni(CO)_4$ ermittelt werden; für die symm. C–O-Frequenz ergibt sich auf diesem Weg 2125 ± 2 cm^{-1} (in Lsg.) bzw. 2133 ± 2 cm^{-1} (Dampf). Die Kraft-Konst. k des $Ni(CO)_4$-Mol. berechnen sich nach der Matrizen-Meth. von WILSON zu 2,1 (mdyn/Å) für die Ni—C-Bindung (N = 1,25), zu 17,3 für die C—O-Bindung (N = 2,75). Für die Ni—P-Bindung in $Ni[P(OCH_3)_3]_4$ ist k = 2,8. Die Bindungsenergie der Ni—C-Bindung in $Ni(CO)_4$ beträgt ca. 68 kcal/Mol. An Substitutionsreihen werden regelmäßige Verschiebungen der k-Werte beobachtet. In der Reihe $Ni(CO)_4$, $Ni(CO)_3[P(CH_3)_3]$, $Ni(CO)_2[P(CH_3)_3]_2$, $Ni(CO)[P(CH_3)_3]_3$ (I) besitzen k_{CO} bzw. k_{NiC} die Werte 17,3, 16,15, 14,9, 13,65 bzw. 2,1, 2,6, 3,25, 4,1. Bei gleichem Substitutionsgrad bewirkt zunehmende Basizität von L eine Zunahme von k_{NiC} u. eine Abnahme von k_{CO}, d. h. es findet eine Elektronenverschiebung von P über Ni u. C zur äußeren Hülle von O statt. In I sind die Ni–C- u. C—O-Bindungen annähernd Doppelbindungen. A. BLASCHETTE. 356□

Die Komplexe des Nickel(II)-Ions in wässerigen Lösungen, die Oxalationen und Äthylendiamin enthalten. James I. Watters und Robert DeWitt. (J. Amer. chem. Soc. **82.** 1333—39. 20/3. 1960. Columbus, Ohio, Ohio State Univ., McPherson Chem. Labor.) (Engl.)

Es wurden Zus. u. Komplexitäts-Konst. der Nickel(II)-Komplexe in Lsgg., die Mischungen von Äthylendiamin (I) u. Oxalat enthalten, bestimmt. In wss. Lsgg. mit

Oxalatüberschuß u. den entsprechenden stöchiometr. Mengen Ni^{2+} u. I wurden zwei neue gesätt. gemischte Komplexe, $[Ni(C_2H_4)_2en]^{2-}$ u. $[Ni(C_2H_4)(en)_2]$, nachgewiesen. In Ggw. geringerer Oxalatmengen entstand der gemischte Komplex $[NiC_2O_4en]$. Die stufenweisen Gleichgewichte von Ni^{2+} mit 1—3 Oxalatresten wurden ermittelt u. die Bldg.-Konst. durch pH-Titrationen bestimmt. Die Stufen-Bldg.-Konst. von $[Ni(C_2O_4)_3]^{4-}$ betragen $K_1 = 10^{4,10}$, $K_2 = 10^{3,05}$ u. $K_3 = 10^{1,36}$. Die Gesamtkomplexitäts-Konst. der gemischten Komplexe in bezug auf die Gleichgewichte mit dem Aquonickel(II)-Ion u. den freien Liganden sind: $[NiC_2H_4en]$ $\beta_{11} = 10^{11,29}$, $[Ni(C_2O_4)_2en]^{2-}$ $\beta_{21} = 10^{13,02}$, $[NiC_2O_4(en)_2]$ $\beta_{12} = 10^{16,15}$. Diese Konst. wurden in 1 m KNO_3-Lsg. bei 25° bestimmt.

D. ERTEL. 356□

Innere Komplexe. 3. Mitt. Ringbromierung von β-Dicarbonylchelaten. Rudolph W. Kluiber. (J. Amer. chem. Soc. **82.** 4839—42. 20/9. 1960. Bound Brook, N.J., Union Carbide Plastics Co., Res. Labor.) (Engl.) — 1. vgl. C. **1960.** 14632; 2. vgl. J. Amer. chem. Soc. **82.** [1960.] 5777.

Vf. fand, daß N-Bromsuccinimid (**I**) mit stöchiometr. Mengen Metall-β-dicarbonylchelaten (**A**; $R_2 = H$) unter Bldg. von ringbromierten Derivv. ($R_2 = Br$) reagiert.

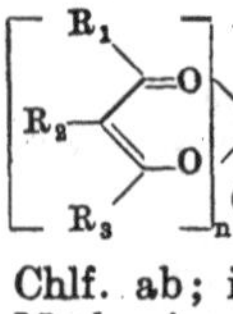
(A)

Außerdem gelang die Bromierung bei Chelaten mit Imingruppen, dem Ni-Chelat von N-n-Butylsalicylimin u. dem Cu-Chelat von Bis-[2.4-pentandion]-äthylendiimin. Die Tris-[3-brom-2.4-pentandion]-Verbb. von Al(III), Cr(III) u. Co(III) bilden 1:1-Chlf.-Addukte, die wahrscheinlich als Clathrate aufzufassen sind. Diese Addukte sind in Chlf. unlösl. u. bis 60—80° stabil, beim Erhitzen im Vakuum auf $>100°$ geben sie das Chlf. ab; ihre Stabilität wird durch ster. Faktoren beeinflußt. Verschiedene Bldg.-Mechanismen für die Bromierungs-Prodd. werden diskutiert. Unterss. mit ^{14}C-markiertem 2.4-Pentandion ließen erkennen, daß die Substitution ohne intermediäre Ringspaltung erfolgt. Überlegungen zur Struktur der Verbb. führten zu dem Ergebnis, daß einer resonanzstabilisierten Form mit nichtaromat. Ring vor einem aromat. Syst. der Vorzug zu geben ist.

Versuche: Allg. Meth. zur Bromierung der Metall-β-dicarbonylchelate: Zugabe von 22 mVal gepulvertem **I** zu 20 mVal Metall-β-dicarbonylchelat in 25 ml Chlf. unter Rühren, Erhitzen nach 5 Min. u. Konzentrieren auf 10 ml im N_2-Strom, Zusatz von 50—100 ml PAe., Trocknen des Nd., Sublimieren bei 125° (0,1 mm) u. Umkristallisieren; 50—90% (Ausbeute). Zur Gewinnung der Clathrate der Al-, Cr- bzw. Co-Verb. wird das bromierte Prod. nach dem Trocknen mit ca. 25 ml Chlf. versetzt, um **I** zu lösen. Bei Darst. der Cr(III)-Verb. läßt sich **I** durch Waschen mit 10%ig. NaOH-Lsg. entfernen. In CCl_4 als Rk.-Medium läuft die Rk. langsamer ab, doch läßt sich **I** direkt durch Filtration abtrennen. Folgende Chelate wurden dargestellt: (M =) *Al(III)*, (R_1 =) *CH_3*, (R_3 =) *CH_3*, (n =) 3, F. 215,5—216° (aus Bzl./PAe.). — *Chlf.-Clathrat*, F. 215,5—216° (aus Bzl./Chlf.). — *Al(III)*, *CH_3*, *OC_2H_5*, 3, F. 132—134° (Sublimation). — *Be(II)*, *CH_3*, *CH_3*, 2, F. 177—179° (aus Bzl./PAe.). — *Co(III)*, *CH_3*, *CH_3*, 3, F. 170° (Zers.) (aus Bzl./PAe.). — *Chlf.-Clathrat*, F. 170° (Zers.) (aus Bzl./Chlf.). — *Cr(III)*, *CH_3*, *CH_3*, 3, F. 240—241° (aus Bzl./PAe.). — *Chlf.-Clathrat*, F. 240—241° (aus Bzl./Chlf.). — *Cu(II)*, *CH_3*, *CH_3*, 2, Zers. $<200°$ (aus Bzl.). — *Cu(II)*, *CH_3*, *C_6H_5*, 2, F. 208—210° (aus N.N-Dimethylformamid). — *Fe(III)*, *CH_3*, *CH_3*, 3, F. 201—203° (Sublimation). — *Ga(III)*, *CH_3*, *CH_3*, 3, F. 212—212,5° (aus Bzl./PAe.). — *Sc(III)*, *CH_3*, *CH_3*, 3, F. 180° (Zers.) (aus Bzl./PAe.). — *VO(II)*, *CH_3*, *CH_3*, 2, Zers. $<200°$ (aus Toluol). — *Kupfer(II)-äthylendiimin-bis-[3-brom-2.4-pentandion]*, $C_{12}H_{16}Br_2CuN_2O_2$, F. 135° (Zers.), durch Lösen von 1 g Cu(II)-Äthylendiimin-bis-[2.4-pentandion] u. 1,25 g **I** in 25 ml Chlf., Zusatz von PAe. nach 30 Min., Trocknen des Nd., Sublimieren bei 100° (0,1 mm) u. mehrmaliges Umkristallisieren aus Bzl./PAe.; silberviolette Kristalle. — *Dibrom-Deriv. von Nickel-bis-[N-n-butylsalicylimin]*, $C_{22}H_{26}Br_2N_2NiO_2$, F. 193—194°, durch Zugabe von 4,1 g Ni-Bis-[N-n-butylsalicylimin] u. 3,5 g **I** zu 25 ml Chlf., sorgfältiges Ausfällen des **I** nach 30 Min. mit PAe., Ausfällen des Br-Deriv. durch weitere Zugabe von PAe. u. mehrmaliges Umkristallisieren aus Chlf./PAe. u. Bzl./PAe.; 100%. — *Acetyl-Deriv. von Kupfer(II)-bis-[N-2-hydroxyäthylsalicylimin]*, $C_{22}H_{24}CuN_2O_6$, F. 146—151°, durch Zusatz von 10 g Essigsäureanhydrid zu einer Suspension von 10 g $NaHCO_3$ u. 15 g Cu(II)-Bis-[N-2-hydroxyäthylsalicylimin] in 100 ml Chlf. in 30 Min. unter Rühren, 2½ std. Rühren, Filtrieren, Konzentrieren der Chlf.-Lsg. u. Zusatz von PAe.; 95%.

GERHARD SCHULZE. 358□

Konduktometrische Untersuchungen über Silberwolframate. C. M. Gupta und R. S. Saxena. (J. Indian chem. Soc. **35.** 830—34. Nov. 1958. Kota, Rajasthan, Government Coll., Chem. Labor.) (Engl.)

Nach konduktometr. Unterss. am Syst. $AgNO_3$-Na_2WO_4 in wss. u. wss.-alkohol. Lsg. wird bei pH 8,1 $Ag_2O \cdot WO_3$, bei pH 5,5—7,0 $Ag_2O \cdot 2\,WO_3$, bei pH 4—5 $Ag_2O \cdot 4\,WO_3$ gebildet. A. BLASCHETTE. 359□

Rutheniumrot. J. M. Fletcher, B. F. Greenfield, C. J. Hardy, D. Scargill und J. L. Woodhead. (J. chem. Soc. [London] **1961.** 2000—06. Mai. Harwell, Berks., AERE, Chem. Div.) (Engl.)

Das Rutheniumrotkation (I) enthält kein komplex gebundenes Halogen; es hat die Zus. $[Ru_3O_2(NH_3)_{14}]^{6+}$ u. verhält sich wie ein dreikerniger Komplex, in dem 14 N, die als NH_3 entfernt werden können, mit 3 Ru assoziiert sind. Vff. vermuten 2 Oxo-brücken: $[(NH_3)_5Ru-O-Ru(NH_3)_4-O-Ru(NH_3)_5]^{6+}$. Die mittlere Oxydationsstufe des Ru ist +10/3. I kann in saurer Lsg. reversibel mit Ce^{4+}, Fe^{3+}, HNO_3 oder Luft zu einem braunen, 7fach positiv geladenen Kation (II) gleicher Zus. oxydiert werden. Aus dem Verh. von I bei der Oxydation mit Ce^{4+} bei 100° zu RuO_4 wird auf die Bldg. farbloser Intermediärkomplexe, wie $[RuO_2(OH)_2(NH_2)_2]^{2-}$, geschlossen. Die Struktur wird diskutiert u. mit der anderer mehrkerniger Ru-, Co- u. Cr-Komplexe in Beziehung gebracht. Ältere Arbeiten über Rutheniumrot u. Derivv. werden an Hand der Ergebnisse diskutiert, die aus den IR-Spektren u. magnet. Messungen (I-Chlorid 0,77, II-Nitrat 1,13 BM/Ru-Atom) erzielt wurden.

Versuche: *Rutheniumrot-Chlorid*, $[Ru_3O_2(NH_3)_{14}]Cl_6 \cdot 4H_2O$, 5 g $RuCl_3$ in 25 ml 0,25n HCl 2 Std. mit 5 ml A. kochen, auf 5 ml einengen, 20 ml NH_4OH (D. 0,880) zufügen u. bei ca. 90° unter häufiger NH_3-Zugabe 2—3 Std. an der Luft stehenlassen, 10 ml W. zu der Fl. (10 ml) zugeben, auf 80° erwärmen u. zentrifugieren; aus der überstehenden Fl. bei 0° 1,1 g, aus der Mutterlauge 1,06 u. weitere 1,03 g Kristalle; Umkristallisieren aus 0,5n NH_4OH (je 10 ml) bei 60°, mit Eiswasser, A. u. Ae. waschen u. bei Raum-Temp. an der Luft trocknen; 11,5% (Ausbeute); molarer Extinktions-Koeff. ε_{Ru} ca. 21000 bei λ_{max} 532 mμ; Löslichkeit 36 g/Liter 0,1n NH_4OH bei 0°. — $[Ru_3O_2(NH_3)_{14}]Cl_6 \cdot 2H_2O$, durch Erwärmen des Tetrahydrats auf 85° bis zur Gewichtskonstanz. — *Rutheniumbraun-Nitrat*, $[Ru_3O_2(NH_3)_{14}](NO_3)_7 \cdot 5H_2O$, aus I-Chlorid durch Fällen aus wss. NH_3 (pH 10) mit heißer 0,2n HNO_3, 2maliges Umfällen nach Lösen in NH_3 (pH 10), Waschen des Nd. mit 0,01n HNO_3, A. u. Ae., Trocknen bei Raum-Temp.; 31%; ε_{Ru} 14100, λ_{max} 460 mμ; 0,34 g/Liter W. bei 25°. — *Rutheniumbraun-Sulfat*, $[Ru_3O_2(NH_3)_{14}]_2 \cdot (SO_4)_7 \cdot 15H_2O$, (III) aus I-Chlorid in 0,25n H_2SO_4 u. 0,05n $Ce(SO_4)_2$, Nd. abzentrifugieren, bis zum Verschwinden der roten Farbe mit 0,01n H_2SO_4, dann mit A. u. Ae. waschen, bei Raum-Temp. trocknen; 79%; hellbraun; 0,02 g/Liter 0,01n H_2SO_4 bei 25°. — $[Ru_3O_2(NH_3)_{14}]_2(SO_4)_7 \cdot 4H_2O$, aus III beim Erwärmen auf 85° bis zur Gewichtskonstanz; Zers. ab 200°. F. HUBER. 363□

Über die Reaktion zwischen Platin und Schwefel, Selen oder Tellur. 1. Mitt. **Darstellung von PtS, $PtSe_{0,80}$ und PtTe.** Arne Kjekshus. (Acta chem. scand. **15.** 159 bis 166. 1961. Blindern, Univ.; Oslo, Kjem. Inst.) (Engl.)

Es wurden die direkten Synth. von *PtS*, *$PtSe_{0,80}$* u. *PtTe* aus verschiedenen Pt-Materialien mit Hilfe von röntgenograph. u. metallograph. Meth. im Temp.-Bereich zwischen 700 u. 1150° untersucht. Während man diese Verbb. leicht aus Pt-Pulver innerhalb des angegebenen Temp.-Bereichs darstellen kann, hängt die Art der Rk.-Prodd. bei Verw. von Pt-Blech oder -Draht von der Rk.-Temp. ab. Unterhalb der FF. der Verbb. bilden sich Schichten von Di- u. „Mono"-Chalkogeniden aus. Die Rkk. kommen zum Stillstand, wenn etwa die Hälfte des Pt verbraucht ist. Es wird angenommen, daß durch die „Mono"-Chalkogenidschichten Pt-Atome oder -Ionen u. Elektronen, durch die Dichalkogenidschichten S-, Se- bzw. Te-Atome oder -Ionen diffundieren.

G. TALSKY. 368□

Vierzähnige Chelatverbindungen. 2. Mitt. Harold A. Goodwin und Francis Lions. (J. Amer. chem. Soc. **82.** 5013—23. 5/10. 1960. Sidney, Univ.) (Engl.) — 1. vgl. C. **1957.** 11247.

Vff. diskutieren die ster. Voraussetzungen für organ. Moll., um als lineare Chelatbildner mit 4 Donatoratomen (**A**) mit koordinativ 6- bzw. 4wertigen Metallen zu reagieren. Die **A**-Verbb. lassen sich ster. in 8 Klassen einteilen, wobei in je 4 dieser Strukturklassen die Donatoratome entweder planar oder tetraedr. um das zentrale Metallatom angeordnet sind. Weiterhin hängt die Struktur der **A**-Komplexe davon ab, ob das 1. u. 4. Donatoratom endständig, nichtendständig, oder eines end- u. eines nichtendständig sind. Einige der für die Auswahl von **A** erforderlichen Faktoren werden mittels der Koordinations-Eigg. folgender neuer Basen geprüft: *1.2-Bis-[8'-chinolylmethylenamino]-* (I) u. *1.2-Bis-[6'-methyl-2'-pyridylmethylenamino]-äthan* (II), *1.6-Bis-[2'-pyridyl]-* (III) u. *1.6-Bis-[6'-methyl-2'-pyridyl]-2.5-diazahexan* (IV), *2.2'-Bis-[2''-pyridylmethylamino]-* (VII) u. *2.2'-Bis-[8''-chinolylmethylenamino]-biphenyl* (VIII), *1.5-Bis-[8'-chino-*

yl]-1.5-dithiapentan (**X**) u. *1.8-Bis-[2'-pyridyl]-3.6-dithiaoctan* (**VI**). Aus **II** u. $CuCl_2$ in A. läßt sich entweder ein brauner Komplex (**XI**) oder — bes. bei Erhitzen der Lsg. — ein grünes komplexes Chlorid (**XII**) gewinnen. Meist scheidet sich **XI** zuerst ab. **XI** oder **XII** können wahlweise bei Siede-Temp. durch Impfen mit der gewünschten Verb. gewonnen werden. Mit $CuBr_2$ liefert **II** ein Bromid (**XIII**), jedoch keinen **XI**-analogen braunen Komplex. **XII**, **XIII** sowie das Perchlorat **XIV**, in denen Cu koordinativ 6wertig ist, bestehen aus oktaedr. komplexen Kationen mit je 2 3zähnigen Resten, die aus je 1 Mol. **II** durch Verlust von 6-Methylpyridin-2-aldehyd (**XVI**) bei der koordinativen Bldg. des Salzes stammen. Dadurch ist die Bldg. von mono-N-substituierten Äthylendiaminkomplexen möglich. Die Basen **III** u. **IV** zeigen in ihrem koordinationschem. Verh. starke Ähnlichkeit mit Triäthylentetramin. Ihre komplexen Cu-Halogenide u. -Perchlorate, die je 1 Halogenatom koordinativ am Cu gebunden enthalten, sind leicht darzustellen. **III** u. **IV** bilden mit Ammoniumtetrachlorobipyridinruthenat(III) (**V**) die orangebraunen *Bipyridin-[1.6-bis-(2'-pyridyl)-2.5-diazahexan]-ruthenium(II)-Salze*, deren *Perchlorate* rein erhalten u. chelatstrukturmäßig untersucht wurden. Bei Rk. von **III** mit $NiCl_2$ in A. wird ein mit violetter Farbe gelöster Komplex $[Ni_2(Base)_3]X_4$ ($X = Cl$ oder ClO_4) erhalten u. als *Perchlorat* isoliert. Wahrscheinlich verbindet einer der **III**-Reste, der mit je 2 N-Donatoratomen an die 2 Ni-Atome gebunden ist, die beiden, koordinativ 6wertiges Ni enthaltenden oktaedr. Kationen brückenartig. Als **A**-Verb. bildet **X** leicht komplexe *Cu(II)-*, *Pd(II)-* u. *Pt(II)-Salze*, die den planaren bzw. tetraedr. Verb.-Klassen angehören. Basen wie z. B. **VI** u. **X** werden deshalb als „fakultative" **A**-Verbb. bezeichnet. **VIII** hingegen kann nur tetraedr. Chelate bilden.

Versuche: *1.2-Bis-[8'-chinolylmethylenamino]-äthan* (I), $C_{22}H_{18}N_4$, F. 142°, aus Chinolin-8-aldehyd u. Äthylendiamin (**XV**) in A. durch 2—3 Min. langes Kochen; aus A. Nadeln. *Kupfer(II)-perchloratmonohydrat*, $[CuC_{22}H_{18}N_4](ClO_4)_2 \cdot H_2O$, aus **I** u. $CuCl_2 \cdot 2\,H_2O$ in heißem A. nach Zugabe von $NaClO_4$ in A.; blaugraue, paramagnet. Kristalle [1,9 Bohr-Magneton (BM) bei 24°]. *Palladium(II)-perchlorat*, $[PdC_{22}H_{18}N_4](ClO_4)_2$, analog vorst. Meth. mit wss. $K_2[PdCl_4]$. — *1.2-Bis-[6'-methyl-2'-pyridylmethylenamino]-äthan* (**II**), $C_{16}H_{18}N_4$, F. 80° (PAe.), aus **XV** u. **XVI** analog **I**. — *Tetrachloro-[1.2-bis-(6'-methyl-2'-pyridylmethylenamino)-äthan]-dikupfer(II)* (**XI**), $[Cu_2C_{16}H_{18}N_4Cl_4]$, aus **II** u. $CuCl_2 \cdot 2\,H_2O$ in heißem A.; gelbbraune paramagnet. Kristalle (1,8 BM/Cu-Atom). — *Bis-[1-(6'-methyl-2'-pyridylmethylenamino)-2-aminoäthan]-kupfer(II)-tetrachlorocuprat(II)* (**XII**), $[CuC_{18}H_{26}N_6] \cdot [CuCl_4]$, durch Erhitzen vorst. Filtrats; hellgrüne paramagnet. Kristalle (1,9 BM/Cu-Atom bei 27°); daneben **XVI** [*2.4-Dinitrophenylhydrazon*, $C_{13}H_{11}N_5O_4$, F. 224—226°]. *Kupfer(II)-perchloratmonohydrat* (**XIV**), $[CuC_{18}H_{26}N_6](ClO_4)_2 \cdot H_2O$, a) aus $NaClO_4$ u. wss. **XII**; b) aus **II** u. $Cu(ClO_4)_2 \cdot 6\,H_2O$ in heißem A.; blaue Kristalle. *Kupfer(II)-tetrabromocuprat(II)* (**XIII**), $[CuC_{18}H_{26}N_6][CuBr_4]$, aus **II** u. $CuBr_2$ analog vorst. Meth. b); grüne Kristalle. *Eisen(II)-perchloratmonohydrat*, $[FeC_{18}H_{26}N_6](ClO_4)_2 \cdot H_2O$, aus $FeSO_4 \cdot 6\,H_2O$, **II** u. $NaClO_4$ in W.; aus A. purpurfarbene Platten. — *1.2-Bis-[2'-pyridylmethylenamino]-äthankupfer(II)-perchlorat*, $[CuC_{14}H_{14}N_4](ClO_4)_2$, aus **IX** u. $Cu(ClO_4)_2 \cdot 6\,H_2O$ in W. oder A.; blaugraue Kristalle. — *1.8-Bis-[6'-methyl-2'-pyridylmethylenamino]-3.6-dithiaoctaneisen(II)-jodid*, $[FeC_{20}H_{26}N_4S_2]J_2$, aus 1.8-Diamino-3.6-dithiaoctan u. **XVI** in A., 20 Min. langes Kochen u. Zugabe von wss. $FeSO_4$, Aufkochen, Filtrieren u. Zugabe von NaJ zu einem Teil des Filtrats; aus W. diamagnet. Kristalle. *Eisen(II)-perchloratmonohydrat*, $[FeC_{20}H_{26}N_4S_2](ClO_4)_2 \cdot H_2O$, aus obigem Filtrat u. $NaClO_4$. *Kobalt(II)-jodiddihydrat*, $[CoC_{20}H_{26}N_4S_2]J_2 \cdot 2\,H_2O$, analog vorst. Jodid; paramagnet. (2 BM bei 27°). *Kobalt(II)-perchlorat*, $[CoC_{20}H_{26}N_4S_2](ClO_4)_2$, analog vorst. Perchlorat; 2,3 BM bei 27°. — *1.6-Bis-[2'-pyridyl]-2.5-diazahexan* (**III**), $Kp._{1}$ 186—190°, aus 15 g **XV**, 100 ml Eisessig u. 100 g Zn-Staub in 500 ml A. durch Rühren bei 60—70°, 1½—2std. Zugabe von 53,5 g Pyridin-2-aldehyd in 250 ml A., portionsweiser Zugabe von je 200 g Zn-Staub u. Eisessig, 5std. Rühren bei 60—70°, Stehen über Nacht, Filtrieren u. Versetzen mit NaOH; blaßgelbes Öl; 42 g (Ausbeute). *1.3-Bis-[2'-pyridylmethyl]-2-[3''.4''-methylendioxyphenyl]-imidazolidin*, $C_{22}H_{22}N_4O_2$, F. 109,5° (A.), aus vorst. Base u. Piperonal durch Erhitzen unter Wasserausschluß. — *1.6-Bis-[6'-methyl-2'-pyridyl]-2.5-diazahexan* (**IV**), $Kp._{1}$ 188—190°; aus **XVI** analog vorst. Meth.; gelbes Öl. *Piperonylidin-Deriv.*, $C_{24}H_{26}N_4O_2$, F. 125° (A.). — *Chloro-[1.6-bis-(2'-pyridyl)-2.5-diazahexan]-kupfer(II)-chloridhydrat*, $[CuC_{14}H_{18}N_4Cl]Cl \cdot 1½\,H_2O$, aus **III** u. $CuCl_2 \cdot 2\,H_2O$ in A.; blaue Kristalle. *Bromokupfer(II)-bromid*, $[CuC_{14}H_{18}N_4Br]Br$, analog vorst. Verb.; paramagnet. (1,7 BM bei 27°). *Bromokupfer(II)-perchlorat*, $[CuC_{14}H_{18}N_4Br]ClO_4$, aus vorst. Bromid; blaue Kristalle. — *Tris-[1.6-bis-(2'-pyridyl)-2.5-diazahexan]-dinickel(II)-chloridhexahydrat*, $[Ni_2C_{42}H_{54}N_{12}]Cl_4 \cdot 6\,H_2O$, aus **III** u. $NiCl_2 \cdot 6\,H_2O$ in A. durch ½std. Erhitzen auf dem Wasserbad u. Fällung mit Ae.; aus Methanol/Ae. veilchenfarbene paramagnet. Kristalle (2,9 BM/Ni-Atom bei 27°). *Perchlorat*, $[Ni_2C_{42}H_{54}N_{12}](ClO_4)_2$, aus vorst. Chlorid; aus W. veilchenblaue paramagnet.

Kristalle (3,0 BM/Ni-Atom). — *[1.6-Bis-(2'-pyridyl)-2.5-diazahexan]-α.α'-dipyridylruthenium(II)-perchloratdihydrat*, $[RuC_{24}H_{26}N_6](ClO_4)_2 \cdot 2\,H_2O$, aus **III** u. **V** in wss. A. durch 1std. Erhitzen bei 100° u. $NaClO_4$-Zugabe; aus W. orange Kristalle. — *Chloro-[1.6-bis-(6'-methyl-2'-pyridyl)-2.5-diazahexan]-kupfer(II)-chloridmonohydrat*, $[CuC_{16}H_{22} \cdot N_4Cl]Cl \cdot H_2O$, aus **IV** u. $CuCl_2 \cdot 2\,H_2O$ in A. u. Fällung mit Ae.; blaue Kristalle. *Chlorokupfer(II)-perchlorat*, $[CuC_{16}H_{22}N_4Cl]ClO_4$, aus vorst. Verb.; tiefblaue Kristalle. — *[1.6-Bis-(6'-methyl-2'-pyridyl)-2.5-diazahexan]-α.α'-dipyridylruthenium(II)-perchloratdihydrat*, $[RuC_{26}H_{30}N_6](ClO_4)_2 \cdot 2\,H_2O$, aus **IV** analog der Verb. aus **III**. — *1.6-Bis-[2'-pyridyl]-2.5-diazahexankupfer(II)-perchlorat*, $[CuC_{14}H_{18}N_4](ClO_4)_2$, aus **III** u. $Cu(ClO_4)_2$ in A. unter Aufkochen; blauviolette Kristalle. — *1.6-Bis-[6'-methyl-2'-pyridyl]-2.5-diazahexankupfer(II)-perchlorat*, $[CuC_{16}H_{22}N_4](ClO_4)_2$, analog vorst. Verb.; blaue Nadeln. *[1.6-Bis-(6'-methyl-2'-pyridyl)-2.5-diazahexan]-pyridinkupfer(II)-perchlorat*, $[CuC_{21}H_{27}N_5] \cdot (ClO_4)_2$, aus vorst. Salz u. Pyridin; blaue Kristalle. — *1.5-Bis-[8'-chinolyl]-1.5-dithiapentan* (**X**), $C_{21}H_{18}N_2S_2$, F. 68° (A.), aus 8 g 8-Thiolchinolin u. Na-Äthylat (1,2 g Na) unter Abscheidung des gelben Na-Thiolsalzes, Zugabe von 5,1 g 1.3-Dibrompropan u. 1std. Kochen am Rückfluß; 6 g. *Kupfer(II)-tetrachlorocuprat(II)*, $[CuC_{21}H_{18}N_2S_2] \cdot [CuCl_4]$, aus Dimethylformamid (DMF)/A. grüne paramagnet. Kristalle (1,8 BM/Cu-Atom bei 20°). *Kupfer(II)-perchloratmonohydrat*, $[CuC_{21}H_{18}N_2S_2](ClO_4)_2 \cdot H_2O$, grüne Kristalle, in W. unter Zers. löslich. *Kupfer(I)-perchlorat*, $[CuC_{21}H_{18}N_2S_2]ClO_4$, aus vorst. Salz u. SO_2 in A.-Suspension; aus DMF/Ae. gelbe Kristalle. *Platin(II)-tetrachloroplatinat(II)-monohydrat*, $[PtC_{21}H_{18}N_2S_2][PtCl_4] \cdot H_2O$, nach Aufkochen der Komponenten gelbe Prismen. *Palladium(II)-tetrachloropalladat(II)*, $[PdC_{21}H_{18}N_2S_2][PdCl_4]$, analog vorst. Salz. *Dichloronickel(II)-Komplex*, $[NiC_{21}H_{18}Cl_2N_2S_2]$, aus **X** u. $NiCl_2 \cdot 6\,H_2O$ in A. nach 1std. Kochen am Rückfluß u. Konz. der Lsg.; braungrüne paramagnet. Kristalle (3,2 BM bei 24°). — *1.8-Bis-[2'-pyridyl]-3.6-dithiaoctan* (**VI**), $C_{16}H_{20}N_2S_2$, F. 51 bis 52°, aus Äthylendithiol u. frisch dest. 2-Vinylpyridin unter Selbsterwärmung in geschlossener Flasche u. Stehen über Nacht; aus PAe. lange Nadeln. *Dipikrat*, $C_{28}H_{26} \cdot N_8O_{14}S_2$ (im Original irrtümlich $C_{28}H_{26}N_5O_7S_2$ — der Referent), F. 149—150°, aus A. gelbe Prismen. *Kupfer(II)-perchloratmonohydrat*, $[CuC_{16}H_{20}N_2S_2](ClO_4)_2 \cdot H_2O$, aus W. blaue Kristalle. *Kupfer(I)-perchlorat*, $[CuC_{16}H_{20}N_2S_2]ClO_4$, aus vorst. Verb. u. $NaHSO_3$; diamagnet. Kristalle. *Dichloronickel(II)-Komplex*, $[NiC_{16}H_{20}Cl_2N_2S_2]$, grüne paramagnet. Kristalle (3,1 BM bei 24°), in W. Zersetzung. *Platin(II)-perchlorat*, $[PtC_{16}H_{20}N_2S_2] \cdot (ClO_4)_2$, über das Chlorid; gelbliche diamagnet. Kristalle. *Palladium(II)-perchlorat*, $[PdC_{16}H_{20}N_2S_2](ClO_4)_2$, gelbe diamagnet. Kristalle. *α.α'-Dipyridylruthenium(II)-perchlorattetrahydrat*, $[RuC_{26}H_{28}N_4S_2](ClO_4)_2 \cdot 4\,H_2O$, aus **VI** u. **V** in A. nach mehrstd. Erhitzen auf dem Wasserbad unter Farbwechsel von Tiefgrün nach Orangebraun u. Zusatz von $NaClO_4$; aus A./Ae. braune Kristalle. — *2.2'-Bis-[2''-pyridylmethylamino]-biphenyl* (**VII**), $C_{24}H_{22}N_4$, F. 137°, aus Pyridin-2-aldehyd u. 2.2'-Diaminobiphenyl in A. durch Red. mit Eisessig u. Zn-Staub in 3std. Rk., Einengen u. Versetzen mit NaOH; aus A. Prismen. *Palladium(II)-perchlorat*, $[PdC_{24}H_{22}N_4](ClO_4)_2$, über das Tetrachloropalladat(II); orange Kristalle. *Kupfer(II)-chloridmonohydrat*, $[CuC_{24}H_{22}N_4]Cl_2 \cdot H_2O$, grüne Kristalle. *Kupfer(II)-perchloratdihydrat*, $[CuC_{24}H_{22}N_4](ClO_4)_2 \cdot 2\,H_2O$, aus vorst. Salz; dunkelgrüne Kristalle. *α.α'-Dipyridylruthenium(II)-perchlorat*, $[RuC_{34}H_{30}N_6](ClO_4)_2$, aus **V** u. **VII** wie oben.— *2.2'-Bis-[8''-chinolylmethylenamino]-biphenyl*, $C_{32}H_{22}N_4$, F. 187° (A.), aus Chinolin-8-aldehyd u. 2.2'-Diaminobiphenyl durch Aufkochen in Äthanol. *Kupfer(II)-perchlorat*, $[CuC_{32}H_{22}N_4](ClO_4)_2$, dunkelbraune Kristalle. G. KIRSTEN. 368☐

A₉. Mineralogische und geologische Chemie

Die Verteilung von Natrium und Kalium in den Gesteinen des Massivs des Gran Paradiso. 2. Mitt. Ezio Callegari und Alessandro Monese. (Atti Accad. naz. Lincei, Rend., Cl. Sci. fisiche, mat. natur. [8] **27**. 131—35. Sept./Okt. 1959. Padova, Univ., Ist. di Mineral. e Petrografia.) (Ital.) — 1. vgl. C. **1961**. 9338.

An einer größeren Anzahl von Gesteinen des Gran Paradiso bestimmten Vff. den Geh. an Na_2O u. K_2O in % sowie das mol. Verhältnis Na_2O/K_2O. Die Ergebnisse sind tabellar. zusammengestellt u. werden krit. diskutiert. C. GOTTFRIED. 378

Spurenelemente in den um Saruabil (Cuttack-Distrikt), Orissa, vorkommenden Chromiterzen. Sachinath Mitra. (Sci. and Cult. **25**. 698—99. Juni 1960. Calcutta, Jadavpur Univ., Geol. Sci. Labor.) (Engl.)

In der angegebenen Gegend tritt Chromit in Linsen innerhalb von lateritisierten u. silifizierten ultrabas. Gesteinen auf. Er hat einen hohen Cr_2O_3-Geh. von ca. 55%, 10—12% Fe u. 2—4% Si. Im Chromit wurden Ni u. Pt chem., Mn chem. u. mkr., alle 3 Spurenelemente auch spektrograph. festgestellt. H. BRAUN. 378☐

Beziehung zwischen der Zusammensetzung der Seltenen Erden und der Zusammensetzung und Struktur der Mineralien. Je. I. Ssemenow. (Геохимия [Geochemie] **1958.** 452—61. Moskau, Inst. für Mineral., Geochem. u. Kristallchem. der seltenen Elemente der Akad. der Wiss. der UdSSR.) (Russ.)

Frühere experimentelle Ergebnisse des Vf. (Геохимия [Geochemie] **1958.** 314) über die Gesetzmäßigkeiten der Änderungen der Zus. der Seltenen Erden in Mineralien werden theoret. gedeutet. O. LEBTAG. 378□

Volumendiffusion als Mechanismus für abweichende Alterswerte nach der Bleimethode. G. R. Tilton. (J. geophys. Res. **65.** 2933—45. Sept. 1960. Washington, D. C., Carnegie Inst. of Washington, Geophys. Labor.) (Engl.)

Bei 16 Mineralien aus Nordamerika, Afrika, Europa, Australien u. Asien mit Alterswerten zwischen 2400 u. $2700 \cdot 10^6$ Jahren lassen sich die Differenzen in der U–Pb-Best.-Meth. erklären, wenn eine kotinuierliche Diffusion des Bleis aus den Kristallen in Abhängigkeit vom Diffusions-Koeff. u. dem wirksamen Radius angenommen wird. Sonst müßte eine Episode mit starkem Pb-Verlust vor $600 \cdot 10^6$ Jahren angenommen werden. Die Werte werden stets in einem Diagramm $^{206}Pb/^{238}U$ gegen $^{207}Pb/^{235}U$ aufgetragen. M. WIEDEMANN. 378□

Ein Sepiolith aus Mullion, Cornwall. H. G. Midgley. (Clay Minerals Bull. **4.** 88—93. Dez. 1959. Garston, Watford, Herts., Build. Res. Stat.) (Engl.)

Sepiolith (nach chem. Analyse $2 MgO \cdot 3 SiO_2 \cdot 2 H_2O$) wird durch Röntgenbeugung, DTA, Thermogravimetrie u. IR-Absorptionsspektrographie untersucht. Es werden Hypothesen über seinen Ursprung aufgestellt. W. BETCKE. 380□

Strukturuntersuchung an zwei Kluftkarinthinen. Ein Beitrag zur Karinthinfrage. Haymo Heritsch und Erentraud Kahler. (Tschermaks mineralog. petrogr. Mitt. **7.** 218—33. Febr. 1960. Graz, Univ., Inst. für Mineral. u. Petrogr.) (Dt.)

2 Kluftkarinthine von der Saualpe in Kärnten werden kristallograph., opt., chem. u. röntgenograph. untersucht, um ihre Stellung innerhalb der Hornblendefamilie festzulegen. Während der Gesteinskarinthin arm an Fe u. reich an Mg ist, u. somit am weitesten von der gemeinen grünen *Hornblende* abweicht, bilden die Kluftkarinthine Übergänge zur grünen Hornblende. Analysen: SiO_2 45,96/43,18; Al_2O_3 14,84/16,84; TiO_2 0,62/0,93; Fe_2O_3 3,73/4,55; FeO 4,48/7,37; MnO 0,04/0,04; MgO 14,63/10,81; CaO 9,51/9,20; Na_2O 3,25/3,61; K_2O 0,43/0,93; H_2O^+ 2,58/3,44%. D. 3,08/3,22. J.-E. HILLER. 380□

Erzlagerstätten und Sedimentcharakteristiken der Jefferson-City-Grube, Tennessee. David L. Kendall. (Econ. Geol. **55.** 985—1003. Aug. 1960. Jefferson City, Tenn., New Jersey Zinc Co.) (Engl.)

Beschreibung eines Zinkerz- u. Dolomit-Vork. nach mineralog. u. geolog. Gesichtspunkten. O. BÄR. 380□

Erzkontrolle im Morococha-Bezirk in Peru. R. H. Nagell. (Econ. Geol. **55.** 962—84. Aug. 1960. Belém, Para, Brasil, Ind. e Comm. de Minerios-Icomi.) (Engl.)

Beschreibung der Erz-Vork. nach geolog. Gesichtspunkten. O. BÄR. 380□

Nachweis über die Herkunft der Uranvorkommen in dem „Blind River"-Gebiet. Duncan R. Derry. (Econ. Geol. **55.** 906—27. Aug. 1960. Canada, Rio Tinto Mining Co.) (Engl.)

Übersicht u. krit. Diskussion. — 25 Literaturangaben. O. BÄR. 380□

Schwermineralien im liegenden Ton der Illinois-Kohle Nr. 2. Walter E. Parham. (Trans. Illinois State Acad. Sci. **52.** 13—19. 1959. Urbana, Ill., Illinois State Geol. Surv.) (Engl.)

87 Proben aus 68 Fundorten (z. T. Bohrkerne) wurden sedimentpetrograph. analysiert u. Angaben über die morpholog. Eigg. der Mineralien Muskovit, Pyrit, Zirkon, Turmalin, Limonit, Rutil, Ilmenit u. Chlorit gemacht. Es wird vermutet, daß der liegende Ton teilweise ein bewegtes Sediment verkörpert. Einige der Schwermineralien haben verschiedene Cyclen von Transport u. Wiederabsatz erfahren. H. MOENKE. 380□

Beitrag zur Petrographie und Genese der Neokomsedimente am Kleinen Fallstein bei Osterwiek. Aribert Engel. (Geologie **9.** 19—35. 1960. Dessau.) (Dt.)

Die Arbeit enthält quant. petrogr. Unters.-Ergebnisse, die sich vorwiegend auf die Beschreibung der pelith. Gesteinskomponenten beziehen. Aus der mkr. Darst. des Mineralbestandes, den quant. Analysen u. den 1959 veröffentlichten Gefüge-Best. (vgl. Geologie **8.** [1959.] 842) werden abschließend Folgerungen über die mehrphasige Genese dieser küstennahen Trümmererzlagerstätte gezogen. W. DOSCH. 385□

Eine besondere Varietät von Skarn. Djalma Guimarães. (An. Acad. brasil. Ci. **32.** 231—35. 1960. Belo Horizonte, Minas Gerais, Inst. de Tecnol. ind.) (Port.)

Bei photogeolog. u. scintillometr. Messungen beobachtete ausgedehnte radioakt. Gebiete führten zur Auffindung eines gneisartigen Gesteins, in dem, zu Reihen von Linsen geordnet, sich ein Skarn (I) findet. Er besteht aus *Amphibol, Epidot* (II), *Allanit* (III), *Bastnäsit* (IV) u. *Orthit* (V). Diese Mineralkomponenten werden im einzelnen ebenso wie I als Ganzes beschrieben. Analysen von Durchschnittsproben u. solche von SiO_2-reichem I werden mitgeteilt, die auch reichlich Th anzeigen. Der I mit ursprünglicher Zus. aus II, IV, Quarz, Hastingsit u. Granat ist anscheinend durch Kontaktmetamorphose entstanden u. später durch eine Diastrophie, eine hydrothermale Einw. von SiO_2-Lsgg., die auch U u. Seltene Erden mitführten, verändert worden, unter Bldg. von III u. V durch Rk. von II mit IV. Aus dem U/Pb-Verhältnis wird das Alter der ersten Phase der paläozoischen Diastrophie zu $501{,}6 \cdot 10^6$ Jahren berechnet, einem Wert, der infolge der Beimengung von nichtradiogenem Pb höher als der wahre, aber doch dem der kaledon., metasomat. Metamorphose zuzuordnen sein dürfte.

W. METZENER. 385☐

Zur Herkunft der dunklen Sphäroide des Adamello-Tonalites. F. K. Drescher-Kaden. (Naturwissenschaften **48.** 217. 1. April-H. 1961. Hamburg, Univ., Mineralog. Inst.) (Dt.)

Die feinkörnigen, dunklen Einschlüsse im Tonalit verkörpern aufgearbeitete Fragmente eines perm. Porphyrs. Dieser genet. Schluß ist das Ergebnis genauer Unterss. der Zirkonkristalle. H. MOENKE. 385☐

Die Penghu-Basalte. Ts'ang-Po Yen. (J. geol. Soc. Japan **63.** 48—54. Jan. 1957. Taiwan, Geol. Forsch. Inst.) (Jap.)

Die Penghu-Inseln (Pescadores) in der Formosastraße bestehen aus plio-pleistozänen Basaltlaven (Penghu-Basalten, I) u. untergeordneten Sandsteinlagern. Die I vom Magmatyp sind teils olivin. teils tholeit. u. gehören zur känozoischen alkalinen Gesteinsprovinz Ostasiens. Ausführliche Tabellen über mineralog. u. chem. Zusammensetzung. L. SCHULER. 385☐

Der Ursprung der Meteoriten. Brian Mason. (J. geophys. Res. **65.** 2965—70. Sept. 1960. New York, N.Y., Amer. Museum of Nat. History.) (Engl.) — Vgl. C. **1961.** 2561.

Es wird gezeigt, daß die größte Gruppe der Meteorite, die Chondrite, nicht die Überreste bzw. Spaltstücke eines Planeten sind, sondern stets unabhängige u. individuelle Objekte gewesen sind. Durch Erhitzen der kohlehaltigen (carbonazäischen) Chondrite über 600° erhält man Mischungen aus Olivin, Pyroxen u. Ni-Fe, die der Zus. der Chondrite ähneln. Vermutlich spielt Rekristallisation im festen Zustand eine wichtige Rolle. M. WIEDEMANN. 388☐

Die Verteilung der durch die Höhenstrahlung erzeugten Edelgase in Eisenmeteoriten. P. Signer und A. O. Nier. (J. geophys. Res. **65.** 2947—64. Sept. 1960. Minneapolis, Minn., Univ. of Minnesota, School of Phys.) (Engl.)

Mittels eines Extraktions-Syst. in Verbindung mit einem Massenspektrometer wurde in dem 480 kg schweren Meteoriten Grant die Verteilung von kosmogenen ^{38}*Ar*, ^{36}Ar, ^{22}*Ne*, ^{21}Ne, ^{20}Ne, ^{4}*He* u. ^{3}He untersucht. Die systemat. Variation mit der Tiefe wurde bestimmt. Es lassen sich Schlüsse auf Größe u. Strahlendosis des Meteoriten ziehen. M. WIEDEMANN. 388☐

Natürlicher Radiokohlenstoff im Atlantik. Wallace S. Broecker, Robert Gerard, Maurice Ewing und Bruce C. Heezen. (J. geophys. Res. **65.** 2903—31. Sept. 1960. Palisades, N.Y., Columbia Univ., Lamont Geol. Observ.) (Engl.)

Mittels chem. u. radiometr. Meth. wurde die C-Zus. in dem gelösten Hydrogencarbonat von 135 Proben aus dem Atlantik bestimmt u. der Einfl. des geograph. Ortes wie der Tiefe ermittelt. Die $^{14}C/^{12}C$-Werte sind tabelliert. Ein Zirkulationsschema zwischen Atmosphäre u. Ozean wird vorgeschlagen, auch die Frage der stationären u. nichtstationären Zustände wird diskutiert. M. WIEDEMANN. 393☐

Die natürliche α-Radioaktivität von Trinkwässern. R. C. Turner, J. M. Radley und W. V. Mayneord. (Nature [London] **189.** 348—52. 4/2. 1961. London, Inst. of Cancer Res.; Royal Cancer Hosp., Phys. Dep.) (Engl.)

Die Unterss. an 71 Trinkwasserproben in Großbritannien dienten der Ermittlung der täglichen Aufnahme an natürlicher Radioaktivität aus dem Trinkwasser durch die Bevölkerung. Angegeben sind die langlebige α-Aktivität (nc/Liter, 30 Tage nach Probenahme), der Überschuß an Rn u. seinen Folgeelementen (nc/Liter zur Zeit der Probenahme), die Feststoffe (‰) u. die α-Aktivität des Rückstandes (nc/Liter, 30 Tage nach der Probenahme). Die Durchschnittsradioaktivität der Wässer in nc/Liter sinkt von 25,1 (Wässer von Spa, 9 Proben), über 2,2 (Cornwall, 10), 1,4 (Bohrlöcher in Kalkstein, 9), 0,34 (Bohrlöcher in anderem Gestein, 11) auf 0,18 (Oberflächenwässer). Die tägliche

Aufnahme der Bevölkerung an α-Aktivität liegt in verschiedenen Gegenden Englands über dem von der International Commission on Radiological Protection (ICRP) empfohlenen Höchstwert von 3,3 nc/Liter, doch wird dieser Wert nach Unterss. der Verff. als zu vorsichtig angesehen, da das Auftreten von α-Aktivität im Knochengerüst unter den Schätzungen der ICRP liegt. Ch. Kulicke. 393□

Die Radioaktivität der Mineralwässer von Sîngeorz-Băi. C. A. Ionescu. (Bul. ştiinţ., Secţ. Ştiinţe mat. fizice 7. 487—90. April/Juni 1955.) (Rum.)

Zu den bisherigen 5 Quellen von Sîngeorz-Băi ist 1954 noch eine Quelle 6 hinzugekommen, die bei einer Schüttung von 75000 Liter/Tag eine Radioaktivität von >1 mμc/Liter zeigt. Die Radioaktivität der Quelle 5 hat seit 1926 um ca. 1 mμc/Liter zugenommen. R. K. Müller. 393□

B. Allgemeine und theoretische organische Chemie

Elektronenenergieniveaus von Polyenketten. Sigeru Huzinaga und Tasuke Hasino. (Progr. theoret. Physics [Kyoto] 18. 649—60. Dez. 1957. Fukuoka, Kyushu Univ., General Educ. Dep.) (Engl.)

Mittels der LCUAO-MO-Meth. von Brown u. Matsen (C. 1954. 40) leiten Vff. eine Formel zur Berechnung des ersten Absorptionsmaximums von alternierenden Polyenketten $\lambda = 12398/[A + \sqrt{A^2 + B^2 \sin^2(\pi/N)}] \cdot 10^{-8}$ cm ab, worin N die Anzahl der π-Elektronen der Polyenkette u. A u. B Parameter mit den Werten 1,13 bzw. $\sqrt{48}$ sind. Die Formel ist der von Kuhn (J. chem. Physics 17. [1949.] 1198) ähnlich. Die Übereinstimmung mit den experimentellen Werten ist gut, wie am Beispiel von Butadien, Hexatrien, Octatetraen, Axerophthen, Anhydrovitamin A, β-Carotin, Dehydro-β-carotin u. Dehydrolycopin gezeigt wird. K. Frenkler. B 114□

Bindungslokalisierung und Hyperkonjugationseffekt in aromatischen Carboniumionen. 1. Mitt. **Absorptionsspektren der Carboniumionen von Benzol, Toluol und Mesitylen.** Toshifumi Morita. (Bull. chem. Soc. Japan 31. 322—28. April 1958. Tokyo, Metropolitan Univ., Dep. of Chem.) (Engl.)

Vf. führt eine halbempir. LCAO-MO-Rechnung durch, um den Befund von Reid (C. 1955. 2383) zu deuten, wonach sich bei den Absorptionsspektren von in H_2O-freiem HF/BF_3 gelösten Methylbenzolen zeigt, daß die den gebildeten Carboniumionen zuzuordnenden längstwelligen Banden eine Verschiebung ins Kurzwellige mit zunehmender Anzahl von Methylgruppen erfahren. Die mit Näherungswerten für das Resonanz- u. Coulombintegral operierende Rechnung führt weder für das Hyperkonjugations- noch für das Bindungslokalisierungsmodell zu befriedigenden Resultaten. Es werden Überlagerungsmodelle diskutiert, die für *Bzl.* u. *Toluol* (I) geringere Hyperkonjugation als für *Mesitylen* (II) postulieren. Für beide Modelle ergibt sich dann für II eine Verschiebung ins Langwellige gegenüber I. W. Haberditzl. B 114□

Der Einfluß von H-Brückenbindung auf das Elektronenabsorptionsspektrum von p-Hydroxyazobenzol. Hiroaki Baba. (Bull. chem. Soc. Japan 31. 169—72. März 1958. Sapporo, Hokkaido Univ., Res. Inst. of Appl. Electr.) (Engl.)

Es werden die UV-Spektren von Lsgg. von *p-Hydroxyazobenzol* (I) in Isooctan vor u. nach Zugabe von Ae. bzw. Pyridin (II) in verschiedenen Konzz. aufgenommen. Es zeigt sich eine Verschiebung der $\pi \rightarrow \pi^*$-Bande ins Langwellige u. eine Verschiebung der $n \rightarrow \pi^*$-Bande ins Kurzwellige in Ggw. von Ae. u. II. Sie beruhen auf Ausbildung einer H-Brückenbindung, wobei das O- bzw. N-Atom von Ae. bzw. II als Protonenacceptor wirken. Spektrophotometr. lassen sich für das Gleichgewicht der H-Brücken-Bldg. die Gleichgewichts-Konst. u. die freien Energien ermitteln ($\Delta F = -1,9$ bei Zugabe von Ae. bei 20°, $\Delta F = 3,5$ kcal/Mol bei Zugabe von II bei 15°). Die Bandenverschiebungen werden im Hinblick auf die energet. Verhältnisse bei der H-Brückenbindung im Grund- u. angeregten Zustand diskutiert. Der ΔF-Unterschied beruht auf der stärkeren Wirksamkeit des N-Atoms als Protonenacceptor.
W. Haberditzl. B 118□

Molekularstruktur und östrogene Aktivität. 1. Mitt. **Unsymmetrische Diphenyläthylene und Triphenyläthylene.** J. F. Miquel. (Tetrahedron [London] 8. 205—16. März 1960. Uppsala, Univ. of Uppsala, Pharmacol. Inst.) (Engl.) — Vgl. C. 1959. 1429.

Durch Vgl. der UV-Spektren verschiedener substituierter unsymm. Di- u. Trimethoxyphenyläthylene u. ähnlicher Verbb. wird auf deren in verschiedenem Ausmaße nicht ebenen Bau geschlossen u. versucht, ein Zusammenhang mit ggf. vorhandener östrogener Wrkg. zu finden. Untersucht wurden folgende 1.1-Bis-[p-methoxyphenyl]-äthylene: *-2.2-diäthyl-* (F. 91°), *-2-methyl-* (F. 99°), *-2.2-dimethyl* (F. 65°), *-2-methyl-*

2-äthyl- (F. 49°), *-2-äthyl-* (F. 98°) sowie *1.1-Bis-[p-methoxyphenyl]-äthylen* (F. 140°), *1.1-Bis-[p-hydroxyphenyl]-2.2-diäthyläthan* (F. 168°), *trans-Diäthylstilböstrol* (F. 171°), *Dienöstrol* (F. 230°), *Tris-[p-methoxyphenyl]-chloräthylen*, *Tris-[p-methoxyphenyl]-äthylen*, *trans-1.2-Bis-[p-methoxyphenyl]-äthylen* (*trans-Di-p-methoxystilben*), *1-p-Methoxyphenyl-1.2.2-triäthyläthylen* ($C_{15}H_{22}O$; Kp.$_{0,5}$ 102°; aus p-Methoxy-2-äthylbutyrophenon u. Äthyl-MgBr; n_D^{25} 1,5135; 83% Ausbeute). Vf. stellt fest, daß die nicht ebene Struktur zwar bei den untersuchten unsymm. p-Methoxyphenyläthylenen wie bei den meisten wichtigen Östrogenen zu finden ist, daß aber kleine Änderungen der ebenen Struktur nur schwer in Zusammenhang zu bringen sind mit der östrogenen Wirksamkeit, die zudem in verschiedenen Fällen nicht auf nicht ebenen Bau des Mol. zurückgeführt werden kann. Gernot Schulz. B 118□

Dampfabsorptionsspektren und Oscillatorstärken von Naphthalin, Anthracen und Pyren. J. Ferguson, L. W. Reeves und W. G. Schneider. (Canad. J. Chem. **35.** 1117—23. Okt. 1957. Ottawa, Ontario, Canada, Nat. Res. Council, Div. of Pure Chem.) (Engl.) — Vgl. C. **1959.** 1392.

Vff. untersuchen die UV-Absorptionsspektren von dampfförmigem *Naphthalin* (I), *Anthracen* (II) u. *Pyren* (III) u. berechnen die Oscillatorstärken für den 2. Übergang von I, den 1., 2. u. 3. Übergang von II u. den 2. u. 3. Übergang von III. Es zeigt sich, daß die im Dampfzustand bestimmten Oscillatorstärken wesentlich kleiner als die in Lsg. bestimmten sind. K. Frenkler. B 118□

Absorptionsspektrometrie von Säuren und Basen in alkoholischen Lösungen. V. C. Farmer und R. H. Thomson. (Chem. and Ind. **1957.** 112—13. 26/1. Craigiebuckler, Aberdeen, Macaulay Inst. for Soil Res., Dep. of Spectrochem.; Old Aberdeen, Univ., Chem. Dep.) (Engl.)

Bas. u. saure Verunreinigungen von alkohol. Lsgm. können die Dissoziation u. damit die Absorptionsspektren von Basen u. Säuren wesentlich beeinflussen. Das Dissoziations-Verh. von *4-Hydroxy-7-methoxycumarin* (I), von *Benzoesäure* (II) u. von *p-Chlorphenol* (III) in A. wird untersucht. Die Absorptionsspektren lassen erkennen, daß I u. II völlig dissoziiert vorliegen, während III nicht dissoziiert, was für die Ggw einer schwachen Base als Verunreinigung spricht. Die Messung von UV-Spektren von Säuren u. Basen in einem völlig neutralen Alkohol oder anderen hydrophilen Medien ist demnach schwierig, es wird jedoch meist genügen, eine ausreichende Menge Säure oder Alkali zuzusetzen, um zu erreichen, daß nur die ionisierte oder die nichtionisierte Form der zu untersuchenden Verb. gemessen wird. J. Blanck. B 118□

Farbe und Konstitution. 7. Mitt. **Diazamerocyanine.** Siegfried Hünig und Heinz Herrmann. (Liebigs Ann. Chem. **636.** 32—41. 18/10. 1960. Marburg/Lahn, Univ., Chem. Inst.) (Dt.) — 6. vgl. C. **1960.** 5477.

Es werden die Absorptionsspektren folgender Diazamerocyanine: *[1-Methyl-1.4-dihydropyridin]-4-azino-4-[1.4-dihydro-1-oxobenzol]*, *[1-Methyl-1.4-dihydropyridin]-4-azino-4-[1.4-dihydro-1-oxonaphthalin]*, *[1-Methyl-1.4-dihydropyridin]-4-azino-10-[anthron-(9)]*, *[1-Methyl-1.4-dihydrochinolin]-4-azino-4-[1.4-dihydro-1-oxobenzol]*, *[1-Methyl-1.4-dihydrochinolin]-4-azino-4-[1.4-dihydro-1-oxonaphthalin]*, *[1-Methyl-1.4-dihydrochinolin]-4-azino-10-[anthron-(9)]*, *[10-Methylacridon-(9)]-9-azino-4-[1.4-dihydro-1-oxobenzol]*, *[10-Methylacridon-(9)]-9-azino-4-[1.4-dihydro-1-oxonaphthalin]*, *[10-Methylacridon-(9)]-9-azino-10-[anthron-(9)]* in Bzl.; Chlf.; Aceton; Methanol; Formamid u. Benzylalkohol beschrieben (Darst. der Farbstoffe vgl. C. **1961.** 17208). Aus der durchweg positiven Solvatochromie wird auf den stärkeren Einfl. der unpolaren Azino-Grenzstruktur geschlossen. Außerdem werden Solvatochromieumfang, Lage der Hauptbanden, Einfl. ankondensierter Ringe sowie die Lsgm.-Wrkg. diskutiert. Gottfried Schreiber. B 118□

Spektroskopische Eigenschaften von Kristallen und molekularen Schichten von Chlorophyll und ähnlichen Verbindungen. E. E. Jacobs, A. S. Holt, R. Kromhaut und E. Rabinowitch. (Arch. Biochem. Biophysics **72.** 495—511. Dez. 1957. Urbana, Ill., Univ. of Illinois, Dep. of Botany, Photosynth. Labor.) (Engl.)

Vff. messen die Absorptionsspektren von Mikrokristallen u. deren Suspensionen der Chlorophyll-Derivv. *Äthylchlorophyllid a* u. *b*, *Phäophorbid a* u. *b* u. *Methylbakteriochlorophyllid*. Die Suspensionen wurden durch Verdünnen der Lsgg. der betreffenden Substanzen in Aceton hergestellt. Nach Korrektur der Streueffekte ergibt sich eine Verschiebung der langwelligen Hauptbande um 40—80 mμ gegenüber den mol. Lösungen. Auch monomol. Schichten auf H_2O u. amorphkoll. Lsgg. zeigen den Effekt, der von den Kristalldimensionen abhängig ist u. im wesentlichen durch Wechselwrkg. innerhalb einer kristallograph. Ebene bestimmt wird. Die Ergebnisse werden mit Hilfe elektrostat. Wechselwrkg. virtueller Dipole gedeutet. Die Bedeutung dieser Ergebnisse für die hypothet. Chlorophyllmonoschichten in vitro u. die mögliche Wanderung der

Anregungsenergie in ihnen wird diskutiert. Das Fehlen einer Fluorescenz zeigt, daß eine solche Wanderung in Kristallen u. kristallinen Monoschichten, wenn überhaupt vorhanden, sehr behindert ist. W. HABERDITZL. B 118□

Untersuchungen über die Beziehung zwischen chemischer Konstitution und Ultraviolettabsorptionsspektren optisch-aktiver und racemischer Verbindungen. 2. Mitt. **Zusammenhang von Absorptionsmaxima und charakteristischen Wellenlängen einiger Salze der Campher-β-sulfonsäuren (d- und dl-).** Bawa Kartar Singh und M. K. P. Amma. (J. sci. ind. Res. [New Delhi], Sect. B **16.** 486—92. Nov. 1957. Banares, Banares Hindu Univ.) (Engl.) — 1. vgl. C. **1960.** 420; 3. vgl. C. **1961.** 1506.

Die UV-Absorptionsspektren der d- u. dl-Formen von *o-*, *m-*, *p-Chlor-* u. *-Brom-anilinocampher-β-sulfonat* (Salze) u. von *Campher-β-sulfon-o-*, *-m-*, *-p-chlor-* u. *-brom-phenylamid* sowie der d-Form von *Campher-β-sulfonamid* (I) u. *Campher-β-sulfon-anhydramid* (II, durch H_2O-Abspaltung aus I, O vom Keto-O, H_2 vom NH_2) wurden untersucht. Die Verbb. besitzen Absorptionsmaxima im nahen UV, von denen eines (das schwächste) oder der Mittelwert aus diesem u. dem der Ketobande mit den charakterist. Wellenlängen λ_0 (abgeleitet aus der eintermigen Gleichung für die Rotationsdispersion von DRUDE) übereinstimmt. Die Rotationsdispersion wird bei den Bromphenylamiden durch die Keto-Bande beeinflußt, bei den Chlor- u. Bromanilinsalzen nicht. J. BLANK. B 118□

Korrektur des Brechungsindex von n-Pentan. Je. F. Jamschtschikow. (Журнал Физической Химии [J. physik. Chem.] **34.** 2845. Dez. 1960. Inst. der Elementorgan. Verbb. der Akad. der Wiss. der UdSSR.) (Russ.)

Die Messung des Brechungsindex des n-Pentandampfes mit Hilfe des JAMIN-Interferometers ergab für die Na-D-Linien $n_D = 1{,}001772$ bei $t = 0°$ u. $p = 760$ mm Hg, gegenüber 1,01711 nach LANDOLT-BÖRNSTEIN [1923]. E. KLEVER. B 119□

Die Infrarotspektren von Alkan-1-sulfonaten. Kuniaki Fujimori. (Bull. chem. Soc. Japan **32.** 850—52. Aug. 1959. Akita, Oga-shi, Nippon Mining Co., Funakawa Refinery.) (Engl.)

Vf. teilt die IR-Spektren von *Na-Methan-* (aus Methansulfonsäure u. Na_2CO_3), *-Äthan-* (aus Äthylmercaptan durch Oxydation mit konz. HNO_3 u. Neutralisation mit Na_2CO_3-Lsg.), *-Propan-1-* (wie auch alle nachst. Verbb. nach der STRECKER-Rk. aus dem betreffenden Säurechlorid mit Na_2SO_3 u. H_2O bei 180—200°, 10—16 Std. im Autoklaven), *-n-Butan-1-*, *-n-Pentan-1-*, *-n-Hexan-1-*, *-n-Heptan-1-*, *-n-Octan-1-* u. *-n-Dodecan-1-sulfonat*, in KBr gepreßt, im Bereich zwischen 680 u. 4000 cm^{-1} mit (Abb.) u. gibt u. a. folgende Zuordnung: ν(C–S): um 790 cm^{-1}, ν_s(SO): um 1060 cm^{-1}, ν(SO) (entartet): um 1180 cm^{-1}, z. T. von einer 2. Bande um 1215 cm^{-1} begleitet. H. WAGNER. B 120□

Das Infrarotspektrum von Dimethylsulfon. Kuniaki Fujimori. (Bull. chem. Soc. Japan **32.** 1374—76. Dez. 1959. Akita, Oga-shi, Nippon Mining Co., Funakawa Refinery.) (Engl.)

Vf. berechnet das Schwingungsspektrum von *Dimethylsulfon* (I; F. 108,5 aus A., Darst. aus Dimethylsulfoxyd u. H_2O_2) aus Kraft-Konst. vom Methansulfonation, von Diäthylsulfid, Tetramethylsilan u. SO_2 mit Hilfe der F–G-Matrix-Meth. nach WILSON u. dem Potentialansatz nach dem UREY-BRADLEY-Feld. Die berechneten Frequenzen werden den gemessenen gegenübergestellt; das IR-Spektrum von I (fest in KBr) ist im Bereich zwischen 680 u. 4000 cm^{-1} mitgeteilt. H. WAGNER. B 120□

Das Schwingungsspektrum des Carbonylcyanids. A. Tramer und K. L. Wierzchowski. (Bull. Acad. polon. Sci., Cl. III **5.** 411—15. 1957. Warsaw, Univ., Inst. of Inorg. Chem., Polish Acad. of Sci., Inst. of Phys.) (Engl.)

Vff. untersuchten das IR-Spektrum von *$CO(CN)_2$* (I) zwischen 2,5 u. 14 μ im Gaszustand u. das RAMAN-Spektrum von fl. I bzw. seiner 32%ig. äther. Lösung. Die Dissoziations-Prodd. $(CN)_2$, HCN, CO, CO_2 traten nicht auf. Die Banden werden zugeordnet. G. RUDAKOFF. B 120□

Untersuchung der Struktur einiger ungesättigter Verbindungen durch Raman-Streuung. Ja. Ss. Bobowitsch und W. W. Perekalin. (Журнал Структурной Химии [J. Strukturchem.] **1.** 313—18. Sept./Okt. 1960. Leningrad, Opt. Wawilow-Inst.) (Russ.)

Zur Unters. des Spannungszustandes in ungesätt. Verbb. wurden Intensitäten (I) u. z. T. Depolarisationsgrade (ϱ) einiger RAMAN-Linien des Styrols u. einer Anzahl Nitro-Verbb. gemessen. Die Spektren wurden an 10^{-1} bis 10^{-3}m Lsgg. in Aceton unter Anregung mit der 4358 Å Hg-Linie gewonnen; I wurden photoelektr. bestimmt. Eine Tabelle mit Wellenzahlen, I u. ϱ für die symm. u. antisymm. Valenzschwingungen der NO_2-Gruppe, der antisymm. Valenzschwingung des Benzolrings u. der C=C-Schwingung ist wiedergegeben. Folgende Verbb. wurden untersucht: *Nitromethan*; *1-Nitropenten-(1)*; *1-Nitro-3-methylbuten-(1)*; *Nitrobenzol*; *Styrol*; *β-Nitrostyrol*; *β-Nitro-β-methylstyrol*;

p-Nitrotoluol; *β-Nitro-p-methylstyrol*; *2-Nitro-1-[p-tolyl]-propylen*; *p-Nitrophenetol*; *β-Nitro-4-methoxystyrol*; *2-Nitro-1-[4-methoxyphenyl]-propylen*; *p.β-Dinitrostyrol*; *2-Nitro-1-[p-nitrophenyl]-propylen*; *1-Nitro-4-[p-nitrophenyl]-butadien-(1.3)*; *1-Nitro-4-[furyl-(2)]-butadien-(1.3)*; *1.4-Bis-[β-nitrovinyl]-benzol*; *1.4-Bis-(β-nitropropenyl]-benzol*; *m-Dinitrobenzol*; *1.3-Bis-[β-nitrovinyl]-benzol*; *1.3-Bis-[β-nitropropenyl]-benzol*. Es wird gefunden, daß allg. I u. ϱ aller Linien mit wachsender Spannung im Mol. verstärkt werden, also mit Zunahme der Zahl der C=C-Bindungen, bes. bei symm. Anordnung. Eine quantenmechan. Deutung wird gegeben. Substitution in 1.3-Stellung schwächt I. Substitution von H an der C=C-Bindung durch Methylgruppen verringert I ebenfalls, was durch die Aufhebung der Planarität u. damit die Abnahme der Spannung erklärt werden kann. G. WINKHAUS. B 120□

Raman-spektroskopische Untersuchungen an Hydrazin und Phenylhydrazin. G.-M. Schwab, K. Koller und K. Lorenzen. (Angew. Chem. **73.** 219. 21/3. 1961.) (Dt.)

Es wurden die RAMAN-Spektren von N_2H_4 (I) u. *Phenylhydrazin* (II) sowie deren Mischungen mit CH_3OH aufgenommen. Es werden die maximalen Linienverschiebungen einer Reihe von Schwingungen angegeben. Die Zunahme der (NH)-Frequenzen u. die Abnahme der (OH)-Frequenzen wird durch den Übergang von der Assoziation zur Solvatation erklärt. Die Stärke der zwischenmol. Bindung soll in der Reihenfolge I/I > I/CH_3OH > CH_3OH/CH_3OH abnehmen. Die Brückenenergie im N_2H_4–CH_3OH-Gemisch ist um 3 kal/Mol größer als die Assoziationsenergie von CH_3OH (4,7 kcal/Mol). Die RAMAN-Linie von II bei 566 cm^{-1} wird als (NN)-Frequenz gedeutet. Diese gegenüber dem erwarteten Wert erniedrigte Frequenz gibt eine Kraft-Konst. von 2,5 dyn·cm^{-1} gegenüber 3,6 dyn·cm^{-1} für N_2H_4. Daraus ergibt sich die mittlere Bindungsenergie der (NN)-Bindung von II zu $E_{(NN)}$ (II) = 48 kcal/Mol. Aus der Verbrennungswärme errechnet sich $E_{(NN)}$ (II) = 47,8 kcal/Mol. H.-J. SPANGENBERG. B 120□

Untersuchung der Raman-Spektren von α-Furyl- und α-Benzofurylketoximen. G. Schay, Gy. Varsányi und F. Dullien. (Acta chim. Acad. Sci. hung. **15.** 273—84. 1958. Budapest, Hung. Acad. of Sci., Central Res. Inst. of Chem., and Techn. Univ., Inst. for Phys. Chem.) (Engl.)

Es wird bestätigt, daß die CN-Frequenzen der RAMAN-Spektren von Isomerenpaaren der α-Furyl- bzw. α-Benzofuryl-Derivv. für die Isomeren von verschiedener Konfiguration im allg. verschiedene Werte aufweisen. Untersucht werden *Methyl-[furyl-(2)]-*, *Äthyl-[furyl-(2)]-*, *Methyl-[5-methylfuryl-(2)]-*, *Phenyl-[furyl-(2)]-*, *Methyl-[benzofuryl-(2)]-*, *Phenyl-[benzofuryl-(2)]-ketoxim*. Auf Grund dieser Differenzen kann auf die Konfiguration der einzelnen Isomeren geschlossen werden, falls man annimmt, daß bei den syn-Derivv. das O-Atom der Hydroxylgruppe des Oxims unmittelbar neben dem orthoständigen H-Atom des Ringes liegt, so daß hier eine schwache Wasserstoffbindung entsteht. Infolgedessen wird das freie Elektronenpaar am O-Atom bis zu einem gewissen Grade lokalisiert u. dadurch der Konjugationsgrad mit dem Ring erniedrigt. Durch diese Annahme erhält man eine mit den chem. Erfahrungen völlig übereinstimmende Zuordnung. W. HAMPEL. B 120□

Infrarotabsorption von heteroaromatischen und benzolischen sechsgliedrigen monocyclischen Ringsystemen. 10. Mitt. Pyridone und Pyridinthione. A. R. Katritzky und R. Alan Jones. (J. chem. Soc. [London] **1960.** 2947—53. Juli. Cambridge, Univ., Chem. Labor.) (Engl.) — 9. vgl. C. **1961. 1147.**

Lage u. Intensität der IR-Absorptionen von *Pyridon-(4)* (I) u. -(2) (II), N—R-substituierten Pyridonen-(4) u. -(2) mit R = CH_3, $CH_2C_6H_5$, *OH* (nur bei II), OCH_3 u. $OCH_2C_6H_5$, von *Pyridinthion-(4)* u. -(2) (III) u. N—R-substituierten Pyridinthionen-(4) u. -(2) mit R = CH_3, $CH_2C_6H_5$ u. *OH*, aufgenommen in Chlf.-Lsg. oder in Nujol, werden im Bereich zwischen 4000 u. 800 cm^{-1} mitgeteilt. Die Spektren ähneln denen anderer heteroaromat. Verbb., was eine versuchsweise Zuordnung nahezu aller Banden gestattet. Alle Verbb. mit NH- u. OH-Gruppen lassen starke H-Bindungen erkennen; II u. III liegen dimer vor, 1-Hydroxypyridon-(2) u. 1-Hydroxypyridinthion-(2) dagegen monomer mit intramol. H-Brücken. Anzeichen für die Existenz tautomerer Hydroxy- oder Mercaptopyridinformen werden nicht gefunden.

Versuche: *1-Benzylpyridon-(4)* (IV), $C_{12}H_{11}NO$, F. 109—111°, aus I u. Benzylchlorid durch Kochen mit Na in A. 1 Std., zerfließliche Tafeln aus Bzl.; 60% (Ausbeute). — *1-Benzylpyridinthion-(4)*, $C_{12}H_{11}NS$, F. 183—185°, aus IV durch Erhitzen mit P_2S_5 auf 130° 3 Std., gelbe Tafeln aus A.; 45%. — *1-Benzylpyridinthion-(2)*, F. 85—87°, analog vorst. Verb., gelbe Nadeln aus Bzl.; 40%. H. WAGNER. B 120□

Konstellationsanalyse durch Infrarotspektroskopie. Michael Hanack. (Forsch. u. Fortschr. **34.** 259—64. Sept. 1960. Tübingen.) (Dt.)

Nach allg. Ausführungen über den Begriff „Konstellation" u. den gebräuchlichen Meth. zu deren Best. geht Vf. eingehend auf die Anwendung der IR-Spektroskopie zur

Konstellationsermittlung ein. An zahlreichen Beispielen aus der Gruppe der Cyclohexanol-Derivv. mit starrem u. relativ beweglichem Ring sowie der Dekalin-Derivv. werden die Leistungsfähigkeit u. die Grenzen der Anwendbarkeit der Meth. umrissen.
G. Talsky. B 123□

Absolute Fluorescenz- und Phosphorescenzquantenausbeuten bei verschiedenen Acridin- und Fluoresceinfarbstoffen. Valentin Zanker und Horst Rammensee. (Z. physik. Chem. [Frankfurt/M.] [N. F.] **26.** 168—86. Nov. 1960. München, TH, Inst. für physikal. Chem.) (Dt.)

Die Lumineszenzquantenausbeuten der Basen bzw. Kationen von *Acridin, 2.3-Benz-, 1-, 2-, 3-, 4-, 9-Amino-, 3.6-Diaminoacridin* der Kationen von *Acridinorange N-Äthylacridinorange* von *Acridon, N-Methylacridiniumchlorid* u. *-jodid, Pseudoisocyanin,* sowie von den Kationen u. Dianionen von *Fluorescein* (III), *Tetrachlor-, Tetrabrom-* u. *Tetrajodfluorescein,* werden in wss. Lsg. bei 20° u. in äthanol. Lsg. bei 20° u. —180° bestimmt. Für die einzelnen Moll. werden die jeweils wahrscheinlichsten Löschmechanismen angegeben. Rudolf Albrecht. B 125□

Messung der Dipolmomente einiger Korrosionsinhibitoren: Butyl-, Isobutyl-, symm.-Dibutyl-, Äthylen-, symm.-Diphenyl- und o-, m- und p-Tolylthioharnstoff. Leo Cavallaro und Liliana Felloni. (Ann. Chimica **49.** 579—91. März 1959. Ferrara, Univ., Ist. di Chim.) (Ital.)

Zur Best. der Dipolmomente von *Phenyl-, symm.-Diphenyl-, o-, m-, p-Tolyl-, Äthylen-, n-Butyl-, symm.-Di-n-butyl-* u. *Isobutylthioharnstoff* wurden von den Verbb. die DKK bei einer Frequenz von 1 MHz u. die Brechungsindices bei 25° in Dioxan-Lsg. bestimmt u. aus den erhaltenen Werten die Dipolmomente berechnet. Sie sind in der obigen Reihenfolge $5{,}16_4 \pm 0{,}002$; $5{,}05_1 \pm 0{,}002$; $5{,}00_6 \pm 0{,}002$; $5{,}39_6 \pm 0{,}002$; $5{,}62_4 \pm 0{,}002$; $5{,}51_8 \pm 0{,}002$; $5{,}69_8 \pm 0{,}002$; $5{,}68_6 \pm 0{,}002$ u. $5{,}70_3 \pm 0{,}002$D.
C. Gottfried. B 132

Abhängigkeit der chemischen Verschiebung von der Dichte in NMR-Spektren. Sidney Gordon und B. P. Dailey. (J. chem. Physics **34.** 1084—85. März 1961. New York, N.Y., Columbia Univ., Dep. of Chem.) (Engl.)

Vff. untersuchen die chem. Verschiebungen in den NMR-Spektren von gasförmigem *Methan* (I), *Äthylen* (II) u. *Äthan* bei Zimmer-Temp. u. Drücken bis 300 atm in Abhängigkeit von der Dichte. Bei I u. II verursacht eine Dichtezunahme eine Verschiebung zu niedrigeren Feldstärken, die über den auf Grund der diamagnet. Susceptibilität vorausgesagten Effekt hinausgeht. Dieses Ergebnis wird von Vff. einer van der Waalsschen Wechselwrkg. zwischen den Moll. zugeschrieben. Wie Messungen in der fl. Phase bei Tempp. bis zu — 106° zeigen, tritt dieser Effekt auch bei den fl. Verbb. auf.
K. Frenkler. B 137□

Lösungsmitteleffekte bei der kernmagnetischen Resonanz. R. J. Abraham. (J. chem. Physics **34.** 1062—64. März 1961. Teddington, Middlesex, Nat. Phys. Labor.) (Engl.)

Im Gegensatz zu Buckingham u. Mitarbeitern (C. **1961.** 10885), die die Änderung der chem. Verschiebungen der Protonenresonanz in den kernmagnet. Resonanzspektren des in verschiedenen Lsgm. gelösten *Methans* u. *Acetonitrils* (I) auf van der Waalssche Kräfte Anisotropie- u. polare Wechselwrkg. zurückführen, deutet Vf. die beobachteten Effekte durch das Rk.-Feld des Lsgm., wenn I der gelöste Stoff ist. Das anomale Verh. der Verbb. in Bzl. wird einem spezif. Lsgm.-gelöster Stoff-Effekt zugeschrieben. K. Frenkler. B 137□

Lösungsmitteleffekte bei der kernmagnetischen Resonanz. A. D. Buckingham, T. Schaefer und W. G. Schneider. (J. chem. Physics **34.** 1064—65. März 1961. Ottawa, Nat. Res. Council, Div. of Pure Chem.) (Engl.) — Vgl. vorst. Referat.

Vff. stimmen Abrahams (l. c.) Deutung ihrer Ergebnisse durch Annahme eines Rk.-Feldeffekts als Ursache für die beobachteten chem. Verschiebungen in den NMR-Spektren von gelöstem *Methan* u. *Acetonitril* (I) zu. Zur Erklärung des anomalen Verh. von I in Bzl. scheint die Annahme einer spezif. Wechselwrkg. Lsgm.-gelöster Stoff nur eine von mehreren Möglichkeiten zu sein. Aus der Unters. der NMR-Spektren von I in Neopentan, Bzl. u. Aceton u. von *Propionitril* u. *Acrylonitril* in Bzl. geht hervor, daß offensichtlich auch die Mol.-Form des gelösten Stoffes einen Einfl. ausübt, da die scheibenförmigen Benzol-Moll. als Lsgm. einen anderen Einfl. als die sphär. Neopentan-Moll. ausüben könnten. Auch die Möglichkeit einer spezif. mol. Wechselwrkg., entweder durch eine Wasserstoffbindung oder eine Art Ladungsübertragung, ist nicht auszuschließen. K. Frenkler. B 137□

Kernresonanzspektroskopische Untersuchungen an Derivaten des Acetylens zur Kenntnis der Elektronegativität und der magnetischen Anisotropie am sp-hybridisierten C-Atom. Helmut Heel und Werner Zeil. (Z. Elektrochem., Ber. Bunsenges. physik. Chem. **64.** 962—71. 1960. Karlsruhe, TH, Inst. für Physik. Chem. u. Elektrochem.) (Dt.)

Von verschiedenen Acetylenen wurden die Kernresonanzspektren vermessen. Mit Hilfe einer empir. Gleichung gelingt es, den Effekt der chem. Verschiebung, bedingt durch Struktur-Einfl. eines Substituenten, von den Effekten des Substanzmagnetismus (bulk susceptibility) u. der zwischenmol. Wechselwrkg. zu trennen. Die Elektronegativität eines sp-hybridisierten C-Atoms bzw. der Gruppe $-C{\equiv}C-$ wird zu 3,1 bestimmt; der Anisotropieparameter wird zu $-5{,}24 \cdot 10^{-29}$ cm³ erhalten. Mit Hilfe dieser Werte u. der von Vff. angegebenen Beziehung lassen sich die Abweichungen der chem. Verschiebungen von Acetylenen gegenüber anderen Verbb., die keine Anisotropie der Suszeptibilität aufweisen, bestimmen. Im einzelnen wurden vermessen: CH_3Cl (Kp. — 23°; n_D^{40} 1,3773), CH_3Br (Kp. 4°; n_D^{10} 1,4294), CH_3J (Kp. 43°; n_D^{20} 1,5317), C_2H_5Cl (Kp. 12°; n_D^{10} 1,3742), C_2H_5Br ((Kp. 38°; 1,4246), C_2H_5J (Kp. 72°; 1,5133), $(CH_3)_2CHCl$ (Kp. 55°; 1,3981), $(CH_3)_2CHBr$ (Kp. 59°; 1,4250), $(CH_3)_2CHJ$ (Kp. 89°; 1,4997), $(CH_3)_3 \cdot CCl$ (Kp. 51°; 1,3953 bei 25°), $(CH_3)_3CBr$ (Kp. 73°; 1,4283), $(CH_3)_3CJ$ ($Kp._{120}$ 40°; 1,4918), $(CH_3)_3CC{\equiv}CC(CH_3)_3$ (Kp. 113°; 1,4055), $(CH_3)_3CC{\equiv}CCH(CH_3)_2$, $(CH_3)_3CC{\equiv}CC_2H_5$ (Kp. 103°; 1,4103), $(CH_3)_3CC{\equiv}CCH_3$ (Kp. 82°; 1,4054 bei 25°), $(CH_3)_3CC{\equiv}CH$ (Kp. 87°; 1,3738), $(CH_3)_2CHC{\equiv}CH$, $C_2H_5C{\equiv}CC_2H_5$ (Kp. 82°; 1,4116), $C_2H_5C{\equiv}CH$ (Kp. 8°; —), $CH_3C{\equiv}CC_2H_5$ (Kp. 56°; 1,4035), $CH_3C{\equiv}CCH_3$ (Kp. 27°; 1,3920), $CH_3C{\equiv}CH$ (Kp. — 23°; 1,3863 bei — 40°), $CH_3C{\equiv}CCl$ (Kp. 21°; —), $CH_3C{\equiv}CBr$ (Kp. 64°; —), $CH_3C{\equiv}CJ$ (Kp. 47°; —), $C_2H_5C{\equiv}CBr$ (Kp. 91°; 1,5247 bei 23°), $C_2H_5C{\equiv}CJ$ ($Kp._{45}$ 100°), $(CH_3)_3CC{\equiv}CCl$, $(CH_3)_3CC{\equiv}CBr$ u. $(CH_3)_3CC{\equiv}CJ$.

Versuche: *3-Methylbutin-(1)*, Kp. 26°, durch 3std. Zutropfen von Isovaleraldehyd zu PCl_5 unter Kühlen mit Kältemischung u. 4std. Rühren bei weiterer intensiver Kühlung, Gießen auf Eis, Waschen der organ. Phase mit W. u. $NaHCO_3$-Lsg. bis zur Neutralisation, Zugabe des mit Na_2SO_4 getrockneten Prod. zu KOH in A. u. 4std. Erhitzen bei 150°; n_D^{20} 1,3740; 25% (Ausbeute). — *2.2-Dimethyl-5-hydroxyhexin-(3)*, durch Zutropfen von tert.-Butylacetylen (I) zu C_2H_5MgBr in Ae., Stehen über Nacht, Zutropfen von Acetaldehyd unter Eiskühlung, 2std. Rühren bei 30—40° u. Zers. mit verd. H_2SO_4; 66%. — *2.2-Dimethyl-5-chlorhexin-(3)*, durch Versetzen vorst. Verb. mit Pyridin u. Zutropfen von PCl_3 unter Eiskühlung, 3std. Rühren u. Zers. mit Eiswasser; 70%. — *2.2.5-Trimethylhexin-(3)*, Kp. 110°, durch 6std. Zutropfen vorst. Verb. in Ae. zu CH_3MgBr in Ae. unter Kühlung u. Stehen über Nacht; n_D^{20} 1,4163; 25%. — *2.2-Dimethyl-4-jodbutin-(3)*, $Kp._{30}$ 56°, a) durch Zugabe von 8 g I zu 17 g $AgNO_3$ in NH_3/W. u. Fällen des Ag-Salzes durch längeres Umschütteln, Zugabe von 35 g KJ u. 25 g J_2 in W. zur Suspension des Salzes, Schütteln u. mehrtägiges Stehen; 6 g. b) Zutropfen von I zu $C_2H_5 \cdot MgBr$ in Ae. u. Stehen über Nacht u. Zutropfen von J_2 in Ae.; n_D^{20} 1,5040; 85—90%. — *2.2-Dimethyl-4-brombutin-(3)*, $Kp._{190}$ 56°, a) analog vorst. Verb. nach a) aus 8 g I mit Br-Wasser; 4 g; b) analog vorst. Verb. nach b), das Br_2 wird unter Kühlung auf — 40° zugetropft; n_D^{20} 1,4525; 60—70%. — *2.2-Dimethyl-4-chlorbutin-(3)*, $Kp._{150}$ 37°, a) durch Zugabe von 20 g I in Ae. zu pulverisiertem Na u. mehrtägiges Erhitzen am Rückfluß, Zutropfen von 46 g p-Toluolsulfochlorid in Ae. u. 2std. Kochen auf dem Wasserbad; 3 g; b) durch Einleiten von Cl_2 in eine Suspension von I-MgCl in Ae. bei Kühlung auf —78°, Erwärmenlassen auf Raum-Temp., Zers. mit W. u. Red. von überschüssigem Cl_2 mit Bisulfit-Lsg., n_D^{20} 1,4233; 15—20%. G. RUBAN. B 137 □

Über durch Wasserstoffbrückenbindung verursachte Protonenresonanzverschiebung. G. J. Korinek und W. G. Schneider. (Canad. J. Chem. **35.** 1157—63. Okt. 1957. Ottawa, Nat. Res. Council, Div. of Pure Chem.) (Engl.)

Vff. untersuchen mit einem Kernresonanzspektrometer (Varian V 4300) bei 40 MHz die Verschiebung des Protonenresonanzsignals von $CHCl_3$ (I; Kp. 61,3 ± 0,2°) in verschiedenen bin. fl. Mischungen mit *Triäthylamin* (II; Kp. 89,2 ± 0,2°), *Ae.*, *Propionitril* (III; Kp. 97,0 ± 0,2°), *Propylfluorid* (IV) u. *Aceton* (V) im Konz.-Bereich $x = 0$ bis $x = 1$ (x = Molenbruch von I). Während sich bei Verdünnung von I in inerten Lsgm. (Cyclopentan, Cyclohexan, n-Hexan) eine Verschiebung zu höheren Feldstärken ergibt, zeigen die Mischungen von I mit II, III, IV, V .u Ae. erhebliche entgegengesetzte Verschiebungen, die mit wachsender Verdünnung größer werden. Für unendliche Verdünnung werden folgende Verschiebungen (in Hz) angegeben: I/II 48,0; I/Ae. 30,5; I/III 22,0; I/IV 13,0; I/V 32,4. Die Werte werden mit anderen Daten (Ionisationspotentiale, F.-Diagramme, IR-Spektren) verglichen. Es ergibt sich, daß die Verschiebung ein gutes Maß für die Stärke der H-Brückenbindungen in den untersuchten Syst. darstellt. F.-Diagramme bin. Mischungen zeigten, daß II, V u. Ae. mit I 1:1-Komplexe bilden. Die Unters. des Syst. I/IV erlaubte keine Aussagen über Komplex-Bldg., im Syst. C_2H_5Cl/HCl wurde neben einem 1:1- auch ein 1:2-Komplex gefunden.

W. Haberditzl. B 137 □

Messungen der kernmagnetischen Resonanz in Lösungen von Acetylaceton. Der Einfluß von Wechselwirkungen mit dem Lösungsmittel auf das Tautomeriegleichgewicht. L. W. Reeves. (Canad. J. Chem. **35.** 1351—65. Nov. 1957. Ottawa, Canada, Nat. Res. Council, Div. of Pure Chem.) (Engl.)

Es werden Kernresonanzmessungen (Varian-V-4300-Spektrometer, 40 MHz, Magnetfeldmodulation 10 Milligauß/min) von *Acetylaceton* (I; $Kp._{760}$ 139,1°) bei verschiedenen Temp. u. in verschiedenen Lsgm. durchgeführt. Das I-Spektrum zeigt folgende Banden (in Klammern die Verschiebung in Hz, bezogen auf die CH_3-Bande): Enol-CH_3 (0), Keto-CH_3 (7), Keto-CH_2 (66), Enol-CH (143), Enol-OH (543). Die sehr hohe Enol-OH-Verschiebung weist auf stabile H-Brückenbindung hin. Aus Messungen mit verschiedener Feldmodulation u. HF-Energie ergibt sich der Anteil der Ketoform zu $18{,}6 \pm 0{,}6\%$. Messungen bei verschiedenen Temp. (zwischen —16 u. 116°) ergeben eine Umwandlungsenthalpie von 2700 ± 100 cal. Die Störung des Tautomerie-Gleichgewichts durch den Einfl. des Lsgm. wird in Abhängigkeit von der Konz. untersucht. Keine Beeinflussung zeigen Cyclohexan u. Essigsäure. Mit Triäthylamin (II) wird eine H-Brückenbindung zwischen der Enol-OH-Gruppe von I u. dem freien Elektronenpaar am N von II gebildet, die das I-Tautomerie-Gleichgewicht zur Enolseite verschiebt. Pyrrol (III)-NH bildet eine schwache H-Brückenbindung zum Carbonyl-O der I-Ketoform. Die Ergebnisse werden mit den Schmelzdiagrammen der Syst. I/II u. I/III verglichen, welche zeigen, daß I u. II 1:1- u. 2:1-Komplexe bilden, I u. III einen schwachen 1:2-Komplex.

W. Haberditzl. B 137 □

Hyperfeinaufspaltungen im $(HOOC)^{13}CH(COOH)$-Radikal. T. Cole und C. Heller. (J. chem. Physics **34.** 1085—86. März 1961. Dearborn, Mich., Ford Motor Comp., Sci. Labor.) (Engl.) — Vgl. J. Amer. chem. Soc. **82.** [1960.] 766.

Vff. untersuchen das magnet. Elektronenresonanz-Spektr. von röntgenbestrahltem $HOOC-{}^{13}CH-COOH$ bei Raumtemperatur. Die beobachteten ^{13}C-Aufspaltungen werden einem Hyperfeintensor A^C zugeschrieben, der die Werte A^C_{XX} $212{,}7 \pm 0{,}5$, A^C_{YY} $22{,}8 \pm 1{,}5$ u. A^C_{ZZ} $42{,}2 \pm 1$ MHz besitzt. Der isotrope Anteil des Hyperfeintensors $a^C = {}^1/_3 \mid TrA^C \mid$ beträgt $92{,}6 \pm 0{,}7$ MHz. Die Ergebnisse der Unters. werden diskutiert.

K. Frenkler. B 137 □

Beitrag zur Elektronenresonanz freier organischer Radikale. Klaus Scheffler. (Z. Elektrochem., Ber. Bunsenges. physik. Chem. **65.** 439—52. 1961. Tübingen, Univ., Chem. Inst.) (Dt.)

Die Kopplungsfaktoren a, teilweise auch die Linienbreiten δH, folgender 2.6-Di-tert.-butylphenoxyle wurden aus den Elektronenresonanzspektren ermittelt: *4-tert.-Butyl-*, *4-[α.α-Dimethylbenzyl]-*, *4-[α-Methylbenzhydryl]-*, *4-Triphenylmethyl-*, *4-Isopropyl-*, *4-[α-Methylbenzyl]-*, *4-Benzhydryl-*, *4-Cyclohexyl-*, *4-Benzyl-*, *4-Methyl-*, *4-tert.-Butoxy-*, *4-Isopropoxy-*, *4-Äthoxy-*, *4-Methoxy-*, *4-tert.-Butylmercapto-*, *4-Methylmercapto-* (I), *4-n-Propylmercapto-*, *4-Phenylmercapto-*, *4-[2.4-Dinitrophenylmercapto]-*, *4-Carbomethoxy-*, *4-Carbäthoxy-*, *4-Carbopropoxy-*, *4-Carboisopropoxy-*, *4-Carbo-tert.-butoxy-*, *4-Carbobenzhydryloxy-*, *4-Carbophenoxy-*, *4-Carbocyclohexyloxy-*, *4-[β-Carbomethoxyvinyl]-*, *4-[β-Carbäthoxyvinyl]-*, *4-[β-Carboisopropoxyvinyl]-*, *4-Acetoxy-*, *4-Pivaloyloxy-*, *4-Benzoyloxy-*, *4-[O-Methyloximinomethyl]-*, *4-[O-Äthyloximinomethyl]-*, *4-[4-Oxo-1.3.5-tri-tert.-butylcyclohexadien-(2.5)-yl]-oximinomethyl}-*, *4-[O-(p-Toluolsulfonyl)-oximinomethyl]-*, *4-Methansulfinyl-*, *4-Methansulfonyl-*, ferner das *Oxydations-Prod.* aus *2.4.6-Tri-tert.-butylanilin.* Die quant. Auswertung eines Elektronenresonanzsignals zur Best. der Radikal-Konz. wird beschrieben. Als Anwendung dieser Meth. wird die Dissoziationsenergie des in benzol. Lsg. teilweise dimer vorliegenden I zu $\Delta W = 9{,}85$ kcal bestimmt. Die Hyperfeinstruktur der paramagnet. Resonanz der obigen Phenoxyle wird beschrieben u. in Abhängigkeit von den p-Substituenten diskutiert.

J. Rothe. B 137 □

Über die Kernquadrupolkopplungskonstante in einigen Chlorchinonen. Pietro Bucci und Rinantonio Viani. (Gazz. chim. ital. **89.** 1066—71. April 1959. Pisa, Univ., Ist. di Chim. fis.) (Ital.)

Vff. bestimmten die Kernquadrupolkopplungskonst. von *Monochlor-*, *2.5-*, *2.6-Di-* u. *Tetrachlor-p-benzochinon.* Es wurden in dieser Reihenfolge die folgenden Resonanzfrequenzen bestimmt: 35,468 [MHz]; 35,881; 35,421 u. 36,800. Diese Daten wurden mit denen entsprechender Chlorbenzole verglichen. Für die *Mono-*, *o-*, *m-*, *p-Di-* u. *Hexachlorbenzole* wurde der Beitrag der π-Elektronen zu den Kernquadrupolkopplungs-Konst. berechnet. C. Gottfried. B 137

UV-Spektroskopische Untersuchungen der basischen Eigenschaften von Acetylaceton. Walter Walisch und Hans Gert Hahn. (Chem. Ber. **94.** 790—95. 21/3. 1961. Saarbrücken, Univ. des Saarlandes, Inst. für Org. Chem.) (Dt.)

Es wird ein Auswerte-Verf. für spektroskop. Daten abgeleitet, das es gestattet, auch im Falle tautomerer Verbb. eindeutige Aussagen über das Protonierungsgleichgewicht zu gewinnen. Das Verf. beruht auf der Extinktionsmessung bei zwei verschiedenen Wellenlängen. Die Anwendung dieses Verf. auf *Acetylaceton* (**I**) in verschiedenen H_2O/H_2SO_4-Gemischen bestätigt, daß die HAMMETT-Funktion H_0 in diesem Falle keine brauchbare Aciditätsfunktion ist. Das Auswerte-Verf. ermöglicht gleichzeitig Aussagen über das Tautomeriegleichgewicht, der Enolisierungsgrad von **I** ändert sich zwischen 1 u. 70% H_2SO_4 nur wenig. W. HAMPEL. B 139□

Lineare Beziehungen der freien Energie in der Steroid-Reihe. Basizität von Aminocholestanen. C. W. Bird und R. C. Cookson. (J. chem. Soc. [London] **1960.** 2343—48. Mai. London, Birkbeck Coll.) (Engl.)

Vff. bestimmen die pK_a-Werte von *Cyclohexylamin* (pK_a 9,71), *2α-* (9,25), *2β-* (8,99), *3α-* (9,42), *3β-* (9,30), *6α-* (8,99), *6β-* (8,38), *7α-* (8,21), *7β-Aminocholestan* (8,55), *N.N-Dimethylcyclohexylamin* (8,81), *2α-* (8,38), *2β-* (8,09), *3α-* (8,32), *3β-* (8,55), *6α-* (8,10), *6β-* (7,56), *7α-* (7,48), *7β-Dimethylaminocholestan* (**I**, 6,69), *Δ^5-3α-* (8,53), *Δ^5-3β-Dimethylaminocholesten* (8,18), *3α-* (8,36), *3β-Dimethylaminokoprostan* (8,40) in 50%ig. wss. tert.-Butanol. Die axialen Epimeren sind auf Grund einer geringeren Solvatation der protonierten Base gewöhnlich schwächer bas. als die äquatorialen. Bei **I** ist die Basizität durch den Einfl. der 15-Methylengruppe auf die $-\overset{\oplus}{N}H(CH_3)_2$-Gruppe, wodurch eine Ausrichtung der $\overset{\oplus}{N}-H$-Bindung parallel zur axialen Bindung verhindert wird, stark herabgesetzt. Trägt man pK_a der prim. Amine gegen die Logarithmen der Geschw.-Konst. (log k) der Oxydation der entsprechenden Alkohole mit CrO_3 auf, so liegen die äquatorialen Aminocholestane gemeinsam mit Cyclohexylamin auf einer Geraden. Die vier axialen Epimeren 3α, 7α u. 2β, 6β liegen paarweise auf zwei weiteren, zur ersten fast parallelen Geraden je nach ihrer Stellung zur CH_3-Gruppe am C-Atom 10. Bei den Dimethylaminocholestanen wird die gleiche Gesetzmäßigkeit gefunden. Ebenfalls je eine Gerade für die 2-, 4- u. 6- bzw. für die 3- u. 7-Verbb. werden erhalten, wenn jeweils log (k_x/k_{eq}) der Oxydation mit CrO_3 gegen den Logarithmus des Mengenverhältnisses der Epimeren aufgetragen wird, wie es bei der Red. des entsprechenden Ketons mit $LiAlH_4$ zu finden ist.

Versuche: *2α-Aminocholestanhydrochlorid* (**II**), $C_{27}H_{49}N \cdot HCl$, F. 330—334° (Zers., Methanol–Essigester); aus dem Oxim mit Na u. Pentanol; $[\alpha]_D^{24}$ (c = 1,08; $CHCl_3$). *N.N-Dimethyl-Verb., Hydrobromid*, $C_{29}H_{53}N \cdot HBr$; F. 226—228° (Essigester); aus **II** mit CH_2O u. HCOOH; $[\alpha]_D$ 31° (c = 0,72 g; $CHCl_3$). — *2β-Aminocholestanhydrochlorid* (**III**), F. 299—302° (Zers., Methanol–Essigester); aus dem Oxim mit $LiAlH_4$, 1—4 Tage in sd. Ae. u. Chromatographie zur Trennung des α-/β-Gemisches (72,5% β-Verb.); $[\alpha]_D$ 30° (c = 0,94; $CHCl_3$). *N.N-Dimethyl-Verb., Hydrobromid*, F. 253—254° (Essigester–PAe.); aus **III** mit CH_2O u. HCOOH; $[\alpha]_D$ 68,5° (c = 0,89; $CHCl_3$). — *3α-Aminocholestanhydrochlorid*, F. 260°; analog **III** (67% α-Verb.). *N.N-Dimethyl-Verb.*, $C_{29}H_{53}N$; F. 89,5—91° (Aceton); $[\alpha]_D$ 24,5° (c = 0,76 g; $CHCl_3$). — *3β-Aminocholestanhydrochlorid*, F. 325 bis 328°; analog **II**. *N.N-Dimethyl-Verb.*, F. 103—104° (A.); $[\alpha]_D$ 23° (c = 0,97 g; $CHCl_3$). — *6α-Aminocholestanhydrochlorid*, F. 239—333° (Zers., Methanol–Essigester); analog **II**; $[\alpha]_D$ 34° (c = 0,76; $CHCl_3$). *N.N-Dimethyl-Verb., Hydrochlorid*, $C_{29}H_{53}N \cdot HCl$; F. 251—254° (Zers., Methanol–Essigester); $[\alpha]_D$ 47° (c = 0,77; $CHCl_3$). — *6β-Aminocholestanhydrochlorid*, F. 128° (wss. Methanol); analog **III** (90% β-Verb.); $[\alpha]_D$ 4° (c = 0,71; $CHCl_3$). *N.N-Dimethyl-Verb., Hydrochlorid*, F. 237—240° (Methanol–Essigester); $[\alpha]_D$ 15° (c = 1,03; $CHCl_3$). — *7α-Aminocholestanhydrochlorid*, F. 141—143° (Methanol); analog **III** (90% α-Verb.); $[\alpha]_D$ —1 (c = 0,8; $CHCl_3$). *N.N-Dimethyl-Verb., Hydrochlorid*, F. 280° (Zers., Methanol–Essigester); $[\alpha]_D$ —5° (c = 0,83; $CHCl_3$). — *7β-Aminocholestanhydrochlorid*, F. 290° (Zers., Methanol); wie bei **II**; $[\alpha]_D$ +50° (c = 0,79; $CHCl_3$). *N.N-Dimethyl-Verb., Hydrochlorid*, F. 211—213° (Essigester–PAe.); $[\alpha]_D$ 40° (c = 0,44; $CHCl_3$).— *Cyclohexylaminhydrobromid*, $C_6H_{13}N \cdot HBr$; F. 197,5—198,5°. *N.N-Dimethyl-Verb., Hydrobromid*, $C_8H_{17}N \cdot HBr$; F. 200—201°. — *Δ^5-3α-Dimethylaminocholesten*, $C_{29}H_{51}N$; F. 70 bis 71°. — *Δ^5-3β-Dimethylaminocholesten*, F. 150—151°. — *3β-Dimethylaminokoprostan*, F. 62°. — *3α-Dimethylaminokoprostan*, F. 74°. A. TREDE. B 139□

Beziehungen zwischen Redoxpotential und Dehydrasewirkung von Chinonen und Isatinen. Heinz Cassebaum. (Z. Elektrochem., Ber. Bunsenges. physik. Chem. **62.** 426—36. 1958. Halle-Wittenberg, Univ., Inst. für organ. Chem.) (Dt.) — Vgl. C. **1960.** 2500.

Zur Unters. der Beziehungen zwischen dem Redoxpotential u. Dehydrase-Wrkg. werden der O_2-Verbrauch in Ggw. von Alanin u. ohne Alanin u. das Redoxpotential potentiometr. u. polarograph. bestimmt von: *Brenzcatechin, 4.4'-Dihydroxydinaphthyl-(1.1')*, *3.3'-Dimethoxydinaphthyl-(1.1')-chinon-(4.4')*, *3.3-Dimethyldinaphthyl-(1.1')-chinon-(4.4')*, *p-Benzochinon, 1.4-Dihydroxybenzol, Naphthochinon-(1.2)* (**V**), *1.2-Dihydroxynaphthalin, Anthracenchinon-(1.2), 1.2-Dihydroxyanthracen, Naphthochinon-(1.4), 1.4-Dihydroxynaphthalin, 4-[Naphthyl-(1)]-3.2'-oxidonaphthochinon-(1.2), Isatincarbonsäure-(4)* (**III**), *-(5)* (**I**), *Thionaphthenchinon, Acenaphthenchinon, Isatin* (**II**), *2-Methyl-, 2-Hydroxy-3-phenyl-, 5-Methoxy-, 5-Hydroxynaphthochinon-(1.4), 3.7-Dimethyl-, 3-Brom-, 5-Phenyl-, 5-α-Naphthyl-, 6-Methoxy-, 6-Methyl-, 6-Brom-, 6-Phenyl-, 6-α-Naphthyl-, 7-Methoxy-, 7-Phenyl-, 8-Chlornaphthochinon-(1.2), Naphthochinon-(1.2)-carbonsäure-(3), K-Naphthochinon-(1.2)-sulfonat-(6), 3-Hydroxydinaphthyl-(2.2')-dichinon-(1.4;3'.4')* (**VI**), *9.10-Diphenylanthracenchinon-(1.2), 4-Amino-* (**VIII**), *4-Methoxy-, 4-Methyl-, 4-Acetamido-, 4-Phenyl-, 4-α-Naphthyl-, 4-Chlor-, 4-Cyan-, 4-Diphenylmethyl-, 4-Dicarbäthoxymethyl-, 4-m-Tolyl-, 4-p-Tolyl-, 5-Methoxy-4-o-methoxyphenyl-, 6-Methoxy-4-p-methoxyphenyl-, 7-Methoxy-4-p-methoxyphenylnaphthochinon-(1.2), 3-Hydroxydinaphthyl-(2.1')-dichinon-(1.4;3'.4'), Naphthochinon-(1.2)-carbonsäure-(4)* u. *K-Naphthochinon-(1.2)-sulfonat-(4)*. Weiterhin werden die Entfärbungszeit u. das Redoxpotential angegeben bei: *5-Nitro-, 5-Jod-, 5-Phenyl-, 5-Brom-, 5-Chlor-, 6-Brom-, 6-Chlor-, 7-Chlor-, 5-Fluor-, 5-Methoxy-, 5-Methyl-, 5-Amino-, 6-Fluor-, 6-Methyl-, 6-Methoxy-, 6-Amino-, 5.6-Benzo-, 5.6-Tetramethylen-, 7-Brom-5.6-benzoisatin*, **II**, *Isatincarbonsäure-(6), -(7)*, **I**, **III**, *5-Phenyl-, 6.7-Benzo-, 5-Methyl-6.7-benzo-, 5-Phenyl-6.7-benzo-, 5-Naphthyl-6.7-benzoisatin-, 6.7.6'.7'-Dibenzodiisatyl-(5.5'), Diisatyl-(5.5'), 7-Methylisatincarbonsäure-(4)* (**IV**), *N-[7-Methylisatincarbonyl-(4)]-glutaminsäurediäthlyester, N-[7-Methylisatincarbonyl-(4)]-phenylalaninäthylester, 7-Methylisatincarbonsäure-(4)-anilid, N-[7-Methylisatincarbonyl-(4)]-alaninäthylester, N-[7-Methylisatincarbonyl-(4)]-p-aminobenzoesäureäthylester, N-[7-Methylisatincarbonyl-(4)]-4-amino-2-hydroxybenzoesäureäthylester, N-[7-Methylisatincarbonyl-(4)]-N'-isonicotinoylhydrazin, 7-Methyl-4-phthaloylaminomethylisatin, 7-Methylisatincarbonsäure-(4)-piperidid, -amid, 4-Chlor-, 4-Brom-, 4.5-Benzo-, 4.5-Cyclotetramethylen-, 4-Methylisatin*. Für **IV**, **V** u. **VI** ist die Dehydrase-Wrkg. gegen Alanin, Sarkosin u. α-Aminoisobuttersäure sowie ohne Aminosäure ermittelt. Außerdem ist der O_2-Verbrauch in Ggw. von Alanin u. ohne Alanin u. das Redoxpotential bei *2-Anilinobenzochinon-(1.4), 2.5-Bis-[carbäthoxymethylamino]-benzochinon-(1.4), 2-Aminonaphthochinon-(1.4)*, **VII** u. *4-[Carbäthoxymethylamino]-naphthochinon-(1.2)* bestimmt. Die Ergebnisse vorst. Verss. werden zur Aufstellung von Regeln miteinander verglichen. Über diese Regeln wird unter Heranziehung polarograph. Messungen der Geschw. der Aminochinon-Bldg. aus verschiedenen Chinonen u. Aminosäuren, Abbau-Verss. u. spektroskop. Messungen diskutiert. H. Smalla. B 140

Über das polarographische Verhalten der geometrischen syn- und anti-Isomeren bei Oximen. 4. Mitt. N. Tütülkoff und I. Bakărdžiev. (Доклады Болгарской Академии Наук [C. R. Acad. bulg. Sci.] **12.** 133—36. März/April 1959. Sofia, Med. Fak., Lehrstuhl für Chem.) (Dt.) — **3.** vgl. C. **1961.** 8604.

Es werden syn- u. anti-Formen von *Furan-* (α- F. 74—75°; β- F. 90—91°), *Pyrrol-* (β- F. 164°) u. *Thiophen-2-aldoxim* (α- Öl-, β- F. 133°) polarograph. untersucht. Die Polarogramme werden angegeben. Aus den Polarogrammen folgt, daß das α-2-Thiophenaldoxim die syn-Konfiguration, die β-Verb. die anti-Konfiguration besitzt. Diese Zuordnung entspricht der allg. Regel. Bei Polarographie im Medium W./organ. Lsgm. (A., CH_3OH, u. C_3H_7OH) nimmt das Verhältnis der Grenzströme der 1. u. 2. Stufen der α-Formen $i_{\alpha_1}/i_{\alpha_2}$ mit Erhöhung der Konz. des organ. Lsgm. ab, $i_{\alpha_1}/i_{\alpha_2}$ ist von der Anwesenheit der β-Form in Lsg. nicht abhängig, es steigt mit Erhöhung der Temperatur. Helmut Schäfer. B 142□

Über Halbstufenpotentiale von Thiocyaninen. A. Stanienda. (Naturwissenschaften **47.** 512—13. 2. Nov.-H. 1960. Berlin, Humboldt Univ., II. Chem. Inst.) (Dt.)

Thiocyanin-Derivv. (*3.3'-Diäthylthiomonomethincyanin-p-toluolsulfonat* u. die entsprechenden *Trimethin-, Pentamethin* u. *Heptamethin*-Verbb.) wurden in 0.1 m $NaClO_4$/Acetonitril mit Platinmikroanode u. Hg-Tropfkathode gegen Normalkalomelelektrode polarograph. untersucht. Vf. stellte fest, daß anod. u. kathod. Halbstufenpotentiale der Thiocyanine linear von der Wellenzahl der längstwelligen Absorptionsbande abhängen. Formeln zur Berechnung des Halbstufenpotentials werden angegeben, eine Tabelle zeigt die Übereinstimmung von berechneten u. gemessenen Werten, eine graph. Darst. den angenommenen Rk.-Mechanismus. E. Wiehr. B 142□

Dichtemessungen. 21. Mitt. **Über die Volumenänderung beim Schmelzen und den Schmelzprozeß bei organischen, insbesondere aromatischen Stoffen.** H. Schinke und

F. Sauerwald. (Z. physik. Chem. **216**. 26—36. 1961. Halle, Martin-Luther-Univ. Halle-Wittenberg, Inst. für Physikal.-Chem.) (Dt.) — 20. vgl. C. **1961**. 387.

In Fortsetzung der C. **1957**. 4897 begonnenen Unterss. organ. Verbb. wurden die Vol.-Änderungen ΔV [cm^3/Mol] beim Schmelzen folgender aromat. Verbb. nach den früher beschriebenen Meth. sowie von einigen dieser Stoffe die Mol-Voll. im fl. Zustand am F. V_{fl} [cm^3/Mol] bei T_s = Schmelzpunkt bestimmt u. daraus die Mol-Voll. der festen Stoffe am F. V_{fest} [cm^3/Mol] bei T_s, die Druckabhängigkeiten der FF. $\Delta T/\Delta p$ [Grad/100 at] sowie die Schmelzentropien ΔS_0 [cal/Mol] berechnet: *Fluorbenzol* ΔV = 10,0, —, V_{fest} 77,7m —, —; *Chlor-* 6,3, —, 89,3, $\Delta T/\Delta p$ = 1,954, ΔS_0 = 7,89; *Brom-* 7,4, —, 92,9, 2,17, 8,24; *Jodbenzol* 7,9, —, 99,0, —, —; *Diphenylmethan* 17,0, —, 150,6, 2,77, 14,80; *Diphenylamin* 15,4, —, 142,8, 2,90, 12,85; *Diphenyläther* 15,9, —, 145,0, 4,27, 9,00; *o-* 8,6, —, 107,2, 1,65, 12,55; *m-* 10,0, —, 104,5, 1,95, 12,47; *p-Dimethylbenzol* 22,2, —, 100,3, 3,81, 14,11; *o-* 9,1, —, 94,8, 1,99, 10,99; *m-* 6,6, —, 97,2, 2,02, 7,89; *p-Hydroxymethylbenzol* 11,1, —, 54,6, 2,94, 9,19; *o-* 11,2, V_{fl} = 94,6, V_{fest} = 83,4, 1,87, 14,39; *m-* 8,5, —, 84,9, 1,55, 13,26; *p-Dihydroxybenzol* 11,2, 93,7, 82,6, 1,85, 14,61; *o-* 18,9, —, 199,7, —, —; *m-* 20,6, —, 200,4, —, —; *p-Diphenylbenzol* 32,25, —, 199,8, —, —; *o-* —, —, —, —, 14,00; *m-* 13,1, —, 110,1, 2,77, 11,42; *p-Dinitrobenzol* 16,1, 127,8, 111,7, 2,59, 15,04; *o-* 12,8, 118,9, 106,1, 2,67, 11,62; *m-* 13,0, —, 101,0, 2,18, 14,37; *p-Nitroanilin* 15,0, 115,1, 100,1, 3,18, 11,56; *o-* 9,5, 101,2, 91,7, —, —; *m-Diaminobenzol* 8,5, —, 96,2, —, —. Die Ergebnisse werden zusammen mit den l. c. erhaltenen Werten über Paraffine hinsichtlich des Schmelzprozesses diskutiert. In allen untersuchten Fällen ergibt sich eine gewisse Sonderstellung der p-Substitutionsprodukte. Bei den n-Paraffinen zeigt sich in guter Näherung eine direkte Proportionalität zwischen den ΔV-Werten u. den Schmelzentropien. WOLFGANG WAGNER. B 148□

Dampfdrucke wässeriger Lösungen von Kaliumoctanoat. D. Moule, P. White und G. C. Benson. (Canad. J. Chem. **37**. 2086—89. Dez. 1959. Ottawa, Nat. Res. Council, Div. of Pure Chem.) (Engl.)

In einer näher beschriebenen App. werden mit einem Thermistorenpaar Dampfdruckmessungen an wss. Lsgg. von *K-Octanoat* im Konz.-Bereich 0—0,7 molal zwischen 10° u. 50° ausgeführt, wobei jedoch nur die Messungen bei 20° u. 30° zu reproduzierbaren Werten führten. Daraus bestimmte osmot. Koeff. steigen linear mit der Molalität m an, die Knickstellen der Geraden bei m = 0,43 (20°) bzw. 0,42 (30°) werden auf die krit. Micellen-Konz. zurückgeführt. Die aus der Temp.-Abhängigkeit der mittleren molalen Aktivitäts-Koeff. bestimmten relativen partiellen molalen Enthalpien (Bezugsmolalität = 0,1) stimmen mit den Ergebnissen kalorimetr. Messungen nur qual. überein. Als Enthalpiedifferenz der Micellen-Bldg. ΔH_M ergeben sich 0,8 kcal·Mol^{-1}. Die partiellen molalen Entropiedifferenzen werden, ebenfalls über m aufgetragen, mitgeteilt.

H. WAGNER. B 150□

Dampf-Flüssigkeit-Gleichgewicht bei reduzierten Drücken: n-Butanol–Äthylbenzol; Anilin–p-Cymol. S. R. M. Ellis und M. Razavipour. (Chem. Engng. Sci. **11**. 99—107. Okt. 1959. Birmingham, Univ. of Birmingham, Chem. Engng. Dep.) (Engl.)

Für die azeotropen Syst. *n-Butanol–Äthylbenzol* und *Anilin–p-Cymol* wurden die Dampf-Fl.-Gleichgewichte bei Drücken von 760, 500, 300, 100 und 50 Torr bestimmt und graph. dargestellt. Bei allen untersuchten Drücken bestehen für beide Syst. Minimumsiedepunkte. Für die Drücke 760 und 100 Torr sind die Kpp. der Gemische verschiedener Fl.- u. Dampf-Zus. sowie die Aktivitäts-Koeff. tabelliert. Der log des Aktivitäts-Koeff. nimmt bei gegebener Konz. zu, wenn der Druck kleiner wird. Je größer die Kp.-Differenz der Komponenten eines Syst. ist, um so weniger stimmen die experimentellen Daten mit der Beziehung von REDLICH und KISTER (Ind. Engng. Chem. **40**. [1948.] 345) überein. Die Übereinstimmung wird wesentlich besser, wenn man in die Gleichung für den isobaren Fall ein die Mischungswärme enthaltendes Korrekturglied einführt, das so die Temp.-Abhängigkeit der Aktivitäts-Koeff. bei konst. Zus. des Gemisches berücksichtigt.

J. MARTINS. B 150□

Ternäre Flüssigkeitsgleichgewichte in dem System n-Heptan–Thiophen–flüssiges Ammoniak. Neue Verbindungslinienbeziehung. Kiyoharu Ishida. (Bull. chem. Soc. Japan **33**. 693—97. Mai 1960. Katahira-cho, Sendai, Tohoku Univ., Chem. Res. Inst. of Non-Aqueous Solutions.) (Engl.)

Vf. untersucht das tern. Syst. *n-Heptan* (**I**) (Kp. 98,3°, D_4^{20} 0,6838, n_D^{20} 1,3878) — *Thiophen* (**II**) (Kp. 84,1°, D_4^{20} 1,0638, n_D^{20} 1,5288) — fl. *Ammoniak* (**III**). Die **III**-haltigen Gemische werden mit einer Titrations-Meth., die **III**-freien mit Dichte- und Brechungsindexmessungen bestimmt. Angegeben werden die Dichten und die Brechungsindices des Syst. **I**–**II** bei 20° sowie die Gleichgewichtsdaten des **I**–**II**–**III**-Syst. bei 0° und 20°. Betrachtet man **III** als ein Lsgm. zur Trennung von **II** von einem Paraffin, so beträgt seine maximale selektive Löslichkeit 72,9% bei 0° und 62,0% bei 20°. Die maximalen Konzz. von **III** sind 89,3% bei 0° und 78,8% bei 20°. Vf. gibt ein Verf. an, das im doppeltlogarithm. Syst. aus den Verbindungslinien eine Gerade liefert, und das sowohl für gewöhnliche wie für solutrope Syst. und solche, die 2 partiell mischbare Paare enthalten, gilt. S. v. Schieszl. B 150□

Die Bildungswärme von Tetra-β-styrylsilan. Karl-Heinz Birr und Christos Sarafidis. (Z. anorg. allg. Chem. **311.** 97—101. 1961. Braunschweig, TH, Inst. für anorg. Chem.) (Dt.) — Vgl. C. **1961.** 17115.

Vff. berechneten die Verbrennungswärme des *Tetra-β-styrylsilan* (I) für die Rk. $(C_6H_5\text{-}CH = CH)_4Si$ (fest) + 40 O_2 = SiO_2 (fest) + 14 H_2O (fl.) + 32 CO_2 zu 4354,3 ± 6,2 kcal/Mol, woraus sich die Bldg.-Wärme zu —161,5 kcal/Mol ergab. **I**, F. 211—212° (Bzl./PAe.), Kp. 340—345° unter Zers., ließ sich aus β-Styryl-MgBr u. $SiCl_4$ mit 5% Ausbeute, aus β-Styryl-Li u. $SiCl_4$, am besten u. ohne gleichzeitige Bldg. von Tetraphenyläthinylsilan jedoch durch Umsetzung von $SiCl_4$ u. β-Bromstyrol mit durch Essigester aktiviertem Na in Bzl. unter Erwärmung darstellen. Gut lösl. in Chlf., Bzl. Aceton; schwer in Ae., CCl_4; nahezu unlösl. in Methanol, A., PAe.; I wird von H_2O, verd. Alkali und verd. Säuren nicht angegriffen. Mit konz. HNO_3 und geschmolzenem KOH erfolgt Zersetzung. Wolfgang Krüger. B 156□

Über die Mesomerieenergie von Azolen. Herbert Zimmermann und Horst Geisenfelder. (Z. Elektrochem., Ber. Bunsenges. physik. Chem. **65.** 368—71. Juni 1961. München, TH, Phys.-chem. Inst.) (Dt.)

Vff. bestimmen die Verbrennungswärmen VW_k(k = kondensierte Phase) u. die Verdampfungs- (bzw. Sublimationswärmen) L von *Pyrrol* (aus Schleimsäure) VW_k 561,6; L 10,0 kcal/Mol, *Pyrazol* 444,2; 16,2; *Imidazol* 430,8; 20,4; *1.2.4-Triazol* 316,8; 20,1; *Tetrazol* 219,0; 23,3; *Indol* 1013,5; 22,7; *Indazol* 899,5; 23,2; *Benzimidazol* 883,7; 25,5; *Benztriazol* 792,2; 23,4; *Carbazol* 1461,8; 26,0. Aus der Differenz der Verbrennungswärmen im Gaszustand ($VW_{gas} = VW_k + L$) u. der berechneten Verbrennungswärme der energieärmsten Valenzstruktur erhält man die Mesomerieenergie. Ein Vgl. zeigt, daß letztere bei den Azolen im allg. mit steigendem N-Geh. zunimmt. Dabei besitzt bei isomeren Azolen dasjenige die höhere Mesomerieenergie, bei dem die N-Atome benachbart sind. Am Grundzustand dieser Verbb. sind polare Valenzstrukturen maßgeblich beteiligt. Solche polare Valenzstrukturen, bei denen N-Atome Träger der negativen Ladung sind, werden infolge der Elektronegativität von N energet. bevorzugt u. erhöhen die Mesomerieenergie gegenüber solchen Moll., bei denen die negative Ladung sich an einem C-Atom befindet. F. Mader. B 156□

Oberflächenspannung wässeriger Lösungen von Fluorphosphorverbindungen. Gunnar Aksnes. (Acta chem. scand. **14.** 1447—48. 1960. Kjeller pr Lilleström, Norweg. Defence Res. Establ.) (Engl.)

Die Fluorphosphor-Verbb. als mögliche Inhibitoren von Cholinesterasen untersuchte man auf ihre Oberflächenaktivität. Die wss. Lsgg. waren jeweils 1%ig. Es findet ein schneller Anstieg der Oberflächenaktivtät bei diesem Verbindungstyp mit der Erhöhung ihres KW-Stoff-Geh. statt, was dem Anstieg des Verteilungs-Koeff. (K) im Syst. CCl_4–H_2O entspricht. Gemessene Werte der Oberflächenspannung bei 20°, in dyn/cm (in Klammern K): *Fluorphosphorsäuredimethylester* 65,8 (0,9); *-diäthylester* 53,3 (3,46); *-diisopropylester* 35,5 (58,3); *Methyl-* 62,0 u. *Äthylphosphonsäureisopropylesterfluorid* 49,3. E. Flechsig. B 166□

Beziehung zwischen zwei Molekülzustandstheorien für organische Reaktionen. 1. Mitt. Ionische Substitutionen. Hiroaki Baba. (Bull. chem. Soc. Japan **30.** 147—54. März 1957. Sapporo, Hokkaido Univ., Res. Inst. of Appl. Electr.) (Engl.)

Im Rahmen der MO-Theorie läßt sich die Reaktivität eines organ. Mol. mittels der stat. u. der Lokalisations- (der dynam.) Theorie beschreiben. Obwohl die Grundlagen beider Theorien vollkommen verschieden u. antagonist. sind, kommen sie doch zu den gleichen Schlüssen u. stimmen in ihren Voraussagen mit den experimentellen Ergebnissen überein. Vf. zeigt, daß beide Theorien bei der Voraussage von ion. Substitutionen für die verschiedenen Positionen eines alternierenden KW-Stoffs mit gerader Zahl von C-Atomen völlig gleichwertig werden, wenn eine bestimmte Bedingung erfüllt ist. Diese Bedingung betrifft die Koeff. der Potenzen bei der Entwicklung der Säkulardeterminanten für das restliche Molekül. Durch eine numer. Berechnung für das *Butadien, Hexatrien, Octatetraen, Decapentaen, Bzl., Naphthalin, Anthracen, Phenanthren, Diphenyl, Styrol, o-* u. *p-Chinodimethan* u. *Diphenylen* wird gezeigt, daß jene Bedingung für fast alle Positionen der untersuchten Moll. erfüllt ist. Die Änderung der Gesamtenergie der π-Elektronen wird als Funktion eines Coulomb-Integrals angegeben u. eine neue Größe, die Partial-Polarisationsenergie wird eingeführt, die als Funktion der π-Elektronendichte an einer gegebenen Position definiert ist. Beide Größen verknüpfen die beiden untersuchten Theorien miteinander. K. Frenkler. B 182□

Beziehung zwischen zwei Molekülzustandstheorien für organische Reaktionen. 2. Mitt. **Radikalsubstitutionen.** Hiroaki Baba. (Bull. chem. Soc. Japan **30.** 154–58. März 1957.) (Engl.) — 1. vgl. vorst. Referat.

Vf. zeigt, daß die stat. u. die dynam. Theorie unter der im vorst. Ref. erwähnten Bedingung auch die relativen Reaktivitäten der verschiedenen Positionen in alternierenden KW-Stoffen für radikal. Substitutionen gleichwertig beschreiben. Es ist hierbei unerheblich, ob als Reaktivitätsgrößen die Selbstpolarisierbarkeit, die freie Valenz oder die Lokalisierungsenergie verwendet werden. K. FRENKLER. B 182□

Über den Einfluß induzierter Ladungen auf den Grundzustand des π-Elektronensystems $\alpha.\beta$-ungesättigter Carbonylverbindungen. O. Polansky. (Mh. Chem. **88.** 91 bis 107. 15/2. 1957. Wien, Univ., II. Chem. Inst.) (Dt.)

Mit Hilfe der LCAO–MO–Meth. berechnet Vf. die π-Elektronenverteilung für das konjugierte Syst. C=C–C=O u. den Einfl. induzierter positiver u. negativer Ladungen am Carbonyl-C(C_3) u. am β-C (C_1) dieses Syst. auf dessen π-Elektronenstruktur. Die erhaltenen Gesamt-π-Elektronenenergien, Anregungsenergien, π-Elektronendichten, Bindungsindices u. freien Valenzen werden im Zusammenhang mit dem Einfl. verschiedener Substituenten auf diese Größen diskutiert. Ein Vgl. einiger Rkk. von GRIGNARD-Verbb. mit α,β- ungesätt. Aldehyden u. Ketonen mit den theoret. Voraussagen ergibt eine gute Übereinstimmung. Das Mol.-Diagramm von *Acrolein* ist abgebildet. K. FRENKLER. B 182□

Molekülzustandsberechnungen über den Einfluß eines —I-M-Substituenten auf die Reaktivität von Thiophen. Lars Melander. (Ark. Kemi **11.** Nr. 42. 397–405. 12/9. 1957. Stockholm, Nobel Inst. of Chem.) (Engl.)

Vf. berechnet mit Hifle der LCAO–MO-Meth. die Lokalisationsenergien u. Elektronenladungen für die verschiedenen Positionen von *Nitrobenzol* u. *2-* u. *3-Nitrothiophen*. Der Einfl. der NO_2-Gruppe, als Beispiel für einen —I-M-Substituenten, auf die Reaktivität von *Thiophen* wird diskutiert. K. FRENKLER. B 182□

Beziehungen zwischen Bindungsordnung, Kraftkonstanten und Bindungslänge von C—C- und C—N-Bindungen in konjugierten Molekülen. Tosinobu Anno, Mitsuo Ito, Ryoichi Shimada, Akira Sadô und Wataru Mizushima. (Bull. chem. Soc. Japan **30.** 638–47. Sept. 1957. Hakozaki, Fukuoka, Kyushu Univ., Fac. of Sci., Dep. of Chem.) (Engl.) — Vgl. C. **1958.** 2385.

Vff. diskutieren eine allg. Beziehung zwischen den Bindungsordnungen u. den Bindungslängen von Bindungen zwischen beliebigen Atompaaren in konjugierten Systemen. Ebenfalls wird eine Näherungsbeziehung zwischen den Bindungslängen u. den Kraft-Konst. vorgelegt. Beide Beziehungen werden mit ihren Voraussagen mit einer Reihe experimentell bestimmter C—C- u. C—N-Bindungen verglichen. Berechnungen sind durchgeführt bei: *Harnstoff, Pyridin, Pyrazin, Melamin, Cyanurchlorid, HCN, Pyrrol*, Vgl. angestellt bei Bindungs-Eigg. in C_2H_2, C_2H_6, Butatrien, C_2H_4, Butadien, Bzl., Diacetylen, Methyl-, Äthylamin, das Thiocyanation, Äthylcyanid u. Methylcarbylamin. K. FRENKLER. B 182□

Mo noschichtbildung von Hexadecanolkristallen. 1. Mitt. A. Roylange und T. G. Jones. (J. appl. Chem. **9.** 621–28. Dez. 1959. Port Sunlight, Unilever Ltd., Res. Dep.) (Engl.)

Vff. untersuchten die spontane Bldg. von Einzelschichten von *Hexadecanol*-Einkristallen. Wie bereits von anderen Autoren beobachtet worden war, ist die Geschw. der Einzelschicht-Bldg. bei konst. Temp. (25,3°) proportional der Größe der Grenzfläche Luft/Wasser/Kristall. Oberflächenauflösung erfolgt direkt von dem eigentlich gebildeten Kristallgitter u. nicht notwendigerweise nur von aktiven Zentren aus. Untersucht wurde noch der Einfl. der Filmauflösung auf den Ausbreitungsprozeß. C. GOTTFRIED. B 190

Die Struktur von n-Paraffinen und ihren festen Lösungen. Ju. W. Mnjuch. (Журнал Структурной Химии [J. Strukturchem.] **1.** 370–88. Sept./Okt. 1960. Inst. für element.-org. Verbb. der Akad. der Wiss. der UdSSR.) (Russ.)

Zusammenfassender Überblick über die in der Literatur vorliegenden Ergebnisse experimenteller u. theoret. Unterss. zur Kristallstruktur u. zum Phasenverhalten der n-Paraffine. Diskussion der Resultate an Hand der Theorie dichter Packung der kettenförmigen Moleküle. Daten u. Diagramme sind wiedergegeben. — 62 Literaturangaben. G. WINKHAUS. B 195□

Kristall- und Molekularstruktur eines Monomethincyaninderivates von Benzothiazol und Chinolin. J. Effinger, G. Germain, J. Meunier, J. Vanderauwera und M. van Meerssche. (Bull. Soc. chim. belges **69.** 387—404. Juli/Aug. 1960. Louvain, Univ., Labor. de chim. Phys.) (Franz.)

Vff. untersuchten die Struktur von [*1-Methylchinolin-*(*2*)]-[*3-methylbenzothiazol-*(*2*)]-*methylmonomethincyaninjodid*, $C_{20}H_{19}N_2SJ$. Die Verb. bildet dunkelgrüne rhomb., nach [1 0 0] gestreckte Prismen. Schwenk- u. Weissenberg-Aufnahmen ergaben die Zellendimensionen a = 11,5 ± 0,1; b = 16,9 ± 0,1; c = 20,8 ± 0,1Å. Raumgruppe ist Pbca; Z = 8. Die Struktur wurde mit Hilfe mehrerer Patterson- u. Fourier-Projektionen aufgeklärt. Die folgenden Parameter wurden bestimmt (Bezifferung s. Figur): J (x =) 0,486; (y =) 0,213; (z =) 0,137; S 21: 0,997; 0,967; 0,114; N 31: 0,120; 0,091; 0,059; N 32: 0,042; 0,240; 0,170; C 41: 0,952; 0,117; 0,136; C 42: 0,948; 0,204; 0,145; C 43: 0,852; 0,242; 0,131; C 44: 0,848; 0,324; 0,140; C 45: 0,942; 0,364; 0,165; C 46: 0,938; 0,449; 0,176; C 47: 0,031; 0,486; 0,197; C 48: 0,129; 0,447; 0,214; C 49: 0,133; 0,361; 0,204; C 50: 0,038; 0,322; 0,179; C 51: 0,014; 0,068; 0,106; C 52: 0,141; 0,952; 0,054; C 53: 0,192; 0,880; 0,038; C 54: 0,288; 0,883; 0,998; C 55: 0,333; 0,962; 0,975; C 56: 0,275; 0,033; 0,994; C 57: 0,179; 0,030; 0,033; C 58: 0,155; 0,170; 0,034; C 59: 0,863; 0,082; 0,160; C 60: 0,139; 0,200; 0,184. In dem Gitter hat das Mol. die trans–trans-Form, in dem sich die an die N-Atome gebundenen CH_3-Gruppen auf derselben Seite befinden. Die Abstoßung zwischen diesen CH_3-Gruppen bedingt eine Torsion des Moleküls. Die beiden Ring-Syst., die beide eben sind, bilden miteinander einen Winkel von 60°. Diese Torsion bedingt einen Abstand CH_3–CH_3 = 3,2 Å. In dem Gitter sind die beiden enantiomorphen Formen übereinander angeordnet: der Kristall ist demnach ein Racemat. Alle Abstände zwischen benachbarten Moll. sind gleich oder größer als die Summe der van der Waalsschen Radien. Es wird darauf hingewiesen, daß die Verb. ein photograph. Antisensibilisator ist. C. Gottfried. B 195

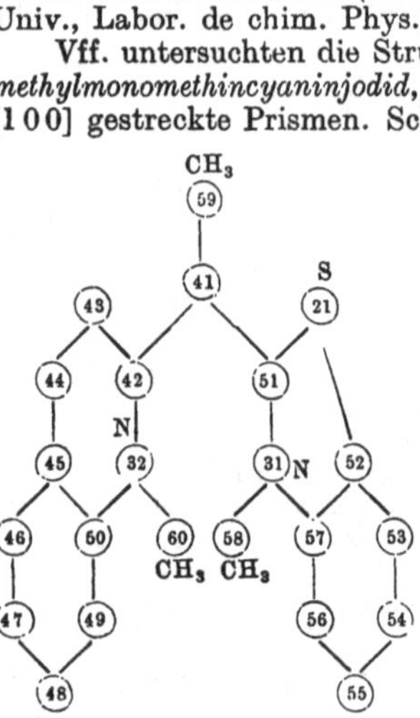

Spektrophotometrische Untersuchung der Jodkomplexe von cis- und trans-Stilben. Shigeru Yamashita. (Bull. chem. Soc. Japan **32.** 1212—15. Nov. 1959. Sakai, Univ. of Osaka Prefecture, Coll. of Gen. Educ., Dep. of Chem.) (Engl.)

Noch nicht veröffentlichte Unterss. über die durch J_2 katalysierte cis-trans-Isomerierung von *Stilben* (**I**) hatten zu der Vermutung geführt, daß der zwischen J_2 u. **I** gebildete Mol.-Komplex eine wichtige Rolle in der photochem. u. therm. Isomerierung bei Zimmer-Temp. spielen dürfte. Vf. untersuchte daher quant. die Gleichgewichte bei der Bldg. der Jodkomplexe von cis- u. trans-**I** durch eine spektrophotometr. Unters. der Komplexe. Außerdem wurden die Gleichgewichts-Konst., die Wärme- u. Entropieänderungen für die Bldg. der Komplexe von cis-**I** in n-Hexan u. von trans-**I** in n-Hexan u. CCl_4 bestimmt. Vorläufige spektrophotometr. Messungen, bei denen das Verhältnis der Konz. von Jod zu der von cis-**I** variiert, die Konz.-Summe aber konst. gehalten wurde, ergaben, daß die opt. Dichte am Absorptionsmaximum am größten bei dem äquimol.-Gemisch war, woraus geschlossen wird, daß der gebildete Komplex die Zus. 1:1 hat. Die mit trans-**I** in n-Hexan erhaltenen Ergebnisse waren denen von cis-**I** sehr ähnlich. Die gemessenen bzw. berechneten Gleichgewichts-Konst. der Komplexe bei Temp. zwischen 10 u. 30° sowie die gefundenen thermodynam. Konst. bei 25° sind tabellar. angegeben: J_2–cis-**I** in n-Hexan $-\Delta H = 7{,}54$ [kcal/Mol], $-\Delta F = 0{,}965$ [kcal/Mol], $-\Delta S = 22{,}1$ [cal/Grad Mol]; J_2–trans-**I** in n-Hexan 2,54, 0,402, 7,18; J_2–trans-**I** in CCl_4 2,40, 0,220, 7,32. C. Gottfried. B 223

Die Löslichkeit von Kohlenwasserstoffen mit niedrigem Molekulargewicht in schwerflüchtigen Flüssigkeiten. A. J. Ashworth und D. H. Everett. (Trans. Faraday Soc. **56.** 1609—18. Nov. 1960. Bristol, Univ., Dep. of Phys. and Inorg. Chem.) (Engl.)

Unter Anwendung einer stat. Meth. wurde die Löslichkeit der Dämpfe von *Bzl.*; *Cyclohexan*; *2.2-Dimethylbutan*; *n-Pentan*; *n-Hexan*; *n-Heptan* u. *n-Octan* in zwei schwerflüchtigen Fll., „*Dinonylphthalat*" (**I**, *Phthalsäure-bis-*[*3.5.5-trimethylhexylester*]; n_D^{25} 1,48102; $D._4^{20}$ 0,9638, $D._4^{30}$ 0,9578, $D._4^{40}$ 0,9508); u. *Squalan* (**II**, *2.6.10.15.19.23-Hexamethyltetrakosan*, $C_{30}H_{62}$, n_D^{25} 1,45033; $D._4^{20}$ 0,8063, $D._4^{30}$ 0,8004, $D._4^{40}$ 0,7934) im Temp.-Bereich 20—40° untersucht. Das Aufbringen von **I** u. **II** auf Kieselgur beschleunigt die Einstellung des Gleichgewichts, verändert es aber nicht. Die Ergebnisse werden in Form der Aktivitäts-Koeff. der KW-Stoffe mitgeteilt; alle untersuchten Syst. können mittels der Gleichungen von Müller-Guggenheim bzw. Flory-Huggins interpretiert werden.

Die so abgeleiteten Wechselwrkg.-Parameter ergeben einen zusätzlichen Beweis für die Energiedifferenzen der Bindungen a–b, a–a u. b–b in Lsg. (a = aliphat.; b = aromat.).
CLAUS FISCHER. B 224□

Die Reaktivität von Diphenyläthylen und verwandten Olefinen gegenüber freien Radikalen. Nachweis anomaler Reaktionen von Radikalen des Diphenyläthylens. John L. Kice und Fatemeh Taymoorian. (J. Amer. chem. Soc. **81.** 3405–09. 5/7. 1959. Columbia, S.C., Univ. of South Carolina, Dep. of Chem.) (Engl.)

Vff. untersuchen die Reaktivität von *1.1-Diphenyläthylen* (**I**, Kp.$_8$ 128°), *1-Methylen-2.3; 6.7-dibenzocycloheptadien-(2.6)* (**II**, F. 66–67°; Darst. aus Benzalphthalid) u. *1-Methylen-2.3; 6.7-dibenzocycloheptatrien* [*Dibenzoheptafulven* (**III**), F. 119–120°; Darst. aus Benzalphthalid über 2.3; 6.7-Dibenzocycloheptadien-(2.6)-on-(1) u. 2.3; 6.7-Dibenzocycloheptatrienon-(1)] gegenüber Methylmethacrylatradikalen (**IV**) durch Messung der Verzögerung der durch Azobis-[isobutyronitril] gestarteten Polymerisation von **IV** in Anwesenheit der genannten Olefine u. durch Unters. der Zus. der gebildeten „Copolymeren". Die Absorptionsspektren der „Copolymeren" von **IV** mit **I** u. **II** zeigen statt eines bei 260–270 mμ erwarteten ein intensives Maximum zwischen 290–310 mμ, das nach Behandlung mit verd. Lauge wieder verschwindet. Daraus wird auf das Auftreten einer Cyclohexadien-(1.4)-Struktur in den Rk.-Prodd. geschlossen, die durch anomale Rk. der Olefinradikale an einer p-Stellung eines der aromat. Ringe entsteht. Der Vgl. der Geschw.-Konst. der Rk. von **II** bzw. **III** mit **IV** ergibt keinerlei Anzeichen für einen ausgeprägteren aromat. Charakter von **III** oder des davon abgeleiteten Radikals.
F. MADER. B 225

Über molekulare Umlagerungen organischer Verbindungen. Richard Kuhn. (Österr. Chemiker-Ztg. **62.** 184–92. Juni 1961. Heidelberg, MPI für med. Forsch.) (Dt.)
Übersicht über syn–anti-Umlagerungen, cis–trans-Umlagerungen bei Butatrienen, Umlagerungen von Kumulenen in Acetylene, von Dihydropyrazinen, Benzilsäureumlagerung, ster. Umlagerungen von α-Aminonitrilen sowie die Einebnung aromat. Systeme. — 29 Literaturangaben. P. GOLINSKE. B 225□

Untersuchungen über die Leukoverbindungen der Anthrachinon-Reihe. 2. Mitt. **Kinetik der Isomerisierung des Anthranols zu Anthron.** Yoshié Bansho und Kenkichi Nukada. (Rep. Government chem. ind. Res. Inst., Tokyo **55.** 230–34. 7/7. 1960.) (Jap.; Auszug: Engl. S. 25.)

Vff. untersuchen die Kinetik der Isomerisierung von reinem *Anthranol* (**I**) zu *Anthron* in verschiedenen Lsgm., wobei sich nach langen Zeiträumen ein Gleichgewicht einstellt. Die Rk. verlief in allen Lsgm. nach der 1. Ordnung. Folgende Aktivierungswärmen (kcal/Mol) wurden bestimmt: in Methanol 5,8; A. 12,4; Bzl. 12,2; Toluol 4,8, woraus auf eine große Isomerisierungsneigung von **I** geschlossen wird. C.-E. DÖRING. B 225□

Die Oxydation von Paraffinen durch Kupferoxyd. S. Bransom, L. Hanlon und B. Smythe. (Trans. Faraday Soc. **52.** 672–80. Mai 1956. Birmingham, Univ., Dep. of Chem. Engng.) (Engl.)
Vff. untersuchen die Rk. zwischen *Methan, Äthan, Propan, Pentan, Hexan, 2.2-Dimethylbutan, Heptan* u. *2.3-Dimethylpentan* u. Kupferoxyd bei 320–650°. Mit frisch regeneriertem Oxyd nimmt in allen Fällen die Rk.-Geschw. mit zunehmender Temp., zunehmendem Druck u. zunehmender Größe des Paraffinmol. zu. Jede Rk. weist zwei Stadien, von denen das erste sich dem zweiten überlagert, auf. In allen Fällen wird gefunden, daß die Maximal-Geschw. der Rk. die Anfangs-Geschw. darstellt. Das erste Stadium ist relativ kurz u. wird der Rk. zwischen dem Paraffin u. CuO, wobei eine dünne Oberflächenschicht Cu_2O entsteht, zugeschrieben. Die Aktivierungsenergie für diesen Prozeß wird zu 20 kcal bestimmt. Das zweite Rk.-Stadium wird durch die Diffusion von Cu^+-Ionen in das Cu_2O bestimmt, wobei die Rkk. $Cu_2O \rightarrow O^{2-} + 2\,Cu^+$ u. $Cu^+ + CuO \rightarrow Cu_2O$ + positives Loch ablaufen. Die Rkk. der großen Paraffin-Moll. $C_{(5)}$–$C_{(7)}$ weisen eine Art Vergiftung auf, die durch die Polarisation auf Grund der Ansammlung von Cu^+-Ionen dicht neben der reagierenden Schicht bewirkt wird. Die Adsorption von Paraffin-Moll. als Acceptoren an das Cu_2O wird begünstigt durch die mit den O^{2-}-Ionen an der Oberfläche verlaufende Reaktion. Wenigstens 98% der entstandenen Prodd .sind CO_2 u. H_2O. Aldehyde wurden in Spuren beobachtet. Zwischen 500 u. 600° wurden bei den Rkk. der größeren Moll. auch ungesätt. KW-Stoffe in Spuren gefunden. Peroxyde konnten nicht beobachtet werden. Bei der Zugabe von O_2 zur Gasphase wird eine kurze Induktionsperiode beobachtet, der ein Anwachsen der Rk. folgt. Schließlich verläuft die Rk. normal, jedoch mit einer Geschw., die langsamer als in Abwesenheit von O_2 ist. K. FRENKLER. B 225□

Oxydation von Anilin durch Ultraschallwellen angeregt. Wiktor Wawrzyczek. (Naturwissenschaften **48.** 160—61. 2. März-H. 1961. Olsztyn, Polen, Landwirtschaftliche Hochschule, Inst. für Allg. Chem.) (Dt.)

Mit O_2 gesätt. wss. *Anilin* (**I**)-Lsgg. werden mit Ultraschall von 21 kHz u. einer Leistung von 4,5 W/ml Lsg. 2 Min. lang bei 17—18° beschallt, während O_2 durch die Lsg. strömt. Dabei werden die Lsgg. je nach der **I**-Konz. violett (0,5%ig.), blauviolett (1%ig.), orange (2%ig.) u. schwarz gefärbt mit grüner Tönung (3%ig.). Die orange Färbung wird durch Azobenzol (**II**) hervorgerufen. Der blauviolette Farbstoff bildet auf dem Filtrierbogen eine äußere, violette u. eine innere schwarze Schicht mit grünlicher Tönung. Der schwarze Farbstoff mit grünlicher Tönung besteht aus Anilinschwarz u. Prodd. schwächeren Anilinoxydierungsgrades. Zum Mechanismus der Bldg. der Rk.-Prodd. wird angegeben, daß sich während der Beschallung in Ggw. von O_2 über die Radikale C_6H_5–NH u. C_6H_5–N zuerst Hydrazobenzol bildet, das anschließend leicht mit Hilfe von OH- bzw. HO_2-Radikalen zu **II** oxydiert wird. Wird eine 3%ig. wss. **I**-Lsg. bei 17—18° 1—2 Min. beschallt, so entstehen vorwiegend grüne Prodd. (wahrscheinlich Emeraldin, Nigranilin u. Pernigranilin); bei 3—4 Min. langer Beschallung wird hauptsächlich Anilinschwarz erhalten. Während der Oxydation von wss. **I**-Lsgg. bewirkt das Anwachsen des O_2-Teildruckes nicht zugleich ein Anwachsen des Oxydationseffektes.

E. Kossmehl. B 225□

Wasserstoffatomübertragungsreaktionen bei hohen Drucken. Die Reaktion zwischen Mercaptanen und Diphenylpikrylhydrazyl. A. H. Ewald. (Trans. Faraday Soc. **55.** 792—97. Mai 1959. Sydney, Australia, Univ. of Sydney, C.S.I.R.O. Div. of Ind. Chem., High Pressure Labor.) (Engl.)

Es wurde die Geschw. des H-Atom-Übergangs von *n-Butyl-* (**I**), *n-Hexyl-* (**II**), *tert.-Butyl-* (**III**) u. *tert.-Octylmercaptan* (**IV**) auf *Diphenylpikrylhydrazyl* bei 25—75° u. bei Drucken bis zu 10000 atm in Toluol als Lsgm. untersucht. Die Rk.-Geschw.-Konst. 2. Ordnung werden angegeben; die Aktivierungsvolumina $\Delta V^{\ddagger}$ [$ml \cdot Mol^{-1}$] betragen —14,5 (**I**), —16,8 (**II**), —29,5 (**III**) bzw. —20,7 (**IV**). Die Rk. ist den in Polymerisations-Syst. auftretenden Kettenübergangs-Rkk. analog; sie verläuft bei 2700 atm. im Vgl. zum Normaldruck mit **I** u. **II** ca. 5mal u. mit **III** u. **IV** ca. 20mal schneller. Eine Erhöhung der DK des Lsgm., z. B. durch Zusatz von Acetonitril, bewirkt gleichfalls eine Rk.-Beschleunigung, obwohl unzweifelhaft eine freie Radikal-Rk. vorliegt. Es wird daher angenommen, daß der Übergangszustand polarer als der Ausgangszustand ist.

Claus Fischer. B 225□

Allgemeine Basenkatalyse bei Esterverseifungen. William P. Jencks und Joan Carriuolo. (J. Amer. chem. Soc. **83.** 1743—50. 5/4. 1961. Waltham, Mass., Brandeis Univ., Graduate Dep. of Biochem.) (Engl.)

Es wird die Verseifungs-Geschw. von Estern, die im Säurerest durch elektronenanziehende Substituenten aktiviert sind, in 0,01—0,02 m Lsg. bei jeweils konst. Ionenstärke u. bei verschiedenen Puffer-Konzz. untersucht, u. zwar von *Chloressigsäure-* (Kp. 143,5—144°; n_D^{20} 1,4222); *Dichloressigsäure-* (**I**; $Kp._{19}$ 61—61,5°; n_D^{20} 1,4386); *Trichloressigsäure-* ($Kp._{16}$ 65—65,5°; n_D^{20} 1,4504); *Difluoressigsäure-* (Kp. 98°; n_D^{20} 1,3474); *Oxamidsäureäthylester* sowie *Glycinäthylester-HCl.* Vff. schließen aus den Vers.-Ergebnissen auf eine allg. Basenkatalyse u. nicht auf eine nucleophile Katalyse, worauf auch der Geschw.-Abfall in D_2O hindeutet. Dieser D_2O-Effekt soll dadurch entstehen, daß im Übergangszustand der Katalyse einen Protonenübergang erfolgt. Weiterhin wird gezeigt, daß Imidazol u. das HPO_4^{2-}-Anion mit etwa gleicher Basizität auch gleich wirksam als Verseifungskatalysatoren von **I** sind, obwohl Imidazol als nucleophiler Katalysator 4000mal wirksamer ist als das HPO_4^{2-}-Anion. Die Katalyse von **I** folgt dem Brønstedschen Katalysegesetz mit dem Anstieg 0,47. Für die Annahme der Vff. spricht weiterhin, daß die Rk. von Anilin mit **I** kein Dichloracetanilid ergibt. Die neutrale Verseifungs-Geschw. fällt in D_2O ebenfalls 2—3fach ab. W. fällt auf die gleiche Brønsted-Gerade wie andere allg. Basen, was andeutet, daß W. bei der neutralen Verseifung der genannten Ester den Protonenübergang fördert u. zugleich als nucleophiles Agens wirkt.

E. Flechsig. B 225□

Kinetik der Sulfonierung der Xylol-Isomeren und des Äthylbenzols mit Schwefelsäure. Ja. I. Leitman und M. Ss. Pewsner. (Журнал Прикладной Химии [J. angew. Chem.] **32.** 1842—43. Aug. 1959. Leningrad, technol. Lensowjet-Inst.) (Russ.)

Es wird die Kinetik der Sulfonierung der *Xylol-Isomeren* u. des *Äthylbenzols* untersucht u. die Geschw.-Konst. sowie das Verhältnis der Sulfonierungs-Geschw. der einzelnen Isomeren zueinander bei 0—115° in 75—91%ig. H_2SO_4 bestimmt. Die Abhängigkeit der Sulfonierungs-Geschw. von Temp., Säure-Konz., Verhältnis KW-Stoff: Säure u. Rühr-Geschw. wird für die einzelnen Verbb. graph. angegeben. — Die Sulfonierungs-

Geschw. hängt nicht von der KW-Stoffmenge ab u. ist unter sonst gleichen Bedingungen der H_2SO_4-Menge direkt proportional. Aus den erhaltenen Daten werden die optimalen Bedingungen zur Abtrennung von m-Xylol aus techn. Xylol über die Sulfonsäuren ermittelt. HELMUT SCHÄFER. B 225□

Konformationsanalyse. 7. Mitt. Reaktion von Alkylcyclohexylbromiden mit Thiophenolat. Die Konformationsgleichgewichtskonstante von Brom. Ernest L. Eliel und Ralph G. Haber. (J. Amer. chem. Soc. **81.** 1249—54. 5/3. 1959. Notre Dame, Ind., Univ., Chem. Labor.; Harvard Univ., Converse Mem. Labor.) (Engl.) — 6. vgl. C. **1960.** 11947.

Vff. bestimmen nach der früheren Meth. (vgl. 4. Mitt., C. **1960.** 423) für die Rk. von Alkylcyclohexylbromiden mit Na-Thiophenolat in 87%ig. A. bei 25,1° acidimetr. die Gesamt-Geschw.-Konst. k_T für *cis-4-tert.-Butylcyclohexylbromid* (I) $9{,}44\cdot10^{-5}$ [Liter·Mol^{-1} s^{-1}], *cis-4-Methylcyclohexylbromid* (II) $6{,}40\cdot10^{-5}$, *Cyclohexylbromid* (III; Kp.$_{21}$ 60°) $2{,}28\cdot10^{-5}$, *trans-4-tert.-Butylcyclohexylbromid* (IV) $0{,}154\cdot10^{-5}$, weiterhin jodometr. die Substitutions-Geschw.-Konst. $k_S^{25,1}$ für I $4{,}81\cdot10^{-5}$, für II $3{,}14\cdot10^{-5}$, für III $1{,}21\cdot10^{-5}$, für IV $0{,}083\cdot10^{-5}$ sowie die Eliminierungs-Geschw.-Konst. $k_{E}^{25,1}$ gemäß $k_T = k_S + k_E$. Die Gleichgewichts-Konst. K des Konformationsgleichgewichtes III (axial) $\rightleftharpoons$ III (äquatorial), läßt sich nach $K = (k_{ax} - k)/(k - k_{eq})$ (vgl. C. **1960.** 422) zu 3,4 berechnen. Das entspricht einer Differenz der freien Energie zwischen den beiden Konformationsisomeren von III, ΔF^F_{Br} 0,73 [kcal·Mol^{-1}] im Vgl. zu ΔF_{CH_3} 1,6 bis 1,8. Der Unterschied zwischen ΔF_{CH_3} u. ΔF_{Br} wird mit LONDONschen Kräften erklärt, die zwischen den axialen Positionen im Cyclohexan wirksam sind u. eine ähnliche Größe wie die VAN DER WAALschen Abstoßungskräfte besitzen. Der k_T-Wert für II zeigt, daß in II Br bevorzugt axial orientiert ist. Sowohl *trans-4-tert.-Butylcyclohexyltosylat* (F. 89,7—90,5°) als auch IV werden durch Thiophenolat gleichzeitig eliminiert [→ 4-tert.-Butylcyclohexen] u. substituiert [→ 4-tert.-Butylcyclohexylphenylsulfid]. Die Rkk. verlaufen über eine gemeinsame Zwischenstufe nach einem von WINSTEIN u. Mitarbeitern (vgl. C. **1957.** 390) vorgeschlagenen Mechanismus.

A. TREDE. B 225□

Eine kinetische Untersuchung der Kupplung von Hexachlorcyclopentadien unter Bildung von Bis-[pentachlorcyclopentadienyl]. Carleton W. Roberts, Daniel H. Haigh und W. G. Lloyd. (J. physic. Chem. **64.** 1887—91. Dez. 1960. Midland, Mich., Dow Chem. Comp., Polymer Res. Labor.) (Engl.)

Vff. untersuchten die Kinetik der reduktiven Dimerisierung von *Hexachlorcyclopentadien* (I; Kp.$_1$ 80; n_D^{25} 1,5628) zu Bis-[pentachlorcyclopentadienyl] in Ggw. von CuCl im Temp.-Bereich 0—50° durch titrimetr. Best. des Cu^+-Verbrauchs. Lsgm. für I war eine Mischung von 43,0092 g CuCl in 1577 ml 80%ig. A./W.-Lsg., 60 ml konz. HCl u. 362 ml Tetrahydrofuran. Unter diesen Bedingungen ließ sich die Rk. bis zu einer I-Konz. von 0,2 m homogen durchführen. Die Rk. verlief nach einem Geschw.-Gesetz 2. Ordnung bei Annahme eines Verhältnisses von $Cu^+ : I = 1$, bei Ansätzen mit merklichem CuCl-Überschuß jedoch nur bei Berücksichtigung eines stöchiometr. Verhältnisses von 2:1. Für die Temp.-Abhängigkeit der Geschw.-Konst. wurde erhalten: $k = 9{,}7\cdot10^9 \exp(-13700/RT)$ Liter·Mol^{-1} s^{-1}. Der präexponentielle Faktor ist zu groß für einen Mol.-Komplex-Übergangszustand, es wird ein freier Radikalmechanismus angenommen, der diskutiert wird. Für das Auftreten radikal. Zwischenprod. spricht auch die Tatsache, daß das Rk.-Syst. I/CuCl schnell Diphenylpikrylhydrazyl entfärbt, I/CuCl vermag allerdings nicht die Styrolpolymerisation zu starten. Dieses Verh. stützt die im Rk.-Schema angenommene Bldg. von C_5Cl_5-Radikalen, die auf Grund ihrer Symmetrie u. Resonanz relativ stabil sind u. nur mit anderen Radikalen reagieren.

W. SCHRAMM. B 225

Reaktion von Styrylchinolinen mit Sulfhydrylverbindungen. Carl Tabb Bahner, Clarence Cook, William Longmire und Stanley von Hagen. (J. org. Chemistry **26.** 2134—36. Juni 1961. Jefferson City, Tenn., Carson-Newman Coll., Dep. of Chem.) (Engl.)

Das tiefrote *Methojodid* des *4-[4-Dimethylaminostyryl]-chinolins* (I) wird im Dünndarm von Ratten in eine fast farblose Verb. (II) übergeführt. Die wss. Lsg. von I-HCl wird von Glycin nicht entfärbt, jedoch von Cystein (III) u. Mercaptoessigsäure. Glutathion, Cysteinamin u. p-Thiokresol entfärben ebenfalls saure Lsgg. von I. Durch 16std. Erhitzen von I mit p-Thiokresol in Xylol auf 190—205° oder Red. von I mit RANEY-Ni in A. oder mit K-Benzylat (aus dem Alkohol u. KOH) in Benzylalkohol erfolgt Hydrierung zu *4-[2-(4-Dimethylaminophenyl)-äthyl]-chinolin* ($C_{19}H_{20}N_2$; F. 110,5—111,6° (Diisopropyläther), mit p-Thiokresol bei 30%, mit RANEY-Ni bei 4%, mit K-Benzylat bei 24% Ausbeute), das im Gegensatz zu II unter Einw. von Luft kein I ergibt u. in W. nicht lösl. ist. Durch Rk. von I mit III in 6 Vol.-%ig. Essigsäure entsteht eine in

NH_4OH u. Essigsäure lösl. Verb., deren Lsgg. allmählich I abscheiden u. deren NH_4·OH-Lsg. sich an der Luft rot färbt. Die Entfärbung von Lsgg. von I durch III erfolgt in 10 Vol.-%ig. Essigsäure schneller als in Eisessig; in CH_3OH trat keine Entfärbung ein, obwohl I-Methochlorid in neutraler wss. Lsg. durch H_2S reversibel entfärbt wird. Die Rk. von Styrylchinolinen (0,005 mg/ml) mit III (6 mg/ml) ist in Eisessig pseudo-1. Ordnung u. verläuft bis zu einem Gleichgewicht, bei dem ½ bis ³/₄ der ursprünglichen Verb. in die farblose Verb. übergeführt sind. Die Halbwertszeit der Rk. nimmt in der Reihe I > *2-[4-Dimethylaminostyryl]-chinolin* > *1-[4-Dimethylaminostyryl]-isochinolin* > *1-[4-Morpholinostyryl]-isochinolin* ab. Höhere Konzz. an III verursachen eine etwa proportionale Erhöhung der Rk.-Geschwindigkeit. Bei pH 4,1 verläuft die Red. von I mit Cysteinamin in Essigsäure unter Zusatz von Na-Acetat 3mal so schnell wie bei pH 3,2 u. 15mal schneller als bei pH 2,2. Es wird angenommen, daß Addition eines RS^--Ions an die Äthylendoppelbindung eines Aminostyrylchinolinkations erfolgt. Substitution in 3- oder 5-Stellung des Chinolinringes stört die Addition. *4-[4-Dimethylaminostyryl]-3-methyl-* (IV) bzw. *-5.6-benzochinolin* reagieren viel langsamer mit III als I. Die Rück-Rk. wird ähnlich behindert. Aus IV wird durch Rk. mit III in Essigsäure eine Verb. $C_{23}H_{27}N_3O_2S \cdot 1\frac{1}{2} H_2O$ erhalten, die sich bei 160—170° zersetzt u. unter Luft-Einw. rot färbt. H. Bertsch. B 225□

Konformationseffekt bei der Zink-Debromierung von symm.-Tetrabromäthan. Warren G. Lee und Sidney I. Miller. (J. Amer. chem. Soc. **82.** 2463—66. 20/5. 1960. Chicago, Ill., Illinois Inst. of Technol., Dep. of Chem.) (Engl.)

Vff. bestimmen den Einfl. der Konformation auf die Geschw. u. die Lage des Gleichgewichtes bei der Zn-Debromierung von *gauche-* (**Ia**) bzw. *trans-symm.-Tetrabromäthan* [**Ib**; → cis- bzw. trans-Dibromäthylen (cis-II n_D^{25} 1,5368; trans-II n_D^{25} 1,5445)] in Methanol. Das Verhältnis cis-II : trans-II bei der Bldg. aus **Ia** bzw. **Ib** beträgt 1,27 bei 64,5° u. 1,49 bei 25°. Aus der Differenz der freien Energie zwischen **Ib** u. **Ia** ($F_t - F_g$) 910 [cal·Mol⁻¹] bei 64,5 u. 25° berechnet sich die Differenz bei den entsprechenden Übergangszuständen ($F_t^* - F_g^*$) zu 160 bei 64,5° bzw. 240 bei 25° u. bei den Rk.-Prodd. cis-II u. trans-II ($F_t' - F_c'$) zu 360 bei 64,5° bzw. 370 bei 25°. Die Enthalpiedifferenzen betragen bei **Ia** u. **Ib** ($H_t - H_g$) 910 [cal·Mol⁻¹], bei den Übergangszuständen ($H_t^* - H_g^*$) 810, bei cis-II u. trans-II ($H_t' - H_c'$) 480 von 25—118°. Das Verhältnis für das Gleichgewicht beträgt in Methanol 1,8 bei 36°, 1,69 bei 64,5° u. 1,58 bei 100°. cis-II ist gegenüber trans-II mit zunehmender Polarität des Lsgm. begünstigt. A. Trede. B 225□

Pyrolyse von Bornyl- und Isobornylestern. C. A. Bunton, K. Khaleeluddin und D. Whittaker. (Nature [London] **190.** 715—16. 20/5. 1961. London, Univ. Coll., William Ramsay and Ralph Forster Labor.) (Engl.)

Vff. untersuchen die Pyrolyse von *Methylxanthaten* (**A**) u. *Benzoaten* (**B**) von *Borneol* (I) u. *Isoborneol* (II). **I-A** u. **II-A** zersetzen sich bei einer Bad-Temp. von 300° fast augenblicklich, während die Zers. von **I-B** u. **II-B** bei 350° vergleichsweise langsam stattfindet. Die Rk.-Prodd. werden gaschromatograph. untersucht. Bei der Pyrolyse von **I-A** treten auf: *Bornylen* (III) 70%, *Tricyclen* (IV) 13,5% u. *Camphen* (V) 16,5%. Bei **II-A**: III 38,5% u. V 61,5%. Bei **I-B**: III 24,5%, IV 21,5% u. V 54%. Bei **II-B**: IV 13% u. V 87%. Vff. nehmen an, daß bei der Bldg. von III ein cis-Eliminierungsmechanismus vorliegt, während IV u. V durch „quasi-heterolyt." Rk.-Schritte entstehen. Es wird festgestellt, daß die Bldg. von V bei Pyrolyse von II-Estern gegenüber I-Estern u. auch von **B** gegenüber **A** durch die leichtere Entstehung von Carboniumionen gefördert wird. Vff. schlagen einen Mechanismus mit 7gliedrigem Übergangszustand vor. G. Paulig. B 225□

Über das photochemische Verhalten von Fluorescein- und Acridinfarbstoffen. Valentin Zanker und Wolfram Peter. (Z. physik. Chem. [Frankfurt/M.] [N. F.] **26.** 159—67. Nov. 1960. München, TH, Inst. für physikal. Chem.) (Dt.)

Fluorescein [(I) aus Phthalsäureanhydrid u. Resorcin durch Kondens. mit BF_3 in Bzl. bei 80°], *2.4.5.7-Tetrachlorfluorescein* (durch Kondens. mit $ZnCl_2$ bei 240° von o-[2.4-Dihydroxy-3.5-dichlorbenzoyl]-benzoesäure, die aus o-[2.4-Dihydroxybenzoyl]-benzoesäure u. SO_2Cl_2 erhalten wird), *Eosin* (aus I durch direkte Bromierung) u. *Erythrosin* (aus I durch direkte Jodierung) als Kationen (in 10n H_2SO_4), Dianionen (in n/10 NaOH) u. das Kation von *2.7-Difluor-3.6-diaminoacridin* (aus 4-Fluor-1.3-diaminobenzol durch Kondens. mit wasserfreier HCOOH u. $ZnCl_2$ bei 155°) (in HCl-haltigem A.) werden bei Zimmer-Temp., sämtliche Kationen außerdem bei —183° (in dem glasartig erstarrten Medium einer 15%ig. äthanol. HCl) durch Aufnahme der UV-Spektren u. Best. der Ausbleich-Geschw. auf ihr photochem. Verh. untersucht. Bei Ausschluß von O_2 u. Zimmer-Temp. tritt bei den Kationen u. Dianionen keine Veränderung ein. In Ggw. von O_2 setzt sich das Mol. im Triplettzustand mit O_2 um u. stabilisiert sich zu einem Photooxydationsprodukt. Bei der Temp. von —183° beteiligt sich O_2 nicht an der Rk., es tritt hier ein innermol. Zerfall des Mol. in kleine Bruchstücke auf, der direkt vom metastabilen Triplettzustand oder dessen Anregungszuständen ausgeht.

Rudolf Albrecht. B 226□

Photolyse aromatischer Jodverbindungen als Synthesemöglichkeit. Walter Wolf und Norman Kharasch. (J. org. Chemistry **26**. 283—84. Jan. 1961. Los Angeles, Calif., Univ. of Southern California, Dep. of Chem.) (Engl.)

Bestrahlung verschiedener aromat. Jod-Verbb. (*Jodbenzol, o-* u. *p-Jodphenol, p-Jodnitrobenzol, 2.6-Dijod-p-kresol*) mit monochromat. Licht (2537 Å) bei Zimmer-Temp. in aromat. Lsgm. führt zu definierten Verbb. u. kann zu deren Synth. dienen. So werden aus 1 g o-Jodphenol in 50 ml trockenem Bzl. nach 20std. Bestrahlung 0,46 g (60% Ausbeute) *2-Hydroxybiphenyl* erhalten, ferner: *4-Hydroxybiphenyl* aus p-Jodphenol in Bzl.; *4-Nitrobiphenyl* aus 4-Jodnitrobenzol in Bzl.; ein trennbares Gemisch aus *2-Methyl-4'-nitrobiphenyl* u. *4-Methyl-4'-nitrobiphenyl* aus 4-Jodnitrobenzol in Toluol u. *2-Methoxybiphenyl* aus Jodbenzol in Anisol. Bestrahlung von 1 g 2.6-Dijod-p-kresol in Bzl. ergeben 712 mg eines nicht identifizierten jodfreien, krist. Prod., F. 66 bis 67°, das im IR-Spektrum eine phenol. Gruppe u. Polyphenylabsorption aufweist. Dijodaryle reagieren analog: Bestrahlung von p-Dijodbenzol in Bzl. ergibt *p-Terphenyl*, von 4.4'-Dijodbiphenyl in Bzl. *Quaterphenyl*. Die Rk.-Prodd. entstehen durch Angriff der aus den Jod-Verbb. gebildeten freien Radikale auf die Substrate.

R. Hossbach. B 226□

C. Präparative organische Chemie. Naturstoffe

Lithiumaluminiumhydrid-Reaktionen in Pyridinlösung. Reduktive Spaltung von Ketonen. Peter T. Lansbury. (J. Amer. chem. Soc. **83**. 429—34. 2/2. 1961. Buffalo, N.Y., Univ. of Buffalo, Dep. of Chem.) (Engl.)

Für Redd. mit $LiAlH_4$ ist Pyridin als Lsgm. sehr geeignet. Es können Ketone, die eine geringe Löslichkeit in Ae. besitzen, zu Alkoholen hydriert werden. Da Pyridin unter energ. Bedingungen z. T. hydriert wird, eignet es sich nur zu Redd. unter milden Bedingungen bei Zimmertemperatur. Neben der Hydrierung treten reduktive Spaltungen bei Benzpinakolonen, die auch mit alkohol. KOH gespalten werden können, auf. Die Spaltung verläuft langsam u. erfolgt nicht unmittelbar nach der Reduktion. Bei der Red. von [Bis-(p-biphenylyl)-phenylmethyl]-phenylketon wird *Triphenylmethan* u. *Benzylalkohol* erhalten. Die Red. von [Bis-(p-methoxyphenyl)-phenylmethyl]-phenylketon gab kein Triarylmethan. 2.2-Diphenylacenaphthenon gibt *1.2-Diphenylacenaphthylen* nach säurekatalyt. Dehydratation des Red.-Produktes. 10.10-Diphenylphenanthron-(9) gibt nach Abspaltung von W. aus dem Red.-Prod. *9.10-Diphenylphenanthren*. Die Möglichkeit des Auftretens der koordinativen Bindung von AlH_3 an Pyridin wird für den Ablauf der Red.-Vorgänge verantwortlich gemacht.

Versuche: *Triphenylmethan* (II), F. 90—91°, aus 1,22 g Benzpinakolon in Pyridin durch Versetzen mit 0,20 g $LiAlH_4$, 3std. Stehen bei Zimmer-Temp., Hydrolyse mit überschüssiger 5%ig. HCl u. chromatograph. Reinigung an Al_2O_3; 0,54 g (Ausbeute) neben 0,3 g *Benzpinakolylalkohol* (I; F. 148—150°); die Red. in 2-tert.-Butylpyridin gibt ebenfalls I. Die Spaltung von 0,67 g I in Pyridin mit 0,11 g $LiAlH_4$ gibt 0,35 g II. — Die Red. von 0,05 g [Bis-(p-methoxyphenyl)-phenylmethyl]-phenylketon u. 0,1 g $LiAlH_4$ in Pyridin gibt ein Öl, dessen Konstit. nicht aufgeklärt werden konnte. — *Phenyl-bis-[p-biphenylyl]-methan*, F. 162,5—163,5°, aus 0,5 g [Phenyl-bis-(p-biphenylyl)-methyl]-phenylketon in Pyridin u. 0,15 g $LiAlH_4$; 0,39 g. — *9-Phenylfluoren*, F. 145,5—146°, aus 0,01 g 9-Benzoyl-9-phenylfluoren in Pyridin u. 0,05 g $LiAlH_4$ durch 20 Min. lange Rk.; 86%. — *1.2-Diphenylacenaphthylen*, F. 159—161°, aus 0,45 g 2.2-Diphenylacenaphthenon in Pyridin u. 0,10 g $LiAlH_4$ durch 1std. Stehen u. anschließende Behandlung mit CH_3COOH u. p-Toluolsulfosäure; 0,39 g. — *9.10-Diphenylphenanthren*, F. 233—234°, aus 1,5 g 10.10-Diphenylphenanthron-(9) in Pyridin u. 0,15 g $LiAlH_4$, mehrstd. Stehen u. anschließende Hydrolyse u. Wasserabspaltung; 80%. — *Hexachlorisopropylalkohol*, F. 83,5—85°, durch Versetzen eines Gemisches aus 50 ml Cyclohexen, 50 ml Pyridin u. 3,8 g $LiAlH_4$ unter Rühren mit 26,4 g Hexachloraceton, mehrstd. Stehen bei Zimmer-Temp., 2std. Erhitzen u. Hydrolyse mit W. u. anschließend mit H_2SO_4; 7,6 g. — *1.2.2-Triphenyläthanol*, F. 85—87°, aus 2,72 g Phenylbenzhydrylketon in Pyridin u. 1,14 g $LiAlH_4$ durch mehrstd. Stehen u. Behandeln mit CH_3COOH; 2,37 g. — *Verb.* $C_{22}H_{22}O_2$ vom F. 82,5—83°, aus 0,64 g Phenyl-α-äthoxybenzhydrylketon in Pyridin u. 0,19 g $LiAlH_4$ durch 6½std. Rk. u. anschließende Hydrolyse. — 2.4'-Dichlorbenzhydrol, $Kp._1$ 166—168°, durch Versetzen eines Gemisches aus 3,8 g $LiAlH_4$ u. 40 ml Pyridin mit 12,5 g 2.4'-Dichlorbenzophenon in Pyridin; 11 g. W. Fester. 460□

Synthese von Kohlenwasserstoffen. 69. Mitt. Ein neuer allgemeiner Weg zur Synthese von Dineoalkylen ($C_{10}H_{22}$–$C_{12}H_{26}$). Dineopentyl und seine Homologen. R. Ja. Lewina, P. A. Kaikariss, I. Bauch und Je. G. Treschtschowa. (Журнал Общей Химии [J. allg. Chem.] **29** (**91**). 2236–40. Juli 1959. Moskau, Univ.) (Russ.) — 68. vgl. C. **1961.** 17167.

Durch Rk. von 1-Brom-3-methylbuten-(2) (I) mit tert.-Butyl-MgBr (**II**) wird *2.2.5-Trimethylhexen-(4)* (**III**) erhalten. **III** gibt mit HCl *5-Chlor-2.2.5-Trimethylhexan* (**IV**), das mit CH_3MgBr in Ggw. von $HgCl_2$ in *2.2.5.5-Tetramethylhexan* (*Dineopentyl*) übergeführt wird. Analog reagiert **IV** mit Äthyl-, Propyl- u. Isopropyl-MgBr. Daneben erfolgt auch Dehydrochlorierung von **IV** zu **III** u. Bldg. von *2.2.5-Trimethylhexan*. Die RAMAN-Spektren der dargestellten Verbb. enthalten in den Gebieten 912–932 u. 1200–1256 cm^{-1} intensive Linien.

Versuche: *2.2.5-Trimethylhexen-(4)* (**III**), C_9H_{18}, $Kp._{740}$ 126,5–127°, aus **I** u. **II** bei –5 bis –8°; $D._4^{20}$ 0,7370; n_D^{20} 1,4219; 14% (Ausbeute). — *5-Chlor-2.2.5-trimethylhexan* (**IV**), $C_9H_{19}Cl$, $Kp._{60}$ 88–90°, durch Einleiten von HCl in **III** bei –10° bis zur Sättigung; spaltet leicht HCl ab; $D._4^{20}$ 0,8687; n_D^{20} 1,4335; 85%. — *2.2.5.5-Tetramethylhexan*, $C_{10}H_{22}$, $Kp._{735}$ 135–135,5°, durch Zugeben von 0,75 Mol **IV** in Ae. zu CH_3MgBr (aus 1,65 Mol CH_3Br u. 36 g Mg) u. 4 g $HgCl_2$ in Ae. im Verlauf von 6 Std. bei 12–14°, dann 3std. Rühren bei Zimmer-Temp. u. 3std. Erhitzen; $D._4^{20}$ 0,7212; n_D^{20} 1,4064; 15%. Daneben *2.2.5-Trimethylhexan*, Kp. 125–128°. — *2.2.5.5-Tetramethylheptan*, $C_{11}H_{24}$, $Kp._{756}$ 161,8–162; $D._4^{20}$ 0,7426, n_D^{20} 1,4174; 16%. — *2.2.5.5-Tetramethyloctan*, $C_{12}H_{26}$, $Kp._{739}$ 180°; $D._4^{20}$ 0,7493; n_D^{20} 1,4213; 15%. — *2.2.5.5.6-Pentamethylheptan*, $C_{12}H_{26}$, $Kp._{749}$ 179,5–180°; $D._4^{20}$ 0,7583; n_D^{20} 1,4255; 10%.

ILSE HARTMANN. 510□

Neopentylalkohol [2.2-Dimethylpropanol-(1)]. Joseph Hoffman. (Org. Syntheses **40.** 76–79. 1960. Murray Hill, N.J., Air Reduction Co.) (Engl.)

Durch Zutropfen von H_2SO_4 zu 30%ig. H_2O_2 bei <20° (20 Min.), 5–10 Min. lange Zugabe von Diisobutylen bei 25°, 24std. Schütteln, Abtrennen der organ. Phase, Zugabe von 70%ig. H_2SO_4 bei 15–25° (65–75 Min.), ½–3std. Stehen, Abtrennen der unteren Schicht, Dest., Abtrennen der oberen Schicht des Destillats u. Fraktionierung: Kp. 111–113°; 34–40% Ausbeute. P. GOLINSKE. 560□

α.α.α'.α'-Tetramethyltetramethylenglykol [2.5-Dimethylhexandiol-(2.5)]. E. L. Jenner. (Org. Syntheses **40.** 90–92. 1960. Wilmington, Del., E. I. du Pont de Nemours and Co., Exp. Station, Central Res. Dep.) (Engl.)

Durch gleichzeitiges 20 Min. langes Eintropfen von 11,6 m H_2O_2 u. $FeSO_4 \cdot 5\,H_2O$ in konz. H_2SO_4 in eine Lsg. von tert.-Butanol unter N_2 bei <20°, Zugabe von 52%ig. NaOH u. Na_2SO_4, Abtrennen der organ. Phase, Neutralisieren mit 52%ig. NaOH, Extrahieren mit tert.-Butanol, Eindampfen der Extrakte, Ausäthern des Rückstandes u. Dest. im Vakuum: F. 87–88° [Ae./Cyclohexan 3:7]; 40–46% Ausbeute.

P. GOLINSKE. 570□

Über die Darstellung von Phosphorsäuretriestersulfonimiden und Trithiophosphorsäuretriestersulfonimiden. Joachim Goerdeler und Horst Ullmann. (Chem. Ber. **94.** 1067–74. April 1961. Bonn, Univ., Chem. Inst.) (Dt.)

Trialkyl- u. Triarylphosphite sowie die entsprechenden Trithioanalogen setzen sich mit aliphat. u. aromat. 1- u. 2wertigen Sulfonsäureaziden glatt zu den entsprechenden Phosphorsäureestersulfonimiden (**A**) um. Einige neue Sulfonsäureazide werden beschrieben. Die IR-Spektren der **A** werden diskutiert.

Versuche (FF. korr.): Sulfonsäureazide, durch Lösen der Sulfonsäurechloride in abs. Methanol, ½std. Zugabe von NaN_3 bei Raum-Temp. unter Rühren, ½–1std. Rühren u. Weiterverarbeiten in Lsg.: *Äthan-*; dünnes Öl. — *n-Butan-*; Öl. — *n-Octan-*; glycerinartiges Öl. — *n-Dodecan-*, $C_{12}H_{25}N_3O_2S$, F. 31–32°; aus Methanol Nadeln; 76% (Ausbeute). — Bis-sulfonsäureazide: *Propan-1.3-*, $C_3H_6N_6O_4S_2$, F. 52°; aus Methanol Stäbchen; 85%. — *Butan-1.4-*, $C_4H_8N_6O_4S_2$, F. 82°; aus Methanol Nadeln; 91%. — *Benzol-1.4-*, $C_6H_4N_6O_4S_2$, F. 133–134°; aus A. Blättchen; 63%. — *Naphthalin-2.7-*, $C_{10}H_6N_6O_4S_2$, F. 152°; aus Chlf. Blättchen; 66%. — *Methansulfonamidophosphorsäurediäthylester*, $C_5H_{14}NO_5PS$, $Kp._{0,15}$ 122–124°, durch Lösen von Methansulfonimidophosphorsäuretriäthylester in 80%ig. wss. A. u. 5std. Kochen; $D._{20}$ 1,2078; n_D^{25} 1,4370; Öl; 76%. — *n-Butansulfonamidophosphorsäurediäthylester*, $C_8H_{20}NO_5PS$, $Kp._{0,1}$ 127 bis 128°, analog vorst. Verb. aus n-Butansulfonimidophosphorsäuretriäthylester; Öl; $D._{20}$ 1,1412; n_D^{25} 1,4448; 86%. — Sulfonimidophosphorsäuretriäthylester, durch Zugabe der entsprechenden Menge des Trialkyl- oder Triarylphosphits zur Lsg. des Sulfonsäureazids, Erwärmen bzw. Kochen, Eindampfen im Vakuum u. Dest. im Vakuum oder Umkristallisation: *Methan-*, $C_7H_{18}NO_5PS$· $Kp._{0,05}$ 102–104°; 1std. Rk.

bei 40°; dünnes Öl; $D._{20}$ 1,2194; n_D^{25} 1,4446; 74%. — *Äthan-*, $C_8H_{20}NO_5PS$, $Kp._{0,1}$ 115 bis 116°, analog vorst. Verb.; dünnes Öl; $D._{20}$ 1,1854; n_D^{25} 1,4447. — *n-Butan-*, $C_{10}H_{24}$· NO_5PS, $Kp._{0,15}$ 120—121°; $D._{20}$ 1,1398; n_D^{25} 1,4458. — *n-Octan-*, $C_{14}H_{32}NO_5PS$, $Kp._{0,6}$ 166—167°; 2std. Rk. bei 40°; hellgelbes Öl; $D._{20}$ 1,0745; n_D^{25} 1,4371; 68%. — *n-Dodecan-*, $C_{18}H_{40}NO_5PS$, $Kp._{0,2}$ 193—194°, durch 2std. Kochen; hellgelbes viscoses Öl; $D._{20}$ 1,0348; n_D^{25} 1,4512; 70%. — *Benzol-*, $Kp._{0,3}$ 162—164°; 1std. Rk. bei 30°; hellgelbes Öl; $D._{20}$ 1,2279; n_D^{25} 1,4775; 86%. — Sulfonimidophosphorsäuretriphenylester: *Methan-*, F. 89,5° (Methanol), durch 5std. Rk. bei 40°; 68%. — *n-Butan-*, $C_{22}H_{24}NO_5PS$, nicht destillierbar, durch 1std. Kochen; hellgelbes Öl; $D._{20}$ 1,2230; n_D^{25} 1,5427; 60%. — *n-Octan-*, $C_{26}H_{32}NO_5PS$, F. 41° (Ae./PAe.), durch 2std. Kochen; 53%. — *n-Dodecan-*, $C_{30}H_{40}NO_5PS$, F. 77—78°, durch 3std. Kochen; aus Ae./PAe. silbrige Schuppen; 62%. — *Benzol-*, F. 85°, durch 2std. Kochen; aus A. Stäbchen; 74%. — *Methansulfonimidotrithiophosphorsäuretriäthylester*, $C_7H_{18}NO_2PS_4$, F. 34—35°, durch ½std. Kochen; aus Ae. Stäbchen; 53%. — *n-Dodecansulfonimidotrithiophosphorsäuretriäthylester*, $C_{13}H_{40}NO_2PS_4$, durch 1std. Kochen; undestillierbares gelbes Öl; $D._{20}$ 1,0849; n_D^{25} 1,5271; 58%. — *Benzolsulfonimidotrithiophosphorsäuretriphenylester*, $C_{24}H_{20}NO_2PS_4$, F. 102,5°, durch 2std. Kochen; aus A. Nadeln; 90%. — Bis-[phosphorsäuretriäthylestersulfonimido]-alkane: *1.3-, -propan*, $C_{15}H_{36}N_2O_{10}P_2S_2$, F. 47°, a) durch ½std. Rk. bei 50°; aus Ae. Stäbchen; 87%; b) durch ½std. Kochen; 100%. — *1.4-, -butan*, $C_{16}H_{38}N_2O_{10}P_2S_2$, F. 37,5°, durch ½std. Rk. bei 50°; aus Ae./PAe. Nadeln; 86%. — *1.3-, -benzol*, $C_{18}H_{34}N_2O_{10}P_2S_2$, F. 84°, durch ½std. Kochen; aus A./PAe. große Rechtecke; 90%. — *1.4-, -benzol*, $C_{18}H_{34}N_2O_{10}P_2S_2$, F. 104,5°, durch 1std. Kochen; aus A./PAe. Nadeln; 58%. — *2.7-, -naphthalin*, $C_{22}H_{36}N_2O_{10}P_2S_2$, F. 66,5° (A./PAe.), durch ½std. Kochen; 64%. — Bis-[phosphorsäuretriphenylestersulfonimido]-alkane: *1.3-, -propan*, $C_{39}H_{36}N_2O_{10}P_2S_2$, F. 70,5°, durch ½std. Kochen; aus Methanol Tafeln; 71%. — *1.4-, -butan*, $C_{40}H_{38}N_2O_{10}P_2S_2$, F. 127,5°, durch 1std. Kochen; aus Methanol silbrige Blättchen; 94%. — *1.3-, -benzol*, $C_{42}H_{34}N_2O_{10}P_2S_2$, F. 104°, durch 1std. Kochen; aus A. Stäbchen; 80%. — *1.4-, -benzol*, $C_{42}H_{34}N_2O_{10}P_2S_2$, F. 132°, durch 2std. Kochen; aus A. Nadeln. — *2.7-, -naphthalin*, $C_{46}H_{36}N_2O_{10}P_2S_2$, F. 90,5° (A./PAe.), durch 2std. Kochen; 55%. — Bis-[trithiophosphorsäuretriäthylestersulfonimido]-alkane: *1.3-, -propan*, $C_{15}H_{36}N_2O_4P_2S_8$, F. 40—41°, durch ½std. Kochen; aus A. Stäbchen; 63%. — *1.4-, -benzol*, $C_{18}H_{34}N_2O_4P_2S_8$, F. 79,5°, durch 1std. Kochen; aus A. silbrige Blättchen; 85%. — *1.3-, -benzol*, $C_{18}H_{34}N_2O_4P_2S_8$, F. 73,5°, durch ½std. Kochen; aus Ae. Stäbchen; 98%. — *2.7-, -naphthalin*, $C_{22}H_{36}N_2O_4P_2S_8$, F. 80,5°, durch 1½std. Kochen; aus A. Blättchen; 90%. — *1.4-Bis-[trithiophosphorsäuretriphenylestersulfonimido]-n-butan*, $C_{40}H_{38}N_2O_4P_2S_8$, F. 163—164° (A.), durch 4std. Kochen; 81%. — *1.3-Bis-[trithiophosphorsäuretriphenylestersulfonimido]-benzol*, $C_{42}H_{34}N_2O_4P_2S_8$, F. 134,5°, durch 5std. Kochen; aus A. Nadeln; 78%. P. GOLINSKE. 590□

Methansulfinylchlorid. Irwin B. Douglass und Basil Said Farah. (Org. Syntheses **40**. 62—65. 1960. Orono, Maine, Univ. of Maine.) (Engl.)

Durch 2std. Einleiten von 3 Mol Cl_2 in eine Lsg. von Dimethyldisulfid in Eisessig bei —10°, Erwärmen auf 35° unter Rühren, Dest. des Rk.-Gemisches zur Entfernung des Acetylchlorides (100° Bad-Temp.) u. Fraktionieren im Vakuum: $Kp._{40}$ 55—59°; n_D^{25} 1,500—1,501; 82—92% Ausbeute. P. GOLINSKE. 600□

Reaktion von 2.2.3.3-Tetramethylpentanon-(4) mit Alkyl-Li. A. D. Petrow, Tschin-lan Gao und W. M. Ssemenkin. (Журнал Общей Химии [J. allg. Chem.] **30** (**92**). 363—69. Febr. 1960. Inst. für Organ. Chemie der Akad. der Wiss. der UdSSR.) (Russ.)

Durch Rk. von tert.-Butyl-Li mit Methylformiat u. Oxydation des erhaltenen *Di-tert.-butylcarbinols* (**I**) mit HNO_3 wurde *2.2.4.4-Tetramethylpentanon-(3)* (*Hexamethylaceton*) dargestellt, das beim Behandeln mit konz. H_2SO_4 zu *2.2.3.3-Tetramethylpentanon-(4)* (**II**) isomerisiert wird. **II** ist vollständig enolisiert. Es reagiert mit CH_3MgJ quant. unter CH_4-Bldg., gibt aber mit Alkyl-Li die entsprechenden *Carbinole*, die sich leicht mit $CuSO_4$ dehydratisieren lassen, wobei eine Isomerisierung stattfindet. So gibt 2.2.3.3.4-Pentamethylheptanol-(4) (**III**) bei 130—140° an $CuSO_4$ *2.2.3.3.5-Pentamethylhepten-(4)*.

Versuche: *Di-tert.-butylcarbinol* (**I**), $C_9H_{20}O$, Kp. 165—167°, F. 51—52°, aus tert.-Butyl-Li u. Methylformiat in Ae. bei —40°; 64—70,5% (Ausbeute). Daneben *Trimethylacetaldehyd*, Kp. 72—78°; 4,4%; *2.4-Dinitrophenylhydrazon*, $C_{11}H_{14}N_4O_4$, F. 203 bis 204°. — *2.2.4.4-Tetramethylpentanon-(3)*, $Kp._{752}$ 150—153°, durch Oxydation von **I** mit konz. HNO_3, Neutralisation, Extraktion mit Ae. u. Dest.; $D._4^{20}$ 0,8269; n_D^{20} 1,4192; 96%. — *2.2.3.3-Tetramethylpentanon-(4)* (**II**), $Kp._{756}$ 166—169°, F. 58,5—59° (n-Hexan), man läßt vorst. Verb. in konz. H_2SO_4 10 Std. bei Zimmer-Temp. stehen, verd. mit Eis

u. extrahiert mit Ae.; 62%; *2.4-Dinitrophenylhydrazon*, $C_{15}H_{22}N_4O_4$, F. 187—188°. Daneben *2-Methylbutanon-(3)*; $D._4^{20}$ 0,8028; n_D^{20} 1,3886; 21%; *2.4-Dinitrophenylhydrazon*, $C_{11}H_{14}N_4O_4$, F. 120—121°. II gibt bei Oxydation mit 50%ig. HNO_3 *α.α.β.β-Tetramethylbuttersäure*, F. 194—195°. — *2.2.3.3.4-Pentamethylhexanol-(4)*, $C_{11}H_{24}O$, Kp.$_{58}$ 106—108°, aus II u. dem 3—4fachen Überschuß an Äthyl-Li bei 0—10° in 4 Std.; $D._4^{20}$ 0,8778; n_D^{20} 1,4611; 9,8—12%. — *2.2.3.3.4-Pentamethylheptanol-(4)* (III), $C_{12}H_{26}O$, Kp.$_{85}$ 153—154°, analog vorst. Verb. mit Propyl-Li; $D._4^{20}$ 0,8772; n_D^{20} 1,4608; 21%. Daneben *Propan*. — *2.2.3.3.4-Pentamethyloctanol-(4)* (IV), $C_{13}H_{28}O$, Kp.$_{15}$ 124—126°, analog mit Butyl-Li; $D._4^{20}$ 0,8763; n_D^{20} 1,4616; 19%. — *2.2.3.3.4-Pentamethylnonanol-(4)*, $C_{14}H_{30}O$, Kp.$_{18}$ 130—132°, analog mit Amyl-Li; $D._4^{20}$ 0,8751; n_D^{20} 1,4644; 14%. — *2.2.3.3.4.5-Hexamethylhexanol-(4)* (V), $C_{12}H_{26}O$, Kp.$_{755}$ 229—231°, analog mit Isopropyl-Li bei —40°; $D._4^{20}$ 0,8886; n_D^{20} 1,4667; <5%. — *2.2.3.3.5-Pentamethylhepten-(4)*, $C_{12}H_{24}$, Kp.$_{40}$ 110—113,5°, durch Dehydratisierung von 40,5 g III an $CuSO_4$ bei 130 bis 140°; $D._4^{20}$ 0,8039; n_D^{20} 1,4523—1,4528; 32,7 g. Gibt bei der Ozonisation in Chlf. bei 0° in 28 Std. *α.α.β.β-Tetramethylbuttersäure, Formaldehyd* u. *Methyläthylketon* (*2.4-Dinitrophenylhydrazon*, F. 110—111°). — *2.2.3.3.5-Pentamethylocten-(4)*, $C_{13}H_{26}$, Kp.$_{27}$ 110—112°, analog aus 19 g IV; $D._4^{20}$ 0,8056; n_D^{20} 1,4534—1,4539; 17 g. Bei der Ozonisation entstehen *Formaldehyd, Propionsäure* u. *Methylpropylketon* (Kp. 90—120°; n_D^{20} 1,4015; *2.4-Dinitrophenylhydrazon*, F. 142—143°). — Bei der Dehydratisierung von 4 g V entsteht ein *Olefin* $C_{12}H_{24}$, Kp.$_{749}$ 197°; $D._4^{20}$ 0,8160; n_D^{20} 1,4519; 2,8 g. — Durch Hydrierung vorst. Olefine werden die entsprechenden gesätt. KW-Stoffe erhalten.

Renate Richter. 710□

α.α.α-Trichloracetanilid. Bernard Sukornick. (Org. Syntheses **40.** 103—04. 1960. Morristown, N.J., Allied Chem. Corp.) (Engl.)

α.α.α-Trichloracetamide: *N-Phenyl-*, F. 93,5—95,5° (90%ig. A.), durch 35 bis 40 Min. lange Zugabe von Anilin zu Hexachloraceton in Hexan, ³/₄std. Rühren bei 65—70°, Kühlen auf 0—5° u. Filtrieren; 71—76% (Ausbeute). — *N-[3-Chlorphenyl]-*, F. 101°, analog vorst. Verb.; 93%. — *N-[4-Chlorphenyl]-*, F. 125—127°; 97%. — *N-[2-Methylphenyl]-*, F. 98°; 83%. — *N-[3-Methylphenyl]-*, F. 102—103°; 79%. — *N-[4-Methylphenyl]-*, F. 115°; 70%. — *N-[4-Fluorphenyl]-*, F. 96°; 83%. — *N-Benzyl-*, F. 87 bis 90°; 84%. — *N-[2-Phenyläthyl]-*, F. 117—120°; 97%. — *Unsubstituiert*, F. 141°; 96%. — *N.N-Dimethyl-*, Kp.$_{16}$ 110—111°; 89%. — *N-[Thiazolyl-(2)]-*, F. 196—198° (Zers.); 80%. — *α.α.α-Trichloracetylbenzidin*, F. 301° (Zers.); 65%. P. Golinske. 810□

3-Chlor-2.2.3-trifluorpropionsäure. D. C. England und L. R. Melby. (Org. Syntheses **40.** 11—13. 1960. E. I. du Pont de Nemours and Co., Central Res. Dep., Exp. Stat.) (Engl.)

3-Chlor-2.2.3-trifluorpropionsäure, Kp.$_{30}$ 83°, durch 1std. Einleiten von Chlortrifluoräthylen in eine Lsg. von 95%ig. NaCN in W./Acetonitril (1:1) unter Schütteln bei 2,7 at u. 75—80° (10—15 Min.), Gießen in H_2SO_4 (1:1), Extrahieren mit Ae. u. Dest. im Vakuum n_D^{25} 1,3708—1,3717; 76—79% (Ausbeute); daneben *Chlortrifluorpropionamid*.

P. Golinske. 810□

Die Chemie von Maleinimid und seinen Derivaten. 2. Mitt. **Maleinimid und N-Methylolmaleinimid.** P. O. Tawney, R. H. Snyder, R. P. Conger, K. A. Leibbrand, C. H. Stiteler und A. R. Williams. (J. org. Chemistry **26.** 15—21. Jan. 1961. Wayne, N.J., U. S. Rubber Co., Res. Center.) (Engl.) — 1. vgl. C. **1960.** 17420.

Maleinimid (I), das sich durch pyrolyt. Zers. von 3.6-Endomethylen-Δ^4-tetrahydrophthalimid herstellen läßt, reagiert mit CH_2O in Ggw. von NaOH zu *N-Methylolmaleinimid* (II). Aus II entstehen mit Carbonsäureanhydriden *Maleinimidomethylester*, mit PCl_3 *N-Clormethylmaleinimid* (III). Mit KSCN wird aus III in Aceton *Maleinimidomethylthiocyanat* erhalten. Prim. u. sek. Amine bilden mit II *Alkylaminomethylmaleinimide*. Piperidin reagiert mit II zu *N-[Piperidinomethyl]-α-piperidinosuccinimid*. Durch säurekatalysierte Rk. entsteht aus II *Bis-[maleinimidomethyl]-äther*. I u. alle beschriebenen N-substituierten Maleinimide lassen sich polymerisieren oder mit verschiedenen Vinylmonomeren copolymerisieren.

Versuche: *Maleinimid* (I), F. 92—93° (Essigester), Kp.$_4$ 102—105°, durch mehrstd. Stehen von 3.6-Endomethylen-Δ^4-tetrahydrophthalsäureanhydrid mit NH_4·OH bei 0°, Erwärmen des Nd. auf 186°, Dest. bei Kp.$_7$ 200° u. Erhitzen auf 405—415°; 70% (Ausbeute). — *N-Methylolmaleinimid* (II), $C_5H_5NO_3$, F. 104—105° (Essigester), durch 2½std. Stehen von I mit 37%ig. Formalin in Ggw. von 5%ig. NaOH; 75%. *Phenylurethan* $C_{12}H_{10}N_2O_4$, F. 167—167,5°, (CH_3OH. — N-Acyloxymethylmaleinimide: *N-Acetoxy-*, $C_7H_7NO_4$, F. 91—92° (A.), durch Rk. von II mit Acetanhydrid in Ggw. von H_2SO_4 u. Verdünnen mit W.; 93%. — *N-Propionyloxy-*, F. 43—44°; 53%. — *N-Butyryloxy-*, Kp.$_{0,6}$ 106—107,5°; 65%. — *N-Trifluoracetoxy-*, F. 68,5—69,5°; 86%. — *β-Carboxypropionyloxy-*, F. 80.5—82,0°; 91%. — *N-Benzoyloxy-*, $C_{12}H_9NO_4$,

F. 122—123,5° (Aceton u. wss. A.), durch Zugeben von II in Aceton zu Benzoylchlorid u. Pyridin in Aceton u. Verdünnen mit W.; 66%. — *N-Crotonyloxy-*, Kp. 115 bis 117°, $Kp._{0,5}$ 60—64°, durch 10 Min. langes Erwärmen von Crotonsäure mit Trifluoracetanhydrid auf 70°, Zugeben von II, Gießen in kalte $NaHCO_3$-Lsg. u. Extrahieren mit Chlf.; 34%. — *N-Chlormethylmaleinimid* (III), $C_5H_4ClNO_2$, F. 78 bis 79° (Bzl./PAe.), durch Rk. von II mit PCl_3 in Aceton u. Zugeben von W.; 81%. — *N-Brommethylmaleinimid*, F. 82,3—83,3°; 52%. — *α-Chlor-N-methylolsuccinimid* (?), $C_5H_6ClNO_3$, F. 75,5—78° (Essigester/PAe.), durch mehrstd. Stehen von II mit äthanol. HCl. — *N-Thiocyanatomethylmaleinimid*, $C_6H_4N_2O_2S$, F. 107—108° (wss. Aceton), durch Rk. von III mit KSCN in Aceton u. 1std. Erwärmen auf 40°; 72%. — *α-Chlor-N-chlormethylsuccinimid*, $C_5H_5Cl_2NO_2$, F. 69—72° (Bzl./PAe.), durch mehrstd. Stehen von III mit äthanol. HCl, Einengen u. Zugeben von H_2O. — Maleinimide: *N-Di-n-butylaminomethyl-*, $Kp._{0,02}$ 68—69,2°, durch Zugeben von Di-n-butylamin zu II in sd. Dioxan (Meth. B); n_D^{20} 1,4789; 74%. — *N-[Piperidinomethyl]-*, F. 103—104,5°, durch Rk. von I mit Piperidinomethyläthyläther u. Erwärmen auf 80° (Meth. A); gelbe Nadeln; 82,5% ; nach B 40%. — *N-Diäthylaminomethyl-*, $Kp._{0,04}$ 51—55°, nach B; 73%. — *N-Morpholinomethyl]-*, F. 143—145°; nach A 65%, nach B 62%. — *N-Phenylaminomethyl-*, $C_{11}H_{10}N_2O_2$, F. 127,5—128,5°, durch 3³/₄std. Kochen von II mit Anilin in Dioxan; gelbe Nadeln aus wss. Aceton; 88%. — *N-[Piperidinomethyl]-α-piperidinosuccinimid*, $C_{15}H_{25}N_3O_2$, F. 123—124° (wss. A. oder PAe.), durch Rk. von 10 g II mit Piperidin u. Zugeben von wss. A.; Nadeln; 5,5 g. — *N-Benzylmaleinimid*, $C_{11}H_9NO_2$, F. 68—69° (Bzl./PAe.), durch 18std. Kochen von III mit $ZnCl_2$ in abs. Bzl.; 83%. — *N-[3-Nitro-4-methylbenzyl]-maleinimid*, $C_{12}H_{10}N_2O_4$, F. 164—165° (Bzl.), durch Rk. von II mit o-Nitrotoluol in Ggw. von konz. H_2SO_4 bei 0°; Stehen bei Raum-Temp. u. Gießen auf Eis; 12%. — *2.4-Bis-[maleinimidomethyl]-phenol*, $C_{16}H_{12}N_2O_5$, F. 180,5—185° (A.), durch 1½std. Kochen von III mit Phenol in Bzl. in Ggw. von $ZnCl_2$. — *Bis-[maleinimidomethyl]-äther*, $C_{10}H_8N_2O_5$, F. 130—131° (A.), durch 7std. Kochen von II in Toluol in Ggw. von p-Toluolsulfonsäure; 41%. — *α-Piperidinosuccinimid*, $C_9H_{14}N_2O_2$, F. 141,5—142,5° (PAe.), aus I u. Piperidin in W.; 68%. — *Polymaleinimid*, a) durch 2std. Erhitzen von I in Chlorbenzol in Ggw. von Benzoylperoxyd auf 80—90°, Zugeben von PAe. u. Extrahieren des Nd. mit heißem Aceton; b) durch 26std. Stehen von I in Dimethylformamid mit NaO·C_2H_5 in abs. A. u. Gießen in Methanol. — *Maleinimid–Resorcin-Komplex*, $C_{10}H_9NO_4$, F. 126—128° (W.), aus 15 g I u. Resorcin in W.; gelbe Kristalle; 26 g.

E. SCHRÖDER. 820□

Bis-[hydroxymethyl]-malonsäurediäthylester. Paul Block jun. (Org. Syntheses **40.** 27—28. 1960. Toledo, Ohio, Toledo Blade.) (Engl.)

Durch 40—50 Min. lange Zugabe von Malonsäurediäthylester zu Formaldehyd-Lsg. bei 25—30° in Ggw. von $KHCO_3$, 1std. Rühren, Versetzen mit gesätt. $(NH_4)_2SO_4$, Ausäthern, Eindampfen im Vakuum, Lösen in Diisopropyläther u. 1std. Stehen im Eisschrank: F. 50—52° (Diisopropyläther); 72—75% Ausbeute. P. GOLINSKE. 850□

Hydroxyharnstoff. R. Deghenghi. (Org. Syntheses **40.** 60—62. 1960. Ontario, Univ. of Western Ontario, Dep. of Med. Res.) (Engl.)

Durch Zugabe von Carbaminsäureäthylester zu $NH_2OH \cdot HCl$ u. NaOH in W., 3tägiges Stehen bei Raum-Temp., Kühlen im Eisbad, Neutralisieren mit konz. HCl, Ausäthern, Eindampfen der wss. Phase im Vakuum bei 50—60°, Extrahieren des Rückstandes mit sd. A. u. Kühlen: F. 139—141° (Zers.); 53—73% Ausbeute. P. GOLINSKE. 880□

Synthese selektiv geschützter Homoserin- und α.γ-Diaminobuttersäurederivate. T. Sheradsky, Y. Knobler und Max Frankel. (J. org. Chemistry **26.** 1482—87. Mai 1961. Jerusalem, Hebrew Univ., Dep. of Organ. Chem.) (Engl.)

α-Brom-γ-butyrolacton (I) reagiert mit NH_4OH oder Benzylamin (II) zu *α-Amino-γ-hydroxybutyramid* bzw. *α-Benzylamino-γ-hydroxy-N-benzylbutyramid.* Dibenzylamin (III) liefert mit I ohne Aufspaltung des Lactonringes *α-Dibenzylamino-γ-butyrolacton* (IV). α-Benzamido- (VIII) oder α-Carbobenzoxy (Cbo)-amino-γ-butyrolacton bilden mit NH_4OH bzw. II die entsprechenden γ-Hydroxyamide, mit III findet keine Rk. statt. Der Lactonring von IV läßt sich nicht mit NH_4OH oder II aufspalten. Die Umsetzung von α-Benzamido-γ-halogenbuttersäureestern mit III führt nur zu einer γ-Aminierung, während mit II γ-Aminierung u. Amid-Bldg. stattfindet. IV ist gegenüber Hydrogenhaliden stabil; α-Benzamido- (VIII) u. α-Phthalimido-γ-butyrolacton werden dagegen mit HJ zu den entsprechenden *γ-Jodsäuren*, mit äthanol. Hydrogenhaliden zu *γ-Halogenestern* aufgespalten. Gegenüber wss. Alkali ist IV stabil, eine Aufspaltung des Lactonringes gelingt erst mit alkohol. Alkali in der Wärme. Katalyt. kann IV in A. in Ggw. von HCl u. Pd zu *α-Monobenzylamino-γ-butyrolactonhydrochlorid* hydriert werden. Mit einem $PdCl_2$-Katalysator in Ggw. von HCl entsteht *α-Amino-γ-butyrolacton* (IX)- *Hydrochlorid.* Hydrierung in neutralem Medium führt zu **IX**, das sich in der Wärme zum Diketopiperazin-Deriv. des Homoserins dimerisiert. Hydrierung von **IV** in wss. A. in Ggw. von Pd-Kohle u. Triäthylamin liefert *α-Amino-γ-hydroxybuttersäure* (*Homoserin*). Mit Phthalimid-K (**VI**) entsteht aus **IV** *α-Dibenzylamino-γ-phthalimidobuttersäure* (**V**), aus der durch Hydrierung *α-Monobenzylamino-γ-phthalimidobuttersäure* bzw. *α-Amino-γ-phthalimidobuttersäure* u. mit konz. HBr oder N_2H_4 *α-Dibenzylamino-γ-aminobuttersäure* (**XI**) gewonnen werden. Durch Behandlung von **IX**-*Hydrobromid* mit **VI** werden *α-Phthalimido-γ-butyrolacton* bzw. *α.γ-Diphthalimidobuttersäure* synthetisiert. Umsetzung von α-Benzamido-γ-halogenbuttersäureäthylester mit **III** liefert *α-Benzamido-γ-dibenzylaminobuttersäure-äthylester* (**VII**), aus dem mit Alkali die *freie Säure*, mit Säure *α-Amino-γ-dibenzyl-aminobuttersäure* u. durch Hydrierung *1-Benzyl-3-benzamidopyrrolidinon-(2)* entstehen.

Versuche: *α-Dibenzylamino-γ-butyrolacton* (**IV**), $C_{18}H_{19}NO_2$, F. 90° (Aceton/W. oder PAe.), durch 1wöchiges Stehen von **I** mit **III** u. Zugeben von Ae.; 85% (Ausbeute). — *α-Benzylamino-γ-hydroxy-N-benzylbutyramid*, $C_{18}H_{22}N_2O_2$, F. 82° (Bzl./PAe.), durch 5tägiges Stehen von **I** mit **II** u. Rühren mit W. bei 100°; 60%. — *α-Benzamido-γ-hydroxy-butyramid*, $C_{11}H_{14}N_2O_3$, F. 180° (W.), durch 24std. Rk. von **VIII** mit 24%ig. NH_4OH; 90%. — *α-Benzamido-γ-hydroxy-N-benzylbutyramid*, $C_{18}H_{20}N_2O_3$, F. 131°, durch 24std. Rk. von **VIII** mit **II** u. Zugeben von Ae. u. PAe.; 90%. — *α-Cbo-amino-γ-hydroxybutyr-amid*, $C_{12}H_{16}N_2O_4$, F. 137°, aus α-Cbo-amino-γ-butyrolacton u. 24%ig. NH_4OH; 78%. — *α-Cbo-amino-γ-hydroxy-N-benzylbutyramid*, $C_{19}H_{22}N_2O_4$, F. 133°, aus α-Cbo-amino-γ-butyrolacton u. **II**; 88%. — *α-Dibenzylamino-γ-hydroxy-N-benzylbutyramid*, $C_{25}H_{28}\cdot N_2O_2$, F. 76—78° (Aceton/W.), durch 1wöchiges Stehen von **IV** mit **II** u. Zugeben von W.; 88%. — *α-Benzylamino-γ-butyrolactonhydrochlorid*, $C_{11}H_{14}ClNO_2$, F. 220° (A./Ae.) durch katalyt. Hydrierung von **IV** in A. in Ggw. von Pd u. konz. HCl; 30%. — *α-Amino-γ-butyrolacton* (**IX**)-*Hydrochlorid*, $C_4H_8ClNO_2$, F. 202°, durch katalyt. Hydrierung von **IV** in A. in Ggw. von $PdCl_2$-Kohle u. konz. HCl; 85%. — *3.6-Bis-[β-hydroxyäthyl]-2.5-diketopiperazin*, $C_8H_{14}N_2O_4$, F. 184—186° (Ae./A.), durch Hydrierung von **IV** in A. in Ggw. von Pd-Kohle bei 60°; 70%. — *Homoserin* (*α-Amino-γ-hydroxybuttersäure*), $C_4H_9\cdot NO_3$, F. 185° (W./A./Aceton), durch katalyt. Hydrierung von **IV** in A./W. in Ggw. von Pd-Kohle u. Triäthylamin bei 60—65°; 75%. — *N.N-Dibenzylhomoserin* (*α-Dibenzyl-amino-γ-hydroxybuttersäure*), $C_{18}H_{21}NO_3$, F. 154°, durch 10std. Kochen von **IV** in A.mit NaOH, Lösen des Nd. in W. u. Ansäuern mit Essigsäure; 60%; Erhitzen in W. in Ggw. von Essigsäure/HCl → **IV**. — *α-Dibenzylamino-γ-phthalimidobuttersäure* (**V**), $C_{26}H_{24}N_2O_4$, F. 185° (A.), durch 5std. Kochen von **IV** mit **VI** in Dimethylformamid, Einengen, Zugeben von W. u. Ansäuern, 72%. — *α-Amino-γ-phthalimidobuttersäure*, $C_{12}H_{12}N_2O_4$, F. 200°, durch katalyt. Hydrierung von **V** in A. in Ggw. von Pd-Kohle bei 40—50°; 88%. — *α-Benzylamino-γ-phthalimidobuttersäure*, $C_{19}H_{18}N_2O_4$, F. 215° (Zers.; A.), durch katalyt. Hydrierung von **V** in A. in Ggw. von Pd-Kohle; 80%. — *α-Dibenzylamino-γ-aminobutter-säure* (**XI**), $C_{18}H_{22}N_2O_2$, F. 192—193° (Zers.), a) durch 1std. Kochen von **V** mit $N_2H_4\cdot H_2O$ in A., Einengen, ½std. Erwärmen mit 18%ig. HCl, Einengen, Lösen in W. u. Zugeben von $NaHCO_3$; 83%; b) durch 4std. Kochen von **V** mit 48%ig. HBr, Einengen u. Behandeln des *Dihydrobromids* ($C_{18}H_{24}Br_2N_2O_2$), mit $NaHCO_3$; 77%. — *α-Dibenzylamino-γ-benz-amidobuttersäure*, $C_{25}H_{26}N_2O_3$, F. 120—121° (A.), aus **XI** mit Benzoylchlorid. — **XI**-*Äthylesterdihydrochlorid*, $C_{20}H_{28}Cl_2N_2O_2$, F. 100—105°, durch 5std. Kochen von **XI** mit HCl-gesätt. abs. A.; 100%. — *3-Dibenzylaminopyrrolidinon-(2)*, $C_{18}H_{20}N_2O$, F. 103—104° (A./W.), durch Extrahieren der wss.-alkal. Lsg. vorst. Verb. mit Bzl. u. 1std. Kochen der Benzol-Lsg.; 80%. — *3-Aminopyrrolidinon-(2)-hydrochlorid*, $C_4H_9ClN_2O$, F. 202° (A./Ae.), durch katalyt. Hydrierung vorst. Verb. in A. in Ggw. von $PdCl_2$-Kohle u. HCl; 85%. — *α-Phthalimido-γ-butyrolacton*, $C_{12}H_9NO_4$, F. 175° durch 7std. Kochen von **IX**-Hydrobromid mit **VI** in Dimethylformamid, Einengen, Zugeben von W. u. Extrahieren mit Bzl.; 15%. — *α.γ-Diphthalimidobuttersäure*, $C_{20}H_{14}N_2O_6$, F. 195°, durch 8std. Kochen von **IX**-Hydrobromid mit **VI** in Dimethylformamid, Einengen, Lösen in W. u. Ansäuern; 20%. — *α-Benzamido-γ-dibenzylaminobuttersäureäthylester* (**VII**), $C_{27}H_{30}N_2O_3$, F. 80—82°, durch 4—5tägiges Stehen von α-Benzamido-γ-jodbuttersäureäthylester (**X**) mit **III** in Ae.; 65%. *Freie Säure*, $C_{25}H_{26}N_2O_3$, F. 147° (Bzl.), durch 6std. Kochen von **VII** mit NaOH in A.; 60%. — *α-Amino-γ-dibenzylaminobuttersäure*, $C_{18}H_{22}N_2O_2$, F. 188—190° (Zers.; W.), durch 5std. Kochen von **VII** mit 12%ig. HCl, Einengen u. Zugeben von $NaHCO_3$; 73%. — *1-Benzyl-3-benzamidopyrrolidinon-(2)*, $C_{18}H_{18}N_2O_2$, F. 160—161° (A./W. oder Bzl./PAe.), durch katalyt. Hydrierung von **VII** in A. in Ggw. von Pd-Kohle bei 60—70°; 80%. — *α-Benzamido-γ-benzylamino-N-benzylbutyramid*, $C_{25}H_{27}N_3O_2$, F. 165° (A./W.), durch 1wöchiges Stehen von **X** mit **II** in Bzl.; 50%. E. Schröder. 950□

Ein neues Aminosäurereagens: 2.4-Dinitro-5-fluoranilin. Ernst D. Bergmann und Michael Bentov. (J. org. Chemistry **26**. 1480—82. Mai 1961. Tel-Aviv, Ministry of Defence, Sci. Dep.) (Engl.)

2.4-Dinitro-5-fluoranilin (I) u. sein N-Acetyl-Deriv. (II) reagieren mit Aminosäuren zu krist. Derivaten. Die *2.4-Dinitro-5-aminophenylaminosäuren* lassen sich diazotieren u. mit α-Naphthol zu Azofarbstoffen kuppeln.

Versuche: *3-Fluornitrobenzol*, $Kp._{23}$ 96—97°, durch Rk. von 3-Nitroanilin in 40%ig. Fluoroborsäure mit $NaNO_2$ bei 0°, ½std. Stehen bei 0°, Erhitzen des Nd. in Mineralöl u. Wasserdampf-Dest.; 57% (Ausbeute). — *3-Fluoranilin*, $Kp._4$ 64—66°, durch katalyt. Hydrierung vorst. Verb. in A. in Ggw. von Pd-Kohle; 93%. *Acetyl-Deriv.*, F. 84°, durch 12std. Stehen der Base mit Acetanhydrid in Bzl.; Nadeln; 98%. — *2.4-Dinitro-5-fluoracetanilid* (II), $C_8H_6FN_3O_5$, F. 119° (A.), durch 1std. Rk. vorst. Acetyl-Verb. in konz. HNO_3/H_2SO_4 u. Gießen auf Eis; 42%. — *2.4-Dinitro-5-fluoranilin* (I), $C_6H_4FN_3O_4$, F. 186 bis 187° (A.), durch 2std. Kochen vorst. Verb. mit 50%ig. H_2SO_4; 96%. — N-[2.4-Dinitro-5-acetamidophenyl]-aminosäuren: *-glycin*, $C_{10}H_{10}N_4O_7$, F. 243° (A.), durch 2std. Rk. von II in A. mit Glycin in $NaHCO_3$-Lsg., Einengen u. Ansäuern; 87%. — *-DL-phenylalanin*, F. 208° (verd. A.); 96%. — *-DL-methioninmonohydrat*, F. 252° (Zers.; Eisessig); 87%. — *-DL-serin*, F. 201° (A.); 73%. — N-[2.4-Dinitro-5-aminophenyl]-aminosäuren: *-DL-phenylalanin*, $C_{15}H_{14}N_4O_6$, F. 235° (Methanol), durch ½std. Rk. von I in A. mit DL-Phenylalanin in $NaHCO_3$-Lsg.; 93%. — *-DL-isoleucin*, F. 204° (verd.A.); 73%. — *-DL-methionin*, F. 216° (Methanol); 97%. — *-DL-serin*, F. 209° (Methanol); 97%. — *-DL-glutaminsäure*, F. 102° (W.); 91%. E. Schröder. 950□

Aminomalonsäurediäthylesterhydrochlorid. Walter H. Hartung, Jan. H. R. Beaujon und George Cocolas. (Org. Syntheses **40.** 24—26. 1960. Richmond, Va., Med. Coll. of Virginia.) (Engl.)

Durch ¼std. Hydrieren einer Lsg. von Isonitrosomalonsäurediäthylester in abs. A. an 10%ig. Pd/Kohle bei geringem Druck, Filtrieren, Eindampfen im Vakuum, Lösen des *Aminomalonsäurediäthylesterhydrochlorids* in abs. Ae. u. Einleiten von HCl: F. 164 bis 165° (A./Ae.); 78—82% Ausbeute. P. Golinske. 950□

Acetamidomalonsäurediäthylester. Arthur J. Zambito und Eugene E. Howe. (Org. Syntheses **40.** 21—23. 1960. Rahway, N.J., Div. of Merck and Co., Merck, Sharp and Dohme Res. Labor.) (Engl.)

α-Isonitrosomalonsäurediäthylester, durch Zugabe von $NaNO_2$ zu Malonsäurediäthylester in Eisessig/W. bei 5° (1½ Std.), 4std. Rühren (→ 34—38°) u. Ausäthern. — *Acetamidomalonsäurediäthylester*, F. 95—97°, durch 1½std. portionsweises Versetzen vorst. Verb. in Acetanhydrid/Eisessig mit Zn-Staub unter Rühren bei 40—50°, ½std. Rühren, Filtrieren Eindampfen im Vakuum u. Kühlen im Eisbad; 77—78% Ausbeute. P. Golinske. 950□

Verwendung von Thionyldiimidazol zur Peptidsynthese. 23. Mitt. **über Peptidsynthesen.** Th. Wieland und K. Vogeler. (Angew. Chem. **73.** 435. 21/6. 1961. Frankfurt/M., Univ., Inst. für Organ. Chem.) (Dt.) — 22. vgl. C. **1961.** 4360.

Durch Zugeben von je 5 mMol Carbobenzoxy (Cbo)-DL-alanin u. Glycinäthylesterhydrochlorid zu 10 mMol Thionyldiimidazol in Tetrahydrofuran u. anschließendes Zufügen von 5 mMol Triäthylamin bei 0° entsteht in 75%ig. Ausbeute *Cbo-DL-alanylglycinäthylester.* E. Schröder. 950□

Ammonolyse einiger (+)-S-Acylpantetheine. D. Pitré und L. Fumagalli. (Farmaco [Pavia], Ediz. sci. **14.** 465—72. Juni 1959. Milano, Bracco Ind. Chim., Labor. Ric.) (Ital.)

Die Ammonolyse von (+)-S-Acylpantetheinen zu (+)-*Pantethein* (I) u. den Säure*amiden* der die Acylgruppen liefernden Säuren wurde durchgeführt u. das gebildete I jodometr. bestimmt. Die Beweglichkeit der Acylgruppen fällt bei Verw. von $3\,n\,NH_3$ in Methanol in der Reihenfolge p-Brombenzoyl- (II) > Butyryl- > Capryloyl- > Myristoyl- > Benzoyl- (III), bei Verw. von NH_4OH (D. 0,90) + Dimethylformamid (1:2,5) in der Reihenfolge Acetyl- > II > β-Naphthoyl- > III > α-Naphthoyl-. Besteht die Acylgruppe aus einer gesätt. Säure, so ist ihre Beweglichkeit umgekehrt proportional dem Mol.-Gewicht. — Die Löslichkeit der S-Acylpantetheine bei 20° in verschiedenen organ. Lsgm. ist angegeben. K. Zingraf. 950□

Die Synthese von Phthaloyltaurylpeptiden. Alexander W. Spears und Howard Tieckelmann. (J. org. Chemistry **26.** 1498—1500. Mai 1961. Buffalo, N.Y., Univ., Dep. of Chem.) (Engl.)

Durch Rk. von β-Phthalimidoäthansulfonylchlorid (I) mit Aminosäureestern in CH_2Cl_2 in Ggw. von Triäthylamin entstehen *Phthaloyltaurylpeptidester*, die mit Alkali zu den *Phthaloyltaurylpeptiden* (A) verseift werden. Behandlung der A mit Hydrazin führt zu Taurin, Phthalhydrazid u. den entsprechenden Aminosäuren.

Versuche: *β-Phthalimidoäthansulfonylchlorid* (I), $C_{10}H_8ClNO_4S$, F. 160—161° (Bzl./PAe.), durch 2std. Schmelzen von Taurin mit Phthalsäureanhydrid, ½std. Erhitzen mit

PCl_5 auf 120° u. Digerieren mit Eiswasser; 42% (Ausbeute). — Phthaloyltaurylaminosäure(peptid)-ester: *-glycinäthylester*, $C_{14}H_{16}N_2O_6S$, F. 121—122°, durch mehrstd. Stehen von I mit Glycinäthylester u. Triäthylamin in CH_2Cl_2, 3½ std. Kochen, Einengen u. Digerieren mit W.; Nadeln aus Methanol; 72%. — *-DL-alaninäthylester*, $C_{15}H_{18}$·N_2O_6S, F. 143—144°, Nadeln aus A.; 97%. — *-DL-alanyl-DL-methioninäthylester*, $C_{20}H_{27}$·$N_3O_7S_2$, F. 94—96° (Essigester/Cyclohexan), aus I u. DL-Alanyl-DL-methioninäthylester-hydrochlorid; 92%. — *-glycylglycinäthylester*, $C_{16}H_{19}N_3O_7S$, F. 102—103° (Tetrahydrofuran); 76%. — *-DL-glutaminsäurediäthylester*, $C_{19}H_{24}N_2O_8S$, F. 75—77° (70%ig. A.); 96%. — *-glycyl-DL-methioninäthylester*, $C_{19}H_{25}N_3O_7S_2$, F. 123—124°, Nadeln aus A.; 90%. — Phthaloyltaurylaminosäuren(peptide): *-glycin*, $C_{12}H_{12}N_2O_6S$, Zers. >300° (W.), durch mehrstd. Stehen des Äthylesters mit NaOH, Neutralisieren mit 10%ig. HCl u. Behandeln mit Dowex-50—X8 (H^+-Form); 88%. — *-DL-alanin*, $C_{13}H_{14}N_2O_6S$, Zers. >300° (W.); 85%. — *-DL-alanyl-DL-methionin*, $C_{18}H_{23}N_3O_7S_2$, Zers. > 300° (A./W.); 54%. — *-glycylglycin*, $C_{14}H_{15}N_3O_7S$, F. 274—275° (A./W.); 86%. — *-L-glutaminsäure*, $C_{15}H_{16}N_2O_8S$, Zers. >300° (W.); 64%. — *-glycyl-DL-methionin*, $C_{17}H_{21}N_3O_7S_2$, Zers. >300° (A./W.); 65%. E. SCHRÖDER. 950□

Entwicklungen in der Chemie der Borverbindungen. R. A. Shaw. (Ind. Chemist **37.** 335—38. Juli 1961. London, Univ., Birkbeck Coll.) (Engl.)

Krit. Übersicht zum Symposium über Borverbindungen. P. GOLINSKE. 980□

Über Germanosiloxane. 1. Mitt. Darstellung und Eigenschaften von Alkylgermanosiloxanen. Hubert Schmidbaur und Max Schmidt. (Chem. Ber. **94.** 1138—42. April 1961. München, Univ., Inst. für Anorgan. Chem.) (Dt.)

Als erste Vertreter der Verbindungsklasse der Alkylgermanosiloxane wurden *Hexamethylgermanosiloxan* u. *Bis-[trimethylsiloxy]-dimethylgerman* dargestellt. Die Reinheit der Substanzen wurde analyt. u. gaschromatograph. kontrolliert u. die physikal. Konst. bestimmt. Die IR-Spektren zeigen interessante Parallelen zu den analogen Alkylsiloxanen u. Alkylgermoxanen.

Versuche: *Hexamethylgermanosiloxan*, $C_6H_{18}GeOSi$, $Kp._{723}$ 116,5—117,5°, durch Zutropfen von Trimethylchlorgerman zu frisch sublimiertem Na-Trimethylsilanolat unter Rühren u. Wasserkühlung, 1 std. Erwärmen auf 50° u. fraktionierte Dest.; 70% (Ausbeute). — *Bis-[trimethylsiloxy]-dimethylgerman*, $C_8H_{24}GeO_2Si_2$, $Kp._{10,5}$ 54,5°, durch Zutropfen von 2 Mol Li-Trimethylsilanolat u. abs. Ae. zu 1 Mol Dimethyldichlorgerman in abs. Ae., 2 std. Kochen, Filtrieren in fraktionierte Dest. bei 52—60°/10,5 Torr; 69,8%; bei der Rk. der Partner im Verhältnis 1 :1 entsteht daneben *Dimethyltrimethylsiloxychlorgerman*. P. GOLINSKE. 980□

Zur Kenntnis der Chemie der Silazane. 2. Mitt. Über die Synthese von Verbindungen mit Silicium-Stickstoff-Phosphor-Bindungen. Margot Becke-Goehring und Gerd Wunsch. (Chem. Ber. **93.** 326—32. 29/2. 1960. Heidelberg, Univ., Chem. Inst., 1. Anorg. Abt.) (Dt.) — 1. vgl. C. **1959.** 3407.

Hexamethyldisilazan (**I**) u. Trimethyl-[methylamino]-silan (**II**) reagieren mit H_3PO_4, Dithiophosphorsäure-O.O-diäthylester, Monoamiden, Diamiden u. Monohydraziden von Phosphorsäureestern unter Spaltung der Si—N-Bindungen u. Bldg. von *Trimethylsilyl-Derivv.* dieser Verbindungen. So wird **I** durch Chlorphosphorsäurediphenylester (**V**) zu *Trimethylchlorsilan* (**IV**) u. *N-Trimethylsilylamidophosphorsäurediphenylester* heterolysiert. Dagegen reagieren Ester u. Amide der Dichlorphosphorsäure (**III**) nicht mit **I**. **III** selbst reagiert ebenfalls anomal mit **I** unter Bldg. von NH_3 u. *Dichlorphosphorsäuretrimethylsilylester*. Analog gibt **I** mit $POCl_3$ **IV** u. *Dichlorphosphorsäure-[trimethylsilylamid]*. Allg. scheint die Si—N-Bindung nur von solchen Phosphorylchloriden gespalten zu werden, die 1 oder 3 (nicht aber 2) Cl-Atome am P enthalten. Bei der Rk. von **II** u. **V** im Molverhältnis 1 :1 entstehen *N-Methyl-N-trimethylsilylamidophosphorsäurediphenylester* (**VI**) u. *N-Methylamidophosphorsäurediphenylester* (**VII**) im Molverhältnis 1 :1 neben **IV** u. *Methylammoniumchlorid*. Wird bei dieser Rk. **II** im Überschuß eingesetzt, so wird mehr **VI** als **VII** erzeugt. Für den Mechanismus dieser Rk. wird ein nucleophiler Angriff des Silazan-N auf das P-Atom angenommen. Der gebildete **VI** kann durch die freigesetzte HCl zu **VII** gespalten werden.

Versuche: *N.N'-Bis-trimethylsilyldiamidophosphorsäurephenylester*, $C_{12}H_{25}N_2O_2$·PSi_2, F. 119—120°, a) durch mehrstd. Erhitzen von Diamidophosphorsäurephenylester (**VIII**) u. 9 g **I** auf 90—100° bis zum Aufhören der NH_3-Entw.; 75—85% (Ausbeute); b) durch mehrstd. Erwärmen von **VIII** u. 2,1 g **II** auf 30° in Ae.; 85%. — *N-Trimethylsilylhydrazidophosphorsäurediphenylester*, $C_{15}H_{21}N_2O_3PSi$, F. 53—54°, a) durch mehrstd. Erwärmen von Hydrazidophosphorsäurediphenylester (**IX**) mit 1,61 g **I** auf 80—90°; 92%; b) durch mehrstd. Erwärmen von **IX** mit 1,03 g **II** auf 50—60°; 80%; hydrolysierbar an feuchter Luft. — *Dichlorphosphorsäuretrimethylsilylamid*, $C_3H_{10}Cl_2NOPSi$, F. 94

bis 95°, durch Zugeben von 16,1 g I zu $POCl_3$ in abs. Ae. unter Rühren u. 2std. Erwärmen auf 90—100°; 85—90%; hydrolysiert an feuchter Luft. — *Dichlorphosphorsäuretrimethylsilylester*, $C_3H_9Cl_2O_2PSi$; Kp.$_{0,2}$ 45—46°, durch Zutropfen von 16,1 g I in Chlf. zu III in abs. Chlf.; 23,7%. — *Phosphorsäuretris-[trimethylsilylester]*, Kp.$_{0,5}$ 67—68°, durch Suspendieren von 100%ig. H_3PO_4 in Ae. u. Zutropfen von äther. I oder II. — *O.O'-Diäthyl-S-trimethylsilyldithiophosphorsäure*, $C_7H_{19}O_2PS_2Si$, Kp.$_{Hochvakuum}$ 108°, durch Umsetzung von I oder II in abs. Ae. mit O.O'-Diäthyldithiophosphorsäure, Filtration unter Feuchtigkeitsausschluß u. Dest.; 90—95%. — *O.O'-Diäthyldithiophosphorsäure, Methylammoniumsalz*, $C_5H_{16}NO_2PS_2$, F. 96—97°, neben vorst. Verb. aus II. — *N-Methylamidophosphorsäurediphenylester* (VII), $C_{13}H_{14}NO_3P$, F. 95°, a) durch Zutropfen von 26,85 g V zu 10,9 g II unter Rühren u. gelindem Erwärmen; 8—13 g; b) nach a) aus 15,45 g II; 15—20%; c) nach a) aus 20,6 g II; 5%. — *N-Methyl-N-trimethylsilylamidophosphorsäurediphenylester* (VI), $C_{16}H_{22}NO_3PSi$, F. 38—40°, neben VII; nach a) 30—50%, nach b) 60—80%, nach c) 85%. E. DEHMLOW. 980□

Über die Reaktion von β-Chloräthylchlorsulfonat mit Phosphorsäureestern. M. Ss. Malinowski, S. F. Ssolomko und Je. I. Jewtuschenko. (Журнал Общей Химии [J. allg. Chem.] **30** (92). 2591—93. Aug. 1960. Dnepropetrowsk, Univ.) (Russ.)

Na-Diäthylphosphit (I) reagiert mit Chlorsulfonsäure-β-chloräthylester (II) unter Bldg. von *Chlorsulfonsäure-β-[diäthylphosphon]-äthylester* (III), der auch durch ARBUSOW-Umlagerung aus Triäthylphosphit (IV) u. II erhalten wird. III wird zur Charakterisierung mit Diäthylamin u. Na-Phenolat umgesetzt. Chlorsulfonsäureäthylester gibt mit I nur Zers.-Prodd. (*Diäthylphosphorige Säure*, SO_3 u. HCl). Bei der Rk. von I mit II in Ggw. von S entsteht *Chlorsulfonsäure-β-[O.O-diäthylthionphosphoryl]-äthylester*, u. aus Diäthyldithiophosphorsäure (V) u. II wird in Ggw. von Na_2CO_3 *Chlorsulfonsäure-β-[O.O-diäthyldithiophosphoryl]-äthylester* erhalten.

Versuche: *Chlorsulfonsäure-β-[diäthylphosphon]-äthylester* (III), $C_6H_{14}ClO_6PS$, a) Kp.$_4$ 120—121°, durch allmähliche Zugabe von II zu I unter Kühlung u. 2std. Erhitzen auf dem Wasserbad; n_D^{20} 1,4095; $D._4^{20}$ 1,1047; 44,3% (Ausbeute); b) Kp.$_2$ 117—118°, aus IV u. II durch ARBUSOW-Umlagerung; n_D^{20} 1,4087; $D._4^{20}$ 1,1044; 31,9%. — Analog: *Chlorsulfonsäure-β-[di-n-propylphosphon]-äthylester*, $C_8H_{16}ClO_6PS$, Kp.$_2$ 133—134°; n_D^{20} 1,4225; $D._4^{20}$ 1,0574; 25,5%. — *Chlorsulfonsäure-β-[diisopropylphosphon]-äthylester*, $C_8H_{16}ClO_6PS$, Kp.$_1$ 63—64°; n_D^{20} 1,4195; $D._4^{20}$ 1,0685; 26,6%. — *Diäthylphosphorigsäure*, Kp.$_{24}$ 95—96°, Kp.$_{760}$ 186°, durch Zugabe von Chlorsulfonsäureäthylester zu I u. 2std. Erhitzen auf dem Wasserbad; n_D^{20} 1,4030; 74,4%. — *Chlorsulfonsäure-β-[O.O-diäthylthionphosphoryl]-äthylester*, $C_6H_{14}ClO_6PS_2$, Kp.$_4$ 112°, durch 3std. Erhitzen von I u. II mit S in Bzn.; n_D^{20} 1,4495; $D._4^{20}$ 1,0632; 37,8%. — *Chlorsulfonsäure-β-[O.O-di-n-propylthionphosphoryl]-äthylester*, $C_8H_{18}ClO_6PS_2$, Kp.$_7$ 120—121°, analog vorst. Verb.; n_D^{20} 1,4770; $D._4^{20}$ 1,0028; 26,9%. — *Chlorsulfonsäure-β-[O.O-diäthyldithiophosphoryl]-äthylester*, $C_6H_{14}ClO_5PS_3$, Kp.$_7$ 84—85°, aus 18,6 g V (Kp.$_8$ 90—92°) u. 17,9 g II in Ggw. von 10,6 g Na_2CO_3; n_D^{20} 1,4995; $D._4^{20}$ 1,3652; 5,06 g. G. KOWOLLIK. 980□

2.4-Dinitrojodbenzol. J. F. Bunnett und R. M. Conner. (Org. Syntheses **40.** 34—36. 1960. Chapel Hill, N.C., Univ. of North Carolina, Dep. of Chem.) (Engl.)

Durch ¼std. Kochen von 2.4-Dinitrochlorbenzol u. NaJ in Dimethylformamid, Gießen auf Eis, Verdünnen mit W., Filtrieren, ¼std. Kochen in PAe./Bzl. (3:1), Dekantieren, Klären der organ. Phase mit Aktivkohle u. Kühlen: F. 88,5—90°; aus PAe. citronengelbe Kristalle; 48—58% (Ausbeute). P. GOLINSKE. 1010□

Bis-[m-nitrophenyl]-disulfid. W. A. Sheppard. (Org. Syntheses **40.** 80—82. 1960. Wilmington, Del., E. I. du Pont de Nemours and Co., Inc., Exp. Stat., Central Res. Dep.) (Engl.)

Durch ½—¾std. Zutropfen von 55—58%ig. HJ zu m-Nitrobenzolsulfonylchlorid, 3std. Kochen, Kühlen, Zugabe von $NaHSO_3$, Filtrieren u. Eindampfen: F. 82—83°; aus Aceton blaßgelbe Prismen; 86—91% Ausbeute. P. GOLINSKE. 1090□

p-Toluolsulfonhydrazid. Lester Friedman, Robert L. Litle und Walter R. Reichle. (Org. Syntheses **40.** 93—95. 1960. Cleveland, Ohio, Case Inst. of Technol., Dep. of Chem.) (Engl.)

Durch Zugabe von $N_2H_4 \cdot H_2O$ in W. zu p-Toluolsulfonylchlorid in Tetrahydrofuran bei 10—15°, ¼std. Rühren, Abtrennen der Tetrahydrofuranschicht, Filtrieren über Celite u. $MgSO_4$, Verdünnen des Filtrats mit PAe. u. mehrstd. Stehen im Eisschrank: F. 101—104°; Platten; 90% Ausbeute. P. GOLINSKE. 1090□

3-Bromacetophenon. D. E. Pearson, H. W. Pope, W. W. Hargrove, B. C. McKusick und D. W. Wiley. (Org. Syntheses **40.** 7—10. 1960. Nashville, Tenn., Vanderbilt Univ., Dep. of Chem.) (Engl.)

3-Bromacetophenon, F. 7—8°, Kp.$_{0,5}$ 75—76°, durch 20—30 Min. lange Zugabe von Acetophenon zu $AlCl_3$ unter Rühren u. Erwärmen (bis 180°), 40 Min. langes Zutropfen von Br_2, 1std. Rühren bei 80—85°, Gießen in Eis/konz. HCl, Ausäthern u. Dest. der Ae.-Extrakte; n_D^{25} 1,5738—1,5742; 70—75% Ausbeute. P. Golinske. 1160□

Über Thiohydroxamsäuren. Tullio Bacchetti und Andreina Alemagna. (Rend. Ist. lombardo Sci. Lettere, Cl. Sci. mat. natur. **91.** 30—38. 1957. Milano, Univ., Labor. di Chim. Industr. Inorgan.) (Ital.) — Vgl. C. **1960.** 6464.

Die Rk. von Dithiocarbonsäuren mit Hydroxylamin (I) liefert glatt die entsprechenden *Thiohydroxamsäuren. p-Methoxy-* u. *p-Äthoxythiobenzhydroxamsäuren* sind kristallin u. lassen sich im Dunkeln ohne Zers. aufbewahren, die ölige *Thiobenzhydroxamsäure* (II) u. deren *p-Methylderiv.* lassen sich schlecht reinigen u. werden in Form ihrer *Alkylderivv.* charakterisiert. Rk. der Verbb. mit Alkylierungsmitteln führt zu den entsprechenden *S-Alkylestern.* So entsteht aus II mit Benzylchlorid glatt der *S-Benzylester* (II a), der zum Vgl. aus Benzhydroxamsäurechlorid oder Benzonitril-N-oxyd u. Benzylmercaptan (III) dargestellt wird. Der isomere *O-Benzylester* ist durch Rk. von O-Benzylhydroxylamin (IV) mit Thiobenzoylchlorid (V) erhältlich. Die Thiohydroxamsäuren geben bei der therm. Zers. oder beim Erhitzen in Pyridin *W.*, *S* u. die entsprechenden *Nitrile.* Danach ist es unwahrscheinlich, daß die Rk. von Dithiobenzoesäure (VI) mit I-Hydrochlorid in warmem Pyridin nach Wuyts [1932 u. früher], die zu Benzaldoxim führt, über II als Zwischenprod. verläuft.

Versuche: *Thiobenzhydroxamsäure* (II), aus 10,78 g VI durch Überführung in das K-Salz u. dessen Rk. mit I·HCl u. K_2CO_3 in W. (einige Std. bei Zimmer-Temp.); dunkelgelbes Öl; 7,65 g (Ausbeute). *S-Benzylester* (II a), F. 121—122° (Bzl.), a) aus II durch Überführung in das K-Salz u. dessen Rk. mit Benzylchlorid in sd. A. (30 Min.); b) aus α-Chlorbenzaldoxim u. III-Na in A. in der Kälte; c) aus Benzonitriloxyd u. III in Alkohol. II zersetzt sich in 1 Monat zu *S* u. *Benzonitril.* II-*O-Benzylester*, $C_{14}H_{13}NOS$, F. 107° (A.), aus IV·HCl durch Neutralisierung mit Na_2CO_3 in W. u. Rk. mit V. — *p-Methylthiobenzhydroxamsäure*, aus 9 g Dithio-p-toluylsäure analog II; Öl; 4 g; zersetzt sich in 15 Tagen zu *S* u. *p-Tolunitril*, F. 29°. *O.S-Dibenzylester*, $C_{22}H_{21}NOS$, F. 64° (CH_3OH), analog II a nach a) mit 2 Mol Benzylchlorid. — *p-Methoxydithiobenzoesäure*, aus p-Methoxyphenyl-MgJ in Ae. u. CS_2; rote Kristalle. — *p-Methoxythiobenzhydroxamsäure*, $C_8H_9NO_2S$, F. 122° (Bzl.), aus vorst. Säure analog II; 43%. Gibt beim 2std. Erhitzen unter Schmelzen u. Wiedererstarren *S* u. *p-Methoxybenzonitril*, F. 61° (W.). *Benzylester*, $C_{15}H_{15}NO_2S$, F. 108° (CH_3OH), analog II a nach a). — *p-Äthoxydithiobenzoesäure*, aus p-Äthoxyphenyl-MgJ u. CS_2; rote Kristalle. — *p-Äthoxythiobenzhydroxamsäure*, $C_9H_{11}NO_2S$, F. 90° (Bzl.-PAe.), aus vorst. Säure analog II; lichtempfindlich. Gibt beim 2—3std. Erhitzen bei 100° *S* u. *p-Äthoxybenzonitril*, F. 60°. *Benzylester*, $C_{16}H_{17}NO_2S$, F. 110° (wss. CH_3OH), analog II a nach a). Walter Simon. 1210

2-Hydroxyisophthalsäure. David Todd und A. E. Martell. (Org. Syntheses **40.** 48—51. 1960. Worcester, Mass., Worcester Polytechnic Inst.) (Engl.)

Durch Zugabe von 2-Hydroxy-3-methylbenzoesäure zu geschmolzenem KOH, Versetzen mit PbO_2, $^1/_4$std. Erhitzen auf 240° (Bad-Temp.), langsames Weitererhitzen auf 250°, Entfernen des Bades, nach Abkühlen Versetzen mit W., 1std. Rühren, Filtrieren, Neutralisieren des Filtrats mit konz. HCl, Einleiten von H_2S, Kochen, Filtrieren des PbS, Ansäuern des Filtrats mit konz. HCl, Kühlen auf 0—5° u. Filtrieren: F. 243—255°; aus W. bräunliche Nadeln; 46—61% Ausbeute. P. Golinske. 1250□

2.4.5-Triaminonitrobenzol. J. H. Boyer und R. S. Buriks. (Org. Syntheses **40.** 96—99. 1960. New Orleans, La., Tulane Univ., Dep. of Chem.) (Engl.)

1.3-Dinitro-4.6-dichlorbenzol, F. 103—104°, durch Zugabe von m-Dichlorbenzol zu KNO_3 in konz. H_2SO_4 bei 135—140°, 1std. Stehen bei 120—135°, Kühlen auf 90°, Gießen auf Eis, Lösen in 95%ig. A., Filtrieren u. Stehen im Eisschrank; gelbe Nadeln; 70—71,5% (Ausbeute). — *1.3-Dinitro-4.6-diaminobenzol*, F. 300°, durch Einleiten von NH_3 in eine Lsg. vorst. Verb. in Äthylenglykol bei 140° (1 Std.), 2std. Erhitzen, Kühlen auf Raum-Temp. u. Filtrieren; 88—95,5%. — *2.4.5-Triaminonitrobenzol*, F. 200—207°, durch $1^1/_2$std. Zutropfen von NaS_x zu vorst. Verb. in W. (Siedetemp.), $1^1/_2$std. Kochen, Kühlen auf 0° u. Filtrieren; aus W. rote Nadeln; 49,5—52%. P. Golinske. 1310□

Mezcalinanaloga. 10. Mitt. **3.4-Dimethyl-, 3.4-Dichlor- und 3.5-Dimethoxy-4-methyl-β-phenäthylamin.** F. Benington, R. D. Morin und Leland C. Clark jun. (J. org. Chemistry **25.** 2066—67. Nov. 1960. Columbus, Ohio, Battelle Mem. Inst.; Birmingham, Ala., Univ. of Alabama, Med. School.) (Engl.) — 9. vgl. C. **1960.** 12658.

Zur Unters. auf psychopharmakolog. Aktivität werden 3 verschiedene β-Phenäthylamine dargestellt. β-[*3.4-Dimethylphenyl*]-*äthylamin* wird aus 3.4-Dimethylbenzylchlorid durch Überführen in *3.4-Dimethylphenylacetonitril* u. dessen Red. mit $LiAlH_4$ dargestellt. β-[*3.4-Dichlorphenyl*]-*äthylamin* wird entsprechend gewonnen. β-[*3.5-Dimethoxy-4-methylphenyl*]-*äthylamin* wird aus 3.5-Dihydroxy-p-toluylsäure (I) durch Methylieren mit

$(CH_3O)_2SO_2$/NaOH, Überführen der erhaltenen *3.5-Dimethoxy-4-methylbenzoesäure* mit $SOCl_2$ ins *Chlorid*, dessen Rk. mit CH_2N_2 zu *ω-Diazo-3.5-dimethoxy-4-methylacetophenon*, nachfolgende Umlagerung mit Ag^+ in NH_4OH zu *3.5-Dimethoxy-4-methylphenylacetamid* u. Red. mit $LiAlH_4$ erhalten.

Versuche: *3.4-Dimethylbenzylchlorid*, $Kp._{22}$ 113—116°, durch 6std. rasches Einleiten von HCl in ein Gemisch aus o-Xylol, 35% ig. wss. HCHO-Lsg. u. konz. HCl bei 65 ± 5° u. Dest. der organ. Schicht; 64% (Ausbeute). — *3.4-Dimethylphenylacetonitril*, $C_{10}H_{11}N$, $Kp._{22}$ 147—150°, durch Einrühren vorst. Verb. in A. zu NaCN in W., 4std. Kochen unter Rühren, Einengen der filtrierten Lsg. unter vermindertem Druck, Behandeln mit W., Ae.-Extraktion, Einengen u. Dest.; 77%. — *β-[3.4-Dimethylphenyl]-äthylaminhydrochlorid*, $C_{10}H_{16}ClN$, F. 222—223°, durch langsames Einrühren vorst. Verb. zu $LiAlH_4$ in abs. Ae., ½std. Kochen unter Rühren, Kühlen auf 0° (Bad-Temp.), langsame Zugabe von W. u. Behandeln der filtrierten Lsg. mit alkohol. HCl; aus A. Plättchen; 57%. — *3.4-Dichlorphenylacetonitril*, $C_8H_5Cl_2N$, F. 45—46° (PAe.), $Kp._{0,5}$ 115—130°, durch 3½std. Kochen von α.3.4-Trichlortoluol in A. u. NaCN in W. unter Rühren, Abdest. des A. unter vermindertem Druck, Gießen in W., Ae.-Extraktion u. Dest.; 76%. — *β-[3.4-Dichlorphenyl]-äthylaminhydrochlorid*, $C_8H_{10}Cl_3N$, F. 178—179° (CH_3OH/Ae.), durch allmähliches Einrühren vorst. Verb. in abs. Ae. zu $LiAlH_4$ in abs. Ae., 1std. Kochen, Kühlen, Hydrolyse mit W. u. Behandeln der Ae.-Schicht mit trocknem HCl; 17%. — *3.5-Dimethoxy-4-methylbenzoesäure*, F. 216—217° (Aceton), durch portionsweises Einrühren von $(CH_3O)_2SO_2$ zu I u. NaOH in W., zuerst bei <30°, dann bei 30—35° u. schließlich bei 40—45°, 2std. Kochen, Behandeln mit NaOH in W., 2std. Kochen u. Ansäuern mit verd. HCl; 65%. — *ω-Diazo-3.5-dimethoxy-4-methylacetophenon*, $C_{11}H_{12}N_2O_3$, F. 138—139° (Zers.), durch 2std. Kochen vorst. Verb. in abs. Bzl. mit $SOCl_2$, Entfernen von Bzl. u. überschüssigem $SOCl_2$, Dest. unter vermindertem Druck, Einrühren des erhaltenen *3.5-Dimethoxy-4-methylbenzoylchlorids* ($Kp._{0,5}$ 107—110°; 64%) in eine Lsg. von CH_2N_2 (aus N-Nitroso-N-methylharnstoff u. 45% ig. KOH) in abs. Ae. u. 20std. Rühren bei Raum-Temp.; gelber Nd.; 90%. — *3.5-Dimethoxy-4-methylphenylacetamid*, $C_{11}H_{15}NO_3$, F. 166—167° (A./W.), durch Zugabe von konz. NH_4OH u. 10% ig. wss. $AgNO_3$ zu vorst. Verb. in Dioxan, 16std. Erhitzen auf 100° (Bad-Temp.) u. Eindampfen der filtrierten Lsg.; 58%. — *β-[3.5-Dimethoxy-4-methylphenyl]-äthylaminhydrochlorid*, $C_{11}H_{18}ClNO_2$, F. 244—245° (A./Essigester), durch Einrühren vorst. Verb. in abs. Bzl. zu $LiAlH_4$ in abs. Ae., 1std. Kochen unter Rühren, Abkühlen auf 0° (Bad-Temp.), Hydrolyse durch vorsichtige Zugabe von W. u. Behandeln der filtrierten Ae.-Lsg. mit trocknem HCl; 80%. G. REISNER. 1310□

4.4'-Diaminoazobenzol (4.4'-Azodianilin). Pasco Santurri, Frederick Robbins und Robert Stubbings. (Org. Syntheses **40.** 18—20. 1960. Bethlehem, Pa., Lehigh Univ., Leather Res. Inst.) (Engl.)

Durch 6std. Erhitzen von p-Aminoacetanilid mit $NaBO_3 \cdot 4\,H_2O/H_3BO_3$ in Eisessig auf 50—60°, Kühlen, Abfiltrieren des entstandenen *4.4'-Bis-[acetylamino]-azobenzols* [F. 288—293° (Zers.); 57,7%] u. 1½std. Kochen mit 6n HCl in Methanol: F. 238—241° (Zers.); gelbe Kristalle; 52—56% Ausbeute. P. GOLINSKE. 1310□

Neue Synthesen von (±)-Phenylalaninol. Ö. Kovács, G. Paszt und K. Grüner. (Acta Univ. Szegediensis, Acta physica chem. [N. S.] **2.** 111—17. 1956. Szeged, Univ., Inst. of Organ. Chem.) (Engl.)

Die Addition von N_2O_3 an Cinnamylacetat liefert *erythro-[1-Phenyl-1-nitroso-2-nitropropyl-(3)]-acetat* (I), das durch Einw. von Acetanhydrid in Ggw. von konz. H_2SO_4 in *Diacetyl-1-phenyl-2-nitropropandiol-(1.3)* umgewandelt wird. Daneben entsteht *[1-Phenyl-2-nitropropen-(1)-yl-(3)]-acetat* (II). Bei der Rk. von I mit Na-Acetat in Eisessig wird II als Haupt-Prod. erhalten. Red. von II mit $LiAlH_4$ liefert *dl-1-Phenyl-2-aminopropanol-(3)*, das auch aus 1-Phenyl-3-acetoxyaceton (III) u. Benzylamin, Red. mit RANEY-Ni u. Pd-Kohle u. Hydrolyse mit n-HCl erhalten wird.

Versuche: *Cinnamylacetat*, $Kp._2$ 117,0°, aus Cinnamylalkohol u. Acetanhydrid/Na-Acetat nach CHERBULIEZ u. Mitarbeitern (Helv. chim. Acta **14.** [1931.] 191); 95% (Ausbeute). — *erythro-1-Phenyl-1-nitroso-2-nitro-3-acetoxypropan* (I), F. 124°, aus vorst. Verb. nach FODOR u. Mitarbeitern (C. **1958. 14060**). — *dl-1-Phenyl-2-nitro-3-acetoxypropen-(1)* (II), $C_{11}H_{11}NO_4$, F. 78—80° (75% ig. Essigsäure), durch portionsweises Zugeben von I zu Eisessig/Na-Acetat bei 70—80° unter N_2 in 10 Min., 2std. Rühren u. Gießen auf Eis; schwachgelbe Nadeln; 58%. — *1-Phenyl-3-chloraceton*, $Kp._2$ 103—104°; 85%. — *1-Phenyl-3-acetoxyaceton* (III), $C_{11}H_{12}O_3$, F. 64° (A.), durch Erwärmen vorst. Verb. mit Eisessig/K-Acetat (10 Std.), Einengen u. Zugeben von Ae.; 83%. — *dl-1-Phenyl-2-aminopropanol-(3)-hydrochlorid*, $C_9H_{14}ClNO$, F. 139—141° (abs. A./abs. Essigester, 1 : 5), a) durch Red. von II mit $LiAlH_4$ in abs. Ae., Zugeben von abs.

äthanol. HCl u. Einengen; 80,5%; b) durch Rk. von III mit Benzylamin in A., Red. mit Raney-Ni, Zugeben von äthanol. HCl, katalyt. Hydrierung in Ggw. von Pd-Kohle, Einengen, 4std. Kochen mit n-HCl u. Einengen; 42%. *Freie Base*, F. 87—88° (Bzl./PAe.), aus 0,91 g des Hydrochlorids u. 40% ig. NaOH u. Extrahieren mit Ae.; 0,52 g. *N-Benzoylverb.*, $C_{16}H_{17}NO_2$, F. 140—150° (Bzl.), aus 0,92 g des Hydrochlorids u. Benzoylchlorid in NaOH, Ansäuern u. Extrahieren mit Ae.; 1,05 g. E. Schröder. 1320□

Substitutionsreaktionen von Resorcinderivaten. 6. Mitt. Die Reaktion von Benzoldiazoniumchlorid und o-Toluoldiazoniumchlorid mit Resorcin und seinem Monomethyläther. Nobuyoshi Kaneniwa. (J. pharmac. Soc. Japan [Yakugakuzasshi] 75. 1373—76. 25/11. 1955. Kanezawa, Univ., Pharmakol. Inst.) (Jap.; Auszug: Engl.) — 5. vgl. J. pharmac. Soc. Japan [Yakugakuzasshi] 75. [1955.] 791.

Bei der Rk. von 1 Mol des Diazoniumsalzes aus Anilin (I), o-Toluidin (II) u. p-Nitroanilin (IV) mit 1 Mol Resorcinmonomethyläther (III) werden als Haupt-Prodd. Verbb. erhalten, die durch Kupplung in p-Stellung zur OH- u. o-Stellung zur CH_3OH-Gruppe entstanden sind. Bei Verw. von 2 Mol des Diazoniumsalzes wird aus I *4.6-Bis-[benzolazo]-resorcinmethyläther*, aus II *4.6-Bis-[o-toluolazo]-resorcinmonomethyläther* erhalten. Die Stellung der beiden Arylazosubstituenten wird dadurch bewiesen, daß die weitere Rk. von 4-Arylazoresorcin-1-methyläther u. 4-Arylazoresorcin-3-methyläther mit 1 Mol Aryldiazoniumchlorid ident. Verbb. liefert. Beim Kuppeln von 2 Mol Aryldiazoniumsalz mit Resorcin wird entsprechend der Kupplung mit schwachem oder starkem Alkali *2.4-* oder *4.6-Bis-[arylazo]-resorcin* erhalten. Im Falle von III hat die Art des Rk.-Milieus keinen Einfl. auf den Ort der Kupplung.

Versuche: *6-Benzolazoresorcin-1-methyläther*, $C_{13}H_{12}N_2O_2$, F. 144° (50% ig. A.), aus a) 2,6 g I-Hydrochlorid, 10 cm³ A., 3 g Isoamylnitrit, 0,7 g Na in A. u. 2,6 g III; 3,4 g (Ausbeute). — *6-[o-Toluolazo]-resorcin-1-methyläther*, F. 142,5° (A.), aus 2,8 g II-Hydrochlorid analog vorst. Verb.; 4,7 g. — *4.6-Bis-[benzolazo]-resorcin-1-methyläther*, $C_{19}H_{16}N_4O_2$, F. 176° (Chlf./A.), neben vorvorst. Verbindung. *Acetylderiv.*, $C_{21}H_{18}N_4O_3$, F. 167°. — *4.6-Bis-[o-toluolazo]-resorcin-1-methyläther*, F. 170°, neben vorvorst. Verbindung. *Acetylderiv.*, $C_{23}H_{22}N_4O_3$, F. 141°. — *4-Benzolazoresorcindimethyläther*, F. 92° (A.), durch Methylieren von 4-Benzolazoresorcin mit $(CH_3)_2SO_4$ in Aceton. — *4-[o-Toluolazo]-resorcindimethyläther*, analog vorst. Verb.; Öl. — *4-[p-Nitrobenzolazo]-resorcin-3-methyläther*, $C_{13}H_{11}N_3O_4$, F. 203° (A.), aus III u. diazotiertem IV. *Methylderiv.*, F. 151°.— *4-[p-Nitrobenzolazo]-resorcin-1-methyläther*, $C_{13}H_{11}N_3O_4$, F. 182° (Bzl.), neben vorst. Verb.; gibt gleiches *Methylderiv.* wie vorst. Verbindung. — *2.4-Bis-[benzolazo]-resorcin*, F. 222°, aus diazotiertem I u. 4-Benzolazoresorcin (F. 168°) in Ggw. von schwachem Alkali. *Diacetylderiv.*, F. 144°, — *4.6-Bis-[benzolazo]-resorcin*, F. 215°, wie vorst. in Ggw. von starkem Alkali. *Diacetylderiv.*, F. 184°. — *2.4-Bis-[o-toluolazo]-resorcin*, F. 212°, aus 4-[o-Toluolazo]-resorcin (F. 178°) analog vorvorst. Verbindung. *Diacetylderiv.*, F. 130°. — *4.6-Bis-[o-toluolazo]-resorcin*, F. 195°, analog vorvorst. Verbindung. *Diacetylderiv.*, F. 178°. F. Mossner. 1320

Über Diazoniumdoppelsalze vom Typ $Ar_2SbCl_3 \cdot ArN_2Cl$. O. A. Reutow, O. A. Ptitzyna, A. N. Lowzowa und W. F. Petrowa. (Журнал Общей Химии [J. allg. Chem.] 29 (91). 3888—94. Dez. 1959. Moskau, Univ.) (Russ.)

Die Rk. von Diphenylchlorstibin (I) mit Aryldiazoniumchloriden oder deren Komplexen mit $ZnCl_2$ oder $FeCl_3$ liefert nicht die Diazoniumdoppelsalze von I, sondern wegen der leichten Oxydierbarkeit von I die *Diazoniumdoppelsalze* von *Diphenyltrichlorantimon* (II).

Versuche: *Diphenyltrichlorantimon* (II), F. 173—175° (5n HCl), a) durch Oxydation von I mit $NaNO_2$ in Eisessig-konz. HCl; b) durch Oxydation von I mit $FeCl_3$ in alkohol. HCl; 61% (Ausbeute); c) durch Oxydation von I mit Luft-O_2 in Eisessig–HCl in Ggw. von $ZnCl_2$; 20%. — II-Doppelsalze: Mit *Phenyldiazoniumchlorid*, $C_{18}H_{15}Cl_4N_2Sb$, F. 148—162° (Zers.; Aceton–Ae.), a) man diazotiert 0,0059 Mol Anilin in 2 ml konz. HCl, gibt 10 ml Eisessig u. bei —2 bis —3° 0,0056 Mol I in 15 ml Eisessig zu; 75%; b) aus 0,0032 Mol I in 2—3 ml A. (mit HCl gesätt.) u. 0,0035 Mol $C_6H_5N_2Cl \cdot FeCl_3$ in 2 ml A. + 2 ml Aceton unter Kühlung; 59%; c) aus 0,0016 Mol I u. 0,0017 Mol $C_6H_5N_2Cl \cdot ZnCl_2$ in 3 ml Eisessig + 1,5 ml konz. HCl; 88%. Liefert beim Kochen in HCl oder Chlf. unter Zers. II; F. 172—173°. — Mit *o-Tolyldiazoniumchlorid*, $C_{19}H_{17}Cl_4N_2Sb$, F. 166 bis 167° (Zers.; Aceton–Ae.), a) aus o-Tolyldiazoniumchlorid u. I; 70%; b) aus o-Tolyldiazoniumchlorid·$FeCl_3$ u. I; 70%. — Mit *p-Tolyldiazoniumchlorid*, $C_{19}H_{17}Cl_4N_2Sb$, F. 128 bis 130° (Zers.; Aceton–Ae.), aus p-Tolyldiazoniumchlorid·$FeCl_3$ u. I; 87%. — Mit *o-Anisyldiazoniumchlorid*, $C_{19}H_{17}Cl_4N_2OSb$, F. 164—167° (Zers.; Aceton–Ae.), aus dem entsprechenden Diazoniumdoppelsalz mit $FeCl_3$ u. I; 95%. — Mit *p-Anisyldiazoniumchlorid*, $C_{19}H_{17}Cl_4N_2OSb$, F. 147—148° (Zers.), analog vorst. Verb.; 84%. — Mit *o-Phene-*

tyldiazoniumchlorid, $C_{20}H_{19}Cl_4N_2OSb$, F. 163° (Zers.); 55%. — Mit *o-Chlorphenyldiazoniumchlorid*, $C_{18}H_{14}Cl_5N_2Sb$, F. 146—148° (Zers.); 67%. — Mit *p-Chlorphenyldiazoniumchlorid*, $C_{18}H_{14}Cl_5N_2Sb$, F. 151—153° (Zers.); 73%. — Mit *p-Dimethylaminophenyldiazoniumchlorid*, $C_{20}H_{20}Cl_4N_3Sb$, F. 145,5—146,5° (Zers.), aus dem entsprechenden Diazoniumchlorid-$ZnCl_2$-Doppelsalz u. I; 88%. Helmut Schäfer. 1380□

Methylencyclohexan. George Wittig und U. Schoellkopf. (Org. Syntheses **40**. 66—68. 1960. Heidelberg, Univ.) (Engl.)

Triphenylmethylphosphoniumbromid, F. 232—233°, durch 2tägiges Stehen von Triphenylphosphin u. CH_3Br in abs. Bzl. in einer Druckflasche u. Filtrieren; 99% (Ausbeute). — *Methylencyclohexan*, Kp.$_{740}$ 99—101°, durch 5 Min. lange Zugabe vorst. Verb. zu n-Butyl-Li in abs. Ae., 4std. Rühren bei Raum-Temp., Zutropfen von Cyclohexanon, mehrstd. Kochen, Kühlen, Filtrieren, Eindampfen der Ae.-Lsg. u. Dest.; n_D^{25} 1,4470; 35—40%. P. Golinske. 1810□

Über die Darstellung von 6.6-disubstituierten 1-Methylencyclohexadienen-(2.4). Kurt Alder, Rudolf Braden und Franz Heinz Flock. (Chem. Ber. **94**. 456—67. 24/2. 1961. Köln, Univ., Chem. Inst.) (Dt.)

Die Umsetzung von Dimethylfulven mit Diazomethan führte nicht zu *6.6-Dimethyl-1-methylencyclohexadien-(2.4)* (I), sondern zu *Pyrazolino-[3'.4': 2.3]-* bzw. *-[4'.5': 2.3]-dimethylfulven*. Die aus den entsprechenden Cyclohexadienonen u. Cyclopentadien dargestellten Verbb. *9.9-Dimethyl-* (**IX**), *9-Methyl-9-phenyl-* (**II a** u. **b**) u. *9.9-Pentamethylen-8-oxotricyclo-[5.2.2.0^{2.6}]-undecadien-[3(4).10]* (vgl. C. **1961**. 10526) wurden durch Grignard-Rk. jeweils zu dem entsprechenden *Carbinol* umgesetzt u. durch anschließende Dest. zu *9.9-Dimethyl-* (III), *9-Methyl-9-phenyl-* (IV) bzw. *9.9-Pentamethylen-8-methylentricyclo-[5.2.2.0^{2.6}]-undecadien-[3(4).10]* (V) dehydratisiert. Die Pyrolyse von **III**, **IV** u. **V** bei 380° führte zu **I**, *6-Methyl-6-phenyl-* (**VI**) bzw. *6.6-Pentamethylen-1-methylencyclohexadien-(2.4)* (**VII**). Die Hydrierung von **I** lieferte *1.1.2-Trimethylcyclohexan*. Maleinsäureanhydrid addierte **I**, **VI** u. **VII** zu *7.7-Dimethyl-*, *7-Methyl-7-phenyl-* bzw. *7.7-Pentamethylen-8-methylenbicyclo-[2.2.2]-octen-(5)-dicarbonsäure-(2.3)-anhydrid*. Analog reagierte Acetylendicarbonsäuredimethylester zu den entsprechenden *Bicyclo-[2.2.2]-octadien-(2.5)-Derivv.*, die beim Erhitzen glatt in *Phthalsäureester* u. 1.1-disubstituierte *Allene* nach der Alder-Rickert-Regel zerfallen u. mit methanol. KOH im Gegensatz zu den Cyclohexadienon–Acetylendicarbonsäureester-Addukten zu den *freien Dicarbonsäuren* verseift wurden. Zur Unters. der bei der Pyrolyse von **III**, **IV** u. **V** als Nebenprodd. auftretenden *aromat. Verbb.* wurde **I** bei erhöhter Temp. zu *1-Methyl-2-äthylbenzol* u. *2.2'-Dimethyldibenzyl* (**VIII**) isomerisiert. Analog entstanden aus **VII** *Benzocycloocten* u. *1-Methyl-2-[penten-(4)-yl]-benzol*, während aus **VI** *Fluoren* u. *2.2'-Diphenyldibenzyl* erhalten wurden. Die Umlagerung von **III** u. **V** unter sauren Rk.-Bedingungen führte zu *Hemellitol* bzw. *1-Methylbenzocyclohepten*, das durch alkal. $KMnO_4$ zu *3-Carboxyphthalonsäure-(1.2)* oxydiert wurde.

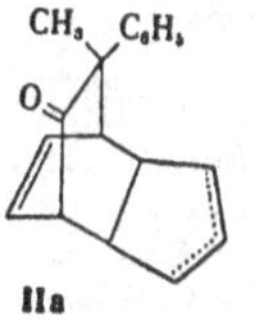

IIa

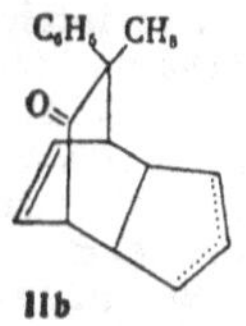

IIb

Versuche: *Pyrazolino-[3'.4'(4'.5'): 2.3]-dimethylfulven*, $C_9H_{12}N_2$, F. 75° (PAe.), aus Dimethylfulven u. Diazomethan in Ae. durch 10tägiges Stehen unter Eiskühlung; 59% (Ausbeute). Daneben *isomere Verb. vom F. 175°* (Bzl.; Nadeln); liefert durch 20 Min. langes Erhitzen auf 170° im Ölbad unter N_2 vorst. Verb. vom F. 75°. — *9.9-Dimethyl-8-hydroxytricyclo-[5.2.2.0^{2.6}]-undecadien-[3(4).10]*, $C_{13}H_{18}O$, Kp.$_{11}$ 138°, F. 54°, aus **IX** u. Isopropyl-MgBr durch 5std. Kochen in Ae.; 52%; 14 g lieferten durch Erhitzen im Vakuum auf 480° *Cyclopentadien* (4 g) neben *6.6-Dimethylcyclohexen-[3(4)]-on-(1)*, $C_8H_{12}O$, Kp.$_{20}$ 62°, n_D^{20} 1,4646; *Semicarbazon*, $C_9H_{15}N_3O$, F. 186° (Methanol–W.; Nadeln). — *9.9-Dimethyl-8-methylentricyclo-[5.2.2.0^{2.6}]-undecadien-[3(4).10]* (III), $C_{14}H_{18}$, Kp.$_{12}$ 105°, a) aus **IX** u. Methyl-MgJ durch 4std. Erhitzen auf 65° in Ae. u. anschließende Dest. des nach Aufarbeitung erhaltenen Prod. in Ggw. von J_2; n_D^{20} 1,5205; 73%; b) aus **I** in Toluol durch langsame Zugabe von Cyclopentadien in 2 Std. auf dem sd. Wasserbad; 40%. — *6.6-Dimethyl-1-methylencyclohexadien-(2.4)* (I), C_9H_{12}, Kp.$_{30}$ 50°, aus 24 g **III** durch Pyrolyse bei 380°/12 mm; n_D^{20} 1,5052; 4 g. Daneben *Cyclopentadien* (Kp. 41°) u. *2.2'-Dimethyldibenzyl* (**VIII**), $C_{16}H_{18}$, F. 66° (Methanol; Blättchen). — *7.7-Dimethyl-8-methylenbicyclo-[2.2.2]-octen-(5)-dicarbonsäure-(2.3)-anhydrid*, $C_{13}H_{14}O_3$, F. 102° (Ligroin; Prismen), aus **I** u. Maleinsäureanhydrid in Ae. bei Raum-Temp.; 82%. — *1.1.2-Trimethylcyclohexan*, C_9H_{18}, Kp.$_{50}$ 62°, a) aus **I** durch Hydrierung an Raney-Ni in Methanol; n_D^{20} 1,4391; b) aus 6.6-Dimethylcyclohexadien-(2.4)-on durch Hydrierung u. nachfolgende Einw. von Methyl-MgBr auf das erhaltene *2.2-Dimethylcyclohexanon*, dann Dest. des entstandenen *1.2.2-Trimethylcyclohexanols-(1)* (Kp.$_{12}$ 69°, n_D^{20} 1,4652; 63%) in Ggw. von J_2 bei normalem Druck u. nachfolgende Hydrierung des erhaltenen *2.3.3-Tri-*

methylcyclohexens-(1) (Kp.$_{28}$ 51—53°, n_D^{20} 1,4611) an RANEY-Ni in Methanol (Raum-Temp./100 at). — *7.7-Dimethyl-8-methylenbicyclo-[2.2.2]-octadien-(2.5)-dicarbonsäure-(2.3), Dimethylester*, $C_{15}H_{18}O_4$, Kp.$_{0,3}$ 115°, F. 65° (PAe.; Würfel), aus **I** u. Acetylendicarbonsäuredimethylester durch 3std. Erhitzen auf dem Wasserbad u. anschließende Dest.; 72%. *Freie Dicarbonsäure*, $C_{13}H_{14}O_4$, F. 150° (Essigester–Ligroin). — *1.1-Dimethylallen*, aus 21 g vorst. Dimethylesters durch Pyrolyse bei 400°; daneben *Phthalsäuredimethylester*, Kp. 282°; 82%. — *1-Methyl-2-äthylbenzol*, Kp.$_{30}$ 70°, aus **I** durch Pyrolyse bei 500° im Vakuum; n_D^{20} 1,5048; daneben **VIII**. — *Hemellitol*, Kp.$_{20}$ 70°, aus 14 g **III** durch 2std. Kochen mit Acetanhydrid in Ggw. von konz. H_2SO_4; n_D^{20} 1,5127; 2,6 g. — *9.9-Pentamethylen-8-methyl-8-hydroxytricyclo-[5.2.2.0$^{2.6}$]-undecadien-[3(4).10]*, $C_{17}H_{24}O$, Kp.$_{0,5\cdot10^{-4}}$ 107°, aus 23 g des entsprechenden Ketons u. Methyl-MgJ in Ae. durch 3std. Erhitzen auf dem Wasserbad auf 55°; 22 g. — *9.9-Pentamethylen-8-methylentricyclo-[5.2.2.0$^{2.6}$]-undecadien-[3(4).10]* (**V**), $C_{17}H_{22}$, Kp.$_{10^{-4}}$ 78°, durch Dest. vorst. Carbinols in Ggw. von J_2; 84%. — *6.6-Pentamethylen-1-methylencyclohexadien-(2.4)* (**VII**), $C_{12}H_{16}$, Kp.$_{5\cdot10^{-4}}$ 43°, durch Pyrolyse von 10 g **V** bei 375—380° im Vakuum; n_D^{20} 1,5312; 5 g. — *7.7-Pentamethylen-8-methylenbicyclo-[2.2.2]-octen-(5)-dicarbonsäure-(2.3)-anhydrid*, $C_{16}H_{18}O_3$, F. 176° (Essigester–Ligroin; Nadeln), aus **VII** u. Maleinsäureanhydrid in Ae.; 62%. — *7.7-Pentamethylen-8-methylenbicyclo-[2.2.2]-octadien-(2.5)-dicarbonsäure-(2.3), Dimethylester*, $C_{18}H_{22}O_4$, Kp.$_{0,1}$ 145°, F. 53° (PAe.), aus **VII** durch 3std. Erhitzen mit Acetylendicarbonsäuredimethylester in Toluol auf dem Wasserbad; 76%. *Freie Dicarbonsäure*, $C_{16}H_{18}O_4$, F. 165° (Essigester). — *1.1-Pentamethylenallen*, C_8H_{12}, Kp.$_{25}$ 46°, aus 1 g vorst. Dimethylesters durch Pyrolyse bei 400° im Vakuum; n_D^{20} 1,4836; 0,2 g. — *1-Methyl-2-[penten-(4)-yl]-benzol* (?), $C_{12}H_{16}$, Kp.$_{11}$ 96—97°, durch Pyrolyse von **VII** bei 500° im Vakuum; n_D^{20} 1,5117; 20%. Daneben *Benzocycloocten* ($C_{12}H_{16}$, Kp.$_{11}$ 106°, n_D^{20} 1,5392; 70%). — *o-Tolylbuttersäure*, $C_{11}H_{14}O_2$, F. 58° (Methanol; Nadeln), aus vorst. Verb. u. O_3 bei —60° in Essigester, dann Zugabe von Essigsäure u. 30%ig. H_2O_2 u. nachfolgendes Verdampfen des Lsgm. sowie 4std. Erhitzen des Rückstands auf dem Wasserbad. — *3(4)-Nitrophthalonsäure*, F. 145° (Bzl.–Ligroin), durch 4std. Erhitzen vorst. Verb. mit HNO_3 (Dichte 1,15) im Rohr auf 190°. — *1-Methylbenzocyclohepten*, $C_{12}H_{16}$, Kp.$_{11}$ 110°, aus **V** in Acetanhydrid durch 3std. Kochen in Ggw. von konz. H_2SO_4; n_D^{20} 1,5400; 48%. — *3-Carboxyphthalonsäure-(1.2)*, F. 236° (W.), aus vorst. Verb. in wss. Na_2CO_3 u. $KMnO_4$ in 24 Std. bei 95° auf dem Wasserbad; 40%. — *9-Methyl-9-phenyl-8-methylentricyclo-[5.2.2.0$^{2.6}$]-undecadien-[3(4).10]* (**IV**), $C_{19}H_{20}$, Kp.$_{0,1}$ 120°, F. 49° (Methanol–Ae.; Prismen), aus **II a** (F. 137°) in Bzl. u. Methyl-MgBr in Ae. u. Abdest. des Ae. bis 70—75° auf dem Wasserbad, dann 12std. Rühren bei gleicher Temp. u. anschließende Dest. des nach Aufarbeitung erhaltenen *Carbinols* in Ggw. von J_2; 78%; 25 g liefern bei der Pyrolyse bei 380° *Cyclopentadien* (51%), *6-Methyl-6-phenyl-1-methylencyclohexadien-(2.4)* (**VI**; $C_{14}H_{14}$, Kp.$_{0,06}$ 62°, n_D^{20} 1,5888; 22%), *Fluoren* [$C_{13}H_{10}$ Kp.$_{0,06}$ 85°, F. 115° (Methanol, Blättchen); 3,2 g] u. *2.2'-Diphenyldibenzyl* [$C_{26}H_{22}$, F. 117° (PAe.; Nadeln)]. — *7-Methyl-7-phenyl-8-methylenbicyclo-[2.2.2]-octen-(5)-dicarbonsäure-(2.3)-anhydrid*, $C_{18}H_{16}O_3$, F. 147° (Essigester; Prismen), aus **VI** u. Maleinsäureanhydrid durch 2std. Erhitzen in Dioxan auf dem Wasserbad; 55%. — *1-Methyl-1-phenylallen*, Kp.$_{11}$ 82°, aus **VI** durch 3std. Erhitzen mit Acetylendicarbonsäuredimethylester auf dem sd. Wasserbad u. nachfolgende Dest. neben *Phthalsäuredimethylester*. — *9-Phenyl-8.9-dimethyl-8-hydroxytricyclo-[5.2.2.0$^{2.6}$]-undecadien-[3(4).10]*, $C_{19}H_{22}O$, F. 104,5° (PAe.), aus **II b** (F. 116°) u. Methyl-MgJ in Ae.; 26%.

D. KIRSTEIN. 1810☐

Hydroxymethylferrocen (Cyclopentadienyl-[hydroxymethylcyclopentadienyl]-eisen). Daniel Lednicer, T. Arthur Mashburn jun. und Charles R. Hauser. (Org. Syntheses **40.** 52—53. 1960. Durham, N.C., Duke Univ., Dep. of Chem.) (Engl.)

Durch Zugabe von N.N-Dimethylaminomethylferrocenmethojodid zu wss. NaOH, 3½std. Kochen, Abkühlen, Extrahieren mit Ae. u. Eindampfen: F. 76—78°; aus Hexan goldene Nadeln; 59—79% Ausbeute.

P. GOLINSKE. 1870☐

Cyclohexen-(2)-on. Walter F. Gannon und Herbert O. House. (Org. Syntheses **40.** 14—16. 1960. Cambridge, Mass., MIT, Dep. of Chem.) (Engl.)

Cyclohexen-(2)-on, Kp.$_{72}$ 96—97°, Kp.$_{10}$ 56—57,5°, durch Zugabe von 3-Äthoxycyclohexen-(2)-on zu $LiAlH_4$ in abs. Ae., ½std. Kochen, Versetzen mit W., Gießen in kalte 10%ig. H_2SO_4, Abtrennen der Ae.-Schicht u. Dest.; n_D^{27} 1,4858; 62—75% Ausbeute.

P. GOLINSKE. 1960☐

3-Äthoxycyclohexen-(2)-on. Walter F. Gannon und Herbert O. House. (Org. Syntheses **40.** 41—42. 1960. Cambridge, Mass., MIT, Dep. of Chem.) (Engl.)

Durch Dest. von 4.5-Dihydroresorcin, p-Toluolsulfonsäuremonohydrat u. abs. A. in Bzl. (Temp. des Dampfes 78°), Eindampfen der organ. Phase u. Dest. im Vakuum: Kp.$_{11}$ 115—121°, Kp.$_{0,4}$ 66—68,5°; n_D^{29} 1,5015; 70—75% Ausbeute. P. GOLINSKE. 1980☐

Fortschritte in der Pyrethrumchemie. Yuzo Inouye. (Botyu-Kagaku [Sci. Insect Control] **25.** 177—85. Nov. 1960. Kyoto, Univ., Inst. for Chem. Res.) (Engl.)

Übersicht. — 169 Literaturangaben. P. GOLINSKE. 2010□

Ferrocenylacetonitril ([Cyanmethylcyclopentadienyl]-cyclopentadienyleisen). Daniel Lednicer und Charles R. Hauser. (Org. Syntheses **40.** 45—46. 1960. Durham, N.C., Duke Univ., Dep. of Chem.) (Engl.)

Durch Zugabe von N.N-Dimethylaminomethylferrocenmethojodid zu KCN in W., 2std. Kochen, Kühlen auf Raum-Temp., Filtrieren, Lösen des Rückstands in Ae. u. Eindampfen: F. 79—81°; aus Hexan gelbe Kristalle; 71—77% Ausbeute.

P. GOLINSKE. 2010□

N.N-Dimethylaminomethylferrocenmethojodid. Daniel Lednicer und Charles R. Hauser. (Org. Syntheses **40.** 31—33. 1960. Durham, N.C., Duke Univ., Dep. of Chem.) (Engl.)

Durch Zugabe von Ferrocen zu Bis-[dimethylamino]-methan u. H_3PO_4 in Essigsäure, 5std. Erhitzen auf 100° unter N_2, Kühlen auf Raum-Temp., Verdünnen mit W., Extrahieren mit Ae., Alkalisieren der wss. Phase mit NaOH, Extrahieren mit Ae., Eindampfen, Lösen in Methanol, Zugabe von CH_3J, 5 Min. langes Erhitzen, Kühlen, Versetzen mit Ae. u. Filtrieren: F. 200° (Zers.); orangefarbenes Pulver; 68—81% Ausbeute.

P. GOLINSKE. 2110□

Synthese und Eigenschaften von 4-Alkyl- und 4.4′-Dialkyldiphenylen der Zusammensetzung C_{16}—C_{32} und ihrer Hydrierungsprodukte. Je. P. Kaplan, S. I. Kasakowa und A. D. Petrow. (Журнал Общей Химии [J. allg. Chem.] **30** (**92**). 369—76. Febr. 1960. Inst. für organ. Chem. der Akad. der Wiss. der UdSSR.) (Russ.)

Vff. beschreiben die Darst. von *4-Alkyl-* u. *4.4′-Dialkyldiphenylen* u. ihre Hydrierung zu den entsprechenden *4-Alkyl-* bzw. *4.4′-Dialkyldicyclohexylen.* Die Viscosität bei verschiedener Temp. u. die IR-Spektren der erhaltenen Verbb. sind angegeben.

Versuche: *Propyl-[diphenylyl-(4)]-keton* (I), Kp.$_3$ 170—171°, F. 94°, man gibt zu einem Gemisch von 77 g Diphenyl, 270 ml Nitrobenzol u. 55 g Butyrylchlorid bei —2 bis —5° in kleinen Portionen 80 g $AlCl_3$, zersetzt am nächsten Tag mit verd. HCl unter Kühlung, trennt die obere Schicht ab u. dest.; 37 g (Ausbeute). *Semicarbazon,* F. 193°. — *Amyl-[diphenylyl-(4)]-keton,* F. 95°, analog I. *2.4-Dinitrophenylhydrazon,* F. 152°. — *Hexyl-[diphenylyl-(4)]-keton,* Kp.$_3$ 193°, F. 86°. *2.4-Dinitrophenylhydrazon,* F. 110°. — *Heptyl-[diphenylyl-(4)]-keton,* Kp.$_3$ 200°, F. 100°. *2.4-Dinitrophenylhydrazon,* F. 130°. — *Propyl-[4′-butyldiphenylyl-(4)]-keton,* $C_{20}H_{24}O$, Kp.$_4$ 200—202°, F. 105°, aus 4-Butyldiphenyl (II). *Hydrazon,* F. 80°. — *Hexyl-[4′-heptyldiphenylyl-(4)]-keton,* F. 106°. *2.4-Dinitrophenylhydrazon,* F. 115°. — *Heptyl-[4′-octyldiphenylyl-(4)]-keton,* $C_{28}H_{40}O$, F. 110°. *2.4-Dinitrophenylhydrazon,* F. 98°. — Diphenyle: *4-Butyl-* (II), $C_{16}H_{18}$, Kp.$_3$ 140—141°, F. 7°, durch Red. von 50 g I mit Zn-Amalgam u. HCl in Toluol; n_D^{29} 1,5832; 35 g. — *4-Hexyl-* (III), $C_{18}H_{22}$, Kp.$_3$ 175—176°, F. 32°. — *4-Heptyl-,* $C_{19}H_{24}$, Kp.$_2$ 175—176°, F. 37°. — *4-Octyl-,* Kp.$_2$ 187—188°, F. 45°. — *4.4′-Dibutyl-,* $C_{20}H_{26}$, F. 59°. — *4.4′-Dioctyl-,* $C_{28}H_{42}$, F. 65°. — *4-[Decen-(4)-yl-(4)]-,* $C_{22}H_{28}$, Kp.$_3$ 192—193°, man setzt I bei 25—30° mit Hexyl-MgBr um, rührt noch 5 Std. bei 40—45°, zersetzt mit HCl u. dehydratisiert das Rk.-Prod. mit CH_3COOH u. H_2SO_4; $D._4^{20}$ 0,9545; n_D^{20} 1,5688. — *4-[Decyl-(4)]-,* Kp.$_3$ 193—194°, Ep. —37°, durch Hydrierung von 116 g vorst. Verb. in Dimethylcyclohexan (IV) in Ggw. von RANEY-Ni bei 80 at u. 60—70°; 105 g. — *4′-Butyro-4-[decyl-(4)]-,* $C_{26}H_{36}O$, Kp.$_3$ 262—264°, aus 40 g vorst. Verb. analog I bei —5°; 21 g. *2.4-Dinitrophenylhydrazon,* $C_{32}H_{40}N_4O_4$, F. 100°. — *4-[Decyl-(4)]-4′-[decen-(4)-yl-(4)]-,* Kp.$_3$ 243—245°, aus 21 g vorst. Verb. u. Hexyl-MgBr; 19 g. — Dicyclohexyle: *4-Butyl-,* $C_{16}H_{30}$, Kp.$_3$ 130°, Ep. —52°, durch Hydrierung von II in Ggw. von RANEY-Ni in IV bei 110 at u. 220—250°; $D._4^{20}$ 0,8789; n_D^{20} 1,4780. — *4-Hexyl-,* $C_{18}H_{34}$, Kp.$_9$ 186°, Ep. —3 bis —10°, aus III; $D._4^{20}$ 0,8764; n_D^{20} 1,4783. — *4-Octyl-,* $C_{20}H_{38}$, Kp.$_5$ 190—193°, Ep. —12°; $D._4^{20}$ 0,8718; n_D^{20} 1,4770. — *4.4′-Dibutyl-,* $C_{20}H_{38}$, Kp.$_3$ 170 bis 172°, Ep. —7°; $D._4^{20}$ 0,8721; n_D^{20} 1,4775. — *4.4′-Diheptyl-,* $C_{26}H_{50}$, Kp.$_5$ 205—206°, Ep. —10°; $D._4^{20}$ 0,8754; n_D^{20} 1,4785. — *4.4′-Dioctyl-,* $C_{28}H_{54}$, Kp.$_5$ 240—242°, Ep. —3°; $D._4^{20}$ 0,8709; n_D^{20} 1,4785. — *4-[Decyl-(4)]-,* $C_{22}H_{42}$, Kp.$_3$ 195—196°, Ep. —35°; $D._4^{20}$ 0,8774; n_D^{20} 1,4785. — *4.4′-Bis-[decyl-(4)]-,* $C_{32}H_{62}$, Kp.$_2$ 240—242°, Ep. —18°; $D._4^{20}$ 0,8780; n_D^{20} 1,4820. RENATE RICHTER. 2210□

p-Quinquephenyl. Tod W. Campbell und Richard N. McDonald. (Org. Syntheses **40.** 85—88. 1960. Wilmington, Del., E. I. du Pont de Nemours & Co., Textil Fibers Dep., Pioneering Res. Div.) (Engl.)

p-Xylol-bis-[triphenylphosphoniumchlorid], durch 3std. Kochen von 1.4-Bis-[chlormethyl]-benzol u. Triphenylphosphin in Dimethylformamid u. Kühlen; 93—98% (Ausbeute). — *1.4-Bis-[4-phenylbutadienyl]-benzol,* F. 285—287°, durch Zugabe von 0,25m äthanol. Li-Äthanolat zu vorst. Verb. u. Zimtaldehyd in A., mehrstd. Stehen bei Raum-

Temp. u. Filtrieren; gelbe Platten; 69—75%. — *p-Quinquephenyl*, F. 385—390°, durch 3std. Kochen vorst. Verb. mit Acetylendicarbonsäurediäthylester in o-Dichlorbenzol, Abkühlen auf < 80°, Zugabe von A. u. KOH, 2std. Kochen, Eindampfen unter N_2, Extrahieren mit W., Filtrieren, Ausäthern, Neutralisieren der wss. Phase mit verd. HCl, Alkalisieren mit Na_2CO_3, Zugabe von $K_3[Fe(CN)_6]$ in W., mehrstd. Stehen, Abtrennen des Festkörpers u. Sublimation; aus Dimethylsulfoxyd Blättchen; 52%.

P. Golinske. 2210□

1.4-Diphenylbutadien-(1.3). Richard N. McDonald und Tod W. Campbell. (Org. Syntheses **40.** 36—38. 1960. Wilmington, Del., E. I. du Pont de Nemours & Co., Textil Fibers Dep., Pioneering Res. Div.) (Engl.)

Triphenylcinnamylphosphoniumchlorid, F. 224—226°, durch 12std. Kochen von ω-Chlorpropenylbenzol u. Triphenylphosphin in Xylol, Abkühlen auf 60° u. Filtrieren; 91—93% (Ausbeute). — *1.4-Diphenylbutadien-(1.3)*, F. 154—156° (Cyclohexan), durch Zugabe von Li-Äthanolat in A. zu vorst. Verb. u. Benzaldehyd in A., ½std. Stehen, Verdünnen mit W. u. Filtrieren; 60—67%. P. Golinske. 2210□

Synthese und Cyclisierung einiger 2'-substituierter 2-Benzylbenzophenone. Frank A. Vingiello, Martin O. L. Spangler und James E. Bondurant. (J. org. Chemistry **25.** 2091—94. Dez. 1960. Blacksburg, Va., Polytechn. Inst., Chem. Labor.) (Engl.)

Durch Rk. von o-Halogenbenzoylchloriden mit dem $CdCl_2$-Reagens aus 2-Bromdiphenylmethan entstehen *2'-Halogen-2-benzylbenzophenone*, während *2'-Methyl-2-benzylbenzophenon* durch Umsetzung von o-Tolyl-MgBr mit 2-Benzylbenzonitril u. folgende Hydrolyse des entstandenen *Ketimins* gebildet wird. Durch Cyclisierung der Ketone werden *9-Phenylanthracene* gebildet, deren Bldg.-Geschw. gemessen werden.

Versuche (FF. korr.): *o-Brombenzhydrol*, durch Rk. von Phenyl-MgBr u. o-Brombenzaldehyd nach Adams u. Vollweiler [1918]. — *o-Bromdiphenylmethan*, Kp.$_1$ 119 bis 122°, durch 31std. Kochen vorst. Verb. mit rotem P u. J_2 in Eisessig u. W.; 65% (Ausbeute). — 2-Benzylbenzophenone, durch Rk. der Grignard-Verb. aus vorst. Verb. mit $CdCl_2$ (40 Min. kochen), Abdestillieren von Ae. u. Rk. in Bzl. in der Kälte mit o-Halogenbenzoylchlorid (1½std. Kochen): *2'-Chlor-*, Kp.$_1$ 201—204°; 59%. — *2'-Brom-*, Kp.$_2$ 215°; 60%. — *2'-Fluor-*, Kp.$_{1,8}$ 194°; 55%. — *2'-Methyl-*, Kp.$_5$ 215°; 73%. — 2-Benzoylbenzophenone: *2'-Chlor-*, F. 87,5—88° (Methanol), aus 1,95 g vorst. Chlor-Verb. mit CrO_3 in sd. wss. Essigsäure (48 Std.); 2,07 g. — *2'-Brom-*, F. 93,2—94°, analog vorst. Verb.; 77%. — *2'-Fluor-*, F. 116,7—117°; 62%. — *2'-Methyl-*, F. 76—77°; 64%. — 9-[2-substituierte Phenyl]-anthracene, aus der entsprechenden vorvorst. Verb. mit 48%ig. HBr u. Eisessig im Rohr (7 Std. bei 150°): *9-[2'-Brom-*, F. 136—137°, aus Methanol Rosetten; 21%. — *9-[2-Chlor-*, F. 139,5—140°; 52%. — *9-[2-Fluor-*, F. 143—144°; 94%. — *9-[2-Methyl-*, F. 125—126°; 10%. W. Hampel. 2360□

Desoxyanisoin [p-Methoxy-ω-(p-methoxyphenylacetophenon)]. P. H. Carter, J. Cymerman Craig, Ruth E. Lack und M. Moyle. (Org. Syntheses **40.** 16—18. 1960. Oxford, England, Dyson Perrins Labor.) (Engl.)

Durch 24std. Kochen von Anisoin u. Sn-Pulver in konz. HCl/95%ig. A.: F. 108 bis 111° (95%ig. A.); 86—92% Ausbeute. P. Golinske. 2380□

α.β-Diphenylpropionsäure. Charles R. Hauser und W. R. Dunnavant. (Org. Syntheses **40.** 38—40. 1960. Durham, N.C., Duke Univ., Dep. of Chem.) (Engl.)

Durch Zugabe von Phenylessigsäure zu $NaNH_2$ in fl. NH_3, ¼std. Rühren, Zugabe von Benzylchlorid in abs. Ae. zur dunkelgrünen Suspension, 1std. Rühren, Eindampfen zur Trockne, Lösen in W., Filtrieren über Celite u. Ansäuern mit HCl: F. 95,5—96,5° (PAe.); 80—84% Ausbeute. P. Golinske. 2410□

Orientierungseffekte in der Diphenylreihe. 15. Mitt. **Derivate von Bitolyl-(2.2') und 2.4.2'.4'-Tetramethylbiphenyl.** Pauline M. Everitt, Shiu May Loh und E. E. Turner. (J. chem. Soc. [London] **1960.** 4587—90. Nov. London, Bedford Coll.) (Engl.) — 14. vgl. C. **1956.** 11392.

Beim Nitrieren von m-Tolidin (I) entsteht *5-Nitro-m-tolidin* (II), dessen Struktur daraus folgt, daß der Ersatz beider NH_2-Gruppen durch Br zu *4.4'-Dibrom-5-nitro-2.2'-dimethyldiphenyl* führt, bei dem nur 1 Br mit warmem Piperidin (III) reagiert, u. daß die Desaminierung zu *5-Nitro-2.2'-dimethyldiphenyl* (IV) führt, das sich in *5-Nitrodiphensäure* u. *3-Nitrodiphenyl* überführen läßt. I gibt beim Desaminieren *2.2'-Dimethyldiphenyl*. *6-Nitro-2.2'-dimethyldiphenyl* wird aus 6.6'-Dinitro-2.2'-dimethyldiphenyl (V) durch partielle Red. mit Na_2S u. Desaminieren mit dem Diazo/H_3PO_2-Verf. erhalten; es wird zu *6-Amino-2.2'-dimethyldiphenyl* reduziert. Die Red. von IV führt zu *5-Amino-2.2'-dimethyldiphenyl*. *2.4.2'.4'-Tetramethyl-6.6'-dinitrodiphenyl* wird aus 2-Jod-1.5-dimethyl-3-nitrobenzol (VI) durch Ullmann-Rk. dargestellt u. zu *6-Amino-2.4.2'.4'-tetramethyl-6'-nitrodiphenyl* red., das zu *2.4.2'.4'-Tetramethyl-6-nitrodiphenyl* desaminiert wird. Letzteres wird zur entsprechenden *Amino-Verb.* red. u. diese in *9-[p-Aminophenyl]-2.4.5.7-tetramethylphenanthridin* übergeführt.

Versuche: *m-Tolidin* (I), $C_{14}H_{16}N_2$, F. 87—88°, durch Red. von m-Nitrotoluol mit Zn-Staub in wss.-alkohol. NaOH u. saurer Umlagerung; aus Bzl. Plättchen; 55% (Ausbeute). — *2.2'-Dimethyldiphenyl*, F. 18°, Kp.$_{1-5}$ 110—113°, durch Diazotieren von I bei 0 bis —5° in HCl, 15std. Behandeln mit 50%ig. H_3PO_2, Schütteln des Ae.-Auszugs mit wss. Alkali u. Dest.; 52%. — *5-Nitro-m-tolidin* (II), $C_{14}H_{15}N_3O_2$, F. 173—175° (A.), durch 2std. Einrühren von 1 Mol KNO_3 in eine Lsg. von 1 Mol I in H_2SO_4 (D. 1,84) bei 0 bis —5°, 1std. weiteres Rühren, Gießen auf Eis u. Verreiben des abfiltrierten Nd. mit 30%ig. NaOH; 62%. — 2.2'-Dimethyldiphenyle: *4.4'-Dibrom-5-nitro-*, $C_{14}H_{11}Br_2NO_2$, F. 100—101° (A.), durch Diazotieren vorst. Verb. in HBr bei 0 bis —5°, langsame Zugabe von CuBr in HBr u. 1std. Erhitzen auf 100°. — *4-Brom-5'-nitro-4'-piperidino-*, $C_{19}H_{21}BrN_2O_2$, F. 105—107°, durch 5 Min. langes Erhitzen vorst. Verb. u. III auf 100° (Bad-Temp.); aus A. orangefarbene Nadeln. — *5-Nitro-* (IV), $C_{14}H_{13}NO_2$, F. 65—66°, durch Diazotieren von II in HCl, Behandeln mit H_3PO_2, mehrstd. Rk., Lösen in Ae., Einengen u. Dest. im Vakuum; aus A. gelbe Nadeln; 45%. — *5-Amino-*, $C_{14}H_{15}N$, F. 59—60°, durch katalyt. Hydrieren von IV in A. an PtO u. Reinigen über das Hydrochlorid; aus verd. A. Flocken; 70%. *Benzoyl-Deriv.*, $C_{21}H_{19}NO$, F. 129—130°; aus verd. A. Nadeln. *p-Nitrobenzoyl-Deriv.*, $C_{21}H_{18}N_2O_3$, F. 160—161°; aus wss. A. blaßgelbe Plättchen. *Formyl-Deriv.*, $C_{15}H_{15}NO$, F. 124—126° (PAe.). *Acetyl-Deriv.*, $C_{16}H_{17}NO$, F. 131—133°; aus PAe. Nadeln. — *5-Dimethylamino-*, $C_{16}H_{19}N$, Kp.$_7$ 146—148°, durch allmähliche Zugabe von $(CH_3O)_2SO_2$ zu einem heißen Gemisch aus Bzl., wss. Alkali u. vorst. Verb.; 61%. *Methojodid*, $C_{17}H_{22}JN$, F. 177—178°, durch Rk. mit CH_3J bei Raum-Temp.; aus W. Nadeln. — *6-Amino-6'-nitro-*, F. 123—124°, durch Red. von V mit Na_2S; 66%. — *6-Nitro-*, F. 42—43°, durch Lösen von 1 Mol vorst. Verb. in heißer konz. HCl u. W., Diazotieren mit 1,1 Mol $NaNO_2$ in wenig W. bei 0—5°, ½std. Rk., Zugabe von H_3PO_2 von 0°, mehrstd. Stehen bei 0°, Ae.-Extraktion, Eindampfen u. Wasserdampf-Dest. der alkal. Lsg.; aus A. Flocken; 51%. — *6-Amino-*, $C_{14}H_{15}N$, F. 27°, durch katalyt. Hydrieren vorst. Verb. in A. an PtO u. Reinigen über das Hydrochlorid; aus PAe. Nadeln; 73%. — *5-Nitrodiphensäure*, $C_{14}H_9NO_6$, F. 266—267° (verd. A.), durch 6std. Kochen von IV mit alkal. $KMnO_4$; 29%. *Anhydrid*, F. 194—195°, durch 1std. Kochen mit Acetanhydrid; Nadeln. — *3-Nitrodiphenyl*, F. 63—64° (PAe.), durch 1std. Kochen vorst. Säure in Chinolin in Ggw. von Cu-Pulver, Gießen in Säure, Ae.-Extraktion, Abdampfen des Ae. u. Wasserdampfdestillation. — 2.4.2'.4'-Tetramethyldiphenyle: *6.6'-Dinitro-*, $C_{16}H_{16}N_2O_4$, F. 136—137°, durch 1std. Zugabe von Cu-Pulver zu VI bei 130—135°, ½std. Erhitzen auf 155—160° u. Chlorbenzolextraktion; aus A. oder Bzl. blaßgelbe Prismen; 85%. — *6-Amino-6'-nitro-*, $C_{16}H_{18}N_2O_2$, F. 117—118°, durch Lösen von 1 Mol vorst. Verb. in sd. A., ¼std. Zugabe von 1,2 Mol $Na_2S \cdot 9H_2O$ u. 2,4 g-Atom S in W., 3std. Kochen, Konz., Kühlen auf 0°, Extrahieren des abfiltrierten Nd. mit sd. verd. HCl u. Hydrolyse des Hydrochlorids mit W.; aus A. hellgelbe Nadeln. — *6-Nitro-*, $C_{16}H_{17}NO_2$, F. 107—108°, durch Diazotieren der vorst. Verb. in verd. HCl, 1std. Behandeln der Lsg. mit H_3PO_2 unter Zugabe von Cu-Pulver bei 15—20°, Abfiltrieren des Nd. u. Wasserdampf-Dest. der alkal. Lsg.; aus A. blaßgelbe Rhomben; 54%. — *6-Amino-*, F. 50—51°, a) durch katalyt. Hydrieren vorst. Verb. in A. an PtO, Einengen, Behandeln mit konz. HCl, Behandeln des entstehenden *Hydrochlorids* ($C_{16}H_{20}ClN$; aus verd. HCl) mit NH_4OH u. Ae.-Extraktion; 96%; b) durch Red. vorst. Verb. mit $SnCl_2$ u. HCl. *p-Nitrobenzoyl-Deriv.*, $C_{23}H_{22}N_2O_3$, F. 140—141°, durch Rk. mit p-Nitrobenzoylchlorid in Pyridin; aus A. blaßgelbe Prismen oder Nadeln; 75%. — 2.4.5.7-Tetramethylphenanthridine: *9-[p-Nitrophenyl]-*, $C_{23}H_{20}N_2O_2$, F. 159—160° (aus A. Nadeln) oder F. 177—178° (aus A. hellgelbe Rhomben), durch 12std. Erhitzen des vorst. p-Nitrobenzoyl-Deriv. u. $POCl_3$ in Nitrobenzol auf 175—180°, Gießen in A. u. Entfernen des Lsgm. durch Wasserdampf-Dest.; 78%. — *9-[p-Aminophenyl]-*, $C_{23}H_{22}N_2$, F. 195—196°, durch Behandeln von 1 Mol vorst. Verb. in CH_3COOH mit 3 Mol $SnCl_2 \cdot 2H_2O$ in 9 Mol konz. HCl bei 70°, ¼std. Kochen, ¾std. Erhitzen auf 100° (Bad-Temp.), Gießen in überschüssige 10%ig. NaOH, Lösen des abfiltrierten Nd. in verd. HCl, Fällen mit Alkali, Behandeln mit sd. Bzl., Abfiltrieren der unlösl. Sn-Salze, Konz., Zugabe von PAe. u. Kochen; gelbe Prismen; 77%. G. REISNER. 2510□

Eine neue Synthese von β.β-Diphenylalanin und verwandten unnatürlichen α-Aminosäuren. Robert Filler und Y. Shyamsunder Rao. (J. org. Chemistry **26**. 1685. Mai 1961. Chicago, Ill., Inst. of Technol., Dep. of Chem.) (Engl.) — Vgl. C. **1959**. 5123.

Durch Rk. von 2-Phenyl-4-benzyliden-4H-oxazolon-(5) (III) mit Bzl. in Ggw. von $AlCl_3$ nach der l. c. beschriebenen Meth. unter N_2 wurde in 70—75%ig. Ausbeute *2-Phenyl-4-benzhydryloxazolon-(5)* (I) erhalten. I wurde durch 24std. Kochen mit alkohol.

NaOH in *N-Benzoyl-dl-β.β-diphenylalanin* [II, $C_{22}H_{19}NO_3$, F. 192—193°; ca. 100% (Ausbeute)] übergeführt. II wurde auch nach der Hydantoin-Meth. dargestellt. Durch 6std. Kochen von II mit 48%ig. HBr u. Eisessig (1 : 2) konnte *β.β-Diphenylalaninhydrobromid* [$C_{15}H_{16}BrNO_2$, F. 205°; 90%] erhalten werden. *β.β-Diphenylalanin* [F. 234° (Zers.); 63% (bezogen auf III)] wurde durch Überführung des Hydrobromids in das *Hydrochlorid*, Lösen in W. u. Zugabe von 0,1n NaOH bis pH 7 isoliert. Auf analogem Weg wurden *β-Phenyl-β-[o-chlorphenyl]-alanin* [F. 203—204° (Zers.); 52%], *β-Phenyl-β-[2.4-dichlorphenyl]-alanin* [F. 189—191° (Zers.); 57%] u. *β-Phenyl-β-[p-nitrophenyl]-alaninhydrobromid* [F. 215—217°; 80%] dargestellt. Die Bldg. des gesätt. Azlactons wird durch elektronenanziehende Substituenten am Arylidenring begünstigt.

H. BERTSCH. 2550□

Halogenierung einiger 2-Acylindandione-(1.3). W. Selmen, G. Wanag und S. Krasstyn. (Известия Академии Наук Латвийской ССР [Nachr. Akad. Wiss. LettSSR] **1959.** Nr. 7. 75—80. Inst. für organ. Synth. der Akad. der Wiss. der LettSSR.) (Russ.; Auszug: Lett.)

Durch Chlorierung u. Bromierung von 2-Acetyl- (**I**), 2-Phenylacetyl- (**II**), 2-[Diphenylacetyl]- (**III**) u. 2-[Trimethylacetyl]-indandion-(1.3) (**IV**) werden die entsprechenden *2-Chlor-* u. *2-Brom-2-acylindandione-(1.3)* erhalten. Bei der Einw. von überschüssigem Halogen auf **I**—**IV** erfolgt leicht eine Spaltung unter Bldg. von *2.2-Dichlor-* bzw. *2.2-Dibromindandion-(1.3)*, so daß bei der Darst. der 2-Halogen-2-acylindandione die Rk.-Bedingungen genau einzuhalten sind.

Versuche: Indandione-(1.3): *2-Chlor-2-acetyl-*, $C_{11}H_7ClO_3$, F. 107° (Zers.; A.), man leitet in die Suspension von **I** in Eisessig Cl_2 bis zur homogenen Lsg. ein, läßt 1½—2 Std. stehen u. verd. mit W.; gelbe Kristalle. — *2-Brom-2-acetyl-*, $C_{11}H_7BrO_3$, F. 97—98° (Zers.; Eisessig), man gibt zu einer **I**-Suspension in Eisessig Dioxandibromid, bis fast alles gelöst ist, filtriert u. verd. mit W.; gelbe Kristalle. — *2.2-Dibrom-*, $C_9H_4Br_2O_2$, F. 176—177°, man gibt zu 2 g **I** in Eisessig 2,2 ml Br_2, läßt über Nacht stehen u. verd. mit Wasser. — *2-Phenylacetyl-* (**II**), $C_{17}H_{12}O_3$, F. 74—76° (Zers.; A.), man gibt zu Na-Methylat (aus 4,3 g Na u. 6,3 ml Methanol in 80 ml Bzl.) 100 ml Bzl. u. in 1 Std. das Gemisch aus 63,2 g Dimethylphthalat u. 25 g Phenylaceton u. erhitzt 8—10 Std.; gelbe Kristalle. — *2-Chlor-2-phenylacetyl-*, $C_{17}H_{11}ClO_3$, F. 84—86° (Zers.; A.), man leitet in **II** in wenig Eisessig Cl_2 bis zur Lsg. ein. — *2.2-Dichlor-*, $C_9H_4Cl_2O_2$, F. 123—124° (Eisessig), aus **II** u. überschüssigem Cl_2. — *2-Brom-2-phenylacetyl-*, $C_{17}H_{11}BrO_3$, F. 98 bis 100° (Zers.; Eisessig), aus **II** u. Br_2 in geringem Überschuß; schwachgelbe Kristalle. — *2-Chlor-2-[diphenylacetyl]-*, $C_{23}H_{15}ClO_3$, F. 154—156° (Zers.; Eisessig), man sättigt die Lsg. von 2 g **III** in Eisessig mit trocknem Cl_2; 1,9 g (Ausbeute). — *2-Brom-2-[diphenylacetyl]-*, $C_{23}H_{15}BrO_3$, F. 138—139° (Zers.; Eisessig), man erhitzt **III** in CCl_4 mit wenig überschüssigem Br_2 auf dem Wasserbad. — *2-Chlor-2-[trimethylacetyl]-*, $C_{14}H_{13}ClO_3$, F. 96—97° (Zers.; A.), aus **IV** u. Cl_2 in Eisessig. — *2-Brom-2-[trimethylacetyl]-*, $C_{14}H_{13}BrO_3$, F. 98—100° (Zers.; Eisessig), man gibt zur Suspension von **IV** in Eisessig bis zur homogenen Lsg. Dioxandibromid. HELMUT SCHÄFER. 2650□

6.7-Dimethoxy-3-methylinden-2-carbonsäureäthylester (6.7-Dimethoxy-3-methyl-2-carbäthoxyinden). John Koo. (Org. Syntheses **40.** 43—44. 1960. Bethesda, Md., Nat. Inst. of Health, Nat. Cancer Inst., Labor. of Chem. Pharmacol.) (Engl.)

Durch Zugabe von α-Acetyl-β-[2.3-dimethoxyphenyl]-propionsäureäthylester zu Polyphosphorsäure bei 20—25°, ¼std. Rühren, Gießen in Eiswasser, Extrahieren mit Chlf. u. Eindampfen im Vakuum: F. 81—83°; erstarrendes blaßgelbes Öl; 82—86% Ausbeute.

P. GOLINSKE. 2650□

Elektrophile Eigenschaften von 3-Phenylindon-2- carbonsäureäthylester. C. F. Koelsch. (J. org. Chemistry **25.** 2088—91. Dez. 1960. Minneapolis, Minn., Univ., School of Chem.) (Engl.)

Es wird die Addition von Aminen oder Alkoholen an 3-Phenylindon-2-carbonsäureäthylester (I) untersucht, wobei die entsprechenden *$C_{(3)}$-substituierten Verbb.* entstehen, die nur in alkal. Medium stabil sind. I addiert auch andere Verbb. mit akt. H, wie HCN, CH_3NO_2, Malonsäurediäthylester u. Aceton, wobei stabile *$C_{(3)}$-substituierte Derivv.* entstehen.

Versuche: *3-Phenylindon-2-carbonsäureäthylester* (I), F. 88—89°, aus o-Benzoylbenzoylmalonsäurediäthylester mit sd. 5%ig. Na_2CO_3 (10 Min.); 96,5% (Ausbeute). — *2-Carbäthoxy-3-cyan-3-phenylhydrindon*, $C_{19}H_{15}NO_3$, F. 99—101°, aus 0,5 g I in W. mit 0,2 g NaCN in Ggw. von A.; aus verd. A. Platten; 0,5 g. — *3-Acetonyl-2-carbäthoxy-3-phenylhydrindon*, $C_{21}H_{20}O_4$, F. 96—99°, aus 1 g I mit Aceton u. 10%ig. KOH (10 Min.); aus verd. A. Nadeln; 1 g. — *3-Acetonyl-3-phenylhydrindon*, $C_{18}H_{16}O_2$, F. 95—96°, aus 2,7 g vorst. Verb. mit sd. 48%ig. HBr (10 Min.); Prismen aus Äthylacetat–Ligroin;

2,1 g. — *2-Carbäthoxy-3-[cyclohexanonyl-(2)]-3-phenylhydrindon*, $C_{24}H_{24}O_4$, F. 126—136°, aus 3 g I u. 3 g Cyclohexanon in tert.-Butanol u. 10% ig. NaOH; aus A. Platten; 2 g. — *2-Carbäthoxy-3-nitromethyl-3-phenylhydrindon*, $C_{19}H_{17}NO_5$, F. 105—107°, aus 3 g I u. 3 g CH_3NO_2 in tert.-Butanol u. 10% ig. NaOH; aus A. Prismen; 3 g. — *2-Carbäthoxy-3-phenylhydrindon-3-malonsäurediäthylester*, $C_{25}H_{26}O_7$, F. 89—91°, aus 8,4 g I u. 5 g Malonsäurediäthylester in tert.-Butanol u. 10% ig. NaOH (30 Min.); aus A. Nadeln; 13,2 g. — *3-Phenylhydrindon-3-essigsäure*, $C_{17}H_{14}O_3$, F. 128—130° (CH_2Cl_2), *Solvat*, $C_{17}H_{14}O_3 \cdot CH_3COOC_2H_5$, F. 91—92° (Äthylacetat–Ligroin), aus dem Methylester mit sd. 2% ig. methanol. KOH (5 Min.); Nadeln. *Methylester*, $C_{18}H_{16}O_3$, F. 88—89°, Kp.$_{15}$ 230 bis 235°, aus 13 g vorst. Verb. mit sd. 48% ig. HBr, Eindampfen zur Trockne, 1½ std. Kochen mit 48% ig. HBr u. Eisessig, Eindampfen, Erhitzen auf 185° u. Rk. mit sd. Methanol in Ggw. von H_2SO_4 (1 Std.); aus Äthylacetat–Ligroin Nadeln; 5,7 g. — *2-Carbäthoxy-3-phenylhydrindon-3-cyanessigsäureäthylester*, $C_{23}H_{21}NO_5$, F. 121—124°, aus I u. Cyanessigsäureäthylester in Ggw. von 50% ig. KOH; aus A. Nadeln. — *2-Carbäthoxy-3-phenylhydrindon-3-thioglykolsäure*, $C_{20}H_{18}O_5S$, F. 105°, aus I mit 10% ig. NaOH u. 75% ig. Thioglykolsäure; aus Bzl.–Ligroin Prismen. — *3-[p-Hydroxyphenyl]-3-phenylhydrindon-2-carbonsäureäthylester*, $C_{24}H_{20}O_4$, F. 155—160°, aus I mit Phenol u. W. bei 160° in Ggw. von KOH; aus Ae. Platten. — *3-[p-Hydroxyphenyl]-3-phenylhydrindon*, $C_{21}H_{16}O_2$, F. 136—139°, a) durch Hydrolyse u. Decarboxylierung vorst. Verb.; b) durch 5 Min. langes Kochen von 2 g I mit KOH u. Phenol; aus Äthylacetat–Ligroin Nadeln oder Prismen; 1,75 g. — *3-[p-Methoxyphenyl]-3-phenylhydrindon*, $C_{22}H_{18}O_2$, F. 87—88°, a) aus vorst. Verb. mit Dimethylsulfat; aus Methanol Prismen; b) aus 1 g nachst. Verb. mit $SOCl_2$ in Ggw. von Pyridin (5 Min. langes Erwärmen), Zusatz von Bzl. u. $AlCl_3$ nach dem Entfernen von $SOCl_2$ (15 Min.) u. Hydrolyse; 20 mg. — *β-[p-Methoxyphenyl]-β.β-diphenylpropionsäure*, $C_{22}H_{20}O_3$, F. 156—157°, aus 22 g p-Methoxyphenyldiphenylchlormethan mit 20 g Chlormercuriacetaldehyd in Bzl. (4 Std. bei Zimmer-Temp. u. 2std. Kochen) u. Rk. des Prod. in sd. Aceton mit $KMnO_4$ (15 Min.); aus Essigsäure Platten; 8,6 g. — *3-Phenylindon-2-carbonsäureanilid*, $C_{22}H_{15}NO_2$, F. 178—179°, durch 5 Min. langes Kochen von 1 g I u. 1,5 g Anilin; aus verd. Essigsäure rote Prismen; 1,1 g. *Anil*, $C_{28}H_{20}N_2O$, F. 217—218°, analog, aber 10 Min. langes Kochen; aus n-Butanol gelbe Nadeln. — *3-Cyan-3-phenylhydrindon-2-carbonsäureanilid*, $C_{23}H_{16}N_2O_2$, F. 157 bis 159°, aus 1 g vorst. Verb. u. NaCN in wss. A.; aus A. Prismen; 1 g. — *1.3-Diphenyl-1-hydroxyinden-2-carbonsäure*, $C_{22}H_{16}O_3$, F. 163—164°, aus I u. Phenyl-MgBr in Ae.; aus verd. A. Nadeln. — *1.3-Diphenylinden-2-carbonsäure*, $C_{22}H_{16}O_2$, F. 195—196°, a) aus 0,5 g vorst. Verb. mit Zn-Staub in sd. Essigsäure–Acetylchlorid (10 Min.); aus verd. Essigsäure gelbe Nadeln; 50 mg; b) aus 1.3-Diphenylinden mit sd. Oxalylchlorid (1 Std.), Versetzen mit verd. Na_2CO_3 u. Erwärmen mit 3% ig. H_2O_2. W. HAMPEL. 2650□

Naphthalin-2.6-dicarbonsäure. Bernhard Raecke und Hubert Schirp. (Org. Syntheses **40**. 71—74. 1960. Düsseldorf.) (Engl.)

Durch Zugabe von Naphthalin-1.8-dicarbonsäureanhydrid zu wss. KOH bei 60—70°, Einstellen auf pH 7, Eindampfen, Kühlen, Versetzen mit Methanol, 2½—3½ std. Erhitzen des K-Salzes der Naphthalin-1.8-dicarbonsäure [88—92% (Ausbeute)] mit wasserfreiem $CdCl_2$ im Autoklaven auf 400—430°/90 at unter CO_2, Kühlen, Lösen in W. bei 50—60°, Entfärben mit Kohle, Filtrieren, Erwärmen auf 80—90°, Ansäuern mit konz. HCl auf pH 1 u. Filtrieren: F. 310—313° (Zers.); 57—61 g. P. GOLINSKE. 2700□

2-Aminofluoren [Fluorenyl-(2)-amin]. P. M. G. Bavin, John C. Sheehan und Roger E. Chandler. (Org. Syntheses **40**. 5—7. 1960. Ottawa, Ontario, Univ. of Ottawa, Nat. Res. Council of Canada.) (Engl.)

2-Aminofluoren, F. 127,8—128,8°, durch Lösen von 2-Nitrofluoren in 95% ig. A., Erwärmen auf 50°, Zugabe von Pd/Kohle, ½ std. Zutropfen von $N_2H_4 \cdot H_2O$ u. 1 std. Kochen; krist. Pulver; 93—96% Ausbeute. P. GOLINSKE. 2750□

Beitrag zur Untersuchung von meso-Dihydroanthracenverbindungen. Pierre Berçot. (Ann. Chimie [13] **6**. 193—244. 1961.) (Franz.)

Die Darst. von 9.10-substituierten 9.10-Dihydroanthracenen (**A**) gelingt durch Einw. von Aldehyden bzw. Ketonen auf 9.10-Di-Na-9.10-dihydroanthracen (I) bzw. 9.10-Di-Li-9.10-dihydroanthracen (II) unter gleichzeitiger Bldg. von mehr oder weniger *9.10-Dihydroanthracen* (VII), was auf mehr oder weniger leichte Beweglichkeit des in α-Stellung stehenden H-Atoms des betreffenden Aldehyds bzw. Ketons zurückgeführt wird. Mit Acetaldehyd wird aus I bzw. II *9.10-Bis-[1-hydroxyäthyl]-9.10-dihydroanthracen* (III) erhalten. Mit p-Dimethylaminobenzaldehyd entstehen in Toluol die beiden Isomeren von *9.10-Bis-[p-dimethylamino-α-hydroxybenzyl]-9.10-dihydroanthracen* (V) neben einem Prod., das nicht identifiziert wurde. **V** gibt mit $KHSO_4$ in Bzl. gelbe Kristalle eines *Prod. vom F. 250°* (A.), das nicht identifiziert wird. Unter gleichen Bedingungen wird in Tetrahydrofuran (THF) wahrscheinlich *9-[p-Dimethylamino-*

α-hydroxybenzyl]-10-[p-dimethylaminobenzyliden]-9.10-dihydroanthracen gebildet. Mit Benzaldehyd werden *9.10-Bis-[α-hydroxybenzyl]-9.10-dihydroanthracen* (**IV**) bzw. 2 Prodd. gebildet, deren Analyse zu *9-[α-Hydroxybenzyl]-9.10-dihydroanthracen* paßt. Mit Cyclohexanon wird aus **I** *9-[1-Hydroxycyclohexyl]-10-[cyclohexenyl]-9.10-dihydroanthracen* erhalten, dessen Doppelbindung nicht lokalisiert werden konnte, während aus **II** unter gleichen Bedingungen *9.10-Bis-[1-hydroxycyclohexyl]-9.10-dihydroanthracen* entsteht. Nur **III** u. **IV** geben die für Alkohole charakterist. Derivate. Mit $HCOOC_2H_5$ wird aus **I** nicht der erwartete 9.10-Dihydroaldehyd, sondern *9.10-Diformylanthracen* erhalten, welches aus 9.10-Bis-[chlormethyl]-anthracen (**VI**) weder nach Lommelet [1913] noch nach Grimaux u. Lauth [1867] zugänglich ist. *9.10-Dimethyl-9.10-dihydroanthracen* wird als vermutliches cis- u. trans-Isomerengemisch aus 9.10-Bis-[methoxymethyl]-anthracen nach längerem Kochen mit Na in Isoamylalkohol erhalten, während bei kürzerer Rk.-Dauer *9.10-Dimethylanthracen* entsteht. **VI** liefert über die *Diacetoxy-Verb.* *9.10-[Bis-hydroxymethyl]-anthracen,* das sich nicht hydrieren ließ. Das in Nadeln anfallende *Prod.* (F. 145—146°) konnte nicht identifiziert werden. Verss. zur Darst. von **A** aus **VII** durch Chlormethylierung sowie aus **I** mit Alkylhalogeniden schlugen fehl. Das nach Barry-Barnett u. Cook [1924] dargestellte *9.10-Dibrom-9.10-dihydroanthracen* (**VIII**) sowie 9-Bromanthracen (**IX**) geben mit Mg keine Grignard-Verbb., u. auch der Vers., durch Einw. von Na-Methylat auf **VIII** zu **A** zu gelangen, schlug fehl. Beim Kochen von **VIII** in CCl_4 geht es in **IX** über unter gleichzeitiger Bldg. von Spuren *9.10-Dibromanthracen* u. *Anthracen.* Die kinet. Unters. der Zers. von **VIII** führte zu keinem Ergebnis. Der Vers., zu weiteren **A** über die durch Einw. von CO_2 auf **I** erhaltene *cis-* (**X**) bzw. *trans-9.10-Dihydroanthracen-9.10-dicarbonsäure* (**XI**) zu gelangen, gelingt bei der Red. von **X** bzw. **X**-Diäthylester mit $LiAlH_4$ zu *cis-9.10-Bis-[hydroxymethyl]-9.10-dihydroanthracen* (**XII**). Das entsprechende trans-Isomere wird dagegen aus **XI**, die auch durch mehrstd. Kochen von **X** mit 10%ig. NaOH erhalten wird, nicht gebildet. Ferner wird bei der Einw. von Phenyl-ZnBr auf **X**-Dichlorid *9.10-Dibenzoyl-9.10-dihydroanthracen* isoliert, das mit $LiAlH_4$ ein nicht zu identifizierendes *Prod.* (F. 90—130°) an Stelle des erwarteten **IV** gibt. **XI**-Dichlorid reagiert dagegen nicht mit Phenyl-ZnBr. Weitere Verss. zur Darst. von **A** schlugen fehl. So wurden durch Curtiusschen Abbau weder cis- noch trans-Diamino-9.10-dihydroanthracen aus *cis-* bzw. *trans-9.10-Dicarbamino-9.10-dihydroanthracen-diäthylester* oder den entsprechenden Dimethylestern erhalten. Auch der Vers. zur Darst. von 9.10-Diisocyanato-9.10-dihydroanthracen aus **X**- bzw. **XI**-Diazid schlug fehl. Die obengenannten Carbamate werden aus **X**- bzw. **XI**-Dimethylester mit Hydrazin über **X**- bzw. **XI**-*Dihydrazid,* deren Umsatz mit $NaNO_2$ zu **X**- bzw. **XI**-*Diazid* u. Verkochen mit A. bzw. CH_3OH erhalten. Der Hofmannsche Abbau von **X**- bzw. **XI**-*Diamid* lieferte kein Ergebnis. Dagegen wird bei der Einw. von $POCl_3$ auf **X**- bzw. **XI**-Diamid überraschenderweise *9.10-Dicyananthracen* (**XIII**) erhalten, das durch seine Darst. aus 9.10-Dibromanthracen mit CuCN identifiziert wird. **XIII** bildet einen Komplex mit Na, reagiert jedoch weder mit W., CH_3J, CH_3COCl noch mit Brombenzol. Mit H_2 in Ggw. von Raney-Ni wird unter NH_3-Entw. ein farbiges, nicht zu identifizierendes *Prod.* (F. 160—230°) erhalten. Bei der Dehydratisierung von **XII** wurden nur Harze erhalten. Die Darst. des **XII** entsprechenden 9.10-Bis-[chlormethyl]-Deriv. mißlang.

Versuche: *9.10-Dibrom-9.10-dihydroanthracen* (**VIII**), $C_{14}H_{10}Br_2$, F. 95° (Zers.), durch Zutropfen von Br_2 in CS_2 zu 18 g Anthracen in CS_2 $<-5°$ unter Rühren, ½ std. Rühren, Filtrieren u. Waschen mit CS_2 u. Ae.; 90% (Ausbeute); daneben 2 g **IX**. — *9-Bromanthracen* (**IX**), F. 98—99°, durch 1 std. Kochen von **VIII** in CCl_4 unter Rühren u. Einleiten von N_2 u. Eindampfen nach dem Erkalten; 100%. — *9.10-Bis-[chlormethyl]-anthracen* (**VI**), $C_{16}H_{12}Cl_2$, F. 270—273°, nach Rio (C. **1956**. 14341); 80—90%. — *9.10-Bis-[acetoxymethyl]-anthracen,* $C_{20}H_{18}O_4$, F. 223—225°, aus **VI** mit Na-Acetat in CH_3COOH. — *9.10-Bis-[hydroxymethyl]-anthracen,* $C_{16}H_{14}O_2$, F. 303—304°, nach Rio (l. c.). — *9.10-Bis-[methoxymethyl]-anthracen,* $C_{18}H_{18}O_2$, F. 182—184,5°, nach Rio (l. c.) mit CH_3OH in Ggw. von $CaCO_3$; 50—60%. — *9.10-Dimethylanthracen,* F. 177—179°, durch portionsweise Zugabe von Na zu vorst. Verb. in sd. Isoamylalkohol, 2 std. Kochen, Gießen in W. nach dem Erkalten, Dekantieren, Waschen mit W. u. Eindampfen unter red. Druck; 19%. — Gemisch von *cis-* u. *trans-9.10-Dimethyl-9.10-dihydroanthracen,* $C_{16}H_{16}$, F. 113—115°, analog vorst. Verb., jedoch durch 4 std. Kochen; 25%. — *Anthrachinon,* F. 286—287°, durch 3 std. Kochen von **VI** mit $Cu(NO_3)_2$ in CH_3COOH nach Grimaux u. Lauth [1867]; lange, gelbe Nadeln; 30%. — *9.10-Bis-[1-hydroxyäthyl]-9.10-dihydroanthracen* (**III**), $C_{18}H_{20}O_2$, F. 225° (CH_3OH), a) aus **I** bzw. **II** mit Acetaldehyd bei —10°; 14%; daneben **VII**: 2—3%; b) aus **I** analog a) bei —65°. *Diacetat,* $C_{22}H_{24}O_4$, F. 134° (CH_3OH). — *9.10-Bis-[p-dimethylamino-α-hydroxybenzyl]-9.10-dihydroanthracen* (**V**), *cis-* u. *trans-Isomeres,* $C_{32}H_{34}N_2O_2$, F. 185° bzw. F. 235—236°, durch Zugabe von p-Dimethylaminobenzaldehyd in abs. Toluol zu **I** in Ae. bei —10°, Zers. mit wss. HCl, Waschen mit Ae., Alkalisieren mit NH_4OH, Ausschütteln mit Ae. u. Eindampfen; 14 bzw. 7% ; daneben ein *Prod. vom F. 148—155°*. — *9-[p-Dimethylamino-α-hydroxybenzyl]-10-[p-dimethylaminobenzyliden]-9.10-dihydroanthracen*, $C_{32}H_{32}N_2O$, F. 258—259° (Bzl.), aus 40 g Anthracen mit Na in Ae. u. weiter analog **V**, aber in THF; 16 g; daneben ein *Isomeres vom F. 188°*; 29 g; daneben ein *Prod. vom F. 176°* (Zers.); 13 g. — *9-[1-Hydroxycyclohexyl]-10-[cyclohexenyl]-9.10-dihydroanthracen*, $C_{26}H_{30}O$, F. 136,5°, a) aus **I** mit Cyclohexanon bei —10°, Zers. mit verd. HCl, Reinigen durch Wasserdampf-Dest. u. Sublimieren des Rückstands bei 0,1 Torr; 15—20% ; daneben 50% **VII**; b) wie a) bei —70°. — *9.10-Bis-[1-hydroxycyclohexyl]-9.10-dihydroanthracen*, $C_{26}H_{32}O_2$, F. 236—236,5°, aus **II** analog vorst. Verb. nach a); 1 g. — *9.10-Bis-[α-hydroxybenzyl]-9.10-dihydroanthracen* (**IV**), $C_{28}H_{24}O_2$, F. 229 bis 230°, a) aus **I** mit Benzaldehyd bei —10°; 12—15% ; daneben *Verb. $C_{21}H_{18}O$*, F. 156° (*Acetat*, F. 161°) u. wahrscheinlich *9-[α-Hydroxybenzyl]-9.10-dihydroanthracen*, $C_{21}H_{18}O$, F. 297° (*Acetat*, $C_{23}H_{20}O_2$, F. 271—273°); b) wie a) bei —70°. *Diacetat*, $C_{32}H_{28}O_4$, F. 192°. *Bis-phenylurethan*, $C_{42}H_{34}N_2O_4$, F. 300°. — *9.10-Bis-[α-chlorbenzyl]-9.10-dihydroanthracen*, $C_{28}H_{22}Cl_2$, F. 138—140°, aus **IV** in Bzl. mit PCl_5. — *9.10-Diformylanthracen*, $C_{16}H_{10}O_2$, F. 247°, durch Zutropfen von $HCOOC_2H_5$ in Ae. zu **I** aus 40 g Anthracen in Ae. bei —65 bis —60° unter Rühren, 6std. Rühren bis zum Ansteigen der Temp. auf 15°, Zers. mit wss. HCl, Dekantieren, Waschen, Trocknen u. Eindampfen; orangerote Nadeln; 3 g. *Bis-2.4-dinitrophenylhydrazon*, $C_{28}H_{18}N_8O_8$. — *cis-9.10-Dihydroanthracen-9.10-dicarbonsäure* (**X**), $C_{16}H_{12}O_4$, a) im Gemisch mit *trans-9.10-Dihydroanthracen-9.10-dicarbonsäure* (**XI**; *Dimethylester*, F. 165—166°; *Diäthylester*, F. 68°) im Verhältnis 7 : 3 durch Einleiten von wasserfreiem CO_2 in **I** in abs. Ae. bei Raum-Temp., Ansäuern der wss. Schicht mit 50% ig. HCl in Ggw. von Essigester u. Eindampfen der Essigesterschicht; 50—60% ; daneben 20—30% **VII** u. 3—5% *9.10-Dihydroanthracen-9-carbonsäure*; b) fast ohne **XI** durch Gießen von **I** in abs. Ae. auf festes CO_2 u. Weiterverarbeiten nach a); 15—20%. **X**-*Dimethylester*, $C_{18}H_{16}O_4$, F. 165°. **X**-*Diäthylester*, $C_{20}H_{20}O_4$, F. 64—66°. — *cis-9.10-Bis-[hydroxymethyl]-9.10-dihydroanthracen* (**XII**), $C_{16}H_{16}O_2$, F. 167—168° (Bzl., CH_3OH), a) durch Zutropfen von 3 g **X**-Diester in Ae. zu $LiAlH_4$ in Ae. bei Raum-Temp., 1std. Kochen, Aufnehmen in verd. H_2SO_4 nach dem Erkalten, Dekantieren der Ae.-Phase, Waschen mit W., Trocknen u. Eindampfen; 0,8 g; b) aus **X** mit $LiAlH_4$ in THF nach a), Extrahieren mit Bzl., Waschen mit W. u. 5% ig. $NaHCO_3$-Lsg., Trocknen u. Eindampfen; 44%. — *cis-9.10-Dibenzoyl-9.10-dihydroanthracen*, $C_{28}H_{20}O_2$, F. 172—173°, durch Zutropfen von geschmolzenem $ZnCl_2$ in abs. Ae. zu Phenyl-MgBr in Ae. bei 0°, Zugabe von abs. Toluol u. Abdampfen des Ae., Zugabe von **X**-Dichlorid in Toluol, 9std. Rühren bei Raum-Temp., mehrstd. Stehen, Zers. mit kalter verd. HCl, Filtrieren, Dekantieren, Extraktion der wss. Phase mit Toluol, Waschen mit W., Trocknen u. Eindampfen im Vakuum; gelbliche Kristalle aus A.; 23%. *2.4-Dinitrophenylhydrazon*, F. 122—123°. — *9.10-Dibenzoylanthracen*, F. 320°, a) aus **XI**-Dichlorid analog vorst. Verb.; daneben Harze; b) durch Kochen vorst. Verb. mit Na in Isoamylalkohol; daneben *Benzoesäure*, F. 120—121°. — **X**-*Diamid*, F. 295—298°, durch Einleiten von NH_3 in **X**-Dichlorid in Ae. u. Verdünnen mit W.; 84%. — **XI**-*Diamid*, F. 413—415° (Zers.), analog vorst. Verb. aus **XI**-Dichlorid; 85%. — *9.10-Dicyananthracen* (**XIII**), $C_{16}H_8N_2$, F. 335°, a) durch kurzes Schütteln von **X**-Diamid mit $POCl_3$ in Pyridin bei 0°, Gießen in W., Absaugen, Waschen mit W. u. Sublimieren bei 170—180°/0,4 Torr; 68% ; b) aus nachst. Verb. mit CuCN in Ggw. von $CuSO_4$ in Chinolin; aus Bzl. gelbgrüne Nadeln; 78%. — *9.10-Dibromanthracen*, F. 229°, durch Zugabe von Br_2 zu Anthracen in CS_2 bei Raum-Temp., Absaugen, Waschen mit CS_2, A. u. Ae. u. Trocknen; 96%. — **X**-*Dihydrazid*, $C_{16}H_{16}N_4O_2$, F. 380—383° (Zers.; A.), durch 6std. Kochen von **X**-Dimethylester mit 98% ig. Hydrazinhydrat in abs. CH_3OH, mehrstd. Stehen u. Filtrieren; 97%. — **X**-*Bis-cinnamylidenhydrazid*, $C_{34}H_{28}N_4O_2$, F. 335°, durch 4std. Kochen von **X**-Dihydrazid mit Zimtaldehyd in A. u. Filtrieren; 95%. — **X**-*Bis-[p-methoxybenzylidenhydrazid]*, $C_{32}H_{28}N_4O_4$, F. 340°, aus p-Anisaldehyd analog vorst. Verb.; 90%. — **XI**-*Dihydrazid*, $C_{16}H_{16}N_4O_2$, F. 365°, durch 15std. Kochen von **XI**-Dimethylester mit 97% ig. Hydrazinhydrat in abs. CH_3OH, Absaugen nach dem Erkalten u. Einengen der Mutterlaugen; 95%. — **X**-*Diazid*, durch Zutropfen von wss. $NaNO_2$ zu **X**-Dihydrazid in 5% ig. HCl bei 0° u. Absaugen; 93%. — **XI**-*Diazid*, analog vorst. Verb. aus **XI**-Dihydrazid; 80%. — *cis-9.10-Dicarbamino-9.10-dihydroanthracen, Diäthylester*, $C_{20}H_{22}N_2O_4$, F. 290° (Zers.; A.), durch 4std. Kochen von vorvorst. Verb. in abs. A., Filtrieren u. Absaugen nach dem Erkalten; 100%. *Dimethylester*, $C_{18}H_{18}N_2O_4$, F. 290° (abs. A.), analog mit abs. CH_3OH in 2 Std.; 97%. — *trans-9.10-Dicarbamino-9.10-dihydroanthracen, Diäthylester*, $C_{20}H_{22}N_2O_4$, F. 298—300°, analog; 90%. *Dimethylester*, $C_{18}H_{18}N_2O_4$, F. 307—308°; 97%. H. KNIESS. 2800□

Synthesen von vier Spirokohlenwasserstoffen. Joseph A. Dixon und Paul A. Naro. (J. org. Chemistry 25. 2094—97. Dez. 1960. University Park, Pa., State Univ., Coll. of Chem. and Phys., Whitmore Labor.) (Engl.) — Vgl. C. **1961**. 6835.

Spiro-[4.5]-decan (IV) wird durch WOLFF-KISHNER-Red. von 6-Ketospiro-[4.5]-decan (I) dargestellt, das nicht mit GRIGNARD-Reagentien oder Alkyl-Li reagiert. I wird dagegen mit Hexadecylbromid u. K-tert.-Butylat zu *7-Hexadecyl-6-ketospiro-[4.5]-decan* alkyliert, das anschließend zum *KW-Stoff* red. wird. *1-Ketospiro-[5.5]-undecen-(8)* (II) wird durch Rk. von Butadien mit 2-Dimethylaminomethylcyclohexanon gewonnen u. in *Spiro-[5.5]-undecan* übergeführt. Es gelang nicht, Spiro-[5.6]-dodecan (III) analog IV zu gewinnen. Dagegen wird *7-Ketospiro-[5.6]-dodecan* durch Umsetzung von Cycloheptanon mit 1.5-Dibrompentan in Ggw. von K-tert.-Butylat über das *Semicarbazon* dargestellt u. zu III reduziert. Die IR-Spektren der Spirane sind angegeben.

Versuche: *Spiro-[4.5]-decan* (IV), $C_{10}H_{18}$, aus I durch Red. nach WOLFF-KISHNER; n_D^{25} 1,4687, $D._4^{20}$ 0,8782; 40,9% (Ausbeute). — *7-Hexadecyl-6-ketospiro-[4.5]-decan*, $C_{26}H_{48}O$, F. 29,3—29,8° (Aceton), aus je 1 Mol I u. n-Hexadecylbromid mit K-tert.-Butylat durch 46std. Kochen in Toluol; 54%. — *7-Hexadecylspiro-[4.5]-decan*, $C_{26}H_{50}$, aus vorst. Verb. durch Red. nach HUANG-MINLON; n_D^{25} 1,4704, $D._4^{37.7}$ 0,8482; 77%. — *2-[N.N-Dimethylaminomethyl]-cyclohexanon*, Kp.$_{0,75}$ 66°, aus Cyclohexanon, Paraformaldehyd u. Dimethylaminhydrochlorid durch $^1/_4$std. Erhitzen mit verd. HCl; n_D^{25} 1,4630—1,4635; 84%. *Pikrat*, F. 164,3—165,3°. — *1-Ketospiro-[5.5]-undecen-(8)* (II), $C_{11}H_{16}O$, aus vorst. Verb. u. Butadien in Toluol in Ggw. von Hydrochinon durch 7std. Erhitzen auf 150°; n_D^{20} 1,5047, $D._4^{20}$ 1,0174; 42%. *2.4-Dinitrophenylhydrazon*, F. 132,5 bis 133,5°. — *1-Ketospiro-[5.5]-undecan*, $C_{11}H_{18}O$, F. 39,0—39,6° (Hexan), aus II durch Hydrieren an Kieselgur-Ni bei 84—86° u. 1400—1700 lbs./sq.in.; 60%; *2.4-Dinitrophenylhydrazon*, F. 133,4—134° (A.). Daneben *1-Hydroxyspiro-[5.5]-undecan* [25%; *3.5-Dinitrobenzoat*, F. 112—113° (A./W.)]. — *γ-[1-Carboxycyclohexyl]-buttersäure*, $C_{11}H_{18}O_4$, F. 105,2—106° (W.) aus vorst. Verb. durch Oxydation mit HNO_3 u. NH_4-Metavanadat bei 80°; 45%. — *Spiro-[5.5]-undecen-[8]*, $C_{11}H_{18}$, aus II durch Red. nach WOLFF-KISHNER; n_D^{20} 1,4919, $D._4^{20}$ 0,9122; 85%. — *Spiro-[5.5]-undecan*, $C_{11}H_{20}$, Kp.$_{723}$ 212°, aus vorst. Verb. durch Hydrieren an Kieselgur-Ni bei 123—125° u. 300—1600 lbs./sq.in.; n_D^{25} 1,4760, $D._4^{20}$ 0,8887; 75%. — *1.1'-Dihydroxy-1.1'-dicyclohexyl*, F. 130—131°, aus Cyclohexanon nach NARO u. DIXON (vgl. C. **1960**. 459); 34%. — *7-Ketospiro-[5.6]-dodecan*, Kp.$_{23}$ 100°, durch 73std. Erhitzen von Cycloheptanon, 1.5-Dibrompentan u. K-tert.-Butylat in Toluol unter Rückfluß u. Reinigung durch Chromatographie u. über das Semicarbazon; n_D^{25} 1,4922, $D._4^{20}$ 0,9897; 45%. *2.4-Dinitrophenylhydrazon*, $C_{18}H_{24}N_4O_4$, F. 117—118°. — *Spiro-[5.6]-dodecan* (III), $C_{12}H_{22}$, aus vorst. Verb. durch Red. nach WOLFF-KISHNER; n_D^{25} 1,4851, $D._4^{20}$ 0,9031; 37%. HELMUT WEBER. 2950□

Triphenylen. H. Heaney und I. T. Millar. (Org. Syntheses **40**. 105—08. 1960. Keele, Straffordshire, England, Univ. Coll. of North Straffordshire.) (Engl.)

o-Bromjodbenzol, Kp.$_{15}$ 120—121°, durch Diazotieren von o-Bromanilin in konz. HCl mit $NaNO_2$ bei 0—5°, $^1/_4$std. Rühren, Gießen in KJ-Lsg., mehrstd. Stehen u. Eindampfen im Vakuum; 72—83% (Ausbeute). — *Triphenylen*, F. 199° (CH_2Cl_2/Pentan), durch Zutropfen vorst. Verb. in abs. Ae. zu Li in Ae. bei < 10° (1½ Std.), Zugabe von abs. Bzl., 2std. Rühren (10° u. Raum-Temp.), Gießen auf Eis, Abtrennen der organ. Phase, Eindampfen, Dampf-Dest. des *Biphenyls*, Extrahieren des Rückstandes der Dampf-Dest., Chromatographie der Ae.-Lsg. an Al_2O_3, Eindampfen u. Sublimation bei 175—180°/0,1 Torr; 53—59%. P. GOLINSKE. 2950□

Spaltung der K-Region und Additionsprodukte von 7.12-Dimethylbenz-[a]-anthracen. Herbert I. Hadler und Allen C. Kryger. (J. org. Chemistry **25**. 1896—1901. Nov. 1960. Chicago, Ill., Chicago Med. School, Div. of Oncol.) (Engl.)

Die Spaltung der K-Region (5.6-Stellung) von 7.12-Dimethylbenz-[a]-anthracen (I) wird untersucht. I wird durch OsO_4 zu *5.6-Dihydroxy-7.12-dimethyl-5.6-dihydrobenz-[a]-anthracen* oxydiert u. dieses mit $NaJO_4$ in *1.4-Dimethyl-2-phenylnaphthalin-3.2'-dialdehyd* (II) übergeführt. Mit alkal. Ag_2O gibt II *1.4-Dimethyl-3-hydroxymethyl-2-phenylnaphthalin-2'-carbonsäure* (III), die auch aus II mit starkem Alkali allein durch intramol. CANNIZZARO-Rk. entsteht. III wird mit katalyt. Mengen p-Toluolsulfonsäure (TS) zu III-Lacton (IV) lactonisiert. II bildet leicht ein *Dioxim* (V), das mit Acetanhydrid (AA) zu *1.4-Dimethyl-2-phenylnaphthalin-3.2'-dicarbonsäuredinitril* dehydratisiert wird. Letzteres wird zu *1.4-Dimethyl-3-carbamyl-2-phenylnaphthalin-2'-carbonsäure* verseift u. diese durch Behandeln mit 100%ig. H_3PO_4 in *1.4-Dimethyl-2.3-benzofluorenon-(9)* übergeführt. *1.4-Dimethyl-2'.3-dihydroxymethyl-2-phenylnaphthalin* wird durch Einw. von $LiAlH_4$ auf II, III oder IV dargestellt u. dieses durch Rk. mit 48%ig. HBr in *1.4-Dimethyl-2'.3'-dibrommethyl-2-phenylnaphthalin* übergeführt. Letzteres wird mit Phenyl-Li (PL) zu *7.12-Dimethyl-5.6-dihydrobenz-[a]-anthracen* cyclisiert, das auch durch direkte Hydrierung von I an Pd/$SrCO_3$ erhalten wird. — UV-Absorptionsspektren vgl. Original.

Versuche [FF. korr.; Eindampfen bei 100° (Bad-Temp.) im N_2-Strom]: *5.6-Dihydroxy-7.12-dimethyl-5.6-dihydrobenz-[a]-anthracen*, F. 172,5—173,5° [Bzl./Cyclohexan(Cy)] durch 10 Min. langes Einrühren von OsO_4 in abs. Bzl. zur äquimolaren Menge I [F. 122,5—123,3° (Cy)] in abs. Bzl. in Ggw. von wenig abs. Pyridin (Py), 2tägiges Stehen, Entfernen des Bzl. im Vakuum, Lösen in CH_2Cl_2, 2std. Schütteln mit 5n NaOH u. 1m Mannit u. Einengen der organ. Schicht; 78% (Ausbeute). — 1.4-Dimethyl-2-phenylnaphthaline: *3.2'-Diformyl-* (II), $C_{20}H_{16}O_2$, F. 138,6—138,9° (A./CH_3OH), durch Zugabe von 0,0194 Mol $NaJO_4$ in W. u. CH_3OH zu 0,00484 Mol vorst. Verb. in CH_3OH u. W. bei Raum-Temp., 2tägiges Stehen, Konz. im Vakuum oder bei 1 at, Aufnehmen des organ. Prod. in Bzl. u. Einengen; 100%. *Dioxim* (V), $C_{20}H_{18}N_2O_2$, F. 199 bis 201° (Ac/Cy), durch 2std. Kochen von 0,0001 Mol II, 0,0004 Mol $NH_2OH \cdot HCl$, abs. Py u. abs. A., Abdampfen der Lsgm. im Vakuum, Aufnehmen in Bzl. u. Eindampfen; 100%. — *3-Hydroxymethyl-2'-carboxy-* (III), $C_{20}H_{18}O_3$, F. 165—165,2°, durch a) Zugabe von 0,0005 Mol II in Dioxan u. A. zu 0,002 Mol $AgNO_3$ in W. u. 0,01 Mol NaOH in W., mehrstd. Schütteln bei Raum-Temp., Konz. der filtrierten Lsg. im Vakuum, Zugabe von W., Ansäuern mit 0,5n HNO_3, Aufnehmen in Chlf. u. Abdampfen des Lsgm.; aus Aceton (Ac)/Cy Nadeln; 0,012 g; b) langsame Zugabe von 4,37 Mol KOH in W. u. CH_3OH von 0° zu 0,00437 Mol II in CH_3OH von 0° unter Kühlung, 1tägiges Stehen, Einengen im Vakuum, Zugabe von W., Schütteln mit HCl, Eis u. Chlf. u. Abdampfen der Lsgm.; 82%; c) Zugabe von 0,0002 Mol IV in CH_3OH zu 0,1 Mol KOH in W. u. CH_3OH, 2std. Kochen unter N_2 im Autoklav, Einengen u. Aufarbeiten analog b); 82%. *Methylester*, $C_{21}H_{20}O_3$, F. 142,5—143,5° (Bzl./Cy), durch Zugabe von III in Essigester (Ee) zu CH_2N_2 in Ae., 1tägiges Stehen, Einengen, Aufnehmen in Bzl. u. Einengen; 87%. *Lacton* (IV), $C_{20}H_{16}O_2$, F. 178,5—179° (Bzl./Cy), durch Zugabe von wenig TS zu III in abs. Bzl., mehrtägiges Kochen bei gleichzeitigem Abscheiden von W., Abdampfen des Lsgm., Chromatographie an SiO_2 u. Eluieren mit Ee/Bzl. (1 : 9); 93%. — *3.2'-Dicyan-*, $C_{20}H_{14}N_2$, F. 237 bis 238° (Ee/Cy), durch 1std. Kochen von V in AA, Zugabe von W., Aufnehmen in Bzl. u. Eindampfen; 92%. — *3-Carbamoyl-2'-carboxy-*, $C_{20}H_{17}NO_3$, Doppel-F. 232,5—233° u. 240,5—241° (Ee/Cy u. Ac/Cy), durch 18std. Kochen vorst. Verb. in Äthylenglykolmonomethyläther in Ggw. von KOH im Autoklav, Abkühlen, Zugabe von W., Entfernen des neutralen Prod. mit Bzl., Ansäuern der alkal. Lsg. mit HCl von 0°, Aufnehmen in Ee, Eindampfen, Lösen in Bzl., Chromatographie an SiO_2 u. Eluieren mit Ee.; 100%. Wird beim 24std. Kochen mit Äthylenglykol in Ggw. von KOH nicht verändert. — *1.4-Dimethyl-2.3-benzofluorenon-*(9), $C_{19}H_{14}O$, F. 122—123,5°, durch Zugabe von 0,01 Mol P_2O_5 in 0,02 Mol 85%ig. H_3PO_4 zu 0,0002 Mol vorst. Verb., 1½std. Erhitzen unter N_2 auf 180° (Bad-Temp.), Abkühlen, Verdünnen mit W., das wenig konz. HCl enthält, Aufnehmen in Ee u. Einengen; aus Cy u. Ac/Cy u. durch Sublimieren bei 220°/15 Torr gelbe Nadeln; 100%. — *2'.3-Dihydroxymethyl-*, $C_{20}H_{20}O_2$, F. 157—157,5° (Umwandlungspunkt bei 146—147°; Bzl./Cy in Ggw. von wenig Py), a) durch Zugabe von 0,0006 Mol $LiAlH_4$ in Tetrahydrofuran zu 0,0003 Mol IV in abs. Ae., ½std. Kochen, Abkühlen, Zugabe von Ee u. gesätt. K-Tartrat-Lsg. u. Einengen der Ae.-Schicht; 94%; b) analog a) aus II; c) analog a) aus III. — *2'.3-Dibrommethyl-*, $C_{20}H_{18}Br_2$, F. 148—150° (Ac/CH_3OH), durch Zugabe von 48%ig. HBr zu vorst. Verb. in CH_3COOH, ¼std. Kochen, Zugabe von weiterer 48%ig. HBr u. 1std. Kochen; 72%. — *7.12-Dimethyl-5.6-dihydrobenz-*[a]*-anthracen*, $C_{20}H_{18}$, F. 112—113° (Ac/CH_3OH u. Sublimieren bei 160°/0,05 Torr), durch a) langsames Einrühren von PL-Lsg. (aus Brombenzol (BB) u. 0,0227 g-Atom Li in Ae. unter He durch Rühren) zu 0,0005 Mol vorst. Verb. in Bzl. unter He, ½std. Kochen, Abkühlen, Zers. mit W. u. HCl, Einengen der organ. Schicht, Abdestillieren des BB im Vakuum, Lösen in Cy, Chromatographie an Florisil u. Eluieren mit Cy; 52%; b) Zugabe von wenig 5%ig. $Pd/SrCO_3$ zu I in 95%ig. A., mehrstd. Hydrieren u. Einengen der filtrierten Lsg.; 59%; c) Hydrieren von I in Ggw. von 50%ig. $Pd/SrCO_3$ analog b); 73%. G. Reisner. 2950□

Dinaphtho-[2'.3':1.2;2''.3'':4.5]-pyren Maximilian Zander und Walter Franke. (Chem. Ber. 94. 446—50. 24/2. 1961. Castrop-Rauxel, Rütgerswerke Akt.-Ges. Zentrallabor.) (Dt.)

Bei der Umsetzung von 1-Vinylnaphthalin (I) mit Naphthochinon-(1.4) in sd. Nitrobenzol erhielten Vff. neben *Naphtho-[2'.1':1.2]-anthrachinon Dinaphtho-[2'.3':1.2; 2''.3'':4.5]-pyrendichinon-(1'.4';1''.4'')* (II). II wurde durch Red. mit Zn, Pyridin u. Essigsäure u. nachfolgende Dehydrierung mit Cu-Pulver bei 400° in *Dinaphtho-[2'.3':1.2; 2''.3'':4.5]-pyren* (III) übergeführt, das ein *Dimaleinsäureanhydridaddukt* lieferte. I wurde aus 1-Chlormethylnaphthalin u. Triphenylphosphin in sd. Dimethylformamid (DMF) durch nachfolgende Einw. von Formaldehyd dargestellt. Bei der Umsetzung von Naphthaldehyd-(1) u. Triphenylphosphinmethylen entstand ein *Prod.* $C_{30}H_{25}OP$ (IV). Die UV-Spektren von III u. dessen Maleinsäureaddukt (als Tetra-K-Salz) sowie von Pyren u. IV wird angegeben.

Versuche: *Naphthyl-(1)-methyltriphenylphosphoniumchlorid*, $C_{29}H_{24}ClP$, F. 290 bis 291,5° (Prismen), aus Triphenylphosphin u. 1-Chlormethylnaphthalin durch 1std. Kochen in DMF; 71% (Ausbeute). — *1-Vinylnaphthalin* (I), Kp.$_{10}$ 123°, durch Zugabe von 15%ig. alkohol. Formaldehyd u. vorst. Verb. zu Na-Äthylat in A., nach mehrstd. Stehen Dest.; 37%. Daneben *Triphenylphosphinoxyd*, F. 155—156° (Bzn., Nadeln). — *Dinaphtho-[2'.3':1.2;2''.3'':4.5]-pyrendichinon-(1'.4';1''.4'')* (II), $C_{32}H_{14}O_4$, F. 332 bis 334°, durch 3std. Kochen von 19 g I u. Naphthochinon-(1.4) in Nitrobenzol u. Sublimation; dunkelrote Nadeln; 1,9 g. Daneben *Naphtho-[2'.1':1.2]-anthrachinon*, $C_{22}H_{12}O_2$, F. 272—273° (gelbe Nadeln); 12,3 g. — *Dinaphtho-[2'.3':1.2;2''.3'':4.5]-pyren* (III), $C_{32}H_{18}$, F. 300—301°, aus II durch 5std. Kochen mit Zn u. Pyridin unter Zugabe von Eisessig, dann 40 Min. langes Erhitzen des erhaltenen Rohprod. mit Cu-Pulver auf 400° unter CO_2 u. Sublimation; gelbe Nadeln; 41%. *Dimaleinsäureanhydridaddukt*, $C_{40}H_{22}O_6$, durch 10 Min. langes Kochen von III mit Maleinsäureanhydrid u. Lösen der Schmelze in Aceton; *freie Tetracarbonsäure*, Zers.-Punkt ca. 280°. — *Prod. $C_{30}H_{25}OP$* (IV), F. 221 bis 222°, durch 3tägiges Stehen von 5 g Methyltriphenylphosphoniumbromid u. Naphthaldehyd-(1) mit Na-Äthylat in A. bei Raum-Temp. u. Sublimation; 2,5 g.

D. Kirstein. 2950 □

2.5-Dihydro-2.5-dimethoxyfuran. D. M. Burness. (Org. Syntheses **40.** 29—30. 1960. Rochester, N.Y., Eastman Kodak Co.) (Engl.)

Durch 10 Min. langes Zutropfen von Br_2 zu Furan in abs. Ae./abs. Methanol bei —40°, Einleiten von NH_3 bei —25° (schwach bas. gegen Indikatorpapier), 1½ std. Rühren bei —25°, Erwärmen auf —5°, Einengen im Vakuum, Filtrieren u. Dest.: Kp.$_{13}$ 50—51°; n_D^{25} 1,4327; 72—76% Ausbeute. P. Golinske. 3061 □

2.2.5.5-Tetramethyl-3-oxotetrahydrofuran. Melvin S. Newman und Walter R. Reichle. (Org. Syntheses **40.** 88—89. 1960. Columbus, Ohio, Ohio State Univ., Dep. of Chem.) (Engl.)

Durch Zugabe von 2.5-Dimethylhexin-(3)-diol-(2.5) zu HgO in konz. H_2SO_4, Erwärmen auf 80—90°, Kühlen auf 20°, Dampf-Dest., Sättigen des Destillats mit NaCl, Abtrennen der organ. Phase u. Dest.: Kp. 149—151°; n_D^{25} 1,4180; 76—82% Ausbeute.

P. Golinske. 3061 □

β-[Furyl-(2)]-acrylonitril. John M. Patterson. (Org. Syntheses **40.** 46—47. 1960. Lexington, Ky., Univ. of Kentucky.) (Engl.)

Durch 2std. Kochen von Furfurol, 98%ig. Cyanessigsäure u. NH_4OOCCH_3 in Toluol/Pyridin (20:11) bis zum Übergehen der berechneten Menge W., Eindampfen u. Dest. im Vakuum: Kp.$_{11}$ 95—97°; n_D^{25} 1,5823—1,5825; 74,5—78% Ausbeute.

P. Golinske. 3061 □

Die Konstitution eines Oxydationsproduktes von β-Jonon. C. J. W. Brooks, G. Eglinton und D. S. Magrill. (J. chem. Soc. [London] **1961.** 308—10. Jan. Glasgow, Western Infirmary, Med. Res. Council, Clin. Chemotherapeut. Res. Unit.; Glasgow, Univ., Chem. Dep.) (Engl.)

Bei der $KMnO_4$-Oxydation von β-Jonon (II) wird *3-Hydroxy-4.4.7a-trimethyl-2.4.5.6.7.7a-hexahydrobenzofuranon-(2)* (I) mit axial orientierter CH_3-Gruppe an $C_{(7a)}$ isoliert, das wahrscheinlich mit dem Oxydations-Prod. von Tiemann [1898] übereinstimmt. Die Art der funktionellen Gruppen wurde durch IR- u. UV-Spektren geklärt. I ist ein enolisierbares *α-Ketolacton*; es bildet ein Acetyl-Deriv., gibt mit CH_2N_2 ein Methyl-Deriv. u. mit Bromwasser ein *β-Brom-α-ketolacton*. Bei Pyrolyse von I entsteht *β-Cyclocitral*.

Versuche: *3-Hydroxy-4.4.7a-trimethyl-2.4.5.6.7.7a-hexahydrobenzofuranon-(2)* (I), $C_{11}H_{16}O_3$, F. 129—131° (W.), durch 2½ std. Zutropfen von $KMnO_4$ in W. bei 0—5° zu 20 g 98%ig. II in Aceton, Zugabe von CH_3COONa, Behandeln mit SO_2 u. Sättigen mit NaCl; sublimiert bei 70°/0,1 Torr; 11 g (Ausbeute); gibt mit $FeCl_3$ rotviolette Farbreaktion. *Acetyl-Deriv.*, $C_{13}H_{18}O_4$, F. 66—67°, durch Rk. von 25 mg I mit 0,15 ml Essigsäureanhydrid in Pyridin; aus Ae./PAe. Prismen; 15 mg. *O-Methyl-Deriv.*, $C_{12}H_{18}O_3$, aus 29 mg I u. 5 mg CH_2N_2 in Ae.; Öl; 11 mg. — *3a-Brom-4.4.7a-trimethylperhydrobenzofurandion-(2.3)*, $C_{11}H_{15}BrO_3$, F. 166—173°, aus 80 mg I in W. durch 10 Min. langes Schütteln mit Bromwasser; aus Ae./PAe. Prismen; 65 mg. — *β-Cyclocitral*, aus 50 mg I durch 10 Min. langes Erhitzen auf 300° unter N_2; Öl; 14 mg von 63%ig. Reinheit. *2.4-Dinitrophenylhydrazon*, F. 171—172°. — *2.4-Dihydroxy-4-carboxypenten-(2)-säurelacton-(1 → 4)*, F. 115—116°, aus Brenztraubensäure nach Hughes u. Watson [1929]. *Methylesterhydrat*, $C_7H_8O_5 \cdot H_2O$, aus der Säure u. der berechneten Menge CH_2N_2 bei —30°; viscoses Harz. W. Fester. 3061 □

Verwendung von Polystyrolrückständen. 2. Mitt. **Derivate von Tetraphenylthiophen.** Luigi Fortina. (Ann. Chimica **49.** 2047—52. Dez. 1959. Catania, Univ., Ist. di Chim. gen.) (Ital.) — 1. vgl. Boll. sci. Fac. chim. ind. [Bologna] **17.** [1959.] 1.

Einige Fraktionen von Polystyrolrückständen enthalten *Stilben*, welches zur Herst. von *Tetraphenylthiophen* u. einigen seiner Derivv. verwendet werden kann.

Versuche: *Stilben*, aus einem zur spontanen Kristallisation neigenden Dest.-Rückstand von rohem Styrol durch Extraktion mit A. u. fraktionierte Kristallisation. — *Tetraphenylthiophen*, F. 183—184° (A.), aus vorst. Verb. u. S (8 Std. bei 250—260°); Schuppen. *S.S-Dioxyd*, F. 275° (Bzl.), mit 36% ig. H_2O_2 in sd. Eisessig (1 Std.); gelbe Mikrokristalle. — *α⁴.α'⁴'-Dinitrotetraphenylthiophen*, F. 217° (Eisessig), aus vorst. Verb. mit HNO_3 (D. 1,40) in sd. Eisessig (1 Std.); gelbe Nadeln. *S.S-Dioxyd*, F. 292° (Eisessig), mit 36% ig. H_2O_2 in sd. Essigsäureanhydrid/konz. H_2SO_4 (2 Std.); gelbe Prismen. — *α⁴.α'⁴'-Diaminotetraphenylthiophen*, F. 272° (Toluol), aus vorst. Verb. mit $SnCl_2 \cdot 2H_2O$ in sd. Eisessig in Ggw. von HCl-Gas (½ Std.); hellgelbe Prismen. *S.S-Dioxyd*, $C_{28}H_{22}N_2O_2S$, F. 280—281° (Bzl., PAe.), rotorangefarbene Schuppen. Die UV-Maxima der Verbb. sind angegeben. WALTER SIMON. 3071

Vereinfachte Synthese der C-endständigen Tripeptidsequenz von Oxytocin. William D. Cash. (J. org. Chemistry **26.** 2136—37. Juni 1961. New York, N.Y., Cornell Univ., Med. Coll., Dep. of Biochem.) (Engl.)

Durch Rk. von Carbobenzoxy (Cbo)-L-prolin (I) mit L-Leucin nach der Meth. der gemischten Anhydride entsteht *Cbo-L-prolyl-L-leucin* (II), das mit Glycinäthylester (III) bzw. Glycinamid (IV) zu *Cbo-L-prolyl-L-leucylglycinäthylester* bzw. *-amid* umgesetzt wird.

Versuche (FF. korr.): *Cbo-L-prolyl-L-leucinmethylester*, $C_{20}H_{28}N_2O_5$, F. 76,5—78° (Essigester), durch 3tägiges Stehen von 18,5 g Cbo-L-prolin-p-nitrophenylester mit L-Leucinmethylester in Essigester, Einengen u. Zugeben von Hexan; $[\alpha]_D^{21}$ —69,0° (c = 1; A.); 10,7 g. — *Cbo-L-prolyl-L-leucin* (II), $C_{19}H_{26}N_2O_5$, F. 138,5—139,5° (Chlf. u. CCl_4), a) durch 20 Min. lange Rk. von 12,5 g I mit Chlorkohlensäureisobutylester in Tetrahydrofuran in Ggw. von Triäthylamin bei —10°, 1½ std. Rühren mit L-Leucin u. Triäthylamin in W., Einengen, Ansäuern, Lösen in Eisessig u. Zugeben von W.; $[\alpha]_D^{22}$ —56,5° (c = 1; A.), $[\alpha]_D^{22}$ —63,0° (c = 5; Methanol); 13,3 g (Ausbeute); b) durch 2 std. Rk. von 3,8 g vorst. Esters mit 1 n NaOH in Methanol; $[\alpha]_D^{22}$ —57,5° (c = 1; A.); 3,2 g. — *Cbo-L-prolyl-L-leucylglycin, Äthylester*, F. 150—152° (A.), aus 1,45 g II u. III nach der Meth. der gemischten Anhydride; $[\alpha]_D^{21}$ —83,2° (c = 2,5; A.); 1,6 g. *Amid*, F. 161—163°, aus 3,6 g II u. IV nach der Anhydrid-Meth. u. Digerieren mit Essigester u. W.; $[\alpha]_D^{22}$ —73,3° (c = 2; 95% ig. A.); 3,4 g. E. SCHRÖDER. 3081 □

1-Methylindol. K. T. Potts und J. E. Saxton. (Org. Syntheses **40.** 68—70. 1960. Adelaide, South Australia, Univ. of Adelaide, Dep. of Organ. Chem.) (Engl.)

Durch Zugabe von Indol in abs. Ae. zu $NaNH_2$ in fl. NH_3, Zutropfen von CH_3J in abs. A., ¼ std. Rühren, Verdampfen des NH_3, Zugabe von W. u. Ae., Abtrennen der Ae.-Schicht u. Dest. im Vakuum: Kp.$_{26}$ 133°; $n_D^{1,85}$ 1,6082; 85—95% Ausbeute. P. GOLINSKE. 3081 □

3-Acetyloxindol. J. F. Bunnett, B. F. Hrutfiord, S. M. Williamson, B. C. McKusick und D. C. Blomstrom. (Org. Syntheses **40.** 1—5. 1960. Chapel Hill, N.C., Univ. of North Carolina.) (Engl.)

3-Acetyloxindol, F. 204—205,5°, durch Zugabe von KNH_2 in fl. NH_3 zu Acetessigsäure-o-chloranilid unter Feuchtigkeitsausschluß, ½ std. Rühren, Erwärmen auf Raum-Temp., mehrstd. Stehen u. Versetzen mit W.; aus Chlf. Nadeln; 61—67% Ausbeute. P. GOLINSKE. 3081 □

N-Phthalyl-L-β-phenylalanin (α-Benzyl-1.3-dioxo-L-isoindolyl-(2)-essigsäure). Ajay K. Bose. (Org. Syntheses **40.** 82—85. 1960. Hoboken, N.J., Stevens Inst., Dep. of Chem.) (Engl.)

Durch 2 std. Kochen von L-Phenylalanin, Phthalsäureanhydrid, Toluol u. Triäthylamin u. Eindampfen im Vakuum: F. 183—185°; aus 95% ig. A./W. Nadeln; $[\alpha]_D^{25}$ —211 bis —217° (A.); 91,5—95% Rohausbeute. P. GOLINSKE. 3081 □

Äthylensulfid in der Synthese heterocyclischer Verbindungen mit zwei Heteroatomen. 10. Mitt. **Kondensation von β-Mercaptoäthylamin mit heterocyclischen Aldehyden, Isonitrosoaceton und Brenztraubensäure.** Ju. K. Jurjew, E. W. Djatlowitzkaja und A. E. Ssokol. (Журнал Общей Химии [J. allg. Chem.] **29 (91).** 3885—88. Dez. 1959. Moskau, Univ.) (Russ.) — 9. vgl. C. **1960.** 7842.

Durch Kondens. von β-Mercaptoäthylamin (I) mit Furfurol (II), Thiophen-2-aldehyd (III), Selenophen-2-aldehyd (IV), Isonitrosoaceton (V), Brenztraubensäure (VI), CS_2 u. $COCl_2$ werden entsprechend *2-[Furyl-(2)]-*, *2-[Thienyl-(2)]-*, *2-[Selenienyl-(2)]-thiazolidin*, *2-Methylthiazolidin-2-aldehydoxim*, *2-Methylthiazolidin-2-carbonsäure*, *Thiazolidinthion-(2)* u. *Thiazolidon-(2)* erhalten. Aus **VI** u. N-[β-Mercaptoäthyl]-anilin (**VII**), -p-toluidin (**VIII**) u. -o-toluidin (**IX**) werden *3-Phenyl-*, *3-p-Tolyl-* u. *3-o-Tolyl-2-methylthiazolidin-2-carbonsäure* dargestellt.

Versuche: *2-[Furyl-(2)]-thiazolidin*, C_7H_9NOS, F. 54—55° (PAe.), man kocht 3,08 g **I** u. 3,84 g **II** in 50 ml Bzl., bis sich kein W. mehr bildet; 80% (Ausbeute). — *2-[Thienyl-(2)]-thiazolidin*, $C_7H_9NS_2$, F. 41,5—42,5° (PAe.), man läßt 0,77 g **I** u. 1,12 g **III** in 10 ml abs. A. 3 Tage lang stehen; Nadeln; 43%. — *2-[Selenienyl-(2)]-thiazolidin*, F. 42—43° (PAe.), aus 0,77 g **I** u. 1,59 g **IV** in 10 ml A. (48 Std. stehen); 40%. — *2-Methyl-thiazolidin-2-aldehydoxim*, $C_5H_{10}N_2OS$, F. 115,5—116° (A.), man kocht 1,93 g **I** u. 2,18 g **V** in 13 ml A.; 23%. — *2-Methylthiazolidin-2-carbonsäure*, $C_5H_9NO_2S$, F. 176—177° (Zers.; 75%ig. A.), aus 0,77 g **I** u. 0,88 g **VI** in 10 ml A.; 93%. — *Thiazolidinthion-(2)*, F. 105—105,5° (Methanol), man kocht 1,93 g **I**, 1,4 g KOH u. 3,8 g CS_2 in 10 ml A. 4 Std.; 65,5%. — *Thiazolidon-(2)*, C_3H_5NOS, F. 52,5—53° (Ae.), man gibt zu 1,93 g **I** in 60 ml Toluol 18,5 ml 20%ig. $COCl_2$ in Toluol u. erhitzt 15. Min. lang; 22%. — *3-Phenyl-2-methylthiazolidin-2-carbonsäure*, $C_{11}H_{13}NO_2S$, F. 155,5—156,5° (Bzl.), aus 0,77 g **VII** u. 0,44 g **VI**; 74,5%. — *3-p-Tolyl-2-methylthiazolidin-2-carbonsäure*, $C_{12}H_{15}NO_2S$, F. 155—156° (Zers.; A.), aus 0,84 g **VIII** u. 0,44 g **VI**; 70,5%. — *3-o-Tolyl-2-methylthiazolidin-2-carbonsäure*, $C_{12}H_{15}NO_2S$, F. 121—122° (Zers.; PAe.), aus 0,84 g **IX** u. 0,44 g **VI**; 78%.

HELMUT SCHÄFER. 3142□

Synthese von 1-Phenyl-5-chlor-1.2.3-triazol-4-carbonsäurealkylestern. Eugene Lieber, T. S. Chao und C. N. R. Rao. (Canad. J. Chem. **37.** 118—19. Jan. 1959. Chicago, Ill., DePaul Univ., Dep. of Chem.) (Engl.)

Die Darst. von *1-Phenyl-5-chlor-1.2.3-triazolcarbonsäure-(4)-estern* durch Rk. von 1-Phenyl-5-hydroxy-1.2.3-triazolcarbonsäure-(4)-methylester (**I**) mit PCl_5 nach DUTT [1923] bzw. durch Diazotieren von 1-Phenyl-5-amino-1.2.3-triazolcarbonsäure-(4)-äthylester (**II**) nach DIMROTH [1909] wird beschrieben.

Versuche: *1-Phenyl-5-chlor-1.2.3-triazolcarbonsäure-(4), Methylester*, $C_{10}H_8ClN_3O_2$, F. 87°, durch 1½std. Erwärmen von **I** u. PCl_5 auf 70°, 4std. Erwärmen auf 100°, Eindampfen im Vakuum, Zugabe von W. u. Extrahieren mit Ae.; aus Methanol Nadeln; 57,4% (Ausbeute). *Äthylester*, $C_{11}H_{10}ClN_3O_2$, F. 79°, durch Einw. von HCl auf **II** in A. bei 0—5°, Zugabe von Isoamylnitrit, 48std. Kühlen auf 0—5° u. Fällen mit W.; aus verd. Methanol gelbe Nadeln; 47%.

W. HAMPEL. 3153□

1.2.4-Triazol. C. Ainsworth. (Org. Syntheses **40.** 99—102. 1960. Indianapolis, Ind., Tilly Res. Labor.) (Engl.)

1-Formyl-3-thiosemicarbazid, F. 177—178° (Zers.), durch Zugabe von Thiosemicarbazid zu 90%ig. HCOOH bei 100°, ½std. Erhitzen, Zugabe von sd. W., Filtrieren, 1std. Stehen u. 2std. Stehen im Eisbad; 71—81% (Ausbeute). — *3-Mercapto-1.2.4-triazol*, F. 220—222° (W.), durch 1std. Erhitzen vorst. Verb. mit NaOH in W. auf 100°, ½std. Stehen im Eisbad, Versetzen mit konz. HCl, 2std. Stehen im Eisbad u. Filtrieren; 72—81%. — *1.2.4-Triazol*, F. 120—121°, durch Zugabe vorst. Verb. zu $NaNO_2$ in HNO_3 bei 45° (½—1 Std.), 1std. Rühren u. Kühlen auf Raum-Temp., Zugabe von Na_2CO_3 u. $NaHCO_3$, Eindampfen im Vakuum, Extrahieren des Rückstands mit A., Eindampfen im Vakuum zur Trockne, Aufnehmen in Essigester, Eindampfen im Vakuum zur Trockne, ¼std. Kochen des Rückstands in abs. A./Bzl., Filtrieren in der Hitze u. Kühlen; 52—58%.

P. GOLINSKE. 3153□

Isomere 5-substituierte Aminothiatriazole und 1-substituierte Tetrazolinthione. Eugene Lieber und J. Ramachandran. (Canad. J. Chem. **37.** 101—09. Jan. 1959. Chicago, Ill., DePaul Univ., Dep. of Chem.) (Engl.)

Die Rk. organ. Isothiocyanate mit NaN_3 in A. u. W. wird untersucht. Bes. in W. werden in hohen Ausbeuten reine *1-substituierte Tetrazolinthione-(5)* (**A**) gebildet, wobei die Ausbeute von den elektr. Eigg. abhängt. Eine Reihe neuer *4-substituierter Thiosemicarbazide* wird dargestellt u. durch Diazotierung in die entsprechenden *5-substituierten Aminothiatriazole* (**B**) übergeführt. Eine Theorie für die unterschiedliche Rk. von HN_3 u. Azidion wird diskutiert. Die bas. Überführung der **B** in **A** beruht auf einem Umlagerungsmechanismus, der durch eine Nebenrk. kompliziert wird.

Versuche: Isothiocyanate, durch Rk. der Aminhydrochloride mit Thiophosgen: *p-Fluorphenyl-*, $Kp._{740}$ 222—226°, aus p-Nitranilin über p-Nitrophenyldiazoniumfluoborat [F. 156° (Zers.), nach SCHIEMANN u. PILLERSKY [1929]; 90% (Ausbeute)], p-Nitrofluorbenzol [F. 27°; 33%] u. p-Fluoranilin [$Kp._{748}$ 182—187°; 45%]; 63%. — *p-Nitrophenyl-* (**I**), F. 113°; 90%. — *2.4-Dichlorphenyl-*, F. 39—40°; 94%. — *p-Dimethylaminophenyl-*, F. 70°; 90%. — Thiosemicarbazide, nach LIEBER u. Mitarbeitern (C. **1961.** 10931): *4-[4'-Nitrophenyl]-*, $C_7H_8N_4O_2S$, F. 190° (Zers.); 90%. *Benzylidenderiv.*, $C_{14}H_{12}N_4O_2S$, F. 215—216°; 93%. — *4-[2'.4'-Dichlorphenyl]-*, $C_7H_7Cl_2N_3S$, F. 174°; 95%. *Benzylidenderiv.*, $C_{14}H_{11}Cl_2N_3S$, F. 218°. — *4-[4'-Fluorphenyl]-*, $C_7H_8FN_3S$, F. 177—178°; 84%. *Benzylidenderiv.*, $C_{14}H_{12}FN_3S$, F. 195—196°. — *4-[4'-Dimethylaminophenyl]-*, $C_9H_{14}N_4S$, F. 192°; 100%. — 1.2.3.4-Thiatriazole (**B**), durch Diazotieren vorst. Verbb.

in 10% ig. HCl nach Lieber u. Mitarbeitern (l. c.): *5-[p-Nitrophenylamino]-*, $C_7H_5N_5O_2S$, F. 152—153°; 90%. — *5-[2'.4'-Dichlorphenylamino]-*, $C_7H_4Cl_2N_4S$, F. 140°; 85%. — *5-[p-Fluorphenylamino]-*, $C_7H_5FN_4S$, F. 127—128°; 75%. — *5-[p-Dimethylaminophenylamino]-*, $C_9H_{11}N_5S$, F. 140°; 88%. — Tetrazolinthione-(5) (**A**), durch 4—8std. Kochen von Isothiocyanaten u. NaN_3 in W. u. Fällen mit konz. HCl bei pH 3: *1-Phenyl-*, F. 150°, a) durch 4std. Kochen von Phenylisocyanat u. 1,5 Mol NaN_3 in W.; 96%; b) analog a) mit 1 Mol NaN_3; 88%; c) durch 7std. Kochen analog a) in A.; 60%; d) analog a) in 50% ig. A.; 68%. — *1-[2'.4'-Dichlorphenyl]-*, $C_7H_4Cl_2N_4S$, F. 130—131°; 97%. — *1-[o-Methylphenyl]-*, F. 123°; 92%. — *1-[p-Methylphenyl]-*, F. 153°; 82%. — *1-[p-Nitrophenyl]-*, $C_7H_5N_5O_2S$, F. 148°; 80%. — *1-[p-Fluorphenyl]-*, $C_7H_5FN_4S$, F. 154—155°; 78%. — *1-[p-Dimethylaminophenyl]-*, $C_9H_{11}N_5S$, F. 180°; 73%. — *1-Benzyl-*, F. 144°; 48%. — *1-Methyl-*, $C_2H_4N_4S$, F. 125—126°, a) 52%; b) durch 4std. Kochen von 5-Methylamino-1.2.3.4-thiatriazol u. NaN_3 in W.; 15%. — *1-Äthyl-*, $C_3H_6N_4S$, F. 50°; 46%. — *1-Allyl-*, $C_4H_6N_4S$, F. 69°; 88%. — *1.3-Di-[p-nitrophenyl]-thioharnstoff*, F. 172—174°, durch Kochen von **I** u. NaN_3 in W.; orangeroter Niederschlag. W. Hampel. 3184□

Nobiletin aus der Schale der Valenciaorange (Citrus sinensis L.). Lyle James Swift. (J. org. Chemistry **25.** 2067—68. Nov. 1960. Winter Haven, Fla., U.S. Dep. of Agric., Agric. Res. Serv., Southern Utilization Res. and Dev. Div., Fruit and Vegetable Prod. Labor.) (Engl.)

Aus Orangenschalen wird *Nobiletin* (*3'.4'.5.6.7.8-Hexamethoxyflavon*) isoliert. Seine Konst. wird durch physikal. u. chem. Eigg., Elementaranalyse u. Abbau-Prodd. bestätigt. — UV-Absorptionsmaxima vgl. Original.

Versuche: *Nobiletin*, $C_{21}H_{22}O_8$, F. 137—138° (korr.; CH_3OH), durch Extrahieren von ca. 250 Liter Orangeschalensaft mit PAe., Alkalisieren des Rückstands mit NaOH bis pH 8, Ausziehen mit CCl_4, Konz. der Auszüge im Vakuum bis fast zur Trockne u. Lösen in heißem CH_3OH; 4,7 g (Ausbeute). — *Acetoveratronoxim*, $C_{10}H_{13}NO_3$, F. 141° (korr.), durch 6std. Kochen von 2 g vorst. Verb. in A./20% ig. wss. KOH (1 : 1), Konz. bei 1 at auf halbes Vol., Zugabe von W., Sättigen mit CO_2, Ae.-Extraktion, Einengen des Auszugs bis fast zur Trockne, Zugabe von $NH_2OH \cdot HCl$ u. 5% ig. NaOH u. 10 Min. langes Erhitzen auf 100° (Bad-Temp.); 0,23 g. — *Veratrumsäure*, $C_9H_{10}O_4$, F. 182° (korr.; W.), durch Ansäuern der vorst. mit Ae. extrahierten, neutralen Lsg. mit verd. H_2SO_4, Ae.-Extraktion u. Einengen; 1,4 g. *Amid*, F. 164—166°. G. Reisner. 3211□

N-β-Naphthylpiperidin. J. F. Bunnett, T. K. Brotherton und S. M. Williamson. (Org. Syntheses **40.** 74—76. 1960. Chapel Hill, N.C., Univ. of Northern Carolina, Dep. of Chem.) (Engl.)

Durch 1/4std. Kochen von Piperidin u. $NaNH_2$, Versetzen mit Na-β-Naphthalinsulfonat u. weiterem Piperidin in der Hitze, 12std. Kochen, Sättigen der abgekühlten Lsg. mit K_2CO_3, Ausäthern u. Eindampfen: F. 56—58°; aus PAe. gelbbraune Kristalle; 71% Ausbeute. P. Golinske. 3231□

Suche nach neuen Antispasmodica. 9. Mitt. T. N. Ghosh, Arun Bose und A. Raychaudhuri. (J. Indian chem. Soc. **37.** 93—96. Febr. 1960. Calcutta, Bengal Immunity Res. Inst.) (Engl.) — 8. vgl. C. **1961.** 2276.

Im Hinblick auf die spasmolyt. Eigg. einiger β-Dialkylaminoketone (vgl. Marshall, C. **1950/54.** 7003 S.) werden die Mannich-Basen *1-Phenyl-1-[p-methoxybenzyliden]-4-piperidinobutanon-(2)* (**II**) u. das entsprechende *Benzylderiv.* (**III**) durch Kondens. von Benzylmethylketon mit Anisaldehyd zu *1-Phenyl-1-[p-methoxybenzyliden]-propanon-(2)* (**I**), weitere Kondens. mit Paraformaldehyd u. Piperidin zu **II** u. katalyt. Hydrierung zu **III** dargestellt. Da **III** auch aus dem durch katalyt. Hydrierung von **I** zugänglichen *1-Phenyl-1-[p-methoxybenzyl]-propanon-(2)* (**IV**) durch gleiche Mannich-Rk. erhalten werden kann u. auch 1-Phenyl-1-benzylpropanon-(2) ein analoges Prod. ergibt, folgt für die Mannich-Rk. in diesen Fällen eine größere Rk.-Fähigkeit der Methyl- als die der Methenylgruppe.

Versuche: *1-Phenyl-1-[p-methoxybenzyliden]-propanon-(2)* (**I**), $C_{17}H_{16}O_2$, $Kp._{8-10}$ 218 bis 220°, F. 63—64° (aus PAe. Nadeln), durch Lösen von 40 g Benzylmethylketon in A. mit einigen Tropfen konz. HCl, Zugeben von 41 g Anisaldehyd unter Rühren, 5std. Weiterrühren u. 6std. Kochen, Aufnehmen in Ae. u. Dest. im Vakuum; 20 g. *Semicarbazon*, $C_{18}H_{19}N_3O_2$, F. 204—205° (A.; Nadeln). *2.4-Dinitrophenylhydrazon*, $C_{23}H_{20}N_4O_5$, F. 219 bis 220° (aus n-Butanol braune Nadeln). — *1-Phenyl-1-[p-methoxybenzyliden]-4-piperidinobutanon-(2)* (**II**), $C_{23}H_{27}NO_2$, F. 86—87° (aus PAe. braune Nadeln), durch 12std. Kochen eines Gemisches aus 18,6 g **I**, 15 g Piperidinhydrochlorid, 3,6 g Paraformaldehyd, 0,45 ml konz. HCl u. 45 ml A., Behandeln des mit Ae. gewaschenen Prod. mit NH_4OH im Überschuß u. Extraktion mit Ae.; 15 g. *Hydrochlorid*, F. 197—198° (A.; mikrokristallin). *Pikrat*, $C_{29}H_{30}N_4O_9$, F. 161—162° (aus A. gelbe rechteckige Blättchen). *Oxalat*, $C_{25}H_{29}NO_6$, F. 181—182° (Zers.; aus A. rechteckige Blättchen). *Semicarbazon*, $C_{24}H_{30}$-

N_4O_2, F. 219—220° (Methanol; mikrokristallin). — *1-Phenyl-1-[p-methoxybenzyl]-4-piperidinobutanon-(2)* (III), a) durch katalyt. Hydrierung von II an 10%ig. Pd/Kohle in A. bei normalem Druck, Verdampfen des A., Zugeben von verd. HCl, Alkalisieren mit NH_4OH, Ae.-Extraktion u. Verdampfen des Ae.; b) aus IV analog II; viscoses Öl. *Hydrochlorid*, $C_{23}H_{30}ClNO_2$, F. 186—187° (aus A./Ae. Blättchen). *Oxalat*, $C_{25}H_{31}NO_6$, F. 161—162° (aus A. Blättchen). — *1-Phenyl-1-[p-methoxybenzyl]-propanon-(2)* (IV), aus I analog III nach a); viscoses Öl. *2.4-Dinitrophenylhydrazon*, $C_{23}H_{22}N_4O_5$, F. 255—256° (aus Aceton dunkelrote Nadeln). — *1-Phenyl-1-benzylpropanon-(2)*, aus 10 g 1-Phenyl-1-benzylidenpropanon-(2) in A. durch katalyt. Hydrierung an 10%ig. Pd/Kohle; 10 g; viscos. *Semicarbazon*, $C_{17}H_{19}N_3O$, F. 170—171° (aus A. Nadeln). — *1-Phenyl-1-benzyl-4-piperidinobutanon-(2)*, aus vorst. Verb. analog II. R. Schönfelder. 3231□

DL-[5-Hydroxypyridyl-(2)]-alanin, ein Tyrosinanalogon. Scotty J. Norton, Charles G. Skinner und William Shive. (J. org. Chemistry 26. 1495—98. Mai 1961. Austin, Texas, Univ., Dep. of Chem.; Clayton Foundat. Biochem. Inst.) (Engl.)

Durch Kondens. von *4-Chlor-2-chlormethyl-5-methoxypyridin* mit Acetamidomalonsäurediäthylester (I) entsteht *2-Acetamido-2-[4-chlor-5-methoxypyridyl-(2)-methyl]-malonsäurediäthylester*, der mit 48%ig. HBr in *DL-β-[4-Chlor-5-methoxypyridyl-(2)]-alanin* (II) umgewandelt wird. Katalyt. Hydrierung von II liefert *DL-β-[5-Methoxypyridyl-(2)]-alanin*, 4std. Erhitzen von II mit 48%ig. HBr auf 165—170° im Rohr *DL-β-[4-Chlor-5-hydroxypyridyl-(2)]-alanin* (III). Katalyt. Hydrierung von III führt zu *DL-β-[5-Hydroxypyridyl-(2)]-alanindihydrochlorid* (IV). IV ist ein kompetitiver Antagonist des Tyrosins bei *Leuconostoc dextranicum* 8086 u. ein akt. Wachstumsinhibitor für *E. coli* 9723.

Versuche: *2-Hydroxymethyl-5-methoxy-4 H-pyranon-(4)*, F. 157—158°. — *2-Hydroxymethyl-5-methoxypyridinol-(4)*, F. 171—173°, aus vorst. Verb. mit konz. NH_4OH. — *4-Chlor-2-chlormethyl-5-methoxypyridin*, $C_7H_7Cl_2NO$, F. 72—73° (A./W.), durch Rk. von 54 g vorst. Verb. mit $POCl_3$, 2std. Kochen, Gießen auf Eis u. Neutralisieren mit 10%ig. NaOH; Nadeln; 40,4 g (Ausbeute). — *2-Acetamido-2-[4-chlor-5-methoxypyridyl-(2)-methyl]-malonsäurediäthylester*, $C_{16}H_{21}ClN_2O_6$, F. 150—151° (A./W.), durch 24std. Kochen von 32 g vorst. Verb. mit 36 g I in A. in Ggw. von $NaOC_2H_5$ u. Gießen auf Eis; 38,4 g. — *DL-β-[4-Chlor-5-methoxypyridyl-(2)]-alanin* (II), $C_9H_{11}ClN_2O_3$, F. 216—218° (W.), durch 7std. Kochen von 30 g vorst. Verb. mit 48%ig. HBr, Einengen u. Neutralisieren mit NH_4OH; 19,5 g. — *DL-β-[5-Methoxypyridyl-(2)]-alanin*, $C_9H_{12}N_2O_3$, F. 224 bis 227° (Zers.), durch katalyt. Hydrierung von 1,4 g II in W. in Ggw. von Pd unter Druck, Einengen u. Neutralisieren mit NH_4OH; 0,75 g. — *DL-β-[4-Chlor-5-hydroxypyridyl-(2)]-alanin* (III), $C_8H_9ClN_2O_3 \cdot 1\frac{1}{2} H_2O$, F. 180—182° (Zers.; W.), durch 4std. Erhitzen von 6 g II mit 48%ig. HBr auf 165—170° im Rohr, Verdünnen mit W. u. Neutralisieren; 3,5 g. — *DL-β-[5-Hydroxypyridyl-(2)]-alanindihydrochlorid* (IV), $C_8H_{10}N_2O_3 \cdot 2$ HCl, F. 151—153° (Zers.; W./A.), durch katalyt. Hydrierung von 0,5 g III in W. in Ggw. von Pd unter Druck; 0,3 g. — *5-[Pyridyl-(2)-methylen]-hydantoin*, $C_9H_7N_3O_2$, F. 228—229° (W.), durch 20std. Erhitzen von 16 ml Picolinaldehyd, 13,5 g Hydantoin u. 6 ml Diäthylamin in Pyridin im Rohr auf 100° u. Einengen; 15,6 g. — *5-[Pyridyl-(2)-methyl]-hydantoin*, $C_9H_9N_3O_2$, F. 171—172° (Methanol/W.), durch katalyt. Hydrierung von 5 g vorst. Verb. in A. in Ggw. von Pd-Kohle unter Druck; 3,9 g. — *DL-β-[Pyridyl-(2)]-alanin*, F. 209 bis 210° (A./W.), durch Kochen von 3,5 g vorst. Verb. mit $Ba(OH)_2$-Lsg., Einleiten von CO_2 u. Ansäuern mit H_2SO_4 (pH 4,5); 1,3 g. E. Schröder. 3231□

3-Hydroxychinolin. Edward J. Cragoe jun. und Charles M. Robb. (Org. Syntheses 40. 54—60. 1960. West Point, Pa., Merck Sharp and Dohme Res. Labor.) (Engl.)

Chlorbrenztraubensäure, F. 45°, durch 2std. Zutropfen von $SOCl_2$ zu Brenztraubensäure bei 25—30° u. 60std. Rühren bei Raumtemp.; hellgelbe Kristalle; 96—98% (Ausbeute). — *3-Hydroxycinchoninsäure*, F. 219—220° (Zers.; vorgeheizter Block; korr.), durch Zugabe von Isatin zu 50%ig. KOH, Einleiten von N_2, 2std. Zugabe vorst. Verb. bei 20—25°, 1std. Rühren, 6tägiges Stehen bei Raumtemp., Zugabe von $NaHSO_3$, Ansäuern mit konz. HCl gegen Kongopapier, Filtrieren, Lösen des Rückstandes in W., das etwas konz. NH_4OH enthält, Filtrieren, Zugabe gesätt. $NaHSO_3$-Lsg. u. Ansäuern gegen Kongopapier; gelbe Kristalle; 60—71%. — *3-Hydroxychinolin*, F. 199—200° (korr.), durch Zugabe vorst. Verb. zu Bernsteinsäurediäthylester bei 215—220°, Kühlen u. Filtrieren; aus Methanol/W. gelbbraune Kristalle; 61—65%. P. Golinske. 3231□

Darstellung von 3-[Chinolyl-(3)]-alanin. Elizabeth Dyer und Wako Yokoyama. (J. org. Chemistry 26. 2124—25. Juni 1961. Newark, Del., Univ., Dep. of Chem.) (Engl.)

3-[Chinolyl-(3)]-alanin (I) wurde aus Chinolin-3-aldehyd (II) nach der Azlacton-Meth. synthetisiert. I ist nicht tox. u. inakt. gegenüber Sarkom 180, Ehrlich-Ascites u. Leukämie 1210.

Versuche: *3-Bromchinolin*, $Kp._1$ 104—106°, durch Einleiten von HBr in eine Chinolin–Chlf.-Lsg., Zugeben von Br_2, mehrstd. Stehen, 3½std. Erhitzen des *Chinolinhydrobromiddibromids* auf 175—180°, Digerieren mit Chlf. u. 10%ig. Na_2CO_3-Lsg.; 34% (Ausbeute). — *4-[Chinolyl-(3)-methylen]-2-phenyl-Δ^2-oxazolinon-(5)*, $C_{19}H_{12}N_2O_2$, F. 200 bis 201,8° [Pentanol-(2)], aus **II**, Hippursäure u. Acetanhydrid; 92%. — *3-[Chinolyl-(3)]-alanin* (**I**), $C_{12}H_{12}N_2O_2$, F. 248—253° (Zers.; W.), aus vorst. Verb. mit HJ in Ggw. von P; 34%. — *5-Phenyl-2-[chinolyl-(3)-methyl]-hydantoinsäure*, $C_{19}H_{17}N_3O_3$, F. 219—222° (A.), aus **I** u. Phenylisocyanat. — *3-Phenyl-5-[chinolyl-(3)-methyl]-hydantoin*, $C_{19}H_{15}N_3O_2$, F. 226—227° (A.), durch Kochen vorst. Verb. mit verd. HCl. E. SCHRÖDER. 3231□

Synthese einiger N-Pyrimidylaminosäuren. P. Roy-Burman, Dolly Roy und D. Sen. (Naturwissenschaften **47.** 515—16. 2. Nov.-H. 1960. Calcutta, India, Univ. Coll. of Sci. and Technol., Dep. of Appl. Chem.) (Engl.)

N-[2-Amino-6-methylpyrimidyl-(4)]-aminosäuren werden zur Unters. auf chemotherapeut. Eigg. dargestellt. Sie zeigen amphoteres Verhalten. Ihre UV-Absorption wird angegeben.

Versuche: *N-[2-Amino-6-methylpyrimidyl-(4)]-glycinhydrat* (**I**), $C_7H_{10}N_4O_2 \cdot H_2O$, F. 298° (Zers.; W.), durch Kondens. äquimolarer Mengen 2-Amino-4-chlor-6-methylpyrimidin u. Glycin in W. in Ggw. von wenig HCl. — *N-[2-Amino-6-methylpyrimidyl-(4)]-DL-alaninhydrat*, $C_8H_{12}N_4O_2 \cdot H_2O$, F. 290° (Zers.; W.), aus DL-Alanin analog **I**. — *N-[2-Amino-6-methylpyrimidyl-(4)]-DL-phenylalanin*, $C_{14}H_{16}N_4O_2$, F. 275° (Zers.; W.), aus DL-Phenylalanin analog **I**. — *N-[2-Amino-6-methylpyrimidyl-(4)]-DL-valin*, $C_{10}H_{16}N_4O_2$, F. 287° (Zers.; W.), aus DL-Valin analog **I**. — *N-[2-Amino-6-methylpyrimidyl-(4)]-DL-serin*, $C_8H_{12}N_4O_3$, F. 264° (Zers.; W.), aus DL-Serin analog **I**. G. REISNER. 3272□

Untersuchungen über die Synthese von Piperazinen. 5. Mitt. **Synthese von Piperazinen aus Triäthanolamin.** Takeo Ishiguro, Eiichi Kitamura, Masaki Matsumura und Hiroshi Ogawa. (J. pharmac. Soc. Japan [Yakugakuzasshi] **75.** 1367—69. 25/11. 1955. Kyoto, Univ., Med. Fak., Pharmakol. Inst.) (Jap.; Auszug: Engl.) — 4. vgl. **1961.** **17209.**

3std. Erhitzen von Triäthanolamin (**I**)-hydrochlorid auf 200° gibt 50% *β-Morpholinoäthanol*. Änderungen der Rk.-Temp. u. der Rk.-Zeit führen zur Bldg. von *Morpholin* (**II**), *1.2-Dimorpholinoäthan*, *2.2'-Dimorpholinodiäthyläther* u. *Piperazin* (**III**). Erhitzen von **I** mit Mono-, Di- oder Trialkylaminhydrochlorid bei 250° gibt ca. 30% *N-Alkylpiperazin* neben ca. 15% **II**. Bei der Rk. von Äthylenglykol (**IV**) u. NH_3 in der Dampfphase in Ggw. von SiO_2/Al_2O_3 wird weder **III** noch **II**, sondern nur wenig *α*- u. *γ-Picolin* gebildet.

Versuche: *Morpholin* (**II**), Kp. 125—130°, durch 6std. Erhitzen von 74,5 g **I** auf 220° u. Behandeln der Fraktionen $Kp._{760}$ 100—120° u. $Kp._{16}$ 40—50° mit 50%ig. NaOH; 23,7% (Ausbeute). *Pikrat*, F. 150—151° (A.). *p-Toluolsulfonat*, F. 148—149° (A.). — *β-Morpholinoäthanol*, $Kp._{17}$ 107°, durch 3std. Erhitzen von 74,5 g **I** auf 200° u. Behandeln der Fraktion $Kp._{16}$ 105—115° mit NaOH; 50%. *Pikrat*, F. 125—126° (CH_3OH). *2.4-Dinitrophenolat*, F. 111—112° (Bzl.). — *1.2-Dimorpholinoäthan*, F. 72—73° (Ligroin), $Kp._8$ 145—150°, durch 3std. Erhitzen von 74,5 g **I** auf 220°, Behandeln mit NaOH u. Dest. bei 140—145°/6 Torr; 12,4%. *Dipikrat*, $C_{22}H_{28}N_8O_{16}$, F. 235° (Zers.; W.). *Dimethojodid*, F. 249—250° (Zers.). — *2.2'-Dimorpholinodiäthyläther*, $Kp._6$ 176—182°, durch 6std. Erhitzen von 74,5 g **I** auf 210°, Behandeln mit NaOH u. Dest. bei 174—180°/6 Torr; 18,3%. *Dipikrat*, $C_{24}H_{30}N_8O_{17}$, F. 173—174° (W.). — *Piperazin* (**III**), durch 3std. Erhitzen von **I** auf 240—250° aus der Fraktion Kp. 130—145°. *Dibenzoat*, F. 193—194°. — *N-Methylpiperazin*, durch a) 3std. Erhitzen von 37,3 g **I**, 30 cm³ 36%ig. HCl u. 33,8 g $CH_3NH_2 \cdot HCl$ auf 245—250°; 26,2% (neben 15% **II**); b) 3std. Erhitzen von 37,3 g **I**, 30 cm³ 36%ig. HCl u. 20,6 g $(CH_3)_2NH \cdot HCl$ auf 245—250°; 23,2% (neben 15% **II**); c) 3std. Erhitzen von 44,7 g **I**, 36 cm³ 36%ig. HCl u. 35,5 g $(CH_3)_3N \cdot HCl$ auf 245—250°; 28,6% (neben 15% **II**); d) 3std. Erhitzen von 26,2 g Diäthanolamin, 30 cm³ 36%ig. HCl u. 29,5 g $(CH_3)_3N \cdot HCl$ auf 250—255°; 30% (neben 15% **II**); e) 3std. Erhitzen von 21,8 g **II**, 30 cm³ 36%ig. HCl u. 15 g $(CH_3)_3N \cdot HCl$ auf 250—255°; 31,6%. *2.4-Dinitrophenolat*, F. 209—210°. *p-Toluolsulfonat*, F. 152—153°. — *α-Picolinpikrat*, F. 164°, *γ-Picolinpikrat*, F. 166°, u. 2 *Pikrate vom F. 136—137°* u. *F. 273—274°*, beim Erhitzen von **IV** u. NH_3 auf 350 u. 400° in Ggw. von SiO_2/Al_2O_3, Behandeln mit NaOH, Dest. bei 130—140° u. Rk. mit Pikrinsäure. F. MOSSNER. 3272

Untersuchungen über die Synthese von Piperazinen. 6. Mitt. **Synthese von 1.4-Diazabicyclo-[2.2.2]-octan durch katalytische Reaktion in der Dampfphase.** Takeo Ishiguro, Eiichi Kitamura, Masaki Matsumura und Hiroshi Ogawa. (J. pharmac. Soc. Japan [Yakugakuzasshi] **75.** 1370—73. 25/11. 1955.) (Jap.; Auszug: Engl.) — 5. vgl. vorst. Referat.

1.4-Diazabicyclo-[2.2.2]-octan (*Triäthylendiamin*) wird aus Monoäthanolamin (IV), Diäthanolamin (V), N-[β-Hydroxyäthyl]-piperazin (I) oder N.N'-Bis-[β-hydroxyäthyl]-piperazin (II) in der Dampfphase bei 275—350° bei normalem oder vermindertem Druck in Ggw. eines SiO_2/Al_2O_3-Katalysators in 4, 6, 21 bzw. 32%ig. Ausbeute erhalten. *Piperazin* (III) entsteht dabei nicht oder nur in sehr geringer Menge.

Versuche: *N-[β-Hydroxyäthyl]-piperazin* (I), $Kp._{20}$ 130—133°, aus 103 g III in 90 cm³ CH_3OH u. 19 g Äthylenoxyd durch 75 Min. lange Rk. bei 80°; 71,9% (Ausbeute). — *N.N'-Bis-[β-hydroxyäthyl]-piperazin* (II), F. 135,5—136° (CH_3OH oder Aceton), neben vorst. Verb.; 21,1%. — *1.4-Diazabicyclo-[2.2.2]-octan*, a) durch 6std. Erhitzen von II in Ggw. von SiO_2/Al_2O_3 auf 325°/19 Torr; 31,6%; b) aus IV in Ggw. von SiO_2/Al_2O_3 durch Erhitzen auf 300° u. Dest.; 3,9%; c) durch 4—4½std. Erhitzen von V auf 300—325°; 6,1%; d) durch 6std. Erhitzen von I auf 300°; 20,8%. *Bis-p-nitrophenolat*, F. 182,5 bis 183,5°. — *Piperazin* (III), als Neben-Prod. neben vorst. Verb., nachgewiesen als *N.N'-Dibenzoylpiperazin*, F. 194—195° (Bzl.). F. Mossner. 3272

Untersuchungen an kondensierten Pyrimidinsystemen. 21. Mitt. **Isolierung und Synthese von 6-Mercaptopurindiol-(2.8) (6-Thioharnsäure).** Gertrude B. Elion, Suzanne Mueller und George H. Hitchings. (J. Amer. chem. Soc. **81.** 3042—45. 20/6. 1959. Tuckahoe, N.Y., Wellcome Res. Labors.) (Engl.) — 20. vgl. C. **1960.** 9907.

6-Mercaptopurindiol-(2.8) (I; *6-Thioharnsäure*), ein Stoffwechsel-Prod. des Purinthiols-(6) (II), wird enzymat. aus II durch Einw. von Xanthinoxydase bzw. durch Rk. von Harnsäure (III) mit P_2S_5 erhalten. Als Neben-Prod. bildet sich hierbei *6.8-Dimercaptopurinol-(2)*. Im 2.8-Bis-[methylmercapto]-purinthiol-(6) ist die Hydrolyse-Geschw. der 3 Substituenten im sauren Medium gleich groß. Bei der Desaminierung von 2-Amino-6-chlorpurinol-(8) entsteht unter gleichzeitiger Hydrolyse III. Die Umsetzung von 2.6.8-Trichlorpurin mit NaHS bzw. Thioharnstoff liefert nur Gemische u. eine geringe Ausbeute an *2.8-Dichlorpurinthiol-(6)*. 2.6-Dichlorpurinol-(8) (V) kann mit NaSH oder NH_4SH in *2-Chlor-8-hydroxy-6-mercaptopurin* übergeführt werden. Beim Vers. der Hydrolyse des Cl-Atoms erfolgt Desulfurierung, aber nach Überführung in *8-Hydroxy-6-mercaptopurin-2-sulfonsäure* (IV) entsteht bei der sauren Hydrolyse I. Die UV-Spektren der Verbb. sind angegeben u. wurden zur Identifizierung benutzt.

Versuche: *6-Thioharnsäure* (I), *Monohydrat*, $C_5H_4N_4O_2S \cdot H_2O$, a) durch Chromatographie des Urins leukäm. Patienten, an die II verabreicht worden war, an Dowex-1 bei pH 4 (mit 90%ig. Ameisensäure eingestellt), Waschen mit W., Eluieren mit wss. Ameisensäure, Einengen, Behandeln des Nd. mit Aceton u. Umlösen des Rückstandes aus verd. NaOH–HCl; b) durch 11std. Kochen von III u. P_2S_5 in abs. Pyridin, Einengen, Kochen mit W. u. Ansäuern des Filtrats auf pH 3 mit konz. HCl; c) durch 1wöchige Inkubation von II in verd. $NaOH/KH_2PO_4$-Lsg. mit Xanthinoxydase in Ggw. von Toluol bei 37°; d) durch ¼std. Kochen von Na-IV mit 2n HCl; 82,5% (Ausbeute). — *2-Chlor-6-mercaptopurinol-(8)*, $C_5H_3ClN_4OS$, a) durch 2std. Stehen von V in W. mit wss. NH_4SH bei 35—40° im verschlossenen Gefäß, Einengen u. Ansäuern (pH 5) mit Essigsäure; 65%; b) durch 3tägiges Stehen von 1,5 g V mit 2n NaSH bei Raumtemp.; 0,9 g. — *8-Hydroxy-6-mercaptopurin-2-sulfonsäure* (IV), *Na-Salz*, $C_5H_3N_4NaO_4S_2$, durch 4std. Erwärmen vorst. Verb. mit Na_2SO_3 in W. u. Ansäuern mit 2n HCl; 60%. — *2.8-Bis-[methylmercapto]-purinol-(6)*, $C_7H_8N_4OS_2$, aus 2.8-Dimercaptopurinol-(6) u. $(CH_3)_2SO_4$ in 1n NaOH bei Raum-Temp. über Nacht; 91%. R. Pasedag. 3272□

Purin-8-carbonsäure. Adrien Albert. (J. chem. Soc. [London] **1960.** 4705. Nov. Canberra, Austral. Nat. Univ., Inst. of Advanc. Stud., Dep. of Med. Chem.) (Engl.)

Daß es sich bei dem aus 4.5-Diaminopyrimidin (I) u. Glykolsäure oder deren Äthylester erhaltenen Rk.-Prod. um *8-Hydroxymethylpurin* (II) handelt, wird durch dessen Oxydation zu *Purin-8-carbonsäure* (III) bewiesen, die zu *Purin* decarboxyliert wird. III zeigt ein anderes Spektrum u. eine andere Ionisations-Konst. als das isomere aus I u. Oxalsäure erhaltene *6.7-Dihydroxypteridin*.

Versuche: *Purin-8-carbonsäure* (III), $C_6H_4N_4O_2$, F. 210—212°, durch 20 Min. lange Zugabe von 0,1m $KMnO_4$ zu II u. Kieselgur in 0,1n KOH bei 20° unter Rühren, Einstellen der filtrierten Lsg. mit H_3PO_4 auf pH 7, Konz., Abkühlen u. Ansäuern mit H_2SO_4 bis pH 2; 80% (Ausbeute). — *Purin*, F. 212—213°, a) beim Schmelzen von III; b) durch 5 Min. langes Kochen von III in H_2O. G. Reisner. 3272□

Potentielle Purinantagonisten. 19. Mitt. **Synthese einiger 6-substituierter 9-Alkyl-(Aryl)-2-aminopurine und verwandter vic.-Triazolo-[d]-pyrimidine.** Henry C. Koppel, Darrell E. O'Brien und Roland K. Robins. (J. Amer. chem. Soc. **81.** 3046—51. 20/6. 1959. Tempe, Ariz., State Univ., Dep. of Chem.) (Engl.) — 18. vgl. C. **1959.** 16647.

2-Amino-6-chlor-4-hydroxy-5-phenylazopyrimidin (II) liefert mit verschiedenen prim. Aminen *6-Alkyl-* bzw. *6-Arylamino-2-amino-4-hydroxy-5-phenylazopyrimidine*, die mit $Na_2S_2O_4$ zu den *5-Amino-Verbb.* red. wurden. Diese geben mit HNO_2 *3-Alkyl-* bzw. *3-Aryl-5-amino-7-hydroxy-vic.-triazolo-[d]-pyrimidine*, mit Formamid (I) *9-Alkyl-* bzw. *9-Aryl-2-amino-6-hydroxypurine*. *3-Benzyl-* bzw. *3-Cyclohexyl-5-amino-7-hydroxy-vic.-triazolo-[d]-pyrimidin* liefern bei 90° mit HNO_2 die *5.7-Dihydroxyverbindungen*. *2-Amino-6-hydroxy-9-phenylpurin* wird mit heißer HNO_2/HCl zu *2.6-Dihydroxy-9-phenylpurin* desaminiert. *9-Alkyl-* bzw. *9-Aryl-2-aminopurinthiole-(6)* werden aus den obigen 6-Hydroxy-Verbb. mit P_2S_5 in Pyridin erhalten. 6-Chlor-2.4-diaminopyrimidin (III) konnte nicht mit Phenyldiazoniumchlorid gekuppelt werden, liefert aber mit Aminen in Ggw. von HCl glatt *6-Arylamino-2.4-diaminopyrimidine*, die sich zu den *5-Nitroso-Verbb.* nitrosieren lassen. Die Red. mit $Na_2S_2O_4$ führt zu den *5-Amino-Verbb.*, die sich mit I zu *9-Aryl-2.6-diaminopurinen* umsetzen. 6-Anilino-2.4.5-triaminopyrimidin (V) wird mit Orthoameisensäuretriäthylester (VI) u. Acetanhydrid (VII) zu *2-Amino-6-anilinopurin* cyclisiert. V gibt mit $NaNO_2$ in Essigsäure *5.7-Diamino-3-phenyl-vic.-triazolo-[d]-pyrimidin*. Die UV-Spektren der Purine u. Triazolopyrimidine bei pH 1 u. 11 sind angegeben.

Versuche: *2-Amino-4-[p-chloranilino]-6-hydroxy-5-phenylazopyrimidinmonohydrat*, $C_{16}H_{13}ClN_6O \cdot H_2O$, durch 5std. Kochen des Amins mit II in abs. A.; 96% (Ausbeute). — *2-Amino-4-[p-bromanilino]-6-hydroxy-5-phenylazopyrimidinmonohydrat*, $C_{16}H_{13}BrN_6O \cdot H_2O$; 90%. — *2-Amino-4-anilino-6-hydroxy-5-phenylazopyrimidinmonohydrat*, $C_{16}H_{14}N_6O \cdot H_2O$; 78%. — Durch Kochen (10 Min.) vorst. Verbb. mit $Na_2S_2O_4$ in 2,5n NaOH, Neutralisieren mit Essigsäure, ½std. Kochen der *4-Alkyl-* bzw. *4-Arylamino-2.5-diamino-6-hydroxypyrimidine* mit I, Verdünnen mit W., Umfällen aus HCl–NH_4OH u. Umkristallisieren aus Dimethylformamid bzw. wss. Dimethylformamid nachst. 2-Amino-6-hydroxypurine: *9-Benzyl-*, F. 300—302°; 29%. — *9-[3.4-Dichlorbenzyl]-*, F. 342 bis 343°; 26%. — *9-[o-Chlorbenzyl]-*, F. 335—336°; 31%. — *9-n-Decyl-*, F. 233—234°; 41%. — *9-n-Undecyl-*, F. 234—236°; 52%. — *9-[p-Chlorbenzyl]-*, F. 343—344° (Zers.); 25%. — *9-Cyclohexyl-*, F. >360°; 34%. — *9-Furfuryl-*, F. 306—307° (Zers.; verd. Essigsäure); 34%. — *9-Isoamyl-*, F. 352° (Zers.); 32%. — *9-n-Octyl-*, F. 282—283°; 41%. — *9-n-Hexyl-*, F. 283—284°; 43%. — *9-Phenyl-*, F. >360°; 43%. — *9-[p-Bromphenyl]-*, F. >360°; 36%. — *9-[p-Chlorphenyl]-*, F. >360°; 38%. — *9-Isobutyl-*, F. >360°; 34%. — *9-[β-Phenäthyl]-*, F. 323—324°; 34%. — *9-Naphthyl-*, F. >360°; 35%. — Durch 4-bis 24std. Kochen vorst. Verbb. mit P_2S_5 in Pyridin, Einengen, 2std. Erwärmen mit W. auf dem Wasserbad, Umfällen aus KOH-Essigsäure u. Umkristallisieren aus Dimethylformamid–W. nachst. 2-Aminopurinthiole-(6) als hellgelbe Kristalle: *9-Phenyl-*, F. 304 bis 305°; 52%. — *9-[p-Chlorphenyl]-*, F. 308—310°; 31%. — *9-[p-Bromphenyl]-*, F. 310 bis 312°; 34%. — *9-n-Butyl-*, F. 316—318°; 30%. — *9-Benzyl-*, F. 303—304°; 35%. — Durch 2std. Erhitzen von 4-Alkyl- bzw. 4-Arylamino-2.5-diamino-6-hydroxypyrimidinen mit $NaNO_2$ in wss. Essigsäure auf dem Wasserbad, Umfällen aus Base-Essigsäure u. Umkristallisieren aus Dimethylformamid nachst. 5-Amino-7-hydroxy-vic.-triazolo-[d]-pyrimidine: *3-[o-Chlorbenzyl]-*, F. 315—316°; 38%. — *3-[3.4-Dichlorbenzyl]-*, F. 322—323°; 38%. — *3-n-Decyl-*, F. 258—259°; 33%. — *3-n-Octyl-*, F. 263 bis 264°; 24%. — *3-[p-Chlorbenzyl]-*, F. 327—328°; 25%. — *3-Benzyl-*, F. 313—314°; 29%. — *3-Cyclohexyl-*, F. 311—312°; 34%. — *3-Furfuryl-*, F. 285° (Zers.; verd. Essigsäure); 34%. — *3-Phenyl-*, F. 326—327° (Zers.); 32%. — *3-[p-Chlorphenyl]-*, F. >360°; 26%. — *3-[p-Bromphenyl]-*, F. >360°; 29%. — *3-[3.4-Dichlorphenyl]-*, Zers. >300°; 23%. — *2.6-Dihydroxy-9-phenylpurin*, durch Zugeben von wss. $NaNO_2$ zu 3 g der 2-Amino-Verb. in wss. HCl bei 90° unter Rühren u. 15 Min. Weitererhitzen; 1,5 g. — *2.6-Dihydroxy-9-n-undecylpurin*, $C_{16}H_{26}N_4O_2$, F. >300° (verd. Essigsäure); 3,5 g aus 5 g. — *3-Benzyl-5.7-dihydroxy-vic.-triazolo-[d]-pyrimidin*, $C_{11}H_9N_5O_2$, F. >300°, hellgelbe Platten; 0,8 g aus 1 g. — *4-Anilino-2.6-diaminopyrimidin* (IV), $C_{10}H_{11}N_5$, F. 182—184° (W.), durch 4std. Kochen von 9,3 g Anilin u. III (4-Chlor-2.6-diaminopyrimidin) in wss.-äthanol. HCl u. Gießen in W.; Platten; 14 g. — *4-[p-Chloranilino]-2.6-diaminopyrimidin*, $C_{10}H_{10}ClN_5$, F. 168—170° (verd. Essigsäure), aus 12,7 g p-Chloranilin u. III; hellgelbe Kristalle; 18 g. — *2.6-Diamino-4-[p-toluidino]-pyrimidin*, $C_{11}H_{13}N_5$, F. 170—172° (Bzl.), aus 10,7 g p-Toluidin u. III; Platten; 24 g. — *4-Anilino-2.6-diamino-5-nitrosopyrimidin*, aus IV in 10%ig. Essigsäure mit wss. $NaNO_2$ bei 10° (1 Std.). — *4-Anilino-2.5.6-triaminopyrimidin* (V), *Bisulfit*, durch Kochen (10 Min.) vorst. Verb. mit wss. $Na_2S_2O_4$. — Durch ½std. Kochen von V bzw. der Analoga mit I, Verdünnen mit W., Kochen mit verd. HCl u. Alkalisieren mit NH_4OH nachst. 2.6-Diaminopurine: *9-Phenyl-*, F. 283—285°; 35%. — *9-[p-Chlorphenyl]-*, F. 304—305°; 31%. — *9-[3.4-Dichlorphenyl]-*, F. 304—305°; 26%. — *9-[p-Bromphenyl]-*, F. 315—317°; 39,6%. — *9-[p-Tolyl]-*, F. 292—293°; 42%. — *2-Amino-6-anilinopurin*, $C_{11}H_{10}N_6$, F. 283—285° (Dimethylformamid-W.), durch 8std. Kochen von V (aus 10 g Bisulfit mit NH_4OH) mit VI u. VII (1:1); lange Nadeln;

3,5 g. — *5.7-Diamino-3-phenyl-vic.-triazolo-[d]-pyrimidin*, $C_{10}H_9N_7$, F. >300° (Dimethylformamid), durch langsames Zugeben von wss. $NaNO_2$ zu 15 g **V**-Bisulfit in sd. wss. Essigsäure u. 1std. Erhitzen auf dem Wasserbad; 4,5 g. R. PASEDAG. 3272□

Potentielle Purinantagonisten. 20. Mitt. **Darstellung und Reaktionen einiger Methylmercaptopurine.** C. Wayne Noell und Roland K. Robins. (J. Amer. chem. Soc. **81.** 5997—6007. 20/11. 1959.) (Engl.) — 19. vgl. vorst. Referat.

Im folgenden bedeuten: **I** = *4.5-Diaminopyrimidinthiol-(2)*; **II** = *2.6.8-Tris-[methylmercapto]-purin*; **III** = *6-Chlor-2.8-bis-[methylmercapto]-purin*; **IV** = *Thioharnstoff*; **V** = *6-Hydroxypurindithiol-(2.8)*; **VI** = *Methanthiol*; **VII** = *6.8-Dichlor-2-[methylsulfonyl]-purin*; **VIII** = *6-Chlor-8-hydroxy-2-[methylsulfonyl]-purin*; **IX** = *2.6-Bis-[methylmercapto]-purin*; **X** = *8-Hydroxy-2.6-bis-[methylmercapto]-purin*; **XI** = *6-Chlor-8-hydroxy-2-[methylmercapto]-purin*; **XII** = *8-Chlor-2.6-bis-[methylmercapto]-purin*; **XIII** = *2.6.8-Tris-[methylsulfonyl]-purin*; **XIV** = *2.6-Bis-[methylsulfonyl]-purin*; **XV** = *6-Chlor-2-[methylsulfonyl]-purin*; **XVI** = *8-Hydroxy-2.6-bis-[methylsulfonyl]-purin*; **XVII** = *8-Chlor-2.6-bis-[methylsulfonyl]-purin*; **XVIII** = *6-[Methylsulfonyl]-purin*; **XIX** = *6-Chlor-2-[methylmercapto]-purin*; **XX** = *Purindithiol-(2.6)*; **XXI** = *4.5-Diamino-6-hydroxypyrimidinthiol-(2)*; **XXII** = *2-[Methylmercapto]-purindithiol-(6.8)*; **XXIII** = *Purintrithiol-(2.6.8)*; **XXIV** = *6.8-Dihydroxypurinthiol-(2)*; **XXV** = *6.8-Dichlor-2-[methylmercapto]-purin*; **XXVI** = *6-Hydroxy-2.8-bis-[methylmercapto]-purin*; **XXVII** = *8-Chlor-2-[methylmercapto]-purin*; **XXVIII** = *6-Chlor-2.8-bis-[methylsulfonyl]-purin*; **XXIX** = *6-[Dimethylamino]-2-[methylsulfonyl]-purin*; **XXX** = *6-[Methylmercapto]-purin*; **XXXI** = *6-Hydroxy-2.8-bis-[methylsulfonyl]-purin*; **XXXII** = *2-[Methylmercapto]-purin*. — *Purindithiol-(2.8)* wird durch Umsetzung von **I** mit CS_2 in Pyridin besser erhalten als durch Cyclisierung von **I** mit **IV** in der Schmelze. Mit 2 Mol CH_3J/wss. KOH entsteht *2.8-Bis-[methylmercapto]-purin*. **II** wird durch Methylierung von **XXII** oder durch Rk. von **III** mit **VI** in bas. Lsg. dargestellt. **III** wird durch Umsetzung von **XXI** mit **IV**, Methylierung von **V** u. Chlorierung von **XXVI** mit $POCl_3$ synthetisiert. **II** konnte ferner in größerem Maßstab durch Rk. von **V** mit P_2S_5/Pyridin u. Methylierung von **XXIII** dargestellt werden. **IX** wird durch Umsetzung von **XIX** u. **VI** in Ggw. von NaOH oder durch Methylierung von **XX** erhalten. Die Oxydation von **XXX** mit Cl_2 in wss. CH_3OH führt zu **XVIII**, während in abs. CH_3OH ein Austausch $CH_3S \rightarrow Cl$ zu *6-Chlorpurin* erfolgt. Als Nebenprod. kann sich hierbei *6-Methoxypurin* bilden. **II** liefert mit Cl_2 in abs. CH_3OH bei 5—10° **VII**, dessen Konstit. durch Synth. aus **XXV** mit Cl_2 bewiesen wurde. **VII** entsteht analog aus **III** bzw. **XII** mit Cl_2 in CH_3OH bei 10°. Bei 55—60° entsteht aus **III** mit Cl_2/CH_3OH **VIII**, das einerseits zur Konstit.-Bestätigung aus **XI** mit Cl_2, andererseits durch saure Hydrolyse von **VII** synthetisiert wurde. **VII** liefert auch mit Cl_2 in CH_3OH bei 55° **VIII**, so daß **VII** als Zwischenprod. der Rk. **III** → **VIII** angesehen werden muß. **IX** gibt mit Cl_2 bei 55—60° **XV**. Entsprechend der Überführung einer Methylmercaptogruppe in 2-Stellung in eine Methylsulfonylgruppe bzw. in 6-Stellung in eine Cl-Gruppe u. in 8-Stellung in eine OH-Gruppe bei der Behandlung mit Cl_2 bei 55—60° liefern **XXXII** *2-Methylsulfonylpurin*, 6-Hydroxy-2-methylmercaptopurin *6-Hydroxy-2-methylsulfonylpurin* u. **XXVII** bzw. 8-Hydroxy-2-[methylmercapto]-purin *8-Hydroxy-2-methylsulfonylpurin*. **II** gibt jedoch mit Cl_2 bei 55—60° **XVI**, das auch aus **X** erhalten wurde. **II** liefert erst das erwartete **VIII**, wenn anfangs die Temp. auf 10° gehalten u. dann auf 55° gesteigert wird. Aus **XXIV** u. P_2S_5/Pyridin wird *8-Hydroxypurindithiol-(2.6)* synthetisiert, dessen Methylierung zu **X** führt. **X** kann auch durch Rk. von **XI** u. **VI** dargestellt werden. Bei 10° gibt **II** mit Cl_2 in CH_3OH **XIII**, **IX** **XIV** u. **XII** **XVII**. Analog werden 6-Alkylmercaptopurine in *6-Alkylsulfonylpurine* übergeführt. **XIV** bzw. **XV** setzen sich mit wss. Dimethylamin zu **XXIX** um. Bei höherer Rk.-Temp. liefert **XIV** *2.6-Bis-[dimethylamino]-purin*. **XIII** u. **XXVIII** geben mit $(CH_3)_2NH$ *6-[Dimethylamino]-2.8-bis-[methylsulfonyl]-purin*. **XIII** läßt sich mit 1n HCl zu **XVI** hydrolysieren. **VII** u. **XVII** können mit $(CH_3)_2NH$ in *8-Chlor-6-[dimethylamino]-2-[methylsulfonyl]-purin* übergeführt werden. Bei **XVIII** gelingt mit Cl_2 kein $CH_3SO_2 \rightarrow$ Cl-Austausch. **II** gibt mit Cl_2 bei 5—10° ein instabiles polyhalogeniertes Zwischenprod., das beim Kochen mit Bzl./CH_3OH in **VII** übergeht. Erst beim Erwärmen entsteht **VIII**. Für die nucleophilen Austausch-Rkk. wird ein Rk.-Mechanismus diskutiert. Die UV-Spektren der Methylmercapto- u. Alkylsulfonylpurine sind tabellar. angegeben.

Versuche: *2.6-Bis-[methylmercapto]-purin* (**IX**), $C_7H_8N_4S_2$, F. 261° (abs. CH_3OH), a) durch Zugeben von 40 g **VI** u. Eis zu 18 g **XIX** in verd. KOH, Stehen über Nacht bei Raum-Temp., 2std. Erwärmen auf dem Wasserbad, Filtrieren u. Ansäuern mit heißem Eisessig; 11,5 g (Ausbeute); b) durch 1std. Rühren von 20 g **XX** mit CH_3J in wss. KOH bei Raum-Temp., Filtrieren bei 70° u. Ansäuern mit Eisessig; 11 g. — *Purindithiol-(2.8)*,

$C_5H_4N_4S_2$, durch 5std. Kochen von 40 g **I** mit CS_2 u. Pyridin in Ggw. von NaOH, Verdünnen mit 2n HCl u. Umfällen aus NH_4OH; gelbe Nadeln; 35 g. — *2.8-Bis-[methylmercapto]-purin*, $C_7H_8N_4S_2$, Zers. > 225° (CH_3OH-W.), aus 20 g vorst. Verb. mit CH_3J; hellgelb; 12 g. — *6-Hydroxypurindithiol-(2.8)* (**V**), $C_5H_4N_4OS_2$, F. > 300° (Base–HCl), durch ½std. Erhitzen von 200 g **XXI** mit **IV** auf 180—200°, Lösen in verd. KOH u. Ansäuern; 205 g. — *6-Hydroxy-2.8-bis-[methylmercapto]-purin* (**XXVI**), $C_7H_8N_4OS_2$, F. 301° (Base–Eisessig), aus 200 g **V** u. CH_3J; 160 g. — *6-Chlor-2.8-bis-[methylmercapto]-purin* (**III**), $C_7H_7ClN_4S_2$, F. 258° (A.), durch 4std. Kochen von 80 g **XXVI** mit $POCl_3$, Einengen, Gießen auf Eis, Alkalisieren mit KOH u. Einstellen auf pH 5 mit Eisessig; 84 g. — *2.6.8-Tris-[methylmercapto]-purin* (**II**), $C_8H_{10}N_4S_3$, F. 284° (CH_3OH), a) aus 13,2 g **XXII** u. CH_3J; 11,5 g; b) aus 20 g **III** mit **VI**; 19,5 g; c) aus 10 g **XXIII** u. CH_3J; 11,2 g. — *Purintrithiol-(2.6.8)* (**XXIII**), $C_5H_4N_4S_3$, durch 6std. Kochen von 170 g **V** mit P_2S_5 u. Pyridin, Einengen, Stehen mit W. über Nacht, 6std. Erwärmen auf dem Wasserbad, Kochen mit NH_4OH u. Ansäuern mit konz. HCl; 110 g. — *8-Hydroxypurindithiol-(2.6)*, $C_5H_4N_4OS_2$, analog **XXIII** aus 20 g **XXIV** u. P_2S_5 in 3 Std.; 12 g. — *8-Hydroxy-2.6-bis-[methylmercapto]-purin* (**X**), $C_7H_8N_4OS_2$, Zers. bei 300° (verd. NaOH–Eisessig), a) durch Zugeben von 4 g **XI** zu **VI** in eisgekühlter NaOH u. 1½std. Erwärmen auf dem Wasserbad; 3,8 g; b) aus 10 g vorst. Verb. u. CH_3J; 6 g. — *8-Chlor-2.6-bis-[methylmercapto]-purin* (**XII**), $C_7H_7ClN_4S_2$, F. 244° (CH_3OH), a) aus 15 g **XXV** u. **VI**; 13 g; b) durch 3std. Kochen von 10 g **X** mit $POCl_3$; 5,4 g. — *2.8-Bis-[methylmercapto]-purinthiol-(6)*, $C_7H_8 \cdot N_4S_3$, Zers. bei 295° (Dimethylformamid-W.), a) aus 20 g **XXVI** u. P_2S_5/Pyridin; 12 g; b) durch 4std. Kochen von 10 g **III** mit **IV** in abs. A.; 8,5 g. — *2.8-Bis-[methylmercapto]-6-dimethylaminopurin*, $C_9H_{13}N_5S_2$, F. 272° (Dimethylformamid), durch 2std. Erwärmen von 5 g **III** mit $(CH_3)_2NH$ in abs. A. auf dem Wasserbad; 5 g. — *6-[p-Chlorbenzylamino]-2.8-bis-[methylmercapto]-purin*, $C_{14}H_{14}ClN_5S_2$, F. 217° (Dimethylformamid), durch ¼std. Kochen von 3 g **III** mit p-Chlorbenzylamin in abs. A. u. Einstellen auf pH 1 mit HCl; 2,7 g. — Durch 1—2std. Einleiten von Cl_2 in eine Lsg. des Purins in abs. CH_3OH bei 55—60° u. Umkristallisieren aus CH_3OH nachst. 2-[Methylsulfonyl]-purine: *6-Chlor-* (**XV**), F. 260°, a) aus **XIX**; 89%; b) aus **IX**; 82%. — *6-Hydroxy-*, F. > 300°, analog a); 51%. — *8-Hydroxy-*, F. 240—300° (Zers.), a) analog **XV** nach a); 75%; b) aus **XXVII**; 77%. — *6-Chlor-8-hydroxy-* (**VIII**), F. 308°, a) aus **XXV**; 73%; b) aus **III**; 20%; c) aus **XI**; d) durch 1std. Einleiten von Cl_2 in eine Lsg. von 3 g **II** in abs. CH_3OH < 5° u. ½std. Erwärmen auf dem Wasserbad; 1,1 g; e) durch 3std. Kochen von **VII** mit 1n HCl; 52%. — Purine: *8-Hydroxy-2.6-bis-[methylsulfonyl]-* (**XVI**), F. > 300° (CH_3OH), a) aus **X** mit Cl_2 bei 55—60°; 77%; b) analog aus **II**; 47%; c) aus **XIII** mit 1n HCl; 72%. — *2-[Methylsulfonyl]-*, F. 226° (CH_3OH), aus **XXXII** mit Cl_2 bei 55°; 88%. — *6.8-Dichlor-2-[methylsulfonyl]-* (**VII**), F. 210° (Bzl.-CH_3OH), a) aus **III** mit Cl_2 in CH_3OH bei 10° (1 Std.); Nadeln; 53%; b) analog aus **II**; 41%; c) analog aus **XXV**; 70%. — *2.6-Bis-[methylsulfonyl]-* (**XIV**), F. 258° (W.), durch 1std. Einleiten von Cl_2 in eine Lsg. von **IX** in 30—70%ig. wss. CH_3OH < 20°; 97%. — *6-[Methylsulfonyl]-* (**XVIII**), F. 208° (CH_3OH), analog **XIV** aus **XXX**; 60%. — *6-[Äthylsulfonyl]-*, F. 186° (CH_3OH), analog aus 6-[Äthylmercapto]-purin; 68%. — *6-[Propylsulfonyl]-*, F. 175° (CH_3OH), analog aus 6-[Propylmercapto]-purin; 58%. — *6-[n-Butylsulfonyl]-*, F. 159° (Bzl.-CH_3OH), analog aus 6-[n-Butylmercapto]-purin; 75%. — *6-Chlor-8-[methylsulfonyl]-*, F. 180—230° (Zers.; Bzl.-CH_3OH), analog aus 6-Chlor-8-[methylmercapto]-purin; 86%. — *6-Hydroxy-2.8-bis-[methylsulfonyl]-* (**XXXI**), F. 288—290° (Zers.; W.), analog aus **XXVI**; 53%. — *6-Chlor-2.8-bis-[methylsulfonyl]-* (**XXVIII**), F. 230° (Bzl.-CH_3OH), aus **III**; 88%. — *2.6.8-Tris-[methylsulfonyl]-* (**XIII**), F. 153° (Bzl.-CH_3OH), aus **II**; 51%. — *8-Chlor-2.6-bis-[methylsulfonyl]-* (**XVII**), F. 240° (CH_3OH), aus **XII**; 93%. — *2-[Methylsulfonyl]-6-[dimethylamino]-* (**XXIX**), F. > 300° (Dimethylformamid), a) durch 2—3std. Erwärmen von **XV** mit 25%ig. wss. $(CH_3)_2NH$ in A. auf dem Wasserbad; 52%; b) analog aus **XIV**; 90%. — *2-[Methylsulfonyl]-6-[p-chlorbenzylamino]-*, F. 292° (Dimethylformamid-CH_3OH), analog aus **XIV**; 88%. — *2-[Methylsulfonyl]-6-[dimethylamino]-8-hydroxy-*, a) analog aus **VIII**; 79%; b) aus **XVI**; 82%; c) aus nachst. Verb. mit 1n HCl (3 Std.); 60%. — *8-Chlor-6-[dimethylamino]-2-[methylsulfonyl]-*, F. 254° (A.), a) durch Kochen (20 Min.) von **VII** mit wss. $(CH_3)_2NH$; 84%; b) analog aus **XVII**; 87%. — *2.8-Bis-[methylsulfonyl]-6-[dimethylamino]-*, F. 253° (Dimethylformamid–A.), a) analog aus **XXVIII**; b) aus **XIII**. — *2.6-Bis-[dimethylamino]-*, F. 256° (Dimethylformamid–W.), durch 12std. Erhitzen von **XXIX** mit wss. $(CH_3)_2NH$ auf 125° in der Bombe; 19,5%. — *2-[Methylsulfonyl]-6.8-dihydroxy-*, aus **XXXI** mit 1n HCl (3 Std.); 63%. — *6-Chlor-*, $C_5H_3ClN_4$, durch Einleiten von Cl_2 (20 Min.) in eine Lsg. von 10 g **XXX** in abs. CH_3OH < 10° u. Einstellen mit NH_4OH auf pH 7; 5,2 g. — *8-Hydroxy-6-[methylsulfonyl]-*, $C_6H_6N_4O_3S$, F. > 300° (W.), durch 1std. Einleiten von Cl_2 in eine Lsg. von 3 g 6.8-Bis-[methylmercapto]-purin in CH_3OH-W. (1 : 3) < 15°; 1,5 g. R. Pasedag. 3272□

Potentielle Purinantagonisten. 21. Mitt. Darstellung einiger 6-substituierter 9-Phenylpurine. Stephen M. Greenberg, Leonard O. Ross und Roland K. Robins. (J. org. Chemistry **24.** 1314—17. Sept. 1959. Tempe, Ariz., State Univ.; Las Vegas, N.Mex., Highlands Univ., Dep. of Chem.) (Engl.) — 20. vgl. vorst. Referat.

Anilin (**II**) u. substituierte Aniline reagieren in wss. A. in Ggw. von HCl mit 5-Amino-4.6-dichlorpyrimidin (**III**) zu den *5-Amino-6-chlor-4-anilinopyrimidinen.* Die Cyclisierung mit Orthoameisensäuretriäthylester (**IV**) u. Acetanhydrid (**V**) führt zu den *6-Chlor-9-phenylpurinen.* Entsprechend werden *9-Benzyl-6-chlorpurine* synthetisiert. Das 6-Chloratom kann nucleophil gegen die Mercapto-, Methylmercapto-, Methylamino- u. Dimethylaminogruppe ausgetauscht werden. *9-Phenylpurinthiol-(6)* (**VIII**) gibt mit p-Fluorbenzylchlorid (**IX**) *6-[p-Fluorbenzylmercapto]-9-phenylpurin.* Die Cyclisierung von *5-Amino-4-anilino-6-chlorpyrimidin* mit Ameisensäure (**VI**) liefert *9-Phenylhypoxanthin.* Analog wird *9-[p-Chlorphenyl]-6-hydroxypurin* dargestellt. Es entsteht auch durch Desaminierung von *6-Amino-9-[p-chlorphenyl]-purin* (**X**) mit HNO_2. *6-Amino-9-arylpurine* sind durch Umsetzung von 4.6-Dichlor-5-nitropyrimidin (**I**) mit NH_4-Acetat in wss. Dioxan zu *4-Amino-6-chlor-5-nitropyrimidin,* Ersatz des Cl-Atoms durch die Anilinogruppe, Red. der Nitrogruppe u. Cyclisierung mit Formamid (**XI**) zugänglich. **I** liefert mit **II** nicht 4-Anilino-6-chlor-5-nitropyrimidin, sondern nur wenig *4.6-Dianilino-5-nitropyrimidin.* Die UV-Spektren der 9-substituierten Purine sind tabellar. angegeben.

Versuche: *5-Amino-4-anilino-6-chlorpyrimidin,* $C_{10}H_9ClN_4$, F. 175—176° (W.-CH_3OH, 2:1), durch 8std. Kochen von **III** mit **II** in wss. A. in Ggw. von HCl; Nadeln; 67% (Ausbeute). — *6-Chlor-9-phenylpurin* (**VII**), $C_{11}H_7ClN_4$, F. 202—203° (Bzl.), durch 3std. Kochen von 10 g vorst. Verb. mit **IV** u. **V**; 7,0 g. — *6-Hydroxy-9-phenylpurin,* $C_{11}H_8N_4O$, F. >300° (W.-CH_3OH), durch 5std. Kochen von 7 g vorvorst. Verb. mit **VI**, Einengen u. Einstellen mit NH_4OH auf pH 10; Nadeln; 3,4 g. — *9-Phenylpurinthiol-(6)* (**VIII**), $C_{11}H_8N_4S$, F. >300° (KOH-Eisessig), durch 3std. Kochen von 10 g **VII** mit Thioharnstoff in abs. A.; 8,2 g. — *6-Methylmercapto-9-phenylpurin,* $C_{12}H_{10}N_4S$, F. 148 bis 149° (W.), aus **VIII** mit CH_3J in 0,5n KOH in 2 Std. bei 0°. — *6-Methylamino-9-phenylpurin,* $C_{12}H_{11}N_5$, F. 155—156° (W.-A.), durch 2std. Erwärmen von 10 g **VII** in W. mit 40%ig. wss. CH_3NH_2 auf dem Wasserbad; 8,4 g. — *6-Dimethylamino-9-phenylpurin,* $C_{13}H_{13}N_5$, F. 168—169° (A.), durch Einengen einer Lsg. von 10 g **VII** u. Dimethylamin in A. auf dem Wasserbad; 8,6 g. — *6-[p-Fluorbenzylmercapto]-9-phenylpurin,* $C_{18}H_{13}FN_4S$, F. 169—171° (A.), durch 2std. Erwärmen von 10 g **VIII** mit **IX** in 4%ig. KOH auf dem Wasserbad; 13,3 g. — *5-Amino-6-chlor-4-[p-chloranilino]-pyrimidin,* $C_{10}H_8Cl_2N_4$, F. 222° (W.-CH_3OH, 1:1), aus **III** u. p-Chloranilin in 7 Std.; Nadeln; 62%. — *6-Chlor-9-[p-chlorphenyl]-purin,* $C_{11}H_6Cl_2N_4$, F. 220—222° (Bzl.); 27 g aus 30 g. — *9-[p-Chlorphenyl]-6-hydroxypurin,* $C_{11}H_7ClN_4O$, F. >300° (W.-CH_3OH), a) aus 8 g vorvorst. Verb. mit **VI**; Nadeln; 3,6 g; b) durch Zugeben von 33%ig. wss. $NaNO_2$ zu **X** in wss. H_2SO_4 bei 90° u. Kochen (10 Min.); 33%. — *9-[p-Chlorphenyl]-purinthiol-(6),* $C_{11}H_7ClN_4S$, F. >300° (KOH-Essigsäure); 4,8 g aus 5 g. — *5-Amino-4-benzylamino-6-chlorpyrimidin,* $C_{11}H_{11}ClN_4$, F. 207—209° (Bzl.-Heptan), aus 10 g **III** u. Benzylamin in 5 Std.; Nadeln; 9,0 g. — *6-Chlor-9-benzylpurin,* $C_{12}H_9ClN_4$, F. 84—84,5° (Heptan), Nadeln; 1,1 g aus 3 g. — *5-Amino-4-[3.4-dichlorbenzylamino]-6-chlorpyrimidin,* $C_{11}H_9 \cdot Cl_3N_4$, F. 198—200° (Bzl.), aus 4 g **III** u. 3.4-Dichlorbenzylamin in 3 Std.; 4,4 g. — *6-Chlor-9-[3.4-dichlorbenzyl]-purin,* $C_{12}H_7Cl_3N_4$, F. 149—151° (Heptan); 1,7 g aus 4 g. — *5-Amino-6-chlor-4-[3.4-dichloranilino]-pyrimidin,* $C_{10}H_7Cl_3N_4$, F. 214° (Bzl.), aus 10 g **III** u. 3.4-Dichloranilin in 3 Std.; 19,5 g. — *6-Chlor-9-[3.4-dichlorphenyl]-purin,* $C_{11}H_5 \cdot Cl_3N_4$, F. 236—237° (Bzl.); 11,3 g aus 19,5 g. — *4-Amino-6-chlor-5-nitropyrimidin,* F. 156—157° (Bzl.), durch Zutropfen von NH_4-Acetat zu 90 g **I** in Dioxan <10°, 1std. Rühren u. Zugeben von Eiswasser; gelbe Kristalle; 55 g. — *4-Amino-6-[o-chloranilino]-5-nitropyrimidin,* $C_{10}H_8ClN_5O_2$, F. 268° (Dioxan-abs. A., 2:1), durch ½std. Erwärmen vorst. Verb. mit o-Chloranilin in n-Butanol auf dem Wasserbad; 92%. — *6-[o-Chloranilino]-4.5-diaminopyrimidinsulfat,* F. >300°, durch 2std. Hydrieren vorst. Verb. in CH_3OH über Raney-Ni bei 40 lbs./sq.in. u. Ansäuern mit verd. H_2SO_4; 91%. — *6-Amino-9-[o-chlorphenyl]-purin,* $C_{11}H_8ClN_5$, F. 285° (abs. A.), durch Kochen (20 Min.) vorst. Verb. mit **XI** u. Zugeben von W.; 55%. — *4-Amino-6-[2.4-dichloranilino]-5-nitropyrimidin,* $C_{10}H_7Cl_2N_5O_2$, F. >300° (Dioxan), mit 2.4-Dichloranilin in CH_3OH in 20 Min.; 75%. — *4.5-Diamino-6-[2.4-dichloranilino]-pyrimidinsulfat,* F. >300°; 94%. — *6-Amino-9-[2.4-dichlorphenyl]-purin,* $C_{11}H_7Cl_2N_5$, F. >300° (Dioxan); 63%. — *4-Amino-6-[p-chloranilino]-5-nitropyrimidin,* $C_{10}H_8ClN_5O_2$, F. 285—286° (Dioxan-abs. CH_3OH, 1:1), in 20 Min. in n-Butanol; 86%. — *4.5-Diamino-6-[4-chloranilino]-pyrimidinsulfat,* F. >300°; 78%. — *6-Amino-9-[p-chlorphenyl]-purin* (**X**), $C_{11}H_8ClN_5$, umkrist. aus Dimethylformamid-W. (3:1); 57%. R. Pasedag. 3272□

Potentielle Purinantagonisten. 22. Mitt. **Darstellung und Reaktionen einiger Derivate des 2-Aminopurinthiols-(6).** G. Doyle Daves jun., C. Wayne Noell, Roland K. Robins, Henry C. Koppel und Alden G. Beaman. (J. Amer. chem. Soc. **82.** 2633—40. 20/5. 1960. Tempe, Ariz., State Univ., Dep. of Chem.) (Engl.) — 21. vgl. vorst. Referat.

Durch Umsetzung von 6-Chlor-2.4-diaminopyrimidin (**VII**) mit NaSH in Äthylenglykol bei 140—150° zu *2.4-Diaminopyrimidinthiol-*(*6*) (**IX**), Rk. von **IX** mit Alkylhalogeniden zu *6-Alkylmercapto-2.4-diaminopyrimidinen,* Nitrosierung zu den *5-Nitroso-Verbb.*, Red. mit $Na_2S_2O_4$ zu den *6-Alkylmercapto-2.4.5-triaminopyrimidinen* u. Cyclisierung mit Orthoameisensäuretriäthylester (**X**) u. Acetanhydrid (**XI**) werden *6-Alkylmercapto-2-aminopurine* (*AMP*) synthetisiert. *2-Aminopurinthiol-*(*6*) (**III**) kann glatt durch Rk. von 1 Mol Guanin (**V**) mit 2,5 Mol P_2S_5 bzw. durch Rk. des aus 2.4-Diamino-6-hydroxypyrimidin zugänglichen *2.4-Diamino-5-formamido-6-hydroxypyrimidins* (**XVI**) mit P_2S_5 erhalten werden. 5-Acetamido-2.4-diamino-6-hydroxypyrimidin (**I**) wird mit P_2S_5 in Pyridin analog zu *2-Amino-8-methylpurinthiol-*(*6*) (**II**) cyclisiert. Mit Acetamid (**XV**) gibt **I** *2-Amino-6-hydroxy-8-methylpurin,* das mit P_2S_5/Pyridin **II** liefert. *2-Amino-6-methylmercaptopurin* (**IV**) wurde aus 2.4-Diamino-6-methylmercaptopyrimidin synthetisiert. Die Alkylierung von **III** mit Alkylhalogeniden in konz. NH_4OH führt ebenfalls zu den AMP. Es wurden auch [*2-Aminopurinyl-*(*6*)*-mercapto*]*-alkansäuren* dargestellt. Bei Verw. verzweigtkettiger Jodalkane müssen schärfere Rk.-Bedingungen angewendet werden. 6-Chlor-4-methylamino-5-nitropyrimidin (**XIV**) kann in *2-Amino-6-*[*4-methylamino-5-nitropyrimidinyl-*(*6*)*-mercapto*]*-purin* übergeführt werden. Aus **II** werden analog wie aus **III** *8-Methyl-AMP* synthetisiert. Die Behandlung von **IV** mit Cl_2 in CH_3OH führt zu *2-Amino-6-chlorpurin* (**VI**), das mit sd. wss. NaHS glatt **III**, mit sd. 1n HCl **V** gibt. Gegen sd. 1n KOH ist **VI** beständig. *6-Methylmercapto-2.4.5-triaminopyrimidin* (**XII**) gibt mit CS_2 in Pyridin *2-Amino-6-methylmercaptopurinthiol-*(*8*), das mit Jodmethan in Ggw. von Basen zu *2-Amino-6.8-bis-*[*methylmercapto*]*-purin* umgesetzt wird. Dieses entsteht auch durch analoge Methylierung von 2-Aminopurindithiol-(6.8) (**XIII**). Aus 2-Amino-6-hydroxy-8-methylmercaptopurin wird mit P_2S_5 in Pyridin *2-Amino-8-methylmercaptopurinthiol-*(*6*) erhalten. Die UV-Spektren der Verbb. sind tabellar. angegeben.

Versuche: *2.4-Diaminopyrimidinthiol-*(*6*) (**IX**), $C_4H_6N_4S$, Zers. $>230°$ (W.), durch 1std. Erhitzen von 120 g **VII** mit $NaSH \cdot 3\,H_2O$ in Äthylenglykol auf 140—150°, Gießen in W., Ansäuern mit wss. H_2SO_4 (pH 1), Suspendieren des Sulfats in NH_4OH bei 50° u. Ansäuern mit Eisessig; 85 g (Ausbeute). — Pyrimidine: *2.4-Diamino-6-methylmercapto-*, $C_5H_8N_4S$, F. 202—204° (verd. NH_4OH), durch 1std. Rühren von 50 g **IX** mit CH_3J in wss. KOH bei Raum-Temp.; 46 g. — *2.4-Diamino-6-n-propylmercapto-*, $C_7H_{12} \cdot N_4S$, F. 107—109° (verd. NH_4OH), aus 20 g **IX** mit 1-Jodpropan in Dioxan/wss. KOH in 1½ Std. bei 80°; 22 g. — *6-Benzylmercapto-2.4-diamino-*, $C_{11}H_{12}N_4S$, F. 146—148° (Bzl.), durch 1std. Rühren von 20 g **IX**, K_2CO_3 u. α-Chlortoluol (**VIII**) in Dimethylformamid bei 60°; 30 g. — *6-Methylmercapto-2.4.5-triamino-* (**XII**), F. 191—192° (CH_3OH-W.), durch 1std. Rühren von **IX** mit CH_3J in 1n KOH bei Raum-Temp., Lösen des Nd. in wss. Essigsäure, Zutropfen von wss. $NaNO_2$ $<30°$, 1std. Rühren, Rühren der Nitroso-Verb. mit $Na_2S_2O_4$ in W. bei 60°, Aufkochen u. Einstellen mit NH_4OH auf pH 8—9; 67%. — *6-Äthylmercapto-2.4.5-triamino-*, F. 150—151° (W.), mit C_2H_5J; 52%. — *6-n-Propylmercapto-2.4.5-triamino-*, F. 145—146° (CH_3OH-W.), mit n-Propyljodid in wss. Dioxan (3 Std. bei 80°); 50%. — *6-n-Butylmercapto-2.4.5-triamino-*, F. 89—90° (Heptan-Essigester), analog mit n-Butyljodid; 47%. — *6-Allylmercapto-2.4.5-triamino-*, F. 149 bis 151° (verd. NH_4OH), mit Allylchlorid in wss. Dioxan; 56%. — *6-*[*p-Chlorbenzylmercapto*]*-2.4.5-triamino-*, F. 173—175° (CH_3OH-W.), durch 1std. Rühren von **IX**, K_2CO_3 u. p-Chlorbenzylchlorid in Dimethylformamid bei 70°, Nitrosierung u. $Na_2S_2O_4$-Red.; 83%. — *6-Benzylmercapto-2.4.5-triamino-*, F. 177—178° (CH_3OH-W.), analog mit **VIII**; 76%. — 2-Aminopurine: *6-Methylmercapto-* (**IV**), F. 238—241° (W.), durch 2—3std. Kochen von **XII** mit **X** u. **XI** (1:1), Einengen, Alkalisieren mit verd. KOH, Kochen u. Neutralisieren mit Essigsäure; 89%. — *6-Äthylmercapto-*, F. 206—208° (CH_3OH-Essigester); 86%. — *6-n-Propylmercapto-*, F. 191—193° (CH_3OH-Essigester); 92%. — *6-n-Butylmercapto-*, F. 204—206° (CH_3OH-Essigester); 76%. — *6-*[*p-Chlorbenzylmercapto*]*-*, F. 238—239° (CH_3OH-W.); 87%. — *6-Chlor-* (**VI**), $C_5H_4ClN_5$, Zers. $>275°$ (W.), durch Einleiten von Cl_2 in abs. CH_3OH bei 15°, Zugeben von 10 g **IV** im Cl_2-Strom $<25°$ u. 20 Min. langes Rühren im Eisbad; 4 g. — *6-Methylmercapto-8-mercapto-*, $C_6H_7N_5S_2$, durch 2std. Kochen von 20 g **XII** mit CS_2 u. Pyridin; 19,6 g. — *6.8-Bis-*[*methylmercapto*]*-*, $C_7H_9N_5S_2$, F. 283—284° (CH_3OH-W.), a) durch 1½std. Rühren von 30 g vorst. Verb. mit CH_3J in wss. KOH bei Raum-Temp.; 31,8 g; b) aus 30 g **XIII** u. CH_3J; 34,5 g. — *6-Amylmercapto-*, F. 202° (CH_3OH-W.), durch Zugeben von Amyljodid in Dioxan zu **III** in 28%ig. NH_4OH bei 35—40° in 15—30 Min. u. 2—5std. Rühren;

65,7%. — *6-n-Hexylmercapto-*, F. 180—182° (Essigester–Bzl.), analog mit n-Hexyljodid; 55,6%. — *6-Isoamylmercapto-*, F. 201—203° (Essigester–Bzl.), mit Isoamyljodid; 36,8%. — *6-[p-Fluorbenzylmercapto]-*, F. 245—246° (A.–Dimethylformamid), mit p-Fluorbenzylchlorid; 78,1%. — *6-[β-Phenäthylmercapto]-*, F. 190—192° (A.), mit β-Phenäthylbromid; 28,4%. — *6-Propargylmercapto-*, F. 214—216° (W.), mit Propargylbromid; 51,3%. — *6-n-Heptylmercapto-*, F. 153—155° (Essigester–Heptan), mit n-Heptyljodid; 81,7%. — *6-Cinnamylmercapto-*, F. 204—205° (A.), mit Cinnamyljodid; 36,7%. — *6-[2.4-Dichlorbenzylmercapto]-*, F. 246—248° (A.–Dimethylformamid), mit 2.4-Dichlorbenzylchlorid; 50,7%. — *6-[o-Chlorbenzylmercapto]-*, F. 205° (A.), mit o-Chlorbenzylchlorid; 74,2%. — *6-Cyanmethylmercapto-*, Zers. bei 265° (A.–W.), mit Chloracetonitril; 45,1%. — *6-Carbamoylmethylmercapto-*, Zers. bei 285° (W.), mit Chloracetamid; 79,8%. — *6-Phenacylmercapto-*, F. 208—209° (W.), mit ω-Chloracetophenon; 40,2%. — *6-Allylmercapto-*, F. 198—200° (Essigester), mit Allylbromid; 45,3%. — *6-[β-Hydroxyäthylmercapto]-*, Zers. bei 240° (W.), mit β-Bromäthanol; 64,3%. — *6-[γ-Phenylpropylmercapto]-*, F. 121—123° (Essigester), mit γ-Phenylpropylchlorid; 62,0%. — *6-[p-Nitrobenzylmercapto]-*, Zers. bei 265° (W.–Dimethylformamid), mit p-Nitrobenzylchlorid; 78,0%. — *6-[o-Nitrobenzylmercapto]-*, F. 235—236° (A.–Dimethylformamid), mit o-Nitrobenzylchlorid; 76,0%. — *6-Benzylmercapto-*, F. 212—214° (CH_3OH–W. oder A.), a) analog vorst. Verbb.; 56,1%; b) analog **IV**; 79%. — *6-sek.-Butylmercapto-*, F. 158 bis 160° (Essigester–Heptan), durch Kochen u. Rühren von **III** mit sek.-Butyljodid in 1n KOH bis zur Homogenität u. Ansäuern mit Essigsäure auf pH 5; 59,4%. — *6-Isobutylmercapto-*, F. 188—191° (Essigester–Heptan), mit Isobutyljodid; 66,3%. — *6-Isopropylmercapto-*, *Monohydrat*, F. 164—165° (Essigester–Heptan), mit Isopropyljodid; 48,8%. — *6-Carboxymethylmercapto-*, F. >300°, durch 2—3std. Kochen von **III** mit Chloressigsäure in 1n KOH, Ansäuern auf pH 3 mit 6n HCl u. Umfällen aus $NaHCO_3$–6n HCl; 69,0%. — *6-[α-Carboxyäthylmercapto]-*, Zers. bei 250°, mit α-Brompropionsäure; 56,1%. — *6-[α-Carboxy-n-butylmercapto]-*, F. 223—228°, mit α-Bromvaleriansäure; 62,5%. — *6-[α-Carboxyisobutylmercapto]-*, *Monohydrat*, Zers. bei 200°, mit α-Bromisovaleriansäure; 48,7%. — *6-[α-Carboxyhexylmercapto]-*, F. 215—217°, mit α-Bromheptansäure; 47,2%. — *6-[4-Methylamino-5-nitropyrimidinyl-(6)-mercapto]-*, Zers. bei 200° (W.–Dimethylformamid), durch Zugeben von **XIV** zu **III** in 28%ig. NH_4OH bei 35—40° in 15—30 Min.; 78,1%. — *6-[p-Bromphenacylmercapto]-*, F. 231—232° (W.–Dimethylformamid), mit p-Bromphenacylbromid; 54,6%. — *6-Cyclohexylmercapto-*, F. 258 bis 261° (Essigester), mit Cyclohexyljodid; 36,9%. — *6-Hydroxy-8-methyl-*, F. >300°, durch 3std. Kochen von **I** u. **XV**, Gießen in sd. W., Behandeln mit 6n HCl u. Neutralisieren des *Hydrochloridmonohydrats* ($C_6H_7N_5O \cdot HCl \cdot H_2O$, Nadeln) in verd. HCl mit NH_4OH; 64,4%. — *8-Methyl-6-mercapto-* (**II**), *Hemihydrat*, $C_6H_7N_5 \cdot 1/2\ H_2O$, a) durch 8std. Kochen vorst. Verb. mit P_2S_5 in Pyridin, Einengen, 12std. Stehen in W. u. Umfällen aus verd. NH_4OH–Essigsäure; 36,9%; b) durch 8std. Kochen von **I** mit P_2S_5 in Pyridin; 51,8%. — *8-Methyl-6-methylmercapto-*, $C_7H_9N_5S$, F. 292—293° (abs. A.), aus **II** u. CH_3J; Nadeln; 62,8%. — *6-Benzylmercapto-8-methyl-*, $C_{13}H_{13}N_5S$, F. 185—186° (abs. A.), durch 6std. Rühren von **III** mit **VIII** in 1n KOH bei 50°; Nadeln; 58,6%. — *6-Mercapto-* (**III**), $C_5H_5N_5S$, F. >300°, a) durch 18std. Kochen von 200 g **V** mit P_2S_5 in Pyridin; Nadeln; 88 g; b) durch 8std. Kochen von **XVI** mit P_2S_5 in Pyridin; 47,7%; c) durch 2std. Kochen von 2 g **VI** mit 2n NaHS u. Ansäuern mit Essigsäure; 1,7 g. *Hydrochloridmonohydrat*, $C_5H_5N_5S \cdot HCl \cdot H_2O$, Nadeln. — *Guanin* (**V**)-*Hydrochlorid*. durch 1std. Kochen von 0,5 g **VI** mit 1n HCl; 0,4 g. R. PASEDAG. 3272 □

Potentielle Purinantagonisten. 23. Mitt. **Synthese einiger 7-substituierter Amino-vic.-triazolo-[d]-pyrimidine.** Ronald Weiss, Roland K. Robins und C. Wayne Noell. (J. org. Chemistry **25.** 765—70. Mai 1960.) (Engl.) — 22. vgl. vorst. Referat.

4-Amino-6-chlor-5-nitropyrimidin (**I**) wird mit Dialkylaminen zu den *6-Dialkylamino-Verbb.* umgesetzt, die in Ggw. von RANEY-Ni zu *6-Dialkylamino-4.5-diaminopyrimidinen* hydriert werden. Die Cyclisierung mit HNO_2 liefert *7-Dialkylamino-vic.-triazolo-[d]-pyrimidine.* Die Cyclisierung von 4.5-Diamino-6-methylaminopyrimidin (**VI**) mit HNO_2 führt ausschließlich zu *7-Amino-3-methyl-vic.-triazolo-[d]-pyrimidin*, das unabhängig aus der *7-Methylmercapto-Verb.* mit NH_4OH synthetisiert wurde. Diese wird aus 5-Amino-4-methylaminopyrimidinthiol-(6) (**V**) über die *6-Methylmercapto-Verb.* mit HNO_2 erhalten. Das aus 4.5-Diamino-6-methylmercaptopyrimidin (**II**) mit HNO_2 gewonnene *7-Methylmercapto-vic.-triazolo-[d]-pyrimidin* wird mit verschiedenen prim. Aminen in *7-Alkylamino-vic.-triazolo-[d]-pyrimidine* übergeführt. Die *7-Dimethylamino-Verb.* kann auch mit Dimethylamin erhalten werden. *3-Äthyl-7-äthylamino-* bzw. *3-Methyl-7-methylamino-vic.-triazolo-[d]-pyrimidin* werden aus 4.6-Dichlor-5-nitropyrimidin (**IV**) über *4.6-Bis-[methylamino]-* bzw. *-[äthylamino]-5-nitropyrimidin* durch Red.

zu den *5-Amino-Verbb.* u. Cyclisierung mit HNO_2 dargestellt. 6-Benzylmercapto-4.5-diaminopyrimidin (**III**) kann zu *7-Benzylmercapto-vic.-triazolo-[d]-pyrimidin* cyclisiert werden. Der Ringschluß von 6-Alkylmercapto-2.4.5-triaminopyrimidinen mit HNO_2 führt zu *7-Alkylmercapto-5-amino-vic.-triazolo-[d]-pyrimidinen.* Die *7-Methylmercapto-Verb.* (**VII**) gibt mit Cl_2 in CH_3OH nicht die 7-Chlor-, sondern die *7-Methoxy-Verb.*, die unabhängig durch Ringschluß von 6-Methoxy-2.4.5-triaminopyrimidin (**VIII**) mit HNO_2 erhalten wird. Die UV-Spektren der Triazolopyrimidine sind tabellar. angegeben.

Versuche: *4-Amino-5-nitro-6-di-n-propylaminopyrimidin*, $C_{10}H_{17}N_5O_2$, F. 115 bis 117° (abs. A.), durch ½std. Rühren von 6 g **I** u. Di-n-propylamin in p-Dioxan u. Gießen in Eiswasser; Nadeln; 7 g (Ausbeute). — *4.5-Diamino-6-di-n-propylaminopyrimidin*, $C_{10}H_{19}N_5$, F. 108—110° (Essigester), durch 1std. Hydrieren von 5 g vorst. Verb. in CH_3OH über RANEY-Ni bei 40 lbs./sq.in.; hellgrüne Nadeln; 3,7 g. — vic.-Triazolo-[d]-pyrimidine: *7-Di-n-propylamino-*, $C_{10}H_{16}N_6$, F. 104—106° (PAe.), durch Zugeben von wss. $NaNO_2$ zu 1 g vorst. Verb. in wss. Essigsäure; 0,7 g. — *7-Diäthylamino-*, $C_8H_{12}N_6$, F. 188—190° (W.), aus 4.5-Diamino-6-diäthylaminopyrimidin. — *7-Methylmercapto-*, $C_5H_5N_5S$, F. 203—205° (W.). aus 2 g **II** in wss. H_2SO_4; Nadeln; 1,5 g. — *7-Benzylmercapto-*, $C_{11}H_9N_5S$, F. 164—166° (W.), aus 1 g **III** in verd. HCl; 1 g. — *7-Furfurylamino-*, $C_9H_8N_6O$, F. 255—257° (Essigester), durch 4std. Kochen vorvorst. Verb. mit Furfurylamin in W.; 53,8%. — *7-Methylamino-*, F. >300° (W.); 95,0%. — *7-Äthylamino-*, F. 260—262° (W.); 98,0%. — *7-tert.-Butylamino-*, F. 248—250° (A.); 49,6%. — *7-n-Butylamino-*, F. 223—225° (A.); 61,0%. — *7-Dimethylamino-*, $C_6H_8N_6$, F. 288—290° (Essigester), a) analog vorst. Verbb. mit 40%ig. $(CH_3)_2NH$ in 3 Std.; 1,7 g aus 2,0 g; b) aus 1 g 4.5-Diamino-6-dimethylaminopyrimidin u. $NaNO_2$ in wss. Essigsäure; 0,8 g. — *3-Methyl-7-methylamino-*, $C_6H_8N_6$, F. 233—235° (abs. A.), aus 5-Amino-4.6-bis-[methylamino]-pyrimidin u. $NaNO_2$ in wss. Essigsäure (pH 5). — *3-Äthyl-7-äthylamino-*, $C_8H_{12}N_6$, F. 104—106° (A.), durch Kochen von **IV** in A. mit Äthylamin, Einengen, 1std. Hydrieren des *4.6-Bis-[äthylamino]-5-nitropyrimidins* in CH_3OH über RANEY-Ni bei 40 lbs./sq.in., Einengen u. Umsetzen des *5-Amino-4.6-bis-[äthylamino]-pyrimidins* mit $NaNO_2$ in wss. Essigsäure. — *7-Diäthylamino-3-methyl-*, $C_9H_{14}N_6$, F. 87—89° (Heptan), durch 1std. Kochen von 4-Chlor-6-methylamino-5-nitropyrimidin mit Diäthylamin in 1.4-Dioxan, Einengen, 1std. Hydrieren in CH_3OH (40 lbs./sq.in. über RANEY-Ni) u. Cyclisierung mit $NaNO_2$/Essigsäure. — *3-Methyl-7-methylmercapto-*, $C_6H_7N_5S$, F. 122—124° (W.), durch ½std. Rühren von 5 g **V** mit CH_3J in 1n KOH, Cyclisierung des 5-Amino-4-methylamino-6-methylmercaptopyrimidins mit $NaNO_2$ in wss. H_2SO_4 bei 10° u. Einstellen auf pH 8—9; 2,8 g. — *7-Amino-3-methyl-*, $C_5H_6N_6$, F. 313—315° (abs. A.), a) aus 1 g **VI**-Sulfat in W. mit $NaNO_2$ bei 10°; 0,5 g; b) durch 2std. Kochen von 1 g vorst. Verb. mit konz. NH_4OH; 0,8 g. — *5-Amino-7-methylmercapto-* (**VII**), $C_5H_6N_6S$, F. 282—284° (Zers.; W.-CH_3OH), durch Zutropfen von wss. $NaNO_2$ zu 6-Methyl-2.4.5-triaminopyrimidin in wss. Essigsäure in 20 Min. u. ½std. Rühren; 78,7%. — *5-Amino-7-[p-chlorbenzylmercapto]-*, $C_{11}H_9N_6S$, F. 242—244° (W.-A.), aus 6-[p-Chlorbenzylmercapto]-2.4.5-triaminopyrimidin; 33,8%. — *5-Amino-7-äthylmercapto-*, F. 206—208° (W.-A.); 95,5%. — *5-Amino-7-n-propylmercapto-*, F. 200—202° (Essigester); 87,5%. — *5-Amino-7-n-butylmercapto-*, F. 195—197° (W.-A.); 71,5%. — *5-Amino-7-allylmercapto-*, F. 231 bis 233° (Essigester); 90,5%. — *5-Amino-7-methoxy-*, $C_5H_6N_6O$, F. >300° (W.), a) durch Einleiten von Cl_2 (20 Min.) in eine Lsg. von **VII** in CH_3OH; b) aus 1 g **VIII**-Sulfat mit $NaNO_2$ in W.; 0,7 g. R. PASEDAG. 3272□

Die Suche nach chemotherapeutischen Amidinen. 16. Mitt. **Amidinoanilino-1.3.5-triazine und verwandte Verbindungen.** J. N. Ashley, S. S. Berg und R. D. MacDonald. (J. chem. Soc. [London] **1960.** 4525—32. Nov. Dagenham, Essex, May & Baker Ltd., Res. Labor.) (Engl.) — 15. vgl. C. **1958.** 11498.

2-Amino-4.6-bis-[p-amidinoformylanilino]-1.3.5-triazin (**I**) wird durch Rk. von Cyanurchlorid (**II**) mit NH_3 bei —15°, Kondens. des entstehenden *2-Amino-4.6-dichlor-1.3.5-triazins* (**III**) mit p-Aminobenzonitril (**IV**) u. Behandeln des gebildeten *2-Amino-4.6-bis-[p-cyananilino]-1.3.5-triazins* (**V**) nach PINNER dargestellt. Die Rk. von 2 Mol **IV** mit 1 Mol **II** bei verschiedenen Temp. in verschiedenen Lsgm. führt nur zu *2.4-Dichlor-6-[p-cyananilino]-1.3.5-triazin* (**IX**) u. in Ggw. von KJ zu *2.4.6-Tris-[p-cyananilino]-1.3.5-triazin.* Beim Schmelzen von **V** mit NH_4-Benzolsulfonat (**VI**) wird *Melaminbenzolsulfonat* gebildet. **I** zeigt eine bedeutende Wrkg. gegen *Trypanosoma congolese.* Zur Verbesserung der chemotherapeut. u. physikal. Eigg. von **I** wird 1. die Amidinoformylgruppe substituiert oder durch andere bas. Gruppen ersetzt, 2. die Anilinobindung durch die Phenoxybindung ersetzt, 3. die heterocycl. NH_2-Gruppe substituiert oder durch andere Gruppen ersetzt, 4. die p- durch eine m-Amidinoformylgruppe ersetzt, 5. die p-Amidinoformylphenylgruppe durch eine Dialkylaminoalkylgruppe ersetzt.

Alle dargestellten Verbb. zeigen eine geringere trypanocide Aktivität als **I** oder keine Wirkung.

Versuche: 1.3.5-Triazine: *2-Amino-4.6-dichlor-* (**III**), F. 235—236° (Zers.), a) nach Diels [1899] mit Ae. als Lsgm. für **II** u. Einleiten von NH_3 bei —20 bis —25° (Bad-Temp.) u. einer inneren Temp. von < —5°; aus Bzl. Prismen; 66—79% (Ausbeute); b) durch Lösen von 3 Mol **II** in abs. Chlf. unter Rühren bei —35° (Bad-Temp.) u. 48 Min. langes Einleiten von NH_3 mit einer Geschw. von 3 Liter/min bei einer inneren Temp. von —15°; 74,5%. — *4.6-Dichlor-2-methylamino-*, F. 160—161°, nach Diels (l. c.); 82%. — *4.6-Dichlor-2-äthylamino-*, F. 106—107°, analog vorst. Verb.; 84%. — *4.6-Dichlor-2-diäthylamino-*, F. 79—80°, nach Thurston u. Mitarbeitern (C. **1952.** 6526); 96%. — *4.6-Dichlor-2-methoxy-*, F. 90—91°, analog vorst. Verb.; 61%. — *2-Amino-4.6-bis-[p-cyananilino]-* (**V**), $C_{17}H_{12}N_8$, F. 339—341°, durch Zugabe von 1 Mol **III** in abs. Anisol (An) zu 4 Mol **IV** in abs. An bei 100—110° (Bad-Temp.), Erhitzen auf 180 bis 185° (Bad-Temp.), 1½std. Kochen, Abkühlen auf 90—100° u. 1std. Rühren des abfiltrierten Rückstands mit 2n NaOH, die Lissapol-N (LN, ein Nonylphenol/Äthylenoxyd-Kondensat) enthält bei 20—25°; aus Nitrobenzol (Nt), Pyridin oder Dimethylformamid blaßgelbe Prismen; 99,2%. — *4.6-Bis-[p-cyananilino]-2-methylamino-*, $C_{18}H_{14}N_8$, F. 281—282°, analog **IV**; aus Nt blaßgelbe Kristalle; 70%. — *4.6-Bis-[p-cyananilino]-2-äthylamino-*, $C_{19}H_{16}N_8$, F. 249—251°, analog **IV**; aus Nt gelbe Prismen; 67%. — *4.6-Bis-[p-cyananilino]-2-diäthylamino-* (**XIV**), $C_{21}H_{20}N_8$, F. 205—207°, analog **IV**; aus An Prismen; 60%. — *2-Amino-4.6-bis-[p-nitroanilino]-* (**VII**), $C_{15}H_{12}N_8O_4$, F. >300°, analog **IV**; aus Nt grünliche Prismen; 60%. — *2-Diäthylamino-4.6-bis-[p-nitroanilino]-*, $C_{19}H_{20}N_8O_4$, F. 316—317°, analog **IV**; aus Nt gelbe Nadeln; 64%. — *4.6-Bis-[p-cyananilino]-2-methoxy-* (**VIII**), $C_{18}H_{13}N_7O$, F. >300°, analog **IV**; aus CH_3COOH Nadeln; 87%. — *2-Amino-4.6-bis-[m-cyananilino]-*, *Monoacetat*, $C_{17}H_{12}N_8 \cdot C_2H_4O_2$, F. 240—242° ($CH_3COOH$), analog **IV**; 58%. — *2.4-Dichlor-6-[p-cyananilino]-* (**IX**), $C_{10}H_5Cl_2N_5$, F. >300°, a) durch 1std. Zutropfen von 0,6 Mol **IV** in Chlf. unter Rühren zu 0,3 Mol **II** in Chlf. bei 15—20°; aus Aceton (Ac), Äthylmethylketon (ÄM) oder Dioxan Rhomben; 83%; b) analog a) in Ac oder ÄM bei 30—35, 45—50 oder 55—60°. — *2-Amino-4.6-bis-[p-cyanphenoxy]-*, $C_{17}H_{10}N_6O_2$, F. 288—289°, durch Zugabe von 0,1 Mol **III** zu 0,2 Mol p-Hydroxybenzonitril u. 0,2 Mol NaOH in W. unter Rühren bei 8—10°, 2std. Stehen bei 25° u. 4std. Erhitzen auf 90—95°; aus 2-Äthoxyäthanol (ÄÄ) Plättchen; 71%. — *4.6-Bis-[p-cyanphenoxy]-2-diäthylamino-*, $C_{21}H_{18}N_6O_2$, F. 144—145°, analog vorst. Verb.; aus A. Nadeln; 72%. — *2-Amino-4.6-bis-[p-dimethylaminoanilino]-*, F. 283—286° (Nt), analog vorvorst. Verb.; 57,5%. *Dihydrochloridhydrat*, $C_{19}H_{24}N_8 \cdot 2\,HCl \cdot H_2O$; zerfließlich. *Bis-[methomethylsulfat]-hydrat*, $C_{23}H_{36}N_8O_8S_2 \cdot H_2O$, F. 274—276° (Zers.; CH_3OH), aus der Base u. $(CH_3)_2SO_4$ in Nt bei 100°. — *4.6-Bis-[p-cyananilino]-2-hydroxy-*, $C_{17}H_{11}N_7O$, durch 4—5std. Erhitzen von 0,01 Mol **VIII** u. 0,01 Mol Benzylamin in Nt auf 190° u. Abkühlen auf 20°; 1,3 g. — *2-Amino-4.6-bis-[p-aminoanilino]-*, *Dihydrochlorid* (**XI**), $C_{15}H_{16}N_8 \cdot 2\,HCl$, F. >300°, durch Behandeln von **VII** in sd. CH_3COOH mit $SnCl_2$ in konz. HCl, 2std. Rühren bei 100°, Abkühlen auf 20°, Abfiltrieren des $SnCl_4$, Vermahlen mit überschüssiger 15%ig. wss. NaOH, Abfiltrieren der blaßroten Base u. Behandeln mit 2n HCl; aus 2n HCl Nadeln; 47,5%. — *4.6-Bis-[p-aminoanilino]-2-diäthylamino-* (**XII**), $C_{19}H_{24}N_8$, F. 196—197°, analog **XI**; aus Bzl. rosafarbene Nadeln; 61%. *Dihydrochlorid*, $C_{19}H_{24}N_8 \cdot 2\,HCl$, F. >280° (2n HCl). — *2.4.6-Tris-[p-cyananilino]-*, $C_{24}H_{15}N_9$, F. >300°, durch Zugabe von 0,1 Mol **IV** u. wenig KJ in Ac zu 0,05 Mol **IX** in sd. Ac u. 16std. Kochen; aus Nt blaßgelbe Kristalle; 66%. — *4-[4-Aminochinaldinyl-(6)-amino]-2-chlor-6-[p-cyananilino]-*, $C_{20}H_{15}ClN_8$, F. >300°, durch Zugabe von 0,05 Mol 4.6-Diaminochinaldin in CH_3COOH zu 0,05 Mol **IX** in CH_3COOH bei 35—40° unter Rühren, 3std. Rühren bei 40—50° u. Vermahlen des abfiltrierten Rückstands mit 2n NaOH; aus wss. A. blaßgelbe Nadeln; 42%. — *2-Chlor-6-[p-cyananilino]-4-[2'-diäthylaminoäthylamino]-*, $C_{16}H_{20}ClN_7$, F. 143—145°, durch Zutropfen von 0,1 Mol 2-Diäthylaminoäthylamin in Ac zu 0,05 Mol **IX** in Ac, 3std. Stehen, Einengen bei 25—30° im Vakuum, Lösen in 2n HCl u. Alkalisieren mit 2n Na_2CO_3 bei 0—5°; aus A. Nadeln; 58%. — *4-[4-Aminochinaldinyl-(6)-amino]-2.6-bis-[p-cyananilino]-*, $C_{27}H_{20}N_{10}$, F. >300°, durch 4std. Kochen von 0,04 Mol vorvorst. Verb. u. 0,08 Mol **IV** in An u. Vermahlen des abfiltrierten Rückstands mit 2n NaOH; aus Äthylenglykol blaßbraune Prismen; 45%. — *2.6-Bis-[p-cyananilino]-4-[2'-diäthylaminoäthylamino]-*, $C_{23}H_{25}N_9$, F. 155—159°, aus vorvorst. Verb. analog vorst. Verb.; aus A. Prismen; 40%. — *2.4-Diamino-6-[p-cyananilino]-*, $C_{10}H_9N_7$, F. 282—283°, durch Erhitzen von **IX** u. Phenol auf 182—189°, 6std. Durchleiten von NH_3, Abkühlen u. Verreiben mit W.; aus Nt Prismen; 81%. — *2.4-Bis-[p-cyananilino]-*, $C_{17}H_{11}N_7$, F. >300°, durch Zugabe von 0,5 Mol Na-Dicyanimid in W. zu 1,1 Mol **IV** in konz. HCl u. W., 6std. Erhitzen auf 100° (Bad-Temp.), Verreiben des abfiltrierten Nd. mit 2n NaOH, 3std. Kochen des entstehenden *$N^1.N^5$-Bis-[p-cyan-*

phenyl]-diguanids (**X**, $C_{16}H_{13}N_7$; aus CH_3OH Nadeln; 35%) in 90% ig. HCOOH, Abkühlen auf 30° u. Verreiben des abfiltrierten Nd. mit 2n NaOH; aus Nt Nadeln; 50% (bezogen auf **X**). — *2.4-Bis-[p-cyananilino]-6.6-dimethyl-1.6-dihydro-*, $C_{19}H_{17}N_7$, F. 269—271° (Zers.), durch 2½std. Kochen von **X** u. Ac in Ggw. von Piperidin; aus CH_3OH Nadeln; 81,5%. — *2.4-Bis-[p-cyananilino]-6-äthyl-6-methyl-1.6-dihydro-*, $C_{20}H_{19}N_7$, F. 244—246°, analog vorst. Verb. durch Rk. mit ÄM; aus ÄM Nadeln; 85%. — *2-Amino-4.6-bis-[p-guanidinoanilino]-*, *Dihydrochloriddihydrat*, $C_{17}H_{20}N_{12}\cdot 2\,HCl\cdot 2\,H_2O$, F. >360°, durch mehrstd. Kochen von **XI** u. Cyanamid in A., Einengen unter vermindertem Druck, Lösen in W., Alkalisieren der filtrierten Lsg. bei 0—5° mit 2n NaOH u. Lösen des Nd. in heißer 2n HCl; Nadeln; 65%. — *2-Diäthylamino-4.6-bis-[p-guanidinoanilino]-*, $C_{21}H_{28}N_{12}$, F. 174—175° (Zers.), analog vorst. Verb. aus **XII**; aus Propanol-(2) Prismen; 84%. — *4.6-Bis-[p-amidinoformylanilino]-2-amino-*, *Trihydrochloriddihydrat*, $C_{17}H_{18}N_{10}\cdot 3\,HCl\cdot 2\,H_2O$, F. >360° (sintert etwas ab 200°), durch 4tägiges Vermahlen von 500 g **V** in abs. A., 12std. Sättigen mit HCl-Gas bei —10°, 4 wöchiges Stehen bei Raum-Temp., Verrühren des ausfallenden *Bis-iminoätherhydrochlorids* (**XIII**; 1250—1400 g) mit abs. A., Zugabe zu fl. NH_3 in abs. A. bei 20—25°, 2std. Rühren, 2std. Erhitzen auf 50—55°, 6std. Rühren bei dieser Temp., Abkühlen, Zugabe des Nd. zu 0,5n HCl bei 90°, Kochen, Zugabe von konz. HCl bei 25° zu filtrierten Lsg. u. 2tägiges Stehen bei 5—10°; aus CH_3OH durch Behandeln mit konz. HCl Nadeln; 20—25 g. *Freie Base* (**I**), $C_{17}H_{18}N_{10}$, F. 195—198° (Zers.), durch Verreiben des Trihydrochlorids mit CH_3OH/2n NaOH; amorph. *Diphosphat*, $C_{17}H_{18}N_{10}\cdot 2\,H_3PO_4$, F. >290°, aus **I** u. H_3PO_4 in CH_3OH. — *4.6-Bis-[p-aminocarbonylanilino]-2-amino-*, *Hydrochlorid*, $C_{17}H_{16}N_8O_2\cdot HCl$, als Nebenprod. bei der Darst. von **I**-Trihydrochlorid. — *2-Amino-4.6-bis-[p-äthoxy-iminomethylanilino]-*, $C_{21}H_{24}N_8O_2$, F. 255° (Zers.), durch Verreiben von 10,6 g **XIII** mit 2n NaOH, Eis u. LN; 7 g; gibt in wss. A. mit NH_4Cl 12% **I** neben vorst. Verb.; gibt mit NH_4-Isäthionat nur vorst. Verbindung. — *2.4.6-Triamino-*, *Benzolsulfonat*, $C_3H_6N_6\cdot C_6H_6O_3S$, F. >300°, durch 2½std. Erhitzen von 0,01 Mol **V** u. 0,2 Mol **VI** auf 300° im NH_3-Strom, Abkühlen auf 30°, Pulverisieren u. Filtrieren der wss. Lsg.; aus W. blaßgelbe Nadeln; 81%; gibt beim Behandeln der heißen wss. Lsg. mit NaOH die *freie Base*. Konz. der wss. Mutterlauge gibt 0,2 g *p-Aminobenzamid*, F. 180—183°; Nadeln Ae.-Extraktion der wss. Mutterlauge gibt 0,1 g **IV**, F. 86—88°. — *2-Diäthylamino-4.6-bis-[p-amidinoformylanilino]-*, *Dihydrochlorid* (**XV**), $C_{21}H_{26}N_{10}\cdot 2\,HCl$, F. >300° ($CH_3OH$), durch 10tägige Rk. von **XIV** in A. nach PINNER; 42%. — *2-Amino-4.6-bis-[p-amidinoformylphenoxy]-*, *Dihydrochloridhemihydrat*, $C_{17}H_{16}N_8O_2\cdot 2\,HCl\cdot 0{,}5\,H_2O$, F. 160° (Zers.; CH_3OH/Ac), durch 5tägige Rk. in A./Chlf. analog **XV**; 33%. — *2-Diäthyl-amino-4.6-bis-[p-amidinoformylphenoxy]-*, *Dihydrochlorid*, $C_{21}H_{24}N_8O_2\cdot 2\,HCl$, F. 255 bis 257° (Zers.; CH_3OH/Ac), durch 5tägige Rk. in A./Chlf. analog **XV**; 45%. — *2-Methyl-amino-4.6-bis-[p-amidinoformylanilino]-*, *Dihydrochloriddihydrat*, $C_{18}H_{20}N_{10}\cdot 2\,HCl\cdot 2\,H_2O$, F. 319—320° (Zers.; wss. NaCl), durch 14tägige Rk. in A. analog **XV**; 53%; verliert W. bei 262°. — *2-Äthylamino-4.6-bis-[p-amidinoformylanilino]-*, *Dihydrochloriddihydrat*, $C_{19}H_{22}N_{10}\cdot 2\,HCl\cdot 2\,H_2O$, F. 275—276° (Zers.; wss. NaCl), durch 21tägige Rk. in A. analog **XV**; 55%; verliert W. bei 258—260°. — *2-[β-Diäthylaminoäthylamino]-4.6-bis-[p-amidinoformylanilino]-*, *Trihydrochlorid*, $C_{23}H_{31}N_{11}\cdot 3\,HCl$, F. 245—247° (Zers.; CH_3OH/Ac), durch 6tägige Rk. in A./Chlf. analog **XV**; 42%. — *2-[4-Aminochinaldinyl-(6)-amino]-4.6-bis-[p-amidinoformalanilino]-*, *Trihydrochlorid*, $C_{27}H_{26}N_{12}\cdot 3\,HCl$, F. >300° ($CH_3OH$), durch 21tägige Rk. in A./Nt analog **XV**; 26,5%. — *2-Methoxy-4.6-bis-[p-amidinoformylanilino]-*, *Dihydrochlorid*, $C_{18}H_{19}N_9O\cdot 2\,HCl$, F. >300° ($CH_3OH$/Ac), durch 21tägige Rk. in A. analog **XV**; 41%. — *2.4.6-Tris-[p-amidinoformylanilino]-*, *Tetramethansulfonattrihydrat*, $C_{24}H_{24}N_{12}\cdot 4\,CH_4O_3S\cdot 3\,H_2O$, F. 212—214° (Zers.; CH_3OH), sintert bei 176—178°, durch 30tägige Rk. in ÄA analog **XV**; 23,3%. — *2.4-Bis-[p-amidinoformylanilino]-*, *Dimethansulfonat*, $C_{17}H_{17}N_9\cdot 2\,CH_4O_3S$, F. 306—308° (Zers.; CH_3OH), schwärzt sich bei 277°, durch 21tägige Rk. in A. analog **XV**; 60%. — *6-[p-Amidinoformylanilino]-2.4-diamino-*, *Hydrochloridhydrat*, $C_{10}H_{12}N_8\cdot HCl\cdot H_2O$, F. 306—308° (Zers.), durch 4wöchige Rk. in A.; aus W. Prismen; 61%. — *2.4-Bis-[p-amidinoformyl-anilino]-6.6-dimethyl-1.6-dihydro-*, *Trihydrochlorid*, $C_{19}H_{23}N_9\cdot 3\,HCl$, F. >300°, durch 3tägige Rk.; aus CH_3OH/Ac Prismen analog vorst. Verb.; 62%. — *2.4-Bis-[p-amidino-formylanilino]-6-äthyl-6-methyl-1.6-dihydro-*, *Trihydrochlorid*, $C_{20}H_{25}N_9\cdot 3\,HCl$, F. >300°, analog vorst. Verb.; aus CH_3OH/Ac Prismen; 70%. — *2-Amino-4.6-bis-[p-(N-methyl-amidinoformyl)-anilino]-*, *Trihydrochloridhydrat*, $C_{19}H_{22}N_{10}\cdot 3\,HCl\cdot H_2O$, aus **XIII** u. CH_3NH_2 in A.; aus CH_3OH/Ac.; 56%. — *2-Amino-4.6-bis-[p-(N.N-dimethylamidino-formyl)-anilino]-*, *Dihydrochloridhydrat*, $C_{21}H_{26}N_{10}\cdot 2\,HCl\cdot H_2O$, analog vorst. Verb.; aus CH_3OH/Äther. — *2-Amino-4.6-bis-[3-dimethylaminopropylamino]-*, *Bis-[hydrogen-tartrat]*, $C_{13}H_{28}N_8\cdot 2\,C_4H_6O_6$, F. 78—80°, durch 1std. Einrühren von 0,2 Mol 3-Dimethyl-aminopropylamin in eine Suspension von 0,1 Mol **III** in W., langsames Erhitzen zum

Sieden, 1std. Zugabe von 0,2 Mol NaOH in W., 2std. Kochen, Sättigen der filtrierten Lsg. mit NaCl, Chlf.-Extraktion, Eindampfen des Auszugs, Lösen der erhaltenen *Base* [$Kp._{0,2}$ 200° (Bad-Temp.); blaßgelbe, viscose Fl., die zu einem hygroskop. Glas erstarrt; 25%] in abs. A. u. Behandeln mit abs. alkohol. Weinsäure-Lsg.; hygroskopisch. *Dimetho-4.4'-diaminostilben-2.2'-disulfonathydrat*, $C_{15}H_{34}N_8 \cdot C_{14}H_{12}N_2O_6S_2 \cdot H_2O$, F. 283 bis 285° (Zers.), durch Behandeln der Base in Ac mit CH_3J, Erhitzen zum Sieden, Kühlen, Lösen des entstandenen *Methojodids* in wenig W., Zugabe zu wss. Di-NH_4-4.4'-Diaminostilben-2.2'-disulfonat, 5 Min. langes Erhitzen auf 100° (Bad-Temp.), Abkühlen u. Zugabe von A.; aus W./CH_3OH (1:1) rosafarbenes Pulver. — *4.6-Bis-[m-amidinoformylanilino]-2-amino-*,. *Dihydrochloridhydrat*, $C_{17}H_{18}N_{10} \cdot 2\,HCl \cdot H_2O$, F. >300° ($CH_3OH$), durch 3wöchige Rk. in C_2H_5OH. — *N¹.N⁵-Bis-[p-amidinoformylphenyl]-diguanidtrihydrochlorid*, $C_{16}H_{19}N_9 \cdot 3\,HCl$, F. 355—356° (Zers.; verd. NaCl), durch 1monatige Rk. in ÄÄ; 13,2%. G. Reisner. 3313□

Alkylsubstituierte, funktionelle Gruppen in der Seitenkette enthaltende symm.-Trithiane. Albert S. Matlack, James C. W. Chien und David S. Breslow. (J. org. Chemistry **26**. 1455—60. Mai 1961. Wilmington, Del., Hercules Powder Co., Res. Center.) (Engl.)

Die Rk. von Chloracetaldehyd mit H_2S in Essigsäure in Ggw. von HCl ergab in 27%ig. Ausbeute *2.4.6-Tris-[chlormethyl]-symm.-trithian* (**I**); das erhaltene **I** bestand zu 84% aus dem β-Isomeren (**Ia**) u. zu 16% aus dem α-Isomeren (**Ib**). In 75%ig. H_2SO_4 entstand in 35%ig. Ausbeute ein Gemisch aus 66% **Ib** u. 34% **Ia**. **Ib** konnte durch J_2 oder $ZnCl_2$ nicht zu **Ia** isomerisiert werden. Kernresonanzspektrograph. konnte **Ia** die cis- u. **Ib** die trans-Konfiguration zugeordnet werden. **Ia** gab durch Oxydation mit H_2O_2 in Aceton bei Raum-Temp. ein *Disulfoxyd*. Durch Rk. von **Ia** oder **Ib** mit Na-tert.-Butylat wurde in 62%ig. Ausbeute *2.4.6-Tris-[methylen]-symm.-trithian* (**II**) als instabile Fl. erhalten. Durch 18std. Erhitzen von **I** mit Trimethylamin auf 100 entstand Trimethylammoniumchlorid; durch langes Kochen von **I** mit Na-3.5-dinitrobenzoat in A. entstand nur die freie Säure. **Ia** reagierte mit Na-Thiophenolat zu *cis-2.4.6-Tris-[phenylmercaptomethyl]-symm.-trithian* (**III**). **III** entstand auch durch photochem. Addition von Thiophenol an **II**. **Ib** lieferte analog das *trans-Isomere* von **III**; kernresonanzspektroskop. konnte keine Isomerisierung nachgewiesen werden, so daß die Rk. als nucleophile Austausch-Rk. formuliert werden kann; dagegen spricht der vollständige Verlauf der Rk., während die Rk. von Na-Thiophenolat mit 2.4.6-Tris-[chlormethyl]-symm.-trioxan unter denselben Bedingungen unvollständig bleibt. Die saure Hydrolyse von **II** lieferte in 63%ig. Ausbeute *Essigsäure*; die Rk. von **II** mit Anilin ergab *Thioacetanilid* u. *N.N'-Diphenylacetamidin*. **II** polymerisiert sich selbst bei —40°, ist aber in Lsg. u. in Ggw. von KOH stabiler; mit Styrol tritt Copolymerisation zu einem vernetzten Prod. ein. *cis-2.4.6-Tris-[2-chloräthyl]-symm.-trithian* (**IV**) wurde aus Acrolein, HCl u. H_2S erhalten. Die Rk. von **IV** mit Na-Thiophenolat ergab *cis-2.4.6-Tris-[2-phenylmercaptoäthyl]-symm.-trithian*, während mit K-tert.-Butylat wahrscheinlich *2.4.6-Tris-[äthyliden]-symm.-trithian* entstand. Die Kernresonanzspektren der dargestellten substituierten Trithiane lassen keine Aussage über die Konformation des Ringes zu.

Versuche (FF. korr.): *cis-2.4.6-Tris-[chlormethyl]-symm.-trithian* (**Ia**), $C_6H_9Cl_3S_3$, F. 160,5—161,0° (Bzl.), a) durch 30 Min. langes Einleiten von H_2S in 75%ig. H_2SO_4 bei 0°, Zutropfen von 0,232 Mol 37%ig. wss. Chloracetaldehyd-Lsg. innerhalb 2 Std. unter Rühren bei 0°, 20std. Einleiten von H_2S, Erwärmen auf Raum-Temp. über Nacht, Kühlen auf 0°, Zugabe von W., Filtrieren, Kristallisieren aus CH_2Cl_2 u. fraktionierte Kristallisation aus Bzl.; 2,62 g (Ausbeute); b) analog a) in 95%ig. H_2SO_4 u. Essigsäure (60:40) bei —10°; 35% eines Gemisches von 38% **Ia** u. 62% **Ib**; c) analog a) in mit HCl-gesätt. Essigsäure bei —10°; 24% eines Gemisches von 84% **Ia** u. 16% **Ib**; d) analog in mit HCl-gesätt. Ae.; 27% eines Gemisches von 76% **Ia** u. 24% **Ib**; e) analog in mit HCl-gesätt. 95%ig. A.; 10%. *trans-Form* (**Ib**), F. 100,0—100,5° (Bzl.), a) durch Zugabe von Hexan zur Mutterlauge von **Ia** nach a) u. Aufarbeitung der Mutterlaugen; 5,09 g; b) neben **Ia** nach b), c) u. d). — *2.4.6-Tris-[chlormethyl]-symm.-trithian-1.3-dioxyd*, $C_6H_9Cl_3O_2S_3$, F. 250° (Zers.; A.), durch 3tägiges Rühren von 0,5 g **Ia** mit 30%ig. H_2O_2 in Aceton bei 25° u. Gießen in W.; 1,09 g. — *2.4.6-Tris-[methylen]-symm.-trithian* (**II**), $C_6H_6S_3$, $Kp._{0,25}$ 73—74°, a) durch Zugabe von **Ia** zu einer Lsg. von Na in tert.-Butanol, Erhitzen zum Sieden, 3tägiges Rühren bei 25°, Abdestillieren des Butanols bei 25° im Vakuum, Aufnehmen in Hexan, Filtrieren u. Dest.; blaßgelb; 62%; b) analog aus aus **Ib**. — *cis-2.4.6-Tris-[phenylmercaptomethyl]-symm.-trithian* (**III**), $C_{24}H_{24}S_6$, F. 82,0—82,5° (A.), a) durch Zugabe von Thiophenol zu alkohol. Na-Äthylat, Zugabe von **Ia**, 50 Min. lang Kochen, Filtrieren u. langsames Kühlen auf —20° 66%; b) durch 20std. UV-Belichtung von **II** u. Thiophenol, Abdestillieren bis 100°

Sumpf-Temp. bei 0,2 Torr, Aufnehmen des Rückstandes in Äthylacetat–Hexan, mehrtägiges Stehen bei —40° u. Dekantieren; 24%. — *2-Benzyl-2-thiopseudoharnstoffacetat*, F. 132—133°, durch 10std. Kochen von II in Dioxan mit 5%ig. HCl unter Rühren, Zugabe von wenig konz. HCl, 3std. Kochen, Wasserdampf-Dest., Neutralisieren des Destillats mit NaOH, Ae.-Extraktion, Einengen, Zugabe von wss. 2-Benzyl-2-thiopseudoharnstoffhydrochlorid-Lsg., Impfen, Stehen über Nacht bei 0—5° u. Filtrieren; 63%. — *Thioacetanilid*, F. 74,5—76,0° (W.), durch 4wöchiges Stehen von II mit Anilin u. N-Phenylnaphthyl-(2)-amin in Bzl., mehrfache Extraktion mit sd. Hexan, Einengen des Extrakts, Filtrieren [gelbe Kristalle, F. 144,0—144,5° (Hexan)], Extraktion mit 5% NaOH, Eindampfen des Filtrats u. Extrakts, Extraktion mit 5%ig. NaOH, Zugabe von CO_2 u. Filtieren; 33%. — *N.N'-Diphenylacetamidin*, F. 131,5—132,5° (Hexan), neben vorst. Verb. durch Extraktion der alkaliunlösl. Anteile mit 5%ig. HCl u. Zugabe von NH_4OH; 11%. — *cis-2.4.6-Tris-[2-chloräthyl]-symm.-trithian* (IV), $C_9H_{15}Cl_3S_3$, F. 130,0—131,5° (Äthylacetat), durch Sättigen von Ae. mit HCl, Zugabe von Acrolein, 20std. Einleiten von H_2S bei —20 bis —10°, Erwärmen auf Raum-Temp. über Nacht, Zugabe von Bzl. u. W. u. Abdestillieren des Bzl.; 8%. — *cis-2.4.6-Tris-[2-phenylmercaptoäthyl]-symm.-trithian*, $C_{27}H_{30}S_6$, F. 82,5—83,0° (Hexan), aus IV analog III u. Abdestillieren des Lsgm. nach Filtration; 59%. — *2.4.6-Tris-[äthyliden]-symm.-trithian*, $C_9H_{12}S_3$, Kp.$_{0,15}$ 109°, durch Zugabe von IV zu einer Lsg. von K in tert.-Butanol, Zugabe von wenig 2.6-Di-tert.-butyl-4-methylphenol, 1std. Kochen u. Stehen über Nacht; 75%. H. BERTSCH. 3354□

Ester der 3-Desoxy-D-mannose. Gerhard Rembarz. (Chem. Ber. **94**. 414—19. Febr. 1961. Rostock, Univ., Inst. für Organ. Chem.) (Dt.) — Vgl. C. **1961**. 7939.

Durch Umlagerung von 1.2.4.6-Tetraacetyl-3-desoxy-β-D-mannose (β-II), die durch Acetylierung von 3-Desoxy-β-D-mannose (I) bei 0° erhalten wird, mit $ZnCl_2$ entsteht ein α.β-II-Anomerengemisch, aus dem sich chromatograph. das α-II abtrennen läßt. Der Anteil an α-II in den Anomerengemischen, die durch Acetylierung von I mit Acetanhydrid bei 100° unter Zusatz von Na-Acetat bzw. bei 138° in Ggw. von $ZnCl_2$ als Katalysator entstehen, ist geringer als der Anteil an β-II. Durch Acetolyse von Methyl-4.6-benzyliden-3-desoxy-α-D-mannosid (III) entsteht ein Anomerengemisch, in dem der Anteil an β-II überwiegt. *2.4.5.6-Tetraacetyl-3-desoxy-al-D-mannose* läßt sich durch Abspaltung der Mercaptanreste aus dem entsprechenden Dimethylmercaptal mit $HgCl_2$ darstellen. β-II liefert in Ggw. von $TiCl_4$ *Acetochlor-3-desoxy-D-mannose* (IV), die mit abs. Methanol oder n-Propanol in Ggw. von Zn-Acetat·2 H_2O *Methyl-* bzw. *n-Propyl-2.4.6-triacetyl-3-desoxy-β-D-mannosid* gibt. Aus I u. Benzoylchlorid entsteht *1.2.4.6-Tetrabenzoyl-3-desoxy-β-D-mannose*, aus dem I-Dimethylmercaptal *2.4.5.6-Tetrabenzoyl-3-desoxy-D-mannosedimethylmercaptal* u. aus I u. p-Nitrobenzoylchlorid *1.2.4.6-Tetrakis-[p-nitrobenzoyl]-3-desoxy-β-D-mannose.*

Versuche: *1.2.4.6-Tetraacetyl-3-desoxy-β-D-mannose* (β-II), $C_{14}H_{20}O_9$, Kp.$_{10^{-4}}$ 120° (Bad-Temp.), durch Versetzen von I in Pyridin mit Acetanhydrid bei 0° unter Schütteln, 5tägiges Stehen bei 0°, Gießen auf Eiswasser, 2std. Stehen u. Extrahieren mit Chlf.; Sirup; $[\alpha]_D^{20}$ + 17,0 (c = 1,86; Chlf..); 90% (Ausbeute). α.β-II, a) durch 2½std. Erhitzen von I, wasserfreiem Na-Acetat u. Acetanhydrid, Gießen auf Eiswasser u. weiter analog β-II; $[\alpha]_D^{20}$ 47,5° (c = 2,63; Chlf.); 63%; b) durch Zugeben von I zur sd. Lsg. aus wasserfreiem $ZnCl_2$ in Acetanhydrid, 10 Min. langes Kochen u. weiter analog β-II; $[\alpha]_D^{20}$ + 52° (c = 1,98; Chlf.); 63%; c) durch Lösen von β-II in Acetanhydrid, Zugeben von $ZnCl_2$ in Acetanhydrid u. 24std. Stehen; $[\alpha]_D^{20}$ + 61,0° (c = 3,36; Chlf.); 79%; d) durch Eintragen von III in ein Gemisch aus Acetanhydrid u. konz. H_2SO_4 bei 0°, 48std. Stehen bei 20° u. Gießen in 10%ig. Na-Acetat-Lsg.; $[\alpha]_D^{20}$ + 26,3° (c = 3,10; Chlf.); 51%. α-II, $C_{14}H_{20}O_9$, durch Chromatographie von α.β-II nach c) in Bzl. an Al_2O_3 u. Eluieren mit Bzl., Bzl./Ae. (5:1, 3:1 u. 1:1); $[\alpha]_D^{20}$ + 69,5° (c = 2,71; Chlf.). — *2.4.5.6-Tetraacetyl-3-desoxy-al-D-mannose*, $C_{14}H_{20}O_9$, Kp.$_{10^{-4}}$ 120° (Bad-Temp.), durch Versetzen von 2.4.5.6-Tetraacetyl-3-desoxy-D-mannosedimethylmercaptal in Aceton mit $HgCl_2$ in W., Zutropfen von weiterem $HgCl_2$ in Aceton bei 40° unter Rühren, weiteres 3std. Rühren bei 40°, Abfiltrieren, Vakuumeindampfen in Ggw. von etwas HgO u. Extrahieren mit warmem Chlf.; $[\alpha]_D^{20}$ + 13,5° (c = 1,47; Chlf.); 40%. — *Acetochlor-3-desoxy-D-mannose* (IV), $C_{12}H_{17}ClO_7$, durch 4std. Erwärmen von β-II, $TiCl_4$ in abs. Chlf. auf 60°, Vakuumeindampfen bei 30° (Bad-Temp.), Aufnehmen in Ae. u. Eindampfen; $[\alpha]_D^{20}$ + 107,5° (c = 1,65; Chlf.); 71%. — *Methyl-2.4.6-triacetyl-3-desoxy-β-D-mannosid*, $C_{13}H_{20}O_8$, Kp.$_{10^{-4}}$ 110° (Bad-Temp.) durch 24std. Stehen von IV u. Zn-Acetat·2 H_2O in CH_3OH bei Raum-Temp., Versetzen mit W. u. Extrahieren mit Chlf.; Sirup; $[\alpha]_D^{20}$ + 28,5° (c = 2,62; Chlf.); 66%. — *n-Propyl-2.4.6-triacetyl-3-desoxy-β-D-mannosid*, $C_{15}H_{24}O_8$, aus IV, Zn-Acetat·2 H_2O in n-Propanol analog vorst. Verb.; aus Hexan Nadeln; $[\alpha]_D^{20}$

+45,0° (c = 2,02; Chlf.); 54%. — *1.2.4.6-Tetrabenzoyl-3-desoxy-β-D-mannose*, $C_{34}H_{28}O_9$, durch 120std. Rühren von I in Pyridin u. Benzoylchlorid bei 0°, Gießen auf Eis, Extrahieren des Sirups mit Chlf., Vakuumeindampfen u. Schütteln des Sirups in abs. Ae. mit etwas Aktivkohle; $[\alpha]_D^{20}$ −22,1° (c = 2,40; Chlf.); 86%. — *2.4.5.6-Tetrabenzoyl-3-desoxy-D-mannosedimethylmercaptal*, $C_{36}H_{34}O_8S_2$, durch Zutropfen von Benzoylchlorid zu 3-Desoxy-D-mannosedimethylmercaptal in Pyridin bei −10°, 24std. Stehen bei 0°, Gießen auf Eis u. weiter analog vorst. Verb.; $[\alpha]_D^{20}$ −12,2° (c = 1,40; Chlf.); 88%. — *1.2.4.6-Tetrakis-[p-nitrobenzoyl]-3-desoxy-β-D-mannose*, $C_{34}H_{24}N_4O_{17}$, F. 236° (Äthylenchlorid), durch 10tägiges Rühren von I, p-Nitrobenzoylchlorid u. Pyridin bei 0° u. Gießen auf Eis; $[\alpha]_D^{20}$ ±0° (c = 1,78; Äthylenchlorid); 53%. H. Smalla. 3400

Über eine Synthese von kristallisierter Cellobiuronsäure. Georg Jayme und Werner Demmig. (Chem. Ber. **93**. 356—60. 29/2. 1960. Darmstadt, TH, Inst. für Cellulosechem. mit Holzforschungsstelle.) (Dt.)

Cellobiuronsäure (I) wird durch hydrierende Spaltung von *Benzyl-β-cellobiuronid*, das durch katalyt. Oxydation von Benzyl-β-cellobiosid erhalten wird, gewonnen. Der aus I durch Methylierung erhaltene *Hexamethylmethylcellobiuronidmethylester* gibt bei der Hydrolyse zu gleichen Teilen *2.3.4-Trimethyl-D-glucuronsäure* u. *2.3.6-Trimethyl-D-glucose*. Der I kommt danach die Konstit. einer *4-[β-D-Glucuronosido]-D-glucose* zu.

Versuche: *Heptaacetylbenzyl-β-cellobiosid*, F. 188—190°, aus Acetobromcellobiose mit $Hg(CN)_2$ u. Benzylalkohol (30 Min. lang bei 100°); Nadeln aus A.; 72,5% (Ausbeute). — *Benzyl-β-cellobiosid*, F. 189°, aus vorst. Verb. in bei 0° mit NH_3 gesätt. Methanol unter Einleiten von NH_3 (24 Std.); 99%. — *Benzyl-β-cellobiuronid*, F. 189—190°, aus vorst. Verb. mit O_2 über Pt/Kohle in W. unter Neutralisation mit $NaHCO_3$ u. nachfolgende Entsalzung mit Amberlite IR-120 (H^+); Stäbchen aus Propanol-(2), $[\alpha]_D^{21,5}$ −53,3° (c = 4,8; Methanol); 29,2%. *Ba-Salz*, $(C_{19}H_{25}O_{12})_2Ba$, $[\alpha]_D^{21,5}$ −46,2° (c = 3,1; W.). *Methylester*, $C_{20}H_{28}O_{12}$, F. 189,5—200,5°, mit äther. Diazomethan in Methanol; Plättchen aus S.-W., $[\alpha]_D^{22,5}$ −42,4° (c = 5,1; Methanol); 99%; *Hexaacetyl-Deriv.*, $C_{32}H_{40}O_{18}$, F. 195—196°, durch Acetylierung des Methylesters; Nadeln aus A., $[\alpha]_D^{22,5}$ −48,8° (c = 5,0; Chlf.). — *Cellobiuronsäure* (I), $C_{12}H_{20}O_{12}$, F. 189,5°, durch Hydrierung vorst. Ba-Salzes über PdO-Hydrat/$BaSO_4$ in W. u. Entionisierung mit Amberlite IR-120 (H^+); Drusen aus wss. Essigsäure, $[\alpha]^{20}$ +14,7° (10 Min.) → +8,3° (5 Std.) → +7,6° (30 Std., Endwert; c = 5,2; W.); 62,9%. *Heptaacetyl-Deriv.*, $C_{26}H_{34}O_{19}$, F. 239° (Zers.), Nadeln aus Methanol, $[\alpha]_D^{22,5}$ +52,9° (c = 1,4; Chlf.); *Methylester*, $C_{27}H_{36}O_{19}$, F. 254°, mit äther. Diazomethan in Dioxan; $[\alpha]_D^{22,5}$ +45,3 (c = 5,0; Chlf.); 97,8%. — *Hexamethylmethylcellobiuronidmethylester*, $C_{20}H_{36}O_{12}$, F. 113—114°, durch Zugeben von Ag_2O zu I u. CH_3J in Dimethylformamid <30° (12 Std.); Nadeln aus Ae.-PAe.; $[\alpha]_D^{20,5}$ −32,0 (c = 1,5; W.); 75,9%. E. Schraven. 3400□

Über die Konstitution von Oleuropein, dem bitteren, hypotensiv wirkenden Glucosid der Olive. Luigi Panizzi, Maria Luisa Scarpati und Giovanna Oriente. (Ricerca sci. **28**. 994—98. Mai 1958. Roma, Univ., Ist. di chim. organ.) (Ital.)

Die aus Abkochungen von frischen Olivenblättern durch Einengen, Fällen mit Aceton, Extraktion mit Äthylacetat u. Chromatographie an Cellulose isolierte, hypotensiv wirkende Verb. wird als das Glucosid *Oleuropein* (I; *Olivamarin*), $C_{25}H_{32}O_{13}$, $[\alpha]_D^{20}$ −158° (c = 2 in W.), erkannt. I liefert bei der sauren Hydrolyse *Glucose* (II) u. *β-[3.4-Dihydroxyphenyl]-äthanol*, Kp.$_{0,05}$ 175—178°. Nach der Methylierung von I mit CH_2N_2 u. anschließenden Hydrolyse wird *β-[3.4-Dimethoxyphenyl]-äthanol*, Kp.$_{0,05}$ 124—126°, erhalten, dessen Konstit. durch Oxydation zu *Veratrumsäure* bewiesen wird. I enthält eine Methoxylgruppe, die mit verd. Alkali unter Bldg. von *CH_3OH* abgespalten wird u. vermutlich eine $COOCH_3$-Gruppe darstellt. I besitzt eine Aldehydgruppierung, deren Enolform wahrscheinlich mit II verbunden ist, da aus I auch in alkal. Milieu II freigesetzt wird u. die Bldg. des nichtkrist. *2.4-Dinitrophenylhydrazons* aus I nur in saurem Medium u. mit einer solchen Geschw. verläuft, daß auf eine vorhergehende Hydrolyse geschlossen wird. Bei der Hydrolyse von I mit 1n H_2SO_4 in der Kälte wird ferner ein öliger *Methylester $C_{11}H_{14}O_6$* (III) erhalten, der ohne Zers. nicht destillierbar ist u. die ursprüngliche Methylestergruppierung von I u. eine Carbonylfunktion enthält. III liefert ein nicht krist. *2.4-Dinitrophenylhydrazon*, ein krist. *Phenylhydrazon* (**IIIa**), F. 172—173° (Zers.; A.), u. mit CH_2N_2 einen *Dimethylester* (**IIIb**), $C_{12}H_{16}O_6$, Kp.$_{0,2}$ 141 bis 143°, der auf Grund seiner Rkk. noch eine enolisierbare Aldehydgruppe enthält. Rk. von I mit CH_3OH u. konz. HCl in der Kälte gibt einen *Dimethylesterenolmethyläther* (IV), $C_{13}H_{18}O_6$, F. 66—68°, Kp.$_{0,2}$ 137—139°, $[\alpha]_D^{18}$ −16,7° (c = 1 in CH_3OH), der mit 2n HCl zu III (→ **IIIa** u. **IIIb**) u. mit Alkali unter Erhaltung der Enoläthergruppierung zur *Dicarbonsäure* hydrolysiert wird. Kurze Alkalibehandlung von **IV** führt zu einem Isomeren von **IIIb**, dem *Monomethylesterenoläther $C_{12}H_{16}O_6$*, F. 115—116°,

Behandlung mit methanol. $Ba(OH)_2$ zum krist. *Ba-Salz* $C_{11}H_{12}O_6Ba$. Auf Grund der Bldg. von *Acetaldehyd* bei der Ozonolyse enthält **IV** eine Äthylidengruppierung. Die Hydrierung von **IV** über $Pd/CaCO_3$ führt unter Aufnahme von 2,4 Mol H_2 zu einem komplexen Gemisch. Es wird eine Partialstruktur für **III** u. seine Derivv. vorgeschlagen. Vakuum-Dest. von **III** liefert neben einer sauren Fraktion etwas CO_2 u. das von Cruers u. Alsberg (J. Amer. chem. Soc. **56**. [1954.] 2115) beschriebene *Lacton* $C_{11}H_{12}O_5$.

Walter Simon. 3450

Über Muscarin. 11. Mitt. Synthese von bisquaternären, dem Muscarin ähnlichen Verbindungen. J. Kiss, H. Furter, F. Lohse und E. Hardegger. (Helv. chim. Acta **44**. 141—47. 1/2. 1961. Zürich, ETH, Organ.-Chem. Labor.) (Dt.) — 10. vgl. C. **1959**. 10910.

Ausgehend von D-Glucosaminhydrochlorid (I) bzw. L-Glucosaminsäure (II) wird die Synth. von 5 *bis-quart.*, dem Muscarin konstitutionell nahestehenden *Ammoniumsalzen* beschrieben. *1.6-Didesoxy-1.6-bis-[dimethylamino]-2.5-anhydro-D-mannitdimethojodid* (III) wurde über *2.5-Anhydro-D-mannozuckersäure* hergestellt, welche aus I nach einem verbesserten Verf. entstand. Über I u. D-Glucosaminsäure (IV) wurden in guter Ausbeute *D-Chitarsäure* u. anschließend *2.5-Anhydro-D-zuckersäure* (**XI**) gewonnen. Ihr Bis-[dimethylamid] (**VII**) führte bei der Red. zu einem Diastereomeren von **III**, *1.6-Didesoxy-1.6-bis-[dimethylamino]-2.5-anhydro-D-sorbitdimethojodid* (**V**), während über das *Ditosylat* (**IX**) des Amids durch partielle bzw. totale hydrogenolyt. Abspaltung der Tosylgruppen *3(4)-Hydroxy-cis-2.5-bis-[dimethylaminomethyl]-* bzw. *cis-2.5-Bis-[dimethylaminomethyl]-tetrahydrofurandimethojodid* erhalten wurden. Eine weitere, zu **III** u. **V** diastereomere Verb., *1.6-Didesoxy-1.6-bis-[dimethylamino]-2.5-anhydro-L-sorbitdimethojodid*, konnte analog **V** aus **II** hergestellt werden.

Versuche: *D-Chitarsäure*, $C_6H_{10}O_6$, F. 146°, durch Zugabe einer Lsg. von $NaNO_2$ zu 6 g **IV** in 1n HCl bei 0° u. 20std. Stehen bei 20°; enthält das Lacton; 4,16 g (Rohausbeute). *Dimethylamid*, $C_8H_{15}NO_5$, F. 172° (Essigester), aus vorst. Rohprod. u. Dimethylamin (15%) oder über den D-Chitarsäuremethylester (60—70%); $[\alpha]_D$ +18,8° (c = 1 in Methanol). — *2.5-Anhydro-D-zuckersäure-1-dimethylamid* (**X**), $C_8H_{13}NO_6$, F. 203—204° (Zers.), durch Oxydation vorst. Amids mit HNO_3 bei 65—70°; Nadeln aus Aceton, $[\alpha]_D$ —2,4° (c = 2,5 in W.); 63%. — *2.5-Anhydro-D-zuckersäure* (**XI**), $C_6H_8O_7$, F. 170—171°, neben **X**; $[\alpha]_D$ +39,3° (c = 2 in W.). — *Furan-2.5-dicarbonsäure*, $C_6H_4O_5$, F. 300—320° (Zers.), durch Erhitzen von **X** im Hochvakuum. — *2.5-Anhydro-D-mannozuckersäure*, $C_6H_8O_7$, F. 182° (A.-Ae.), aus I u. HNO_3 bei 60°, später 80—90°; $[\alpha]_D$ +46,3° (c = 1 in W.); 19%. *Dimethylester*, $C_8H_{12}O_7 \cdot 1/2\,H_2O$, F. 71°, aus vorst. Verb. u. CH_2N_2; $[\alpha]_D$ +45,3° (c = 2,5 in W.). *1.6-Bis-[dimethylamid]* (**XII**), $C_{10}H_{18}N_2O_5$, F. 126° (Essigester), aus 3,1 g vorst. Esters in Methanol mit Dimethylamin bei 65° im Rohr; $[\alpha]_D$ +93,3° (c = 1,5 in W.); 2,2 g. — *2.5-Anhydro-D-zuckersäure-1-dimethylamid-6-methylester* (**VIII**), $C_9H_{15}NO_6$, F. 165—166° (Essigester), aus **X** u. CH_2N_2; $[\alpha]_D$ +11,5° (c = 1 in W.). — *2.5-Anhydro-D-zuckersäure-1.6-bis-[dimethylamid]* (**VII**), $C_{10}H_{18}N_2O_5$, F. 202° (Zers.; Methanol), a) aus 0,4 g vorst. Verb. u. CH_2N_2 in Methanol; 0,34 g; b) aus 0,3 g **XI** durch Veresterung mit CH_2N_2 u. Umsetzen mit Dimethylamin; $[\alpha]_D$ —52,2° (c = 2 in W.); 0,28 g. — *2.5-Anhydro-D-zuckersäure-1-dimethylamid-6-amid*, $C_8H_{14}N_2O_5$, F. 234° (Zers.; CH_3OH), aus 1,2 g **VIII** mit NH_3-gesätt. Methanol; $[\alpha]_D$ +3,6° (c = 3,5 in W.); 0,91 g. — *3.4-Ditosyl-2.5-anhydro-D-zuckersäure-1.6-bis-[dimethylamid]* (**IX**), $C_{24}H_{30}N_2O_9S_2$, F. 202—203°, aus 0,5 g **VII** u. p-Toluolsulfochlorid in Pyridin; Nadeln aus Chlf.-Essigester; $[\alpha]_D$ +7,8° (c = 0,65); 0,17 g. — *cis-Tetrahydrofuran-2.5-dicarbonsäure*, $C_6H_8O_5$, F. 125—126° (Essigester-PAe.), durch Hydrieren einer mit $CaCO_3$ neutralisierten wss. Lsg. von 2.5-Furandicarbonsäure an Raney-Ni; 55%. *Dimethylester*, $C_8H_{12}O_5$, Kp. 65°, aus 1,1 g der Säure u. CH_2N_2; 1,1 g. *Bis-[dimethylamid]* (**VI**), $C_{10}H_{18}N_2O_3$, Kp. 146°, aus 1,02 g des Ester u. Dimethylamin im Rohr bei 90°; 0,92 g. — *1.6-Didesoxy-1.6-bis-[dimethylamino]-2.5-anhydro-D-mannitdimethojodid* (**III**), $C_{12}H_{28}J_2N_2O_3$, F. 299—300° (Zers.; 80%ig. A.), durch Red. von 1,5 g **XII** mit $LiAlH_4$ in Dioxan u. Rk. des Red.-Prod. mit CH_3J; $[\alpha]_D$ +32,2° (c = 1 in W.); 1,26 g. — *1.6-Didesoxy-1.6-bis-[dimethylamino]-2.5-anhydro-D-sorbitdimethojodid* (**V**), $C_{12}H_{28}J_2N_2O_3$, F. 300° (Zers.; 75% A.), analog vorst. Verb. aus 0,5 g **VII**; $[\alpha]_D$ +13,6° (c = 1 in W.); 0,51 g. — *3(4)-Hydroxy-cis-2.5-bis-[dimethylaminomethyl]-tetrahydrofurandimethojodid*, $C_{12}H_{28}J_2N_2O_2$, F. 298—300° (Zers.), durch Red. von 114 mg **IX** wie vorst. u. Umsetzen mit CH_3J; $[\alpha]_D$ +2,8° (c = 0,7 in W.); 38 mg. — *cis-2.5-Bis-[dimethylaminomethyl]-tetrahydrofurandimethojodid*, $C_{12}H_{28}J_2N_2O$, F. 302—303° (Zers.), a) neben vorst. Verb.; 18 mg; b) durch $LiAlH_4$-Red. von 1,3 g **VI** u. Umsetzung mit CH_3J; Prismen aus A.; opt.-inakt.; 2,3 g. — Analog der Synth. der D-Verbb., ausgehend von **II**: *L-Chitarsäuredimethylamid*, $C_8H_{15}NO_5$, F. 172°, $[\alpha]_D$ —19,0° (c = 1 in Methanol). — *2.5-Anhydro-L-zuckersäure, 1-Dimethylamid*,

$C_8H_{13}NO_6$, F. 202—203° (Zers.), $[\alpha]_D$ + 2,4° (c = 1 in W.). *1-Dimethylamid-6-methylester*, $C_9H_{15}NO_6$, F. 165°, $[\alpha]_D$ — 11,5° (c = 1 in W.). *1.6-Bis-[dimethylamid]*, $C_{10}H_{18}N_2O_5$, F. 202° (Zers.), $[\alpha]_D$ + 52,2° (c = 2 in W.). — *1.6-Didesoxy-1.6-bis-[dimethylamino]-2.5-anhydro-L-sorbitdimethojodid*, $C_{12}H_{28}J_2N_2O_3$, F. 300° (Zers.), $[\alpha]_D$ — 13,7° (c = 1,5 in W.).
E. MOISAR. 3500□

Darstellung und Spaltung einiger Kodeinglykole. Henry Rapoport, Mohindra S. Chadha und Calvin H. Lovell. (J. Amer. chem. Soc. **79.** 4694—97. 5/9. 1957. Berkeley, Calif., Univ., Dep. of Chem. and Radiat. Labor.) (Engl.)

Durch Rk. mit OsO_4 werden Δ^7-Desoxykodein (I), Kodein (II), 6-Methylkodein (III), Kodeinondimethylketal (IV) u. Kodeinon (V) in die *Osmiumsäureester* übergeführt u. diese mit alkohol. Na_2SO_3 zu den entsprechenden *Glykolen* umgesetzt. Mit steigender Elektronegativität des $C_{(6)}$-Substituenten nimmt die Ausbeute an Glykol an. **V** liefert kein Glykol, **IV** gibt neben unbekannten Verbb. ein Oxydations-Prod. mit Amidstruktur, das bei der Hydrolyse *Ameisensäure* liefert, 1 Mol H_2 aufnimmt u. das als *N-Formylnorkodeinondimethylketal* identifiziert wird. Saure Perjodatspaltung von *6-Methyl-7.8-dihydroxydihydrokodein* (**VI**) liefert unter Verbrauch von 1 Mol HJO_4 ein *7-Ringenolhalbacetal*, das sich bei der Kristallisation aus W. in ein *6-Ringhalbacetalaldehyd* umlagert. Die analoge Rk. von *7.8-Dihydroxydihydrokodeinondimethylketal* (**VII**) bei pH 6 liefert nach Aufnahme von 1 Mol HJO_4 je nach Aufarbeitung bei pH 8,5 oder pH 11 ein *7-Ringenolhalbacetaldimethylketal* oder unter Ringöffnung ein *Dimethylketaldialdehyd*. Bei der analogen Spaltung der Glykole aus **I** u. **II** wird 1 Mol HJO_4 sehr schnell verbraucht. die Rk. läuft unter weiterem HJO_4-Verbrauch weiter; krist. Prodd. können nicht gefaßt werden.

Versuche (FF. korr.; opt. Drehungen in A.): *7.8-Dihydroxydihydrodesoxykodein* (**VIII**), $C_{18}H_{23}NO_4$, F. 248—249° (A.), aus 3,3 g **I** in abs. Ae. mit OsO_4 in Pyridin bei Zimmer-Temp. (12 Std.), nach Abzentrifugieren des Esters in sd. wss. A. mit Na_2SO_3 (4 Std.); $[\alpha]_D^{21}$ — 18° (c = 1,0); 92% (Ausbeute). *Diacetat*, $C_{22}H_{27}NO_6$, F. 122—123° (Bzl.-Heptan). — *7.8-Dihydroxydihydrokodein*, $C_{18}H_{23}NO_5$, F. 208—209° (Essigester-CH_3OH), aus **II** analog **VIII**; $[\alpha]_D^{21}$ — 123° (c = 1,0); 60%. *Triacetat*, F. 200—202° (W.-CH_3OH), $[\alpha]_D^{21}$ — 79° (c = 1,0). — *6-Methyl-7.8-dihydroxydihydrokodein* (**VI**), $C_{19}H_{25}NO_5$, F. 264—265° (Essigester), aus **III** analog **VIII**; $[\alpha]_D^{21}$ — 96° (c = 1 in 80% ig. A.); 52%. *Diacetat*, $C_{23}H_{29}NO_7$, F. 197—199° (Bzl.-Hexan), $[\alpha]_D^{25}$ — 102° (c = 0,8). — *7.8-Dihydroxydihydrokodeinondimethylketal* (**VII**), $C_{20}H_{27}NO_6$, F. 244—245° (Zers.; $CH_3 \cdot OH$-Essigester), **IV** analog **VIII** u. Chromatographie an Al_2O_3; $[\alpha]_D^{21}$ 102° (c = 0,8); 38% (Umsatz), daneben 64% Ausgangsmaterial u. etwas *N-Formylnordihydrokodeinondimethylketal*, $C_{20}H_{25}NO_5$, F. 183—184° (Bzl.-Hexan), $[\alpha]_D^{21}$ — 206° (c = 1,0). **VII**-*Diacetat*, $C_{24}H_{31} \cdot NO_8$, F. 109—111° (Chlf.) — *Kodeinondimethylketal-N-oxyd*, $C_{20}H_{25}NO_5$, F. 191—192° (Bzl.), aus **IV** mit Monoperphthalsäure in Aceton; $[\alpha]_D^{21}$ — 293° (c = 0,84); 75%. — *7-Ringenolhalbacetal* $C_{19}H_{23}NO_5$, F. 184—185° (Bzl.-Methylcyclohexan), aus **VI** durch Spaltung bei pH 5 mit 1 Mol HJO_4; $[\alpha]_D^{21}$ — 113° (c = 1,0); 75%. — *6-Ringhalbacetaldehyd* $C_{19}H_{23}NO_5$, F. 219—220° (W.), aus vorst. Verb. durch Kristallisation aus W.; $[\alpha]_D$ — 85° (c = 0,9). — *7-Ringenolhalbacetaldimethylketal*, $C_{20}H_{25}NO_6$, F. 96—97° (Bzl.-Cyclohexan), aus **VII** durch Spaltung bei pH 6 mit 1 Mol HJO_4 u. Extraktion bei pH 8,5; $[\alpha]_D^{21}$ — 100° (c = 0,6); > 80%. — *6-Ringdimethylketaldialdehyd* $C_{20}H_{25}NO_6$, F. 228—230° (Methanol-Ae.), analog vorst. Verb., aber bei Extraktion bei pH 11; > 80%. — Die UV- u. IR-Daten einiger Verbb. sind angegeben. H. JASTROW. 3500□

Die Überführung von D-Isoiridomyrmecin in D-Iridomyrmecin. R. H. Jaeger und Robert Robinson. (Tetrahedron Letters [London] **1959.** Nr. 15. 14—18. Okt. Egham, Shell Chem. Co. Ltd., Res. Labor.) (Engl.)

Die Epimerisierung von D-Isoiridomyrmecin (I) mittels Chinolin wird beschrieben; die IR-Spektren von D- u. L-Iridomyrmecin werden angegeben.

Versuche: D-Iridomyrmecin, $C_{10}H_{16}O_2$, F. 61—62°, durch 48std. Kochen von 1,42 g **I** u. Chinolin unter N_2, Zugabe von konz. HCl/Eis, Extrahieren mit Ae., Dest. bei $Kp._{0,4}$ 80—90° (Bad-Temp.), Chromatographie an Al_2O_3 u. Eluieren mit PAe.; aus PAe. Pridmen; $[\alpha]_D^{29}$ — 207°; 76 mg (Ausbeute); daneben Verbb. mit $[\alpha]_D^{27}$ — 23°; 695 mg; $[\alpha]_D^{28}$ — 152°, durch Eluieren mit Bzn.; 68 mg; $[\alpha]_D^{28}$ — 96°, durch Eluieren mit Bzn./Bzl. (4:1) als gelbes Öl; 206 mg u. $[\alpha]_D^{28}$ + 12°, durch Eluieren mit Bzl.; 55 mg. — *DL-Iridomyrmecin*, F. 59,5°, durch Kristallisieren einer Mischung der D- u. L-Verb. aus Benzin. W. HAMPEL. 3600□

Jatamanson. T. R. Govindachari, B. R. Pai, K. K. Purushothaman und S. Rajadurai. (Tetrahedron Letters [London] **1959.** Nr. 15. 5—9. Okt. Madras, India, Presidency Coll., Dep. of Chem.) (Engl.)

Jatamanson (**III**), das Sesquiterpenketon aus Nardostachys jatamansi, erfährt beim 12std. Kochen mit 60% ig. H_2SO_4 bzw. 48std. Kochen mit gesätt. äther. HCl keine Veränderung, ergibt aber bei der WOLFF-KISHNER-Red. *Jatamansan* ($C_{15}H_{28}$, Kp.$_{0,5}$ 90°). Die Dehydrierung von Jatamansol mit PBr_3/Anilin ergibt *Jatamansen* ($C_{15}H_{26}$, Kp.$_4$ 106—108°), welches durch Ozonolyse einen *Dialdehyd* (I; $C_{15}H_{26}O_2$, Kp.$_1$ 138°) ergibt. Durch Kochen von I mit alkohol. HCl entsteht ein *α,β-ungesätt. Aldehyd* [$C_{15}H_{24}O$, Kp.$_{1,2}$ 144°. *2.4-Dinitrophenylhydrazon* (II), F. 168°; aus Methanol rote Kristalle]. Die Darst. von II gelingt auch direkt aus I. Mit H_2O_2 wird I zu *Jatamansäure* (IV; $C_{15}H_{26}O_4$) oxydiert, die bereits von GOVINDACHAVI u. Mitarbeitern (C. **1959.** 486) durch Oxydation von III mit CrO_3 erhalten wurde. III bildet mit einem Überschuß Benzaldehyd in Ggw. von Säuren oder Basen ein *Monobenzyliden-Deriv.*, das durch Ozonolyse IV ergibt. Mit Br_2 reagiert III zu *Monobromjatamanson* ($C_{15}H_{23}BrO$, F. 105°) bzw. *Dibromjatamanson* ($C_{15}H_{24}Br_2O$, Kp.$_{0,6}$ 145°). Die Pyrolyse von IV gibt *Norjatamanson* ($C_{14}H_{24}O$, Kp.$_4$ 110°), dessen *Monobenzyliden-Deriv.* (Kp.$_{0,2}$ 160°), mit Ozon ein *Diketon* ($C_{14}H_{22}O_2$, Kp.$_{0,3}$ 140°), mit $NaJO_4$ *Norjatamansäure* [VII; $C_{14}H_{24}O_4$, F. 143°. *Anhydrid* (V), F. 85 bis 86°] bildet. Mit Br_2 ergibt V ein *Monobrom-Deriv.* ($C_{14}H_{21}BrO_3$, F. 143°), das mit Dimethylanilin *Dehydronorjatamansäureanhydrid* (VI; $C_{14}H_{20}O_3$, F. 153°) ergibt. VI reagiert nicht mit Ozon, Formaldehyd oder Aceton. — Oxydation von III bzw. IV mit MnO_2 in 60%ig. H_2SO_4 ergibt *Trimellitsäure* (VIII). Dehydrierung von VII an Pd/Kohle ergibt einen benzolartigen KW-Stoff, der durch Oxydation mit MnO_2/H_2SO_4 VIII ergibt. — Auf Grund der Rk.-Ergebnisse sowie der Werte der IR- u. UV-Spektren wird die Struktur von III diskutiert. W. HAMPEL. 3600□

Über Aminoverbindungen aus α- und β-Boswellinsäure und Ursolsäure. Günther Drefahl und Siegfried Huneck. (Chem. Ber. **94.** 1145—51. April 1961. Jena, Univ., Inst. für Organ. Chem. u. Biochem.) (Dt.)

Der CURTIUSsche Abbau von Acetyl-β-boswellinsäureazid zu *3α-Acetoxy-4β-amino-Δ^{12}-norursen*, die $LiAlH_4$-Red. von *3α-Hydroxy-24-amino-Δ^{12}-oleanen* bzw. *3α-Hydroxy-24-amino-Δ^{12}-ursen* sowie die katalyt. Red. von Ursonsäuremethylesteroxim zu *3α-Amino-Δ^{12}-ursen-28-säuremethylester* werden beschrieben.

Versuche: *Acetyl-β-boswellinsäure* (III), F. 267—273°, durch 24std. Extrahieren von 660 g Olibanumharz mit Ae., 8tägiges Schütteln der Ae.-Extrakte mit gesätt. $Ba(OH)_2$, Abfiltrieren des Ba-Salzes, 3std. Erhitzen mit Acetanhydrid u. Pyridin auf 100°, 24std. Stehen bei 20°, 1std. Erhitzen mit Acetanhydrid auf 100°, Kühlen, Filtrieren u. Umfällen auf Chlf. mit Methanol; aus Methanol/CH_2Cl_2 Prismen; $[\alpha]_D^{20}$ +67° (c = 1; Chlf.); 15 g (Ausbeute); daneben aus den Mutterlaugen *Acetyl-α-boswellinsäure* (II), F. 245—248°; $[\alpha]_D^{20}$ +67,9° (c = 1,81; Chlf.); 2,9 g. — *Acetyl-β-boswellinsäurechlorid* (I), durch 24std. Stehen vorst. Verb. mit $SOCl_2$ bei 20° u. Eindampfen. — *Acetyl-β-boswellinsäureazid*, $C_{32}H_{49}N_3O_3$, F. 138 — 139° (Zers.), durch Lösen von 5 g I in Aceton, Versetzen mit einer aufgekochten Suspension von NaN_3 in Aceton bei 20°, 2std. Rühren, Filtrieren u. Eindampfen des Filtrats; aus Aceton Prismen; $[\alpha]_D^{20}$ +51,7° (c = 1,16; Chlf.); 2,1 g. — *3α-Acetoxy-4β-aminonor-Δ^{12}-ursen*, F. 75—80°, durch 1std. Erhitzen von 1,8 g vorst. Verb. in Essigsäure/W. (10:1) auf 95°, Filtrieren, Eindampfen des Filtrats im Vakuum, Chromatographie in PAe. an Al_2O_3 u. Eluieren mit PAe./Bzl. (1:1); 0,26 g. *Pikrat*, $C_{31}H_{51}NO_2 \cdot C_6H_3N_3O_7$, F. 265° (Zers.); gelbe Nadeln. — *3α-Hydroxy-4β-amino-Δ^{12}-norursen*, $C_{29}H_{49}NO$, F. 162—163°, durch 2std. Kochen von 0,225 g vorst. Verb. in Methanol mit KOH, Eindampfen im Vakuum, Aufnehmen in W. u. Ausäthern; aus Pentan/Ae. Nadeln; $[\alpha]_D$ +84,2° (c = 1,40; Chlf.); 0,12 g. *Pikrat*, $C_{29}H_{49}NO \cdot C_6H_3N_3O_7$, F. 243—244° (Zers.); gelbe Nadeln. — *3α-Acetoxy-4β-acetylamino-Δ^{12}-norursen*, $C_{33}H_{53}NO_3$, F. 174—176°, durch 6std. Stehen von 0,5 g vorst. Verb. mit Acetanhydrid bei 20°; aus Acetanhydrid Blättchen; $[\alpha]_D^{20}$ +62,8° (c = 1,05; Chlf.); 0,044 g. — *Acetyl-β-boswellinsäureamid*, $C_{32}H_{51}NO_3$, F. 246—248°, durch Einleiten von NH_3 in eine Lsg. von 5 g I in Bzl. bei 20°, ½std. Stehen, Filtrieren u. Eindampfen im Vakuum; aus Methanol/W. Prismen; $[\alpha]_D^{20}$ +50,4° (c = 1,17; Chlf.); 3,3 g. — *β-Boswellinsäureamid*, $C_{30}H_{49}NO_2$, F. 237—239°, durch 2std. Kochen vorst. Verb. in Methanol mit KOH u. Versetzen mit W.; aus Methanol/W. Prismen; $[\alpha]_D^{20}$ +128,8° (c = 1,32; Chlf.). — *3α-Hydroxy-24-amino-Δ^{12}-ursen*, $C_{30}H_{51}NO$, F. 215—217° (Pentan/Ae.), durch Zutropfen einer äther. Lsg. von 1,5 g vorst. Verb. zu $LiAlH_4$ in Ae. (¼ Std.), 2½std. Kochen, 24std. Stehen bei 20°, Versetzen mit W. u. 15%ig. NaOH, 10 Min. langes Rühren Filtrieren u. Eindampfen; $[\alpha]_D^{20}$ +83,3° (c = 0,90; Chlf.); 0,25 g. — *3α-Acetoxy-24-acetylamino-Δ^{12}-ursen*, $C_{34}H_{55}NO_3$, F. 145—147°, durch 1½std. Erhitzen von 0,2 g vorst. Verb. mit Acetanhydrid auf 100°; aus Methanol/W. Blättchen; $[\alpha]_D^{20}$ +34,7° (c = 1,44; Chlf.); 0,08 g. — *3α-Hydroxy-24-isopropylidenamino-Δ^{12}-ursen*, $C_{33}H_{55}NO$, F. 154 bis 156°, durch Erhitzen vorvorst. Verb. mit Aceton; aus Aceton Nadeln; $[\alpha]_D^{20}$ +111,5° (c = 1,31; Chlf.). — *Acetyl-α-boswellinsäurechlorid*, analog I aus II. — *Acetyl-α-boswellinsäureamid*, $C_{32}H_{51}NO_3$, F. 303—305°, analog der entsprechenden β-Verb.; aus Methanol Nadeln; $[\alpha]_D^{20}$ +51,3° (c = 1,54; Chlf.). — *3α-Hydroxy-24-amino-Δ^{12}-oleanen, Pikrat,*

F. 231—234° (Zers.), durch Red. vorst. Verb. mit $LiAlH_4$ in Ae. analog der β-Verb. u. Überführen in das Pikrat; gelbe Nadeln. — *3α-Hydroxy-24-isopropylidenamino-Δ¹²-oleanen*, $C_{33}H_{55}NO$, F. 174—176°, durch Erhitzen von 0,2 g vorst. Verb. mit Aceton; aus Aceton Blättchen; $[\alpha]_D^{20}$ + 111,8° (c = 1,61; Chlf.); 0,14 g. — *Ursonsäuremethylester*, F. 192—193° (Aceton/W.), durch Oxydation von 2,15 g Ursolsäuremethylester in Aceton bei 20° nach BOWERS u. Mitarbeitern (C. 1955. 6756) u. Verdünnen mit W.; 1,65 g. — *Ursonsäuremethylesteroxim*, F. 244—245° (Methanol), durch 48std. Stehen von 1,65 g vorst. Verb. mit $NH_2OH \cdot HCl$ in Pyridin bei 20° u. Verdünnen mit W.; 1,45 g. — *3α-Amino-Δ¹²-ursen-28-säuremethylester*, $C_{31}H_{51}NO_2$, durch Hydrieren von 1,45 g vorst. Verb. in Eisessig an PtO_2 unter Normalbedingungen, Filtrieren, Eindampfen im Vakuum, Lösen in Bzl., Behandeln mit NH_3, Filtrieren, Eindampfen, Chromatographie in Pentan an Al_2O_3 u. Eluieren mit Bzl.; Öl; $[\alpha]_D^{20}$ + 49° (c = 2,08; Chlf.); 0,8 g. *Pikrat*, $C_{31}H_{51}NO_2 \cdot C_6H_3N_3O_7$, F. 284—285° (Zers.); aus verd. Essigsäure gelbe Nadeln. — *3α-Acetylamino-Δ¹²-ursen-28-säuremethylester*, $C_{33}H_{53}NO_3$, F. 312—314°, durch ½std. Erhitzen von 0,5 g vorst. Verb. mit Acetanhydrid auf 100°; aus Bzl. Nadeln; $[\alpha]_D^{20}$ + 34° (c = 2,17; Chlf.); 0,25 g. — *3α.24-Dihydroxy-Δ¹²-ursen*, $C_{30}H_{50}O_2$, F. 182—184°, durch 2std. Kochen von 2 g **III** in Ae. mit $LiAlH_4$ in Ae., 24std. Stehen bei 20°, Zers. mit W. u. 15%ig. NaOH u. Eindampfen: aus Methanol Blättchen; $[\alpha]_D$ + 74,1° (c = 1,43; Chlf.); 1,6 g. — *3α-[p-Toluolsulfonyloxy]-24-hydroxy-Δ¹²-ursen*, $C_{37}H_{56}O_4S$, F. 179—180° durch 2std. Erhitzen von 0,7 g vorst. Verb. mit p-Toluolsulfochlorid in Pyridin auf 90°, Verdünnen mit W., Ausäthern, Eindampfen, Chromatographie in PAe. an Al_2O_3 u. Eluieren mit PAe./Bzl.; aus Methanol Blättchen; $[\alpha]_D^{20}$ + 55,7° (c = 1,65; Chlf.); 0,4 g.
P. GOLINSKE. 3600□

Bromierung von Steroid-20-ketalen. Arthur A. Amos und P. Ziegler. (Canad. J. Chem. 37. 345—50. Febr. 1959. Toronto, Ontario, Canada Packers Ltd., Res. and Dev. Labor.) (Engl.)

Während die Bromierung von *3α-Acetoxy-12.20-diketopregnan-20-äthylenketal* (**I**), das durch Verseifung von 3α.12α-Diacetoxypregnan-20-onäthylenketal (**II**), Acetylierung zum *3α-Acetoxy-12α-hydroxy-Deriv.* u. dessen Oxydation mit N-Bromsuccinimid erhalten wurde, mit 1, 2, 3 u. 4 Mol Br_2 bei 0 bis —10° nur zu einem Gemisch aus 2 *Verbb. vom F. 200—202°* u. *F. 210—213°* führt, liefert **II** mit 1,36 Mol Br_2 *3α.12α-Diacetoxy-21-brompregnan-20-onäthylenketal* (**III**), das mit konz. HCl in Methanol in *3α.12α-Dihydroxy-21-brompregnan-20-on* (**IV**) übergeht u. nach Hydrolyse der Ketalgruppe in 80%ig. Essigsäure mit K-Acetat u. KJ *3α.12α.21-Triacetoxypregnan-20-on* bildet. Dieser entsteht auch aus **IV** mit K-Acetat u. KJ. Unter milden alkal. Bedingungen wird **IV** durch FAWORSKY-Umlagerung in *3α.12α-Diacetoxy-17α-methylätiocholansäuremethylester* übergeführt.

Versuche: *3α.12α-Diacetoxypregnan-20-onäthylenketal* (**II**), $C_{27}H_{42}O_6$, F. 141—142° (Ae./Hexan u. Methanol), durch 16std. Kochen von 3α.12α-Diacetoxypregnan-20-on p-Toluolsulfonsäure u. Äthylenglykol in trockenem Bzl. unter Rühren u. Abscheiden von W., Neutralisieren mit $NaHCO_3$, Vakuumabdampfen u. Aufnehmen in W./Ae.; 80% (Ausbeute). — *3α.12α-Dihydroxypregnan-20-onäthylenketal*, $C_{23}H_{38}O_4$, F. 146,5—148° (Ae./Isooctan), durch 17std. Kochen von **II**, KOH, W. u. A. u. Zugeben zu W.; $[\alpha]_D^{25}$ + 82,8° (c = 0,528; A.). — *3α-Acetoxy-12α-hydroxypregnan-20-onäthylenketal*, $C_{25}H_{40}O_5$, F. 163—164° (Methanol), durch 20std. Stehen vorst. Verb. mit Acetanhydrid u. Pyridin bei 25° u. Verd. mit Ae. u. W.; $[\alpha]_D^{25}$ + 72° (c = 0,541; Ae.). — *3α-Acetoxy-12.20-diketopregnan-20-äthylenketal* (**I**), $C_{25}H_{38}O_5$, F. 226—228° (Essigester u. Ae.), durch 6std. Rühren von 3 g vorst. Verb. u. N-Bromsuccinimid in tert.-Butanol u. Pyridin bei 20°, Zugeben zu W., Rühren u. Kühlen; $[\alpha]_D^{25}$ + 111,8° (c = 0,214; A.); 3 g. — *3α-Hydroxy-12.20-diketopregnan-20-äthylenketal*, $C_{23}H_{36}O_4$, F. 171—172° (Essigester), durch Kochen von **I** mit methanol. KOH; $[\alpha]_D^{25}$ + 105,5° (c = 0,679; A.). — *Verb. vom F. 210—213°* (Zers.), a) durch 10—20 Min. langes Zugeben von Br_2 zu **I** in Methylenchlorid bei 0° bis —10° in Ggw. von CaO unter Rühren; $[\alpha]_D^{25}$ —19,1° (c = 0,404; Chlf.); b) durch Bromierung von 3α-Acetoxypregnan-12.20-dion. — *Verb. vom F. 200—202°* (Zers.), neben vorst. Verb. nach a). — *3α.12α-Diacetoxy-21-brompregnan-20-onäthylenketal* (**III**), $C_{27}H_{41}BrO_6$, F. 145—147° (Methanol), durch ½std. Zutropfen von Br_2 zu **II** u. CaO in Methylenchlorid, Zugeben zu wss. $NaHCO_3$ u. Extrahieren der organ. Phase mit $Na_2S_2O_2$-Lsg.; $[\alpha]_D^{25}$ + 100,7° (c = 0,35; A.); 74%. — *3α.12α-dihydroxy-21-brompregnan-20-on* (**IV**), $C_{21}H_{33}BrO_3$, F. 147—150° (wss. Methanol u. Ae.), durch 1¼std. Kochen von **III**, Methanol u. Konz. HCl u. Verdünnen mit W.; $[\alpha]_D^{25}$ + 151° (c = 0,284; Chlf.); 94%. — *3α.12α.21-Triacetoxypregnan-20-on*, $C_{27}H_{40}O_7$, F. 151—152° (Ae./Hexan), a) durch 2¼std. Kochen von 2,5 g **III** u. 80%ig. Essigsäure, Zugeben von W., Extrahieren mit Ae., Verdampfen des Ae., 16std. Kochen des Rückstands mit K-Acetat, KJ, Essigsäure u. Aceton, Einengen des Filtrats u. Aufnehmen des Rückstands in Ae. u. W.; $[\alpha]_D^{25}$ + 151,7° (c = 0,23; Aceton); 0,89 g; b) durch 17std. Kochen von **IV**, K-Acetat,

KJ, Essigsäure u. Aceton, Verdünnen mit W., Extrahieren mit Ae. u. 18std. Acetylieren des Rückstands mit Acetanhydrid in Pyridin bei 25°; 71,5%. — *3α.12α-Diacetoxy-17α-methyläthiocholansäuremethylester*, F. 163—164° (Hexan), durch Zugeben von wss. NaOH zu 1 g IV in Methanol bei 25°, Neutralisieren mit Essigsäure, Einengen, Aufnehmen in Ae. u. W., Acetylieren mit Acetanhydrid in Pyridin, Chromatographie an Al_2O_3 u. Eluieren mit Bzl./Hexan (2:3 u. 3:2); $[\alpha]_D^{25}$ + 121,9° (c = 0,305; Chlf.); 0,15 g. — *3α.12α-Dihydroxy-17α-methylätiocholansäuremethylester*, F. 155—157° (Ae./Hexan), durch 4std. Kochen von 100 mg vorst. Verb. mit 5%ig. methanol. KOH u. Zugeben von W.; $[\alpha]_D^{25}$ + 51,1° (c = 0,351; Chlf.); 80 mg. H. SMALLA. 3700

Darstellung und Eigenschaften monohalogenierter 3-Keto-$\Delta^{4.6}$-diensteroide. Klaus Brückner, Bruno Hampel und Uwe Johnsen. (Chem. Ber. **94.** 1225—40. 18/5. 1961. Darmstadt, E. Merck AG, Forschungslabor.) (Dt.)

Ausgehend von 3-Keto-$\Delta^{4.6}$-diensteroiden wurde die Darst. von in 2α-, 4- oder 6-Stellung monohalogenierten *3-Keto-$\Delta^{4.6}$-diensteroiden* u. 2α- bzw. *6-Methoxy-3-keto-$\Delta^{4.6}$-diensteroiden* u. Umwandlungs-Prodd. derselben beschrieben. Die in 2α- bzw. 4-Stellung halogenierten Verbb. wurden dabei z. T. durch überraschende Umlagerungs-Rkk. aus 6-Halogeniden erhalten. Die magnet. Kernresonanzspektren der neuen Verbb. werden besprochen.

Versuche: *4-Brom-$\Delta^{4.6}$-androstadien-3.17-dion* (I), $C_{19}H_{23}BrO_2$, F. 193—194° (Methanol), durch 17std. Stehen von 2 g $\Delta^{4.6}$-Androstadien-3.17-dion (**XII**), N-Bromsuccinimid u. 70%ig. $HClO_4$ in Dioxan/W. (10:1) bei Raum-Temp., Gießen in W., Absaugen, Trocknen, ½std. Erwärmen mit $SOCl_2$ in Pyridin auf 100°, Gießen in W., Absaugen, Trocknen u. Chromatographie in Chlf. an Al_2O_3; $[\alpha]_D$ + 182° (Dioxan); 400 mg (Ausbeute). — *4-Brom-6-dehydrotestosteronpropionat*, $C_{22}H_{29}BrO_3$, F. 93—95° (Methanol), analog vorst. Verb.; $[\alpha]_D$ + 96° (Dioxan). — *4-Brom-6-dehydrocortison-21-acetat*, $C_{23}H_{27}BrO_6$, F. 227 bis 229° (Methanol), a) analog vorvorst. Verb.; $[\alpha]_D$ + 315° (Dioxan); b) durch 5std. Kochen von 3,4 g 4-Bromcortison-21-acetat u. Chloranil in n-Amylalkohol, Verdünnen mit Chlf., Einengen u. Chromatographie in Chlf. an Florisil; 1,36 g. — *4-Brom-6-dehydrocortison*, $C_{21}H_{25}BrO_5$, F. 215—217° (Essigester), durch 7 Min. langes Kochen von 0,8 g vorst. Verb. mit $NaHCO_3$ in Methanol/W. unter N_2, Verdünnen mit W., Extrahieren mit Chlf. u. Einengen; $[\alpha]_D$ + 305° (Dioxan); 0,6 g. — *4-Chlor-6-dehydro-17α-acetoxyprogesteron*, $C_{23}H_{29}ClO_4$, F. 204—206° (Ae.), durch 24std. Stehen von 10 g 6-Dehydro-17α-acetoxyprogesteron, N-Chlorsuccinimid u. 70%ig. $HClO_4$ in Dioxan/W. (10:1) bei Raum-Temp., Gießen in W., Filtrieren, Trocknen, Chromatographie in Chlf. an Al_2O_3 u. Eluieren mit Bzl.; $[\alpha]_D$ + 55° (Chlf.); 2,1 g. — *4-Chlor-6-dehydrocortison-21-acetat*, $C_{23}H_{27}ClO_6$, F. 234 bis 236°, a) analog vorst. Verb. aus 6-Dehydrocortisonacetat u. Chromatographie über Kieselgel in Chlf.; $[\alpha]_D$ + 324° (Dioxan); b) analog der 4-Brom-Verb. aus 3 g 4-Chlorcortison-21-acetat; 1,3 g; c) durch tropfenweise Zugabe von 1,16n Br_2/Eisessig-Lsg. zu 1 g 4-Chlorcortison-21-acetat in Chlf. bei 5°, Einengen im Vakuum, Umkristallisieren des entstandenen *4-Chlor-6β-bromcortison-21-acetats* (0,9 g) aus Chlf./Methanol, ½std. Kochen mit LiCl in Dimethylformamid, Verdünnen mit W., Extrahieren mit Chlf. u. Einengen; 0,17 g. — *6β.7α-Dibrom-Δ^4-androsten-3.17-dion*, $C_{19}H_{24}Br_2O_2$, F. 138—140° (Chlf./PAe.), durch Zugabe von Br_2/Eisessig zu 5 g $\Delta^{4.6}$-Androstadien-3.17-dion (**XII**) in Dioxan/Ae. (2:3); $[\alpha]_D$ + 98° (Dioxan); 3,1 g; gibt bei 1std. Erhitzen mit Pyridin auf 100° **I**. — *6β.7α-Dichlor-Δ^4-androsten-3.17-dion*, $C_{19}H_{24}Cl_2O_2$, F. 228—229° (Ae.), durch Versetzen von 7,5 g $\Delta^{4.6}$-Androstadien-3.17-dion (**XII**) in Dioxan/Ae. mit Cl_2 in Propionsäure, 7std. Stehen bei —30° u. 12std. Stehen bei 5°; $[\alpha]_D$ +104° (Dioxan); 2,8 g; gibt beim Umkristallisieren aus Methanol *2α-Methoxy-$\Delta^{4.6}$-androstadien-3.17-dion*, $C_{20}H_{26}O_3$, F. 246 bis 247°; $[\alpha]_D$ + 213,5° (Dioxan). — *4-Chlor-$\Delta^{4.6}$-androstadien-3.17-dion*, $C_{19}H_{23}ClO_2$, F. 204—205° (Ae.), durch 1std. Kochen vorst. Verb. mit LiCl in Dimethylformamid, Verdünnen mit Chlf. u. Einengen im Vakuum; $[\alpha]_D$ + 174° (Dioxan). — *4-Chlor-3.17α-diacetoxy-$\Delta^{2.4.6}$-pregnatrien-20-on*, $C_{25}H_{31}ClO_5$, F. 256—257° (Methanol/Chlf.), durch 6std. Erhitzen von 0,2 g 4-Chlor-6-dehydro-17α-acetoxyprogesteron u. Acetanhydrid auf 100° u. Eindampfen zur Trockne im Vakuum; $[\alpha]_D$ — 76° (Dioxan); 120 mg. — *6-Fluor-6-dehydrocortison-21-acetat* (**XIII**), $C_{23}H_{27}FO_6$, F. 230—232° (Aceton), durch Lösen von 129 g 6α.7α-Oxidocortison-21-acetat (**XIV**) in Chlf., Zugabe von HF, Chlf. u. Tetrahydrofuran (4:4:7), 3tägiges Stehen bei Raum-Temp., Versetzen mit $NaHCO_3$, Extrahieren der wss. Phase mit Chlf., Einengen der Chlf.-Lsgg. im Vakuum, Aufnehmen des Rückstands in Eisessig, Versetzen mit 33%ig. HBr/Eisessig, 1std. Stehen bei Raum-Temp., Gießen in W., Filtrieren u. Trocknen bei 40° im Vakuum; $[\alpha]_D$ + 195° (Dioxan); 43 g. — *6-Fluor-6-dehydrocortison*, $C_{21}H_{25}FO_5$, F. 215—217° (Methanol), durch 7 Min. langes Kochen von 1 g vorst. Verb. in Methanol mit $NaHCO_3$ in W., Verdünnen mit W., Extrahieren mit Chlf. u. Einengen; $[\alpha]_D$ + 187° (Dioxan); 720 mg. — *6-Fluor-21-acetoxy-$\Delta^{4.6}$-pregnadien-*

17α-ol-3.20-dion (II), F. 197—200°, analog vorvorst. Verb.; $[\alpha]_D$ + 106° (Dioxan); 24%. — *6-Fluor-$\Delta^{4.6}$-pregnadien-17α.21-diol*, $C_{21}H_{27}FO_4$, F. 206—208°, durch Verseifen vorst. Verb. analog vorvorst. Verb.; $[\alpha]_D$ + 28° (Dioxan); 71%. — *6-Fluor-6-dehydrotestosteronpropionat*, $C_{22}H_{29}FO_3$, F. 124—125°, analog vorvorst. Verb.; $[\alpha]_D$ — 43° (Dioxon). — *6-Fluor-6-dehydro-17α-acetoxyprogesteron*, $C_{23}H_{29}FO_4$, F. 235—236° (Methanol), analog vorst. Verb.; $[\alpha]_D$ — 66° (Dioxan). — *6-Fluor-6-dehydrocortisol*, $C_{21}H_{27}FO_5$, F. 210—212° (Chlf. u. Aceton), durch Versetzen einer 24 Std. lang gewachsenen Schüttelkultur von *Curvularia lunata* (Nähr-Lsg. aus 3% Malzextrakt, 1% Saccharose, 0,2% $NaNO_3$, 0,1% K_2HPO_4, 0,05% $MgSO_4$, 0,05% KCl u. 0,005% $FeSO_4$ bei pH 7,0/28°) mit 5 g **II** in Dimethylformamid, Rk. bis zum völligen Verbrauch der Ausgangssubstanz, Extrahieren mit Chlf., Eindampfen u. Versetzen mit PAe.; $[\alpha]_D$ + 88° (Dioxan); 2,2 g. *21-Acetyl-Deriv.*, $C_{23}H_{29}FO_6$, F. 231—232° (Aceton/PAe.), durch 1std. Erhitzen von 0,3 g des Cortisols mit Acetanhydrid/Pyridin auf 100° u. Gießen in W.; $[\alpha]_D$ + 111° (Dioxan); 0,26 g. — *6-Fluor-6-dehydroprednison-21-acetat*, $C_{23}H_{25}FO_6$, F. 240—241° (Aceton), durch 48std. Kochen von 20 g 6-Fluor-6-dehydrocortison-21-acetat (**XIII**) mit SeO_2 u. Eisessig in tert.-Butanol, Einengen im Vakuum, Aufnehmen in Essigester, Filtrieren u. Einengen; $[\alpha]_D$ +156° (Dioxan); 14,2 g. — *6-Fluor-6-dehydroprednisolon-21-acetat*, $C_{23}H_{27}FO_6$, F. 232—234° (Aceton/PAe.), analog vorst. Verb.; $[\alpha]_D$ + 28° (Dioxan); 68%. — *6β-Chlor-7α-hydroxytestosteronpropionat*, $C_{22}H_{31}ClO_4$, F. 189—190° (Ae.), durch ½std. Stehen von 10 g 6α.7α-Oxidotestosteronpropionat in Propionsäure mit konz. HCl bei Raum-Temp. u. Gießen in W.; $[\alpha]_D$ + 15,7° (Dioxan); 9,1 g. — *6β-Chlor-7α-hydroxy-Δ^4-androsten-3.17-dion* (**IX**), $C_{19}H_{25}ClO_3$, F. 235—236° (Methanol), durch mehrstd. Stehen von 3,4 g 6α.7α-Oxido-Δ^4-androsten-3.17-dion (**III**) mit konz. HCl in Eisessig/Dioxan (2:1) bei Raum-Temp. u. Gießen in W.; $[\alpha]_D$ + 93° (Dioxan); 2,9 g. — *6β-Chlor-7α.17α-dihydroxyprogesteron*, $C_{21}H_{29}ClO_4$, F. 253—254° (Methanol), analog **IX**; $[\alpha]_D$ + 92° (Dioxan); 77%. — *6β-Chlor-7α-hydroxycortison-21-acetat* (**XI**), $C_{23}H_{29}ClO_7$, F. 225 bis 226° (Essigester), analog **IX** (1 Std.); $[\alpha]_D$ + 132° (Dioxan); 83%. — *6-Chlor-$\Delta^{4.6}$-androstadien-3.17-dion* (**VIII**), $C_{19}H_{23}ClO_2$, F. 193—194° (Methanol), durch 48std. Stehen von 5,4 g **III** u. 8%ig. HCl/Eisessig in Chlf. bei Raum-Temp., Verdünnen mit W., Extrahieren mit Chlf. u. Einengen der Chlf.-Extrakte; $[\alpha]_D$ — 134° (Dioxan); 4,5 g. — *6-Chlor-6-dehydro-17α-acetoxyprogesteron* (**IV**), $C_{23}H_{29}ClO_4$, F. 211—212° (Methanol), durch 21tägiges Stehen von 6α.7α-Oxido-17α-hydroxyprogesteron mit halbkonz. HCl in Eisessig/Dioxan (2:1) bei Raum-Temp., Gießen in W., Absaugen des entstandenen *6-Chlor-6-dehydro-17α-hydroxyprogesterons* (F. 212—214° (Methanol); $[\alpha]_D$ + 68° (Dioxan), Trocknen, Chromatographie in Chlf. an Florisil, mehrstd. Stehen von 17 g der Substanz in Eisessig mit Acetanhydrid u. p-Toluolsulfonsäure bei Raum-Temp. u. Gießen in W.; $[\alpha]_D$ + 6° (Chlf.); 13 g. — *6-Chlor-21-acetoxy-$\Delta^{4.6}$-pregnadien-17α-ol-3.20-dion*, $C_{23}H_{29}ClO_5$, F. 167—168° (Methanol), durch 6std. Stehen von 6α.7α-Oxido-21-acetoxy-Δ^4-pregnen-17α-ol-3.20-dion (**V**) in Eisessig mit 5%ig. HCl/Eisessig bei Raum-Temp., Gießen in W. u. Chromatographie in Chlf. an Florisil; $[\alpha]_D$ + 104° (Dioxan). — *6-Chlor-6-dehydrocortison-21-acetat*, $C_{23}H_{27}ClO_6$, F. 196—197° (Methanol), analog **IV** (2 Tage); $[\alpha]_D$ + 248° (Dioxan); 48%. — *6-Chlor-6-dehydrocortison*, $C_{21}H_{25}ClO_5$, F. 201—202° (Aceton), durch Verseifen vorst. Verb. wie oben beschrieben; $[\alpha]_D$ + 237° (Dioxan); 84%. — *6-Chlor-6-dehydrocortisol-21-acetat* (**VI**), $C_{23}H_{29}ClO_6$, F. 151—153° (Aceton), analog **IV** (3 Tage); $[\alpha]_D$ + 161° (Dioxan); 29%, — *6-Brom-$\Delta^{4.6}$-androstadien-3.17-dion*, $C_{19}H_{23}BrO_2$ F. 197—198° (Methanol), durch 24std. Stehen von **III** in Chlf. mit 28%ig. HBr/Eisessig, Gießen in W., Extrahieren mit Chlf. u. Einengen; $[\alpha]_D$ + 197° (Dioxan). — *6-Brom-21-acetoxy-$\Delta^{4.6}$-pregnadien-17α-ol-3.20-dion*, $C_{23}H_{29}BrO_5$, F. 182—184° (Methanol), durch 4std. Stehen von 30 g **V** in Eisessig mit 48%ig. HBr bei Raum-Temp., Gießen in W. u. Filtrieren; $[\alpha]_D$ + 112° (Dioxan); 11,4 g. — *6-Chlor-6-dehydroprednisolonacetat*, $C_{23}H_{27}ClO_6$, F. 186—187° (Aceton/Ae.), durch 20std. Kochen von **VI** in Dioxan mit 2.3-Dichlor-5.6-dicyan-p-chinon, Verdünnen mit Chlf., Ausschütteln mit 0,1 n NaOH u. Chromatographie des Rückstands in Chlf. an Florisil; $[\alpha]_D$ + 63° (Dioxan); 45%. — *6-Chlor-6-dehydroprednison-21-acetat*, $C_{23}H_{25}ClO_6$, F. 185—186° (Methanol) analog der entsprechenden Fluor-Verb.; $[\alpha]_D$ + 184° (Dioxan); 61%. — *6β-Methoxy-7α-hydroxycortison*, $C_{22}H_{30}O_7$, F. 254—256° (Chlf.), durch Erwärmen von 5 g 6α.7α-Oxidocortison-21-acetat (**XIV**) in Methanol mit 70%ig. $HClO_4$ auf 50°, 18std. Stehen bei Raum-Temp., Verdünnen mit W., Extrahieren mit Chlf. u. Einengen; $[\alpha]_D$ + 135° (Dioxan); 2,3 g. — *6β-Methoxy-7α-hydroxytestosteron* (**VII**), $C_{20}H_{30}O_4$, F. 240—241° (Ae.), analog vorst. Verb.; $[\alpha]_D$ + 39° (Dioxan); 61%. — *6β-Methoxy-7α-hydroxy-Δ^4-androsten-3.17-dion*, $C_{20}H_{28}O_4$, F. 272—273° (Methanol), analog vorvorst. Verb.; $[\alpha]_D$ + 114° (Dioxan); 59%. — *Δ^4-Androsten-3.6.17-trion*, F. 223—224° (Methanol), durch 24std. Stehen von 0,7 g vorst. Verb. in 8%ig. HCl/Eisessig bei Raum-Temp., Verdünnen mit W. u. Extrahieren mit Chlf.; $[\alpha]_D$ + 56° (Dioxan); 0,41 g. — *6-Methoxy-6-dehydrotestosteron*, $C_{20}H_{28}O_3$, F. 160

bis 163° (Ae.), durch 2std. Kochen von 1 g **VII** in abs. Methanol mit konz. H_2SO_4, Versetzen mit Pyridin unter Kühlung u. Gießen in W.; $[\alpha]_D$ +24° (Dioxan); 0,53 g. — *17β-Acetoxy-Δ⁴-androsten-3.6-dion*, F. 198—200° (Methanol), durch mehrstd. Stehen von 0,5 g vorst. Verb. in Pyridin/Acetanhydrid bei Raum-Temp., Gießen in W., Filtrieren, 24std. Stehen des entstandenen *6-Methoxy-6-dehydrotestosteronacetats* in 12%ig. HCl Eisessig, Gießen in W. u. Filtrieren; $[\alpha]_D$ —44° (Dioxan); 0,42 g. — *6-Chlor-3-acetoxy-$\Delta^{2.4.6}$-androstatrien-17-on*, $C_{21}H_{25}ClO_3$, F. 163—164° (Methanol), durch 3std. Erhitzen von 2,9 g **VIII** mit Acetanhydrid/Acetylchlorid u. Pyridin auf 100° u. Einengen im Vakuum; $[\alpha]_D$ +80° (Dioxan); 2,2 g. — *6-Chlor-3.17α-diacetoxy-$\Delta^{2.4.6}$-pregnatrien-20-on*, $C_{25}H_{31}ClO_5$, F. 141—142° (Methanol), analog vorst. Verb.; $[\alpha]_D$ —47° (Dioxan); 69%. — *2-Chlor-3-acetoxy-$\Delta^{2.4.6}$-androstatrien-17-on* (**X**), $C_{21}H_{25}ClO_3$, F. 184—187° (Methanol), durch 3std. Erhitzen von 15,7 g **IX** mit Acetanhydrid/Acetylchlorid u. Pyridin auf 100° u. Einengen im Vakuum; $[\alpha]_D$ +23° (Dioxan); 7,4 g. — *2-Chlor-3-acetoxy-17β-propoxy-$\Delta^{2.4.6}$-androstatrien*, $C_{24}H_{31}ClO_4$, F. 156—158° (Methanol), analog **X**; $[\alpha]_D$ —55° (Dioxan); 42%. — *2-Chlor-3.17α-diacetoxy-$\Delta^{2.4.6}$-pregnatrien-20-on*, $C_{25}H_{31}ClO_5$, F. 262 bis 263° (Methanol), analog **X**; $[\alpha]_D$ 83° (Dioxan); 70%. — *2α-Chlor-$\Delta^{4.6}$-androstadien-3.17-dion*, $C_{19}H_{23}ClO_2$, F. 219—220° (Methanol), durch mehrstd. Stehen von 0,5 g **X** in Dioxan/Methanol (1:1) mit 20%ig. methanol. HCl bei Raum-Temp. u. Gießen in W.; $[\alpha]_D$ +208° (Dioxan); 0,3 g. — *2α-Chlor-6-dehydro-17α-acetoxyprogesteron*, $C_{23}H_{29}ClO_4$, F. 210—212° (Methanol), analog vorst. Verb.; $[\alpha]_D$ +56° (Dioxan); 68%. — *17α-Acetoxy-$\Delta^{1.4.6}$-pregnatrien-3.20-dion*, $C_{23}H_{28}O_4$, F. 195—196° (Methanol), durch 1std. Kochen von 2,2 g vorst. Verb. mit LiCl in Dimethylformamid u. Einengen im Vakuum; 1,3 g. — *2α-Methoxy-6-dehydrocortison-21-acetat*, $C_{24}H_{30}O_7$, F. 273—275° (Chlf./Methanol), durch ½std. Kochen von 9,9 g **XI** in Methanol; $[\alpha]_D$ +235° (Dioxan); 2,6 g. — *2α-Methoxy-$\Delta^{4.6}$-androstadien-3.17-dion*, $C_{20}H_{26}O_3$, F. 234—236° (Methanol), analog vorst. Verb. (6 Std.); $[\alpha]_D$ +213° (Dioxan). P. GOLINSKE. 3750□

Partialsynthese von 12α-Methyl-11-dehydrocorticosteron. B. G. Christensen, R. G. Strachan, N. R. Trenner, B. H. Arison, Ralph Hirschmann und J. M. Chemerda. (J. Amer. chem. Soc. **82**. 3995—4000. 5/8. 1960. Rahway, N.J., Merck Sharpe & Dohme Res. Labor.) (Engl.)

12α-Brompregnan-3.11.20-trion (**I**) wird mit Äthylenglykol zum *3.20-Bis-[äthylenketal]* umgesetzt. Dieses gibt mit $LiBH_4$ das *Bromhydrin*, das direkt *3.3;20.20-Bis-[äthylendioxy]-11β.12β-epoxypregnan* (**II**) liefert. **II** reagiert mit CH_3MgJ hauptsächlich zu *3.3;20.20-Bis-[äthylendioxy]-C-nor-11ξ-[α-hydroxyäthyl]-pregnan* (**III**); mit Dimethyl-Mg entsteht jedoch ohne Ringverengung *11β-Hydroxy-12α-methylpregnan-3.20-dion* (**IV**), das in geringer Menge auch als Nebenprod. von **III** isoliert wird. **III** läßt sich acetylieren, **IV** bildet unter gleichen Bedingungen kein Acetat. CrO_3 oxydiert **IV** zu 12α-*Methylpregnan-3.11.20-trion* (**V**). Durch Vgl. der Kernresonanzspektren mit denen einer Reihe 11- bzw. 12-carbonylierter Steroide wird die Struktur von **IV**, **V** u. deren Folgeprodd. erhärtet. Eine Epimerisierung der $C_{(12)}$-Methylgruppe bei saurer CrO_3-Oxydation findet nicht statt, da aus **V**- *3.20-Bis-[äthylenketal]* durch Red. der $C_{(11)}$-Funktion u. Entketalisierung **IV** zurückerhalten wird u. sich **V** auch nicht mit K-tert.-Butylat an $C_{(12)}$ epimerisieren läßt. Verss., durch Bldg. des *3-Dimethylketals*, Red. oder Bakterien-Einw. in **V** einen A-Ring mit Dienonstruktur zu erzeugen, waren erfolglos. Durch Monobromierung von **V** u. HBr-Abspaltung entsteht *12α-Methyl-Δ⁴-pregnen-3.11.20-trion*, das mit *Bacillus sphaericus* eine unbekannte *Verb. mit Dienonchromophor* liefert. Umsetzung von **V** mit Essigsäureisopropenylester zum *3.20-Bis-enolacetat* ist durch das Kernresonanzspektrum nachweisbar. **V** gibt bei Bromierung u. Dehydrobromierung mit LiCl in Dimethylformamid *21-Chlor-12α-methyl-Δ⁴-pregnen-3.20-dion* (**VI**). Bei Ersatz des Cl in **VI** durch eine Acetoxygruppe u. Hydrolyse entsteht *12α-Methyl-11-dehydrocorticosteron* (**VII**). **VII** ist im Leberglykogen-Ablagerungstest viel weniger akt. als 11-Dehydrocorticosteron u. bewirkt bei der adrenalektomierten Ratte keine Na-Retention, da die $C_{(12)}$-Methylgruppe die enzymat. Red. der 11-Ketogruppe in vivo vermutlich ster. hemmt. — Vff. beschreiben eine reproduzierbare Meth. zur Darst. von *Dimethylmagnesium*.

Versuche: ($[\alpha]_D$ in Chlf.): *12α-Brompregnan-3.11.20-trion-3.20-bis-[äthylenketal]*, $C_{25}H_{37}BrO_5$, F. 179—181° (Aceton-Methanol), aus **I** ($[\alpha]_D^{24}$ —3,74°) mit p-Toluolsulfonsäuremonohydrat u. Äthylenglykol in sd. Bzl. unter Dest. des Lsgm. bei Bzl.-Zusatz (5 Std.); $[\alpha]_D^{24}$ —19,65°; 72% (Ausbeute). — *11β.12β-Epoxypregnan-3.20-dion-3.20-bis-[äthylenketal]* (**II**), $C_{25}H_{38}O_5$, F. 132—134°, aus vorst. Verb. mit $LiBH_4$ in Tetrahydrofuran innerhalb 45 Min. im Eisbad 3 Std. bei 20°) u. Rk. des Prod. mit KOH in Isopropanol (1¼ Std. bei 55°); $[\alpha]_D^{22}$ +45,55°; 54%. — *C-Nor-11ξ-[α-hydroxyäthyl]-pregnan-*

3.20-dion-3.20-bis-[äthylenketal] (III), $C_{26}H_{42}O_5$, F. 170—172° (Ae.), aus II u. CH_3MgJ in sd. Bzl.-Ae. (3¼ Std. unter N_2); 60%; daneben aus der Mutterlauge nach 1¼std. Kochen mit 8½%ig. H_2SO_4 in Methanol 4,75% IV. *Acetat*, $C_{28}H_{44}O_6$, F. 154—154,6°. — *Dimethylmagnesium*, aus Mg u. gasförmigem CH_3Cl in Ae. (16 Std.), Filtration durch Supercel unter N_2, Zutropfen von Dioxan (16 Std.) u. erneute Filtration; die trockene Verb. ist leicht selbstentzündlich, bes. mit brennbaren organ. Lsgm.; Zers. der überschüssigen Verb. mit gesätt. wss. NH_4Cl; 71% (als Lsg. in Ae.). — *11β-Hydroxy-12α-methylpregnan-3.20-dion* (IV), $C_{22}H_{34}O_3$, F. 240—242° (Methanol), a) aus vorst. Verb. in Ae. unter langsamem Ersatz des Lsgm. durch Dioxan, Zugabe von II, 24std. Kochen, Zers. mit NH_4Cl, chromatograph. Abtrennung von II an Al_2O_3 u. 1¼std. Kochen des erhaltenen Öls mit H_2SO_4 in Methanol; $[\alpha]_D$ +111,2°; 41%; b) aus nachst. 2.20-Bis-[äthylenketal] mit $LiBH_4$ in Tetrahydrofuran u. nachfolgende saure Hydrolyse; 53%. — *12α-Methylpregnan-3.11.20-trion* (V), $C_{22}H_{32}O_3$, F. 179—181°, aus IV mit CrO_3 in Eisessig bei 0° (2¼ Std. bei 20°) u. Zugabe von Methanol u. W. (1 Std. bei 0°); $[\alpha]_D^{21}$ +93,7°, $[\alpha]_D^{22}$ +81,1° (Methanol); 87%. *3.20-Bis-[äthylenketal]*, $C_{26}H_{40}O_5$, F. 127,5 —128,5° (Cyclohexan), $[\alpha]_D^{20}$ +42,4°. — *12α-Methyl-11-dehydrocorticosteron* (VII), $C_{22}H_{30}O_4$, F. 135—138,5° (Essigsäureäthylester), aus V u. Essigsäureisopropenylester in Ggw. von H_2SO_4 (15std. Kochen), Rk. des Prod. in tert.-Butanol mit N-Bromsuccinimid u. 1 n H_2SO_4 (1½ Std. bei 20°), 2std. Erhitzen des Prod. (F. 170—172,5°) mit LiCl u. Dimethylformamid auf 100° unter N_2, Kochen des rohen VI mit K-Acetat u. NaJ in Aceton u. Eisessig u. Hydrolyse mit wss. $KHCO_3$ in sd. Methanol (10 Min.); $[\alpha]_D^{22}$ +179°; 26%. — *12α-Methyl-11-ketoprogesteron* (*12α-Methyl-Δ⁴-pregnen-3.11.20-trion*), $C_{22}H_{30}O_3$, F. 152—154° (Aceton-Skellysolve B), aus V in Eisessig mit HBr in Eisessig bei —50 bis —55° in 1 Std., Zusatz von Br_2 in HBr/Essigsäure in 1 Std. (1 Std. bei Zimmer-Temp.), dann von wss. Na-Acetat u. Rk. des gebildeten 4ξ-Brom-12α-methylpregnan-3.11.20-trions mit LiCl in Dimethylformamid (2 Std. bei 100° unter N_2); $[\alpha]_D^{22}$ +229,8°; 48%. — Die UV-Maxima einiger Verbb. sind angegeben. G. O. KIRSTEN. 3750□

Zur Strukturspezifität des Vitamins B₁. 11. Mitt. **Die Synthese des Oxazolanalogen des Vitamins B₁.** Alfred Dornow und Hans Hell. (Chem. Ber. **94.** 1248—52. 18/5. 1961. Hannover, TH, Inst. für Organ. Chem.) (Dt.) — 10. vgl. C. **1958.** 2138.

Ausgehend von 4-Methyloxazol-5-carbonsäure wurde *4-Methyl-5-[β-hydroxyäthyl]-oxazol* synthetisiert, das durch Umsetzung mit 2-Methyl-4-amino-5-brommethylpyrimidinhydrobromid (I) in das O-Analogon des Vitamins B_1, *4-Methyl-5-[β-hydroxyäthyl]-N-[4-amino-2-methylpyrimidyl-(5)-methyl]-oxazoliumbromid*, übergeführt werden konnte.

Versuche: *4-Methyloxazol-5-carbonsäureäthylester*, F. 36—37°, $Kp._{31}$ 118°, $Kp._{18}$ 101—103°, $Kp._{13}$ 98°, durch 4std. Erhitzen von α-Chloracetessigsäureäthylester u. Formamid in 99%ig. HCOOH auf 145—150°, Alkalisieren mit verd. NaOH bei 0°, Sättigen mit NaCl, Ausäthern, Dest. bei 14 Torr, Schütteln mit halbkonz. H_2SO_4, Abtrennen der Ausgangsstoffe, Aufnehmen in Ae. u. Dest. im Vakuum; 35% (Ausbeute). *Freie Säure*, F. 236° (Essigester), durch alkal. Verseifung vorst. Esters. — *4-Methyl-5-hydroxymethyloxazol*, $C_5H_7NO_2$, F. 50—51°, $Kp._{34}$ 140°, $Kp._{28}$ 136°, $Kp._{13}$ 119,5°, durch gleichzeitiges 1½std. Zutropfen von vorst. Ester in abs. Ae. u. von $LiAlH_4$ zu abs. Ae. bei —10°, 1std. Stehen, Verdünnen mit Essigester, Erwärmen auf Raum-Temp., Zugabe von A., Versetzen mit wss. Weinsäure, Alkalisieren, Sättigen mit K_2CO_3, Trennen, Extrahieren der wss. Phase mit Bzl., Eindampfen der vereinigten organ. Lsgg. u. Dest. im Vakuum; 63%. *Phenylurethan*, $C_{12}H_{12}N_2O_3$, F. 106—106,5° (Bzl./PAe.). — *4-Methyl-5-chlormethyloxazol*, C_5H_6ClNO, $Kp._{28}$ 89°, $Kp._{16}$ 76°, durch 2std. gleichzeitiges Eintropfen von vorst. Verb. in abs. Bzl. u. $SOCl_2$ in sd. Ae., 1std. Erhitzen, mehrstd. Stehen bei Raum-Temp., Zugabe von W. u. verd. NaOH bei 0° (pH 7—8), Sättigen mit NaCl, Abtrennen der organ. Phase u. Dest. im Vakuum; 79%. — *4-Methyloxazolyl-(5)-essigsäurenitril* (II), $C_6H_6N_2O$, F. 49°, $Kp._{27}$ 127—128°, $Kp._{18}$ 123°, $Kp._{11-12}$ 112—113°, durch 40std. Erhitzen vorst. Verb. mit NaCN u. NaJ in abs. Aceton, Filtrieren, Eindampfen des Filtrats u. Dest. im Vakuum; 75%. — *4-Methyl-5-[β-aminoäthyl]-oxazol*, $C_6H_{10}N_2O$, $Kp._{11}$ 107—111°, durch gleichzeitiges 1std. Zutropfen von II in Ae. u. von $LiAlH_4$, 3std. Rühren, Verdünnen mit Essigester, Erwärmen auf Raum-Temp., Hydrolysieren, Zugabe von Weinsäure, ½std. Stehen, Alkalisieren mit NaOH, Sättigen mit NaCl, Ausäthern u. Dest. im Vakuum; 19%. *Pikrat*, F. 175° (A.). — *4-Methyl-5-[β-hydroxyäthyl]-oxazolphenylurethan*, $C_{13}H_{14}N_2O_3$, F. 106° (Bzl./PAe.), durch Zutropfen einer gesätt. wss. $NaNO_2$-Lsg. zu 1,3 g vorst. Verb. in 10%ig. Essigsäure, 1std. Stehen bei 0°, 2std. Erhitzen auf 100°, Alkalisieren, Sättigen mit NaCl, Extrahieren mit Bzl., Eindampfen, 10 Min. langes Erhitzen mit Phenylisocyanat u. Versetzen mit PAe.; 1,5 g. — *4-Methyloxazolyl-(5)-essigsäure*, $C_6H_7NO_3$, F. 118,5—119° (Chlf.), durch 9std. Erhitzen von II u. 2,15 n NaOH auf 100°, Neutralisieren mit 2,15 n HCl, Eindampfen im Vakuum zur Trockne u. Aufnehmen in Aceton; 71%. *Methylester*, $C_7H_9NO_3$, F. 60°, Kp.$_{10}$ 105°, durch Versetzen der Säure in abs. Ae. mit äther. CH_2N_2 bei 0°, Eindampfen u. Dest.; 71%. — *4-Methyl-5-[β-hydroxyäthyl]-oxazol*, $C_6H_9NO_2$, Kp.$_{15}$ 127—132°, durch ½std. gleichzeitiges Eintropfen von vorst. Methylester u. äther. $LiAlH_4$ in abs. Ae. bei —10°, 1std. Rühren, Zugabe von wss. Ae., Erwärmen auf Raum-Temp., Zugabe von Weinsäure, Alkalisieren, Sättigen mit K_2CO_3, Ausäthern u. Dest. im Vakuum; 71%. — *4-Methyl-5-[β-hydroxyäthyl]-N-[4-amino-2-methylpyrimidyl-(5)-methyl]-oxazolium-bromidhydrobromid*, $C_{12}H_{18}Br_2N_4O_2$, F. 189°, durch Eindampfen einer Lsg. von I u. vorst. Verb. in Methanol im Vakuum u. 48std. Stehen im Vakuum; aus Methanol/Aceton Nadeln; 63%. P. GOLINSKE. 3800□

Isomere S-Methylthiamine. Eugene P. DiBella und Douglas J. Hennessy. (J. org. Chemistry **26**. 2017—21. Juni 1961. New York, N.Y., Fordham Univ., Dep. of Chem.) (Engl.)

Durch Behandlung von Thiamin mit 3 Mol wss. Alkali u. 1 Mol Dimethylsulfat oder CH_3J entsteht *2-[N-(4-Amino-2-methylpyrimidinyl-(5)-methyl-formamido]-2-methyl-3-[methylmercapto]-tetrahydrofuran* (I). Das von SYKES u. TODD (C. **1953**. 5187) als S-Methylthiamin beschriebene, durch Alkylierung in fl. NH_3 erhaltene Prod. wurde als *4-[N-(4-Amino-2-methylpyrimidinyl-(5)-methyl)-formamido]-3-[methylmercapto]-penten-(3) ol-(1)* (II) identifiziert. II wurde auch durch Eindampfen einer Lsg. von I in Eisessig u. Kristallisieren aus Aceton erhalten; wss. Lsgg. von I ergaben analog nur unverändertes I. Durch Überführen von I in dessen *Nitrat*, Neutralisieren mit K_2CO_3 u. Extraktion mit Aceton entsteht ebenfalls II. II geht durch Erwärmen in A. oder W., durch längeres Stehen in A. oder W. oder durch Erhitzen über den F. in I über. I u. II geben verschiedene *Pikrate*, was gegen eine Polymorphie spricht. Weder I noch II konnten in W. oder A. bei erhöhtem Druck u. hoher Temp. hydriert werden; in Eisessig trat nur bei erhöhtem Druck Hydrierung ein; dieses Verh. führt zur Annahme, daß nur II hydriert werden kann. Das IR-Spektr. von II weist eine Hydroxylbande auf. Durch Hydrolyse von I mit alkohol. HCl entsteht *4-Amino-5-aminomethyl-2-methylpyrimidin* neben einer S-haltigen Verb. (III), die mit RANEY-Ni zu *5-Hydroxypentanon-(2)* entschwefelt werden konnte; III wird als *5-Hydroxy-3-[methylmercapto]-pentanon-(2)* formuliert. Durch Rk. von III mit H_2O_2 bzw. CH_3J entstanden *Methansulfonsäure* bzw. *Trimethylsulfoniumjodid* neben Verbb., die leicht in *3.5-Dihydroxypentanon-(2)-2.4-dinitrophenyloxazon* übergeführt werden konnten.

Versuche: *2-[N-(4-Amino-2-methylpyrimidinyl-(5)-methyl)-formamido]-2-methyl-3-[methylmercapto]-tetrahydrofuran* (I), $C_{13}H_{20}N_4O_2S$, F. 193° (W.), a) durch Zugabe von 0,3 Mol wss. NaOH zu 0,1 Mol Thiaminchlorid in W. bei 5°, Zugabe von 0,1 Mol $(CH_3)_2SO_4$ unter Rühren, 10—13 Min. Rühren u. Filtrieren; 75% (Ausbeute); b) analog mit CH_3J; 30%; c) durch 1std. Erwärmen von II in W. oder A. auf dem Wasserbad u. Einengen; ca. 100%; d) durch kurzes Erwärmen von II über den Schmelzpunkt. *Pikrat*, $C_{19}H_{23}N_7O_9S$ F. 175° (A.), a) durch Lösen von I in wenig A. u. Zugabe von gesätt. alkoh. Pikrinsäure; b) durch 24std. Stehen von II in A. oder W. u. Zugabe von alkohol. oder wss. Pikrinsäure. *Pikrolonat*, $C_{23}H_{28}N_8O_7S$, F. 192°. *Nitrat*, $C_{13}H_{21}N_5O_5S$, F. 143° (A.), a) durch langsame Zugabe von 1 Mol konz. HNO_3 zu I in A. unter Kühlen; b) durch Alkylierung von Thiamin nach SYKES u. TODD (l.c.), Befreien der wss. Lsg. von Halogenionen, Zugabe von NH_4OH bis pH 8—9, Zugabe von $AgNO_3$-Lsg., Filtrieren, Suspendieren des Nd. in W., Zers. mit H_2S, Filtrieren, Eindampfen im Vakuum u. Kristallisieren aus abs. A. mit Kohle. — II-*Dibromid*, $C_{13}H_{20}Br_2N_4O_2S$, F. 219—220° (A.-Ae.), durch Zutropfen von Br_2 zu I in Eisessig u. Eindampfen. — *4-[N-(4-Amino-2-methylpyrimidinyl-(5)-methyl)-formamido]-3-[methylmercapto]-penten-(3)-ol-(1)* (II), $C_{13}H_{20}N_4O_2S$, F. 133° (Aceton), a) durch Zugabe von gesätt. K_2CO_3-Lsg. zu I-Nitrat in W., Extraktion mit Aceton, Einengen u. 3tägiges Stehen bei —10°; 51%; b) durch Lösen von I in Eisessig, Eindampfen im Vakuum, Aufnehmen in Aceton, Einengen u. 3tägiges Stehen bei —10°; 59%. *Pikrat*, $C_{19}H_{23}N_7O_9S$, F. 189° (W.), durch Lösen in A., sofortige Zugabe von gesätt. alkohol. Pikrinsäure, Filtrieren u. Waschen mit Äther. — *Dihydro-S-methylthiamin-pikrat*, $C_{19}H_{25}N_7O_9S$, F. 210° (W.), durch 4std. Hydrieren von I oder II in Eisessig an Pd-Kohle unter 1000 p.s.i., Filtrieren, Eindampfen im Vakuum, Lösen in A. u. Rk. mit Pikrinsäure; 68%. — *4-Amino-5-aminomethyl-2-methylpyrimidin, Dihydrochlorid, Hydrat*, $C_6H_{14}Cl_2N_4O$, F. 264—265° (wss. A.), durch 30 Min. langes Kochen von I mit wss.-alkoohl. HCl, Kühlen, Gießen in Ae. bei —5°, Dekantieren, Aufnehmen des Nd. in A. u. Stehen; 65%. *Pikrat*, $C_{20}H_{16}N_{10}O_{14}$, F. 225° (W.), durch Lösen des Dihydrochlorids in W. u. Zugabe von wss. Pikrinsäure. — *4-Amino-5-hydroxymethyl-2-methylpyrimidin*, F. 194°, aus vorst. Dihydrochlorid nach ANDERSAG u. WESTPHAL [1937]. — *4-Amino-2-methyl-5-[N-formylaminomethyl]-pyrimidin*, F. 224°, nach ANDERSAG u. WESTPHAL. *Pikrat*, $C_{13}H_{13}N_7O_8$, F. 189°.

— *Verb.* $C_6H_{12}O_2S$ (III), durch Rühren der Mutterlaugen des vorst. Dihydrochlorids mit K_2CO_3 bis zur alkal. Rk., Einengen der fl. Phase auf dem Wasserbad, Eindampfen im Vakuum u. Aufnehmen in Ae.; n_D^{21} 1,4945, $D.^{25}$ 1,054; 53%. — *5-Hydroxypentanon-(2)-2.4-dinitrophenylhydrazon*, $C_{11}H_{14}N_4O_5$, F. 147° (A.), a) durch 1std. Kochen von III mit RANEY-Ni in A., Filtrieren, Einengen u. Zugabe von 2.4-Dinitrophenylhydrazin; 67%; b) aus dem Keton. — *Methansulfonsäure, Phenylhydrazinsalz*, $C_7H_{12}N_2O_3S$, F. 195° (A.-Ae.), durch Zugabe von 30%ig. H_2O_2 zu III, Stehen im Eisbad unter Schütteln, mehrmaliges Verdünnen mit W. u. Eindampfen im Vakuum, Aufnehmen in Ae., Einengen u. Zugabe von Phenylhydrazin unter Rühren. — *3.5-Dihydroxypentanon-(2)-2.4-dinitrophenylosazon*, $C_{17}H_{16}N_8O_9$, F. 240—242° (Äthylacetat), a) neben vorst. Verb. durch Aufnehmen des in Ae. unlösl. Anteils in A. u. Zugabe zu 2.4-Dinitrophenylhydrazin; 34%; b) neben nachst Verb. durch Eindampfen der fl. Phase im Vakuum bei Raum-Temp., Aufnehmen in A., Zugabe von W. u. Ag_2O, 2std. Kochen u. Aufarbeiten analog c); 15%; c) durch 2std. Kochen von 3-Chlor-2-methyl-2-[4-oxo-3-chlorpentyloxy]-tetrahydrofuran in W. mit Ag_2O, Kühlen, Filtrieren, Ae.-Extraktion des Filtrats, Eindampfen im Vakuum, Aufnehmen in A. u. Zugabe zu 2.4-Dinitrophenylhydrazin; 46%. — *Trimethylsulfoniumjodid*, C_3H_9JS, F. 194° (A.-Ae.), durch Zugabe von CH_3J zu III, einwöchiges Stehen, Dekantieren, Behandeln des Rückstands mit A. u. Filtrieren; 25%.
H. BERTSCH. 3800□

Chloramphenicolähnliche Verbindungen: 2.5-Dimethoxychloramphenicol. 15. Mitt. **über Chloramphenicol.** Carlo G. Alberti und Domenico Cattapan. (Rend. Ist. lombardo Sci. Lettere, Cl. Sci. mat. natur. **91.** 13—29. 1957. Farmitalia S.p.A., Labor. Ric.) (Ital.) — 13. vgl. C. **1958.** 7445.

Es werden Verss. zur Darst. von *2.5-Dimethoxychloramphenicol* [I; *DL-threo-1-[4-Nitro-2.5-dimethoxyphenyl]-2-dichloracetamidopropandiol-(1.3)*] beschrieben. 2.5-Diacetoxyacetophenon (II) läßt sich unter Ausschluß von Feuchtigkeit ohne Verseifung der 2-Acetoxyfunktion in die *ω-Brom-Verb.* überführen, doch gelingt bei dieser Verb. der Austausch von Br gegen NO_2 nicht; die Rk. mit Urotropin oder K-Phthalimid führt zu harzigen Produkten. Das bei der Bromierung ohne Flüchtigkeitsausschluß entstandene *ω-Brom-2-hydroxy-5-acetoxyacetophenon* gibt mit K-Phthalimid *5-Acetoxycumaranon-(3)*. Ebenso mißlingt die Überführung von 2.5-Dihydroxyacetophenon (III) in die Isonitroso-Verb. u. anschließende acetylierende Red. sowie die Verseifung des p-Toluolsulfonats von III-Oxim. 2.5-Dimethoxybenzoylchlorid (IV) gibt mit Acetamidomalonsäurediäthylester (V) nur den *N-[1-(2.5-Dimethoxybenzoxy)-äthyliden]-aminomalonsäurediäthylester*, der alkal. zu *Acetamidomalonsäuremonoäthylester* verseift wird. Kondens. von IV mit Acetessigsäureäthylester (VI) u. anschließende Verseifung liefern *2.5-Dimethoxybenzoylessigsäureäthylester*, der bei der Nitrosierung jedoch nicht die erwartete Isonitroso-Verb. gibt. Der durch Red. von IV erhaltene *2.5-Dimethoxybenzaldehyd* wird mit Glykokoll (VII) zu *threo-2.5-Dimethoxy-β-phenylserin* (VIII) kondens., dessen *Äthylester* beim Vers. der Dest. bei 100° zu *2.5-Dimethoxy-α-aminozimtsäureäthylester* dehydratisiert wird. Der stabilere VIII-*Methylester* wird glatt zum entsprechenden *Alkohol* reduziert, dessen *Triacetat* bei der Nitrierung neben der *4.6-Dinitro-Verb.* hauptsächlich *threo-1-[4-Nitro-2.5-dimethoxyphenyl]-2-acetamido-1.3-diacetoxypropan* (IX) liefert. Das aus IX durch Verseifung mit HCl u. alkohol. Behandlung des gebildeten *Hydrochlorids* erhaltene *threo-1-[4-Nitro-2.5-dimethoxyphenyl]-2-aminopropandiol-(1.3)* (X) wird glatt in I übergeführt. Zum Beweis der threo-Konfiguration der Verbb. dient außer dem IR-Spektrum die Rk. des *N-Acetyl-Deriv.* von X u. dessen *3-Acetats* mit $SOCl_2$, die unter Erhaltung der Konfiguration verläuft. Bei der Behandlung von IX mit 48% ig. HBr entsteht die entsprechende *5-Desmethylverbindung*. I besitzt keine virucide u. bactericide Wirkung.

Versuche: *ω-Brom-2.5-diacetoxyacetophenon*, $C_{12}H_{11}BrO_5$, F. 67—69° (A.), aus 71 g II u. Br_2 in Chlf. (3 Std. bei 0°); 44 g (Ausbeute). — *ω-Brom-2-hydroxy-5-acetoxyacetophenon*, $C_{10}H_9BrO_4$, F. 143—144°, analog vorst. Verb., aber in Ggw. von Feuchtigkeit; Nadeln. — *5-Acetoxycumaranon-(3)*, $C_{10}H_8O_4$, F. 96—97° (A.), aus 4,2 g vorst. Verb. u. K-Phthalimid in Dimethylformamid; 2,0 g. — *N-[1-(2.5-Dimethoxybenzoxy)-äthyliden]-aminomalonsäurediäthylester*, $C_{18}H_{23}NO_8$, F. 134—135°, aus 4,62 g IV u. 5,0 g V in Bzl. in Ggw. Na-Äthylat (1 Tag); Nadeln; 1,16 g. — *α-Acetamidomalonsäuremonoäthylester*, $C_7H_{11}NO_5$, F. 136—137° (Zers.; Essigester), aus vorst. Verb. mit alkohol. KOH (über Nacht bei Zimmer-Temp.). — *α-[2.5-Dimethoxybenzoyl]-β-ketobuttersäureäthylester*, $C_{15}H_{18}O_5$, $Kp._{0,6-0,8}$ 140—150°, aus 9,5 g IV in Tetrahydrofuran mit VI u. Mg-Äthylat in Ae. bei 0—5° (2 Tage bei Zimmer-Temp.); 12,4 g. — *2.5-Dimethoxybenzoylessigsäureäthylester*, $C_{13}H_{16}O_5$, F. 127—130° (A.), aus 10,3 g vorst. Verb. mit NH_3 in A. bei 0—8° (über Nacht bei Zimmer-Temp.); 1,5 g. Gibt mit $NaNO_2$ in Essigsäure *Nadeln vom F. 138—139°*, deren Analyse nicht für das α-Nitroso-Deriv. stimmt. — *2.5-Di-*

methoxybenzaldehyd, F. 49—50°, aus 10,0 g **IV** durch Hydrierung über Pd-$BaSO_4$ in Xylol (2¼ Std.); 5,6 g; Reinigung über das Bisulfitderivat. — *threo-2.5-Dimethoxy-β-phenylserin* (**VIII**), $C_{11}H_{15}NO_5$, F. 182—183° (Zers., A.), aus 100 g vorst. Verb. u. **VII** mit alkohol. KOH (über Nacht bei Zimmer-Temp.); 30 g. *Äthylester*, $C_{13}H_{19}NO_5$, F. 85—86° (Ae.-PAe.). *Methylester*, $C_{12}H_{17}NO_5$, F. 88—89° (Bzl.). *Hydrochlorid*, $C_{12}H_{18}ClNO_5$, F. 156 bis 157° (Zers.; A.). — *2.5-Dimethoxy-α-aminozimtsäureäthylester*, $C_{13}H_{17}NO_4$, F. 111 bis 112° (CH_3OH), aus vorst. Äthylester bei 100° im Vakuum. — *threo-1-[4-Nitro-2.5-dimethoxyphenyl]-2-aminopropandiol-(1.3)* (**X**), *Monohydrat*, $C_{11}H_{16}N_2O_6 \cdot H_2O$, F. 113—115° (W.), aus dem Hydrochlorid mit NH_4OH; *Hydrochlorid*, $C_{11}H_{17}ClN_2O_6$, F. 202—203° (A.), aus **IX** mit wss. HCl (30 Min. auf dem Dampfbad); gelbe Kristalle. *Triacetyl-Deriv.* (**IX**), $C_{17}H_{22}N_2O_9$, F. 167—169° (A.), aus 13,7 g **VIII**-Methylester mit $LiAlH_4$ in sd. Ae., Acetylierung u. Nitrierung mit HNO_3 (D. 1,52) in Eisessig (1 Std. bei 20°); 6,2 g, daneben wahrscheinlich *threo-1-[4.6-Dinitro-2.5-dimethoxyphenyl]-2-acetamidopropandiol-(1.3)*, $C_{13}H_{17}N_3O_9$, F. 201—203° (A.), gelbe Blättchen. **X** gibt mit $Na_2Cr_2O_7$ in wss. H_2SO_4 *4-Nitro-2.5-dimethoxybenzoesäure*, F. 187—190° (W.). **X**-*N-Acetyl-Deriv.*, $C_{13}H_{18}N_2O_7$, F. 204—205° (A.), aus **IX** mit NaOH in wss. Aceton (3 Std. bei 0°); gibt bei der Rk. mit $SOCl_2$ (über Nacht bei 0°) ein S-haltiges Prod. vom F. 123—124° (Zers.), das beim Vers. der Kristallisation SO_2 abspaltet u. beim Schmelzen u. anschließende Verseifung **X** liefert. *1.3-O-Diacetathydrochlorid*, $C_{15}H_{21}ClN_2O_8$, F. 170° (Zers.; A.), aus 1,0 g **X** mit HCl in Eisessig in Ggw. von Acetylchlorid (20 Min. bei 40°); 1,0 g. *3-O-Acetat-N-acetyl-Deriv.*, $C_{15}H_{20}N_2O_8$, F. 183—184° (A.), aus 0,85 g Diacetathydrochlorid durch Alkalisieren in wss. Lsg.; 0,5 g; gibt mit $SOCl_2$ bei 0° *trans-2-Methyl-4-acetoxymethyl-5-[4-nitro-2.5-dimethoxyphenyl]-Δ²-oxazolinhydrochlorid*, F. 124° (Zers.), das bei der sauren Verseifung **X** liefert. — *threo-1-[4-Nitro-2-methoxy-5-hydroxyphenyl]-2-aminopropandiol-(1.3)*, $C_{10}H_{14}N_2O_6 \cdot 1,5H_2O$, F. 160° (Zers.; W.), aus **IX** mit 48%ig. HBr (4 Std. auf dem Dampfbad); rote Nadeln. — *DL-threo-1-[4-Nitro-2.5-dimethoxyphenyl]-2-dichloracetamidopropandiol-(1.3)* (**I**; *2.5-Dimethoxychloramphenicol*), $C_{13}H_{16}Cl_2N_2O_7$, F. 165—166° (PAe.), aus **X** mit Dichloressigsäuremethylester in sd. CH_3OH (30 Min.). WALTER SIMON. 3900

Untersuchungen über Antibiotica. 9. Mitt. Bildung von Anhydrotetracyclinen und ihre biologischen Eigenschaften. Sueo Tatsuoka, Kōichi Ogata, Akira Morimoto und Tomoharu Kinoshita. (J. pharmac. Soc. Japan [Yakugakuzasshi] **75.** 1362—66. 25/11. 1955. Ōsaka, Takeda Akt.-Ges. für pharm. Präpp., Labor.; Ōsaka, Gärungsinst.) (Jap.; Auszug: Engl.) — 8. vgl. J. pharmac. Soc. Japan [Yakugakuzasshi] **75.** [1955.] 1358; 6. vgl. C. **1950/54.** 7480 S.

Erhitzen von Chlortetracyclin (**III**) oder Tetracyclin (**IV**) in verd. HCl führt in glatter Rk. zu *Anhydrochlortetracyclin* (**II**) u. *Anhydrotetracyclin* (**I**). **I** u. **II** wirken in saurem Medium stark antibakteriell gegenüber *Escherichia coli, Proteus vulgaris, Staphylococcus aureus* u. *Bacillus subtilis*. Streptomycesstämme, die **III**, *Oxytetracyclin, Chloramphenicol, Dextromycin, Actinomycin* u. *Streptothricin* produzieren, sind gegenüber **I** u. **II** nicht resistent.

Versuche: *Anhydrotetracyclin, Hydrochlorid*, F. 210—215° (Zers.; Butanol), a) aus 15 g **III** in 150 cm³ Methylcellosolve u. 4,5 cm³ Trimethylamin durch Hydrieren in Ggw. von 5 g 10%ig. Pd-Kohle; b) aus 1 g **IV** u. der 20fachen Menge 5%ig. HCl. *Freie Base* (**I**), $C_{22}H_{22}N_2O_7$, F. 220° (Zers.; Essigester), aus dem Hydrochlorid durch Lösen in W. u. Behandeln mit Na_2CO_3; 84% (Ausbeute). — *Anhydrochlortetracyclin* (**II**), $C_{22}H_{21}ClN_2O_7$, F. 220° (Zers.), a) aus 1 g **III** in 10 cm³ CH_3OH, 50 cm³ W. u. 0,2 cm³ konz. HCl; b) aus 0,5 g **III** in 10 cm³ 5%ig. H_2SO_4. F. MOSSNER. 3900

Notiz über das Epizeorin. Siegfried Huneck. (Chem. Ber. **94.** 1151—53. April 1961. Jena, Univ., Inst. für Organ. Chem. u. Biochem.) (Dt.)

Die $LiAlH_4$-Red. von Zeorinon (**I**) zu *Epizeorin* sowie die Darst. von *Anhydrozeorinin* u. *Acetylepizeorin* werden beschrieben.

Versuche: *Epizeorin*, $C_{30}H_{52}O_2$, F. 261—265°, durch Zugabe von äther. $LiAlH_4$ zu einer Lsg. von 0,35 g **I** in Ae. (5 Min.), 6std. Kochen, Zugabe von W. u. 15%ig. NaOH, Filtrieren u. Eindampfen; aus Methanol Nadeln; $[\alpha]_D^{20}$ +21,5° (c = 1,16; Chlf.); 0,28 g. — *Acetylepizeorinin*, $C_{32}H_{52}O_2$, F. 148—150°, durch 2std. Einleiten von trockenem HCl in eine auf 60—70° erwärmte Lsg. von 0,1 g vorst. Verb. in Acetanhydrid, 24std. Stehen bei 20°, Eindampfen im Vakuum, Aufnehmen in Ae. u. Eindampfen; aus Methanol/CH_2Cl_2 u. Aceton Nadeln; $[\alpha]_D^{20}$ +3,3° (c = 0,6; Chlf.); 0,01 g. — *Anhydrozeorinin*, $C_{30}H_{48}$, F. 153—154°, a) durch ½std. Einleiten von trockenem HCl in die Lsg. von 0,08 g vorvorst. Verb. in Eisessig bei 20°, 10 Min. langes Stehen u. Filtrieren; aus Methanol/CH_2Cl_2 Blättchen; $[\alpha]_D^{20}$ +55,3° (c = 0,85; Chlf.); 0,016 g; b) durch Versetzen von 0,1 g vorvorst. Verb. in Eisessig, Versetzen mit konz. H_2SO_4/Eisessig (13 : 20) u. 5std. Stehen bei 20°; 0,035 g. P. GOLINSKE. 3950□

D. Makromolekulare Chemie

Näherungsgleichungen für die gegenseitige Umwandlung der verschiedenen mechanischen Eigenschaften von linearen, viscoelastischen Stoffen. Thor L. Smith. (Trans. Soc. Rheol. 2. 131—51. 1958. Pasadena, Calif., California Inst. of Technol., Jet Propulsion Labor.) (Engl.)

Vf. leitet Näherungsgleichungen ab für die gegenseitige Umwandlung des Speicherungsmoduls G′, des Verlustmoduls G″ u. des Spannungsrelaxationsmoduls G (t) unter Verw. des Relaxationsspektrums $H = k\,\tau^{-m}$ bzw. der Speicherungsnachgiebigkeit J′, der Verlustnachgiebigkeit J″ u. der Kriechfunktion J(t) unter Verw. des Retardationsspektrums $L = g\,\tau^{n}$. Ferner werden Gleichungen für die gegenseitige Umwandlung von H u. L angegeben. Die Genauigkeit der Näherungsgleichungen werden an Hand von bekannten Messungen an Polyisobutylen gezeigt. O. FUCHS. 4000□

Der Capillarversuch in der Rheologie. Wladimir Philippoff und Frederick H. Gaskins. (Trans. Soc. Rheol. 2. 263—84. 1958. Philadelphia, Pa., Franklin Inst., Labor. for Res. and Dev.) (Engl.)

Allg. Übersicht, in der behandelt werden: Theorie des Fließens von NEWTONschen u. nicht-NEWTONschen Fll. in Capillaren, Korrektur für die elast. Energie, elast. Deformation in der Capillare. Speziell wird gezeigt, daß unter der Annahme des Vorliegens einer potentiellen elast. Energie in der Fl. (vgl. hierzu z. B. BRODNYAN, GASKINS u. PHILIPPOFF, C. **1961**. 2635) die reversible Scherung aus der Messung des Zusammenhanges zwischen der Schubspannung u. dem Verhältnis L/R (L bzw. R = Länge bzw. Radius der Capillare) bestimmt werden kann. Der Vgl. mit Literaturdaten (Lsgg. u. Schmelzen von Polyisobutylen, Lsgg. von Al-Dilaurat) zeigen die Brauchbarkeit der abgeleiteten Gleichungen. O. FUCHS. 4000

Anomalie bei verdünnten Lösungen von Hochpolymeren. Nishio Hirai. (Chem. High Polymers [Tokyo] **14.** 252—58. 1957. Okayama, Univ.) (Jap.; Auszug: Engl.)

Die bekannte Tatsache, daß die red. Viscosität $[\eta]_0$ von verd. Lsgg. Hochpolymerer bei einer bestimmten Konz. C_0 ein Minimum zeigt, erklärt Vf. theoret. wie folgt: Je nach Art der Lsg. lassen sich 2 Klassen unterscheiden: die 1. Klasse zeigt für $[\eta]_0 \cdot C_0$ den Wert 2,5, die zweite ca. 0,1. Unter der Annahme, daß die Polymer-Moll. in Lsg. sphär. oder Stabform annehmen u. daß sie bei der krit. Konz. C_0 gerade in Berührung kommen, lassen sich obige Tatsachen theoret. ableiten. L. SCHULER. 4000□

Molekulare Verteilungen bei Polykondensationen mit ungleichen Reaktionspartnern. 7. Mitt. Behandlung von Reaktionspartnern mit nichtunabhängigen Gruppen. L. C. Case. (J. Polymer Sci. **48.** 27—35. Dez. 1960. Lafayette, Ind., Purdue Univ., Dep. of Engng. Chem.) (Engl.) — 6. vgl. C. **1960.** 6508.

Unter „nichtunabhängigen" Gruppen versteht Vf. die Erscheinung, daß bei Moll. (z. B. cycl. Säureanhydriden, aromat. Diisocyanaten) mit mehreren unter sich gleichen reaktionsfähigen Gruppen die Rk.-Geschw. der einen Gruppe davon abhängt, ob die andere Gruppe noch im ursprünglichen Zustand vorliegt oder ob sie bereits reagiert hat. Die mol. Verteilungsfunktionen von Polykondens.-Prodd., die mit solchen Moll. erhalten wurden, werden berechnet. Es wird gezeigt, daß die Verteilungen von der relativen Menge m des Reaktanten im unreagierten, im einmal u. im 2mal reagierten Zustand abhängt. Die Kinetik, die m bestimmt, wird für einige spezielle Syst. angegeben. Hieraus folgt z. B., daß eine 2wertige Säure oder ein Glykol als Moll. mit nichtunabhängigen Gruppen behandelt werden können. Die Verteilungen mit nichtunabhängigen Gruppen sind für kleine Kondens.-Grade enger als die mit unabhängigen Gruppen. Ferner sind die Verteilungen in Ggw. von nichtunabhängigen Gruppen ähnlich denen in Ggw. von unsymm. Gruppen. O. FUCHS. 4000□

Durch Gammastrahlung initiierte Polymerisation ungesättigter Verbindungen. M. Lazár, R. Rado und N. Kliman. (Chem. Zvesti **11.** 230—35. April 1957. Bratislava, Výsk. úst. kábel. a izolantor.) (Slowak.)

In Form einer kurzen Übersicht über die in den letzten Jahren veröffentlichten Arbeiten, die der Unters. der Polymerisation (Po) ungesätt. Verbb. durch Einw. von γ-Strahlen (γ) gewidmet wurden, besprechen Vff. zusammenfassend einige Gesetzmäßigkeiten, nach denen sich die durch γ initiierte Po-Rkk. richten. Außerdem wird der Charakter u. der Mechanismus der Initiierung wie auch die Möglichkeit einer prakt. Anwendung der Po-Rkk. erörtert. — 20 Literaturangaben. C. KOZÁK. 4000

Aktive Zentren bei der Polymerisation von Äthylen mit Titantetrachlorid-Alkylaluminium-Katalysatoren. C. F. Feldman und Eli Perry. (J. Polymer Sci. **46.** 217—31. Sept. 1960. Texas City, Tex., Monsanto Chem. Comp.) (Engl.)

Unter der Annahme, daß das akt. C-Atom einer wachsenden Kette bei der *Äthylen-Polymerisation* mit dem $TiCl_4$/Alkyl-Al-Katalysator (Diisobutyl-AlH oder Triisobutyl-Al) relativ bas. ist u. mit ROT (Alkohol, in dem der Wasserstoff der OH-Gruppe durch Tritium ersetzt ist) reagiert, wurde eine Meth. zur Best. der akt. Zentren entwickelt. Daß diese Voraussetzung gilt, wurde durch Abbruch der Polymerisation mit ^{14}C-markiertem A. bewiesen, da dann das Polymere nicht radioakt. ist, im Gegensatz zu dem mit ROT abgebrochenen, bei dem das Tritium in das Polymere eingebaut wird. Für die Berechnung der akt. Zentren wird die Gleichung $N = 3{,}7\ AG/a$ benutzt, in der N die Konz. an akt. Zentren in Mol/Liter, A die Radioaktivität von *Polyäthylen* in Stößen/min·g, G die Polymer-Konz. in der Rk.-Masse im Zeitpunkt der Probenahme in g/Liter, a die spezif. Aktivität des zum Abbruch verwendeten ROT in Stößen/min·Mol u. 3,7 der Korrekturfaktor für den Isotopeneffekt k_H/k_T bedeuten, wie er für die ROT-Rk. gemessen worden ist. Die Messungen ergaben, daß er über einen weiten Bereich des Molgew. u. der Rk.-Bedingungen konst. ist. Die Konz. an akt. Zentren steigt linear mit der Rk.-Zeit an. Es besteht eine Beziehung zwischen der Polymerisations-Geschw. u. der Größe N. Unter der Annahme, daß die Konz. an akt. Zentren während der Rk. konst. bleibt u. jedes Zentrum ein bestimmtes Molgew. erzeugt, kann aus einem fraktionierten Polymeren die mittlere Molgew.-Kurve als Funktion der Zeit abgeschätzt werden. Auf diese Weise läßt sich die Lebensdauer der Polymerketten berechnen; sie beträgt 1—30 Min. bei einem Mittelwert von 4 Min. (Natta gibt für Propylen einen Mittelwert von 4—7 Min. an). Die experimentellen Ergebnisse des viscosimetr. bestimmten mittleren Molgew. $\overline{M}_v$ u. des Zahlenmittel-Molgew. stimmen mit denen aus der Funktion der Rk.-Dauer berechneten Werten gut überein. Da die akt. Zentren sehr heterogen sind u. einzelne Ketten eine lange Lebensdauer haben, nimmt während der Rk. $\overline{M}_v$ zu. Die Wirksamkeit des Katalysators, die man aus N berechnen kann, hängt von der Art der Vereinigung der Katalysatorkomponenten ab u. schwankt zwischen 0,3—15%, bezogen auf Ti. Die Konz. an akt. Zentren beträgt ca. 10^{-3} bis 10^{-4} Mol/Liter, in Syst. mit freien Radikalen dagegen 10^{-7} bis 10^{-9} Mol/Liter. Der hohe Wert bedingt wahrscheinlich die hohe Polymerisations-Geschw. dieses heterogenen Systems. Für beide Syst. ist die Wachstums-Konst. von derselben Größenordnung. Beim niedrigmol. lösl. Polymeren beträgt sie nur ca. 10% davon, ähnlich wie es NATTA für das atakt. Polypropylen berichtet hat. Der hohe N-Wert u. die Stabilität der akt. Zentren gegenüber ihrem Erhitzen unter Ar sprechen gegen einen bimol. Abbruch bzw. gegen einen solchen über eine Hydridionenübertragung oder eine Übertragung auf das Lösungsmittel. Der Wert der Aktivierungsenergie für die Wachstums-Rk. beträgt 11,8 kcal/Mol zwischen 40—68°, für die Bldg. von Zentren ebenfalls 11,8 kcal/Mol.

H. G. KIRSCHNER. 4010□

Beitrag zur Bestimmung der Verzweigung von Polyäthylen nach der Methode von Gubler und Kovacs. J. Majer und P. Osecký. (Collect. czechoslov. chem. Commun. **25.** 2751—56. Nov. 1960. Brno, Forschungsinst. für makromolekulare Chemie.) (Dt.)

Die dilatometr. Meth. nach GUBLER u. KOVACS (vgl. C. **1959.** **16022**) wurde zur Best. des Verzweigungsgrades eines *Niederdruckpolyäthylens* vom ZIEGLERschen Typ verwendet. Vff. schlagen einige Vereinfachungen der ursprünglichen Meth. vor, die hauptsächlich im Ersatz der graph. Ableitung durch graph. Integration bestehen u. die die bei der Verarbeitung der experimentellen Ergebnisse entstehenden Fehler vermindern. Die gute Übereinstimmung des gefundenen Verzweigungsgrades mit dem Ergebnis der infrarotspektroskop. Unters. u. der geringe maximale Fehler (± 4 bis $\pm 5\%$), der aus der Fehleranalyse folgt, beweisen die prakt. Verwendbarkeit des Verf., das allerdings nur zur Best. des Verzweigungsgrades von Polyäthylenproben mit $S \leqq 0{,}015$ geeignet ist. I. FRIČ/Prag. 4010

Ein Torsionspendel für dynamische und Kriechmessungen von weichen, viscoelastischen Stoffen. Donald J. Plazek, M. N. Vrancken und John W. Berge. (Trans. Soc. Rheol. **2.** 39—51. 1958. Madison, Wis., Univ.) (Engl.)

Beschreibung eines Torsionspendels (0,02—10 Hz) zur Messung der dynam.-mechan. Eigg. von viscoelast. Stoffen; mit der gleichen App. läßt sich auch das Kriech-Verh. bei niedrigen Drucken (z. B. 100 dyn cm^{-2}) messen. Das zu untersuchende scheibenförmige Material befindet sich zwischen 2 horizontalen parallelen Platten. Die Bewegung wird opt. (Reflexion eines Lichtstrahles am Pendel, Registrierung durch einen Schreiber) aufgenommen. Die App. kann zwischen —45 u. 160° verwendet werden. Meßergebnisse werden mitgeteilt für den reellen u. imaginären Teil G′ bzw. G″ der Steifheit von *Polyisobutylen* zwischen 5 u. 49°; sie stehen in Übereinstimmung mit Literaturdaten. Ähnliche Messungen wurden an den Lsgg. von *Polyvinylchlorid* (I) in Dimethylthianthren (10 Vol.-% I im Gemisch) zwischen 5 u. 25° mitgeteilt, wobei weitgehende Übereinstimmung mit den von Ferry u. Fitzgerald (vgl. C. **1950/54.** 2488 S) erhaltenen Daten besteht; aus diesen Messungen folgt, daß auch G'-Werte der Größe 10^5 dyn cm^{-2} u. (G'/G'')-Werte der Größe 0,07 so gemessen werden können. O. Fuchs. 4010□

Die dynamisch-mechanischen Eigenschaften eines Modells für ein Füllmittelsystem: Polyisobutylen-Glaskugeln. Robert F. Landel. (Trans. Soc. Rheol. **2.** 53—75. 1958. Pasadena, Calif., California Inst. of Technol., Jet Propulsion Labor.) (Engl.)

Von den Gemischen aus Glasperlen (I; 40 μ ∅) u. *Polyisobutylen* (II) wurden im Frequenzbereich f = 24 u. 6000 Hz u. zwischen —45 u. 70° der Real- u. Imaginärteil der komplexen Schernachgiebigkeit J mit der von Fitzgerald u. Ferry (vgl. C. **1950/54.** 4661 S; C. **1953.** 5042) beschriebenen App. gemessen. Die Vol.-Konz. φ von I wurde von 8,7—36,7% variiert. Die für verschiedene Temp. gemessenen Daten lassen sich mit Hilfe der von Williams, Landel u. Ferry (vgl. C. **1957.** 3831) angegebenen Beziehung $\log a_T = -c_1(T - T_s)/(c_2 + T - T_s)$ auf eine bestimmte Temp. superponieren; c_1 u. c_2 sind dabei prakt. unabhängig von φ (gilt nach Literaturdaten auch für φ = 0). Die Verstärkungs-Wrkg. von I (d. h. Zunahme von J durch I) läßt sich darstellen durch $M = M_0 (1 + 2{,}5\varphi + 14{,}1\varphi^2)$, wobei M_0 = Modul für φ = 0. Diese Gleichung gilt aber nur für kleine f-Werte, während für große f-Werte wegen der Verbreiterung der Dispersionskurve durch die Ggw. von I stärkere Abweichungen auftreten. Diese Verbreiterung wird auf die Adsorption von II an I u. den dadurch bedingten Anstieg des Reibungs-Koeff. zurückgeführt. Auf gewisse Analogien zwischen den Eigg. der I-II-Gemische u. jenen von kristallinen Polymeren wird hingewiesen. Da aber in solchen Polymeren die Konz. der als „Füllmittel" wirkenden Kristallite von der Temp. abhängt, ist eine Zeit-Temp.-Superposition wie oben nicht mehr möglich; dasselbe gilt für alle Syst., bei denen die Adsorption an das Füllmittel temperaturabhängig ist.

O. Fuchs. 4010□

Mechanischer Abbau von Polyisobutylenlösungen. Ferdinand Rodriguez und Charles C. Winding. (Ind. Engng. Chem. **51.** 1281—84. Okt. 1959. Ithaca, N.Y., Cornell Univ., School of Chem. and Metallurg. Engng.) (Engl.)

Auf Grund der Befunde von Abbau-Verss. (Viscositäts-Best.) von *Vistanex L 120* (*Polyisobutylen*)-Fraktionen (Molgew. 0,18—4,1·10^6) in Cyclohexan-, Methylcyclohexan-, Kerosin-, Mineralöl/Kerosin (1:1)-, n-Heptan-, Äthylbenzol-, Toluol- u. Bzl.-Lsg. bei Scher-Einw. (rotierende Scheibe) werden die Möglichkeiten, den Abbau zu meßbaren Parametern in Beziehung zu bringen, u. die Theorie des Abbaus in Lsgg. erörtert.

R. Schäff. 4010□

Untersuchungen über das Verhalten von Polyvinylalkohollösungen. 3. Mitt. **Abhängigkeit der Viscosität von konzentrierten Polyvinylalkohollösungen von Konzentration, Temperatur und Molekulargewicht.** Ryunosuke Naito und Junji Ukida und Tsugio Kominami. (Chem. High Polymers [Tokyo] **14.** 117—22. 1957. Toyama, Kurashiki Reyon Co.) (Jap.; Auszug: Engl.) — 2. vgl. C. **1958.** 1022.

Die Neigung der Viscosität/Konz.-Kurve für verschieden stark konz. *Polyvinylalkohol*-Lsgg. ändert sich bei der krit. Konz. $C_{krit.}$, welche wiederum 1/[η] proportional ist. Die scheinbare Aktivierungsenergie E_η des Fließens steigt proportional dem Molgew. u. der Konz. bis $C_{krit.}$, darüber wird die Zunahme kompliziert. E_η bei $C_{krit.}$ ist 1,8 kcal/Mol, unabhängig vom Molgew.; für niedriges Molgew. ist η ca. $M^{1,2}$, für hohes η ca. $M^{3,4}$. $M_{krit.}$ ist abhängig von der Konzentration. Diese Daten lassen annehmen, daß der Strömungsvorgang oberhalb $C_{krit.}$ verschieden ist von dem verdünnter Lösungen.

L. Schuler. 4010

Phasengleichgewichte in Systemen mit einem Polymeren. 2. Mitt. **Quellungsgleichgewichte in ternären Systemen aus Polyvinylacetat und 2 Lösungsmitteln.** Akio Nakajima und Takashi Shibukawa. (Chem. High Polymers [Tokyo] **14.** 224—34. 1957. Kyoto, Univ.) (Jap.; Auszug: Engl.) — 1. vgl. C. **1960.** 15421.

Vff. untersuchen die Quellung von vernetztem *Polyvinylacetat* (Polymerisationsgrad ca. 1700) in bin. Lsgm.-Syst. u. bestimmen die Zus. der Fl. in der polymerfreien fl. u. in der gequollenen Phase bei 10 Fl.-Paaren (unpolar–unpolar, unpolar–polar u. polar–polar): *Bzl.* (I)–*Toluol*, I–*Äthylenchlorid*, I–CCl_4, I–CS_2, I–*Chlf.*, I–*Aceton*, CS_2–*Aceton*, I–*Methanol*, *Chlf.*–*Aceton* u. *Methyläthylketon*–*Aceton*. Vereinfachte theoret. Formulierungen der Gleichgewichte sowie Sonderfälle werden erörtert.

L. Schuler. 4010□

Phasengleichgewichte in Systemen mit einem Polymeren. 3. Mitt. **Quellungsgleichgewichte von Polyvinylacetat in binären Gemischen mit Wasser als einer Komponente.** Akio Nakajima, Kazuo Miyamichi und Ichiro Sakurada. (Chem. High Poymers [Tokyo] **14.** 412—18. 1957.) (Jap.; Auszug: Engl.) — 2. vgl. vorst. Referat.

Für vernetztes *Polyvinylacetat* vom Molgew. 12120 werden nach dem Vol.- u. nach dem Gewichts-Verf. die Quellungsgrade in bin. Gemischen von W. mit polaren Lsgm., wie *CH_3OH, A., Aceton* u. *Essigsäure* sowie die Zus. der Fl. in der polymerfreien u. in der gequollenen polymerhaltigen Phase bestimmt. Die thermodynam. Beziehungen in diesen tern. Syst. unter Benutzung der bei den bin. erhaltenen werden erörtert. L. SCHULER. 4010□

Untersuchungen über die Polymerisation von Allylverbindungen. 12. Mitt. **Polymerisation und Copolymerisation von Diallylphthalat.** Gisaku Takahashi. (Chem. High Polymers [Tokyo] **14.** 151—56. 1957. Kyoto, Univ.) (Jap.; Auszug: Engl.) — 11. vgl. C. **1961.** 14676.

Untersucht wird die Copolymerisation von *Vinylacetat* (I) u. *Diallylphthalat* (II). Unter der Annahme, daß die Anzahl ungesätt. Bindungen im Copolymeren zu vernachlässigen ist u. die Reaktivität der 2 Allylgruppen in II voneinander unabhängig ist, ist das monomere Reaktivitätsverhältnis r_1 für I 0,72, u. r_2 für die Allylgruppen von II 2,0. Bestimmt wird ferner der Umsatz der Copolymerisation von II mit I sowie von II mit *Styrol* (III) beim Gelpunkt. III copolymerisiert nicht leicht mit II. L. SCHULER. 4010

Untersuchungen über die Polymerisation von Allylverbindungen. 13. Mitt. **Lösungspolymerisation von Allylacetat.** Ichiro Sakurada und Gisaku Takahashi. (Chem. High Polymers [Tokyo] **14.** 156—61. 1957.) (Jap.; Auszug: Engl.) — 12. vgl. vorst. Referat.

Die Polymerisation von *Allylacetat* (I) wird in Äthylacetat u. Bzl. durchgeführt. Der Wert der Zahlenmittel-Molgew. der Polymeren fällt mit Abnahme der Anfangskonzz. (untersucht zwischen 90 u. 50%) von I. Bei der Polymerisation von I in CCl_4 mit Anfangskonzz. zwischen 80 u. 20% hat im Anfangsstadium jedes Polymer-Mol. im Durchschnitt 2,27—3,19 Cl-Atome. L. SCHULER. 4010

Über Relaxationsspektren von Hochpolymeren. B. Albrecht und A. M. Freudenthal. (Trans. Soc. Rheol. **2.** 95—130. 1958. New York, N.Y., Columbia Univ.) (Engl.)

Zur Beschreibung des mechan. Verh. von Hochpolymeren bei der Einw. einer period. äußeren Kraft gehen Vff. von einem aus n parallel geschalteten Gliedern bestehenden Syst. aus, wobei jedes Glied aus je einem MAXWELLschen Element (hintereinandergeschalteter Dehnungs- u. Dämpfungsteil) besteht. Für dieses Syst. werden Gleichungen für das Spektrum (diskretes u. kontinuierliches Spektrum) der Relaxationszeiten τ abgeleitet. Messungen wurden für mehrere (nicht näher gek.) gefüllte *Phenolharze* ausgeführt. Die Temp. wurde zwischen -72 u. $200°$ F variiert. Der Probekörper bestand aus einem zylindr. Rohr, auf das Torsionskräfte der Form $S = S_0 \cdot [1 - e \exp(-0{,}1\, \omega t) \cos \omega t]$ einwirkten. Die Dehnungs-Geschw. wurde über mehrere Größenordnungen variiert. Die erhaltenen Spektren erstrecken sich von $\log(\tau/\tau_0) = -24$ bis $+36$. Die Aktivierungsenergie ergibt sich zu 55,6 kcal/Mol. Einzelheiten zu den zahlreichen Meßergebnissen s. in den graph. Darst. im Original. O. FUCHS. 4010□

Polymerisation von Formaldehyd, ausgelöst durch ionisierende Strahlen. Claude Chachaty, Michel Magat und Leon Ter Minassian. (J. Polymer Sci. **48.** 139—49. Dez. 1960. Paris, Fac. des Sci., Labor. Chim. Phys.) (Franz.)

Formaldehyd (I) wurde im Temp.-Bereich $t = -75$ bis $-196°$ mit γ- bzw. Röntgenstrahlen bestrahlt, wobei eine Polymerisation stattfindet. Die Intensität J wurde von 10—5000 r/min variiert. Bei gleicher Bestrahlungsdauer u. gleichem J ist der Umsatz U an I unterhalb des F. ($-118°$) um so höher, je tiefer t (z. B. 16,5% bei $-120°$ u. 24% bei $-160°$); oberhalb des F. geht U durch ein scharfes Minimum (z. B. U = 2,5% bei $-116°$ u. 9,5% bei $-80°$). Unter $-170°$ verläuft die Polymerisation explosionsartig, wenn der Unterschied zwischen Außen- u. Innentemp. 6—9° beträgt; diese Erscheinung wird auf eine innere Erwärmung durch die Ansammlung wachsender Ketten zurückgeführt. Die explosionsartige Polymerisation kann durch häufiges Unterbrechen der Strahlung vermieden werden. Die Aktivierungswärme wird zu ca. 3 kcal/Mol abgeschätzt. Bei höherem t verläuft die Polymerisation stationär, da schon während der Bestrahlung neben dem Kettenstart auch ein Kettenabbruch stattfindet. Nach Abschalten der Strahlung verläuft die Polymerisation zunächst weiter. Die I-Polymerisation verläuft hauptsächlich nach einem Ionenmechanismus; sie wird durch Benzochinon nicht verhindert. Daneben scheint aber auch ein Radikalmechanismus vorzuliegen. Das erhaltene *Polyoxymethylen* ist lösl. u. schmilzt bei 180°; es ist mikrokristallin. Auf Grund des IR-Spektrums enthält es C=O- u. OH-Endgruppen. $[\eta]$ (gemessen in p-Chlorphenol bei 60°) liegt zwischen 2,5 u. 5 dl/g. O. FUCHS. 4010□

Untersuchungen über die Acrylonitrilpolymerisation. 9. Mitt. Hemmwirkung von Natriumchlorit. Isamu Yamazaki und Akira Takahashi. (Chem. High Polymers [Tokyo] **14.** 359—62. 1957.) (Jap.; Auszug: Engl.) — 8. vgl. C. **1961.** 6514.

Die in Ggw. des Redox-Syst. $K_2S_2O_8$ bzw. $K_2S_2O_8$–$NaHSO_3$ erfolgende Start-Geschw. der Polymerisation von *Acrylonitril* (I) wird durch Zugabe von $(2—10) \cdot 10^{-4}$ Mol-% *NaO_2Cl* (II; 84%ig.; Verunreinigungen ohne Einfl.) sehr stark u. langdauernd gehemmt, u. zwar proportional der II-Konzentration. Der I-Umsatz u. das Molgew. von I werden dabei stark vermindert. L. Schuler. 4010□

Untersuchungen über die Acrylonitrilpolymerisation. 10. Mitt. Redoxpolymerisation mit Kaliumpersulfat–Natriumsulfit in Gegenwart von Kaliumthiocyanat. Akira Takahashi und Isamu Yamazaki. (Chem. High Polymers [Tokyo] **14.** 363—66. 1957.) (Jap.; Auszug: Engl.) — 9. vgl. vorst. Referat.

In Ggw. von KSCN wird bei der Redoxpolymerisation von *Acrylonitril* (I) mit $K_2S_2O_8$–$NaHSO_3$ der I-Umsatz im Anfangsstadium vorwiegend von der $NaHSO_3$-Konz., in späteren Stadien von der $K_2S_2O_8$-Konz. beeinflußt. In Ggw. von 0,1 g KSCN/4 g I wird das Molgew. von I ähnlich wie durch NaO_2Cl wesentlich erniedrigt (auf 600 bis 800). L. Schuler. 4010□

Vinylpolymerisation. 18. Mitt. Kinetik der Polymerisation von Acrylonitril in Benzol. Minoru Imoto und Hiroshi Takatsugi. (Chem. High Polymers [Tokyo] **15.** 65—70. 1958. Osaka, Shiritsu Daigaku Riko-Gakubu, Kobunshi Kagaku Kyoshitsu.) (Jap.; Auszug: Engl.)

Ident. mit der C. **1958.** **10384** referierten Arbeit. L. Schuler. 4010□

Vinylpolymerisation. 20. Mitt. Radikalpolymerisation von Butylacrylat beziehungsweise -methacrylat: Einfluß von Dimethylanilin auf die Polymerisation. Minoru Imoto, Takayuki Otsu und Tadatoshi Ota. (Chem. High Polymers [Tokyo] **15.** 181—85. 1958.) (Jap.; Auszug: Engl.) — 19. vgl. C. **1959.** 2155; 18. vgl. vorst. Referat.

Die Unters. der Polymerisation von *Butylacrylat* bzw. *-methacrylat* in Ggw. von 2.2'-Azo-bis-isobutyronitril (I) als Initiator bei 60° ohne u. mit *Dimethylanilin* (II) zeigt, daß ohne II die Start-Geschw. ($R_p = -[M]/dt$) der Polymerisation sich durch $k[M][I]^{1/2}$ darstellen läßt, worin [M] die Anfangskonz. des jeweiligen Monomeren u. [I] die von I ist. Beim Zusatz von II $(3—63) \cdot 10^{-3}$ Mol/Liter tritt eine Induktionsperiode in Abhängigkeit von der II-Konz. auf. Diese Hemmwrkg. von II wird bei der Polymerisation von Styrol, Methylmethacrylat oder Acrylonitril nicht beobachtet. L. Schuler. 4010□

Abhängigkeit der Viscosität und elastischen Nachgiebigkeit vom Schergefälle in Polymerschmelzen. — Übereinstimmung mit einer hydrodynamischen Theorie des viscoelastischen Fließens. Richard H. Boyd. (J. appl. Physics **29.** 953—56. Juni 1958. Wilmington, Del., E. I. du Pont de Nemours & Co., Polychem. Dep.) (Engl.)

An 5 fl. Polymeren, nämlich 3 konz. Lsgg. von *Polymethylmethacrylaten* in Dibutylphthalat u. 2 *Polyäthylen*-Schmelzen, wurden die Änderungen der Viscosität u. elast. Nachgiebigkeit in Abhängigkeit vom Schergefälle bestimmt. Es zeigte sich, daß die Meßergebnisse ziemlich gut von den Voraussagen der hydrodynam. Fließtheorie von Pao (J. appl. Physics **28.** [1957.] 591) erfaßt werden. E. Uhlein. 4010□

Benetzung von Polymethylmethacrylat und Polystyrol durch Wasser und Speichel. R. G. Craig, G. C. Berry und F. A. Peyton. (J. physic. Chem. **64.** 541—43. 18/5. 1960. Ann Arbor, Mich., Univ. of Michigan, School of Dent.) (Engl.)

Die Benetzungs-Eigg. von *Polymethylmethacrylat* (*PMMA*) u. *Polystyrol* (*PS*) in Kontakt mit dest. W. u. Speichel wurden durch Kontaktwinkelmessungen bestimmt. Die Kontaktwinkel Θ_α, bei deren Überschreiten die Benetzung ansteigt, liegen für dest. W. bzw. Speichel an PMMA bei $78 \pm 1°$ bzw. $75 \pm 1°$ u. an PS bei $86 \pm 1°$ bzw. $79 \pm 1°$. Die Kontaktwinkel Θ_r, bei denen die Benetzung verschwindet, ergaben sich für dest. W. bzw. Speichel an PMMA zu 50 ± 1 bzw. 0° u. an PS zu 64 ± 2 bzw. 0°. Pigmente u. Füllstoffe, die PMMA oder PS bei deren Verw. für dentale Zwecke zugesetzt werden, verändern die Kontaktwinkel nicht merklich, außer im Fall des Wertes für Θ_r mit W. an PS, der um ca. 20° red. wurde. Bestimmte Komponenten des Speichels scheinen von PS u. PMMA stark adsorbiert zu werden, da die Werte für Θ_α mit W. u. Speichel an Kunststoffoberflächen, die 48 Std. lang in Speichel aufbewahrt worden waren, auf 57—65° absinken, obgleich für Θ_r Werte von 0° gefunden wurden. Die zur Ablösung des PMMA oder PS von einer Glasoberfläche mit einem dazwischenliegenden Wasser- oder Speichelfilm notwendige Kraft wurde bestimmt u. mit den Werten verglichen, die sich nach einer Capillargleichung aus den erhaltenen Ergebnissen der Kontaktwinkelmessungen errechnen lassen. Die experimentell ermittelten Daten stimmen mit den berechneten innerhalb der Fehlergrenzen überein u. beweisen somit die Zulässigkeit der Anwendung dieser Capillargleichung auf Fll., die mit Festkörpern nur einen begrenzten Kontakt eingehen. W. Hein. 4010□

Synthese und Copolymerisation von Sorbinsäure-O-methacryloyläthylenglykolester. Georges Champetier, Jean-Paul Fleury und Pierre Sigwalt. (C.R. hebd. Séances Acad. Sci. **246.** 769—72. 3/2. 1958.)

Die Darst. von *Sorbinsäure-O-methacryloyläthylenglykolester* (I) durch Umesterung von Äthylenglykoldimethacrylat mit Methylsorbat in Ggw. von Na-Methylat (sehr geringe Ausbeute; Abtrennung nicht möglich) bzw. durch Rk. von Sorbylchlorid (II) mit Äthylenglykolmonomethacrylat (III) in Ggw. von Pyridin (IV; gute Ausbeute) u. die anschließende Copolymerisation von I mit *Methacrylsäuremethylester* (V) in Ggw. von 0,5% Azodiisobutyronitril bei 50° wurden untersucht. Bei der Polymerisation in Substanz mit maximal 12% Umsatz bzw. bei 20% Umsatz in benzol. Lsg. entstehen lineare Makromoll., deren Sorbinsäure-Geh. durch UV-Spektroskopie (Chlf. als Lsgm.) ermittelt wurde.

Versuche: *Äthylenglykolmonomethacrylat* (III), Kp. 68°, n_D^{20} 1,4490, durch 3std. Erhitzen von 112 ml Äthylenglykol u. 430 ml V in Ggw. von 30 g Hydrochinon (Polymerisationsinhibitor) u. 7 g p-Toluolsulfonsäure auf 150—170°, azeotrope Dest. von Methanol/V, Neutralisieren u. Extrahieren mit Ae.; 30 g (Ausbeute). — *Sorbinsäure-O-methacryloyläthylenglykolester* (I), $C_{12}H_{16}O_4$, Kp.$_{0,02}$ 96—98° (gelbe Fl.), durch Umsetzung eines Gemisches aus 50 g III, 45 g IV, 1 g Hydrochinon u. 100 ml Ae. (Eisbad) mit 60 g II in 50 ml Ae. unter Rühren (1 Std.), Extraktion mit Ae., Reinigung durch Chromatographie an Al_2O_3 u. Dest. in Ggw. von N-Phenyl-β-naphthylamin (35%, bezogen auf I). R. Schäff. 4010□

Verhalten von C-D-Valenzschwingungsbanden von D_4-Polyäthylenterephthalat. Akihisa Miyake. (J. physic. Chem. **64.** 510—11. April 1960. Otsu Shiga, Toyo Rayon Co. Central Res. Labor.) (Engl.)

Vff. untersuchten die ν(C—D)-Banden von *D_4-Polyäthylenterephthalat* (I) unter Benutzung eines LiF-Prismas. In den Spektren von abgeschreckten I-Proben erscheinen 3 Banden bei 2260 [cm^{-1}], 2200 u. 2130, beim Kristallisieren der Proben durch Erhitzen zwei neue Banden bei 2275 u. 2175. Die beiden letzteren Banden werden C—D-Valenzschwingungen von Äthylendioxygruppen, die in der trans-Form vorliegen, zugeordnet, die drei anderen diesen Gruppen in der gauche-Form. Die Banden bei 2275 u. 2175, die in der orientierten u. getemperten Probe auftreten, zeigen senkrechten Dichroismus, in Übereinstimmung mit der parallelen Orientierung der Mol.-Kette, die der gauche-Form zugeordneten Banden Paralleldichroismus (PD). Die Unters. zeigt, daß das unerwartete Auftreten von PD durch Überlappung der Schwingungen von trans- u. gauche-Äthylendioxygruppen erklärt werden kann (vgl. C. **1960.** 14043).
W. Schramm. 4010

Darstellung von gemischten Polyamiden aus Amidinen. P. Čefelin, E. Šittler und O. Wichterle. (Collect. czechoslov. chem. Commun. **25.** 2522—29. Okt. 1960. Prag, Tschechoslow. Akad. der Wiss., Inst. für makromol. Chemie.) (Dt.)

Vff. beschreiben die Synth. von einigen Azacycloheptenringe enthaltenden *Mono-* u. *Diamidinen* u. einigen aus Diamidinen u. Dicarbonsäuren kondensierten gemischten *Polyamiden.* Bei der Umsetzung von 2-Methylamino-1-azacyclohepten-(1) (IV) mit Buttersäure (I) wurde eine fl. Verb. der mit dem erwarteten *ε-Butyrylamino-N-methylcapronamid* nicht ganz übereinstimmenden Zus. isoliert. Durch analoge Rk. wurde aus 2-Phenylamino-1-azacyclohepten-(1) (V) u. Benzoesäure (II) *ε-Benzoylamino-N-phenylcapronamid* als einziges Prod. erhalten. Alle Polyamide aus Diamidinen u. Dicarbonsäuren sind undurchsichtig u. matt (kristallin), mit Ausnahme von denen, bei denen N.N′-Bis-[1-azacyclohepten-(1)-yl-(2)]-hydrazin eine der Ausgangskomponenten bildet.

Versuche: *2-Methylamino-1-azacycloheptenhydrochlorid,* $C_7H_{15}ClN_2$, F. 215—216° (Zers.; A./Ae. 1:4), durch 12tägiges Stehen von je 0,05 Mol O-Methyl-ε-caprolactim (III) u. Methylaminhydrochlorid in 100 ml abs. A.; 96,6% (Ausbeute). — *2-Methylamino-1-azacyclohepten-(1)* (IV), $C_7H_{14}N_2$, F. 106—107°, durch Neutralisieren von 0,04 Mol vorst. Salzes in 20 ml abs. Methanol mit der berechneten Menge K-Methanolat u. Umkristallisieren aus Bzl./Bzn. (1:1); 4,51 g. — Analog weitere cycl. Amidine aus je 1 Mol III u. der entsprechenden Base: *2-Phenylamino-1-azacyclohepten-(1)*(V), $C_{12}H_{16}N_2$, F. 105,6—106° (Bzn.), aus 1 Mol Anilin u. III unter allmählicher Erhöhung der Temp. auf 140—175° während 4 Std. unter gleichzeitigem Abdestillieren des Methanols; 85,6%. — *N.N′-Bis-[1-azacyclohepten-(1)-yl-(2)]-p-phenylendiamin* (VII), $C_{18}H_{26}N_4$, F. 213—214° (Zers.; Bzl.), aus 0,5 Mol p-Phenylendiamin u. III bei 150—200° während 3½ Std.; 76,8%. — *N.N′-Bis-[1-azacyclohepten-(1)-yl-(2)]-äthylendiamin* (VI), $C_{14}H_{26}N_4$,

F. 120—121° (Bzl./Bzn. 1:1), aus 0,5 Mol Äthylendiamin u. III bei 100—170° während $4\frac{1}{2}$ Std.; 87,2%. — *N-Phenyl-N'-[1-azacyclohepten-(1)-yl-(2)]-hydrazin*, $C_{12}H_{17}N_3$, F. 109—111° (Bzn.), aus 1 Mol Phenylhydrazin u. III durch 2std. Erhitzen bei 100° unter N_2 u. $3\frac{1}{2}$ Std. bei 190—200°; 82,9%. — *ε-Butyrylamino-N-methylcapronamid*, $C_{11}H_{22}N_2O_2$, $Kp._{20}$ 177—178°, durch allmähliches Erhitzen von je 0,016 Mol IV u. I von 150 auf 220° im N_2-Strom; 71,3%. — *ε-Benzoylamino-N-phenylcapronamid*, $C_{19}H_{22}N_2O_2$, F. 162—163° (Bzl./Bzn. 1:1), durch 3std. Erwärmen von je 0,0082 Mol V u. II im N_2-Strom auf 220°; 55%. — *Poly-N.N'-äthylen-$N^ε$.$N^{ε'}$-oxalyl-ε-aminocapronamid*, F. 125 bis 127°, durch Verreiben des Gemisches aus VI u. wasserfreier Oxalsäure (VIII) im Molverhältnis 1:1, 20std. Erhitzen auf 160° u. 20 Std. auf 240° unter N_2; gelb. — *Poly-N.N'-äthylen-$N^ε$.$N^{ε'}$-adipoyl-ε-aminocapronamid*, F. 174°, analog aus VI u. Adipinsäure (IX), 20 Std. bei 160° u. 20 Std. bei 240°; gelblich. — *Poly-N.N'-äthylen-$N^ε$.$N^{ε'}$-terephthaloyl-ε-aminocapronamid*, F. 344—345°, aus VI u. Terephthalsäure (X), 48 Std. bei 240°. — *Poly-N.N'-hexamethylen-$N^ε$.$N^{ε'}$-oxalyl-ε-aminocapronamid*, F. 140 bis 142°, aus N.N'-Bis-[1-azacyclohepten-(1)-yl-(2)]-hexamethylendiamin (XI) u. VIII, 20 Std. bei 160° u. 20 Std. bei 240°; grau, weich. — *Poly-N.N'-hexamethylen-$N^ε$.$N^{ε'}$-adipoyl-ε-aminocapronamid*, F. 175—176°, aus XI u. IX, 48 Std. bei 240°; weiß, zäh verspinnbar. — *Poly-N.N'-hexamethylen-$N^ε$.$N^{ε'}$-terephthaloyl-ε-aminocapronamid*, F. 272 bis 277°, aus XI u. X, 48 Std. bei 240°; gelblich, hart, zäh verspinnbar. — *Poly-N.N'-[p-phenylen]-$N^ε$.$N^{ε'}$-adipoyl-ε-aminocapronamid*, F. 313—316°, aus VII u. IX, 48 Std. bei 240°; gelbbraun, hart. — *Poly-N.N'-[p-phenylen]-$N^ε$.$N^{ε'}$-terephthaloyl-ε-aminocapronamid*, F. >400°, aus VII u. X, 2 Std. bei 260°; hellbraun, blasig; 20 Std. bei 240°; hart, spröde. — *Poly-$N^ε$.$N^{ε'}$-adipoyl-N.N'-bis-[ε-aminocaproyl]-hydrazin*, aus N.N'-Bis-[1-azacyclohepten-(1)-yl-(2)]-hydrazin u. IX, 2 Std. bei 220°; farblos, durchsichtig, weich. — *Poly-N.$^ε N^{ε'}$-terephthaloyl-N.N'-bis-[ε-aminocaproyl]-hydrazin*, wie vorst. Polyamid mit X, 2 Std. bei 220°; farblos, durchsichtig, hart.

J. Vaněček/Prag. 4010

Quellung und Netzmaschengröße rußgefüllter Naturkautschuk-Vulkanisate. H. Westlinning und G. Butenuth. (Makromolekulare Chem. **44.** 215—27. 1961. Kalscheuren bei Köln, DEGUSSA, Gummilabor.) (Dt.)

Das Vulkanisationsgemisch bestand aus 100 g *Naturgummi*, 2,5 g S, 3,0 g ZnO, 2,0 g Stearinsäure, Ruß (I) des Vol.-Bruches γ u. Dibenzthiazolyl-(2)-disulfid als Beschleuniger der Konz. c; Vulkanisation bei 134° (80 Min.). Die Vulkanisate (VU) wurden bei 20° 14 Tage in Bzl. gequollen. Von dem gequollenen VU wurden der Quellungsgrad q durch Wägen bestimmt sowie die Abkühlungskurven (Abkühlen bis ca. 20° unter den F. des Bzl.) aufgenommen. Ergebnisse für $\gamma = 0$: q fällt mit steigendem c ab (d. h. Zunahme der Vernetzungsdichte). Aus den Abkühlungskurven wurde nach Kuhn u. Mitarbeitern (vgl. C. **1956.** 5852; C. **1957.** 3679) die Netzmaschengröße a berechnet; a fällt mit wachsendem c ab u. geht in einen Grenzwert über. Der Elastizitätsmodul E des nichtgequollenen VU steigt mit c an. Die von der Theorie gummielast. Körper geforderte Beziehung $E = kq^{2/3}/a^2$ wird durch die Verss. gut bestätigt. Ergebnisse für $\gamma > 0$: Mit steigendem γ fällt q ab u. steigt a an; der Anstieg von a ist um so stärker, je kleiner c. Vff. schließen daraus, daß unter dem Einfl. von I ein inhomogen vernetztes Syst. entsteht, wobei Gebiete geringer u. hoher Vernetzungsdichte nebeneinander vorliegen.

O. Fuchs. 4030□

Physikalische Chemie konzentrierter Lösungen von Hochpolymeren. 4. Mitt. **Spezifische Volumina und Wärmeausdehnungskoeffizienten von Nitrocellulose-Dibutylphthalat-Aceton-Systemen.** Haruo Takenaka. (Chem. High Polymers [Tokyo] **14.** 219—23. 1957. Ashigara, Fuji Photofilm K.K.) (Jap.; Auszug: Engl.) — 3. vgl. Chem. High Polymers [Tokyo] **11.** [1954.] 501.

Zu Lsgg. von *Nitrocellulosen* (I) vom Polymerisationsgrad (PG) 164, 108 bzw. 56 in Aceton werden 13% *Dibutylphthalat* (II) zugegeben (I + II = 22—93%) u. die spezif. Vol. u. Wärmeausdehnungs-Koeff. k bestimmt. Bei einer Konz. von >70% tritt eine Abweichung von der Additivität des spezif. Vol. auf; die erwartete Anhäufung von Hohlräumen wird nicht beobachtet. Durch den II-Zusatz wird die Abhängigkeit des Koeff. k vom PG aufgehoben. II scheint ein gutes Lösungsvermögen für I zu besitzen.

L. Schuler. 4050□

Physikalische Chemie konzentrierter Lösungen von Hochpolymeren. 5. Mitt. **Dampfdruck von Acetonlösungen von Nitrocellulose.** Haruo Takenaka. (Chem. High Polymers [Tokyo] **14.** 270—76. 1957.) (Jap.; Auszug: Engl.) — 4. vgl. vorst. Referat.

Mittels einer verbesserten App. wird der Dampfdruck von Aceton-Lsgg. von *Nitrocellulosen* vom mittleren Polymerisationsgrad 164, 108 u. 56, mittleren Monomeren-Mol-gew. 262, 257 u. 259 sowie von Nitrierungsgrad 11,88, 11,50 u. 11,65% in Konzz. von

23—96% zwischen 20 u. 58° in Abständen von je 5° bestimmt. Das Temp.-Verh. zeigt bei Konzz. >75% eine erhebliche Hysteresis. L. SCHULER. 4050□

α-Struktur von Poly-DL-phenylalanin in Lösung. Charles Lapp und Jean Marchal. (C. R. hebd. Séances Acad. Sci. **247.** 86—88. 7/7. 1958. Strasbourg, Centre de Recherches sur les Macromol.) (Franz.)

Aus der Intrinsicviscosität [η] von 6 Fraktionen eines *Poly-DL-phenylalanins* (I), deren Molgew. (42000—140000) in Chlf./5% Formamid durch Streulichtmessungen festgestellt worden war, ergab sich $[\eta]_{cm^3/g} = 10^{-6} \cdot M^{1,66}$ (M = Molgew.). Aus der Übereinstimmung des Exponenten mit dem von DOTY, BRADBURY u. HOLTZER (vgl. C. **1957.** 13367) für Poly-L-glutaminsäure-γ-benzylester (II) gefundenen von 1,70 schließen Vff., daß I wie II als α-Schraube vorliegt. W. WALTER. 4070□

Viscosimetrie sehr verdünnter Eiweißlösungen. P. Munk. (Collect. czechoslov. chem. Commun. **25.** 2715—19. Nov. 1960. Prague, Czechoslov. Acad. of Sci., Inst. of Macromol. Chem.) (Engl.)

Die Maxima oder Minima, die bei der Messung der Viscosität von sehr verd. Eiweiß-Lsgg. in den (η_{sp}/c, c)-Kurven auftreten, werden als Artefakte bezeichnet, die durch Adsorption des gelösten Stoffes an den Phasengrenzflächen Fl.–Glas u. Fl.–Luft entstehen. Bei Berechnung der Viscositätszahl ist die Durchflußzeit eines hypothet. Lsgm. einzusetzen, das bei der Konz. c = 0 andere Eigg. der Lsg., bes. die Oberflächenspannung, Benetzungsvermögen usw. hat. Zwei Typen von Viscosimetern werden beschrieben, die bes. für die Viscosimetrie von Eiweißstoffen geeignet sind. I. FRIČ/Prag. 4070

Die Konfiguration von Proteinen in Lösung. S. J. Leach. (Rev. pure appl. Chem. **9.** 33—85. März 1959. Melbourne, C.S.I.R.O., Div. of Protein Chem.)

Krit. Literaturübersicht zur Frage des Vorliegens sek. u. tert. Proteinstrukturen in Lsgg. unter bes. Berücksichtigung der opt. Drehung u. der Rotationsdispersion. — 316 Literaturangaben (bis 1958.) W. WALTER. 4070□

Über Interaktionen von Eiweißstoffen. 23. Mitt. Wärmedenaturierung und -aggregation von menschlichem Serumalbumin in Phosphatpuffern. P. Munk, P. Kratochvíl und B. Sedláček. (Collect. czechoslov. chem. Commun. **25.** 2611 bis 2621. Okt. 1960. Prag, Tschechoslowak. Akad. der Wiss., Inst. für makromol. Chem.) (Dt.) — 22. vgl. C. **1961.** 10590.

Bei der Wärmedenaturierung von menschlichem *Serumalbumin* (I) entstehen mehrere Komponenten. Durch die ZIMMsche Lichtstreuungs-Meth., die Viscositätsmessungen der Lsgg. u. die isoelektr. Ausfällung des denaturierten I gelang es, eine Vorstellung über den Charakter u. die Größe dieser Komponenten zu gewinnen, welche durch elektrophoret., elektronenmkr. u. Sedimentationsmessungen bestätigt werden konnte. Bes. Aufmerksamkeit wurde der Abhängigkeit des Molgew. der Proben von der Denaturierungsdauer u. dem Gyrationshalbmesser gewidmet. Das Syst. des denaturierten I besteht vorwiegend aus 3 Komponenten: aus wärmestabilisiertem I, niederen kettenförmigen Aggregaten u. großen, nicht kompakten, unregelmäßigen Teilchen, denen am besten das Modell eines Mol.-Knäuels entspricht. Nur bei höheren pH-Werten (7,45) u. niedrigen Ionenstärken (0,05) ist das Modell verhältnismäßig biegsamer Stäbchen besser geeignet. Der Mechanismus der Aggregation wird durch die Bldg. u. Wrkg. von Aggregatzentren erklärt. Die Potenz der Zeit, mit der das Molgew. im Verlauf der Aggregation ansteigt, wächst von 0,5—3,0, was mit den vereinfachten kinet. Vorstellungen in Widerspruch steht. I. FRIČ/Prag. 4070

Osmometrie und allgemeine Charakterisierung von α-Lactalbumin. D. B. Wetlaufer. (C. R. Trav. Lab. Carlsberg **32.** 125—38. **1961.** Kopenhagen, Carlsberg Labor., Chem. Dep.) (Engl.)

Das Molgew. von kristallinem *α-Lactalbumin* (I) wurde osmometr. zu 16300 u. viscosimetr. bzw. durch Sedimentation zu 14900 in guter Übereinstimmung mit den Ergebnissen anderer Methoden bestimmt. Aus der Grenzviscosität [η] von 0,030 (g/100 ml)$^{-1}$ ergibt sich nach der Gleichung $\nu' = [\eta] \cdot 100/\bar{v}_2$ (= partielles spezif. Vol.) ein Viscositäts-Koeff. ν' von 4,1. Der Sedimentations-Koeff. von I ist wenig konzentrationsabhängig ($S_{20,w}$ = 1,78—1,84; Konz. 1,36—0,38 g/100 ml). Kristallines I ist elektrophoret. uneinheitlich. Eine schnell wandernde Komponente konnte durch Umkrist. nicht entfernt werden, sie wurde elektrophoret. isoliert u. zeigt den gleichen Sedimentations-Koeff. u. das gleiche UV-Spektrum wie I. Die „kristalline unlösl. Substanz" von SØRENSEN u. SØRENSEN (C. R. Trav. Lab. Carlsberg, Sér. chim. **23.** [1939.] 55) u. I von GORDON u. SEMMETT (C. **1954.** 4878) erwiesen sich als identisch. Nach der 2.4-Dinitrofluorbenzol-Meth. wurde in I Glutaminsäure oder Glutamin als Endgruppe nachgewiesen. Da ein Teil von I in Lsg. nach 10 Min. langem Erhitzen auf 100° noch krist. werden konnte, wird I endgültig in die Klasse der niedermol., kompakten, stabilen, aus einer Peptidkette bestehenden Proteine eingeordnet. W. WALTER. 4070□

Peptide aus dem sauren Hydrolysat von Edestin. M. Karadžova, B. Keil und F. Šorm. (Collect. czechoslov. chem. Commun. **25**. 2878—88. Nov. 1960. Prag, Tschechoslow. Akad. der Wiss., Inst. für Chemie u. Biochemie.) (Engl.)

Kristallines *Edestin* wurde nach einem in der Literatur beschriebenen modifizierten Verf. hergestellt. Das erhaltene Präp. wandert bei der Papierelektrophorese in 0,04m Acetatpuffer vom pH 4,8 als eine einheitliche Zone, als einzige N-endständige Gruppe wurde Glycin bestimmt. Das Präp. wurde mit konz. HCl bei 37° hydrolysiert. Nach 5 Tagen betrug der Hydrolysengrad 66%, so daß im resultierenden Hydrolysat neben freien Aminosäuren hauptsächlich Dipeptide enthalten waren. Dieses Hydrolysat wurde im elektrophoret. Fünfkammer-App. in 3 Peptidgruppen — die bas., neutrale u. saure — getrennt. Die bas. u. saure Peptidfraktion wurde durch absteigende Papierelektrophorese weiter getrennt u. durch Trennung der erhaltenen Subfraktionen mittels Papierchromatographie in verschiedenen Lsgm.-Syst. oder mittels horizontaler Hochvoltelektrophorese bzw. mit Hilfe einer Kombination der beiden Meth. in zweidimensionaler Anordnung eine Reihe von Peptiden erhalten. Diese wurden der N-endständigen Gruppen-Best. u. der Best. des Mol-Verhältnisses der Aminosäurereste unterzogen. In der sauren Fraktion wurden folgende Peptide festgestellt: *Arg.glu*; *Ser.glu*; *Val.asp*; *Val.glu*; *Glu.leu*; *Glu.gly*; *Glu.ala*; *Asp.val*; *Asp.leu*; *Asp.gly*; *Glu.glu*; *Asp.asp*; *Asp.glu*; *Thr.* (*asp, val*); *Thr.* (*glu, leu, ileu*); *Asp.* (*asp, glu*); *Asp.* (*glu, leu, ileu*); *Asp.* (*asp, glu, leu*); *Asp.* (*glu, ileu*); (*asp, glu*). Aus der bas. Fraktion wurden folgende Peptide isoliert: *Asp.arg*; *Leu.ala*; *Glu.lys*; *Glu.arg*; *Arg.glu*; *Gly.arg*; *Ser.arg*; *Ser.his*; *Lys.arg*; *Ala.arg*; *Val.lys*; *Arg.leu*; *Asp.* (*asp, arg, glu*); *Ser.* (*arg, gly, ileu*); *Leu.* (*pro, ala*); *Asp.* (*arg, glu*); *Arg.* (*glu, leu*); (*his, arg, glu, asp*); *Gly.* (*arg, glu*); *Lys.* (*arg, glu, his*); (*val, lys, arg*).*val.* Die erhaltenen Ergebnisse, bes. die Bindung einiger sauren Aminosäurereste bzw. sauren u. bas. Aminosäurereste werden vom Standpunkt der Verteilung der Ladungen im Edestin-Mol. diskutiert. In einer Übersicht werden die Eiweißstoffe angeführt, in welchen die in Edestin festgestellten Peptidbindungen ebenfalls vorkommen.

V. KOSTKA/Prag. 4070

Untersuchungen über die Natur proteingebundener Liposäure. Hayao Nawa, William T. Brady, Masahiko Koike und Lester J. Reed. (J. Amer. chem. Soc. **82**. 896—903. 20/2. 1960. Austin, Texas, Univ. of Texas, Clayton Foundation Biochem. Inst.; Dep. of Chem.) (Engl.) — Vgl. C. **1960**. 5184.

Hochgereinigte $^{35}S_2$-*Liposäure* enthaltende *Pyruvat-* u. *α-Ketoglutarat-Dehydrierungskomplexe* (I) vom Molgew. 4800000 (Sedimentation) bzw. 2400000 (Diffusion) aus E. coli werden mit Perameisensäure oxydiert u. anschließend 3 Std. lang bei 105° mit 12n HCl hydrolysiert. Aus dem Hydrolysat wurde neben *DL*-$^{35}S_2$-*6.8-Disulfooctansäure* $^{35}S_2$-N^{ε}-[*6.8-Disulfooctanoyl*]-*L-lysin* isoliert, dessen Struktur durch Synth. bewiesen werden konnte. Partialhydrolyse des I-Proteins unter milderen Bedingungen (7 Tage lang bei 37°), liefert 3 radioakt. *6.8-Disulfooctanoylpeptide*, die entweder die Aminosäuresequenz *Ala·Lys.Asp* oder *Asp.Lys.Ala* enthalten.

Versuche: *DL-6.8-Disulfooctansäure, Di-p-toluidin-Salz*, $C_{22}H_{34}N_2O_8S_2$, F. 179 bis 180° (A./Aceton), durch ½std. Rk. von 0,103 g DL-Liposäure mit Perameisensäure, Gefriertrocknen. Lösen in W. mit p-Toluidin u. Zugeben von Aceton; Mikroprismen; 50 mg (Ausbeute). — N^{ε}-[*DL-Lipoyl*]-*L-lysin*, $C_{14}H_{26}N_2O_3S_2$, F. 225—229° (Zers.), durch ½ std. Rk. des L-Lysin–Cu-Komplexes in W. mit DL-Liposäureisobuttersäureanhydrid in Tetrahydrofuran bei —3° unter Zugabe von n-NaOH (pH 9), Erwärmen auf Raumtemp., Rk. des Nd. in n-H_2SO_4 mit H_2S, Adsorption an Dowex 50-X 2, Eluieren mit n-NH_4OH u. Gefriertrocknen; gelbes amorphes Pulver; 28%. — N^{ε}-[*DL-6.8-Disulfooctanoyl*]-*L-lysin*, durch Oxydation vorst. Verb. mit Perameisensäure u. Isolierung als *p-Toluidinsalz*; hygroskopisch.

E. SCHRÖDER. 4070□

E. Biologische Chemie. Physiologie. Medizin

E_1. Allgemeine Biologie und Biochemie

Biosynthese aromatischer Verbindungen mit C_1—C_2-Bindungen. A. J. Birch und Heurchel Smith. (Rev. brasil. Quím. **48**. 313—17. Okt. 1959.) (Port.)

Übersicht.

HEINRICH HERMANN. 4100□

Schallabsorption, die auf der Gegenwart unversehrter Zellen im Blut beruht. Edwin L. Carstensen und Herman P. Schwan. (J. acoust. Soc. America **31**. 185—89. Febr. 1959. Philadelphia, Pa., Moore School of Electr. Engng., Electromed. Div.; Univ. of Pennsylvania, School of Med., Dep. of Phys. Med.) (Engl.)

In Fortsetzung früherer Unterss. (vgl. C. **1953**. 8909) ergaben Messungen der Ultraschallabsorption in Blut, daß diese mit der Ggw. von Protein in den Zellen u. im Plasma

in Zusammenhang steht. Ein kleiner Beitrag der Gesamtabsorption rührt jedoch einfach von der Ggw. unversehrter Zellen im Blut her. Aus einer auf der Theorie der Streuung von EPSTEIN beruhenden Analyse folgt, daß diese Zellabsorption von einer Wechselwrkg. zwischen der Fl. u. den Zellen herrührt, wenn diese infolge ihrer größeren Dichte nicht der oscillator. Bewegung folgen, die durch die Schallwelle ausgelöst wird.
C. GOTTFRIED. 4102

Die mutagene Wirkung von N-Nitroso-N-methylurethan bei Ophiostoma multiannulatum. G. Zetterberg. (Exp. Cell Res. **20.** 659—61. Sept. 1960. Uppsala, Univ., Inst. of Physiol. Botany.) (Engl.)

Conidien des Ascomyceten *Ophiostoma multiannulatum* wurden mit *N-Nitroso-N-methylurethan* (I) behandelt: Ein wilder Stamm im Vorwärts-Mutationstest 1 Std. lang bei 22° im Phosphatpuffer vom pH 7,0 mit 0,1 mm I. Hierbei überleben 0,85%. Bei 1145 untersuchten Mycelien wurden verschiedene biochem. Mutanten erhalten: 24 benötigen Aminosäuren [6 benötigen Arginin, 6 Lysin, 3 Methionin (II), 1 Cystin, 8 wurden nicht identifiziert], 4 benötigen einen Nucleotidbestandteil, 1 ein Vitamin, 1 eine Fettsäure u. 1 einen unbekannten Faktor. Bei einem II-freien Stamm 2511 wurden im Rück-Mutationstest mit 0,1 mm I (30 Min. lang bei pH 7,0 u. 22°) 0,66 Rückmutationen pro 10^6 Überlebende (40% Überlebende) erzielt, mit 2 mm *Dimethylsulfat* (1 Std. lang bei 15°) 0,61 Rückmutationen pro 10^6 von 54% Überlebenden, mit UV-Bestrahlung von 2537 Å (Dose nicht angegeben) allerdings ca. 10 Rückmutationen pro 10^6 von ca. 35% Überlebenden. S. DITTMANN-MITZSCHERLICH. 4130□

Autoradiogramme mit ³H-Myleran. J. und M. Moutschen-Dahmen, W. G. Verly und G. Koch. (Exp. Cell Res. **20.** 585—88. Sept. 1960. Liège, Univ., Inst. Léon Fredericq, Labor. des Isotopes, Inst. de Morphologie Végétale, Dép. de Génétique.) (Engl.)

Δ^2-Butindiol-(1.4) wurde mit ^{3}H-haltigem Wasserstoff red., dann wurde mit Methansulfonylchlorid verestert. Mit dem so erhaltenen *^{3}H-Myleran* (I) wurden Samen von *Vicia faba*, außerdem Samen nach Einw. von ^{3}H-Thymidin mit unmarkiertem I behandelt. Nach histolog. Behandlung wurde ^{3}H in den Zellkernen der Wurzelspitzen nachgewiesen. Im Cytoplasma werden dagegen keine erkennbaren Mengen ^{3}H festgehalten. Bei der Unters. der Mikronuclei zeigte sich, daß manche Chromosomenbestandteile völlig frei von Radioaktivität bleiben. Es wird diskutiert, daß eine Beziehung zwischen diesen Ergebnissen u. der beobachteten mutagenen Wrkg. von I bestehen kann.
S. DITTMANN-MITZSCHERLICH. 4130□

Chromosomenwindung: Durch Polyamine hervorgerufene Abnormalitäten. D. Davidson und N. G. Anderson. (Exp. Cell Res. **20.** 610—13. Sept. 1960. Oak Ridge, Tenn., Oak Ridge National Labor., Biol. Div.) (Engl.)

Seitenwurzeln von *Vicia faba* wurden 3, 6 bzw. 24 Std. lang in Lsgg. gebracht, die 0,5 mm an *Putrescin, Cadaverin* bzw. *Spermin* waren. Das Entwinden der Chromosomen in der späten Anaphase u. der zeitigen Telophase wurde durch die Behandlung gehemmt. Die Zusammenziehung in der Prophase findet statt, aber in der Metaphase schmelzen die Chromosomen zu einer einzigen Masse zusammen.
S. DITTMANN-MITZSCHERLICH. 4150□

Unterschiede im Verlust der Nierenmitochondrien an Natrium und Kalium. F. Ulrich. (Biochem. J. **80.** 532—40. Sept. 1961. New Haven, Conn., Yale Univ., School of Med., Dep. of Physiol.) (Engl.)

Die Zugabe von *ATP* u. verschiedener oxydierbarer Substrate (*α-Oxoglutarat, Succinat* u. *Fumarat*) zu den nach gegebener Vorschrift präparierten u. bei 37° inkubierten Mitochondrien aus Kaninchennieren bewirkte eine Abnahme des Verlusts an *K*, blieb aber ohne Einfl. auf den *Na*-Gehalt. Gleiche Wrkg. hatte die Steigerung des pH-Wertes des Inkubationsmediums von pH 6,2 auf 7,8, wenn kein ATP u. Substrat vorhanden waren. Die pH-Änderungen hatten keinen Einfl. auf den *Na*-Gehalt. Nierenrinden- u. Mark-Mitochondrien verhielten sich ähnlich denen aus der ganzen Niere. Die Zugabe von *Arsenit* oder *2.4-Dinitrophenol* zu einem *AMP* u. Substrat enthaltenden Medium wirkte sich in einem starken Auswachsen des Verlusts an K aus. S. VIERKÖTTER. 4150□

Die Hemmung des Spermatozoenstoffwechsels durch pCO_2, pH, K-Ion und antibakterielle Verbindungen. G. W. Salisbury, N. L. Van Demark, J. R. Lodge und R. G. Cragle. (Amer. J. Physiol. **198.** 659—64. März 1960. Urbana, Ill., Univ. of Illinois, Dep. of Dairy Science.) (Engl.)

Es wurde die Wrkg. zunehmenden CO_2-Partialdrucks auf Fructoseabnahme, Lactatzunahme u. CO_2-Entw. aus Bicarbonat (korr.) von Stierspermatozoen untersucht. In einem vorwiegend aus Na-Citrat u. Na-Bicarbonat bestehenden Verdünnungsmittel zeigte der Stoffwechsel ein Maximum mit N_2 als Gasphase u. nahm mit wachsendem

pCO_2 ab (ca. 10% des Werts unter N_2 bei pCO_2 100%). Bei Belüftung wurde die Hemmung des Stoffwechsels der Spermazellen wieder aufgehoben. Alle verschwindende *Hexose* (I) erschien im Na-Verdünnungsmittel als *Lactat* (II). Bei *Na*-Ersatz durch *K* wurde die I-Abnahme durch CO_2 nur wenig gehemmt u. wenig I in II umgewandelt. *Sulfanilamid* (III) hemmte bei niedrigem pCO_2 die Hexoseaufnahme, während bei höherem letzte häufig größer war als in Verdünnungsmitteln allein. In Ggw. von III entstanden andere Säuren. Penicillin beeinflußte die anaerobe Glykolyse nicht gleichmäßig. K. Maier. 4150□

Einige Wirkungen von Hormonen auf Zellen und Zellbestandteile. Jay Tepperman und Helen M. Tepperman. (Pharmacol. Rev. **12**. 301—53. Sept. 1960. Syracuse, N.Y., State Univ. of New York, Upstate Med. Center, Dep. of Pharmacol.) (Engl.)

Übersicht über die Wrkg. von Hormonen auf die Permeabilität, Freisetzung intracellulär gebundener Substrate, ihre Rolle als Coenzyme u. bei der Bereitstellung von Coenzymen oder *Adenosintriphosphorsäure*, ihre Wrkg. auf Enzyme, Aktivierung inakt. Enzymvorstufen, auf Metallionen sowie auf Struktur u. Funktion der Mitochondrien. Besprechung neuer Erkenntnisse zur Wrkg. des *Parathyreoidhormons*. — 307 Literaturangaben. K. Bohle. 4150□

Histochemische Untersuchungen über die alkalische Phosphatase der Salamanderretina in der späten Embryogenese. Masao Yoshida. (Jap. J. Physiol. **8**. 31—40. 30/3. 1958. Oita, Univ., Inst. of Biol., Labor. of Biochem.) (Engl.)

Aktivitäten der *alkal. Phosphatase* (I) wurden in den inneren u. äußeren plexiformen Schichten der Retinae von embryonalen u. erwachsenen Salamandern festgestellt, u. zwar entsprechend den Beobachtungen an Säugetieren in den inneren u. äußeren Segmenten u. den Ellipsoiden der Receptorzellen. Wie die bes. Intensität der I-Aktivität in den Nucleolen der Linsennuclei zeigt, scheint I an der Linsen-Bldg. teilzuhaben. F. Krusen. 4150□

Mikrospektrophotometrische Untersuchungen über die Desoxyribonucleinsäure in einzelnen Nuclei in der Ochsenretina. Masao Yoshida. (Jap. J. Physiol. **8**. 57—66. 30/3. 1958. Oita Univ., Inst. of Biol., Labor. of Biochem.) (Engl.)

Durch mikrospektrophotometr. Best. von *Desoxyribonucleinsäure* (I) in einzelnen Nuclei der Ochsenretina ermittelte Vf. die chem. Unterschiede der Nuclei in den drei nuclearen Schichten der Retina. F. Krusen. 4150□

Cytochemische Untersuchungen bei Pflanzen — ein Gegenbeweis gegen die Theorie der Konstanz der Desoxyribonucleinsäure (DNS) im Zellkern. Olga Wassilewa-Drjanowska. (Acta histochem. [Jena] **11**. 42—57. 29/4. 1961. Sofia, Bulgar. Akad. der Wiss., Biolog. Inst. „M. Popoff“.) (Dt.)

Bei der Ontogenesis der Geschlechtszellen, beim Befruchtungsprozeß, bei der Embryogenesis u. der Neubldg. von Kernen wurden Schwankungen der Synth.-Aktivität für *Desoxyribonucleinsäure* (*DNS*) gefunden, was im Gegensatz zur Theorie von der Konstanz der DNS im Zellkern steht. Diese Dynamik kann weder mit Verstreuung der DNS über den ganzen Kern, noch mit Polyploidie erklärt werden. U. Mothes. 4150□

Nachweis cytoplasmatischer Ribonucleinsäuresynthese in kernlosen Acetabularien. H. G. Schweiger und H. J. Bremer. (Exp. Cell Res. **20**. 617—18. Sept. 1960. Wilhelmshaven, Max-Planck-Inst. für Meeresbiol.) (Dt.)

Kernlose u. kernhaltige Hinterstücke der einkernigen Grünalge *Acetabularia mediterranea* wurden nach 10 Tagen Dunkelbehandlung wieder dem Licht ausgesetzt. Gleichzeitig wurde das Rhizoid mit Kern der bis dahin kernhaltigen Hinterstücke entfernt. *Ribonucleinsäure* (I)-Synth. wurde durch Best. des I-Phosphats nach Schmidt u. Thannhauser verfolgt. Auch das Cytoplasma ist in der Lage, I zu bilden. Die cytoplasmat. I-Synth. wird durch Stoffe gefördert, die der Kern auch bei aufgehobener Photosynth. an das Cytoplasma abgibt. Diese werden dort anscheinend gespeichert. Die Natur dieser Stoffe ist völlig unbekannt. S. Dittmann-Mitzscherlich. 4150□

Ribonucleoproteide des tierischen Pankreas. 1. Mitt. **β-Nucleoproteide.** Zofia Walter. (Zeszyty naukowe Uniw. Łódzkiego, Ser. II Nr. **6**. 75—83. 1959. Łódź, Uniw., Kat. Biochem.) (Tschech.; Auszug: Engl.)

Durch Extraktion des homogenisierten Pankreas mit heißem W. werden 1,92 g *β-Nucleoproteide* (I)/100 g Gewebe, mit kaltem W., das im Verlauf der Extraktion bis zum Sieden erhitzt wird, nur 1,47 g I/100 g erhalten. Die mit heißem W. extrahierten I enthalten mehr Gesamt-*P* (77,5 gegenüber 44,5 mg%). Das Verhältnis von Gesamt-P zu Purin-N ist in beiden Extrakten etwa gleich u. beträgt 1. Das *Guanin–Adenin*-Verhältnis schwankt zwischen 2,3 u. 3,1. Die isolierten I enthalten neben 26,8—33,7% *Ribonucleinsäuren* noch 1,8—8,4% *Desoxyribonucleinsäuren*. F. Urban. 4150□

Wechselbeziehung zwischen RNS- und Proteinstoffwechsel in normalen Knochenmarkzellen des Menschen. A. Pileri, G. Maraini und F. Gavosto. (Exp. Cell Res. **20.** 645—46. Sept. 1960. Turin, Turin Med. School, Med. Clinic.) (Engl.)

Verschiedene Knochenmarkzellen u. Erythrocyten des Menschen wurden in EAGLES-Grund-Nährlsg. unter Rotation bei 37° 1, 2 bzw. 3 Std. inkubiert. Der Einbau von ^{3}H aus markiertem *Uridin* (I; in manchen Verss. außerdem ^{3}*H-Thymidin* zugegeben), ^{3}*H-Leucin* u. ^{3}*H-Phenylalanin* wurde nach Herst. histolog. Präpp. durch Autoradiographie untersucht (Konz. aller Verbb. entsprechend 10 μc/ml). Die Aminosäuren wurden als Racemate verwendet. Während der 3 Std. erfolgt der Einbau von ^{3}H aus allen Verbb. mit konst. Geschwindigkeit. Außerdem besteht hohe Korrelation zwischen den Geschw. des ^{3}H-Einbaus aus ^{3}H-I einerseits u. den ^{3}H-haltigen Aminosäuren andererseits.
S. DITTMANN-MITZSCHERLICH. 4150□

Das Überleben von Mäuseknochenmarkzellen, die in Lösungen von Aminosäuren eingefroren und aufgetaut worden waren. T. T. Phan und M. A. Bender. (Exp. Cell Res. **20.** 651—54. Sept. 1960. Oak Ridge, Tenn., Oak Ridge Nat. Labor., Biol. Div.) (Engl.)

Knochenmarkzellen von Mäusen wurden in Lsgg. mit 0,9% NaCl u. 3,5% Polyvinylpyrrolidon (ist bei den Verss. inakt.) innerhalb ca. 45 Min. von +20° auf —25° abgekühlt, danach 1—2 Std. bei —196° gehalten, rasch auf 37° erwärmt, in die Schwanzvene von Mäusen injiziert. Dann wurde der Anteil der überlebenden Zellen bestimmt. Der Einfl. von 0,006, 0,013, 0,025, 0,050, 0,100 u. 0,200m *Glycin* (I), *L-Alanin* (II), *L-Serin* (III), *L-Valin*, *L-Leucin*, *L-Methionin*, *L-Glutamin* (IV), *L-Prolin* (V), *L-Histidin*, *L-Tryptophan*, *L-Phenylalanin*, *L-Tyrosin* (VI), *L-Cystein* (VII), *L-Asparagin* (VIII), *L-Lysin* (IX), *L-Arginin* (X) u. *2-Mercaptoäthylguanidin* (XI) (VI wegen zu geringer Löslichkeit nur bis zu 0,013m) auf das Überleben der Zellen wurde untersucht. Inakt. waren die Aminosäuren mit freien —SH-Gruppen (**VII** u. **XI**), bas. Aminosäuren (**IX** u. **X**) u. **VIII** (**IV** jedoch unwirksam). Alle anderen waren wirksam, darunter **I, II, V** u. **III** (Wrkg. in dieser Reihenfolge abnehmend) am stärksten. Bei den wirksamen Verbb. besteht keine einfache Beziehung zwischen optimaler Konz. u. Molekulargewicht. — Diese Ergebnisse widersprechen der Theorie von der Abhängigkeit des Schutzes gegen Einfrieren u. Auftauen von der verwendeten Salzkonzentration. Es wird auf den Unterschied gegenüber den mit Säugetier-Erythrocyten erhaltenen Ergebnissen hingewiesen. Dort ist die Hämolyse das Kriterium der Schädigung, hier der Verlust der Fähigkeit zur Reproduktion. S. DITTMANN-MITZSCHERLICH. 4150□

Einfluß von Enzyminjektionen auf die Mitose in regenerierender Leber. Gaston de Lamirande. (Nature [London] **191.** 400—01. 22/7. 1961. Montreal, Notre Dame Hosp. and Univ. of Montreal, Montreal Cancer Inst.) (Engl.)

Vf. untersuchte den Einfl. von *Desoxyribonuclease*, *Ribonuclease* u. *Xanthinoxydase* auf ein normal regenerierendes Gewebe nach einer 66%ig. Hepatektomie. Sie zeigten, daß die mitot. Aktivität durch die Enzyminjektionen nicht wesentlich beeinflußt wird.
S. VIERKÖTTER. 4150□

Die Wirkung von 2-Desoxyglucose auf das Wachstum und den Stoffwechsel kultivierter menschlicher Zellen. Stanley Barban und Henry O. Schulze. (J. biol. Chemistry **236.** 1887—90. Juli 1961. Bethesda, Md., Nat. Inst. of Health, Publ. Health Serv., Labor. of Cell Biol.) (Engl.)

2-Desoxyglucose (I) hindert sowohl die Glykolyse als auch das Wachstum kultivierter menschlicher Zellen. Durch Zugabe von *Glucose* (II) oder *Mannose* (III) kann die Wachstumshemmung aufgehoben werden. Die auf *Fructose* (IV) als Nährmedium gewachsenen Zellen reagieren auf die Hemmwrkg. von **I** empfindlicher als die auf **II** oder **III** gewachsenen Zellen. **I** u. *2-Desoxyglucose-6-phosphat* hemmen auch *Fructokinase*, *Phosphohexoseisomerase* u. *Glucose-6-phosphatdehydrogenase*. S. VIERKÖTTER. 4150□

Umkehrung von Azaserin-Wirkung durch Phenylalanin. Thomas D. Brock und M. Louise Brock. (J. Bacteriol. **81.** 212—17. Febr. 1961. Cleveland, Ohio, Western Res. Univ., Dep. of Biol.) (Engl.)

Azaserin (I) reagiert irreversibel mit in Phosphatpuffer suspendierten Zellen von *Escherichia coli*, indem bei anschließender Kultur in einer zur Vermehrung geeigneten I-freien Nährlsg. charakterist. Veränderungen auftreten. Durch Zusatz von Phenylalanin (II) zur Nährlsg. kann die Wrkg. von **I** nicht aufgehoben werden, wohl aber, wenn **II** bei der Behandlung der Zellen mit **I** in der Puffer-Lsg. anwesend war. Eine Kultivierung der Zellen in Ggw. von **II** vor der Behandlung mit **I** verhindert nur z. T. dessen Einfluß. Die Unters.-Ergebnisse werden in dem Sinne gedeutet, daß **II** die Bindung von **I** an die Zelle oder das Eindringen in sie verhindert, aber nicht direkt den durch **I** gestörten Stoffwechsel beeinflußt. W. KNÖBEL. 4150□

Die Bewertung der Resistenz von Zellkulturen gegen Pharmaka durch Differentialteste der Toxizität. Morgan Harris. (J. nat. Cancer Inst. **26.** 13—18. Jan. 1961. Berkeley, Calif., Univ. of California, Dep. of Zool.) (Engl.)

Zellkulturen von Schweinenieren wurden ansteigenden Inhibitordosen von *2.6-Diaminopurin, Aminopterin* u. *Allylglycin* ausgesetzt. Die Inhibitoren zeigten in drei Cyclen von je sieben Tagen wiederholt in empfindlichen u. resistenten Arten unterschiedliches Verh., das in zwei Diagrammen veranschaulicht wird. L. MACHER. 4150□

Die Anwendung eines Hämatoporphyrinderivats für den Tumornachweis. Richard L. Lipson, Edward J. Baldes und Arthur M. Olsen. (J. nat. Cancer Inst. **26.** 1—10. Jan. 1961. Rochester, Minn., Mayo Clinic and Mayo Found., Sect. of Biophys. and Med.) (Engl.)

Ein *essigsaures Bisulfatderiv. des Hämatoporphyrins* zeigte eine größere Tendenz, in Tumoren gespeichert zu werden als das rohe Hämatoporphyrin; die rote Fluorescenz des malignen Gewebes, die am stärksten an der Tumorperipherie auftritt, kann zur Erkennung der Malignität dienen. L. MACHER. 4160□

Der Phosphorgehalt im Fibrin, das durch sofortiges Zentrifugieren von frischem Blut brustkrebskranker (Carcinoma mammae) Menschen erhalten wird. Tadeus Krajewski. (Zeszyty naukowe Uniw. Łódzkiego, Ser. II **1959.** Nr. 6. 85—90. Łódź, Uniw., Kat. Biochem.) (Tschech.; Auszug: Engl.)

Das durch Zentrifugieren von frischem Blut erhaltene Fibrin enthält bei gesunden Menschen im Mittel 46,0 [mg%] *P* (davon 7,5 Lipoid-P, 16,8 säurelösl. u. 18,7 säureunlösl. P). Bei an Carcinoma mammae Erkrankten sind die entsprechenden Werte 30,0 (3,5, 19,5, 12,1) u. bei Personen mit operativ entfernter Brustwarze 13,0. F. URBAN. 4160□

Änderungen des Hexose/Hexosamin-Verhältnisses und Grad der Verzweigung an Glykoproteinen im Harn von Ratten während der Entwicklung eines Carcinoms. Sen-Itiroh Hakomori, Hiroaki Kawauchi und Taiko Ishimoda. (Nature [London] **190.** 265. 15/4. 1961. Sendai, Japan, Tohoku Pharmac. School, Inst. for Cancer Res., Dep. of Biochem.) (Engl.)

Aus Fraktion 2 des ANDERSON-MACLAGAN-*Glykoproteins* (I) des Harns krebskranker Patienten läßt sich ein *anomales Glykoprotein* (II) isolieren, welches durch vermindertes *Hexose/Hexosamin*-Verhältnis, erhöhte Oligosaccharid-Verzweigung u. erhöhtes Molgew. charakterisiert ist. Ähnliche Änderungen sind auch in den Fraktionen 3 u. 4 von **I** u. bei nichtkranken Lebewesen gefunden worden. Deswegen werden diese Veränderungen unter vergleichbaren Bedingungen bei experimentell erzeugtem Krebs bzw. Entzündungen während des Fortschreitens des patholog. Prozesses verfolgt. Der Geh. von **II** an Hexosen, Pentosen, Methylpentosen, Hexosaminen u. endständigen Kohlenhydraten wird bestimmt. Aus dem Harn von 40 ♀ Ratten werden vor u. nach intraperitonealer Inokulation von Ascites hepatoma **II** bzw. **I** isoliert, ebenso aus dem Harn von 20 Ratten, bei denen durch intraperitoneale Injektion von Terpintinöl eine Entzündung erzeugt wurde. Das Verhältnis des nicht aminierten Zuckers zum Aminozucker wird geringer u. das Verhältnis des Gesamt-Kohlenhydrats zum Endgruppen-Kohlenhydrat steigt an mit fortschreitender Entw. des Carcinoms, im Fall der Entzündung bleiben die Verhältnisse jedoch unverändert. Die verstärkte Oligosaccharid-Verzweigung u. das verminderte Hexose/Hexosamin-Verhältnis führen zu einer patholog. biolog. Spezifität der Glykoproteine. WOLFGANG HERRMANN. 4160□

Papierelektrophoretische Untersuchungen von Seren von Mäusen mit Crocker-Sarkom 180. Helmut Hein. (Arch. Geschwulstforsch. **17.** 93—96. 1961. Lomberg, Chem. Fabrik Byk-Gulden, Bakt. Abt.) (Dt.)

Vf. unterwarf die Sera von 50 Mäusen mit 20 Tage altem CROCKER-Sarkom einer papierelektrophoret. Untersuchung. Die Auftrennung ergab eine Erhöhung der Globuline auf Kosten der Albumine. Der Albuminwert lag meistens zwischen 25—35% (Norm 60%), in extremen Fällen noch weit darunter. Die Globulinfraktion war auf 65—75% (Norm 40%), in einzelnen Fällen sogar auf 95% erhöht. Hierbei hatten die α_2- u. *β-Globuline* mit 15—20% bzw. 25—35% den Hauptanteil, während die *γ-Globuline* wenig oder gar nicht erhöht waren. W. LOCK. 4160□

Der Corticosteroidspiegel des Blutes bei Mastopathie und Brustkrebs unter ACTH-Belastung. Kurt Schubert, Giovanni Bacigalupo und Gudrun Frankenberg. (Arch. Geschwulstforsch. **17.** 108—18. 1961. Berlin, Dtsch. Akad. der Wiss., Inst. für Mikrobiol. u. exp. Therapie, Jena, u. Inst. für Med. u. Biol., Buch.) (Dt.)

Vff. wiesen nach, daß unterschiedliche hormonal-reakt. Phasen im Bereich Mastopathie/Brustkrebs vorkommen. Sie infundierten verschieden hohe Dosen von *Adreno-*

corticotropes Hormon (*ACTH*) u. untersuchten stündlich den *Corticosteroid*-Spiegel des Bluts. Für eine feinere Charakterisierung von Mastopathie u. Brustkrebs erwiesen sich eine Minimaldosis von 3 E. ACTH u. der 5-Std.-Wert als geeignet. Das Verhältnis von 5-Std.-Wert zu Ausgangswert läßt Abstufungen in den verschiedenen Krankheitsphasen erkennen. Bei Mastopathie fanden sich Verhältniszahlen, die den von Gesunden nahe kamen, während sich bei den einzelnen Brustkrebsstadien ein deutlicher Anstieg des Corticoidspiegels erkennen ließ. Es ergab sich also folgende Relation im Anstieg des Corticoidspiegels: Gesunde → Mastopathie → Brustkrebs Stadium IV. W. LOCK. 4160□

Glykolyse und Atmung von Ehrlich-Ascitestumorzellen. Sh. Avineri-Shapiro und B. Shapiro. (Bull. Res. Council Israel, Sect. E **6E.** 49—54. Juli 1956. Jerusalem, Hebrew Univ., Hadassah Med. School, Dep. of Biochem.) (Engl.)

Die endogene Atmung von EHRLICH-Ascitestumorzellen wird durch *Glucose* (I) gehemmt, dabei kommt es zu starker aerober u. anaerober Glykolyse. Ohne Substratbeigabe kommt es nicht zu *Milchsäure* (II)-Bildung. Die spezif. Aktivität der unter aeroben Bedingungen gebildeten **II** beträgt nur 20% derjenigen von **I**, während die Aktivität unter anaeroben Bedingungen 50% beträgt. Zugabe von *Pyruvat* u. *Malonat* als Cosubstrate von **I** führt zu einer die Summe der mit den einzelnen Substraten erzielbaren Menge übersteigenden **II**-Bldg. u. macht die durch **I** bewirkte Atmungshemmung teilweise rückgängig. U. TAUSENDFREUND. 4160□

Feminisierendes Carcinom der Nebenniere. R. Tourneur, Ph. Laudat, Ph. Blondeau und R. Desproges. (Acta endocrinol. [Copenhagen], Suppl. Nr. **51.** 381—82. 1960. Paris, Hôpital Broussais, Clinique Endocrinol.) (Franz.)
H. HERPER. 4160□

Morphologie und Transplantierbarkeit eines durch Thioharnstoff hervorgerufenen myxomatösen Tumors bei der Ratte. A. Rosin. (Bull. Res. Council Israel, Sect. E **6E.** 15—20. Juli 1956. Jerusalem, Hebrew-Univ.-Hadassah Med. School, Dep. of Exp. Pathol. and Cancer Res.) (Engl.)

Es gelang die Transplantation eines *Thioharnstoff* (I)-induzierten Myxoms der Ratte durch bisher 25 Passagen; die ersten Passagen konnten durch I-Behandlung gesteigert u. im Wachstum beschleunigt werden. U. TAUSENDFREUND. 4160□

Entstehung von Leukämie durch Urethan bei neugeborenen „Swiss"-Mäusen. L. Fiore-Donati, L. Chieco-Binachi, G. De Benedictis und G. Maiorano. (Nature [London] **190.** 278—79. 15/4. 1961. Bari, Univ., Inst. di Anat. Patol., Div. di Cancerolog. Sperim.) (Engl.)

An mehreren Hundert Mäusen wird das spontane Auftreten von Leukämie (L) zu weniger als 1% bestimmt. Neugeborenen „Swiss"-Mäusen werden subkutan 0,05 ml einer 4%ig. Lsg. von *Urethan* (I) in W. injiziert, die Beobachtungszeit erstreckt sich über 6 Monate. Bei 13 von 60 Tieren (♂ u. ♀; 21,6%) entstehen maligne Lymphome zwischen dem 73. u. 157. Tag nach der Injektion. Durchschnittsalter für das Einsetzen der Krankheit ist 107 Tage. Alle Tiere zeigen starke Vergrößerung der Thymusdrüse, bei 8 Tieren findet sich außerdem deutliche Beeinflussung der oberflächlichen u. tieferen Lymphknoten u. der Milz. Zusätzlich werden immer multiple Lungenadenome beobachtet; mkr. finden sich Infiltrationen in Herz, Lunge, Leber, Nieren, Keimdrüsen u. Knochenmark. In einigen Fällen ist im peripheren Blut Lymphocytose feststellbar mit vielen unreifen Zellen der Lymphoid-Serien, die Gesamtzahl der Leukocyten zeigt jedoch keine Abnormität, nur in einem Fall steigt sie am Ende der Krankheit über $3 \cdot 10^5/mm^3$. I kann also für sich allein L verursachen, wenn es neugeborenen Tieren injiziert wird. Dafür ist wahrscheinlich der bes. Zustand eines neugeborenen Tieres verantwortlich, denn bis jetzt wurde bei älteren Tieren noch keine durch I hervorgerufene L festgestellt.
WOLFGANG HERRMANN. 4160□

Die Wirkung von 5-Bromuracil auf die Induktion von Kronengalltumor. Jacques Lipetz und Tom Stonier. (Nature [London] **190.** 929. 3/6. 1961. New York, N.Y., Rockefeller Inst.) (Engl.)

Von 4 Proben *5-Bromuracil* verschiedener Herkunft zeigte eine sowohl Hemmung des Wachstums von *Agrobacterium tumefaciens* als auch der von diesen an *Kalanchoe daigremontiana* hervorgerufenen Tumorbildung. Durch Papierchromatographie u. Elementaranalyse wurde in diesem Präp. eine Verunreinigung festgestellt, die lediglich das Bakterienwachstum hemmt u. nicht als ein spezif. Inhibitor der Tumorinduktion gelten kann. Vff. nehmen an, daß die beobachtete Tumorhemmung auf einer Verunreinigung beruhte. H. LOHSCHELDER. 4160□

Das Versagen der Immunisierung gegen Tumorbildungen. Richmond T. Prehn. (J. nat. Cancer Inst. **26.** 223—27. Jan. 1961. Seattle, Wash., Univ. of Washington, Dep. of Pathol.) (Engl.)

Frühere Befunde, wonach durch polycycl. KW-Stoffe (*3-Methylcholanthren*) bei Mäusen u. Ratten erzeugte Sarkome eine tumorspezif. Antigenität ausüben, indem solches Tumorgewebe bei Mäusen gegen Carcinome immunisierend wirkt, ergaben negatives Ergebnis. Von 421 Mäusen, die vor dem Aussetzen einem Carcinogen durch solches antigen. Tumorgewebe immunisiert wurden, erhielten 63% Tumore.

L. MACHER. 4160□

Der Einfluß von phosphororganischen Verbindungen auf den Ascitestumor bei Mäusen. Hans Siering. (Tohoku J. exp. Med. **72.** 104—05. 25/8. 1960. Jena, Univ., Hosp. Med. Dep.) (Engl.)

Triäthylphosphindibromid, Triäthylphosphindichlorid, Tripropylphosphindibromid u. *Tributylphosphindibromid* hemmten bei Mäusen die Ascitestumorbildung.

K. ZINGRAF. 4160□

Autoradiographische Untersuchungen über die antimitotische Wirkung von Maleurinsäure. Jesse Sisken, Tadashi A. Okada und Eugene Roberts. (Proc. Soc. exp. Biol. Med. **101.** 460—63. Juli 1959. Duarte, Calif., City of Hope Med. Center, Dep. of Biochem. and Exp. Pathol., Med. Res. Inst.) (Engl.)

Es wurde die Wrkg. von *Maleurinsäure* (*Monomaleylharnstoff*; I) auf die EHRLICH-schen Ascitestumorzellen untersucht. 4 Tage nach Transplantation von ca. $5 \cdot 10^6$ Tumorzellen auf schwarze Mäuse vom Stamm C 57 erhielten die Tiere intraperitoneal 33 μc ^{3}*H-Thymidin* (II) der spezif. Aktivität 360 mc/mMol injiziert. Die Tumorzellen wurden durch peritoneale Punktur entnommen u. radioautograph. sowie cytolog. untersucht. I bewirkte beträchtliche cytoplast. Schädigungen der Zellen sowie chromosomale Abnormitäten. Ein schneller Einbau von II in die Interphasenzellen wurde bei den Kontrolltieren beobachtet. Eine maximale Markierung der mitot. Zellen war nach 12 Std. erreicht. Nach 8 Std. waren die verschiedenen Zellphasen zu etwa gleichen Anteilen (70—90%) markiert. I verhinderte den Einbau von II in die *Desoxyribonucleinsäure* bei vorheriger Injektion. Die Injektion von I nach der von II reduzierte den Aktivitätseinbau nur leicht, diejenige vor der II-Injektion gar nicht. J. BOELTER. 4160□

Die Wirkung einiger Cytostatica auf das Wachstum und auf die DNS-Synthese bestimmter Tumoren. W. Strassner und H. Wagner. (Arch. Geschwulstforsch. **17.** 119—25. 1961. Berlin, Humboldt-Univ., Geschwulstklinik/Charité.) (Dt.)

Die Wirksamkeit von *Sarkolysin* (I) wurde am YOSHIDA-Sarkom u. am WALKER-Carcinom der Ratte erprobt. Als Indicator für die Wirksamkeit der verschiedenen I-Konzz. dienten das weiße Blutbild, das Allgemeinbefinden der Tiere u. die Regression der Tumoren. Die tox. Wrkg. ist bei Gaben von 60—250 γ I/Tier gering, höhere Dosen, wie z. B. 1,5 mg/Tier, führten zu schweren Schäden im leukopoet. Syst., die vom Organismus nicht mehr kompensiert werden können. Verabreichung einer einmaligen Dosis I innerhalb von 1—6 Tagen nach der Tumor-Implantation bewirkte eine weitgehende Rückbldg. der Tumoren. Die Hemmung des DNS-Stoffwechsels durch I wurde am verminderten Einbau von ^{32}P in die DNS der Ascitescarcinomzellen gemessen u. mit der Wrkg. von *Mitomen* u. *Degranol-Chinoin* verglichen. Während sich bei Degranol-Chinoin keine Hemmung der DNS-Synth. zeigte, läßt doch verminderter ^{32}P-Einbau bei I u. auch bei Mitomen auf eine Hemmung der DNS-Synth. schließen. W. LOCK. 4160□

Untersuchung über die antileukämische Aktivität von Rauwolfia-Alkaloiden. Stefan Kruger, G. Alan Robison und F. W. Schueler. (Arch. int. Pharmacodynam. Thérap. **129.** 125—30. 1/12. 1960. New Orleans, La., Tulane Univ., School of Med., Dep. of Pharmacol.) (Engl.)

An Mäusen, die mit L 1210-Leukämie infiziert worden waren, wurde der Einfl. von *Rauwolfia-Alkaloiden* (I), wie *Reserpin* (II), *Deserpidin, Rescinnamin, Yohimbin* (III), der synthet. Verbb. *11-Benzyloxydeserpidin* (*Su 8184*), *Syrosingopin* (*Su 3118*), *m-Dimethylaminobenzoylester* des *Methylreserpats* (*Su 5171*), sowie *Chlorpromazin, Promazin, Meprobamat, Mephenesin, Zoxazolamin, Phenobarbital, Dibenzylin* (IV), *p-Aminopropiophenon* im Vgl. mit der Wrkg. von *6-Mercaptopurin* auf die sich entwickelnde Leukämie untersucht. I besitzen nur in Dosen, die eine deutliche Depression bewirken, einen antileukäm. Effekt (a.E.). Solche I, die keine depressive Wrkg. besitzen, wie z. B. *Su 8184*, fehlt der a.E., ebenso sind alle anderen depressiv wirkenden u. ähnlichen Substanzen bis zu schwer tox. Dosen unwirksam. Versucht wurde, den a.E. von II durch Zugabe von Stimulantien, wie *Amphetamin* u. *Ritalin* zu steigern. Die Tiere waren dadurch weniger sediert, doch führte die Unterdrückung des Appetits zu großen Gewichtsverlusten u. nicht zu einem Anstieg der Überlebenszeit. Mit *Lysergsäurediäthylamid, 1-Phenyl-2-hydrazinopropan* (*JP 516*), III u. IV wurde versucht, einige der Wrkg. von II ohne Einw. auf den a.E. direkt zu antagonisieren. *JP 516* hob den a.E. vollkommen auf, die anderen Verbb. bewirkten keine signifikant statist. Änderung der Überlebenszeit.

K. BÖHM. 4160□

Vergleichsweise anticelluläre Wirkung von Colchicin und Podophyllotoxin. L. Verga und F. Belloni. (Farmaco [Pavia], Ediz. sci. **14**. 795—800. Nov. 1959. Pavia, Univ., Ist. di Clin. Med. Gen. e Terap. Med.) (Ital.)

Hühnerembryonen wurde *Colchicin* (**I**) u. *Podophyllotoxin* (**II**) teils gleichzeitig, teils zu verschiedenen Zeitpunkten eingeimpft. Aus den Veränderungen der Proliferationsaktivität zirkulierender Megaloblasten u. aus morpholog. Aspekten der Mitosen ergab sich: **I** besitzt eine analoge stathmokinet. Wrkg. wie **II** u. außerdem eine radiomimet. Wrkg., die durch **II** nicht aufgehoben werden kann. K. ZINGRAF. 4160□

Zur Therapie mit radioaktiven Chromphosphatsuspensionen. H. Kutzim. (Atomkernenergie **4**. 276—80. Juli/Aug. 1959. Köln, Univ., Med. u. Hautklinik.) (Dt.)

Für die lokale Behandlung von Carcinomen durch ^{32}P erwies sich unter den Salzen der Phosphorsäure das tert. geglühte Salz $Cr^{32}PO_4$ als bes. geeignet. Die Partikelgröße des als Suspension in Periston verabfolgten Salzes liegt dabei zwischen 0,05 u. 1 μ. Die Suspension wird lokal injiziert. Subjektiv wurden die Injektionen gut vertragen. In Verbindung mit 4 Wochen später vorgenommenen Ra-Bestrahlungen wurden die Heilerfolge verbessert. Es werden Vgl. mit anderen Therapie-Meth., bes. mit ^{198}Au, angestellt. W. REUSSE. 4160□

Hans von Euler, Beobachtungen und Betrachtungen über die am Tumor-Stoffwechsel beteiligten Wirkstoffe. Leipzig: J. A. Barth. 1961. (29 S.) 4° = Nova Acta Leopoldina. N. F. Bd. 24. Nr. 149.

—, Cancer chemotherapy. Springfield (Illinois): Thomas; Oxford: Blackwell Scientific. 1961. (XII + 253 S. m. Abb., Tab. u. Diagr.) = American lecture series no. 439. 84 s.

—, Membrane transport and metabolism. Proceedings of a symposium held in Prague 1960. Prag: Verl. der Tschechoslowakischen Akademie der Wissenschaften. 1961. (612 S. m. 183 Abb.) 8°. Kčs 68.50.

E₂. Enzymologie. Gärung

Über das an der Oxydation von L-Gulonolacton zu L-Ascorbinsäure beteiligte Elektronenübertragungssystem. I. B. Chatterjee, N. C. Kar, N. C. Ghosh und B. C. Guha. (Sci. and Cult. [Calcutta] **25**. 388—89. Dez. 1959. Calcutta, Univ., Coll. of Techn., Dep. of Appl. Chem.) (Engl.)

Die Oxydation von *L-Gulonolacton* (**IV**) in Ggw. eines Präp. aus Mikrosomen der Ziegenleber verläuft enzymat. durch Wrkg. der *L-Gulonooxydase* (**I**) bis zum *2-Keto-L-gulonolacton* (+ H_2O_2), das dann nichtenzymat. *L-Ascorbinsäure* bildet. Es wurde jetzt gefunden, daß die Wrkg. der **I** durch *Vitamin-E*-Mangel stark herabgesetzt wird. Durch darauf folgenden Zusatz von *α-Tocopherol* (**II**) oder *Vitamin* K_1 (**III**) wird die ursprüngliche Wrkg. wiederhergestellt. Extraktion der Mikrosomen mit einem Gemisch von Isooctan/A. führt zu ca. 50%ig. Erniedrigung der **I**-Wrkg., wobei etwa die Hälfte dieses Verlusts durch Zusatz des Lipoidextrakts wieder ausgeglichen werden kann. Auch in diesem Fall kann die Wiederherst. der Wrkg. durch **II** oder **III** erzielt werden. Hiernach ist offenbar ein an die Mikrosomen gebundener Lipoid-*Cofaktor*, der wahrscheinlich nahe Verwandtschaft zu **II** u. **III** hat, für die Oxydation erforderlich. An dem Syst. ist noch ein *Flavoprotein* (**V**) beteiligt, so daß versuchsweise folgendes Elektronenübertragungsschema angenommen wird: **IV** → **V** → Lipoprotein → O_2. A. HESSE. 4210□

Cosynthesefaktor I, ein Faktor, der bei der Wasserstoffübertragung bei Streptomyces aureofaciens beteiligt ist. Philip A. Miller, Newell O. Sjolander, Stephen Nalesnyk, Nancy Arnold, Sylvia Johnson, Albert P. Doerschuk und J. R. D. McCormick. (J. Amer. chem. Soc. **82**. 5002—03. 20/9. 1960. Pearl River, N.Y., Amer. Cyanamid Comp., Lederle Labor.) (Engl.)

Ein von mehreren Rassen von *Streptomyces aureofaciens* gebildeter, wasserlösl. *Cosynthesefaktor I* (**I**) bewirkt bei dem St. aureofaciens-Mutanten S–1308 die Bldg. von *7-Chlortetracyclin* an Stelle von 7-Chlor-5a(11a)-dehydrotetracyclin (**II**). Diese Beobachtung wurde als analyt. Meth. bei der Anreicherung u. Isolierung von **I** angewandt. Der Mutant W–5 wurde 120 Std. lang auf üblichem Medium kultiviert. Dann wurde filtriert u. an aktivierter Kohle adsorbiert. Nach Waschen mit W. u. Dimethylformamid(DMF) wurde mit 0,25n NH_4OH in DMF eluiert, im Vakuum zum Sirup eingeengt u. mit Chlf.–Aceton (1 : 25) gefällt. Es wurde in wss. NH_4OH (vom pH 10) gelöst u. an einer Mg-Silicatsäule chromatographiert. **I** wurde als gelbgrün fluorescierende Bande mit W.–Methanol 1 : 10 eluiert. **I**, $C_{19}H_{22}N_4O_9$, F. 287—289° (Zers.; Kristalle aus 0,1n HCl), R_F-Werte mit Butanol–Eisessig–W. (3 : 1 : 4) 0,30 u. mit 0,1n wss. NH_4OH 0,35, hat im IR-Spektrum OH- u. konjugierte Carbonylbanden. **I** ist dialysierbar u. stabil beim Erhitzen im Autoklaven bei pH 1—10. Durch $NaBH_4$ wird **I** zu einer farblosen, nichtfluorescierenden Verb. red., die durch Luft leicht reoxydiert werden kann. Das UV-Spektrum von **I** in alkal. u. saurer Lsg. ist angegeben. **I** wirkt katalyt. bei der stereospezif. Red. von **II**,

u. zwar wahrscheinlich als Cofaktor in einem H-Übertragungssystem. Vff. vermuten, daß es sich um eine den Pteridinen oder Flavinen verwandte Verb. handelt.

E. DEHMLOW. 4210□

Der Einfluß des experimentellen Schocks auf die Aktivität der Katalase des aus verschiedenen Organen abströmenden Blutes. C. Pintilie, Elisabeta Lascăr und Dorina Lazăr. (Comun. Acad. Republ. Populare romîne **5.** 581—90. März 1959.) (Rum.)

An Hunden wird das Verh. der *Katalase* (I) im Venenblut aus Milz, Leber u. Niere vor u. nach experimentellem Elektroschock untersucht. Die I-Aktivität ist vom Glucose- u. Mineral-Geh. des Blutes unabhängig. Während das aus dem Gehirn abströmende Blut nach dem Schock verstärkte I-Aktivität zeigt, ist die I-Aktivität im Milz-, Leber- u. Nierenblut nach dem Schock prakt. unverändert. R. K. MÜLLER. 4210□

Die Lokalisierung intravenös injizierter Meerrettich-Peroxydase in den Zellen zusammengerollter Tubuli der Rattenniere. W. Straus. (Exp. Cell Res. **20.** 600—03. Sept. 1960.) (Engl.)

20—50 mg *Meerrettich-Peroxydase* wurden Ratten i.v. injiziert. Zu verschiedenen Zeiten (einigen Min. bis mehrere Std.) wurden die Nieren der Tiere aufgearbeitet. Die beobachteten Veränderungen werden beschrieben.

S. DITTMANN-MITZSCHERLICH. 4210□

Der Einfluß von Thyroxin auf katalysierte Peroxydase-Reaktionen. S. J. Klebanoff. (Acta endocrinol. [Copenhagen], Suppl. Nr. **51.** 999. 1960. New York, N.Y., Rockefeller Inst.) (Engl.) H. HERPER. 4210□

Einfluß der Kulturbedingungen auf die Bildung der Nitratreduktase von Aerobacter aerogenes. Francis Pichinoty und Liliane d'Ornano. (Biochim. biophysica Acta [Amsterdam] **48.** 218—20. 18/3. 1961. Marseille, France, C.R.S.I.M., Centre Nat. de la Rech. Sci., Labor. de Chim. Bact.) (Franz.)

Zellen u. Extrakte aus anaeroben Kulturen von *Aerobacter aerogenes* in synthet. Milieu zeigten eine verstärkte Aktivität an *Nitratreduktase* (I), wenn die N_2-Quelle NO_3^- oder NO_2^- war; bei NH_4^+ als alleiniger N_2-Zufuhr war die Aktivität unbedeutend. Die Verss. bestätigen die induzierbare Natur von I u. zeigen, daß NO_3^- die Biosynth. von I induziert, das dessen Bldg. wiederum katalysiert. Bei aerober Kultur in synthet. Medium in Ggw. von NO_3^- u. NO_2^- fehlt den Zellen jede Aktivität. Zur Unters. des Einfl. von O_2 wurde eine adaptierte Suspension aus einer anaeroben Kultur über NO_3^- in Ggw. von *Glucose*, NO_3^- u. *Chloramphenicol* stark belüftet. Derselbe Vers. wurde anaerob durchgeführt. Nach 60 Min. langer Inkubation wurde die Aktivität der Zellen u. der entsprechenden Extrakte gemessen u. keine Verminderung der Aktivität in der belüfteten Suspension festgestellt. Mit komplexen Medien zeigte sich kein merklicher Unterschied zwischen den Aktivitäten der Zellen oder Extrakte aus aeroben u. anaeroben Kulturen; indessen bewahrt I seinen Charakter als induzierbares Enzym, da die Zugabe von NO_3^- oder NO_2^- zum Milieu viel aktivere Extrakte erhalten läßt. H. AMAN. 4210□

Verhalten der Succindehydrase und der endogenen Atmung bei Homogenaten von Rattenhirn in Gegenwart von Lecithinemulsionen. Vorl. Mitt. Sabin Sorin Vasu. (Comun. Acad. Republ. Populare romîne **5.** 529—33. März 1955.) (Rum.; Auszug: Franz.)

2%ig. Emulsionen von *Lecithin* (I) setzen nach manometr. Messungen nach WARBURG u. nach der Meth. von THUNBERG die Aktivität der *Succindehydrase* (II) in Hirnhomogenaten herab, beeinflussen aber deren endogene Atmung nur wenig. Der Einfl. von I auf II nimmt mit der Konz. der II-Emulsion zu. Vf. nimmt an, daß die I-Einw. an den Grenzflächen zwischen Lipiden u. wss. Phase des Homogenats stattfindet.

R. K. MÜLLER. 4210□

Eigenschaften der zwei Formen der Äpfelsäuredehydrogenase aus Rinderherz. Forrest C. Grimm und David G. Doherty. (J. biol. Chemistry **236.** 1980—85. Juli 1961. Oak Ridge, Tenn., Oak Ridge Nat. Labor., Biol. Div.) (Engl.)

Die durch Behandlung von zerkleinerten Rinderherzen mit Aceton gewonnene u. durch Fraktionierung mit $(NH_4)_2SO_4$ u. A. sowie durch Trennung am Ionenaustauscher u. mit Hilfe der Zonenelektrophorese hochgereinigte *Äpfelsäuredehydrogenase* scheint eine mitochondriale Form zu sein. Molgew. 65000, im Extinktions-Koeff. $3{,}25 \cdot 10^4$ bei 280 mμ, I.P. bei 6,2. Bei pH 9 (optimaler pH-Wert 9,2) ergaben sich folgende Werte für die MICHAELIS-Konst.: K_{Malat} $9{,}9 \cdot 10^{-4}$; $K_{Oxaloacetat}$ $4{,}0 \cdot 10^{-5}$; K_{DPN} $5{,}4 \cdot 10^{-4}$; K_{DPNH} $2{,}5 \cdot 10^{-5}$. Maximale Umsatzzahl (U.Z.) mit Äpfelsäure u. DPN 35000, mit Oxalessigsäure u. DPNH 59000 Mol des Substrats/Min./Mol Enzym. — Eine zweite Form der Äpfelsäuredehydrase (20—30% der Gesamtaktivität des gesamten Homogenats betragend) wurde aus der überstehenden Cellularfraktion isoliert u. teilweise gereinigt. Dieses Enzym hat eine höhere U.Z. mit Oxalessigsäure u. DPNH, aber eine geringere U.Z. mit Äpfelsäure u. DPN. Beide Enzyme unterscheiden sich in ihren mol. u. kinet. Eigenschaften. S. VIERKÖTTER. 4210□

Glucose-6-phosphatdehydrogenase: Beziehung zu Pyridinnucleotiden und Wirkung gewisser Hormone. Paul A. Marks und Julia Banks. (Acta endocrinol. [Copenhagen], Suppl. Nr. **51.** 967—68. 1960. New York City, N.Y., Columbia Univ., Coll. of Physic. and Surg., Dep. of Med.) (Engl.) H. HERPER. 4210□

Hydroxysteroid-Dehydrogenase in der Säugetier-Leber. Frank Ungar. (Acta endocrinol. [Copenhagen], Suppl. Nr. **51.** 727. 1960. Minneapolis, Minn., Univ. of Minnesota.) (Engl.) H. HERPER. 4210□

Kompetitive Hemmung der Enzymaktivität durch Harnstoff. K. V. Rajagopalan, Irwin Fridovich und Philip Handler. (J. biol. Chemistry **236.** 1059—65. April 1961. Durham, N.C., Duke Univ., School of Med., Dep. of Biochem.) (Engl.)

In $5 \cdot 10^{-5}$m *Xanthin*-Lsg. ist die Hemmung der *Xanthinoxydase* (II) durch Harnstoff (I) bis zu 3m eine lineare Funktion der I-Konzentration. Die Hemmung ist reversibel. Sie wird durch 30faches Auswaschen nach der Inkubation verhindert. Längere Einw. höher konz. Lsgg. von I ($>$5m) führt zu irreversibler Denaturierung. Die Hemmung ist kompetitiv in bezug auf Xanthin als Substrat. Kompetitive Hemmung zeigt I auch bei folgenden Enzymen: *Uridindiphosphatglucosedehydrogenase, Milchsäuredehydrogenase, Histidase, Aldehydoxydase* (Substrat: *N'-Methylnicotinamid* oder *Salicylaldehyd*), *L-Aminosäureoxydase* (*L-Leucin*), *saure Phosphatase* (*o-Carboxyphenylphosphat*), *Tyrosinase, Uricase, Carboxypeptidase.* K_i ist bei II unabhängig vom Typ des Substrats (Xanthin oder Salicylaldehyd); K_m variiert dagegen stark. Nicht kompetitive Hemmung durch I wird bei folgenden Enzymen gefunden: *Alkoholdehydrogenase* (*A.* u. *Cyclohexanol*), *Pyrophosphatase*, . *Sulfitcytochrom-c-reduktase, Katalase* (H_2O_2), *Rhodanase* (*Cyanid* u. *Thiosulfat*). Enzyme, die Metallionen als Cofaktor benötigen oder die ein Metall als integralen Bestandteil enthalten, sind resistent gegen die Hemmung durch I. Durch *Guanidin* (III) werden II, Histidase u. Tyrosinase ebenfalls kompetitiv gehemmt. *Formamid* (IV) hemmt II kompetitiv. *Hexokinase* (*Glucose, ATP*), *Hexosediphosphatase* (*Fructose-1.6-diphosphat, alkal. Phosphatase* (o-Carboxyphenylphosphat), *Peroxydase* (H_2O_2, *o-Dianisidin*) u. *Cytochromoxydase* (*Ferrocytochrom* c) zeigen keine Denaturierung durch 2m-Konz. von I. In 50%ig. *Glycerin*-Lsg. u. in 99,5%ig. D_2O bleibt die Hemmung von II durch I kompetitiv. *KF, KBr, KCl* u. K_2SO_4 besitzen bei 1m Konz. keinen Einfl. auf die Enzymaktivität. 1m *Acetat* hemmt die II-Aktivität zu 50% (nicht kompetitiv), 1m *Thiocyanat* fast vollständig. Alle angeführten Salze, außer K_2SO_4, erhöhen jedoch die Hemmung der II durch I, Thiocyanat ca. 10mal stärker als die übrigen. Die Hemmung ist dann teilweise nicht kompetitiv. *Natriumdodecylsulfat* hemmt II nicht kompetitiv, in Verb. mit I jedoch kompetitiv; alkal. Phosphatase wird nicht gehemmt. Der zur Hemmung führende Enzym-I-Komplex enthält 1 oder 2 Moll. I pro Enzymmolekül. Vff. vermuten, daß I, III u. IV mit dem jeweiligen Substrat konkurrieren (reversible Wasserstoffbrücken-Bindung). Die Bldg. des Enzym-I-Komplexes erfolgt in wss. Lsg. vermutlich unter Verdrängung der Wasser-Moll. von solvatisierten funktionellen Gruppen des Enzyms durch I-Moleküle. WOLFGANG HERRMANN. 4210□

Der Pyrimidinstoffwechsel beim Menschen. 4. Mitt. **Das Fehlen von Fermenten bei der Orotsäure-Urie.** Lloyd H. Smith jun., Margaret Sullivan und Charles M. Huguley jun. (J. clin. Invest. **40.** 656—64. April 1961. Boston, Mass., Havard Med. School.) (Engl.) — 3. vgl. J. clin. Invest. **39.** [1960.] 1029.

Klin. Unterss. an Patienten mit *Orotsäure* (I)-Urie ergaben das Vorhandensein eines Stoffwechselblocks der Pyrimidin-Biosynth., mit verminderter Umwandlung von I in *Uridin-5'-phosphat* (II). Die für die Umwandlung von I in II verantwortlichen Enzyme *Orotidylpyrophosphorylase* u. *Orotidyldecarboxylase* zeigten bei den Patienten eine verminderte Aktivität in den Erythrocyten. HEINRICH HERRMANN. 4210□

Aktivität der Ribonuclease in Zubereitungen testikulärer und Streptokokken-Hyaluronidase. Robert Love, Roscoe H. Liles und Kay O. A. Ellem. (J. Histochem. Cytochem. **8.** 437—41. Nov. 1960. Bethesda, Md., Nat. Cancer Inst., Labor. of Pathol.; Philadelphia, Pa., Wistar Inst.) (Engl.)

Bei Unterss. über Vork. u. Natur der *Ribonuclease* (I)-Aktivität konnte diese in Zubereitungen von Rindertestikel- u. Streptokokken-*Hyaluronidase* (II) nachgewiesen werden (Bezeichnung dieses I-Typs: II–I). Bei Vgl. der Eigg. von II, II–I u. Pankreas-I zeigten alle 3 Fermente Aktivität bei gleichen pH-Werten; II–I u. Pankreas-I waren hitzestabiler (70° für 2 Std. ohne Wrkg.-Einbuße) als II; alle 3 Fermente waren, wenn sie in gepufferter, nicht wenn sie in wss. Lsg. vorlagen, gleich empfindlich gegenüber 5% Formalin; II–I (nicht jedoch II) wird durch 0,3 mm Cu^{2+} oder 0,5 mm Fe^{3+} inaktiviert; II wird durch Oxydation mit H_2O_2 nicht beeinflußt, wss. II–I wird gehemmt, gepufferte I-Zubereitungen werden nur teilweise gehemmt; keines der Enzyme wird durch Penicillin oder p-Chlormercuribenzoat gehemmt. U. TAUSENDFREUND. 4210□

Die Thymidin-phosphorylierenden Kinasen. P. A. Bianchi, J. A. V. Butler, A. R. Crathorn und K. V. Shooter. (Biochim. biophysica Acta [Amsterdam] **48.** 213—14. 18/3. 1961. London, Inst. of Cancer Res., Chester Beatty Res. Inst.) (Engl.)

Die mit Homogenaten aus Rattenlebern u. lymphoblast. Gewebe leukäm. Mäuse u. mit ^{14}*C-Thymidin* (I) durchgeführten Verss. ergaben, daß das zuerst gebildete *Thymidinmonophosphat* (II) durch Zufügung von Pyrophosphat sofort in *Thymidintriphosphat* (III) umgewandelt wird. Das I in II verwandelnde Enzym ist ziemlich stabil, während das für die Umwandlung von II in III verantwortliche unter den Vers.-Bedingungen nur für kurze Zeit existiert. Letztere *Kinase* wird einigermaßen stabilisiert durch die Ggw. von I oder daraus entstehendem II. *Thymidindiphosphat* u. III haben keine stabilisierende Wirkung. Wahrscheinlich ist die Kinase, welche II in III verwandelt, mit ihrer eigentümlich beschränkten Stabilität ein krit. Enzym in der *Desoxyribonucleinsäure*-Synthese.
H. AMAN. 4210□

Die Beziehungen von Adenosin-3'.5'-phosphat und Phosphorylase zu den Wirkungen von Brenzcatechinaminen und anderen Hormonen. Earl W. Sutherland und T. W. Rall. (Pharmacol. Rev. **12.** 265—99. Sept. 1960. Cleveland, Ohio, Western Res. Univ., School of Med.) (Engl.)

Übersicht über Eigg. u. Bldg. von *Adenosin-3'.5'-phosphat* (*cycl. 3.5-Adenosinmonophosphat*; I), seine Wrkg., bes. auf die Aktivierung der *Phosphorylase* (II) u. die Wrkg. von *Brenzcatechinaminen, Glukagon, adrenocorticotropem Hormon* u. *Serotonin* auf die I-Bldg. u. die II-Aktivität in verschiedenen Organen u. Geweben, sowie die Beziehungen zwischen II u. der *Glykogen*-Synthese. — 137 Literaturangaben. K. BOHLE. 4210□

Stöchiometrischer Zusammenhang zwischen ATP-Bildung und DPNH-Gehalt von Mitochondrien bei Zustandsänderungen der Atmungskette. Liselotte Schachinger, Rudolf Eisenhardt und Britton Chance. (Biochem. Z. **333.** 182—92. 1960. Philadelphia, Pa., Univ. of Pennsylvania, Found. for Med. Phys.) (Dt.)

Atmung, Phosphorylierungen u. Redoxzustände der Pyridinnucleotide u. einiger Cytochrome von Rattenlebermitochondrien wurden bei Zustandsänderungen der Atmungskette verfolgt. („Zustände" nach CHANCE u. WILLIAMS, C. **1957.** 1701; Zustand 2: Hungerzustand mit Substratmangel u. *Adenosindiphosphat* [ADP]-Überschuß; Zustand 3: akt. Zustand; Zustand 4: Ruhezustand mit Substratüberschuß u. ADP-Mangel). Die Phosphorylierungen wurden bei 6—7° gemessen da dort nur ca. 5% der Rk.-Geschw. bei Zimmer-Temp. u. leichtere Meßbarkeit. Beim Übergang von Zustand 4 in Zustand 3, durch Zugabe von ADP hervorgerufen, setzt neben der Phosphorylierung, die der gesteigerten Atmung entspricht, zusätzliche *Adenosintriphosphat* (ATP)-Bldg. ein. Diese ist etwa so stark wie die gleichzeitige Abnahme der Konz. des *red. Diphosphopyridinnucleotids* (DPNH). Im Zustand 4 liegen 99% der Pyridinnucleotide als DPNH vor, im Zustand 3 53%. Allerdings läuft die Oxydation von DPNH zu *Diphosphopyridinnucleotid* (DPN) langsamer ab als die sprunghafte ATP-Bildung. Der Redoxzustand der *Cytochrome b* u. *c* ändert sich dabei nur um wenige %. Durch Zugabe von *2.4-Dinitrophenol* zu Mitochondrien mit red. Atmungskette wird der ATP-Sprung völlig verhindert. *Amytal* hemmt bei Verw. von *β-Hydroxybutyrat* als Substrat den ATP-Sprung bei Zugabe von ADP fast ganz. Bei Verw. des Substrats *Succinat* hemmt *Amytal* Atmung u. Phosphorylierung weniger stark. Beim Übergang von Zustand 2 in Zustand 3 wurde kein ATP-Sprung gefunden. Bei Zugabe von ADP zu Mitochondrien im Zustand 5 (anaerober Zustand infolge O_2-Mangel) treten nur dann ATP-Sprünge auf, wenn kleinere *KCN*-Konzz. verwendet werden als $5 \cdot 10^{-4}$molar. — Die Verss. werden so erklärt, daß eine energiereiche Zwischenverb. mit der red. Stufe der Atmungsenzyme verbunden ist, u. daß der ATP-Sprung auf eine schnelle Rk.-Folge der energiereichen Zwischenverbb. zurückzuführen ist, welche der Oxydation von DPNH zu DPN vorausgeht. S. DITTMANN-MITZSCHERLICH. 4210□

Phosphomevalonsäurekinase und 5-Pyrophosphomevalonsäureanhydrodecarboxylase aus Schweineleber. Hermione Hellig und G. Popják. (Biochem. J. **80.** 47 P bis 48 P. Sept. 1961. London, Med. Res. Council, Exp. Radiopathol. Res. Unit, Hammersmith Hosp.) (Engl.)

Phosphomevalonsäurekinase (I) katalysiert die Bldg. von *5-Pyrophosphomevalonat* (*5-PP-MVA*) aus *5-Phosphomevalonat* (*5-P-MVA*) u. *ATP*: 5-P-MVA + ATP $\xrightleftharpoons{Mg^{2+}}$ 5-PP-MVA + ADP. Das Gleichgewicht kann durch Überschuß an *ATP* (bzw. *ADP*) vollständig nach rechts (links) verschoben werden. Pro mg Protein wandelten die besten I-Präpp. 0,078 μMol 5-P-MVA in 5-PP-MVA/Min. bei 37° um. Optimale Bedingungen: pH 7,3, 5 mm $MgCl_2$, 3,6 mm ATP u. mm 5-P-MVA. K_m ca. 0,3 mmolar. 5-PP-MVA ist linksdrehend. *5-Pyrophosphomevalonsäureanhydrodecarboxylase* (II) katalysiert die Bldg. von *Isopentenylpyrophosphat* (IPP): 5-PP-MVA + ATP $\xrightarrow{Mn^{2+}}$ IPP + CO_2 + ADP + P_i.

Optimale Bedingungen: pH 5,1, 2 mm ATP, 5 mm $MnCl_2$ u. 0,1 mm 5-PP-MVA. K_m 0,5 μm. Pro mg Protein decarboxylierten die besten II-Präpp. 0,014 μMol 5-PP-MVA/Min. bei 37°.
S. VIERKÖTTER. 4210□

Eine Theorie über den Wirkungsmechanismus von Kreatinphosphokinase. B. R. Rabin und D. C. Watts. (Nature [London] **188.** 1163—65. 31/12. 1960. London, Univ. Coll., Dep. of Biochem.) (Engl.)

Die Kinetik der Umsetzung der beiden reakt. Thiolgruppen von *Kreatinphosphokinase* (I) mit *Jodacetat* (III) u. *Jodacetamid* (II) wurde untersucht. In beiden Fällen war die Rk.-Geschw. unabhängig vom pH (im Bereich pH 6—10). Ggw. eines Gleichgewichtsgemisches aus 0,001 m *ATP*, 0,01 m *Kreatin* u. 0,001 m Mg^{2+} bewirkt einen beträchtlichen Schutz von I gegen die Rk. mit II u. III, während beim Fehlen von Mg^{2+} nur ein schwacher Schutzeffekt zu beobachten ist. Die Rk.-Geschw. bei Wechsel-Wrkg. mit I sinkt bei III mit steigender Ionenstärke u. steigt bei II mit wachsender Ionenstärke. Auf Grund dieser u. früher veröffentlichter Beobachtungen wird ein Rk.-Mechanismus für die Phosphatübertragung von ATP auf Kreatin vorgeschlagen, nach dem zunächst ein (über H-Brücken zusammengehaltener) Komplex aus ATP, Mg^{2+}, Kreatin u. den SH- u. Imidazolgruppen von I entsteht. Die eigentliche Rk. findet dann durch cycl. Bindungsverschiebungen innerhalb des Komplexes statt. E. DEHMLOW. 4210□

Die histofunktionelle Bedeutung der Verteilung der alkalischen Phosphatase in den Speicheldrüsen des Meerschweinchens nach Behandlung mit Parotishydrolysat. C. I. Parhon und I. Petrea. (Comun. Acad. Republ. Populare romîne **6.** 1131—36. 2 Tafeln. Sept. 1956.) (Rum.)

Parotishydrolysat (I) ist ein Antagonist des *Insulins*, hemmt dessen hypoglykäm. Wrkg. u. hält den die Hyperglykämie bewirkenden Glucosespiegel im Blut aufrecht. Verss. an Meerschweinchen, die 240—300 Tage mit I behandelt werden, nimmt mit zunehmender Behandlungsdauer die Aktivität der *alkal. Phosphatase* (II) in der Parotis zu. II findet sich nur im Acinusteil der Drüse, an der Peripherie der Zellen, in den Zellmembranen u. Zwischenräumen verteilt. Die Art der II-Sekretion zeigt, daß II nicht an der Verdauung der Kohlenhydrate durch den Speichel u. im Blut beteiligt ist. Aus der Unters. der II in der Unterkieferspeicheldrüse nach der Behandlung mit I lassen sich keine eindeutigen Schlüsse ziehen. R. K. MÜLLER. 4210□

Elektronenmikroskopischer Nachweis der Phosphoamidase. H. Themann und Th. Hake. (Z. Naturforsch. **16 b.** 226—27. März 1961. Münster/Westf., Univ., Abt. für Med. Elektronenmikroskopie.) (Dt.)

In Zellkernen der Endothelzellen bzw. Glomerulischleifen von Leber-, Nieren- u. Herzmuskelschnitten von Mäusen wird die *Phosphoamidase* elektronenmkr. durch das bei entsprechender Behandlung gebildete Bleisulfid nachgewiesen. Dessen Partikelgröße läßt jedoch keine Aussage über die Bindung des Enzyms an bestimmte Kernstrukturen zu. Die Kerne der Muskelzellen reagieren vorwiegend negativ, während die der gefäßführenden Zellen dicht mit Bleisulfid ausgefüllt sind. WOLFGANG HERRMANN. 4210□

Pathologisches Vorkommen von Glucose-6-phosphatase im Serum bei Lebererkrankungen. Hikaru Koide und Toshitsugu Oda. (Clin. chim. Acta [Amsterdam] **4.** 554—61. Juli 1959. Tokyo, Japan, Univ., Tasaka's Clinic of Intern. Med.) (Engl.)

Im venösen menschlichen Blut gesunder Personen kann eine *Glucose-6-phosphatase* (I)-Aktivität kaum nachgewiesen werden. An Hunden mit Leberschäden (erzeugt durch CCl_4) u. auch bei leber- u. nierenkranken Menschen wird eine starke Aktivitätszunahme der I im Serum beobachtet. Bei folgenden Krankheiten kann eine I-Aktivitätszunahme beobachtet werden: Myocardinfarkt, Leukämie, Anämie u. endokrinolog. Störungen.
H. STRUCK. 4210□

Induktion und Hemmung von α-Glucosidase-Synthese bei Candida stellatoidea. S. G. Bradley und D. C. Creevy. (J. Bacteriol. **81.** 303—10. Febr. 1961. Minneapolis, Minn., Univ. of Minnesota, Dep. of Bacteriology.) (Engl.)

Glucose (I) wird konstitutiv von *Candida stellatoidea* fermentiert. In I-Nähr-Lsg. gewachsene Zellen fermentieren, in Nähr-Lsg. mit *Maltose* (II) an Stelle von I weiter kultiviert, II nicht unmittelbar, sondern erst nach einigen Stunden. Die Fähigkeit zur Synth. von *α-Glucosidase* (III) entwickelt sich unvollständig in Ggw. von II allein, stärker in Ggw. von II (oder Dextrin) + Arginin (oder Pepton). Die Entw. von III wird unterdrückt durch *2.4-Dinitrophenol* (IV), *Natriumazid* (V) oder I, nicht aber durch fungistat. Konzz. von Polyen-Antibioticis (Nystatin, Primaricin). IV u. V hemmen nicht die Fermentierung von II durch adaptierte Zellen. Nichtadaptierte Zellen, kultiviert in einer Nähr-Lsg. mit Kombination von I u. II stellen das Wachstum nach Aufbrauchen von I ein u. nehmen es nach 3—5 Std. dauernder Adaptation von II wieder auf. Verss. mit zellfreien Präpp. adaptierter u. nichtadaptierter Zellen bestätigten, daß III bei C. stellatoidea ein induzierbares Enzym ist. W. KNÖBEL. 4210□

Der histochemische Nachweis von α-D-Glucosidase in Säugetiergeweben. Alexander M. Rutenburg, Julius A. Goldbarg, Selma H. Rutenburg und Ruth T. Lang. (J. Histochem. Cytochem. **8.** 268—72. Juli 1960. Boston, Mass., Beth Israel Hosp. and Harvard Med. School, Yamins Labor. for Surg. Res. and Dep. of Surg.) (Engl.)

Es wird eine histochem. Meth. zum Nachw. von *α-D-Glucosidase* (I) in Säugetieren beschrieben, bei der die mit CH_2O fixierten Gewebe in einer Lsg. von *α-6-Brom-2-naphthyl-α-D-glucopyranosid* in 2-Methoxyäthanol u. nachfolgend oder auch gleichzeitig mit dem stabilisierten *Tetrazoniumsalz* des *Di-o-anisidins* CI Nr. 37255 „fast blue" unter Bldg. eines Azofarbstoffes inkubiert werden. Es werden verschiedene Gewebe der Ratte untersucht. Nur die Niere u. der Dünndarm zeigen eine I-Aktivität. Der Darm weist im Duodenum die größte Aktivität auf, die zum Jejunum abfällt. Dickdarm, Esophagus u. Magen sind inaktiv. Die Gewebe von Kaninchen, Hund, Meerschweinchen u. Maus zeigen die gleiche Aktivitätsverteilung. Fünftägiges Fasten läßt die I-Aktivität im Duodenum auf einen nur teilweise nachweisbaren Betrag reversibel absinken.

J. Boelter. 4210□

Oligorepetitive Transfructosylierung durch Lävansaccharose. G. Avigad. (Bull. Res. Council Israel, Sect. E **6E.** 64—65. Juli 1956. Jerusalem, Hebrew Univ., Hadassah Med. School, Dep. of Biochem.) (Engl.)

Die Bldg. von makromol. *Lävan* (I) durch *Aerobacter levanicum*-Zellen auf *Saccharose* (II)-Brühe, u. gleichermaßen aus II durch ein zellfreies *Lävansaccharase* (III)-Syst., wird begleitet von der prakt. irreversiblen Bldg. einer Zahl von Oligosacchariden mit Polymerisationsgrad zwischen 2 u. 6. Als Hauptkomponente wurde *1-Kestose-[O-α-D-glucopyranosyl-(1 $\rightarrow$ 2)-β-D-fructofuranosid]* identifiziert. Diese Komponente stammt vermutlich aus Transfructosylierung mit einem Saccharose-Mol. als Donator u. einem 2. als Acceptor. Wenn die isolierte 1-Kestose u. die isolierten höheren Oligosaccharide mit dem Polymerisationsgrad zwischen 4 u. 6 getrennt mit III incubiert werden, kann deren sukzessive Bldg. verfolgt werden, wahrscheinlich handelt es sich um Additionen einer Fructosylgruppe. Die 1-Kestose führt zu Tetra- u. schließlich zu Pentasaccharid. Aus Teilhydrolysaten von I wurden kurzkettige Lävulane isoliert. Die Fructosyl-Acceptorkapazität der Lävulane im III–II-Syst. steigt mit der Kettenlänge, bes. im Bereich des Polymerisationsgrades 4—8. Das eingeführte Lävulan kann durch verschiedene Fructosyleinheiten verlängert werden. Lävulane können als kompetitive Acceptoren die Entstehung des hochmol. I verhindern.

U. Tausendfreund. 4210□

Die adaptive Bildung von Lävansaccharase durch Corynebacterium-Arten. Y. Henis. (Bull. Res. Council Israel, Sect. E **6E.** 63. Juli 1956. Jerusalem, Hebrew Univ.-Hadassah Med. School, Dep. of Bacteriol.) (Engl.)

Bei Unters. der enzymat. Aktivität einer lävanbildenden *Corynebacterium*-Art konnte adaptive *Lävansaccharase*-Bldg. in einem Medium mit Saccharose, Mineralien u. organ. N-Quelle (Pepton, Caseinhydrolysat oder Glutaminsäure) induziert werden. Die optimale Enzym-Bldg. hängt von der Konz. der N-Quelle ab, 0,025% Pepton sind optimal; 1% Pepton führt zwar zu größerer Wachstums-Geschw. u. Saccharosehydrolyse, hemmt aber die Fermentbildung. Gemessen an der pH-Kurve weicht das beschriebene (zellfreie) Enzym von der durch Avinieri-Shapiro u. Mitarbeiter [1945] u. Doudoroff u. Mitarbeiter [1945] beschriebenen Lävansaccharase ab.

U. Tausendfreund. 4210□

Nachweis für einen Tricarbonsäurecyclus in Brevibacterium leucinophagum. R. W. Kinney und C. H. Werkman. (Iowa State J. Sci. **35.** 89—96. 15/8. 1960. Iowa, Iowa State Univ., Dep. of Bacteriol.) (Engl.)

Auf Grund manometr. Messungen wird ein Beweis für das Vorhandensein eines Tricarbonsäurecyclus in *Brevibacterium leucinophagum* geliefert. Dieser Cyclus wird bewiesen durch ein Wachstum in Ggw. von *α-Ketoglutarat, Maleat, Citrat, Fumarat* u. *Succinat,* sowie durch Stimulierung der O_2-Aufnahme durch diese Verbb., durch ihre Inhibitor-Wrkg. in gewissen Rkk., ihre Umwandlung u. Akkumulation während des Cyclusablaufes als Intermediärverbindungen.

Ch. Zimmer. 4210□

Mechanismus der Kohlendioxydfixierung durch zellfreie Extrakte von heterotrophen und Photosynthese-Bakterien. C. L. Baugh, T. Myoda, D. S. Bates und C. H. Werkman. (Iowa State J. Sci. **34.** 113—18. 15/8. 1959.) (Engl.)

Es wird der Beweis geliefert für 2 verschiedene Rkk. bei dem Einbau von *$^{14}CO_2$* in *^{14}C-Oxalacetat* in zellfreien Extrakten aus *Nocardia corallina* (ATCC 4273) u. *Mycobacterium phlei* (ATCC 10142). Die eine Rk. ist irreversibel u. entspricht der durch *Phosphoenolbrenztraubensäurecarboxylase* katalysierten Rk.; die andere ist eine reversible, *Nucleotid*-verbrauchende Rk., die der Rk. durch *Oxalessigsäurecarboxylase* entspricht. *Rhodospirillum rubrum* (ATCC 11170) zeigt unter diesen Bedingungen nur die zweite Reaktion.

Ch. Zimmer. 4210□

Nucleotid-abhängige Kohlendioxydfixierung in Rhodospirillum rubrum. D. S. Bates und C. H. Werkman. (Iowa State J. Sci. **35.** 41—48. 15/8. 1960.) (Engl.) — Vgl. vorst. Referat.

Die Verss. mit durch Ultraschall gewonnenen Zellextrakten aus unter Licht-Einw. gewachsenem *Rhodospirillum rubrum* (ATCC 11170) zeigen, daß die zellfreien Extrakte ein nucleotidverbrauchendes, CO_2-fixierendes Syst. enthalten, das reversibel ist. Mn^{2+} scheint erforderlich zu sein; weniger nötig sind Mg^{2+} u. Co^{2+}. Die ^{14}C-Fixierung aus Extrakten mit $NaH^{14}CO_3$ erfolgte durch *Oxalacetat* oder *Phosphoenolpyruvat*. *Inosin*- u. *Guanosinnucleotide* sind als Cofaktoren gleichermaßen wirksam; *SH*-Gruppenträger (*Cystein*) wirken stimulierend. Somit ist die Rk. durch *p-Chlormercuribenzoat* hemmbar. *Pyruvat* selbst sowie *Maleat* u. *ATP* scheinen an dem Prozeß nicht direkt beteiligt zu sein. Das pH-Optimum liegt zwischen 6,4 u. 7,0. CH. ZIMMER. 4210□

Kohlendioxydfixierung durch Mycobacterium. T. Myoda und C. H. Werkman. (Iowa State J. Sci. **35.** 73—88. 15/8. 1960. Iowa, Iowa State Univ., Dep. of Bacteriol.) (Engl.) — Vgl. vorst. Referat.

Der mittels Ultraschall gewonnene Extrakt aus *Mycobacterium phlei* ATCC 10142 enthält 2 carboxylierende Syst., die die Rk. zwischen *Phosphoenolbrenztraubensäure* u. CO_2 katalysieren; ein irreversibles, nucleotidunabhängiges Syst. ähnlich der *Phosphoenolbrenztraubensäurecarboxylase* u. ein der *Oxalessigsäurecarboxylase* ähnliches, reversibles, nucleotidabhängiges System. Die Rk. beider Ferment-Syst. erfordert Mg^{2+}, Mn^{2+} oder Co^{2+}. Die CO_2-Fixierungsrate ist mit *Guanosin*- u. *Inosinpolyphosphat* höher. Die Wrkg. anderer Nucleotide, wie *Adenosin*-, *Cytidin*- u. *Uridinpolyphosphat* variiert mit der Konz. divalenter Ionen im Medium. Red. *Glutathion* hat in Ggw. von Mg^{2+} erheblichen Einfluß. Das pH-Optimum des nucleotidunabhängigen Ferment-Syst. liegt bei 7,0—7,5; das des nucleotidabhängigen bei 7,0 in Trispuffer in Ggw. von Mn^{2+} u. in 7,0—7,5 bei Ggw. von Mg^{2+}. CH. ZIMMER. 4210□

K-Glucose-6-O-sulfat als ein Substrat für die Glykosulfatase. K. S. Dodgson und A. G. Lloyd. (Biochem. J. **78.** 319—24. 1961. Cardiff, Univ. of Wales, Dep. of Biochem.) (Engl.)

K-Glucose-3-O-sulfat (**I**) u. *K-Glucose-6-O-sulfat* (**II**) wurden durch *Hydrazin* (**III**) bei 38° nur langsam hydrolysiert im Gegensatz zu dem entsprechenden *Disulfat* (**IV**). Zusatz von *Glucose* beeinflußte die Hydrolyse von **I**, **II** u. **IV** kaum. *Galaktosedisulfat* wurde durch **III** schnell gespalten, wobei wie bei **IV** nur eine Sulfatgruppe vollständig abgespalten wurde. Innerhalb von pH 4,8—6,9 ergab sich kein großer Einfl. auf die Hydrolyse, die unterhalb von pH 4,8 stark anstieg. *Chondroitinsulfat A* (**V**) u. *C* (**VI**) wurden durch **III** nicht hydrolysiert. *Imidazol* spaltete weder **I**, **II**, **IV** noch *Galaktose-6-O-sulfat*. Verss., eine Monosaccharidsulfate, **V** u. **VI**, sowie die aus ihnen erhaltenen sulfurierten Oligosaccharide spaltende *Kohlenhydratsulfatase* in verschiedenen Säugetiergeweben (Ratte, Schwein u. Mensch) nachzuweisen, verliefen erfolglos. J. BOELTER. 4210□

Glykosulfatase: Beobachtungen über die Aktivität von teilweise gereinigten Präparaten gegenüber Schwefelsäureestern von bestimmten Monosacchariden und Steroiden. K. S. Dodgson. (Biochem. J. **78.** 324—33. 1961.) (Engl.) — Vgl. vorst. Referat.

Es wird die teilweise Reinigung von *Glykosulfatase* (**I**) aus den Verdauungsorganen von *Littorina littorea* unter weitgehender Abtrennung anderer Fermente (Chondroitinase, β-Glucuronidase u. β-N-Acetylglucosaminidase) u. Anreicherung von **I** auf das 20fache beschrieben. Vf. fand das Substratoptimum für **I** bei Einw. auf *K-Glucose-3-O-sulfat* (**II**) bei ca. 0,07 m, das für *Galaktose-6-O-sulfat* (**III**) bei 0,08 m u. für *K-Glucose-6-O-sulfat* (**IV**) bei 0,03 m, das pH Optimum bei 5,7—5,9 (**II**), 5,2 (**III**) u. 5,5—5,6 für **IV**, die MICHAELIS-Konst. bei 0,03 (**II**), 0,072 (**III**) u. 0,017 für **IV** u. die relative Aktivität zu 1,0 (**II**), 2,1 (**III**) u. zu 10,0 für **IV**. Die **I**-Aktivität erwies sich in bestimmten Bereichen der Zeit u. der **I**-Konz. proportional. *Phosphat* u. *Pyrophosphat* wirkten stark, *Fluorid* weniger stark hemmend auf **I** bei **IV** als Substrat, während $MgCl_2$ u. $MnCl_2$ leicht aktivierend wirkten. **I** zeigte gegenüber *Cortison-21-sulfat* (**V**) u. *Dehydroandrosteronsulfat* (**VI**) Aktivität. Verss. mit gemischten Substraten zeigten, daß **IV** u. **V** ebenso wie **IV** u. **VI** offensichtlich durch verschiedene Enzyme gespalten werden, während **V** u. **VI** vom gleichen Ferment gespalten werden. Enzym-Präpp. aus der Schnecke *Helix pomatia* besaßen gegenüber **V** Aktivität, doch **III**, **IV** u. **VI** wurden wenig oder gar nicht gespalten. Keine Wrkg. zeigten **I** wie auch Helix pomatia-Präpp. gegenüber verschiedenen Schwefelsäureestern, so daß die Mollusken keine allg. „*Alkylsulfatase*" zu enthalten scheinen. J. BOELTER. 4210□

Untersuchungen über die Hyaluronidasen bei einigen Dermatosen und ihre therapeutische Anwendung. Gh. Năstase, Gh. Speranță, M. Carniol und M. Lazăr. (Comun. Acad. Republ. Populare romîne **5.** 629—34. März 1955.) (Rum.)

Bei Streptokokkenkrankheiten der Haut geht der Geh. an *Hyaluronidase* (I) u. *Antihyaluronidase* (II) im Blutserum der Ausdehnung der Dermatosen parallel. Bei Hautkrebs kann das Fehlen von II eine Ausdehnung des patholog. Prozesses fördern. Bei Keloiden u. bei Streptokokkenelephantiasis werden mit lokaler Infiltration von I günstige Ergebnisse beobachtet. R. K. MÜLLER. 4210□

Der Molekularmechanismus für die Wirkung hydrolytischer Enzyme. 1. Mitt. **Die scheinbare nichtkompetitive Hemmung mit besonderer Berücksichtigung der Acetylcholinesterase.** Richard M. Krupka und Keith J. Laidler. (J. Amer. chem. Soc. **83.** 1445—47. 20/3. 1961. Ottawa, Ontario, Univ. of Ottawa, Dep. of Chem.) (Engl.)

Es wurde die Hemmung von *Acetylcholinesterase* (I) mit *Acetylcholinjodid* u. *Methylaminoäthylacetat* als Substrat durch *cis-2-Dimethylaminocyclohexanol* (II) bei pH 6,75 untersucht. Es wurden zwei Enzym–Substrat-Zwischenprodd. gefunden: Ein Enzym–Substrat-Komplex sowie ein „*acetyliertes Enzym*" (Acetyl-I), wobei II nur die Deacetylierung, d. h. Acetyl-I blockiert, nicht aber den MICHAELIS-Komplex. Die Hemmung durch II ist „gemischt" kompetitiv-nichtkompetitiver Art. Die möglichen Angriffsstellen des II im Zusammenhang mit der räumlichen Lage der akt. Zentren in I werden diskutiert. J. BOELTER. 4210□

Der Molekularmechanismus für die Wirkung hydrolytischer Enzyme. 2. Mitt. **Die Hemmung von Acetylcholinesterase durch überschüssiges Substrat.** Richard M. Krupka und Keith J. Laidler. (J. Amer. chem. Soc. **83.** 1448—54. 20/3. 1961.) (Engl.) — 1. vgl. vorst. Referat.

Es wurden Geschw.-Gleichungen für den Mechanismus der Substrathemmung von *Acetylcholinesterase* (I) in Ggw. von *cis-2-Dimethylaminocyclohexanol* (II) entwickelt. Dabei kann II an dem *acetylierten Enzym* (Acetyl-I) bzw. an freiem I angreifen, das überschüssige Substrat *Acetylcholin* (III) entweder an I oder an Acetyl-I. Weder II noch III können am MICHAELIS-Komplex angreifen. II wie auch III konkurrieren um das anion. Zentrum. Daran gebunden tritt II in Wechselwrkg. mit dem Esterasezentrum — die Deacetylierung blockierend. Bestimmte Inhibitoren (*Cholin, Prostigmin* u. *Eserin*) konkurrieren mit III um freie I, können aber auch an Acetyl-I, ohne die Deacetylierung zu blockieren, gebunden werden. Der mol. Mechanismus der Substrathemmung wird diskutiert. J. BOELTER. 4210□

Der Molekularmechanismus für die Wirkung hydrolytischer Enzyme. 3. Mitt. **Ein allgemeiner Mechanismus für die Hemmung der Acetylcholinesterase.** Richard M. Krupka und Keith J. Laidler. (J. Amer. chem. Soc. **83.** 1454—58. 20/3. 1961.) (Engl.) — 2. vgl. vorst. Referat.

Es wurden Gleichungen für die kompetitive, nichtkompetitive u. gemischt kompetitiv-nichtkompetitive Hemmung von *Acetylcholinesterase* (I) durch verschiedene Inhibitoren aufgestellt unter Vernachlässigung einer Substrathemmung u. unter der Annahme, daß die Inhibitoren nur am freien I bzw. am *Acetyl*-I-Komplex, nicht aber am MICHAELIS-Komplex (II) angreifen können. Ist der Übergang von II zu Acetyl-I der geschwindigkeitsbestimmende Schritt, so handelt es sich um eine kompetitive Hemmung, ebenso wenn die Deacetylierung nicht blockiert wird. Nichtkompetitive Hemmung liegt dann vor, wenn die Deacetylierung der geschwindigkeitsbestimmende Schritt ist u. dieser blockiert wird. *Cholin, Carbachol* u. *Eserin* erwiesen sich in den Verss. als kompetitive Inhibitoren. Die Strukturen u. Elektronenverteilungen der Inhibitoren im Zusammenhang mit ihrer Hemm-Wrkg. auf I werden diskutiert. J. BOELTER. 4210□

Der Molekularmechanismus für die Wirkung hydrolytischer Enzyme. 4. Mitt. **Die Struktur des aktiven Zentrums und der Reaktionsmechanismus.** Richard M. Krupka und Keith J. Laidler. (J. Amer. chem. Soc. **83.** 1458—60. 20/3. 1961.) (Engl.) — 3. vgl. vorst. Referat.

Die die *Acetylcholinesterase* (I) hemmenden Verbb. können in zwei Gruppen eingeteilt werden, bei denen entweder die freie I oder der *Acetyl*-I-Komplex gehemmt werden (nichtkompetitiv bzw. gemischt kompetitiv-nichtkompetitiv), z. B. *cis-2-Dimethylaminocyclohexanol* (II) oder bei denen die Deacetylierung (kompetitiv), z. B. durch *Prostigmin* (III) gehemmt wird. II besitzt in 2,5 Å Entfernung vom kation. Zentrum ein Zentrum hoher Elektronendichte (Carbonyl-O), wobei eine H-Brücke zwischen diesem u. dem H-Atom des sauren Zentrums von I angenommen wird. III, ebenso *Cholin, Carbachol* u. *Eserin*, enthalten eine funktionelle Gruppe 5 Å vom kation. Zentrum (kation. N-Atom) entfernt, z. B. ein Carbonyl-O oder eine OH-Gruppe, die mit dem N-Atom vom Imidazolteil in I eine H-Brücke bildet. Es werden diesen Überlegungen entsprechende Mol.-Modelle in den einzelnen Phasen der Hydrolyse beschrieben u. die Wirkungsweisen der verschiedenen Inhibitoren diskutiert. J. BOELTER. 4210□

Die chemische Natur der durch aminosäurenaktivierende Enzyme gebildeten RNS-Aminosäureverbindung. Jack Preiss, Paul Berg, E. J. Ofengand, Fred H. Bergmann und Marianne Dieckmann. (Proc. nat. Acad. Sci. USA **45.** 319—28. 15/3. 1959. St. Louis, Washington Univ. School of Med., Dep. of Microbiol.) (Engl.)

Gereinigte *L-Leucin-*, *L-Valin-* u. *L-Methioninaktivierende Enzyme* (**I**) von *Escherichia coli* katalysieren die Übertragung dieser Aminosäuren (AS) auf eine spezif. Fraktion der *Ribonucleinsäure* (*RNS*), z. B. für *Leucin* (**II**); ATP + **II** + RNS ⇌ **II**-RNS + PP + AMP. Die **I** übertragen die entsprechenden ^{14}C-AS auf die 2'- oder 3'-Hydroxylgruppen der Ribose des terminalen Nucleotids, welche eine freie 3'-OH-Gruppe besitzen muß. Behandlung von **II**-RNS mit Pankreasribonuclease setzt **II**-2'- oder -3'-Adenosin in Freiheit. Nur eine AS wird spezif. je Polynucleotidkette gebunden. Die Acceptoraktivität von RNS wird durch Schlangengift-Phosphodiesterase oder Perjodat (Abtrennung bzw. Zerstörung des terminalen Nucleotids) aufgehoben. — 28 Literaturangaben.

P. Teichgräber. 4 210□

Transaminierungsreaktionen bei Mycobacteriaceen. Y. S. Halpern und N. Grossowicz. (Bull. Res. Council Israel, Sect. E **6E.** 21—26. Juli 1956. Jerusalem, Hebrew Univ.-Hadassah Med. School, Dep. of Bacteriol.) (Engl.)

In Extrakten von *Mycobacterium phlei* konnte Aktivität von *Glutaminsäure–Asparaginsäure-Transaminase* (**I**) u. *Glutaminsäure–Brenztraubensäure-Transaminase* (**II**) nachgewiesen werden. Das **I**-Syst. ist in weitem pH-Bereich akt., mit Optimum zwischen pH 5,8 u. 8,8; **II** ist nur zwischen pH 7,9 u. 9,0 mit Optimum bei pH 8,2 wirksam; die **II**-Aktivität wird durch Zufügung von *Pyridoxalphosphat* zum mit Anionenaustauscher behandelten Extrakt gesteigert. Extrakte von M. phlei u. *BCG.*-Bacillen beweisen Transaminaseaktivität in Ggw. von α-Ketoglutarsäure u. einer der folgenden Aminosäuren Asparaginsäure, Leucin, Valin, Alanin, Phenylalanin; M. phlei-Extrakte sind auch akt. bei Isoleucin u. Methionin; schwache Aktivität zeigen beide Extrakte auch mit Cystein, Threonin, Serin, Prolin, Hydroxyprolin, Arginin, Histidin, Lysin u. Glycin. Intakte Zellen zeigen nur geringe Aktivitäten, die durch Zufügung von Detergentien (*Tween 80*, *Na-Desoxycholat*, *Teepol 40*) gesteigert werden können, während die Detergentien auf die Aktivität der Extrakte keinen Einfl. ausüben. Es läßt sich noch nicht entscheiden, ob das Detergens die Zellpermeabilität erhöht, einen Teil der Zellen zerstört oder einen Enzymhemmstoff bindet. Im Falle von Tween 80, das auch wachstumssteigernd wirkt, wird sicher die Substratpenetration verbessert. U. Tausendfreund. 4210

Der relative Wert von Serum- und Plasma-Transaminase-Bestimmungen. Alice N. Bessman, Robert Hawkins und George S. Mirick. (Bull. Johns Hopkins Hosp. **106.** 178—84. März 1960. Baltimore, Md., Baltimore City Hosp., Johns Hopkins Univ., Dep. of Med.) (Engl.)

An 67 Patienten werden die *Glutamin–Oxalsäure-* u. *Glutamin–Brenztraubensäure-Transaminase*-Aktivität in Serum u. heparinisiertem Plasma miteinander verglichen. Es werden keine signifikanten Unterschiede zwischen Serum u. Plasma beobachtet.

H. Struck. 4210□

Ein Aktivator des in foetaler Rattenleber gegenwärtigen adaptiven Enzyms Tryptophanpyrrolase. F. Chytil. (Biochim. biophysica Acta [Amsterdam] **48.** 217—18. 18/3. 1961. Prague, Czechoslovak Acad. of Sci., Labor. of Physiol. and Pathophysiol. of Metabol.) (Engl.)

Während die überstehende Fl. des Zentrifugates (105000·*g*) eines Homogenates foetaler Rattenlebern frei von *Tryptophanpyrrolase*-Aktivität (**I**) war, aktivierte sie die **I** einer überstehenden Fl. aus erwachsenen Lebern. 20 Min. langes Kochen zerstört nicht den aktivierenden Effekt, sondern erhöht ihn. H. Aman. 4210□

Ein neues Reagens für die Indolbestimmung bei der Tryptophanasereaktion. J. M. Turner. (Biochem. J. **78.** 790—92. 1961. Leeds, Univ., Dep. of Biochem.) (Engl.)

Das Verf. von Happold u. Hoyle [1934] zur Best. von *Indol* (**I**) als Maß der *Tryptophanase*-Aktivität wurde durch die Verw. von *p-Dimethylaminozimtaldehyd* (**II**) statt p-Dimethylaminobenzaldehyd im Ehrlich-Reagens verbessert. Man gibt zu 40 ml der **I**-Lsg. in Leichtpetroleum 10 ml **II**-Reagens (2,34 g in 780 ml A. + 100 ml konz. HCl, mit W. auf 1 Liter aufgefüllt), schüttelt stark, trennt u. zentrifugiert u. nach genau 30 Min. bei 640 mμ. Die Empfindlichkeit der neuen Meth. ist 2,2 mal so groß wie die des alten Verfahrens. Für 1—10 μg **I**/20 ml wird eine lineare Eichkurve erhalten. E. Dehmlow. 4210□

Die Zwischenwirkung von Pyridoxal-5-phosphat mit einigen Proteinen. Vincenzo Bonavita. (Ricerca sci. **30.** 672—79. Mai 1960. Ferrara, Univ., Ist. di Fisiol. umana.) (Ital.)

Übersicht. Die Zwischenwrkg. zwischen *Pyridoxal-5-phosphat* u. einigen *Proteinen* in enzymat. Syst. wird beschrieben u. der wahrscheinliche Rk.-Mechanismus der *Coenzyme* erörtert. — 26 Literaturangaben. G. PLATZER. 4210□

Darstellung und Eigenschaften von Cystinesterase. K. C. Hooper. (Biochem. J. 78. 409—12. 1961. Edinburgh, Univ., Med. Res. Council, Clin. Endocrinol. Res. Unit.) (Engl.)

Aus menschlicher Placenta wurde eine *Cystinesterase* (I) isoliert u. durch fraktionierte Fällung mit $(NH_4)_2SO_4$, Dialyse gegen Phosphatpuffer u. Chromatographie an Hydroxylapatit gereinigt. Das pH-Optimum wurde bei 7,7—7,8 gefunden. Das durch $(NH_4)_2SO_4$-Fällung erhaltene rohe Enzym enthielt neben I noch *Oxytocinase* (II), wobei Zusatz von Cu^{2+} (1 mm), bzw. Ag^+ (0,1 mm) oder Zn^{2+} (0,1 mm) die vollständige Hemmung von II bewirkte, auf I aber ohne Einfl. blieb, so daß I u. II nicht miteinander ident. sind. I spaltete nur die Ester von *S-Benzyl-L-cystein* u. *L-Cystin* vollständig, während die Äthylesterhydrochloride von *DL-Alanin, L-Arginin, L-Asparaginsäure, Glycin, L-Glutamin, L-Histidin, DL-Leucin, L-Lysin, DL-Methionin, DL-Serin, DL-Threonin* u. *L-Thyrosin* nicht gespalten wurden. J. BOELTER. 4210□

Untersuchungen über Cysteindesulfhydrase in nicht profilierenden Zellen von Enterobacteriaceen. Nehama Sharon, M. Artman und A. L. Olitzki. (Bull. Res. Council Israel, Sect. E **6E.** 63—64. Juli 1956. Jerusalem, Hebrew Univ.-Hedassah Med. School, Dep. of Bacteriol.) (Engl.)

Bei Unterss. an 15 Enterobakterienstämmen bzgl. ihrer Fähigkeit zur H_2S-Bldg. aus *Cystein* u. *Glutathion* wurde *Cysteindesulfhydrase* (I) als konstitutiver Bestandteil bei *E. freundii, Pr. morgani, Pr. rettgeri, Klebsiella* u. *Arizona* nachgewiesen. *E. coli B/r, Providence, Bethesda* u. *Salmonella paratyphi B* bildeten I erst nach Adaption an das Substrat. I fehlte bei *Sh. dysenteriae* (Shiga) u. *Sh. flexneri.* Die Geschw. der H_2S-Bldg. cysteinadaptierter Zellen hängt von der Hydrolyse von Glutathion ab; die größte Hydrolyse-Geschw. zeigt Bethesda, die niedrigste E. coli B/r.
U. TAUSENDFREUND. 4210□

Die Wirkung von Psoralen auf die Tyrosinaseaktivität und die Melaninpigmentierung. D. P. Chakraborty, C. Deb und M. Mukherjee. (Sci. and Cult. [Calcutta] **25.** 386—87. Dez. 1959. Calcutta, Bose Inst.) (Engl.)

Es wird der Einfl. von *Psoralen* (III) auf die Wrkg. der *Tyrosinase* (II) u. die Bldg. von *Melamin* (I) an Haut u. Leber von Kröten (*Bufo melanostictus*) in vitro u. in vivo untersucht. II findet sich in größerer Menge in der Dermalschicht als in der Epidermis u. findet sich auch in der Leber. Nach Verabreichen von III (0,01 mg/Tag in Sesamöl) sind in Leber u. Haut die Bldg. von I u. die II-Menge (bes. in der Dermalschicht) erhöht. In vitro wurden nur geringe Zunahmen der II, jedoch keine nennenswerte Erhöhung der I-Bldg. beobachtet. A. HESSE. 4210□

Kombination einer einzelnen enzymatischen Racematspaltung mit einer asymmetrischen Umlagerung bei dem optisch labilen 3.4-Dehydroprolinamid. A. V. Robertson und B. Witkop. (J. Amer. chem. Soc. **82.** 5008—09. 20/9. 1960. Bethesda, Md., Nat. Inst. of Health, Nat. Inst. of Arthritis and Metabol. Diseases.) (Engl.)

DL-Dehydroprolin-2-carbonsäureamid (I, F. 94—95°) kann in 60%ig. Ausbeute durch Red. von Pyrrol-2-carbonsäureamid (F. 175°) mit PH_4J in rauchender HJ in 2 Std. u. Trennung von 10—20% der DL-Säure an einer Ionenaustauscherharzsäule gewonnen werden. Bei der enzymat. Hydrolyse von I mit Schweinenieren-*Amidase* (aktiviert mit Mg^{2+}) wurde bei 38° nach 24 Std. 50% u. nach 4 Tagen (frischer Enzymzusatz nach 2 Tagen) 75% *L-Dehydroprolin-2-carbonsäure* (*L*-II) erhalten. L-II (F. 236—237°, $[\alpha]_D^{20}$ $+385°$) hatte eine opt. Reinheit von ca. 97%, wie sich mit *D-Aminosäureoxydase* nachweisen ließ. Ausbeuten von 100% L-II konnten nicht erhalten werden, da bei der langen Rk.-Zeit gummiartige Nebenprodd. auftraten. Der Strukturbeweis für I u. II konnte durch folgende Verss. erbracht werden: DL-I konnte auf chem. Wege (mit $(+)$-α-Bromcampher-π-sulfonat) in D-I ($[\alpha]_D^{20}$ $+260°$) u. L-I gespalten werden. D-I ist opt. labil, während L-II opt. recht stabil ist. D-I hat eine Halbwertszeit der Racemisierung in W. von 48 Std., während L-II in 2,0 n NH_4OH erst nach 17 Tagen bei 20° die halbe Drehung verliert. L-II geht bei katalyt. Hydrierung, Deuterierung oder Tritiierung in unmarkiertes oder markiertes *L-Prolin* (F. 220°, $[\alpha]_D^{20}$ $-82°$) von hoher opt. Reinheit über. Ein weiterer Strukturbeweis wird durch kernmagnet. Resonanzspektren erbracht.
E. DEHMLOW. 4210□

Hemmung der Amidasen von Mycobacterium phlei durch Asparagin- und Nicotinamidanaloge. Y. S. Halpern und N. Grossowicz. (Bull. Res. Council Israel, Sect. E **6E.** 63. Juli 1956. Jerusalem, Hebrew Univ.-Hadassah Med. School, Dep. of Bacteriol.) (Engl.)

D-Asparagin ist als Substrat der *Asparaginase* (I) von *Mycobacterium phlei* inakt., hemmt dagegen die Desaminierung des natürlichen L-Isomers; diese Hemmung ist kompetitiver Natur, die I-Aktivität läßt sich durch L-*Asparagin*-Überschuß wiederherstellen. Auf ähnliche Weise hemmt *3-Acetylpyridin* kompetitiv die Hydrolyse von *Nicotinamid*, ohne jedoch Einfl. auf die Desaminierung anderer Substrate auszuüben.

U. TAUSENDFREUND. 4210□

Die colorimetrische Bestimmung von Aminosäuren in Gegenwart eines Peptids. G. P. Lampson und H. O. Singher. (Proc. Soc. exp. Biol. Med. **103.** 368—70. Febr. 1960. Raritan, N.J., Ortho Res. Found.) (Engl.)

Zur Unters. der enzymat. Spaltung von Peptiden durch *Peptidasen* lassen sich *Aminosäuren* schnell in Ggw. eines Peptids mit Ninhydrin colorimetr. bestimmen, wenn das Reagens bei pH 4,0 u. einer Temp. von 60° angewandt wird. H. STRUCK. 4210□

Aminosäureeinbau an innere Proteinstellen durch gereinigte Rattenlebersysteme. W. S. Morgan, A. von der Decken und T. Hultin. (Exp. Cell Res. **20.** 655—57. Sept. 1960. Stockholm, Univ., Wenner-Gren Inst. for Exp. Biol.) (Engl.)

Der Einbau von ^{14}C aus ^{14}*C-L-Valin* (I) in das gesamte Dinitrophenylprotein u. in die Dinitrophenylaminosäurenfraktion (Fraktion der terminalen Aminosäuren) wurde mit vier verschiedenen Rattenleber-Syst. untersucht: Überstand der Fraktion, die sich in 8 Min. bei 12000·g aus dem Homogenat absetzt; Ribonucleoprotein (RNP)-Partikel aus Rattenlebermikrosomen + lösl. Leberfraktion; RNP-Partikel aus der „pH-5-Fraktion" + bei pH 5 gewonnenem lösl. Protein; RNP-Partikel + gleichem lösl. Protein wie im vorigen Vers. mit u. auch ohne lösl., bei pH 5,1 fällbarer Ribonucleinsäure, sowie stets die gleiche RNS, jedoch mit I markiert enthaltend. Von allen vier verwendeten Syst. wird ^{14}C weniger in die endständigen Aminosäuren als an innere Stellen der Proteine eingebaut. Dies gilt auch dann, wenn das Einbau-Syst. keinen Aminosäurezusatz enthält u. unabhängig davon, ob I in freier Form oder an RNS gebunden angewendet wird. Im letzteren Fall werden anscheinend beträchtliche Mengen Aminosäuren-aktivierender Enzyme nicht für den nichtterminalen Einbau benötigt, da ähnliche Ergebnisse mit gereinigtem lösl. Protein aus der pH-5-Fraktion von Rattenleber als einziger lösl. Leberkomponente erhalten wurden. Dieses lösl. Enzym-Präp. besitzt relativ geringe Fähigkeit zur I-Aktivierung. S. DITTMANN-MITZSCHERLICH. 4210□

Aktivierung von Trypsinogen durch Penicillium-Kinase. T. Hofmann. (Biochem. J. **74.** 41 P. März 1960. Sheffield, Univ.) (Engl.) — Vgl. C. **1961.** 5127.

Ein Enzym, welches in Citratpuffer quant. *Trypsinogen* (I) in *Trypsin* umwandelt, wurde aus zwei Stämmen *Penicillium janthinellum* isoliert u. durch $(NH_4)_2SO_4$-Fällung u. Dialyse 20fach gereinigt. Das Enzym tritt erst nach Beginn der Sporen-Bldg. auf. Die bei der Aktivierung gebildeten Peptide wurden isoliert (Adsorption an *Amberlite IR-120*, nach Elution Trennung durch Hochspannungselektrophorese) u. identifiziert (Papierchromatographie ihrer Aminosäurenbestandteile u. Endgruppenanalyse mit Dinitrofluorbenzol). Folgende Peptide wurden gefunden. *Val*·$(Asp)_4$·*Lys* (II), *Val*·$(Asp)_2$, $(Asp)_2$·*Lys*, *Asp*·*Asp* u. freies *Lysin*. Das Hexapeptid II ist ident. mit dem von DAVIS u. NEURATH (C. **1955.** 8886) während der autokatalyt. Aktivierung von I gefundenem. Keine Wrkg. auf die Aktivierung von II durch Penicillium-Kinase zeigten: (mm) Cu^{2+}, F^-, *Äthylendiamintetraessigsäure*, *p-Chlormercuribenzolsulfonsäure*, *Jodessigsäure*, *Thioglykolsäure* u. *Diisopropylphosphorofluoridat*.

E. WAGENFELD-HOHLWEG. 4210□

Vergleich von in Lösung und in Agar-Gelen röntgenbestrahltem Trypsin. E. S. Augenstine, L. G. Augenstine und E. R. Lippincott. (J. physic. Chem. **64.** 1211—15. Sept. 1960. College Park, Md., Univ. of Maryland, Dep. of Chem.; Upton, N.Y., Brookhaven Nat. Labor., Biol. Dep.) (Engl.)

Trypsin (I) wurde in wss. Lsg. (Natriumphosphatpuffer) u. in Lsgg. mit 0,2—2% *Agar* (II) röntgenbestrahlt u. die Abnahme der Enzymaktivität nach Bestrahlung bestimmt. Bestrahlungsbedingungen: a) 100 kVP, 5 mA, 0,25 mm Al, 28 r/min, maximale Dosis 10000 r, Temp. 20—25°; b) 250 kVP, 30 mA, 0,25 mm Al, 285 r/min, maximale Dosis 171000 r, Temp. 4 oder 25°. I wurde durch eine gegebene Strahlendosis in Ggw. von II bedeutend weniger inaktiviert als in II-freier Lösung. Diese Erscheinung ist vermutlich auf eine Wechselwrkg. zwischen I u. II zurückzuführen. Mechanismen werden diskutiert. Es wurde eine Meth. zur Best. der enzymat. Aktivität von aus II-Gelen wiedergewonnenem I entwickelt. Die Aktivität unbestrahlter II-haltiger I-Lsg. war stets geringer als die entsprechender Lsgg. ohne II.

WERNER FIEDLER/Radebeul. 4210□

Über das Vorkommen eines proteolytischen Enzyms und eines Trypsininhibitors in Kuhmilch. 2. Mitt. **Zur inhibitorischen Wirkung.** Friedrich Kiermeier und

Günther Semper. (Z. Lebensmittel-Unters. u. -Forsch. **111.** 373—80. 1960. Weihenstephan, Süddeutsche Vers.- u. Forsch.-Anst. für Milchwirtsch., Chem. u. Physik. Inst.) (Dt.) — 1. vgl. C. **1961.** 12513.

Casein (I) wurde durch *Trypsin* (II) vollständig gespalten, während in Ggw. von Kuhmilch eine deutliche Hemmung (94%) gefunden wurde, wobei eine Substrathemmung wie auch Hemmung durch zu hohe Konz. der Abbau-Prodd. ausgeschlossen werden konnte. Die Hemmung der Proteolyse durch Kuhmilch war umgekehrt proportional der II-Konzentration. Die Hemmung erwies sich vom Substrat abhängig. Der Abbau von *Gelatine* wurde weniger als der von I gehemmt. Der Inhibitor war bis zu 70° hitzebeständig. Bei höherer Erhitzungs-Temp. blieb eine Restaktivität des Inhibitors von 30—40% erhalten, wobei diese durch eine Schädigung der Milch-Prodd. u. damit einer schlechteren Angreifbarkeit durch II vorgetäuscht sein könnte.

J. BOELTER. 4210□

Inaktivierung und Reaktivierung von Chymotrypsin. T. Therattil Antony. (Nature [London] **191.** 178. 8/7. 1961. New York, N.Y., Fordham Univ., Labor. of Organ. Chem. and Enzymol.) (Engl.)

Chymotrypsin verhält sich bei der Acetylierung bei höheren pH-Werten ähnlich wie *Trypsin.* Totale Inaktivierung tritt bei pH 8 ein. Die Acetylierung wurde ausgeführt bei verschiedenen pH-Werten zwischen pH 5 u. 8, bei 0—5°, 60 Äquivalenten *Essigsäureanhydrid* pro Mol Enzym. *Propionsäure-* u. *Buttersäureanhydrid* ergaben ähnliche Ergebnisse, während *Citraconsäureanhydrid* nur 50%ig. Inaktivierung ergab. Eine Reaktivierung wurde bei der Behandlung mit NH_2OH erhalten, ihr Maximum liegt bei pH 7,4—7,8. Im Gegensatz zu anderen Autoren, die mit *Nitrophenylacetat* einander sehr ähnliche Monoacetyl-Derivv. beider Enzyme erhielten, deren Stabilität bei pH 5—6 größer war als bei pH 7—8, sind die bei pH 8 dargestellten inakt. Acetyl-Derivv. bei pH 7—8 stabiler als bei pH 5—6. Die Annahme zweier akt. Zentren in den Enzymen, acetyliert bei pH 5 bzw. 8, wird durch vorliegende Ergebnisse gestützt.

S. VIERKÖTTER. 4210□

Zur Kenntnis des proteolytischen Systems der Speicheldrüsen. H. Bayerle und A. Chryssikopulos. (Z. Naturforsch. **15b.** 721—30. Nov. 1960. München, Univ., Patholog. Inst.) (Dt.)

Von den untersuchten Organen einer ♂ Ratte erwies sich das Homogenat der *Submandibulardrüse* (A) gegenüber *Pankreas* (B) u. *Carotis* (C) als das Organ höchster *Thrombokinase* (I)-Aktivität. Rinderplasma konnte nach Einw. von A nach Recalcifizierung nicht mehr zum Gerinnen gebracht werden. A gehört neben Lunge, Gehirn u. Hoden auch in Kaninchen, Pferd, Schwein, Rind u. Mensch zu den I-aktivsten Organen. Einw. von A-Homogenat auf Plasma u. Recalcifizierung führte zur Erhöhung der Fragilität des Fibrinkoagulums u. Herabsetzung der Retrahierbarkeit, was mit dem bei fortschreitender Inkubationszeit abnehmenden *Fibrin*-Geh. bis zur Ungerinnbarkeit u. mit dem Abbau von *Fibrinogen, Prothrombin, Thrombin* u. anderen Gerinnungsfaktoren erklärt wird. Die Lysiszeit von Fibrin wurde durch A gegenüber B u. C erheblich herabgesetzt. A zeigte eine starke fibrinolyt. Aktivität, die z. T. auf die Aktivität eines trypt. Ferments sowie auf eine sehr hohe Kinaseaktivität zurückzuführen ist. Die Spaltung von *Casein* in Abwesenheit von *Enterokinase* (II) war durch A am höchsten, in Ggw. von II in B. Das trypt. Ferment liegt in A vollakt. vor. Das pH-Optimum liegt bei A, B u. C bei 7,8. *Gelatine* wurde bei pH 4—5 in der Reihenfolge B > C > A, bei pH 8 in der Reihenfolge A > B > C am schnellsten gespalten. *Glycylglycin* wurde durch A schneller, *DL-Leucylglycylglycin* von den drei Organen gleich schnell gespalten. Die sich auf die Fibrinolyse beziehenden Ergebnisse wurden meist mit den Drüsen älterer ♂ Tiere erhalten, weniger mit ♀ u. kaum bei jungen Tieren. J. BOELTER. 4210□

Physikalische Inaktivierung der Urease. Tor Langeland und Aadne Ore. (Kgl. norske Vidensk. Selsk., Forh. **31.** Nr. 1. 1—5. 1958. Oslo, Univ., Dep. of Phys.) (Engl.)

Die Best. der *Urease* (I) erfolgt im Anschluß an VAN SLYKE u. ARCHIBALD (vgl. J. biol. Chemistry **154.** [1944.] 623) unter Messung der zur Verschiebung des pH von 6,7 nach 7,7 erforderlichen Zeit, wobei der Endpunkt nicht mittels Phenolrot, sondern elektrometr. (Glaselektrode) festgestellt wurde. — Inaktivierung von nativer I u. vorerwärmter I durch UV-Bestrahlung (2537 Å) sowie von vorher bestrahlter bzw. vorerwärmter I durch Erhitzen (125°) verläuft proportional mit der Zeit. Die Wärmebehandlung führt in ca. 100 Min. zu fast vollständiger Inaktivierung, wobei zwischen nativer I u. vorher bestrahlter bzw. vorerwärmter I kein wesentlicher Unterschied im Verlauf der Inaktivierung besteht. — Als I diente ein krist., aber nicht ganz reines Präp. (SIGMA

CHEM. CORP.). Es wurde aber gezeigt, daß auch I eines wss. Auszugs aus Jackbohnenmehl sich in gleicher Weise verhielt. A. HESSE. 4210□

Die Biosynthese von Fettsäuren in Extrakten der Brustdrüsen stillender Ratten. R. Dils und G. Popják. (Biochem. J. **80.** 47P. Sept. 1961. London, Med. Res. Counc., Exp. Radiopathol. Res. Unit., Hammersmith Hosp.) (Engl.)

Die optimale Synth. von *Fettsäuren* (I) aus *Acetat* trat auf in der partikelfreien überstehenden Fl. des nach hochtourigem Zentrifugieren fraktionierten Homogenats in Ggw. der für die Synth. nötigen Cofaktoren *ATP*, *CoA*, *TPNH*, HCO_3^- u. Mn^{2+}. *Malonat* stimuliert die Synth. stark, wird aber nicht in die synthetisierten I eingebaut. Die Zugabe von *Avidin* bewirkte eine fast vollständige Hemmung der Synthese. Die Haupt-Prodd. der Synth. waren alle geradzahligen gesätt. I von C_6—C_{16}.
S. VIERKÖTTER. 4210□

Hydrolyse von Fettsäureestern des Riboflavins durch Pankreaslipase. Kunio Yagi, Yoshiko Yamamoto und Jun Okuda. (Nature [London] **191.** 174—75. 8/7. 1961. Nagoya, Nagoya Univ., Dep. of Biochem., School of Med.) (Engl.)

Durch Veresterung mit Fettsäurechloriden wurden *Riboflavin-2'.3'.4'.5'-tetrabutyrat* (I), *-tetracaprat* (II) u. *-tetrapalmitat* (III) synthetisiert u. mit *Pankreaslipase* hydrolysiert. [Inkubationsmedium: 0,5 ml einer Lsg. von 4 mMol/Liter des betreffenden Fettsäureesters, suspendiert in 1% Polyvinylalkohol mit Polymerisationsgrad 500, 0,5 ml der Enzym-Lsg. (20 mg Protein/ml) u. 1,0 ml McILVAINE-Puffer, pH 7,3.] Papierchromatograph. Unters. nach 2std. Inkubation bei 37° (n-Butanol/Essigsäure/W.: 4 : 1 : 5, V/V, 10 Std. bei 20°, Trocknung in der Dunkelheit, Prüfung des Papierstreifens im UV, wobei Flavine eine gelbe Fluorescenz zeigen). I zeigte fluorescierende Flecke bei den R_F-Werten 0,3; 0,5; 0,6; 0,7 u. 0,9. Die Flecke bei 0,3 u. 0,97 entsprechen dem *Riboflavin* (IV) bzw. I. Die dazwischenliegenden Flecken repräsentieren intermediäre Abbauprodukte. IV wurde mit heißem W. eluiert, die anderen Flecken mit 98% Äthylalkohol. Der Betrag des Flavins in beiden Eluaten wurde nach der Meth. der Sumiflavinfluorescenz gemessen. Die Enzymaktivität wurde ausgedrückt durch die Menge von IV, die aus seinen Estern abgespalten wurde. Von den untersuchten Fettsäureestern von IV wird I sehr leicht hydrolysiert (45,4%), gefolgt von II (3,4%) u. III (1,2%). Im Falle von I wurden optimales pH u. optimale Temp. mit 7,3 u. 37° angegeben. S. VIERKÖTTER. 4210□

Histochemie der Dopa-Faktoren. 2. Mitt. **Die Natur des Lokalisierungsmechanismus bei der Dopa-Reaktion.** P. Van Duijn. (Acta physiol. pharmacol. neerl. **5.** 413—27. Okt. 1957. Leyden, Univ., Labor. of Pathol.) (Engl.) — Vgl. C. **1954.** 7438.

Vf. hat mit der durch eine vorhergehende Verwundung zur Entzündung gebrachten Haut von Meerschweinchen die *Dopa* (*L-3.4-Dihydroxyphenylalanin*)-Rk. bei verschiedenem pH durchgeführt. pH 4,6 hemmt die Autoxydation von Dopa, u. die Rk. in Melanocyten (a), Leukocyten (b) u. Erythrocyten (c) ist negativ. Wird durch Zugabe anderen Gewebes Dopachrom in das Syst. gebracht, so ist die Rk. beim selben pH in a negativ, in b u. c jedoch positiv. Demnach kann für das Zustandekommen der Rk. in b u. c ein Oxydasemechanismus ausgeschlossen werden, weil Dopachrom in ihm bei diesem pH keinen schwarzen Farbstoff bildet. HEINRICH HERMANN. 4210□

Histochemie der Dopa-Faktoren. 3. Mitt. **Inaktivierungsversuche an den Dopa-Faktoren in neutrophilen und eosinophilen Leukocyten und in Erythrocyten.** P. Van Duijn. (Acta physiol. pharmacol. neerl. **5.** 428—44. Okt. 1957. Leyden, Univ., Labor. of Pathology.) (Engl.) — 2. vgl. vorst. Referat.

Vf. hat polymorphkernige Leukocyten nach MINOR u. BURNETT [1949] angereichert u. in ihnen sowie in Erythrocyten eine positive Peroxydase-Rk. erhalten, sowie die Dopa-Rk. ausgeführt. Teilweise wurden die Präpp. zur Inaktivierung der *Dopaoxydase* u. der *Peroxydase* verschiedenem pH, mehreren Puffersubstanzen sowie $HgCl_2$, J_2KJ, $Na_2S \cdot 9H_2O$, $Na_2S_2O_4$, L-Cystein, $NaHSO_3$, KCN, Ascorbinsäure u. H_2O_2 u. A. verschiedener Konzz. ausgesetzt u. bei jedem der angewendeten Mittel bei allen Zellarten verschieden starke Hemmung der Dopaoxydase u. der Peroxydase beobachtet, so daß ein einheitlicher Schluß auf die Natur beider Fermente nicht möglich ist.
HEINRICH HERMANN. 4210□

Reinigung und Charakterisierung des an T2-Phagen gebundenen Lysozyms. W. Katz und W. Weidel. (Z. Naturforsch. **16b.** 363—68. Juni 1961. Tübingen, MPI für Biol.) (Dt.)

Aus T2-Phagensuspensionen wurde durch mehrmaliges Einfrieren u. Auftauen sowie Zentrifugieren eine Rohenzym-Lsg. erhalten, die durch Dialyse bei 2° 48 Std. gegen m/15 Phosphatpuffer, Chromatographieren an Amberlite CG 50, Ultrazentrifugieren des Eluates u. erneute Dialyse gegen m/50 Phosphat-Lsg. gereinigt wurde. Das *Lysozym*-Präp. erwies sich in der Ultrazentrifuge als einheitlich. Sedimentations- u. Diffusions-Konst. ergaben ein Molgew. von 21000 des Teilchenenzyms gegenüber 15000 für das freie T 2-Enzym. Das pH-Optimum lag für beide bei 6—7. Die Phagen können einen Teil des Enzyms abgeben, ohne die Infektions- u. Vermehrungsfähigkeit einzubüßen. Die Bindung u. die Lokalisierung des Enzyms an die Phage sowie deren Rolle bei der Infektion u. die mögliche Identität des freien u. gebundenen Enzyms werden diskutiert. J. BOELTER. 4210□

Die Bestimmung von menschlichem Plasminogen mit Casein als Substrat. M. Derechin. (Biochem. J. **78.** 443—48. 1961. London, Lister Inst.) (Engl.)

Die Best. von *Plasminogen* (I) erfolgte nach Aktivierung mit *Streptokinase* (II) zum *Plasmin* (III) spektrophotometr. mit *Casein* (IV) als Substrat. Die Inaktivierung von III konnte durch Zusatz von gereinigtem IV oder anderen Substraten verhindert werden, wobei der Zusatz von IV bei oder unter 30° nicht notwendig war. Die optimale Konz. von II zur Aktivierung von I wurde bei 200—600 Einheiten (Anstieg der Extinktion um $1 \cdot 10^{-3}$)/ml, ein weiteres „Suboptimum" bei 25 Einheiten/ml gefunden. Die optimale Temp. lag bei 40°, bei 45° trat schon teilweise Inaktivierung ein. Das optimale pH lag bei 7,4—7,6. Erhöhung der Substrat- bzw. Erniedrigung der Enzym-Konz. bewirkte eine Verlängerung der Verzögerungsperiode vor dem linearen Verlauf der Rk.-Kurve u. umgekehrt. Die Reinigung von IV hatte wenig Einfl. auf die Bestimmung. Es wird eine Gleichung zur Aktivitäts-Best. von III unter Verw. des linearen Teiles der dreiphasigen Rk.-Kurve angegeben. J. BOELTER. 4210□

Enzymatischer Stoffwechsel von Corticosteroiden. Gordon M. Tomkins. (Ann. New York Acad. Sci. **82.** 836—45. 14/10. 1959. Bethesda, Md., Nat. Inst. of Arthritis and Metabol. Diseases, Publ. Health Serv.) (Engl.)

Vf. gibt eine Zusammenfassung der Enzym-Rk. bei *Corticosteroiden. Hydrocortison* bietet den Enzymen folgende Angriffspunkte: Red. der $C_{(20)}$-Carbonylgruppe, Oxydation u. Red. am $C_{(11)}$, Hydroxylierung an $C_{(2)}$ u. $C_{(6)}$ u. Red. der Doppelbindung am $C_{(4)}$. Die enzymat. Red. der Steroiddoppelbindung wird näher beschrieben. Die lösl. Fraktion aus Säugetierleber führt bei der Red. der $C_{(4)}$-Doppelbindung zum 5β-Isomeren, während die Enzyme der Mikrosomenfraktion die 5α-Isomeren liefern. Die Konz. des *red. Triphosphopyridinnucleotids* (TPNH) bestimmt das Ausmaß der Steroid-Red. in der Leber. Es ist möglich, daß durch die Reoxydation von TPNH zu TPN bei der Steroid-Red. die TPN-abhängigen Stoffwechselprozesse beschleunigt werden. L. LASCHET. 4210□

Hydroxylamin-Fixierung in Gegenwart von Fumarsäure. Yehudith Lichtenstein und N. Grossowicz. (Bull. Res. Council Israel, Sect. E **6E.** 64. Juli 1956. Jerusalem, Hebrew Univ.-Hadassah Med. School, Dep. of Bacteriol.) (Engl.)

Es wurde nachgewiesen, daß *Escherichia coli*-Zellen, die in Ggw. von *Hydroxylamin* (I) wachsen, ein Enzym enthalten, welches den Abbau von I katalysiert; das verschwundene I konnte nicht in Form von NH_3, Nitrit, Nitrat, N_2O oder N wiedergewonnen werden. In lyophilisierter Zubereitung wurde I nicht abgebaut. Die Aktivität dieses zellfreien Extraktes konnte durch Zufügung des Überstandes der lyophilisierten Zubereitung oder durch *Fumarsäure* oder *Äpfelsäure* wieder hergestellt werden; je mMol Fumarat (oder Malat) verschwindet 0,8—0,9 mMol I. NH_3 ersetzt I nicht. Molybdat übt einen stimulierenden Effekt auf das Syst. aus. *Asparaginsäure*, als vermutliches Prod. der Rk., wurde durch Papierchromatographie nachgewiesen. U. TAUSENDFREUND. 4210□

Biosynthese von Pyrrolpigmenten: Ein Mechanismus für die Porphobilinogen-Polymerisation. James H. Mathewson und Alsoph H. Corwin. (J. Amer. chem. Soc. **83.** 135—37. 5/1. 1961. Baltimore, Md., Johns Hopkins Univ., Dep. of Chem.) (Engl.)

Auf Grund der in der Literatur beschriebenen Ergebnisse (23 Literaturangaben) u. mit Hilfe von Unterss. an STUART-Kalottenmodellen wird ein gemeinsamer Bldg.-Mechanismus für *Uroporphyrinogen 1* u. *3* u. einen *Vitamin-B_{12}-Vorläufer* vorgeschlagen. *Porphobilinogen* soll zunächst zu einem beweglichen, protonisierten Tetrameren polymerisiert werden, das an verschiedenen Stellen Cyclisierung, Ringöffnung u. Wiederringschluß erleiden kann, wodurch die erwarteten Porphyrin- bzw. Corrinbiosynth.-Zwischenprodd. gebildet werden sollen. E. DEHMLOW. 4210□

Enzymatische Synthese von Acetylmethylcarbinol. Claudio Antoniani und Gian Antonio Lanzani. (Atti Accad. naz. Lincei, Rend., Cl. Sci. fisiche, mat. natur. [8] **23.** 278—81. Nov. 1957. Milano, Univ., Sez. Chim., Centro di Stud. per la Chim. Microbiol. delle Fermentaz. del CNR.) (Ital.) — Vgl. C. **1955.** 134 u. Boll. Soc. ital. Biol. sperim. **33.** [1957.] 812.

Die Verb. nebenst. Formel (I) wird wie folgt synthetisiert: Zu 200 mg Cocarboxylasehydrochlorid (II) gibt man 2 g Äthylaldehyd in 5 ml abs. A.; die Suspension wird mit 15 ml 5%ig. Na-Alkoholat u. tropfenweise mit W. bis zur Auflösung von II versetzt, u. es wird 10 Min. gerührt, worauf mit Ae. eine (zunächst gelbe, nach dem Trocknen rubinrote) Substanz, I, F. 119° (Zers.), ausfällt, die, gereinigt, mit der aus Sh. ellipsoideus isolierten Apocarboxylase *Acetylmethylcarbinol* ergibt. O. POLLAK V. EMHOFEN. 4210

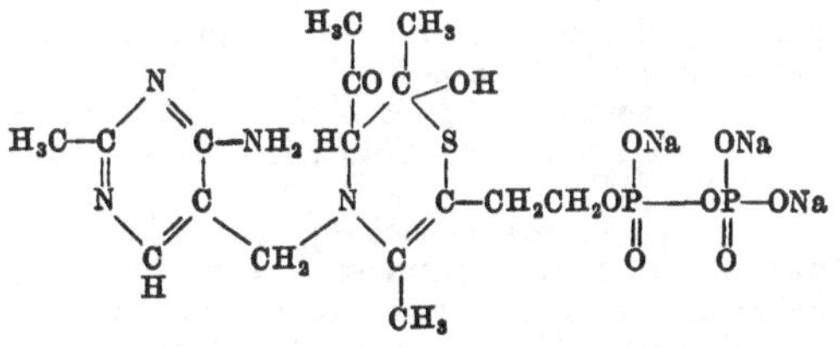

Hemmung von alkoholischer Gärung durch Sorbinsäure. J. J. Azukas, R. N. Costilow und H. L. Sadoff. (J. Bacteriol. **81.** 189—94. Febr. 1961. East Lansing, Mich., Michigan State Univ., Dep. of Microbiol. and Public Health.) (Engl.)

Durch *Sorbinsäure* (I) wurde in zellfreien Hefeextrakten die CO_2-Produktion aus *Glucose, Fructose-1.6-diphosphat* (II) u. *3-Phosphoglycerinsäure* etwa gleich stark gehemmt, nicht gehemmt wurden: Die Red. von Diphosphopyridinnucleotid (DPN) mit II als Substrat, die Oxydation von red. DPN (DPNH) mit Phosphoenolpyruvat (III) als Substrat, die Oxydation von DPNH mit 2-Phosphoglycerinsäure (IV) als Substrat in Ggw. von Adenosintriphosphat u. genügend Fluorid, um die Enolase (V)-Tätigkeit zu blockieren, die Decarboxylierung von Pyruvat oder die Red. von DPN mit A. als Substrat. Daher wurde geschlossen, daß die Hemmung durch I zwischen IV u. III erfolgen müßte. Unterss. mit gereinigter V ergaben, daß die festgestellte Hemmung von V durch I komplexer Art zu sein schien. Vff. schließen, daß die Hemmung der alkohol. Gärung durch I prim. das Ergebnis der V-Hemmung ist. W. KNÖBEL. 4270□

E₃. Mikrobiologie. Bakteriologie. Immunologie

Die Wirkung des durch Methocel ergänzten chemisch definierten Mediums NCTC 109 und mit Silicon überzogener Flaschen auf die Suspensionskulturen des Zellstammes 2017. Jay C. Bryant, Virginia J. Evans, Edward L. Schilling und Wilton R. Earle. (J. nat. Cancer Inst. **26.** 239—52. Jan. 1961. Bethesda, Md., Nat. Cancer Inst., Labor. of Biol.) (Engl.)

Durch die Anwendung von als schützendes Agens wirkender *Methylcellulose* (*Methocel*, DOW CHEM. COMP., Midland, Mich.) konnten maximale Populationen ($1{,}1 \cdot 10^6$ Zellen je ml) am Ende der logarithm. Wachtumsphase in an der Innenwandung mit Silicon überzogenen Flaschen erzielt werden. Bei alleiniger Anwendung des proteinfreien chem. definierten *Mediums NCTC 109* erfuhren die Zellen starke Desintegration. L. MACHER. 4310□

Die Verwertung der Stereoisomeren von Isoleucin durch Lactobacillus arabinosus 17-5. Ichiro Chibata, Shigeki Yamada und Hiroshi Ito. (Nature [London] **189.** 144—45. 14/1. 1961. Osaka, Japan, Tanebe Seiyaku Co. Ltd., Osaka Res. Labor.) (Engl.)

Während *Streptococcus faecalis R.* u. *Leuconostoc mesenteroides* P-60 von den 4 Isoleucinisomeren nur *L-Isoleucin* (I) verwerten können, ist *Lactobacillus arabinosus* 17-5 in Ggw. von *Vitamin B_6* (in Form eines Gemisches von *Pyridoxamin, Pyridoxal* u. *Pyridoxin*) in der Lage, alle Isomeren zu verarbeiten. Fehlt Vitamin B_6, so wird nur I aufgenommen. In Ggw. von Vitamin B_6 wird mit *L-Alloisoleucin* (III), *D-Alloisoleucin* (IV) u. *D-Isoleucin* (II) maximales Wachstum 24, 48 bzw. 72 Std. später als mit I erreicht. Ggw. größerer Mengen an *Valin* u. bes. an *Leucin* inhibiert die Verw. der I-Isomeren. Diese Tatsache erklärt wahrscheinlich den Gegensatz des Ergebnisses dieser Arbeit zu früheren Beobachtungen anderer Autoren. Es zeigte sich ferner, daß eine Bakterienrasse, die mehrfach auf II kultiviert worden war, die Isomeren II, III u. IV bedeutend besser als die gewöhnliche Rasse verwerten konnte. Durch Anwendung dieser Beobachtung sollte eine mikrobiolog. Best. der Gesamtmenge von synthet. erzeugtem I-II-III-IV-Gemisch möglich sein. E. DEHMLOW. 4310□

Ein synthetisches Medium zur Bildung von Streptolysin O. I. Ginsburg und N. Grossowicz. (Bull. Res. Council Israel, Sect. E **6E.** 66—67. Juli 1956. Jerusalem, Hebrew Univ.-Hadassah Med. School, Dep. of Bacteriol.) (Engl.)

Zur Herst. von *Streptolysin O* durch 4 pyogene Streptokokkenstämme (RICHARDS, RICHARDS 8191, S 84, MARRY) bis zu Titern von 500 Einheiten/ml eignet sich ein chem.

definiertes Medium mit 20 *Aminosäuren, Glutamin, Asparagin, Vitamin-B*-Komplex, *Purinen, Glucose* u. *Salzen* sowie mindestens 600 γ *Cystein*/ml; Cystein kann durch 3 mg *Ascorbinsäure*/ml ersetzt werden. U. TAUSENDFREUND. 4310□

Die Beeinflussung des Hefewachstums mit Wasserstoffperoxyd. G. Fred Townsend. (Bull. Torrey bot. Club **88.** 338—42. Jan./Febr. 1961. Chicago, Ill., Wahl-Henius Inst.) (Engl.)

Saccharomyces cerevisiae wird 60 Min. bei 23° mit 3% H_2O_2 behandelt, danach gewaschen u. in ein optimales Nährmedium (mit u. ohne Agar) gebracht. Ein Teil der Hefezellen erreicht nicht wieder die normale Größe; die Zellen zeigen verzögerte oder aufgehobene Sproßfähigkeit u. sind häufig von kugeliger Form. Die Neigung zur Ketten-Bldg. ist gesteigert. D. MÜCKE. 4310□

Untersuchungen des Hefewachstums unter nichtbelüfteten Bedingungen. 1. Mitt. **Die Auswirkung der Mediumzusammensetzung auf das Hefewachstum.** S. P. Mitra und G. K. D. Roy. (Proc. nat. Acad. Sci., India, Sect. A **26.** 203—21. Mai 1957. Allahabad, Indien, Univ., Sheila Dhar Inst. of Soil Sci.) (Engl.)

Wachstums-Verss. an Dhar-Hefen, Torula- u. Saccharomycesarten. Dhar-Hefe wächst nicht mit *Galaktose, Maltose* oder *Lactose*. Die Konz. der Kohlenstoffquelle (außer den vorst.: *Glucose, Sucrose, Raffinose*) ist von großem Einfl. auf die Wachstumsrate. Außer bei Torulahefe, die eine Optimal-Konz. verlangte, erwies sich die Wachstumsrate in allen Fällen als umgekehrt proportional der gebotenen Zuckerkonzentration. Die Wachstumsrate der Dhar-Hefe war stets um ein vielfaches größer als die der anderen Arten. Phosphor kann ausschließlich als Phosphat ($CaHPO_4$, $Ca_3(PO_4)_2$, Na_2HPO_4, KH_2PO_4) aufgenommen werden. Als Stickstoffquelle erwies sich für *Saccharomyces Harnstoff* optimal, für Dhar-Hefen u. Torula NH_4Cl oder $(NH_4)_2SO_4$. Weniger gut wurden NH_4NO_3 u. CH_3COONH_4 ausgenutzt. H.-G. TRÜPER. 4310□

Untersuchungen des Hefewachstums unter nichtbelüfteten Bedingungen. 2. Mitt. **Die Wirkung von Zuckern, Alkohol und Glycerin auf das Hefewachstum.** S. P. Mitra und N. K. Garg. (Proc. nat. Acad. Sci., India, Sect. A **26.** 222—31. Mai 1957.) (Engl.) — 1. vgl. vorst. Referat.

Die vier Hefevarietäten *Saccharomyces cerevisiae, Torula utilis, Dhar-Hefe* u. *Rhodotorula gracilis* unterscheiden sich in ihrer Fähigkeit, verschiedene Zucker, A. u. *Glycerin* zu nutzen. *Lactose* konnte überhaupt nicht verwertet werden. R. gracilis allein konnte *Arabinose*, Dhar-Hefe A. nutzen. S. cerevisiae, T. utilis u. Dhar-Hefe konnten Glycerin verwerten. *Glucose, Sucrose, Galaktose* u. *Maltose* wurden jedoch von allen Hefen verwertet. Die Fähigkeit einer Hefe, Di- u. Trisaccharide zu nutzen, setzt voraus, daß sie die Di- oder Trisaccharide zu hydrolysieren u. die Hydrolyse-Prodd. zum Wachstums zu verwerten vermag. H.-G. TRÜPER. 4310□

Untersuchungen des Hefewachstums unter nichtbelüfteten Bedingungen. 3. Mitt. **Der Einfluß von Phosphaten auf das Wachstum von Dhar-Hefe mit Äthanol als Kohlenstoffquelle.** S. P. Mitra und N. K. Garg. (Proc. nat. Acad. Sci., India, Sect. A **26.** 232—35. Mai 1957.) (Engl.) — 2. vgl. vorst. Referat.

Mit zunehmenden KH_2PO_4-Dosen stiegen Hefeausbeute, Stickstoff-Geh. u. Phosphor-Geh. der Dhar-Hefe in einem Medium, das 4% *A.* als alleinige Kohlenstoffquelle enthielt. Von einem bestimmten P_2O_5-Geh. an fiel der Stickstoff-Geh. der Zellen wieder ab. H.-G. TRÜPER. 4310□

Untersuchungen des Hefewachstums unter nichtbelüfteten Bedingungen. 4. Mitt. **Der Einfluß verschiedener Stickstoffverbindungen auf das Hefewachstum.** S. P. Mitra und N. K. Garg. (Proc. nat. Acad. Sci., India, Sect. A **26.** 236—41. Mai 1957.) (Engl.) — 3. vgl. vorst. Referat.

Hefen können nicht mit *Nitriten* als N-Quelle wachsen. Mit *Nitrat* gaben Dhar-Hefe schwaches, *Saccharomyces cerevisiae, Torula utilis* u. *Rhodotorula gracilis* merkbares Wachstum; die Wachstumsrate war niedriger als mit Ammoniumsalzen [NH_4Cl, NH_4NO_3, $(NH_4)_2SO_4$, $(NH_4)_2C_2O_4$, CH_3COONH_4]. Das Wachstum aller untersuchten Arten war mit $(NH_4)_2SO_4$ besser als mit NH_4NO_3. Die *Glucose*-Verwertung durch die Hefen bestätigten diese Befunde. H.-G. TRÜPER. 4310□

Der Einfluß von Vitaminen auf das Wachstum und die Sporenbildung von Phyllosticta cycandina (Pass) und P. artocarina (Syd und Butl). R. N. Tandon und K. S. Bilgrami. (Proc. nat. Acad. Sci., India, Sect. B **27.** 171—76. Aug. 1957. Allahabad, Univ., Dep. of Botany.) (Engl.)

Vff. untersuchen bei 2 Species von *Phyllosticta* (*P. cycandina* u. *P. artocarpina*) den Einfl. steigender Mengen (10—500 μg/Liter Nähr-Lsg.) von 6 Vitaminen: *Thiamin* (B_1), *Riboflavin* (B_2), *Pyridoxin* (B_6), *Ascorbinsäure* **(I)**, *Biotin* **(II)** u. *Nicotinsäure* **(III)** auf das Wachstum (Trockengewicht) u. die Sporen-Bldg. nach 15tägigem Wachstum (25°) in vitaminfreiem Nährmedium. Es wurde gefunden, daß beide Pilze auch in Abwesenheit von Vitaminen gutes Wachstum u. ausreichende Sporen-Bldg. zeigen. Die Steigerung der Zuführung von B_1, B_2 u. II verbessern das Wachstum beider Pilze erheblich. Höhere Konzz. von I u. III hemmen das Wachstum beider Species. Gegenüber B_6 verhalten sich beide Pilze verschieden: Bei *P. artocarpina* führen höhere Konzz. zu einer Verbesserung des Wachstums, bei *P. cycandina* wirken die gleichen Konzz. hingegen toxisch. — Die Sporen-Bldg. geht im allg. mit dem Wachstum parallel. — 20 Literaturangaben.

H. SPOHN. 4310□

Nährwert der Kombination einer Stickstoff- und Kohlenstoffquelle für Penicillium cyaneo-fulvum Biourge. André Ledoux. (C. R. hebd. Séances Acad. Sci. **246.** 1898—1900. 24/3. 1958.) (Franz.)

Es wurden 32 Kombinationen untersucht (Best. des Mycelgewichtes nach ca. 5 Tagen, 23—24°). Zus. des Basalmediums: $MgSO_4 \cdot 7H_2O$ 0,5 g; KCl 0,5; $FeSO_4 \cdot 7H_2O$ 0,01; KH_2PO_4 3,357; $Na_2HPO_4 \cdot 2H_2O$ 7,478; N-Quelle 1,06 N; C-Quelle 12 g C ad 1 Liter dest. W., pH 7,0. Als N-Quelle wurden geprüft: *Asparagin, Glykokoll, Methylaminhydrochlorid,* KNO_3 (I), $(NH_4)_2SO_4$ (II), *Harnstoff*; als C-Quelle: *Galaktose, Glucose, Maltose, Mannit* (III), *Saccharose* (IV), *Sorbit*. Die günstigste Kombination war **III** u. **II**, die ungünstigste **IV** u. **I**.

H. AMAN. 4310

Kristallisation von Purinen in der Vakuole von Candida utilis. Allan H. Roush. (Nature [London] **190.** 449. 29/4. 1961. Chicago, Ill., Illinois Inst. of Technol., Dep. of Biol.) (Engl.)

In der Vakuole von Hefezellen (*Candida utilis*), die *Purine* angereichert hatten, wurden mkr. Kristalle, bes. deutlich nach Behandlung mit $AgNO_3$-Lsg. u. Na_2S-Lsg., festgestellt. — In Ggw. von Kristallen von *Harnsäure* oder *Isoguanin* wurde normales Wachstum beobachtet.

H. LOHSCHELDER. 4315□

Die Extraktion von nucleinsäurefreien Lipopolysacchariden aus gramnegativen Bakterien. G. J. O'Neill und J. P. Todd. (Nature [London] **190.** 344—45. 22/4. 1961. Glasgow, Royal Coll. of Sci. and Technol., School of Pharm., Dep. of Biochem.) (Engl.)

Acetongetrocknete Zellen einer *Pseudomonas*-Art wurden 3 Std. mit 0,25m Trichloressigsäure behandelt u. zentrifugiert, das Sediment mit 45%ig. Phenol bei 65—67° extrahiert u. die wss. Phase nach Zentrifugieren gefriergetrocknet. Die erhaltenen *Lipopolysaccharide* enthielten keine *Nucleinsäuren* u. erwiesen sich im Kaninchen-Vers. als stark pyrogen. Die Analyse ergab die Ggw. von *Galaktose* u. *Glucose* sowie 45—50% chloroformlösl. *Lipide*. Gleiche Ergebnisse wurden mit *E. coli 0111* u. *P. vulgaris* bei einer Ausbeute von 2—3%, bezogen auf das Bakterientrockengewicht, erhalten.

J. BOELTER. 4315□

Intracelluläre freie Aminosäuren in gewissen Dermatophyten. F. W. Chattaway, C. Toothill und A. J. E. Barlow. (Nature [London] **190.** 87—88. 1/4. 1961. Leeds, Univ., Dep. of Biochem.; Huddersfield, Roy. Infirmary, Dep. of Dermat.) (Engl.)

Zwecks Identifizierung u. Klassifizierung einiger Dermatophyten (D) wird der Geh. des Mycels auf synthet. Medium gewachsener Pilze an freien *Aminosäuren* (AS) durch zweidimensionale Papierchromatographie untersucht. *Microsporum canis, Trichophyton rubrum, T. mentagrophytes, T. verrucosum* var. *discoides* u. *Epidermophyton floccosum* enthalten *Glutaminsäure* (I), *Glutamin* (II), *Asparaginsäure* (III), *Alanin* (IV), *Serin* (V) u. *Prolin* (VI), ferner dann u. wann geringe Mengen *Cystin, Lysin, Asparagin, Valin/Methionin, Glycin, Leucin/Isoleucin* u. *Threonin*. Hydrolyse der im Zellextrakt enthaltenen Peptide mit 6n HCl bei 120° liefert keine zusätzlichen AS. Die Resultate gleichen den bei anderen Pilzen (*Aspergillus oryzae, A. flavus, Penicillium chrysogenum, Neurospora crassa*) gefundenen insofern, als **I—VI** jeweils am meisten vorkommen, dagegen finden sich bei den D keine oder nur Spuren von bas. AS, während sie bei den anderen Pilzen teilweise als Hauptkomponenten vorliegen. Auch *Glycin* tritt dort häufiger als bei den D auf.

WOLFGANG HERRMANN. 4315□

Die biologische Festlegung von Nährstoffen. Armi Kaila. (Suomen maataloustieteellisen Seuran Julkaisuja [Acta agral. fenn.] **94.** 359—70. 1959. Helsinki, Yliopiston maanviljelyskem. laitos.) (Finn.)

Übersicht. Es werden behandelt: die Festlegung u. Mineralisierung von *N, P, S, K* u. *Mg* durch organ. Stoffe zersetzende *Mikroorganismen* im Boden, der Einfl. von Temp., Acidität u. anaeroben Bedingungen auf diese Vorgänge sowie die mehr oder weniger konst. gegenseitigen Verhältnisse von organ. C, N, P u. S in Mineralböden. — 23 Literaturangaben.

S. BECKMANN. 4320□

Die Bildung von Schwefelwasserstoff aus anorganischen Schwefelverbindungen durch Enterobacteriaceen. M. Artman, Nehama Sharon und A. L. Olitzki.

(Bull. Res. Council Israel, Sect. E **6E**. 65. Juli 1956. Jerusalem, Hebrew Univ., Hadassah Med. School, Dep. of Bacteriol.) (Engl.)

Prüfung der H_2S-Bldg. aus verschiedenen anorgan. S-Verbb. durch eine Reihe von Enterobakterienstämmen (*E. coli B/r, E. freundi, E. coli 017, Proteus vulgaris, P. rettgeri, P. morgani, Arizona, Bethesda, Providence, Klebsiella, Salmonella typhi, S. paratyphi A, S. paratyphi B, Sh. dysenteriae, Sh. flexneri*). Eine Reihe nichtproliferierender Zellen bildete in Suspensionen von $3 \cdot 10^{10}$/ml H_2S aus *Thiosulfat* (**I**) in Ggw. von Glucose, Pyruvat u. Acetaldehyd. Organ. Säuren, wie Succinat, Lactat, Formiat u. Acetat, sind ohne Wrkg. oder hemmen die H_2S-Bldg. aus **I**. Als optimale **I**-Menge ist 500—1000 μm anzusehen. A. führt in Ggw. von Glucose oder Pyruvat zu einer, meist 2fachen, Steigerung der H_2S-Bldg. aus **I**. Bisulfit, Sulfit u. Sulfat führen nicht zur H_2S-Bildung. *Proteus vulgaris* weicht von der sonstigen H_2S-Bildungsweise ab, da bei ihm in Ggw. von Lactat u. Formiat bei Glucose- u. Carbonylzufügung H_2S aus **I**, optimal 20—40 μm, entsteht; diese Menge entspricht nach 2 Std. der von E. coli gebildeten H_2S-Menge aus 1000 μm **I**; E. coli bildet aus 20—40 μm **I** kein H_2S. U. TAUSENDFREUND. 4320□

Mikrobiologische Herstellung von Citronensäure aus ägyptischer Zuckerrohrmelasse. 1. Mitt. Behandlung ägyptischer Melassen mit Alkoholen. Ezz El Din, M. Taha und Tahany A. El Zainy. (Egypt. J. Chem. **2**. 157—63. 1959. Dokki, Cairo, Nat. Res. Centre.) (Engl.)

Unter Verw. eines einheim. Stammes (Nr. 571) von *Aspergillus niger* wurde die Bldg. von *Citronensäure* (**I**) aus ägypt. Zuckerrohrmelasse (M) untersucht. Die M wurden vor der Inokulation auf einen Zucker-Geh. von 15% verd. u. autoklaviert. Die Inkubation dauerte 7 Tage bei 30°. Zusatz von *Isopropanol* oder *Butanol* hemmte das Wachstum vollständig; mit einem Zusatz von 2,5% *Methanol* wurde eine Umwandlung der Zucker von 66,9% (Ausbeute an **I** 49,8%) gegenüber 22,1% (9,7% Ausbeute an **I**) bei Vgl.-Kulturen ohne CH_3OH erreicht. *Äthylacetat* war in gleicher Konz. ohne wesentlichen Einfl. auf die **I**-Bldg.; bei Zusatz von *A.* wurde eine geringe Verminderung der **I**-Bldg. sowie schwache Hemmung des Mycelwachstums festgestellt. Die Stimulierung der **I**-Bldg. durch CH_3OH zeigte ein Optimum bei 2,5%; Konzz. >4% wirkten stark hemmend. F. HELLER. 4320□

Oxydative Assimilation von Glucose und endogene Respiration von Bacillus cereus. C. E. Clifton und J. M. Sobek. (J. Bacteriol. **81**. 284—87. Febr. 1961. Stanford, Calif., Stanford Univ., School of Med., Dep. of Med. Microbiol.) (Engl.)

Die Unterss. wurden mit ^{14}C-markierter Glucose (**I**) u. ^{14}C-markierten Zellen von *Bacillus cereus* durchgeführt. Von der gleichförmig markierten **I** wurden ca. 50% assimiliert. Auf eine Unterdrückung der endogenen Respiration in Ggw. von **I** um 20—40% deuten Unterss. der $^{14}CO_2$-Erzeugung markierter Zellen hin. Unterschiedlich war die prozentuale Verteilung von aufgenommenem ^{14}C in CO_2 u. in den Zellen in Ggw. von $^{14}C_{(1)}$-**I**, $^{14}C_{(2)}$-**I**, $^{14}C_{(6)}$-**I** u. von gleichförmig markierter **I**. W. KNÖBEL. 4320□

Die Assimilation von Zuckern durch drei pathogene Species von Phyllosticta. K. S. Bilgrami und R. N. Tandon. (Proc. nat. Acad. Sci., India, Sect. B **27**. 196—203. Aug. 1957. Allahabad, Univ., Dep. of Botany.) (Engl.)

Aus erkrankten Blättern von *Mangifeca indica, Morus alba* u. *Carica papaya* isolierte 3 verschiedene Species von *Phyllosticta* [*P. mortoni* (FAIR), *P. morifolia* (PASS) u. *P. carica papayae* (ALLESCH)] werden täglich in Lsgg. folgender Oligosaccharide eingeimpft: *Raffinose* (**I**), *Maltose* (**II**), *Cellobiose* (**III**), *Glucose* (**IV**), *Melibiose* (**V**), *Lactose* (**VI**), *Rohrzucker* (**VII**), *Fructose* (**VIII**), *Galaktose* (**IX**), *Mannose* (**X**) u. Gemische von **IV**, **VIII** u. **IX**, **IV** u. **IX** sowie **IV** u. **VIII**. Die chromatograph. Unters. der Pilzsubstrate nach 5-, 10- u. 15tägiger Kultur ergab folgendes: **II** u. **VII** werden von allen 3 Species auf dem Umweg ihrer Hydrolyse-Prodd. assimiliert, wobei **II** besser verwertet wird als ihr Hydrolyse-Prod. **IV**. **VII** u. eine Mischung von **IV** u. **VIII** erweisen sich als gleichwertig. **V** wird nur von den beiden Species *P. carica papayae* u. *P. mortoni* hydrolysiert. **I**, **VI** u. **III** sind für die drei Pilze als C-Quelle ungeeignet, sie werden auf nichthydrolyt. Weg verwertet. Dagegen führen die Hydrolyse-Prodd. der 3 Oligosaccharide zu einem sehr guten Wachstum der 3 Pilzarten. — Alle 3 Species synthetisieren aus **II** *Maltotriose*; *P. Carica papayae* u. *P. mortoni* aus **V** ein Oligosaccharid unbekannter Zusammensetzung. — Unter den untersuchten Hexosen erweisen sich **IV** u. **IX** als beste C-Quelle. H. SPOHN. 4320□

Die Oxydation von Glycin durch einen Pseudomonasstamm. U. Bachrach. (Bull. Res. Council Israel, Sect. E **6E**. 65. Juli 1956. Jerusalem, Hebrew Univ., Hadassah Med. School, Dep. of Clin. Microbiol.) (Engl.)

Ein *Pseudomonas*-Stamm, der Harnsäure als einzige C- u. N-Quelle verwenden kann, wächst auf einem nur Glycin u. Salz enthaltenden Medium. *Glycin* wird in Ruhe völlig oxydiert, in Ggw. von *Semicarbazid* ist teilweise Oxydation zu beobachten (vermutlich wegen Bldg. des Semicarbazons der Glyoxylsäure). *Sulfanilamid* hemmt die Glycinoxydation, es kommt nur zur Aufnahme von $^2/_3$ des theoret. errechneten O_2; vermutlich wird in der Endstufe der Glycinoxydation eine akt. Formylgruppe gebildet, mit deren Oxydation Sulfanilamid interferiert. U. TAUSENDFREUND. 4320□

Abbau von γ-Poly-L-glutaminsäure und anderen verwandten Peptiden durch Bakterien. P. Margalith und B. E. Volcani. (Bull. Res. Council Israel, Sect. E **6E.** 66. Juli 1956. Rehovoth, Weizmann Inst. of Sci.) (Engl.)

Aus Humus wurde ein neuer Mikroorganismus isoliert, der das von *Bacillus subtilis* gebildete Polypeptid *γ-Poly-L-glutaminsäure* verwenden kann. Das Enzym, welches das Polypeptid hydrolysieren kann, wurde aus dem Bakterienleib gewonnen u. 10fach gereinigt. Es greift spezif. nur das L-Isomere an u. spaltet die γ-Glutaminsäurebindungen im Peptid. Das Enzym kann auch eine Reihe von Pteroylglutaminsäurekonjugaten wie Pteroyl-γ-triglutaminsäure u. Pteroyl-γ-heptaglutaminsäure spalten. Die Spezifität des Enzyms gegenüber γ-Bindungen könnte zur Klärung von Proteinstrukturen herangezogen werden. U. TAUSENDFREUND. 4320□

Physiologische Regelung der Biosynthese von Nicotinsäure bei Aerobacter aerogenes. Vernon H. Cheldelin und Annette Baich. (Biochim. biophysica Acta [Amsterdam] **46.** 607—08. 29/1. 1961. Corvallis, Oreg., Oregon State Coll., Chem. Dep. and Sci. Res. Inst.) (Engl.)

Die Synth. von *Nicotinsäure* (I) wird bei *Aerobacter aerogenes* gehemmt, wenn die Zellen in Ggw. von **I** kultiviert werden. Ungeachtet eines höheren **I**-Geh. in den in Ggw. von **I** gewachsenen Zellen bleibt der Geh. an *Pyridinnucleotid* konstant. F. RADLER. 4320□

Die Umwandlung von Anthranilsäure durch Escherichia coli. S. Sarid, B. E. Volcani und E. D. Bergmann. (Bull. Res. Council Israel, Sect. E **6E.** 66. Juli 1956. Rehovoth, Weizmann Inst. Sci.; Israel Ministry of Defence, Sci. Dep.) (Engl.)

Unters. der Umwandlung von *Anthranilsäure* (I) zu Indol. Bei Inkubation von **I** mit *E. coli*-Zellsuspensionen oder zellfreien Extrakten wurde eine neue Substanz gebildet, die ein Adsorptionsmaximum bei 250 mμ (Indol = 260 mμ) hat, eine positive BRATTON-MARSHALL-Rk. u. eine Gelbfärbung mit EHRLICH-Reagens (Fehlen eines Indolringes) abgibt; sie enthält weder Kohlenhydrat noch PO_4^{3-}, ist ziemlich stabil gegenüber Säuren, Alkali läßt das Maximum auf 275 mμ steigen. Im Gegensatz zu anderen Stoffwechsel-Prodd. von **I** wird die neue Substanz durch Mutanten von E. coli, welche **I**, Indol oder Tryptophan benötigen, ausgenutzt, sie führt zu schnellerem Wachstum als mit **I** u. zu gleichem Wachstum wie mit Indol. U. TAUSENDFREUND. 4320□

Einführung der 16α-Hydroxylgruppe in Östrogene durch Streptomyceten. D. A. Kita, J. L. Sardinas und G. M. Shull. (Nature [London] **190.** 627—28. 13/5. 1961. Groton, Conn., Chas. Pfizer & Co., Med. Res. Labors.) (Engl.)

Östron (I) u. *Östradiol* (II) wurden in 16α-Stellung mit Hilfe der Stämme *Streptomyces halstedii* u. *Str. mediocidicus* hydroxyliert. Die Kultur wurde bei 28°, pH 6,7 22 Std. belüftet, danach mit 500 mg **I** versetzt u. 24 Std. fermentiert. Es folgte Extraktion mit Chlf., anschließend papier- u. säulenchromatograph. (Silicagel) Aufarbeitung. Das Prod. war mit synthet. *16α-Hydroxyöstron* (III) identisch. **II** ergab auf gleichem Wege **III** u. *Östriol* als Nebenprod. genauso wie **I**. O. LINDE. 4320□

Die Biosynthese des bakteriellen Pigments Jodinin. B. E. Volcani. (Bull. Res. Council Israel, Sect. E **6E.** 65—66. Juli 1956. Rehovoth, Weizmann Inst. of Sci.) (Engl.)

Der von *Chromobacterium jodinum* gebildete Farbstoff *Jodinin* (I) ist ein Phenazin-Deriv. (*1.5-Dihydrophenazin-N-oxyd*). Durch Zellsuspensionen wird **I** aus *Glutaminsäure* oder *Glutamin* (in geringem Maße auch aus *Serin, Alanin, Arginin* u. *Histidin*) gebildet. *Malonat, Fumarat, Succinat* u. *α-Ketoglutarat* ergeben **I** in gleichen Mengen wie Glutaminsäure. U. TAUSENDFREUND. 4320□

Umkehr der bakteriellen Wirkung von zellgebundenem Chlor. Ruth Milbauer und N. Grossowicz. (Bull. Res. Council Israel, Sect. E **6E.** 67. Juli 1956. Jerusalem, Hebrew Univ.-Hadassah Med. School, Dep. of Bacteriol.) (Engl.)

Es wurde zu prüfen versucht, welche Substanzen die antibakterielle Wrkg. von *Chlor* (*NaOCl*) abschwächen können. Dabei wurden *E. coli B/r* mit NaOCl behandelt, das überschüssige NaOCl durch Thiosulfat neutralisiert, u. auf verschiedene Medien ausgebreitet. Auf Nähragar oder Minimalagar (Glucose, Ammonsulfat, Puffer, Mineralien) plus Hefeextrakt oder KREBS-Cyclusintermediär-Prodd. war 5—100mal höhere Zellzahl nachweisbar als auf Minimalmedium allein; Kulturen auf Minimalmedium waren empfindlicher gegenüber NaOCl. U. TAUSENDFREUND. 4330□

Versuche mit verschieden ^{14}C-markierter Benzoyl-p-aminosalicylsäure (B-PAS) in Kulturen von Mycobacterium tuberculosis. J. Zeyer, H. Hurni, R. Fischer,

E. Lauber, G. Schönholzer und H. Aebi. (Z. Naturforsch. **15b.** 694—701. Nov. 1960. Bern, Dr. Wander A.G., Forschungsinst.; Univ., Med.-Chem. Inst.) (Dt.)

Mycobacterium tuberculosis, Stamm H 37 Rv, wurde mit $^{14}C_{(COOH)}$- (I) u. $^{14}C_{(Carbonyl)}$-*Benzoyl-p-aminosalicylsäure* (II) 24 bzw. 48 Std. inkubiert. Die Zellen wurden zerstört sowie I, II u. die Rk.-Prodd. mit Ae. extrahiert, papierchromatograph. aufgetrennt u. die Verteilung der Radioaktivität bestimmt. Mit I u. II 24 Std. inkubierte Tuberkelstämme enthielten nach 4maligem Auswaschen mit W. I u. II noch um das 2—3fache angereichert. Die Aufnahme von I u. II war von der Einw.-Dauer abhängig u. nach 24 Std. prakt. beendet. Die im exponentiellen Wachstum befindlichen Bakterien nahmen mehr Substrat auf als andere. Zwischen der I- u. II-Aufnahme durch *p-Aminosalicylsäure* (III)-empfindliche (H 37 Rv u. 567) u. III-resistente Stämme (153 u. 375) konnte kein Unterschied festgestellt werden. Die Aktivität schien meist in nicht an Hülle oder Cytoplasma gebundener Form vorzuliegen. Radiopapierchromatographie der wss. Bakterienextrakte ergab 85—95% unverändertes I u. II sowie 3 Umwandlungs-Prodd., von denen eines als *Benzoesäure* identifiziert werden konnte. III konnte nicht nachgewiesen werden. J. BOELTER. 4330□

Vergleich eines sulfonamidempfindlichen und eines sulfonamidresistenten Stammes von Escherichia coli: Untersuchung des Minimalbedarfs für Schwefel und Stickstoff. M. Pierfitte. (C. R. Séances Soc. Biol. Filiales **154.** 665—68. 1960. Nancy, Fac. de Pharmacie, Labor. de Chimie.) (Franz.)

Escherichia coli (E.c.) N (sulfonamidempfindlich) u. E.c. SA 5 (sulfonamidresistent) haben den gleichen Bedarf an *S* u. an *N*. Die Verwertung von S u. N aus dem Sulfanilamid-Mol. ist für E.c. SA 5 nicht möglich. D. MÜCKE. 4330□

Empfindlichkeit von Shigella gegenüber Sulfadiazin und Chloromycetin. G. Altmann, K. Marberg und A. Bruck. (Bull. Res. Council Israel, Sect. E **6E.** 67. Juli 1956. Tel Hashomer, Government Hosp.) (Engl.)

Da in den letzten Jahren eine Reihe von Patienten mit bacillärer Dysenterie statt wie gewohnt auf *Sulfadiazin* (I) auf *Chloromycetin* (II) ansprachen, wurde die in vitro-Empfindlichkeit von 100 Shigella-Stämmen getestet. Alle Stämme waren bei der Verdünnungs-Meth. gegenüber 1—6 μg II/ml empfindlich, während sich in Übereinstimmung mit der klin. Erfahrung alle 10 *Sh. dysenteriae-1*-Stämme, 50% der 67 *Sh. flexneri*-Stämme u. 30% der 23 *Sh. sonnei*-Stämme als gegenüber I resistent erwiesen. Ein Übergang auf II als Therapeuticum ist deshalb indiziert. U. TAUSENDFREUND. 4340□

Verbreitung von Streptomyceten, die Antibiotica produzieren. John B. Routien. (J. Bacteriol. **81.** 218—25. Febr. 1961. Groton, Conn., Chas. Pfizer & Co., Inc., Med. Res. Labor.) (Engl.)

Bericht über festgestellte Arten (11 waren bekannt, 10 neu) u. Häufigkeit der Antibiotica [*Streptomycin, Streptothricin, Streptolin, Cycloserin, PA-91* (PFITZER Antibioticum), *Netropsin, Xanthomycin, Chloramphenicol, Magnamycin, V 3032* (PFITZER Antibioticum), *Actinomycin*], die von den aus zahlreichen nordamerikan. Bodenproben isolierten Streptomyceten gebildet wurden. W. KNÖBEL. 4340□

Cosynthese von Tetracyclinen durch Paare von Streptomyces aureofaciens-Mutanten. J. R. D. McCormick, Ursula Hirsch, Newell O. Sjolander und Albert P. Doerschuk. (J. Amer. chem. Soc. **82.** 5006—07. 20/9. 1960. Pearl River, N.Y., Amer. Cyanamid Comp., Lederle Labors.) (Engl.)

Im Rahmen der Unterss. über Biosynth. der *Tetracycline* (I) wurden *Streptomyces aureofaciens-Mutanten* erzeugt, die allein nicht mehr in der Lage waren, I zu synthetisieren. Es gelang jedoch, durch gemeinsames Kultivieren je zweier Mutanten, deren Synth.-Vermögen an verschiedenen Stellen blockiert war, in einigen Fällen eine erneute I-Synth. in Gang zu bringen. E. DEHMLOW. 4340□

Der Einbau von Propionat bei der Biosynthese von ε-Pyrromycinon (Rutilantinon). W. D. Ollis, I. O. Sutherland, R. C. Codner, J. J. Gordon und G. A. Miller. (Proc. chem. Soc. [London] **1960.** 347—49. Okt. Bristol, Univ., Clevedon, Med. Res. Council, Antibiotics Res. Stat.) (Engl.)

Zugabe von *Na-*$^{14}C_{(1)}$*-Acetat* zu Rutilantinkulturen gibt ein ^{14}C*-ε-Pyrromycinon* (I; Einbaurate 0,6%), dessen Abbau die Anwesenheit von 9 akt. Acetateinheiten beweist; die C-Äthylgruppe ist weit weniger akt., u. die Aktivität verteilt sich gleichmäßig auf alle 3 C-Atome. Das mit *Na-*$^{14}C_{(1)}$*-Propionat* gebildete I (Einbaurate 1,6%) enthält die gesamte Aktivität am $C_{(9)}$. Damit ist das Vorliegen einer gemischten Acetat–Propionat-Biosynth. bewiesen. F. HELLER. 4340□

Eine stabile streptomycinresistente Kleinkolonievariante der Hämophilusgruppe als pathogenes Agens der purulenten Conjunctivitis. W. Hirsch. (Bull. Res. Council Israel, Sect. E **6E.** 67—68. Juli 1956. Haifa, Kupat Holim, Central Labor.) (Engl.)

Von Fällen mit purulenter Conjunctivitis des KOCH-WEEKS-Typus wurden kleine gramnegative Stäbchen isoliert. Ihre Wachstumsbedürfnisse entsprachen etwa denen von *Haemophilus aegypticus* (KOCH-WEEKS-Bacillus) u. *H. influenza*, waren jedoch nicht mit diesen identisch. Auf LEVINTHAL-Agar wachsen die Stämme in Zwergkolonien. Auf FILDES-Agar kommt Wachstum nur nach Asciteszugabe oder Zufügung von Serum oder Kohle zustande. Das beste Wachstum ist mit frischem Hefeextrakt zu erzielen. Die Stämme sind gegenüber Streptomycin sehr empfindlich, wenn auch die lokale Behandlung mit Streptomycin ohne Erfolg blieb. Die Stämme behalten auch in Subkulturen ihre Eigg. bei. U. TAUSENDFREUND. 4350□

Der Niacin-Test zur Identifizierung von Mycobakterien. J. Viallier und J. Augagneur. (C. R. Séances Soc. Biol. Filiales **153.** 1798—99. 1959, herausgeg. 18/3. 1960. Lyon, Inst. Pasteur.) (Franz.)

Wegen der unter Umständen erst nach 90 Tagen eintretenden positiven Rk. sollte der von KONNO (vgl. C. **1956.** 9763) beschriebene Niacintest nicht mit Kulturen aus LOEWENSTEIN-Nährböden, sondern mit solchen aus DUBOS-Nährböden (Rk. nach ca. 12 Tagen) durchgeführt werden. C.-O. LAUBSCHAT. 4350□

Biochemische Gruppen von in Israel isolierten Salmonella typhosa-Stämmen. E. Eylan und L. Rot. (Bull. Res. Council Israel, Sect. E **6E.** 80—81. Juli 1956. Tel Aviv, Ministry of Health, Epidemiol. Labor.; Jerusalem, Hebrew Univ., Dep. of Bacteriol.) (Engl.)

Die 4 *Salmonella typhosa*-Typen nach KRISTENSEN (im Hinblick auf ihre Fähigkeit zur *Arabinose*- u. *Xylose*-Spaltung) wurden hinsichtlich ihrer Wrkg. auf d-Tartrat, Na-Citrat u. Mucat in 13 Untergruppen unterteilt. Diese biochem. Typen blieben auch bei wiederholter Isolierung konstant. Eine Relation zwischen dem Phagentyp u. dem biochem. Typ besteht nicht. U. TAUSENDFREUND. 4350□

Die Wirkung von Thioharnstoff auf freie und intracelluläre T7-Bakteriophagen. I. Hertman und M. Lion. (Bull. Res. Council Israel, Sect. E **6 E.** 83. Juli 1956. Ness Ziona, Israeli Inst. for Biol. Res.) (Engl.)

Thioharnstoff (I), als Ingrediens von Suspensionsmedien zur Lyophilisierung, erwies sich als Hemmstoff der Entw. des Bakteriophagen T 7; 1% I ist zur Inaktivierung von 50% der freien Phagen innerhalb 12 Min. bei 37° ausreichend. In NaCl–$MgHPO_4$-Puffer ist keine Inaktivierung zu beobachten, die intracelluläre Entw. des Phagen in *E. coli* B/r wird durch Ggw. von I in Nährbouillon gehemmt. Harnstoff ist in gleicher Konz. ohne Einfluß. I beeinflußt die Adsorption des Phagen an E. coli B/r in für den Mikroorganismus harmlosen Konzz. nicht. Die Inaktivierung des Phagen durch I kann durch Agarplatten-Meth. nicht nachgewiesen werden. U. TAUSENDFREUND. 4374□

Die Wechselwirkung und die gemischte Aggregation von Proteinen aus Tabakmosaikvirusstämmen. Satyabrata Sarkar. (Z. Naturforsch. **15 b.** 778—86. Dez. 1960. Tübingen, Max-Planck-Inst. für Biol.) (Engl.)

Virussuspensionen der Tabakmosaikvirusstämme *vulgare, flavum, dahlemense* u. *Holmes Spitzwegerich* (die entsprechenden Proteine: AV, AF, AD u. AHR) wurden in Phosphatpuffer gegen Glycin–NaCl–NaOH-Puffer dialysiert. Nach Zentrifugieren wurden die Proteine durch Gegenstromelektrophorese von den Nucleinsäuren getrennt. Die Proteine wurden einzeln u. in Paaren auf ihre elektrophoret. Beweglichkeit untersucht, wobei diese bei pH 8 in der Mischung von der der reinen Komponente verschieden war. Unterhalb pH 4,92 fanden Aggregationen der Mischungen mit Ausnahme zwischen AHR u. AV statt. Für AV, AF u. AHR wurden Aggregationen von jeweils sechs Polypeptidketten angenommen bei konst. Dissoziation u. Reassoziation. Es wurden die möglichen Ursachen für die verschiedenen Aggregationen u. die Beziehungen der Stämme zueinander diskutiert. J. BOELTER. 4374□

Vergleichende Untersuchung des Stoffwechsels der freien Aminosäuren bei gesunden und vom Kräuselvirus befallenen Kartoffeln. Étienne Perdrizet und Claire Martin. (C. R. hebd. Séances Acad. Sci. **252.** 2756—58. 3/5. 1961. Versailles, I.N.R.A., Stat. centr. de Pathol. végét., Serv. de Biochim.) (Franz.)

Kartoffelpflanzen mit u. ohne Befall durch den Kräuselvirus wurden 5 Min. der Einw. von $^{14}CO_2$ ausgesetzt u. nach 15 Min. extrahiert. Die freien *Aminosäuren* wurden an Permutit 50 absorbiert, mit n NH_4OH-Lsg. eluiert u. nach Papierchromatographie bestimmt u. die Radioaktivität gemessen. Bei kranken Pflanzen war der Geh. an *Serin* u. *Asparaginsäure* vermindert, der an *γ-Aminobuttersäure* (I) u. *Prolin* erhöht, während die Werte für *Glutaminsäure* stark schwankten. Die Synth. markierter I aus $^{14}CO_2$ war bei den befallenen Pflanzen stark erhöht. H. LOHSCHELDER. 4374□

Vergleichende Untersuchung des Zuckerstoffwechsels bei gesunden und vom Kräuselvirus befallenen Kartoffeln. Étienne Perdrizet und Claude Martin. (C. R. hebd. Séances Acad. Sci. **252.** 2288—90. 10/4. 1961.) (Franz.) — Vgl. vorst. Referat.

Kartoffelpflanzen mit u. ohne Befall durch den Kräuselvirus wurden 5 Min. der Ggw. von $^{14}CO_2$ ausgesetzt u. nach 15 Min. Stengel u. Blätter in A. bei 95° zerkleinert. Die *Zucker* wurden mit Ionenaustauschern abgetrennt u. nach Papierchromatographie bestimmt. Der Geh. an *Saccharose* (I), *Glucose* (II) u. *Fructose* (III) war bei den kranken Pflanzen stark erhöht. Die Synth. radioakt. Zucker war bzgl. I kaum verändert, bzgl. II u. III stark erniedrigt. H. LOHSCHELDER. 4374□

Wilhelm Schwartz und Adelheid Schwartz, Grundriß der allgemeinen Mikrobiologie. Teil 1. Zweite verb. u. erg. Aufl. Berlin: de Gruyter. 1960. (147 S. m. 25 Abb.) 8° = Sammlung Göschen. Bd. 1155. DM 3,60.

E4. Pflanzenchemie. Pflanzenphysiologie. Pflanzenpathologie

Weitere Beobachtungen über die Paraffine und primären Alkohole aus Pflanzenwachsen. J. D. Waldron, D. S. Gowers, A. C. Chibnall und S. H. Piper. (Biochem. J. **78.** 435—42. 1961. Bristol, Univ., Wills Phys. Labor.; Cambridge, Univ., Dep. of Biochem.; Manchester, Assoc. Electr. Ind. Ltd.) (Engl.)

Aus dem Laub der RUNNER-Bohne (A), des Hahnenfuß (B), aus Apfelschalen (C 134 u. C 136), dem Laub der schwed. Rübe, aus Rosenkohl (C), weißem Senf (D), Weidegras, Tabak u. Kaktus (E) isolierte *Paraffine* (I) sowie die aus den *prim. Alkoholen* erhaltenen I aus A, B, D u. E, Apfelschalen, Gerstenblättern, Weizenblättern, wildem weißen Klee, Luzerne u. Gummilackwachs wurden massenspektrograph. auf ihre Zus. untersucht. Die ungeradzahligen I dominierten gegenüber den geradzahligen. Mit Ausnahme von C u. grünen Tabakblättern wurden keine iso-I gefunden. In den aus den Alkoholen erhaltenen I überwogen die n-I. J. BOELTER. 4420□

Die Zusammensetzung von in Israel gewachsenen bitteren Orangen. 2. Mitt. A. Ephraim und J. J. Monselise. (Bull. Res. Council Israel, Sect. C **6 C.** 43—46. Nov. 1957. Ramat Gan, Labor. of Assis. Ltd.) (Engl.) — 1. vgl. C. **1960.** 12195.

Unterss. über die Zus. der in Israel 1956 geernteten bitteren Orangen ergeben die nachst. Geh.: *Pektin* im Saft 0,020—0,025 (%) (in der Schale 3,72—4,25), Asche 0,26 bis 0,31 (0,58—0,75); *Ascorbinsäure* 342—390 (mg/kg), in Flavedo 1900—2110, in Albedo 850—1030. W. WESLY. 4420□

Die Isolierung von γ-L-Glutaminyl-β-aminoisobuttersäure aus Iriszwiebeln. Clayton J. Morris, John F. Thompson, Sam Asen und Filadelfo Irreverre. (J. biol. Chemistry **236.** 1181—82. April 1961. Ithaka, N.Y., Beltsville, Md., U.S. Dep. of Agric., Bethesda, Md., U.S. Dep. of Health Educat. and Welfare.) (Engl.)

In Zwiebeln von *Iris tingitana* (var. Wedgewood) wird *γ-L-Glutaminyl-β-aminoisobuttersäure* (I) in einer Konz. von 2,71 μm/g Frischgewicht nachgewiesen. Damit wird erstmalig *β-Aminoisobuttersäure* in Peptidform gefunden. I läßt sich durch Chromatographieren der sauren Aminosäurefraktion des Zellextrakts an Ionenaustauschharzen isolieren. In W. ist $[\alpha]_D^{27}$ $-33°$ (c = 1%; R_F-Wert in Butanol/Eisessig/W. (9:1:2,5) = 0,40; in Phenol/W. (8:3) = 0,75. Im Zellextrakt besitzt I ca. 15% der durch Ninhydrin anfärbbaren freien Aminogruppen. WOLFGANG HERRMANN. 4420□

m-Carboxyphenyl-L-alanin: Eine aromatische Aminodicarbonsäure aus Iriszwiebeln. John F. Thompson, Clayton J. Morris, Sam Asen und Filadelfo Irreverre. (J. biol. Chemistry **236.** 1183—85. April 1961. Ithaka, N.Y.; Beltsville, Md., U.S. Dep. of Agric.; Bethesda, Md., U.S. Dep. of Health, Educat. and Welfare.) (Engl.) — Vgl. vorst. Referat.

Aus 45 kg Iriszwiebeln (*Iris tingitana* var. Wedgewood) werden die nichtproteinogenen Aminosäuren (AS) extrahiert u. gereinigt. Die sauren AS werden durch Adsorption an Dowex-1 (Cl^-) u. Eluierung mit n HCl gewonnen. Nach Entfernung des Lsgm. im Vakuum bei 40° wird in 0,5n Essigsäure gelöst, an Dowex-1-X 4 (CH_3COO^-) adsorbiert u. mit n/2 Essigsäure eluiert. Das Eluat wird in 13-ml (5 Min.-)-Fraktionen geteilt. Die gesuchte Säure erscheint in Fraktion 111—141. Umkristallisation aus W. (3mal); Nadeln; 250 mg. *m-Carboxyphenyl-L-alanin* (*L*-I), $C_{10}H_{11}NO_4$, $[\alpha]_D^{25}$ $-17,0°$ (c = 1%), λ_{max} 275 mμ (W.); pK_1 1,5; pK_2 3,9. R_F 0,52 (Butanol/Eisessig/W.; 9:1:2,5) bzw. 0,32 (Phenol/W.; 8:3). Strukturbeweis durch Oxydation mit $KMnO_4$ zur *Isophthalsäure* u. durch Synth.: *m-Cyanobenzylbromid* (II), F. 93° (A.); aus *m-Cyanotoluol* u. *Brom.* — 10,9 g *Acetylaminomalonsäurediäthylester,* 12,8 g II u. 1,15 g Na werden in 100 ml abs. A. 2 Std. am Rückfluß gekocht. Nach Abdampfen des Lsgm. wird in W.

aufgenommen u. mit Chlf. extrahiert. Letzteres wird abgezogen u. der Rückstand über Nacht mit 6n HCl gekocht. Nach Abziehen der Salzsäure wird in W. gelöst u. Verunreinigungen mit Chlf. extrahiert. Das DL-I wird über Dowex-1-X 4 (CH_3COO^-) gereinigt. Umkristallisation aus W. (3mal) ergibt 10 g. — L-I racemisiert nach 16std. Erhitzen auf 120° in 5n NaOH. Das IR-Spektrum gleicht danach völlig dem der synthet. Säure. *N-Acetyl*-I wird durch Acylase aus Schweineniere nicht hydrolysiert. DL-I kann über das *Diäthylesterhydrochlorid* durch Behandeln mit NH_3-gesätt. Methanol in das *DL*-I-*Diamid* (III) übergeführt werden. Hydrolyse von III in Ggw. von *Leucinaminopeptidase*, Abtrennung des gebildeten Monoamids von I (L-Form) u. Hydrolyse desselben mit n HCl liefert L-I. Aus dem nichthydrolysierten Diamid wird D-I erhalten ($[\alpha]_D^{25}$ + 17,2°). *D-AS-Oxydase* bildet aus DL-I kein NH_3 unter Bedingungen, bei denen aus *DL-Alanin* (IV) 90% der theoret. Menge erhalten werden. *L-AS-Oxydase* bildet aus 4 μMol synthet. DL-I 1,96 μMol NH_3; aus 2 μMol getrenntem D-I 0,08 μMol NH_3, aus getrenntem L-I 1,72 μMol NH_3 u. aus isoliertem L-I 1,91 μMol NH_3. IV wird durch L-AS-Oxydase zu 25% im Vgl. zu *L-Leucin* (1,65 μMol NH_3 aus 2 μMol) oxydiert. I zeigt bis zu Konzz. von 1000:1 keinen Einfl. auf die Verwertung von *Phenylalanin* durch *Leuconostoc mesenteroides*. Es bildet 0,8% des ninhydrinakt. nichtproteinogenen Anteils der Iriszwiebeln. WOLFGANG HERRMANN. 4420□

Liriodenin, ein Stickstoff-haltiges Pigment des Gelbpappelkernholzes (Liriodendron tulipifera L.). M. A. Buchanan und E. E. Dickey. (J. org. Chemistry **25.** 1389—91. Aug. 1960. Appleton, Wis., Inst. of Paper Chem.)(Engl.)

Aus Sägespänen von *Liriodendron tulipifera*-Kernholz konnte durch Extraktion mit Bzl.-A. 10:1, Ausschütteln der organ. Phase mit 1%ig. HCl, Alkalischmachen, Ausziehen mit Chlf. u. Chromatographieren an Al_2O_3 mit Chlf. das gelbe Pigment *Liriodenin* (I, $C_{17}H_9NO_3$, F. 282°) in 0,08%ig. Ausbeute (bezogen auf Trockensubstanz) erhalten werden. Zn-Staub-Dest. von I führte nicht zu definierten Prodd.; I enthält keine (CH_3O-, OH- oder $-O-CH_2-O$-Gruppen. Durch ½ Std. langes Kochen mit $NH_2OH \cdot HCl$ in Pyridin konnte ein Monooxim ($C_{17}H_{10}N_2O_3$, F. 271°) erhalten werden. Katalyt. Hydrierung führte zu einer Verb., die an der Luft leicht zu I reoxydiert werden konnte. Mit 1%ig. NaOH, die wenig $NaHSO_3$ enthielt, entstand eine blutrote Lsg., die beim Schütteln mit Luft wieder gelb wurde. Dagegen entstand mit Sn in Eisessig-HCl-W. eine stark fluorescierende Lsg., u. mit CrO_3 in 1:1 verd. H_2SO_4 (16 Std. bei Zimmer-Temp., dann 1 Std. bei 100°) wurde eine *Benzo-[g]-chinolindion-(5.10)-carbonsäure* [$C_{14}H_7NO_4$, F. 335—336° (Zers.)] gebildet, bei der die Stellung der Carboxylgruppe noch nicht bekannt ist. Beim Schmelzen dieser Verb. trat Decarboxylierung ein, u. *Benzochinolindion-(5.10)* (F. 275—277°) sublimierte. Auf Grund dieser Ergebnisse muß I die Struktur eines mit C_4H_4O substituierten Benzochinolindions haben. Auf Grund spektraler Daten käme für C_4H_4O eine ankondensierte Methylcyclopentenon-Partialstruktur in Frage; jedoch muß die endgültige I-Struktur erst durch weitere Verss. erwiesen werden. — Aus den I-Mutterlaugen wurde ein zweites, orangegelbes Pigment isoliert. Es enthält neben N Methoxyl u. hat F. 235—236° (aus A. oder Bzl.). Die Substanzmenge war für eine eindeutige Charakterisierung zu gering; es kommen $C_{20}H_{17}NO_5$ (Molgew. 351) u. Molgew. 320—330 mit 3 OCH_3-Gruppen in Frage.

E. DEHMLOW. 4420□

Phytolaccanin, der Farbstoff der Kermesbeere (Phytolacca decandra L.). 1. Mitt. **zur Kenntnis der Betacyane.** H. Wyler und A. S. Dreiding. (Helv. chim. Acta **44.** 249—57. 1/2. 1961. Zürich, Univ., Organ.-chem. Inst.) (Dt.)

Reife Früchte der *Kermesbeere* [*Phytolacca decandra* (*americana*) *L.*] enthalten 4 durch Papierelektrophorese bei pH 4,5 trennbare Farbstoffkomponenten. Der Hauptfarbstoff wird von Vff. als *Phytolaccanin* (I) bezeichnet u. der von ihnen eingeführten Klasse der *Betacyanine* zugeordnet. Eine Literaturübersicht über frühere chem. u. färber. Verss. mit I wird gegeben. I konnte als partielles Pyridiniumsalz mit nichtstöchiometr. Menge Pyridin isoliert werden. Es erwies sich als ident. mit dem aus der roten Rübe isolierten *Betanin* (vgl. C. **1960.** 4850). Saure Hydrolyse von I lieferte *Glucose* u. ein Aglykonhydrochlorid, das auf Grund von Vgl. der Röntgenpulverdiagramme, IR-Spektren u. Papierchromatogramme wie bei der Betaninhydrolyse ein Gemisch von ca. 70% *Betanidin-HCl* u. ca. 30% *Isobetanidin-HCl* darstellt. Die Nebenfarbstoffe, die insgesamt ca. 5% der Farbstoffmenge ausmachen, entsprechen auf Grund ihres papierchromatograph. u. elektrophoret. Verh. wahrscheinlich *Präbetanin*, *Isobetanin* u. *Isopräbetanin*.

Versuche: *Phytolaccamin-partielles Pyridiniumsalz* (I-Salz, ohne feste Summenformel), durch Zerquetschen von 62 g Beeren in W., Durchseihen, Nachextrahieren mit W. (Gesamt-Vol. 110 ml), Fällen mit 6,7 ml 23%ig. Pb-Acetat-Lsg., Zentrifugieren,

Waschen mit W. u. A., Extrahieren mit A.-HCl (100 ml 99% ig. A. + 2 ml HCl), Fällen mit Ae., Lösen in 3 ml 0,05m Pyridiniumformiat u. 3 Tropfen 2m Pyridin in W. u. Elektrophoresieren an einer wassergekühlten Säule mit Papierpulver in 0,05m Pyridiniumformiat (9 Std. 20 Min. bei 1200 V), Eluieren der Hauptzone mit W., Einengen auf 2 ml, Ansäuern auf pH 2,95 mit 1n HCl, krist. bei -5^0; 11,3 mg (Ausbeute). — *Phytolaccanidinhydrochlorid* (Gemisch von 70% Betanidin-HCl u. 30% Isobetanidin-HCl mit nichtstöchiometr. Wasser-Geh.), durch Verseifung von I in 5 Min. bei 85^0 mit 22% ig. HCl. Sehr hygroskopisch. E. DEHMLOW. 4420 □

Die Farbstoffe eines Öls aus afrikanischer Chaulmoogra: Caloncoba Weltwitschii (Gilg). Jean Pelt. (C. R. hebd.Séances Acad. Sci. **252.** 2291—93. 10/4. 1961. Nancy, Fac. de Pharm.) (Franz.)

Eine aus den Körnern von *Caloncoba Weltwitschii* (aus Gabun) gewonnene Lsg. der *Lipide* in Hexan wurde spektrophotometr. untersucht. Die Absorptionskurve (Maxima im Gelben bei 640 u. 680 mμ) deutet auf die Ggw. mehrerer *Carotinoide.* Nach alkal. Verseifung bei 65^0 wurden die unverseifbaren Anteile mit PAe. bzw. Ae. extrahiert. Im Ae.-Extrakt wurde *Xantophyll* sowie α- u. *β-Chlorophyll* nachgewiesen. Der PAe.-Extrakt wurde an einer Al-Säule chromatographiert, mit PAe./Ae. (95:5) eluiert u. *α-Carotin* u. *β-Carotin* identifiziert. H. LOHSCHELDER. 4420 □

Bildung von Pyrethrinen in abgeschnittenen Pyrethrum-Blüten. Eine Untersuchung mit Radioisotopen. Luis W. Levy, Manuel O. Munoz, Franco Muggia und Jacinto O. Jimenez. (Pyrethrum Post **5.** Nr. 4. 3—6. Okt. 1960. Quito, Ecuador, Escuela Politecnica Nacional.) (Engl.)

Vff. setzten abgeschnittene Pyrethrumblüten einer $^{14}CO_2$-Atmosphäre aus u. machten chromatograph. u. UV-spektroskop. die Bldg. radioakt. *Pyrethrine* wahrscheinlich. H.-G. FLOSS. 4420 □

Systematische Zugehörigkeit polnischer alkaloidhaltiger Pflanzen. Jakub Mowszowicz. (Zeszyty naukowe Uniw. Łódzkiego, Ser. II Nr. **6.** 9—38. **1959.** Łódź, Uniw., Kat. Systemat. i Geografii Roslin.)

Systemat. Übersicht über 145 alkaloidhaltige Pflanzen. — 128 Literaturangaben. F. URBAN. 4420 □

Hämagglutinine in Samenextrakten. J. Gurevitch und U. Bachrach. (Bull. Res. Council Israel, Sect. E **6E.** 68. Juli 1956. Jerusalem, Hebrew Univ., Hadassah Med. School, Dep. of Clin. Microbiol.) (Engl.)

In 14 von 27 Samenkornextrakten wurden Agglutinine gegen Erythrocyten verschiedener Blutgruppen gefunden. Extrakte von *Crotolaria aegyptiaca* agglutinierten Erythrocyten der Gruppe A nur bis zu einem Titer von 1:640, *Tetragonobolus palaestinus* agglutinierte Erythrocyten der Gruppe 0 nur bis zu einem Titer von 1:8, *Datura metel* u. *Ricinus communis* agglutinierte Erythrocyten aller Gruppen bis zu einem Titer von 1:1500. U. TAUSENDFREUND. 4420 □

Über die Isolierung von gebundener Ascorbinsäure (Ascorbigen). M. C. Malakar und B. C. Guha. (Sci. and Cult. [Calcutta] **24.** 147. Sept. 1958. Calcutta, Univ., Coll. of Technol., Dep. of Appl. Chem.) (Engl.)

Zur Isolierung der im Kohl enthaltenen, gebundenen *Ascorbinsäure* wurde das *Ascorbigen* des Kohlsaftes an Aktivkohle adsorbiert u. mit Chlf./A. (7:3) eluiert. Der Extrakt wurde im Vakuum konz. u. an Silicagel chromatographiert. Hierauf wurde das akt. Material stufenweise mit Äthylacetat/Chlf. eluiert. Die Hauptfraktion lieferte eine weiße, nichtkrist. Substanz, bei der Hydrolyse 50% ihres Gew. als Ascorbinsäure in Freiheit setzte. C. GOTTFRIED. 4425

Biosynthese von ^{14}C-Sclareol und -β-Sitosterin aus $^{14}C_{(2)}$-Mevalonsäure. Harold J. Nicholas. (Nature [London] **189.** 143—44. 14/1. 1961. Kansas City, Univ. of Kansas, Med. Cent.) (Engl.)

Abgeschnittene *Salvia sclarea*-Pflanzen wurden in *$^{14}C_{(2)}$-Na-Mevalonat*-Lsgg. u. anschließend über Nacht in dest. W. gestellt. Pflanzenstengel, Blätter, Blüten, Blütenstengel u. Blattansätze wurden gesondert getrocknet u. mit heißem 95% ig. A. extrahiert. Es wurde jeweils abdest. u. Wasserdampf-dest., worauf der Rückstand getrocknet u. mit heißem Ligroin extrahiert wurde. Es wurde mit 1% ig. NaOH gewaschen, zur Trockne gedampft u. an Al_2O_3 mit Bzl. u. Bzl.-2% A. als Laufmitteln chromatographiert. Aus der 1. Fraktion konnte *^{14}C-β-Sitosterin* (I) u. aus der 2. Fraktion ^{14}C-Diterpen (II) isoliert werden. Es zeigte sich, daß die spezif. Aktivität von II sehr gering war, während die von I groß war, bes. in Blüten u. Blütenstengeln. Die verschiedene Einbaurate ist vorerst nicht näher erklärbar. E. DEHMLOW. 4460 □

Biosynthese von Colchicin. A. R. Battersby und J. J. Reynolds. (Proc. chem. Soc. [London] **1960.** 346—47. Okt. Bristol, Univ.) (Engl.)

Durch Gaben von $^{14}C_{(1)}$-*Acetat* an *Colchicum autumnale* erhaltenes ^{14}C-*Colchicin* (**I**; Einbaurate 0,13%) enthält ca. 94% der Aktivität in der N-Acetylgruppe u. 4% im Ring A. Das nach Gabe von $^{14}C_{(2)}$-*Tyrosin* (**II**) isolierte **I** (Einbaurate 0,23%) enthielt 50% der Aktivität in der N-Acetylgruppe; das C-Atom 6 war jedoch inaktiv. Es wird deshalb angenommen, daß **II** zunächst zu einer C_6—C_1-Verb. abgebaut wird. Mit $^{14}C_{(CH_3)}$-*L-Methionin* u. *$H^{14}COOH$* wurden nur Einbauraten von weniger als 0,03% beobachtet. F. HELLER. 4460□

Modellversuche zur natürlichen Photosynthese. 6. Mitt. **Über eine angebliche Photoreduktion von CO_2 in vitro zu Formaldehyd.** Roland Mayer und Werner Töpelmann. (Hoppe-Seyler's Z. physiol. Chem. **321.** 1—9. 22/11. 1960. Tharandt, TH Dresden, Inst. für Pflanzenchem.) (Dt.) — 5. vgl. J. prakt. Chem. [4] **11 (283).** [1960.] 327.

Unter den von BAUR u. Mitarbeitern (Helv. chim. Acta **26.** [1943.] 251, 994 u. früher) angegebenen Bedingungen findet keine photochem. Red. von *CO_2* zu *CH_2O* statt. Der tatsächlich vorhandene CH_2O ist das Ergebnis der Oxydation (in wenigen Fällen auch der Photooxydation) organ. Verbindungen. Die von ge· annten Vff. verwendete Analysen-Meth. für CH_2O ist unspezif. u. im angegebenen pH-Bereich nicht quant. auswertbar. Die von BAUR festgestellte Spezifität höherer *Alkohole* für das Auftreten von „CH_2O" wurde bestätigt. Im orangerot fluorescierenden *Sudanrot* wurde eine funktionstüchtige Verb. gefunden, die alle bisher in den Modellen benutzten Farbstoffe, einschließlich Chlorophyll, ersetzen kann u. annähernd die gleichen Ergebnisse liefert. K. MAIER. 4460□

Ein endogener Rhythmus in der Geschwindigkeit der CO_2-Abgabe bei Bryophyllum. 2. Mitt. **Die Wirkung von Licht und Dunkelheit auf die Phase und Periode des Rhythmus.** M. B. Wilkins. (J. exp. Botany **11.** 269—88. Mai 1960. London, King's Coll.) (Engl.) — 1. vgl. J. exp. Botany **10.** [1959.] 377.

Es wurden in einer temperaturkonst. Kammer isolierte Blätter von *Bryophyllum fedtschenkoi* untersucht, die im 8-Std.-Kurztag herangezogen waren. Der endogene Rhythmus der CO_2-Abgabe wird gestört, wenn man die Dunkelperiode durch Beleuchtung unterbricht. Wird genau zwischen den Maxima der Abgabekurve beleuchtet (3 oder 6 Std. mit 3000 Lux), so beginnt mit der Beleuchtung eine neue Periode, der nächste Phasenwechsel findet erst 18—19 Std. nach Ende der Beleuchtung statt. Beleuchtung von 1 Std. wirkt sich kaum aus. Beginnt die Beleuchtung während eines Kurvenmaximums, tritt keine Verschiebung des Phasenwechsels auf. Höhere Lichtintensitäten wirken nicht stärker, bei niederen (2 Lux) ist der Betrag der Phasenwechselverschiebung abhängig von der Beleuchtungsdauer. Rotes Licht, zwischen den Maxima gegeben, unterbricht die Phase, blaues nicht. Kontinuierliches rotes Licht hemmt den ganzen Rhythmus. Ein Rhythmus kann auch induziert werden, wenn die Lichtintensität bei beleuchteten Blättern auf 80% absinkt. Der Rhythmus in beleuchteten Blättern kann durch Dunkelperioden unterbrochen werden, sofern während der Maxima abgedunkelt wird. Größte Phasenwechselverschiebung nach 9 Std. Dunkelheit. Abdunkelung zwischen den Maxima hat keine Wirkung. U. MOTHES. 4460□

Biokinetische Gleichung und Abbau der Auxine. Paul-Émile Pilet und Élefterios Lampsidis. (C. R. hebd. Séances Acad. Sci. **252.** 2435—37. 17/4. 1961. Lausanne, Univ., Labor. de physiol. végétale.) (Franz.)

Vff. geben folgende Gleichung für die Wachstums-Geschw., mit v_r = reale Wachstums-Geschw., v = maximale theoret. Geschw., [S] = Auxin-Konz., K_S u. K_I = MICHAELIS-Konst., I_1, $I_2 \cdots I_n$ = Inhibitoren (Bldg. beim Auxinabbau), wobei n—1 Inhibitoren inakt. sein sollen, an: $v_r/v = 1/(K_S/[S] + 1) - 1/(n \cdot K_{In}/[S] + n)$. Bedeutung u. Einschränkung der Gleichung werden diskutiert. H. LOHSCHELDER. 4485□

Über den Einfluß von Gibberellin auf die photoperiodisch bedingten Blühvorgänge bei Bryophyllum. Jürgen Penner. (Planta **55.** 542—72. 1960. Göttingen, Univ., Pflanzenphysiolog. Inst.) (Dt.)

Bei *Bryophyllum daigremontianum*, *B. crenatum* u. *B. tubiflorum*, die nur dann Blüten bilden, wenn sie zunächst einer Mindestzahl von Langtagen u. dann einer Mindestzahl von Kurztagen ausgesetzt wurden, kann der Langtag durch *Gibberellin* (**I**) völlig ersetzt werden. Unzureichende **I**-Gabe induziert ähnlich wie unzureichende photoperiod. Behandlung vergrünte, vegetative Infloreszenzen. Der Kurztag kann durch **I** nicht ersetzt werden, unzureichende Kurztagbehandlung wird aber durch **I** ausgeglichen. Bei optimaler photoperiod. Behandlung hat **I** weder positiven noch negativen Effekt. Bei *B. daigremontianum* wurde durch **I** bereits nach 3 Wochen (statt im 2. Jahr) Blühreife erreicht. *B. crenatum* blüht mit **I** im Langtag, sofern es vor höchstens 5 Tagen aus dem Kurztag gekommen ist. Werden Blätter derselben Pflanze verschieden behandelt, so kommt es nur zur Blüte, wenn das letzte Blatt vor dem Vegetationspunkt den Wechsel Langtag → Kurztag oder Kurztag + **I** erhalten hat. — 27 Literaturangaben.

U. MOTHES. 4485□

Ukrainisches Gibberellin als wirksamer Wuchsstoff. Ss. N. Litwinenko. (Доклады Академии Наук СССР [Ber. Akad. Wiss. UdSSR] **126.** 1368—70. 21/6. 1959. Botan. Garten der Akad. der Wiss. der UkrainSSR.) (Russ.)

Das von den Stämmen *Fusarium moniliforme* erhaltene kristall. *Gibberellin* (**I**) wurde in einer Konz. von 0,0025% an verschiedenen Pflanzen erprobt u. zeigte hohe physiolog. Aktivität. Die mit **I** behandelten Mais-, Tomaten- u. Tabakpflanzen u. Sternblumen zeigten schon am Ende der 1. Vers.-Woche eine bessere Entw. als die nichtbehandelten (Kontrolle). Am Ende der 4. Woche setzte mit **I** die Blüte ein, während die Kontrollpflanzen sich noch immer in der Phase der Rosetten-Bldg. befanden u. nur 5—6 Blätter gebildet hatten. Mais erreichte zu diesem Zeitpunkt eine Höhe von 60—70 cm bei 10—12 Blättern gegen 15—18 cm bzw. 3—4 Blättern in der Kontrolle. Die in 0,02% ig. **I**-Lsg. im Laufe von 24 Std. angefeuchteten Apfel- u. Birnenkerne keimten schon 6 bis 7 Tage nach der Pflanzung, während die unbehandelten Kerne nach 3 Monaten noch nicht keimten.

M. GORDIENKO. 4485□

Die Wirkung von Hormonen auf die Bewurzelung von Stecklingen der „Süßcitrone" (Citrus limettoides Tanaka). O. S. Jauhari und S. F. Rahman. (Sci. and Cult. [Calcutta] **23.** 615—16. Mai 1958. Kanpur, Govt. Agric. Coll.) (Engl.)

Stecklinge von 6—8jährigen *C. limettoides*-Pflanzen wurden, beringt (a) oder unberingt (b), 24 Std. in verschieden konz. Lsgg. von *Indolylessigsäure* (**I**), *α-Naphthalinessigsäure* (**II**), **I** + **II**, eingetaucht u. dann in Topfkulturen gezogen. Die beste Bewurzelung nach 60 Tagen wurde bei Behandlung mit 20 mg% **II** beobachtet (a, 37,5%; b, 12,5%). Eine Mischung von je 10 mg% **I** u. **II** war ebensogut wie **I** (20 mg%) allein (25% Bewurzelung).

K. MAIER. 4485□

Die durch Phyllosticta artocarpina verursachte Blattflecken-Erkrankung von Artocarpus heterophyllus. R. N. Tandon und K. S. Bilgrami. (Proc. nat. Acad. Sci., India, Sect. B **27.** 204—09. Aug. 1957.) (Engl.)

Aus infizierten Blättern von *Artocarpus heterophyllus* isolierter *Phyllosticta artocarpina* erweist sich gegenüber anderen Pflanzen als nicht pathogen. Es wurde festgestellt, daß der Pilz u. seine Sporen sowohl im Boden als auch in den infizierten Blättern der Wirtspflanze bis zu 8 Monaten lebensfähig u. pathogen bleiben. Durch Besprühen der Pflanzen vor der Infizierung mit *Bordeaux-Mischung* (3 : 3 : 50), *Perenox* (0,33%), *Tillex* (0,2%) oder *Kupfer Sandoz* (0,2%) kann eine weitgehende Infektion verhindert werden.

H. SPOHN. 4490□

Untersuchungen über die Chloratresistenz von Getreidekeimpflanzen. Ein Beitrag zur $KClO_3$-Methode. Claus Tittel. (Wiss. Z. Friedrich-Schiller-Univ. Jena/Thür., math.-naturwiss. Reihe **9.** 310—14. 1959/60.) (Dt.)

Die von YAMASAKI (Japan) vorgeschlagene Meth. zur Unterscheidung von Winter- u. Sommergetreide auf Grund unterschiedlicher Resistenz gegen *$KClO_3$* wurde auf deutschen Weizen-, Roggen- u. Gerstensorten geprüft u. ergab eine grundsätzliche Übereinstimmung. Da die Chlorat-Wrkg. von den Umweltfaktoren (Licht, pH usw.) beeinflußt wird, wurden diese bei der Resistenzprüfung bes. berücksichtigt. Einen starken Einfl. auf die Resistenz der Winter- u. Sommerformen gegen $KClO_3$ übt die Witterung zur Reifezeit aus. Keimpflanzen von Feuchtherkünften wurden sehr stark, von Trockenherkünften nur schwach geschädigt.

M. WROBLEWSKI. 4495□

Über die Wirkung von Arsenat auf Nitratreduktion, Atmung und Photosynthese von Grünalgen. Erich Kessler und Werner Bücker. (Planta **55.** 512—24. 1960. Marburg/Lahn, Univ., Botan. Inst.) (Dt.)

Na-Arsenat (**I**) fördert die Atmung u. hemmt die Photosynth. von *Ankistrodesmus braunii* in PO_4-freiem Medium bei Konzz. $>10^{-4}$m, in PO_4-haltiger Nährlsg. erst bei Konzz. $>10^{-2}$m. **I** hemmt die *Nitrit*-Red. im Dunkeln, nicht aber die Red. von Nitrat zu Nitrit, so daß in **I**-haltiger Lsg. eine Nitritakkumulation stattfindet.

U. MOTHES. 4495□

Über die Erhöhung des Gehaltes an Proteinstickstoff und Kalium in Weinblättern als Folge der Anwendung gewisser Insekticide und insbesondere des Dichlordiphenyltrichloräthans oder DDT. Francis Chaboussou, Jacques Delmas und Paulette Dureau. (C. R. hebd. Séances Acad. Sci. **252.** 2438—40. 17/4. 1961. Pont-de-la-Maye, Gironde, Stat. de Zool. agricole du Sud-Ouest; Stat. d'Agronomie de la Grande-Ferrade.) (Franz.)

Der Geh. an *Protein-N* in Weinblättern war 21 Tage nach Behandlung mit *DDT* (I) deutlich erhöht, nach *Dimethyl-2-carbomethoxy-1-methylvinylphosphat* (*Phosdrin*; II) weniger deutlich u. nach *Diäthyl-4-nitrophenylthiophosphat* (*Parathion, Diäthylester*), *1-Naphthyl-N-methylcarbamat* (*Sevin*; III) oder Schwefel nicht erhöht. Der *K*-Geh. scheint durch I, II u. III erhöht zu werden. Die I-Behandlung geht mit einer Vermehrung von *Panonychus ulmi* Koch einher. H. LOHSCHELDER. 4495□

Leo Brauner, Das kleine pflanzenphysiologische Praktikum. Anleitung zu bodenkundlichen und pflanzenphysiologischen Versuchen für Hoch-, Ober- und Fachschulen. 6. Aufl. Jena: G. Fischer. 1961. (VIII + 278 S. m. 150 Abb.) 8°. DM 26,60.

E5. Tierchemie. Tierphysiologie. Tierpathologie

^{210}Pb in einigen menschlichen und tierischen Geweben. C. R. Hill und Z. S. Jaworowski. (Nature [London] **190.** 353—54. 22/4. 1961. London, Inst. of Cancer Res., Royal Cancer Hosp., Phys. Dep.) (Engl.)

Knochen von Menschen (Vertebra u. Tibia) u. Ochsen (Röhrenknochen) wurden auf ihren Gesamt-*Pb*-Geh. (colorimetr. mit Dithizon) u. ihren ^{210}*Pb*-Geh. (radioautograph.) untersucht. Im Menschen wurden durchschnittlich 6,3 µg Gesamt-Pb/g Knochen u. 0,026 Picocurie ^{210}Pb/g Knochen, im Ochsen 3,1 µg bzw. 0,25 Picocurie/g Knochen gefunden. In der Ochsenleber wurden ca. 0,05 Picocurie ^{210}Pb/g Gewebe, mehr als die 20fache Menge des Menschen, gefunden. J. BOELTER. 4510□

Die Verteilung von freiem Mesoinosit in Säugetiergeweben einschließlich einiger Beobachtungen an der nährenden Ratte. R. M. C. Dawson und N. Freinkel. (Biochem. J. **78.** 606—10. 1961. Cambridge, Mass., Agric. Res. Council, Inst. of Animal Physiol.; Cambridge, Mass., Harvard Univ., Med. Serv., Thorndicke Mem. Labor.; Boston, Mass., City Hosp.) (Engl.)

Der freie *Mesoinosit* (I)-Geh. verschiedener Organe (Plasma, Gesamtblut, Leber, Lunge, Herz, Nierencortex, Hoden, Ovarien, Schilddrüse, Speicheldrüsen, Hirn, Bauchspeicheldrüse, Auge u. a. Gewebe) von Ratte, Kaninchen u. Meerschweinchen wurde mit Hilfe einer mikrobiolog. Analysen-Meth. bestimmt. Die höchsten I-Geh. lagen bei allen Tieren in den Schild- u. Schleimdrüsen vor (1—2% des Trockengewichts). Bei Homogenisaten dieser Drüsengewebe war I ausschließlich in den Cytoplasmafraktionen enthalten, die durch Zentrifugieren gewonnen wurden. In den Organen aller Tierarten waren die I-Geh. größer als im Plasma. Während der Nährzeit stieg der I-Geh. der Milchdrüsen von Ratten erheblich an. Direkt nach dem Werfen von Jungen nimmt bei Mutterratten der I-Geh. im Blutplasma u. in den Nieren etwas ab; in der Leber tritt dagegen keine Änderung auf. Vff. diskutieren Möglichkeiten zur Erklärung dieser Ergebnisse u. der physiolog. Bedeutung von I. E. DEHMLOW. 4520□

Isolierung von γ-Aminobutyrylhistidin (Homocarnosin) aus Hirnsubstanz. John J. Pisano, Jean D. Wilson, Louis Cohen, David Abraham und Sidney Udenfriend. (J. biol. Chemistry **236.** 499—502. Febr. 1961. Bethesda, Md., U. S. Dep. of Health, Educat. and Welfare, Publ. Health Serv., Nat. Heart Inst. and Nat. Inst. of Arthrit. and Metabol. Diseases.) (Engl.)

Aus Rinderhirn wurde ein Peptid isoliert, das zu ca. 0,5—1 mg/100 g Hirnsubstanz enthalten ist u. das bei saurer Hydrolyse *Histidin* u. *γ-Aminobuttersäure* liefert. Es wurde durch Vgl. mit synthet. Prod. (Ionenaustausch- u. Papierchromatographie, Papierelektrophorese, Vgl. der Geschw. von chem. u. enzymat. Hydrolyse mit *Carnosinase*) als *γ-Aminobutyryl-L-histidin* (I) identifiziert. Die Isolierung erfolgte durch 7 Min. langes Kochen der zerhackten Substanz mit W., Kühlen, Homogenisieren unter Eisessigzusatz, Zentrifugieren, Filtrieren u. Reinigen an einer Aktivkohlesäule. Die Säule wurde mit 50%ig. A. gewaschen, u. rohes I wurde mit 4n NH_4OH in 50%ig. A. eluiert. Es wurde zur Trockne eingedampft u. nacheinander an einer Dowex 1-X 8-Acetatsäule (eluiert mit W.), einer Dowex 50-X 8-H^+-Form-Säule (eluiert mit 4n NH_4OH), in einer Lsg. von pH 2,5 an einer Dowex 50-X 4-Säule (äquilibriert mit 0,2m NH_4-Acetatpuffer, pH 4,7, damit auch eluiert) u. schließlich an einer Dowex 50-X 8-H^+-Form-Säule (eluiert mit 4n NH_4OH) gereinigt. I-*Sulfat*, $C_{10}H_{18}N_4O_7S$, F. 240° (Zers.; Kristalle aus W.-A.), wurde durch Kupplung von Carbobenzoxy-γ-aminobuttersäure u. L-Histidinmethylester nach der Meth. der gemischten Anhydride, Verseifung der Estergruppe mit 0,5n wss.-methanol. NaOH bei 25° in 3 Std., Abhydrieren der Schutzgruppen in wss. A. mit 10%ig. Pd/$BaSO_4$, Einengen, Ansäuern mit H_2SO_4 u. Zusetzen von A. gewonnen. E. DEHMLOW. 4520□

N-haltige Extraktivstoffe der menschlichen Placenta. Hideo Miyoshi. (Proc. Japan Acad. **35.** 491—96. Okt. 1959. Kobe, Pharmazeut. Frauen-Hochsch., Biochem. Labor.) (Dt.)

Aus den aus frischer ♂ u. ♀ Placenta gewonnenen wss. Extrakten wurden die Eiweiße entfernt. Die Extrakte wurden über die Phosphorwolframate gereinigt u. mit Pikrinsäure gefällt. Aus dem Filtrat wurden, mit Pikrolonsäure gefällt, zwei Verbb. erhalten: 1. $C_5H_{11}NO_2 \cdot C_{10}H_8N_4O_5$ (I), F. 186°. Es wird ein Glykokollbetain vermutet. 2. $C_8H_{16}N_4O_4 \cdot C_{10}H_8N_4O_5$ (II), F. 222,5° (Zers.). Dieses wird als Acetylhydroxyarginin angesehen. Beide Verbb. wurden in der Placenta ♀ Föten gefunden, in denjenigen ♂ Föten nur I. Aus nicht älter als 1½ Tage alter Placenta, chem. u. chromatograph. aufgearbeitet, konnten *Histidin, Lysin* (III), *Ornithin, Hydroxyornithin* u. *Cholin* isoliert werden. *Arginin* wurde nicht gefunden, was auf eine starke Arginaseaktivität nach der Geburt schließen läßt. Aus der III-Fraktion wurde eine Verb. der summar. Formel $C_7H_{10}N_3O_2$ als Pikrat isoliert, deren Struktur noch ungeklärt ist. J. BOELTER. 4520□

Scorpamine: Die toxischen Proteine der Skorpiongifte. François Miranda und Serge Lissitzky. (Nature [London] **190.** 443—44. 29/4. 1961. Marseille, Fac. de Méd. et de Pharm., Labor. de Chim. Biol.) (Engl.) — Vgl. C. **1961.** 14371. 15475.

Die *Toxine* der nordafrikan. Skorpione *Androctonus australis* u. *Buthus occitanus* wurden durch Extraktion mit 0,9%ig. NaCl, Fraktionierung mit Aceton, Chromatographie an Amberlite CG 50 bei pH 6,8 u. Filtration an Dextrangel gereinigt. Bei Verw. von getrocknetem Gift ist die Ausbeute ca. 30%. Bei beiden Species war die tox. Aktivität auf 2 Proteine von sehr ähnlichen Eigg. bzgl. spezif. Aktivität, Extinktions-Koeff. u. Intoxikationssymptomen verteilt. Die Hauptcharakteristica der *Scorpamine* sind: a) der rein neurotox. Effekt, b) ihr niedriges Molgew. u. c) ihre hohe Widerstandskraft gegenüber Lagerung u. denaturierenden Agentien. H. LOHSCHELDER. 4520□

Die Konfiguration des Serinanteils von Lombricin und Reptilien-Serin-[äthanolamin]-phosphodiester. I. M. Beatty, A. H. Ennor, H. Rosenberg und D. I. Magrath. (J. biol. Chemistry **236.** 1028—31. April 1961. Canberra, Australia, Nat. Univ., J. Curtin School of Med. Res., Dep. of Biochem.) (Engl.)

Lombricin aus Erdwürmern wurde durch 9std. Erhitzen mit 6n H_2SO_4 auf 110° hydrolysiert. Bei der Ionenaustauschchromatographie an Dowex-50 (NH_4^+-Form) wurden *D-Serin* (*D*-I, F. 220—221° [Zers.]; $[\alpha]_D^{23,5}$ +7,4° [c = 3,92 in W.]) u. *2-Guanidinoäthylphosphat* ($C_3H_{10}N_3O_4P$, F. 208° [Zers.]) erhalten. — Aus Krokodil- u. Schildkrötenmuskeln wurde *Serinäthanolaminphosphodiester* ($C_5H_{13}N_2O_6P \cdot CH_3OH$, F. 144 bis 145° [Zers.], aus wss. Methanol; $[\alpha]_D^{23,5}$ —16,6° [c = 0,78 in W.] bzw. $C_5H_{13}N_2O_6P \cdot$ ½$CH_3OH \cdot$ ½H_2O, F. 144—145°; $[\alpha]_D^{23,5}$ —12,1° [c = 0,58 in W.]) isoliert. Beide Präpp. lieferten bei der Hydrolyse *L*-I. E. DEHMLOW. 4520□

Pteridinderivate in Reptilienhaut. Seiji Odate, Yunosuke Tatebe, Masataka Obika und Tadao Hama. (Proc. Japan Acad. **35.** 567—70. Nov. 1959. Yokohama-Hiyoshi, Keio-Gijuku Univ., Biol. Labor.) (Engl.)

Die Haut verschiedener Reptilien wurde mit 10%ig. Trichloressigsäure oder 70%ig. A. extrahiert u. die Extrakte papierchromatograph. auf Pteridin-Derivv. untersucht. Die Haut folgender Tiere wurde untersucht: *Rana nigromaculata,* erwachsener Frosch (A) sowie die Larve *Clemmys japonica* (B), *Takydromus tachydromoides, Eumeces latisculatus, Gecko japonicus, Elaphe climacophora, E. conspicillata, E. quadrivirgata* u. *Agkistrodon blomhoffii. 2-Amino-4-hydroxypteridin* wurde in allen Arten mit Ausnahme von A u. B, *Biopterin* in allen Arten, *Ranachrom 3* (I) nur in A, *Riboflavin* u. *Isoxanthopterin* in allen mit Ausnahme von B u. *2-Amino-4-hydroxypteridincarbonsäure-(6)* (II) in allen Arten gefunden. In der Schildkrötenhaut wurden nur I u. II gefunden. Zwischen Schlangen- u. Eidechsenhaut bestanden keine grundsätzlichen Unterschiede. In einigen Arten wurde eine durch Al–Hg in *Isoxanthopterin* überführbare Substanz gefunden. Der Stoffwechsel u. die physiolog. Rolle der Pteridine im Frosch wie in Schlange u. Eidechse scheinen gleich zu sein. J. BOELTER. 4520□

Zur fermentlosen Pigmentbildung bei dem Schwamm Aplysina aerophoba. Anast. A. Christomanos. (Praktika Akad. Athenon **32.** 433—41. 1957, herausgeg. 1958. St. Georg, Limni, Forschungslabor. für Marine Biochem.) (Dt.; Auszug: Griech.)

Die durch Auspressen von frischem *Aplysina aerophoba* unter CO_2 erhaltene Fl. zeigt an der Luft bei pH $<$ 6,0 keine Verfärbung, während bei pH 6,7—7,2 schnell unter Auftreten von Trimethylamingeruch Farbumschlag über Braungelb, Rot, Violettrot nach Violettblau erfolgt; nach Zugabe von wenig A. fällt darauf ein violettbrauner Nd. (I) aus. Kochen des frischen Preßsaftes ist ebenso wie Zusatz von HCN ohne Einfl. auf den Farbumschlag. Frisches I wird durch $Na_2S_2O_4$ zum Teil, durch H_2O_2 vollkommen entfärbt, während gealtertes I durch $Na_2S_2O_4$ fast gar nicht, durch H_2O_2 nur unvollkommen entfärbt wird. I ist im Gegensatz zu Melaminen in Säuren lösl. u. wird aus der Lsg. durch Alkali gefällt. Im Hydrolysat von I wurden papierchromatograph. *Phenylalanin, Leucin, Tyrosin, Methionin, Valin, Prolin, Arginin, Alanin, Glutamin-* u. *Asparaginsäure* nachgewiesen. Acetonextrakte des Schwamms geben an Chlf. hypophas. Pigmente ab, die an Al_2O_3 in 4 Komponenten (hellgelb, blau, gelbbraun, smaragdgrün) getrennt werden, die luftbeständig sind, während das in der wss. Aceton-Lsg. bleibende epiphas. Pigment, das in A. mit rotbrauner Farbe (Fluorescenz im UV blaugrün) lösl. ist, an der Luft schnell oxydiert wird u. für die Schwarzfärbung des Schwamms an der Luft verantwortlich ist. F. HELLER. 4520□

Übergang von Fluor durch die Placenta auf den Foetus bei Ratten und Kaninchen. D. C. Maplesden, I. Motzok, W. T. Oliver und H. D. Branion. (J. of Nutrit. **71.** 70—76. Mai 1960. Guelph, Ontario, Ontario Agric. Coll.; Ontario Veterin. Coll.) (Engl.)

Die Placenta von Ratten u. Kaninchen ist prakt. undurchlässig für *Fluor*. Bei Tieren, welchen F verfüttert wurde, konnten aus der alkal. Phosphataseaktivität von Plasma, Niere, Leber, Darmschleimhaut u. Knochen keine Rückschlüsse auf den Grad der Fluorose gezogen werden. Bei hohen Konzz. von F im Futter setzte bei einigen Tieren überschüssiges Gewebewachstum in den langen Knochen ein, röntgenograph. waren jedoch keine Anomalitäten festzustellen. K. ZINGRAF. 4550□

Der Kalium-Flux des normalen und denervierten Rattenzwerchfells. W. Klaus, H. Lüllmann und E. Muscholl. (Pflügers Arch. ges. Physiol. Menschen Tiere **271.** 761—75. 1960. Mainz, Univ., Pharmakolog. Inst.) (Dt.)

Prüfung des *K*-Effluxes am normalen u. denervierten Rattenzwerchfell ergab Werte der Geschw.-Konst. von 0,28 h^{-1} (normal) u. 0,18 h^{-1} (denerviert) bei 22—26° in einem 2,7 mVal K/Liter enthaltenden Medium, so daß sich K-Efflux von 7,60 $pm/cm^2 \cdot s$ bzw. 5,08 $pm/cm^2 \cdot s$ ergibt (K-Influx 4,53 bzw. 3,03 $pm/cm^2 \cdot s$). Die Permeabilitäts-Konst. des denervierten Muskels beträgt $^1/_2$—$^1/_3$ des normalen Werts.

U. TAUSENDFREUND. 4550□

Versuche zur Bestimmung des wahren K-Efflux im Rattenzwerchfell. W. Klaus, H. Lüllmann und E. Muscholl. (Pflügers Arch. ges. Physiol. Menschen Tiere **271.** 776—81. 1960. Mainz, Univ., Pharmakolog. Inst.) (Dt.) — Vgl. vorst. Referat.

Um zu prüfen, ob die Rückresorption bei der Best. des *K*-Efflux am Rattenzwerchfell eine quant. Rolle spielt, wurden Verss. durchgeführt, in denen der Extracellulärraum des Zwerchfells zusätzlich vom Venen-Syst. her perfundiert wurde. Durch eine solche Spülung wird die Verweildauer der ^{42}K-Ionen im Extracellulärraum verkürzt u. damit die Möglichkeit für eine Rückresorption vermindert. Es zeigte sich nun, daß durch die Perfusion des Extracellulärraums die Geschw.-Konst. tatsächlich von nur 7,5 auf 30 $pm/cm^2 \cdot s$ gesteigert werden kann u. der letzte Wert als der reale K-Efflux-Wert anzusehen ist. U. TAUSENDFREUND. 4550□

Über die Wiederherstellung der Atembewegungen beim Schlei nach Einwirkung hypertonischer salzhaltiger Medien und über die Verlängerung der Überlebensdauer durch Injektion von K^+- oder Na^+-Lösungen mit nur einem Kation. A. Jullien, J. Ripplinger, J. Cardot und M. Dury. (C. R. Séances Soc. Biol. Filiales **153.** 121—24. 30/4. 1959. Besançon, Univ., Fac. des Sci., Labor. de Zool.) (Franz.) — Vgl. C. **1959.** 12622; C. **1960.** 11003.

Die Injektion einer schwachen *K^+*- oder *Na^+*-haltigen Lsg. mit nur einem Kation stellt bei Schleien, die sich nach mehrstd. Aufenthalt in hyperton. Medien (Na^+ oder $Na^+ + Ca^{2+}$) in Agonie befinden, die Atembewegungen wieder her; die Überlebensdauer ist temperaturabhängig. K. ZINGRAF. 4550□

Stoffwechselreaktionen bei Verletzungen. Václav Kulhánek und Vladimír Kulendík. (Clin. chim. Acta [Amsterdam] **4.** 562—70. Juli 1959. Brno, Czechoslovakia, Res. Inst. of Traumatol.) (Engl.)

Bei 46 Patienten mit akuten Knochenverletzungen wird eine Erhöhung des *Citronensäure*-Spiegels im Serum beobachtet. Der gleiche Befund wird mit Meerschweinchen erhalten. Weiter wird ein Anstieg der pentabromacetonpositiven Stoffe im Serum des Menschen u. des Meerschweinchens festgestellt. H. STRUCK. 4552□

Enzymologische Aspekte der endokrinen Aktivität. Gianfranco Melloni. (Acta endocrinol. [Copenhagen], Suppl. Nr. **51.** 979. 1960. Milano, Italy, Univ., Clinica Med. Gen.) (Engl.) H. HERPER. 4558□

Steroide aus menschlichem Fettgewebe. J. Vague, J. C. Garrigues und J. Berthet. (Acta endocrinol. [Copenhagen], Suppl. Nr. **51.** 1337. 1960. Marseille, Hôp. de la Conception, Fac. de Méd., Chaire de Clin. Endocrinol.) (Franz.) H. HERPER. 4558□

Einige endokrine Aspekte der Pathogenese von Atherosklerose in der Ratte. Bernard C. Wexler, George W. Kittinger und Benjamin F. Miller. (Acta endocrinol. [Copenhagen], Suppl. Nr. **51.** 223. 1960. Cincinnati, Ohio, Univ. of Cincinnati, Coll. of Med., Dep. of Pathol., Biochem., Med. and Cincinnati, Jewish Hosp., May Inst. for Med. Res.) (Engl.) H. HERPER. 4558□

Induktion und Dauer von Brustwachstum und Lactation nach Einfluß durch Neurohormone, Pharmaka, nichtspezifischen Stress und Hypothalamus-Gewebe. Joseph Meites, C. S. Nicoll, P. K. Talwalker und T. F. Hopkins. (Acta endocrinol. [Copenhagen], Suppl. Nr. **51.** 1137. 1960. East Lansing, Mich., State Univ., Dep. of Physiol. and Pharmacol.) (Engl.) H. HERPER. 4559□

Desoxyribonucleinsäure als quantitatives Maß des Brustdrüsen-Wachstums. Charles W. Turner. (Acta endocrinol. [Copenhagen], Suppl. Nr. **51.** 1143. 1960. Columbia, Mo., Univ. of Missouri, Dep. of Dairy Husbandry.) (Engl.) H. HERPER. 4559□

Mitotische und Stoffwechsel-Untersuchung von Östrogenen. L. Martin und C. W. Emmens. (Acta endocrinol. [Copenhagen], Suppl. Nr. **51.** 1107. 1960. Sydney, Univ., Dep. of Veterin. Physiol.) (Engl.) H. HERPER. 4559□

Über die Therapie der Genital-Unterentwicklung der Frau mit neuen Progestativis. Angelo Migliavacca. (Acta endocrinol. [Copenhagen], Suppl. Nr. **51.** 607. 1960. Cagliari, Italia, Univ., Clinica Ostetrica e Ginecol.) (Franz.) H. HERPER. 4559□

Über die Erhaltung der Fertilität östrogenbehandelter Rattenmännchen durch HCG-Injektionen beziehungsweise intratestikuläre Testosteronimplantationen. W. Hohlweg und G. Dörner. (Acta endocrinol. [Copenhagen], Suppl. Nr. **51.** 527. 1960. Berlin, Charité, Inst. für exp. Endokrinol.) (Dt.) H. HERPER. 4559□

Norethindrone bei klinischen Anti-Fertilitäts-Untersuchungen. Edward T. Tyler. (Acta endocrinol. [Copenhagen], Suppl. Nr. **51.** 933. 1960. Los Angeles, Calif., Univ. of California, School of Med., Tyler Clinic; Los Angeles Planned Parenthood Center.) (Engl.) H. HERPER. 4559□

Provokation der Ovulation durch ein Neuro-Hormon. R. Meyer-Bisch. (Acta endocrinol. [Copenhagen], Suppl. Nr. **51.** 585—86. 1960. Nancy, France.) (Franz.) H. HERPER. 4559□

Sechs Östrogen-Fraktionen im menschlichen Schwangeren-Urin. R. Hobkirk und M. Nilsen. (Acta endocrinol. [Copenhagen], Suppl. Nr. **51.** 1111. 1960. Montreal, Canada, General Hosp., Dep. of Metabolism.) (Engl.) H. HERPER. 4559□

Einige Beobachtungen über die Ausscheidung von Pregnandiol im Harn von Frauen mit Frühgeburten. Malcolm C. Macnaughton und E. M. Michie. (Acta endocrinol. [Copenhagen], Suppl. Nr. **51.** 669—70. 1960. Aberdeen, Scotland, Univ. of Aberdeen, Dep. of Midwifery and Gynecol.) (Engl.) H. HERPER. 4559□

Wirkung von einigen synthetischen Progestinen auf die Evolution der Trächtigkeit bei der Ratte. E. Montuori, G. E. Bur und A. Korompai. (Acta endocrinol. [Copenhagen], Suppl. Nr. **51.** 675. 1960.) (Engl.) H. HERPER. 4559□

Untersuchungen einer neuen Klasse oralaktiver Progesteron-Analoga (Retro-Steroide) bei amenorrhoischen Frauen. K. G. Tillinger, E. Diczfalusy, P. M. F. Bishop und U. Borell. (Acta endocrinol. [Copenhagen], Suppl. Nr. **51.** 919. 1960. Stockholm, Karolinska Sjukhuset, Dep. of Women's Diseases; London, Chelsea Hosp. for Women, Dep. of Endocrinol.; Gothenburg, Univ., Dep. of Gynecol. and Obstetr.) (Engl.) H. HERPER. 4559□

Steroide. 155. Mitt. **Progestative Wirksamkeit von 6-substituierten 17α-Acetoxyprogesteron-Derivaten.** Fred A. Kincl. (Endokrinologie **40.** 257—66. April 1961. Mexico, D.F., Res. Labor. Syntex S.A.) (Dt.) — 154. vgl. KNOX, J. org. Chemistry **26.** [1961.] 501.

Methyl- oder Halogensubstitution an $C_{(6)}$ von *17α-Acetoxyprogesteron* führte, unabhängig von der α- oder β-Konfiguration, zu einer starken Erhöhung der progestativen Wirksamkeit (gemessen mittels des MCPHAIL-Tests am Kaninchen) bei oraler Zufuhr; allerdings waren die 6α-Derivv. einheitlicher wirksam. Die Wirksamkeit von *17α-Äthinyl-19-nortestosteron* (I) wurde durch eine solche Substitution nur mäßig gesteigert. *Δ^6-Dehydro-6-chlor-17α-acetoxyprogesteron* war 35mal wirksamer als I. K. ZINGRAF. 4559□

Östrogen-Antagonismus: 19-Norprogesteron und 18.19-Dinortestosteron als Östrogenantagonisten. Richard A. Edgren. (Nature [London] **190.** 353. 22/4. 1961. Chicago, Ill., G. D. Searle and Co., Div. of Biol. Res.) (Engl.)

Ausgewachsene ♂ Mäuse erhielten insgesamt 2 μg *Östron* (I) in 4 gleichen Dosen über 4 Tage subkutan injiziert. Vaginalabstriche am 5. bzw. 6. Tage wurden in Abwesenheit von Leukocyten als positiv gewertet. *19-Norprogesteron* (II) erwies sich als ca. 13mal stärker als Antagonist zu I, verglichen mit *Progesteron. 18.19-Dinorprogesteron* zeigte keine hemmende Wirkung. Die Abspaltung der angularen CH_3-Gruppe an C_{10} erhöhte die I-antagonist. Wrkg.; die weitere Abspaltung der $C_{(13)}H_3$-Gruppe führte zum Verlust des größten Teils der antagonist. Aktivität. J. Boelter. 4559☐

Östrogene und Atherosklerose. Manuel René Malinow. (Acta endocrinol. [Copenhagen], Suppl. Nr. **51.** 889. 1960. Buenos Aires, Med. School, Inst. of Physiol.) (Engl.) H. Herper. 4559☐

Wirkungen von Östradiol auf die Hirn-Erregbarkeit bei männlichen Ratten. Paolo S. Timiras und Dorothy E. Woolley. (Acta endocrinol. [Copenhagen], Suppl. Nr. **51.** 891. 1960. Berkeley, Calif., Univ. of California, Dep. of Physiol.) (Engl.) H. Herper. 4559☐

Veränderungen an der Nebennierenrinde der männlichen Ratte während der chemischen Kastration durch östrogene Substanzen. M. Piroth. (Endokrinologie **40.** 280—310. April 1961. Univ. des Saarlandes, Patholog. Inst.) (Dt.)

Die Funktionsbeanspruchung (Fb) der Nebennierenrinde bei reifen ♂ Ratten war nach 8 wöchiger Verabreichung von *Diäthyldihydroxystilbendipropionat* (*Cyren B forte oleosum*, Bayer) am stärksten, nach *Diäthyldihydroxystilbendiphosphat* (*Honvan*, Asta) weniger stark u. nach *Östradiolbenzoat* (*Progynon f oleosum*, Schering) am geringsten. Die Fb nahm am Anfang der 1. Woche zu, gegen Ende der 1. Woche ab, dann bis zur 3. u. 5. Woche erneut zu mit anschließender langsamer Anpassung. — 99 Literaturangaben. K. Zingraf. 4559☐

Die pathologische Wirkung von Progesteron bei der trächtigen Ratte. H. C. Moore. (Acta endocrinol. [Copenhagen], Suppl. Nr. **51.** 911. 1960. Dublin, Rotunda Hosp. Labor.) (Engl.) H. Herper. 4559☐

Geschlechtsunterschiede in der Wirkung der steroiden Geschlechtshormone auf die Schilddrüse. J. R. Jonkers, J. W. E. Muyzert, F. J. A. Paesi und S. E. de Jongh. (Acta physiol. pharmacol. neerl. **5.** 406—12. Okt. 1957. Leyden, Univ., Dep. of Pharmakol.)

Erwachsene Ratten beiderlei Geschlechts wurden kastriert u. erhielten *Testosteronpropionat* (I) oder *Östradiolbenzoat* (II) u. danach ^{131}J. Nach 18 Tagen wurden die Tiere getötet, die Schilddrüsen gewogen u. ihre Radioaktivität gemessen. II bewirkt bei ♂ stärkere Gewichtszunahme u. ^{131}J-Speicherung in den Schilddrüsen als bei ♀. I steigert bei ♀ die ^{131}J-Speicherung, ohne bei ihnen das Gewicht der Schilddrüse zu beeinflussen, während es bei ♂ (nicht signifikant) abnimmt. Heinrich Hermann. 4559☐

Die Wirkung von Thyroxin und Insulin auf das Wachstum der Brustdrüsen hypophysektomierter Ratten, denen Ovarextrakte injiziert wurden. Dora Jacobsohn. (Acta endocrinol. [Copenhagen], Suppl. Nr. **51.** 1149. 1960. Lund, Sweden, Univ., Inst. of Physiol.) (Engl.) H. Herper. 4559☐

In vivo-Beobachtungen an den Samenblasen erwachsener, nach der Geburt kastrierter Ratten vor und nach intravenöser Verabfolgung von Testosteron. William H. Knisely, Jerome A. Grunt und Roger J. Berry. (Amer. J. Physiol. **189.** 437—40. Juni 1957. Durham, N.C., Duke Univ., School of Med., Dep. of Med. and Anat.) (Engl.)

Vff. haben 12 ♂ Ratten vom Osborne-Mendel-Stamm kurz nach der Geburt kastriert, ihnen im Alter von 84—105 Tagen *17β-Testosterondiäthylaminoäthylcarbonathydrochlorid* i.v. injiziert u. die Samenblasen in vivo mkr. beobachtet. Bei den Vers.-Tieren waren in den Samenblasen die Blutgefäße stärker durchströmt, indes die Anzahl der Kontraktionen gegenüber den Vgl.-Tieren abnahm. Heinrich Hermann. 4559☐

In vitro-Wirkung von Testosteron auf die Nucleinsäure-Synthesen in der Mäuse-Prostata. Ardis J. Lostroh. (Acta endocrinol. [Copenhagen], Suppl. Nr. **51.** 865—66. 1960. Chicago, Ill., Univ. of Chicago.) (Engl.) H. Herper. 4559☐

Beurteilung einer Oligozoospermie und ihrer Behandlung mit Testosteron. V. C. Medvei und A. W. Spence. (Acta endocrinol. [Copenhagen], Suppl. Nr. **51.** 653. 1960. London, St. Bartholomew's Hosp.) (Engl.) H. Herper. 4559☐

Die Anwendung von parabiotischen Mäusen für die Untersuchung der Hypersekretion von Hypophysen-Gonadotropin und Hemmung durch bestimmte Steroide. Tamotsu Miyake und Tetuo Minesita. (Acta endocrinol. [Copenhagen], Suppl. Nr. **51.** 15. 1960. Amagasaki, Japan, Shionogi Res. Labor.) (Engl.) H. Herper. 4560☐

Brustdrüsen-stimulierende Aktivitäten der menschlichen Hypophysen-Hormone. W. R. Lyons, Choh Hao Li und R. E. Johnson. (Acta endocrinol. [Copenhagen], Suppl. Nr. **51.** 1145. 1960. San Francisco, Calif., Univ. of California, School of Med., Anat. Dep.; Berkeley, Calif., Univ. of California, Hormone Res. Labor.) (Engl.) H. Herper. 4560☐

Diuretische Reaktion beim Ochsenfrosch (Rana catesbiana) auf die Injektion von Oxytocin. Julia Uranga. (Acta endocrinol. [Copenhagen], Suppl. Nr. **51.** 139. 1960. Buenos Aires, Argentina, Inst. de Biol. y Med. Exp.) (Engl.) H. Herper. 4560☐

Herstellung von Schaf-Wachstumshormon. A. L. C. Wallace. (Nature [London] **190.** 535—36. 6/5. 1961. Prospect, New South Wales, Commenwealth Sci. and Ind. Res. Org., Div. of Animal Physiol., Ian Clunies Ross Animal Res. Labor.) (Engl.)

Gefrorene Hypophysen von Schafen wurden mit festem CO_2 vermahlen, mit Boratpuffer vom pH 8,6 bei 4° 3 Std. extrahiert u.die Extrakte direkt auf eine Diäthylaminoäthylcellulosesäule gegeben oder es wurde mit dem Puffer unter Zusatz von 0,25m NaCl extrahiert, die Extrakte dialysiert, der Gefriertrocknung unterworfen u. nach Lsg. in Boratpuffer auf die Säule gegeben. Die nicht adsorbierte Fraktion wurde gegen dest. W. dialysiert, wobei das *Wachstumshormon* (2,5 g/kg frische Hypophyse) als Nd. anfiel.

H. LOHSCHELDER. 4560□

Extraktion von erythrocytopoetischem Hypophysen-Hormon und seine Wirkung beim Menschen. Mauro Matteini und Paolo Spigliati. (Acta endocrinol. [Copenhagen], Suppl. Nr. **51.** 281. 1960. Firenze, Italia, Univ., Ist. di Patologia spec. med. e Metodologia clin.) (Engl.) H. HERPER. 4560□

Schilddrüsenstimulierendes Hormon im menschlichen Serum. D. S. Munro, R. Kilpatrick, P. Major und G. M. Wilson. (Acta endocrinol. [Copenhagen], Suppl. Nr. **51.** 1189. 1960. Sheffield, England, Univ., Dep. of Pharmacol. and Therap.) (Engl.)

H. HERPER. 4560□

Die Reinigung von Hypophysen-Thyreotropin. C. J. O. R. Morris und J. S. Fawcett. (Acta endocrinol. [Copenhagen], Suppl. Nr. **51.** 265. 1960. London, Hosp. Med. Coll., Dep. of Exp. Biochem.) (Engl.) H. HERPER. 4560□

Bestimmung der adrenocorticotropen Aktivität beim Menschen nach Steroid-Therapie. James C. Melby. (Acta endocrinol. [Copenhagen], Suppl. Nr. **51.** 347. 1960. Little Rock, Ark., Univ. of Arkansas, Med. Center.) (Engl.) H. HERPER. 4560□

Folge der Wirkungen von ACTH und Wirkungsverstärkern auf Ratten-Thymus und -Nebennieren. Irene T. Kline und Richmond W. Smith jun. (Acta endocrinol. [Copenhagen], Suppl. Nr. **51.** 1127—28. 1960. Detroit, Mich., Henry Ford Hosp., Div. of Endocrinol.; Edsel Ford Inst. for Med. Res.) (Engl.) H. HERPER. 4560□

Weitere Untersuchungen über Synthese und Konjugation von Corticosteroiden in durchströmten menschlichen Placenten. Philip Troen. (Acta endocrinol. [Copenhagen], Suppl. Nr. **51.** 717—18. 1960. Boston, Mass., Harvard Med. School, Beth Israel Hosp.) (Engl.) H. HERPER. 4561□

Stoffwechsel der Adrenocorticosteroide beim Menschen. R. E. Peterson. (Ann. New York Acad. Sci. **82.** 846—53. 14/10. 1959. Ithaca, N.Y., Cornell Univ., Med. Coll.) (Engl.)

Übersicht über die mit verschiedenen Meth. ermittelten Mittelwerte des Geh. des Plasmas an *Cortisol* (I), *Corticosteron* (II) u. *Aldosteron* (III), die biolog. Halbwertszeiten von I, II, III, *Cortison*, Δ^1*-Cortison*, Δ^1*-Cortisol*, Δ^1*-9α-Fluor-16α-methylcortisol*, *9α-Fluorcortisol*, Δ^1*-9α-Fluorcortisol*, *Dihydrocortisol* u. *Tetrahydrocortisol* sowie den Umsatz zugeführter Corticoide u. die im Harn nachweisbaren Steroidgruppen.

U. LASCHET. 4561□

Synthese von 16α- und 16β-Methylcorticoiden. Eugene P. Oliveto. (Ann. New York Acad. Sci. **82.** 809—20. 14/10. 1959. Bloomfield, N.J., Schering Corp.) (Engl.)

Übersicht über die verschiedenen Möglichkeiten der Synth. von *16α-* u. *16β-Methylcorticoiden*: *16α-* u. *16β-Methylprednion*, *9α-Fluor-16β-methylprednisolonacetat* u. das *16α-Epimere* aus *Desoxycholsäure* sowie *9α-Fluor-16α-methylprednisolon* aus *Diosgenin*. — 13 Literaturzitate verweisen auf die bereits veröffentlichten Synthesen.

L. LASCHET. 4561□

Wirkungen von Mittelhirn- und Epiphysenschädigungen auf die Aldosteron-Sekretion. Anna Newman Taylor. (Acta endocrinol. [Copenhagen], Suppl. Nr. **51.** 73—74. 1960. Cleveland, Ohio, Western Res. Univ., Dep. of Physiol.) (Engl.)

H. HERPER. 4561□

Cortisol und einige Δ^4-3-Ketosteroide aus dem Harn zur Bestimmung der Nebennierenrinden-Funktion bei endokriner Anwendung. M. S. Kandráč, I. Gregovorá, A. Jehličková, H. Vrbová und L. Stárka. (Acta endocrinol. [Copenhagen], Suppl. Nr. **51.** 1063. 1960. Praha, Charles Univ., Res. Labor. for Endocrinol. and Res. Inst. for Endocrinol.) (Engl.) H. HERPER. 4561□

Stoffwechseluntersuchungen von Cortisol beim normalen ausgereiften Kind. Robert A. Ulstrom, E. Colle, J. Burley und R. Gunville. (Acta endocrinol. [Copenhagen], Suppl. Nr. **51.** 751. 1960. Minneapolis, Minn., Univ. of Minnesota, Dep. of Pediatr.) (Engl.) H. HERPER. 4561□

Einige frühe Wirkungen von Hydrocortison auf den Kohlenhydratstoffwechsel bei adrenalektomierten Ratten. Allan Munck und Seymour B. Koritz. (Acta endocrinol. [Copenhagen], Suppl. Nr. **51.** 821. 1960. Shrewsbury, Mass., Worcester Found. for Exp. Biol.) (Engl.) H. HERPER. 4561 □

Histologische Untersuchungen der Wirkungen von Glucocorticoid-Hormonen bei Keloiden. R. E. Mancini, J. V. Quaife und E. F. Malbec. (Acta endocrinol. [Copenhagen], Suppl. Nr. **51.** 793. 1960. Buenos Aires, Univ., Fac. de Med., Inst. de Anatomía Normal y Embriol.) (Engl.) H. HERPER. 4561 □

Einfluß von Mineral-Corticoiden auf Vitamin-B_1-Mangel-Ratten. Tetuo Minesita und Akira Tanaka. (Acta endocrinol. [Copenhagen], Suppl. Nr. **51.** 813. 1960. Amagasaki, Japan, Shionogi Res. Labor.) (Engl.) H. HERPER. 4561 □

Die Wirkung von Desoxycorticosteron und Ouabain auf die cellulare Akkumulation von Rubidium und Kalium im Ratten-Diaphragma-Muskel. Pier Giulio Menozzi und Alessandro Polleri. (Acta endocrinol. [Copenhagen], Suppl. Nr. **51.** 955. 1960. Genova, Italy, Univ., Clinica Med. Gen.) (Engl.) H. HERPER. 4561 □

Die Biologie der antiinflammatorischen Steroide. Robert H. Silber. (Ann. New York Acad. Sci. **82.** 821—28. 14/10. 1959. Rahway, N.J., Merck Inst. for Therap. Res.) (Engl.)

Die Einführung der 16α-Methylgruppe in das Corticoid-Mol. führte zur Steigerung der Wirksamkeit im Granulom- u. Leberglykogentest, während die 16β-Methylgruppe nur die Granulomwirksamkeit steigert, die Glykogenablagerung aber entweder vermindert oder unverändert läßt. Folgende Wirksamkeit wurde bei Vgl. mit *Hydrocortison* (I) = 1 gefunden (Glykogenablagerung; Granulomtest; klin. Wirksamkeit): *16-Methyl*-I 2; 3; 3. *16-Methyl-Δ^1*-I 5; 16; 5. *16α-Methyl-9α-fluor*-I 12; 36; 13. *Dexamethason* (II; *9α-Fluor-16α-methyl-Δ^1*-I) 20; 200; 30. *16β-Methyl*-I 0,6; 4. *16β-Methyl-9α-fluor*-I 8,5; 23. *16β-Methyl-Δ^1*-I 1,5; 23. *16β-Methyl-9α-fluor-Δ^1*-I 11; 70. *Prednisolon* (Δ^1-I) 3—4; 3—4. *9α-Fluor*-I 8; 6. *9α-Fluor-Δ^1*-I 13; 12. Nach subkutaner Injektion von *Cortisonacetat* wurden innerhalb einer Woche 50,7%, von *Cortison* 73,7%, von I-*Acetat* 19,3% u. von I 98% resorbiert. Im Granulomtest konnten erhebliche Resorptionsdifferenzen bei unterschiedlicher Applikationsart festgestellt werden. I-Acetat soll theoret. 0,9mal so wirksam wie I sein, ist nach subkutaner Injektion aber nur 0,2mal, nach intraperitonealer Gabe 3mal so wirksam. Bei oraler Applikation waren beide gleich gut wirksam. Körper-, Thymus- u. Nebennierengewicht von Ratten werden durch Glucocorticoide vermindert. Einführung einer Δ^1-Doppelbindung stabilisiert den Ring A im Stoffwechsel, Einführung einer 16α-Methylgruppe die Seitenkette. Der Verlust der Seitenkette ohne 16α-Methylgruppe beträgt in vitro nach 44 Std. bei 37° mit menschlichem Plasma 35%, mit 16α-Methylgruppe nur durchschnittlich 13%. 9α-Fluor-Δ^1-I u. II werden in geringerem Umfang im Plasma gebunden (60 bzw. 61,5%) als die anderen untersuchten Corticoide (73—79%). Trotz der größeren Stabilität von II ist seine Halbwertszeit u. die Ausscheidung im Harn nicht wesentlich anders als die des Prednisolons. U. LASCHET. 4561 □

Die Wirkung antiinflammatorischer Steroide auf den Elektrolytstoffwechsel. Grant W. Liddle. (Ann. New York Acad. Sci. **82.** 854—67. 14/10. 1959. Nashville, Tenn., Vanderbilt Univ. School of Med., Dep. of Med.) (Engl.)

Zwischen der antiinflammator. u. der Elektrolytwirksamkeit von Steroiden bestehen keine bestimmten Zusammenhänge. Steroide können a) Na^+-Retention u. K^+-Verlust durch die Förderung von tubulären Kationenaustauscherprozessen fördern; b) Na^+-Verlust durch Hemmung der Aldosteron (I)-Wrkg. auf den Tubulusapparat oder durch Steigerung der glomerulären Filtrationsmenge oder durch Korrektur einer gesteigerten I-Sekretion bewirken. Unterss. mit *Desoxycorticosteron*, **I**, *Hydrocortison*, *9α-Fluorhydrocortison*, *Prednisolon*, *2α-Methylhydrocortison*, *6α-Methylhydrocortison*, *6α-Methylprednisolon*, *9α-Fluorprednisolon*, *Triamcinolon* u. *Dexamethason* ergaben, daß die Na^+-Retention durch Halogenierung in 9α-Stellung erheblich gesteigert, durch 1.2-Dehydrogenierung etwas, durch Einführung einer 16α-Methylgruppe erheblich vermindert wird. U. LASCHET. 4561 □

Die Wirkung antiinflammatorischer Steroide auf den Kohlenhydratstoffwechsel mit Betonung hypoglykämischer und diabetischer Zustände. Thomas F. Frawley, Hansjörg Kistler und Thomas Shelley. (Ann. New York Acad. Sci. **82.** 868—85. 14/10. 1959. Albany, N.Y., Albany Med. Coll., Subdep. of Endocrinol. and Metabol.) (Engl.)

Behandlung hypoglykäm. Patienten mit antiinflammator. wirksamen Nebennierenrinden (NNR)-Steroiden hat schon vor dem Anstieg des Blutzuckerwerts eine deutliche Besserung des klin. Bildes zur Folge. Dieser Befund stützt die Hypothese, daß diese Steroide entweder auf den *Glucose*-Transfer oder auf den intracellulären Glucosestoffwechsel einwirken. Kurz- oder langfristige NNR-Steroidbehandlung führt nur selten zum Diabetes mellitus. Die biochem. Veränderungen bei Steroiddiabetes u. Diabetes mellitus sind in vieler Hinsicht sehr verschieden. Es ist auch definitiv bekannt, daß bei Diabetes mellitus keine NNR-Veränderungen vorliegen. Vorläufige Unterss. haben ergeben, daß die NNR für die Hypoglykämie u. Insulinresistenz bei Akromegalie eine bedeutende Rolle spielt. U. LASCHET. 4561 □

Ein neuer Anti-Inflammator-Aktivitäts-Test für Corticosteroide: Formalin-Filterpapierkügelchen-Methode. Akira Tanaka, Tamotsu Miyake und Tetuo Minesita. (Acta endocrinol. [Copenhagen], Suppl. Nr. **51.** 767. 1960. Amagasaki, Japan, Shionogi Res. Labor.) (Engl.) H. HERPER. 4561 □

Untersuchungen über den Sauerstoffverbrauch und die Plasma-Brenzcatechinamine in Abhängigkeit vom arteriellen pH-Wert. Gabriel G. Nahas und Jean-Claude Ligou. (J. de Physiol. **52.** 735—48. Sept./Okt. 1960. Washington, D.C., Walter Reed Inst. de Rech.) (Franz.)

Während hyperkapn. Acidose infolge Apnoe in O_2-Atmosphäre tritt beim Hund ein Anstieg der *Adrenalin* (I)- u. *Noradrenalin* (II)-Konzz. im Plasma u. des Blutdrucks (BD) bei gleichbleibendem O_2-Verbrauch (O_2-V) ein. Wird der pH-Wert des arteriellen Bluts durch Infusion von *2-Amino-2-hydroxymethylpropandiol-(1.3)* alkal. oder konst. gehalten, so bleiben O_2-V, I, II u. BD konst., während die Gesamt-CO_2-Konz. des Plasmas auf das Doppelte zunimmt. Bei Veränderung vom pH von 6,99 auf 7,52 nimmt O_2-V um 39% zu, I u. II im Plasma kehren rasch auf Normalwerte zurück. Bei normalem oder alkal. pH des arteriellen Bluts, nicht aber bei pH 7,05—7,17, bewirken I, II oder *Isoproterenol* eine Zunahme von O_2-V u. BD. K. ZINGRAF. 4561 □

Untersuchung eines großen Steroidbereichs bei normalen Personen und Hochdruckkranken. Jacques Genest, Erich Koiw, Wojciech Nowaczynski und Thomas Sandor. (Acta endocrinol. [Copenhagen] **35.** 413—25. Nov. 1960. Montreal, Hotel-Dieu Hosp.) (Engl.)

Die Ausscheidung an *Cortison, Cortisol* u. ihren *Tetrahydro-Derivv., Ätiocholanolon,* dem *Tetrahydro-Deriv.* von *17.21-Dihydroxy-Δ^4-pregnen-3.20-dion, Aldosteron* (I) u. *Pregnantriol* (II) im Harn von Gesunden u. Patienten mit essentiellem, renalem oder malignem Hochdruck wird verglichen. Während sich bei den ersten Steroiden keine Unterschiede zeigen, sind bei Hochdruck die I-Werte signifikant erhöht, die II-Werte u. das II : I-Verhältnis signifikant erniedrigt. Intravenöse Infusion von *Angiotensin* steigert bei Gesunden die I-Ausscheidung auf das 2—10fache, Infusion von *Noradrenalin* oder *Phenylephrin* sind ohne Einfluß. K. BOHLE. 4561 □

Der Gehalt des Magensaftes, der Galle und des Speichels an Corticoiden, neutralen 17-Ketosteroiden und deren Einzelfraktionen unter physiologischen Bedingungen und nach Glucocorticoidtherapie. L. Zicha, F. Scheiffarth und E. Schmid. (Acta endocrinol. [Copenhagen], Suppl. Nr. **51.** 349. 1960. Erlangen, Medizin. Univ.-Klinik.) (Dt.) H. HERPER. 4561 □

Vergleichende Corticosteroidbestimmungen im normalen Kammerwasser verschiedener Säugetiere. F. Trichtel und G. Papapanos. (Graefes Arch. Ophthalmol. verein. Arch. Augenheilkunde **161.** 325—28. 1959. Wien, I. Univ.-Augenklinik; Bad Hall, Paracelsus-Inst., Augenabt.) (Dt.)

Vff. untersuchten mit dem von MADER u. BRUCH modifizierten Tetrazolblautest die Unterschiede im *Corticosteroid* (I)-Geh. des Kammerwassers bei verschiedenen Säugetieren gleicher u. verschiedener Art. — Während bei den verschiedenen Tiergattungen kein eindeutiger Unterschied im I-Geh. festzustellen war, fanden sich bei den Tierindividuen derselben Gattung starke Konz.-Schwankungen. Vff. vermuten, daß eine gewisse Abhängigkeit zwischen der I-Konz. u. dem Alter der Tiere besteht.

R. ILLHARDT. 4561 □

Eine neue empfindliche radiochemische Bestimmung von Corticosteroiden mit ^{14}C-Tetrazolium-Salzen. J. Márton, T. Gosztony, P. Weisz und J. Meisel. (Acta endocrinol. [Copenhagen], Suppl. Nr. **51.** 1055—56. 1960. Budapest, Hungarian Acad. of Sci., Central Res. Inst. for Chem.; Univ. of Technical Sci., Inst. for Technol. of Organ. Chem.; Nat. Inst. for Rheumatism and Baneol.) (Engl.) H. HERPER. 4561 □

Reaktion von Antimonpentachlorid mit Pregnan-3α.17α.20α-triol, Pregnan-3α.17α.20α-triol-11-on und anderen Nebennierenrindensteroiden. Robert H. Herman und Joseph Bruton. (Nature [London] **1960.** 444—45. 29/4. 1961. Washington, D.C., Walter Reed Army Med. Center, Walter Reed Army Inst. of Res., Div. of Med., Dep. of Metabolism.) (Engl.)

Vff. benutzen $SbCl_5$ zum Nachw. von Steroiden auf Papierchromatogrammen. 50 μg des Steroids wurden auf WHATMAN Nr. 1-Papier gegeben u. mit einer Lsg. von 20 g $SbCl_5$ in 100 ml Chlf. besprüht. Viele Steroide gaben erst nach Erhitzen (5 Min. auf 84°) eine Farbreaktion. Farbton (nach Erhitzung): *Pregnan-3α.17α.20α-triol* blaugrau; *Pregnan-3α.11β.17α.20α-tetrol* braungrau; *Pregnan-3α.17α.20α-triol-11-on* gelb; *Pregnan-3α.17α.20β-triol-11-on* schwachgelb; *Hydrocortison* blaßgelb; *Cortison* sehr schwach gelb; *Corticosteron* gelb; *11-Desoxy-17-hydroxycorticosteron* grau; *11-Dehydrocorticosteron* grau; *11-Dehydrocorticosteron* sehr schwach gelb; *11-Desoxycorticosteron* blau.
H. LOHSCHELDER. 4561□

Erfahrungen mit Hostacortin „H"-Kristallsuspension in einer orthopädischen Ambulanz. Wolfgang Cerwenka. (Therap. d. Gegenwart **99.** 299—300. Juni 1960. Leipzig, Univ., Orthopäd. Klinik.) (Dt.)

Bei der Behandlung arthrot. Beschwerden mit *Hostacortin „H"*-Kristallsuspension (*Prednisolonacetat*) wurden vom Autor wesentlich bessere Erfolge erzielt als bei Verw. von *Hydrocortison*. R. METZE. 4561□

Zur Membranwirkung des Adrenalins an der Herzmuskelfaser. W. Trautwein und R. F. Schmidt. (Pflügers Arch. ges. Physiol. Menschen Tiere **271.** 715—26. 1960. Heidelberg, Univ., Physiol. Inst.) (Dt.)

Aus den Unterss. der Vff. über die Wrkg. von *Adrenalin* (I) auf die Beziehung zwischen der Anstiegssteilheit des Spitzenpotentials (Aktivierungskurve des Na-Transport-Syst.) u. dem Membranpotential an exzidierten PURKINJE-Fasern u. -streifen des rechten Vorhofs vom Hundeherzen geht hervor, daß I die *Na*-Permeabilität nicht beeinträchtigt. Die Befunde sprechen dagegen für eine Aktivierung des akt. *Kationen*-Transports durch I; es war jedoch nicht möglich, durch *Dinitrophenol* oder *NaCN* als klass. Hemmstoffe des akt. Kationentransports die Zunahme des Ruhepotentials u. die Frequenzzunahme nach I aufzuheben, während *Monojodessigsäure* die I-Wrkg. hemmt (was auf mindestens teilweise Bereitstellung der zum akt. Kationentransport am Herzen notwendigen Energie aus der Glykolyse weist). U. TAUSENDFREUND. 4561□

Veränderungen der Thyroid-^{131}J-Ausscheidungsrate während des Wachstums von Holstein-, braunen Schweizer und Jersey-Kälbern bei konstanter Temperatur von 50 und 80° F. H. D. Johnson und A. C. Ragsdale. (J. Dairy Sci. **42.** 1821—30. Nov. 1959. Columbia, Mo., Univ., Dep. of Dairy Husbandry.)

Bei wachsenden Kälbern verschiedener Rasse wird die Schilddrüsenaktivität durch Zufuhr von *$Na^{131}J$* bei 50 u. 80° F untersucht. Mit zunehmendem Alter nimmt die Schilddrüsenaktivität/Gewichtseinheit ab. Zwischen den Rassen treten signifikante Unterschiede auf. Weiter zeigt sich, daß bei 80° F die Schilddrüsenaktivität ^{131}J höher als bei 50° F ist. Hier werden ebenfalls Unterschiede zwischen den Rassen beobachtet.
H. STRUCK. 4562□

Die Rolle der Temperatur bei Bestimmung der Wirkungen von Thyroxin und Propylthiouracil auf die motorische Einheit. Neena B. Schwartz, Ann. W. Ingold, Gerald E. Hammond und Gerald A. Gronert. (Amer. J. Physiol. **198.** 456—62. Febr. 1960. Chicago, Ill., Univ. of Illinois, Coll. of Med., Dep. of Physiol.) (Engl.)

Die Best. der neuromuskulären Funktion u. der Temp. bei hyperthyreoiden, thyreoidektomierten hypothyreoiden, euthyreoiden (NaCl-Kontrolle), *Propylthiouracil* (I)-hypothyreoiden u. I-Kontrollratten (Thyroxin + I) ergab signifikante Unterschiede. I bewirkt, ohne Thyreoideavermittlung, neuromuskuläre Effekte, die durch Curare blockiert werden. Vermutlich vermindert Hyperthyreoidie die Muskelspannung durch Verringerung der Dauer des akt. Muskelzustands, entweder durch direkte Beeinflussung des die Dauer steuernden Mechanismus oder/u. indirekt durch Beeinflussung des Mechanismus über eine Erhöhung der Körpertemperatur. K. MAIER. 4562□

Bestimmung von Exophthalmus-produzierender Substanz. P. J. der Kinderen und F. Schwarz. (Acta endocrinol. [Copenhagen], Suppl. Nr. **51.** 1097. 1960. Utrecht, Holland, Univ.-Hosp., Med. Dep. and Dep. of Theoret. Endocrinol.) (Engl.)
H. HERPER. 4562□

Stoffwechselverhalten der hepatektomierten Ratte. Th. Béraud und A. Vannotti. (Acta endocrinol. [Copenhagen] **35.** 324—33. Nov. 1960. Lausanne, Univ., Clin. Méd.) (Franz.)

Ratten, bei denen die Schilddrüse u. ca. 90% der Leber entfernt sind, zeigen nach Injektion von *Trijodthyronin* (I) keinen Anstieg des O_2-Verbrauchs. Nach Injektion von mit *^{131}J* markiertem I findet sich nach Hepatektomie oder Intoxikation der Leber mit *CCl_4* die Radioaktivität vermehrt in Plasma, Niere u. Herz, während die Ausscheidung im Harn u. in den Faeces stark vermindert ist. Chromatograph. Unters. zeigt, daß bei hepatektomierten Ratten der I-Abbau verändert ist, indem sich im Serum *Monojodtyrosin*- u. I-*Glucuronid*, in der Niere I-*Glucuronid* finden. K. BOHLE. 4562□

Isolierung eines parathyroidalen Polypeptids aus den Essigsäureextrakten von Rindernebenschilddrüsen. Howard Rasmussen und Lyman C. Craig (unter techn. Mitarbeit von Gerty Hochster). (J. biol. Chemistry **236.** 1083—86. April 1961. New York, N.Y., Rockefeller Inst.) (Engl.)

Nach früher beschriebenen Meth. (vgl. J. biol. Chemistry **236.** [1961.] 759) wurde aus dem Extrakt mit 80%ig. Essigsäure aus Rindernebenschilddrüsen ein reines Polypeptid (*Parathormon B*) isoliert. Das Molgew. liegt bei ca. 7000, u. die Verb. besteht aus folgenden 62 Aminosäuren: 6 *Lysin,* 2 *Histidin,* 3 *Arginin,* 6 *Asparaginsäure,* 2 *Threonin,* 5 *Serin,* 8 *Glutaminsäure,* 2 *Prolin,* 4 *Glycin,* 6 *Alanin,* 4 *Valin,* 2 *Methionin,* 2 *Isoleucin,* 6 *Leucin,* 1 *Tyrosin,* 2 *Phenylalanin* u. 1 *Tryptophan.* Daneben liegen 6 CO·NH_2-Gruppen vor. Das vorliegende Polypeptid ist wahrscheinlich ein Bruchstück des größeren, durch Phenolextraktion des Drüsengewebes erhaltenen *Parathormons C* (Molgew. 9450, 83 Aminosäurereste). E. Dehmlow. 4563□

Zur Behandlung von Diabetikern mit dem lipotropen Pankreasfaktor. Dietfried Jorke und Rudolf A. Kühn. (Therap. d. Gegenwart **99.** 273—78. Juni 1960. Jena, Univ., Med. Klinik.) (Dt.)

Langzeitbehandlung vor Diabetikern mit *lipotropem Pankreasfaktor* (LPF) führt zur Senkung von Hyperlipidämie, Normalisierung der Cholesterinwerte, Anstieg der α-Lipoproteide u. der Eiweißzucker u. Verminderung der α_2-Globulin-gebundenen Kohlenhydrate. R. Metze. 4564□

Die Wirkung von Sekretin auf den Blutdurchfluß des Pankreas. Muriel Jones. (J. Physiology **151.** 49 P—50 P. Mai 1960. London, St. Mary's Hosp., Med. School, Physiol. Dep.) (Engl.)

Simultane Messungen des Blutflusses (venöser Ausfluß) u. des Blutinhaltes des Katzenpankreas ergaben nach Zufuhr von *Sekretin* (I) Erhöhungen beider Werte innerhalb der gleichen Zeit, die dem Pankreasausfluß vorausging. Die Änderung des Blutflusses bei konst. I-Dosen bei leichter Variation des vasomotor. Tonus des Splanchnicus ergab während der durch die Verw. von *Heparin* bedingten Hämorrhagie u. der Periode des Carotisverschlusses eine Verminderung des Blutdurchflusses, der durch Wieder-Herst. des Blut-Vol. durch eine *Polyvinylpyrrolidon*-Lsg. wieder erhöht werden konnte. J. Boelter. 4564□

Über das aus Walpankreas isolierte Ophidin. Shigeru Tsunoo, Akihiko Musashi und Kazuyoshi Horisaka. (Proc. Japan Acad. **35.** 485—90. Okt. 1959. Kobe, Pharmazeut. Frauen-Hochsch., Biochem. Labor.; Showa Med. Hochsch., Pharmakolog. Inst.) (Dt.)

Aus Walpankreas wurde nach Entfernung von Fetten u. Eiweißen eine A.-lösl. Fraktion erhalten, die an Amberlite IRC-50 zuerst bei pH 4,8 u. nach Eluierung mit 0,1n HCl erneut bei pH 7,0 gereinigt, eine aus *Lysin* bestehende Fraktion ergab. Eluierung der Säule mit 0,1n NH_3 ergab nach Aufarbeitung eine Verb. der Formel $C_{10}H_{16}$·N_4O_3 · ½ H_2O, Zers. bei 249° (Nadeln), $[\alpha]_D^{21}$ +29,13° (c = 2,7; W.). Durch Bldg. des Pikrolonats, Pikrats sowie durch Spaltung mit HBr zu 2-Methylhistidin u. β-Alanin wurde sie als *Ophidin* identifiziert. J. Boelter. 4564□

Aminosäuresequenz von menschlichem Insulin. D. S. H. W. Nicol und L. F. Smith. (Nature [London] **187.** 483—85. 6/8. 1960. Cambridge, Univ., Dep. of Biochem.) (Engl.)

Nach den früher für andere *Insuline* angewandten Meth. (Verdauung der B-Ketten mit Pepsin bei pH 2, Elektrophorese der gebildeten Peptide, Verdauung der B-Ketten mit Trypsin u. der A-Ketten mit Chymotrypsin u. Endgruppenmarkierungen) wurde folgende Aminosäuresequenz für menschliches Insulin bestimmt:

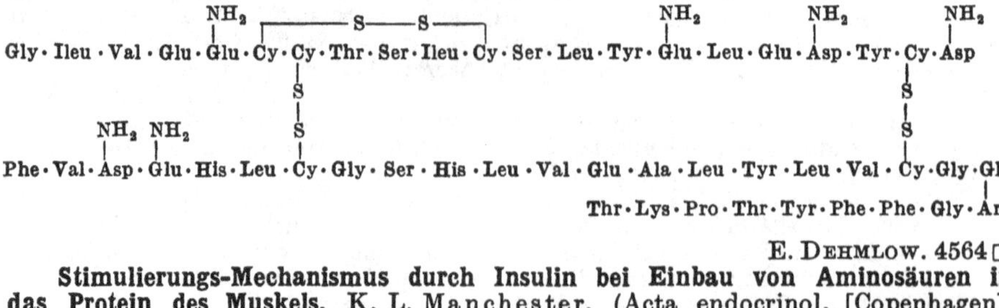

E. Dehmlow. 4564□

Stimulierungs-Mechanismus durch Insulin bei Einbau von Aminosäuren in das Protein des Muskels. K. L. Manchester. (Acta endocrinol. [Copenhagen], Suppl. Nr. **51.** 953. 1960. Cambridge, England, Univ., Dep. of Biochem.) (Engl.)

H. Herper. 4564□

Funktionen von Cerebral-Hemisphären und Blutzuckerspiegel. M. I. Mitiushov. (Acta endocrinol. [Copenhagen], Suppl. Nr. **51.** 1285. 1960. Leningrad, Acad. of Sci., I. P. Pavlov Inst. of Physiol.) (Engl.) H. HERPER. 4564□

Experimentelle hypophysäre Basophilie im Verhältnis zum pharmakologischen Erregungs- und Hemmungszustand des Zentralnervensystems. St.-M. Milcu, M. Pitiş und M. Dancăşiu. (Comun. Acad. Republ. Populare romîne **5.** 571—79. März 1955.) (Rum.)

In Verss. an Ratten (♂) wird die Beteiligung des Zentralnerven-Syst. (ZNS) am Mechanismus der Einw. von *Insulin* (I) auf die Hypophyse kastrierter Tiere untersucht. 30 Tage nach der Kastrierung werden die Tiere während 17 Tagen täglich mit *Chloralose* (II), I, I + *Benzedrin* (III) u. I + II behandelt. Das Auftreten von Kastrationszellen wird durch III nicht verhindert, durch II sogar gefördert, durch I gehemmt. Bei gleichzeitiger Zufuhr unterstützt III die Hemm-Wrkg. von I, II unterbindet sie. Erregung u. Hemmung des ZNS verändern also die Einw. des I auf die Hypophyse nach Kastration. R. K. MÜLLER. 4564□

Experimentelle Untersuchung der Glukagon-Wirkung auf die Befruchtung der Ratte und die Entwicklung des Fötus. C. Tarantino und F. Cassano. (Acta endocrinol. [Copenhagen], Suppl. Nr. **51.** 1299. 1960. Pisa, Ist. Opot. Naz., Labor. Ric.; Lucca, Reparto Ostet. Ginecol. Sped. Riuniti.) (Franz.) H. HERPER. 4564□

Beiträge zur Pharmacodynamik der hypoglykämierenden Fraktionen der Epiphyse. Ioana Milcu, Viorica Chivu, Lidia Nanu und Rodica Marcean. (Comun. Acad. Republ. Populare romîne **5.** 561—70. März 1955.) (Rum.)

Das *Epiphysenhormon* (I) zeigt in Verss. an Mäusen eine ähnliche hypoglykämierende Wrkg. wie Insulin, indem es das Leberglykogen herabsetzt u. das Muskelglykogen erhöht, allerdings nicht nach Exstirpation der Nebenniere. Daraus ergibt sich eine Synergie zwischen Pankreas u. Hypophyse. Die bei Epiphysektomie entstehende Hyperglykämie ist darauf zurückzuführen, daß die I-Wrkg. ausfällt. Auch im Lipidstoffwechsel zeigt sich ein Antagonismus zwischen Hypophyse u. Epiphyse. Die Inhibitor-Wrkg. der Epiphyse gegenüber der Nebenniere ist ebenfalls auf I zurückzuführen. R. K. MÜLLER. 4565□

Reaktion der Thymusdrüse auf erhöhte Aufnahme von Natriumchlorid. M. Pospíšil. (Nature [London] **190.** 89—90. 1/4. 1961. Královopolska, Brno, Czechoslovak Akad. of Sci., Inst. of Biophys.) (Engl.)

Vf. prüft die Signifikanz des Einfl. des *Na*-Gleichgewichts auf die Aktivität des lymphat. Gewebes des Thymus. Einer Gruppe von Ratten mit entfernter Nebennierenrinde (1) wird täglich 2 mg *Desoxycorticosteronacetat* (*DCA*) i. m. gegeben, sie wird mit Leitungswasser getränkt. Eine andere Gruppe (2) wird neben der DCA-Gabe mit physiolog. *NaCl*-Lsg. versorgt. Bei Gruppe 1 bleibt das elektrolyt. Gleichgewicht im Muskel (quadriceps femoris) etwa erhalten: 44,9 mVal *K*; 12,1 mVal Na/100 g (Kontrolltiere: 46,0 K; 10,5 Na); in Gruppe 2 steigt der Na-Geh. des Muskels auf 13,3 mVal./100 g an, der K-Geh. sinkt auf 41,0 mVal./100 g. Der Na/K-Quotient beträgt in Gruppe 1: 0,26; in Gruppe 2: 0,31, der Unterschied ist signifikant. Mit DCA + NaCl behandelte Tiere besitzen eine bedeutend vergrößerte Thymusdrüse (241 mg), verbunden mit einer Erhöhung der Lymphocytenzahl (Normalgewicht: 180 mg, Gruppe 1: 177 mg). Vf. zieht aus den Experimenten den Schluß, daß der Elektrolytstoffwechsel bei mit DCA behandelten Ratten ohne Nebennierenrinde eine wichtige Rolle bei der Regulierung des Wachstums des thymolymphat. Gewebes spielt. WOLFGANG HERRMANN. 4566□

Antistreptolysin-O-Titer und Gegenwart C-reaktiven Proteins im Blut gebärender Frauen und im Nabelschnurblut. R. Rozansky und B. Bercovici. (Bull. Res. Council Israel, Sect. E **6 E.** 72. Juli 1956. Jerusalem, Hebrew Univ., Hadassah Med. School, Dep. of Clin. Microbiol. and of Obstet. and Gyn.) (Engl.)

Der *Antistreptolysin-O*-Titer wurde im Blut von 50 gebärenden Frauen u. aus 50 Nabelschnüren untersucht. In 28 Fällen war der Titer im Nabelschnurblut höher als im mütterlichen Blut, in 22 Fällen war der Titer in beiden Blutarten gleich. — Das Blut von 70 gebärenden Frauen u. von 70 Nabelschnüren wurde auf Ggw. von *C-reakt. Protein* untersucht. Das Protein wurde bei 46 Frauen u. in 1 Nabelschnur gefunden. U. TAUSENDFREUND. 4572□

Identifizierung eines neuen normalen embryonalen Hämoglobins. I. Halbrecht und Ch. Klibansky. (Bull. Res. Council Israel, Sect. E **6 E.** 68. Juli 1956. Petah Tiqva, Beilinson Hosp., Rogoff Med. Res. Inst.) (Engl.)

Im Blut eines 10-Wochen- u. eines 20-Wochen-Fötus wurde ein neuer *alkaliresistenter Hämoglobin*-Typ nachgewisen (in Mengen von 83 bzw. 52%). Die papierelektrophoret. Beweglichkeit war langsamer als die von Erwachsenenhämoglobin u. Hämoglobin aus Neugeborenennabelschnurblut, welches 50% des alkaliresistenten Typs enthält. Demnach ist die langsame Bewegung des Hämoglobins der ersten Embryonalzeit nicht dem bekannten alkaliresistenten Typ zuzuschreiben, sondern einem Hämoglobin, welches im späten Fötalleben verschwindet. Das Serum des 10-Wochen-Fötus zeigte bei der Filterpapierelektrophorese α_1-, α_2- u. β-Globulinfraktionen u. 2 Fraktionen mit ungewöhnlicher Mobilität nahe Erwachsenenalbumin; es wurde kein γ-Globulin gefunden, so daß dieses später gebildet zu werden scheint. U. TAUSENDFREUND. 4572□

Direkte Sichtbarmachung der Hämoglobinmoleküle. S. N. Chatterjee, P. Sadhukhan und J. B. Chatterjea. (Naturwissenschaften **47.** 377. 2. Aug.-H. 1960. Calcutta, Saha Inst. of Nucl. Physics, Biophysics Div., and School of Trop. Med., Hematol. Dep.) (Engl.)

Durch Photographie unter dem Elektronenmikroskop (SIEMENS-Elmiskop I) gelang Vff. die direkte Sichtbarmachung von *Hämoglobin* (Hb)-Molekülen. Diese wurden aus hämolysierten Humanerythrocyten nach einer Standard-Meth. erhalten. An einer 60000 fachen Vergrößerung bestimmten Vff. eine Ausdehnung der Partikelchen aus den Schattenlängen von ca. 45—50 Å. Das Hb-Mol. hat wahrscheinlich nicht exakt ellipsoide oder sphäroide Gestalt. G. BRATFISCH. 4572

Erythropoetische Aktivität im Plasma und Urin von Hunden nach Blutentnahme. Jean-Pierre Naets. (Proc. Soc. exp. Biol. Med. **102.** 387—89. Nov. 1959. Berkeley, Calif., Univ. of California, Donner Labor.) (Engl.)

Hunden wurde 1—2mal täglich über 5 Tage Blut bis zu Hämatokritwerten (HK) von 5—11% entnommen u. durch physiolog. NaCl-Lsg. mit 6% Dextran ersetzt. Blutplasma u. Urin, jeweils zweimal 2 ml im Abstand von 24 Std., wurden subkutan ♀ LONG-EVANS-Ratten injiziert u. weitere 24 Std. später eine ^{59}*Fe*-Lsg. (30000—100000 c/Min., 2 μc/γ) in Rattenplasma intraperitoneal. Das Plasma der Vers.-Tiere enthielt bei HK unter 16% einen die Aufnahme von ^{59}Fe durch rote Blutzellen stimulierenden Faktor. Eine entsprechende Aktivität im Urin wurde bei Hk von 8 bzw. 9% erhalten. Die Aktivität des Plasmas wurde durch 15 Min. Kochen teilweise zerstört. Die Ggw. des erythropoet. Faktors im Urin ist möglicherweise das Ergebnis einer glomerularen Filtration oder einer tubularen Sekretion u. meist tödlich. J. BOELTER. 4573□

Die Aufnahme von Kalium durch Erythrocyten in bezug auf deren Glucose-Verbrauch. A. J. Houtsmuller. (Clin. chim. Acta [Amsterdam] **4.** 606—08. Juli 1959. Utrecht, Netherlands, Univ., Med. Clinic.) (Engl.)

Durch Messung des *K*-Geh. im Plasma normaler Personen u. der Best. der glykolyt. Aktivität der Erythrocyten in vitro zeigt sich eine bemerkenswerte Korrelation zwischen der *K*-Aufnahme der roten Zellen u. ihrer Glykolyse. Ist im Plasma sämtliche *Glucose* abgebaut, so nimmt auch der K-Geh. in den Zellen ab. H. STRUCK. 4573□

Beobachtungen über Faktoren, welche die Erythrocytenglykolyse in vitro und in vivo beeinflussen. F. Buffa, G. Maraini und S. Chiarle. (Clin. chim. Acta [Amsterdam] **4.** 594—98. Juli 1959. Turin, Italy, Univ., Inst. of Special Med. Patholog. and Clinical Method.) (Engl.)

Unter normalen Bedingungen stehen Blutzucker (Durchschnitt 78 ± 18 mg%) u. Glykolyse (43 ± 14,8 mg%) in enger Korrelation. Nach der Zuführung von *Glucose, Insulin* oder *Epinephrin* in vivo zeigt sich eine Zunahme der Blutzuckerwerte, u. die Glykolysewerte nehmen ab. In vitro ist kein Einfl. von *Insulin, Epinephrin, Cortison* u. *ATP* zu beobachten. H. STRUCK. 4573□

Untersuchung der hämolytischen Wirkungen der Lactose bei der Ratte: Hyperbilirubinämie und Steigerung des Eisengehaltes der Milz. Paul Fournier und Maurice Piette. (C. R. hebd. Séances Acad. Sci. **252.** 2762—64. 3/5. 1961. Paris, Fac. de Méd., Labor. d'Embryol.; Fac. de Pharm., Labor. d'Hématol.) (Franz.)

Bei jungen Albinoratten, deren Futter 30% *Lactose* enthielt, war nach 21 Tagen der Geh. an *Bilirubin* im Serum u. an *Fe* in der Milz stark erhöht.

H. LOHSCHELDER. 4573□

Eine einfache Elektrophorese-Apparatur. F. Rappaport und M. Rabinovitz. (Clin. chim. Acta [Amsterdam] **4.** 531—34. Juli 1959. Petah-Tiqvah, Beilinson Hosp., Dep. of Biochem.; Tel-Aviv, Hadassah Hosp., Dep. of Hematol.) (Engl.)

Es wird eine einfache Papierelektrophorese-App. für niedere Spannung (50—60 V) beschrieben, welche ohne größere Mittel selbst erstellt werden kann. Trennungsbeispiele von *Serumproteinen* u. *Lipoproteinen* vermitteln ihre Brauchbarkeit.

H. STRUCK. 4574□

Die Kupferionen-Katalyse der Spaltung des γ-Globulins und anderer Proteine mittels Wasserstoffperoxyd. Robert A. Phelps, Kenneth E. Neet, Lydia T. Lynn und Frank W. Putnam. (J. biol. Chemistry **236.** 96—105. Jan. 1961. Gainesville, Fla., Univ. of Florida, Coll. of Med., Dep. of Biochem.) (Engl.)

Es wurde die mittels Cu^{2+}-Ionen katalysierte Spaltung von Proteinen durch H_2O_2 untersucht. Menschliches *γ-Globulin* (I) (6,5 ± 0,3 S) bildet dabei niedriger mol. Spaltstücke mit 3,6 ± 0,3 u. 1,1 ± 0,2 S. Die 1,1 S-Komponente besitzt ein Molgew. von 10000, für die 3,6 S-Komponente wird ein solches von ca. 70000 angenommen. Teilweise läßt sich auch eine 5-S-Komponente nachweisen. Mit der Bldg. dieser kleineren Komponenten geht eine Abnahme der UV-Absorption bei 280 mμ einher; die E_{250} mμ nimmt hingegen zu. Es werden weiterhin die genauen Rk.-Bedingungen (Cu^{2+}-Konz., Peroxyd-Konz., pH usw.) analysiert. So ist ein Cu^{2+}-Proteinverhältnis von 1 für die Spaltungs-Rk. günstig. Die elektrophoret. Beweglichkeit von I (pH 8,6, Veronalpuffer) beträgt $-1,5 \cdot 10^{-5}$ $cm^2 \cdot V^{-1} \cdot s^{-1}$, die der 3,6 S- bzw. 1,1 S-Komponente $-3,4$ bzw. $-4,7 \cdot 10^{-5}$. Unterschiede zu I bestehen u. a. auch hinsichtlich der Löslichkeit. Die Spaltung anderer Proteine (*Globuline* von Tieren, *Albumine*, *Ribonuclease*, BENCE-JONES-*Protein*, *Lysozym*) durch H_2O_2 u. Cu^{2+}-Ionen führt zu ähnlichen niedriger mol. Komponenten u. zu analogen spektralen Verschiebungen im UV, die auf Veränderung von aromat. u. heterocycl. Aminosäuren bzw. Oxydation von schwefelhaltigen Aminosäuren beruhen. Vergleichsweise zur H_2O_2-Spaltung des I wird auch der Einfl. von *N-Bromsuccinimid*, von *Sulfit* u. der *Thioglykolsäure*-Red. der S-S-Brücken mit nachfolgender *Jodacetamid*-Stabilisierung auf I untersucht. Es lassen sich aus den Verss. mit diesen Reagentien sowie durch eine Hitzefragmentierung des I u. der H_2O_2-Spaltungs-Rk. mehr oder weniger deutliche Unterschiede bzgl. der Spalt-Prodd. feststellen. Aus den Ergebnissen wird der Schluß gezogen, daß sich die peroxydative Spaltung für Eiweiße vor allem deswegen wenig eignet, weil durch das H_2O_2 die Aminosäuren ebenso wie auch Glucosamin verändert werden. W. SCHELER. 4574□

Eine Untersuchung der Papierelektrophorese von Proteinen im Hinblick auf eine neue Methode der Subfraktionierung. W. B. Yeoman. (Clin. chim. Acta [Amsterdam] **4.** 523—30. Juli 1959. Bristol, Great Britain, Frenchay Hosp.) (Engl.)

An Hand von 20 Normal-Serum-Beispielen wird eine papierelektrophoret. Meth. zur Best. der *Serumproteine* mitgeteilt. Mit einem Barbituratpuffer, der Ca-Lactat enthält, WHATMAN-Papier I, einer angelegten Spannung von 175 V u. einer Laufzeit von 16 Std. u. der Anfärbung mit Azocarmin B können die Serumproteine in 11 verschiedene Fraktionen aufgetrennt werden. H. STRUCK. 4574□

Die Lipoproteide des Blutserums von Kranken mit Spätsyphilis. A. Ja. Brailowski und N. N. Madijewskaja. (Вестник Дерматологии и Венерологии [Nachr. Dermatol. Venerol.] **34.** Nr. 12. 27—31. Dez. 1960. Ukrain. Forsch.-Inst. für Haut- u. Geschlechtskrankh., Abt. für Syphilidol. u. Biochem. Labor.) (Russ.; Auszug: Engl.)

Untersucht wurden 44 Kranke an Spätformen der Lues vor u. nach Beginn der Kur. Die Best. der Lipoproteide im Blutserum geschah durch Papierelektrophorese. Nennenswerte Störungen im Verhältnis der Lipoidfraktionen konnten nicht festgestellt werden. Nur bei 4 seroresistenten Fällen war die α-Fraktion vermindert u. die β-Fraktion vermehrt. F. DU MANS. 4574□

Serumcholesterinwerte verschiedener Bevölkerungsgruppen in Hawaii. Lucile F. Adamson. (J. of Nutrit. **71.** 27—36. Mai 1960. Honolulu, Hawai, Univ. of Hawaii, Foods and Nutr., Dep. u. Agric. Exp. Stat.) (Engl.)

Unterss. an der Stadt- u. Landbevölkerung in Hawaii, die sich aus verschiedenen Rassen zusammensetzt, deren Nahrung aber den gleichen Fett-Geh. von ca. 40% aufweist, ergaben, daß die *Serumcholesterin*-Werte weniger durch rass. als durch Umweltsfaktoren bestimmt werden; auch ist ihr Anstieg mit zunehmendem Alter nicht obligatorisch. K. ZINGRAF. 4574□

Serumcholesterin bei akutem Fasten: Ein Bericht über 20 Fälle. Norman Ende. (J. of Nutrit. **71.** 85—90. Mai 1960. Nashville, Tenn., Vanderbilt Univ., Dep. of Pathol., u. Veterans Adminstr. Hosp., Clin. Labor.) (Engl.)

Bei akutem Fasten (163 kcal täglich) 2—5 Tage lang stiegen die *Serumcholesterin* (I)-Werte bei jungen Männern stärker an als bei älteren; bei Patienten mit Atherosklerose sanken die I-Werte zunächst ab u. kehrten dann allmählich zu den Ausgangswerten zurück. K. ZINGRAF. 4574□

Vorkommen von Heparin im Blut des Fisches und seine Gerinnungsverhütung im Fischplasma. S. Z. Qasim und R. Hasan. (Nature [London] **189.** 764—65. 4/3. 1961. Aligarh, India, Aligarh Muslim Univ., Dep. of Zool.) (Engl.)

An *Ophicephalus punctatus* konnte durch Injektion von 0,5 ml 5%ig. *Pepton*-Lsg./100 g, welche zur Freisetzung von *Heparin* (I) führt, eine Verlängerung der Prothrombinzeit von 29,4 auf 58,32 Sek. erzielt werden. Wenn diese Verlängerung auch hinter der durch 0,1 ml I/100 g (1000 I.E./ml; 4 Min. 42½ Sek.) zurückbleibt, so konnte damit doch das Vorhandensein von I in Blut u. Gewebe von Fischen nachgewiesen werden. U. TAUSENDFREUND. 4574

Erfahrungen mit einem parenteralen Hämostypticum. H. Triska. (Wiener med. Wschr. **111.** 355—57. 27/5. 1961. Wien, Univ., Chirurg. Klinik.) (Dt.)

Intra-Tuffon (I; LINGNER-WERKE, Düsseldorf) enthält *Naphthylamin-1-sulfonsaures Na* (II) kombiniert mit *Rutin* (III) u. *Vitamin C* (IV). II mobilisiert gerinnungsakt. Stoffe, III u. IV setzen die Capillardurchlässigkeit herab. Angabe der Erfahrungen mit I bei neurochirurg. Patienten. H. DOSSMANN. 4574

Auflösung von Plasmaklumpen durch Harnstoffderivate. Kurt N. von Kaulla und Robert L. Smith. (Nature [London] **190.** 449—50. 29/4. 1961. Denver, Colo., Univ. of Colorado, School of Med., Dep. of Med.; Belle Bonfils Memor. Blood Bank.) (Engl.)

Standardisierte Plasmaklumpen wurden der Einw. von in defibriniertem Plasma gelösten *Harnstoff* (I)-*Derivv.* ausgesetzt u. die Klumpenlysis bei 37° in Ggw. oder Abwesenheit von *Urokinase* (II) verfolgt. Die II-induzierte Fibrinolyse wurde durch *Äthylurethan* (III) > *Methylurethan* (IV) > *Allylthioharnstoff* > *Urethan* > I gesteigert. III u. IV (Konz. 0,4m) wirkten auch in Abwesenheit von II. H. LOHSCHELDER. 4574

Biologische Prüfungen von Polyvinylpyrrolidonen mit limitiertem Molgewichtsbereich. W. C. Hueper. (J. nat. Cancer Inst. **26.** 229—37. Jan. 1961. Bethesda, Md., Nat. Cancer Inst., Environmental Cancer Sect.) (Engl.)

Zwei speziell bereitete *Polyvinylpyrrolidone* (PVP) mit einem Molgew.-Bereich von a) 2000—38000 u. b) von annähernd 4000—80000 wurden in 25%ig. Konz. (physiolog. NaCl-Lsg.) wiederholt in die Bauchhöhle von Ratten u. Kaninchen injiziert. Das makromol. Material beider PVP wurde in den Organen der Ratten zurückgehalten; Anteile mit relativ niedrigem Molgew. passierten dagegen den Glomerulusfilter der Kaninchen, ohne gespeichert zu werden. Man fand, daß diese PVP nicht krebserregend wirkten, obwohl man gerade bei dem einen PVP vom Molgew. 50000 cancerogene Wrkg. hätte erwarten können. L. MACHER. 4576

Das Verhältnis zwischen Erythrocytenopsonin und Erythrocytenagglutinin im menschlichen Serum nach Transfusion mit unverträglichem Blut. A. de Vries, J. Kessler, J. Malchi und M. Glicksmann. (Bull. Res. Council Israel, Sect. E **6 E.** 40—44. Juli 1956. Petah Tiqva, Blood Transfusion Center, Rogoff Clin. Res. Inst.; Beilinson Hosp., Dep. of Surg.) (Engl.)

Im Verlaufe einer 5monatigen Prüfperiode nach Transfusion von A-Gruppenblut bei einem Patienten mit O-Gruppenblut ließ sich keine Parallele zwischen Agglutinintiter u. Opsoninaktivität (erythrophagocytot. Index) finden. U. TAUSENDFREUND. 4576

Untersuchung über die Verbindungen der Glucuronsäure im Harn. Pierre Cornillot. (C. R. hebd. Séances Acad. Sci. **252.** 2465—67. 17/4. 1961. Paris, Fac. de Méd., Labor. de Biochim.) (Franz.)

Der Urin von Patienten, der 2—3 g *Glucuronsäure* (I)/Liter enthielt, wurde mit 8 Vol. A. behandelt, die alkohol. Fl. dialysiert u. die äußere Dialyse-Fl. durch eine Säule mit Dowex 50 (saure Form), dann durch Dowex 2 (bas. Form) geschickt, wobei eine I-haltige Fraktion passierte, zwei weitere mit n-HCOOH bzw. 2—5n Essigsäure eluiert wurden u. 30—35% in der Säule verblieben. Nur in der 1. Fraktion fand sich I frei, sonst an *Aminosäuren*, bes. *Glutaminsäure*, gebunden. H. LOHSCHELDER. 4577

Formaldehydogene und reduzierende Substanzen in der „phenolischen" Fraktion des menschlichen Harns. M. Finkelstein und Sarah Sodmoria-Beck. (Bull. Res. Council Israel, Sect. E **6 E.** 45—48. Juli 1956. Jerusalem, Hebrew Univ.-Hadassah Med. School, Hormone Res. Labor.) (Engl.)

Die aus normalem ♂ u. ♀ Harn erhältliche *phenol. Fraktion* enthält Substanzen, welche bei Oxydation mit Perjodsäure *Formaldehyd* freisetzen u. bei Oxydation mit Phosphomolybdänsäure Molybdän zu Molybdänblau reduzieren. Die Natur der Substanzen ist noch unbekannt. Durch β-Glucuronidasehydrolyse wird die Menge dieser Substanzen vermehrt. Über die formaldehydogenen u. reduzierenden Substanzen der phenol. Fraktion wird anderwärts ausführlich berichtet. U. TAUSENDFREUND. 4577

Behebung der Anurie beim Schock nach Blutungen durch Tris-[hydroxymethyl]-aminomethan. Robert H. Goetz, Carlos A. Selmonovsky und David State. (Surgery, Gynecol. Obstetr. **112.** 724—28. Juni 1961. New York, N.Y., Albert Einstein Coll. of Med., Dep. of Surgery.) (Engl.)

Einen durch hohen Blutverlust hervorgerufenen Schock kann man durch Gaben von physiolog. Lsg., 0,6m NaCl-Lsg. oder 4,5%ig. Lsg. von Harnstoff nicht verhindern.

Tris-[hydroxymethyl]-aminomethan (I), ein neuer Aminopuffer, dagegen vermindert Acidose u. Anurie, wenn er vor oder während des Blutverlustes gegeben wird. I bringt sogar die Harnausscheidung wieder in Gang. HEINRICH HERMANN. 4577□

L-Glutamin und das Wachstum von Schienbein-Fußwurzelknochen von Hühnerembryonen in vitro. J. D. Biggers. (Nature [London] **189.** 1016—17. 25/3. 1961. Philadelphia, Pa., Wistar-Inst.) (Engl.)

Die Rk. von Schienbein–Fußwurzelknochen 7 Tage alter Hühnerembryonen auf verschiedene Konzz. von *L-Glutamin* (I) in Ggw. u. Abwesenheit von *L-Glutaminsäure* (II) wird in vitro untersucht. Es besteht bei Konzz. von 1, 5 u. 25 mg% I signifikante Beziehung zwischen der Konz. von I u. dem Längenwachstum der 6 Tage in der Lsg. aufbewahrten Knochen. Zusatz von 25 mg% II ergibt keinen signifikanten Unterschied der Wachstumswerte zu denen in Lsgg. nur mit I. Vff. folgern daraus, daß II die Knochenlänge weder durch direkte Rk. noch als Vorstufe beeinflußt, wobei offenbleibt, ob der Grund für letzteres im Fehlen der *Glutaminsynthetase* in diesen Geweben liegt. I dagegen wird für das Wachstum embryonaler Schienbein–Fußwurzelknochen als notwendig angesehen. WOLFGANG HERRMANN. 4583□

Anomale Ossifikation im Innenohr beim Nachwuchs von Manganmangelratten. Lucille S. Hurley, Eloise Wooten, Gladys J. Everson und C. Willet Asling. (J. of Nutrit. **71.** 15—19. Mai 1960. Davis u. Berkeley, Calif., Univ. of California, Dep. of Home Economics u. Dep. of Anatomy.) (Engl.)

Bei Nachkommen von *Mn*-Mangelratten wurde eine viel geringere Ausbildung des knöchernen Labyrinths beobachtet als bei Nachkommen von Normaltieren.
K. ZINGRAF. 4585□

Ein Mechanismus für die Wechselbeziehung zwischen Kupfer und Molybdän. A. W. Halverson, J. H. Phifer und K. J. Monty. (J. of Nutrit. **71.** 95—100. Mai 1960. Baltimore, Md., Johns Hopkins Univ., McCollum-Pratt Inst.) (Engl.)

MoO_4^{2-}-Überschuß in *Cu*-armem Futter führte bei Ratten zu starker Wachstumshemmung (Wh.) u. bei einigen Tieren zu Anämie (An.) u. Diarrhoe (Di.). Cu verhütete An. u. Di.; nicht aber Wh, ***Cystein*** (I) verschlimmerte An. u. Di.; unter Cu + I traten An. u. Di. nicht auf u. Wh. wurde verringert. Bei MoO_4^{2-}-Überschuß ist die Sulfidoxydase in den Geweben der Ratte verringert, daher kommt es zu anomaler Anreicherung von S^{2-}, zu Bldg. von CuS u. zu den Symptomen des Cu-Mangels.
K. ZINGRAF. 4585□

Bemerkenswertes Verhalten der trächtigen Ratte bei quantitativem und qualitativem Mangel an Nahrungseiweiß. Odette Champigny und Raymond Jacquot. (C. R. hebd. Séances Acad. Sci. **252.** 2765—67. 3/5. 1961. Bellevue, Seine-et-Oise, Centre de Rech. sur la Nutrition du C.N.R.S.) (Franz.)

♀ Ratten (WISTAR CF) erhielten 115 mg *N*/Tag in Form von *Casein* (I) u. nach der Paarung die gleiche Menge in Form von I bzw. Mais-*Gluten* (II). Bei den trächtigen Ratten mit I-Fütterung war nach 20 Tagen das Gewicht u. der N-Geh. erhöht gegenüber den nicht trächtigen Kontrollen. Bei II-Fütterung war die beobachtete Gewichtsabnahme bei den trächtigen Tieren geringer u. die N-Abnahme intensiver als bei den Kontrollen. Die Entw. der Föten war jedoch nicht gehemmt. H. LOHSCHELDER. 4585□

Veränderungen in der Fettsäurezusammensetzung des Fettdepots bei der Maus durch Fütterung von Oleat und Linoleat. S. B. Tove und F. H. Smith. (J. of Nutrit. **71.** 264—72. Juli 1960. Raleigh, N.C., Agric. Exper. Stat., Dep. of Animal Industry, Anim. Nutr. Sect.) (Engl.)

An Mäusen wird gezeigt, daß eine Erhöhung des Depotfetts durch Verabreichung von *Linoleat* (I) oder *Oleat* (II) eine spezif. Veränderung der Fettsäure-Zus. des Depots hervorruft. Je nach der Konz. der zugeführten I- u. II-Mengen variiert die Zus. des Depotfettes. H. STRUCK. 4585□

Essentielle Fettsäureeigenschaften von Thunfisch-, Herings- und Menhadenöl. O. S. Privett, F. J. Pusch, R. T. Holman und W. O. Lundberg. (J. of Nutrit. **71.** 66—69. Mai 1960. Austin, Minn., Univ. of Minnesota, Hormel Inst.) (Engl.)

Thunfisch-, Menhaden- u. Heringsöl wurde an Ratten mit Mangel an *essentiellen Fettsäuren* (MeFs.) in einer Menge von 10% der Futterration verabreicht u. brachten die Hautschädigungen infolge MeFs. zum Ausheilen u. förderten das Wachstum der Tiere. Wurden 200 mg der Öle in Form ihrer Äthylester verfüttert, so entwickelten sich die Hautsymptome des MeFs., aber das Wachstum blieb unbeeinflußt. Der Geh. der Öle an Fettsäuren der Lineolatfamilie wird auf ca. 2% geschätzt. K. ZINGRAF. 4585□

Wirkungen des Futters auf die Fischöltoxizität bei der Ratte. Benjamin H. Ershoff. (J. of Nutrit. **71.** 45—53. Mai 1960. Culver City, Calif., Western Biol. Labor.) (Engl.)

Bei unreifen Ratten bewirkte ein fettarmes Futter, welchem 10% *Fischöl* zugesetzt wurde, Wachstumsverzögerung u. Diarrhoe. Diese Wrkg. konnten durch Baumwollsamenöl (I), Sojaöl, Maisöl, Weizenkeimöl, α-Tocopherol, DPPD (N.N'-Diphenyl-p-phenylendiamin), Santoquin (6-Äthoxy-2.2.4-trimethyl-1.2-dihydrochinolin), Sesamol (Methylenäther von Oxyhydrochinon), Alfalfamehl, getrocknete Leber, Torulahefe, Casein, ein Gemisch von krist. Aminosäuren oder DL-Methionin, nicht jedoch durch Olivenöl, Cocosöl, hydriertes I, Butterfett, Speck, Methyllinoleat, α-Tocopherylacetat oder α-Tocopherylphosphat verhütet werden. K. ZINGRAF. 4585□

Der Einfluß verschiedener Fette in der Nahrung auf den Cholesterin-Gehalt des Blutes. F. S. P. van Buchem, J. J. Speelman, A. A. Idema, A. J. Valkema und H. J. Thomasson. (Proc. Kon. nederl. Akad. Wetensch., Ser. C. **64.** 5—14. 1961.) (Engl.)

Wenn bei körperlich gesunden Personen der Fettanteil der Nahrung aus *Maisöl* an Stelle eines Gemisches mehrerer Fette bestand, so sank der *Serumcholesterin*-Wert u., in geringerem Maße, der *Phospholipoid*-Geh. im Blut ab, bestand er dagegen aus *Cocosfett*, so stiegen beide Werte an. K. ZINGRAF. 4585□

Das Ansprechen des Menschen auf das Cholesterin in der Nahrung. J. M. R. Beveridge, W. F. Connell, G. A. Mayer und H. L. Haust. (J. of Nutrit. **71.** 61—65. Mai 1960. Kingston, Ontario, Canada, Queen's Univ., Dep. of Biochem. u. Dep. of Med.) (Engl.)

93 Personen wurden 8 Tage lang fettfrei ernährt u. erhielten dann 30% ihrer täglichen Calorienmenge in Form einer *Cholesterin* (I)-armen Butterfettfraktion u. verschieden hohe Zusätze von **I**. Bei täglicher Verabreichung von 13—634 mg **I** stiegen die Serum-**I**-Werte steil an, aber bei Gabe von 1300—4500 mg **I** täglich wurde kein weiterer wesentlicher Anstieg mehr beobachtet. K. ZINGRAF. 4585□

Vergleich zwischen den Wirkungen von Schweinespeck und Färberdistelöl auf Serumlipide und Atherosklerose bei Cholesterin-ernährten Hühnern. Esko A. Nikkilä und Oiva Ollila. (Ann. Med. exp. Biol. fenn. **38.** 175—81. 1960. Helsinki, Univ., First Dep. of Internal Med.) (Engl.)

Für Fütterungs-Verss. wurden junge Hähne in drei Gruppen eingeteilt. Gruppe 1 erhielt eine Grunddiät, die neben Salzen, Vitaminen, 18% Eiweiß u. 4% Fett noch 1,5% *Cholesterin* enthielt. Gruppe 2 wurde mit der Grunddiät ernährt, der noch 10% *Speck* zugesetzt war (Fettsäure-Zus.: 40% gesätt. C_{16}- bis C_{18}-Säuren, 50% Monoensäuren u. 6% Polyensäuren). An die dritte Gruppe wurde die Grunddiät mit 10% *Färberdistelöl* (Fettsäure-Zus.: 70% Polyensäuren u. 10% gesätt. Säuren) verfüttert. Nach 17 Wochen ließen sich im Körpergewicht sowie im Plasmaneutralfett-Geh. zwischen den einzelnen Gruppen keine nennenswerten Unterschiede feststellen. Dagegen fanden sich starke Abweichungen im Plasmacholesterin- u. P-Lipidgehalt. Am niedrigsten waren die Wertepaare in Gruppe 1 u. am höchsten in Gruppe 3. Ähnliches ergab sich in bezug auf die Atherosklerose. Aus den Unterss. geht eindeutig hervor, daß die bei Hühnern durch Hypercholesterinämie bedingte Atherogenese durch Gabe einer großen Menge eines Fettes, das reich an Polyensäuren ist, nicht gehemmt wird. I. ZÖLLNER. 4585□

Eine neue Fettsäure aus Gelée royale. W. H. Brown und Ethel E. Felauer. (Nature [London] **190.** 88. 1/4. 1961. Guelph, Ontario, Canada, Agricult. Coll., Dep. of Chem.) (Engl.)

Die nahe Verwandtschaft der „Königin-Substanz" der Honigbiene, *9-Oxo-Δ^2-decensäure* (**I**) mit der im Gelée royale (G.R.) gefundenen *10-Hydroxy-Δ^2-decensäure* (**II**) macht wahrscheinlich, daß **II** eine Vorstufe von **I** ist, u. daß *9-Hydroxy-Δ^2-decensäure* (**III**) ein Zwischen-Prod. der Umwandlung u. in Spuren im G.R. enthalten ist. Das hieraus isolierte Carbonsäuregemisch gibt eine schwache Jodoform-Rk., jedoch keinen Nd. mit 2.4-Dinitrophenylhydrazin (**IV**). Oxydation mit wss. Chromsäure u. Behandlung mit **IV** ergibt ein 2.4-Dinitrophenylhydrazon, welches das gleiche IR-Spektrum wie das von **I** besitzt. Vff. schließen daraus auf das Vork. geringer **III**-Mengen im G.R.

WOLFGANG HERRMANN. 4585□

Die Thiamin-Sparwirkung von Sorbit beim Menschen. E. Peppler, B. Müller und H. D. Cremer. (J. of Nutrit. **71.** 91—94. Mai 1960. Gießen, Univ., Inst. für Ernährungswissenschaft.) (Engl.)

10 Normalpersonen, welche eine *Thiamin* (**I**)-arme Nahrung erhielten, zeigten selbst nach täglicher Zufuhr von 70 g Sorbit (bis zu 10 Tage lang) keine erhöhte **I**-Ausscheidung im Harn. Sorbit besitzt daher beim Menschen keine **I**-Sparwirkung.

K. ZINGRAF. 4587□

Einfluß von Thiaminmangel auf die Aktivität der Erythrocyten-Hämolysat-Transketolase. Myron Brin, Mary Tai, Alvin S. Ostashever und Helen

Kalinsky. (J. of Nutrit. **71.** 273—81. Juli 1960. Maspeth, N.Y., Food and Drug Res. Labor.; Syracuse, N.Y., State Univ., Upstate Med. Center, Dep. of Biochem. Med.) (Engl.)

Es wird eine Meth. zur Best. der *Transketolase* (I) in Erythrocytenhämolysaten mitgeteilt. Bei *Thiamin*-Mangel wird eine verminderte I-Aktivität beobachtet, bevor klin. Merkmale, wie Wachstumshemmung oder Neuritis, beobachtet werden. Die Stimulierung der I-Aktivität durch *Thiamin* kann in vitro u. in vivo nachgewiesen werden.

H. STRUCK. 4587 □

Die mikrobiologische Bestimmung von Thiamin. Zwei modifizierte Methoden zur Anwendung auf geringe Probemengen. Patricia M. Scholes. (Analyst **85.** 883—89. Dez. 1960. London, Univ., Queen Elizabeth Coll., Bacteriol. Dep.) (Engl.)

Die *Thiamin*-Best.-Verff. von FITZGERALD u. HUGHES (vgl. C. **1950.** I. 570) u. von DEIBEL u. Mitarbeitern (vgl. C. **1958.** 10427) wurden zur Anwendung auf kleinste Probemengen abgewandelt. Die Best. erfolgen in 2 ml-Mengen in colorimetr. Küvetten; noch 2 mμg Thiamin/ml können bestimmt werden. *Lactobacillus viridescens* (D., E. u. N.) ist weniger anfällig gegen bei der Best. störende Substanzen, so daß das Arbeiten mit diesem Bakterium dem mit *Lactobacillus fermenti* 36 (F. u. H.) vorzuziehen ist.

E. DEHMLOW. 4587 □

Die Rolle des Riboflavinmangels bei der Ätiologie der Pellagra. E. Serediuc, V. Spiridonescu und M. D. Mezincescu. (Comun. Acad. Republ. Populare romîne **5.** 611—14. März 1955.) (Rum.)

Die Unters. der Sättigung mit *Riboflavin* (I) bei Patienten mit akuter Pellagra in der Hauptfrequenzperiode der Symptome (Juni) zeigt, daß dem I bei der Ätiologie der Pellagra keine entscheidende Rolle zuzuschreiben ist. R. K. MÜLLER. 4587 □

Formiatstoffwechsel bei der Vitamin-B_{12}-Mangelratte. J. M. Noronha und A. Sreenivasan. (Biochem. J. **81.** 732—35. Dez. 1959. Bombay, India, Univ., Dep. of Chem. Technol.) (Engl.)

Der bei hyperthyroiden Ratten auftretende Abfall des *Folsäure* (I)-Spiegels der Leber wird durch Zufuhr von *Vitamin B_{12}* (II) nicht normalisiert. Ein I-Mangel bewirkt keine Verminderung des Einbaus von *^{14}C-Formiat* (III) in die säurelösl. *Purine* (IV) der Lebernucleotide, dagegen wird eine solche durch II-Zufuhr bei II-Mangelratten hervorgerufen. Diese Abnahme des III-Einbaus wird durch eine erhöhte III-Oxydation unter der Wrkg. von II, wie sie auch in vitro auftritt, erklärt. Die III-Oxydation in der Rattenleber ist nicht unbedingt mit einer Katalase-Wrkg. verbunden.

H.-J. KOCH/Berlin. 4587 □

Serum-Vitamin-B_{12} bei experimenteller Leberschädigung. Y. Stein, Olga Stein, J. Aronovitch, N. Grossowicz und M. Rachmilewitz. (Bull. Res. Council Israel, Sect. E **6 E.** 5—10. Juli 1956. Jerusalem, Hebrew Univ.-Hadassah Med. School, Dep. of Med. „B“, Clin. Res., Pathol. and Bacteriol.) (Engl.)

Nach intragastraler Verabreichung von mehrmals 5 ml *CCl_4*/kg an Hunde (Folge: 24—48std. Semikoma) steigt der Serum-*Vitamin-B_{12}* (I)-Spiegel innerhalb 24—48 Std. um das 4fache. Nach intraportaler Injektion von 0,05 oder 0,1 ml CCl_4 steigt der Serum-I-Spiegel innerhalb 2—4 Std. um das 18fache. Innerhalb 4 Tagen bzw. 48 Std. kehrt der I-Spiegel zur Norm zurück. Der I-Anstieg wird auf eine I-Freisetzung aus geschädigten Leberzellen zurückgeführt. U. TAUSENDFREUND. 4587 □

Der Einfluß eines Leberextraktes (Ripason) auf die Retentionsgröße von Vitamin B_{12} (^{60}Co) bei CCl_4-vergifteten Ratten und seine Bedeutung. B. Jasiński. (Clin. chim. Acta [Amsterdam] **4.** 571—78. Juli 1959. Winterthur (Schweiz), Kantonspital, Med. Klinik.) (Dt.)

An ♀ Ratten wurden mit CCl_4 experimentell Leberschäden erzeugt. Diese Tiere zeigen ein vermindertes *Vitamin-B_{12}* (I)-Retentionsvermögen der Leber. Dieses verminderte Retentionsvermögen für I konnte durch den wss. Leberextrakt *Ripagon* zu einem beträchtlichen Teil rückgängig gemacht werden. Es wird angenommen, daß der Leberextrakt die Tiere entweder vor der Leberschädigung durch CCl_4 schützt oder den Neuaufbau der geschädigten Leberenzyme fördert. Weiter wird vermutet, daß der Leberextrakt die durch CCl_4 verlangsamte Mitose in der Leberzelle beschleunigt.

H. STRUCK. 4587 □

Reinigung des Vitamin-B_{12}-aktiven Materials aus dem Hämoflagellaten Crithiadia fasciculata. F. Sanders und G. R. Seaman. (Biochem. J. **73.** 580—82. Dez. 1959. Galveston, Tex., Univ., Med. Branch, Carter Physiol. Labor.) (Engl.)

Aus Zellen von *Crithidia fasciculata* wird nach Hydrolyse mit 0,03n HCl in Ggw. von NaCN (45 Min. auf dem Wasserbad), Fällung mit A., Extraktion aus 0,003n HCl mit Phenol-gesätt. W. durch Adsorption an Celite 535 u. Elution mit der organ. Phase von Butanol-(2)/0,05n Phosphat (pH 6,0)/4%ig. KCN (100:50:0,25) „*Vitamin B_{12}* (*Cr*)“ (I) in 34%ig. Ausbeute 5500fach angereichert. I besitzt gegenüber *Ochromonas malhamensis* ca. $^1/_{100}$ der Aktivität von *Cyanocobalamin* u. fördert in Abhängigkeit von der Konz. das Wachstum von Crithidia. H.-J. KOCH/Berlin. 4587□

Gaschromatographisches Verhalten von Vitamin D_2 und D_3. Herman Ziffer, W. J. A. van den Heuvel, E. O. A. Haahti und E. C. Horning. (J. Amer. chem. Soc. **82.** 6411—12. 20/12. 1960. Bethesda, Md., Nat. Heart Inst.) (Engl.)

Ergosterin, Lumisterin, Pyrocalciferol, Isopyrocalciferol, Vitamin D_2, 7-Dehydrocholesterin, Vitamin D_3 u. *Cholestan* können gaschromatograph. getrennt werden. Die relativen Retentionszeiten werden angegeben. Als Trennphase wurden Siliconöl u. Neopentylglykolsuccinat bei 222 bzw. 210° verwendet. Säulenlänge 6 feet. G. v. WALDEYER-HARTZ. 4587□

Untersuchungen über den Carotin-, Vitamin-A- und Vitamin-E-Gehalt gelber Rinderfette. A. Mirna. (Z. Lebensmittel-Unters. u. -Forsch. **111.** 393—402. 1960. Kulmbach, Inst. für Chem. u. Phys. der Bundesforsch.-Anstalt für Fleischwirtschaft.) (Dt.) — Vgl. C. **1961.** 13395.

Brustkernfett (A) u. Nierentalg (B) von Rindern wurde auf ihren Geh. an *Carotin* (I), *Vitamin A* u. *Vitamin E* untersucht. Nach Verseifung der Fette wurden α-, β- u. γ-I mit PAe. aus dem Unverseifbaren gelöst, chromatograph. an Al_2O_3 aufgetrennt u. photometr. bestimmt. Eine weitere Auftrennung in Monohydroxycarotinoide (*Kryptoxanthin, Kryptoflavin*) u. Polyhydroxycarotinoide (*Lutein, Violaxanthin*) wurde an Silicagel erzielt. Sofort nach der Schlachtung ausgelassenes Fett wies niederige Säure- u. Peroxydzahlen auf. Der I-Geh. zeigte starke Schwankungen, wobei β-I in allen Fällen überwog (ca. 80%). α-I war bis zu 24% vorhanden, während γ-I nur wenig gefunden wurde. Bis zu 20% wurden auch andere Carotinoide gefunden. *β-Tocopherol* (β-II) konnte in 10 von 24 Fällen neben α-II nachgewiesen werden, während γ-II nicht gefunden wurde. Zwischen A u. B wurde in bezug auf II kein wesentlicher Unterschied gefunden. J. BOELTER. 4587□

Physiologische und hygienische Aspekte zur Resorption von anorganischen Fluoriden. G. L. Waldbott. (A. M. A. Arch. environmental Health **2.** 155—67. Febr. 1961. Detroit, Mich.) (Engl.)

Kommentar zum Symposium, das unter dem obengenannten Titel im April 1960 abgehalten wurde (*Fluor*-Aufnahme, -Speicherung u. -Exkretion). — 88 Literaturangaben. H. ZELLER. 4594□

Die fördernde Wirkung bestimmter Kohlenhydrate auf die intestinale Calciumresorption bei der Ratte. O. W. Vaughan und L. J. Filer jun. (J. of Nutrit. **71.** 10—14. Mai 1960. Columbus, Ohio, Ross Labor.) (Engl.)

Lactose (I), *Sorbit, Glucose* (II), *Saccharose, Fructose, Galaktose* u. *Xylose* beeinflußten die Resorption (Rs.) von *Ca* durch das Duodenum der Ratte nicht, förderten aber die Rs. durch das Ileum wesentlich. Galle u. Na^+ besaßen keinen Einfluß. II erhöhte die Verwertung von Ca nach 1 Std. um 100%, nach 4 Std. um 300%. Mg^{2+} u. Sr^{2+} verringerten die Rs. von Ca^{2+} in Ggw. von I oder II, PO_4^{3+} dagegen in jedem Falle. K. ZINGRAF. 4594□

Messung der Anpassung an die Harnstoff-Stickstoff-Verwertung bei Wiederkäuern. G. S. Smith, R. S. Dunbar, G. A. McLaren, G. C. Anderson und J. A. Welch. (J. of Nutrit. **71.** 20—26. Mai 1960. Morgantown, W.Va., West Virginia Univ.) (Engl.)

Bei Verabreichung eines Futters mit einem *N*-Geh. von ca. 1,7%, wovon ca. $^2/_3$ in Form von *Harnstoff* (I) zugeführt wurden, wurde die Retention des resorbierten N (Rr-N) bei Lämmern in je 10 Tagen (bis zu maximal 50 Tagen) um 2% gesteigert. Bei Erhöhung des I-N-Anteils von 54 auf 68% des gesamten verabreichten N sank Rr-N um 12% u. das Verdauungsvermögen (Vv) für Rohfasern um 8% ab. Erhöhung des Gesamt-N-Geh. des Futters von 1,5 auf 2,0% veränderte Rr-N nicht, setzte aber Vv für Rohfasern u. organ. Futter wesentlich herab. K. ZINGRAF. 4594□

Das Auftreten ungewöhnlicher Fettsäuren in den fäkalen Lipoiden von Menschen mit normaler und unnormaler Fettresorption. A. T. James, Joan P. W. Webb und T. D. Kellock. (Biochem. J. **78.** 333—39. 1961. Mill Hill, London, Nat. Inst. for Med. Res.; London, Centr. Middlesex Hosp., Dep. of Gastroenterol.) (Engl.)

Fäkale *Lipoide* wurden extrahiert, in freie u. gebundene *Fettsäure*-Anteile unterteilt u. getrennt in Methylester übergeführt. Die Auftrennung u. Identifizierung erfolgte durch Gaschromatographie an Apiezon L- u. Polyäthylenglykolsäulen (200 bzw. 180°) mit Hilfe der bekannten log Retentions-Vol.-Werte. Ungesätt. u. Hydroxysäuren wurden durch Permanganatoxydation u. Gaschromatographie der Rk.-Prodd. identifiziert u. bestimmt. Ferner wurden UV- u. IR-Spektren zur Identifizierung herangezogen. Komplette Analysen für die fäkalen Fettsäuren von normalen Personen u. solchen, die an

Steatorrhoe leiden, werden angegeben. In beiden Fällen ist die Fettsäure-Zus. in den Faeces sehr verschieden von der des Speisefetts. In großer Menge sind in den Faeces *Ölsäureisomere* (*Octadecensäure*) mit Doppelbindung in *4-*, *5-*, *6-*, *7-*, *8-*, *9-*, *10-*, *11-* u. *12-*Stellung enthalten. Etwa zur Hälfte zeigen diese Verbb. trans-Konfiguration. Bei Personen mit Steatorrhoe treten keine verstärkten Ausscheidungen an trans-Säuren auf, wenn die Diät von *Butter* (2—3% Linolensäure [I]) zu *Maisöl* (51% I) gewechselt wird. Bei einer Butterdiät scheinen die Kranken I im gleichen Maße auszuscheiden, wie sie zugeführt wird. Die Theorie, daß trans-Octadecensäuren durch bakterielle Hydrierung von I entstehen, wurde nicht bestätigt gefunden. Als weitere Hauptkomponente der fäkalen Lipoide tritt *10-Hydroxystearinsäure* auf, daneben liegen weniger *6-*, *7-*, *8-* u. *9-Hydroxyverb.* vor. Vff. nehmen an, daß es sich dabei um Zwischenstufen der Bldg. ungesätt. C_{18}-Säuren handelt. Relative Retentions-Voll. für 2 gaschromatograph. Säulen werden für *Oleinsäure-*, *Elaidinsäure-*, *trans-* u. *cis-Δ^4-Octadecensäure-*, *Lactobacillsäure-*, *Ricinoleinsäure-*, *10-* u. *12-Hydroxystearinsäure-*, *9.10-Dihydroxystearinsäure-*, *Stearinsäuremethylester* u. einige verzweigte Säureester unbekannter Konst. angegeben.

E. DEHMLOW. 4594☐

Calcium–Phosphor-Stoffwechsel bei Akromegalie. G. Franco Mazzuoli, Ezio Biagi und Carlo Conti. (Acta endocrinol. [Copenhagen], Suppl. Nr. **51.** 285. 1960. Roma, Univ., Metodol. Clin., Ist. di Patologia Med.) (Engl.) H. HERPER. 4596☐

Der Phosphorstoffwechsel in der legenden Henne. Hiroshi Nozaki, Satoshi Horii und Yukio Takei. (Bull. nat. Inst. agric. Sci. [Chiba, Japan], Ser. G Nr. **16.** 41—47. Jan. 1959.) (Jap.; Auszug: Engl.)

$NaH_2{}^{32}PO_4$ wurde legenden u. nichtlegenden Hühnern oral verabreicht u. die Verteilung von ^{32}P im Körper innerhalb von 10 Tagen untersucht. Der vom Körper aufgenommene ^{32}P ist für die P-Verbb. des Eigelbs längere Zeit verfügbar. Die ^{32}P-Ausscheidung ist an den Tagen, in denen das Ei gebildet wird, am größten. Zwischen der Verteilung von ^{32}P im Schenkel- u. im Brustknochen bestanden erhebliche Differenzen, wobei im Gegensatz zu letztem der Schenkelknochen ^{32}P schnell aufzunehmen u. auch wieder abzugeben imstande war. Infolge der verschiedenen Verteilung von ^{32}P zwischen Leber u. Serum ist die Leber als Entstehungsort aller P-Verbb. nicht ohne weiteres denkbar. J. BOELTER. 4596☐

Charakteristik des Phosphorstoffwechsels in der legenden Henne. 1. Mitt. **Die Umwandlung von ^{32}P in Leber, Serum und Plasma.** Hiroshi Nozaki, Kenji Makino, Midori Suzuki und Masaharu Oshima. (Bull. nat. Inst. agric. Sci. [Chiba, Japan], Ser. G Nr. **16.** 49—54. Jan. 1959.) (Jap.; Auszug: Engl.)

Über 50 μc ^{32}P wurden dem Haushuhn intraperitoneal gegeben u. die Verteilung zwischen den säurelösl. Bestandteilen, der Lipidfraktion (A), den Proteinen (B) u. der Nucleinsäurefraktion (C) in der Leber untersucht. Das Verteilungsverhältnis von ^{32}P von B u. C im Blutplasma zeigte bei dem legenden Huhn einen starken Anstieg, während es im Plasma des Hahns keine Änderung erfuhr. Die ^{32}P-Konz. in A stieg viel schneller u. höher im Plasma des Huhns an als im Hahn. In der Leberfraktion waren die Unterschiede zwischen ^{31}P u. ^{32}P zwischen Hahn u. Huhn nicht so groß, wenn auch bei letztem größer. Die größte Differenz in der ^{32}P-Konz. wurde in der Plasma-*Desoxyribonucleinsäure*-Fraktion gefunden, wobei die des Huhns viel ^{32}P, die des Hahns wenig enthielt.

J. BOELTER. 4596☐

Charakteristik des Phosphorstoffwechsels in der legenden Henne. 2. Mitt. **Der Einbau von ^{32}P in die verschiedenen Phosphorfraktionen der Leber in vitro.** Hiroshi Nozaki, Kenji Makino, Midori Suzuki und Masaharu Oshima. (Bull. nat. Inst. agric. Sci. [Chiba, Japan], Ser. G Nr. **16.** 55—60. Jan. 1959.) (Jap.; Auszug: Engl.) — 1. vgl. vorst. Referat.

Leberhomogenat von legenden (A) u. nichtlegenden Hühnern (B) wurde im KREBS-RINGER-Puffer mit ^{32}P bei 37° inkubiert. Der Einbau von ^{32}P erfolgte sehr schnell in beiden Fällen, wobei sich nach 30 Min. die Verteilung kaum noch änderte. Der Einbau von ^{32}P in die Lipid- u. Proteinfraktion war in A viel höher als in B. Bei den Nucleinsäure-Verbb. war der Unterschied nur gering, so daß wahrscheinlich nur die Lipide u. Proteine für das Ei in der Leber gebildet werden. Papierchromatograph. u. radioautograph. Unterss. ergaben in der säurelösl. Fraktion von A erhebliche Mengen von ^{32}P in wahrscheinlich *Fructosediphosphat* u. *Adenylmonophosphat*. In B fand sich der meiste ^{32}P in einem gemischten Orthophosphat. J. BOELTER. 4596☐

Kupferstoffwechsel. I. Herbert Scheinberg und Irmin Sternlieb. (Pharmacol. Rev. **12.** 355—81. Sept. 1960. New York, N.Y., Albert Einstein Coll. of Med., Dep. of Med.; Bronx Munic. Hosp. Center.) (Engl.)

Übersicht über die wichtigsten *Cu-Proteine* der Säugetiere u. ihre physiolog. Bedeutung, sowie über *Cu*-Aufnahme, Cu-Mangelerscheinungen u. Cu-Toxizität. — 226 Literaturangaben. K. BOHLE. 4596☐

Erweiterung der Auffassung von verändertem Knochenstoffwechsel bei Osteoporose: Die Bedeutung der Ernährungs-Faktoren. G. Donald Whedon. (Acta endocrinol. [Copenhagen], Suppl. Nr. **51.** 519—20. 1960. Bethesda, Md., Nat. Inst. of Health, Nat. Inst. of Arthr. and Metabolic Dis.) (Engl.) H. HERPER. 4596☐

Die Biosynthese und Verhalten von Oxalat bei normalen und Personen mit Hyperoxalurie. T. David Elder und James B. Wyngaarden. (J. clin. Invest. **39.** 1337—44. Aug. 1960. Durham, N.C., Duke Univ., Dep. Med., Med. Center.) (Engl.)

Verss. an 5 normalen Personen ergeben, daß 0,027—0,081% der Radioaktivität von oral verabreichtem $^{14}C_{(1)}$-*Glycin* (I) im Harn als Oxalat erscheinen. Bei tier. Organismen ist der biolog. Abbau Glycin → Glyoxalat → Oxalat bekannt. Injizierte $^{14}C_{(1,2)}$-*Oxalsäure* wird bei den Vers.-Personen fast quant. (89—99%) im Harn wiedergefunden. Bei Patienten mit Hyperoxalurie findet man nach Verabreichung von I etwa die 4fache Menge an Radioaktivität als Oxalat im Harn als bei normalen Personen. R. LAFFERENZ. 4596☐

Ionische Wirkungen auf den Glucose-Stoffwechsel von Ratten-Fettgewebe mit und ohne Hormon-Stimulierung in vitro. Gaston R. Zahnd, Yves M. Dagenais und George W. Thorn. (Acta endocrinol. [Copenhagen], Suppl. Nr. **51.** 947—48. 1960. Boston, Mass., Harvard Med. School, Dep. of Med. and Peter Bent Brigham Hosp.) (Engl.) H. HERPER. 4596☐

Untersuchungen über die Bestimmung des menschlichen Glycin-Pool. Masami Yamanaka, Kaneo Ishii und Toshitsugu Oda. (Clin. chim. Acta [Amsterdam] **4.** 549—53. Juli 1959. Tokyo, Japan, Univ., Tasaka's Clinic of Intern. Med.) (Engl.)

Der menschliche *Glycin*-Pool wird durch die Best. der *Hippursäure* (I), welche aus oral zugeführtem ^{15}N-*Glycin* gebildet wird, ermittelt. Aus dem ^{15}N-Geh. von I im Harn wird der Pool berechnet. Er beträgt auf Grund der Ergebnisse 34,3—48,1 mg N/kg Körpergewicht. Bei akuten Lebererkrankungen wird der Pool erhöht, bei chron. erniedrigt. H. STRUCK. 4596☐

Die Wirkung der Quelle des nichtessentiellen Stickstoffs auf die Stickstoffbilanz bei jungen Erwachsenen. Marian E. Swendseid, Cheryl L. Harris und Stewart G. Tuttle. (J. of Nutrit. **71.** 105—08. Mai 1960. Los Angeles, Calif., Veterans Administr. Center u. Univ. of California, Dep. of Home Economics, Physiol. Chem. u. Med.) (Engl.)

Junge Erwachsene erhielten eine minimale Menge *essentieller Aminosäuren* (in Form von Hühnerei). 60—80% der Gesamt-N-Zufuhr (GNZ, 6,5 bzw. 10 g N) bestanden aus einem Gemisch *nichtessentieller Aminosäuren* (I), *Glykokoll* (II) oder II + *Diammoniumcitrat* (III). I wurde besser verwertet als II (bei GNZ 6,5 oder 10 g), II + III war besser als II allein (bei GNZ 10 g) u. genau so wirksam wie I zur Aufrechterhaltung der N-Bilanz. K. ZINGRAF. 4596☐

Fettsäure- und Glucosestoffwechsel im durchströmten Herzen. Joseph C. Shipp, Lionel H. Opie und David Challoner. (Nature [London] **189.** 1018—19. 25/3. 1961. Boston, Mass., Harvard Med. School, Dep. of Med.; Peter Bent Brigham Hosp.; Baker Clinic Res. Labor.) (Engl.)

An mit KREBS-HENSELEIT-Lsg. durchströmten, isolierten Rattenherzen wird Aufnahme u. Verwertung ^{14}C-markierter Fettsäuren (Fs) u. *Glucose* (I) untersucht. Bei Verw. $^{14}C_{(1)}$-*Palmitat* enthaltender freier Fs als Substrat (0,4 mMol) wird etwa die Hälfte des ^{14}C als $^{14}CO_2$ gefunden; etwa ein Viertel wird in Gewebefettsäuren festgestellt. Zusatz von I (5 mMol) zur Durchströmungs-Lsg. hat keinen Einfl. auf die Fs-Aufnahme; desgleichen bleibt der Anteil der in CO_2 u. Gewebe-Fs erscheinenden ^{14}C-Ahtivität unverändert. Bei ^{14}C-*Glucose* (^{14}C-I; 5 mMol) als alleinigem Substrat erscheinen 17% der aufgenommenen Menge als $^{14}CO_2$. Ferner ist deutlicher Einbau von ^{14}C in das *Glykogen* (II) festzustellen, während Gewebe-Fs nur schwach markiert sind. Die *Milchsäure*-Produktion kann 56% der I-Aufnahme u. der II-Abnahme erklären. Zusatz nichtmarkierter freier Fs (0,4 mMol) vermindert die I-Oxydation zu CO_2 stark. Etwas weniger I wird aufgenommen; das gesamte Myocard-II wird vermehrt u. mehr ^{14}C-I wird in II eingebaut. Daher bleibt die Milchsäureproduktion unverändert. Die Hemmung der I-Verwertung durch Fs macht wahrscheinlich, daß letztere im Herzmuskel bevorzugt oxydiert werden. In Ggw. von freien Fs kann mehr I zur II-Synth. verwendet werden. Da Fasten u. unbehandelter Diabetes mellitus mit Mobilisierung der freien Fs aus dem Fettgewebe verbunden sind, können die hier vorliegenden Ergebnisse die Beobachtung erklären, daß in diesen Fällen das Herz-II vermehrt wird — im Gegensatz zum Absinken des II-Spiegels in Leber u. Zwerchfell. WOLFGANG HERRMANN. 4596☐

Hormon-Regulierung der Lipogenese in Fettgewebe. Albert L. Winegrad, Walter N. Shaw und F. D. W. Lukens. (Acta endocrinol. [Copenhagen], Suppl. Nr. **51.** 1247. 1960. Philadelphia, Pa., Univ. of Pennsylvania, Hosp., George S. Cox Med. Res. Inst.) (Engl.) H. HERPER. 4596□

Entstehung von Harn-Brenzcatechin. Alfred A. Smith. (Nature [London] **190.** 167. 8/4. 1961. New York, Univ. Med. Center, Dep. of Psychatrie and Neurologie (Engl.)

Wenn *Brenzcatechin* (I) durch Oxydation von *Phenol* (II) entsteht, welches im Darm durch Einw. von Bakterien aus Protein gebildet wird (vgl. ROGERS u. Mitarbeiter, J. Lab. clin. Med. **45.** [1955.] 87), so muß die ausgeschiedene Menge an I abhängig sein vom Vorhandensein von Darmbakterien. Die im Harn verschiedener Personen ausgeschiedene Menge I wird vor u. während der Gabe von hohen Dosen *Neomycin* (zur Sterilisierung des Darms) untersucht. Die Konz. an I wird photofluorometr. durch Vgl. mit bekannten I-Lsgg. gemessen (WEIL-MALHERBE u. Mitarbeiter, C. **1954.** 3965). Da bei Papierchromatographie der untersuchten Lsg. nur ein im UV fluorescierender Fleck entsteht, ist die Meth. für Urin-I spezifisch. Zwar liefert *Noradrenalin* ein ident. Äthylendiamin-Deriv., ist jedoch nur in Spuren im menschlichen Urin enthalten. Die ausgeschiedenen Mengen I betragen in den ersten 3 Tagen 6,0; 5,2 u. 5,8 mg/d; am 4. bis 6. Tag, während orale Gabe von täglich 8 g Neomycin erfolgt, sinkt die Ausscheidung auf 3,2; 1,2 bzw. 1,6 mg I/d. Da II durch tier. Organismen in I umgewandelt werden kann, nehmen Vff. für dessen Entstehung die Schritte an: *Tyrosin* $\rightarrow$ II $\rightarrow$ I. Die 1. Stufe wird wahrscheinlich durch ein bakterielles Enzym katalysiert, während der 2. Schritt nicht enzymat. zu sein scheint. Er kann innerhalb des Darms, aber auch in anderen Organen vor sich gehen. WOLFGANG HERRMANN. 4596□

Die Wirkungen verschiedener Stoffe auf die Löslichkeit von Actomyosin. Das Phänomen des Löslichkeitsdualismus beim Actomyosin. Masahiro Fujino und Chieko Wakasa. (Jap. J. Physiol. **8.** 83—93. 30/3. 1958. Sapporo, Japan, Med. Coll., Dep. of Physiol.) (Engl.)

Zur Klärung des Mechanismus der Superpräcipitation als Grundlage der Muskelkontraktion wurden Unterss. über die Beeinflussung der Löslichkeit von *Actomyosin* (I) in Ggw. physiolog. KCl-Mengen bei pH 7,0 durch Zusätze von $MgCl_2$, $CaCl_2$, $Na_4P_2O_7$, Äthylendiamintetraacetat u. Salyrgan in Konzz. von 10^{-2} bis $5 \cdot 10^{-5}$m durchgeführt. Es zeigte sich, daß bei steigenden Konzz. der Agentien Zonen gesteigerter Löslichkeit mit solchen verminderter Löslichkeit von I 2—3 mal wechseln. Die Erscheinung wird als „phenomenon of dual precipitation" bezeichnet. F. KRUSEN. 4597□

Die insulininaktivierenden Eigenschaften der denervierten und tenotomierten Muskeln. G. Ss. Schewess. (Український Біохімічний Журнал [Ukrain. biochem. J.] **33.** 332—39. 1961. Perm, Med. Inst., Lehrstuhl für Biochem.) (Ukrain.; Auszug: Engl.)

Die Verss. mit Kaninchen u. Ratten, bei denen in der Narkose entweder eine einseitige Durchschneidung der Achillessehne oder eine Durchschneidung des Ischiasnervs erfolgte, ergaben, daß die Intensität des Eiweißzerfalls u. der Geh. an wasserlösl. SH-Verbb. in den denervierten Muskeln höher sind als in den tenotomierten. Im Mäuse-Vers. beträgt die Zunahme des Nichteiweiß-N im normalen Muskel 236—288 mg%, im denervierten Muskel 400—786 mg%, im Kaninchen-Vers. 56—113 bzw. 154—283 mg%. Während im Ratten-Vers. bei der Denervierung die Zunahme der Proteolyse bis zu 215% erreicht, beträgt diese Zunahme bei Tenotomie nicht mehr als 50%. Hieraus ist zu schließen, daß im denervierten Muskel im Vgl. zum intakten oder tenotomierten die Fähigkeit, Insulin zu inaktivieren, größer ist. Dies wird dadurch bestätigt, daß im Kaninchen-Vers. bei Zufuhr des mit Insulin inkubierten Extrakts von normalen Muskeln der Zucker-Geh. um 52%, bei Zufuhr des inkubierten denervierten Muskels um 30% abnimmt. In Verss. mit tenotomierten Muskeln sind die entsprechenden Ergebnisse nicht ganz eindeutig. O. LEBTAG. 4597□

Die Wirkung von 6-Mercaptopurin auf die Überlebenszeit homotransplantierter Nieren beim Hund. C. F. Zukoski, H. M. Lee und D. M. Hume. (Surgery, Gynecol. Obstetr. **112.** 707—14. Juni 1961. Richmond, Med. Coll. of Virginia, Dep. of Surg.) (Engl.)

Vff. haben Hunden eine Niere entfernt u. sie beim selben Tier oder bei anderen Hunden homotransplantiert u. den Tieren *6-Mercaptopurin* (I) gegeben. I verlängert die Funktionszeit des Transplantates u. schiebt das Auftreten mkr. Veränderungen an den Nieren, wie sie bei Transplantaten vorkommen, hinaus, hält aber bis zum Ende des Bestehens des Transplantates den N-Geh. des Bluts unverändert aufrecht.
HEINRICH HERMANN. 4597□

Renin in den Nieren von Ratten mit Aminonucleosidnephrose. F. Gross, O. Buschor und P. Zeugin. (Amer. J. Physiol. **199.** 1—4. Juli 1960. Basel, Ciba-Ltd., Pharmaceut. Dep., Res. Labor.) (Engl.)

Bei mit Hilfe von *Aminonucleosid* (I) an Ratten hervorrufbarer Nephrose konnte bei reichlich *Mineralcorticoid*-Zufuhr durch I keine Verminderung des *Renin* (II)-Geh. der Nieren bewirkt werden. I führte dabei auch nicht zur Steigerung der Empfindlichkeit gegenüber einzelnen oder wiederholten II-Dosen. I führte nicht zur Hypertension. Die Schwere der Symptome konnte durch reichlich *NaCl* gesteigert werden. Der Hyperaldosteronismus der I-Nephrose ist nicht als Ursache für die zu beobachtenden Ödeme u. den Ascites anzusehen. U. TAUSENDFREUND. 4597 □

Untersuchungen der Hemmung der Proteinsynthese in Rattenleberzellen mit Vacuolen. A. Bernelli-Zazzera, D. Caradonna und E. Cassi. (Exp. Cell Res. **20.** 592—95. Sept. 1960. Milano, Univ., Ist. of General Pathol.) (Engl.)

Läßt man Ratten 2 Std. in Atmosphäre mit 3% O_2 u. 97% N_2, so bilden sich in den Leberzellen Vacuolen. Läßt man diese Ratten vor der Tötung noch 15 Min. bei normalem O_2-Druck atmen, so findet man trotz dieser O_2-Wrkg. verminderten Einbau von ^{14}C aus *$^{14}C_{(1)}$-Glycin* (I) in die Proteine in vitro inkubierter Schnitte dieser Rattenlebern. Bringt man dagegen die Tiere nur 30 Min. in Hypoxie, so ist der ^{14}C-Einbau aus I in die Rattenleberschnitte in vitro nicht vermindert. Nach 30 Min. langer Hypoxie ist der O_2-Geh. des arteriellen Bluts gegenüber den Kontrolltieren deutlich verringert, die Leber ist dagegen nicht deutlich vacuolisiert. Es hat den Anschein, daß die Verringerung des ^{14}C-Einbaus in vitro nicht einfach vom verringerten O_2-Geh. der Atemluft während des Vers. abhängt, sondern hauptsächlich eine Folge der Zellschädigung ist, die noch einige Zeit länger als die Hypoxie anhält. S. DITTMANN-MITZSCHERLICH. 4597 □

Bemerkungen über den Einfluß des Zustandes des Nervensystems auf den Charakter der Schäden bei experimenteller Lebervergiftung. I. Cosmulescu, I. Gr. Popescu und E. Herck. (Comun. Acad. Republ. Populare romîne **5.** 643—45. 647—49. März 1955. Inst. de terapeutica, Spit. I. C. Frimu.) (Rum.; Auszug: Franz.)

In Verss. an Kaninchen wird festgestellt, daß die Schädigung der Leber durch in Öl gelösten *P* bei 6—20tägiger Einw. durch medikamentösen Schlaf verzögert wird, auch wenn dieser mit Unterbrechungen erfolgt. Die Schutz-Wrkg. des künstlichen Schlafes tritt nicht ein, wenn dieser erst 3—8 Tage nach Beginn der Vergiftung einsetzt. R. K. MÜLLER. 4597 □

Die Wirkung von Natriumacetonylbenzyl-4-hydroxycumarin (Natrium-Warfarin) und des akuten Blutverlustes auf die örtliche Entzündung in der Leber nach Implantation von Katgut. I. Ginsburg und H. Ungar. (Bull. Res. Council Israel, Sect. E. **6E.** 11—14. Juli 1956. Jerusalem, Hebrew Univ.-Hadassah Med. School, Dep. of Bacteriol. and Pathol.) (Engl.)

Die normalerweise auf Implantation von Katgut in die Leber von Ratten dort zu beobachtende Gewebe-Rk. (maximale Entw. der Granulation am 4. Tag nach der Implantation) wird durch 1—2 mg *Na-Warfarin* (*Na-3-[α-Acetonylbenzyl]-4-hydroxycumarin*; *Warficide*; PENICK & Co.; I)/kg, welches zwar Verminderung des Prothrombinspiegels, jedoch keinen Verlust an Plasmaproteinen infolge Hämorrhagie verursacht, gehemmt; diese Hemmung wird für spezif. angesehen, sie stört das normale cytomorpholog. Aussehen der Fibroblasten nicht. Höhere I-Dosen von 10—12 mg/kg, die zur Hämorrhagie führen, haben die gleiche Wirkung. Auch wiederholte Blutung oder Plasmapherese übte, vermutlich als Folge einer Plasmaproteinverarmung, gleiche Wrkg. auf das Granulationsgewebe aus. U. TAUSENDFREUND. 4597 □

Veränderungen in der topographischen Verteilung von Glykogen im Hirn der Kröte Bufo calamita im Lauf des Tages. A. Stolk. (Proc. Kon. nederl. Akad. Wetensch., Ser. C. **64.** 42—52. 1961.) (Engl.)

Signifikante period. Veränderungen im *Glykogen*-Geh. konnten bei *Bufo calamita* bei 6std. Messung nur im Diencephalon, nicht aber in der Hirnrinde, im Mesencephalon, im Kleinhirn u. in der Medulla oblongata festgestellt werden. K. ZINGRAF. 4598 □

Veränderungen in der topographischen Verteilung von Glykogen im Hirn der Kröte Bufo calamita in Abhängigkeit von der Umgebungstemperatur. A. Stolk. (Proc. Kon. nederl. Akad. Wetensch., Ser. C. **64.** 68—78. 1961.) (Engl.) — Vgl. vorst. Referat.

Bei sinkender Umgebungs-Temp. nimmt der *Glykogen*-Geh. im Hirn von *Bufo calamita*, bes. stark im Diencephalon, zu. K. ZINGRAF. 4598 □

Untersuchungen über den Gehalt an freien Aminosäuren und Peptiden in der Linse von Schwein und Rind. R. Krueger, H. J. Küchle und W. Böckenhoff. (Graefes Arch. Ophthalmol. verein. Arch. Augenheilkunde **161.** 381—86. 1959. München, Univ., Augenklinik.) (Dt.)

An Schweine- u. Rinderlinsen wurden quant. Aminostickstoff-Best. mit der Ninhydrin-Meth. nach VAN SLYKE durchgeführt. — Danach enthalten die Linsen beider Tierarten annähernd gleiche Mengen an *Amino-N* vorliegend als *freie Aminosäuren* u. an Amino-N in *Peptid*-Bindung. R. ILLHARDT. 4598□

Untersuchungen über den Gehalt an freien Aminosäuren und Peptiden in der Glaskörperflüssigkeit von Schwein und Rind. R. Krueger, H. J. Küchle und G. Kalfhaus. (Graefes Arch. Ophthalmol. verein. Arch. Augenheilkunde **161.** 387—90 1959. (Dt.) München, Univ.-Augenklinik. — Vgl. vorst. Ref.

Es wurden quant. Amino-N-Best. mit der Ninhydrin-Meth. nach VAN SLYKE an Schweine- u. Rinderaugen durchgeführt. — Nach den Unters.-Ergebnissen nehmen Vff. an, daß in der Glaskörper-Fl. der beiden Tierarten wesentlich weniger Amino-N in Peptidbindung als in freien Aminosäuren vorliegt. R. ILLHARDT. 4598□

Experimentelle Untersuchungen über das papierelektrophoretische Verhalten der wasserlöslichen Proteine des Kalbshornhautepithels bei Einwirkung verschiedener Temperaturen und Medikamente. E. Steinvorth. (Graefes Arch. Ophthalmol. verein. Arch. Augenheilkunde **161.** 466—91. 1960. Würzburg, Univ.-Augenklinik.) (Dt.)

Es werden die Veränderungen der wasserlösl. *Proteine* des Hornhautepithels unter Anwendung verschiedener Medikamente in ihrer gebräuchlichen Konz. untersucht. Die Ergebnisse wurden am Hornhautepithel von 795 Kalbsaugen durch Papierelektrophorese gewonnen. An Medikamenten wurden Adstringentien, Chemotherapeutica u. Antibiotica, Lokalanästhetica, gefäßverengende, gefäßerweiternde, lymphtreibende, epithelregenerationsfördernde Mittel, Miotica u. Mydriatica untersucht. Während die genannten Medikamente teils Veränderungen, teils aber auch keinerlei Abweichungen vom Normalbild bewirken, sind pH-Änderungen der Extraktions-Fl. von 3,5 auf 10,0, sowie Temp.-Veränderungen auf -15^0 ohne Einfl. auf die papierelektrophoret. darstellbaren Eiweißkörper des Hornhautepithels. Die erkennbare Hitzedenaturierung der Eiweißkörper wird mit 48,5—$49{,}5^0$ angegeben. R. ILLHARDT. 4598□

Die cnemische Zusammensetzung zentraler Stränge und von Nervenzellkörpern. Eli Robins. (J. Histochem. Cytochem. **8.** 431—36. Nov. 1960. St. Louis, Mo., Washington Univ., School of Med., Dep. of Psych. and Neurol.) (Engl.)

Übersicht über neuere Arbeiten bzgl. der quant. Lokalisierung von *Enzymen* in verschiedenen zentralen Trakten u. in individuellen Nervenzellkörpern des Säugetiernervensystems. — 18 Literaturangaben. U. TAUSENDFREUND. 4598□

Quantitative Biochemie der G. oßhirnrinde. Alfred Pope. (J. Histochem. Cytochem. **8.** 425—30. Nov. 1960. Wawerly, Tenn., McLean Hosp., Res. Labor.; Boston, Mass., Harvard Med. School, Dep. of Neuropathol.) (Engl.)

Best. u. Vgl. der intralaminaren Verteilung von *Cytochromoxydase, Adenosintriphosphatasen* (Mg^{2+}-aktiviert u. Ca^{2+}-aktiviert), *L-Alanylglycindipeptidase* u. *Acetylcholinesterase* in der somatosensor. Rinde von Ratten u. der Stirnhirnrinde von Menschen mit Hilfe quant. mikrochem. Meth., sowie Besprechung der anatom. Bedeutung. — 22 Literaturangaben. U. TAUSENDFREUND. 4598□

Lokalisation chemischer Substanzen in Gewebeschnitten des Säugetiernervensystems. Richard L. Sidman. (J. Histochem. Cytochem. **8.** 412—18. Nov. 1960. Boston, Mass., Harvard Med. School, Labor. of Cell. Neuropathol.) (Engl.)

Übersicht über die Veröffentlichungen der letzten Jahre bzgl. Anwendung histochem. Färbe-Meth. an Strukturen des Nerven-Syst.; Besprechung der Darstellbarkeit von *Nucleinsäuren, Glykogen, Acetylcholinesterase, Dehydrogenasen, Enzymen der Myelinscheide, Lipoiden.* — 58 Literaturangaben. U. TAUSENDFREUND. 4598□

Phospholipidstoffwechsel im Nervengewebe. 1. Mitt. **Wiederholte Betrachtung des Phospholipidstoffwechsels von Hirn und peripheren Nerven in vivo.** A. N. Davison und J. Dobbing. (Biochem. J. **73.** 701—06. Dez. 1959. London, Guy's Hosp. Med. School, Dep. of Pathol.) (Engl.)

Auf Grund von Unterss. nach Injektion von ${}^{32}PO_4{}^{3-}$ an Ratten sind die gesamten *Phospholipide* im zentralen u. peripheren Nervengewebe stabiler gegenüber dem schnelleren Abbau in anderen Geweben. Vermutlich werden die Phospholipide im Nervengewebe in Strukturelemente der Myelinscheide fest eingebaut. Die Bedeutung der Blut–Hirn-Schranke für den P-Stoffwechsel wird diskutiert. H.-J. KOCH/Berlin. 4598□

Physik der Nervenprozesse. P. Fatt. (Rep. Progr. Physics **21.** 112—43. 1958. London, Univ. Coll., Biophys. Dep.) (Engl.)

Bericht über die seit 1938 durchgeführten Verss. über das elektrochem. Verh. von Riesennervenfasern des Tintenfisches, myelinierten Nervenfasern (von Wirbeltieren) sowie anderen Nervensubstanzen. Vers., die energet. Seite der Prozesse gesetzmäßig zu erfassen. D. JÖRCHEL. 4598□

Elektrophysiologische Wirkungen der Stimulantien des Zentralnervensystems. 1. Mitt. Adrenergisches, cholinergisches und neurohumorales Serotonin-System. Marcel Monnier. (Arch. int. Pharmacodynam. Thérap. **124.** 281—301. 1/3. 1960. Bâle, Suisse, Univ., Inst. de Physiol.) (Franz.) — 2. vgl. C. **1961.** 17286.

L(—)-Dihydroxyphenylalanin, Adrenalin u. *Noradrenalin* bewirken eine viscerale ergotrope Rk. mit Aktivierung des somat. Verh. (ASV) u. erhöhter Rk.-Fähigkeit gegenüber sensor. Reizen (Ursache: Erregung des reticulären Syst. im Mesodiencephalon u. gleichzeitige Lähmung des Erholungs- u. Erschlaffungszentrums im Thalamus. Die Wrkg. von *Physostigmin* u. *Acetylcholin* äußert sich im EEG als Wachzustand, jedoch ohne ergotrope Rk. u. ohne wesentliche ASV (Hauptursache: Spezif. cholinerg. Substrat). *DL-5-Hydroxytryptophan* u. *Serotonin* bewirken polyphas. Änderungen des Verh. u. der elektr. Aktivität des Gehirns: Ruhigstellung, gefolgt von Aktivierung (Ursache: Aktivierung des Paläocortex im Hippocampus). K. ZINGRAF. 4598

Reiz-Hemmung der durch Kohlensäureanhydrid identifizierbaren Riesenneuronen von Aplysia. Nicolas Chalazonitis und Eiichi Sugaya. (C. R. hebd. Séances Acad. Sci. **247.** 1657—59. 10/11. 1958.) (Franz.)

Die Riesenneuronen von Aplysia sind durch *Kohlensäureanhydrid* (I) reizbar: Die Frequenz der Aktionspotentiale wächst bis zu einem Maximum, u. zwar unterschiedlich gemäß dem untersuchten Neuronentyp. Die Reizung wird von einem durch I bedingten narkot. Zustand gefolgt, der durch eine Abnahme der Amplitude der Biopotentiale mit nachfolgendem Stillstand der elektr. Aktivität gek. ist W. F. EBEL. 4598□

Neurohormonale Faktoren beim Ablauf des Schlafzustandes. A. V. Tonkikh. (Acta endocrinol. [Copenhagen], Suppl. Nr. **51.** 59. 1960. Leningrad, Acad. of Sci., Pavlov Inst. of Physiol.) (Engl.) H. HERPER. 4598□

Studie über postmortale Abbauvorgänge. O. Schmidt, D. Lorke und B. Forster. (Dtsch. Z. ges. gerichtl. Med. **49.** 206—12. 1959. Göttingen, Univ., Inst. für gerichtl. Med.) (Dt.)

Der postmortale Stoffwechsel wurde an einer faulenden, zerkleinerten Rinderleber (20 g in 100 ml W.) bei 28° über 60 Tage im O_2-Strom verfolgt. Zu Beginn der Fäulnis wurde eine Säuerung des Gewebes (Maximum nach 2 Tagen) festgestellt, die auf die Bldg. von *Milchsäure* (deren pH dem Glykogen-Geh. entspricht) durch Abbau der Zucker zurückzuführen ist. Der Zerfall führte zu einer Vergrößerung der Teilchenzahl (Erniedrigung des E.). Die CO_2-Entw. zeigte am 2. u. 3. Tage ein Maximum (wahrscheinlich Teilverbrennungen u. Decarboxylierung). Danach wurde ein Umschlagen des pH zum Alkal., verbunden mit einer Leitfähigkeitserhöhung, festgestellt. Nach 2 Wochen wurde NH_3 neben CO_2 entwickelt (Zerfall des Eiweißes). Nach 60 Tagen wurde kaum noch Gelöstes mit einer für die Teilchenzahl hohen Leitfähigkeit vorgefunden (wahrscheinlich Phosphate u. Sulfate). Im reduktiven Milieu wurde ein verzögerter Abbau mit verminderter CO_2- u. NH_3-Entw. unter Bldg. alkal. reagierender Stoffe (Amine) gefunden. J. BOELTER. 4599□

Untersuchungen über den postmortalen Phosphatgehalt von Liquor und Serum in Beziehung zum Leichenalter. F. Schleyer und U. Janitzki. (Dtsch. Z. ges. gerichtl. Med. **49.** 229—34. 1959. Bonn, Univ., Inst. für gerichtl. Med.) (Dt.)

Es wurde der postmortale Phosphat-Geh. im Liquor sowie von an verschiedenen peripheren Venen entnommenem Serum in Beziehung zum Leichenalter untersucht. Gegenüber dem Normalwert für *anorgan. Phosphat* (I) wurden die Werte im Liquor schon kurze Zeit post mortem stark erhöht gefunden bei einem gleichmäßigen Anstieg bis 10 Std. post mortem. Es ist ein weiterer Anstieg bis 70 Std. post mortem anzunehmen. Im Serum wurde das gleiche Bild gefunden, wobei später der I-Geh. stärker anstieg. Modell-Verss. mit Citratblut bzw. reinem Serum ergaben als wahrscheinliche Ursache für die I-Zunahme vor allem den Blutzerfall. J. BOELTER. 4599□

Die Verwendung von Aceton zur Isolierung organischer Gifte aus biologischem Material. Antti R. Alha und Raimo O. Lindfors. (Ann. Med. exp. Biol. fenn. **37.** 149—56. 1959. Helsinki, Univ., Inst. of Forensic Med., Chem. Dep.) (Engl.)

Die Meth. der Organextraktion wurde ausgedehnt auf die Best. von anderen Giften außer *Barbituraten* u. die Aufarbeitung des biolog. Materials beschrieben. Sehr leicht u. quant. ermittelt wurden: *Carbromal, Phenobarbital, Amidon, Dionin* u. *Morphin* (I). Qual. identifiziert wurden: *3-[2-Methylphenoxy]-propandiol-(1.2)* (*Myanecin*), *Phenylchinolincarbonsäure* (*Cincophen*), *Coffein, Benadryl, Chlorpromazin, Chinin* u. *Strychnin*. Nicht erfaßt wurden Möglichkeiten der Detoxikation. Vorst. Verbb. waren zu menschlichem „organ. Material" (von Toten) gemischt worden. Außerdem wurden aus unbehandelten Organteilen von Toten mit Aceton extrahiert: *Acetanilid, Acetophenetidin,*

Bemegride (*Megimide*), *Ethinamat* (*Valamin*), *Meprobamat* (*Miltown*), *Mesantoin*, *Sedormid*, *Parathion*, *p-Nitrophenol*, *Phenolphthalein*, *Salicylat*, *Barbiturate*, *Purin-Derivv.*, *Papaverin*, *Amidon*, *Antipyrin*, *Aminopyrin*, *Benadryl*, *Promazin-Derivv.*, *Chlorochin*, *Nupercain*, *Tetracain*, *Nicotin*, *Chinidin*, *Chinin*, *Strychnin* oder *Brucin*, *Atropin*, *Scopolamin*, *Codein*, I. H. KLUGE. 4599☐

Brian Anthony Fox and **Allan Gillies Cameron**, A chemical approach to food and nutrition. London: University of London P. 1961. (326 S. m. Abb., Tab. u. Diagr.) 30 s.

Vernon M. Ingram, Hemoglobin and its abnormalities. Springfield (Illinois): Thomas; Oxford: Blackwell Scientific. 1961. (XIV + 153 S. m. Abb., Tab. u. Diagr.) = American lectures series no. 416. 60 s.

Johannes Jochims, Hrsg., Die Bedeutung der Nahrungsfette in der Pädiatrie. Vorträge und Diskussionen auf dem Symposion am 29. September 1960 in Bad Wildungen. Stuttgart: Enke. 1961. (131 S. m. 48 Abb. u. 31 Tab.) 8°. DM 27.—.

Joachim Kühnau, Die Rolle der Fette in unserer Ernährung. Die natriumarme Kost und ihre Gestaltung im besonderen durch diätetische Lebensmittel. Von **Walter Becker**. Vorträge. Frankfurt/Main: Verband d. Diätet. Lebensmittelindustrie. 1960. (31 S.) 8° = Schriftenreihe des Verbandes der Diätet. Lebensmittelindustrie. Heft 9. Nicht im Buchhandel.

Joseph Schumacher, Index zum Diabetes mellitus. Eine internationale Bibliographie. München, Berlin: Urban & Schwarzenberg. 1961. (XLVIII + 877 S.) 8°. DM 286,—.

E_6. Pharmakologie. Therapie. Toxikologie. Hygiene

Bestimmung absorbierter Dosen beim Auftreffen von Emanationen und ihrer Tochterprodukte im Organismus. L. Ss. Ruser. (Атомная Энергия [Atomenergie] **8.** 542—48. Juni 1960.) (Russ.)

Die absorbierte Dosis beim Auftreffen von Rn auf einen Organismus infolge des Rn selbst, seiner kurzlebigen β-strahlenden Zerfalls-Prodd. RaB u. RaC u. auch der langlebigen Zerfalls-Prodd. wird berechnet. In gleicher Weise wird für Thoron u. Actinon vorgegangen u. dabei neue Zulassungsgrenzen für diese beiden vorgeschlagen. M. WIEDEMANN. 4601☐

Die γ-Aktivität der Milch. A. S. Chhabra und R. K. Hukkoo. (J. sci. ind. Res. [New Delhi], Sect. B **19.** 302—05. Aug. 1960. Trombay, Bombay, Atomic Energy Establ.) (Engl.)

Milchpulverproben aus Indien, Australien, Großbritannien, Dänemark u. den USA wurden mittels eines NaJ(Tl)-Scintillationszählers in Verbindung mit einem 30-Kanal-Impulshöhenanalysator auf ihre γ-Aktivität untersucht. Neben dem natürlichen ^{40}K-Geh. wird ^{137}Cs in einer Konz. zwischen 65 u. 929 μμc/kg gefunden. Die Werte schwankten je nach geograph. Herkunft der Proben, maximale Konz. wurde in mittleren Breiten der nördlichen Hemisphäre, minimale in Äquator- u. Polnähe gefunden. W. REUSSE. 4601☐

Radioisotope in der Leberdiagnostik. W. Bolt, G. Lehnert, G. Zerlett und F. Ritzl. (Atomkernenergie **4.** 271—76. Juli/Aug. 1959. Köln, Univ., Med. Klinik.) (Dt.)

Bei Patienten mit Störungen der Leberdurchblutung wurde durch reichliche Jodgaben die Schilddrüse blockiert u. dann 25 μc $Na^{131}J$ i.v. gegeben. Durch Best. der Aktivität laufend entnommener, venöser Blutproben sowie durch Aktivitätsmessungen mittels eines über der Leber aufgestellten Scintillationszählers gelingt es, die Ausflutungsrate des Lebergewebes zu bestimmen, die von der örtlichen Durchblutung u. den lokalen Diffusionsverhältnissen abhängt. Unters.-Ergebnisse an verschiedenen Gesunden u. Kranken werden besprochen u. die Aussichten der Meth. mit den in der Literatur veröffentlichten Ergebnissen anderer Verff. der Leberdiagnostik mit Radioisotopen verglichen. W. REUSSE. 4601☐

Biologische Wirkung des radioaktiven Kohlenstoffs. Ferdinand Herčík. (Jaderná Energie **6.** 181—83. 1960. Brno, Biofys. ústav Českoslov. akad. věd.) (Tschech.; Auszug: Dt. u. Engl.)

Der allg. Geh. des ^{14}C steigt infolge von Kernwaffenprüfungen jährlich ca. um 2% an. Schädlich wirken nicht nur die Strahlung, sondern auch die Stoffumwandlungen (Mutationen) infolge des C → N-Übergangs in organ. Stoffen. Die geschätzte Zahl der durch diese Wrkg. in den nächsten Generationen geschädigten Kinder erreicht große Werte (55000 körperlich u. geistig defekte Kinder, 425000 Fehlgeburten jährlich), so daß ein Einstellen solcher Verss. dringend nötig erscheint. J. TŮMOVÁ. 4601☐

Bestimmung und Gehalt radioaktiven Strontiums im menschlichen Knochen. D. Merten und O. Pribilla. (Dtsch. Z. ges. gerichtl. Med. **49.** 242—46. 1959. Kiel, Univ., Inst. für gerichtl. u. soz. Med.; Bundesforsch.-Anst. für Milchwirtsch., Phys. Inst.) (Dt.) — Vgl. C. **1961.** 11775.

In Milch sowie Milch-Prodd. u. anderen Ca-haltigen Nahrungsmitteln wurde ein hoher ^{90}Sr-Geh. gefunden. Bei Milch betrug die Zunahme von 1955—1957 etwa das Dreifache. Bedeutsamer ist jedoch der Anstieg des ^{90}Sr-Geh. im menschlichen Knochen, wobei weniger eine Schädigung des Gewebes durch β-Strahlung als eine Beeinflussung der Erkrankungsrate für Leukämie u. der Osteosarkome in Betracht gezogen wird. Bei Unterss. des ^{90}Sr-Geh. von Knochenproben (Femurstücke bzw. bei Säuglingen ganze Röhrenknochen) wurde 1958 bei Kindern unter 10 Jahren gegenüber Personen zwischen 20 u. 80 Jahren ein 10fach höherer ^{90}Sr-Geh. gefunden, dagegen 1956 nur ein 5—6facher. J. BOELTER. 4601□

Entgiftung und Ausscheidung von radioaktivem Strontium. 4. Mitt. **Einfluß von Natrium–Calciumcitrat und Art der Citrat-Wirkung.** Yosoji Ito, Susumu Tsurufuji, Mikio Shikita und Sadahiko Ishibashi. (Chem. pharmac. Bull. [Tokyo] **6.** 287—90. Juni 1958. Tokyo, Univ., Fac. of Pharmaceut. Sci.) (Engl.) — 3. vgl. Chem. pharmac. Bull. [Tokyo] **6.** [1958.] 34.

Injektion von Citrat beschleunigt die urinäre Ausscheidung von radioakt. *Sr.* Das Na–Ca-Salz, das keine Hypocalcämie bewirkt, ist stärker wirksam als das Tri-Na-Salz. Der Citrateffekt beruht auf der chelatisierenden Wirkung. H.-G. FLOSS. 4601□

Strahlenbiologische Grundlagen des Schutzes gegen ionisierende Strahlungen. F. Wachtler. (Schweißtechnik [Wien] **12.** 47—50. April 1958. Wien.) (Dt.)

Übersicht. Es wird auf die relative biolog. Wirksamkeit verschiedener Strahlenarten u. die Abhängigkeit von der Ionisationsdichte hingewiesen. Nach Gegenüberstellung der Strahlenempfindlichkeit verschiedener Organe u. Gewebe u. der DL_{50} von einigen Tierarten u. Menschen wird hervorgehoben, daß das Fehlen wirksamer strahlenprotektiver Substanzen einen sorgfältigen physikal. Strahlenschutz erfordert. G. FAUST. 4601□

Nitrate und Oxyde von Seltenen Erden. Wirkungen auf bestrahlte und nichtbestrahlte Ratten. G. S. Melville jun. und R. W. Riess. (A. M. A. Arch. environmental Health **2.** 178—84. Febr. 1961. Austin, Tex., Univ., Dep. Radiobiol., School of Aviat. Med.) (Engl.)

Zwei Gemische *Seltener Erden* wurden in Form des Nitrats bzw. Oxyds Ratten intraperitoneal injiziert bzw. subkutan implantiert. Als Vehikel dienten Erdnußöl bzw. Wasser. Ein Teil der Ratten wurde mit 800 r γ-Strahlen zusätzlich bestrahlt. Bei den nichtbestrahlten, aber behandelten Ratten wurden keine Todesfälle beobachtet. Behandlung + Bestrahlung führte bei beiden intraperitoneal verabreichten Verbb. zum Tode der Tiere, wobei das Nitratgemisch wirksamer zu sein schien als das Oxydgemisch. In Erdnußöl verabreicht, war das Nitratgemisch wirksamer als das in W. applizierte Nitratgemisch. Auch bei subkutaner Implantation zeigte das Nitratgemisch eine stärkere zerstörende Wrkg. als das Oxydgemisch. Während das Nitratsalz nekrot. Läsionen verursachte, wurden beim Oxyd lediglich Knötchen im Bereich der Applikationsstelle beobachtet. H. ZELLER. 4606□

Untersuchungen über die Verteilung des Alkohols zwischen Wasser und Körperfett. O. Grüner. (Dtsch. Z. ges. gerichtl. Med. **49.** 235—41. 1959. Frankfurt/M., Univ., Inst. für gerichtl. u. soz. Med.) (Dt.)

Es wurde die Verteilung von *A.* zwischen *W.* u. *Olivenöl* sowie mechan. zerkleinertem *Körperfett* (Bauchfett) durch die A.-Best. nach WIDMARK (W) u. nach der ADH-Meth. bestimmt. Der Wasser-Geh. des Öls u. Körperfettes wurde mit KARL-FISCHER-Reagens bestimmt, was vor allem wegen der großen Schwankungen im Wasser-Geh. beim Körperfett notwendig war. Es wurde ein Verteilungs-Verh. von A. zwischen Öl/W. von 0,0180 nach W u. 0,0719 nach ADH gefunden. Das Körperfett spielt im Organismus als „A."-Lsgm. nur eine untergeordnete Rolle. J. BOELTER. 4607□

Die Wirkung von Phenyläthylbiguanid auf das anorganische Phosphat im Serum. Herndon G. Shepherd jun. und Hugh J. McDonald. (Proc. Soc. exp. Biol. Med. **102.** 390—92. Nov. 1959. Chicago, Ill., Loyola Univ., Grad. School; Stritch School of Med., Dep. of Biochem.) (Engl.)

Es wurde die Wrkg. von *Phenyläthylbiguanid* (**I**) auf den Geh. an *anorgan. Phosphat* (**II**) u. *Glucose* (**III**) des Serums von ♂ weißen Neuseeland-Kaninchen untersucht. Die Tiere erhielten 30 mg **I**/kg subkutan injiziert. In verschiedenen Zeitabständen wurde Blut durch Herzpunktion entnommen. In normalen Tieren bewirkte **I** eine Erniedrigung des Blutzuckers, verbunden mit einem merklichen Anstieg des **II**-Spiegels. Injektion von *Insulin* (**IV**) erniedrigte den **II**- u. **III**-Geh., so daß die **I**-Wrkg. nicht in einer verstärkten **IV**-Ausschüttung bestehen dürfte, sondern wahrscheinlich in einer Hemmung des oxydativen Enzym-Syst. des Citronensäurecyclus, verbunden mit einer erniedrigten Bindung energiereicher Phosphate bzw. einer verstärkten Ausschüttung von **II** in die Blutbahn. J. BOELTER. 4607□

Schwangerschaftskontrolle durch 6-Azauridin. Margaret A. Sanders, B. P. Wiesner und John Yudkin. (Nature [London] **189.** 1015—16. 25/3. 1961. London, Univ., Queen Elizabeth Coll., Dep. of Nutrit.) (Engl.)

6-Azauridin (*2-Ribofuranoyl-asymm.-triazin-3.5(2H.4H)-dion*; I) besitzt bei Mäusen Einfl. auf die Schwangerschaft (Sch), der wiederum abhängig ist von Dosis, Dauer der Gabe, Stadium der Sch u. von dem Umstand, ob I auf einmal oder in Teilen gegeben wird. Je 1 mg/g Körpergewicht, gegeben am 4., 5. u. 6. Tag, unterbricht z. B. am 9.—15. Tag jede Sch; die halbe Menge 50% der Sch am 14—18. Tag. Im frühen u. späten Stadium ist I weniger wirksam. Die Toxizität von I auf die Muttertiere ist bei kleinen Dosen gering (0,5 u. 1 mg/g Körpergewicht). Es wird diskutiert, inwieweit I für menschliche Sch-Kontrollen verwendbar ist. WOLFGANG HERRMANN. 4607□

Atherosklerogene Wirkung von Essigsäure- und Oxalsäurekomplexen des Cholesterins. Enselme und M. Gauthier. (Bull. Acad. nat. Méd. **144** ([3] 124). 498—500. Juni/Juli 1960.) (Franz.)

Vff. verabreichen über 60 Tage an Kaninchen 0,5 g *Cholesterin* (I), 0,4 g *Cholesterin-Essigsäure-Komplex* (II) oder 0,26 g *Cholesterin-Oxalsäure-Komplex* (III) als Suspension in Olivenöl. Im Gegensatz zu den mit I behandelten Tieren wiesen 3 von 11 der mit II u. 4 von 9 der mit III behandelten Tiere Veränderung der Aortenwand mit I-Ablagerung auf. R. LAFFERENZ. 4607□

Der Schleim des Bockshornklees und seine Beziehung zur angeblichen laxativen Wirkung der Samen. Sabry Riad Morcos und Anisa Ahmad El-Baradie. (Egypt. J. Chem. **2.** 163—67. 1959. Dokki, Cairo, Nat. Res. Centre.) (Engl.)

Durch Fütterungs-Verss. an Ratten wurde festgestellt, daß die abführende Wrkg. der Samen auf die in diesen vorkommenden Schleimstoffe zurückzuführen ist. Die Schleimstoffe wurden aus dem entfetteten Mehl durch Extrahieren mit heißem W. abgetrennt u. durch Fällen mit A. als geruchlose u. geschmacklose Masse erhalten; ihre Wrkg. ist ähnlich der von Agar-Agar. Im Verdauungstrakt erfolgt teilweiser Abbau. F. HELLER. 4608□

Eine Untersuchung über Pigmentablagerung durch intravenöse Fettemulsionen. Samuel W. Thompson II, Robert W. Thomassen, Donald H. Yost, Mary A. Fox und Ronald G. Wiegand. (J. of Nutrit. **71.** 37—44. Mai 1960. Denver, Colo., Fitzsimons Gen. Hosp., U. S. Army Med. Res. and Nutrit. Labor.) (Engl.)

Kaninchen oder Ratten erhielten i.v. Emulsionen von Cocosöl (I), Baumwollsamenöl, Olivenöl, Maisöl, Erdnußöl, Butyrolin, Safloröl oder Glycerylmonostearat. Das Emulgier-Syst. enthielt bei einigen Emulsionen *Sojaphosphatid* (II), bei den anderen nicht. Bei allen Tieren, außer bei denen, die I ohne II oder nur das Emulgiergemisch ohne Fett erhielten, wurde ein *Pigment-Lipoid-Komplex* im Cytoplasma der Reticuloendothelialzellen in der Milz nachgewiesen. K. ZINGRAF. 4608□

Untersuchungen über die elektrophoretischen Fraktionen des Vipera xanthina palestinae-Giftes. S. Gitter, S. Kochwa, A. de Vries und M. Leffkowitz. (Bull. Res. Council Israel, Sect. E **6E.** 73. Juli 1956. Petah Tiqva, Beilinson, Hosp., Rogoff Med. Res. Inst.) (Engl.)

Papierelektrophorese in Veronal-Na-Acetat-Puffer (pH 8,6, Ionenstärke 0,1) ließ ein besonderes Muster für das *Vipera xanthina palestinae-Gift* erkennen, bestehend aus einer kathod. Fraktion (K_1) u. 5 anod. Fraktionen (A_1—A_5). Diese Fraktionen zeigen deutliche Toxizitätsschwankungen, am stärksten tox. ist A_3, die anderen Fraktionen sind 8—20mal weniger aktiv. Letale Dosen von A_3 u. A_2 führen zu Hämorrhagien ohne neurotox. Wrkg., K_1 u. A_1 bewirken starke neurotox. Störungen ohne Hämorrhagien. Beziehungen zwischen letaler Wrkg. u. Enzymaktivität bestanden nicht. Ein therapeut. PASTEUR-Antiserum neutralisierte in Mengen von 0,4 ml 0,22 mg des Gesamtgiftes ($4 \cdot DL_{100}$), während 0,05 ml Antiserum zur Neutralisierung von 0,11 mg Gesamtgift ($2 \cdot DL_{100}$) ausreichen. In adäquaten Mengen verhütet das Antiserum vollständig die Wrkg. der Fraktion A_3, ist jedoch gegen die neurotox. u. letalen Wrkg. von K_1 u. A_1 unwirksam. U. TAUSENDFREUND. 4609□

Einbau von ^{32}P in eingefrorene Haut zu Transplantationszwecken. Serge Weinmann und Jean Moretti. (J. de Physiol. **52.** 783—87. Sept./Okt. 1960. Paris, Fac. de Méd., Labor. de Biochim.) (Franz.)

Hautstücke, welche durch Einfrieren in fl. N_2 konserviert waren, wurden auf das Spendertier (Meerschweinchen, Ratte) verpflanzt. Nach Injektion von $^{32}PO_4^{3-}$ wurde die Radioaktivität der Salze, Lipoide u. Proteine der Transplantate untersucht; ein normaler Stoffwechsel in diesen stellt sich nach ca. 4 Wochen ein. K. ZINGRAF. 4609□

Bindung des Rivanols an die Serumproteine. Ss. Je. Tukatschinski und W. P. Moissejewa. (Биохимия [Biochemie] **26.** 120—25. Jan./Febr. 1961. Leningrad, Forschungsinst. für Blutübertragung, Biophysikal. Labor.) (Russ.; Auszug: Engl.)

Die Unterss. über die Rk. des *Rivanols* (I) mit *Serumalbumin* (II), *γ-Globulin* (III) u. humanem *Blutserum* (IV) in Abhängigkeit von der I-Konz. u. dem pH der Lsg. ergaben, daß die II-Fällung beim pH 5,2 u. bei einer I-Konz. von $0,16 \cdot 10^{-2}$ bis $2,35 \cdot 10^{-2}$ m beginnt u. beim pH 7,0 vollständig ist. In der Zone der maximalen Fällung bindet 1 Mol II beim pH 7,0 38, beim pH 9,0 42 Mol I. Die Fällung von III beginnt beim pH 9,15; eine vollständige III-Fällung in $1,15 \cdot 10^{-2}$ bis $4,5 \cdot 10^{-2}$ Lsg. von I tritt beim pH $>9,8$ ein. 1 Mol III bindet 35—42 Mol I. Die IV-Fällung erfolgt im pH-Bereich 6,0—9,8. Bei normalem Verhältnis der Eiweißfraktionen werden durch 1 g IV-Eiweiß 0,2—0,22 g I gebunden. Die Fällung des I—IV-Komplexes ist umkehrbar. Die gefällten Eiweißfraktionen (Albumin, α_1-, α_2-, β_1-, β_2-Globulin) werden in Ggw. von überschüssigem I-Eiweiß wieder gelöst. O. LEBTAG. 4610□

Anleitung zur antibiotischen Therapie von experimentellen Bakterien-Infektionen an Mäusen. Warren E. Wick, Frank Streightoff und Donald H. Holmes. (J. Bacteriol. **81.** 233—35. Febr. 1961. Indianapolis, Ind., Lilly Res. Labor.) (Engl.)

Um eine Beurteilung neuer Antibiotica in vivo zu erleichtern, wurde die Wirksamkeit von 11 Antibioticis (3 verschiedenen *Penicillinen, Erythromycin, Streptomycin, Vancomycin, Tylosin, Tetracyclin, Chloramphenicol, Novobiocin, Capreolimycin*) bei 10 verschiedenen experimentellen Bakterieninfektionen an Mäusen untersucht u. das Ergebnis in folgenden Daten tabellar. zusammengefaßt: Minimale Hemmungs-Konzz. der zur Infektion der Mäuse verwendeten Antibiotica, DE_{50}- u. DL_{50}-Werte, die bei subkutaner u. peroraler antibiot. Behandlung der Infektionen ermittelt wurden.
W. KNÖBEL. 4611□

Über die Anwendung von Novobiocin in der operativen Orthopädie. Felix Findeisen. (Therap. d. Gegenwart **99.** 288—90. Juni 1960. Hannover, Annastift, Orthopäd. Klinik.) (Dt.)

Bei chron. Osteomyelitiden u. postoperativen Infektionen hat sich das Antibioticum *Novobiocin* ((*Inamycin*) bzw. dessen Kombination mit *Penicillin* (*Inacilum*) in kombinierter oraler u. lokaler Anwendung bes. bewährt. R. METZE. 4611□

Zur Behandlung des Ulcus cruris mit einem oberflächenaktiven Wundpuder. Hildegard Fuhrmann. (Therap. d. Gegenwart **99.** 297—98. Juni 1960. Unna, Bonifatius-Krankenhaus, Hautklinik.) (Dt.)

Von ausgezeichneter Wirksamkeit gegen komplizierte, vor allem sek. infizierte Ulcera hat sich der Wundpuder *Arlon* erwiesen, eine Mischung einer organ.-kolloidalen Pudergrundlage mit *Neomycin* u. *Chlorophyllin.* R. METZE. 4611□

Akute Wirkung dreier Antibiotica auf die Diurese bei der Ratte. R. J. Girerd und C. L. Rassaert. (Nature [London] **190.** 536. 6/5. 1961. Morris Plains, N.J., Warner-Lambert Res. Inst., Dep. of Physiol.) (Engl.)

♂ WISTAR-Ratten erhielten 50 ml Leitungswasser/kg u. subkutan *Polymyxin-B-Sulfat* (I), *Colistinsulfat* (II) oder *Natriumcolistinmethansulfonat* (III). Die Harnausscheidung wurde nach 2 u. 5 Std. bestimmt. I u. II bewirkten in Dosen bis 1,67 mg/kg Hemmung der Diurese, während III in Dosen bis 1,67 mg/kg die Diurese steigerte u. erst in höherer Dosis senkte. H. LOHSCHELDER. 4611□

Enzymwirkungen und Fermenttherapie bei Verdauungsstörungen. Fritz Waldow. (Therap. d. Gegenwart **99.** 282—84. Juni 1960. Bonn/Rh.) (Dt.)

Die mit Veränderungen der Darmflora u. des Vitaminhaushalts verbundenen Störungen der Fermentproduktion des Magen- u. Darmkanals werden am zweckmäßigsten mit einem kombinierten Präp. (z. B. *Eupeptum*) behandelt. R. METZE. 4614□

Wirkungen von Hordeninsulfat und Hordeninmethojodid auf die Receptoren des Axonsreflexes für das Schwitzen und auf die Schweißdrüsen in der Haut des Menschen. Gotaro Tashiro. (Arch. int. Pharmacodynam. Thérap. **129.** 131—47. 1/12. 1960. Sendai, Japan, Tohoku Univ., School of Med., Physiol. Labor.) (Engl.)

Intrakutan injiziert, löst *Hordeninmethojodid* (I) über einen Axonreflex (AR) u. eine direkte Wrkg. (muscarinähnlich) auf die Schweißdrüsen Schwitzen aus. *Hordeninsulfat* (II) dagegen besitzt keine Wrkg. auf einen AR, sondern wirkt nur in genügend hohen Konzz. durch direkte Einw. auf die Schweißdrüsen. Die AR-Rk. von I wird durch *Procain* (III), *Hexamethonium* (IV), *Atropin* (V), *Dihydroergotamin* (VI) u. II unterdrückt. II blockiert auch die AR-Rk. auf *Nicotin* u. *Acetylcholin* durch Einw. auf die Receptoren des AR, potenziert jedoch in relativ geringen Konzz. die AR-Rk. auf NaCl, die es in relativ hohen Konzz. über die Receptoren blockiert. Die direkte Wrkg. von I auf das Schwitzen wird durch V, III u. II, nicht aber durch IV oder VI gehemmt. Das Schwitzen nach II wurde durch V, VI u. III nicht beeinflußt. — 27 Literaturangaben.
K. BÖHM. 4620□

Untersuchungen über Pseudonorephedrin. W. Rose. (Dtsch. Z. Verdauungs- u. Stoffwechselkrankh. **20.** 35—40. April 1960. Dresden, Med. Akad., Med. Klinik u. Poliklinik.)

Es wird über klin. Unters. an *rac.-Pseudonorephedrin* berichtet, welches in opt.-akt. Form in der Kat-Pflanze enthalten ist, u. seine zentralen u. peripheren sympathicomimet. Wrkg. unter besonderer Berücksichtigung der appetitzügelnden Effekte.

R. LAFFERENZ. 4620☐

Pharmakologische Eigenschaften von 2-Methyl-3-tolylchinazolon-(4), einem neuen Mittel mit hypnotischer und sedativer Wirkung. E. Santi Soncin. (Rass. Clin., Terap. Sci. affini **60.** 83—93. April/Mai/Juni 1961. Roma, Ist. Farmacol. Serono, Labor. di Ricerche.) (Ital.)

Bei der Maus besitzt *2-Methyl-3-tolylchinazolon-(4)* bei größerer therapeut. Breite einen stärkeren hypnot. Effekt (ohne vorausgehende Erregungserscheinungen) als Doriden (I) oder Luminal (II); es potenziert die Wrkg. der Barbiturate schon in niedriger Dosierung, hohe Dosen wirken muskelerschlaffend. Seine krampfhemmende Wrkg. ist der von I, II oder Meprobamat überlegen. An der glatten Muskulatur wirkt es deutlich spasmolyt. u. besitzt nur unbedeutende Wrkg. auf den Kreislauf. K. ZINGRAF. 4627☐

Erste Erfahrungen mit einem neuen Inhalationsnarkoticum. Werner Gast. (Therap. d. Gegenwart **99.** 291—93. Juni 1960. Berlin-Hohengatow, Städt. Krankenhaus, Chir. Abt.)

Vinydan (Divinyläther + 4,5% A. + 7,7 mg% Phenyl-α-naphthylamin) ist wegen seiner schnell eintretenden Wrkg. u. des Fehlens postoperativer Nachwrkg. als Inhalationsnarkoticum bei kurzdauernden chirurg. Eingriffen sehr gut geeignet.

R. METZE. 4627☐

Neue Fälle von Dextromoramidsucht. Arno Voelkel und Alexander Boroffka. (Therap. d. Gegenwart **99.** 286—88. Juni 1960. Berlin-Nikolassee, Nervenklinik Waldhaus.) (Dt.)

Dextromoramid (als *Jetrium* bzw. *Palfium* im Handel) ist stark suchterregend u. sollte daher den Best. über den Verkehr mit Betäubungsmitteln unterworfen werden.

R. METZE. 4627☐

Wechselwirkung zwischen Succinylcholin und Imbretil. Kenichi Iwatsuki und Mamoru Murakami. (Tohoku J. exp. Med. **72.** 5—9. 25/8. 1960. Sendai, Japan, Tohoku Univ., School of Med., Dep. of Anesthesiol.) (Engl.)

Bei Hunden wurde die Wrkg. von *Succinylcholin* (I) auf den Muskel nach elektr. Reizung durch vorherige Gabe von *Imbretil* (*Hexamethylen-bis-*[*carbaminoylcholinbromid*]; II) potenziert. *Vagostigmin* (*Neostigmin*) wirkte antagonist., *d-Tubocurarin* synergistisch. Eine Veränderung des Wrkg.-Mechanismus von I (Übergang vom Polarisationsblock zum Nichtpolarisationsblock) unter dem Einfl. von II wird angenommen.

K. ZINGRAF. 4628☐

Veränderungen nach Einwirkung von Anticholinesterasen. Blut-Koagulationsuntersuchungen. Kurt von Kaulla und Joseph H. Holmes. (A. M. A. Arch. environmental Health **2.** 168—77. Febr. 1961. Denver, Colo., Univ., School of Med., Dep. of Med., Div. of Labor., Med. and Clin. Pathol.) (Engl.)

An 31 Patienten, die der Einw. von *Sarin* bzw. *Parathion* ausgesetzt waren, wurden Recalcifikationszeit, Koagulogramm, Prothrombinzeit, *Faktor VII* (*Proconvertin*), *Faktor V* (*Proaccelerin*), Thrombinzeit u. der Fibrinolysetest durchgeführt. Alle zeigten eine eindeutige Senkung der Cholinesterase der roten Blutzellen, die meisten eine ausgedehnte Miosis, Rhinorrhoe, Beklemmungen, Husten, Übelkeit, Erbrechen u. Kopfschmerzen. Die Unterss. ergaben, daß bei den meisten Patienten kurz nach der Exposition die Blutgerinnung verändert war. In 10 Fällen wurde eine beschleunigte Blutgerinnung mit Verkürzung der Prothrombinzeit, einem Ansteigen der Thromboplastinaktivität u. einem Ansteigen des Faktors VII beobachtet. Bei 7 Personen wurde eine verlängerte Blutgerinnungszeit mit einer verlängerten Prothrombinzeit u. einem signifikanten Abfall der Aktivität des Faktors VII gesehen. In 35% der Fälle war eine definitive Fibrinolyse nachweisbar, die signifikant vergrößert war gegenüber 4% bei der Kontrollgruppe. H. ZELLER. 4628☐

Untersuchungen über Thiophenderivate. 3. Mitt. **Klinische Anwendung von 3-Piperidino-1.1-bis-[thienyl-(2)]-buten-(1) als ein neues Antitussivum.** Ryuichi Kimura, Masanao Ogawa und Takahiro Yabuuchi. (Chem. pharmac. Bull. [Tokyo] **7.** 175—76. März 1959. Kyoto, Univ., Sci. Res. Inst. for practical life.) (Engl.) — 2. vgl. C. **1961.** 17148.

Vff. bestätigen in ihren Verss. den antitussiven Effekt von *dl-3-Piperidino-1.1-bis-*[*thienyl-*(*2*)]*-buten-*(*1*)*-hydrochlorid* (I), wie er von KASÉ (C. **1959.** 7558) gefunden wurde. Verglichen mit *Morphin* beträgt derselbe das 1½fache, gegenüber *Methadon* (II) das 1,8fache u. das 4fache gegenüber *dl-3-Dimethylamino-1.1-bis-*[*thienyl-*(*2*)]*-buten-*(*1*)*-hydro-*

chlorid. Die DL_{100} von dl-I beträgt $^1/_6$ der vom Morphin u. ist 3mal größer als die von II. Es zeigte sich, daß der pharmakolog. Effekt von d-I größer ist als von dl-I u. der von *l*-I schwächer ist als von dl-I. dl-I zeigte in Tier-Verss. keine emet. Wrkg. oder Anorexie. Die hypnot. u. salivator. Effekte am Hund waren weniger stark ausgeprägt als die bei II. Bei Patienten mit pulmonalen Tuberkulosen u. Bronchitiden führten tägliche Dosen von 2—9 mg zur Abschwächung bzw. Aufhebung des Hustens. Im Vgl. mit *Codein* zeigt sich im klin. Vers. 3 mg d-I äquivalent 20 mg *Codeinphosphat*, während 6 mg dl-I etwas schwächer wirksam waren als die gewählte Dosis d-I. W. GRAF. 4650□

Konservative hormonell-antibiotische Empyembehandlung bei pleuropulmonaler Aktinomykose. Bernhard Knick. (Therap. d. Gegenwart **99.** 279—81. Juni 1960. Mainz, Univ., Med. Klinik.) (Dt.)

Durch Kombination von *Prednisolontrimethylacetat* mit Antibioticis (*Penicillin, Streptomycin, Tetracyclin*) lassen sich auch sept. intrakavitäre Prozesse erfolgreich behandeln, die bisher zu den Gegenindikationen der Corticoidtherapie gehörten. R. METZE. 4661□

Zur Behandlung der Vaginalmykosen. Heinz Spitzbart. (Therap. d. Gegenwart **99.** 293—95. Juni 1960. Leipzig, Univ., Frauenklinik.) (Dt.)

Fungichthol B (Gemisch aus *n-Butyl-p-hydroxybenzoat, Undecylensäure, Caprylsäure* u. *Leukichthol*) hat sich als Antimykoticum bei der Behandlung von Vaginalmykose bewährt u. scheint darüber hinaus auch den rein bakteriellen Fluor beeinflussen zu können. R. METZE. 4661□

Zur Therapie der Chlorgasvergiftung. Bernd Hofmann und Karl Ph. Bopp. (Therap. d. Gegenwart **99.** 285—86. Juni 1960. Mainz, Univ., Medizin. Klinik.) (Dt.)

Die akuten Entzündungserscheinungen bei Chlorgasvergiftung lassen sich durch *Bepanthen* (*Panthenol*), als Aerosol verwendet, rasch beseitigen. R. METZE. 4675□

Stoffwechsel injizierten Prolins in DDT-vergifteten deutschen Küchenschaben. Walter Hoy und H. T. Gordon. (J. econ. Entomol. **54.** 198—99. Febr. 1961. Berkeley, Calif., Burbank Junior High School; Berkeley, Calif., Univ., Dep. of Entomol. and Parasitol.) (Engl.)

Vff. untersuchen den Einfl. von *DDT* auf *Blatella germanica* L. in Verbindung mit dem freien *Prolin* (I) in Blut u. Gewebeflüssigkeiten. Werden 400 µg I u. 20 µg DDT gleichzeitig injiziert, so verschwindet innerhalb 6 Std. in den DDT-behandelten Schaben freies I beträchtlich schneller als in unbehandelten. Ob I ausgeschieden oder umgesetzt wird, kann nicht entschieden werden. P. TEICHGRÄBER. 4675□

Antabusähnliche toxische Wirkungen bei der Herstellung von Unkrautvertilgungsmitteln: Synthese von Tetramethylthiuramdisulfid. M. Finulli und M. Magistretti. (Med. del Lavoro **52.** 132—37. Febr. 1961. Milano, Univ., Clin. del Lavoro „L. Devoto".) (Ital.)

Bei 3 Arbeitern traten bei der Synth. von *Tetramethylthiuramdisulfid* (I) die gleichen tox. Erscheinungen auf, wie sie von *Tetraäthylthiuramdisulfid* (*Antabus*) bekannt sind: Reizerscheinungen an der Haut, den Schleimhäuten u. in den oberen Luftwegen sowie vasomotor. Störungen nach gleichzeitiger Aufnahme von Alkohol. Die Störungen scheinen von einem gemeinsamen Metaboliten, dem Dithiocarbamat, herzurühren, das bei der Synth. von I als Zwischenprod. auftritt. K. ZINGRAF. 4675□

Z. M. Bacq, Pharmacodynamie biochimique. 2e édit. Paris: Masson. 1961. (XVI + 1228 S. m. Abb.) 8°. 140 NF.

Friedrich Doenecke, Hrsg., Therapie der Infektionskrankheiten. Diagnostik und Behandlung von Leberkrankheiten. Medikamentöse und diätetische Therapie des Diabetes mellitus. Vorträge. München: Werk-Verl. 1961. (197 S. m. Abb.) 8°. DM. 15,35.

Peter Gustav Hesse, Hrsg., Beiträge zur modernen Therapie. 3. Vorträge und Diskussionsbemerkungen der 6. Weimarer Therapietagung 1960. Jena: G. Fischer. 1961. (XII + 481 S. m. 227 Abb. u. 29 Tab.) 8°. DM 54,40.

Richard Jeffery Jones and Louis Cohen, Chemistry and therapy of chronic cardiovascular disease. Springfield (Illinois): Thomas; Oxford: Blackwell Scientific. 1961. (XVI + 200 S. m. Tab. u. Diagr.) = American lecture series no. 438. 60 s.

Fernand Mercier et René Cloçne, Manuel de pharmacologie. 8e édit. Paris: Poinat. 1960. (471 S.)

Manfred Meyer, Hrsg., Berliner Symposion über Anaesthesieprobleme des offenen Thorax. Vom 28.—30. Oktober 1959 in der Deutschen Akademie der Wissenschaften zu Berlin. Berlin: Akademie-Verl. 1961. (VIII + 154 S. m. 82 Abb. u. 13 Tab.) 4° = Abhandlungen der Deutschen Akademie der Wissenschaften zu Berlin. Klasse für Medizin. Jahrgang 1961, Nr. 1. DM 18,—.

F. Pharmazeutische Chemie. Desinfektion

Farbstabilität von Tabletten. 1. Mitt. Messung der Veränderungen der individuellen Reflexion der Tabletten. Tibor Urbanyi, Charles J. Swartz und Leon Lachman. (J. Amer. pharmac. Assoc., sci. Edit. **49.** 163—64. März 1960. Summit, N.J., Ciba Pharm. Prod., Inc., Res. Dep.) (Engl.)

Beschreibung einer einfachen Vorr. zur Messung der Reflexion an Tablettenoberflächen. Die Reflexion von gefärbten Tabletten wird bei Tabletten, die mit einem einheitlichen Farbstoff gefärbt wurden, bei der Wellenlänge des Absorptionsmaximums gemessen; bei Tabletten, die mit einer Farbstoffmischung gefärbt wurden, wird die Reflexion bei 436, 546 u. 640 mμ bestimmt. S. ERBE. 4766□

Farbstabilität von Tabletten. 2. Mitt. **Einfluß der Lichtintensität auf das Verbleichen verschiedener wasserlöslicher Farbstoffe.** Leon Lachman, Charles J. Swartz, Tibor Urbanyi und Jack Cooper. (J. Amer. pharmac. Assoc., sci. Edit. **49.** 165—69. März 1960.) (Engl.) — 1. vgl. vorst. Referat.

Die Lichtempfindlichkeit von 10 verschiedenen handelsüblichen wasserlösl. Farbstoffen bei normaler u. stark erhöhter Beleuchtung wurde untersucht. Das Verblassen der Farbstoffe kann auf einer Verflachung des Extinktionsmaximums oder auf einer hypsochromen Verschiebung beruhen. Die Farbstoffpartikel der Tablettenoberfläche verbleichen stärker als die nach dem Kern zu gelegenen Schichten. Das Ausmaß des Verblassens ist bei den einzelnen Farbstoffen verschieden u. scheint einer Rk. 1. Grads zu folgen. Die Abnahme der Farbintensität ist in der Anfangsperiode der Bestrahlung am größten. Das Ausmaß des Verbleichens bei sehr starker Bestrahlung beträgt je nach der Art des geprüften Farbstoffs das 1,5—240fache des Verbleichens unter normaler Belichtung. S. ERBE. 4766□

Untersuchung der chemischen Zusammensetzung der Blütenstände von Grindelia squarrosa Willd. Maria Królikowska. (Dissertat. pharmac. [Warszawa] **12.** 181—99. 1960. Łódź, Akad. Med., Zakł. Chem. organ.) (Pol.)

Im Benzinauszug der Blüten der in Polen akklimatisierten Pflanzen wurde gefunden: Hentriakontan, $C_{31}H_{64}$, F. 66—68°, Cerylalkohol (?), $C_{26}H_{54}O$, F. 75—77°, eine Fraktion fester Säuren (F. 74—76°), darunter Palmitinsäure (F. 60—63°; p-Bromphenacylester, F. 80—81°), eine Fraktion fl. Fett- u. Harzsäuren, Harzsäuremethylester ($C_{31}H_{50}O_5$, F. 231—232°) sowie im Unverseifbaren ein Monoterpenalkohol $C_{10}H_{16}O$ (F. 97—98°) u. Phytosterin ($C_{29}H_{48}O \cdot 0,5\,H_2O$, F. 161—163°; Acetat, F. 175—178°). Im alkohol. Extrakt waren Saponine (0,8%, bezogen auf Blütentrockenmasse), darunter Grindelol (?, $C_{33}H_{56}O_6$, F. 250—252°), Cyclitol [$C_6H_{12}O_6$, F. 265—270° (Zers.); Hexaacetat, F. 178 bis 180°, Hexabenzoat, F. 253—254°], das aber mit keiner der bekannten Inositarten ident. ist. — 37 Literaturangaben. F. URBAN. 4782

Die wasserlöslichen Kohlenhydrate von Papaver somniferum L. Eli Ottestad, Einar Brochmann-Hanssen, Dagrun Öiseth und Arnold Nordal. (J. Pharmacy Pharmacol. **11.** 689—93. Nov. 1959. Oslo Univ., Inst. of Pharm., Dep. of Pharmacogn.) (Engl.)

Aus einem wss. Extrakt von Mohnkapseln jugoslaw. Herkunft wurden folgende Kohlenhydrate isoliert: *Glucose* (I), *Fructose, Saccharose, Sedoheptulose, Mannoheptulose* u. ein *Polysaccharid* (II). **II** wurde sowohl mit Hilfe eines Ionenaustauscherharzes als auch durch Fällung mit A. isoliert. Die nach der ersten Meth. gewonnene Substanz scheint eher das genuine Prod. zu sein, da sie auf Zugabe von H_2SO_4 zur wss. Lsg. ein Gel bildet; enzymat. Hydrolyse mit einer Pektase lieferte *Arabinose* (**III**), das mit A. gefällte Prod. nicht. Bei der Säurehydrolyse lieferten beide Prodd. die gleichen Monosaccharide: **III**, *Xylose, Rhamnose*, **I**, *Galaktose, Uronsäure* u. eine nicht identifizierte Verbindung. H. ALTHOFF. 4782

Die Herstellung der wichtigsten galenischen Präparate nach dem ÖAB 9. Erich Soos. (Österr. Apotheker-Ztg. **15.** 201—06. 15/4. 1961. Wien, Univ.) (Dt.)

Am Beispiel einiger Gruppen von Präpp. wird auf die Unterschiede hingewiesen, die sich bei der Herst. gegenüber den Angaben des DAB. 6 ergeben. Manche Vorschriften stammen auch aus der Pharm. Austr. VIII oder der Pharm. Helv. V. Alkohol. Lsgg. von Arzneistoffen fallen nicht mehr unter den Begriff „Tinkturen", folglich an Stelle von Tinct. Jodi jetzt: Solutio Jodi spirituosa; analog auch statt Spiritus aethereus jetzt: Solutio Aetheris spirituosa oder statt Spiritus camphoratus: jetzt Solutio Camphorae spirituosa usw. Als Antioxydans für Lebertranemulsion wurde 0,01% Gallussäurelaurylester vorgeschrieben. F. O. W. MEYER. 4790□

Die Löslichkeit von Phenobarbiton. 1. Mitt. **Die Löslichkeit von 3 Modifikationen des Phenobarbiton in Wasser bei 20—60° und von 2 Modifikationen in Alkohol-Wasser-Gemischen bei 20°.** Sven O. Eriksson. (Svensk. farmac. Tidskr. **65.** 353—59. 20/5. 1961. Stockholm, Kungl. Inst., Dep. of Chem.) (Engl.)

Wird die in *Phenobarbiton* (I)-Mustern des Handels enthaltene 1. Modifikation (**Ia**) mit W. bei Temp. $<40°$ geschüttelt, wird die 2. Modifikation (**Ib**) erhalten. **Ib** ist weniger lösl. als **Ia** u. enthält pro Mol **I** 1 Mol Wasser. **Ib** wird auch durch Zugabe von HCl zu einer Lsg. von Na-**Ia** bei 20° erhalten. Wird **Ib** auf 100° erhitzt, wird die 3. Modi-

fikation **Ic**, F. 166—167°, erhalten. Die Löslichkeit von **I** in W. wird in angegebener Weise spektrophotometr. bei 255 mμ bestimmt. Folgende Werte (mg/100 ml) wurden ermittelt (die 1. Zahl entspricht **Ia**, die 2. **Ib** u. die 3. **Ic**): 20° 107, 89, 117; 30° 146, 133, 160; 40° 207, 206, 228; 50° 294, 328, 323 u. 60° 425, 510, 469. Über 40° zeigt **Ia** die geringste Löslichkeit. Wird **Ic** mit W. geschüttelt, so wird es bei $<$40° in **Ib**, bei $>$40° in **Ia** umgewandelt. Die Löslichkeit von **Ia** u. **Ib** wurde auch für A.-W.-Gemische bei 20° (bis zu 35,5% A.) ermittelt; die Werte werden in Diagrammen wiedergegeben.
H. P. Fiedler. 4790□

Die Salben- und Suppositorien-Grundstoffe des ÖAB 9. Ludwig Zechner. (Österr. Apotheker-Ztg. **15.** 206—10. 15/4. 220—24. 22/4. 231—34. 29/4. 1961. Graz.) (Dt.)

Besprechung der in 2 große Gruppen geteilten alten u. neuen Salben- u. Suppositoriengrundstoffe des ÖAB 9. I. Grundlagen, welche Fette oder fettähnliche Stoffe oder Gemische von KW-Stoffen sind bzw. die als Emulgatoren für die Herst. von fettartigen Emulsionssalben Verw. finden u. II. Grundlagen ohne fettartige oder fettähnliche Bestandteile. Wo nötig, wurden Unverträglichkeiten mit gebräuchlichen Arzneistoffen erwähnt. Trotz ihrer Bedeutung in Hautschutzsalben sind die Silicongrundlagen nicht ins neue ÖAB aufgenommen worden. F. O. W. Meyer. 4792□

Der Antagonismus der antibakteriellen Wirkung von Quecksilberverbindungen. 1. Mitt. **Die antibakterielle Wirksamkeit von Quecksilberchlorid.** A. M. Cook und K. J. Steel. (J. Pharmacy Pharmacol. **11.** 666—70. Nov. 1959. London, Univ., School of Pharm., Dep. of Pharmaceut.) (Engl.)

Von 9 bei der Unters. der bakteriostat. Wirksamkeit von $HgCl_2$ getesteten Organismen erwies sich *E. coli I* am widerstandsfähigsten. Bebrütung von Peptonwasser oder Lemco-Fleischbrühe mit hohen I-Konzz. ergab ein grauschwarzes Sediment. Anwesenheit von Glucose im Medium erforderte zur Bakteriostase eine größere Menge **I.** Die bakteriostat. Werte im Verdünnungstest auf fl. u. festem Nährboden waren unterschiedlich u. die nach der Fl.-Verdünnungs-Meth. erhaltenen Ergebnisse zeigten Abweichungen bei Änderung der experimentellen Technik. Bei 37° war die bakteriostat. Wirksamkeit größer als bei 20°. Die Ggw. des Kulturmediums hat einen schützenden Einfl. auf die Organismen. **I** verlängert die Verzögerungsphase von *E. coli I*; der Mechanismus wurde nicht untersucht. H. Althoff. 4832

Der Antagonismus der antibakteriellen Wirkung von Quecksilberverbindungen. 2. Mitt. **Faktoren, die die Wirkung von Quecksilberchlorid beeinflussen.** A. M. Cook und K. J. Steel. (J. Pharmacy Pharmacol. **11.** 729—36. Dez. 1959.) (Engl.) — 1. vgl. vorst. Referat.

Ein Anstieg im Pepton-Geh. des Nährmediums bewirkt eine Erhöhung der für die Bakteriostase bei *E. coli* erforderlichen $HgCl_2$-Konz., während diese bei konst. gehaltenem Pepton-Geh. durch steigende Mengen von NaCl im Medium herabgesetzt wird. Die Empfindlichkeit der Organismen ist ferner von ihrem Alter abhängig. Aus Plattenkulturen hergestellte Bakteriensuspensionen sind für die Verss. weniger geeignet als solche von Röhrchenkulturen. Mit steigender Menge von lebenden Zellen der Inocula erhöht sich auch die bakteriostat. Konz. des $HgCl_2$, während diese durch Zusatz von hitzegetöteten Zellen nicht wesentlich beeinflußt wird. — 20 Literaturangaben.
Horst Schäfer. 4832

Vergleich der Wirksamkeit bactericider Verbindungen in Puffer-Lösungen. 1. Mitt. H. Hess und P. Speiser. (J. Pharmacy Pharmacol. **11.** 650—58. Nov. 1959. Basel, Univ., Inst. of Pharm.) (Engl.)

Eine standardisierte Membranfiltertechnik wurde der Auszählung von Bakterien, die zuvor der Einw. von Desinfektionsmitteln ausgesetzt waren, angepaßt u. statist. mit dem Plattenguß-Verf. verglichen. Zur Auszählung der lebensfähigen Organismen wurden die Membranfilter als ebenso geeignet befunden wie Platten. Bei Desinfektions-Verss. ist die Filter-Meth. überlegen, da beliebige Mengen Testmischung filtriert werden können u. die Gefahr der Bakteriostase ausgeschlossen ist. Für Desinfektions-Verss. mit hohem Abtötungsniveau tritt bei wiederholten Tests ein starkes Ansteigen der Schwankungen auf. Zur Bebrütung von Filterscheiben erwiesen sich angereicherte Medien gegenüber normalem Nähragar nicht als besser. Nach 24std. Stehen bei Zimmer-Temp. zeigten die geprüften grampositiven Bakterien in schwachsauren Phosphat-Lsgg. eine bemerkenswerte Abnahme an lebensfähigen Zellen, wogegen in neutraler u. schwachalkal. Lsg. die Zahl konst. blieb. Gramnegative Bakterien wurden durch Phosphatpuffer-Lsgg. nicht sichtlich beeinflußt. — 28 Literaturangaben. H. Althoff. 4832

Vergleich der Wirksamkeit bactericider Verbindungen in Pufferlösungen. 2. Mitt. H. Hess und P. Speiser. (J. Pharmacy Pharmacol. **11.** 694—702. Nov. 1959. Basel, Pharmazeut. Inst.) (Engl.) — 1. vgl. vorst. Referat.

Eine Anzahl von Phenolen, aromat. Alkoholen, organ. Hg-Verbb. u. quart. Ammonium-Verbb. wurden nach der Membranfilter-Meth. geprüft, um ihre antibakterielle Wrkg. bei 4 verschiedenen pH-Werten gegenüber mehreren grampositiven (**I**) u. gramnegativen Bakterien (**II**) zu prüfen. Die Abtötungs-Geschw. der getesteten Verbb. änderte sich mit dem pH. *Phenole* (**III**) im undissoziierten Zustand u. Alkohole waren gegenüber **I** bei schwachalkal. pH am wirksamsten u. weniger wirksam bei pH 5,5—7, wogegen diese Verbb. gegenüber **II** bei pH 7—8,5 weniger wirksam waren. Sowohl gegenüber **I** als auch **II** war *Phenyl-Hg-borat* in alkal. Lsg. u. *Thiomersal* in saurer Lsg. wirksamer. Dieser Unterschied steht im Zusammenhang mit der entgegengesetzten Ladung der akt. Ionen. In sauren Lsgg. von *Domiphenbromid* u. *Cetylpyridiniumchlorid* wurde eine Abnahme der baktericiden Aktivität bemerkt, obwohl letztere weniger durch das pH beeinflußt wurden. Für die bactericide Wrkg. von **III** u. *Alkoholen* wird die Bedeutung des Verteilungsverhältnisses zwischen wss. u. lipoider Phase betont u. eine neue Meth. zur Prüfung dieser Verbb. vorgeschlagen. *4-Chlor-β-phenyläthylalkohol* ergab als neue bactericide Verb. vielversprechende Ergebnisse. *Pseudomonas pyocyanea* wurde von den getesteten Verbb. schneller abgetötet als *E. coli*. — 25 Literaturangaben.

H. ALTHOFF. 4832

Der Kupfergehalt der Galenica. 6. Mitt. **Die Abgabe von Kupfer aus Injektionsspritzen und Ampullenfüllapparaten.** Svend Aage Schou. (Dansk Tidsskr. Farmaci **33.** 173—81. Okt. 1959. København, Rigshospitalets apotek.) (Dän.) — 5. vgl. C. **1958.** 10146; vgl. auch C. **1956.** 8702.

Die Abgabe von Cu durch klin. Geräte kann zur Schädigung von Injektions-Fll. führen, die gegen Cu (als Katalysator) empfindliche Stoffe enthalten. Geräte, die $>$0,02 μg Cu/ml abgeben, sind unbrauchbar. Ein Test für Injektionsspritzen wird angegeben: 100 ml einer 5 g Nicotinsäure u. 35 ml n-NaOH enthaltenden Lsg. werden in 2 Teile zerlegt; im einen Teil wird Cu^{2+} nach der Dithiocarbamat-Meth. bestimmt, der andere wird aus einer Schale 4 mal mit einer Spritze aufgenommen u. je 10 Min. darin belassen, dann ebenfalls auf Cu^{2+} untersucht u. die Blindprobe abgezogen. Auch bei Ampullenfüllgeräten ist die Höchstgrenze des Cu-Geh. der Lsg. 0,02 μg/ml.

R. K. MÜLLER. 4880□

Fettsäureanalyse von Suppositorienmassen und Emulgatoren durch Anwendung der Papierchromatographie von Acylhydroxamsäuren. Heinz Sucker. (Dtsch. Apotheker-Ztg. **101.** 441—43. 20/4. 1961. Erlangen, Univ., Inst. für angew. Chem.) (Dt.)

Suppositorienmassen (SM) lassen sich durch Papierchromatographie der in ihr enthaltenen Fettsäuren nach der Acylhydroxamsäure-Meth. charakterisieren. Die Abtrennung der SM von den übrigen Wirkstoffen erfolgt durch Lösen in Bzn. u. Eindampfen der Lösung. Ein Teil des Rückstands wird mit Hydroxylaminhydrochlorid in methanol. KOH gekocht u. mit Eisessig–Tetrahydrofuran (1 : 4) neutralisiert. Dieses Gemisch wird auf acetyliertem Papier aufsteigend mit Äthylacetat–Tetrahydrofuran–W. (1 : 8 : 8) 2—4 Std. chromatographiert u. das Chromatogramm mit 2% $FeCl_3$ in A.–Butanol (2 : 8) besprüht. Die charakterist. Chromatogramme folgender SM u. Emulgatoren sind abgebildet: Oleum Cacao, Adeps solidus, Butyrum Tego, Anusol, Treupel, Tween 20, 40, 60 u. 80 sowie Cremophor AP u. EL. In Stuhlproben gelingt es nicht, die Anwendung von Suppositorien zu beweisen, da die Fäces alle Fettsäuren enthalten, die z. B. für Adeps solidus charakterist. sind, wie an einigen Proben mit der beschriebenen Meth. gezeigt wurde.

WINFRIED KRÜGER. 4880□

Bestimmung von Hexachlorophen in einem Zahnpflegemittel in Gegenwart von Methylsalicylat. Helene Iwasenko Achmeteli. (J. Assoc. off. agric. Chemists **43.** 278—80. Mai 1960. Hillside, N.J., Bristol-Myers Co., Res. and Dev. Labor.) (Engl.)

Hexachlorophen bildet mit *Methylenblau* (**I**) einen in Chlf. lösl. Komplex, dessen blaue Farbe dem LAMBERT-BEERschen Gesetz gehorcht, dessen Farbe jedoch nach 15 Min. zu verblassen beginnt (Messung bei 650 mμ). Diese Best. wird durch die Anwesenheit von *Methylsalicylat* nicht gestört. Ein Zusatz von *4-Aminoantipyrin* erleichtert den Übergang des blauen Komplexes aus der wss. Phase in das Chlf. beim Ausschütteln. Störende Detergentien werden durch Ausschütteln der Chlf.-Schicht mit W. entfernt. Da **I** spurenweise in Chlf. lösl. ist, muß gegen eine gleichartig behandelte Blind-Lsg. gemessen werden.

WINFRIED KRÜGER. 4880□

Papierchromatographie einiger erlaubter Farbstoffe. F. J. Bandelin und J. V. Tuschhoff. (J. Amer. pharmac. Assoc., sci. Edit. **49.** 302—04. Mai 1960. Decatur, Ill., Flint, Eaton u. Co., Res. Labor.) (Engl.)

Vff. trennen 20, in den USA für pharmazeut. Erzeugnisse zugelassene, wasserlösl. Farbstoffe an WHATMAN No. 1-Papier mit 28%ig. NH_4OH–Isobutanol–W. (2:2:96).

Die Farbstoffe werden an Hand ihrer R_F-Werte oder der Farbänderungen identifiziert, die beim Bedampfen des Chromatogramms mit HCl oder NH_3 auftreten können. Eine quant. Best. ist spektrophotometr. nach Elution der ausgeschnittenen Farbflecken mit 50%ig. A., 0,5% Na-Acetat enthaltend, möglich. Anwendungsbereich 5—50 µg Farbstoff. Die Aufarbeitung zuckerhaltiger Tabletten, Lsgg. usw. wird angegeben.

WINFRIED KRÜGER. 4880□

Die Reaktion von Basen mit Chloroform. D. I. Coomber und B. A. Rose. (J. Pharmacy Pharmacol. **11.** 703—04. Nov. 1959. London, Dep. Sci. and Ind. Res. Labor. Governm. Chemist.) (Engl.)

Nachdem von CAWS u. FOSTER (vgl. C. **1958.** 9572) festgestellt wurde, daß die Rk. zwischen einigen Alkaloiden u. *Chlf.* (**I**) auf geringe Verunreinigungen von **I** B. P. mit *Methylenchlorid* (**II**) u. *Bromchlormethan* (**III**) zurückzuführen ist, wird **I** verschiedener Herst. untersucht. **I** aus den Herst.-Jahren 1936 u. 1941 zeigte nach 9std. Erhitzen mit *Strychnin* (**IV**) unter Rückfluß keine Rk.; gaschromatograph. konnten **II** u. **III** nicht nachgewiesen werden, während **I** B. P. jüngster Herst. diese Verunreinigungen enthielt. Durch Einw. von Chlorkalk (**V**) auf Aceton (**VI**) frisch hergestelltes **I** war ebenfalls ohne Einfl. auf **IV**. Es wird angenommen, daß durch Chlorierung von CH_4 oder durch Red. von CCl_4 gewonnenes Chlf. **II** u. bei Anwesenheit von Bromid **III** enthält. Aus **V** u. **VI** hergestelltes **I** wird für die Analyse organ. Basen empfohlen. H. ALTHOFF. 4880

Eine quantitative Bestimmungsmethode für das Alkaloid aus Acacia berlandieri. Bennie J. Camp und Joan A. Moore. (J. Amer. pharmac. Assoc., sci. Edit. **49.** 158—60. März 1960. Texas Agricult Exp. Stat., Dep. of Biochem. and Nutrition.) (Engl.)

Standard-Lsgg. von synthetisiertem *N-Methyl-β-phenyläthylamin* (**I**) u. Auszüge aus den getrockneten Blättern von *Acacia berlandieri* mit einem Geh. von 10—100 µg **I** werden mit alkohol. 1-Fluor-2.4-dinitrobenzol (**II**) u. wss. $NaHCO_3$ 20 Min. auf 60° erwärmt. Der **II**-Überschuß wird dann durch 1std. Erhitzen im Wasserbad mit NaOH zerstört. Nach Extraktion mit Cyclohexan wird die Absorption der Cyclohexanphase bei 350 mµ gemessen. Der Geh. der getrockneten Blätter beträgt in den Monaten Mai bis Oktober 0,66%, 0,46%, 0,42%, 0,46%, 0,28% bzw. 0,46% **I**. Einzelheiten der Synthese u. der Analysen-Meth. im Original. S. ERBE. 4880□

Papierelektrophoretische Bestimmung von Morphin, Papaverin und Atropin in Gegenwart von Amidopyrin, Phenazon und Barbituraten. Anna Liukkonen. (Arch. Pharmac. og Chem. **68** (**118**). 493—98. 20/5. 1961. Helsinki, Apteekkitavaraintarkastuslaboratorio Oy.) (Engl.)

Vf. bestimmt *Morphin*, *Papaverin* u. *Atropin* durch Papierelektrophorese (WHATMAN No 1-Papier, 220 V, 10—18 Std. Laufzeit, 10%ig. Ameisensäure als Elektrolyt, Entw. mit modifiziertem DRAGENDORFF-Reagens u. densitometr. Auswertung) neben *Amidopyrin* (**I**), *Phenazon* (**II**) u. *Barbituraten* (**III**). **I** u. **II** werden mit 0,1 n $HClO_4$ in Eisessig potentiometr. oder mit visueller Endpunktserkennung titriert, **III** werden in Dimethylformamid mit Na-Methylat bestimmt. Alle genannten Wirkstoffe werden zu 97—100% wiedergefunden. — 20 Literaturangaben. WINFRIED KRÜGER. 4880□

Die Anwendung von mit Formaldehyd behandelter Alginsäure zur chromatographischen Bestimmung organischer Basen. J. S. Foster und J. W. Murfin. (Analyst **86.** 32—36. Jan. 1961. Airdrie, Scotland, Boots Pure Drug Co., Standards Dep.) (Engl.)

Alginsäure kann durch Anpasten mit 40%ig. Formaldehyd-Lsg., 8std Erwärmen auf 80°, Trocknen bei 100°, Zerstoßen der entstandenen Masse, Sieben, Einführen in eine Säule, Waschen mit n-H_2SO_4, bis das Eluat keine Extinktion zwischen 220 u. 350 mµ mehr hat, u. Neutralwaschen mit W. in ein Kationenaustauschermaterial verwandelt werden. Die Säule ist geeignet, organ. Basen aus Lsgg. zu adsorbieren. Begleitstoffe können mit A., Chlf., W. u. dgl. entfernt werden, die Base wird zuletzt mit n-H_2SO_4 eluiert u. UV-spektrometr. bestimmt. Die Best. von *Codeinphosphat* u. *Strychnin* in Tabletten bzw. Tinkturen u. Extrakten nach dieser Meth. wird beschrieben. Die Adsorption u. Ausbeute von 14 Alkaloiden an der Austauschersäule wurde überprüft; es zeigte sich, daß in allen Fällen eine quant. Best. möglich ist. E. DEHMLOW. 4880□

Triterpenverbindungen im Pflanzenmaterial. 3. Mitt. **Papierchromatographie von Triterpenalkoholen.** Bożena Pasich. (Dissertat. pharmac. [Warszawa] **12.** 201—10. 1960. Poznań, Akad. Med., Dep. of Pharmacogn.) (Engl.) — 2. vgl. C. **1960.** 2618.)

Auf WHATMAN Nr. 1-Papier wurden reine Triterpenalkohole *Äscigenin* (R_F 0,03), *Primulagenin* (0,04), *Betulin* (0,28), *Lupeol* (0,31), *Arnidiol* (0,53) u. *α-Lactucerol* (0,76) als chromatograph. Standardsubstanzen untersucht. Als Lsgm. dient Bzl. (auch Toluol, Xylol, Cyclohexan). Zur Identifizierung ist die Rk. mit Chlorsulfonsäure geeignet. Empfindliche Reagentien für Triterpenalkohole sind außerdem Silicowolframsäure u. $SbCl_5$. — 19 Literaturangaben. F. URBAN. 4880

Zur Dünnschichtchromatographie auf dem Vitamingebiet. 2. Mitt. **Nicotinsäure und Nicotinsäureamid.** E. Nürnberg. (Dtsch. Apotheker-Ztg. **101.** 142—43. 9/2. 1961. Darmstadt, E. Merck AG, Pharm. Entw.-Labor.) (Dt.) — 1. vgl. C. **1961.** 226.

Nicotinsäure (I) u. *Nicotinsäureamid* (II) können durch Dünnschichtchromatographie auf normalen Kieselgel-G-Platten ohne Vorbehandlung des Unters.-Materials u. auch in Ggw. anderer Vitamine, z. B. in einem Multivitamin-Präp., nachgewiesen werden: Eine 5—10 μg **I** bzw. **II** entsprechende Menge Unters.-Material wird auf die an der Luft getrocknete Platte gegeben u. in einem Gemisch aus n-Propanol–10%ig. NH_3-Lsg. (95:5) entwickelt; Laufzeit ca. 1 Std., Laufstrecke 8 cm. Die Platte wird an der Luft getrocknet, die Flecken werden mit einer 5%ig. Lsg. von p-Aminobenzoesäure in CH_3OH besprüht u. ClCN-Dämpfen ausgesetzt, zu welchem Zweck die Kammer mit einem frisch bereiteten Gemisch von 20 ml einer wss. 28%ig. NH_2Cl-Suspension, 20 ml n HCl u. 10 ml einer 10%ig. KCN-Lsg. beschickt wird. Nach 6 Min. Maximum der Farb-Entw. **I**: rot; R_F 0,35, Nachw.-Grenze 0,1 μg; **II**: orangerot, R_F 0,6—0,7, Nachw.-Grenze 5—10 μg.

H. P. FIEDLER. 4880□

Zur Dünnschichtchromatographie auf dem Vitamingebiet. 3. Mitt. E. Nürnberg. (Dtsch. Apotheker-Ztg. **101.** 268—69. 9/3. 1961.) — 2. vgl. vorst. Referat.

Der Vitamin-B_6-Komplex, bestehend aus *Pyridoxol* (I), *Pyridoxal* (II) u. *Pyridoxamin* (III) kann auf Kieselgel-G-Platten chromatograph. getrennt werden. **II** wird zuvor in **II**-*Methylacetal* (**IV**) übergeführt: 20 mg **II**-HCl werden mit 20 ml CH_3OH 1 Std. unter Lichtschutz am Rückfluß erhitzt; nach dem Abkühlen wird die Lsg. im Meßkolben auf 100 ml aufgefüllt. **I** u. **III**, jeweils 20 mg, werden in 100 ml CH_3OH gelöst. Je 0,01 ml der vorst. Lsgg. werden auf die lufttrockenen Kieselgelplatten aufgetragen; 1. Steig-Fl. Aceton, Laufstrecke 14 cm. Aceton wird durch leichtes Erwärmen abgedunstet. 2. Steig-Fl. in gleicher Dimension Aceton–Dioxan–25%ig. NH_3-Lsg. (4,5:4,5:1), Laufstrecke 14 cm. Die Gesamtlaufzeit beträgt 1½—2 Stunden. Die Wanne ist mit Filtrierpapier auszukleiden u. die Kammer vor Licht zu schützen. Nach dem Trocknen kann man **II** an seiner gelbgrünen Fluorescenz erkennen. Anschließend wird mit 0,4%ig. Lsg. von 2.6-Dibromchinonchlorimid (**V**) in CH_3OH besprüht, wobei bläuliche Flecken auftreten. R_F-Richtwerte: **I** ca. 0,3, **IV** ca. 0,45 u. **III** ca. 0,6. Zur Best. von **II** in Multivitamin-Präpp. wird eine 10 mg **II**-HCl entsprechende Menge 1 Std. mit abs. CH_3OH am Rückfluß erhitzt, CH_3OH im Vakuum abdestilliert u. der Rückstand in 50 ml W. gelöst. 5 ml dieser Lsg. werden mit 5 ml Puffer-Lsg. pH 1 u. 10 ml einer wss. 2%ig. Na-Tetraphenyloborat-Lsg. versetzt, über Nacht stehengelassen, nach Absaugen der Kristalle in 50 ml Aceton aufgenommen u. 0,01 ml der Lsg. auf die Kieselgelplatte gegen **IV**-Standardsubstanz aufgetragen; Steig-Fl. Chlf. + 1% A., Anfärbung mit **V**; R_F-Wert ca. 0,4—0,5.

H. P. FIEDLER. 4880□

Beitrag zur Analyse von Gemischen aus Vitamin B_{12} und B_1. J. Oslet-Conter. (Arch. Pharmac. og Chem. **68 (118).** 529—56. 3/6. 1961. Bruxelles, Serv. de Contrôle des Médicaments, Ass. Pharm. Belge; Liège, Univ., Labor. Chim. Pharmazeut. et Pharm. Prat. et Pharmacogn.) (Franz.)

Nach einer Literaturübersicht über die Analysen von *Vitamin B_{12}* (I) u. *B_1* (**II**) in Mischung, bes. im Hinblick auf die Beständigkeit von **I**, beschreibt Vf. eigene Verss., indem über 2 Säulen mit Amberlite IR-120 u. IRA-400 getrennt sowie papierchromatographiert wird. Es wird mit anderen Meth. verglichen. Die Stabilität von **I** ist abhängig von der Menge an **II** im Gemisch. — 32 Literaturangaben. W. HOLLAND. 4880□

Wolfgang Voigtländer, Radebeul, **Verätherung von Salicylsäureestern und -amiden,** dad. gek., daß man sie in Bzl., Toluol oder Xylol in Ggw. von K_2CO_3 oder Na_2CO_3 mit Alkenyl-, Aralkyl- bzw. Dialkylaminoalkylhalogeniden umsetzt. — *Salicylsäurephenylesterallyläther*, $Kp._{7-9}$ 180—190°, *-phenylesterdiäthylaminoäthyläther*, $Kp._8$ 240—250°, *-amidallyläther*, F. 93—94°, *-amid-β-phenyläthyläther*, F. 119—120°, *-isopropylamidcrotyläther*, $Kp._1$ 171—179°, *-dimethylaminoäthylmethylamiddiäthylaminoäthyläther*, $Kp._{7-9}$ 222—237°, *-piperidinoäthylamid*, $Kp._{1-2}$ 208—214°, u. *-piperidinoäthyl-n-propylamid*, $Kp._9$ 227—234°, aus Salicylsäurephenylester, -amid, -isopropylamid bzw. -phenylesterdiäthylaminoäthyläther u. Allylbromid, Diäthylaminoäthylchlorid, β-Phenyläthylbromid, Crotylbromid, Dimethylaminoäthylmethylamin, Piperidinoäthylamin bzw. Piperidinoäthyl-n-propylamin. — *Therapeutica.* (**D. P. [DDR] 20 778** Kl. 12q vom 21/7. 1957, ausg. 6/2. 1961 [Wirtschaftspatent]). S. BÖTTCHER. 4807

Ernst Carstens, Radebeul, und Hans-Joachim Heidrich, Dresden, **Herstellung von Sulfonylaminocarbonsäurederivaten,** dad. gek., daß die Säurehalogenide mit Aminen oder Alkoholen, Sulfochloride mit Aminocarbonsäureamiden oder -estern, Halogencarbonsäureamide oder -ester mit Sulfonamiden oder Acrylsäureester mit

Sulfonamiden umgesetzt werden. — *4-Methylbenzolsulfonylaminoessigsäure-n-butylamid*, F. 94—96°, u. *-n-butylester*, F. 50—52°, aus 4-Methylbenzolsulfonylaminoessigsäure über das Chlorid u. Rk. mit n-Butylamin bzw. n-Butanol. — *Therapeutica*. (**D. P.** [**DDR**] **20 745** Kl. 12o vom 19/10. 1958, ausg. 3/2. 1961 [Wirtschaftspatent].) S. BÖTTCHER. 4807

Helmut Röhnert, Ernst Carstens, Radebeul, und Hermann Barth, Dresden, **Herstellung von N-Alkyl- oder -Aralkyl-N'-[bromdialkylacetyl]-harnstoffen,** dad. gek., daß man das entsprechende Acylhalogenid bei 70—100° unter Rühren langsam mit Alkyl- oder Aralkylharnstoff versetzt u. das Rk.-Gemisch in wss. $NaHCO_3$-Lsg. eingießt. — *N-Methyl-N'-[bromdiäthylacetyl]-harnstoff*, F. 93—95°, *N-Methyl-*, F. 82—83°, u. *N-Benzyl-N'-[brommethylpropylacetyl]-harnstoff*, F. 69—71°, *N-Benzyl-N'-[bromdiäthylacetyl]-*, F. 68—69°, u. *-N'-[bromdipropylacetyl]-harnstoff*, F. 61—62°, aus Bromdiäthylacetylbromid bzw. -chlorid, Brommethylpropylacetylbromid, Bromdipropylacetylbromid u. Methyl- bzw. Benzylharnstoff. — *Sedativa*. (**D. P.** [**DDR**] **20 940** Kl. 12o vom 1/8. 1958, ausg. 15/2. 1961 [Wirtschaftspatent].) S. BÖTTCHER. 4807

Ernst Carstens, Radebeul, und Hans-Joachim Heidrich, Dresden, **Herstellung von Sulfonylharnstoffen,** dad. gek., daß man Verbb. der Formel I, worin

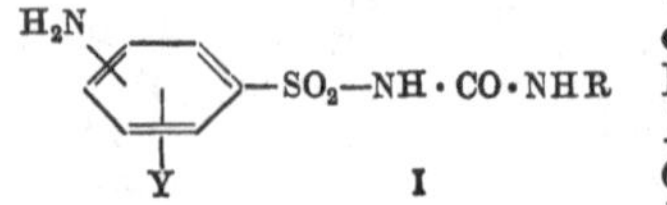

I

Y = H, Alkyl-, Alkoxyrest oder Halogen u. R = H oder aliphat. Rest mit 2—8 C-Atomen, der SANDMEYER-Rk. unterwirft. — *N-[4-Chlor-*, F. 174—175°, u. *-[4-Brombenzolsulfonyl]-harnstoff*, F. 176—177,5°, *N-[4-Chlor-*, F. 115,5—116,5°, *N-[3-Chlor-*, F. 112—114°, *N-[4-Methoxy-*, F. 152—153°, *N-[3.4-Dichlor-*, F. 139 bis 141°, u. *N-[4-Brombenzolsulfonyl]-N'-[n-butyl]-harnstoff*, F. 125—127°, aus N-[4-Aminobenzolsulfonyl]-harnstoff, N-[4- bzw. 3-Aminobenzolsulfonyl]-, N-[4-Methoxy- bzw. -Chlor-3-aminobenzolsulfonyl]-N'-[n-butyl]-harnstoff. — Die Rk. kann ohne Cu(I)-Salze durchgeführt werden. — *Blutzuckersenkende Mittel*. (**D. P.** [**DDR**] **20 910** Kl. 12o vom 21/9. 1957, ausg. 15/2. 1961 [Wirtschaftspatent].) S. BÖTTCHER. 4807

Sumitomo Kagaku Kogyo Kabushiki Kaisha, Osaka (Erfinder: Katsuyuki Tsuchiki, Hideo Wada und Yoshio Suzuki), Japan, **Herstellung von 2-Cyancyclopentanonderivaten** (I; Y = COOH, auch verestert) durch Rk. von entsprechenden 2-Halogencyclopentanon-Derivv. mit

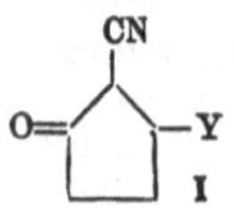

I

Alkalicyanid oder HCN. — 23,5 g 2-Bromcyclopentanon-3-carbonsäureäthylester, 6 g NaCN u. 100 g CH_3OH hält man 3 Std. auf dem Wasserbad, läßt über Nacht stehen, filtriert u. dest. CH_3OH ab: *2-Cyancyclopentanon-3-carbonsäureäthylester*, Öl, $Kp._{30}$ 110—113°. — *Heilmittel*. (**Jap. A. S. 9484/1959** vom 21/11. 1956, ausg. 23/10.1959.) M. PANKOW. 4807

American Home Products Corp., New York, N.Y., V.St.A., übert. von: Stanley O. Winthrop, Montreal, Quebec, Canada, **Pseudothioharnstoffe und deren Salze mit Säuren,** die als nichttox. Antispasmodica von musculotropem Charakter *pharmakolog. Bedeutung* haben u. der allg. Formel I entsprechen (R = niedermol. Alkyl; n = 2 oder 3),

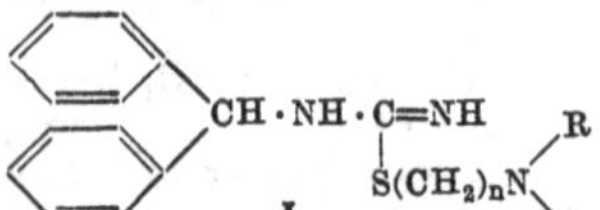

I

erhält man durch Rk. von N-Benzhydrylthioharnstoff (II) mit einem Dialkylaminoalkylhalogenidhydrohalogenid in einem geeigneten Lsgm. u. ggf. Überführung der entstandenen Pseudothiuroniumsalze in die freien Basen durch Behandeln mit wss. Na_2CO_3-Lösung. — Erhitzt man z. B. eine Lsg. von 8 g **II** u. 6,6 g Diisopropylaminoäthylchloridhydrochlorid in 150 ml Isopropanol (**III**) 2 Tage unter Rückfluß, dampft **III** im Vakuum ab u. krist. den öligen Rückstand aus einem **III**/Ae.-Gemisch um, so erhält man 10,9 g weißes *N-Benzhydryl-S-[β-diisopropylaminoäthyl]-pseudothiuroniumchloridhydrochlorid* (**IV**), F. 205—208°. Analog entstehen: *N-Benzhydryl-S-[β-diäthylaminoäthyl]-pseudothiuroniumchloridhydrochlorid*, F. 176—178,5°, aus **II** u. Diäthylaminoäthylchloridhydrochlorid; *N-Benzhydryl-S-[β-dimethylaminoäthyl]-pseudothiuroniumjodidhydrojodid*, F. 189—191°, aus **II** u. Dimethylaminoäthyljodidhydrojodid. — Durch Behandeln von **IV** mit Na_2CO_3 in wss. Methanol erhält man die entsprechende freie Base als schwere, viscose Flüssigkeit. (**A. P. 2 894 030** vom 11/3. 1958, ausg. 7/7. 1959.) A. MOHR. 4807

Toyama Kagaku-Kogyo Kabushiki Kaisha (Erfinder: Hidetaka Uota und Ichiro Makita), Toyama, Japan, **Herstellung von Methenamin-5-nitrofurylacrylat** durch Rk. von 5-Nitrofurylacrylsäure (I) u. Methenamin (Hexamethylentetramin; **II**) in inakt. Lösungsmitteln. — 5,5 g **I**, 4,3 g **II** u. 80 cm³ CH_3OH werden unter Rückfluß erhitzt. Man erhält nach CH_3OH-Entfernung gelbe tafelförmige Kristalle, $C_{13}H_{17}N_5O_5$, F. 173—174° (Zers.). — Medikament zur *Behandlung bakterieller Infektionen der Harnwege*. (**Jap. A. S. 8348/1959** vom 20/10. 1956, ausg. 17/9. 1959.) M. PANKOW. 4807

Chemie Grünenthal G. m. b. H., Stolberg/Rhld. (Erfinder: Siegfried Herrling, Stolberg/Rhld., Herbert Keller, Kiel, und Heinrich Mückter, Aachen), **Herstellung von Benzimidazolderivaten** der allg. Formel **I**, worin X = Alkylrest mit 1—4 C-Atomen, Y = Halogen u. $R_1 - R_4$ = H, Halogen, Alkyl-, NO_2- oder Aminogruppen, dad. gek., daß man ein entsprechend substituiertes o-Phenylendiamin mit R — X (R = zum Ringschluß geeignete Gruppe) oder ein in 1-Stellung unsubstituiertes Benzimidazol mit einem Halogenbenzylhalogenid umsetzt, eine entsprechende Schiffsche Base oxydiert oder ein N-[p-Halogenbenzyl]-o-nitranilin acyliert u. cyclisiert. — *1-[p-Chlorbenzyl]-2-methyl-*(**II**), $Kp._{12}$ 240—242°, (*Hydrat*, F. 67—68°), *-2-äthyl-*, F. 116—118°, *-2-propyl-*(**III**), F. 115—116°, u. *-2-isobutylbenzimidazol* (*Hydrochlorid*, F. 240° [Zers.]); aus dem entsprechenden 2-Alkylbenzimidazol u. p-Chlorbenzylbromid; **II** auch aus p-Chlorbenzyl-o-phenylendiamin (**IV**) u. Eisessig bzw. N-Acetyl-N-[p-chlorbenzyl]-o-nitranilin. — *1-[p-Chlorbenzyl]-2-[hydroxymethyl]-benzimidazol*, F. 165°, aus **IV** u. Glykolsäure. — **III** auch aus **IV**-Hydrochlorid u. Butyraldehyd. — **II**-Salze: *Hydrochlorid*, F. 227—228°. *Hydrobromid*, F. 227—228°. *Nitrat*, F. 178—179° (Zers.). *Perchlorat*, F. 219—221°. *p-Sulfosalicylat*, F. 224—227°. *p-Toluolsulfonat*, F. 212—214°. *Sulfat*, F. 86°. *Phosphat*, F. 166°. *Lactat*, *Glykolat* u. *Undecylenat*. — *Spasmolytica*. (**D. P. [DDR] 17 284** Kl. 12p vom 14/5. 1957, ausg. 21/7. 1959 [Ausschließungspatent].) S. Böttcher. 4807

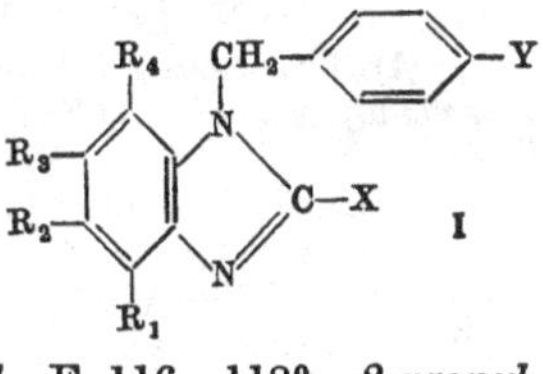

I

Riedel-de Haën Akt.-Ges., Deutschland, **Herstellung von 5-Phenyl-5-[tert.-butyl]-hydantoin**, F. 271—273°, dad. gek., daß man Pivalophenon mit KCN, $[NH_4]_2CO_3$ u. A. bei 40 at 20 Std. auf 100° erwärmt. — *Heilmittel*. (**F. P. 1 206 691** vom 23/4. 1958, ausg. 11/2. 1960.) S. Böttcher. 4807

Upjohn Co., Kalamazoo, Mich., übert. von: Jerome Korman, Portage Township, Kalamazoo County, Mich., V.St.A., **6-Carboxamidobenzthiazol-2-sulfonamide** werden erhalten durch oxydative Kondens. eines 6-Carboxamidobenzthiazol-2-thiols mit NH_3 oder einem Amin (z. B. Dialkylamin, Cycloalkylamin, N-Alkyl-N-cycloalkylamin, aromat. oder heterocycl. Amin) u. Oxydation des so erhaltenen entsprechenden Sulfenamids mit bekannten Oxydationsmitteln. — 6-Acetamidobenzthiazol-2-thiol + NaOCl + NH_3 → 6-Acetamidobenzthiazol-2-sulfenamid (**I**), aus Äthylendichlorid, F. 239—241°. **I** + $KMnO_4$ in Aceton → *6-Acetamidobenzthiazol-2-sulfonamid*, aus heißem W., F. 233—235°. — *Diuretica*. (**A. P. 2 957 002** vom 30/4. 1958, ausg. 18/10. 1960.) H. Bräucker. 4807

Edgar Jassmann und Hermann Pfanz, Magdeburg, **Herstellung basisch substituierter Propanolderivate**, dad. gek., daß man Cycloalkyl-β-halogenäthylketone mit Aminen oder Cycloalkylmethylketon mit HCHO u. Aminen zu Cycloalkyl-β-aminoäthylketonen u. diese mit Alkyl-, Cycloalkyl- oder Aryl-Mg-Halogeniden umsetzt. — *1-Piperidino-3-cyclohexylheptanol*, $Kp._{2-3}$ 138—145° (*Hydrochlorid*, F. 213°), aus β-Chloräthylcyclohexylketon u. Piperidin über β-Piperidinoäthylcyclohexylketon, $Kp._4$ 132—133°, das man mit Butyl-Mg-Bromid umsetzt. — *1-Piperidino-3-cyclohexylisooctanol*, $Kp._4$ 150—160° (*Hydrochlorid*, F. 218—220°), aus Cyclohexylmethylketon, HCHO, Piperidinhydrochlorid u. Isoamyl-Mg-Bromid. — *1-Phenyl-1-cyclohexyl-3-piperidino-*, $Kp._7$ 190° (*Hydrochlorid*, F. 245—247°), *-3-diäthylamino-*, $Kp._{3,5}$ 165—170° (*Hydrochlorid*, F. 182—184°), *-3-pyrrolidino-*, $Kp._4$ 178° (*Hydrochlorid*, F. 225—226°), u. *-3-dimethylaminopropanol-(1)*, $Kp._3$ 165—170° (*Hydrochlorid*, F. 210—212°), über β-Diäthylaminoäthyl-, $Kp._{0,6}$ 80°, n_D^{20} 1,4728, β-Pyrrolidinoäthyl-, $Kp._{5-6}$ 122—124°, n_D^{20} 1,4847, bzw. β-Dimethylaminoäthylcyclohexylketon, $Kp._7$ 105—106°, n_D^{20} 1,4681, durch deren Rk. mit Phenyl-MgBr. — *1-Phenyl-1-cyclopentyl-3-piperidinopropanol-(1)*, $Kp._7$ 193° (*Hydrochlorid*, F. 224—226°), aus β-Chloräthyl- über β-Piperidinoäthylcyclopentylketon, $Kp._6$ 120—125°. — *Spasmolytica*. (**D. P. [DDR] 16 981** Kl. 12q vom 14/2. 1957, ausg. 28/5. 1959 [Wirtschaftspatent].) S. Böttcher. 4807

Wolfgang Voigtländer, Radebeul, und Helmut Wunderlich, Dresden, **Herstellung von quaternären Salzen der Acrylsäureäthanolaminester**, dad. gek., daß man β-Halogenpropionsäurehalogenide in Ggw. von p-Phenylendiamin mit bas. Alkoholen umsetzt, die Acrylsäureester extrahiert u. quaterniert. — *Acrylsäure* (**I**)*-Dimethylaminoäthylester*, $Kp._{22}$ 68—73°, **I**-*Cholinesterjodid*, F. 133—135°, **I**-*Piperidinoäthylester*, $Kp._4$ 81—86° (*Jodmethylat*, F. 124—126°), **I**-*Diäthylaminoäthylester*, $Kp._3$ 61—63°, aus β-Brom- bzw. β-Chlorpropionylchlorid u. Dimethyl-, Diäthylaminoäthanol bzw. Piperidinoäthanol. — *Therapeutica*. (**D. P. [DDR] 17 297** Kl. 12o vom 28/6. 1957, ausg. 13/7. 1959 [Wirtschaftspatent].) S. Böttcher. 4807

Helmut Wunderlich, Dresden, und Gottfried Faust, Radebeul, **Herstellung von basischen Dithiocarbaminsäureestern**, dad. gek., daß man Alkalisalze von

Dithiocarbaminsäuren mit Derivv. bas. Alkohole umsetzt u. die freien bas. Ester mit Säuren in ihre tert. oder mit Alkylhalogeniden in ihre quatern. Salze überführt. — *Diäthyldithiocarbaminsäure-β-piperidinoäthylester*, Kp.$_2$ 163—165°, aus Diäthyldithiocarbaminsäure-Na-Salz u. Piperidinoäthylchlorid. — *N.N-Pentamethylendithiocarbaminsäure* (I)-*β-piperidinoäthylester*, F. 60—62°, aus I-Na-Salz. — I-*β-Diäthylaminoäthylestermethojodid*, F. 137° (A.), F. 81° (W.). *Äthojodid*, F. 157° (A.), F. 115—116° (W.). *Hydrochlorid*, F. 130—131°. *Oxalat*, F. 129° (A.), F. 130—131° (W.). *Succinat*, F. 45—47° (A.). *Citrat*, F. 61—66° (A.), F. 65—66° (W.). — *Dimethyldithiocarbaminsäure-β-piperidinoäthylester*, Kp.$_2$ 158—160°. *Hydrochlorid*, F. 195—196°. *Methojodid*, F. 148—149°. *Äthojodid*, F. 153—154°. — I-*β-Dimethylaminoäthylester*, Kp.$_5$ 180—182°. *Hydrochlorid*, F. 197—199°. — *Leberschutzmittel*. (**D. P.** [**DDR**] **20 923** Kl. 12o vom 22/1. 1958, ausg. 17/2. 1961 [Wirtschaftspatent].) S. BÖTTCHER. 4807

Gottfried Faust, Radebeul, und Helmut Wunderlich, Dresden, **Herstellung von basischen Mercaptanen,** dad. gek., daß man bas. Ester der Phenyldithiocarbaminsäure (I) in Bzl. unter O_2-Ausschluß der Aminolyse mit Anilin unterwirft. — *Dimethylaminoäthylmercaptan*, Kp.$_{18-20}$ 34—40° (*Hydrochlorid*, F. 158—160°), u. *Piperidinoäthylmercaptan*, Kp.$_{14-15}$ 83—86°, aus I-NH_4-Salz u. Dimethylamino- bzw. Piperidinoäthylchlorid über den I-Dimethylaminoäthylester (F. 103—105°) bzw. I-*β*-Piperidinoäthylester, die unter N_2 in Bzl. mit Anilin gekocht werden. — *Therapeutica*. (**D. P.** [**DDR**] **20 808** Kl. 12o vom 25/9. 1958, ausg. 6/2. 1961 [Wirtschaftspatent].) S. BÖTTCHER. 4807

Wolfgang Voigtländer, Radebeul, und Helmut Wunderlich, Dresden, **Herstellung bisquaternärer Bis-[dialkylaminoäthyl]-tetralylamine,** z. B. *Bis-[piperidinoäthyl]-*, Kp.$_2$ 221—225° (*Bis-jodmethylat*, F. 246—247°), *Bis-[diäthylaminoäthyl]-*, Kp.$_{1-2}$ 174—180° (*Bis-jodmethylat*, F. 224—226°), u. *Diäthylaminoäthylpiperidinoäthyltetralyl-(2)-amin*, Kp.$_1$ 195—200° (*Bis-jodmethylat*, F. 224—225°), dad. gek., daß man Tetrahydro-*β*-naphthylamin- bzw. dessen N-Diäthylaminoäthyl-Verb. in Xylol bei $>$ 100° in Ggw. von K_2CO_3 mit Piperidinoäthylchlorid bzw. Diäthylaminoäthylchlorid umsetzt u. in bekannter Weise mit Methyljodid quaterniert. — *Therapeutica*. (**D. P.** [**DDR**] **17 096** Kl. 12q vom 22/6. 1957, ausg. 20/6. 1959 [Wirtschaftspatent].) S. BÖTTCHER. 4807

Alfred Jumar, Magdeburg, **Herstellung basischer Sulfone,** dad. gek., daß man p-alkoxylierte Phenyl-*β*-halogenäthylsulfide oxydiert u. die entstehenden Sulfone mit prim. oder sek. Basen kondensiert. — *p-[n-Propoxy]-phenyl-β-piperidinoäthylsulfon* (*Hydrochlorid*, F. 206—208°), aus p-[n-Propoxy]-phenyl-*β*-chloräthylsulfid (Kp.$_{3-4}$ 150°), durch Oxydation mit Perhydrol u. Rk. mit Piperidin. — *p-[n-Amyloxy]-phenyl-β-piperidinoäthylsulfon* (*Hydrochlorid*, F. 202—204°), aus p-[n-Amyloxy]-phenyl-*β*-chloräthylsulfid (Kp.$_6$ 169°). — *p-[n-Butoxy]-phenyl-β-dimethylaminoäthylsulfon* (*Hydrochlorid*, F. 194—195°), aus p-[n-Butoxy]-phenyl-*β*-chloräthylsulfon bzw. -sulfid (Kp.$_3$ 163°) u. Dimethylamin. — *Anästhetica*. (**D. P.** [**DDR**] **20 907** Kl. 12o vom 26/8. 1958, ausg. 13/2. 1961 [Wirtschaftspatent].) S. BÖTTCHER. 4807

Adolf Christian Josef Opfermann, Bergisch-Gladbach, **Herstellung quaternärer Verbindungen von Pyridinaldehydacetalen,** dad. gek., daß man einen Pyridinaldehyd mit einem aliphat. Alkohol in das Acetal überführt u. dieses quaterniert oder einen quatern. Pyridinaldehyd in das Acetal überführt. — *N-Methylpyridin-3-*, F. 105°, u. *-4-aldehyddimethylacetaljodid*, F. 95°, *N-Methylpyridin-3-aldehyddiisobutylacetaljodid*, F. 84°, *N-[2.4-Dinitrophenyl]-pyridinium-3-aldehyddimethylacetalchlorid*, F. 150°, *N-Methylpyridin-2.6-dialdehydtetramethylacetaljodid*, *N-Methylpyridin-4-aldehyddiisopropylacetaljodid*, F. 90°, *N-Äthylpyridin-3-aldehyddimethylacetaljodid*, F. 130°, u. *-bromid*, F. 169°, *N-Propyl-*, F. 128°, u. *N-Benzylpyridin-3-aldehyddimethylacetaljodid*, aus Pyridin-3- bzw. -4-aldehyddimethylacetal, Pyridin-3-aldehyddiisobutylacetal, Pyridin-2.6-dialdehydtetramethylacetal, Pyridin-4-aldehyddiisopropylacetal u. Methyljodid, 2.4-Dinitro-1-chlorbenzol, Äthyljodid, Äthylbromid, n-Propyljodid bzw. Benzyljodid. — *Wirkstoffe* für die *Hautdurchblutung*. (**D. P.** [**DDR**] **16 311** Kl. 12p vom 30/12. 1956, ausg. 30/1. 1959 [Ausschließungspatent].) S. BÖTTCHER. 4807

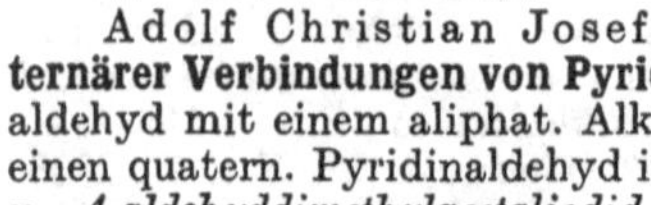

I

Hans-Georg Krey, Magdeburg, **Herstellung hochwirksamer Antikoagulantien,** dad. gek., daß man aliphat., konjugiert ungesätt. Ketone $CH_3—(CH{=}CH)_x—CH{=}CH\text{-}CO\text{-}CH_3$ (x $\geq$ 2) mit 4-Hydroxycumarin zu Verbb. der Formel I (x $\geq$ 1) umsetzt. — *3-[α-Propenyl-β-acetyläthyl]-4-hydroxycumarin*, F. 95—104° (Zers.), aus Heptadienon. (**D. P.** [**DDR**] **17 262** Kl. 12q vom 19/2. 1957, ausg. 13/7. 1959 [Wirtschaftspatent].) S. BÖTTCHER. 4807

Sandoz Ltd., übert. von: Jany Renz und Jean-Pierre Bourquin, Basel, Schweiz, **Herstellung von 4-Hydroxypiperidinderivaten** der allg. Formel I, worin $R_1 = CH_3$, C_2H_5, Butyl, Propyl oder Isopropyl, X = O oder NH, Alk = $-CH_2-$, $-CH_2-CH_2-$ oder $-(CH_2)_3-$ u. R_2 = H, Cl, Br oder O-Alkyl ist, dad. gek., daß man ein entsprechendes 1-Alkyl-4-hydroxypiperidin mit einem funktionellen Deriv. der Benzoesäure bei ca. 150—200° umsetzt. — Aus N-[p-Chlor]-phenoxyäthylanthranilsäuremethylester (F. 85°; hergestellt aus Anthranilsäuremethylester durch Alkylieren mit p-Chlorphenyl-β-bromäthyläther in Dimethylformamid in Ggw. von wasserfreiem Na_2CO_3) u. 1-Methyl-4-hydroxypiperidin in Ggw. von $NaOC_2H_5$ bei ca. 200°, Versetzen der Rk.-Lsg. mit Ae., Waschen mit W., Dest. bei 212—213° u. 0,07 mm Hg u. Filtrieren über Al-Oxyd → *N-[p-Chlor]-phenoxyäthylanthranilsäure-[1-methylpiperidyl-(4)]-ester*, F. 70—73°, *Hydrochlorid*, F. 189—189,5°. — Analog: *N-[p-Methoxy]-phenoxyäthylanthranilsäure-[1-methylpiperidyl-(4)]-ester*, F. 86—88°, *Hydrochlorid*, F. 174—174,5°; *N-Phenoxypropylanthranilsäure-[1-methylpiperidyl-(4)]-ester*, F. 73—74°, *Hydrochlorid*, F. 181—182,5°; *N-Phenoxyäthyl-m-aminobenzoesäure-[1-methylpiperidyl-(4)]-ester*, $Kp._{0,015}$ 115—119°, *Tartrat*, F. 155—156°; *p-[Phenoxyäthylamino]-benzoesäure-[1-methylpiperidyl-(4)]-ester*, F. 130 bis 132°, *Fumarat*, F. 139—141° (Zers.); *N-Phenoxyäthylanthranilsäure-[1-methylpiperidyl-(4)]-ester*, F. 87—89°, *Fumarat*, F. 182—184°, *Hydrochlorid*, F. 184—186°; *O-Phenoxyäthylsalicylsäure-[1-methylpiperidyl-(4)]-ester*, $Kp._{0,01}$ 196°, *Fumarat*, F. 163—165°; *N-Phenoxyäthylanthranilsäure-[1-isopropylpiperidyl-(4)]-ester*, F. 106—107°, *Fumarat*, F. 168—170°, *Hydrochlorid*, F. 175—177°. — Mittel mit *pharmakodynam.* Eigg., die freien Basen sind *Lokalanästhetica*. (**A. P. 2 946 799** vom 24/4. 1959, ausg. 26/7. 1960. Schwz. Prior. 6/5. 1958.) W. Heyer. 4807

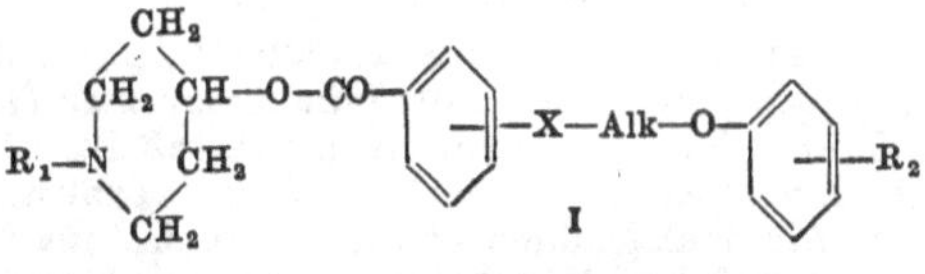

I

Gotthold Pakleppa, Roßlau/Elbe, **Herstellung von 2.6-Dioxopiperidinen,** z. B. *3-Äthyl-3-phenyl-*, $Kp._{0,3}$ 168°, F. 85—87°, *3-Propyl-3-phenyl-*, F. 92—93°, *3-Allyl-3-phenyl-*, $Kp._{0,1}$ 220°, *3-Phenyl-3-[γ-chlorpropyl]-*, $Kp._{0,3}$ 203—205°, F. 77,5—79°, *3-Äthyl-3-[p-bromphenyl]-*, F. 97—98°, *3-Phenyl-3-äthyl-5-methyl-*, F. 114—115°, u. *3-Phenyl-3-äthyl-4-methyl-2.6-dioxopiperidin*, F. 153°, dad. gek., daß man Benzylcyanid bzw. p-Brombenzylcyanid in Bzl. in Ggw. von $NaNH_2$ mit Äthyl-, n-Propyl-, Allylbromid bzw. 1-Chlor-3-brompropan umsetzt u. das gebildete Aralkylacetonitril im gleichen Arbeitsgang in alkal. Isopropanol-Lsg. mit Acryl- bzw. Methacrylnitril kocht. Nach Wasserdampf-Dest. wird der Rückstand mit konz. H_2SO_4 u. Eisessig 3 Std. gekocht, auf Eis gegossen, neutralisiert u. im Vakuum destilliert. — *Schlafmittel*. (**D. P. [DDR] 16 295** Kl. 12p vom 15/7. 1956, ausg. 28/1. 1959 [Wirtschaftspatent].) S. Böttcher. 4807

C. F. Boehringer & Soehne G. m. b. H., Mannheim, übert. von: Erich Haack, Heidelberg, und Adolf Hagedorn, Mannheim, **Herstellung von Tetrahydroisochinolinbiguaniden** der allg. Formel I, worin R für H oder eine niedrige Alkylgruppe steht, dad. gek., daß man Tetrahydroisochinolin bzw. ein Salz davon, mit Dicyandiamid (II) oder z. B. Methyldicyandiamid (III) unter Rückfluß umsetzt. — 34 g Tetrahydroisochinolinhydrochlorid u. 16,8 II werden ca. 55 Min. im Ölbad auf 142° erhitzt u. das Rk.-Prod. mit 100 A. gekocht, nach dem Abkühlen 34,8 *1.1-[Benzo-(3.4)-pentamethylen]-biguanidhydrochlorid*, F. 226—228°; aus Tetrahydroisochinolin u. III in Ggw. von 3nHCl → *1.1-[Benzo-(3.4)-pentamethylen]-5-methylbiguanidhydrochlorid*, F. 196—198°. — *Oral anwendbares Antidiabeticum*. (**A. P. 2 951 843** vom 6/8. 1959, ausg. 6/9. 1960. D. Prior. 6/8. 1958.) W. Heyer. 4807

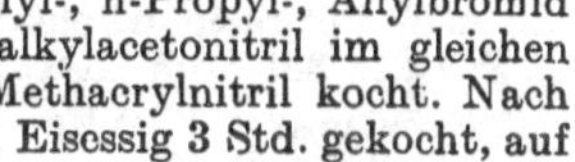

I

Abbott Laboratories, North Chicago, Ill., übert. von: Armiger H. Sommers, Lake Forest, Ill., V.St.A., **1-[2'-Dialkylaminoäthyl]-5-äthyl-5-phenylbarbitursäurehydrohalogenide** werden erhalten durch Rk. von 5-Äthyl-5-phenylbarbitursäure (I) mit Dialkylaminoäthylhalogen-Verbb. in der Hitze in einem nichtpolaren aromat. KW-Stoff. — I + 2-Diäthylaminoäthylaminoäthylchlorid in wasserfreiem Bzl. unter Rückfluß → *1-[2'-Diäthylaminoäthyl]-5-äthyl-5-phenylbarbitursäurehydrochlorid* (II), F. 252°; aus II kann durch Behandlung mit NaOH die freie Base als viscoses Öl erhalten werden. — Analog wird *1-[2'-Dimethylamino]-5-äthyl-5-phenylbarbitursäurehydrochlorid*, F. 256°, erhalten. — *Heilmittel*. (**A. P. 2 953 566** vom 17/10. 1957, ausg. 20/9. 1960.) H. Bräucker. 4807

Helmut Wunderlich und Andreas Stark, Dresden, **Herstellung von Barbiturbasen,** z. B. *N-[β-Piperidinoäthyl]-N'-methyl-5-phenyl-5-äthyl-*, $Kp._{0,0015}$ 232—237°

(*Methojodid*, F. 190—192°) u. *-5-cyclohexenyl-5-äthylbarbitursäure*, F. 89—89,5° (*Oxalat*, F. 75—77°; *Methojodid*, F. 202—203°; *Hydrochlorid*, F. 184—186°), dad. gek., daß man N-Methyl-5-phenyl-5-äthyl- bzw. -5-cyclohexenyl-5-äthylbarbitursäure in Toluol in Ggw. von Na-Äthylat mit β-Piperidinoäthylchlorid umsetzt u. die Basen mit Säuren oder Alkylhalogeniden in die Salze überführt. — *Therapeutica.* (**D. P. [DDR] 16 208** Kl. 12p vom 11/12. 1956, ausg. 14/1. 1959 [Wirtschaftspatent].) S. BÖTTCHER. 4807

Hanns Goldhahn, Radebeul, **Herstellung von Barbiturbasen** mit 3 bas. Resten, dad. gek., daß man Piperidinomalonester (I) mit Methylharnstoff kondensiert u. die 1-Methyl-5-piperidinobarbitursäure mit bas. Alkylhalogeniden umsetzt oder I mit Harnstoff kondensiert u. die 5-Piperidinobarbitursäure in 1-Stellung alkyliert u. dann mit bas. Alkylhalogeniden umsetzt oder daß man Alkylpiperidinomalonester mit Harnstoff u. dann mit bas. Alkylhalogenid oder zunächst mit einem monosubstituierten Harnstoff u. dann mit bas. Alkylhalogenid oder gleich mit einem bis-bas. disubstituierten Harnstoff umsetzt. — 5-Piperidinobarbitursäuren: *N-Methyl-N'-[piperidinoäthyl]-5-[piperidinoäthyl]-*, $C_{24}H_{41}N_5O_2$, *N.N'-Bis-[diäthylaminoäthyl]-5-äthyl-*, Kp.$_1$ 210—215°, n_D^{20} 1,4500 (*Methojodid*, F. 141—143°), u. *N.N'-Bis-[piperidinoäthyl]-5-äthyl-*, F. 87—88° (*Methojodid*, Zers. bei 200°), aus 2-Piperidino-2-[piperidinoäthyl]-malonester (Kp.$_3$ 185 bis 196°; n_D^{20} 1,4020) u. Methylharnstoff über N-Methyl-5-[piperidinoäthyl]-5-piperidinobarbitursäure (F. 134°) durch deren Rk. mit Na u. Piperidinoäthylchlorid (II) bzw. aus 5-Äthyl-5-piperidinobarbitursäure-Na-Salz u. Diäthylaminoäthylchlorid bzw. II. — *Therapeutica.* (**D. P. [DDR] 20 744** Kl. 12p vom 30/5. 1958, ausg. 3/2. 1961 [Wirtschaftspatent].) S. BÖTTCHER. 4807

Helmut Wunderlich, Dresden, und Wolfgang Kirsten, Radebeul, **Herstellung von N-[1.2.3.4-Tetrahydronaphthyl-(2)]-5-dialkylaminobarbitursäuren**, z. B. *1-[1.2.3.4-Tetrahydronaphthyl-(2)]-5-piperidino-*, F. 252—256°, u. *-5-dimethylaminobarbitursäure*, F. 233—237°, dad. gek., daß man 1.2.3.4-Tetrahydronaphthyl-(2)-harnstoff in A. in Ggw. von Na-Äthylat mit Piperidino- bzw. Dimethylaminomalonsäurediäthylester kondensiert u. die Prodd. ggf. mit Alkalialkoholaten in die *Salze* überführt. — *Therapeutica.* (**D. P. [DDR] 21 025** Kl. 12p vom 23/1. 1959, ausg. 6/3. 1961 [Wirtschaftspatent].) S. BÖTTCHER. 4807

Soc. des Usines Chimiques Rhône-Poulenc, Frankreich (Erfinder: Jean Clément Fouché), **Herstellung von Piperazinguajacolat**, F. 100—101°, dad. gek., daß man Piperazin u. Guajacol in Toluol miteinander umsetzt. — *Pharmazeuticum.* (**F. P. 1 211 351** vom 15/6. 1957, ausg. 16/3. 1960.) S. BÖTTCHER. 4807

Nordmark-Werke G. m. b. H., Hamburg (Erfinder: Viktor Wolf, Hamburg, und Ludwig Schusteritz, Moorrege b. Uetersen), **Herstellung von Piperazinderivaten**, z. B. *N.N'-Bis-[α-methylphenäthyl]-piperazindihydrobromid*, F. > 320° (*Dihydrochlorid*, F. 296—297°), *N.N'-Bis-[α-methyl-γ-phenylpropyl]-*, F. 312—314°, *-[α-methylbenzyl]-*, F. > 330°, *-[5-phenyl-1-methylpentyl-(1)]-*, F. 279—280°, u. *-[α-(n-octyl)-benzyl]-piperazindihydrobromid*, F. 203,5—204,5°, dad. gek., daß man Piperazin in alkal. Medium mit Aralkylhalogeniden (α-Phenyläthylbromid) oder ein symm. substituiertes Äthylendiamin (N.N'-Bis-[α-methylphenäthyl]-äthylendiamindihydrobromid) oder ein prim. Amin (Phenylisopropylamin, Phenylisobutylamin, 1-Phenyl-5-aminohexan, α-Phenyl-n-nonylamin) mit einem Alkylendihalogenid (Äthylendibromid) umsetzt. — *Therapeutica.* (**D. P. [DDR] 17 456** Kl. 12p vom 29/6. 1957, ausg. 29/9. 1959 [Ausschließungspatent].) S. BÖTTCHER. 4807

Hans Starke, Dresden (Erfinder: Josef Klosa, Berlin-Zehlendorf, und Hans Starke, Dresden), **Herstellung von Coffeino-(8)-alkanolaminen** der allg. Formel I, worin R = H, Alkyl- oder Arylrest, R_1 = H oder Alkylrest, R_2 = H, OH, Alkyl- oder Arylrest, R_3 u. R_4 = H oder Alkylrest u. n = 0 oder 1, dad. gek., daß man 8-Halogencoffein in Ggw. von Alkalibromiden oder -jodiden in Lsgm. oder durch Zusammenschmelzen mit Alkanolaminen umsetzt. — *2-[Coffeino-(8')-amino]-äthanol*, F. 239—241° aus 8-Chlorcoffein u. 2-Aminoäthanol. *N-Methyl-Verb.*, F. 162—164°, *N-Äthyl-Verb.*, F. 88—90°, *N-Phenyl-Verb.*, F. 177—178°, aus 2-[N-Methyl-, 2-[N-Äthyl- bzw. 2-[N-Phenylamino]-äthanol. — *3-[N-(Coffeino-(8'))-amino]-propanol-(1)*, F. 224 bis 226°, aus 3-Aminopropanol-(1). — *3-[N-(Coffeino-(8'))-amino]-1-methoxypropan*, F. 178 bis 180°, *-1-äthoxypropan*, F. 160—162°, *-3-methylpropanol-(2)*, F. 216—218°, *-1-allyloxypropanol-(2)*, F. 142—143°, *-1-lauryloxypropan*, F. 123—128° (nach Sintern bei 100°), *-1-[2''-butyloctyloxy]-propan*, F. 168—170°, *-2-methyl-1-äthylpropanol-(2)*, F. 221—223°, *-2-methyl-1-[n-propyl]-propanol-(2)*, F. 215—217°, u. *-2-äthyl-1-äthylpropanol-(2)*, F. 198

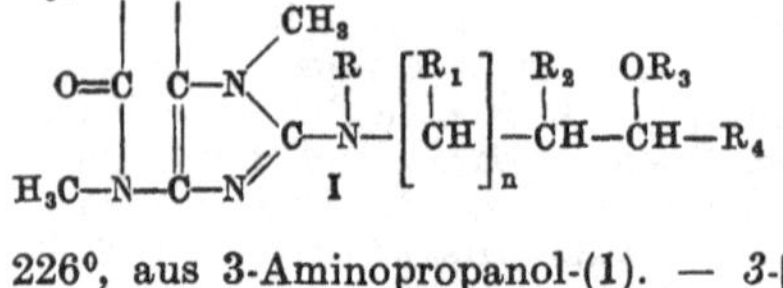

bis 200°, aus 3-Methyl-3-aminopropanol-(2), 1-Allyloxy-2-hydroxypropylamin-(3), 1-Lauryloxypropylamin-(3), 3-Amino-2-methyl-1-äthylpropanol-(2). — *2-[N-(Coffeino-(8')) amino]-1-phenylpropanol-(1)*, F. 210—212°, aus 8-Bromcoffein u. dl-Norephedrin. — *Heilmittel* mit *zentralstimulierender Wirkung.* (**D. P. [DDR] 20 789** Kl. 12p vom 28/10. 1958, ausg. 6/2. 1961 [Wirtschaftspatent].) S. BÖTTCHER. 4807

Laboratoires Delagrange (Soc. d'Applications Pharmacodynamiques) (Erfinder: Maurice Mizier), Frankreich, **[Theophyllinessigsäure-(7)]-diphenhydraminsalz** (*[Diphenylmethoxyäthyl]-dimethylaminsalz*; I), F. 168—170°, aus 95 (g) feinpulverisierter Theophyllinessigsäure-(7) durch 4std. Verrühren mit 53 [β-Diphenylmethoxyäthyl]-dimethylamin in einem Nicht-Lsgm. für I, bes. Bzl., Toluol, Xylol, Isopropanol, A. oder Aceton u. Zufügen von wenig W. unter Rühren: 143—147 g krist. I. — *Antinaupath. Mittel.* (**F. P. 1 200 278** vom 22/3. 1958, ausg. 21/12. 1959.) EBERHARD RIEDEL. 4807

Heinz-Joachim Engelbrecht, Hildegard Müller, Dessau, und Dieter Lenke, Rodleben b. Roßlau/Elbe, **Herstellung von Phthalazinderivaten,** dad. gek. daß man 1-Halogenphthalazine mit den Alkali-Verbb. tert. Aminoalkohole umsetzt. — 1-Chlor-4-benzylphthalazin [F. 152°, aus 4-Benzylphthalazon-(1) u. $POCl_3$] wird mit Na u. β-Diäthylaminoäthanol in Toluol mehrere Std. gekocht: *1-[β-Diäthylaminoäthoxy]-4-benzylphthalazin*, $Kp._{0,5}$ 226—233°. *Hydrochlorid*, F. 131—132°. *Chlorbenzylat*, F. 169 bis 170°. Weitere Phthalazine: *1-[β-Diäthylaminoäthoxy]-4-phenyl-*, $Kp._{0,5}$ 229—233° (*Hydrochlorid*, F. 202°), *1-[β-Dimethylaminoäthoxy]-4-benzyl-*, $Kp._{0,5}$ 201—208° (*Hydrochlorid*, F. 178°; *Jodmethylat*, F. 186), *1-[3'-Dimethylaminopropoxy]-4-benzyl-*, $Kp._{0,4}$ 220 bis 225° (*Hydrochlorid*, F. 170—171°; *Jodmethylat*, F. 211°), *1-[β-Piperidinoäthoxy]-4-[p-chlorbenzyl]-*, *Hydrochlorid*, F. 165—166°, *1-[2'-Dimethylaminopropoxy]-4-[p-methoxybenzyl]-*, $Kp._{0,6}$ 224—230°, *1-[β-Dimethylaminoäthoxy]-4-[p-methoxybenzyl]-*, $Kp._{0,15}$ 219—226°, u. *1-[β-Dimethylaminoäthoxy]-4-[p-chlorbenzyl]-*, $Kp._{0,3}$ 218—220°(*Hydrochlorid*, F. 239—240°), aus 1-Chlor-4-phenyl-, F. 159—161°, 1-Brom-4-[p-chlorbenzyl]- bzw. 1-Chlor-4-[p-methoxybenzyl]-phthalazin u. β-Dimethylaminoäthanol, -propanol-(3) u. -(2) bzw. β-Piperidinoäthanol. — *Therapeutica.* (**D. P. [DDR] 17 319** Kl. 12p vom 21/5. 1957, ausg. 21/7. 1959 [Wirtschaftspatent].) S. BÖTTCHER. 4807

Heinz-Joachim Engelbrecht, Hildegard Müller, Dessau, und Dieter Lenke, Rodleben b. Roßlau, **Herstellung basisch substituierter Phthalazone,** dad. gek., daß man 4-Aryl- oder 4-Aralkylphthalazone mit tert. Halogenalkylaminen umsetzt. — 4-Benzylphthalazon (I), KOH in W. u. A. werden zur Trockene eingedampft, mit Aceton wird gewaschen u. getrocknet. Das hierbei entstehende I-K-Salz wird in Toluol mit β-Diäthylaminoäthylchlorid mehrere Std. gekocht: *2-[β-Diäthylaminoäthyl]-4-benzylphthalazon-(1)*, $Kp._{0,1}$ 208—214°. *Hydrochlorid*, F. 142—143°. — Weitere Phthalazone-(1): *2-[β-Dimethylaminoäthyl]-4-benzyl-*, $Kp._{0,3}$ 215—222° (*Hydrochlorid*, F. 178°; *Jodmethylat*, F. 200°), *2-[3'-Dimethylaminopropyl]-4-benzyl-*, $Kp._{0,1}$ 218° (*Hydrochlorid*, F. 173—174°), aus β-Dimethylaminoäthylchlorid bzw. 1-Dimethylamino-3-chlorpropan. — *2-[β-Diäthylaminoäthyl]-4-phenyl-*, $Kp._{0,5}$ 225—230°, (*Hydrochlorid*, F. 198°), *2-[β-Dimethylaminoäthyl]-4-[p-chlorbenzyl]-*, $Kp._{0,2}$ 215—220°, (*Hydrochlorid*, F. 248°) u. *-4-[p-propoxybenzyl]-* (*Hydrochlorid*, F. 142°), aus 4-Phenyl-, 4-[p-Chlorbenzyl]-, F. 218°, bzw. 4-[p-Propoxybenzylphthalazon], F. 190°. — *2-[β-Dimethylaminoäthyl]-4-[p-methoxybenzyl]-*, $Kp._{0,2}$ 220—223° (*Hydrochlorid*, F. 202—203°), *2-[β-Morpholinoäthyl]-4-[isopropoxybenzyl]-* (*Hydrochlorid*, F. 100—101°) u. *2-[β-Dimethylaminoäthyl]-4-benzyl-6(7)-chlor-*, $Kp._{0,5}$ 230 bis 240° (*Hydrochlorid*, F. 203—204°), aus 4-[p-Methoxybenzyl]-, F. 196°, 4-[Isopropoxybenzyl]-, F. 208°, bzw. 4-Benzyl-6(7)-chlorphthalazon, F. 163°, u. β-Morpholinoäthylchlorid. — *Antihistaminica.* (**D. P. [DDR] 17 075** Kl. 12p vom 7/5. 1957, ausg. 16/6.1959 [Wirtschaftspatent].) S. BÖTTCHER. 4807

Scherico Ltd., Luzern, Schweiz, **Herstellung von therapeutisch wirksamen Phenothiazinderivaten** der Formel I (A = S, SO oder SO_2; X = H, Cl, Br, Alkoxy oder Alkyl mit 1—3 C-Atomen; Y = Alkylen mit 2—4 C-Atomen; Z, Z' = H oder Alkyl mit 1—3 C-Atomen; R = Alkylen mit 3—5 C-Atomen, Hydroxyalkyl, Alkoxyalkyl oder Hydroxyalkoxyalkyl mit 2—5 C-Atomen in an den N gebundenem Alkylteil). Man versetzt eine Suspension von $NaNH_2$ in fl. NH_3 mit 2-Chlorphenothiazin u. nach 1 Std. mit 1-Brom-3-chlorpropan. Das gebildete u. isolierte 10-[3'-Chlorpropyl]-2-chlorphenothiazin wird mit 1-[2'-Hydroxyäthyl]-piperazin auf dem Dampfbad erhitzt, wobei *1-[2''-Hydroxyäthyl]-4-[γ-(2'-chlor-10'-phenothiazyl)-propyl]-piperazin*, $Kp._1$ 278—281°, F. 100—101°, entsteht; *Dihydrochlorid*, F. 225—226°; *Dimaleinat*, F. 179—180°. — Analog: *1-[2''-Hydroxyäthyl]-4-[γ-(3'-chlor-10'-phenothiazyl)-propyl]-piperazindihydrochlorid*, F. 189 bis 191°. — *1-[2''-Hydroxyäthyl]-4-[γ-(4'-chlor-10'-phenothiazyl)-propyl]-piperazindihydrochlorid*, F. 180°. — *1-[2''-Hydroxyäthyl]-4-[γ-(10'-phenothiazyl)-propyl]-piperazin*, F. 98

bis 99°; *Dihydrochlorid*, F. 223—225°. — *1-[2''-Hydroxyäthoxyäthyl]-4-[γ-(10'-phenothiazyl)-propyl]-piperazindimaleinat*, F. 152—154°. — *1-[2''-Hydroxypropyl]-4-[γ-(10'-phenothiazyl)-propyl]-piperazin*, F. 92—93°, *Dihydrochlorid*, F. 254—255°. — *1-[2''-Hydroxypropyl]-4-[γ-(2'-chlor-10'-phenothiazyl)-propyl]-piperazin*, $Kp._1$ 270—275°, F. 90 bis 92°; *Dihydrochlorid*, F. 253—254°. — *1-[2''-(β-Hydroxyäthyl)-propyl]-4-[γ-(10'-phenothiazyl)-propyl]-piperazindihydrochlorid*, F. 242—243°. — *1-[2''-Hydroxyäthyl]-4-[γ-(2'-methyl-10'-phenothiazyl)-propyl]-piperazin*, $Kp._{1,5}$ 268—274°; *Dihydrochlorid*, F. 246 bis 248°. — *1-[2''-Hydroxyäthyl]-4-[γ-(2'-chlor-10'-phenothiazyl)-propyl]-2.5-dimethylpiperazin*, $Kp._{0,5}$ 275—279°; *Dihydrochlorid*, F. 270—271°. — *1-[2''-Hydroxyäthyl]-4-[γ-(2'-methoxy-10'-phenothiazyl)-propyl]-piperazin*, $Kp._{0,5}$ 280—282°. — *1-[4''-Hydroxybutyl]-4-[γ-(2'-chlor-10'-phenothiazyl)-propyl]-piperazindihydrochlorid*, F. 217—218°. — *1-[2''-(ε-Hydroxyamyloxy)-äthyl]-4-[γ-(10'-phenothiazyl)-propyl]-piperazin*, $Kp._1$ 265—270°. — *1-[2''-Hydroxyäthyl]-4-[β-(10'-phenothiazyl)-äthyl]-piperazin*, $Kp._2$ 240—244°. — *1-[2''-Hydroxyäthyl]-4-[β-(2'-chlor-10'-phenothiazyl)-äthyl]-piperazindihydrochlorid*, F. 201°. — *1-[2''-Hydroxyäthyl]-4-[γ-(2'-chlor-5'-oxo-10'-phenothiazyl)-propyl]-piperazin*, F. 144—145°; *Dimaleinat*, F. 174—175°. — *1-Allyl-4-[γ-(2'-chlor-10'-phenothiazyl)-propyl]-piperazindihydrochlorid*, F. 248—248,5°. — *1-Proparyyl-4-[γ-(2'-chlor-10'-phenothiazyl)-propyl]-piperazindihydrochlorid*, F. 211—212°. — *1-[2''-Butenyl]-4-[γ-(2'-chlor-10'-phenothiazyl)-propyl]-piperazin*, $Kp._{1,5}$ 272—276°. — *1-[2''-Butenyl]-4-[γ-(2'-chlor-10'-phenothiazyl)-propyl]-2-(oder 3-)-methylpiperazin*, $Kp._1$ 275—280°. — *1-[2''-Butenyl]-4-[γ-(2'-chlor-10'-phenothiazyl)-propyl]-2.5-dimethylpiperazin*, $Kp._1$ 285—290°. — *1-Methallyl-4-[γ-(2'-chlor-10'-phenothiazyl)-propyl]-piperazin*, $Kp._{0,5}$ 261—264°; *Dihydrochlorid*, F. 234—235°. — *1-[3''-Methyl-2''-butenyl]-4-[γ-(2'-chlor-10'-phenothiazyl)-propyl]-piperazin*, $Kp._1$ 267—270°. — *1-Allyl-4-[β-(2'-chlor-10'-phenothiazyl)-äthyl]-piperazindihydrochlorid*, F. 248—248,5°. — *1-[2''-Butenyl]-4-[γ-(2'-methoxy-10'-phenothiazyl)-propyl]-piperazin*, $Kp._{1,5}$ 261—267°. — *1-[2''-Hydroxyäthyl]-4-[γ-(2'-brom-10'-phenothiazyl)-propyl]-piperazin*, $Kp._1$ 282—284°; *Dihydrochlorid*, F. 224—225,5°. — *1-[3''-Hydroxypropyl]-4-[γ-(10'-phenothiazyl)-propyl]-piperazin*, $Kp._{0,5}$ 241—246°. — *1-[2''-Hydroxypropyl]-4-[γ-(2'-methoxy-10'-phenothiazyl)-propyl]-piperazin*, $Kp._{0,5}$ 278—282°. — *1-[2''-Hydroxyäthoxyäthyl]-4-[γ-(2'-chlor-10'-phenothiazyl)-propyl]-piperazindihydrochlorid*, F. 206—207°. — *1-[2''-(2'''-Hydroxypropoxy)-äthyl]-4-[γ-(10'-phenothiazyl)-propyl]-piperazindihydrochlorid*, F. 202—203°. — *1-[3''-Hydroxypropyl]-4-[γ-(2'-chlor-10'-phenothiazyl)-propyl]-piperazin*, F. 104—105°; *Dihydrochlorid*, F. 233—234°. — *1-[2''-Hydroxyäthyl]-2-(oder 3)-methyl-4-[γ-(2'-chlor-10'-phenothiazyl)-propyl]-piperazindihydrochlorid*, F. 227—228°. — *1-[2''-Hydroxyäthyl]-4-[β-(2'-chlor-10'-phenothiazyl)-propyl]-piperazindimaleinat. ½ H_2O*, F. 139—140°. — *1-[2''-Hydroxyäthyl]-4-[δ-(2'-chlor-10'-phenothiazyl)-butyl]-piperazin*, $Kp._1$ 280—290°; *Dihydrochlorid*, F. 227—228°. (**Holl.P. 95 713** vom 8/12. 1956, ausg. 15/10. 1960. A. Prior. 3/1. u. 18/9. 1956.) F. BÖHM. 4807

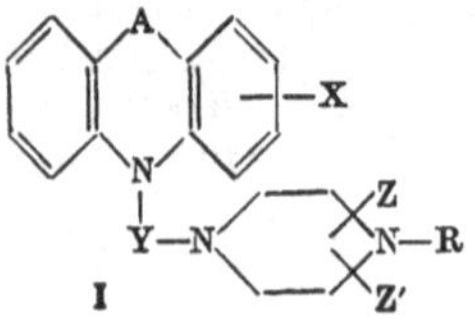

I

G. D. Searle & Co., Chicago, übert. von: John W. Cusic, Skokie, und Henry William Sause, Deerfield, Ill., V.St.A., **3-Chlor-10-[(3'- oder 4'-hydroxyalkylpiperidino)-alkyl]-phenthiazine** werden erhalten durch Rk. von 3-Chlorphenthiazin mit 3- oder 4-Hydroxyalkylpiperidinoalkylhalogen-Verbb. oder von 3-Chlor-10-[halogenalkyl]-phenthiazinen mit 3- oder 4-Hydroxyalkylpiperidinen. — Zu einer heißen Lsg. von 10,65 (Teilen) 10-[γ-Brompropyl]-3-chlorphenthiazin in 80 Butanon werden unter Rühren 3 NaJ u. 8,3 K_2CO_3 (wasserfrei) gegeben u. anschließend schnell eine Lsg. von 4,5 4-Hydroxymethylpiperidin in 25 A. zugerührt. Das Gemisch wird unter Rühren 12 Std. auf 76° erhitzt. Nach Verdampfen des Lsgm. wird das Rk.-Prod. aus dem Rückstand mittels Ae. isoliert → *3-Chlor-10-[3'-(4''-hydroxymethylpiperidino)-propyl]-phenthiazin*. — Es werden ferner folgende 3-Chlorphenthiazine hergestellt: *10-[3'-(3''-Hydroxymethylpiperidino)-propyl]-*, *Hydrochlorid*, F. 90°. — *10-[3'-(4''-Hydroxyäthylpiperidino)-propyl]-*, *Hydrochlorid*, F. 170—171°. — *10-[3'-(4''-γ-Hydroxypropylpiperidino)-propyl]-*, *Hydrochlorid*, F. 120—130° (Zers.), *Acetylverb.*, *Hydrochlorid*, F. 90° (Zers.). — *10-[2'-(3''-δ-Hydroxybutylpiperidino)-äthyl]-*, *Hydrochlorid*, F. 130° (Zers.). — *10-{(3'-[4''-(α-Hydroxy-α-methyläthyl)-piperidino]-propyl}-*, F. 125—130° (Zers.). — *Heilmittel.* (**A. P. 2 926 164** vom 1/8. 1956, ausg. 23/2. 1960.) H. BRÄUCKER. 4807

Miroslav Semonský und Viktor Zikán, Prag, Tschechoslowakei, **Herstellung von d-Lysergsäureamiden,** dad. gek., daß man Azide der d- (I) oder dl-Isolysergsäure oder d-Lysergsäure (II) in Ae. mit mindestens der doppeltmol. Menge eines Cycloalkylamins kondensiert u. die Amide in A. mit Maleinsäure in die sauren Maleinate überführt. — I-, F. 175—176° (Zers.), $[\alpha]_D^{20}$ +470° (c = 0,57; Pyridin) u. II-*Cyclopropylamid*, F. 199—201° (Zers.), $[\alpha]_D^{20}$ —11,6° (c = 0,432; Pyridin) [*saures Maleinat*,

F. 204° (Zers.)], aus I-Azid u. Cyclopropylamin. — I-, F. 202—204° (Zers.), u. II-*Cyclobutylamid*, F. 121—122° (Zers.), $[\alpha]_D^{20}$ —16,4° (c = 0,488; Pyridin) [*saures Maleinat*, F. 209° (Zers.)], aus Cyclobutylamin. — I-, F. 233—235° (Zers.), $[\alpha]_D^{20}$ +465° (c = 0,476; Pyridin), u. II-*Cyclopentylamid*, F. 121—122° (Zers.), $[\alpha]_D^{20}$ —27,9° (c = 0,359; Pyridin) [*saures Maleinat*, F. 220° (Zers.)], aus Cyclopentylamin. — I-, F. 204—205° (Zers.), $[\alpha]_D^{20}$ +449° (c = 0,55; Pyridin), u. II-*Cyclohexylamid*, F. 131—133° (Zers.), $[\alpha]_D^{20}$ —33,3° (c = 0,51; Pyridin) [*saures Maleinat*, F. 225° (Zers.)], aus Cyclohexylamin. — I-, F. 185—186° (Zers.), $[\alpha]_D^{20}$ +439° (c = 0,512; Pyridin), u. II-*Cycloheptylamid*, F. 125—128° (Zers.), $[\alpha]_D^{20}$ —41,4° (c = 0,33; Pyridin) [*saures Maleinat*, F. 230° (Zers.)]. — *Heilmittel*. (**D. P.** [**DDR**] **17 686** Kl. 12p vom 2/8. 1957, ausg. 14/10. 1959 [Wirtschaftspatent]. **D. A. S. 1 096 364** Kl. 12p vom 29/7. 1957, ausg. 5/1. 1961. Beide Tschech. Prior. 9/8. 1956.) S. BÖTTCHER. 4807

Laboratoires Français de Chimiothérapie, Frankreich (Erfinder: Léon Velluz und Georges Muller), **Herstellung von *l*-11.12-Dichlordeserpidin,** FF. 160 u. 222°, $[\alpha]_D^{20}$ —97° (c = 0,5%; Chlf.). Man methyliert d-1β-Carboxymethyl-2β-methoxycarbonyl-3α-methoxy-4β-acetoxy-6β-formylcyclohexan u. setzt den Methylester mit 6.7-Dichlortryptamin zu *18β-Acetoxy-11.12-dichlor-17α-methoxy-16β-methoxycarbonyl-2.3; 3.4-diseco-$\Delta^{4.21}$-20β-yohimben-3-säuremethylester* um, den man mit KBH_4 in Methanol behandelt unter Bldg. von *d-11.12-Dichlor-18β-hydroxy-17α-methoxy-16β-methoxycarbonyl-3-oxo-2.3-seco-20α-yohimban*, F. 240°, $[\alpha]_D^{20}$ +34° (c = 0,5%; Pyridin); dieses wird acetyliert zur *d-18β-Acetoxy-Verb.*, F. 180°, $[\alpha]_D^{20}$ +7° (c = 0,5%; Pyridin), die man mit $POCl_3$ zu *18β-Acetoxy-11.12-dichlor-17α-methoxy-16β-methoxycarbonyl-$\Delta^{3.14}$-20α-yohimben*, F. 300°, cyclisiert. Dieses wird in Methanol mit KBH_4 red. zu *l-18β-Acetoxy-11.12-dichlor-17α-methoxy-16β-methoxycarbonyl-20α-yohimban*, F. 236°, $[\alpha]_D^{20}$ —202° (c = 0,5%; Pyridin) oder mit Zn-Pulver, Aceton, $HClO_4$ u. $FeCl_3$ umgesetzt zu *l-18β-Acetoxy-11.12-dichlor-17α-methoxy-16β-methoxycarbonyl-3β.20α-yohimban*, F. 341°, $[\alpha]_D^{20}$ —77° (c = 0,5%; Pyridin); Verseifung führt zu *l-11.12-Dichlor-18β-hydroxy-17α-methoxy-16β-methoxycarbonyl-3β.20α-yohimban*, F. 256°, $[\alpha]_D^{20}$ —73° (c = 0,5%; Pyridin), das man mit 3.4.5-Trimethoxybenzoylchlorid umsetzt. — *Heilmittel*. (**F. P. 1 202 121** vom 17/1. 1958, ausg. 7/1. 1960.) S. BÖTTCHER. 4807

Smith, Kline & French Laboratories, Philadelphia, Pa., V.St.A., **Vitaminpräparat,** enthaltend 25—1500 μg% eines Cobalamins, Sorbit (62% bis zur Grenze der Löslichkeit) u. ggf. wasserlösl. Ferriammoniumcitrat oder Ferripyrophosphat u./oder andere Vitamine. (**Belg. P. 562 843** vom 30/11. 1957, ausg. 3/6. 1960. **Zusatz zu Belg. P. 561 059; C. 1961. 9903.**) K. KOEBKE. 4809

Monsanto Chemicals Ltd., England, **Herstellung von Ascorbyltrisalicylat** (I) F. 81—85°, u. dem *Mono-Na-Salz*, dad. gek., daß man Salicylylchlorid bei < 25° in Ggw' von Pyridin mit Ascorbinsäure umsetzt u. I mit wss. NaOH behandelt. Bei Verw. von Acetylsalicylylchlorid entsteht „*Ascorbyltriaspirin*". (**F. P. 1 196 898** vom 23/10. 1957, ausg. 26/11. 1959. E. Prior. 20/9. 1957.) S. BÖTTCHER. 4809

Miles Laboratories, Inc., V.St.A., Deutschland (Erfinder: Robert Joseph Hathaway), **Herstellung von Isoascorbinsäure,** dad. gek., daß man 1 Mol 2-Ketogluconsäuremethylester in 1,5—5 (Teilen) Methanol oder A. mit 0,28—0,5 Na_2CO_3 u. 0,9—2,2 W. 1—4 Std. in N_2-Atmosphäre kocht. (**F. P. 1 198 113** vom 30/5. 1958, ausg. 4/12. 1959. A. Prior. 31/5. 1957.) S. BÖTTCHER. 4809

Adolf Christian Josef Opfermann, **Pantothenol.** Zu. E. P. 776 733; C. **1958**. 11 026 ist nachzutragen: Man läßt α.γ-Dihydroxy-β.β-dimethylbutyramid (**I**) mit Allylalkohol (**II**) in ammoniakal. Lsg. oder in Ggw. NH_3-liefernder Substanzen bei 30—200° u. 1—50 at Druck reagieren. — Eine wss. Lsg. von I wird 12 Std. mit einer Lsg. von **II** in 25%ig. NH_4OH bei 18—25 at auf 150—180° erhitzt. — I wird mit **II** in CH_3OH 5 Std. in Ggw. von 3-Aminopropanol im Autoklaven auf 80° erhitzt. (**F. P. 1 179 939** vom 8/12. 1955, ausg. 29/5. 1959. D. Prior. 17/1. u. 8/8. 1955.) EBERHARD RIEDEL. 4809

British Drug Houses Ltd. (Erfinder: Vladimir Petrow und David Morton Williamson), London, England, **Δ^5-3β-Hydroxy-6-methylpregnen-20-on (Ia),** F. 159—160°; $[\alpha]_D^{26}$ 10°, erhält man durch Rk. von Δ^5-*3β*-Acetoxy-25D-spirosten mit N-Bromacetamid in Ggw. von $HClO_4$ u. von W.–Dioxan als Lsgm. → *3β-Acetoxy-5α-brom-25D-spirostan-6β-ol*, F. 223—226°; $[\alpha]_D^{21}$ —107°; daraus durch Oxydation mit CrO_3–Pyridin → *3β-Acetoxy-5α-brom-25D-spirostan-6-on*, F. 211—212°; $[\alpha]_D^{22}$ —173°, welches durch Erhitzen mit Zn-Staub–Essigsäure entbromt wird → *3β-Acetoxy-5α-25D-spirostan-5-on*, F. 222—224°; $[\alpha]_D^{22}$ —93°; daraus durch Grignardierung mit CH_3MgJ → *3β-Acetoxy-6α-methyl-5α-25D-spirostan-6β-ol*, F. 238—241°; $[\alpha]_D^{25}$ —85°, das sich durch Rk. mit $SOCl_2$ in Pyridin dehydratisieren läßt → *Δ^5-3β-Acetoxy-6-methyl-25D-spirosten* (**I**), F. 218—220°; $[\alpha]_D^{24}$ —129°; daraus durch Hydrolyse mit methanol. KOH → *Δ^5-3β-Hy-*

droxy-6-methyl-25D-spirosten, F. 181—182°; $[\alpha]_D^{20}$ —126°. I läßt sich sodann durch Rk. mit Caprylsäure–Caprylsäureanhydrid abbauen → *$\Delta^{5.20}$-6-Methyl-25D-furostadien-3β.26-diol*, F. 179°; $[\alpha]_D^{25}$ —81°, welches anschließend nach Acetylierung mit CrO_3 oxydativ abgebaut wird → *$\Delta^{5.16}$-3β-Acetoxy-6-methylpregnadien-20-on* (**II**), F. 121—123° $[\alpha]_D^{23}$ —60°; daraus durch Hydrolyse mit wss. KOH in Aceton → *$\Delta^{5.16}$-3β-Hydroxy-6-methylpregnadien-20-on*, F. 162—164°; $[\alpha]_D^{25}$ —50°. — **II** wird mit H_2 in Ggw. von Pd–$CaCO_3$ in Methanol hydriert → *Δ^5-3β-Acetoxy-6-methylpregnen-20-on*, F. 150—151°; $[\alpha]_D^{26}$ —3°, welches sich durch Hydrolyse mit methanol. K_2CO_3 überführen läßt → **I a**. — *Zwischenprodd. zur Herst. von Heilmitteln.* (**D. A. S. 1 081 456** Kl. 12o vom 21/8. 1958, ausg. 12/5. 1960. **F. P. 1 209 681** vom 27/8. 1958, ausg. 3/3. 1960. Beide E. Prior. 28/8. 1957 u. 13/8. 1958. **E. P.** 851 742 vom 28/8. 1957, ausg. 19/10. 1960.) U. SIEVERS. 4809

Merck & Co., Inc. (Erfinder: Norman L. Wendler und David Taub), **Herstellung von als Heilmittel für allergische Hauterkrankungen geeigneten $\Delta^{1.4}$-12-Halogen-3.20-diketopregnadienen** erfolgt durch *biolog. Dehydrierung* mittels *Bacillus sphaericus*-Kulturen in bekannter Weise. — Es werden so erhalten: *$\Delta^{1.4}$-12α-Fluor-* u. *12-α-Chlor-3.20-diketo-11β.21-dihydroxypregnadien*, die entsprechenden *-11β-hydroxy-21-acyloxypregnadiene*, bes. *-21-acetoxypregnadiene*; ferner *$\Delta^{1.4}$-12α-Fluor-* (oder *Chlor*)-*3.11.20-triketo-21-hydroxy-* (oder *-acyloxy-*, bes. *-acetoxy*)*-pregnadiene*. (**Aust. P. 218 756** vom 27/11. 1956, ausg. 18/12. 1958. A. Prior. 13/12. 1955.) H. MÖLLERING. 4809

Merck & Co., Inc. (Erfinder: Evelyn H. Wilson und Max Tishler, N.J.) V.St.A., **Herstellung von $\Delta^{1.4}$-3.11-Diketosteroidverbindungen.** Man läßt 4-Halogen-Δ^1-3.11-diketosteroide oder 2-Halogen-Δ^4-3.11-diketosteroide mit Halogenwasserstoff abspaltenden Mitteln reagieren. — 400 mg Δ^1-3.11.20-Triketo-17a-hydroxy-21-acetoxypregnen (vgl. Jap. A. S. 7083/1958; C. **1961.** 1299), F. 244—246°, löst man in 50 cm³ Eisessig, der 3 Tropfen 30%ig. HBr in Eisessig enthält, setzt eine Lsg. von 190 mg Br in 5 ml Eisessig unter Rühren in > 10 Min. zu u. rührt noch weitere 5 Min., gießt in 400 ml Eiswasser, extrahiert mit Chlf., wäscht den Extrakt mit $NaHCO_3$ u. W. u. erhält *Δ^1-4-Brom-3.11.20-triketo-17a-hydroxy-21-acetoxypregnen*. — 450 mg 2-Brom-Δ^4-3.11.20-triketo-17a-hydroxy-21-acetoxypregnen erhitzt man 1 Std. mit 11 cm³ Pyridin, säuert nach Abkühlen mit wss. H_2SO_4 an, extrahiert mit Chlf., entfernt letzteren im Vakuum, löst den Rückstand in einem Lsgm., chromatographiert über säuregewaschenem Ton u. erhält *$\Delta^{1.4}$-3.11.20-Triketo-17a-hydroxy-21-acetoxypregnadien*; daraus mit Alkali die 21-Hydroxyverbindung. (**Jap. A. S. 3368/1959** vom 13/1. 1956, ausg. 7/5. 1959. A. Prior. 14/1. 1955.) M. PANKOW. 4809

G. D. Searle & Co., Chicago, übert. von: David A. Tyner, Skokie, Ill., V.St.A., **16-Alkylöstratrien-3.16.17-triole und deren Derivate** erhält man durch Rk. der entsprechenden 16-Ketoöstradiolester oder -äther mit einer metallorgan. Verb. u. übliche Aufarbeitung des Rk.-Produktes. — Man setzt z. B. 16-Ketoöstradiol-3-methyläther unter den Bedingungen der GRIGNARD-Rk. mit CH_3MgBr um → *$\Delta^{1.3.5(10)}$-3-Methoxy-16-methylöstratrien-16.17-diol* (**I**), F. 179—181°; $[\alpha]_D$ 71°. — Analog: *$\Delta^{1.3.5(10)}$-3-Methoxy-16-äthylöstratrien-16.17-diol*, F. 130—131°. — **I** + Acetanhydrid in Pyridin → **I**-*17-Acetat*, F. 147—148,5°; **I**-*17-Benzoat*, F. 145—146,5°. — *$\Delta^{1.3.5(10)}$-3-Benzyloxy-16-methylöstratrien-16.17-diol*, F. 173—176°; $[\alpha]_D$ 60°. — *$\Delta^{1.3.5(10)}$-3-[p-Methylbenzyloxy]-16-methylöstratrien-16.17-diol*. — 16-Ketoöstradioldiacetat + CH_3MgBr → *$\Delta^{1.3.5(10)}$-16-Methylöstratrien-3.16.17-triol*, F. 249—259°; $[\alpha]_D$ 74,6°; *3.17-Diacetat*, F. 157—161°. — *$\Delta^{1.3.5(10)}$-3.17-Dimethoxy-16-methylöstratrien-16-ol*, F. 110,5—112°. — **I** + Acetanhydrid in Ggw. von p-Toluolsulfonsäure → **I**-*Diacetat*, F. 145—147°; $[\alpha]_D$ 81°. — **I** + Aceton in Ggw. von konz. HCl → **I**-*Acetonid*, F. 141—143,5°. — Östronmethyläther läßt sich mit Paraformaldehyd in Ggw. von Dimethylamin u. Isoamylalkohol überführen → *$\Delta^{1.3.5(10)}$-3-Methoxy-16-methylenöstratrien-17-on*, F. 132—133,5°; $[\alpha]_D$ 113°; daraus durch Rk. mit H_2O_2 in Ggw. von NaOH → *$\Delta^{1.3.5(10)}$-3-Methoxy-16-methyl-16.1'-epoxyöstratrien-17-on*, welches sich mit $LiAlH_4$ spalten läßt → isomeres **I**, F. 152—153°; $[\alpha]_D$ 78°; *17-Acetat*, F. 172—175°. — *Heilmittel.* (**A. P. 2 949 476** vom 8/1. 1957, ausg. 16/8. 1960.) U. SIEVERS. 4809

C. H. Boehringer Sohn (Erfinder: Karl-Heinz Hauptmann und Karl Zeile), Ingelheim, **3.12-Dihydroxy-11-oxo-23-bromspirostan (I a)**, F. 208—210°; $[\alpha]_D$ —33,5°, erhält man durch Kochen von Dibromhecogeninacetat mit K-Acetat in tert.-Butanol unter Rückfluß, Abkühlen der Lsg. u. Abtrennung des krist. Diacetats (Fraktion I). Die Mutterlauge hiervon wird in W. eingerührt, der Nd. abfiltriert (Fraktion II), getrocknet u. in sd. Methanol gelöst. Aus der sd. Lsg. kristallisieren die in 11-Stellung unsubstituierten 12-Oxo-Verbb. aus, F. 198—200°; sodann wird die Mutterlauge eingeengt, der Rückstand mit Fraktion I vereinigt, in tert.-Butanol gelöst, mit 6%ig. NaOH unter Rückfluß gekocht u. die Lsg. eingeengt u. mit W. verd., wobei **I a** abgeschieden wird. — *Zwischenprod.* zur Herst. von *Heilmitteln.* (**D. A. S. 1 092 913** Kl. 12o vom 5/3. 1959, ausg. 17/11. 1960.) U. SIEVERS. 4809

C. H. Boehringer Sohn (Erfinder: Karl-Heinz Hauptmann und Karl Zeile), Ingelheim, **Steroidpseudosapogenine** erhält man durch Erhitzen der entsprechenden Steroidsapogenine mit einem cycl. Dilacton auf höhere Temp. u. evtl. Verseifung oder Veresterung der erhaltenen Produkte. — Man erhitzt z. B. Hecogeninacetat mit Lactid 8 Std. auf 230—240° u. verseift anschließend mit methanol. KOH → *Pseudohecogenin,* F. 183—185°; $[\alpha]_D$ 102°. — Analog: *Pseudohecogeninacetat,* F. 89—92°; $[\alpha]_D$ 72°. — *Pseudodiosgenin,* F. 97—99°; $[\alpha]_D$ —27,5°. — *Pseudotigogenin,* F. 65—67°; $[\alpha]_D$ 3°. — *Pseudo-3.12-diacetoxy-11-oxospirostan,* F. 116—119°; $[\alpha]_D$ 4,5°. — *Pseudo-11-oxotigogenin,* F. 194—197°; $[\alpha]_D$ 75,5°. — *Zwischenprodd.* zur Herst. von *Heilmitteln.* (**D. A. S. 1 096 352** Kl. 12o vom 10/6. 1959, ausg. 5/1. 1961.) U. SIEVERS. 4809

Glaxo Laboratories Ltd., England, **Reinigung von Trijodthyronin** zur Entfernung von Dijodthyronin u. Thyroxin, dad. gek., daß man bei 15—35° mit NH_3 oder einer organ. Base (Methyl-, Äthyl-, Dimethyl-, Diäthyl-, Isopropyl-, Butylamin) u. einem K- oder Na-Salz Komplexsalze herstellt, die sich durch ihre unterschiedliche Löslichkeit in W. trennen lassen. (**F. P. 1 197 922** vom 15/1. 1958, ausg. 3/12. 1959. E. Prior. 15/1. 1957.) S. BÖTTCHER. 4809

Chas. Pfizer & Co., Inc., Brooklyn, übert. von: Melvin L. Berger, Flushing, N.Y., V.St.A., **Herstellung einer stabilen, injizierbaren wässerigen Penicillinsuspension,** dad. gek., daß man ein in W. unlösl. Penicillin, bes. Procain- oder Dibenzyläthylendiaminpenicillin, zusammen mit Saccharosedilaurat, ggf. unter Zusatz von kleinen Mengen Harnstoff u./oder Äthylendiamintetraessigsäure, in W. suspendiert. Dem Präp. kann noch Dihydrostreptomycin zugegeben werden. (**A. P. 2 951 015** vom 2/7. 1957, ausg. 30/8. 1960.) W. HEYER. 4811

Imperial Chemical Industries Ltd., London, England, **Pharmazeutische Präparate,** bestehend aus einem Na-, K- oder Ca-Salz des *Penicillins* u. 1—25, bes. 5—10% $CaCl_2$, $MgSO_4$, Na_2CO_3, Na_2HPO_4, K_2HPO_4, Na-Acetat, Gelatine u./oder K-Citrat. Diese Präpp. sind unter normalen Bedingungen stabil u. verfärben sich nicht. (**Ind. P. 60 115** vom 5/4. 1957, ausg. 24/9. 1958. E. Prior. 23/4. 1956.) H. NEBELSIEK. 4811

American Cyanamid Co., New York (Erfinder: Robert Winterbottom, Pearl River, und Peter Eichler, New City), N.Y., V.St.A., **Reinigen von Tetracyclin (I) und seinen Alkali- und Erdalkalisalzen.** Man löst das unreine I-Salz in einem polaren Lsgm. (Alkohole mit höchstens 5 C-Atomen, Alkoxyalkanole mit höchstens 4 C-Atomen), entfernt das Ungelöste, fügt W. bis zur Bldg. eines Nd. zu u. stellt das pH durch Zusatz von Säure auf 7—7,5 ein. Nach dem anderen Verf. wird aus I bei pH 8—10 das gewünschte Salz hergestellt, das dann ausgefällt wird. — Man löst 25 g I-Hydrochlorid in 150 cm^3 trockenem Methanol, gibt dann 14,6 cm^3 Triäthylamin zu, filtriert die Lsg. (pH 8,3), fügt 30 cm^3 W. zu u. stellt mit konz. HCl das pH auf 5,6 ein, wodurch 17,3 g reines I erhalten werden. — Zu 0,02 Mol I-Hydrochlorid in 50 cm^3 wasserfreiem Methanol gibt man 0,06 Mol frischdest. Triäthylamin, dann zu dieser Lsg. mit pH 9 unter starkem Rühren 0,02 Mol Ca-Lactat · 5 H_2O in 25 cm^3 heißem Methanol, wodurch das *Ca-Salz* von I sofort ausfällt. *Mg-Salz. Na-Salz.* — *Heilmittel.* (**Belg. P. 536 274** vom 7/3. 1955, ausg. 2/1. 1959. **Schwz. PP. 333 013** vom 7/3. 1955, ausg. 15/11. 1958 u. **333 365** vom 7/3. 1955, ausg. 29/11. 1958. Alle A. Prior. 8/3. 1954.) G. KRAUSS. 4811

Commercial Solvents Corp., Terre Haute, Ind., übert. von: Herbert M. Gross, Waukegan, Ill., V.St.A., **Herstellung von klaren, nicht nachtrübenden Bacitracinlösungen** durch Einstellen einer konz. wss. Lsg. auf pH 6,5—7,5. Durch Gefriertrocknen kann ein wieder lösl., nichttrübendes Prod. erhalten werden, das für parenterale, nasale oder ophthalmolog. Zwecke verwendet wird. — Beispiele. Tabellen. (**A. P. 2 889 251** vom 23/8. 1956, ausg. 2/6. 1959.) H. SCHINDLER. 4811

Chas. Pfizer & Co., Inc., Brooklyn, N.Y., V.St.A., **Herstellung eines neuen Antibioticums (Pa 166)** mit Hilfe von *Streptomyces glaucus* Nr. ATCC 12730 in wss. Nähr-Lsg., die ein Kohlenhydrat u. eine organ. N-Quelle enthält. Die fermentative Züchtung ist nach 1—4 Tagen bei ca. 24—30° beendet. (**Ind. P. 60 462** vom 11/5. 1957, ausg. 10/6. 1959.) H. NEBELSIEK. 4811

Heinz Stopsack, Theodor Elsäßer, Jena, und Peter Rodeck, Weimar, **Gewinnung eines neuen antibiotisch wirksamen Stoffes,** der als *Globismycin* bezeichnet wird. Eine Kultur-Lsg. von Actinomyces globisporus streptomycini, Kras. LS 1, wird mit einem Absorptionsmittel, wie Kohle oder Columbit, versetzt; danach wird die wss.

Phase abgetrennt u. der Rückstand mit einem mit W. mischbaren Lsgm., z. B. Aceton, extrahiert. Die Extraktions-Lsg. wird im Vakuum eingeengt u. das Konzentrat mit einem mit W. nicht mischbaren Lsgm., z. B. Chlf., extrahiert. Nach dem Abdestillieren wird der Rest durch Chromatographie, Gegenstromverteilung oder durch Umkristallisieren gereinigt. Nach der Vorzucht wird die Gärung bei 22—27° unter Belüftung durchgeführt. Die Nähr-Lsg. enthält 10 (%) Dextrose (fl.), 6,6 Sojamehl, 6,6 $CaCO_3$, 0,75 NaCl, 0,15 KH_2PO_4, 0,54 $(NH_4)_2SO_4$, 0,54 NH_4NO_3 u. 0,15 Sojaöl. (**D. P. [DDR] 20 948** Kl. 30h vom 12/2. 1959, ausg. 17/2. 1961 [Wirtschaftspatent].)

M. F. MÜLLER. 4811

American Cyanamid Co., New York, N.Y., übert. von: Robert Winterbottom, Pearl River, Harold Mendelsohn, Nanuet, N.Y., Siegfried Arthur Muller, Closter, N.J., und Jerry Robert Daniel McCormick, New City, N.Y., V.St.A., **Reinigen von Chlortetracyclin (I)**, das in Form wss. (Fermentations-) Lsgg. vorliegt, durch Salz-Bldg. mit organ. Sulfaten oder Sulfonaten der allg. Formeln RSO_2OH oder $ROSO_2OH$, worin R ein hydrophober organ. Rest ist. Das Molgew. dieser Verbb. soll 200—600 betragen. Das Verf. wird bei pH 1—3 durchgeführt. Aus den gebildeten Salzen kann das **I** z. B. mit HCl als das reine **I**-Hydrochlorid erhalten werden. Nach einem Beispiel wird zu einer wss. verunreinigten **I**-Lsg. das Na-Salz der 2.4-Dichlorphenol-6-sulfonsäure bei pH 2 gegeben. Die Extraktion der gebildeten Verb. erfolgt dann mit Methylisobutylketon, der konz. Extrakt wird mit HCl versetzt u. das **I**-Hydrochlorid erhalten. Entsprechend: **I**-*4-Hydroxyazobenzol-4'-sulfonat*, F. 235°; **I**-*2.4-Dichlorphenol-6-sulfonat*, F. 159—161° (Zers.); **I**-*2.4-Dinitronaphthol-7-sulfonat*, F. 206 bis 210° (Zers.); **I**-*2-Chlortoluol-5-sulfonat*; **I**-*2.5-dichlorbenzolsulfonat*; **I**-*4-Nitrochlorbenzol-2-sulfonat*, F. 169—173°; **I**-*2.9-Diäthyltridecan-6-sulfat*; **I**-*Tetradecylsulfat*; **I**-*Di-[2-äthylhexyl]-sulfosuccinat*. Eine weitere Verbesserung des Verf. wird durch einen Zusatz eines chelatbildenden Mittels vor der Zugabe der salzbildenden organ. Sulfate oder Sulfonate erreicht. In weiteren Beispielen werden Äthylendiamintetraessigsäure, Trinitrilotriessigsäure u. N-[2-Hydroxyäthyl]-äthylendiamin-N.N'.N'-triessigsäure eingesetzt. Der pK-Wert gegen Ca soll mindestens 7 betragen. Hierdurch wird das Ausfallen von Verunreinigungen zusammen mit den **I**-Salzen vermieden, so daß das Antibioticum in höchster Reinheit erhalten wird. (**A. P. 2 899 422** vom 31/8. 1956, ausg. 11/8. 1959.)

H. SCHINDLER. 4811

Max Factor & Co., Los Angeles, Calif., V.St.A., **Desinfizierend wirkende Mittel** zur *Bekämpfung von Seborrhöe-Erkrankungen* werden hergestellt aus einer Trägermasse, bes. wss. A. mit einem Netzmittel, der als akt. Bestandteile 0,001—0,2% einer germiciden quatern. Ammonium-Verb. der Formel $A(HO)N(R_1)(R_2)R_3$ (A = aliphat. C_8—C_{10}-Rest oder Aralkylrest mit 4 Ketten-C-Atomen; R = Alkyl-, Aryl-, Aralkyl- oder heterocycl. Reste, wobei N ein Ringglied sein kann oder jede Gruppe A oder R durch Heteroatome unterbrochen sein kann), oder ihre Salze, bes. *N-[Diisobutylphenoxyäthoxyäthyl]-N.N-dimethyl-N-benzylammoniumchlorid*, sowie 0,001—10% einer organ. Verb. mit einer an N gebundenen —S—CCl_3-Gruppe, bes. *N-[Trichlormethylmercapto]-cyclohexen-(4)-dicarboximid-(1.2)*, zugesetzt werden. — Vgl. E. P. 809 655; C. **1961.** 2029. (**Oe. P. 200 723** vom 22/9. 1955, ausg. 25/11. 1958. A. Prior. 8/10. 1954.)

EBERHARD RIEDEL. 4833

Dr. F. Raschig G. m. b. H., Ludwigshafen/Rh., übert. von: Wilhelm Mathes, Ludwigshafen/Rh., und Anton Wolf, Heidelberg, **Herstellung von Thiocyanalkylpyridinen** der allg. Formel I, worin R = H, ein Alkylpyridin oder ein Thiocyanalkylpyridin u. R' = H oder CH_3 darstellt, dad. gek., daß man ein entsprechendes Halogenalkylpyridin, bes. in alkohol. Lsg., unter Erhitzen mit einem anorgan. Salz der Thiocyansäure umsetzt.

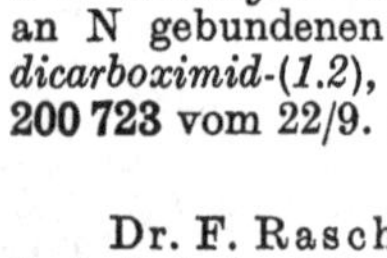

I

— Aus 3-Chlormethylpyridinhydrochlorid in CH_3OH u. KSCN → *3-Thiocyanmethylpyridinhydrochlorid*, F. 166—167° (Zers.); *Thiocyanat*, F. 110°; *4-Thiocyanmethylpyridin, Hydrochlorid*, F. 149—150° (Zers.), *Thiocyanat*, F. 120°; *2-Thiocyanmethylpyridin*, $Kp._4$ 139—140°, *Hydrochlorid*, F. 169—170°, *Thiocyanat*, F. 150°; ferner die *Thiocyanate* von: *6-Methyl-2-thiocyanmethylpyridin*, F. 136°; von *2-Thiocyanäthylpyridin*, F. 208—212°; von *4-Thiocyanäthylpyridin*, F. 149—150°, u. von *Di-[α-pyridyl]-1.2-dithiocyanäthan*, F. 181—182°; ferner *Di-[γ-pyridyl]-1.2-dithiocyanäthan, Dithiocyanat*, F. 180—181°. — *Bakteriostatica* gegenüber Mycobact. phlei, Staphylococcus aureus u. Bact. coli. (**A. P. 2 848 457** vom 11/7. 1956, ausg. 19/8. 1958.)

W. HEYER. 4833

H. Voigt, Berlin, *Wässerige Pflanzenextrakte*. (**Belg. P. 559 276** vom 16/7. 1957, ausg. 8/4.1960. D. Prior. 29/1. u. 24/6. 1957. — **C. 1960.** 13772 [E. P. 814 515].)

Farbwerke Hoechst Akt.-Ges., vormals Meister Lucius & Brüning (Erfinder: **Gustav Ehrhart, Heinrich Ott** und **Ernst Lindner**), *Herstellung neuer α-Amino-β-hydroxycarbonsäureamide.* (**Aust. P. 218 003** vom 6/6. 1956, ausg. 13/11. 1958. D. Prior. 21/12. u. 22/12. 1955. — C. **1960.** 10322 [Oe. P. 196 393].)

Løvens Kemiske Fabrik ved A. Kongsted, Kopenhagen (Erfinder: **Carl Lund Jensen,** Holte), Dänemark, *2-Hydroxy-4-aminobenzoesäurephenylester.* (**Schwz. P. 347 533** vom 31/8. 1956, ausg. 31/8. 1960. E. Prior. 8/9. 1955. — C. **1959.** 3234 [D. A. S. 1 034 189].)

Chinoin Gyógyszer és Vegyészeti Termékek Gyára R.T. (Erfinder: **Endre Zalay, Tamas Halasz, Jozsef Bagossy** und **Imre Halmos**), *Herstellung der Aluminiumsalze substituierter Salicylsäuren.* (**Aust. P. 218 741** vom 25/7. 1956, ausg. 18/12. 1958. Ung. Prior. 29/7. 1955 u. 29/4. 1956. — C. **1959.** 3974 [F. P. 1 155 205].)

Monsanto Chemicals Ltd. (Erfinder: **William Edward Hamer** und **Gordon Victor Phillips**), *Auskristallisieren von Acetylsalicylsäure.* (**Aust. P. 216 504** vom 25/3. 1957, ausg. 28/8. 1958. E. Prior. 28/3. 1956. — C. **1960.** 12771 [F. P. 1 169 969].)

Boots Pure Drug Co. Ltd. (Erfinder: **Peter Oxley, Gerald Woolfe, Norman William Bristow, James Fraser, George Alfred Harrison Williams** und **Eric Charles Wilmshurst**), Nottingham, England, *Amoebicid wirksame Ester.* (**D. A. S. 1 091 575** Kl. 12q vom 27/10. 1956, ausg. 27/10. 1960. E. Prior. 3/11. 1955. — C. **1959.** 15774 [E. P. 794 762].)

Ed. Geistlich Söhne Akt.-Ges. für Chemische Industrie, Wolhusen, Schweiz, *Antituberculostatica.* (**Schwed. P. 157 080** vom 26/4. 1954, ausg. 4/12. 1956. Schwz. Prior. 24/11., 7/12. 1953 u. 8/3. 1954. — C. **1956.** 10297 [Oe. P. 183 870].)

British Schering Ltd., London, England, *Analytische Mittel.* (**Ind. P. 60 270** vom 23/4. 1957, ausg. 5/11. 1959. E. Prior. 26/4. 1956. — C. **1960.** 15833 [E. P. 831 071].)

Farbenfabriken Bayer Akt.-Ges., Leverkusen, *1-Aralkylthiosemicarbazide.* (**E. P. 664 468** vom 5/9. 1949, ausg. 9/1. 1952. Schwz. Prior. 20/9. 1948. — C. **1952.** 3052 [D. B. P. 824 057].)

Haco-Gesellschaft Akt.-Ges., Gümlingen, Schweiz, *Thiosemicarbazone.* (**Ind. P. 49 876** vom 9/7. 1953, ausg. 25/11. 1955. — C. **1956.** 2830 [E. P. 731 030].)

Irwin, Neisler & Co., Decatur, Ill., V.St.A., *Komplexsalz des α-Methylphenetylamins.* (**Schwed. P. 157 007** vom 28/2. 1956, ausg. 27/11. 1956. A. Prior. 8/3. 1955. — C. **1960.** 6925 [D. A. S. 1 069 636].)

Farbwerke Hoechst Akt.-Ges., vormals Meister Lucius & Brüning, Frankfurt/M. (Erfinder: **Walter Siedel,** Bad Soden, **Helmut Nahm** und **Henning Pini,** Frankfurt/M.), *Herstellung von Jodthyroninderivaten.* (**D. A. S. 1 067 826** Kl. 12q vom 24/12. 1955, ausg. 29/10. 1959. — C. **1960.** 10321 [Oe. P. 197 814].)

Farmaceutici Italia Soc. An. (Erfinder: **Maria Luisa Scarpatti** und **Giovanna Oriente**), Mailand, Italien, *Gewinnung von 1.4-Dikaffeylchinasäure.* (**Schwz. P. 342 567** vom 2/9. 1957, ausg. 15/1. 1960. It. Prior. 6/9. 1956. Zusatz zu Schwz. P. 336 819; C. 1961. 588. — C. **1960.** 6588 [D. A. S. 1 039 194].)

Schering Akt.-Ges., Berlin, *Herstellung substituierter 2-Aminomethylhydrindenverbindungen.* (**Holl. P. 95 600** vom 7/12. 1954, ausg. 15/10. 1960. D. Prior. 12/12. 1953. — C. **1958.** 2817 [D. B. P. 946 800].)

J. R. Geigy Akt.-Ges., Basel (Erfinder: **Walter Schindler,** Riehen, und **Franz Häfliger,** Basel), Schweiz, *Herstellung von 5-Hydroxyisotryptophan.* (**Schwz. P. 342 223** vom 12/4. 1956, ausg. 31/12. 1959. **E. P. 804 237** vom 10/4. 1957, ausg. 12/11. 1958. Schwz. Prior. 12/4. 1956. — C. **1960.** 9654 [F. P. 1 171 143].)

J. R. Geigy Akt.-Ges., Basel, Schweiz, *Pyrazolidincarbonsäuren.* (**E. P. 811 700** vom 30/7. 1957, ausg. 8/4. 1959. Schwz. Prior. 3/8. 1956. — C. **1960.** 13119 [Oe. P. 200 141].)

May & Baker Ltd., Dagenham, übert. von: **Arthur Adams,** Essex, und **Ronald Slack,** London, England, *5-Amino-3-methylisothiazol.* (**A. P. 2 871 243** vom 21/10. 1957, ausg. 27/1. 1959. E. Prior. 26/10. 1956. **Belg. P. 561 833** vom 22/10. 1957, ausg. 20/5. 1960. E. Prior. 26/10. 1956 u. 16/10. 1957. — C. **1960.** 6925 [D. A. S. 1 068 716].)

American Cyanamid Co. (Erfinder: **Richard William Young**), *Herstellung von substituierten heterocyc ischen Sulfonamiden.* (**Aust. P. 204 130** vom 18/1. 1955, ausg. 13/12. 1956. A. Prior. 27/1. 1954. — C. **1957.** 207 [A. P. 2 744 907].)

Richter Gedeon Vegyészeti Gyár R. T. (Erfinder: **Miklós Kraut, Lajos Toldy** und **László Vargha**), Budapest, Ungarn, *Herstellung von substituierten Diaminen.* (**D. A. S. 1 091 117** Kl. 12p vom 14/5. 1956, ausg. 20/10. 1960. Ung. Prior. 17/5. 1955. — C. **1960.** 15492 [Oe. P. 201 060].)

Sandoz Akt.-Ges., Basel, Schweiz, *Herstellung neuer Piperidinderivate mit pharmakodynamischen Eigenschaften.* (**Holl. P. 94 020** vom 11/2. 1957, ausg. 19/4. 1960. Schwz. Prior. 13/2. 1956. **Ind. P. 59 746** vom 25/2. 1957, ausg. 8/8. 1958. — C. **1960.** 16852 [Oe. P. 196 385].)

Ciba Ltd. (Erfinder: **Karl Hoffmann, Jules Heer, Ernst Sury** und **Ernst Urech**), *Substituierte Piperidine.* (**Aust. P. 204 628** vom 1/7. 1954, ausg. 3/1. 1957. Schwz. Prior. 6/7. u. 24/8. 1953. — C. **1957.** 8296 [E. P. 756 713].)

Merck & Co., Inc., Rahway (Erfinder: **Karl Pfister** und **Arsenio Allessandro Pessolano,** Linden), N.J., V.St.A., *Herstellung von N-[β-Phenyläthyl]-4-phenyl-4-carbalkoxypiperidinen.* (**Schwz. P. 346 215** vom 12/5. 1956, ausg. 30/6. 1960. A. Prior. 26/5. 1955. — C. **1960.** 15833 [Aust. P. 217 777].)

Sandoz Ltd., Basel, Schweiz, *[N-Methyl-4-piperidon]-isonicotinoylhydrazon.* (**E. P. 843 692** vom 20/11. 1957, ausg. 10/8. 1960. Schwz. Prior. 13/12. 1956 u. 22/7. 1957. — C. **1960.** 14115 [Oe. P. 201 062].)

Farbenfabriken Bayer Akt.-Ges., Deutschland, *Herstellung von S-haltigen Isonicotinsäurederivaten.* (**F. P. 1 184 511** vom 27/8. 1954, ausg. 22/7. 1959. D. Prior. 28/8. 1953. — C. **1958.** 4873 [E. P. 758 149].)

Soc. des Usines Chimiques Rhône-Poulenc, Paris, Frankreich, *Herstellung von Benzodioxanderivaten.* (**E.P. 827 437** vom 8/1. 1958, ausg. 3/2. 1960. F. Prior. 8/1. 1957. — C. **1960.** 8274 [A. P. 2 887 484].)

Burroughs Wellcome & Co. (Australia) Ltd., London, England, *Herstelleung von 4.5-Diamino-6-mercaptopyrimidinen.* (**Aust. P. 168 185** vom 8/4. 1954, ausg. 3/1. 1957. — C. **1960.** 13457 [A. P. 2 721 866].)

Farbwerke Hoechst Akt.-Ges., vormals Meister Lucius & Brüning, Frankfurt/M., übert. von: **Heinrich Ruschig** und **Walter Siedel,** Bad Soden, **Heinrich Ledltschke, Manfred Schorr** und **Georg Lammler,** Frankfurt/M., und **Dieter Schmidt-Barbo,** Hofheim, *Dicarbonsäuremonopiperazide von 1-[3'-Halogen-4'-methylphenyl]-piperazin.* (**A. P. 2 875 205** vom 19/10. 1956, ausg. 24/2. 1959. D. Prior. 29/10. 1955. — C. **1960.** 9654 [F. P. 1 171 350].)

J. R. Geigy Akt.-Ges. Basel, Schweiz (Erfinder: **Vincent C. Barry, James B. Belton, Michael L. Conalty, Dermot Twomey, J. F. O'Sullivan,** Dublin, und **Ernst Hodel,** Basel, Schweiz), *2-Arylamino-3-imino-*

5-aryl-3.5-dihydrophenazine. (**D. A. S. 1 079 055** Kl. 12p vom 26/4. 1957, ausg. 7/4. 1960. Schwz. Prior. 27/4. 1956. — C. **1960.** 12776 [Oe. P. 202 150].)

J. R. Geigy Akt.-Ges., Basel, Schweiz, *Herstellung von Phenazinderivaten.* (**Oe. P. 199 656** vom 26/4. 1957, ausg. 25/9. 1958. Schwz. Prior. 4/10. 1956. — C. **1960.** 6927 [D. A. S. 1 059 462].)

Merck & Co., Inc. (Erfinder: **Glenn S. Skinner** und **John B. Bicking**), *Herstellung von 3.5-Thiamorpholindionen.* (**Aust. P. 215 661** vom 18/5. 1955, ausg. 10/7. 1958. A. Prior. 19/5. 1954. — **1960.** 11396 [F. P. 1 171 940].)

Ravensberg G.m.b.H., Chemische Fabrik (Erfinder: **Harm Siemer, Fritz Kurzen** und **Adolf Doppstadt**), Konstanz, *Herstellung des Phenyl-α-äthyl-essigsäure-β'-[2-phenyl-3-methyl-morpholino-(4)]-äthylesters.* (**D. A. S. 1 065 848** Kl. 12p vom 27/12. 1954, ausg. 24/9. 1959. **E. P. 795 789** vom 23/12. 1955, ausg. 28/5. 1958. **Schwz. P. 339 927** vom 24/12. 1955, ausg. 15/9. 1959. **Holl. P. 93 171** vom 24/12. 1955, ausg. 15/1. 1960. Alle D. Prior. 27/12. 1954. — C. **1960.** 13846 [A. P. 2 868 786].)

Établissement Clin-Byla Soc. An., Paris (Erfinder: **Josef Schmitt**, L'Hay-les-Roses), Frankreich, *10-[Aminoalkyl]-phenthiazinderivate.* (**Schwz. P. 340 825** vom 13/4. 1956, ausg. 31/10. 1959. **E. P. 816 582** vom 4/5. 1956, ausg. 15/7. 1959. **Belg. P. 546 956** vom 12/4. 1956, ausg. 23/10. 1959. Alle F. Prior. 30/6. 1955. — C. **1960.** 7939 [Oe. P. 199 189].)

Soc. des Usines Chimiques Rhône-Poulenc, Paris, Frankreich, *Herstellung von Phenthiazinderivaten.* (**Aust.P. 168 146** vom 23/4. 1953, ausg. 15/11. 1956. E. Prior. 23/4. 1953. — C. **1957.** 9463 [Oe. P. 188 331].)

Soc. des Usines Chimiques Rhône-Poulenc, Paris, Frankreich, *Herstellung von Phenthiazinderivaten.* (**Aust. P. 168 173** vom 7/4. 1954, ausg. 13/12. 1956. — C. **1960.** 1944 [F. P. 1 167 440].)

Sandoz Akt.-Ges. (Erfinder: **Jany Renz, Jean Pierre Bourquin, Leo Ruesch** und **Gustav Schwarb**), Basel, Schweiz, *Phenthiazinderivate.* (**D. A. S. 1 076 135** Kl. 12p vom 28/10. 1957, ausg. 25/2. 1960. Schwz. Prior. 23/11. u. 20/12. 1956 u. 22/2. 1957. — C. **1960.** 9312 [Oe. P. 199 191].)

United States Vitamin Corp. (Erfinder: **Louis Freedman** und **Seymour Louis Shapiro**), *Herstellung von 2-Amino-4-cyclohexylamino-1.3.5-triazin und seinen Salzen.* (**Aust. P. 204 607** vom 13/10. 1954, ausg. 3/1. 1957. A. Prior. 16/10. 1953. — C. **1957.** 1751 [E. P. 758 174].)

Ortho Pharmaceutical Corp., Raritan, N.J., V.St.A., *Herstellung von Anhydrovitamin A und Derivaten von Vitamin A.* (**Aust. P. 168 172** vom 19/3. 1954, ausg. 13/12. 1956. A. Prior. 20/3. 1953. — C. **1959.** 4903 [A. P. 2 819 316].)

F. Hoffmann-La Roche & Co. Akt.-Ges., Basel, Schweiz, *Herstellung von Carotinoiden.* (**Holl. P. 92 987** vom 18/8. 1956, ausg. 15/12. 1959. Schwz. Prior. 31/8. 1955. — C. **1960.** 12536 [D. A. S. 1 021 362].)

Lepetit S. p. A., übert. von: **Vitangelo D'Amato**, Mailand, Italien, *Tetrahydroformylpteroylglutaminsäure (= Leucovorin)*, (**A. P. 2 927 113** vom 13/10. 1958, ausg. 1/3. 1960. E. Prior. 14/10. 1957. — C. **1960.** 7940 [D. A. S. 1 075 624].)

National Research Development Corp., London, England, *Gewinnung von Ascorbinsäure.* (**Aust. P. 168 168** vom 29/3. 1954, ausg. 6/12. 1956. E. Prior. 27/3. 1953. — C. **1960.** 2282 [E. P. 760 575].)

E. Merck Akt.-Ges. (Erfinder: **Christel Engelking** und **Hermann Kunze**), *Erhöhen der Stabilität von Ascorbinsäure gegen chemische und physikalische Einflüsse.* (**Aust. P. 217 721** vom 29/7. 1957, ausg. 6/11. 1958. D. Prior. 20/10. 1956. — C. **1960.** 6591 [D. A. S. 1 051 848].)

Soc. des Usines Chimiques Rhône-Poulenc, Paris, Frankreich, *Betainascorbat.* (**E. P. 807 418** vom 20/5. 1957, ausg. 14/1. 1959. F. Prior. 15/6. 1956.) — C. **1960.** 6929 [A. P. 2 868 804].)

Laboratoires Français de Chimiothérapie, Paris, Frankreich, *Herstellung von Polyvitaminpräparaten.* (**Belg. P. 559 572** vom 26/7. 1957, ausg. 8/4. 1960. F. Prior. 27/7. 1956. — C. **1960.** 8610 [Holl. P. 92 777].)

E. F. Drew & Co., Inc. (Erfinder: **Vigen Khachig Babayan**, Livingston, N. J., und **George Barsky**), New York, N.Y., V.St.A., *Herstellung von gemischten Triglyceriden gesättigter Fettsäuren.* (**D. A. S. 1 071 686** Kl. 12c vom 6/3. 1957, ausg. 24/12. 1959. A. Prior. 24/7. 1956. — C. **1960.** 6661 [E. P. 813 881].)

Olin Mathieson Chemical Corp., New York, N.Y., V.St.A., *Herstellung fluorsubstituierter Steroide.* (**Holl. P. 93 007** vom 16/5. 1957, ausg. 15/12. 1959. A. Prior. 16/5. 1956. — C. **1960.** 11397 [D. A. S. 1 070 177].)

Glaxo Laboratories Ltd. (Erfinder: **Alan Gibson Long** und **John Selwyn Hunt**), *Herstellung von 2.4-Dibrom-3-keto-11β-hydroxyallosteroiden.* (**Aust. P. 219 378** vom 25/7. 1957, ausg. 22/1. 1959. E. Prior. 30/7. 1956. — C. **1960.** 13461 [E. P. 813 756].)

Ciba Ltd., Basel, Schweiz, *Einführung einer 14α-Hydroxygruppe in ein Steroid der 14H-Pregnanreihe.* (**Holl. P. 95 692** vom 29/9. 1956, ausg. 15/10. 1960. Schwz. Prior. 30/9. 1955. — C. **1959.** 14507 [D. A. S. 1 049 858].)

Olin Mathieson Chemical Corp., New York, N.Y., übert. von: **Richard W. Thoma**, Somerville, und **Josef Fried**, New Brunswick, N.J., V.St.A., *1-Dehydroverbindungen der Pregnanreihe.* (**A. P. 2 880 217** vom 6/4. 1956, ausg. 31/3. 1959. — C. **1960.** 13123 [F. P. 1 169 860].)

Monsanto Chemical Co., St. Louis, Mo., V.St.A., *3-Keto-$\Delta^{4.9(11).16}$-D-homoandrostatrien (Norprogesteron).* (**Aust. P. 168 183** vom 11/3. 1954, ausg. 3/1. 1957. A. Prior. 30/3. 1953. — C. **1957.** 11104 [E. P. 749 214].)

Organon Laboratories Ltd. (Erfinder: **Colin Leslie Hewett**), *19-Nortestosteron-17β-phenylpropionat.* (**Aust. P. 214 022** vom 17/5. 1956, ausg. 17/4. 1958. Holl. Prior. 20/5. 1955. — C. **1960.** 10325 [Schwz. P. 342 568].)

N. V. Organon, Oss, Holland, bzw. **Organon Laboratories Ltd.**, London, England, *Herstellung zinkhaltiger Suspensionen des adrenocorticotropen Hormons.* (**Holl. P. 94 384** vom 24/7. 1958, ausg. 16/5. 1960. A. Prior. 5/9. 1957. Zusatz zu Holl. P. 79 193; C. 1958. 7346. **E. P. 839 300** vom 25/8. 1958, ausg. 29/6. 1960. A. Prior. 5/9. 1957. Zusatz zu E. P. 757 934; C. 1957. 11386. — C. **1960.** 15837 [A. P. 2 880 139].)

Merck & Co., Inc., Rahway, N.J., V.St.A., *Gewinnung und Reinigung saurer oder basischer Antibiotica.* (**Belg. P. 567 850** vom 20/5. 1958, ausg. 12/8. 1960. A. Prior. 21/5. 1957. — C. **1960.** 17212 [D. A. S. 1 072 774].)

Farbenfabriken Bayer Akt.-Ges., Leverkusen (Erfinder: **Werner Meiser**, Wuppertal), *Herstellung von in p-Stellung nitrierten DL- bzw. D(—)-threo-1-Phenyl-2-azidoacetylamino-1.3-propandiol.* (**D. A. S. 1 051 282** Kl. 12q vom 24/1. 1956, ausg. 26/2. 1959. — C. **1960.** 6594 [Oe. P. 196 869].)

Parke, Davis & Co., Detroit, Mich., V.St.A., *Herstellung von therapeutisch wirksamen Δ^2-Oxazolinen.* (**It. P. 513 606** vom 26/4. 1951. A. Prior. 29/4. 1950. — C. **1954.** 7706 [D. B. P. 896 808].)

Merck & Co., Inc., Rahway, N.J., V.St.A., *Isolierung von Penicillin G.* (**It. P. 513 452** vom 30/8. 1947. A. Prior. 11/9. 1946. — C. **1955.** 4889 [F. P. 1 015 485].)

Merck & Co., Inc., Rahway, N.J., V.St.A., *Herstellung von Penicillin-G-Salzen.* (**It. P. 513 455** vom 8/10. 1948. A. Prior. 17/10. 1947. — C. **1953.** 581 [F. P. 988 629].)

Bristol Laboratories, Inc. (Erfinder: **M. A. Kaplan**), New York, N.Y., V.St.A., *Herstellung von Tetracyclin-Präparaten.* (**Belg. P. 557 757** vom 23/5. 1957, ausg. 11/3. 1960. A. Prior. 27/9. 1956. — C. **1960.** 9989 [D. A. S. 1 068 701].)

Chas. Pfizer & Co., Inc., Brooklyn, N.Y., V.St.A., *Herstellung einer beständigen wäßrigen Oxytetracyclin-Zubereitung.* (**Belg. P. 556 243** vom 29/3. 1957, ausg. 26/2. 1960. A. Prior. 30/3. 1956. — C. **1960.** 14795 [A. P. 2 903 395].)

Pfizer Corp., Colon, Panama, *Herstellung einer wäßrigen, stabilen Injektionslösung von Salzen des Tetracyclins oder Oxytetracyclins.* (**E. P. 832 424** vom 20/9. 1957, ausg. 13/4. 1960. D. Prior. 23/11. 1956. — C. **1960.** 13779 [D. A. S. 1 074 820].)

Schenley Industries, Inc., V.St.A. (Erfinder: **Isidoro Caldas jun.** und **Justin J. Murtaugh**), *Herstellung von entwässertem Streptomycintrihydrochlorid.* (**F. P. 1 17 338** vom 23/4. 1957, ausg. 10/3. 1959. A. Prior. 24/8. 1956. — C. **1960.** 11398 [A. P. 2 882 270].)

Chas. Pfizer & Co., Inc., Brooklyn (Erfinder: **Frank Cook Pennington**, Mineola, und **Isaiha Abraham Solomons**, Garden City), N.Y., V.St.A., *Streptomycylidenisonicotinsäurehydrazon.* (**D. A. S. 1 069 618** Kl. 12o vom 1/7. 1953, ausg. 26/11. 1959. **E. P. 779 142** vom 26/6. 1953, ausg. 17/7. 1957. Beide A. Prior. 1/7. 1952, 27/5. u. 28/5. 1953. — C. **1960.** 6930 [Belg. P. 521 080].)

Soc. des Usines Chimiques Rhône-Poulenc, Paris, Frankreich, *Spiramycinester.* (**E. P. 796 311** vom 23/11. 1956, ausg. 11/6. 1958. F. Prior. 1/12. 1955. — C. **1960.** 16526 [D. P. [DDR] 15 843].)

Bristol Laboratories, Inc., New York, N.Y., V.St.A., *Herstellung einer stabilen wäßrigen Calcium-Amphomycin-Lösung.* (**E. P. 813 896** vom 28/10. 1957, ausg. 27/5. 1959. A. Prior. 19/11. 1956. — C. **1960.** 9315 [Oe. P. 204 696].)

Chas. Pfizer & Co., Inc. (Erfinder: **Walter Daniel Celmar, Hans Eugen Els** und **Kotaro Murai**), *Herstellung von Chloroleandomycin (Antibioticum) und seinen Salzen.* (**Aust. P. 218 157** vom 27/11. 1956, ausg. 20/11. 1958. A. Prior. 30/1. 1956. — C. **1960.** 6255 [D. A. S. 1 064 07 3

Bristol Laboratories, Inc., East Syracuse, N.Y., V.St.A., *Herstellung und Gewinnung des Antibioticums C 159.* (**E. P. 814 794** vom 17/9. 1957, ausg. 10/6. 1959. **Belg. P. 561 069** vom 24/9. 1957, ausg. 20/5. 1960. Beide A. Prior. 24/9. 1956. — C. **1960.** 925 [Oe. P. 203 631].)

J. Drescher, Berlin, *Herstellung von Vaccinen.* (**Belg. P. 565 793** vom 17/3. 95 , ausg. 29/7. 1960. D. Prior. 19/3. 1957. — C. **1959.** 4248 [D. A. S. 1 041 647].)

G. Analyse. Laboratorium

Untersuchung von Manometern mit thermischer Leitfähigkeit: Thermopaar-Manometer. Cristóbal S. Martín und José L. de Segovia. (An. Real Soc. españ. Física Quím., Ser. A **56.** 151—58. Mai/Juni 1960. Inst. „L. Torre Quevedo", Secc. de Alto Vacío.) (Span.)

Das bekannteste Manometer dieser Art ist PIRANI [1906] zu verdanken. Es beruht auf der Abhängigkeit der therm. Leitfähigkeit der Gase vom Druck. Zwischen einem elektr. beheizten Metalldraht u. der Wand des umgebenden Zylinders stellt sich ein radialer Wärmeaustausch ein, der vom zu messenden Gasdruck abhängt. Eine theoret. Unters. betrifft die Empfindlichkeit $S = dT_F/dp$, wenn T_F die Temp. des Metallfadens u. p den Gasdruck in μHg bedeuten, solcher Instrumente u. zeigt die Druckabhängigkeit der T_F mit einem S-Maximum bei ca. 24° für einen Konstantandraht von 4,5 cm Länge u. $5 \cdot 10^{-3}$ cm ∅, weiter die Abhängigkeit der T_F von der Temp. der Umgebung, von der Art des Gases (n-Butan mit höherer S als Luft u. CO_2), von den Drahtabmessungen (S wächst mit der Drahtlänge, wobei sich aber der Meßbereich verringert) u. vom Alter des Drahts infolge Änderung seiner Oberflächenstruktur. Eine prakt. Konstruktion mit Konstantandraht von 0,01—0,005 cm ∅ als Vers.-Objekt u. Thermopaar aus Konstantan-Fe von 0,01 cm ∅, beide in einem leicht auf- u. abzubauenden Behälter aus Metall oder aus Pyrexglas (dies mit W-Durchführungen) wird beschrieben. Eine Tabelle gibt die Abhängigkeit des Fehlers der Druck-Best. Δp in % von $\Delta p:\Delta V$, wenn V die Heizspannung ist. W. METZENER. 5016□

Eine registrierende automatische Waage. Bjarne Regnell. (Teknillisen Kemian Aikakauslehti **17.** 473—80. 15/9. 1960.) (Finn.)

Die Waage arbeitet nach dem Prinzip der Kraftkompensation, wobei ein Permanentmagnet in eine stromdurchflossene Spule ragt, deren Strom von einem Indicator-Syst., das als Differentialtransformator ausgebildet ist, über einen Gleichstromverstärker verändert wird. Anwendungen, z. B. Best. der Temp.-Abhängigkeit der magnet. Susceptibilität, werden besprochen. M. GRENACHER. 5022□

Ionenvakuumpumpen. Lewis D. Hall. (Science [Washington] **128.** 279—85. 8/8. 1958. Palo Alto, Calif., Varian Assoc.) (Engl.)

Übersicht über moderne Ionenvakuumpumpen. — 22 Literaturangaben.
C. GOTTFRIED. 5026

Thermowiderstand-betriebener, automatischer Destillationsunterbrecher. Arpad Elo jun. (Chemist-Analyst **49.** 86—87. Sept. 1960. Chicago, Ill., Nalco Chem. Co., Catalyst Div.) (Engl.)

Zur rechtzeitigen Unterbrechung von Crack-Dest. wird ein elektron. Automat nebst einem Schaltschema angegeben, der durch die im Katalysator im Verlauf der Dest. auftretenden Temp.-Änderungen über einen dort befindlichen Thermowiderstand gesteuert wird. G. PANKOW. 5038□

Über den heutigen Stand und über die Perspektiven der kinetischen Methoden der analytischen Chemie. J. Bognár. (Acta chim. Acad. Sci. hung. **26.** 17–28. 1961. Miskolc, TU für Schwerind., Lehrstuhl für Chem.) (Dt.)

Es wird in einer Übersicht die Entw. der kinet. Meth. der Analyse in ihren wichtigsten Zügen bzw. die Richtlinien, die bei ihrer Weiter-Entw. zu befolgen sind, dargestellt. — 87 Literaturangaben. W. HAMPEL. 5050□

Gaschromatographie. P. Trinler. (Chem. Rdsch. [Solothurn] **13.** 427–29. 1/9. 1960. Zürich, Bachofen & Co.) (Dt.)

Kurze Mitt. über Verw. der Gaschromatographie u. quant. Analysen mit dem PYE-Argon-Chromatograph (Beispiele: Trennung von Phenolisomeren, von Tetra- u. Tri-O-methyläther, von Methyl-α- u. -β-D-glucopyranosiden, von Fettsäuren aus Fetten von menschlichem Kot, Chromatogramm von unreinem n-Pentanol). W. LUCHSINGER. 5062□

Eine Anreicherungsfalle zum Gebrauch in Verbindung mit Capillar-Kolonnen. R. Self. (Nature [London] **189.** 223. 21/1. 1961. Aberdeen, Ministry of Agricult., Fisheries and Food, Res. Establ.) (Engl.)

Vff. beschreibt eine mit der gleichen Phase wie die Trennsäule gefüllte Falle, mit Hilfe derer bei tiefen Temp. das Einführen von flüchtigen Verbb., wie sie z. B. beim Kochen von Kartoffeln auftreten, in Gaschromatographiesäulen möglich ist. W. SCHWEERS. 5062□

Ein Reflektometer für das Vakuum-Ultraviolett. Abbott Smith. (J. opt. Soc. America **50.** 862–64. Sept. 1960. Rochester, N.Y., Univ. of Rochester, Inst. of Opt.) (Engl.)

Ein Reflektometer zur Messung der abs. Reflexion im Vakuum-UV wird beschrieben. Die App. ist für den Wellenlängenbereich 800–2500 Å u. einen Einfallswinkel zwischen 15 u. 80° anwendbar. Die Reflexionskurve eines KCl-Kristalls wurde bei einem Einfallswinkel von 20° zwischen 850 u. 2000 Å aufgenommen. W. BETCKE. 5063□

Chronopotentiometrische Übergangszeiten und ihre Deutungen. W. H. Reinmuth. (Analytic. Chem. **33.** 322–25. März 1961. New York, N.Y., Columbia Univ., Dep. of Chem.) (Engl.)

Ist in einem chronopotentiometr. Prozeß dem Ladungsübergang eine chem. Rk. oder ein Adsorptionsvorgang vorgelagert, so wird die chronopotentiometr. Übergangszeit (τ) oft durch Änderungen der Vers.-Parameter beeinflußt. Es lassen sich für τ allg. Ausdrücke ableiten, wie Vf. am Beispiel vorgelagerter Rkk. p-ter Ordnung $pY \rightleftharpoons O \rightarrow R$ (O = Depolarisator, R = Red.-Prod.) u. des Rk.-Typs $Y \rightleftharpoons pO \rightarrow R$ zeigt. Ähnliche Ansätze gelten bei Kenntnis der Art der Adsorptionsisothermen auch für vorgelagerte Adsorptionsvorgänge. Umgekehrt kann aus zwei experimentell gewonnenen Beziehungen ($i\tau^{1/2}/i$ bei konst. Konz. u. $\tau^{1/2}/C$ bei konst. i) auf den Rk.-Mechanismus des vorgelagerten Vorgangs geschlossen werden. E. MOISAR. 5066□

Störung der Chronopotentiogramme durch Einflüsse der Doppelschicht und der Oberflächenrauhigkeit. W. H. Reinmuth. (Analytic. Chem. **33.** 485–87. April 1961. New York, N.Y., Columbia Univ., Dep. of Chem.) (Engl.)

Experimentell gewonnene chronopotentiometr. Potential-Zeit-Kurven weichen, bes. bei höheren Stromdichten, aus zwei Gründen oftmals merklich vom theoret. Verlauf ab: Die Rauhigkeit der Elektrodenoberfläche bedingt örtliche Schwankungen der Stromdichte; jedoch macht sich dieser Einfl. bei Rauhigkeitsamplituden von ca. 10 μm nur bei sehr kurzen Transitionszeiten ($< 10^{-3}$ s) bemerkbar. Von größerem Einfl. ist die Kapazität der Elektrodendoppelschicht, durch deren Aufladung ein merklicher Teil des Gesamtstroms verbraucht wird, wobei die vor u. nach der Elektroden-Rk. liegenden Kurventeile im Potential-Zeit-Diagramm aufgestellt werden u. die Transitionszeit verlängert wird. Vf. zeigt, daß eine einfache Extrapolation (analog der Kapazitätsstromkompensation der normalen Polarographie) zu fehlerhaften Ergebnissen führen würde. Der Einfl. des Ladestroms auf die Kurvensteilheit wird diskutiert u. ein graph. Auswerte-Verf. erwähnt. E. MOISAR. 5066□

Automatische radiometrische Titration. J. Tölgyessy und V. Šajter. (Acta chim. Acad. Sci. hung. **26.** 179–86. 1961. Bratislava, Slowak. TH, Lehrstuhl für physik. Chem., Abt. Radiochem.; Comenius-Univ., Lehrstuhl für allg. klin. Biochem.) (Dt.)

Es wird ein Gerät zur automat. radiometr. Titration beschrieben. Es wird die Aktivität der Probe-Lsg. bei gleichmäßig zulaufender Maß-Lsg. oberhalb des Nd. in Abhängigkeit von der Zeit registriert. W. HAMPEL. 5066□

Radiometrische Titrationen mit ^{110}Ag als Indicator. Gy. Straub und Z. Csapó. (Acta chim. Acad. Sci. hung. **26**. 267—72. 1961. Veszprem, Univ. für Chem. Ind., Inst. für Analyt. Chem.) (Dt.)

Durch Titrieren von Oxalat- u. CN^--Ionen gegen $^{110}AgNO_3$-Lsg. u. Messung der Aktivitäten gelingt die schnelle u. genügend genaue Best. der betreffenden Ionen; Verss., das VO_4^{3-}-Ion auf diese Weise zu bestimmen, waren infolge der guten Löslichkeit u. der veränderlichen Zus. des Ag_3VO_4-Nd nicht erfolgreich. W. HAMPEL. 5066□

Ein neuer Indicator für pH 11—12. Rod O'Connor, William Rosenbrook jun. und Gary Anderson. (Analytic. Chem. **33**. 1282. Aug. 1961. Bozeman, Mont., Montana State Coll., Dep. of Chem.) (Engl.)

Gießt man eine aceton. Lsg. des K-Salzes vom p-Nitrophenylhydrazon des Benzaldehyds in W., so tritt ein Farbwechsel von Rot nach Gelb auf. Diese Rk. des Salzes mit W. ist pH-abhängig u. reversibel. In Lsgg. vom pH $\leqslant 11,3$ herrscht die gelbe Komponente (Absorptionsmaximum bei 415 mμ), bei pH $> 11,7$ die rote Komponente (Maximum bei 515 mμ) vor. Die Farben sind ca. 30 Min. lang konst., die roten Lsgg. verblassen jedoch bei pH $< 12,3$ allmählich, wobei das Hydrazon ausfällt. Die gelbe Hydrazonform verliert bei höheren pH-Werten das Proton am N u. geht in die rote Anionform über. Die Ausbildung der roten Farbe schließt keine Rk. der Nitrogruppe ein, wie durch Ausbleiben der Farbausbildung mit dem N-Methyl-p-nitrophenylhydrazon bewiesen werden konnte. Der pK_a-Wert der Umwandlung der gelben in die rote Form wurde zu ca. 11,5 berechnet. Eine Lsg. von Benzaldehyd-p-nitrophenylhydrazon oder seines K-Salzes eignet sich somit als Indicator im pH-Bereich zwischen 11 u. 12.

GERHARD SCHULZE. 5068□

p-(3-Hydroxy-3-phenyltriazeno)-phenyltrimethylammoniumchlorid als neues Farbreagens für verschiedene Metallionen. J. N. Gaur, N. K. Mathur und D. C. Sancheti. (Analytica chim. Acta [Amsterdam] **25**. 176—78. Aug. 1961. Jaipur, India, Univ. of Rajasthan, Dep. of Chem.) (Engl.)

Vff. berichten über Synth. u. qual. Rkk. von p-(3-Hydroxy-3-phenyltriazeno)-phenyltrimethylammoniumchlorid (I). Zu einer 0,1%ig. wss. Lsg. von I wurden bis zur maximalen Farbintensität tropfenweise 1%ig. Lsgg. der Metallsalze gegeben. Folgende Farb-Rkk. wurden beobachtet: Ni^{2+} hellgelb, optimaler pH-Bereich 5,0—6,5, Empfindlichkeit der Rk. (μg) 0,08, stabil bis 85°; Cu^{2+} schokoladenbraun, 2,0—7,0, 0,60, stabil bis 85°; Co^{2+} dunkelbraun, 5,0—7,0, 0,05, stabil bis 80°; Mn^{2+} braun, 5,5—7,0, —, instabil beim Erwärmen, nicht quant.; Cd^{2+}, Zn^{2+} u. Pb^{2+} hellgelb, neutral, 0,05, instabil beim Erwärmen, nicht quant.; Fe^{2+}, Fe^{3+} grünlichblau, 3,0—4,5, 0,50, instabil beim Erwärmen, nicht quant.; V^{4+} hellgrün, 1,5—3,5, 0,50, instabil beim Erwärmen, nicht quant.; Ti^{4+} orangefarben, 1,5—3,5, 0,50, instabil beim Erwärmen, nicht quant.; Pd^{2+} gelblichbraun, 1,5—7,0, 0,85, stabil bis 90°; Hg^{2+} gelb, 4,0—7,0, —, instabil beim Erwärmen; Ag^+ gelb, 4,0—7,0, —, wird zum Metall reduziert. Im Falle des Pb^{2+} u. Ag^+ fallen erst die Metallchloride aus, beim Überschuß von Metallionen treten die angegebenen Rkk. ein. Ggw. indifferenter Metallsalze (Chloride, Sulfate u. Nitrate der Alkali- u. Erdalkalimetalle) sind bis zu Konzz. von 10—15% ohne Einfl., Ggw. von CN^- verhindert die Rkk. vollständig. GERHARD SCHULZE. 5072□

a) Elemente und anorganische Verbindungen.

Eine empfindliche neue Methode zur Bestimmung von Nitriten und Stickstoffdioxyd mit 4-Aminoazobenzol-1-naphthylamin. Eugene Sawicki und James L. Noe. (Analytica chim. Acta [Amsterdam] **25**. 166—69. Aug. 1961. Cincinnati, Ohio, U.S. Dep. of Health, Educat. and Welfare, Public Health Serv., Div. of Air Pollut. and Robert A. Taft Sanitary Engng. Center, Labor. of Engng. and Phys. Sci.) (Engl.)

Die zur photometr. Best. von NO_2^- u. NO_2 vorgeschlagene Meth. beruht auf der Rk. von 4-Aminoazobenzol (I) u. 1-Naphthylamin (II) mit HNO_2 zur blauen dikation. Form von 4-(p-Phenylazophenylazo)-1-naphthylamin. Der molare Extinktions-Koeff. dieses Kations beträgt 93000 bei 643 mμ. Zur Best. von NO_2^- wird die Probe in 5 ml der Reagens-Lsg. (0,02 g **II** u. 0,12 g **I** in 40 ml 2-Methoxyäthanol gelöst u. mit W. auf 100 ml verd.) gelöst u. mit 5 ml W. verdünnt. Zu dieser Lsg. gibt man 1 Tropfen konz. HCl, leitet nach 30 Min. 5 Min. lang HCl-Gas durch, wobei die Temp. in dem wassergekühlten Rk.-Gefäß in den ersten 2 Min. von ca. 26 auf ca. 84° ansteigt u. dann auf ca. 44° abfällt, kühlt die Lsg. auf Zimmer-Temp. ab, verd. mit 2-Methoxyäthanol auf 15 ml u. ermittelt die Extinktion gegen eine Blind-Lsg. bei 643 mμ. Zur NO_2-Best. wird das Probegas durch 5 ml 0,02n NaOH-Lsg. gesaugt (in Ggw. eines großen SO_3^{2-}-Überschusses setzt man 1 Tropfen 1% ig. H_2O_2-Lsg. zu), die Lsg. mit 5 ml Reagens-Lsg. u. 2 Tropfen konz. HCl versetzt u. HCl-Gas nach 30 Min. wie oben eingeleitet. Nach dem Abkühlen verd. man mit ca. 6n HCl-Lsg. auf 15 ml u. verfährt wie beschrieben. Der Einfl. der Menge der Komponenten in der Reagens-Lsg., der Menge des konz. HCl u. der Wartezeit wird untersucht. Die Intensität der Farbe ist mindestens 4 Std. lang konst.; das BEERsche Gesetz ist von 0,5 bis >16 μg NO_2^-/15 ml End-Lsg. erfüllt. An Stelle von II können auch N-Methyl-1-naphthylamin u. N-1-Naphthyläthylendiamin verwendet werden. NO_3^-, Phenol, Nitromethan, Formaldehyd, Aceton u. aromat. Nitroso-Verbb. ergeben keine blaue Farbe. NO_3^-, SO_4^{2-} u. Cl^- stören nicht. SO_3^{2-} bzw. SO_3 stören bis zur doppelten NO_2^--Konz. sehr wenig, in Ggw. eines 35fachen SO_3-Überschusses sinken die Extinktionswerte auf die Hälfte ab. GERHARD SCHULZE. G 243 □

Verfahren zur Bestimmung geringer Mengen, das Jod in verschiedenen Oxydationszuständen enthaltender Jodverbindungen nebeneinander. E. Schulek und L. Barcza. (Talanta [London] **8.** 281—92. Mai 1961. Budapest, L. Eötvös Univ., Inst. für anorg. u. analyt. Chem.) (Dt.)

Ein aus J^-, J_2, JO^-, JO_3^- u. JO_4^- bestehendes Syst. ist labil u. kann nur bei höheren pH-Werten u. nur vorübergehend existieren. Vff. red. JO_4^- nach Zers. des JO^- mittels Phenol (I) mit Hilfe einer überschüssigen Menge von H_3AsO_3 u. titrieren deren Überschuß zurück. JO_3^- wird nach Red. des J_2 u. JO^- mittels I jodometr. bestimmt. In Ggw. von JO_4^- muß die dem JO_4^- äquivalente, durch die AsO_3^{3-}-Red. des JO_4^- gebildete JO_3^--Menge abgezogen werden. Die Gesamtmenge JO^- u. J_2 berechnet man aus der Differenz der jodometr. Best. (mit u. ohne I). Nach Best. des Gesamt-Geh. an oxydierenden Stoffen kann die Gesamtmenge J^- in Ggw. von p-Äthoxychrysoidin als Adsorptionsindicator (0,2% in 96%ig. A.; Umschlag im Endpunkt von Himbeerrot nach Gelb) mit $AgNO_3$ ermittelt werden. In Abwesenheit von JO_4^- benutzt man zur Best. des elementaren J_2 neben JO^- die Oxydation von $S_2O_3^{2-}$ einerseits durch JO^- zu SO_4^{2+}, andererseits durch J_2 zu $S_4O_6^{2-}$. Letzteres kann nach dem Verf. von KURTENACKER u. FRITSCH (Z. anorg. allg. Chem. **117.** [1921.] 202, 262; Umsetzung mit CN^- in neutraler oder schwach alkal. Lsg. zu $S_2O_3^{2-}$) bestimmt werden. 4 Analysenschemata werden tabellar. mitgeteilt. In Ggw. von wenig J^- muß vor den oxydimetr. Titrationen eine entsprechende J^--Menge zugesetzt werden. J^-–J_2 bzw. Gesamt-J_2 läßt sich in einem getrennten (red.) Lsg.-Anteil ermitteln. P. FRENZEL. G 249 □

Bestimmung von Spuren Tellur. Bismuthiol II als Reagens für Tellur. K. L. Cheng. (Talanta [London] **8.** 301—12. Mai 1961. Princeton, N.J., RCA Labor.) (Engl.)

Vf. beschreibt eine spektrophotometr. Unters. der Rk. zwischen Te u. Bismuthiol II (I), um die Brauchbarkeit der Rk. zur Best. von Te-Spuren sicherzustellen. Verwendet wird eine 1%ig. wss. Lsg. des K-Salzes von I. Bei pH 2,0—2,2 entsteht eine gelbe, stabile Te-I-Verb., die bei pH >5 quant. mit Chlf. extrahiert werden kann. Die Absorptionsspektren werden mitgeteilt, der Einfl. des pH-Werts u. der I-Menge wird erörtert. Bis zur Bldg. des extrahierbaren Komplexes zur Erlangung konst. Extinktionswerte sind mindestens 20 Min. erforderlich. Zusatz von $(NH_4)_2SO_4$ erhöht die Geschw. der Extraktion. Vf. schlägt zwei Meth. vor: a) Best. in wss. Lsg. beim Absorptionsmaximum bei 395 mμ u. b) Best. nach Solventextraktion beim Maximum bei 335 mμ. Meth. b ist empfindlicher u. selektiver. Bei Verw. von EDTA u. Citrat als Maskierungsmittel stören viele Metallionen außer Hg, Fe, Cu u. Se, die starken Einfl. ausüben, nicht. In Ggw. von EDTA können Be oder Se als Sammler zur Abtrennung von Te dienen. Se wird anschließend durch Behandlung mit Br_2 u. HBr verflüchtigt oder mit Diaminobenzidin abgetrennt. Das BEERsche Gesetz gilt im Bereich von 5—50 μg Te/10 ml. Der Extinktions-Koeff. beträgt 28000 bei 335 mμ u. 14700 bei 395 mμ, die Empfindlichkeit 0,0005 bzw. 0,009 μg Te/cm². Der Rk.-Mechanismus wird erörtert. Im alkal. Medium zersetzt sich der Komplex allmählich unter Bldg. von Tellurit. Die Zus. des Komplexes wird nach der Meth. von JOB zu Te:I = 1:4 bestimmt.
P. FRENZEL. G 255 □

Entscheidende Faktoren der colorimetrischen Kieselsäurebestimmung. G. J. S Govett. (Analytica chim. Acta [Amsterdam] **25.** 69—80. Juli 1961. Edmonton, Res. Council of Alberta, Geol. Div. of the Earth Sci. Branch.) (Engl.)

Vf. untersucht den Einfl. des pH-Werts, der Konz., der Zeit u. der Art des zugesetzten Säureamins auf die Bldg. des gelben Molybdatosilicats durch Messung der Absorption bei 400 mμ. Die Ergebnisse werden auführlich diskutiert, bes. im Hinblick auf die analyt. Best. von Kieselsäure. WOLFGANG KRÜGER. G 261 □

Oxydationszahl-Änderungen in siedenden schwefelsauren Lösungen. E. Schulek, I. Pais und L. Pataki. (Acta chim. Acad. Sci. hung. **26.** 149—56. 1961. Budapest, L. Eötvös Univ., Inst. für anorg. u. analyt. Chem.) (Dt.)

Es wird das Verh. bzw. die Oxydationsstufenänderung einiger Metalle in sd. konz. H_2SO_4 u. sd. Schwefelsäurehydraten untersucht. Es wird festgestellt, daß sich zwischen V(IV) u. V(V) in sd. konz. H_2SO_4 ein Redox-Gleichgewicht einstellt. Cr(VI) u. Tl(III) werden zu Cr(III) bzw. Tl(I) red., dagegen zeigen As(V) u. As(III) keine Änderung. Das abweichende Verh. des Tl u. As konnte mit Erfolg zur Best. der beiden Elemente nebeneinander angewandt werden. W. HAMPEL. G 297 □

Abtrennung und Bestimmung von Scandium unter Verwendung von N-Benzoylphenylhydroxylamin. I. P. Alimarin und Yung-Schaing Tze. (Talanta [London] **8.** 317—21. Mai 1961. Moscow, Moscow State Univ. M. V. Lomonosov.) (Engl.)

Vff. ermittelten die Bedingungen für die Fällung u. Extraktion des Sc-Komplexes mit N-Benzoylphenylhydroxylamin (I) sowie die Zus. des Nd. u. geben Beispiele für die Abtrennung des Sc von Zr u. den Seltenen Erdmetallen an. Zur vollständigen Ausfällung des Sc ist ein geringer I-Überschuß erforderlich, der pH-Wert muß über 5,2 liegen. Der Komplex besitzt die Zus. Sc : I = 1 : 3 u. ist bis 220° stabil. Zur gravimetr. Best. des Sc wird der Nd. auf 600° erhitzt u. das Sc als Sc_2O_3 ausgewogen. Zur Abtrennung von den Seltenen Erden gibt man zu 100 ml Lsg. 30 ml einer 20%ig. NH_4-Acetat-Lsg. u. einige ml Essigsäure (1 : 1), so daß der pH-Wert nach der Fällung ca. 5,4 ist. Sc fällt aus, die Hydroxyde der Seltenen Erden werden im Filtrat mit NH_4OH gefällt, abfiltriert, getrocknet u. bei 800—900° geglüht. In Ggw. von Zr wird dieses in 2n HCl-Lsg. mit I ausgefällt, das Filtrat auf ca. 100 ml eingedampft, mit NH_4OH gegen Methylorange neutralisiert u. Sc wie beschrieben bestimmt. Der Sc–I-Komplex läßt sich mit n-Butylalkohol, Amylacetat, Bzl., Chlf. u. Isoamylalkohol extrahieren. Die Gleichgewichtseinstellung erfolgt schnell, 4 Min. langes Schütteln reicht zur quant. Trennung des Sc aus. NH_4^+, Na^+, NO_3^- u. Cl^- sind ohne Einfl. auf die Extraktion. Ein pH-Wert von ca. 4,5 wird empfohlen, da die Seltenen Erden unterhalb pH 5,8 nicht extrahiert werden. Zr u. Ti werden als I-Komplexe mit Isoamylalkohol in stark saurem Medium (1—8n HCl für Zr, 5—10n HCl für Ti) extrahiert u. können so vorher abgetrennt werden. Die Best. des Sc in der organ. Phase erfolgt photometr. über die Rk. mit Alizarinrot S.

GERHARD SCHULZE. G 299 □

Spektrographische Spurenbestimmung seltener Erden. Z. Radwan, B. Strzyzewska und J. Minczewski. (Acta chim. Acad. Sci. hung. **28.** 49—58. 1961. Warschau, Poln. Akad. der Wiss., Inst. für Kernforsch.) (Dt.)

Es wird eine Meth. zur spektrograph. Spuren-Best. von *Eu, La, Y, Nd, Pr* u. *Sm* in 5n HCl-Lsg. ausgearbeitet. Die zu untersuchende Lsg. wird mit Graphitpulver vermengt, eingedampft u. im Kohlenelektrodenkrater unter Anwendung eines 5 A, 220 V Gleichstrombogen nach der Dest.-Meth. von SCRIBNER u. MULLIN [1945] angeregt. Als Träger wird CsF verwendet. Es kann eine Nachw.-Empfindlichkeit von 0,25—10 μg/ml für La u. Y, u. von 0,5—20 μg/ml für Eu, Nd, Pr u. Sm erreicht werden.

W. HAMPEL. G 303 □

Eine neue Methode zur spektrophotometrischen Bestimmung von Mikrogrammmengen Titan. J. Korkisch. (Talanta [London] **8.** 583—87. Aug. 1961. Wien, Univ., Analyt. Inst.) (Dt.)

Es wird eine empfindliche u. genaue Meth. zu photometr. Best. von μg-Mengen Ti beschrieben, die auf der Bldg. eines rotviolett gefärbten Komplexes zwischen Ti u. Solochrome Black AS in saurer Lsg. beruht. Die Komplex-Bldg. erfolgt nur in Ggw. organ. Lsgm. (z. B. Methanol). Das Extinktionsmaximum des Komplexes liegt bei 390 mμ. Die Acidität der Lsg. hat nur einen geringen Einfl. auf die Meßergebnisse. Konst. Extinktionswerte wurden erhalten, wenn 10 ml Meß-Lsg. 2—3 ml 1—2n HCl enthielten. Bei höheren HCl-Konz. nimmt die Extinktion in geringem Maße ab. Pufferung mit Na-Acetat bringt keine Vorteile. Verw. von 4—6 ml einer 0,1%ig. methanol. Farbstoff-Lsg. pro 10 ml Meß-Lsg. ergibt konst. Extinktionswerte. Die Methanol-Konz. soll möglichst hoch sein (7—8 ml CH_3OH/10 ml Lsg.); andere Lsgm., wie A., n-Propanol, Äthylenglykol, Dioxan oder Aceton, sind ungeeignet. Folgende Ionen stören die Ti-Best. nicht: Al^{3+}, Ni^{2+}, Cr^{3+}, Sn^{2+}, Co^{2+}, Ca^{2+}, Pb^{2+}, Bi^{3+}, Zn^{2+}, UO_2^{2+}, U^{4+}, Th^{4+}, Sr^{2+}, Mn^{2+}, Cd^{2+}, Mg^{2+}, Cl^-, SO_4^{2-}, NO_3^- u. F^-. Dagegen stören Fe^{3+}, Cu^{2+}, Zr, Hf, Mo u. V sowie PO_4^{3-}. Der Einfl. von selbst mg-Mengen Cu^{2+} u. Fe^{3+} läßt sich durch Zusatz von Ascorbinsäure ausschalten. Geringe Mengen Zr u. Hf werden durch Zugabe von EDTA maskiert. In Ggw. der anderen Störelemente muß Ti abgetrennt werden. Die Trennung als Fluoridkomplex unter Verw. des stark bas. Anionenaustauschers Dowex-1 bzw. Amberlite IRA-400 wird empfohlen. Von den störenden Ionen geben Cu, Zr u. Hf mit dem Farbstoff violette Komplexe, V bildet einen graublauen, Mo einen blauen u. Fe(III) einen braunen Komplex. Die Extinktion erreicht nach 5—10 Min. ihr Maximum u. bleibt im Temp.-Bereich von 15 bis 30° mehr als 5 Std. lang konstant. Die Reihenfolge der Reagenszugabe hat keinen Einfluß. Das LAMBERT-BEERsche Gesetz ist im Bereich von 1—20 μg Ti/10 ml Lsg. erfüllt. 0,1 ppm Ti lassen sich noch genau bestimmen. Der prozentuale Fehler beträgt im Bereich von 1—20 μg Ti $\pm$ 6%, darunter bis zu $\pm$ 10%. Die Lsg. wird in einer Pt-Schale eingedampft, ggf. vorhandene H_2SO_4 abgeraucht, der Rückstand geglüht, das TiO_2 zweimal mit konz. HF im Überschuß eingedampft u. das TiF_4 portionsweise mit insgesamt 2 ml 1n HCl in einen 10-ml-Meßkolben gebracht. Man spült mit 1 ml $AlCl_3$-Lsg. u. 1 ml Methanol nach, fügt 0,1 ml 0,1 m EDTA-Lsg., einige Kristalle Ascorbinsäure u. 5 ml einer 0,1 % ig. Farbstoff-Lsg. in Methanol zu, füllt mit Methanol zur Marke auf, mißt nach 5—10 Min. die Extinktion gegen eine Blind-Lsg. bei 390 mμ u. entnimmt den Ti-Geh. einer Eichkurve. GERHARD SCHULZE. G 321 □

Trennung von Zirkonium und Hafnium in schwefelsaurer Lösung durch Anionaustauscher. B. Trémillon, C. Cornet, M. Thibault und J. Huré. (Bull. Soc. chim. France **1961**. 286—94. Febr. Paris, l'École de Phys. et de Chim., Labor. de Chim. Analyt.; Saclay, Comm. à l'Énergie Atom., Dep. de Metallurgie.) (Franz.) — Vgl. C. **1961**. 15859.

Vff. untersuchten ein Trennungs-Verf. für geringe Mengen von Zr u. Hf, das sich auf die Verteilung der anion. Sulfatokomplexe dieser Elemente zwischen einem Anionenaustauscherharz Dowex-2 u. einer schwefelsauren Lsg. gründet. Die Best. der Verteilungskurven der Elemente gestattet, wie in früheren Arbeiten gezeigt, die Rkk. zu erklären u. vorauszusagen. Innerhalb der üblichen Konz.-Grenzen u. durch die Stabilität der Lsgg. von Zr(IV) u. Hf(IV) bzw. ihrer Komplexe bedingt, zeigte sich folgendes: Hf wird am Austauscherharz (in Bisulfatform) weniger stark fixiert als Zr. Ein SO_4^{2-}-Überschuß in der wss. Lsg. vermindert die Fixierung der beiden Elemente. In HCl- oder HF-Lsg. zeigt sich dieselbe Erscheinung in umgekehrter Form, Zr(IV) hat eine geringere Affinität zum Harz als Hf. In $HClO_4$ u. HNO_3 existieren keine Komplexe der beiden Elemente. In citronensaurer Lsg. wird Zr stark an einem Kationaustauscher gebunden, nicht am Anionaustauscher. Die notwendigen Bedingungen, um eine Verdrängung von Hf(IV) durch Zr(IV) zu erreichen, sind hier nicht realisierbar. Hf(IV) wird deshalb nur durch eine schwefelsaure Lsg. von Zr(IV) eluiert. Bei einer SO_4^{2-}-Konz. von ca. 1,5m ($\frac{1}{2}$ H_2SO_4 + $\frac{1}{2}$ Na_2SO_4) sind die Unterschiede der Verteilungs-Koeff. am größten u. die Trennung ist am leichtesten. Außer dem klass. Trennungs-Verf. der Elutions-Entw. im analyt. Maßstab wurde das Prinzip eines im präparativen Maßstabe anwendbaren Trennungs-Verf. angegeben. Eine Mischung von 14% Hf(IV) + 80% Zr(IV) wurde durch eine reine 0,15m $Zr(SO_4)_2$-Lsg. entwickelt. Unter diesen Bedingungen wird Hf(IV) eluiert u. von Zr(IV) getrennt, das sich in der Frontalzone der Entw.-Lsg. sammelt ohne verd. zu werden. Die Trennung kann mit Hilfe von Kolonnen mit beweglicher Harzfällung kontinuierlich gestaltet werden. H. FRIES. G 323 □

Verwendung von N-2-Thiophencarbonyl-N-p-tolylhydroxylamin und N-2-Thiophencarbonyl-N-phenylhydroxylamin als Reagentien für Vanadin. S. G. Tandon und S. C. Bhattacharyya. (Analytic. Chem. **33**. 1267—70. Aug. 1961. Poona, India, Nat. Chem. Labor.) (Engl.)

Vff. fanden, daß sich N-2-Thiophencarbonyl-N-p-tolylhydroxylamin (I) u. N-2-Thiophencarbonyl-N-phenylhydroxylamin (II) ausgezeichnet zur direkten Best. von Mikromengen V in Ggw. einer Vielzahl anderer Ionen, wie Fe^{3+}, Cr^{3+}, Al^{3+}, Co^{2+}, Ni^{2+}, Cu^{2+} u. Mn^{2+}, eignen. Die wasserunlösl. violetten Komplexe, die I u. II mit V(V) in salzsauren Lsgg. (2,8—5,0n HCl) bilden, werden mit Chlf. extrahiert u. dienen als Grundlage zur photometr. Best. des Metalls. Die Rkk. sind hoch selektiv u. empfindlich für V. Die Meth. erfordert keine strenge Kontrolle solcher Variablen wie Acidität, Ionenstärke, Temp., Vol. der wss. Phase, verwendete Reagensmenge u. Reihenfolge der Reagenszugabe. V muß in der Oxydationsstufe + 5 vorliegen, ggf. wird mit einigen Tropfen Br_2–W. oxydiert u. der Br_2-Überschuß verkocht. Die abgekühlte Probe-Lsg. mit bis zu 0,15 mg V wird im Schütteltrichter auf ca. 25 ml verd., die Acidität auf 2,8—5,0n HCl eingestellt. Man fügt 8—10 ml einer 0,1% ig. I-Lsg. in Chlf. zu, trennt die Phasen 2 Min. nach dem Schütteln, trocknet die organ. Schicht mit 1,5 g Na_2SO_4, wäscht die wss. Phase zweimal mit je 5 ml Chlf., dekantiert die violette Chlf.-Lsg. von den Na_2SO_4-Kristallen, wäscht die Kristalle mit Chlf. bis zur Farblosigkeit, verd. die vereinigten Chlf.-Lsgg. auf 25 ml, ermittelt die Extinktion bei 530 mμ gegen Chlf. u. entnimmt den V-Geh. einer Eichkurve. Die Kolben u. Küvetten müssen frei von A. sein. Die Farb-Rkk. einer Reihe von Metallionen wurden untersucht; obgleich viele der Chlf.-Extrakte gefärbt sind, wurden nur für V(V), Fe(II) (λ_{max} 435 mμ) u. Fe(III) (435 mμ) definierte Absorptionsbanden beobachtet. In wss.-alkohol. Lsg. von I bildet V(V) in schwach saurem Medium (pH 1,1 bis 6,5) einen unlösl. roten (λ_{max} 445 mμ), in stark saurem Medium (2—10n Säure) einen unlösl. violetten Komplex (λ_{max} 530 mμ); beide Komplexe eignen sich nicht zur gravimetr. Best. von V. Sie lösen sich leicht in Chlf., der violette Komplex besitzt einen größeren molaren Extinktions-Koeff. (5750 ± 50 Liter/Mol·cm bei 530 mμ). Für den roten Komplex wurde nach der Meth. von JOB die Zus. 1 : 2 (V : I) gefunden. II verhält sich ähnlich wie I; der molare Extinktions-Koeff. des violetten Komplexes beträgt 5450 ± 50 bei 530 mμ. Das BEERsche Gesetz ist im Konz.-Bereich von 15—275 μg V/25 ml Chlf. erfüllt; der optimale Konz.-Bereich liegt zwischen 44 u. 155 μg V. Die Standardabweichung beträgt 10 Extinktionseinheiten. Al^{3+}, Ca^{2+}, Ce^{4+}, Co^{2+}, Cr^{3+}, Cu^{2+}, Fe^{3+}, Mg^{2+}, Mn^{2+}, Ni^{2+}, Th^{4+}, UO_2^{2+}, Zn^{2+}, BO_3^{3-}, NO_3^-, ClO_4^-, SO_4^{2-}, Citrat, Phthalat u. Tartrat stören selbst im 250fachen Überschuß nicht. MoO_4^{2-}, Ti^{4+} u. Zr^{4+} stören u. lassen sich mit den normalen Mitteln nicht maskieren. CrO_4^{2-} muß zum Cr^{3+} red. werden. Ag^+, Hg^+, Pb^{2+}, Tl^+ u. WO_4^{2-} bilden Ndd., die vor der V-Extraktion abzentrifugiert werden. Die Empfindlichkeit (nach SANDELL) beträgt für die Rk. des V mit I $8{,}8 \cdot 10^{-3}$, für die mit II $9{,}3 \cdot 10^{-3}$ μg V/cm² bei 530 mμ. — Darst. der Reagentien: *N-2-Thiophencarbonyl-N-p-tolylhydroxylamin* (I), $C_{12}H_{11}O_2NS$, F. 123° (aus Bzl./PAe.), aus 27 g N-p-Tolylhydroxylamin (durch Red. von 50 g p-Nitrotoluol mit 60 g Zn-Staub in W. von 65—70°) in 150 ml kaltem Ae. durch Zugabe von 18—20 ml Pyridin u. 29,3 g 2-Thiophencarbonylchlorid, $Kp._5$ 65—70° (durch Kochen von 30 g 2-Thiophencarbonsäure mit 30—35 ml Thionylchlorid unter Rückfluß u. Vakuum-Dest.) in 1 Std. unter Rühren u. Kühlen auf ≤ 0°, Abdekantieren u. Entfernen des Ae. bei Zimmer-Temp. im Vakuum, Behandeln der vereinigten Feststoffe mit 2mal 25 ml 2n HCl u. 3mal 50 ml W., Verreiben mit überschüssiger gesätt. $NaHCO_3$-Lsg. im Mörser, Abfiltrieren, Waschen des Rückstandes mit W. u. NH_4OH (D. 0,88), tropfenweise Zugabe der filtrierten ammoniakal. Lsg. zu eiskalter 6n HCl-Lsg., Waschen des Nd. mit kaltem W., Trocknen u. Umkristallisieren; Kristalle, Absorptionsmaxima in 95%ig. A. bei 252 mμ (molarer Extinktions-Koeff. 10000 ± 100) u. 286 mμ (12800 ± 100); 22 g (Ausbeute). — *N-2-Thiophencarbonyl-N-phenylhydroxylamin* (II), $C_{11}H_9O_2NS$, F. 98°, analog I; Absorptionsmaxima in 95%ig. A. bei 254 mμ (12900 ± 100) u. 285 mμ (15300 ± 100).

GERHARD SCHULZE. G 330□

Die Fällung von Nioboxinat in definierter Zusammensetzung. L. Kosta und M. Dular. (Talanta [London] **8.** 265—69. April 1961. Ljubljana, Yugoslavia, Nucl. Inst. „Jozef Stefan".) (Engl.)

Die Fällung von Nb mit 8-Hydroxychinolin aus wss. Lsg. führt zu einem Nd., der unbestimmte Mengen an Oxin u. W. einschließt. Vff. geben ein Verf. an, das einen Nd. definierter Zus., $NbO(C_9H_6ON)_3$, innerhalb einer Fehlerbreite von ±0,5% ergibt. Eine Nb_2O_5-haltige Probe wird nach Schmelzen mit $K_2S_2O_7$ in 1m Oxalsäure-Lsg. gelöst, mit konz. H_2SO_4 u. einem 50%ig. Überschuß an Oxin versetzt u. zum Sieden erhitzt. Das Fünffache der theoret. berechneten Menge Harnstoff wird dann eingetragen u. die Lsg. auf ca. 2 Liter verdünnt. Während der Hydrolyse des Harnstoffes (pH 7—8) fällt ein kristalliner, gelblichgrüner Nd. aus, der sich rasch absetzt u. das Nb fast quant. enthält. Er wird mit W., A. u. Ae. gewaschen u. bei 115° getrocknet. Durch Zusatz von radioakt. ^{95}Nb konnte gezeigt werden, daß nur Nb-Spuren im Filtrat zurückbleiben, während der Nd. über 99% des Nb enthält. F^- u. BO_3^{3-} werden vom Nd. adsorbiert. Mit Hilfe der Thermoanalyse, des UV- u. IR-Spektrums, von Elektronenbeugungsaufnahmen u. Mikrophotographien der Kristalle sowie der Löslichkeit des Nd. in organ. Lsgm. wurde versucht, die Zus. des Nd. zu ermitteln. Die thermolyt. Kurve zeigt, daß der Nd. bis 250° unzersetzt bleibt u. oberhalb 400° in Nb_2O_5 übergeht. Bei ca. 600° entweichen die letzten Spuren Oxin. Das IR-Spektrum einer Emulsion von Nb-Oxinat in fl. Paraffin zeigt ein Maximum bei 10,9 μ, das für die NbO-Gruppe charakterist. ist. Die UV-Spektren von Nb-Oxinat u. Oxin in Chlf.-Lsg. wurden miteinander verglichen. Außer in Chlf. zeigt Nb-Oxinat nur in Nitrobenzol, Nitromethan u. Tetrahydrofuran noch geringe Löslichkeit. Nb-Oxinat fluoresciert wie die anderen Oxinate im UV-Licht.

K. OHLS. G 331□

Fällung und Bestimmung von Tantal und Niob aus homogener Lösung mit 3.3'.4'.5.7-Pentahydroxyflavanon. Frank L. Chan. (Talanta [London] **7.** 253—63. Febr. 1961. Wright-Patterson Air Force Base, Ohio, Aeronaut. Res. Labor.) (Engl.)

Vf. benutzt 3.3'.4'.5.7-Pentahydroxyflavanon (Dihydroxyquercetin, DHQ) zur quant. Fällung von Nb u. Ta bzw. zu deren Trennung. Setzt man das Reagens zur stark sauren Lsg. (6—9n) von Ta u. Nb hinzu, so tritt keine Fällung auf. Beim Kochen an der Luft wird das Flavanon zum Flavon oxydiert, welches beide Metalle ausfällt. Eine genaue Einhaltung der Arbeitsbedingungen, Acidität, Dauer des Kochens u. Konz. des Flavanons wird erforderlich, da sich durch Racemisierung des Flavanons leicht das schwerlösl. Racemat bilden kann, das dann die Nd.-Menge verfälscht. Da die Bldg. des Flavons langsam verläuft, findet eine gleichmäßige Fällung im gesamten Rk.-Medium statt. Mitfällungserscheinungen bzw. die Adsorption von K^+ u. SO_4^{2-} werden dadurch äußerst gering. Zr u. Mo stören diese Fällungs-Meth. nicht; Ti muß vorher abgetrennt werden. Eine Trennung von Nb u. Ta ergibt sich durch die gemeinsame Best. beider mit DHQ u. eine spektrophotometr. Nb-Bestimmung. Die Oxyde beider Metalle wurden mit $KHSO_4$ u. nicht mit HF aufgeschlossen. K. Ohls. G 332□

Die Bestimmung von Wolfram in Gegenwart von Vanadin. A. Claeys. (Analytica chim. Acta [Amsterdam] **24.** 493. Mai 1961. Gand, Labor. de Chim. Anal.) (Franz.)

Durch starke Mitfällung von V können bei der direkten gravimetr. Best. von W in Ggw. von V, mit Chinchonin oder β-Naphthochinolin große Fehler auftreten. Diese Fehler werden bis auf $< 0,6\%$ bei zweifachem Überschuß an V erniedrigt, wenn man eine zweifache Fällung in Ggw. von HNO_3 u. Perhydrol vornimmt u. als Fällungsreagens nur β-Naphthochinolin verwendet. H. Fries. G 337□

Komplexometrische Titration von vierwertigem Uran. J. Korkisch. (Analytica chim. Acta [Amsterdam] **24.** 306—10. April 1961. Wien, Univ., Anal. Inst.) (Dt.)

Es wird ein Verf. zur chelatometr. Titration von Milli- u. Submilligrammengen U(IV) beschrieben. U^{6+} kann mit Zn in stark salzsaurer Lsg. zu U^{4+} red. werden. Die Titration erfolgt mit 0,1—0,001n Lsgg. von EDTA gegen Solochromschwarz 6 BN [I, 1-(1-Hydroxy-2-naphthylazo)-2-naphthol-4-sulfonsäure] als Indicator. I bildet in 0,01—0,2n HCl-Lsg. einen blauen 1 : 1-Komplex mit U^{4+}. Der Farbumschlag am Äquivalenzpunkt erfolgt von Blau nach Rot. Er ist am schärfsten, wenn die Lsg. gegen Ende der Titration in einem kochenden Wasserbad erhitzt wird. Die günstigste Indicatormenge beträgt 1 ml 0,05%ig. Lsg. auf 10 ml Titriervolumen. Der prozentuale Titrationsfehler bewegt sich je nach der eingesetzten U-Menge im Milligrammbereich zwischen $\pm 0,1$ bis $\pm 1,0\%$. Im Submilligrammbereich können Fehler bis zu 10% auftreten. Die U-Titration wird durch Alkali- u. Erdalkaliionen sowie Al^{3+}, Pb^{2+}, Zn^{2+}, Cd^{2+}, Hg^{2+}, UO_2^{2+}, Co^{2+}, Mn^{2+}, Ag^+, Cl^- u. SO_4^{2-} nicht gestört. Dagegen bilden Sn^{2+}, Bi^{3+}, Cu^{2+}, Zr^{4+}, Hf^{4+} u. Th^{4+} bei gleichen Bedingungen mit dem Farbstoff blaue oder violette Komplexe u. müssen vorher abgetrennt werden. K. Ohls. G 339□

Polarographie der Uran(VI)-EDTA-Komplexe. Donald G. Davis. (Analytic. Chem. **33.** 492—94. April 1961. New Orleans, La., Louisiana State Univ., Dep. of Chem.) (Engl.)

Die Red. von *U(VI)* in Ggw. von Äthylendinitrilotetraessigsäure (Y) verläuft in einem reversiblen Einelektronenschritt, dessen Halbstufenpotential ($E_{1/2}$) sowohl von der U- als auch von der Y-Konz. unabhängig ist. Aus der pH-Abhängigkeit wird geschlossen, daß bei pH 5,5—7,5 die Red. gemäß $UO_2HY + H^+ + e^- \rightarrow UO_2H_2Y^-$ verläuft, während bei pH $< 5,5$ vermutlich Komplexe im Verhältnis 2 UO_2 : 1 Y auftreten. Von zahlreichen untersuchten Ionen stören nur Cu^{2+} u. Phosphat die U-Best.; durch Extraktion des U aus HNO_3-haltiger Lsg. mit Essigester u. anschließender Rückextraktion mit W. läßt sich U jedoch leicht abtrennen. E. Moisar. G 339□

Coulometrische Erzeugung und Rücktitration von Zwischenreagentien bei kontrollierten Potentialen. Anwendung zur Bestimmung von Plutonium. W. D. Shults. (Analytic. Chem. **33.** 15—18. Jan. 1961. Oak Ridge, Tenn., O.R.N.L., Analyt. Chem. Div.) (Engl.) — Vgl. C. **1960.** 6605.

Zur coulometr. Best. von *Pu(VI)* wird in Fe-haltiger 1m H_2SO_4- (bzw. 1m $HClO_4$-) Grund-Lsg. zunächst durch anod. Oxydation bei $+0,660$ V (gegen gesätt. Kalomelelektrode; bzw. $+0,900$ V in Ggw. von $HClO_4$) alles Fe in Fe(III) übergeführt. Nach Zugabe der Pu(VI)-Lsg. wird mit 100%ig. Stromausbeute bei $+0,270$ V ($+0,290$V) Fe(II) erzeugt, welches mit Pu(VI) quant. zu Pu(IV) u. Rück-Bldg. von Fe(III) reagiert. Das entstandene Pu(IV) wird bei dem vorliegenden Potential elektrolyt. sofort zu Pu(III) reduziert. Man elektrolysiert über den vollständigen Rk.-Ablauf hinweg bis zu einem deutlichen Fe(II)-Überschuß. Anschließend wird der Fe(II)-Überschuß sowie das gesamte Pu(III) bei $+0,660$ V (bzw. $+0,900$ V) zu Fe(III) u. Pu(IV) mit 100%ig. Stromausbeute zurückoxydiert, bis der Elektrolysestrom auf die vorher ermittelte Höhe des Untergrundwertes abfällt. Die Differenz der beiden Strom–Zeit-Integrale entspricht der Netto-Rk., die in der Red. Pu(VI) → Pu(IV) beteht. E. Moisar. G 343□

Spektrophotometrische Bestimmung von Rhenium mit 4-Methylnioxim. James L. Kassner, Shih-Fan Ting und E. L. Grove. (Talanta [London] **7.** 269—75. Febr. 1961. Alabama, Univ. of Alabama, School of Chem.) (Engl.)

Vff. entwickeln eine einfache spektrophotometr. Meth. zur Best. von weniger als 0,001% bis über 1% Re in Molybdänitkonzentraten u. im Flugstaub der Molybdänitröstung, die auf Bldg. eines lösl., stabilen, gelbgrünen Re–4-Methylnioxim–Chelat-Komplexes nach Red. von Re(VII) durch $SnCl_2$ in verd. HCl-Lsg. beruht. Die Farbe entwickelt sich fast sofort, die Extinktion des Chlf.-Extraktes des Komplexes bleibt über mindestens 24 Std. bei ca. 25° u. optimalen Bldg.- u. Extraktionsbedingungen nahezu konstant. Der berechnete molare Extinktions-Koeff. des Komplexes beträgt $6{,}89 \cdot 10^4$ (für andere Meth. zur Re-Best. $< 4{,}5 \cdot 10^4$). Störelemente, wie Mo, Fe, Cu, Se, Ni, Au u. SiO_2, werden durch drei Operationen entfernt: Abrauchen mit HCl, Hydroxydfällung mit NH_4OH u. Chlf.-Extraktion der Metalläthylxanthate. Die fast neutrale Probe-Lsg. mit ≤ 160 μg Re als Perrhenat wird mit 25 ml einer 0,34% ig. wss. 4-Methylnioxim-Lsg. (fast gesätt.) u. 5 ml einer 2,5% ig. $SnCl_2$-Lsg. (in 40 ml konz. HCl u. 60 ml H_2O) versetzt, auf 50 ml mit W. aufgefüllt, umgeschüttelt u. nach 5 Min. bei 25—30° 3mal mit Chlf. (4, 3 u. 3 ml) extrahiert. Die organ. Lsg. wird mit Chlf. auf 10 ml verd. u. ihre Extinktion bei 436 mμ gegen eine Blind-Lsg. gemessen. Die Auswertung erfolgt über eine Eichkurve. Zur Vorbereitung der Probe wird die Behandlung mit HNO_3 empfohlen, da sie einfacher ist als das Schmelzen mit Na_2O_2 u. das nachfolgende Abrauchen mit HCl zur Entfernung des NO_3^- gleichzeitig Se verflüchtigt u. SiO_2 unlösl. macht. Der Einfl. folgender Ionen wurde untersucht: Sr^{2+}, Mg^{2+}, Ba^{2+}, Zn^{2+}, Cd^{2+}, Al^{3+}, Mn^{2+}, Ni^{2+}, Co^{2+}, Fe^{2+}, Fe^{3+}, Cu^+, Cu^{2+}, Cr^{3+}, ZrO^{2+}, NO_3^-, Br^-, J^-, SO_4^{2-}, ClO_4^-, VO_3^-, CNS^-, Acetat, Citrat, Tartrat, Oxalat u. PO_4^{3-}. GERHARD SCHULZE. G 352□

Bestimmung des Wasserstoffgehalts der Stahlschmelze nach der einfachen Methode der Vakuumfestextraktion bei 600—650° C. G. Haust. (Neue Hütte 6. 111—14. Febr. 1961.) (Dt.)

Auf Grund durchgeführter Unters. wird die H_2-Best. nach dem Festextraktions-Verf. für unlegierte sowie für Cr-, Mn-, Ni-, Mo- u. V-legierte Vergütungsstähle empfohlen. Die Genauigkeit des Verf. ist zwar etwas geringer als beim Sn-Aufschmelz-Verf., jedoch ist es durch apparative Einfachheit gekennzeichnet. Die Probenahme u. Probenvorbereitung werden besprochen. Für Ti-legierte Stähle u. für Transformatorenstähle ist das Festextraktions-Verf. nicht anwendbar. H. HOCHSTEIN. G 354□

Bestimmung von Sauerstoff und Wasserstoff im Stahl mittels des Trägergas-Verfahrens. C. E. A. Shanahan. (Rev. Métallurgie 58. 55—64. Jan. 1961. Richard Thomas & Baldwins Ltd.) (Franz.)

O wird bestimmt durch Schmelzen der Stahlproben in einem Kohletiegel. Das gebildete CO wird in einem Strom eines inerten Gases ausgezogen u. zu CO_2 oxydiert, das gravimetr. bestimmt wird. Die Analysendauer beträgt 15 Min.; die Genauigkeit der Best. 0,0016%. Für die H-Best. wird die Probe in einem inerten Gase auf 650° erhitzt. Der frei werdende H wird in einem auf Rothitze gebrachten Gemisch von Cu- u. Fe-Oxyd oxydiert u. das gebildete W. durch Absorption in Methanol u. Titration mit dem KARL-FISCHER-Reagens bestimmt unter Beobachtung des Endpunktes (Umschlagpunktes). Die Genauigkeit der Best. ist analog derjenigen der Best. durch Erhitzen im Vakuum. Die Best.-App. wird beschrieben. H. HOCHSTEIN. G 354□

Anwendung der Chromatographie in der Gasphase auf die Bestimmung des Wasserstoffs, Stickstoffs und Sauerstoffs in Stählen und Eisen. P. Tyou und A. Hans. (Rev. Métallurgie 58. 187—93. Febr. 1961. Lüttich, Centre Nat. de Rech. Métallurg. et Analyt.) (Franz.)

Infolge seiner Empfindlichkeit u. Anpassungsfähigkeit kann das Chromatographie-Verf. bei der Best. von Gasen in Metallen, bes. in Stahl u. Fe, mit Erfolg angewendet werden. Das Schmelzen unter Ar kann hierbei das Schmelzen unter Vakuum ersetzen; dadurch wird die Durchführung des Verf. vereinfacht u. es wird die Rückadsorption auf die an den Innenwänden des Ofens niedergeschlagenen Sublimate vermieden. H. HOCHSTEIN. G 354□

Bestimmung der Präzision und der Genauigkeit eines photometrischen Verfahrens zur Feststellung kleiner Bormengen im Gußeisen. Jan Buciewicz, Teresa Nowak und Jan Woźniacki. (Prace Inst. Odlewnictwa 9. 264—78. 1959, herausgeg. 1961.) (Pol.)

Ein Überblick über die Verff. zur Best. kleiner B-Mengen in Gußeisen führt zu der Empfehlung, Extinktionskurven für Geh. von 0,002—0,014 u. von 0,010—0,14% B aufzuzeichnen. Die Arbeitsgänge zur B-Best. in Gußeisen werden beschrieben. Die Genauigkeit der Verff. wird an synthet. Eich-Lsgg. unter statist. Ermittlung des Fehlers geprüft. W. WESLY. G 354□

Bestimmung der Präzision und der Genauigkeit von photometrischen Verfahren zur Feststellung von spurenweise in Gußeisen vorkommenden Antimon-, Wismut- und Titanbeimengungen. Jan Buciewicz, Danuta Woźniacka und Jan Woźniacki. (Prace Inst. Odlewnictwa 9. 238—63. 1959, herausgeg. 1961.) (Pol.)

Die photometr. Verff. zur Best. von Sb (0,001—0,05% in Gußeisen), Bi (0,01—0,1% in Gußeisen) u. Ti (0,01—0,1% in Gußeisen u. Stahl) werden beschrieben u. unter Verw. von geeichten Lsgg. geprüft, wobei der Fehler statist. ermittelt wird. W. WESLY. G 354□

Über die Bestimmung von Kobaltspuren. Vergleichende Untersuchung verschiedener Methoden (Spektralphotometrie, Polarographie und γ-Spektrometrie). W. Haerdi, J. Vogel und D. Monnier. (Acta chim. Acad. Sci. hung. **26.** 105—11. 1961. Genf, Univ., Labor. für anorg., analyt. u. Mikrochem.) (Dt.)

Es werden die drei Best.-Meth. für Co [spektrophotometr. Best. mit dem Na-Salz der 1-Nitroso-2-naphthol-3.5-disulfosäure, Best. durch Kathodenstrahlpolarographie u. Best. durch γ-Spektrometrie nach Aktivierung mit Neutronen] auf ihre Empfindlichkeit, Einfachheit u. Schnelligkeit bei der prakt. Durchführung einem krit. Vgl. unterworfen. W. Hampel. G 355□

Beiträge zur quantitativen Deutung der Szebellédyschen katalytischen Mikroreaktionen. J. Laszlovszky. (Acta chim. Acad. Sci. hung. **26.** 133—42. 1961. Budapest, L. Eötvös Univ., Inst. für anorg. u. analyt. Chem.) (Dt.)

Es wird eine Unters.-Meth. beschrieben, die die Unters. der sich bei der katalyt. Mikro-Co-Best. nach J. Bognár (C. **1960.** 7268) abspielenden Prozesse ermöglicht. Die Unterss. über die Zers. des H_2O_2 ergaben, daß sich aus Alizarin (**I**) u. H_2O_2 ein stabiles Assoziat bildet, wobei das H_2O_2 stabilisiert wird. Veränderungen des pH-Wertes beeinflussen nicht nur die Geschw. der katalyt. Oxydation, sondern auch die der Peroxyd-Zersetzung. Eine starke Erhöhung des pH-Wertes führt auch zum Zerfall des Assoziats. Auf Grund des Verh. der mit Ni, Zn u. Al gebildeten I-H_2O_2-Komplexe kann auch ein Teil der sich bei der Katalyse abspielenden Prozesse geklärt werden. W. Hampel. G 355

Bestimmung von in Oxoprodukten gelöstem Kobalt. Bernadett M. Monostori. (Magyar Kémikusok Lapja [Z. Ver. ung. Chemiker] **16.** 139—42. März 1961. Veszprém, Ung. Erdöl- u. Erdgas-Versuchsinst.) (Ung.)

In Oxoprodd. ist *Co* hauptsächlich als $Co_2(CO)_8$, seltener als $Co_4(CO)_{12}$ vorhanden. $Co_2(CO)_8$ wird durch HNO_3 (1 : 1) oder HCl (1 : 1) zersetzt, indem die Probe mit der Säure über Nacht stehen gelassen wird. $Co_4(CO)_{12}$ wird von HCl nur unvollständig zersetzt, daher ist die Verw. von HNO_3 im allg. vorzuziehen. Die saure wss. Phase wird von der organ. getrennt, eingedampft, mit HCl aufgenommen, nach Zugabe von $SnCl_2$ zur Red. von Fe-Spuren mit NH_4SCN u. Aceton vermischt u. bei 640 mμ photometriert. J. Plank. G 355

Radiochemische Trennung von Kobalt. P. C. Van Erkelens. (Analytica chim. Acta [Amsterdam] **24.** 526—28. Juni 1961. Schoonoord, Utrecht, Res. Inst. for Animal Husbandry.) (Engl.)

Vf. beschreibt eine Meth. zur radiochem. Trennung von ^{60}Co aus biolog. u. anderen Substanzen durch Extraktion des Co-Komplexes mit Diäthyldithiocarbamat (**I**) bei pH 14. Nach Bestrahlung u. anschließendem Zusatz von Metallen (jeweils 100 μg) als Trägersubstanzen wird die Probe ggf. verascht u. in Mineralsäure gelöst. Dann werden die Schwermetalle ggf. als Hydroxyde gefällt, der Nd. wird in wenigen ml. 1n HCl-Lsg. gelöst. Zu der auf 5 ml verd. Lsg. werden Phenolphthalein u. K–Na-Tartrat bis zu einer Konz. von 0,01m zugesetzt. Nach Neutralisierung der Lsg. mit Alkali gibt man einen Überschuß von 0,6 ml 10n NaOH u. 1 mg I zu. Nach Schütteln der Lsg. mit 5 ml CCl_4 u. Zentrifugieren wird die obere Schicht abpipettiert. Die CCl_4-Schicht wird mit alkal. Tartrat-Lsg. geschüttelt, durch Filtration getrocknet u. durch Verdunsten in einem N_2-Strom auf das für die Radioanalyse notwendige Vol. verkleinert. ^{60}Co wird durch Scintillationszählung u. der Co–I-Komplex bei 4000 Å spektrophotometr. bestimmt. Bei Zusatz von 1 mg Metall als Träger sind 10 mg I u. K-Na-Tartrat bis zu 0,5m zuzugeben. Die Zeitdauer für eine doppelte Analyse beträgt bei einer Erfassung von ca. 50% des Co 40 Minuten. Fe u. ^{65}Zn werden zu weniger als 0,0005 bzw. 0,04% extrahiert, jedoch steigt der Fe-Geh. wenn die 2. Extraktion mit alkal. Tartrat-Lsg. unterlassen oder I bei niedrigeren pH-Werten zugesetzt wird. Zusatz von NH_4-Tartrat, NaF, Pyrophosphat, Tiron oder Ascorbinsäure hatte ebensowenig wie Zusatz von Hg^{2+} oder KCN zu der alkal. Tartrat-Lsg. einen günstigen Einfl. auf die Ergebnisse. J. Kraetsch. G 355□

Eine kritische Überprüfung der gravimetrischen und titrimetrischen Methoden zur Bestimmung von Gold. F. E. Beamish. (Talanta [London] **8.** 85—103. Febr./März 1961. Toronto, Ontario, Canada, Univ. of Toronto, Dep. of Chem.) (Engl.)

Vf. gibt eine krit. Übersicht über die klass. Meth. zur Best. von Au auf gravimetr. u. titrimetr. Wege unter Berücksichtigung der Literatur bis zum Juli 1960. Es wurde versucht, die am allgemeinsten anwendbaren Meth. herauszufinden. Die vom Vf. unter diesem Gesichtspunkt abgelehnten Verff. können durchaus unter anderen Bedingungen, z. B. wenn zahlreiche Proben zu analysieren sind oder einigermaßen konst. qual. Zuss. der Proben gegeben sind, nützlich sein. Wegen ihres großen Anwendungsbereiches wird die Meth., Au aus CN^--haltigen Lsgg. zu fällen, gesondert behandelt. Auf die zahlreichen

Widersprüche der jodometr. Meth. zur Au-Best. wird bes. hingewiesen. — 129 Literaturangaben. GERHARD SCHULZE. G 360□

Fällung von Palladiumdimethylglyoximat aus homogener Lösung. Linda J. Kanner, E. D. Salesin und Louis Gordon. (Talanta [London] 7. 288—90. Febr. 1961. Cleveland, Ohio, Case Inst. of Technol., Dep. of Chem. and Chem. Engng.) (Engl.)

Pd^{2+} wird aus salzsaurer Lsg. durch Dimethylglyoxim quant. gefällt, das sich in der Lsg. durch Rk. zwischen Diacetyl u. Hydroxylamim bildet. Das Chelat, $Pd(C_4H_7N_2O_2)_2$, wird in Form langer, gelber Nadeln erhalten, die leicht zu filtrieren u. zu waschen sind. Die Trennung des Pd von Pt u. Ni wird untersucht, keine Vorteile werden gegenüber den üblichen Meth. ermittelt. U. SKURNIA. G 365□

Spektrophotometrische Bestimmung von Palladium mit Nitroso-R-Salz. Jacob Shamir und Avraham Schwartz. (Talanta [London] 8. 330—32. Mai 1961. Jerusalem, Hebrew Univ., Dep. of Inorg. and Analyt. Chem.) (Engl.)

Vff. beschreiben eine Meth. zur spektrophotometr. Best. von Pd unter Verw. von Nitroso-R-Salz (Na-1-Nitroso-2-naphthol-3.6-disulfonat) als Reagens. Es bildet sich ein roter Komplex, dessen Absorptionsmaximum bei 430 mμ liegt; die Absorptionskurve weist bei 500—510 mμ ein Plateau auf. Da das Reagens bei 430 mμ merklich absorbiert, arbeiten Vff. bei 510 mμ. Die besten Ergebnisse werden erhalten, wenn Essigsäure in einer Konz. von 0,2 m anwesend ist u. der pH-Wert ca. 2,6 ist (molarer Extinktions-Koeff. $1{,}2 \cdot 10^4$). In Ggw. von 0,01 m HCl ist die Eichkurve etwas weniger stark geneigt (molarer Extinktions-Koeff. $1{,}1 \cdot 10^4$). Das Reagens ist im Überschuß zu verwenden. Das BEERsche Gesetz ist bis 4,27 ppm Pd erfüllt, der empfindlichste Bereich liegt zwischen 1,28 u. 4,27 ppm. Die Farbe bildet sich sofort u. ist zwischen 15 Min. nach der Herst. u. 24 Std. stabil. Pt, Rh, Os u. Au stören im 20—40fachen Überschuß nicht. In Ggw. von $HAuCl_4$ ist die Extinktionsmessung innerhalb 1 Std. vorzunehmen; es empfiehlt sich, eine Blind-Lsg. zu verwenden. Der Vorteil der Meth. liegt darin, daß keine Extraktion erforderlich ist. GERHARD SCHULZE. G 365□

Beiträge zur Untersuchung organischer Osmiumreagentien. Gh. Baiulescu, C. Lažar und C. Cristescu. (Analytica chim. Acta [Amsterdam] **24.** 463—66. Mai 1961. Bucharest, Univ. I. C. Parhon, Chem. Fac., Labor. for Analyt. Chem.) (Engl.)

Vff. berichten über die analyt. Verw. folgender monosubstituierter Thioharnstoff-Derivv. bzw. Heterocyclen mit —SH-Gruppe zur photometr. Os-Best.: *α-Thiosemicarbazidoisobuttersäureamid* (I), *α-Thiosemicarbazidoisobutyronitril* (II), *Di-Na-Salz des 3.5-Dihydroxy-6-mercapto-1.2.4-triazins* (III), *3-Mercapto-5-hydroxy-6-methyl-1.2.4-triazin* (IV), *3-Mercapto-5-hydroxy-6.6-dimethyl-1.6-dihydro-1.2.4-triazin* (V) u. *2-Mercapto-4-hydroxy-6-methyl-1.3-pyrimidin* (VI). I u. II wurden als 0,1%ig. Lsgg. in 1%ig. NaOH-Lsg., III als 0,2%ig. Lsg. in W. u. IV, V u. VI als 0,2%ig. Lsgg. in 1%ig. NaOH-Lsg. verwendet. Die Probe-Lsg. wird mit 1 ml H_2SO_4 (aus 32 ml konz. H_2SO_4 + 68 ml W.; bei Verw. von V nur 0,25 ml der Säure) versetzt, dann werden 2 ml der jeweiligen Reagens-Lsg. zugefügt u. die Lsgg. mit A. auf 10 ml aufgefüllt. Mit I entwickelt sich eine gelbe Farbe, deren Extinktion nach 10 Min. gemessen wird. Mit II wird die Lsg. gelbbraun (Ablesung innerhalb 5 Min.), mit III rotbraun (Ablesung innerhalb 10 Min.), mit IV gelb (Ablesung nach 20 Min.), mit V gelb (Ablesung innerhalb 10 Min.) u. mit VI schwach rosa. Die Empfindlichkeit bei Verw. von VI ist nur gering. Quant. Unterss. wurden mit einem PULFRICH-Photometer vorgenommen. Es zeigte sich, daß die Best. in folgenden Konz.-Bereichen möglich ist: 1,23—9,82 (μg Os/ml) bei Verw. von I, 2,07—41,44 mit II, 1,23—24,56 mit III, 1,04—24,86 mit IV u. 1,04—8,29 mit V. Die Ergebnisse lassen erkennen, daß sowohl im Hinblick auf die Empfindlichkeit als auch auf die Stabilität der Farbe die Thioharnstoff-Derivv. den Heterocyclen vorzuziehen sind. GERHARD SCHULZE. G 366□

Neuere Ergebnisse in der Schnellanalyse von Erzen, Mineralien und Silicaten. I. Sajó. (Acta chim. Acad. Sci. hung. **28.** 259—69. 1961. Budapest, Forsch.-Inst. für die Eisenind.) (Dt.)

Es wird eine Schnellmeth. zur Best. von Magnesit beschrieben, wobei die Kieselsäure in Form von K_2SiF_6 ausgefällt u. mit NaOH titriert wird. Al_2O_3, CaO, MgO u. Fe_2O_3 werden mit EDTA, das MnO nach PROCTER-SMITH titriert u. der Glührückstand durch Ausglühen bei 1100° bestimmt. Dauer der Analyse 1—1½ Stunden. W. HAMPEL. 5290□

Bestimmung der mit Asbest vergesellschafteten Mineralien durch Röntgenbeugungsaufnahmen. M. S. Badollet und J. P. Mc Gourty. (Trans. Canad. Inst. Mining Metallurgy Mining Soc. Nova Scotia **61.** 169—74. 1958; Canad. Mining metallurg. Bull. **51.** 335—40. Juni 1958. Manville, N.J., Johns-Manville Res. Center.) (Engl.)

Die chem. Analyse von *Chyrsotil*, *Pikrolith* u. anderen Serpentinabarten ergibt im allg. neben den der theoret. Zus. $H_4Mg_3Si_2O_9$ entsprechenden MgO-, SiO_2- u. H_2O-Werten einen mehr oder weniger hohen Geh. an Al_2O_3, Fe_2O_3, FeO usw., der auf der Ggw. von Brucit, Chlorit, Periklas oder Hydromagnesit beruht. An einer großen Anzahl kanad. Serpentinproben wird gezeigt, daß die Best. dieser Asbestbegleiter an Hand von Röntgenbeugungsaufnahmen, in einigen Fällen kombiniert mit emissionsspektroskop. u. petrograph. Unterss. möglich ist (17 Debye-Diagramme). Die chem. Analyse allein erlaubt keine eindeutige Zuordnung. A. Blaschette. 5292□

b) Organische Verbindungen

Bemerkungen zur Stickstoff-Bestimmung. 1. Mitt. **Prüfung der Proben mit verschiedenen Analysenergebnissen.** Satoshi Mizukami, Keikichi Miyahara und Hiroko Nakai. (J. pharmac. Soc. Japan [Yakugakuzasshi] **77.** 312—16. März 1957. Shiongi and Co. Ltd., Res. Labor.) (Jap.; Auszug: Engl.)

Bei der N-Best. nach Dumas kann der Dampf der Probe leicht unverbrannt in das Azotometer eindringen, wenn die Ofen-Temp. nur 600° statt 750° beträgt. Die meisten ringförmig gebundenen, N enthaltenden Proben können mit CuO bei 850—900° verbrannt werden. Manche solcher Proben bedürfen eines Zusatzes von Co_2O_3 direkt zur Substanz. W. Wesly. 5352□

Bemerkungen zur Stickstoff-Bestimmung. 2. Mitt. **Korrektur der Azotometeranzeige und Abänderung des Azotometers.** Satoshi Mizukami und Keikichi Miyahara. (J. pharmac. Soc. Japan [Yakugakuzasshi] **77.** 316—18. März 1957.) (Jap.; Auszug: Engl.) — 1. vgl. vorst. Referat.

Bei der Verw. des Azotometers können Falschanzeigen infolge der Capillar-Wrkg. auf die KOH-Lsg. in der Bürette auftreten, die zwar im mg-Bereich, nicht aber bei 0,1 mg unberücksichtigt bleiben kann. Das Azotometer wird durch Anbringung einer Düse ohne Schliffe verbessert (Abb.). W. Wesly. 5352□

Mikrobestimmung von Chlor und Brom in organischen Verbindungen. D. C. White. (Mikrochim. Acta [Wien] **1961.** 449—56. Great Burgh, Epsom, Surrey, Distillers Co. Ltd., Res. and Dev. Dep.) (Engl.)

Die von Cheng (C. **1961.** 5559) beschriebene mercurimetr. Titration von Halogenen in organ. Verbb. wird auf ihre Anwendbarkeit geprüft u. modifiziert. Die organ. Substanz wird nach der Kolben-Meth. von Schöniger verbrannt, das Halogen in alkal. Peroxyd-Lsg. absorbiert u. das Halogenid mit 0,01n $Hg(NO_3)_2$-Lsg. gegen Diphenylcarbazon als Indicator titriert. Die Titration erfolgt in wss. A.-Lsg. bei einem scheinbaren pH-Wert von 3,6. Der Einfl. verschiedener pH-Werte wurde untersucht. Oberhalb von pH 4,5 erscheint vor dem Äquivalenzpunkt eine rosa Färbung, die zu einem Minderverbrauch an Reagens-Lsg. führt. Bei pH $\leqslant 3$ wird die Farbintensität des Indicators am Endpunkt stark vermindert, so daß sich ein Mehrverbrauch ergibt. SO_4^{2-} stört die Titration durch Verhinderung der Farb-Rk. von Hg^{2+} mit Diphenylcarbazon, wodurch der Endpunkt viel weniger gut ausgeprägt ist. SO_4^{2-} kann durch Zusatz von $Ba(NO_3)_2$ entfernt werden. PO_4^{3-} u. F^- bewirken durch ihre Puffer-Wrkg. eine Verschiebung des optimalen Bereiches nach höheren pH-Werten. Meth. zur Ausschaltung der Störungen werden angegeben. In Ggw. von J^- kann man Hydrogenperoxyd nicht als Absorptions-Lsg. verwenden. Nach Behandlung mit einer wss. SO_2^--Lsg. erfolgt die mercurimetr. Titration des Jodids ebenfalls stöchiometr. mit sehr scharfem Endpunkt. Nach dem beschriebenen Verf. können in einer wss. Lsg. noch 15 μg Cl_2/ml mit einer Genauigkeit von 1—2% titriert werden. K. Ohls. 5352□

Silbergranulat als Absorbens für Halogene und Oxyde des Schwefels. Tetsuo Mitsui, Osamu Yamamoto und Keikichi Yoshikawa. (Mikrochim. Acta [Wien] **1961.** 521—26. Kyoto, Japan, Kyoto Univ., Coll. of Agricult., Dep. of Agricult. Chem.) (Engl.)

Vff. beschreiben eine Darst.-Meth. für Ag-Granulat (I) u. untersuchen dessen Eigg. hinsichtlich der Absorption von Halogenen u. S-Oxyden bei der Mikro-Best. in organ. Substanzen. Verss. bei 435 u. 750—800° mit Hexabrombenzol sowie bei 530 u. 750—800° mit Sulfathiazol zeigten, daß die Absorptionskapazität (AK) von I für Br_2 u. S-Oxyde der AK elektrolyt. hergestellter Ag-Wolle etwa gleich u. im 2. Falle der AK von Ag-Gaze ca. 45mal überlegen war. Die AK ändert sich zwischen 250 u. 550° für J_2 u. zwischen 350 u. 500° für Br_2 nicht, hat jedoch für Cl_2 einen maximalen Wert bei ca. 450°. Die AK für S ist um so größer, je höher die Temp. ist, jedoch kann für Serien-Best. 530° als beste Temp. angesehen werden. Als Beispiele für Verw.-Möglichkeiten von I führen Vff. die Best. von S mit einer von Mitsui u. Sato (vgl. C. **1959.** 3924) angegebenen App., die Absorption der Halogene u. der S-Oxyde bei der Best. von C u. H_2 u. die Absorption von J_2 bei der O_2-Best. nach einer modifizierten Meth. von UNTERZAUCHER an. Das Ag-Granulat wird wie folgt hergestellt: Zu einer Lsg. von 1,5 kg $AgNO_3$ in 5 Liter dest. W. werden langsam unter Rühren 3,2 kg 40%ig. NaOH-Lsg. gegeben. Die Lsg. wird 1 Std. lang auf 90—95° erhitzt u. bleibt über Nacht bei Zimmer-Temp. stehen. Dann wird der Nd. durch Dekantieren mit dest. W. alkalifrei gewaschen, bei ca. 130° getrocknet, gesiebt (14, 24 u. 42 mesh) u. bei 500—550° im elektr. Ofen so lange erhitzt, bis sich das Ag_2O in Ag umgewandelt hat. Nach Abkühlung wird das Granulat nochmals gesiebt. Die Ausbeute beträgt 748 g (14—24 mesh) bzw. 158 g u. 26 g feines Pulver (24—42 mesh). Beide Granulatgrößen sind für die Absorption geeignet. Bei der 1. Siebung evtl. anfallendes Pulver wird nochmals granuliert. Zu langes Erhitzen u. zu hohe Temp. müssen vermieden werden. J. KRAETSCH. 5352□

Mercurimetrische Bestimmung von Schwefelverbindungen unter Anwendung von Acrylnitril als selektives Maskierungsmittel. M. Wroński. (Acta chim. Acad. Sci. hung. **28.** 303—09. 1961. Łódź, Univ., Inst. für chem. Techn.) (Dt.)

Mercaptane, Polysulfide, Sulfide u. Sulfite reagieren leicht, Thioharnstoff u. Xanthogenate nur sehr langsam u. Thiosulfate u. Rhodanide überhaupt nicht mit Acrylnitril (I). Zur Best. von Sulfiden, Sulfiten, Thiosulfaten u. Rhodaniden nebeneinander werden in einer Probe die Sulfide mit o-Hydroxymercuribenzoesäure (II) titriert, in einer zweiten der Gesamtjodverbrauch bestimmt u. in der dritten die Thiosulfate jodometr. u. die Rhodanide argentometr. bestimmt, u. zwar nach vorangehender Maskierung der Sulfite u. Sulfide mit I. — Zur Best. von Polysulfiden neben Thiosulfaten wird der Gesamtjodverbrauch, der Verbrauch an II nach der Rk. mit Sulfiten u. der Jodverbrauch nach der Rk. mit Sulfiten u. I ermittelt. — Die Best. von Thioharnstoff neben Thioglykolsäure erfolgt durch direkte Titration mit II u. durch Titration mit mercuriertem Anilin, nachdem die Thioglykolsäure mittels I gebunden worden ist.

W. HAMPEL. 5364□

Eine einfache titrimetrische Methode zur Bestimmung von Mercaptanen. B. Saville. (Analyst **86.** 29—32. Jan. 1961. Welwyn Garden City, Herts., Brit. Rubber Products Res. Assoc.) (Engl.)

Das aus aliphat. gesätt. u. ungesätt. Mercaptanen u. $AgNO_3$ in wss. Pyridin nach $RSH + Ag^+ \rightleftharpoons RSAg + H^+$ frei werdende u. einer SH-Gruppe entsprechende Proton kann direkt gegen Alkali titriert werden. Der maximale Fehler der Mercaptan-Best. beträgt 0,37%. Das Verf. wurde zur Best. folgender Verbb. angewandt: *Äthylmercaptan, 1-Thiolbuten-(2), tert.-Butylmercaptan, 1-Thiol-2-methylpenten-(2), 2-Thiol-4-methylpenten-(3), 2-* u. *3-Thiol-2-methylpentan, 4-Thiolheptan, 3-Thiol-3-methylhexan* u. *1-Thioldodecan.* U. UHLICH. G 600□

Bestimmung von aliphatischen Aldehyden und Ketonen höheren Molekulargewichts. Aubrey P. Altshuller und Israel R. Cohen. (Analytica chim. Acta [Amsterdam] **24.** 61—66. Jan. 1961. Cincinnati, Ohio, U.S. Dep. of Health, Educat. and Welfare, Publ. Health Serv., R. A. Taft Sanit. Engng. Cent., Air Pollut. Engng. Res.) (Engl.)

Aldehyde u. *Ketone* geben bei 4std. Stehenlassen mit *p-Nitrobenzoldiazoniumfluoborat*-Lsg. [0,4%ig. Lsg. in 2-Methoxyäthanol (MA)] in einem Gemisch von 75 Teilen MA u. 25 Teilen 85%ig. H_3PO_4 bei 35° Färbungen, die zur Best. dieser Verbb. dienen können. Beide Verb.-Klassen zeigen dabei Maxima bei 380—395 mμ, geradekettige Aldehyde weiterhin Maxima oder Schultern bei 440—465 mμ, u. *Alkandione* weisen ebenfalls Maxima bei 380—390 mμ auf. Formaldehyd, Acetaldehyd, Aceton u. Butandion-(2.3) haben bei den angegebenen Wellenlängen entweder kein (CH_2O) oder sehr schwache Absorptionen, so daß das Verf. bes. geeignet ist, höhere Carbonyl-Verbb. in Ggw. der Anfangsglieder der homologen Reihen zu bestimmen. Phenol, p-Kresol, die meisten Monoolefine, andere KW-Stoffe, Benzaldehyd u. Stickoxyde stören kaum. Als Anwendung wird die Best. von *Propionaldehyd* in Ggw. von Formaldehyd, Acetaldehyd u. Aceton beschrieben. Vff. nehmen an, daß bei der Rk. ein Angriff auf die zur CO-Gruppe α-ständige CH_2- oder CH-Gruppe erfolgt. Die bei der Rk. auftretenden Absorptionsmaxima u. spezif. Extinktionen für *CH_2O, CH_3CHO, Propionaldehyd, Butyraldehyd, 2-Methylpropionaldehyd, Pentylaldehyd, 3-Methylbutyraldehyd, Acrolein, Buten-(2)-al, 2-Methylbuten-(2)-al, Aceton, Butanon, Pentanon-(3), 3-Methylbutanon-(2), Butandion-(2.3), Pentandion-(2.4)* u. *Cyclohexandion-(1.2)* werden angegeben.

E. DEHMLOW. G 700□

Vereinfachte Darstellung eines Reagenses auf Diacetyl. D. J. Dawson. (Austral. J. Dairy Technol. **16.** 35—36. Jan./März 1961. Werribee, Vic., School. of Dairy Technol.) (Engl.)

Vf. beschreibt ein vereinfachtes Verf. zur Darst. des für die colorimetr. Best. von *Diacetyl* verwendeten *Diaminobenzidins* (I). Gegenüber früher beschriebenen Synth. wurde die Nitrierung vereinfacht, Hydrolyse u. Red. werden in einem Arbeitsgang durchgeführt: 10 g fein verteiltes techn. Benzidin werden mit 25 cm^3 Eisessig u. 25 cm^3 Essigsäureanhydrid versetzt u. im Wasserbad 2 Std. unter Rückfluß gekocht. Nach Zugabe von 100 cm^3 W. wird abfiltriert u. gewaschen. Nach dem Trocknen wird mit A. unter Rückfluß gekocht, filtriert u. getrocknet. Ausbeute 12 g acetyliertes Benzidin (**a**). 100 ml konz. HNO_3 werden in einem Kolben mit 5 g Saccharose bis zum Rauchen erhitzt u. auf ca. 20° gekühlt. Das gepulverte **a** wird schnell hinzugegeben, der Kolben verschlossen u. umgeschüttelt; wenn die Temp. $>50°$ steigt, wird unter fließendem W. gekühlt. Das Gemisch wird sodann in 2 Liter W. gegossen, filtriert u. das tiefgelbe Dinitrobenzidin gut mit W. gewaschen u. getrocknet; Ausbeute 15,5 g. Dieses Prod. wird gepulvert u. in einem Kolben mit 20 g granuliertem Sn u. 200 ml konz. HCl versetzt. Auf dem Wasserbad wird 8 Std. unter Rückfluß gekocht u. über Nacht stehengelassen. Das graue Prod. (vermutlich der I–Sn-Komplex) wird abfiltriert u. mit 50%ig. HCl gewaschen. Der Nd. wird zur Reinigung in wenig W. gelöst, die Lsg. durch ein Filter gegeben. Nach Zugabe eines gleichen Vol. konz. HCl fällt I·HCl aus. Am nächsten Tag werden die Kristalle abfiltriert u. wiederum in wenig W. gelöst. Bei Einleiten von H_2S fällt Sn als Sulfid u. wird abfiltriert. Das wird 4mal wiederholt. Dem klaren Filtrat wird ein gleiches Vol. konz. HCl zugegeben. Nach vollständiger Fällung werden die Kristalle abfiltriert, mit Ae. gewaschen, abgesaugt u. unter Vakuum bei Zimmer-Temp. getrocknet; Ausbeute 6,5 g I·HCl. Hans Thiele. G 720□

Die spektralphotometrische Bestimmung von Aminen, Aminosäuren und Peptiden mit 2.4.6-Trinitrobenzol-1-sulfonsäure. Kazuo Satake, Tsuneo Okuyama, Mochihiko Ohashi und Tomotaka Shinoda. (J. Biochemistry [Tokyo] **47.** 654 bis 660. Mai 1960. Tokyo, Metropolitan Univ., Dep. of Chem.) (Engl.)

Durch die Rk. der prim. Aminogruppen von Aminen, Aminosäuren u. Peptiden mit 2.4.6-Trinitrobenzolsulfonsäure-(1) ist eine Best. dieser Substanzen von 0,01 bis 0,8 μMol/ml möglich. Es bilden sich die Trinitrobenzol-Derivv. mit einem hohen Extinktions-Koeff. bei 340 mμ. Durch Behandlung mit NH_3 oder Licht können die Ausgangssubstanzen wieder zurückgewonnen werden. H. Struck. G 950□

Beiträge zur Mikroanalytik der Aminosäuren, Di- und Tripeptide. K. Lindner. (Acta chim. Acad. Sci. hung. **26.** 443—49. 1961. Budapest, Inst. für Ernährungsforsch.) (Dt.)

Es werden die Halbstufenpotentiale von Aminosäure–Cu-Komplexen in Borax–Phosphat-Puffer, pH 9,5, bestimmt. Die Kombination von Papierchromatographie u. Polarographie ermöglicht eine gute Identifizierung u. quant. Best. von Dipeptiden. Die Cu-Komplexe der untersuchten Tripeptide liefern Zweistufenpolarogramme. Mit Hilfe der ersten Stufe läßt sich der term. Gesamt-α-N, mit der zweiten die Menge der im Gemisch vorhandenen Tripeptide bestimmen. W. Hampel. G 950□

Colorimetrische Bestimmung von 2.4-Dinitrophenylaminogruppen durch Natriumborhydridreduktion. L. K. Ramachandran. (Analytic. Chem. **33.** 1074—78. Juli 1961. Madras, India, Univ., Biochem. Labor.) (Engl.)

Beim Zusatz von *$NaBH_4$* zu wss. Lsgg. von *2.4-Dinitrophenyl-* (*DNP*)-*Aminosäuren* u. ähnlichen Verbb. tritt eine intensive Rotfärbung auf, die zur Best. dieser Verbb. im Konz.-Bereich 0,01—0,06 μMol/ml dienen kann. Man puffert die Probe-Lsg. mit 2%ig. $NaHCO_3$-Lsg., gibt 0,5%ig. $NaBH_4$-Lsg. hinzu u. läßt zur Farb-Entw. 30 Min. bei ca. 30° stehen. Die Messung erfolgt colorimetr. unter Verw. eines 420-mμ-Filters. Extinktionen u. Absorptionsmaxima der Rk.-Prodd. verschiedener DNP-Aminosäuren unterscheiden sich erheblich, so daß für jede Verb. eine bes. Eichkurve aufgenommen werden muß. Die Genauigkeit liegt bei $\pm 2\%$. — Die Rk. ist spezif.: *2.4-Dinitroanilin* (II) gibt eine positive Rk., während o-, m- u. p-Nitroanilin, 2.4-DNP-Aryl- u. -Alkyläther, 2.4-DNP-Imidazol- u. -Pyrrolidin-Derivv. nicht ansprechen. — Die Meth. ermöglicht die Best. des Umsetzungsgrades von Proteinen mit Fluordinitrobenzol (I). Zum Beispiel wurde die Rk. zwischen I u. *Papain*, *Lysozym*, *Ribonuclease* u. *Tabakmosaikvirusprotein* in Abhängigkeit von der Zeit untersucht. — Die Darst. von $Mono_{(Imidazol)}$-DNP-Histidin durch Schutzgruppenabspaltung aus *$DNP_{(Imidazol)}$- Phthaloylhistidin* (III; $C_{20}H_{13}N_5O_8$, F. 254—256°, aus Phthaloylhistidin; 90% Ausbeute) mit Hydrazin mißlang. Farbintensitäten (relativ zu II) von *DNP-Glycin*, *DNP-Valin*, *DNP-Alanin*, *DNP-Leucin*, *DNP-Isoleucin*, *DNP-Asparaginsäure*, *DNP-Glutaminsäure*, *DNP-Serin*, *DNP-Arginin*, *DNP-Äthanolamin*, *$DNP_{(\alpha)}$-Histidin*, *Di-DNP-Histidin*, *Di-DNP-Tyrosin*, *Di-DNP-*

Serin–Triäthylaminsalz, *ε-DNP-Lysin·HCl·H_2O*, *Di-DNP-Lysin*, *Di-DNP-Cystin*, *O-DNP-Tyrosin*, III, *DNP-Phenylalanin* u. *DNP-Tryptophan* werden angegeben.

E. DEHMLOW. G 1300□

Trennung und Identifizierung von sechs arsenorganischen Verbindungen durch Papierchromatographie: Arsanilsäure, Arsenobenzol, Arsphenamin, 3-Nitro-4-hydroxyphenylarsonsäure, 4-Nitrophenylarsonsäure und p-Ureidobenzolarsonsäure. Lloyd C. Mitchell. (J. Assoc. off. agric. Chemists **42.** 684—92. Nov. 1959. Washington, D.C., Dep. of Health, Educat. and Welfare, Food and Drug Administrat., Div. of Food.) (Engl.)

Arsanilsäure, *Arsenobenzol*, *Arsphenamin*, *3-Nitro-4-hydroxyphenylarsonsäure*, *4-Nitrophenylarsonsäure* u. *p-Ureidobenzolarsonsäure* lassen sich durch zweidimensionale Papierchromatographie an WHATMAN Nr. 1-Papier trennen. Als Fließmittel werden in der angegebenen Reihenfolge verwendet: W.–HNO_3–Acetonitril (I) (20:2:78) u. W.–konz. NH_4OH–I (30:5:65). Die Sichtbarmachung der gewanderten Substanzen erfolgt auf verschiedene Weise: Besprühen des Chromatogramms mit 0,085%ig. ammoniakal.-alkohol. $AgNO_3$-Lsg., mit 0,0065%ig. alkohol. Pyrogallol-Lsg., Betrachtung der Chromatogramme im UV-Licht (366 u. 253,7 mμ) oder ihrer im UV-Licht hergestellten, mit NH_3 bedampften u. nicht bedampften Blaupausen bei Tageslicht.

WINFRIED KRÜGER. G 1380□

Eine neue Methode der Chromatographie und Ionophorese auf Ionenaustauscherpapier: Anwendung auf die Trennung von Barbiturat, Salicylat und Acetophenetidin. Harold V. Street und S. K. Niyogi. (Nature [London] **190.** 537—38. 6/5. 1961. Edinburgh, Univ. New Buildings, Dep. of Forensic Med.) (Engl.)

Eine Mischung von *Barbiturat*, *Salicylat* u. *Acetophenetidin* läßt sich durch aufsteigende Chromatographie auf Cellulose-Ionenaustauscherpapier (WHATMAN Nr. DE 20) in 10—12 Min. partiell u. durch nachfolgende Ionophorese mit der Richtung des elektr. Stromes senkrecht zur Laufmittelfront in weiteren 30 Min. völlig in seine Komponenten auftrennen. Die mobile Phase ist in beiden Fällen 0,2n NH_3-Lösung. W. HEIN. G 3272□

Komplexchemische Identifizierung von Pyrimidinderivaten im Mikromaßstab. Roland Weiß. (Mikrochim. Acta [Wien] **1961.** 11—25. Jena, Dt. Akad. der Wiss. zu Berlin, Inst. für Mikrobiol. u. exp. Therapie.) (Dt.)

Zur Identifizierung von ca. 100 biochem. interessanten *Pyrimidin-* u. *Purin-*Derivv. u. -analoga werden folgende Eigg. u. Färbungen bei Tüpfelproben tabellar. erfaßt: Farbe in n-NaOH, Farbe mit HNO_2, Farbe des $AgNO_3$-Rk.-Prod. im Alkal., Farbe der Cu^{2+}- u. der Co^{2+}-Rk. im Alkal., Farbe der Cu^{2+}-Rk. im Sauren, Pikrinsäure-Rk., Verh. über der Purinlampe u. unter der UV-Lampe, F. u. spezielle Nachw.-Reaktionen. Folgende Verbb. wurden untersucht: *2.4.6-Trihydroxy-5-isonitrosopyrimidin*; *2.4-Dihydroxy-6-amino-5-isonitrosopyrimidin*; *2.4-Diamino-6-hydroxy-5-isonitrosopyrimidin*; *2.4.6-Triamino-5-isonitrosopyrimidin*; *4-Amino-6-hydroxy-2-mercapto-5-isonitrosopyrimidin*; *4.6-Diamino-2-mercapto-5-isonitrosopyrimidin*; *4-Amino-1-methyl-5-imidazolcarbonitril·HCl*; *2.4.5.6-Tetraminopyrimidin*; *4.5.6-Triaminopyrimidin*; *4.5-Diamino-6-hydroxypyrimidin*; *2.4.5-Triamino-6-hydroxypyrimidin*; *4.5-Diamino-2.6-dihydroxypyrimidin*; *1-Methyl-4-nitro-5-chlorimidazol*; *4.5-Diamino-6-hydroxy-2-mercaptopyrimidin*; *4.5.6-Triamino-2-mercaptopyrimidin*; *6-Hydroxy-2-mercaptopurin*; *6-[Pyridyl-(4)]-2-mercapto-4-hydroxypyrimidin*; *6-[Pyridyl-(3)]-2-mercapto-4-hydroxypyrimidin*; *2.6-Dihydroxypurin*; *8-Chlormethyltheophyllin*; *1-Methyl-4-nitro-5-cyanimidazol*; *6-Nitrobenzimidazol*; *6-Methyl-5-nitro-2.4-dihydroxypyrimidin*; *2.4.6-Trihydroxy-5-nitropyrimidin*; *Vitamin B_1*; *1.3-Dimethyl-2.4.6-trioxohexahydropyrimidin*; *2.4.6-Trihydroxypyrimidin*; *4-Amino-2.6-dihydroxyprimidin*; *2-Amino-4.6-dihydroxypyrimidin*; *2.4-Diamino-6-hydroxypyrimidin*; *2.4.6-Triaminopyrimidin*; *4.6-Dihydroxy-2-mercaptopyrimidin*; *4-Amino-6-hydroxy-2-mercaptopyrimidin*; *o-Phenylendiamin*; *5-n-Butyl-4.6-dihydroxy-2-mercaptopyrimidin*; *2.6.8-Trihydroxypurin*; *2-(o-Hydroxyphenyl)-benzimidazol*; *2-Amino-6-hydroxypurin*; *2.6-Diaminopurin*; *4.6-Diamino-2-mercaptopyrimidin*; *Thioharnstoff*; *Hydrazinsulfat*; *1.3-Dimethyl-2.4.6-trioxo-5-isonitrosohexahydropyrimidin*; *D-Ribose*; *2-Desoxy-D-ribose*; *7-Vinyltheophyllin*; *D-Arabinose*; *D-Sorbit*; *Malonsäure*; *N.N'-Dimethylharnstoff*; *7-(β-Diäthylaminoäthyl)-8-hydroxymethyltheophyllin*; *7-(β-Hydroxypropyl)-theophyllin*; *7-(β-Hydroxyäthyl)-theophyllin*; *7-(β-Hydroxyäthyl)-8-hydroxymethyltheophyllin*; *Coffein*; *1'.3'-Ditheophyllinyl-(7)-2'-hydroxypropan*; *Benzimidazol*; *Imidazol*; *4-Amino-6-hydroxy-2-mercaptopyrimidinsulfaminsäure-(5)*; *4-Methyl-6-hydroxy-2-mercaptopyrimidin*; *Bis-[4-hydroxypyrimidyl-(2)]-disulfid-Na*; *4-Hydroxy-2-mercaptopyrimidin*; *4-Mercaptopyrimidin·HCl*; *5-n-Propyl-4.6-dihydroxy-2-mercaptopyrimidin*; *8-Äthxymethyltheophyllin*; *2-Mercaptobenzthiazol*; *1-Methyl-4-nitro-5-cyanimidazol*; *Guanosin*;

Theophyllin; 6-Chlorpurin; Adenosin; 6-Hydroxypurin; Purin; 6-Aminopurin (Adenin); 2.4.5.6-Tetraoxohexahydropyrimidinhydrat (Alloxan); 4-Hydroxypyrimidin; 2-Methyl-4-amino-5-aminomethylpyrimidin·HCl; 6-Phenyl-4-hydroxy-2-mercaptopyrimidin; 8-Hydroxymethyltheophyllin; Guanidin·HCl; 2-Aminopyrimidin; Hydantoin; 4-Amino-2-hydroxypyrimidin (Cytosin); 2-Amino-4-hydroxypyrimidin; Theophyllino-[7.8a]-N-pentamethylenpiperaziniumchlorid; 4-Amino-2.6-dimethylpyrimidin; Harnstoff; Theobromin; Theophyllino-[7.8a]-N-di-(β-hydroxyäthyl)-piperaziniumchlorid; 5-Methyl-2.4-dihydroxypyrimidin (Thymin); 5-Hydroxymethyl-2.4-dihydroxypyrimidin (5-Hydroxymethyluracil); 4-Hydroxy-2-methylmercaptopyrimidin; 2.8-Dichlor-6-aminopurin; 2-Methyl-4-amino-5-äthoxymethylpyrimidin; 2.4-Dihydroxypyrimidin; 2.4-Dihydroxy-6-methylpyrimidin; Veronalnatrium; 2-Anilino-6-methyl-9-phenylpurin; 6-Benzylamino-9-benzylpurin; 2.4-Bis-benzylamino-5-nitropyrimidin; Theophyllino-[7.8a]-N-phenylimidazolidin; 4.6-Bis-benzylamino-5-nitropyrimidin; 2.4-Bis-(n-propylamino)-5-nitropyrimidin; 4.6-Bis-anilino-5-nitropyrimidin; 8-Brom-7-(β-chloräthyl)-theophyllin; 7-(β-Chloräthyl)-8-chlormethyltheophyllin; 6-Anilino-9-phenylpurin; 4.6-Bis-(isobutylamino)-5-nitropyrimidin; 2.4-Bis-(n-propylamino)-6-methyl-5-nitropyrimidin; 7-Isoamyltheophyllin; 7-Allyltheophyllin; 7-(β-Chloräthyl)-theophyllin; 7-(β-Diäthylaminoäthyl)-8-äthoxymethyltheophyllin·HCl. E. Dehmlow. G 3272□

Die Bestimmung von Atropin und Tropasäure. Joseph Levine und Jesse E. Roe. (J. Assoc. off. agric. Chemists **42.** 693—96. Nov. 1959. Washington, D.C., Dep. of Health, Educat. and Welfare, Food and Drug Administrat., Div. of Pharmaceut. Chem.) (Engl.)

Infolge der Empfindlichkeit der Esterbindung in *Atropin* (I) ist die in I-Proben vorliegende freie *Tropasäure* (II) ein Maß für den Abbaugrad. Zu ihrer Best. trennten Vff. I u. II an zwei hintereinandergeschalteten Celite 545-Säulen, wobei nach Aufgabe der in Chlf. gelösten Probe die erste Säule mit essigsäurehaltigem Ae., die zweite nach Zugabe von NH_4OH mit Chlf. eluiert wird. Nach Eindampfen der Eluate werden diese mit rauchender HNO_3 auf dem Wasserbad erwärmt. Überschüssige HNO_3 wird mit $NaHSO_3$ zerstört u. zugleich das Nitrierungs-Prod. zum Amin red., dieses diazotiert u. nach Zerstörung verbliebenen Nitrits mit Sulfaminsäure schließlich mit N-[Naphthyl-(1)]-äthylendiamin gekuppelt. Die entstehende Färbung ist weitgehend stabil, folgt dem Lambert-Beerschen Gesetz bis ≤ 4 mg I-Sulfat oder ≤ 2 mg II u. wird bei 550 mμ spektrophotometriert. Winfried Krüger. G 3500□

Zur quantitativen papierchromatographischen Bestimmung der Alkaloide aus Stechapfel (Datura Stramonium). Neda Mešiček. (Mikrochim. Acta [Wien] **1961.** 283—88. Ljubljana, Jugoslawien, Univ., Inst. für Organ. Chem.) (Dt.)

Bekannte papierchromatograph. Verff. wurden auf ihre Eignung zur Trennung der Alkaloide aus Folia Daturae Stramonii (*Hyoscyamin* bzw. *Atropin* u. *Scopolamin*) untersucht. Als bestes Fließmittel-Syst. erwies sich wassergesätt. n-Butanol bzw. Amylalkohol. Man arbeitet an Papieren, die mit Puffer (pH 7,0—7,6) imprägniert wurden. Die Flecken wurden mit Dragendorff-Reagens sichtbar gemacht, ausgeschnitten u. nach Behandeln mit Acetanhydrid als intensiv gefärbte Verbb. extrahiert. Es wird spektrophotometr. bei 485 mμ gemessen. Das Beersche Gesetz wird bis zu 100 μg des jeweiligen Alkaloids erfüllt. Vgl. der nach diesem Verf. bei der Analyse von Drogen erhaltenen Werte mit den nach in Pharmakopöen vorgeschriebenen Meth. erhaltenen zeigte, daß die älteren Verff. zu hohe Werte liefern, da noch andere bas. Extraktivstoffe mittitriert werden. E. Dehmlow. G 3500□

Die Bestimmung von Vitamin B_{12}. Eine kritische Übersicht. W. H. C. Shaw und Christine J. Bessell. (Analyst **85.** 389—409. Juni 1960. Greenford, Middlesex, and Sefton Park, Stoke Poges, Bucks., Glaxo Labor. Ltd.) (Engl.)

Übersicht. Krist. Vitamin B_{12} (Cyanocobalamin; I); physikal. u. chem. Meth. (direkte colorimetr. u. spektroskop. Meth., Polarographie, Isotopenverdünnungs-Meth., andere physikal. Best.-Meth.); Meth. zur I-Abtrennung aus Rohmaterialien u. zur Trennung von Analoga (Adsorptions-, Säulen- u. Papierchromatographie, Ionenaustausch-Meth., Papierelektrophorese), I enthaltende pharmazeut. Präpp.; mikrobiolog. Best. von I in natürlichem Material (gebundenes I u. Behandlung von Proben, Bioautographie); mikrobiolog. Best.-Meth. mit *Lactobacillus lactis, L. teichmannii, Escherichia coli, Euglena gracilis, Ochromonas malhamensis* u. anderen Mikroorganismen; Best. mittels höherer Tiere; klin. Bestimmungen. — 174 Literaturangaben. K. Maier. G 3800□

d) Medizinische und toxikologische Analyse

Die Bestimmung von Sulfat in Pflanzenmaterial und Blut. K. G. Hogan und J. N. Breen. (New Zealand J. agric. Res. **3.** 498—502. Juni 1960. Wallaceville, Dep. of Agricult., Animal Res. Stat.) (Engl.)

Es wurden die Fällungen mit 1. $BaCl_2$, 2. Benzidin u. 3. die auf der Bldg. von Methylenblau basierende Meth. (Johnson u. Nishita, C. **1953.** 2332) auf ihre Verwendbarkeit für Reihen-Unterss. zur Best. kleiner Mengen SO_4^{2-} in pflanzlichem Material u. Blut untersucht. Die letztgenannte Meth. ist für biolog. Material weitestgehend anwendbar u. empfindlich genug, 1—300 μg Sulfat-S in 10—20 mg getrocknetem Weidefutter oder 1 ml Blut zu bestimmen. Der Zusammenschluß von 6 Einzel-App. zu einer Batterie läßt die Meth. zu einem Routine-Verf. werden, so daß 75 Doppelbest. je Woche ausgeführt werden können. J. Winter. 5727 □

Colorimetrische Mikrobestimmung von Calcium im Serum. P. Trinder. (Analyst **85.** 889—94. Dez. 1960. Sunderland, Durham, Roy. Infirmary, Centr. Labor., Biochem. Dep.) (Engl.)

Man fällt das Ca^{2+} in einem Zentrifugenrohr direkt aus 0,2 ml Serumprobe mit 5 ml *Naphthalhydroxamsäure*-Reagens (250 mg, in 100 ml warmem W. gelöst, das 5 ml Äthanolamin u. 2 g D-Weinsäure enthält, gekühlt, mit 9 g NaCl in 500 ml W. versetzt u. auf 1 Liter mit W. aufgefüllt). Nach 30 Min. bei Zimmer-Temp. wird zentrifugiert, abgegossen, gut ablaufen gelassen u. in 1 ml alkal. Äthylendiamintetraessigsäure(EDTA)-Lsg. (2 g $Na_2EDTA \cdot 2\,H_2O$ in 1 Liter 0,1 n NaOH) durch 10 Min. langes Erwärmen auf 100° gelöst. Nach dem Abkühlen werden 3 ml Farbreagens [60 g $Fe(NO_3)_3 \cdot 9\,H_2O$ in 500 ml W. + 15 ml konz. HNO_3, mit W. auf 1 Liter verd.] zugesetzt, u. es wird bei 450 mμ gemessen. Im Bereich 5—17,5 mg Ca/100 ml ist die Abweichung vom Beerschen Gesetz nur gering. Die Meth. gibt mit älteren Verff. gut übereinstimmende Werte. E. Dehmlow. 5728 □

Bemerkung zu einer Arbeit von Kovács und Tárnoky. H. Flaschka. (Analytica chim. Acta [Amsterdam] **22.** 202. Febr. 1960. Atlanta, Ga., Inst. of Technol., Chem. Dep.) (Dt.)

Vf. nimmt Bezug auf eine Arbeit von Kovács u. Tárnoky (vgl. C. **1959.** 585), in der Plasmocorinth B als Indicator bei der komplexometr. Titration von Ca u. Mg verwendet worden war u. stellt fest, daß ein Farbstoff der gleichen chem. Zus. von einer anderen Firma als Eriochromblau SE in den Handel gebracht wird u. von Vf. u. Mitarbeitern (vgl. C. **1959.** 10359) auch als Indicator für die Ca- u. Mg-Best. in Serum verwendet worden ist. C. Gottfried. 5728

Bestimmung von Magnesium durch Atomabsorptions-Spektroskopie. F. W. Heaton und J. B. Dawson. (Biochem. J. **78.** 29P—30P. März 1961. Leeds, Univ. of Leeds, Dep. of Med. Phys.; Gen. Infirmary; Med. Res. Council Unit for Metabolic Disturbances in Surgery.) (Engl.)

Mit Hilfe der von Walsh (C. **1956.** 14124) angegebenen Meth. bestimmten Vff. *Mg* in *Serum*, *Urin* u. anderen biolog. Fll. ohne vorherige Aufarbeitung. Bei optimalen Konzz. von 0,02—0,08 mg Mg/100 ml werden die Proben nach Ansäuern mit 0,1 n HCl in einer Acetylen–Luft-Flamme zerstäubt, die ihrerseits vom Licht einer Mg-Entladungslampe durchsetzt wird. Aus der absorbierten Resonanzstrahlung bei 285 u. 213 mμ ist bei Vgl. mit Mg-Standard-Lsgg. der Mg-Geh. der Analysenproben zu errechnen. Die Eichkurven verlaufen dabei bis zu Konzz. von 0,10 mg Mg/100 ml linear. Die Fehlergrenzen der sehr rasch durchführbaren Best. betragen bei Urin u. Plasma 0,5 bzw. 2,0%. K. Zopff. 5732 □

Eine verbesserte Diacetylmonoxim-Methode zur Bestimmung von Harnstoff in Blut und Urin. Motoshi Kitamura und Iwao Iuchi. (Clin. chim. Acta [Amsterdam] **4.** 701—06. Sept. 1959. Tokyo, Japan Monopoly Corp.; Ube, Yamaguchi Med. Coll., Dep. of Clin. Pathol.) (Engl.)

Bei dieser *Harnstoff*-Best. in Blut u. Urin wird das Blutserum mit Trichloressigsäure deproteinisiert u. das erhaltene Filtrat 30 Min. lang mit dem Diacetylmonoxim (I)-Reagens (1 g I in 100 ml 5%ig. Essigsäure) in Ggw. von $HClO_4$ erwärmt. Die gelb gefärbte Lsg. wird bei 470 mμ gemessen. Die Ergebnisse sind ähnlich gut wie mit der Ureasemethode. G. Kimmerle. 5732

Forschungsergebnisse und Fortschritte auf dem Gebiet der gerichtlichen Medizin. Elisabeth Trube-Becker. (Med. Klin. **55.** 1979—82. 28/10. 1960. Düsseldorf, Inst. für gerichtl. Med.) (Dt.)

Kurze allg. Übersicht. — 47 Literaturangaben. E. Klever. 5762 □

Gerhard Kloz, Berlin, **Farbvergleichsmuster zur Verbesserung der pH-Messung** mittels gesonderter Indicatorpapiere unter Ausnutzung des bekannten Prinzips einer getrennten Vgl.-Tafel mit transparenter Farbskala, dad. gek., daß das Vgl.-Muster aus dem gleichen Papiermaterial besteht wie der Indicatorstreifen u. durch Tränken mit einem geeigneten Stoff durchscheinend gemacht ist. (**D. A. S. 1 094 017** Kl. 421 vom 17/11. 1954, ausg. 1/12. 1960.) W. v. HUHN. 5067

George M. Dreher, Pittsburgh, Pa., V.St.A., **Verbrennungsanalyse** bei Eisen u. Stahl *zum Nachw. von C u. S.* In ein trichterförmiges keram. Gefäß, dessen kleinster Querschnitt mit einem keram. Filter abgeschlossen ist, wird zunächst eine Schicht keram. Fasern gelegt, darauf granuliertes feuerfestes keram. Material u. in dessen Oberschicht ein abdeckbarer Schmelztiegel aus Fe- u. C-freiem, niedrigschm. Metall eingesenkt, das die zu untersuchende Probe enthält. Der Trichter ist nach oben mit einem keramikgeschützten, durchbohrten Gummistopfen verschlossen, durch den O_2 zugeführt wird. Es wird durch Induktionsheizung erhitzt. Der schm. Tiegel beschleunigt die Erhitzung der Probe; die gasförmigen Verbrennungs-Prodd. werden durch das keram. Filter zur Analyse abgeführt. — Abbildung. (**A. P. 2 836 482** vom 13/7. 1955, ausg. 27/5. 1958.) F. SCHMOLINSKY. G 354

H. Angewandte Chemie

I. Allgemeine chemische Technologie

Freiheitsgrad der Diffusionsprozesse. Pál Benedek. (Magyar Kémikusok Lapja [Z. Ver. ung. Chemiker] **15.** 406—11. Sept. 1960. Vesprém, Vegyipari Egyetem.) (Ung.)

Berechnung des Freiheitsgrades von stationären Gleichgewichtseinheiten, gek. durch das Phasengleichgewicht der austretenden homogenen Materialströme. Es wurden nur Diffusionsprozesse behandelt, in denen sämtliche Komponenten in beiden Phasen vorkommen. G. HALMI. 5800 □

Allgemeine Gleichung der Wechselwirkung von sich bewegenden Medien in technologischen Apparaten. B. N. Dewjatow. (Доклады Академии Наук СССР [Ber. Akad. Wiss. UdSSR] **134.** 639—42. 21/9. 1960. Inst. für Automatik u. Elektrometrie der Sibir. Abt. der Akad. der Wiss. der UdSSR.) (Russ.)

Es wird eine Verallgemeinerung der grundlegenden Formeln für nichtstationäre Prozesse für den Fall der Berücksichtigung des Wärmeeffektes der chem. Rk. bei Wechselwrkg. von sich bewegenden Medien in verschiedenen App. behandelt.
H. TREUMANN. 5800 □

Der Bau von gummierten Behältern und Apparaten in der chemischen Industrie. Egon Gebauer. (Fertigungstechn. u. Betr. **11.** 51—52. Jan. 1961. Leuna.) (Dt.)

Übersicht über die Grundlagen u. Vorarbeiten für die Gummierung von Behältern u. Geräten der chem. Industrie, ausgehend vom Normenblatt DIN 28051.
W. WESLY. 5802 □

Sonderstähle in der chemischen Industrie. René Berger. (Rev. univ. Mines, Métallurg., Mécan., Trav. publ., Sci. Arts appl. Ind. [9] **16** (**103**). 55—76. Febr. 1960. Court-St.-Étienne, Usines Émile Hemricol.) (Franz.)

Die in den *Fe–Cr-* u. *Fe–Cr–Ni-*Legg. möglichen strukturellen Rkk. werden erörtert u. hierbei wird der Einfl. von geringeren Leg.-Elementen (Ni, Co, Mo) herausgestellt. Die mechan. Eigg. bei erhöhten Temp. dieser legierten Stähle sowie ihr Schweiß-Verh. werden besprochen. Ferner werden der elektrochem. Charakter der Korrosion u. deren verschiedene Erscheinungsarten erörtert u. darauf Angaben über die Korrosionsbeständigkeit der Fe–Cr- u. der austenit. Fe–Cr–Ni-Legg. vom 18/8 Typ gemacht. Die chem. Stabilität der Legg. *Fe–Cr–Ni–Mo* wird besprochen u. es werden Angaben über ihre Beständigkeit in wss. H_2SO_4-Lsgg. sowie in kochender HNO_3 gemacht.
H. HOCHSTEIN. 5804 □

Sonderstähle für niedrige Temperaturen. P. Zehringer. (Rev. univ. Mines, Métallurg., Mécan., Trav. publ., Sci. Arts appl. Ind. [9] **16** (**103**). 77—80. Febr. 1960. Paris, Air Liquide.) (Franz.)

Mitgeteilt werden die Festigkeits-Eigg. bei Temp. von Raum-Temp. bis zu —195° von Ni-Stählen mit 5 (%) Ni, austenit. Stählen mit 0,05—0,1 C, 17—18 Cr u. 8—9 Ni, von Cr–N-Stählen mit 12—26 Cr, ohne oder mit 20 Ni u. 0,10—0,30 N, von Ni–Cr–N-Legg. (nitriertes Ferrochrom mit 10 N oder Stahl mit 18—20 Cr, 5,4—6,5 Ni oder mit 20—25 Cr, 3—5 Ni u. je 0,20 N), von Mn–N- oder Cr–Mn–N-Stählen mit bis 0,3 C,

16—20 Mn oder mit 12—15 Cr, 16—20 Mn u. je 0,20 N. Die Verw.-Möglichkeiten der verschiedenen Stähle in der chem. Industrie für niedrige Betriebs-Temp. werden mitgeteilt. H. HOCHSTEIN. 5804☐

Sonderstahlguß. P. Lemal. (Rev. Univ. Mines, Métallurg., Mécan., Trav. publ., Sci. Arts appl. Ind. [9] **16 (103).** 81—85. Febr. 1960. Tôleries Delloye-Mathieu.) (Franz.)

Mitgeteilt werden die Eigg. von Stahlgußsorten für die Verw. bei erhöhten Temp. mit niedrigem u. mittlerem *Cr*-Geh. oder mit 5—7 (%) *Si*, von chem. beständigem Stahlguß mit z. B. 30 *Cr* oder 14—16 Si oder mit austenit. Gefüge sowie von verschleißfestem Stahlguß. H. HOCHSTEIN. 5804☐

Einfluß radioaktiver Strahlen auf Werkstoffe. Richard E. Bowman. (Materials Design Engng. **52.** Nr. 1. 119—34. Juli 1960.) (Engl.)

Vf. definiert die Strahlen-Wrkg. als Umwelt-Einfl. der bei allen Konstruktionen zu beachten ist u. gibt Einheiten für die Einw. an. Metalle sind an sich widerstandsfähig, eine allg. Aufstellung zeigt, daß fast alle techn. wichtigen Eigg. mehr oder weniger geändert werden. Bes. Beachtung verlangt Co, da es selbst in hohem Maße Strahlungs-Eigg. annimmt. Die Veränderung von Zug- u. Druckfestigkeit, therm. Ausdehnung, Stoßfestigkeit, Härte, Dichte u. elektr. Widerstand werden für viele Metalle in umfangreichen Tabellen angegeben. Von weiteren anorgan. Materialien werden Glas, Keramik, Carbide u. Oxyde behandelt. Tabellen u. Erläuterungen werden weiter gegeben für Elastomere (Natur-, Polyurethan-, Butadien-, Acrylnitril- u. Isoprenkautschuk) u. Hypalon u. Fluorcarbon. An Plasten werden Aminoplastharze, Cellulose, Polyäthylen, Silicone u. Vinyl(harz)-kunststoffe behandelt. Schmiermittel, Öle u. Wärmeübertragungs-Fll. finden ebenfalls kurze Erwähnung. L. KUHNERT. 5804☐

Mathematische und experimentelle Untersuchungen über einen Verdampfer mit Filmströmung. George F. Hadley und Arthur L. Thomas. (Ind. Engng. Chem., int. Edit. **52.** 71—74. Jan. 1960. Parlin, N.J., E. I. du Pont de Nemours & Co., Photo Prod. Dep.) (Engl.)

Die Unterss. geben Auskunft über Stillstandszeiten u. Energiebedarf im Verhältnis zu den Abmessungen des Verdampfers, der Dreh-Geschw. des Rotationskörpers u. der Mengen der in den Verdampfer ein- u. austretenden Flüssigkeiten. Verss. ergaben eine gute Übereinstimmung mit der Theorie. F. ROSENDAHL. 5816☐

Bedingungen der automatischen Regulierung des Mahlkreislaufes von Kugelmühlen. Béla Kun. (Bányászati Lapok [Ung. Z. Bergbau] **94.** 158—64. März 1961.) (Ung.)

Theoret. Behandlung des Mahlprozesses in Kugelmühlen bei der Erzvorbereitung mit einigen Beispielen. Vf. weist auf die Möglichkeiten der automat. Regulierung hin u. erörtert die wirtschaftlichen Vorteile einer Automatisierung. G. BIDLÓ. 5820

Die Auswahl von Grobzerkleinerungsmaschinen. Heinrich A. Mölling. (Aufbereitungs-Techn. **1.** 422—28. Okt. 1960.) (Dt.)

Gegenüberstellung der verfahrenstechn., wirtschaftlichen u. wartungsmäßigen Eigg. von Grobzerkleinerungsmaschinen. Einsatzmöglichkeiten der verschiedenen Systeme. Aufstellung von Forderungen für das wirtschaftliche Optimum bei der Projektierung. A. KNICKENBERG. 5820☐

Die Kaltgranulierung, ein neues Entaschungsverfahren und seine Anwendungsmöglichkeit für Kraftwerke und Ascheverwertung. H. Mau. (Energietechnik **11.** 112—15. März 1961.) (Dt.)

Die Kaltgranulierung der in den Kraftwerken anfallenden Braunkohlenaschen erleichtert den Abtransport u. gibt die Möglichkeit einer Ascheverwertung: Leichtbaustoffe für die Bauindustrie, Verhüttung im Niederschachtofen, Verw. als Düngemittel, Erzeugung von Schwefelsäure. H.-J. POMMRICH. 5820☐

Entstaubungsverfahren von Gasen. Ekkehard Weber und Willi Bruchhäuser. (Aufbereitungs-Techn. **1.** 429—35. Okt. 1960.) (Dt.)

Überblick über Bauarten von Trockenabscheidern, Theorie des Entstaubungs-Verf., Berechnung der Abscheideleistung, wobei die Wrkg.-Weise von Staubsack, Wirbler u. Sackfilter eingehend behandelt wird. — 41 Literaturangaben.
A. KNICKENBERG. 5850☐

Moderne Fliehkraftabscheider für die Rauchgasentstaubung. Johs. Klein. (Gesundheits-Ing. **82.** 88—90. 30/3. 1961. Berlin-Charlottenburg.) (Dt.)

Beschreibung zweier Fliehkraftabscheider der TURBON WERKE, Berlin-Reinickendorf, welche Bauteile der BAHCO, Enköping, Schweden, verwenden. Der Multicyclon CSM, eine Zusammenfassung mehrerer Kleincyclone bei einem Bau-Vol. von 0,3 m^3 für 1000 m^3/h gereinigtes Gas, dient hauptsächlich zur Rauchgasreinigung ölbeheizter Kesselanlagen. Der auch für gemischte Feuerungen eingesetzte dynam. Fliehkraftabscheider FDD nützt die Abscheidungseffekte durch Zentrifugalkräfte u. durch Trägheitskräfte der Staubteilchen (beim Umlenken des Gasstroms) aus. Abscheidungscharakteristiken beider Abscheider; Anpassung an jede Rauchgasmenge durch Parallelschalten der Grundeinheiten. M. HAGEDORN. 5850□

Zur Herstellung radioaktiv markierter Membranfilter und ihre Anwendung in der Staubmeßtechnik. Kvetoslav Spurný und Gustav Kubie. (Staub **20.** 400—02. 1/11. 1960. Prag, Tschechoslowak. Akad. der Wiss., Inst. für physikal. Chem. u. Bergbauinst.) (Dt.)

Die Markierung von Membranfiltern erfolgt am besten durch Imprägnieren mit verd. wss. Ni-63-Lsg., wobei eine Aktivität von ca. 0,05 $\mu c/cm^2$ erzielt wird. Man verwendet diese Filter zur Abscheidung von Aerosolen u. bestimmt die Menge abgeschiedenen Materials durch die Absorption der β-Strahlung. Bis zu 0,2 mg/cm^2 sind nachweisbar. Ein automat. registrierendes Staubmeßgerät wird in Aussicht gestellt.
J. EGGERT. 5850□

Klassifikation der Staubmeßmethoden unter Anwendung der Membranfilter. Květoslav Spurný. (Staub **20.** 398—400. 1/11. 1960. Prag, Tschechoslowak. Akad. der Wiss., Inst. für physikal. Chem.) (Dt.)

Eine Klassifikation der Meß-Meth. zur Best. der Konz. von Stäuben u. Aerosolen unter Verw. von Membranfiltern, ihre Anwendungsbereiche u. weitere Einsatzmöglichkeiten sind gegeben. — 34 Literaturangaben. J. EGGERT. 5850□

Eichverfahren zur Messung der radioaktiven Aerosolkonzentration nach der Filtermethode. Karl-Heinz Weber und Wolfram Wisch. (Staub **20.** 393—98. 1/11. 1960. Dresden, VEB Vakutronik.) (Dt.)

Für die Eichung von Staubfiltern zur Messung radioakt. Aerosol-Konzz. finden Flächen-Präpp. in Form von Kunststoffolien bekannter homogener α- oder β-Aktivität mit ähnlichem Absorptions-Verh. bei gleichen Ausmaßen Verwendung. Die durch exponentielle Staubabscheidung bedingten Unterschiede bzgl. der Selbstabsorption werden durch in Abhängigkeit von Energie, Abscheidegrad u. Flächengewicht des Filters berechnete Korrekturfaktoren berücksichtigt. Ein Verf. zur Abschätzung der Teilchenenergien ist gegeben. J. EGGERT. 5850□

Die Anwendung der Absorption von Rückstoßstrahlen bei der Messung abgeschiedener Aerosolproben. Čestmír Jech. (Staub **20.** 403—04. 1/11. 1960. Prag, Tschechoslowak. Akad. der Wiss., Inst. für physikal. Chem.) (Dt.)

Es wird die Absorption von Rückstoßatomen in der auf einem mit den Zerfall-Prodd. von Th markierten Membranfilter (Porösität 0,4 μ) abgeschiedenen Aerosolschicht unter Anwendung einer 2 mm entfernten Al-Folie mit einer Spannung von — 600 V, bezogen auf die Filterschicht, untersucht. Als Prüfaerosole dienen NH_4Cl-Rauch sowie grober Kohlenstaub. Es zeigt sich, daß die Absorption der Rückstoßatome nicht nur von der insgesamt abgeschiedenen Menge, sondern auch vom Teilchendurchmesser abhängt. Für diese Beziehung wurde eine einfache mathemat. Formulierung gefunden. Anwendungsmöglichkeiten für die Staubmeßtechnik werden diskutiert.
J. EGGERT. 5850□

Die Routinebestimmung von freier Kieselsäure im Phosphorsäureaufschluß. Karl Georg Schmidt. (Staub **20.** 404—11. 1/11. 1960. Bonn, Staubforsch.-Inst. d. Hauptverb. d. gewerbl. Berufsgenossensch. e. V.) (Dt.)

Die Meth. des Staubforschungsinstituts zur Best. freier Kieselsäure in Gesteinen u. erdigen Stoffen basiert neben der Röntgenanalyse für Brenn-Prodd. u. der opt. Meth. für SiC u. fluorhaltige Substanzen auf dem Phosphorsäureaufsch'uß, wobei die von Kalk, Mg, eisenhaltigen u. organ. Substanzen befreiteP robe (100 μ Ø) mit entwässerter H_3PO_4 versetzt, im Al-Block bei 250° aufgeschlossen (10—15 Min.), mit essigsäurehaltigem heißem W. aus dem Tiegel gewaschen, mit HBF_4 versetzt, filtriert, mit 4%ig. HCl u. darauf mit essigsaurem W. bis zur Cl-Freiheit sorgfältig gewaschen, bei 850° bis zur Gewichtskonstanz geglüht, mkr. untersucht, mit H_2SO_4 u. HF abgeraucht u. wiederum gegl'iht wird. Die Gewichtsdifferenz zwischen phosphorsäureunlösl. Rückstand u. Abrauchrückstand ist ein Maß für phosphorsäureunlösl. Kieselsäure, aus der unter Berücksi htigung der mkr. Prüfung der Geh. an freier Kieselsäure abgeschätzt werden kann. J. EGGERT. 5850□

Konstruktion von Siebböden-Fraktionierkolonnen. G. A. Hughmark und H. E. O'Connell. (Chem. Engng. Progr. **53.** 127M—132M März 1957. Baton Rouge, La., Ethyl Corp.) (Engl.)

Di Berechnung von Siebbödenkolonnen erfordert die Kenntnis folgender Kriterien: 1. Zahl der prakt. Böden, die sich aus der Zahl der theoret. Böden u. dem Boden-Wrkg.-Grad ergibt. 2. Kolonnendurchmesser u. Bödenabstand, die sich aus der zulässigen

Strömungs-Geschw. ergeben. 3. Druckabfall entlang der Kolonne. 4. Stabilität der Böden, keine Fl. durch die Löcher abfließen u. den Dampf bei allen Löchern gleichmäßig durch die Fl. perlen zu lassen. Durch Vgl. von Meßwerten verschiedener Vff. wird gezeigt, daß alle Angaben genügend genau übereinstimmen, um formelmäßige Zusammenhänge für die Berechnung von Siebbödenkolonnen abzuleiten.
H. Giehring. 5864□

Über das Messen des Druckes. W. Bachmann. (Energietechnik **10.** 554–58. Dez. 1960. Karl-Marx-Stadt.) (Dt.)

Vf. gibt einen Überblick über die handelsüblichen Druckmeßgeräte sowie über deren Auswahl und Einsatz. — 19 Literaturangaben. H.-J. Pommrich. 5886□

Kontrollapparatur in der chemischen Industrie und Wirkung des inneren und äußeren Mediums. Schutzmaßnahmen. M. Mihalcu. (Rev. Chim. [Bucureşti] **6.** 291–99. Juni 1955.) (Rum.)

Übersicht über den Korrosionsschutz von App. gegenüber dem Medium innerhalb u. außerhalb der App. u. die Einschaltung eines „Puffermediums" ohne korrodierende Wrkg. zwischen einem korrodierenden Medium u. korrosionsgefährdeten Apparaturteilen, z. B. durch Berieselung der Wände mit einer nichtkorrodierenden Flüssigkeit.
R. K. Müller. 5886□

Automatisierung und Meßgeräteausrüstung in der chemischen Industrie. U. A. Öuoto. (Teknillisen Kemian Aikakauslehti **17.** 457–67. 15/9. 1960.) (Finn.)

Die Regelungstechnik, die in der chem. Industrie schon seit langem eine Rolle spielte, bevor sie zur Steuerung von Kernprozessen u. zum Start von Satelitten Verw. fand, hat sich dort von einfachen Regelkreisen über gekoppelte Regelkreise bis zur Optimalwertregelung entwickelt. Für den Gerätebau waren Betriebssicherheit, Genauigkeit u. die Möglichkeit der kontinuierlichen Erfassung von Analysenwerten Hauptentwicklungsrichtungen. Die neueste Entw., die elektron. Meßwertverarbeitung, ist bes. für größe chem. Anlagen Erfolg versprechend. M. Grenacher. 5888□

Elektrische Kraftmeßdosen und ihre Verwendung. Hubert Burster. (Aufbereitungs-Techn. **1.** 413–21. Okt. 1960.) (Dt.)

Die in der Verfahrenstechnik eingesetzten Kraftmeßdosen arbeiten nach dem magnetoelast. Prinzip oder mit Dehnungsmeßstreifen. Die magnetoelast. Kraftmeßdose ist eine eisengeschlossene Spule, deren Induktivität sich in Abhängigkeit von der mechan. Beanspruchung ändert. Als elektr. Speisung dient Wechselspannung mit einer Netzfrequenz von 50 Hz. Die Genauigkeit des Meß-Verf. beträgt ca. 1%. Meßdosen mit Dehnungsmeßstreifen bestehen aus einem Meßdrahtgitter aus Konstantandraht, das in einem Träger, z. B. phenolharz getränktes Papier eingebettet ist. Die Dehnung des Meßkörpers wird über eine Klebschicht zwischen Meßkörper u. Träger dem Streifen mitgeteilt. Unter Zugbeanspruchung vergrößert der Meßdraht seinen Ohmschen Widerstand proportional der Dehnung, während bei einer Stauchung der umgekehrte Effekt entsteht. Die Fehlergrenze liegt beim Dehnungsmeßstreifen-Verf. bei $\pm 0{,}3\%$. Beschreibung von ausgeführten Meßanalogen, wobei auch automat. Einrichtungen besprochen werden. A. Knickenberg. 5888□

Feldemissionsmikroskopie. H. G. Crone. (Brit. Coal Utilisat. Res. Assoc., monthly Bull. **24.** 521–29. Dez. 1960.) (Engl.)

Charakterist. für das Feldelektronenmikroskop ist die Abb. der Oberfläche (ca. 10 Atomlagen). Bei einer Feldstärke von 10^8 V/cm u. einer Stromdiche von 10^8 A/cm² beträgt der erforderliche Kathodenradius 10^{-5} -10^{-4} cm. Bes. können Kristall- u. Metalloberflächen, Gas- u. Fl.-Filme, Oxydschichten u. Mikrogefüge fester Brennstoffe untersucht werden. Die Sichtbarmachung einzelner Atome u. Moleküle ist umstritten. Nachteilig für die Anwendung ist jedoch die äußerst hohe Materialbelastung, das Arbeiten unter Vakuum u. die schwierige Bildinterpretation. I. Bramer. 5888□

Lonza Elektrizitätswerke und Chemische Fabriken Akt.-Ges., Gampel, Wallis, Schweiz (Erfinder: August Guyer), **Filtrationsverfahren,** bes. zur Gewinnung des Filterkuchens, bei dem der Filtrationsvorgang period. durch Rückspülimpulse solcher Impulshöhe unterbrochen wird, daß der vor der Unterbrechung gebildete Filterkuchen durch den Rückspülimpuls kurzzeitig von der Filtermembran abgehoben wird, aber der Filtermembran vorgelagert bleibt. — Abb. u. Diagramme. (**Oe. P. 211 844** vom 28/1. 1959, ausg. 10/11. 1960. **F. P. 1 214 100** vom 28/1. 1959, ausg. 6/4. 1960. Beide Schwz. Prior. 1/2. 1958.) P. Kühn. 5831

Dorr-Oliver, Inc., Stamford, Conn., V.St.A. (Erfinder: Hermann Stuckas und Helmut Klinger, Wiesbaden), **Entfernen von Feststoffen aus Flüssigkeiten.**

Bei bes. unter Druck betriebenen Tischdrehfiltern werden die Rückstände mittels Transportschnecke zu einem zentralen, die Filterfläche durchsetzenden Auslaß gefördert. — Abbildungen. (**D. A. S. 1 102 105** Kl. 12d vom 28/5. 1958, ausg. 16/3. 1961.)
H. BLACHETZKI. 5831

Farbwerke Hoechst Akt.-Ges., vormals Meister Lucius & Brüning, Frankfurt/M.-Höchst, **Desorption selektiv aus Gemischen absorbierter Gase,** bes. schwachen Säuren, z. B. CO_2, H_2S, *HCN*, aus dem beladenen wss. oder wasserhaltigen Absorbens, z. B. K-Taurinat-Lsg., mittels Luft, die vor Eintritt in die Desorptionszone durch Kontakt mit dem bereits entladenen Absorbens befeuchtet u. angewärmt wird u. hierauf durch direktes Behandeln mit warmem W. auf eine Temp., die ca. 5—15° über der Eintritts-Temp. des beladenen Absorbens liegt, u. auf einen Sättigungsgrad von 95 bis 100% gebracht wird. — Verf.-Schema. (**Oe. P. 211 797** vom 23/4. 1959, ausg. 10/11. 1960. D. Prior. 25/4. 1958.)
P. KÜHN. 5849

Indian Oxygen & Acetylene Co. Private Ltd., Calcutta, Indien, **Reinigen von Gasen** von den darin enthaltenen Verunreinigungen, wie NH_3, H_2S, Phosphinen u. Arsinen, durch Waschen mit einer wss. Lsg., die ein Fe(III)-Salz, ein Fe(II)-Salz, weitere Schwermetallsalze, Phosphorsäure oder Essigsäure enthalten. — Beispiel für eine solche Wasch-Lsg.: 1940 (g) $FeCl_3 \cdot 6H_2O$, 260 $CuCl_2 \cdot 2 H_2O$, 32 $HgCl_2$, 37 $MnCl_2 \cdot 4 H_2O$, 12 KCl, 65 $CoCl_2$. 2500 H_3PO_4, aufgefüllt mit W. auf 10 Liter. — Vgl. E. P. 797 994; C. **1959.** 12690. (**Ind. P. 58 602** vom 9/10. 1956, ausg. 5/7. 1958. E. Prior. 13/10. 1955.)
H. NEBELSIEK. 5853

Büttner-Werke Akt.-Ges., Deutschland (Erfinder: Karl Glinka), **Extrahieren von Pflanzenmaterial,** bes. von Rübenschnitzeln, ölhaltigen Samen usw. gemäß F. P. 1 071 227, dad. gek., daß die vorzugsweise in Form einer Spirale gewundene Rinne, welche mit einer Vorr. versehen ist, die das zu extrahierende Material von unten nach oben transportiert, mit Pump-Vorr. ausgerüstet ist, welche einen Teil der Extraktions-Fl. von einem unteren Spiralgang der Rinne auf einen darüber gelegenen Spiralgang pumpen. — 7 Zeichnungen. (**F. P. 66 573** vom 10/5. 1954, ausg. 16/4. 1957. D. Prior. 11/5. 1953. **Zusatz zu F. P. 1 071 227; C. 1956. 531.**)
T. OPPERMANN. 5863

A/B Rosenblads Patenter Curt Rosenblad (Erfinder: Carl Johan Lockman), Stockholm, Schweden, **Eindampfen krustenbildender Flüssigkeiten** in einem Mehrkörperverdampfer-Syst. unter Brüdenverwertung, wobei ein Verdampferkörper (I) als Kondensator (II) derart dient, daß in diesem I Dampf, der in einem anderen I entstanden ist, durch Abkühlung mittels einer keine Verkrustungen bildenden Kühl-Fl. (III), kondensiert wird, dad. gek., daß der jeweils als **II** dienende **I** so geschaltet wird, daß an Stelle der einzudampfenden Fl. durch den Verdampfungsraum **III** geleitet wird, die einen Zusatz an lösenden Chemikalien erhält. — Vgl. Oe. P. 173 415; C. **1953.** 8951. (**D. B. P. 973 059** Kl. 12a vom 22/10. 1949, ausg. 19/11. 1959. Anmeldung bekanntgemacht 26/10. 1950.)
A. HEINSEN. 5865

United Kingdom Atomic Energy Authority, London (Erfinder: Richard Phillip Kinsey, Bowden, und Leslie Mark Wyatt, Appleton, Cheshire), England, **Kernbrennstoffelement.** Die Höhlung eines von einer Schutzhülle umgebenen, hohlen, nichtmetall. Kernbrennstoffbauteils (z. B. aus UO_2) enthält eine poröse M. (z. B. MgO), die sowohl gasförmige Spalt-Prodd. zu halten wie auch den Kernbrennstoffbauteil mechan. zu stützen vermag. — Vgl. Oe. P. 206 075; C. **1960.** 12112. (**D. A. S. 1 077 341** Kl. 21 g vom 3/1. 1959, ausg. 10/3. 1960. **F. P. 1 222 623** vom 14/1. 1959, ausg. 10/6. 1960. Beibe E. Prior. 22/1. 1958.)
H. KESSEL. 5895

Comp. Française Thomson-Houston, Frankreich (Erfinder: Donald Edward Sargent und John Raymond Elliott), **Regeneration von Katalysatoren des Raney-Typs** durch Behandlung des hydrierten Gemisches u. des Katalysators bis zu 2 Std. bei gleichen oder höheren Tempp. u. Drucken als bei der Red., bes. bei einem H_2-Druck $\geqq 4$ kg/cm² u. 75—160°. (**F. P. 1 162 005** vom 6/12. 1956, ausg. 8/9. 1958. A. Prior. 13/12. 1955.)
P. KÜHN. 5905

Farbenfabriken Bayer Akt.-Ges., Leverkusen, *Herstellung von Polyalkylenglykoläthern mehrkerniger aromatischer Hydroxyverbindungen.* (**Belg. P. 563 590** vom 28/12. 1957, ausg. 17/6. 1960. D. Prior. 15/1. 1957. — C. **1960.** 15519 [Oe. P. 202 997].)

Stamicarbon N. V., Heerlen, Holland, *Mischen eines Pulvers mit einer Flüssigkeit.* (**Ind. P. 49 732** vom 15/6. 1953, ausg. 20/7. 1954. — C. **1958.** 225 [Schwz. P. 314 317].)

Elmco Corp., Salt Lake City, Utah (Erfinder: **Ralph Orson Hawkes**, Arlington Heights, und **Berne Adair Schepman**, Mundelein, Ill.), V.St.A., *Geradführen eines endlosen Filterbandes an Trommeldrehfiltern.* (**D. A. S. 1 072 968** Kl. 12d vom 20/4. 1956, ausg. 14/1. 1960. A. Prior. 29/6. 1955. — C. **1959.** 5922 [E. P. 791 418].)

Gulf Research & Development Co., V.St.A. (Erfinder: **Jerry McAfee**), *Wirbelschichtverfahren mit wechselseitiger Förderung von Festkörperteilchen.* (**F. P. 1 118 809** vom 24/12. 1954, ausg. 12/6. 1956. A. Prior. 29/12. 1953. — C. **1959.** 3603 [D. A. S. 1 025 837].)

Knapsack-Griesheim Akt.-Ges., übert. von: **Erich Schallus und Armin Götz**, Knapsack bei Köln, *Durchführung endothermer Reaktionen bei hohen Temperaturen, besonders zur Gewinnung von Äthylen und Acetylen.* (**A. P. 2 916 534** vom 10/1. 1956, ausg. 8/12. 1959. D. Prior. 15/1. 1955. — C. **1958.** 13075 [D. A. S. 1 012 899].)

Stamicarbon N. V., Heerlen, Holland, *Vernichten von Schaum.* (**Ind. P. 49 718** vom 12/6. 1953, ausg. 20/12. 1954. — C. **1958.** 1108 [Schwz. P. 314 629].)

III. Elektrotechnik

North American Philips Co., Inc., New York, N.Y., V.St.A., übert. von: Louis Marius Nijland und Pieter Willem Haaijman, Eindhoven, Holland, **Wärmebehandlung von Halbleiterkörpern zur Umwandlung des Leitungstyps.** Ein Einkristall aus *Si* oder *Ge* wird in Pulver aus hochschmelzendem Stoff eingepackt, der entsprechende elektr. akt. Fremdstoffe enthält u. diffusionsgeglüht. Zum Beispiel wird eine einkristalline Scheibe aus Ge nach dem Ätzen in SiO_2-Pulver mit Geh. von 5% H_3PO_4 eingepackt u. 6 Std. bei 800° unter N_2 geglüht. Nach Abkühlen u. Auspacken wird ein Kristall mit einer Oberflächenzone vom n-Typ u. 20 μ Tiefe erhalten. — Abbildung. — Vgl. Aust. P. 215 049; C. **1960.** 9680. (**A. P. 2 873 221** vom 29/10. 1956, ausg. 10/2. 1959. Holl. Prior. 5/11. 1955.) GOTTFRIED SCHMIDT. 5953

International Standard Electric Corp., V.St.A. (Erfinder: Henry John Nachod), **Isoliermaterial,** bes. für sehr hohe Frequenzen, aus ca. 80% Polyäthylen u. ca. 20% ultramkr. feinem trocknem SiO_2 (Teilchengröße höchstens 50 mμ), ggf. unter Zusatz von KW-Stoffen, wie Wachs oder Paraffin. Feuchtigkeits-Geh. des SiO_2 möglichst unter 0,5 Gew.-%. (**F. P. 67 474** vom 7/9. 1954, ausg. 13/3. 1958. A. Prior. 9/9. 1953. **Zusatz zu F. P. 954 130; C. 1950. II. 89.**) M. PANKOW. 5957

Dow Corning Corp. (Erfinder: Harold A. Clark), Midland, Mich., V.St.A., **Wärmehärtbare Organopolysiloxan-Überzugs- und Formmassen** bestehen aus einem fl. Organosiloxan (**I**; Viscosität < 60 cSt/25°) mit mindestens 2 SiH-Gruppen u. mindestens einer Phenyl-, Phenylen-, Xenyl- u./oder Xenylengruppe, während alle übrigen organ. Substituenten aus Methylresten bestehen, einem ungesätt. Organopolysiloxan (**II**) mit mindestens 8 Si-Atomen u. mindestens einem KW-stoff-Rest (Methyl-, Phenyl- u. Vinylgruppe) je Si-Atom, wobei der Anteil der Vinylsiloxanreste 15—60 Mol-% u. das Verhältnis von Phenylresten zu Si-Atomen 0,25:1—1,75:1 betragen, u. einem bes. Pt (Chlorplatinsäure)-haltigen Härtungsmittel. Im Gemisch aus **I** + **II** muß ein Verhältnis der SiH-Gruppen der **I** zu den Vinylgruppen des **II** 0,4:1—2:1 vorliegen. Die **I** sind bes. Verbb. der Formeln $(CH_3)_2HSiO[(C_6H_5)_2SiO]SiH(CH_3)_2$, $(CH_3)_2HSiO[CH_3(C_6H_5)SiO]\cdot SiH(CH_3)_2$, $C_6H_5Si[OSiH(CH_3)_2]_3$, $Si[OSiH(CH_3)_2]_4$. $CH_3Si[OSiH(CH_3)_2]_3$, $[(CH_3)_2HSiO]_3\cdot SiC_6H_4SiC_6H_5[OSiH(CH_3)_2]_2$ u. $[C_6H_5(CH_3)SiH]_2O$. Die ggf. Pigmente oder Inhibitoren enthaltende Masse dient bes. zum *Überziehen oder Einbetten von elektr. Ausrüstungsgegenständen.* — Vgl. A. PP. 2 819 282; C. **1959.** 322 u. 2 877 255; C. **1960.** 11489. (**D. A. S. 1 066 737** Kl. 39b vom 28/11. 1957, ausg. 8/10. 1959. **E. P. 814 927** vom 16/8. 1957, ausg. 17/6. 1959. Beide A. Prior. 29/11. 1956.) G. TEWES. 5957

Deutsche Edelstahlwerke Akt.-Ges., Krefeld (Erfinder: Fritz Frehn, Dortmund-Aplerbeck), **Verwendung von Cer-haltigen Sintermagnetlegierungen.** Verwendet werden Sintermagnet-Legg., bes. aushärtbare *Fe-Ni-Al*-Legg. mit oder ohne zusätzliche Gehh. an *Co, Ti, Cu, Ta, Nb, Si, Zr,* bei deren Herst. dem Ausgangspulver oder Ausgangspulvergemisch C bes. in Mengen von 0,005—2,5% zugesetzt worden ist, als Werkstoff für *Dauermagnete.* Zweckmäßig werden Sinter-Legg. mit 3—20 (%) *Al,* 5—40 *Ni,* 0,005—2,5 *Ce,* ggf. noch bis 40 *Co,* bis 20 *Cu,* bis 10 *Ti,* bis 3 *Si,* bis 3 *Zr,* bis 5 *Ta* u. *Nb,* einzeln oder gemeinsam, Rest Fe mit den üblichen Verunreinigungen verwendet. Die Sinter-Legg. besitzen verbesserte magnet. u. mechan. Eigg. u. eignen sich bes. zur Herst. von Polplatten, Polschuhen, Eisenrückschlüssen u. dgl. am Dauermagneten, die mit dem Dauermagnetwerkstoff einstückig gesintert sind. (**D. B. P. 973 960** Kl. 18d vom 12/2. 1952, ausg. 4/8. 1960. Anmeldung bekanntgemacht 25/3. 1954.) H. HOCHSTEIN. 5959

Pritchett & Gold und E. P. S. Co. Ltd. (Erfinder: Eric Maurice O'Conor Honey und Charles Rupert Hardy), Dagenham Dock, England, **Separatoren für Akkumulatoren** werden aus Polyvinylchlorid, Maisstärke-Puder (**I**) u. Isophoron (**II**) hergestellt. Die erwärmte Masse wird zu Folien ausgewalzt, die nach dem Entfernen von **II** durch Erhitzen mit sd. W. u. dann zur Beseitigung von **I** mit sd. verd. H_2SO_4 behandelt werden. Auf den den positiven Platten anliegenden Seiten der Separatoren werden breite Rippen vorgesehen, während die den negativen Platten anliegenden Seiten fein gerippt ausgeführt werden. — Vgl. Aust. P. 213 119; C. **1960.** 10014. (**Schwz. P. 331 957** vom 12/7. 1956, ausg. 30/9. 1958. E. Prior. 20/7. 1955.) F. LAASS. 5971

Ruhrchemie Akt.-Ges. und Steinkohlen-Elektrizität Akt.-Ges. (Erfinder: Eduard Justi und August Winsel), **Brennstoffelement,** bestehend aus einer Kohlenstoff–Sauerstoff-Elektrode u. einer Ni-Elektrode, wobei als Elektrolyt konz. KOH-Lsg. u. als oxydierbare Fl. CH_3OH oder bes. C_2H_5OH dient. – Vgl. D. A. S. 1 071 175; C. **1960.** 13 803. (**Aust. P. 213 405** vom 7/2. 1956, ausg. 20/3. 1958. D. Prior. 12/2. 1955.) H. MÖLLERING. 5971

Hideo Nishimura, Kyoto, Japan, **Thermoelement.** Der eine Schenkel des Elementes besteht aus Pt mit 13 (%) Rh, der andere aus Pt mit 0,5—10 W. u. 0,5—6 Mo. Das Element ist widerstandsfähig gegen chem. Angriffe und hat eine höhere thermoelektr. Kraft als die üblichen Elemente. Vergleichskurven. – Vgl. A. P. 2 861 114; C. **1960.** 11067. (**E. P. 814 011** vom 23/5. 1956, ausg. 27/5. 1959. Jap. Prior. 23/5. 1955.) C. GÖTZE. 5971

Philips Electrical Industries Ltd., London, England, **Elektroluminescenzmaterial.** Auf eine leitfähige Schicht, die sich auf einer Glasplatte befindet, wird eine Lsg. von Formaldehyd–Harnstoffharz (I) in Butanol aufgetragen, die ein Gemisch aus einem elektroluminescierenden Stoff (**II**) u. einer organ. Verbb. (**III**) enthält, die durch die Strahlung von **II** zur Luminescenz angeregt wird. Auf die Leuchtschichtenkombination, die nach der Trocknung 40—100 μ dick sein soll, wird noch eine Reflexionsschicht aufgetragen, die aus einer Dispersion von TiO_2 in **I** besteht u. außerdem **III** enthalten kann. Beispiele für **II**: ZnS, das mit Cu, Cu + Al, Mn oder As aktiviert ist, Beispiele für **III**: Fluorescein u. Rhodamin. Durch geeignete Kombinationen von **II** u. **III** läßt sich jede gewünschte Fluorescenzfarbe erzielen. – Vgl. D. A. S. 1065937; C. **1960.** 6279. (**E. P. 810 918** vom 18/9. 1957, ausg. 25/3. 1959. Holl. Prior. 21/9. 1956.) A. KALIX. 9575

N. V. Philips' Gloeilampenfabrieken, Eindhoven, Holland, **Erzeugen von dielektrischen Oxydschichten auf aus Aluminium bestehenden Elektroden** elektrolyt. Kondensatoren vor dem endgültigen Zusammenbau mittels einer maximal 0,5%igen wss. NH_3-Lsg., welche einen atomaren O abgebenden, von Schwermetallen freien Zusatz enthält, innerhalb 2—3 Min. bei 70—100°. Beispiel: dest. W. werden 3 Vol.% 35%ig. H_2O_2 u. 0,5 Vol.% 25%ige NH_3-Lsg. zugesetzt. – Vgl. F. P. 1 175 275; C. **1960.** 16588. (**Oe. P. 205 825** vom 15/5. 1957, ausg. 26/10. 1959. D. Prior. 18/5. 1956.) H. BAUR. 5983

N. V. Philips' Gloeilampenfabrieken, Eindhoven, Holland, *Halbleiter.* (**Aust. P. 160 884** vom 19/5. 1952, ausg. 17/2. 1955. Holl. Prior. 23/5. 1951. — C. **1956.** 824 [Schwed. P. 140 918].)

Elgin National Watch Co., V.St.A., *Galvanisches Element.* (**F. P. 1 110 731** vom 15/6. 1954, ausg. 16/2. 1956. — C. **1955.** 10829 [A. P. 2 683 184].)

Dry Accumulator Co. Ltd., London, England, *Stromsammlerseparator.* (**Ind. P. 49 613** vom 23/5. 1953, ausg. 6/11. 1954. — C. **1956.** 14147 [F. P. 1 077 785].)

Ray-O-Vac Co., Madison, Wis., V.St.A., *Herstellung von Batterien aus primären Plattenzellen.* (**Ind. P. 49 595** vom 21/5. 1953, ausg. 20/8. 1954. — C. **1957.** 2307 [E. PP. 730 928 u. 726 923].)

Electric Storage Battery Co., V.St.A., *Anodengitter für Bleiakkumulatoren.* (**F. P. 1 083 654** vom 25/6. 1953, ausg. 11/1. 1955. — C. **1955.** 6100 [A. P. 2 678 341].)

Electric Storage Battery Co., V.St.A., *Elektrodengitter für Bleiakkumulatoren.* (**F. P. 1 083 709** vom 7/7. 1953, ausg. 12/1. 1955. — C. **1955.** 6100 [A. P. 2 678 340].)

Oldham & Son Ltd. (Erfinder: **Frank Booth**), England, *Herstellung von Separatoren für Akkumulatoren.* (**F. P. 1 125 629** vom 31/5. 1955, ausg. 5/11. 1956. E. Prior. 1/6. 1954 u. 7/4. 1955. — C. **1958.** 6933 [E. P. 766 582].)

Aktiebolaget Tudor, Schweden, *Röhrchenplatte, besonders für Bleiakkumulatoren.* (**F. P. 1 119 315** vom 12/1. 1955, ausg. 19/6. 1956. Schwed. Prior. 28/9. 1954. — C. **1959.** 5596 [E. P. 771 496].)

General Electric Co. Ltd. (Erfinder: **Hiroshi Julian Goldsmid**), England, *Thermoelement.* (**F. P. 1 115 631** vom 18/11. 1954, ausg. 26/4. 1956. E. Prior. 20/11. 1953 u. 28/4. 1954. — C. **1960.** 10711 [A. P. 2 886 618].)

N. V. Philips' Gloeilampenfabrieken, Eindhoven, Holland, *Chrom–Eisen–Glasanschmelzung.* (**Aust. P. 160 896** vom 23/9. 1952, ausg. 17/2. 1955. Holl. Prior. 26/9. 1951. — C. **1958.** 10175 [Schwz. P. 306 180].)

International General Electric Co., Inc., New York, N.Y., V.St.A., *Kupferoxydgleichrichter.* (**Aust. P. 160 816** vom 15/2. 1952, ausg. 10/2. 1955. A. Prior. 23/2. 1951. — C. **1956.** 1993 [Oe. P. 176 280].)

General Electric Co., Schenectady, N.Y., V.St.A. (Erfinder: **R. E. Plump** und **W. M. Sweeney**), *Chlorierte aromatische Verbindungen als Dielektrika.* (**Belg. P. 533 352** vom 16/11. 1954, ausg. 11/4. 1958. A. Prior. 17/11. 1953. — C. **1960.** 11422 [Aust. P. 213 421].)

IV. Wasser. Abwasser

Chemische Gütezahl für Vorfluter. Summarische Wassergütebewertung in chemischer Hinsicht. Karl Richter. (Vom Wasser **26.** 56—67. 1959, herausgeg. Mai 1960. Liebenburg über Goslar.) (Dt.)

Vf. diskutiert eine Gütezahl für verunreinigte Vorfluter, die nicht den Zustand hinsichtlich einer erneuten Verw. charakterisieren, sondern ein Maß für Wassergüte u. Grad der Reinheit sein soll. So sind 22 Beurteilungsfaktoren beschrieben, deren Konz. im Vorfluter mit der geringsten Gütezahl (0%) die Grenzzahlen bzw. Schädlichkeits-Konzz. erreichen bzw. übertreffen. (Beispiele für Gruppen von Komponenten: giftig oder ungünstig wirkende Anionen; analog für Kationen; organ. Verschmutzungen.) Gute Vorfluter werden durch Gütezahlen nahe dem Maximum 100% ausgedrückt. Vorbild bei der Festlegung der Gütezahlen ist die Bewertungstafel von WILCKE. Auf die Bedeutung der chem. Gütezahl für die Wasserwirtschaft u. für die Erfassung u. Wiedergabe in einem Wassergüteatlas wird hingewiesen. H. CZECH. 6014□

Untersuchung über die Giftigkeit von Cadmium und sechswertigem Chrom. Rashid A. Anwar, Carl A. Hoppert und Richard U. Byerrum. (Water Sewage Works **107.** 465—66. Dez. 1960. East Lansing, Mich., Univ., Kedzie Chem. Labor.) (Engl.)

Die Wrkg. von geringen Mengen von Cd u. Cr^{6+} im Trinkwasser wurde durch jahrelange Unterss. an Ratten u. Hunden beobachtet, wobei Cd schon bei Konzz. von 10 ppm patholog. Veränderungen an Leber u. Niere hervorruft. Da jedoch Trinkwasser stark carbonathaltig ist u. Cd deshalb unlösl. ausfällt, treten keine Schädigungen auf. Cr^{6+} in geringen Konzz. hat bei Ratten keine Störungen erzeugt u. scheint im Gegenteil für den Funktionsablauf notwendig zu sein. J. EGGERT. 6014□

Die künstliche Regelung des Fluorgehalts im Trinkwasser von Karl-Marx-Stadt als Prophylaxe der Zahncaries. Walter Bartzsch. (Wasserwirtsch.-Wassertechn. **10.** 208—13. Mai 1960. Karl-Marx-Stadt.) (Dt.)

Die erste Anlage zur Trinkwasserfluoridierung (TWF), die größte in Europa, wurde 1959 in Karl-Marx-Stadt in Betrieb genommen. Durch TWF wird der Zahncaries vorgebeugt. Der F-Geh. des Talsperrenwassers wird erhöht (von 0,2 auf 1 mg/Liter), wobei in der kalten Jahreszeit 1,2 mg/Liter u. an heißen Tagen 0,6 mg/Liter eingehalten werden. Die F-Zugabe erfolgt in Form von Na_2SiF_6. Die Grundlagen des Verf. u. die automat. Anlage von Karl-Marx-Stadt werden beschrieben. Die Kosten der TWF sind sehr gering. H. OPPERMANN. 6018□

Über die Aufnahme von organischen Substanzen durch Ionenaustauscher. G. J. de Jong. (Vom Wasser **26.** 258—66. 1959, herausgeg. Mai 1960. Amsterdam.) (Dt.)

Übersicht über Mechanismus der Aufnahme organ. Verbb. durch Austauscher. Als Beispiel dienen Huminsäuren, Fettsäuren u. Glucosesäfte, die Hydroxymethylfurfurol enthalten. H. CZECH. 6020□

Erreichbare Restgehalte an gelösten Substanzen in mit Ionenaustauschern behandelten Wässern. Adolf Richter. (Vom Wasser **26.** 241—56. 1959, herausgeg. Mai 1960. Leverkusen.) (Dt.)

Durch Kombination von Austauschern unterschiedlicher Säure- bzw. Basenstärke zu Entsalzungsstraßen können die auftretenden Verdrängungserscheinungen (chromatograph. Effekte) im Sinne einer Sortierung der Ionen genutzt werden. Dadurch kann Einfl. auf die Wirtschaftlichkeit der Verff. genommen werden. Von wesentlichem Einfl. auf die Betriebsdauer der Entsalzungsanlagen ist dabei die sachgemäße Vorreinigung. Zu Störungen bei der Entfernung von SiO_2 führt das Auftreten von koll. Kieselsäure, die offenbar häufiger als bisher angenommen auftritt. Vf. empfiehlt eine Präzisierung des Begriffs „gegen organ. Säuren unempfindliches, schwach bas. Anionenharz" dahingehend, daß dieses die organ. Säuren möglichst weitgehend aufnimmt u. wieder abgibt. Auf Grund experimenteller Erfahrungen wurde angenommen, daß der klass. „KOHLRAUSCH-Wert" etwas über dem theoret. liege u. daher einer Korrektur bedürfe. H. CZECH. 6020□

Beitrag zur Frage der Aufbereitung und des Oberflächenschutzes für Kalt-, Warm- und Kesselspeisewasser. Otto Jentsch. (Wasserwirtsch.-Wassertechn. **10.** 213—17. Mai 1960. Dresden.) (Dt.)

Bei Kaltwassern ist ein natürlicher Schutz der Rohroberflächen gegeben durch das Kalk-Kohlensäure-Gleichgewicht, den O_2-Geh. u. dem daraus resultierenden Eisenoxyd, wodurch eine festhaftende Schutzschicht gebildet wird [$Fe(OH)_3$–Kalk-Schicht]. Die Bldg. dieser Schicht ist vom pH-Wert u. der Härte des W. abhängig. Bei Warmwasser- u. Kesselanlagen wird wegen der Wärmeübertragung eine Ablagerung vermieden. Bes. Augenmerk muß dabei auf die O_2-Entfernung gelegt werden, die durch therm. Austreibung oder mittels Chemikalien (Na_2SO_3, N_2H_4) erfolgt. Die Gesamthärte soll 12° deutsche Härte nicht überschreiten. H. OPPERMANN. 6030□

Die Alkalität von Kesselspeisewässern. Emilio Plana Eichberg. (Ion [Madrid] **19.** 123—25. März 1959. Bilbao.) (Span.)

Vf. diskutiert die durch die Ggw. von *Silicaten* (I) u. *Phosphaten* (II) bedingten Störungen bei der Best. der Alkalität eines W. (*p*- u. *m*-Wert), wobei die durch I bedingten Fehlermöglichkeiten durch die Gleichung $Na_2SiO_3 + H_2O \rightarrow SiO_2 + 2\,NaOH$ gegeben sind. Schwieriger sind die Verhältnisse in Ggw. von II. Vf. leitet die folgenden Korrekturfaktoren ab: 1. Fall: $p > 0$ ($a \geqq 3/2\,m_1$ u. $a = 3/2\,m_1$); Korrekturfaktor für *p*: 0,14 P_2O_5 bzw. 0,21 P_2O_5 — a; für *m*: 0,28 P_2O_5 bzw. 0,42 P_2O_5 — a. 2. Fall: $p = 0$ ($m > m_1$ u. $m = m_1$); für *m*: 0,14 P_2O_5. Hierbei bedeuten: *p* = Verbrauch an 0,1n HCl in ml (Phenolphthalein); *m* = Verbrauch an 0,1n HCl in ml (Methylorange); m_1 = Verbrauch an ml 0,1n NaOH für $Na_2HPO_4 \rightarrow Na_3PO_4$; $a = m - 2\,m_1$ [P_2O_5 in mg%]. HANS THIELE. 6030□

Überlegungen zur Frage der Basenaustauschenthärtung ammoniumhaltiger Kondensate. A. Richter. (Energietechnik **7.** 512—14. Nov. 1957. Wolfen, Labor. VEB Farbenfabrik Wolfen.) (Dt.)

Verss. ergaben, daß Härteeinbrüche durch undichte Kondensatoren in ammoniakal. Kesselspeisewasser mit Na-Austauschern (Wofatit P) abgefangen werden können, ohne die Alkalität des W. zu erhöhen. Nur in Ausnahmefällen ist eine Teilbeladung des Na-Filters mit H-Ionen notwendig. H.-J. POMMRICH. 6030□

Über Gesichtspunkte der öffentlichen Gesundheit bei der städtischen Wassernutzung. Bernard B. Berger. (Southwest Water Works J. **42.** Nr. 1. 20—28. April 1960. Cincinnati, Ohio, Publ. Health Serv., R. A. Taft Sanitary Engng. Center, Water Supply and Poll. Contr., Water Supply and Poll. Res. Div.) (Engl.)

Moderne Abwasserkläranlagen haben die Aufgabe, die Abwässer so weit aufzubereiten, daß sie für den Vorfluter leicht assimilierbar werden, nicht jedoch Rohwasser für die Trinkwassergewinnung zur Verfügung zu stellen. Wenn auch bei Chlorung des Ablaufs weitgehende Red. der Keimzahlen einschließlich pathogener Keime gewährleistet ist, so werden Pilzsporen weit weniger durch die biolog. Klärung beeinträchtigt. Viren können nicht mit Sicherheit abgetötet werden, da Behandlung mit freiem Cl_2 infolge des Geh. des Abwassers an N-haltigen Substanzen nicht möglich ist. Ebenso besteht die Gefahr, daß parasit. Protozoen u. Würmer die Kläranlage passieren u. außerdem als Überträger von Viren fungieren. Der Verw. von geklärtem Abwasser allein oder zusammen mit Oberflächenwasser stehen also erhebliche Bedenken entgegen. Hinzu kommt die Gefahr, daß gesundheitsschädliche organ. Verbb. weder in der Kläranlage noch bei der Trinkwassergewinnung abgebaut oder zurückgehalten werden, zumal die Möglichkeiten des Nachw. derartiger Verbb. noch sehr unvollkommen sind. Da aber weitgehende Wiederverw. von Abwasser in absehbarer Zeit nicht zu umgehen sein wird, sind umfangreiche Forschungsarbeiten zur Entw. von Verff. erforderlich, die es gestatten, die 99,9% reinen W. im Abwasser wieder nutzbar zu machen, was nach den heutigen Verff. wirtschaftlich nicht möglich ist. HANS THIELE. 6036□

Haushaltreinigungsmittel in Wasser und Abwasser. P. J. Weaver. (Water Sewage Works **107.** 459—64. Dez. 1960. Cincinnati, Ohio, Product. Dev. Div. Procter & Gamble Co.) (Engl.)

Es wird gezeigt, daß Reinigungsmittel — bes. ABS (Alkylbenzolsulfonat) enthaltende Mittel — nicht für alle Probleme, die sich in Wasser- u. Abwasserfragen ergeben, verantwortlich sind. ABS kann durch eine Sekundärbehandlung der Abwasser weitgehend entfernt werden. Verbesserungsvorschläge der Entfernung für Abwasser u. W. werden vorgeschlagen. Auch für das Schäumen im Belüftungsbehälter ist ABS nicht allein die Ursache. Bzgl. der tox. Wrkg. von ABS u. Phosphat wurde ein Sicherheitsfaktor gefunden, der wesentlich höher liegt, als möglicherweise anzutreffen ist. Phosphate erbrachten keine zusätzlichen Schwierigkeiten. Ob sie — aus synthet. Reinigungsmitteln stammend — die Algen-Bldg. hervorrufen, ist noch nicht geklärt. J. EGGERT. 6036□

Probleme der Abwasserreinigung in den Chemischen Werken Auschwitz. Otton Kohut. (Przemysł chem. **38.** 746—49. Dez. 1959. Oświęcim, Zakłady Chemiczne.) (Pol.)

Bes. gefährliche Abwässer (Phenol, Styrol, Fettalkoholsulfonate, FISCHER-TROPSCH-KW-Stoffe, Hg, Cyanide) werden im Produktionsbetrieb vorgereinigt. Die Hauptreinigung erfolgt gemeinsam für das gesamte Abwasser der Werke. F. URBAN. 6036□

Die Verteilung des Kohlenhydratstoffwechsels in Sandfiltern für Abwässer. George B. Morgan und F. W. Gilcreas. (Water Sewage Works **107.** 485—88. Dez. 1960. Gainesville, Fla., Univ., Dep. of Civil Engng.) (Engl.)

Bei chem. u. radiochem. Unterss. (mit ^{14}C-markierter Glucose) des Kohlenhydratstoffwechsels in diskontinuierlichen Sandfiltern für Abwässer unter Verw. von Filtern für Vers.-Anlagen u. Labor., wobei man Nährstoffbeschickung ohne Schwebestoffe benutzte, erwies sich die Notwendigkeit einer Belüftung der unteren Sandschicht. Dies zeigte sich durch ein Absinken des BSB-Beseitigungsvermögens u. wurde dadurch bemerkt, daß kein N_2 unter anaeroben Bedingungen gebunden wurde. J. EGGERT. 6040 □

Anwendung von Abfallsalzen des Aluminiums und Eisens zur Reinigung von Industriewassern und Abwasser. Antoni Mazaraki und Józef Kucharski. (Przemysł chem. **38.** 756—60. Dez. 1959. Warszawa, Inst. Chem. ogóln.) (Pol.)

Abfälle der Al_2O_3- u. $Al_2(SO_4)_3 \cdot 18\,H_2O$-Produktion, die $Al_2(SO_4)_3$, $FeSO_4$ u. $(NH_4)_2SO_4$ enthalten, sind zur Fällung von Koll. im Abwasser geeignet. Der pH-Wert 7,5 bis 8,0 wird mit Kalkmilch eingestellt. F. URBAN. 6042 □

Radioaktive Abwässer und Abfälle, ihre Charakteristik und Methoden zur Unschädlichmachung. Józef Horski und Zbigniew Smal. (Przemysł chem. **38.** 739—43. Dez. 1959. Warszawa, Inst. Badań jądr., Zakł. X.) (Pol.)

Übersicht unter Berücksichtigung der Probleme der radioakt. Abfälle in Polen. — 30 Literaturangaben. F. URBAN. 6050 □

Untersuchungen über die Bestimmung der Oxydierbarkeit von Wasser und Abwasser. Josef Holluta und Kurt Hochmüller. (Vom Wasser **26.** 146—73. 1959, herausgeg. Mai 1960.) (Dt.)

Vff. untersuchen die Permanganat-Meth. von KUBEL-PIEMANN u. SCHULZE-TROMMSDORFF der „Deutsche Einheits-Verff. zur Wasser-, Abwasser- u. Schlamm-Unters." mit dem Ziel, präzisere Vers.-Bedingungen zu schaffen u. leichtere Reproduzierbarkeit zu erreichen. Ergebnis dieser Unterss. ist eine neue modifizierte Meth., die eine wesentliche Steigerung der Leistung u. Empfindlichkeit bringt u. von Vff. „Kombinierter 30-Min.-Test zur Best. der Oxydierbarkeit mittels Permanganat" genannt wird. In zahlreichen Beleganalysen u. unter Verw. von Testsubstanzen aus vielen Stoffklassen wird die neue Meth. sowohl mit den beiden Verff., aus denen sie hervorgegangen ist, als auch mit der $Ce(SO_4)_2$-Meth. u. bes. mit der Bichromat-Meth. verglichen. Auf Grund dieser Unterss. sehen Vff. keine Ursache, die Permanganat-Meth. zugunsten der Bichromat-Meth. zu verlassen. Darüberhinaus liegt die durchschnittliche Nachw.-Grenze beim Kombinierten 30-Min.-Test bei 4,5 mg/Liter, bei der Bichromat-Meth. bei 75 mg/Liter; weiterhin ist der mittlere Analysenfehler beim Test kleiner. H. CZECH. 6054 □

Ausgewählte Methoden zur Trinkwasseruntersuchung. Imre Sarudi. (Élelmezési Ipar [Lebensmittel-Ind.] **15.** 144—48. Mai 1961. Szeged, Qualitäts-Unters.-Inst.) (Ung.)

Vf. empfiehlt neben den üblichen Meth. zur Best. von Cl^- die Meth. von VOTOČEK, für NO_2^- jene von PFEIFFER, zur Best. der Gesamthärte die komplexometr. Meth., die jodometr. Meth. für die Best. des SO_4^{2-}-Geh., Na nach REICHHARD, Mn nach TILLMANNS-MILDNER u. den O_2-Verbrauch nach SPITTA zu bestimmen. K. GÄRTNER. 6060

Colorimetrische Bestimmung von Chlordioxyd in Wasser. A. T. Palin. (Water Sewage Works **107.** 457—58. Dez. 1960. Throckley, Newcastle-upon-Tyne, Newcastle and Gateshead Water Co.) (Engl.)

Eine colorimetr. Meth. zur Best. von ClO_2 allein u. im Gemisch mit Cl_2 u. Chloraminen ($NHCl_2$, NH_2Cl) in Chlorierungs-Lsgg. basiert auf der Palin-Meth., wobei durch Anwendung des DPD-Indicators nach vorheriger KJ-Zugabe, Ansäuerung (H_2SO_4) u. Neutralisation mit $NaHCO_3$ sowohl der Geh. an ClO_2 als auch der Gesamtchlor-Geh. nach Titration der Rotfärbung mit FAS-Lsg. angegeben ist. Titriert man in separater Probe ohne Säurezugabe, so erhält man in erster Stufe $Cl_2 + {}^1/_5\,ClO_2$, in zweiter NH_2Cl u. in dritter $NHCl_2$. J. EGGERT. 6060 □

Ein neuer Feldtest für die Untersuchung von Farm-Wasserversorgungen. Robert G. Bowdler. (Proc. annu. Convent. Milk Ind. Foundat., Lab. Sect. **51.** 48—54. 8.—10. Dez. 1958. Pittsburgh, Pa., Salem Brosiun, Inc.) (Engl.)

Vf. diskutiert die Vorteile der Anwendung der Membranfilter-Meth. zum Nachw. von Escherichia coli in Einzelwasserversorgungen. Werden gebrauchsfertige sterile Zusammenstellungen von Plastik-PETRI-Schale, Membranfilter u. Nährboden verwendet, so lassen sich die entstehenden Kosten wesentlich senken. Die Proben können an Ort u. Stelle angesetzt werden. Ergebnisse liegen nach 18—24 Std. (bisher 48 Std.) vor. HANS THIELE. 6064 □

V. Anorganische Industrie

Die Erzeugung von Schwefelsäure aus Anhydrit. H. Beduneau. (Rev. Produits chim. **64.** 157—62. 30/4. 1961.) (Franz.)

Übersicht über die Grundzüge, geschichtliche Entw. u. derzeitige techn. Ausführung der Gewinnung von H_2SO_4 aus $CaSO_4$. — 13 Schrifttumshinweise. W. WESLY. H 253 □

Hydrierungsraffination des Selens. Jiří Mostecký, Otto Weisser, Stanislav Landa und Miroslav Ruprych. (Chem. Průmysl **11** (**36**). 2—7. Jan. 1961. Praha, Vysoká škola chem.-technol.) (Tschech.)

Es wurde die Raffination von 2 Arten des *Se* untersucht. Das tschechoslowak. Roh-Se enthält 0,5% Asche, $5 \cdot 10^{-3}$% Hg u. 10^{-2}% As, das sowjet. 1,5% Asche u. 1% Te. Die Hydrierung im Autoklaven wurde bei 350° während 60—120 Min. bei Verw. von MoS_2 als Katalysator mit 96%ig. H_2 durchgeführt. Das dargestellte H_2Se wurde mit a) 30% H_2O_2, b) H_2SeO_3 oder c) Luft zu SeO_2 bzw. elementarem Se oxydiert. Das raffinierte Se enthält weniger als $5 \cdot 10^{-4}$% Hg u. $2 \cdot 10^{-3}$% Asche. Das As wurde spektrograph. nicht nachgewiesen. Te u. Fe wurden beseititg; Si u. Mg wurden spurenweise nachgewiesen. Das dargestellte Prod. eignet sich für elektrotechn. Zwecke.
J. SCHNEIDER. H 254□

Planung und Bau einer kontinuierlich betriebenen Druckauslaugeanalage im Laboratoriumsmaßstab. D. J. Bosman. (South African ind. Chemist **14.** 72—77. April 1960.) (Engl.)

Beschreibung einer kontinuierlich betriebenen Anlage zur Auslaugung von U enthaltenden Erzen, im besonderen Falle Au-Erzrückständen mit 0,04% U u. 1% S, unter Druck mit H_2SO_4, die aus dem im Erz enthaltenen Pyrit bei hoher Temp. u. hohem Druck gewonnen wird. W. WESLY. H 339□

Phillips Petroleum Co., übert. von: Eugene D. Guth, Bartlesville, Okla., V.St.A., **Verbesserung der Lagerfähigkeit von Ammoniumsalzen,** bes. NH_4NO_3, $(NH_4)_2SO_4$, $(NH_4)_2CO_3$ u. $(NH_4)_3PO_4$, durch Vermischen des NH_4-Salzes mit einem Metallnitrid, bes. einem Nitrid des Mg, Ca oder Al, in Mengen von 0,5—5,0, bes. 1,0 bis 2,0 Gew.-%, bezogen auf das NH_4-Salz. (**A. P. 2 943 928** vom 13/5. 1955, ausg. 5/7. 1960.)
H. NEBELSIEK. H 243

Shell Oil Co., New York, N.Y., übert. von: Albert P. Paul, New Brunswick, N.J., V.St.A., **Umsetzen von Jodwasserstoff in Jod,** indem man ein Gemisch von HJ enthaltendem Gas u. einem mol. O_2 enthaltenden Gas bei 200—400° durch ein Bett aus inertem, festem, im wesentlichen nichtporösem Material (SiC, BN, in akt. SiO_2- oder Al_2O_3-Materialien) leitet. — Z. B. werden 80,3% des HJ in J_2 konvertiert. (**A. P. 2 965452** vom 6/8. 1956, ausg. 20/12. 1960.) K. DEMMLER. H 249

Raytheon Co., übert. von: John W. Irvine jun., Belmont, Mass., V.St.A., **Herstellung von Silicium,** dad. gek., daß ein beheizbarer Körper in eine fl. Silan-Verb. eingetaucht u. auf eine Temp. über dem Kp. der Silan-Verb. erhitzt wird, so daß lediglich in der unmittelbaren Umgebung des Tauchkörpers Verdampfung eintritt, wobei sich Si auf ihm niederschlägt. Das Verf. wird *Film-Koch-Technik* genannt. — Zeichnung (**A. P. 2 944 874** vom 14/12. 1956, ausg. 12/7. 1960.) A. GRADL. H 261

Owens-Illinois Glass Co., Ohio, übert. von: William E. Smith, Sylvania, Ohio, V.St.A., **Herstellung von reinen Siliciumkristallen** mit einer Größe von 80 bis 200 Maschen, dad. gek., daß eine Schmelze von Al- u. Si-haltigem Glas (Verhältnis Al:Si = mindestens 3:1) hergestellt u. 6—48 Std. auf 1100—1250° gehalten wird, worauf die abgetrennten Si-Kristalle mit Mineralsäure gewaschen u. unter Verw. von HF oder eines NaF/NaCl-Gemisches als Flotationsmittel einem Flotations-Verf. unterworfen werden. (**A. P. 2 955 024** vom 26/3. 1956, ausg. 4/10. 1960.) A. GRADL. H 261

International Minerals & Chemical Corp., New York, N.Y., übert. von: John H. Gross, Lakeland, Fla., V.St.A., **Aufbereitung von Quarzsand** (Entfernung von Fe), dad. gek., daß der Sand mit HCl u. H_2SiF_6 behandelt, abgetrennt u. säurefrei gewaschen wird. (**A. P. 2 952 516** vom 10/5. 1957, ausg. 13/9. 1960.) A. GRADL. H 261

Columbia-Southern Chemical Corp., Allegheny County, Pa., übert. von: Edward L. Priebe, Milton, Fla., und Joseph A. McCarthy, Mahtomedi, Minn., V.St.A., **Herstellung von Pigment-Kieselsäure,** dad. gek., daß feinteilige, filtrierbare SiO_2 in Ggw. einer kleinen Menge eines in W. lösl. Metallsalzes (0,02/Liter $CaCl_2$) mit einem Ionenaustauscher vom H-Typus bei einem pH von <6 behandelt wird. (**A. P. 2 946 660** vom 1/11. 1957, ausg. 26/7. 1960.) A. GRADL. H 261

Philadelphia Quartz Co., Philadelphia, übert. von: Chester L. Baker, Narberth, und John Frankle Austin, Philadelphia, Pa., V.St.A., **Herstellung feinteiliger Metallsilicate,** dad. gek., daß man eine wss. Na_2SiO_3-Lsg. mit einem Verhältnis von $Na_2O:SiO_2 = 2:1—1:4$ u. einer Konz. von 1—30% mit einer NH_4OH-Lsg. oder einem mit W. mischbaren organ. Coazervierungsmittel behandelt, bis eine schwache Opalescenz erzeugt ist, wobei diese Rk. in Ggw. einer Metall-Verb., die unlösl. Silicate zu bilden vermag, durchgeführt wird u. die Rk.-Bedingungen (Konz., Temp. u. pH-Wert) ständig konst. gehalten werden. (**A. PP. 2 948 701** vom 11/3. 1958, ausg. 9/8. 1960 u. **2 958 578** vom 12/3. 1958, ausg. 1/11. 1960.) A. GRADL. H 261

General Electric Co., übert. von: Robert H. Wentorf jun., Schenectady, N.Y., V.St.A., **Herstellung von Garnet-Silicaten** der Formel $X_3Y_2(SiO_4)_3$ ($X = Mg^{2+}$, Fe^{2+}, Mn^{2+} oder Ca^{2+}, $Y = Al^{3+}$, Fe^{3+} oder Co^{3+}) aus Hornblende, dad. gek., daß diese u. ein metall. Dehydrator (Ta, Fe) unter einem Druck von mindestens 27000 atm auf $>1250^0$ erhitzt u. unter Beibehaltung des Druckes abgekühlt wird. — Vorrichtung. (**A. P. 2 941 861** vom 31/3. 1955, ausg. 21/6. 1960.) A. GRADL. H 261

Montecatini Soc. Gen. per l'Industria Mineraria e Chimica, Mailand, Italien (Erfinder: Jayanti Dharma Teja, White-Stone, N.Y., V.St.A.), **Herstellung linearer Polysilicate** mit Molgew. <5000 in wss. Dispersion, dad. gek., daß eine wss. Lsg. von Na_2SiO_3 u./oder K_2SiO_3 mit einem Mol-Verhältnis Alkalioxyd: SiO_2 = 2—5 mit Oxyden des Si, B, Al, Mg oder Zn oder deren Gemischen unter der Bedingung versetzt wird, daß das Gemisch einen pH-Wert >7 aufweist, worauf durch Verdampfen von W. der Feststoff-Geh. des Gemisches auf über 40% gebracht wird. — Vgl. A. P. 2 886 404; C. **1961.** 2753. (**D. A. S. 1 091 096** Kl. 12i vom 24/4. 1958, ausg. 20/10. 1960. A. Prior. 26/4. 1957.) A. GRADL. H 261

Monsanto Chemical Co., St. Louis, Mo., übert. von: Peter G. Arvan, Wakefield, Mass., V.St.A., **Herstellung von Ammoniumpolyphosphat** aus NH_3, W. u. P_2O_5, dad. gek., daß eine P_2O_5-Dispersion in einem trockenen Trägergas u. ein Gemisch von NH_3 u. Wasserdampf in eine Rk.-Zone von 200—600° eingeführt werden, wobei ein Mischungsverhältnis von <2 (Mol) NH_3 u. 0,3—0,8 W. pro 1 P_2O_5 eingehalten wird. (**A. P. 2 958 577** vom 30/8. 1955, ausg. 1/11. 1960.) A. GRADL. H 264

International Minerals & Chemical Corp., übert. von: Arthur N. Baumann, Lakeland, Fla., V.St.A., **Herstellung gemischter, homogenkristalliner Alkalitripolyphosphate** mit einem Mol-Verhältnis von 3—3,2 K:2—1,8 Na:3 P, dad. gek., daß eine wss. Lsg. von Na- oder K-Orthophosphat mit Na- oder K-Carbonat oder -hydroxyd, wobei das Alkalimetall nicht mit dem des Orthophosphats übereinstimmt, umgesetzt, auf mindestens 70% Feststoff-Geh. eingeengt u. auf 500—1250° F erhitzt wird. (**A. P. 2 948 588** vom 13/9. 1955, ausg. 9/8. 1960.) A. GRADL. H 272

Stauffer Chemical Co., übert. von: Eugene G. Teach und Amos J. Leffler, Lafayette, Calif., V.St.A., **Herstellung von Alkaliphosphiden,** dad. gek., daß metall. Na in einem fl. KW-Stoff mit höherem Kp. geschmolzen u. fein verteilt wird, worauf nach Ersatz des überschüssigen KW-Stoffs durch einen Polyäther mit mindestens einer endständigen Methoxygruppe PH_3 in stöchiometr. Überschuß zum Na unterhalb 50° eingeleitet wird, wobei sich $NaPH_2$ bildet. (**A. P. 2 964 379** vom 2/4. 1958, ausg. 13/12. 1960.) A. GRADL. H 272

American Potash & Chemical Corp., übert. von: William T. Reburn, Trona, William A. Gale und Edward C. Cecil, Whittier, Calif., V.St.A., **Herstellung von Lithiumtetraborat.** Einer an $Li_2B_4O_7$ (I) gesätt. Lsg. werden H_3BO_3 u. LiOH zugesetzt, worauf die Lsg. bis zum Sieden erhitzt u. aus ihr das bei der Bldg. von I entstehende W. abgedampft wird, worauf die Lsg. dann langsam (10° F/Std.) zur Vermeidung des Auftretens von metastabilem Li-Metaborat-okta- bzw. -dihydrat auf 30—90° abgekühlt wird. Das ausgefallene $Li_2B_4O_7 \cdot 3\,H_2O$ wird abfiltriert u. bei 400—600° calciniert. (**A. P. 2 957 749** vom 16/1. 1958, ausg. 25/10. 1960.) K. WOLK. H 273

Morton Salt Co., Chicago, Ill., übert. von: Howard C. Miller, Grand Saline, Tex., V.St.A., **Steinsalz,** das bei der Lagerung im Freien nicht zusammenbackt, wird dadurch erhalten, daß es mit aus NaCl u. einem in W. dispergierbaren Alkalicyanoferrat(II) (I), bes. $K_4Fe(CN)_6$, bestehenden pelletisierten Gemischen, die 4—75% I enthalten, derart vermischt wird, daß auf 1 t Salz 0,1—6, bes. 2 lbs., kommen. (**A. P. 2 947 603** vom 21/2. 1957, ausg. 2/8. 1960.) K. WOLK. H 274

Union Carbide Corp., New York, übert. von: Donald W. Breck, Tonawanda, und Nancy A. Acara, Kenmore, N.Y., V.St.A., **Synthetischer, kristalliner Zeolith E,** gek. durch die Formel $0{,}9 \pm 0{,}1\ M_{2/n}O : Al_2O_3 : 1{,}95 \pm 0{,}1\ SiO_2 : y\ H_2O$, worin M Metallionen der I. u. II. Gruppe des Period. Syst., H- oder NH_4-Ionen sind u. $y = 0$—4 ist. (**A. P. 2 962 355** vom 13/12. 1957, ausg. 29/11. 1960.) A. GRADL. 6151

Indian Oxygen & Acetylene Co. Ltd., Calcutta, Indien, *Gewinnung von O_2-freien Gasen aus O_2-haltigen Gasgemischen.* (**Ind. P. 49 552** vom 13/5. 1953, ausg. 23/8. 1954. E. Prior. 24/7. 1952. — C. **1955.** 9878 [E. P. 723 050].)

British Petroleum Co. Ltd., London, übert. von: **Roy Purdy Northcott** und **John Arthur Edgar Moy,** Sunbury-on-Thames, England, *Entschwefelung von Erdölkohlenwasserstoffen.* (**A. P. 2 889 273** vom 27/4. 1956, ausg. 2/6. 1959. **Aust. P. 215 468** vom 27/4. 1956, ausg. 3/7. 1958. Beide E. Prior. 12/5. 1955. — C. **1960.** 11426 [F. P. 1 148 366].)

Eastman Kodak Co., Rochester, N.Y. (Erfinder: **Robert Ammon Williams**, Kingsport, Tenn.), V.St.A., *Konzentrieren von etwa 50—70%iger wässeriger Salpetersäure.* (**D. A. S. 1 067 007** Kl.12i vom 19/9. 1955, ausg. 15/10. 1959. A. Prior. 20/9. 1954. — C. **1960.** 12119 [F. P. 1 141 452].)

N. V. de Bataafsche Petroleum Mij., Den Haag, Holland, *Herstellung von Ammoniumsulfat.* (**E. P. 815 941** vom 24/1. 1957, ausg. 1/7. 1959. Holl. Prior. 26/1. 1956. — C. **1960.** 5939 [Oe. P. 197 398].)

E. Kesting, Pullach b. München, *Herstellung von Chlordioxyd.* (**Schwed. P. 155 759** vom 1/10. 1949, ausg. 28/8. 1956. D. Prior. 1/10. 1948. — C. **1951.** II. 3365 [Oe. P. 168 605].)

Duisburger Kupferhütte, Deutschland, *Gewinnung von Schwefel durch Abscheidung aus heißen Gasen.* (**F. P. 1 107 833** vom14/9. 1954, ausg. 5/1. 1956. D. Prior. 15/9. 1953. — C. **1958.** 4898 [E. P. 755 182].)

Kalman von Szombathy, Deutschland, *Dehydrierung oder Oxydation von anorganischen und organischen Schwefelverbindungen.* (**F. P. 1 110 303** vom 11/6. 1954, ausg. 10/2. 1956. D. Prior. 11/6. 1953. — C. **1957.** 12868 [D. A. S. 1 005 047].)

Deutsche Gold- und Silber-Scheideanstalt vormals Roessler (Erfinder: **Günther Bretschneider**), Frankfurt/M. *Herstellung eines kristallinen Natriumperborattrihydrats der Zusammensetzung* $Na[BO_2 \cdot H_2O_2] \cdot 2H_2O$. (**D. A. SS. 1 078 101** Kl. 12i vom 4/10. 1955, ausg. 24/3. 1960 u. **1 079 603** Kl. 12i vom 4/10. 1955, ausg. 14/4. 1960. **Belg. P. 551 428** vom 29/9. 1956, ausg. 18/12. 1959. **E. P. 825 071** vom 26/9. 1956, ausg. 9/12. 1959. Beide D. Prior. 4/10. 1955. — C. **1960.** 13156 [F. P. 1 158 108].)

Koninklijke Industreele Mij. voorheen Noury & van der Lande N. V., Deventer, Holland, *Herstellung von Natriumperborattrihydrat aus einer Lösung von Natriumboraten und Wasserstoffperoxyd.* (**Belg. P. 553 098** vom 1/12. 1956, ausg. 15/1. 1960. Holl. Prior. 16/12. 1955. — C. **1960.** 11427 [F. P. 1 162 077].)

Godfrey L. Cabot, Inc. (Erfinder: **Robert S. P. Vail**), V.St.A., *Herstellung von Ruß.* (**F. P. 1 168 028** vom 29/11. 1956, ausg. 3/12. 1958. **Belg. P. 553 070** vom 30/11. 1956, ausg. 15/1. 1960. Beide A. Prior. 1/12. 1955. — C. **1960.** 13809 [E. P. 819 823].)

Godfrey L. Cabot, Inc., Boston, Mass., V.St.A. (Erfinder: **Randolph Antonsen**), *Herstellung von Ruß.* (**E. P. 809 802** vom 12/9. 1956, ausg. 4/3. 1959. — C. **1960.** 6620 [A. P. 2 773 744].)

Columbian Carbon Co., New York, N.Y (Erfinder: **Harold Anthes Braendle**, Garden City, N.Y., und **George Louis Heller**, Monroe, La.), V.St.A., *Herstellung von gekörntem Ruß.* (**D. A. S. 1 068 838** Kl. 22f vom 25/1. 1958, ausg. 12/11. 1959. A. Prior. 6/2. 1957. — C. **1960.** 14150 [A. P. 2 908 586].)

J. M. Huber Corp., übert. von: **Andries Voet**, Borger, Tex., V.St.A., *Verbessern der Fließ- und Dispergierungseigenschaften von Ruß.* (**A. P. 2 893 887** vom 3/5. 1954, ausg. 7/7. 1959. — C. **1960.** 8034 [Belg. P. 537 451].)

Bell Telephone Mfg. Co. N. V., Antwerpen, Holland, *Herstellung von reinem Silicium.* (**Belg. P. 561 654** vom 16/10. 1957, ausg. 20/5. 1960. E. Prior. 16/10. 1956. — C. **1960.** 16896 [E. P. 826 575].)

B. F. Goodrich Co., New York, N.Y., V.St.A., *Herstellung von festem disproportioniertem Siliciummonoxyd.* (**E. P. 828 723** vom 13/9. 1956, ausg. 24/2. 1960. A. Prior. 27/9. 1955. — C. **1960.** 15871 [D. A. S. 1 079 608].)

Gösta Lennart Flemmert, Nynäshamn, Schweden, *Herstellung von hydrophiler Kieselsäure.* (**E. P. 833 143** vom 24/3. 1958, ausg. 21/4. 1960. **Belg. P. 565 935** vom 21/3. 1958, ausg. 29/7. 1960. Beide Schwed. Prior. 25/3. 1957. — C. **1960.** 14483 [D. A. S. 1 075 573].)

W. R. Grace & Co., New York, N.Y., V.St.A., *Herstellung eines stabilen, wässrigen Kieselsäuresols.* (**E. P. 816 581** vom 18/1. 1956, ausg. 15/7. 1959. A. Prior. 4/3. 1955. — C. **1960.** 8304 [D. A. S. 1 072 602].)

Imperial Chemical Industries Ltd., London, England, *Herstellung von feinteiligem Natrium- und Aluminiumsilicat.* (**Belg. P. 561 307** vom 2/10. 1957, ausg. 20/5. 1960. E. Prior. 3/10. 1956 u. 16/9. 1957. — C. **1960.** 14205 [D. A. S. 1 075 100].)

Pawel Krumholz, São Paulo, Brasilien, *Trennung Seltener Erden voneinander.* (**Oe. P. 211 278** vom 29/8. 1958, ausg. 26/9. 1960. Brasilian. Prior. 2/9. 1957. — C. **1960.** 10717 [D. A. S. 1 077 199].)

Soc. d'Études Chimiques pour l'Industrie et l'Agriculture, (Erfinder: **Jean Martin**), Frankreich, *Verarbeitung von Kaliummineralien.* (**F. P. 1 112 582** vom 15/10. 1954, ausg. 15/3. 1956. — C. **1957.** 8906 [D. B. P. 956 303].)

Montecatini Soc. Gen. per l'Industria Mineraria e Chimica, Italien, *Flotation von Kainit.* (**F. P. 1 092 148** vom 1/2. 1954, ausg. 19/4. 1955. It. Prior. 10/2. 1953. — C. **1957.** 10306 [E. P. 752 109].)

John Bryant Kasey, Bakersfield, Calif., V.St.A., *Behandlung von Erzen der Seltenen Erden.* (**E. P. 818 622** vom 11/11. 1955, ausg. 19/8. 1959. — C. **1957.** 525 [A. P. 2 735 747].)

VI. Silicatchemie. Baustoffe

Probleme der Mechanisierung in der Glasindustrie. Rudolf Száder und Jenö Vigh. (Épitöanyag [Baumaterial] **13.** 71—76. Febr. 1961.) (Ung.)

Überblick. G. BIDLÓ. 6168

Glasströmungen: Bedeutung und Meßmethoden. Wolfgang Trier. (Glastechn. Ber. **33.** 401—11. Nov. 1960. Frankfurt/M.) (Dt.)

Das Zustandekommen der Glasströmung in der Schmelzwanne durch Glasentnahme u. Dichteunterschiede der Glasmasse sowie deren Bedeutung für den Einschmelzvorgang in all seinen Phasen bis zur Verarbeitung wird beschrieben. Die Strömungsverhältnisse lassen sich direkt durch Ortung zugesetzter radioakt. Präpp., mit Hilfe von Schwimmern u. Strömungsmeßsonden bestimmen. Die mittels Sonden gemessenen Strömungsverhältnisse im Abstechkanal einer FOURCOULT-Wanne u. im Glasbad einer Hohlglaswanne sind schemat. dargestellt. Unterss. an Wannenmodellen erlangen erst dann größere Bedeutung, wenn die Strömungsmeßtechnik wesentlich verbessert ist.

Die vom Vf. angegebene rechner. Best. der Umschlagzone von Vor- u. Rückstrom einer LIBBEY-OWENS-Wanne stimmt mit der tatsächlich ermittelten gut überein.
H.-O. MULFINGER. 6174□

Eine neue Methode zur Erforschung der Strömung in Flachglaswannen. Hans Becker. (Glastechn. Ber. **33.** 411—16. Nov. 1960. Witten, DETAG, Hauptlabor.) (Dt.)

Die Markierung der Glasschmelze an einer bestimmten Stelle der Wanne geschieht durch Eintauchen eines Glasstabes gleicher Zus. wie die Schmelze mit einem Zusatz von 1% CeO_2. Das Auftreten des so markierten Schmelzanteils im gezogenen Glasband gibt sich durch die Ce-Fluorescenz zu erkennen. Aus dem zeitlichen u. örtlichen Auftreten lassen sich Schlüsse auf die Strömungsverhältnisse in der Wanne ziehen. Diese Strömungen bedingen z. B. die keiligen Schichtverwerfungen im Tafelglas. Mit diesem Markierungs-Verf. läßt sich der Ursprung von Fabrikationsfehlern ermitteln, z. B. der Entstehungsort von Glasblasen an der Wannenwand lokalisieren.
H.-O. MULFINGER. 6174□

Anwendung radioaktiver Isotope zu Strömungsuntersuchungen in Glasschmelzwannen. Leopold Unger. (Glastechn. Ber. **33.** 416—21. Nov. 1960. Gerresheimer Glashüttenwerke AG, Hauptlabor.) (Dt.)

Dem eingelegten Gemenge wird $^{24}NaCO_3$ oder ^{46}Sc zugesetzt u. mit richtungsempfindlichen Scintillationssonden, die längs der Wannenseitenwand u. unter dem Wannenboden beweglich angeordnet sind, die Lage des Strahlungsmaximums angepeilt. Dem Wandern des Maximums entspricht die Strömung in der Wanne. Es wurden prinzipielle Unterschiede in den Strömungsverhältnissen von Quer- u. U-Flammenwanne festgestellt. Arbeits-Meth. u. notwendige Strahlenschutzmaßnahmen werden eingehend beschrieben. H.-O. MULFINGER. 6174□

Materialtransport über die Neubildung von Grenzflächen und Parzellen an der Oberfläche zähflüssiger Medien. Modellflüssigkeit: Lack. Hans Jebsen-Marwedel. (Glastechn. Ber. **33.** 421—26. Nov. 1960. Tutzing, Obb.) (Dt.)

Infolge der allg. Gültigkeit der Dynaktivitätsregel lassen sich die Beobachtungen an der Modell-Fl. Lack auch auf die Glasschmelze übertragen. Hier wie dort sind wabenartige Strukturen an der Oberfläche zu beobachten. Die Voraussetzung sind Inhomogenitäten, die Ursache ist das Bestreben der Schichten geringerer Oberflächenspannung an die Oberfläche durchzubrechen. Dieser Vorgang trägt wesentlich zur Homogenisierung der Glasschmelze bei, durchaus vergleichbar in der Leistung mit der Diffusion. Es werden auch die Verdampfungsverluste einer Komponente aus der Oberfläche auf diese Weise ausgeglichen. H.-O. MULFINGER. 6174□

Spannungen beim Härten von Glas. Übersicht über die Ansichten von P. G. Kalman und G. M. Bartenjew. Janusz Jabłkowski. (Szkło i Ceram. **11.** 46—49. Febr. 1960.) — Vgl. C. **1960.** 14486. F. URBAN. 6180□

Über eine sorgfältigere Anwendung des Begriffs „zulässige Spannungen“. Jan Chmieleński. (Szkło i Ceram. **11.** 166—67. Juni 1960.) (Pol.)

Die zulässige Spannung in Glas muß mit der Meßmeth. u. dem Ort der Messung zusammen angegeben werden. Die innere Spannung u. die therm. Beständigkeit des Glases dürfen nicht verwechselt werden. F. URBAN. 6200□

Schutzgläser gegen Röntgen- und γ-Strahlung. Wacław Tuszyński. (Szkło i Ceram. **11.** 321—27. Nov. 1960.) (Pol.)

Theoret. Grundlagen der Absorption u. Streuung von Röntgen- u. γ-Strahlen.
F. URBAN. 6200□

Quarzglas — seine Eigenschaften. Mieczysław Wójcik. (Szkło i Ceram. **11.** 73—78. März 1960.) (Pol.)

Übersicht über Arten von Quarzglas u. ihre mechan., therm., chem., elektr. u. opt. Eigenschaften. F. URBAN. 6204□

Töpferei-Technik: Eine Einführung in die ägyptische keramische Industrie. 1. Mitt. **Töpfereien der Vorgeschichte und der Dynastien (5000—332 v. Chr.).** M. Y. Bakr. (Silicates ind. **21.** 513—25. Dez. 1956.)

Zusammenfassung der Kenntnisse u. Anschauungen über Töpfereitechnik u. benutzte Materialien des genannten Zeitraums. Krit. Überblick über die verschiedenen Stile vom prakt. u. wissenschaftlichen Standpunkt aus. — 12 Literaturangaben.
E.-M. AMRHEIN. 6206□

Polnische Rohstoffe zur Herstellung von Glasdüsen, -schwimmern und -schuhen. Helena Rakowska. (Szkło i Ceram. **11.** 65—73. März 1960. Gliwice, Inst. Materiałow ogniotrwałych.) (Pol.)

Vgl. der Eigg. feuerfester poln., deutscher, tschech., belg. u. französ. Tone u. der daraus hergestellten Fertigprodukte. F. URBAN. 6208□

Glaspfannen aus polnischen Rohstoffen. Helena Rakowska. (Szkło i Ceram. **11.** 168—75. Juni 1960. Gliwice, Inst. Materiałow ogniotrwałych.) (Pol.)

Vgl. der chem. u. technolog. Eigg. poln. u. importierter Tone u. der daraus hergestellten Glaspfannen. F. URBAN. 6208□

Ein Ofen für den Gebrauch unter atmosphärischen Bedingungen bis zu 1900° mit Innenwindungen aus Platin-Rhodium. P. D. S. St. Pierre. (Amer. ceram. Soc. Bull. **39.** 264—66. Mai 1960.) (Engl.)

Der Ofen zeichnet sich durch Einfachheit in der Konstruktion u. Materialbeschaffung sowie in der Verw. bei hohen Temp. in oxydierender Atmosphäre aus. Die Drahtwindungen bestehen aus einer Leg. von 60/40 Teilen Pt-Rh mit 6 Ω bei 28° u. 20,8 Ω bei 1800°. Das Glührohr besteht aus Norton RA-1139 Al-Zement, der mit 5%ig. wss. Polyvinylalkohol (DU PONT 5105) angerührt wird. Für 1800° werden ca. 1300 W benötigt. Der Glühraum hat einen Querschnitt von 2½ inch. H. SCHUMANN. 6210□

Ein kontinuierlicher Ofen mit Rollenförderung. L. B. Coffin und David O. Anderson. (Amer. ceram. Soc. Bull. **40.** 126—30. 15/3. 1961. Alfred, N.Y., State Univ. of New York, Coll. of Ceram. Alfred Univ.) (Engl.)

Der Aufbau eines Kanalofens mit Rollenförderung u. einer Brenn-Temp. von 1800—2400° F, der für die kontinuierliche u. automat. Herst. von Tonbaustoffen, wie Ziegel, Hohlbausteine u. a., geeignet ist, wird beschrieben u. kann auch für andere, höher brennbare keram. Prodd. verwandt werden. J. EGGERT. 6210□

Pendelofen. T. W. Garve. (Amer. ceram. Soc. Bull. **40.** 134—35. 15/3. 1961. Columbus, Ohio.) (Engl.)

Der Pendelofen ist mit einem rechtwinkligen Fallstromofen zu vergleichen, wobei der hauptsächliche Unterschied in der Anordnung des Beschickungsgutes liegt, welches bei Aufstrombetrieb auf einer Reihe von Tragflächen, bei Fallstrombetrieb auf dem Boden der Förderkarren untergebracht ist, wobei die Entladung automat. abläuft. Der Ofen kann mit den üblichen Karren beschickt werden. J. EGGERT. 6210□

Die Instrumentation und Kontrolle eines Tunnelofens. Arthur P. Watts. (Amer. ceram. Soc. Bull. **40.** 131—33. 15/3. 1961. Flint, Mich., AC Spark Plug Div., Gen. Motors Corp.) (Engl.)

Zur Vereinheitlichung des Brennvorgangs in einem Tunnelofen muß die Temp. (Strahlungspyrometer, Thermoelemente, opt. Pyrometer, Kegelverformung), der Gas-Luft-Druck u. Gasstrom (Manometer) der Beschickungszeitplan für Förderwagen (Signalanlagen) u. das Gasgemisch laufend untersucht werden, wobei die Meß-Verff. je nach den Erfordernissen angewandt u. im Vers.-Protokoll festgelegt werden. J. EGGERT. 6210□

Methoden der Untersuchungen der thermischen Festigkeit von Email auf Gefäßen aus Stahlblech. Wiesław Nalepa. (Szkło i Ceram. **11.** 175—79. Juni 1960.) (Pol.)

Krit. Vgl. der poln., russ., tschech. u. engl. Norm-Meth. zur Best. der therm. Wechselfestigkeit emaillierter Stahlblechgefäße. — 13 Literaturangaben. F. URBAN. 6212□

Vergleich zwischen Labortest und den Ergebnissen des normalen Gebrauchs. J. S. Wicks. (Int. Enamelist **8.** 9—11. 1958. General Electric Co.) (Engl.)

An Innenteilen von kombinierten Wasch-Trocken-Automaten, die mit einem alkaliresistenten Email versehen waren, trat unter normalen Betriebsbedingungen bereits nach einigen 100 Std. Korrosion ein. Bevorzugt wurden die Stellen angegriffen, an denen sich beim Trockenvorgang Wasserdampf kondensierte. Um aus verschiedenen Vers.-Emaillierungen die zweckentsprechendste herauszufinden, wurde folgendes Prüf-Verf. angewandt, das die Beanspruchung der Praxis imitiert: Die Emailschicht einer senkrecht stehenden Probe wird bestimmte Zeiten mit Wasserdampf behandelt, der am Email kondensiert u. abläuft. Die Metallseite der Probe wird auf 85—88° gehalten. Der Gewichtsverlust der Probe wird als Maß für die Beständigkeit des Emails angesetzt u. mit den Ergebnissen der Prüf-Verss. unter Betriebsbedingungen in Beziehung gesetzt. Es zeigte sich, daß solche Emaillierungen am geeignetsten sind, die in Heißwasserspeichern benutzt werden. Für die angesetzte Lebensdauer der Geräte ist der Korrosionsschutz auch mit solchen Emails nicht ausreichend. E.-M. AMRHEIN. 6212□

Die mechanische Festigkeit der Porzellanmasse im Rohzustand in Abhängigkeit von ihrem Feuchtigkeitsgehalt. Kazimierz Cyranowicz. (Szkło i Ceram. **11.** 331—35. Nov. 1960.) (Pol.)

Die mechan. Festigkeit der Porzellanmasse (Rohbruchfestigkeit) nimmt erst bei Abgabe des hygroskop. gebundenen W. zu. Die Meßergebnisse der Rohbruchfestigkeit sind bei Proben mit rundem Querschnitt ohne Rücksicht auf den Durchmesser gleich, bei rechteckigem Querschnitt dagegen verschieden. F. URBAN. 6214□

Geheimnisse des Tons. U. Hofmann. (Ber. dtsch. keram. Ges. e. V. **38.** 201—07. Mai 1961. Heidelberg, Univ., Anorg. Chem. Inst.) (Dt.)

Die schichtweise, in Form dünner Plättchen aufgebauten Kristalle der Tonminerale binden an ihrer Oberfläche austauschfähige Kationen. Trockenbiegefestigkeit u. Vol.-% Feststoff im Trockenton steigen mit der Menge austauschfähiger Kationen. Ein Kaolin mit austauschfähigen Ca-Ionen (Ca-Kaolinit) besitzt eine höhere Viscosität als ein Na-Kaolinit. Die Verflüssigung von Ca-Kaolinit zu Gießschlicker mittels Na_2CO_3, NaF oder NaOH liefert den Beweis für die Wrkg. der austauschfähigen Kationen auf die Plastizität. Bei der Unters. des Quell-Verh. des Montmorillonits ergab die unterschiedliche Ladung des Ca^{2+} u. Na^+ diese Wirkung. Durch die Gerüst-Bldg. der Kristallplättchen des Kaolinits mit den Ca-Ionen wird der Einfl. der Poren, der die Herabsetzung der Trockenfestigkeit bewirkt, nicht aufgehoben. Na-Ionen geben dagegen kein so festes Gerüst, daher ist ihr Gießschlicker flüssig. E. HOMAYR. 6216□

Einfluß einiger Faktoren auf die Konsistenz wenig plastischer Massen. Natalia Planeta. (Szkło i Ceram. **11.** 79—84. März 1960.) (Pol.)

Mit steigendem Druck läßt sich der Wasserüberschuß aus Magertonen besser entfernen, doch hängt die Entwässerung auch von der Art des Tones u. der Behandlungsdauer ab. Die Temp. hat prakt. keinen Einfl. auf die Wasserabgabe. Bei höherer Temp. ändert sich aber die Struktur des Tones, da leichtere Fraktionen dabei schnell quellen. Der Ton erscheint bei der Verarbeitung trotz gleichen Wasser-Geh. trockener u. härter. Der Einfl. von Elektrolyten u. oberflächenakt. Stoffen bei der Entwässerung von Magertonen ist gering. F. URBAN. 6216□

Auswahl basischer Steine für die Regeneratoren von Glasschmelzwannen. Stellungnahme und Gedanken zum Vortrag von T. S. Busby. Franz Brunnsteiner. (Glastechn. Ber. **33.** 165—68. Mai 1960. Wien.) (Dt.)

Die in Unterss. von BUSBY (Glastechn. Ber. **32k.** [1959.] S. IV/12—IV/19) gewonnenen Ergebnisse an Steinen aus künstlich aus Meerwasser gewonnenem Magnesit werden solchen an natürlichen Magnesitsteinen gegenübergestellt u. dadurch die gemachten Angaben erweitert. L. KÜHNERT. 6218□

Über Eigenschaften und Verhalten basischer Gittersteine in Glasöfen. Norbert Skalla. (Glastechn. Ber. **33.** 169—73. Mai 1960. Radenthein.) (Dt.)

Chem. gebundene chromerzfreie bas. Magnesitsteine haben sich in den oberen Lagen der Gitterungen bewährt, gebrannte Steine können auch zu Tragsteinen verwendet werden, soweit allein der Temp.-Einfl. berücksichtigt wird. Flugstaub u. Gemengebestandteile in der Dampfphase bewirken teils Ansätze, teils chem. Rkk. mit den Steinen. Die dadurch bedingte Korrosion (sog. Alkali- oder Silicatbursting) ist im allg. so langzeitig, daß sie die Verw. von Magnesitsteinen nicht ausschließt. Gefährlich wirkt sich bei reduzierender Ofenatmosphäre das CH_4 aus, das zu einem pulverigen Zerfall der Steinoberflächen führt. Die Schlackenbeständigkeit ist gut. Hydratationserscheinungen können durch Tränken mit blockierend wirkenden Lsgg. auf ein Minimum beschränkt werden. L. KÜHNERT. 6218□

Über das Verhalten eisenarmer Magnesitsteine in den Regenerativkammern von Glasschmelzwannen. Wolfgang Baumgart. (Glastechn. Ber. **33.** 173—80. Mai 1960. Mannheim-Waldhof.) (Dt.)

Vf. macht Angaben über die Torsionsprüfung in erhitztem Zustand von Magnesitspezialsteinen für den Gitterbau in Regenerativkammern u. zeigt, daß das elast. Verh. von Summe u. Art der Verunreinigungen abhängt. Er verweist auf die Abwehrmaßnahmen gegen Hydratation durch Tränkung mit kristallstabilisierenden Mitteln u. auf die ernsthaften Schäden, die durch Infiltration mit Alkalien u. Silicaten eintreten. Reduzierende Atmosphäre bewirkt Zerstörung vom Angriff auf vorhandene Eisenoxyde aus. Wichtig ist, daß die Wärmeleitfähigkeit bei 800° 3mal so hoch ist wie die von Schamotte u. die ebenfalls günstigere spezif. Wärme wegen der daraus resultierenden wirtschaftlichen Erwägungen. Vers.-Einbauten in Öfen ergeben im prakt. Betrieb einen Verbrauch von 245,1 m^3 Glas je Tonne Glas bei Verw. von Magnesitsteinen gegenüber 310,4 m^3 bei Schamottesteinen. L. KÜHNERT. 6218□

Vitrokeramik. Oszkár Knapp. (Epítöanyag [Baumaterial] **12.** 324—28. Sept. 1960.) (Ung.)

Übersicht über Entw. u. Eigenschaften. J. PLANK. 6220

Die Entwicklung der Herstellungstechnologie in der sanitären Keramik, unter besonderer Berücksichtigung des Silicoseschutzes. Elemér Grofcsik. (Épitöanyag [Baumaterial] **13.** 45—53. Febr. 1961.) (Ung.)

Es wurden entsprechende neue Meth. zur Herst. von sanitären keram. Waren ausgearbeitet u. beschrieben. G. BIDLÓ. 6220

Über den Einfluß von synthetischem Magnesiumsilicat auf die Grundeigenschaften von Steatitprodukten. Leon Winogradow und Krzysztof Haberko. (Szkło i Ceram. **11.** 179—87. Juni 1960.) (Pol.)

Verschieden weit durchreagierte Gemische von $MgCO_3$ u. SiO_2 (Temp. 1100, 1200, 1300, 1380°) wurden als synthet. Enstatit ($MgSiO_3$) zur Herst. von Steatitmassen verwendet. Mit steigendem Umwandlungsgrad des $MgCO_3$–SiO_2-Gemisches wird die Struktur des gebildeten Steatits feinkörniger. Bei Anwendung von synthet. Enstatit wird somit die Bldg. des mikrokrist. Protoenstatits, der günstige elektr. Eigg. hat, begünstigt. Die DK des Steatits steigt mit dem Geh. des angewandten Rohstoffs an vorgebildetem Enstatit an. Die Umwandlung von $MgCO_3$ u. SiO_2 kann außer durch höhere Temp. auch durch Verpressen beschleunigt werden. F. URBAN. 6220□

Spezialzemente von Barium und Strontium. Al. Braniski. (Studii Cercetări Chim. [Bucureşti] **5.** 135—49. Jan./März 1957.) (Rum.) — Vgl. C. **1959.** 11380.

Nicht nur bei Silicatzementen, sondern auch bei Al_2O_3-, Hütten- u. Schlackenzementen kann CaO durch BaO oder SrO ersetzt werden. Die mechan. Festigkeit solcher Zemente wird über Zeiträume bis 10 Jahre geprüft. Dabei erweisen sich BaO-Hüttenzemente als bes. widerstandsfähig gegenüber Meerwasser; BaO–Silicat- u. -Schlackenzement sind nicht schlechter, aber teurer. BaO–Al_2O_3-Zement ist bes. feuerfest. Für ionisierende Strahlen *ist BaO–Schlacken-Zement bes. undurchlässig*; er schützt besser als BaO–Al_2O_3-Zement, aber etwas weniger als BaO–Silicat-Zement vom Portlandzementtyp. R. K. MÜLLER. 6222□

Beziehungen zwischen dem Hydratationsgrad und der Festigkeit von Schlackenzement. S. Chatterji und D. Lahiri. (Indian J. appl. Chem. **21.** 220—22. 1958. Calcutta, Univ. Coll. of Sci. and Technol.) (Engl.)

Vff. untersuchten die Wrkg. verschiedener Hydratationsgrade auf die Festigkeit von Mischungen gemahlenen Klinkers u. Hochofenschlacke. Es zeigt sich, daß für eine bestimmte Zus. die Festigkeit mit der Hydratation steigt. Vergleicht man aber Zemente verschiedener Zus. in bezug auf Hydratationsgrad u. Änderung der Festigkeit, so wird festgestellt, daß schlackenreiche Zemente bei gleicher Festigkeit weniger hydratisieren. O. BÄR. 6222□

Die Rolle des Calciumsulfates bei der Erhärtung hydraulischer Zemente. P. P. Budnikov. (Építöanyag [Baumaterial] **12.** 313—18. Sept. 1960.) (Ung.)

Mischt man zu Portlandzement niedrigen oder hohen Aluminat-Geh. 3,5—10% auf wasserfreies $CaSO_4$ berechneten Gips, so wird dieser binnen 6 Std. bis 28 Tagen vollständig gebunden. Die Intensität der Festigkeitszunahme von mit 3—5% $CaSO_4$ gemischten Zementen hohen Aluminat-Geh. ist während 28 Tagen gleichmäßig u. wächst dann langsamer, bei einem Geh. von 10% steigt die Festigkeit langsamer, nimmt aber nach 28 Tagen noch bedeutend zu. Ursache ist die Bldg. von Sulfoaluminat. Durch Zumischen von $CaSO_4$ wird die Sulfatbeständigkeit erhöht; je mehr Tricalciumaluminat in der Verfestigungsperiode mit dem Gips reagiert, um so höher wird die Sulfatbeständigkeit des Zementsteins. Die infolge exothermer Rk. entstehende höhere Temp. während des Abbindens kann durch Zumischen von 25—30% Gips behoben werden, u. der so entstandene Sulfoaluminatzement weist höhere Frühfestigkeit, Wasserdichtigkeit u. Expandierfähigkeit auf. Fein gemahlene bas. Hochofenschlacke bildet mit Gips ebenfalls Hydrosulfoaluminat, wodurch günstige Eigg. erzielt werden, weil der Anteil des in der Hochofenschlacke gebildeten $Ca(OH)_2$ gering ist u. von der Kieselsäure der Schlacke schnell verbraucht wird. Der Sulfatschlackenzement ist gegen Süß-, Meer- u. Mineralwasser sehr widerstandsfähig. Ein 3,5—4%ig. MnO-Geh. der Schlacke vermindert die Festigkeit, MgO ist vorteilhaft. J. PLANK. 6222

Untersuchung der Eigenschaften von Portlandzementen mit einem hohen Gehalt an Magnesiumoxyd. P. P. Budnikow und Ch. Ss. Worobjew. (Цемент [Zement] **26.** Nr. 1. 14—21. Jan./Febr. 1960.)

Aus MgO-reichen Portlandzementen (bis 18,5% MgO) lassen sich Klinker bei relativ geringen Brenntemp. (1250—1350°) herstellen. Das MgO tritt teils gebunden in der Glasphase u. in fester Lsg. mit anderen Klinkermineralien, teils als feinkrist. Periklas auf. Der feinkrist. Periklas wird gleichzeitig mit den anderen Klinkermineralien hydratisiert. Dadurch werden Spannungen bei der Verfestigung der Klinker vermieden. Der Zusatz von 1—2% $CaCl_2$ oder $MgCl_2$ wirkt sich positiv auf die Festigkeit u. auf die Verminderung der Ausdehnung der Klinker bei der Erhärtung aus. Gipszusatz hat eine ungünstige Wirkung. HORST BRAUN. 6222□

Über eine effektive Ausnutzung des Staubes von Abgasen der Zementfabriken. W. A. Pjatschew. (Цемент [Zement] **26.** Nr. 1. 21—22. Jan./Febr. 1960.)

Es wird empfohlen, den in Elektrofiltern niedergeschlagenen Staub der Zementdrehrohröfen nicht wieder in die Öfen zurückzuleiten, sondern getrennt zu verarbeiten, da die Rückführung techn. Schwierigkeiten u. erhöhte Brennstoffkosten verursacht. Der Staub kann entweder in einem bes. Ofen unter Zusatz von Schlamm gebrannt werden oder (bei einem zu hohen Geh. an Alkalien, die sich durch Sublimation im Staub konzentrieren) zur Herst. von Düngemitteln oder Alkalimetallen ausgenutzt werden. HORST BRAUN. 6222 □

Einfluß der Verwitterungskruste des Zuschlagstoffes auf die Beschaffenheit des Betons. László Somogyi. (Épitöanyag [Baumaterial] **13.** 114—17. März 1961.) (Ung.)

Von verschiedenen Steinbrüchen stammender Schotter mit u. ohne Verwitterungskruste wurde mit Zement auf Beton verarbeitet u. Druck- u. Biegefestigkeit der Betonkörper geprüft. Die Verwitterungskruste beeinflußte die Festigkeitswerte nicht. Vf. ist der Meinung, daß die Verwitterungskruste beim Zerkleinern bzw. Mischen vom Schotter abfällt. G. BIDLÓ. 6224

Über Zerstörungserscheinungen an einem Betonwerk durch Regenwasser. E. Burkert. (Vom Wasser **26.** 267—72. 1959, herausgeg. Mai 1960. Salzgitter.) (Dt.)

In schadhaften Stellen einer Betonhochstraße wurden eine gegenüber normalem Regenwasser höhere Alkalität u. ein höherer CaO-Geh. gemessen. Herausgelöstes Bindemittel wurde als Ursache erkannt u. als Folge eine erhöhte Wasserdurchlässigkeit des Betons. Im Labor.-Vers. mit gekörntem Beton (ca. 14% Zement-Geh.) löste Regenwasser nach 7 Tagen 4% des Bindemittels. Zur Vermeidung dieser Schäden werden bautechn. Maßnahmen erörtert. H. CZECH. 6224 □

Bewertung der Zusatzstoffe zur Verbesserung der Wasserundurchlässigkeit von Mörteln und Betonen. Jiří Kopečný, Jiří Novotný und Karel Sychra. (Inž. Stavby **6.** 354—59. 21/7. 1958. Praha, ÚZS.) (Tschech.)

Der Einfl. von Zusatzstoffen tschechoslowak. Herst. (Tricosal N, Betofix, Ceresit normal, Practin) auf die mechan. Festigkeit u. die Wasserhaltigkeit u. -durchlässigkeit sowie auf die Widerstandsfähigkeit gegenüber aggressiven Agentien wird vergleichend untersucht. R. K. MÜLLER. 6224 □

Untersuchung der Kornbildung beim Kalklöschen. István Székely. (Épitöanyag [Baumaterial] **13.** 88—96. März 1961.) (Ung.)

Die Korn-Bldg. beim Kalklöschen hängt von der Brenntemp., Verunreinigungen des Brennstoffs u. von der Ausführung des Kalklöschens ab. Die Korn-Bldg. kann durch Erhöhen der Brenntemp. des Kalksteins über 1200° verhindert werden. Dem Löschwasser zugesetztes $Ba(OH)_2$, KOH, Triäthanolamin usw. vermindern die Korn-Bldg. ebenfalls. G. BIDLÓ. 6226

Reaktionsfähigkeit von Kalk und Calciumcarbonat im festen Zustand in keramischen Massen, die unterhalb 1000° gebrannt werden. J. Meneret. (Schweiz. Tonwaren-Ind. **59.** Nr. 6. 6—10. Juni. Nr. 7. 7—12. Juli 1956. Paris, Labor. de l'Inst. de Céramique Française. (Franz.) — C. **1956.** 12104.) O. BÄR. 6228 □

Die Bedeutung des Scherbenquerschnittes im Produktionsprozeß. Carl Otto Pels Leusden. (Ziegelindustrie **14.** 349—55. Juni 1961. Essen-Krag, Inst. für Ziegelforsch.) (Dt.)

Die FOURIERsche Gleichung $t \sim 1/D \cdot d^2$, wobei D = Diffusionszahl, d = Scherbendicke, t = Diffusionszeit, greift dominierend in alle Abschnitte der Ziegelproduktion ein, wo die Scherbendicke die Geschw. gewisser Transportvorgänge im Scherben bestimmt. Das gilt für Heißaufbereitung, Evakuierung, Trocknung, Brand, Austrocknung u. Regendurchlaßsicherheit des Ziegels. Die Wirtschaftlichkeit der Ziegelproduktion liegt demnach in der Querschnittsgestaltung u. somit in der Festlegung der Mindestdauer aller Produktionsvorgänge des betreffenden Materials. Preßspannungen aus ungünstiger Mundstückeinrichtung verschlechtern das Trocken- u. Brennergebnis erheblich, so daß auch die Frage der Mundstückkorrektur in das Gebiet der Querschnittsgestaltung eingreift. E. HOMAYR. 6228 □

Untersuchungen über die Möglichkeit zur Leichtziegelherstellung mittels der Dolomit-Schwefelsäure-Methode. Seppo Wilska und Eero Hänninen. (Ziegelindustrie **13.** 728—30. Okt. 1960.) (Dt.)

Zum Porosieren des Tons wird das Doppelcarbonat $[CaMg(CO_3)_2]$ verwendet. Beschreibung des Rk.-Ablaufs im Ton. O. MARTINI. 6228 □

Eine deutsche Anlage zum Herstellen von Mauersteinen und Ziegeln aus Flugasche und anderen siliciumdioxydhaltigen Industrieabfällen. John B. Huttl. (Engng. Mining J. **161.** Nr. 11. 94—96. Nov. 1960.) (Engl.)

Die Arbeitsbedingungen zur Verw. von Flotationsabfällen, granulierter Schlacke u. Flugasche als Zuschlagstoffe bei der Herst. von Leichtbausteinen nach dem Prinzip des Kalksandstein-Verf. unter gleichzeitiger Verw. von Carbidkalk u. Natursand u. bei der Herst. von Porenbeton werden beschrieben. Die Flotationsabfälle stammen aus einer Pb–Zn-Konz.-Anlage, die Flugasche aus einem Kraftwerk. In Abhängigkeit von dem Verdichtungsdruck wurden Zugfestigkeiten zwischen 160 u. 230 kg/cm² bei Dicken zwischen 1,55 bis 1,85 erreicht. Die Leichtbetonkörper halten bei D. 0,5 eine Zugfestigkeit von 30—50 kg/cm². G. FRIKELL. 6228□

Untersuchungen über den Einfluß von Art, Teilchengröße und Menge der Mineralien im Ziegelformgut auf seine Trockenschwindung und seine Trockenfestigkeit. Konrad Schonert. (Ziegelindustrie **13.** 703—27. Okt. 1960.) (Dt.)

Illit.-betonit. Mineralien erhöhen Plastizität u. Trockenbiegefestigkeit. Mit wachsender Dichte steigt im allg. die Trockenfestigkeit. Auch übt die Formgebungsart ihren Einfl. aus, bes. hängt die Schwindung stark von der Formgebung ab. Zusätze von NaOH können sich günstig auswirken. O. MARTINI. 6228□

Betrachtungen über die Frostbeständigkeit von Dachziegeln. J. Jessing. (Ziegelindustrie **13.** 731—33. Okt. 1960.) (Dt.)

Entscheidende Faktoren für die Frostbeständigkeit sind: Porosität, der Wassersättigungsgrad u. die evtl. auftretenden hydraul. Drücke. Auf die krit. Dimension wird hingewiesen. O. MARTINI. 6228□

Die Erhärtung von Kalksandprodukten unter hydrothermischen Umständen. Ju. M. Butt und L. N. Raskovics. (Épitöanyag [Baumaterial] **12.** 329—33. Sept. 1960. Moskau.) (Ung.)

Bei der Herst. von Kalksand-Prodd. in Autoklaven bewirken die Bindung der Sandkörner verschiedene Ca-Hydrosilicate, von welchen die größte Druck- u. Biegefestigkeit *Xonotlit* sichert. Diese Phasen entstehen aus übersätt. Lsgg., hieraus entstehen Kristallkeime, welche während der Behandlung mit überhitztem Dampf verwachsene Kristallaggregate bilden. Höhere Temp. beschleunigt die Rkk., wahrscheinlich infolge schnellerer Auflösung der Komponenten u. deren rascherer Diffusion durch die Schicht der entstandenen Gebilde. Zumischen gemahlener Kalksandziegelabfälle beschleunigt die Kristallkeimbildung. J. PLANK. 6228

Die Entwicklung der Erzeugung von aus Glas hergestellten Isolationsmaterialien. Béla Löcsei. (Épitöanyag [Baumaterial] **13.** 41—44. Febr. 1961.) (Ung.)

Als Ergebnis der Verss. wurde eine neue Meth. zur Herst. von Schaumglas entwickelt. Ein mit Hilfe einer wss. Emulsion aus zerkleinerten Glasabfällen, Bentonit u. schaumfördernden Zusätzen bereiteter Schaum wird in Formen getrocknet u. unterhalb der Glasschmelztemp. gebrannt. Aus rekristallisationsfähigen Gläsern kann man diese Baustoffe ohne Metallformen herstellen. G. BIDLÓ. 6228

Die Betriebsüberwachung der Glasschmelze durch chemische Analysen. H. Kalsing und I. Pajung. (Sprechsaal Keram., Glas, Email **94.** 130—32. 5/4. 1961.) (Dt.)

Die langwierige chem. Analyse der Glasbestandteile wird in vielen Fällen durch physikal. Schnellmeth. ersetzt. Ist sie jedoch in manchen Fällen nicht zu umgehen, so kann meist auf die Best. z. B. des TiO_2 u. der Erdalkalien verzichtet werden. Es werden genaue Vorschriften über die Art der Vorbehandlung des Materials vor der eigentlichen Analyse angegeben (Zerkleinerung, Aufbewahrung, verwendete Kornfraktion, Best. des Glühverlustes u. a.). N. PETERS. 6242□

Untersuchungen über die Gefügeausbildung im Porzellan. 1. Mitt. **Die zwei Erscheinungsformen des Mullits im Elektronenmikroskop.** K. Schüller. (Ber. dtsch. keram. Ges. e. V. **38.** 150—57. April 1961.) (Dt.)

Durch elektronenmkr. Unterss. an einer Reihe von Proben aus dem Dreistoffdiagramm *Kaolin–Feldspat–Quarz* konnte gezeigt werden, daß in den Porzellanen zwei Gefügebestandteile auftreten, die beide die Mullitstruktur röntgenograph. erkennen lassen, jedoch im elektronenopt. Bild verschieden sind. Es wurde gezeigt, daß beide Mullite sich durch ihre Entstehungsweise unterscheiden. Die röntgenograph. Unterss. zeigen, daß ein Mullit der Zus. $3\,Al_2O_3 \cdot 2\,SiO_2$ vorliegt, es kann jedoch nicht entschieden werden, ob die beiden Mullite sich durch einen verschiedenen Al_2O_3-Geh. oder durch den Einbau anderer Ionen unterscheiden oder nicht. N. PETERS. 6246□

Untersuchungen über die Gefügeausbildung im Porzellan. 2. Mitt. **Der Einfluß der Korngröße auf das licht- und elektronenmikroskopische Gefügebild.** K. Schüller. (Ber. dtsch. keram. Ges. e. V. **38.** 208—11. Mai 1961. Lauf/Pegnitz, Steatit-Magnesia AG., Zentrallabor.) (Dt.) — 1. vgl. vorst. Referat.

Es wird der Einfl. der Quarz- u. Feldspatkorngrößen auf das Gefügebild des Porzellans auf licht- u. elektronenmkr. Wege ermittelt. Verschiedene Quarz- u. Feldspatsiebfraktionen der im Silitstabofen zwischen 1280 u. 1400° gebrannten Vers.-Preßlinge ergaben bei der elektronenmkr. Gefüge-Unters. infolge des inhomogenen Materials kein

richtiges Bild von der Menge des Quarzes. Da für die Präparation Bruchflächen verwendet wurden, der Bruchvorgang aber an den mechan. schwächeren Stellen des Probekörpers, an der Grenzfläche Quarz–Glasphase, stattfindet, wurden nicht alle Phasen im Gefüge ihrer Menge entsprechend erfaßt. Somit erweist sich diese Art der Gefüge-Unters. nur bei Verw. feiner Quarzkorngrößen als brauchbar. Ein Diagramm zeigt die Abhängigkeit der Brennschwindung von der maximalen Brenntemp. für verschiedene Korngrößen. Je gröber der Quarz, um so geringer die Schwindung bei gleicher Brenntemperatur. Form-Vol. u. Formzahl steigen bei kleiner Quarzkorngröße mit zunehmender Brenntemperatur. Grober Feldspat zeigt mehr u. größere Poren als Feldspat kleiner Korngröße. Bei kombinierter Anwendung der Licht- u. Elektronenmikroskopie kommt man zu dem Ergebnis, daß die Änderung der Feldspatkorngröße den Gefügeaufbau des Porzellans wesentlich stärker beeinflußt als die Änderung der Quarzkorngröße.
E. HOMAYR. 6246□

Korngrößenbestimmung von Tonen. 3. Mitt. **Wiedergabe der logarithmischen Wahrscheinlichkeitsdaten.** G. W. Phelps. (Amer. ceram. Soc. Bull. **39.** 267–69. Mai 1960. Trenton, N.J., United Clay Mines Corp.) (Engl.) — 2. vgl. C. **1958.** 8447.

Ein Vorschlag für die Vereinfachung von Korngrößenanalysen zwischen 10,0 u. 0,2 μ durch graph. Auswertung auf Logarithmenpapier wird gegeben. Über u. unter diesem Bereich treten Abweichungen auf. Verschiedene Tone werden untersucht u. sedimentiert. Auf Grund der Korngröße läßt sich die Zus. der Tone ermitteln, wobei die Ergebnisse durch Röntgenmessungen bestätigt werden. H. SCHUMANN. 6248□

Charakterisierung polnischer Feuertone durch Differentialthermoanalyse und Thermogravimetrie. Stefánia Basinska-Pampuchová. (Építöanyag [Baumaterial] **12.** 334–39. Sept. 1960. Inst. Materialow Oghiotrwalych.) (Ung.)

Die Unters. der Tone ergab, daß deren Hauptmasse teils aus groben, teils aus feinkristallinem Kaolinit besteht; Illit war in allen, Montmorillonit in einigen vorhanden. Der Vgl. der Differentialthermoanalyse, Thermogravimetrie u. Dilatometrie führte dahin, daß eine genaue Best. der mineralog. Zus. für industrielle Zwecke nicht nötig ist, hierzu die Dilatometrie genügt u. am leichtesten genormt werden kann. J. PLANK. 6248

Spektrographische Untersuchung von feuerfesten Stoffen aus Chrommagnesit. I. A. Voinovitch und J. Vilnat. (Építöanyag [Baumaterial] **12.** 340–43. Sept. 1960. Paris.) (Ung.)

Zur raschen Unters. der feuerfesten bas. Chrommagnesite u. zu deren Herst. benützten Rohstoffe wurde ein spektrograph. Verf. ausgearbeitet, womit aus einer Probe SiO_2, Al_2O_3, TiO_2, Fe_2O_3, CaO, MgO, Cr_2O_3 u. Mn_3O_4 bestimmt werden. 20 mg der Probe werden in die Bohrung der Graphitanode gebracht u. in 2 mm Entfernung die kegelförmige Gegenelektrode gestellt. Vorfunkzeit 30 Sek., Stromstärke 13 A, Genauigkeit $\pm 0{,}1-1\%$, bei Konzz. 5% $\pm 0{,}5-2\%$. J. PLANK. 6248

Untersuchung der Struktur des Zementsteins mit Hilfe des Elektronenmikroskops. Ju. Strok. (Цемент [Zement] **26.** Nr. 1. 25–28. Jan./Febr. 1960. Bratislava, Akad. der Wiss., Virolog. Inst.)

Es werden 4 Meth. zur Herst. von Zementproben, die unter dem Elektronenmikroskop (EM) untersucht werden sollen, beschrieben. Bei der 1. Meth. wird eine Zementsuspension (W/Z = 0,1) auf den Objektträger gebracht. Nach Verdampfen des W. wird die Probe untersucht. Hauptmangel dieser Meth. ist, daß beim Verdampfen des Wasserüberschusses andere Verbb. entstehen als bei der Erhärtung von normalem Zement. Daher werden bei der 2. Meth. die Proben aus Zementbrei W/Z = 0,35 hergestellt. Dieser wird zwischen Gläser eingebettet u. zur Hydratation für 28 Tage in W. gelegt. Die Proben zeigen unter dem EM Strukturen, die von der Schichtdicke des Zements abhängen. Außerdem sind nur die Konturen der Neubldg. zu erkennen. Diese Nachteile vermeidet die neuentwickelte Abdruckmethode. Von der Oberfläche des erhärteten Zementsteins werden Polystyrolabdrücke hergestellt. Auf diese Abdrücke wird Cr oder eine Pt–Au-Leg. u. auf diese eine dünne Schicht C aufgedampft. Diese Abdrücke werden unter dem EM untersucht. Nachteile der Meth. sind die entstehenden Nebenprodd., die geringe Haltbarkeit der Proben u. die geringe Kontrast-Wrkg. unter dem EM. Daher wurde sie zur Meth. der vorher abgeschirmten positiven Abdrücke weiterentwickelt. Cr wird sofort auf die Oberfläche des Zementsteins aufgedampft u. darauf wieder C. Der C-Film wird dann durch Polystyrol verstärkt u. auf den Objektträger gebracht, wo auch das Polystyrol entfernt u. nur der C-Abdruck beobachtet wird. Als erstes Unters.-Ergebnis werden 3 Gruppen von Neubldg. des Zementsteins beschrieben: Kristallisierte, strukturlose u. korrodierte Verbindungen. Die Struktur des Zementsteins erinnert an verwittertes Gestein. HORST BRAUN. 6252□

Badische Anilin- & Soda-Fabrik Akt.-Ges., Ludwigshafen/Rh. (Erfinder: Otto Bernd Claren, Mannheim, und Franz Drexler, Ludwigshafen/Rh.), **Erhöhung der Rohbruchfestigkeit von Kaolinen.** Kaolinschlicker, die in Gipsformen eingegossen werden, ergeben gleichmäßig trocknende Rohlinge erhöhter Festigkeit durch Zusatz von 0,3—1,5% des Kaolintrockengewichts an Stärkeäther, bes. Na-Glykolat. (**D. A. S. 1 098 430** Kl. 80b vom 11/6. 1958, ausg. 26/1. 1961.) G. FRIKELL. 6209

Carborundum Co., übert. von: Karl H. Sandmeyer, Niagara Falls, N.Y., V.St.A., **Herstellung von Gegenständen aus schwer schmelzbaren Stoffen durch Gießen.** Die Gegenstände bestehen aus 8—50% Cr_2O_3 u. werden durch Schmelzen u. Gießen von Chromiterzen allein oder mit Al_2O_3 u. *MgO* hergestellt. Die Erzeugnisse haben eine Dichte von 3,40—3,85 u. besitzen eine dichte, nicht poröse Kristallstruktur, abgesehen von örtlichen Erstarrungslunkern. — Abbildung. — Vgl. D. A. S. 1 070 083; C. **1960.** 15184. (**A. P. 2 911 313** vom 16/11. 1956, ausg. 3/11. 1959.) M. NECKERMANN. 6219

Ferdinand Brutscher, Deutschland, **Porenbeton** aus 2—3 (Teilen) Sand, 1 Portlandzement u./oder CaO u. Al-Pulver ($^1/_{30}$ der Zementmenge). (**F. P. 1 131 897** vom 26/3. 1955, ausg. 28/2. 1957. D. Prior. 26/3. 1954.) O. KAYSER. 6225

Libbey-Owens Ford Glass Co., Toledo, Ohio, V.St.A., *Biegen von Glasplatten.* (**Ind. P. 56 395** vom 27/1. 1956, ausg. 18/6. 1958. — C. **1959.** 3267 [Aust. P. 201 285].)

Jenaer Glaswerk Schott & Gen., Mainz, *Optisches Glas.* (**It. P. 512 631** vom 8/5. 1953. D. Prior. 26/5. 1952. — C. **1955.** 6366 [A. P. 2 678 281].)

Polychemie Chemie-Ingenieur G. m. b. H., Frankfurt/M., *Verbinden von altem Beton mit neuem Beton.* (**It. P. 512 955** vom 29/1. 1954. — C. **1958.** 11347 [D. B. P. 966 648].)

Polycell Products Ltd., London, England, *Cellulose-Gips-Mischung.* (**Ind. P. 56 381** vom 25/1. 1956, ausg. 10/4. 1958. — C. **1958.** 3719 [F. P. 1 138 659].)

N. V. de Bataafsche Petroleum Mij., Den Haag, Holland, *Herstellung von schwamm- und schaumartigen Stoffen.* (**Aust. P. 160 822** vom 22/8. 1952, ausg. 10/2. 1955. A. Prior. 24/8. 1951. — C. **1956.** 14467 [F. P. 1 068 780].)

Carborundum Co., Niagara Falls, N.Y., V.St.A., *Präparieren von Geweben für Schleifscheiben.* (**It. P. 512 810** vom 24/3. 1953. A. Prior. 24/3. 1952. — C. **1957.** 3936 [E. P. 734 045].)

VII. Agrikulturchemie. Schädlingsbekämpfung

Strahlungen und Radioisotope in der Landwirtschaft. M. Orsenigo. (Energia Nucleare **5.** 759—63. Nov. 1958. Piacenza, Univ. Cattolica del S. Cuore, Fac. di Agraria.) (Ital.)

Überblick über Berichte der 2. Genfer Atomenergie-Konferenz auf den Gebieten der Unters. von Düngungsprozessen, Strahlungskonservierung usw. — 45 Literaturangaben. HERBERT WEBER. 6270□

Die Aufbereitung von israelischem Rohphosphat. Itzhak Hoffman und Burt C. Mariacher. (Mining Engng. **13.** 472—74. Mai 1961. Haifa, Ind. Dev. Corp.; Colorado School of Mines Res. Found., Inc., Metallurg. Div.) (Engl.)

Die Erschließung u. Ausbeutung eines israel. Rohphosphat-Vork. bietet wegen seiner Lage in unbewohnter Gegend, der Knappheit an heim. Brennstoffen u. des Fehlens von W. manche Schwierigkeiten. Das Rohphosphat ist ein Gemisch von $Ca_3(PO_4)_2 \cdot CaF_2$ u. Calcit neben Quarz, Gips u. Halit u. wird nach trockner Aufbereitung mit 23% P_2O_5 zur Verarbeitung auf Superphosphat verschickt. Eine Planung sieht die Zufuhr von W., Schlammabscheidung u. Flotation des Rohphosphats unter Verw. von Naphthensäuren oder Kadimsäure (?) als Sammler vor (Fließbild). W. WESLY. 6282□

Zur Frage der Herstellung von geschmolzenen Magnesiaphosphaten in Grusien. G. G. Nosadse. (Сообщения Академии Наук Грузинской ССР [Mitt. Akad. Wiss. GrusinSSR] **20.** 329—34. März 1958. Wiss. Ssamoilow-Inst. für Düngemittel u. Insektofungicide.) (Russ.)

Apatitkonzentrat aus Kola u. grusin. Serpentin wurden im Verhältnis 54 : 50 im Elektroflammenbogen bei 1200—1500° geschmolzen (am besten 10—15 Min. lang), dann in W. (bzw. Fe-Tiegel) gekühlt, wobei das Prod. glasförmig erstarrt (die krist. Form löst sich schlecht in 2%ig. Citronensäure). Im erhaltenen Prod. ist P_2O_5 in 2%ig. Citronensäure vollständig löslich. Das erhaltene Magnesiaphosphat übertrifft in seiner Wrkg. das Superphosphat u. stellt sich etwas billiger als dieses (nach P_2O_5 berechnet). Der technolog. Ablauf des Vorgangs wird schemat. wiedergegeben, wobei auf einige Eigenheiten hingewiesen wird. Es wurden Viscosität u. spezif. Leitfähigkeit der Schmelzen gemessen, um eine Beziehung zwischen Viscosität u. Löslichkeit von P_2O_5 (in Citronensäure) zu ermitteln: mit sinkender Viscosität löst sich mehr P_2O_5 (bei raschem Abkühlen). A. v. WILPERT. 6282□

Die St. Gobain-Verfahren. Phosphorsäure und Phosphatdüngemittel. Bruce F. Greek (in Zusammenarbeit mit Frank W. Bless jun. und Robert S. Sibley). (Ind. Engng. Chem., int. Edit. **52.** 638—44. Aug. 1960. Pascagoula, Miss., Coastal Chem. Corp.; Los Angeles, Calif., Fluor Corp. Ltd.) (Engl.)

Beschreibung der techn. Gewinnung (Fließbild) von H_3PO_4 nach dem ST. GOBAIN-Verf. (Aufschluß von Rohphosphat mit H_2SO_4) u. der Erzeugung von granulierten, ammonisierten Mischdüngern. W. WESLY. 6290□

Phosphorfraktionen in Stallmist. Paul Peperzak, A. G. Caldwell, R. R. Hunziker und C. A. Black. (Soil Sci. **87.** 293—302. Mai 1959. Ames, Iowa, Iowa Agric. and Home Econ. Exp. Stat.) (Engl.)

Vff. führen fraktionierte P-Best. am Mist verschiedener Haustiere (mit u. ohne Streu), an Mistproben unterschiedlichen Alters u. an einigen gemischten Mistproben durch. Geflügelmist hatte den höchsten Gesamt-P-Geh. (bis 3% der Trockensubstanz), Pferde-, Kuh- u. Kalbsmist wiesen mit ca. 0,4% die niedrigsten Geh. auf. Der mittlere P-Geh. aller analysierten Proben lag bei 0,9%. Der Anteil des organ. am Gesamt-P schwankte zwischen 5% (Pferdemist) u. 45% (Junghuhnmist). Als Mesoinosithexaphosphat lagen im Mittel 15% des organ. P vor; 12—75% waren nichtinositgebundener P, 4—76% waren Nuclein-P. Streumist wies im allg. etwas niedrigere P-Geh. auf, die prozentualen Anteile der P-Fraktionen blieben aber gleich. Mit zunehmendem Alter des Mistes nimmt der Anteil des anorgan. P am Gesamt-P etwas zu. WILFRIED WERNER. 6294□

Die Diffusion von Ionen in Böden. R. K. Schofield und I. J. Graham-Bryce. (Nature [London] **188.** 1048—49. 17/12. 1960. Oxford, Univ. of Oxford, Dep. of Agric.) (Engl.)

Die Diffusions-Geschw. von Ionen in Böden wurde bestimmt, indem von zwei Bodenproben, die die betreffende Ionenart in gleicher Konz. enthielten, die eine Probe mit einem Anteil des radioakt. Isotops versehen wurde, beide so zusammengebracht wurden, daß sie scharf aneinander grenzten, u. die Änderung der Konz. des Isotops in beiden Hälften verfolgt wurde. Die Menge Q des Stoffs, die die Grenze in der Zeit t überschreitet, wird durch den Ausdruck $Q/Q_\infty = 1 - 8\,[e^{-At} + e^{-9At}/9 + e^{-25At}/25 + \text{usw.}]/\pi^2$ (1) wiedergegeben, wobei $A = D\pi^2/4\,L^2$, D der Diffusions-Koeff., L die Ausdehnung des isotopenhaltigen Anteils bis zur Grenze u. Q_∞ die Ionenmenge, die die Grenze in unendlicher Zeit überschreitet, bedeuten. Für den Fall $Q/Q_\infty < 0{,}5$ kann der Ausdruck $Q/Q_\infty = 2\sqrt{Dt/\pi}/L$ (2) benutzt werden. Für Grünsandböden u. ^{86}Rb wurde mit $Q/Q_\infty = 0{,}96$ nach (1) $D = 6{,}19\cdot10^{-8}$ cm²/s gefunden, mit $Q/Q_\infty = 0{,}417$ nach (2) $D = 6{,}13\cdot10^{-8}$ cm²/s. W. BETCKE. 6302□

Böden und Bodennutzung im Kurrawa-Gebiet, Darling Downs, Queensland. G. G. Beckmann und C. H. Thompson. (Commonwealth sci. ind. Res. Organizat., Australia, Divis. Soils, Soils Land Use Ser. **37.** 5—74. 1960.) (Engl.)

Das ca. 530 Quadratmeilen große Kurrawa-Gebiet besteht aus 2 Bodengruppen, welche beide aus basalt. Alluvialmaterial ausgebildet sind: schwere, schwarze Tonböden mit vereinzelten Gilgai-Mikroreliefs. Diese Böden sind teils feintexturiert u. nährstoffreich, teils grobtexturiert u. relativ nährstoffarm. Sie werden landwirtschaftlich genutzt, wobei infolge fehlender Sommer-Ndd. Brache eingeschaltet wird. Möglichkeiten zur Bewässerung werden diskutiert. WILFRIED WERNER. 6304□

Beziehung zwischen Chloridanreicherung und Bodenpermeabilität im Mirrool-Bewässerungsgebiet, Neu-Südwales. H. Groenewegen. (Soil Sci. **87.** 283—88. Mai 1959. Griffith, New South Wales, Austral., Irrigat. Res. Stat., C.S.I.R.O.) (Engl.)

Unterss. über die Cl-Anreicherung in den Böden des Mirrool-Gebiets in Abhängigkeit von der Bodenpermeabilität ergaben, daß in nicht bewässerten Böden die Cl-Konz. bei guter Permeabilität mit der Bodentiefe abnahm, bei schlechter Permeabilität dagegen zunahm. Böden schlechter Permeabilität mit sandigem A-Horizont hatten nur geringe Cl-Geh. in diesem Horizont. Die Salzanreicherung nahe der Bodenoberfläche aus dem Grundwasser war um so größer, je besser die Permeabilität des Bodens war. In bewässerten Böden wurden diese Zusammenhänge mehr oder weniger stark vom Salz-Geh. des Bewässerungswassers überlagert. WILFRIED WERNER. 6304□

Die Böden des Gebietes von Fieri. Veli Kaleshi. (Bul. Univ. Shtetëror Tiranës, Ser. Shkencat Natyrore [Bull. Inst. Sci. Tirana, Sér. Sci. natur.] **13.** 75—109. 1959. Eksped. gjeolog. e Inst. Lartë Bujqësor.) (Alb.)

Beschreibung der Zus. u. geolog. u. pedolog. Eigg. der Böden in der Ebene von Fieri (Albanien). — 10 Schrifttumshinweise. W. WESLY. 6304

Einige Daten der Böden der Baikal-Bergsteppen. W. P. Martynow. (Известия Сибирского Отделения Академии Наук СССР [Nachr. sibir. Abt. Akad. Wiss.

UdSSR] **1960.** Nr. 1. 103—13. Sibir. Abt. der Akad. der Wiss. der UdSSR, Ostsibir. Zweigstelle.) (Russ.)

Bei der eingehenden Unters. der kastanienfarbenen alpinen Steppenböden des Baikal-Gebiets ergeben sich folgende charakterist. Merkmale: Kastanienfarbe des Humushorizonts; relativ geringer Geh. an Humus u. austauschbaren Basen; geringer Geh. an in W. lösl. Salzen; schwach saure Rk. der oberen Horizonte; große Tiefe der Carbonathorizonte; Fehlen von Gipsanreicherungen; häufiges Fehlen von Merkmalen der Versalzung. Die Huminsäuren dieser Böden stehen denen der europäischen kastanienfarbenen Böden nahe. O. LEBTAG. 6304□

Beziehungen zwischen pF-Wert und Wassergehalt in typischen indischen Böden. K. Subba Rao und P. T. Ramacharlu. (Soil Sci. **87.** 174—78. März 1959. New Delhi Min. of Defence, Def. Sci. Labor.) (Engl.)

Vff. bestimmten die pF-Kurven einer Reihe von Böden, die zu den wichtigsten ind. Bodentypen zählen. Der Wasser-Geh. bei pF 2,7 („moisture equivalent") korrelierte bei allen Böden mit ihrem Tongehalt. Der Anteil des Bodenwassers, der bei pF 2,7 entzogen wurde, stand dagegen in positiver Beziehung zu den gröberen Kornfraktionen (Partikel u. Aggregate $>$0,076 mm). Die Form der pF-Kurven wurde deutlich von der Struktur der Böden beeinflußt. WILFRIED WERNER. 6304□

Der Zinkversorgungszustand von Böden in Westindien. G. G. K. Nair und B. V. Mehta. (Soil Sci. **87.** 155—59. März 1959. Anand, Bombay State, Inst. of Agric.) (Engl.)

58 für das Gujarat- u. Saurashtra-Gebiet in Westindien typ. Böden wurden auf ihren Geh. an säurelösl. (0,1n HCl) u. Gesamt-Zn untersucht. Der mittlere Geh. der Proben an säurelösl. Zn betrug 3,06 ppm (0,50—6,05), an Gesamt-Zn 60 ppm (20—95). Beide Fraktionen korrelierten signifikant miteinander. Der Geh. der Böden an säurelösl. Zn nahm mit zunehmendem Geh. an organ. Substanz u. abnehmendem pH-Wert signifikant zu. Dagegen korrelierte das säurelösl. Zn nicht mit dem $CaCO_3$-Geh. u. dem Ton-Geh. der Böden. — Zwischen 1,4 u. 7,3% des Gesamt-Zn waren säurelöslich. Bei 6 verschiedenen Bodentypen wurde innerhalb des Profils der größte Teil des verfügbaren Zn im Oberboden (30 cm) gefunden. WILFRIED WERNER. 6304□

Untersuchungen über die organische Substanz des Bodens. 3. Mitt. **Anreicherung von Kohlenstoff, Stickstoff, Schwefel, organischem und Gesamtphosphor unter kultiviertem Grasland.** T. W. Walker, B. K. Thapa und A. F. R. Adams. (Soil Sci. **87.** 135—40. März 1959.) (Engl.) — 2. vgl. C. **1960.** 3005.

Auf Vulkanaschen entwickelte Böden, die natürliche Strauchvegetation trugen bzw. schon unterschiedlich lange (1½—25 Jahre) als kultivierte Dauerweiden genutzt worden waren, wurden auf ihren Geh. an C, N, S, organ. u. Gesamt-P untersucht. Der C-Geh. der obersten 10 cm-Bodenschicht fiel nach der Kultivierung zunächst von 10 auf 4% ab, stieg dann aber wieder auf über 6% an. Der N-Geh. fiel ebenfalls zunächst leicht ab, um später erheblich anzusteigen (0,31—0,20—0,59% N). Hierdurch wurde das C : N-Verhältnis von 33 : 1 auf 11 : 1 eingeengt. Die Geh. an S, organ. P u. Gesamt-P nahmen kontinuierlich zu. Der Anteil des organ. P am Gesamt-P fiel aber von 90 auf 55% ab. In der Bodenschicht 10—20 cm zeigten sich die gleichen Tendenzen in stark abgeschwächter Form. — Im Verlauf der 25jährigen Kultivierung erfolgte im Oberboden (0—20 cm) eine jährliche Anreicherung von 112 (lbs./acre) C, 106 N, 14 S, 8 organ. P u. 18 Gesamt-P. WILFRIED WERNER. 6304□

Untersuchung des Humus von Schwarzerden. 4. Mitt. **Über die chemische Natur von Huminsäuren.** Katsumi Hosoda und Hideo Takata. (Trans. Tottori Soc. agric. Sci. [Tottori Nôgaku-Kwaihô] **11.** 1—11. Dez. 1956.) (Jap.; Auszug: Engl.) — 3. vgl. C. **1956.** 12664.

Es wurden Proben von 3 japan. Schwarzerden (SE) aus Meereshöhen (MH) von 10, 200 u. 500 m u. verschiedenem Geh. an frisch zugeführtem organ. Material u. verschiedener Eignung für Pflanzenwachstum, sowie von Flußalluvialboden (FB) (5 m MH) mit 1%ig. HCl gewaschen, nach 12std. intermittierender Behandlung mit 2%ig. NH_4OH 24 Std. stehengelassen, zentrifugiert, das Unlösliche erneut mit NH_4OH behandelt, die gesamten Auszugszentrifugate mit verd. HCl gefällt, der Nd. zentrifugierend mit W. Cl-frei gewaschen, bei $<60^0$ getrocknet, die rohe *Huminsäurefraktion* (I) pulverisiert, auf einem Glasfilter wiederholt mit 95%ig. A. ausgezogen, mit W. gewaschen, gegen W. elektrodialysiert u. bei 50° getrocknet. Diese I ist schwarz, jene aus FB braun. Ihre chem. Eigg. u. Spektren werden mit denen von *Pflanzenlignin* (II) verglichen: N-freie Fraktionen (80% von I) der I aus SE enthalten 61 (%) C, 5 H u. 34 O, also ähnlich wie **II**; **I** enthält 0,5 (%) OCH_3^-, 1 $COCH_3$-, 5 CO-, 7 COOH- u. 2 phenol. OH-Gruppen. Die Basenaustauschkapazität beträgt 290—370 Mol.-Äquivalente (MÄ) u. wird durch Methylierung bzw.

Acetylierung herabgesetzt auf $^2/_3$ bzw. $^3/_4$. Das chem. MÄ ist 160. Die Kurven der Leitfähigkeits- u. potentiometr. Titration mit NaOH zeigen einen starken Knick bei pH 4,1—4,8 entsprechend 0,40—0,65 MÄ NaOH/100 g **I** (COOH-Gruppen), ferner treten noch 3 bis 4 leichtere Knicke bei SE-**I** u. einer bei FB-**I** auf. Methylierte **I** (**III**) zeigen Inflexion bei pH 4,5, über 4,5 zeigen **III** kaum Pufferfähigkeit; acetylierte **I** zeigen dies nicht. Die Maximalbande für Alkali-**II** aus Reisstroh oder Schilf bei 278—282 mμ tritt bei **I** aus SE nicht auf. L. SCHULER. 6304□

Über die Absorptionsspektren von künstlichen, aus Kohlenhydraten bereiteten Huminsäuren. Takeo Nagai, Yuji Arao, Kenji Kido und Yasunosuke Watanabe. (Trans. Tottori Soc. agric. Sci. [Tottori Nôgaku-Kwaihô] **11.** 12—25. Dez. 1956.) (Jap.; Auszug: Engl.)

Künstliche *Huminsäuren* (**I**) werden hergestellt aus *Xylose* (**II**), *Saccharose* (**III**), *Pentosanen*, *Cellulose* (**IV**) u. *Hemicellulosen* (**V**) durch 10—50std. Kochen mit 3—20%ig. H_2SO_4, 0,1—2%ig. NaOH bzw. 3%ig. *Oxalsäure* (**VI**) u. Fraktionierung in Typ A (fällbar aus Na-Acetat-Lsg. mit 1%ig. $MgSO_4$) u. den gelöst bleibenden Typ B. In Lsgg. von 1 mg **I**/100 ml 0,04%ig. NaOH werden die sichtbaren bis UV-Absorptionsspektren (AS; Absorptions-Koeff. k) bestimmt. 10 g **II** ergeben z. B. nach 50std. Kochen in 3%ig. H_2SO_4 0,3 g in 0,25%ig. NaOH unlösl., „Humin", 0,012 g **I**, Typ A, u. 0,035 g Typ B. Nach den AS lassen sich 4 **I**-Gruppen bilden: 1) mit $\Delta \log K_3 = \log K_{400}$-$\log K_{550}$ von 1,2—0,8 (hellste Färbung), z. B. **I**, Typ A aus **IV** u. **V** mittels NaOH; 2) $\Delta \log K_3 = 0{,}8$—0,5 u. $\Delta \log K_1 = \log K_{260} - \log K_{280}$ von $-0{,}02$ bis $+0{,}03$; 3) wie 2), aber $\Delta \log K_1$ von $+0{,}03$—0,08; die Färbung ist meist dunkler als in 2), die UV-Absorption fällt mit zunehmendem λ allmählich, von 370 μ an plötzlich ab. Zu 2) u. 3) gehören die **I** mittels **VI** oder H_2SO_4; 2) wird bes. erhalten aus **III** + Harnstoff bzw. Na-Glutamat; im UV besteht dieselbe Absorption wie bei 1). 4) mit $\Delta K_3 < 0{,}5$; Vertreter sind **I**, Typ B aus **IV**; die Absorptionskurve ist fast eine Gerade. 4) umfaßt die dunkelsten **I**. Zwischen $\Delta \log K_3$ u. $\Delta \log K_1$ bzw. $\Delta \log K_2$ ($= \log K_{320} - \log K_{370}$) bestehen reziproke Beziehungen. — In der Anfangsphase des Kochens mit NaOH ist die Lichtabsorption bei 1) sehr ähnlich der von Lignin im UV, verschwindet aber dann. L. SCHULER. 6304□

Aluminiumionen in Aluminiumhydroxyd, -phosphat und Boden–Wasser-Systemen. M. Raupach. (Nature [London] **188.** 1049—50. 17/12. 1960. Adelaide, C.S.I.R.O.) (Engl.)

Für die Größe der Gleichgewichts-Konst. des synthet. Variscits $[Al(OH)_2H_2PO_4]$ unter den in Böden gewöhnlich herrschenden Bedingungen sind Ionen von der Art $Al\cdot OH^{2+}$, $Al(OH)_2{}^+$ oder höher assoziierte Formen, wie $Al_3(OH)_7{}^{2+}$ (bzw. $[Al_3(OH)_7{}^{2+}]_n$; n = niedrige Zahl) maßgebend. In Ggw. von frisch gebildetem (sog. amorphem) Al-Hydroxyd ist in ungepufferten Lsgg. vom pH >4 bei geringer Ionen-Konz. $[AlOH^{2+}]\cdot[OH^-]^2$ = konst., wie die beim Auftragen von $-\log$ [Al] gegen den pH erhaltene Kurve zeigt. In Ggw. von Puffern ist dagegen $[Al_3(OH)_7{}^{2+}][OH^-]^2$ = konstant. — Diaspor, Gibbsit, Variscit, Variscit/Kaolinit u. phosphathaltiger u. nicht phosphathaltiger Na- u. Al-Kaolinit können als stabile Phasen in Böden vorkommen. Der Phosphat-Geh. beeinflußt die Gleichgewichtslage nicht. Es besteht ein grundsätzlicher Zusammenhang zwischen der Al-Konz. u. dem pH. W. BETCKE. 6304□

Die Wirkungen niedriger Temperaturen auf die Nitrifikation in vier kalifornischen Böden. K. B. Tyler, F. E. Broadbent und G. N. Hill. (Soil Sci. **87.** 123—29. März 1959. Davis, Calif., Univ. of California.) (Engl.)

Eine NH_4-Düngung im Herbst wirkt um so besser, je besser die Nitrifikationsbedingungen über Winter sind. Vff. untersuchen daher an Bodenproben von 4 Bodentypen (sandiger Lehm–Ton, pH 5,57—8,1) die Wrkg. der Temp. (3, 10, 24°) auf die Nitrifikation von zugegebenem NH_4–Stickstoff [0—800 ppm in Form von NH_4OH bzw. $(NH_4)_2SO_4$]. — Mit abnehmender Temp. wurde die Nitrifikation vermindert, jedoch wurden auch bei 3° noch geringe Mengen Nitrat gebildet. In nichtalkal. Böden wurde bei 10° NH_4 aus NH_4OH schneller nitrifiziert als aus $(NH_4)_2SO_4$. Die Nitrifikation wird durch tiefe Temp. stärker inhibiert als die Ammonifizierung des organ. Boden-N. Die nitratbildenden Bakterien (Nitrobacter) scheinen empfindlicher gegenüber tiefen Temp. zu sein, als die nitritbildenden (Nitrosomonas), was sich in einer Anreicherung von Nitrit äußert. Alkal. Rk. wirkt ähnlich. Niedrige Temp. hatte keine unterschiedliche Wrkg. auf die Nitrifikations-Geschw. von NH_4OH u. $(NH_4)_2SO_4$. — Auf Grund dieser Ergebnisse scheint die Herbstdüngung von N in Form von NH_4-Salzen, die in der Praxis in Gebieten ohne Bodenfrost üblich ist, um N-Verluste durch Auswaschung zu vermeiden, fragwürdig zu sein, da das auch bei tiefen Temp. noch gebildete Nitrat ausgewaschen werden kann.

WILFRIED WERNER. 6304□

Über die Gruppenzusammensetzung der Teilchen unter 0,01 mm in den Wiesen-Schwarzerden und grauen Waldböden des Gebietes Tomsk. S. D. Kusnetzowa

(Известия Сибирского Отделения Академии Наук СССР [Nachr. sibir. Abt. Akad. Wiss. UdSSR] **1960.** Nr. 1. 114–19. Tomsk, Univ.) (Russ.)

Die untersuchten Böden des Gebietes Tomsk unterscheiden sich in der Gruppen-Zus. von ähnlichen Böden anderer Zonen dadurch, daß die Teilchen der 2. Gruppe ($<$0,01 mm) vorherrschen. Dies ist hauptsächlich durch die reichen atmosphär. Ndd., das Vorherrschen der Red.-Prozesse gegenüber den Oxydationsprozessen u. die starke Entw. der anaeroben Mikroorganismen bedingt. Dadurch wird die Anreicherung von organ. Substanz begünstigt. Die Teilchen der 1. u. 2. Gruppe unterscheiden sich voneinander durch den Geh. an Humus, N u. P. Am reichsten sind die Teilchen der 2. Gruppe, bedingt durch den hohen Geh. an Sesquioxyden. Im Wiesen–Schwarzerde-Boden ist der Geh. an Humus, N u. P in den Teilchen der 2. Gruppe größer als im hellgrauen, stark podsolierten Boden. O. LEBTAG. 6304□

Die Formen des Phosphors in den Wald- und Schwarzerde-Wiesenböden des Gebietes Tomsk. L. M. Burlakowa. (Известия Сибирского Отделения Академии Наук СССР [Nachr. sibir. Abt. Akad. Wiss. UdSSR] **1960.** Nr. 1. 138–43. Tomsk, Univ.) (Russ.)

Die untersuchten *grauen Waldböden* (**a**) u. die *Schwarzerde–Wiesen-Böden* (**b**) unterscheiden sich voneinander im Geh. an Gesamt-P. Die Best. der Gruppen-Zus. nach TSCHIRIKOW zeigt, daß ein großer Teil der Phosphorsäure an die organ. Substanz gebunden ist. Die leichter zugänglichen mineral. Phosphate sind nur schwach vertreten. Von den jungfräulichen Böden enthalten die **a** die höchsten Mengen an mineral. Phosphat. Die in Kultur genommenen Böden enthalten davon größere Mengen, die jedoch den Bedarf der angebauten Kulturen nicht decken. Sowohl **a** als auch **b** bedürfen der P-Düngung. Während der Vegetationsperiode wird in **a** u. **b** der Geh. an beweglichen Phosphaten stark verändert. Ihre Anreicherung erfolgt parallel zur Anreicherung von Nitrat-N. Durch Stimulierung der biolog. Aktivität von **a** u. **b**, bes. durch Intensivierung der Nitrifizierung, können die Phosphatverhältnisse dieser Böden verbessert werden.
O. LEBTAG. 6304□

Die Verteilung von ^{32}P im Boden und dessen Aufnahme durch Sommergerste bei verschiedener Bodenbearbeitung. H. Rid und A. Süss. (Landwirtsch. Forsch. **11.** 40–44. 1958. München, Landesanst. für Pflanzenbau und Pflanzenschutz.) (Dt.)

Durch Feld-Verss. wurde die Wanderung von mit ^{32}P markiertem Superphosphat untersucht u. die Aufnahme durch Sommergerste bei unterschiedlicher Bodenbearbeitung bestimmt. Dabei lag der Geh. der Gerste an akt. P bei Untergrundlockerung bei 0,45%, bei tiefen Furchen bei 0,36% u. bei normalen Furchen bei 0,31%.
W. KÖLLING. 6304□

Die Wirkung der Phosphatdüngung auf einem Boden aus andesitischer Vulkanasche. 3. Mitt. **Phosphatretention und pH.** W. M. H. Saunders. (New Zealand J. agric. Res. **2.** 659–65. Aug. 1959.) (Engl.) — 2. vgl. C. **1960.** 1300.

Der auf andesit. Vulkanasche entstandene gelbbraune, schwere Lehmboden wurde mit 0,1n HCl bzw. 0,1n NaOH auf pH-Werte zwischen 1 u. 10 eingestellt u. auf sein PO_4-Retentionsvermögen in Abhängigkeit vom pH-Wert geprüft. Maximale PO_4-Retention erfolgte im pH-Bereich von 4–5; oberhalb pH 5 u. unterhalb pH 3,5 nahm die P-Festlegung schnell ab. Es zeigte sich, daß trotz des relativ hohen Geh. des Bodens an austauschbarem Ca dieses keine Rolle bei der P-Festlegung spielt, nicht einmal bei pH 6,5 bis 7,0, wo eine erhöhte P-Bindung durch Ca zu erwarten wäre. Die große P-Fixierungsaktivität des Bodens basiert fast ausschließlich auf seinem hohen Geh. an freiem Al, was dem in diesem Boden vorherrschenden amorphen Tonmineral Allophan AB entstammt. Bei pH $<$ 3,5 geht das an Al gebundene PO_4 wieder in Lsg. u. wird, da kein freies Fe vorliegt, nicht wieder fixiert. WILFRIED WERNER. 6304□

Organischer Bodenphosphor und Pflanzenwachstum. 2. Mitt. **Der während einer Inkubation mineralisierte organische Phosphor.** A. van Diest und C. A. Black. (Soil Sci. **87.** 145–54. März 1959.) (Engl.) — 1. vgl. C. **1961.** 16978.

Zur Klärung der Frage über die Bedeutung des organ. Boden–P für die Pflanze untersuchen Vff. die Beziehungen zwischen den durch Hirse aus 34 sauren u. 36 alkal. Böden aufnehmbaren u. dem mittels eines Anionenaustauschers extrahierbaren P sowie den organ. P-Fraktionen (extrahiert mit NH_4F–HCl oder mit 1% K_2CO_3 + 2% NaOH, unterteilt in mit gesätt. Hypobromit-Lsg. hydrolysierbaren u. nicht hydrolysierbaren P) u. dem während einer Inkubation mineralisierbaren P. Die P-Aufnahme korrelierte besser mit den Harzwerten als mit den NH_4F–HCl-Extraktionswerten. Letztere Fraktion u. der in Hypobromit lösl. P ergeben aber eine gesicherte multiple Korrelation zum aufgenommenen P auf alkal. Böden (nicht auf sauren). Auch der mineralisierbare organ. P korreliert mit der P-Aufnahme meist nur bei den alkal. Böden. Bei sauren Böden muß man berücksichtigen, daß ein Teil des mineralisierten P sofort wieder fixiert wird, wodurch die Beziehung zum aufgenommenen P überdeckt ist. — Die Ergebnisse lassen vermuten, daß ein Teil des durch die Pflanze aufgenommenen P zu Beginn der Vegetationsperiode noch in organ. Form vorliegt. Zur Kennzeichnung dieses Anteils hält Vf. die Inkubations-Meth. für besser geeignet als das Hypobromitverfahren.

Wilfried Werner. 6304□

Der Stickstoffspiegel im Boden bei Dauerkultur und Düngung im Falle einer Teepflanzung ohne Schattenbäume. N. G. Gokhale. (Soil Sci. **87.** 331—33. Juni 1959. Cinnamara, Assam, India, Tocklai Exp. Stat.) (Engl.)

In einer 1922 angelegten Teeplantage (ohne Schattenbäume) wurde 1930 ein Dauerdüngungs-Vers. mit den Varianten 0, 1 NPK (= 40 lbs. N, 20 lbs. P_2O_5, 20 lbs. K_2O/acre), 2 NPK u. 3 NPK angelegt u. die Veränderung des Boden-N-Spiegels unter dem Einfl. der Zeit u. der Düngung verfolgt. Der N-Geh. des Bodens ging laufend zurück. Mit erhöhter Düngergabe wurde diese Verminderung aber zunehmend abgeschwächt, was auf die beim Schnitt der Teesträucher anfallende u. dem Boden direkt zugeführte organ. Substanz zurückgeführt wird. Im Falle von 1 NPK wurden dem Boden über diese organ. Substanz ca. 14 lbs. N/acre zugeführt. Vf. berechnet die bei unterschiedlicher Düngung zu erwartenden N-Gleichgewichte im Boden; danach stellt sich das N-Gleichgewicht bei 3 NPK nach 38 Jahren, bei 0 nach 42 Jahren ein. Wilfried Werner. 6304□

Die Erhöhung des Ernteertrages und der Qualität von Kartoffeln auf Torfmoorböden. W. P. Kirjuchin. (Вестник Сельскохозяйственной Науки [Nachr. Landwirtsch.-Wiss.] **5.** Nr. 6. 136—38. Juni 1960. Forschungsinst. der Kartoffelwirtschaft.) (Russ.)

Die niedrige Qualität der Kartoffeln auf Torfmoorböden wird durch einen Überschuß an N u. große Feuchtigkeit der Böden sowie eine kurze Wachstumsdauer der Kartoffel erklärt. Dadurch wird das Wachstum der Grünmasse intensiviert, so daß bei der frühzeitigen Ernte eine große Menge (oft mehr als 15%) des gesamten Vorrates an Kohlenhydraten u. Eiweißstoffen verlorengeht. Zum Zwecke der Erhöhung des Ernteertrages wurde vom Vf. der Einfl. von verschiedenen Düngern (in den Torfboden vor der Erntezeit) auf die Qualität der Knollen u. auf ihren Stärke-, Eiweiß- u. Vitamin-C-Geh. untersucht. Den größten Effekt zeigte die Beigabe von 30 (kg/ha) N, 60 P u. 90 K mit den Mikroelementen B u. Cu. Außerdem wurden gute Erfolge mit Kupfervitriol u. 2.4-D erzielt. — 5 Literaturangaben. C. Kozák. 6304□

Die Natriumaufnahme durch verschiedene Pflanzenarten bei unterschiedlichem Kaliumniveau. R. C. Huffaker und A. Wallace. (Soil Sci. **87.** 130—34. März 1959. Los Angeles, Calif., Univ. of California.) (Engl.)

3 Wochen alte Mais-, Sojabohnen- u. Rettichpflanzen werden in Nähr-Lsgg. verpflanzt, die unterschiedliche Na-Konzz. (markiert mit ^{22}Na) bei verschiedenen K-Konzz. in faktorieller Anordnung enthielten, u. nach 48 Std. analysiert. Hohe K-Konzz. hemmten die Na-Aufnahme um so stärker, je geringer die Na-Konz. der Lsg. war. Dieser Effekt war bei Rettich schwächer ausgeprägt als bei den anderen Testpflanzen. Bei Mais u. Sonnenblumen wurde die Na-Aufnahme aus 0,01 n Na-Lsgg. schon durch K-Konzz. von $>$0,04 n völlig unterbunden, bei Rettich waren hierzu K-Konzz. von 10 n notwendig. Geringe K-Konzz. in der Lsg. (10^{-3}, 10^{-4} n) erhöhten die Na-Aufnahme nur bei Mais. Es wurde ein deutlicher Einfl. unterschiedlicher Na- u. K-Konzz. der Lsg. auf die Verteilung von Na in der Pflanze beobachtet. Dies trifft bes. für Mais u. Sojabohnen zu, wogegen der Na-Geh. der oberird. Teile bei Rettich relativ gleich bleibt. Die Na-Aufnahme hängt also nicht allein von der Na- u. K-Konz. der Nähr-Lsg., sondern auch von pflanzenspezif. Eigg. ab. Wilfried Werner. 6304□

Kalidüngung von Kartoffeln und Weizen in Abhängigkeit von den Tonarten der Böden. P. J. J. Franc de Ferrière und Pierre Quidet. (C. R. hebd. Séances Acad. Agric. France **44.** 94—104. 1958.) (Franz.)

Inhaltlich ident. mit einem Teil der Arbeit von de Ferrière, Camez u. Millot (C. **1961.** 4495). B. Scheifele. 6304

Der Einfluß von Calcium auf die Aufnahme der Pflanze an ^{90}Sr und stabilem Strontium. E. M. Romney, G. V. Alexander, W. A. Rhoads und K. H. Larson. (Soil Sci. **87.** 160—65. März 1959. Los Angeles, Calif., Univ. of California.) (Engl.)

Die Aufnahme von ^{90}Sr u. stabilem Sr aus Nähr-Lsgg. durch Phaseolus vulgaris wurde sowohl bei pH 4,8 als auch pH 6,8 durch steigende Ca-Gaben (50—1000 ppm) herabgesetzt. Den gleichen Einfl. hatte in Gefäß-Verss. mit 3 Böden (saurer, neutraler u. alkal. sandiger Lehm) die Zufuhr von $CaCO_3$ u. $CaSO_4$ nur im Falle des sauren Bodens. Auf dem neutralen oder kalkreichen Boden wurde die ^{90}Sr-Aufnahme der Pflanze durch $CaCO_3$ oder Gips nicht vermindert. Auf dem sauren Boden war die Wrkg. von Ca auf die ^{90}Sr-Aufnahme auch noch bei der Nachfolgekultur (Ladinoklee) lange Zeit festzustellen. Das Sr/Ca-Verhältnis in der Pflanze spiegelte weitgehend die Relation im Boden wider. Bei 50—150 ppm Ca u. 1 ppm Sr entspricht das Sr/Ca-Verhältnis in der Pflanze genau diesem Verhältnis im Boden. Es wird daher angenommen, daß diese Ca- u. Sr-Konz. des Substrates für die Pflanze optimal ist. Boden-Unterss. ergaben, daß das „verfügbare" Ca u. Sr auf kalkreichen Böden durch neutrales 1n NH_4-Acetat nicht genau erfaßt wird. WILFRIED WERNER. 6304□

Einfluß des Kobalts auf Wachstum und Entwicklung der Baumwollpflanze. S. I. Mamedow. (Физиология Растений [Pflanzenphysiologie] **7.** 724—26. 1960. Baku, Landw.-Minist. der AserbaidshanSSR.) (Russ.)

Bei Zusatzgaben von *Co* in Form von $Co(NO_3)_2$ oder $CoSO_4$ wird das Wachstum von Baumwollpflanzen stark beschleunigt, die Zahl der Kapseln erhöht u. ihr Abfallen vermindert. Die Blätter enthalten mit Co etwas mehr W., die Konz. des Zellsaftes ist kleiner. Die Aktivität der Redoxprozesse der Fermente, bes. die Katalaseaktivität, ist erhöht. Der Ertrag ist auf Salzboden um 21%, auf salzarmem Boden um 17—18% größer. Der beste Effekt wird bei Einführung des Co in den Boden vor der Aussaat erzielt. R. K. MÜLLER. 6304□

Die Behandlung von Maissamen mit Spurenelementen und ihr Einfluß auf die Infektion mit Ustilago zeae (Beckm.) Ung. und Sorosporium holci-sorghi f. zeae (Pass.) Săvulescu. C. Rafailă und C. Tuşa. (Comun. Acad. Republ. Populare romîne **7.** 383—88. März 1957.) (Rum.)

Zur Bekämpfung des durch Ustilago zeae (Beckm.) Unger u. Sorosporium holci-sorghi f. zeae (Pass.) Săvulescu verursachten Maisbrandes empfiehlt sich die Anwendung von Spurenelementen, bes. *Zn* u. *Na*, u./oder von Insektofungiciden, bes. *TMTDS* u. *Mercuran*. Zn in Form von $ZnSO_4$ erhöht den Ertrag um 6,5—13,8%. W. WESLY. 6312□

Der Einfluß eines Erdölstimulators auf den Ernteertrag von Baumwolle. D. M. Gusseinow und A. A. Gusseinow. (Доклады Академии Наук Азербайджанской ССР [Ber. Akad. Wiss. AserbaidshanSSR] **14.** 391—93. 1958. Inst. für Bodenforschung u. Agrochemie.) (Russ.; Auszug: Aserbaidshan.)

Es wurde der Einfl. der 2std. Befeuchtung von Baumwollsamen mit 0,05 oder 0,005%ig. Lsg. eines Erdölstimulators (**I**) studiert. Die Kontrollen wurden in W. gelegt. Durch **I** wird das Wachstum der Pflanzen beschleunigt u. die Anzahl der Baumwollkapseln vergrößert. Außerdem kann man mit Hilfe von **I** eine Erhöhung des Ernteertrages (in 2 Jahren) durchschnittlich um 2,3—3,1 dz/ha erzielen. C. KOZÁK. 6312□

Über die Empfindlichkeit verschiedener Hirsesorten gegenüber dem Natriumsalz der 2.4-D. Ju. W. Schtscheglow. (Вестник Сельскохозяйственной Науки [Nachr. Landwirtsch.-Wiss.] **5.** Nr. 5. 126—28. Mai 1960. Uljanowsk, Landw. Versuchsstation.) (Russ.)

Feld-Verss. mit dem *Na-Salz* der *2.4-D*, bei denen die Pflanzen mit der Lsg. bespritzt wurden (Dosis 1 kg Wirkstoff je ha) ergaben, daß von 10 Hirsesorten die 3 frühreifen Sorten eine gewisse Empfindlichkeit aufwiesen, indem die Rispen bestimmte Entw.-Schäden erkennen ließen u. die Körnerernte etwas zurückblieb. Diese Empfindlichkeit steigerte sich jedoch nicht weiter, wenn 4 Generationen derselben Sorten nacheinander dieselbe Behandlung erfuhren. A. v. WILPERT. 6312□

Das Verhältnis der Wasserlöslichkeit zur Aufwandmenge von Unkrautbekämpfungsmitteln. Virgil H. Freed und Peter Burschel. (Z. Pflanzenkrankh. [Pflanzenpathol.] Pflanzenschutz **64.** 477—79. Juli/Okt. 1957. Corvallis, Ore., Oregon State College, Oregon Agricult. Exp. Stat.) (Engl.)

Die Aufwandmengen von 12 geprüften selektiven Unkrautbekämpfungsmitteln (*2.4-D, 2.4.5-T, TCA, 3-Amino-1.2.4-triazol, N.N-Diallylchloracetamid, IPC, CIPC, DNOC, Maleinsäurehydrazid, DNBP, CMU, DMU*) stiegen mit zunehmender Wasserlöslichkeit linear an. Weiterer Beweis für die Richtigkeit von FERGUSONS Satz. — 17 Literaturangaben. FRITZ MÜLLER/Ludwigshafen. 6312

Über die herbicide Wirkung aliphatischer, chlorhaltiger Carbonsäuren. D. I. Tschkanikow und Ju. M. Kapzynel. (Известия Тимирязевской Сельскохозяйственной Академии [Nachr. landwirtsch. Timirjasew-Akad.] **1960.** Nr. 6. 80—92.) (Russ.; Auszug: Engl.)

In Verss. mit Maispflanzen wurde nachgewiesen, daß bei Zusatz von *Trichloracetat* (**I**) zum Nährboden sich im Getreide große Mengen freier Aminosäuren ansammeln. Beim Einbringen von ^{35}S (als $Na_2{}^{35}SO_4$) zeigte es sich, daß der Eintritt der Aminosäuren in die Protein-Moll. behindert ist. Bes. stark wächst dabei die Menge an α-Alanin u. Asparaginsäure (β-Alanin wurde nicht nachgewiesen), der Geh. an Citronensäure sinkt scharf ab. Es wird angenommen, daß auch die Menge an Coenzym A absinkt, welches an der Synth. der Citronensäure aus Oxalessig- u. Brenztraubensäure beteiligt ist. Die Herbicide dieser Art stören anscheinend die normal verlaufende Synth. der Pantothensäure u. also auch des Coenzyms A, da β-Alanin u. Ca-Pantothenat, in die Wurzeln eingebracht, die herbicide Wrkg. von Dichlorpropionat abschwächen, das auf die Blätter aufgetragen wurde. Die Ursache der selektiven Wrkg. der aliphat. Cl-haltigen Carbonsäuren ist noch ungeklärt u. nicht bedingt durch den unterschiedlichen Geh. an Pantothensäure in den gegenüber Herbiciden resistenten u. empfindlichen Pflanzen. I koaguliert anscheinend keine Pflanzenproteine in vivo. A. v. WILPERT. 6312□

Die Beweglichkeit von N-[Naphthyl-(1)]-phthalamidsäure (Alanap-1) im Boden. Allen E. Smith, Albert W. Feldman und Gracie M. Stone. (J. agric. Food Chem. **5.** 745—48. Okt. 1957. Naugatuck, Conn., U. S. Rubber Co., Naugatuck Chem. Div.) (Engl.)

Trotz seiner geringen Löslichkeit ist das Vor-Auflauf-Herbicid *Alanap-1* (I; *N-[Naphthyl-(1)]-phthalamidsäure*) im Boden relativ gut beweglich. Erwünscht ist eine Beweglichkeit, die groß genug ist, um eine schnelle Verteilung in der Unkrautsamen enthaltenden Krume zu gewährleisten, andererseits aber so langsam ist, daß eine lang dauernde Herbicidnachwirkung sichergestellt ist. Es werden daher 3 Wege vorgeschlagen u. z. T. auch experimentell belegt, durch die die I-Beweglichkeit im Boden verringert werden kann: a) Verw. von I-Derivv. (wie Ester oder Imide) an Stelle von I; b) Vermischung mit Verbb., deren Kationen im Boden sorbiert werden, z. B. Al-Sulfat oder Fe-Chlorid; c) Herst. von I-Verbb. mit wasserunlösl. organ. Säuren, z. B. Stearinsäure. — Beste Erfolge wurden z. B. durch Verw. eines Prod. aus 50% I, 20% Stearinsäure, 25% Talk u. 5% eines Benetzungsmittels erzielt. WILFRIED WERNER. 6312□

Spritzungen gegen den Fruchtabfall bei Äpfeln. Howard A. Rollins jun. (Virginia Fruit **46.** Nr. 8. 32. 34. Aug. 1958.) (Engl.)

Für die Anwendung von *2.4.5-TP*, *2.4.5-TA* u. *NAA* als stop-drop-Spritzmittel werden Rezepturen für verschiedene Äpfelsorten mitgeteilt. F. RANG. 6312□

Einfluß von Spritzungen gegen den Fruchtabfall auf das Reifen von Äpfeln. George E. Mattus. (Virginia Fruit **46.** Nr. 8. 30. 32. Aug. 1958.) (Engl.)

Durch Spritzen mit *2.4.5-TP* wird das Reifen von Äpfeln stärker beschleunigt als durch Anwendung von *2.4.5-TA* oder *NAA*. Die Spritz-Konz., Anzahl der Spritzungen u. Abstände zwischen den Spritzungen u. der Ernte haben auf Reifung u. Fruchtqualität Einfluß. F. RANG. 6312□

Organische Arsenverbindungen als Fungicide im Pflanzenschutz. Gusztáv Fehérvári. (Nehézvegyipari Kutató Intézet Közleményei [Mitt. Forsch.-Inst. chem. Schwerind.] **1.** 307—08. Juni 1959. Veszprém, Nehézvegyipari Kut. Int.) (Ung.)

Der Ersatz des Cl-Atoms in *Phenarsazinchlorid* (I) durch die Phthalimidgruppe u. in *Diphenylarsinchlorid* (II) durch einen Phenylrest erhält die gute fungicide Wrkg. von I u. II, gleichzeitig verschwinden die Reiz-Wrkg. u. das durch I u. II verursachte Brandigwerden der grünen Pflanzenteile. Durch Anwendung dieser As-organ. Verbb. könnten die Hg-haltigen Beizmittel u. die gegen Mehltau angewandten S-haltigen Präpp. von schwächerer fungicider Wrkg. ausgeschaltet werden. N. SEILER. 6312□

Über die Darstellung von chlorierten Phenoxyessigsäurederivaten aus wirkungslosen HCH-Isomeren. Lászlóné Görög. (Nehézvegyipari Kutató Intézet Közleményei [Mitt. Forsch.-Inst. chem. Schwerind.] **1.** 309—11. Juni 1959. Veszprém, Nehézvegyipari Kut. Int.) (Ung.)

Auf der Grundlage der biolog. inakt. Isomeren des Hexachlorcyclohexans wurden Verff. zur Darst. von Derivv. der *Dichlorphenoxyessigsäure* (I; Gemisch der 2.5-, 2.4- u. 3.4-Isomeren) sowie von *2.4.5-Trichlorphenoxyessigsäure*-Derivv. entwickelt. Die Verbb. zeigen herbicide Wirkung.

Versuche: *2.5-, 2.4-, 3.4-Dichlorphenol*-Gemisch (II), $Kp._{760}$ 213—216°, durch 8std. Rühren von 0,1 Mol 1.2.4-Trichlorbenzol, 0,2 Mol NaOH u. 50 ml Glycerin (III) unter Erhitzen auf 210—220° (oder statt III 50 ml W. u. 20 Std. bei 15—20 at); 75 bzw. 60% (Ausbeute). — *Dichlorphenoxyessigsäure* (I), F. 130—140°, aus mol. Mengen II, NaOH, $H_2CCl-CO_2Na$ u. 70 ml W. durch 5std. Kochen; 68%. *Triäthanolaminsalz*, aus mol. Mengen I u. Triäthanolamin durch Kochen in A.; 98%. *Butylester*, aus mol. Mengen I u. Butanol durch Kochen in Bzl.; 87%. — *2.4.5-Trichlorphenoxyessigsäure*, F. 151°, aus 1.2.4.5-Tetrachlorbenzol analog der Herst. von I; 60%. *Triäthanolaminsalz*; 100%. *Butylester*; 85%. N. SEILER. 6312□

Der Einfluß von fünf jährlichen Gaben an organischen Insekticiden auf biologische und physikalische Bodeneigenschaften. J. P. Martin, R. B. Harding, G. H

Cannell und L. D. Anderson. (Soil Sci. **87.** 334—38. Juni 1959. Riverside, Calif., Univ. of California, Citrus Exp. Stat.) (Engl.)

Es wird untersucht, ob bei häufiger Insekticidanwendung ein kumulativer Effekt auf Bodenmikroflora oder physikal. Eigg. des Bodens eintritt. Auf 2 Böden (sandiger Lehm u. sandiger Ton) werden jährlich folgende Insekticidmengen angewandt: 5 (lbs./acre) *Aldrin*, 10 *Chlordan*, 20 *DDT*, 5 *Dieldrin*, 5 *Endrin*, 5 *Heptachlor*, 1 *Lindan* u. 20 *Toxaphen*. Diese Gaben wurden 5mal wiederholt. Die Verss. ergaben, daß auch eine wiederholte Insekticidbehandlung des Bodens keinen meßbaren Einfl. auf Art u. Zahl der Bodenbakterien u. -pilze sowie auf die Fähigkeit der Bodenmikroorganismen zur Nitrifikation u. zum Abbau der organ. Substanz hat. Auch physikal. Boden-Eigg., gemessen an der Krümel-Bldg. u. Infiltrations-Geschw., wurden nicht beeinflußt.

WILFRIED WERNER. 6312☐

Beständigkeit von Trithion, einem organischen Phosphorinsekticid, im Boden. J. J. Menn, G. G. Patchett und G. H. Batchelder. (J. econ. Entomol. **53.** 1080—89. Dez. 1960. Stauffer Chemical Co., Res. Labor.) (Engl.)

Der Abbau von *Trithion* (**I**) ging in Böden mit höherem Geh. an Lehm oder organ. Substanz schneller vor sich. Das Boden-pH hat keinen Einfl.; in W. ist **I** relativ beständig gegen Hydrolyse. Die Beständigkeit des **I** stieg an in sterilisiertem oder mit Vapam begastem Boden infolge der teilweisen Vernichtung der den Abbau beschleunigenden Bodenmikroorganismen. Höhere **I**-Gaben waren beständiger in begastem Boden, in unbegastem jedoch nur als Emulsion, nicht in gekörntem Zustande.

FRITZ MÜLLER/Ludwigshafen. 6312☐

Systemisch-insekticide Wirksamkeit in den Rindengeweben von Ulmenzweigen. Dale M. Norris jun. (J. econ. Entomol. **53.** 1034—36. Dez. 1960. Madison, Wis., Univ. of Wisconsin.) (Engl.)

Zur Bekämpfung von Scolytus multistriatus Marsh. wurden Ulmen nach dem Bohrloch-Verf. mit Insekticiden behandelt. Gemessen an der Reduzierung der Länge der Fraßgänge u. der Sterblichkeit der Käfer waren *Shell SD 3562* (**I**) u. *Phosphamidon* (**II**) bes. wirksam, mehr als *Disyston*, *Demeton*, *Phorate* u. *Dimethoate* (**III**). **I**, **II** u. **III** verursachten mit der Jahreszeit wechselnde Pflanzenschäden. Die für die system. Wrkg. ausschlaggebenden Eigg. sind hohe W-Löslichkeit u. Phosphat- oder Thiolphosphat-, weniger Thiono- oder Dithiophosphatstruktur. FRITZ MÜLLER/Ludwigshafen. 6312☐

Bodeninsekten in Hokkaido, Japan, mit besonderer Berücksichtigung der Wirkung einiger chlorierter Kohlenwasserstoffe. Satoru Kuwayama, Kiyoshi Sakurai und Kazue Endo. (J. econ. Entomol. **53.** 1015—18. Dez. 1960. Kotoni, Sapporo, Japan, Hokkaido Nat. and Prefectural Agric. Exp. Stat.) (Engl.)

Bei Befall von Hylemyia cilicrura Rond., H. antiqua Meig., H. floralis Fall., Agrotis spp., Popillia japonica New., Drahtwürmern u. Gryllotalpa africana P. de B. bewährten sich am besten *Heptachlor* u. *Aldrin* in verschiedenen Anwendungsarten. *BHC*, *Dieldrin* u. *EPN* fielen im Vgl. zu den genannten Mitteln ab.

FRITZ MÜLLER/Ludwigshafen. 6312☐

Bekämpfung einiger früher Baumwollschädlinge mit Insekticiden. C. R. Parencia jun., C. B. Cowan jun. und J. W. Davis. (J. econ. Entomol. **53.** 1051—54. Dez. 1960.) (Engl.)

In Freiland-Verss. wirkten gegen Anthonomus grandis Boh. u. Psallus seriatus Reut. *Toxaphen* (**I**) + *DDT* (**II**), *Guthion* oder *Methylparathion* bedeutend besser als *Dieldrin* (**III**) oder **I**, das ebenso wie *Stroban* (**IV**) versagte. In Mischung mit **II** waren sie gleich wirksam. Gegen Frankliniella sp. (**a**) wirkte **I** besser als **IV**. Gegen alle genannten Schädlinge hatte *Sevin* gute Wrkg., die aber durch Regen beeinträchtigt wurde. *Shell SD 3562*, *Shell SD 4402*, *Bayer 25141* u. *Dimethoat* waren gegen **a** ebenso wirksam wie **III**.

FRITZ MÜLLER/Ludwigshafen. 6312☐

Vergleich der Wirkung einer Saatgutbehandlung mit Aldrin zur Reiswasserkäferbekämpfung auf wasser- und maschinengesätem Reis. C. C. Bowling. (J. econ. Entomol. **53.** 1135—37. Dez. 1960. Beaumont, Tex., Texas Agric. Exp. Substrat. Nr. 4.) (Engl.)

Reissaatgut wurde mit 4 bzw. 8 oz. 50%ig. *Aldrin*/100 lbs. Saatgut als Netzpulverschlamm behandelt. Mit beiden Gaben wurde sowohl bei Maschinen- als auch bei nachgeahmter Wasseraussaat die Zahl der Larven von Lissorhoptrus oryzophilus Ksl. gegenüber unbehandelt erheblich verringert u. der Ertrag erhöht.

FRITZ MÜLLER/Ludwigshafen. 6312☐

Wirkung von Heptachlor und Toxaphen auf den Stand von Ladinoklee. H. A. Fribourg und W. W. Stanley. (J. econ. Entomol. **53.** 1134—35. Dez. 1960. Knoxville, Tenn., Tennessee Agric. Exp. Stat.) (Engl.)

Während 1956 u. 1957 die Anwendung gekörnten *Heptachlors* (**I**; 3 lbs./acre) keinen Einfl. auf den Anteil des Klees im Bestand hatte, war er 1959 erheblich höher als bei unbehandelt. 1959 war er ebenfalls höher. *Toxaphen* (2 lbs./acre) mit oder ohne **I** hatte eine erhebliche Erhöhung des Kleeanteils zur Folge, *Demeton* u. *Disyston* hatten darauf keine Wirkung. Die Gründe für die Beobachtungen sind noch nicht geklärt.

FRITZ MÜLLER/Ludwigshafen. 6312 □

Versuche zur frühzeitigen Bekämpfung der Grünen Pfirsichlaus an Tabak. C. B. Dominick. (J. econ. Entomol. **53.** 1099—1101. Dez. 1960. Chatham, Va., Virginia Agric. Exp. Stat., Bright Tobacco Res. Stat.) (Engl.)

Gegen Myzus persicae Sulz. an Tabak wirkten in Verss. 1956—1959 *Phorate* (**I**) u. *Demeton* im Pflanzwasser gegeben 6 Wochen ausgezeichnet; als Pflanzbeetguß oder nach dem Pflanzen gesprüht war **I** jedoch ungenügend. *Dimethoate* u. *Am. Cyanamid 18706* im Pflanzenwasser angewandt waren **I** unterlegen. — Bei allen 4 Insekticiden wurden jedoch Pflanzenschädigungen beobachtet. — Als Laubsprühung reduzierten *Guthion* (**II**), *Thiodan* (**III**), *Endrin* (**IV**) u. *Shell SD 4402* die Anzahl der Läuse erheblich, während *Dipterex* (**V**), *TDE* (**VI**), *Sevin* (**VII**) u. *Kepone* nur ungenügende Ergebnisse zeitigten. — Gestäubt hatten **II, III** u. **IV** gute, **V, VI** u. **VII** geringere Wirkung.

FRITZ MÜLLER/Ludwigshafen. 6312 □

Chemische Bekämpfung der Fichtengallaus mit Beobachtungen zur Wirtsauswahl und Befallssteigerung. James W. Butcher und Dean L. Haynes. (J. econ. Entomol. **53.** 979—82. Dez. 1960. East Lansing, Mich., Michigan State Univ.) (Engl.)

In Freiland-Verss. zur Bekämpfung von Chermes abietis L. bewährte sich in der Zeit zwischen dem letzten Frost u. dem Beginn des Schossens bes. *Lindan* [1 (lb. Wirkstoff/ 100 gall. W.)], gefolgt von *Sevin* (2), während *Phosdrin* (1), *Malathion* (1) u. *Dimethoate* (2) nur geringe oder gar keine Wrkg. zeitigten. FRITZ MÜLLER/Ludwigshafen. 6312 □

DDT-resistente Apfelwickler an Birnen in Kalifornien. Harold F. Madsen und Louis A. Falcon. (J. econ. Entomol. **53.** 1083—85. Dez. 1960. Berkeley, Calif., Univ. of California.) (Engl.)

Freiland-Verss. in 3 Obstanlagen ergaben eine nur geringe Wrkg. von *DDT* (**I**) gegen Carpocapsa pomonella L. Die Wrkg. von *Parathion* war ohne oder mit **I** gleich. *Guthion* (**II**) u. *Methylguthion* zeitigten ausgezeichnete Ergebnisse bei Gaben von 1,5 lbs./ gall., mit 0,75 lb. fiel die Wrkg. in einem Vers. ab. Netzpulver wirkte besser als Emulsion. *Sevin* (**III**) war ebenfalls ausgezeichnet wirksam, *Kepone* u. *Trithion* hatten ungenügende Wirkung. *Diazinon* wirkte, da weniger beständig, nicht so gut wie **II** u. **III**, nur bei 2 wöchigen Gaben befriedigte es. *Malathion* wirkte gut. FRITZ MÜLLER/Ludwigshafen. 6312 □

Laboratoriumsversuche mit Insekticiden gegen Eier und Larven des Kohlspanners. W. P. Kerr und J. R. Brazzel. (J. econ. Entomol. **53.** 991—92. Dez. 1960. College Station, Tex., Texas Agric. Exp. Stat.) (Engl.)

Gegen Eier von Trichoplusia ni Hbn. wirkte am besten *Phosdrin* (**I**); *Sevin* (**II**) u. *DDT* (**III**) waren weniger wirksam, *Toxaphen* (**IV**) + **III**, *Thiodan* (**V**) u. *Endrin* (**VI**) versagten. Gegen Larven des 1. Stadiums war die Reihenfolge der Wrkg. **VI** > **V** > **III** > **IV** + **III** > **I** > **II**. Larven des 2. u. 3. Stadiums waren weniger empfindlich, am besten wirkte gegen sie **VI** > **V**. Gegen Larven des 4. u. 5. Stadiums waren alle geprüften Insekticide nur ungenügend wirksam. FRITZ MÜLLER/Ludwigshafen. 6312 □

Bekämpfung des Preißelbeerwurmes Acrobasis vaccinii. William E. Tomlinson jun. (J. econ. Entomol. **53.** 1116—19. Dez. 1960. East Wareham, Mass., Univ. of Massachusetts, Cranberry Exp. Stat.) (Engl.)

Bei 1953 begonnenen Verss. zur Bekämpfung von Acrobasis vaccinii Riley zeitigten als niedrigprozentige Sprühung gute Ergebnisse: *Malathion* (**I**), *Parathion* (**II**), *Diazinon* (**III**) u. *Guthion* ebenso wie *Rotenon*, *Sevin* u. *Thiodan*. *Kryolith* hatte wechselnde Wirkung. Bei einzelnen Prüfungen wirkten auch *Delnav*, *Dibrom* (**IV**), *Trithion* (**V**) u. *Endrin* gut, *Ryania*, *Dylox*, *Ethion*, *Phosphamidon* (**VI**), *EPN*, *Methoxychlor*, *TDE* u. *Dieldrin* wirkten wechselnd. **I** u. **IV** verursachten Pflanzenschäden. In konzentrierteren Sprühungen waren **II** u. **V III** u. Methyl-**II** überlegen, während **I** ungenügend wirkte. Alle Phosphatmittel hatten eine eiabtötende Wrkg., *Phosdrin*, **VI**, *Dimethoate* u. **II** wirkten auch systemisch. FRITZ MÜLLER/Ludwigshafen. 6312 □

Lebensweise und Bekämpfung des Morgenprachtblattminierers Bedellia somnulentella an Süßkartoffeln. H. H. Shorey und L. D. Anderson. (J. econ. Entomol. **53.** 1119—22. Dez. 1960. Riverside, Calif., Univ. of California, Citrus Exp. Stat.) (Engl.)

Zur Bekämpfung der Larven von Bedellia somnulentella Zell. bewährten sich neben dem natürlichen Feinde Apanteles bedelliae Viereck Sprühungen mit *Toxaphen* [4,3 (lbs. Wirkstoff/acre)], *Dylox* (0,8), *Parathion* (0,2), *Malathion* (2,1), *DDT* (1,5) oder

Diazinon (**I**; 0,8), doch wurden die Vers.-Parzellen bald wieder befallen. Als Staub wirkte jedoch **I** (1) vollkommen ohne Wiederbefall im Vegetationszeitraum.

FRITZ MÜLLER/Ludwigshafen. 6312□

Schraubwurmbekämpfung mit Insekticidsprühungen. M. J. Wrich und R. C. Bushland. (J. econ. Entomol. **53.** 1058—61. Dez. 1960.) (Engl.)

Zur Bekämpfung von Callitroga hominivorax Cqrl. wurden geprüft: *Co-Ral* (**I**), *Bayer 22408* (**II**), *Ethion, General Chemical 3583, General Chemical 4072, Malathion, Ruelene* (*4-tert.-Butyl-2-chlorphenylmethylmethylamidophosphat*), *Sevin* (**III**) u. *Dimethoate* (**IV**). Alle außer **III** u. **IV** wirkten gut gegen 2 u. 3 Tage alte Larven, am besten **II.** In Freiland-Verss. war bei Schafen **II** ebenso gut wie **I**, jedoch nicht bei Rindern.

FRITZ MÜLLER/Ludwigshafen. 6312□

Vergleich von Sevin mit DDT und Rotenon an Tomaten unter tropischen Bedingungen. George W. Miskimen. (J. econ. Entomol. **53.** 1128—29. Dez. 1960. Kingshill, St. Croix.) (Engl.)

Gegen Sphingidae- u. Phalaenidae-Larven wirkte 1959 *Sevin* (**I**) weiter besser als *DDT* (**II**) oder *Rotenon* (**III**). Die Tomaten reiften früher, waren gesünder u. der Ertrag war mit **I** 183,2 bzw. 457,1% des Ertrages bei Anwendung von **II** bzw. **III**. Pflanzenschäden wurden nicht beobachtet. FRITZ MÜLLER/Ludwigshafen. 6312□

Taufliegenbekämpfung in Tomatenfeldern. A. C. Davis. (J. econ. Entomol. **53.** 1107—10. Dez. 1960. Geneva, N.Y., New York State Agric. Exp. Stat.) (Engl.)

Zur Einschränkung der Eiablage von Drosophila melanogaster Meig. auf Tomaten bewährte sich in Freiland-Verss. 1959 *Diazinon* (**I**) 0,5 (lbs./acre). Netzpulver, Emulsion u. Körner waren gleich wirksam; die letzten hatten eine längere Wirkung. *Malathion* (0,5 u. 1,0) wirkte nur 2—3 Tage, *Parathion* (2) war gut, *Phosdrin* (0,25) war ebenfalls nur wenige Tage wirksam, *Dipterex, DDT* u. *Guthion* (0,5) zeitigten wechselhafte Ergebnisse. *Ronnel* u. *Dibrom* (1,0) waren 1957 in der Wrkg. **I** vergleichbar. *Hefehydrolysat* hatte, allein angewandt, keine anlockende Wrkg. auf die Fliegen.

FRITZ MÜLLER/Ludwigshafen. 6312□

Biologie und Bekämpfung der Kleinen Stubenfliege Fannia canicularis in Massachusetts. Peter C. Steve. (J. econ. Entomol. **53.** 999—1004. Dez. 1960. Amherst, Mass., Univ. of Massachusetts.) (Engl.)

An der Decke von Hühnerställen aufgehängte, mit 13,79% *Parathion* + 3,54% *Diazinon* getränkte Baumwollfäden (300 ft. auf 1000 sq.ft. Grundfläche) hatten ausgezeichneten Bekämpfungserfolg gegen Fannia canicularis L. Gegen Musca domestica L. wirkten sie weniger lange; gegen diese mußten zusätzlich *Malathion*-Köder angewandt werden. FRITZ MÜLLER/Ludwigshafen. 6312□

DDT-Rückstände in New Yorker Milchwirtschaften nach einer Zigeunermottenausrottung. E. W. Huddleston, George G. Gyrisco und D. J. Lisk. (J. econ. Entomol. **53.** 1019—21. Dez. 1960. Ithaca, N.Y., Cornell Univ.) (Engl.)

Nach einer Bekämpfung von Porthetria dispar L. 1957 mit *DDT* (**I**)-Öl-Lsg. aus der Luft hielten sich **I**-Rückstände lange auf Futter u. Heu, ohne vom Wetter wesentlich beeinflußt zu werden. Die Milch der weidenden Tiere enthielt noch nach 1 Jahr, Hühnereier enthielten bis 1 Monat wesentliche, chem. nachweisbare **I**-Mengen.

FRITZ MÜLLER/Ludwigshafen. 6312□

Giftigkeit der Abgänge von mit dipterexbehandeltem Wasser getränkten Hühnern gegen Stubenfliegenlarven. Martin Sherman und Ernest Ross. (J. econ. Entomol. **53.** 1066—70. Dez. 1960.) (Engl.)

Bei einem pH des zum Lösen von *Dipterex* (**I**) verwandten W. von 8,0 nahm die Giftigkeit der Hühnerabgänge gegen Larven der Musca domestica L. rasch ab. 30 ppm **I** in dest. oder angesäuertem W. unter pH 7,0 verursachte jedoch hohe Sterblichkeit, wobei kein ungünstiger Einfl. auf die Gewichtszunahme, die Wasseraufnahme oder die Futterverwertung beobachtet wurde. Es scheint, daß die Hühner das **I** in ein hoch larvengiftiges Prod. umwandeln können, während die Umwandlung unter alkal. Bedingungen zu *DDVP* zu einem für Larven nur gering giftigem Prod. führt.

FRITZ MÜLLER/Ludwigshafen. 6312□

Weitere Untersuchungen über die Widerstandsfähigkeit von Körperläusen gegen Insekticide. M. M. Cole, M. D. Couch, G. S. Burden und I. H. Gilbert. (J. econ. Entomol. **50.** 556—59. Okt. 1957.) (Engl.)

Gegen *DDT* (**I**) hochwiderstandsfähige Exemplare von Pediculus humanus humanus L. waren es gegen *2.2-Di-(p-bromphenyl)-1.1.1-trichloräthan, TDE, 1.1.1-Trichlor-2.2-di-(o-chlorphenyl)-äthan, 1.1-Di-(p-bromphenyl)-2.2-dichloräthylen* u. *Prolan* ebenfalls, jedoch nicht gegen *1.1-Di-(chlorphenyl)-äthan, DFDT, Methoxychlor* u. *Butoxy-(α-trichlormethylbenzyloxy)-methan.* Ein von diesen Läusen abgetrennter u. auf unbehandeltem Stoff gehaltener Stamm verlor in 15 Generationen etwas von seiner Widerstandsfähigkeit. *Dimite* u. *MR-60* erhöhten die Wrkg. des **I** nicht. Eine während 26 Generationen auf mit 0,0001%ig. **I**-Lsg. behandeltem Stoff gehaltene Zucht entwickelte nur doppelte Widerstandsfähigkeit, ebenso eine solche, die während 13—35 Generationen auf Stoff gehalten wurde, der mit geringen Konzz. von *Lindan, Lauseto neu, Stroban* u. *Pyrethrum* + *Sulfoxide* behandelt worden war. Fritz Müller/Ludwigshafen. 6312□

Bienenabwehrmittel zusammen mit Dieldrin oder Sevin bei Bienenvergiftungsversuchen in Luzerne. Carl Johansen. (J. econ. Entomol. **53.** 1010—12. Dez. 1960. Pullman, Wash., Washington State Univ.) (Engl.)

Zusatz des Bienenabwehrmittels *R-874* (*2-Hydroxyäthyl-n-octylsulfid*) zu *Dieldrin* (**I**) oder *Sevin* (**II**) hielt nach Sprühung in die blühende Luzerne Bienen (Apis mellifera L. u. Bombus spp.) bei Höchst-Temp. von 71°F 6—8, bei 87°F 3—4 Tage vom Weiden auf den behandelten Flächen ab, verringerte also die Verluste, die mit **I** oder **II** allein erheblich waren. Fritz Müller/Ludwigshafen. 6312□

Wärmeübertragung in einem feuchten Ton. W. Woodside und C. M. A. de Buyn. (Soil Sci. **87.** 166—73. März 1959. Ottawa, Canada, Nat. Res. Council, Div. of Building Res.) (Engl.)

Vff. bestimmten mittels verschiedener Verff. die Wärmeleitfähigkeit eines trocknen bzw. unterschiedlich feuchten Tonbodens (76% $< 2\ \mu$). Mit zunehmender Feuchtigkeit u. Dichte stieg die Leitfähigkeit linear an, wobei etwas höhere Werte erhalten wurden, als nach der Formel von de Vries zu erwarten waren. Die Wärmeleitfähigkeitsmessungen in feuchtem Ton werden erschwert durch eine thermal bedingte Wanderung der Feuchtigkeit (Thermoosmose) zu den kühlsten Stellen der Probe. Nach ca. 150 Std. stellt sich ein dynam. Wassergleichgewicht ein. Es wird vorgeschlagen, die Ablesung schon nach 3 Std. vorzunehmen, da der Wärmefluß nach dieser Zeit bereits ein vorläufiges Gleichgewicht erreicht, ohne daß schon eine merkliche Wasserverlagerung eingetreten ist. Wilfried Werner. 6324□

Die Ermittlung der Oberfläche von Böden und Tonen durch eine Äthylenglykol-Gleichgewichtsmethode. C. A. Bower und J. O. Goertzen. (Soil Sci. **87.** 289—92. Mai 1959. Riverside, Calif., U.S. Salinity Labor.) (Engl.)

Vff. verbessern die früher vorgeschlagene Meth. zur Oberflächen-Best. von Böden mittels *Äthylenglykol* (**I**)-Sorption insofern, als sie jetzt die **I**-Sorption über einem $CaCl_2$–**I**-Solvat, das bei einem mol. $CaCl_2$-**I**-Verhältnis < 1 den konst. Dampfdruck des $CaCl_2$-Monoglykolats besitzt, bestimmen. Vor der Gleichgewichts-**I**-Sorption wird der Boden über P_2O_5 getrocknet. 1 m^2 Oberfläche entspricht einer Sorption von 0,00031 g **I** (monomol. Schicht). Im Bereich des mol. $CaCl_2$-**I**-Verhältnisses von 0,19—0,94 wurden prakt. konst. Werte erhalten. Die **I**-Sorption sinkt mit steigender Temp. (15—32°). — Für 2 reine Bentonit-Tone wurde eine Oberfläche von 822 (m^2/g), für einen Kaolinit von 20 u. für die Ca-gesätt. Tonfraktion von 3 Böden von 45, 104 u. 171 ermittelt. Wilfried Werner. 6324□

Die Bestimmung des osmotischen Druckes des Bodenwassers aus der elektrischen Leitfähigkeit feinporiger keramischer Zellen. W. D. Kemper. (Soil Sci. **87.** 345—49. Juni 1959. Colorado Agric. Exp. Stat.; U.S. Dep. of Agric., Agric. Res. Serv., Soil and Water Congr. Res. Serv.) (Engl.)

Es ist möglich, den osmot. Druck des Bodenwassers mit feinporigen keram. Zellen, in die bei der Herst. Platinelektroden eingebrannt wurden, zu bestimmen, vorausgesetzt, daß der osmot. Druck nicht so hoch ist, daß die Poren der Zelle entleert werden (< 6 atm). Es werden Elektrodenzellen aus verschiedenen keram. Materialien verglichen. Die Leitfähigkeitsänderung der gesätt. Poren ist ausschließlich auf den Elektrolyt-Geh. des Bodenwassers zurückzuführen (im Gegensatz zu den zur Messung des Wasser-Geh. verwandten Gipsblöcken, bei denen auch geringe Mengen des Materials in Lsg. gehen). Die Zeit bis zur Einstellung des Leitfähigkeitsgleichgewichts sinkt mit abnehmender Elektrodengröße. Sie ist in wss. Lsg. geringer als im Boden, da im Boden die Diffusion langsamer verläuft (weniger Kontaktfläche). Wilfried Werner. 6324□

Bestimmung des Brechungsmoduls an Bodenproben in ungestörter Lagerung. Don Kirkham, M. F. de Boodt und L. de Leenheer. (Soil Sci. **87.** 141—44. März 1959. Gent, Belgien, Staatl. Landwirtschaftl. Univ.) (Engl.)

Es wird ein Verf. zur Best. des Brechungsmoduls (Maß für die Bruchfestigkeit) an Bodenproben in ungestörter Lagerung erarbeitet. Die Proben werden mit Stechzylindern gezogen, nach Trocknung bei 105° ohne Zerstörung entnommen u. zwischen zwei Platten einem steigenden Druck ausgesetzt. Der Druck, bei dem die Probe bricht, wird zur Errechnung des Brechungsmoduls benutzt. — Die an Lehmböden durchgeführten

Unterss. ergaben, daß die Erträge mit abnehmendem Brechungsmodul zunehmen. Durch starke Kalkdüngung wurde der Brechungsmodul u. die Dichte des Bodens vermindert.

WILFRIED WERNER. 6324□

Bestimmung des adsorbierten Natriums in Böden. Ss. N. Aleschin und A. I. Gorb. (Известия Тимирязевской Сельскохозяйственной Академии [Nachr. landwirtsch. Timirjasew-Akad.] **1960.** Nr. 4. 88—97.) (Russ.; Auszug: Engl.)

Bei der potentiometr. Meth. wird eine Na-Elektrode aus Spezialglas verwendet. Diese hat am Ende eine Kugel, die mit 1n H_2SO_4 u. einer gesätt. Lsg. von Hg_2SO_4 gefüllt wird u. in die ein amalgamierter Pt-Kontakt eingelassen ist. Bei der Best. ist zu beachten: Die Na^+-Konz. soll 0,001—1n sein; das pH der Lsg. soll nicht niedriger als 4 u. nicht höher als 11 sein; die Ionenstärke soll die gleiche wie bei der Eich-Lsg. sein. 5g Boden werden 5mal mit je 0,50 ml 0,5n $(NH_4)_2CO_3$-Lsg. behandelt. Das Filtrat wird dekantiert u. eingedampft. Zum Trockenrückstand gibt man 50 cm^3 1n $BaCl_2$. Nach 5 Min. wird die EMK gemessen.

A. PRINZ. 6324□

Die Anwendung von Druck und Gradienten-Elution bei der Ionenaustauscher-Chromatographie der Aminosäuren in Böden. D. L. Lynch, D. H. Hughes und Y. E. Rhodes jun. (Soil Sci. **87.** 339—44. Juni 1959. Univ. of Delaware, Dep. of Agron.; Dep. of Agric. Biochem. and Food Technol.) (Engl.)

Vff. modifizieren die Meth. von STEIN u. MOORE derart, daß die Auftrennung des Aminosäuregemisches in der Ionenaustauschersäule nicht durch stufenweise Elution mit HCl zunehmender Konz. erfolgt, sondern durch fortlaufendes Eluieren mit einer HCl-Lsg. kontinuierlich steigender Konzentration. Die zur Herst. der Lsg. zunehmender Konz. verwandte App. wird eingehend beschrieben. Die Zunahme der Konz. ist exponentionell u. kann so mittels einer Gleichung für jeden Punkt des Gradienten-Syst. errechnet u. kontrolliert werden. Als Austauscher wird Dowex 50-X8 in einer 0,9·100 cm Säule verwandt. Die Zahl der zur Aufstellung der Chromatogramme nötigen Fraktionen des Eluats konnte von 600 auf 300 vermindert werden. Die Durchlauf-Geschw. wurde durch Anwendung von 1,45 kg/cm^2 Überdruck von 4 auf 35 ml/Std. gesteigert, wodurch die Durchlaufzeit von 150 auf 17 Std. vermindert wurde.

WILFRIED WERNER. 6324□

Analyse von in der Landwirtschaft benutzten Chemikalien durch Titration in nichtwässeriger Lösung. 1. Mitt. **Bestimmung von Unkrautvertilgungsmitteln vom Phenoxycarbonsäuretyp.** Tetsuo Uchida. (Annu. Rep. Takamine Lab. **10.** 276—82. Dez. 1958. Sankyō Kabushiki Kaisha, Takamine Kenkyusho.) (Jap.; Auszug: Engl.)

2-Methyl-4-chlorphenoxyessigsäure, 2.4-Dichlorphenoxyessigsäure, 2-Methyl-4-chlorphenoxybuttersäure, 2.4.5-Trichlorphenoxyessigsäure u. *2.4.5-Trichlorphenoxypropionsäure* lassen sich auf folgende Weise leicht bestimmen. $^1/_{500}$ Mol der zu prüfenden Lsg. wird in einem 50 cm^3-Scheidetrichter gegeben u. mit 10 cm^3 W. u. 5 cm^3 1nHCl 10 Min. stehengelassen. Nach 3maliger Extraktion mit 7 cm^3 Chlf., Einbringen in einen anderen Scheidetrichter, 2maligem Waschen mit 10 cm^3 W., Überführen der Chlf.-Lsg. in ein Titrationsgefäß, Zusatz von 7 cm^3 *Dimethylformamid* u. 4 Tropfen 1% ig. *Thymolblau*-Lsg. Titration mit 0,1n $LiOCH_3$ in Bzl.-Methanol bis die Farbe in Violett umschlägt.

F. MOSSNER. 6328

Analyse von in der Landwirtschaft benutzten Chemikalien durch Titration in nichtwässeriger Lösung. 2. Mitt. **Bestimmung von Methylthiouracil.** Tetsuo Uchida. (Annu. Rep. Takamine Lab. **11.** 220—22. Dez. 1959.) (Jap.; Auszug: Engl.) — 1. vgl. vorst. Referat.

Methylthiouracil wird in *Dimethylformamid* (I) gelöst oder in Ggw. von K_2CO_3 mit I ausgezogen u. die Lsg. wird mit $LiOCH_3$ in Bzl.-Methanol (4 : 11) gegen Thymolblau titriert. In Ggw. von viel Acetessigester gibt die Analyse ungenaue Ergebnisse.

E. MAEKAWA. 6328□

Colorimetrisches Verfahren zur Bestimmung von Parathion. Kenneth Helrich. (J. Assoc. off. agric. Chemists **43.** 344—45. Mai 1960. New Brunswick, N.J., New Jersey Agricult. Exp. Stat.) (Engl.)

Man kocht die alkohol. Lsg. der Probe mit alkohol. KOH-Lsg. am Rückflußkühler u. bestimmt in der mit A. verd. Probe die Absorption bei 405 mμ gegen p-Nitrophenol (I) als Vgl.-Lsg. (Parathion = 0,478 I). Das einfache u. rasch ausführbare Verf. wird empfohlen, soll aber noch mit dem potentiometr. Verf. verglichen werden.

W. WESLY. 6328□

Donald W. Lloyd, Chicago, übert. von: Paul Caldwell, Evergreen Park, Ill., V.St.A., **Herstellung eines Phosphatdüngemittels** durch Digerieren eines Phosphatgesteins mit einer anorgan. N-Säure (HNO_3), Beseitigung der F-Verbb. mittels KCl u. NH_3-Behandlung, dad. gek., daß nach der Entfernung der F-Verbb. eine Sulfat-Behandlung zwecks Ausfällung von $CaSO_4$ durchgeführt u. nach der NH_3-Behandlung noch eine anorgan. N-Säure zwecks Erhöhung der Wasserlöslichkeit zugesetzt wird. — Arbeitsschemen. (**A. P. 2 942 967** vom 20/5. 1957, ausg. 28/6. 1960.) A. GRADL. 6283

Director of Technical Services of the Department of Agriculture, Union of South Africa, Pretoria, Südafrika (Erfinder: Izak Stephanus Perold), **Herstellung wasserlöslicher organischer Kupfer- oder Kobaltkomplexverbindungen.** Man setzt mindestens 2 (Mol) Weinsäure oder 3 Citronensäure in Ggw. von W. mit mindestens 4 bzw. 6 Alkali- oder NH_4-Hydroxyd u. 1 eines Cu- oder Co-Salzes, bes. $CuSO_4$ bzw. Co-Chlorid, in der Hitze um, dampft das Gemisch bei 100—120° zur Trockne ein u. erhält neben den entsprechenden anorgan. Alkali- oder NH_4-Salzen Komplex-Verbb. der empir. Formeln $C_8H_8O_{12}CuMe_4$, $C_{12}H_{10}O_{14}CuMe_4$ oder $C_{18}H_{15}O_{21}CoMe_6$ (Me = Alkalimetall oder NH_4), die in wss. Lsg. *zur Behebung des Cu- oder Co-Defizits bei Tieren, Pflanzen oder anderen lebenden Organismen* dienen. (**E. PP. 827 521, 827 522 u. 827 523** vom 27/3. 1957, ausg. 3/2. 1960.) O. MÜLLER-MEININGEN. 6305

American Cyanamid Co., New York, N.Y., übert. von: Robert P. Parker, Ridgewood, und John F. Hosler, Bound Brook, N.J., V.St.A., **1.1-Dimethyl-2.2-di-(1-cyanäthyl)-hydrazin und 1.1.2-Tri-(1-cyanäthyl)-hydrazin** der Formeln $[H_3C-CH(CN)]_2N-N(CH_3)_2$ (I; F. 90—91°) bzw. $[H_3C-CH(CN)]_2N-NH[CH(CH_3)CN$ (II; $Kp._1$ 122—123°). I wird durch Rk. von Dimethylhydrazin u. Lactonitril auf dem Wasserbad hergestellt. **II** wird durch Rk. von wasserfreiem Hydrazin oder Hydrazinhydrat mit 3 Mol Lactonitril bei 20—100° hergestellt. — *Fungicide* u. *nematocide Wirkung.* (**A. P. 2 844 503** vom 26/3. 1956, ausg. 22/7. 1958. **E. P. 810 403** vom 27/2. 1957 ausg. 18/3. 1959. A. Prior. 26/3. 1956.) A. DANDL. 6313

American Cyanamid Co., New York, N.Y., übert. von: Elizabeth M. Hardy, John F. Hosler, Bound Brook, N.J., und Glentwort Lamb, Stamford, Conn., V.St.A., **Trichlormethylbenzolthiolsulfonate** der allg. Formel $Cl_3C-S-SO_2-C_6H_4-CH=CH-CO-X$ (X = OH, NH_2) u. deren Salze erhält man durch Rk. von Alkalisalzen der entsprechenden Sulfinsäuren mit Perchlormethylmercaptan (I) in W. bei 10—50°. — Aus 57 (Teilen) Zimtsäureamid u. 154 $ClSO_3H$ bei 30° → 4-(2-Carbamoylvinyl)-benzolsulfonylchlorid, daraus mit Na_2SO_3 in W. bei 20° u. pH 7 durch Zusatz von konz. wss. NaOH u. anschließend **I** bei 12—15° → *Trichlormethyl-4-(2-carbamoylvinyl)-benzolthiolsulfonat*, F. 174—175° (Zers.) aus Äthylenchlorid. — Zimtsäure + $ClSO_3H$ → 4-(2-Carboxyvinyl)-benzolsulfonylchlorid, Red. mit Na_2SO_3, dann Zusatz von **I** → *Trichlormethyl-4-(2-carboxyvinyl)-benzolthiolsulfonat*, F. 193—195° (Zers.); daraus mit NaOH → *Na-Salz*; *K-*, *Ca-*, *Ba-*, *NH_4-*, *Diphenylguanidin-*, *Dimethylamin-*, *Morpholin-Salz.* Ferner sind Salze herstellbar mit: Li, Sb, Trimethyl-, Diäthyl-, Triäthyl-, Isopropyl-, Dipropyl-, Dibutyl-, Hexyl-, Dihexyl-, 2-Äthylhexyl-, Dioctyl-, Dodecyl-, Dioctadecyl-Diallyl-, Triallyl-, Dicyclohexyl-, Benzyl-, Dibenzylamin, Aminopyridin, Piperazin, Pyrrolidin u. Piperidin. — *Nicht phytotox. wirkende Fungicide*, bes. gegen *Sclerotinia fructigena, Macrosporium sarcinaeforme, Colletotrichum gossypii, Diplodia zeae, Apfelschorf* u. *Venturia inaequalis*; *Entblätterungsmittel.* (**A. P. 2 879 198** vom 17/5. 1957, ausg. 24/3. 1959.) G. KRAUSS. 6313

Hans-Jürgen Dietz, Frank Bombach, Magdeburg, und Wilhelm Bollmann, Olvenstedt, **Herstellung von N.N-Di-[alkylquecksilber]-arylsulfonamiden** des Typus $(Alkyl\text{-}Hg)_2N-SO_2-Aryl$, wobei die Alkylgruppe bes. eine niedermol. unsubstituierte ist u. der Arylrest ggf. substituiert sein kann, durch Umsetzung von Alkyl-Quecksilbersalzen oder -hydroxyden mit am N-Atom unsubstituierten Arylsulfonamiden in W. oder einem organ. Lsgm., ggf. in Ggw. eines säurebindenden Mittels. Die entstehenden Verbb. sind in alkal. Milieu schwer lösl. u. dadurch leicht abzutrennen. — 100 g Methylquecksilberbromid werden unter Erwärmen in 200 ml 2n NaOH gelöst, von etwas HgO wird abfiltriert u. das Filtrat wird zu 32 g Toluolsulfonamid in 100 ml 2n NaOH gegeben: 56,4 g *N.N-Di-[methylquecksilber]-p-toluolsulfonamid*, F. 166—168°. — Analog folgende Sulfonamide: *N.N-Di-[äthylquecksilber]-o-toluol-*, F. 107—108°. — *N.N-Di-[äthylquecksilber]-p-toluol-*, F. 151—153°. — *N.N-Di-[methylquecksilber]-p-chlorbenzol-*, F. 134—135,5°. — *N.N-Di-[äthylquecksilber]-p-chlorbenzol-*, F. 134—135°. — *N.N-Di-[methylquecksilber]-benzol-*, F. 182,5—184°. — *N.N-Di-[äthylquecksilber]-benzol-*, F. 140 bis 141,5°. — *N.N-Di-[methylquecksilber]-2.5-dichlorbenzol-*, F. 226,5—228,5°. — *N.N-Di-[äthylquecksilber]-2.5-dichlorbenzol-*, F. 154—155°. — Die Verbb. zeichnen sich durch geringe Flüchtigkeit u. Toxizität aus. — *Fungicide, Saatbeizmittel.* (**D. P. [DDR] 17905** Kl. 12o vom 3/5. 1957, ausg. 26/11. 1959 [Wirtschaftspatent].) L. GROSSNER. 6313

Farbenfabriken Bayer Akt.-Ges., Deutschland (Erfinder: Walter Lorenz und Reimer Cölln), **Herstellung von Phosphonsäureestern** der allg. Formel $(R_1O)(R_2O)P(O)\cdot CH(OH)\cdot CCl_3$ (**I**), worin R_1 u. R_2 = aliphat., auch halogensubstituierte

Reste mit 1—6 C-Atomen sind, dad. gek., daß man ungleich substituierte Dialkylphosphite mit Chloral kondensiert. — β-Chloräthylmethylphosphit, Kp.$_{1,5}$ 87° (aus $\beta.\beta'$-Dichlordiäthylphosphit u. Dimethylphosphit), $\beta.\beta.\beta$-Trichloräthylmethylphosphit, Kp.$_1$ 85°, 1.3-Dichlorpropyl-(2)-methylphosphit, Kp.$_1$ 100°, n-Hexylmethyl-, Kp.$_2$ 90°, u. -äthylphosphit, Kp.$_{1,5}$ 81°, Cyclohexylmethylphosphit, Kp.$_1$ 80° (aus Dicyclohexylphosphit), u. Cyclohexyläthylphosphit, Kp.$_{1,5}$ 81°, werden mit Chloral zu Estern der allg. Formel I umgesetzt, worin R_1 u. R_2 folgende Bedeutung haben: $ClCH_2CH_2$, CH_3, F. 46°. — $Cl_3C\cdot CH_2$, CH_3, F. 112°. — $(ClCH_2)_2CH$, CH_3, Öl. — n-C_6H_{13}, CH_3, Öl. — n-C_6H_{13}, C_2H_5. — C_6H_{11}, CH_3. — C_6H_{11}, C_2H_5. — *Schädlingsbekämpfungsmittel.* — Vgl. D. A. S. 1 059 425; C. **1960.** 5295. (**F. P. 1 202 741** vom 28/9. 1958, ausg. 12/1. 1960. **E. P. 841 671** vom 5/9. 1958, ausg. 20/7. 1960. Beide D. Prior. 28/9. 1957.) S. Böttcher. 6313

VEB Kaliwerk Stassfurt, Deutschland, *Spurenelementhaltige, granulierte, freifließende Kalidüngemittel.* (**F. P. 1 175 161** vom 15/5. 1957, ausg. 20/3. 1959. — C. **1959.** 11387 [D. A. S. 1 047 218].)

Dow Chemical Co., Midland, Mich., V.St.A., *Präparat zur Bodenbehandlung.* (**Holl. P. 95 907** vom 6/6. 1955, ausg. 15/11. 1960. A. Prior. 2/8. 1954. — C. **1958.** 10485 [E. P. 769 171].)

Fisons Pest Control Ltd., Felixstowe, Suffolk, England (Erfinder: **Rudolf Koloman Pfeiffer**), *Unkrautvernichtungsmittel mit Chlorbenzoesäure.* (**Aust. P. 218 980** vom 9/5. 1957, ausg. 8/1. 1959. **Oe. P. 200 387** vom 17/5. 1957, ausg. 25/10. 1958. Beide E. Prior. 18/5. ,31/8. u. 3/9. 1956. — C. **1960.** 9006 [D. A. S. 1 073 238].)

J. R. Geigy Akt.-Ges. (Erfinder: **Ernst Hodel und Hans Gysin**), Basel, Schweiz, *Herstellung neuer Ester von 5-Acyl-8-hydroxychinolinen.* (**Schwz. P. 336 069** vom 16/6. 1955, ausg. 31/3. 1959. **D. A. S. 1 055 284** Kl. 451 vom 15/6. 1956, ausg. 16/4. 1959. Schwz. Prior. 16/6. 1955. — C. **1960.** 12166 [D. P. [DDR] 14 971].)

J. R. Geigy Akt.-Ges. (Erfinder: **Alfred Margot und Hans Gysin**), Basel, Schweiz, *Pyrimidinderivate.* (**Schwz. P. 343 404** vom 15/2. 1956, ausg. 15/2. 1960. **A. P. 2 839 446** vom 8/2. 1957, ausg. 17/6. 1958. Schwz. Prior. 15/2. 1956. — C. **1960.** 13817 [F. P. 1 172 602].)

Ethyl Corp. (Erfinder: **Calvin Newton Wolf und Waldo Buford Ligett**), *Fungicide.* (**Aust. P. 216 518** vom 14/2. 1956, ausg. 28/8. 1958. A. Prior. 14/2. 1955. — C. **1960.** 12822 [Belg. P. 545 200].)

Boots Pure Drug Co. Ltd. (Erfinder: **Herbert Aubrey Stevenson, John Ray Marshall und Anthony Frederick Hams**), *Fungicide Mittel.* (**Aust. P. 215 343** vom 1/2. 1957, ausg. 26/6. 1958. E. Prior. 24/2. u. 28/2. 1956. — C. **1960.** 11086 [Oe. P. 205 283].)

Esso Research and Engineering Co., New York, N.Y., V.St.A. (Erfinder: **W. L. Zobrist und M. H. Gruber**), *Mittel zur Bekämpfung von Mehltau.* (**Schwed. P. 156 042** vom 21/1. 1954, ausg. 11/9. 1956. Schwz. Prior. 9/2. 1953. — C. **1957.** 7477 [D. B P. 956 639].)

Farbenfabriken Bayer Akt.-Ges., Deutschland (Erfinder: **Gerhard Schrader**), *Herstellung von Thiomethylalen.* (**F. P. 1 199 463** vom 27/2. 1958, ausg. 14/12. 1959. D. Prior. 1/3. 1957. — C. **1959.** 15175 [D. A. S. 1 056 122].)

Farbenfabriken Bayer Akt.-Ges. (Erfinder: **Friedrich Muth, Othmar Drapal und Otto Bayer**), Leverkusen, *Herstellung neuer Sulfonylaminoverbindungen.* (**Oe. P. 205 023** vom 6/11. 1957, ausg. 25/8. 1959. D. Prior. 8/12. 1956. — C. **1960.** 9768 [D. A. S. 1 058 049].)

Farbenfabriken Bayer Akt.-Ges., Leverkusen, *Herstellung neuer Sulfonylaminoverbindungen.* (**Oe. P. 205 023** vom 6/11. 1957, ausg. 25/8. 1959. D. Prior. 23/3. 1957. — C. **1960.** 16234 [D. A. S. 1 062 238].)

W. R. Grace & Co., New York, N.Y., V.St.A., *Herstellung von Dimethyl-2.2-dichlorvinylphosphat.* (**Ind. P. 55 710** vom 29/10. 1955, ausg. 13/6. 1958. Can. Prior. 25/5. 1955. — C. **1959.** 604 [F. P. 1 136 958].)

Farbenfabriken Bayer Akt.-Ges., Leverkusen-Bayerwerk (Erfinder: **Gerhard Schrader,** Opladen), *Herstellung von Thiophosphorsäureestern.* (**Jap. A. S. 6971/1958** vom 25/8. 1956, ausg. 21/8. 1958. D. Prior. 7/9. 1955. — C. **1960.** 10733 [D. A. S. 1 070 642].)

Farbenfabriken Bayer Akt.-Ges., Leverkusen, *Verwendung von Phosphorsäureestern.* (**Ind. P. 57 418** vom 23/5. 1956, ausg. 4/10. 1958. E. Prior. 15/3. 1956. — C. **1959.** 935 [E. P. 786 322].)

J. R. Geigy Akt.-Ges., übert. von: **Karl Gätzi und Paul Müller,** Basel, Schweiz, *Dithiophosphorsäureester.* (**A. P. 2 891 984** vom 13/5. 1955, ausg. 23/6. 1959. Schwz. Prior. 10/6. 1954. — C. **1959.** 14542 [D. B. P. 957 213].)

Cooper, McDougall & Robertson Ltd., Berkhamsted, England, *Reinigung von Pyrethrum-Extrakten.* (**Oe. P. 206 221** vom 17/4. 1957, ausg. 10/11. 1959. E. Prior. 15/5. 1956 u. 12/3. 1957. — C. **1960.** 17587 [Aust. P. 218 976].)

VIII. Metallurgie. Korrosion

Tagebau von Bauxit in Arkansas. J. A. Fuller und J. R. Krause. (Mining Congr. J. **47.** Nr. 3. 24—28. März 1961. Reynolds Mining Corp.) (Engl.) F. Vier. 6360□

Moderne Theorie des elektrischen Hochspannungsverfahrens. R. E. Barthelemy. (Mining Congr. J. **47.** Nr. 3. 55—59. März 1961. Jacksonville, Fla.) (Engl.)

Die physikal. Grundlagen der Aufbereitung durch elektrostat. Trennung werden erörtert. F. Vier. 6360□

Wärmebilanz und Abgasmengen eines Großraum-Lichtbogenofens. Robert Görgen. (Stahl u. Eisen **81.** 707—11. 25/5. 1961. Düsseldorf.) (Dt.)

M. Gehlen-Keller. 6370□

Die Verwendung von dispergiertem Masut in metallurgischen Öfen. N. Ss. Sheltow und A. D. Akimenko. (Сталь [Stahl] **21.** 185—88. Febr. 1961. Kulebaki Hüttenwerk; Gorki, Polytechn. Inst.) (Russ.)

Bei der Verw. von dispergiertem Masut zum Schmelzen von unlegiertem Stahl darf der Wasser-Geh. des Masuts im MARTIN-Ofen nur 10%, im Erwärmungsofen ca. 15% betragen. Die Dispergierung des mit nur wenig W. versetzten Masuts verbessert die Verbrennungsbedingungen. Es werden Vorschläge zur Entwässerung des Masuts gemacht; eine hierzu dienende Anlage wird beschrieben. H. HOCHSTEIN. 6370□

Verbrennungszone des Kokses beim Blasen mit an Sauerstoff angereichertem Wind im Hochofen. L. W. Bardina, Ju. I. Borissow, L. S. Chodak und A. M. Tschernyschew. (Известия Академии Наук СССР, Отделение Технических Наук Металлургия и Топливо [Nachr. Akad. Wiss. UdSSR, Abt. techn. Wiss., Metallurg. Brennstoffe] **1959.** Nr. 5. 11—26. Sept./Okt.) (Russ.)

Mitgeteilt werden die Temp.-Verhältnisse u. die Zus. des Formengases bei O_2-Geh. des Windes zwischen 21 u. 60% bei einem Vers.-Hochofen mit 430 mm Ø. Hierbei zeigt sich, daß die Anreicherung des Windes an O_2 die Verbrennungszone verkürzt u. die Abmessungen der Kreislaufzone erhöht. Bei der Erhöhung der O_2-Konz. im Wind nähert sich das Gebiet des maximalen O_2-Geh. im Gas bei schichtweiser Verbrennung der Stelle der Windeinführung. Auch wird dabei die Höchsttemp. in der Verbrennungszone erhöht. Der Grad der Temp.-Erhöhung wird nicht nur durch die Menge der bei der Verbrennung frei werdenden Wärme, sondern auch durch die Wärmemenge bestimmt, die von der Umgebung der Verbrennungszone verbraucht wird. H. HOCHSTEIN. 6370□

Verdichtung und Tongehalt. Einfluß auf Warmdruckfestigkeit von Formsand. R. W. Heine, J. S. Schumacher, W. F. Shaw und E. H. King. (Mod. Castings **37.** Nr. 6. 90—97. Juni 1960. Cincinnati, Ohio, Hill & Griffith Co.; Madison, Wis., Univ. of Wisconsin.) (Engl.)

Vff. zeigen, daß bei jedem Formsand in Abhängigkeit von der Vers.-Temp. die Warmdruckfestigkeit sich etwa um das 4—10fache u. die Formhärte von 60—90 oder darüber steigt. Bei gleichbleibender Verdichtung wird die höchste Festigkeit bei einem Geh. von ca. 6% Bentonit erreicht. Unterhalb dieses Geh. steigt mit steigendem Bentonit-Geh. die Druckfestigkeit. Wird der Geh. an Bentonit über 6% erhöht, dann fällt die Druckfestigkeit mit steigendem Gehalt. Bei Zusatz von Tonmehl wird kein Höchstwert (Maximum) festgestellt, sondern die Festigkeit steigt kontinuierlich an, bis der für den jeweiligen Geh. an Tonmehl charakterist. Höchstwert erreicht ist. Sande für Eisenguß, die kohlenstoffhaltige Zusätze enthalten, haben eine bedeutend niedrigere Warmdruckfestigkeit als die entsprechenden einfachen Sand–Ton-Mischungen. — 18 Schrifttumsangaben. K. HILLINGER. 6382□

Die Verwendung von Zement beim Präzisionsguß. J. Hockin. (Brit. Foundryman **53.** 442—47. Okt. 1960. Chicago, Ill., Consol. Foundries and Mfg. Corp.) (Engl.)

Infolge der Ausdehnung des Wachses reißen die Formen sehr oft während des Ausschmelzens. Deshalb muß das Formmaterial eine hohe Grünfestigkeit haben, um Riß-Bldg. zu vermeiden, eine niedrige Warmfestigkeit aufweisen, um Warmriß-Bldg. zu verhindern, u. schließlich muß das Material eine hohe Feuerbeständigkeit besitzen, damit der Formhohlraum nicht beschädigt wird u. die Maßgenauigkeit gewährleistet ist. Durch Zusatz von Zement, bes. *Portlandzement*, zum Formstoff werden die gewünschten Form-Eigg. erzielt. K. HILLINGER. 6382□

Das Anschneiden von Grünsandformen für Kugelgraphiteisen. J. C. McCartney. (Mod. Castings **38.** Nr. 3. 105—06. Sept. 1960. East Moline, Ill., John Deere Malleable Works.) (Engl.)

Überblick über die beim Anschneiden zu beachtenden Besonderheiten, um gesunde Gußstücke herzustellen. K. HILLINGER. 6382□

Versuche beim Schmelzen mit Carbidzusatz im Kupolofen. Werner Hass. (Giessereitechnik **6.** 293—95. Okt. 1960.) (Dt.) — Vgl. C. **1960.** 15199.

Als Ergebnis der Verss. wird festgestellt, daß beim Schmelzen mit Carbidzusatz nur dann Erfolge erzielt werden, wenn die Ofenführung in Ordnung ist, die wiederum weitgehend von dem Vorhandensein der erforderlichen Meßinstrumente abhängig ist. Schweißcarbid eignet sich nicht als Zusatzmittel. Gießereicarbid hingegen wird für geeignet angesehen. K. HILLINGER. 6382□

Die Änderung des Gefügeaufbaues im Zusammenhang mit dem Durchmesser des gegossenen Stabes und der Wandstärke bei gleicher Abkühlungsgeschwindigkeit. Nándor Hajtó. (Kohászati Lapok **94.** Nr. 4. Öntöde **12.** 82—84. April 1961. Budapest, Köbányaer Eisen- u. Metallgiesserei.) (Ung.)

Verss. zeigen, daß nur bei $r \geqq 15$ mm Wandstärke der Platten u. einem Durchmesser von 2 r die Eigg. der zylindr. Proben die gleichen sind. L. ZOMBORY. 6382

Theoretische Analyse des Wärmefeldes in Stahlgußstücken. Karl Weber. (Freiberger Forsch.-H., Reihe B Heft **59.** 154–67. April 1961. Plzeň, ČSSR.) (Dt.)
M. GEHLEN-KELLER. 6382□

Untersuchung der Strömung einer flüssigen Aluminiumlegierung in der Form mittels eines Röntgenapparates. Albin Buzánszky. (Kohászati Lapok **94.** Nr. 4. Öntöde **12.** 89. April 1961. Budapest, Csepel Eisen- u. Metallwerke.) (Ung.)

Die beim Gießen einer Scheibe aus verschiedenen Al-Legg. vorkommenden Strömungsverhältnisse wurden mittels eines Röntgen-App. untersucht. Es wurde festgestellt, daß der geeignetste Einguß mit unterem Anschnitt zu erreichen ist; bei fallendem Guß spritzte das Metall. L. ZOMBORY. 6382

Veränderung der Mikrohärte von Einschlüssen der Phosphorverbindungen im grauen Gußeisen bei 20–300°. M. M. Snitkowski und I. I. Ssilajew. (Металловедение и Термическая Обработка Металлов [Metallkunde therm. Metallbearb.] **1960.** Nr. 5. 42–45. Mai. Odessa, Inst. für Ingenieure der Hochseeflotte.) (Russ.)

Eine Temp.-Erhöhung auf 300° führt zu einer starken Abnahme der Mikrohärte einiger Einschlüsse von P-Verbb. im Grauguß. Hierbei wird die Mikrohärte des Perlits u. Ferrits unwesentlich verändert. Die größte Verminderung der Mikrohärte wird für das tern. Eutektikum $Fe_{\alpha}(P, C) + Fe_3C + Cr_{23}C_6$ u. für das bin. Eutektikum $Fe_3P + Fe_3C$ festgestellt. Der spezif. Mikrohärteunterschied nimmt ständig ab. Bei 300° ist er sehr klein. Für das tern. Eutektikum $Fe_{\alpha}(P, C) + Fe_3P + Fe_3C$ u. das Carbid $Cr_{26}C_6$ nimmt der spezif. Mikrohärteunterschied einen bestimmten Mittelwert an.
H. HOCHSTEIN. 6402□

Über die Modifizierung von Magnesiumgußeisen. A. W. Tschornowol. (Доповіді Академії Наук Української РСР [Ber. Akad. Wiss. Ukrain SSR] **1961.** 183–87. Inst. für Gießereiwesen der Akad. der Wiss. der UkrainSSR.) (Ukrain.; Auszug: Engl.)

In Verss. mit Gußeisen mit 3,56 (%) *C*, 2,3 *Si*, 0,01 *Mn* u. Spuren von *S* u. *P*, das mit 0,4 Mg modifiziert wurde, bewirkte ein Zusatz von 0,8 *FeSi* eine Herabsetzung der Unterkühlung beim Erstarren, eine völlige Beseitigung der Ausscheidung von freiem Zementit bei der Kristallisation u. eine starke Zunahme der Graphiteinschlüsse. Zusatz von 1% *CaSi* war weniger wirksam als der Zusatz von FeSi. O. LEBTAG. 6404□

Der Einfluß der Zusammensetzung von Kugelgraphiteisen auf Besonderheiten des Anschnittsystems. J. A. Davis. (Mod. Castings **38.** Nr. 3. 103–04. Sept. 1960. Columbus, Ohio, Battelle Mem. Inst.) (Engl.)

Der C-Geh. soll beim oder über dem eutekt. Punkt liegen, damit die Steiger am wirksamsten sind. Die Geh. an Mg u. anderen Carbidbildnern müssen so niedrig wie möglich sein, wenn die Steiger ihre größte Wrkg. ausüben sollen. Um das Fließvermögen des Metalls sowohl im Anschnitt-Syst. als auch in der Form zu erhöhen ist der Geh. an Schlackenbildnern, z. B. Mg u. S, an der untersten Grenze zu halten.
K. HILLINGER. 6404□

Über die Graphitisierung von Chromeisen. I. G. Cheifetz. (Доповіді Академії Наук Української РСР [Ber. Akad. Wiss. UkrainSSR] **1961.** 192–96. Dnepropetrowsk, Zweigstelle des Ukrain. Polytechn. Inst. für Fernunterricht.) (Ukrain.; Auszug: Engl.)

In Verss. mit Gußeisen, die 0,05–2,12% Cr enthalten, zeigt sich, daß die Graphitausbildung durch eine Inkubationsperiode gek. ist. Diese nimmt mit steigendem Cr-Geh. zu. Die Dauer der Inkubationsperiode ist im wesentlichen von jener Zeit abhängig, die für die Austenitverarmung an Cr bei der isothermen Behandlung erforderlich ist. Die Graphitisierung wird verzögert, wenn das Gußeisen große Mengen an nichtgelöstem Zementit enthält. Durch die Carbidanalyse läßt sich nachweisen, daß während des graphitisierenden Glühens eine Chromierung des Austenits erfolgt. Dadurch werden die zwischenatomaren Bindungen verstärkt; die Beweglichkeit der Metallatome nimmt ab, wodurch die Graphitisierung verzögert wird. O. LEBTAG. 6404□

Nickelfreier Stahl für große Schmiedestücke. M. P. Braun, K. F. Gurshijenko, A. I. Kondraschew, B. W. Winokur und A. L. Geller. (Металловедение и Термическая Обработка Металлов [Metallkunde therm. Metallbearb.] **1960.** Nr. 12. 16–17. Dez. Inst. für Gießereiwesen der Akad. der Wiss. der UkrainSSR.; Nowo-Kramatorsk, Maschinenbauwerk.) (Russ.)

Auf Grund von Vgl.-Unterss. der mechan. Eigg. in Öl von verschiedenen Temp. (850–920°) abgeschreckter u. bei 400–675° angelassener Stähle (*40 ChN*, *30 ChGWT*, *35ChNM* u. *34ChN3M*) wird die Herst. schwerer Schmiedestücke aus dem Ni-freien Stahl *30ChGWT* mit 0,28–0,35 (%) C, 0,17–0,37 Si, 1,0–1,2 Mn, 0,9–1,2 Cr, 0,7 bis 0,9 W, 0,05–0,10 Ti, jeweils 0,030 S bzw. P bis zu 700 mm Querschnitt als Ersatz für *40ChN* u. bis 500 mm Querschnitt als Ersatz für *35 ChNM* u. *40 ChNM* empfohlen.
H. HOCHSTEIN, 6408□

Der Einfluß von Wasserstoff auf die Eigenschaften von Stahl. M. Śmiałowski und E. Gąsior. (Prace Inst. Hutniczych **2.** 89—103. 1961. Inst. Chem. Fizycz. PAN.) (Pol.)

Krit. Überblick. — 78 Literaturangaben. M. GEHLEN-KELLER. 6408□

Graphische Methode zur Berechnung des Steins in der Kupfermetallurgie. László Fekete. (Kohászati Lapok [Ung. Z. Hüttenwes.] **94.** 186—91. April. Fémipari Kutató Intézet Közleményei [Mitt. Forsch.-Inst. NE-Metalle] **4.** 347—51. 1961. Budapest, Forsch.-Inst. NE-Metalle.) (Ung.)

Zur Best. der Zus. von gerösteten u. rohen sulfid. Cu-Erzen beim Schmelzen auf Kupferstein gibt Vf. ein Nomogramm an. Aus diesem sind sowohl die beim Schmelzen eintretenden S-Verluste, als auch die Zus. des zu erschmelzenden Kupfersteins entnehmbar. L. ZOMBORY. 6432

Cu-Zr-Legierung für Hochtemperatur-Vorrichtungen. Anonym. (Electronics **33.** Nr. 37. 96. 98. 9/9. 1960.) (Engl.)

Eine Cu-Leg. *Amzirc* mit 0,15% Zr besitzt eine hohe elektr. Leitfähigkeit, die ca. 90 bis 95% von der des ausgeglühten Standard-Cu beträgt sowie eine hohe Warmfestigkeit bei Betriebs-Temp. bis 750°F. Cu-Legg. mit 0,23—0,25% Zr besitzen zwar die gleiche oder noch höhere elektr. Leitfähigkeit als *OFHC*-Cu, jedoch ist es schwierig, eine solche Leg. zu schmelzen u. zu verarbeiten. Für die Verarbeitung ist ein Zr-Zusatz von 0,15% am günstigsten. Eine um 85% kaltverformte Leg., die 1 Std. bei 375° gealtert wurde, besitzt bei Raum-Temp. eine Zerreißfestigkeit bis 70000 lbs./sq.in., eine Streckgrenze bis 62000 lbs./sq.in. u. eine Dehnung von 10—12%. H. HOCHSTEIN. 6432

Besonderheiten von Guß aus hochmanganhaltiger Nickel-Aluminium-Bronze. G. Bradshaw, M. M. Kennedy und S. H. Dorn. (Mod. Castings **38.** Nr. 3. 67—74. Sept. 1960. Philadelphia, Pa., Philadelphia Naval Shipyard.) (Engl.)

Überblick über die Herst. u. Eigg. von Schiffsschrauben aus hochmanganhaltiger Ni-Al-Bronze mit 75,04 (%) *Cu*, 2,85 *Fe*, 7,70 *Al*, 12,10 *Mn*, 2,25 *Ni*, 0,06 *Si*. K. HILLINGER. 6432□

Untersuchungen über die saure Aufarbeitung von Wolframitkonzentraten. K. J. Schapiro und G. A. Meerson. (Planseeber. Pulvermetallurgie **8.** 156—65. Jan. 1961.) (Dt.)

Untersucht wurde der Einfl. der Menge u. der Konz. von HCl, der Arbeits-Temp. u. der Kugelfüllung auf die Geschw. u. das Ausmaß der Säure-Zers. des Wolframits in Warmkugelmühlen. Eine Unters. der Bedingungen für die zweistufige Säure-Zers. unter Berücksichtigung des Wrkg.-Grads beweist die große industrielle Wirtschaftlichkeit eines solchen Verf., da ein Aufschlußgrad des Konzentrats von 99,5% u. ein konst. HCl-Aufwand von 170% gewährleistet werden konnte. Für diese Wirtschaftlichkeit spricht ferner die Prozeßdauer von $2^1/_2$ Std. u. die Zers.-Temp. von 100°. Durch eine ammoniakal. Nachreinigung konnten mit Ausnahme von Sesquioxyden alle Fremdsubstanzen beseitigt werden. Zur Beseitigung von *Fe*- u. *Mn*-Verunreinigungen wurde ferner eine Meth. zur Ausfällung als *Sulfide* entwickelt. Damit entstand ein WO_3 mit einem für die Hartmetall- u. die Glühlampenindustrie ausreichendem Reinheitsgrad. H. FAHLENBRACH. 6440□

Die Aufbereitung von Wolfram und Molybdän aus Natrium-Molybdat- und Wolframat-Lösungen mit Hilfe von Wasserstoffreduktionen unter erhöhtem Druck. A. N. Zelikman und Z. M. Lyapina. (Planseeber. Pulvermetallurgie **8.** 148—55. Jan. 1961.) (Engl.)

Es wird die Fällung von W u. von W u. Mo aus Na-Wolframat- bzw. aus Mischungen von Na-Wolframat- u. -Molybdat-Lsgg. durch die H_2-Red. unter Drücken bis zu 60 at untersucht. Reine Wolframat-Lsgg. besaßen W-Konz. von 5—40 g/Liter. Eine vollständige Fällung wurde bei pH-Werten von 2—3, einem H_2-Partialdruck von 20 at u. einer Temp. von 200° erreicht. Die Fällung erfolgte dabei mit großer Geschw. u. ohne Zusatz von W-Pulver, im Gegensatz zu den ähnlichen Aufbereitungs-Meth. des Mo. Das ausgefällte W-Konzentrat war WO_2 mit Na-Geh. um 4%. Bei den Mischlsgg. wurde bei 20 at u. 200° zunächst überwiegend W gefällt, danach bei 50 at unter Zusatz von Mo-Pulver, Mo als MoS_2. Eine Reinigung der beiden getrennt ausgeschiedenen W- u. Mo-Verbb. wurde durch eine Wiederholung der Fällung erreicht. Die industrielle Bedeutung der beschriebenen Aufbereitungs-Verff. wird erörtert. H. FAHLENBRACH. 6440□

Untersuchungen zur Bestimmung der günstigsten Belastung für einen Al-Elektrolyseofen-Typ. Imre Molnár. (Kohászati Lapok [Ung. Z. Hüttenwes.] **94.** 177—85. April 1961. Tatabánya, Aluminiumhütte.) (Ung.)

Vf. beschreibt die zur Einstellung der optimalen Belastung eines Al-Elektrolyseofens von älterem Typ u. zur günstigsten Umänderung der Konstruktionsverhältnisse durchgeführten techn. u. wissenschaftlichen Unterss., vor allem die Wrkg. der Stromstärkeerhöhung. Zur Unters. letzterer wird ein Nomogramm mitgeteilt. Der wirtschaftliche

Zusammenhang zwischen spezif. Energieverbrauch, Stromstärke u. Produktivität der älteren Ofentypen wird erörtert. L. ZOMBORY. 6446

Untersuchung der Aluminiumverluste in Kryolith-Tonerde-Schmelzen mittels einer neuen Methode. Endre Balázs und A. I. Beljajev. (Kohászati Lapok [Ung. Z. Hüttenwes.] **94.** 165—68. April 1961. Moskau, Buntmetallhochschule.) (Ung.)

Zur Best. der Al-Verluste werden in die Schmelze von 1010—1020° Al-Stückchen gegeben u. deren vollständiges Auflösen bzw. Klärung der Schmelze beobachtet. Systemat. Verss. zeigen, daß die Al-Verluste bei dem Molverhältnis von 2,7 NaF/AlF_3 am größten sind, durch Veränderung der 5% Al_2O_3 enthaltenden Schmelze zwischen den Werten 2,4—3,0 kaum beeinflußt wird, von den untersuchten Beimengungen MgF_2 den Verlust zurückdrängt u. in einer mit Tonerde gesätt. Kryolithschmelze prakt. kein Al-Verlust eintritt. L. ZOMBORY. 6446

Entgasung und Reinigung von Aluminium mit Stickstoff und Stickstoff-Chlor-Gemischen. Roy F. Gottschalk. (Metal Progr. **78.** Nr. 3. 97—99. Sept. 1960. Chicago, Ill., Chemetron Corp.) (Engl.)

Die Entfernung von H_2 u. eingeschlossenen Oxyden aus geschmolzenem Al durch Einleiten von N_2 oder Gemischen von N_2 u. Cl_2, z. B. 10% Cl_2, über eine Lanze wird bei Verw. einer Entgasungsglocke verbessert. F. VIER. 6446□

Prüfung der physikalischen Eigenschaften von gegossenen Reinstaluminiumproben. Robert K. Vassel. (Fémipari Kutató Intézet Közleményei [Mitt. Forsch.-Inst. NE-Metalle] **4.** 265—84. 1961. Budepast, Forsch.-Inst. NE-Metalle.) (Ung.)

Die Unters. ergab einen Zusammenhang zwischen Gefüge, Erstarrungs-Geschw. u. elektr. Leitfähigkeit von 99,5%ig. Al. Die techn. Kennwerte zeigen auch innerhalb eines Blockes große Streuungen infolge Inhomogenität der Struktur. Die an dem „Wärmeausdehnungszahl-Temp."-Diagramm beobachtbare Wrkg. des Fe/Si-Verhältnisses der Proben wird ausführlich behandelt. L. ZOMBORY. 6446

Verringerung der Deformation von Halbzeug und Einzelteilen aus der Legierung W 95 bei der Härtung. W. D. Bessonow, Je. Ss. Kosotschkina und K. G. Ssobolewa. (Металловедение и Термическая Обработка Металлов [Metallkunde therm. Metallbearb.] **1960.** Nr. 5. 11—15. Mai.) (Russ.)

Zur Verringerung des Abschreckverzuges der Al-Leg. *W 95* mit 5,7 (%) Zn, 0,41 Mn, 2,75 Mg, 2,0 Cu, 0,55 Si, 0,17 Cr, 0,23 Fe, Rest Al in Form von Halbzeug oder ringförmigen Blechteilen wird folgende Behandlung empfohlen: 1. anod. Oberflächenbehandlung auf eine Stärke von 5—50 μ; 2. Erwärmung auf eine Abschrecktemp. von 465—480°; 3. Abkühlung in W. von 80—85°; 4. 16std. Ausalterung bei 135—145°; 5. Beseitigung des anod. Überzugs. Eine Erhöhung der Einlauf-Geschw. der Teile in das Abschreckbad (freier Fall aus 1,5—2,0 m Höhe) führt zu einer Verzugsverringerung, unabhängig von der Temp. des Kühlmittels. H. HOCHSTEIN. 6446□

Kornverfeinerung der hypereutektischen Al-Si-Kolbenlegierung. Csaba Horváth und Béla Tarján. (Kohaszati Lapok **94.** Nr. 3. Öntöde **12.** 49—59. März. Nr. 4. Ondöte **12.** 85—88. April 1961. Budapest, Csepel Eisen- u. Metallwerke.) (Ung.)

Vff. beschreiben die zur Kornverfeinerung von Si-Kristallen ausgeführten Labor.- u. Betriebs-Verss., wobei *Na*, *roter P*, *CuP*, P_2O_5, metall. *Ti* u. *Ti*-Legg. verwendet wurden. Eine günstige Wrkg. hatte roter P, die durch Zugabe von komplexen Kornverfeinern, wie z. P. *P–Ti* oder bes. *P–Ti–B*, noch gesteigert werden kann. Die mit dem letzteren durchgeführte Kornverfeinerung kann unter Betriebsumständen nur in Ggw. einer *Al–B*-Hilfsleg. erfolgreich verwendet werden. L. ZOMBORY. 6446

Abhängigkeit der Sinterung von Eisenpulver von den allotropen Umwandlungen. A. A. Schmykow und W. Ss. Ssaklinski. (Металловедение и Термическая Обработка Металлов [Metallkunde therm. Metallbearb.] **1960.** Nr. 12. 26—36. Dez. Allunions-Maschinenbau-Inst. für Fernunterricht; Forsch.-Inst. für Technol. der Automobilind.) (Russ.)

Als Ergebnis der Unterss. über die Herst.-Bedingungen von Gegenständen mit erhöhter Festigkeit aus Fe-Pulver werden folgende Maßnahmen als die günstigsten ermittelt: Pressen des Fe-Pulvers zu Preßlingen, Sintern bei 875° mit einer Sinterdauer von $1^1/_2$—$2^1/_2$ Std., Pressen der vorgesinterten Preßlinge auf die gewünschte Endform, Sinterung der so gepreßten Sinterteile bei 1000—1050° mit einer Haltedauer von höchstens 1 Stunde. H. HOCHSTEIN. 6474□

Über das Sintern von Zweiphasenpulversystemen. W. W. Skorochod und I. M. Fedortschenko. (Доповіді Академії Наук Української РСР [Ber. Akad. Wiss. UkrainSSR] **1961.** 486—89. Inst. für Metallkeramik u. Sonder-Legg. der Akad. der Wiss. der UkrainSSR.) (Ukrain.; Auszug: Engl.)

Es wurde das Vorhandensein einer Korrelation zwischen dem Sintern eines Zweiphasen-Syst. (Größe der Zwischenphasenkontakte) u. dem Benetzungswinkel an *Cu–W*, (*Cu* + 5% *Ni*)–*W*, *Cu–ZrC* u. (*Cu* + 5% *Ni*)–*ZrC* überprüft. Es zeigte sich, daß in den beiden ersten Syst. der Benetzungswinkel fast bei Null liegt. Auch der Zwischenphasenkontakt (feste Benetzung) liegt hier bei Null. Im Syst. Cu–ZrC beträgt der Benetzungswinkel 135–140°; im Syst. (Cu + 3% Ni)–ZrC liegt er bei 55°. Der Winkel der festen Benetzung beträgt 165 bzw. 61°. Am Syst. Cu–W wurde die Kinetik der Zwischenphasenkontakte untersucht (850–1050°). Es zeigte sich, daß die experimentellen Kurven weitgehend mit den theoret. berechneten übereinstimmen. O. LEBTAG. 6474□

Einige Eigenschaften von Legierungen aus Titanborid und Chromtitanborid mit Borcarbid. K. I. Portnoj, G. V. Samsonov und K. I. Frolova. (Planseeber. Pulvermetallurgie **8.** 195–99. Jan. 1961.) (Dt.)

Mit dem Ziel, die Sprödigkeit von hochwarmfesten Werkstoffen auf der Basis B_4C zu verringern u. die Oxydationsbeständigkeit zu verbessern, wurden Legg. von B_4C mit TiB_2 bzw. mit Gemischen von TiB_2 u. CrB_2 pulvermetallurg. durch Heißpressen bei Temp. von 2100–2400° hergestellt u. mkr.-röntgenograph. u. auf Mikrohärte u. Oxydationsbeständigkeit hin untersucht. Dabei zeigte sich, daß die Legg. von B_4C mit den Doppelboriden TiB_2–CrB_2 eine etwas höhere Oxydationsbeständigkeit als bei den Legg. mit den einfachen Boriden besitzen. So ist die Zunderfestigkeit der Legg. im Syst. TiB_2–B_4C, z. B. bei 1200°, so ungenügend, daß solche Werkstoffe bei diesen Temp. nur kurzzeitig eingesetzt werden können. Die untersuchten Legg. der Syst. B_4C–TiB_2 u. B_4C–$(Ti, Cr)B_2$ gehören dem eutekt. Typ an, wobei die FF. der Eutektika sehr hoch liegen, z. B. 1900° im Syst. B_4C–TiB_2 bei einem Geh. von 30% TiB_2.
H. FAHLENBRACH. 6476□

Bestimmung der Umschlagtemperatur mit Ziehprüfstäben mit Kerbe und mit V-gekerbten Miniaturschlagproben. C. Pfeiffer. (Jernkontorets Ann. **143.** 767–86. 1959.) (Schwed.) — Vgl. C. **1960.** 12494.

Schiffsplattenmaterial wird nach der früher beschriebenen Meth. über seine ganze Dicke mit gekerbten Ziehprüfstäben untersucht. Die dabei ermittelten Umschlag-Temp. stimmen mit den im Schlag-Vers. mit CHARPY-Stäben bestimmten gut überein. Auch „Miniaturstäbe" (Querschnitt $<10\times10$ mm, z. B. 5×5 oder $3{,}3\times3{,}3$ mm) geben bei gleicher Geometrie der geprüften Fläche übereinstimmende Werte, bei der Unters. von Strahlungsalterung werden aber um ca. 50% niedrigere Werte erhalten; die im zähen Gebiet beobachtete Zunahme der spezif. Energieabsorption mit abnehmendem Querschnitt (flacherer Verlauf der Temp.-Schlagzähigkeits-Kurve) wird im spröden Gebiet nicht beobachtet. R. K. MÜLLER. 6480□

Bestimmung der C-Kurven von Stählen. Árpád Szombatfalvy. (Kohászati Lapok [Ung. Z. Hüttenwes.] **94.** 145–50. April 1961. Budapest, Eisenforschungsinst.) (Ung.)

Beschreibung eines App. zur automat. Registrierung der Zers. des Austenits. Aus 12–18 Umwandlungsdiagrammen kann die C-Kurve konstruiert werden.
L. ZOMBORY. 6480

Baustähle mit erniedrigter Durchhärtbarkeit. K. S. Schepeljakowski. (Металловедение и Термическая Обработка Металлов [Metallkunde therm. Metallbearb.] **1960.** Nr. 12. 8–15. Dez. Moskau, Automobil-Werk.) (Russ.)

Untersucht werden die Besonderheiten der Zus. u. der Schmelzung von Baustählen mit niedriger Durchhärtbarkeit. Es wird ferner über einige Besonderheiten der Struktur, das Verh. bei der Härtung der Stähle mit erniedrigter Durchhärtbarkeit u. die mechan. Eigg. berichtet. Hierbei zeigt sich, daß die Oberflächenhärtung von Gegenständen mit geringem Querschnitt aus einem Stahl mit erniedrigter Durchhärtbarkeit bei einer durchgreifenden Erwärmung den Gegenständen eine hohe Festigkeit erteilt, die gleich oder größer als die maximale Festigkeit unzementierter Stähle ist. Bei einer Verminderung des Querschnitts der oberflächengehärteten u. zementierten Proben nimmt die Festigkeit zu. Oberflächengehärtete Stähle mit erniedrigter Durchhärtbarkeit besitzen ein günstigeres Verhältnis von Oberflächenhärte u. Kerbschlagzähigkeit als zementierte Stähle. Unterss. der stat. u. der Dauerfestigkeit von Zahnrädern aus Stahl mit erniedrigter Durchhärtbarkeit bestätigen vorst. Ergebnisse. H. HOCHSTEIN. 6480□

Das Entspannungsverhalten von Chrom-Molybdän- und Chrom-Molybdän-Vanadin-Bolzenwerkstoff. J. A. Stafford und M. G. Gemmill. (Proc. Instn. mechan. Engr. **171.** 834–42. 1957. United Steel Co. Ltd., Res. and Dev. Dep. u. Centr. Electricity Authority.) (Engl.)

An Stahl mit 0,42 (0,39) (%) C, 0,58 (0,50) Mn, 0,25–0,30 (0,20) Si, 0,030–0,035 (0,026) S, 0,028–0,030 (0,018) P, 1,29–1,35 (1,28) Cr, 0,58–0,59 (0,65) Mo, 0 (0,26) V ausgeführte Unterss. über ihr Verh. unter konst. Last u. konst. Spannung unter Verw. des „weighbar“-Verf. zeigen, daß die Ergebnisse der konst. Spannung nicht vollständig die von anderer Seite entwickelte Theorie der Spannungshärtung u. Zeithärtung unterstützen. Zwischen Spannung, Temp. u. Zeit besteht eine empir. Beziehung, die aber keine theoret. Deutung erlaubt. Die Möglichkeit, die Entspannungswerte zu Planungszwecken zu verwenden, wird erörtert. W. WESLY. 6480□

Der Einfluß niedriger Temperaturen auf das Aussehen des Bruches und auf die Zähigkeit von Stahl. M. P. Braun. (Известия Академии Наук СССР, Отделение Технических Наук, Металлургия и Топливо [Nachr. Akad. Wiss. UdSSR, Abt. techn. Wiss., Metallurg. Brennstoffe] **1960.** Nr. 2. 104—09. März/April. Kiew, Inst. für Gießereiwesen der Akad. der Wiss. der UkrainSSR.) (Russ.)

Geringe Zusätze an *Ti*, *V* u. *W* beeinflussen nur sehr wenig das Aussehen des Bruchs von sprödem Stahl. Bei einem zähen Zustand des Stahls wirkt W am stärksten. Ein gewisser Vorteil des mit kleinen Mengen W legierten Stahls ist seine erhöhte Zähigkeit nach einer Abschreckung von 1000°. *Mo* (0,34%) beseitigt nicht die Neigung des Stahls zur Versprödung, jedoch ist die Versprödung eines mit Mo legierten Stahls bei — 60° nur gering. In gleicher Weise wirkt auch W, jedoch ist nach einer Abschreckung von hoher Temp. die Neigung zur Abnahme der Stahlzähigkeit größer als bei dem mit Mo legierten Stahl. Eine Austenit-Homogenisierung des W-Stahls tritt vollständiger auf, so daß infolgedessen nach der Abschreckung von hoher Temp. der Zähigkeitswert höher ist. Am wirksamsten auf das Bruchaussehen u. auf die Abnahme der Neigung zum Sprödbruch ist die komplexe Leg. des Stahls mit W + Ti. H. HOCHSTEIN. 6480□

Der Bruchmechanismus bei Metallen mit besonderer Berücksichtigung des spröden Bruchs. C. Schaub. (Jernkontorets Ann. **143.** 185—206. 1959. Jernkontorets techn. forskningsverksamhet.) (Schwed.)

Bei Sprödbruch ist eine Wechsel-Wrkg. zwischen dreiachsigen Zugspannungen vor einem raschlaufenden Bruchriß u. der Kohäsion des Metalls anzunehmen. Bei reinen Metallen mit kub. flächenzentriertem Gitter, wie Cu, können die Spannungen die Kohäsion normalerweise nicht übersteigen, wohl aber nach Zulegierung (bei Cu von Sb). Bei kub. raumzentriertem Gitter (Fe) kann Sprödbruch bei niedrigeren Temp. entstehen, wenn die Spannung die Kohäsion übersteigt. Die Reckgeschw. beim CHARPY-V-Test wird zu ca. $10^3 s^{-1}$ berechnet; dieser Test gibt Hinweise auf die Neigung zu Sprödbruch: die Übergangs-Temp. bei 1—3 kg/cm² steht in Zusammenhang mit der Temp., unterhalb der kein Sprödbruch erfolgt. — 13 Literaturangaben. R. K. MÜLLER. 6480□

Prinzipien der Prüfung und Beurteilung der Ergebnisse bei Untersuchung der Sprödbruchempfindlichkeit eines Stahls. T. M. Norén. (Jernkontorets Ann. **143.** 207—30. 1959. Jernkontorets techn. forskningsverksamhet.) (Schwed.)

Die Meth. der Prüfung von Stählen auf Sprödbruchempfindlichkeit werden nach 4 Hauptprinzipien eingeteilt: Anwendungsgebiet, Typ von Prüfstab-u. Beanspruchung, Kriterium der Beurteilung der Ergebnisse u. Beziehung der Probe zu prakt. Verhältnissen. Bei allen Prüfmeth. zeigt sich ein Einfl. der Temp. auf das Bruchverhalten. Die zuverlässigste Beurteilung der Sprödbruchneigung gibt die CHARPY-V-Probe, bes. in Ergänzung durch andere Kriterien. Bei Temp., bei denen ein Stahl ohnehin zur Versprödung neigt, können Schweißbeanspruchungen zum Sprödbruch führen. Dies kann auch bei geringen Betriebsbeanspruchungen u. unterhalb des unteren Übergangsbereichs der CHARPY-V-Kurve eintreten. Oberhalb dieses Bereichs verhält sich ein Stahl im allg. unter Betriebsbeanspruchungen duktil. — 57 Literaturangaben. R. K. MÜLLER. 6480□

Warmrißbildung bei binären Nichteisenmetallegierungen. R. A. Rosenberg, M. C. Flemings und H. F. Taylor. (Mod. Castings **38.** Nr. 3. 112—22. Sept. 1960. Cambridge, Mass., Massachusetts Inst. of Technol.) (Engl.)

Beschreibung einer neuentwickelten Meth. zur Unters. der Warmriß-Bldg. von Nichteisenmetall-Legierungen. Untersucht wurden *Al*–*Mg*-Legg. mit 0—12 (%) Mg, *Al*–*Sn*-Legg. mit 0—10 Sn, *Al*–*Cu*-Legg. mit 0—15 Cu, *Mg*–*Al*-Legg. mit 0—20 Al u. *Mg*–*Zn*-Legg. mit 0—10 Zn. Kleine Beträge von Leg.-Elementen erniedrigen den Widerstand gegenüber der Warmriß-Bldg. von reinen Metallen durch Bldg. von „Taschen“ oder „Filmen“, die bis zu mehreren 100° unterhalb des Ep. des reinen Metalls fl. bleiben. Diese fl. Bereiche erniedrigen Festigkeit u. Zähigkeit. Sofern durch Zusatz von genügenden Leg.-Elementen mehr Eutektikum vorhanden ist, als erforderlich um die prim. Körner vollständig mit einem dünnen Film zu umgeben, wächst der Widerstand gegen Warmrißbildung. — 19 Schrifttumsangaben. K. HILLINGER. 6480□

Messung der Größe von Defekten in Werkstücken nach der Amplitude eines Ultraschallsignals. I. N. Jermolow. (Заводская Лаборатория [Betriebs-Lab.] **26.** 446—51. 1960. Zentrales Forsch.-Inst. für Technol. u. Maschinenbau.) (Russ.)

Die Amplitude eines vom Defekt reflektierten Ultraschallsignals wird mittels Eichkurven zur Best. der Größe der Defekte verwendet. Ein entsprechendes Gerät wird beschrieben. H. JÄGER. 6480 □

Vorrichtung zum elektrochemischen Durchschneiden von Metall-Einkristallen. Paolo Spinedi und Mario Crudeli. (Ricerca sci. **30.** 1045—50. Juli 1960. Rom, Univ., Ist. di metallurg. e metallogr.) (Ital.)

Vff. beschreiben eine Vorr., mit deren Hilfe Metallproben auf elektrochem. Wege durchschnitten werden können; außerdem gestattet sie, Metalloberflächen zu polieren u. zu ätzen. Die Probe wird dabei anod. geschaltet, während aus einer Metalldüse, welche zugleich als Kathode dient, ein Strahl eines geeigneten Elektrolyten auf die Probe gerichtet wird. Angeführte Beispiele: Durchschneiden eines mono- u. eines polykristallinen Zn-Stabs unter Verw. von 25% ig. NaCl-Lsg. als Elektrolyten, Ätzen von Zn-Oberflächen mit alkohol. $HClO_4$. HEINZ HESS. 6482 □

Neue Wege zur zerstörungsfreien Prüfung in der Metallurgie. Ernst Schiebold. (Neue Hütte **6.** 416—30. Juli 1961. Magdeburg.) (Dt.)

Überblick über Durchstrahlung mit Röntgen- u. γ-Strahlen, Anwendungsmöglichkeiten u. -beispiele. — 175 Literaturangaben. M. GEHLEN-KELLER. 6484 □

Materialprüfung mit radioaktiven Isotopen. Rudolf Neider. (Materialprüfung **1.** 225—34. 20/7. 1959. Berlin-Dahlem, Bundesanst. für Materialprüfung.) (Dt.)

Überblick. — 27 Literaturangaben. M. GEHLEN-KELLER. 6484 □

Kontaktloser Isotopendickenmesser für heißgewalzte Stahlbleche. Tadeusz Florkowski und Ludwik Górski. (Hutnik **27.** 273—78. Juli/Aug. 1960. Kraków, Akad.-Górn.-Hutn.) (Pol.)

Beschrieben wird ein kontaktloser Dickenmesser für heiße Stahlbleche (2—12 mm Stärke), der auf der Grundlage der Absorption von γ-Strahlung (^{137}Cs) mit $\pm$0,04 mm Genauigkeit arbeitet. F. URBAN. 6484 □

Röntgenographische Untersuchungen über die Tiefenverteilung der Eigenspannungen in einsatzgehärteten Stählen. Heribert Stroppe und Horst Blumenauer. (Wiss. Z. Hochschule Schwermaschinenbau Magdeburg **4.** 157—64. 1960. Inst. für Werkstoffkunde u. Werkstoffprüfung, Fak. für Technol. des Maschinenbaus.) (Dt.)

Die Tiefenabhängigkeit der Eigenspannungen 1. Art in einsatzgehärteten Stählen wird röntgenograph. an Einsatzschichten von 0,5, 1,5 u. 2,5 mm Tiefe ermittelt u. erörtert. Die Abhängigkeit der an der Probenoberfläche herrschenden Randspannung, des in der Einsatzschicht auftretenden Druckhöchstwertes u. der Spannungsumkehr im Kern von den verschiedenen Einsatztiefen wird wiedergegeben. W. WESLY. 6484 □

Neue Gesichtspunkte für die Untersuchung der Schweißverbindungen mit radioaktiven Isotopen. Jenö Semadam. (Energia és Atomtechn. **13.** 75—78. Jan./Febr. 1960. Erökar, Anygvizsgáló Osztály.) (Ung.)

Beschreibung der App., Hilfsmittel u. Meth. (Isotopenfassung, Belichtungstabelle, Meth.) der Unterss. von Schweiß-Verbindungen mit radioakt. Isotopen. G. HALMI. 6484

Grundzüge des Kaltschmiedeverfahrens. A. M. Cooper. (Metal Treatment Drop Forging **27.** 480—86. Dez. 1960. G.K.N (Midlands) Ltd., Exp. Dep.) (Engl.)

Übersicht über Grundzüge, Ausführung u. Zubehör des Kaltschmiede-Verf. u. die dazu angewendeten Werkstoffe. W. WESLY. 6490 □

Kaltwalzforschung und theoretische Methoden zur Bestimmung des Walzdrucks beim Kaltwalzen von Bändern. P. O. Strandell. (Jernkontorets Ann. **143.** 725—66. 1959.) (Schwed.)

Übersicht über die Theorien des Kaltwalzens von Bändern u. Gleichungen zur Berechnung des Walzdrucks. — 64 Literaturhinweise. R. K. MÜLLER. 6490 □

Berechnung von Walzdrucken beim Kaltwalzen von Bändern. P. O. Strandell. (Jernkontorets Ann. **143.** 810—92. 1959.) (Schwed.) — Vgl. vorst. Referat.

Der Walzdruck beim Walzen von Bändern wird durch einige Faktoren beeinflußt, die im einzelnen analysiert werden. Die nach verschiedenen theoret. abgeleiteten Gleichungen erhaltenen Werte werden mit experimentellen Werten verglichen. — 98 Literaturangaben. R. K. MÜLLER. 6490 □

Praktische und wirtschaftliche Fragen der Bearbeitung von Hohlräumen durch Funkenerosion. W. Ullmann und T. G. Traube. (Metal Treatment Drop Forging **27.** 493—501. Dez. 1960. Locarno, Agie Co.) (Engl.)

Grundzüge, Ausführung u. Zubehör des Verf. zur Bearbeitung von Hohlräumen durch Funkenerosion. W. WESLY. 6490 □

Funkenerosion für die Industrie. E. W. Cooper. (Metal Treatment Drop Forging 197—207. Mai 1960. Brit. Motor Corp. Ltd.) (Engl.)

Übersicht über die Anwendung der Funkenerosion bei der Herst. kleiner u. mittlerer Kraftwagenteile. — Diskussion. W. WESLY. 6490□

Das Aufschmelzen einer Schicht von Nichrom auf Stahl. Je. I. Leinatschuk und A. T. Grabtschak. (Автоматическая Сварка [Automat. Schweissen] **14.** Nr. 4. 71—77. April 1961. Paton-Inst. für Elektroschweißung der Akad. der Wiss. der UkrainSSR.) (Russ.)

Das Aufschmelzen einer *Nichrom*-Schicht auf Stahl ist in den Fällen rationell, wo auf Grund der Betriebsbedingungen die Oberflächenschicht eine hohe Warmfestigkeit u. Korrosionsbeständigkeit aufweisen muß. Zum Aufschmelzen mittels eines Ni–Cr-Drahtes wird die Verw. der Flußmittel *48-OF-6, AN-F 8* u. *AN-F 17* empfohlen, da bei ihrer Verw. Risse, Poren u. andere Fehler in der aufgetragenen Schicht nicht auftreten. Bestimmt werden die mechan. Eigg. der Ni–Cr-Legg. *Ch 15 N 60* u. *Ch 20 N 80* bei Temp. bis zu 800°. Hierbei wird festgestellt, daß bei hohen Temp. das aufgeschmolzene Metall hinsichtlich der mechan. Eigg. gegenüber einem geschmiedeten oder gewalzten Metall nicht abfällt. Im Vgl. mit niedriggekohltem Stahl besitzt die *Ch 15 N 60*-Auftragung eine 65—125 mal bessere Zunderbeständigkeit; die Ergebnisse mit *Ch 20 N 80* sind noch besser. H. HOCHSTEIN. 6506□

Über die Methodik der Untersuchung von Schweißverbindungen auf Neigung zur Alkalisprödigkeit. N. A. Langer, L. N. Jagupolskaja und S. W. Juschkewitsch. (Автоматическая Сварка [Automat. Schweissen] **14.** Nr. 4. 86—87. April 1961.) (Russ.)

Für die Prüfung von Stahlschweißverbindungen auf ihre Neigung zur Laugensprödigkeit sind keine Spezial-Vorr. zum Eintauchen der Proben erforderlich. Die Unters. kann an stumpfgeschweißten Stahlverbindungen in einer 45% HNO_3 u. 35% $(NH_4)NO_3$ enthaltenden Lsg. ausgeführt werden. H. HOCHSTEIN. 6506□

Der Einfluß der Form der Schweiße auf die Warmbrüchigkeit von Schweißnähten bei Elektroschlackenschweißung von austenitischen Stählen und Legierungen. B. I. Medowar und A. N. Ssafonnikow. (Автоматическая Сварка [Automat. Schweissen] **14.** Nr. 4. 87—88. April 1961.) (Russ.)

Bei der Durchführung einer Elektroschlackenschweißung an austenit. Stählen u. Legg. mit einer 10 mm starken Elektrode u. einem 15 mm tiefen Schlackenbad wird der Einfl. eines 30 u. eines 40 mm starken Luftzwischenraums festgestellt. Beim Schweißen mit 30 mm Zwischenraum bildet sich eine tiefe, jedoch nicht breite Schweiße; die Schweißnaht besitzt Heißrisse. Im zweiten Fall dagegen (40 mm Abstand) ist die Schweiße nicht tief, aber sehr breit; die Schweißnähte besitzen eine erhöhte Festigkeit gegen die Bldg. von Erstarrungsrissen. H. HOCHSTEIN. 6506□

Automatische UP-Schweißung plattierter Bleche. Alfred Missikewitsch und Willi Schuart. (Wiss. Z. Hochschule Schwermaschinenbau Magdeburg **4.** 165—70. 1960. Inst. für Schweißtechn., Fak. für Technol. des Maschinenbaus.) (Dt.)

Unter Verw. einer bestimmten Nahtform werden Cr–Ni-plattierte Stahlbleche automat. unter Pulver zu einer den physikal. u. chem. Anforderungen genügenden Verbindung verschweißt. — 15 Literaturangaben. W. WESLY. 6506□

Entfettungs- und Phosphatieranlagen für Metalle. R. Reichle. (Metall **15.** 578—81. Juni 1961. Stuttgart.) (Dt.) M. GEHLEN-KELLER. 6508□

Moderne Verfahren zur Oberflächenbehandlung von Magnesium und seinen Legierungen. W. H. Gross. (Metall **15.** 551—55. Juni 1961. Midland, Mich., Dow Chemical Comp.) (Dt.)

Überblick. M. GEHLEN-KELLER. 6508□

Fortschritte der Galvanotechnik in den USA. W. H. Safranek und Ch. L. Faust. (Metall **15.** 539—42. Juni 1961. Columbus, Ohio, Battelle Mem. Inst.) (Dt.)

Überblick. — 44 Literaturangaben. M. GEHLEN-KELLER. 6514□

Chemisches Polieren. P. F. Walmsley. (Metal Ind. [London] **98.** 371—74. 12/5. 1961. Albright and Wilson (Mfg.) Ltd.) (Engl.)

Anwendung auf *Al*- u. *Cu*-Legierungen. M. GEHLEN-KELLER. 6514□

Galvanische Überzüge für Baustähle. M. A. Figelman. (Металловедение и Термическая Обработка Металлов [Metallkunde therm. Metallbearb.] **1960.** Nr. 12. 21—25. Dez.) (Russ.)

Leicht schmelzbare galvan. Überzüge aus *Cd* oder *Cd* + *Zn* erniedrigen bei Temp. über 200° stark die plast. Eigg. der untersuchten Baustähle *38 ChA, 18 ChNWA, 30 ChGSA* u. *1 Ch 18 N 9 T*. Ein *Zn*-Überzug verändert unter analogen Bedingungen die Stahl-Eigg. in einem geringeren Maße. Die Überzüge beeinflussen nicht die Kerbschlagzähigkeit der Stähle. Die Empfindlichkeit eines Stahls gegenüber der Einw. der Überzüge hängt nur wenig von den durch die Anlaß-Temp. bestimmten Eigg. des Stahls ab. Der austenit. nichtrostende Cr–Ni-Stahl *1Ch 18N 9T* ist nur gegen die Einw. eines kombinierten Zn–Cd-Überzugs empfindlich. H. HOCHSTEIN. 6516□

Anoden für Chrombäder mit Flußsäure. Otakar Mudroch. (Korose Ochrana Materiálu **2.** 45—48. 1958. Státní výzk. úst. oachr. mat. G. V. Akimova.) (Tschech.)

In HF enthaltenden Verchromungsbädern sind *Cr*, reines *Pb* u. *Pt* als Anoden ungeeignet. Im stromlosen Zustand werden *Pb–Sb*- u. *Pb–Sn*-Legg. relativ wenig korrodiert. Unter Strom zeigt reines Pb die stärkste Passivierung. Pb–Sn-Legg. eignen sich als Anoden besser als solche des Syst. Pb–Sb. R. K. MÜLLER. 6518□

Moderne Entwicklungen auf dem Gebiet der Verchromung. H. W. Dettner. (Metall **15.** 560—61. Juni 1961. Berlin.) (Dt.)

Selbstregulierende Cr-Elektrolyte, Abscheidung aus niedrigen Wertigkeitsstufen von Cr, Kalt- u. Porösverchromung, rißfreie Cr-Überzüge u. solche mit Mikrorissen, Doppelchromschichten. — 32 Literaturangaben. M. GEHLEN-KELLER. 6518□

Die elektrochemische Untersuchung von chromatierenden Bädern für Zink. György Kemény, Ferenc Kuhár und János Selyem. (Nehézvegyipari Kutató Intézet Közleményei [Mitt. Forsch.-Inst. chem. Schwerind.] **1.** 351—54. Juni 1959. Veszprém, Nehézvegyipari Kut. Int.) (Ung.)

Vff. untersuchen den Bldg.-Mechanismus der die Zn-Oberfläche gegen atmosphär. Korrosion schützenden Chromatüberzüge mittels elektrochem. Verfahren. Die Schicht-Bldg. wird durch die EMK des theoret. galvan. Elements (Differenz der Potentiale aus Redox- u. Zn-Potential) eindeutig bestimmt. Ersatz der Dichromate durch CrO_3 in den Bädern läßt den zur Chromatierung geeigneten pH-Bereich wesentlich ausbreiten.
N. SEILER. 6528□

Flammengespritztes Aluminiumoxyd. Anonym. (Metal-Ind. [London] **98.** 249—50. 31/3. 1961.) (Engl.)

Berichtet wird über Verss., die Geschw. flammengespritztem Al_2O_3 durch Aufspritzen auf eine sich drehende Scheibe zu messen. Danach haben aus einer Stabspritzpistole gespritzte Al_2O_3-Teilchen eine Spitzen-Geschw. von 566 ft./s, aus einer Pulverspritzpistole 145 ft./s. Für die Anfangsabkühl-Geschw. für gespritztes Al_2O_3 auf Glas wurde 34000°/s, auf rostfreien Stahl 800000°/s berechnet. Das Verhältnis von α- zu η- oder γ-Al_2O_3 ist von der Abkühl-Geschw. abhängig. Bei schnellem Abkühlen bildet sich in der Hauptsache das metastabile η-Al_2O_3. F. VIER. 6528□

Versiegeln von anodisch oxydiertem Aluminium. Fred Pearlstein. (Metal Finishing **58.** Nr. 8. 40—43. Aug. 1960. Philadelphia, Pa., Pitman-Dunn Labor., Frankford Arsenal.) (Engl.)

Anod. oxydiertes Al erhält eine erhöhte Korrosionsfestigkeit (im Salzsprühtest) durch Eintauchen in Alkylarylpolyäthylenglykol oder Ni-Acetat u. anschließend in $Na_2Cr_2O_7$-Lösung. 5 Min. langes Eintauchen in sd., wss. Suspensionen von Tetrafluoräthylen, Polyäthylen, Wachs oder Diglycolstearat vermindert den Reibungs-Koeff. um 75—90% im Vgl. mit Proben, die mit $Na_2Cr_2O_7$ behandelt worden sind.
W. WESLY. 6530□

Besseres Versiegeln von anodisiertem Aluminium und seinen Legierungen. Charles C. Cohn und Harry Sosson. (Plating **47.** 917—25. Aug. 1960. Philadelphia, Pa., Colonial Alloys Co.) (Engl.)

Korrosions-Verss. an mit heißem W. versiegelten Oxydschichten u. an nach einem neuen Verf. („dual precipitation") behandelten, bei dem bestimmte Stoffe in die Oxydschicht eingebaut werden, ergaben die Überlegenheit des neuen Verfahrens. — 39 Literaturangaben. F. VIER. 6530□

Untersuchung der zunderverhütenden Wirkung von Phosphatüberzügen. Sándor P. Nagy. (Nehézvegyipari Kutató Intézet Közleményei [Mitt. Forsch.-Inst. chem. Schwerind.] **1.** 343—46. Juni 1959. Veszprém, Nehézvegyipari Kut. Int.) (Ung.)

Aus Messungen mit einer Thermowaage geht hervor, daß Schutzschichten aus $Zn_3(PO_4)_2 \cdot 4\,H_2O$ u. $Mn_3(PO_4)_2 \cdot 2\,MnHPO_4 \cdot 5{,}5\,H_2O$ die Verzunderung von Stahl nur bis 500° verhindern. Oberhalb dieser Temp. ist die Schutz-Wrkg. der Temp. umgekehrt proportional. Sie beträgt bei 900° noch 50%. N. SEILER. 6532□

Korrosion von Stahl in feuchter Luft. J. T. Crennell. (J. appl. Chem. **8.** 270—72. 8/4. 1958.) (Engl.)

Beobachtung einer bemerkenswerten Korrosionsfestigkeit von Stahl, der 7 Jahre bei fast 100% relativer Feuchtigkeit bei Raum-Temp. gehalten wurde.
M. GEHLEN-KELLER. 6538□

Korrosion von Stahl in feuchter Luft. Bemerkungen zu einer Arbeit von J. T. Crennell. W. H. J. Vernon. (J. appl. Chem. **8.** 469—71. Aug. 1958.) — Vgl. vorst. Referat.)

Es wird auf scheinbare Widersprüche zwischen den von CRENNELL [l. c.] u. von PATTERSON [1930] u. VERNON [1935] erhaltenen Ergebnissen hingewiesen. Ein Irrtum in einem früheren Bericht wird klargestellt. F. VIER. 6538□

Die Verhütung von Stahlkorrosion in Naßzerkleinerungsmühlen. Vincenza Anderlini und H. E. Vivian. (Austral. J. appl. Sci. **12.** 87—95. März 1961. Melbourne, Commonwealth Scient. and Ind. Res. Organ., Chem. Res. Labor., Cement and Refractories Sect.) (Engl.)

Die Korrosion des Stahls in Naßzerkleinerungsmühlen wird verhütet, wenn die Alkalität des Mahlschlamms $\geqq$0,04n ist. Der Staub der Röstöfen ist eine geeignete Alkaliquelle u. wird dem Mahlschlamm kontinuierlich zugeführt. W. WESLY. 6538□

Untersuchung von Dampfphasen-Inhibitoren. Ferenc Kuhár. (Nehézvegyipari Kutató Intézet Közleményei [Mitt. Forsch.-Inst. chem. Schwerind.] **1.** 347—49. Juni 1959. Veszprém, Nehézvegyipari Kut. Int.) (Ung.)

Der ungar. Dampfphaseninhibitor *PI-180* erwies sich dem Inhibitor SHELL *VIP-260* gleichwertig. Die Prüfung erfolgte mit direkt auf das Metall aufgetragenem Inhibitor sowie an gewalzten Tiefziehblechen mit auf Papierträger aufgetragenem Inhibitor in mit Wasserdampf gesätt. Atmosphäre bei 50—55°. N. SEILER. 6538□

Metallgesellschaft Akt.-Ges., übert. von: Kurt Meyer, Frankfurt/M., **Sinterung von Pellets auf dem Sinterrost.** Es werden mehr grüne Pellets aus feinem Material hergestellt als zum Aufbau des Sinterbettes erforderlich sind. Der Pelletüberschuß wird zur Bldg. weiterer Pellets zurückgeführt u. nicht, wie üblich, gebunkert. — Abbildung. (**A. P. 2 934 421** vom 13/11. 1956, ausg. 26/4. 1960. D. Prior. 13/12. 1955.) M. NECKERMANN. 6379

Farbwerke Hoechst Akt.-Ges., vormals Meister Lucius & Brüning, Frankfurt/M., **Röstung von sulfidischen Erzen,** wie *Pyrit,* in einem Drehrohrofen. Man läßt das zu röstende Material im freien Fall innerhalb des Ofens herabrieseln u. leitet die hierbei entstehende Röstwärme möglichst am Ort ihres Entstehens ab. Dies wird dadurch erreicht, daß man die Kühlelemente in den Weg des freien Falls des Röstgutes anordnet. — Abbildung. (**Belg. P. 567 398** vom 5/5. 1958, ausg. 12/8. 1960. D. Prior. 4/5. 1957.) M. NECKERMANN. 6379

Falconbridge Nickel Mines Ltd., Toronto, übert. von: Philip G. Thornhill, Falconbridge, Ontario, Canada, **Wirbelschichtröstung von Metallsulfidkonzentraten** in einem schachtförmigen Ofen. Die Aufgabe des Erzes erfolgt in Schlammform im oberen Teil des Ofens in einem solchen Abstand vom Wirbelbett, daß der Schlamm im agglomerierten u. getrockneten Zustand das Wirbelbett erreicht. — Abbildung. (**A. P. 2 930 604** vom 30/4. 1954, ausg. 29/3. 1960.) M. NECKERMANN. 6379

Falconbridge Nickel Mines Ltd., Toronto, übert. von: Philip G. Thornhill, Falconbridge, und James M. MacKay, Toronto, Ontario, Canada, **Erzröstung** in der Wirbelschicht in einem schachtförmigen Ofen mit Aufgabe des Erzkonzentrats in Schlammform von der Decke des Ofens aus. Der Schlamm wird mittels komprimierter pulsierender Luft derart durch eine Düse geleitet, daß sich ein Strahl von Hohlkegelform ausbildet, der aus einzelnen Fl.-Tropfen u. Konzentratagglomeraten besteht. Die genannte Form des Strahls erleichtert die Verdampfung der Fl.-Tropfen u. die Trocknung der Agglomerate durch den aufsteigenden Röstgasstrom. — Abbildung. (**A. P. 2 930 687** vom 27/8. 1956, ausg. 29/3. 1960.) M. NECKERMANN. 6379

Metallgesellschaft Akt.-Ges., Deutschland (Erfinder: Günter Friese), **Durchführung von exothermischen Reaktionen in Drehrohröfen** unter Verw. von im Innern des Ofens angebrachten, von einem Kühlmittel durchflossenen Rohren. Man läßt das Kühlmittel mit einer solchen Geschw. zirkulieren, daß es wenigstens teilweise verdampft. Die Kühlrohre werden in Längsrichtung des Ofens eng an die Innenwand des Drehrohres anliegend eingebaut u. wirken zugleich als Wender für das Röstgut. Beispiel Rösten von *Pyrit.* (**F. P. 1 219 644** vom 2/4. 1959, ausg. 18/5. 1960. D. Prior. 2/4. 1958.) M. NECKERMANN. 6381

Instituto Nacional de Industria, Madrid, Spanien, **Behandlung von arsen- und bleihaltigen Pyriten.** Zur Abtrennung von As u. Pb wird der Pyrit teilweise entschwefelt, dann, nach einer Vorwärmung, in der Wirbelschicht mit nichtoxydierenden Gasen bei über 700°, jedoch unter 1100°, behandelt. Die von As u. Pb befreiten Prodd. werden 1- oder 2stufig in der Wirbelschicht abgeröstet. Die Röstgase können als nichtoxydierende Gase zur As- u. Pb-Entfernung verwendet werden. Zur katalyt.

Beeinflussung der Pb- u. As-Entfernung werden *Mn-* u. *Mg*-Verbb. zugesetzt. — Abbildung. (**Belg. P. 566 975** vom 21/4. 1958, ausg. 12/8. 1960. Span. Prior. 23/4. 1957.) M. NECKERMANN. 6381

Fluor-Corp. Ltd., Los Angeles, übert. von: Clio E. Redemann, Monterey Park, Calif., V.St.A., **Behandlung von Kupferlaugen** zur Gewinnung des in diesen enthaltenem *Pb* u. *Sn*. Die CO_2 u. NH_3 enthaltende Lsg. wird mit einem wasserlösl. Oxalat u. wasserlösl. Salzen u. Hydroxyden des Sr, Ba u. Ca versetzt, wobei Pb u. Sn gemeinsam gefällt werden. (**A. P. 2 927 018** vom 21/9. 1959, ausg. 1/3. 1960.) M. NECKERMANN. 6381

International Nickel Co. of Canada Ltd., Canada, **Gewinnung von Nickel, Kobalt und Eisen aus lateritischen Erzen.** Die Erze werden in reduzierendem Gas selektiv. red., in nichtoxydierender Atmosphäre abgekühlt u. mit CO behandelt. Dabei werden der größte Teil des Ni u. ein kleiner Teil des Fe als Carbonyle verdampft. Der Rückstand wird mit trockenem Cl_2-Gas behandelt, um das Ni u. Co in lösl. Verbb. überzuführen. Das chlorierte Prod. wird mit freiem O_2 enthaltendem Gas erhitzt, wobei die entstandenen Fe-Chloride zersetzt werden, anschließend mit W. gewaschen, um die restlichen Ni- u. Co-Geh. zu entfernen. (**F. P. 1 222 308** vom 24/4. 1959, ausg. 9/6. 1960. A. Prior. 25/8. 1958.) M. NECKERMANN. 6381

Orrin F. Marvin, Denver, Colo., V.St.A., **Gewinnung von Metallen aus komplexen Erzen** mit *Fe, Cu, Zn, Pb, Au* u. *Ag* im wesentlichen sulfid. Form. Die Erze werden zunächst bei 375° geröstet u. mit 15%ig. H_2SO_4 gelaugt. Hierbei werden der größte Teil des Cu u. wesentliche Teile des Fe gelöst. Der Rückstand wird bei 650° geröstet u. ebenfalls mit 15%ig. H_2SO_4 bei 60° gelaugt. Die Lauge hiervon enthält den größten Teil des Zn sowie die restlichen Anteile des Cu u. Fe- u. Cd-Gehalte. Der Rückstand der 2. Laugung wird bei 100° mit 15%ig. Na_2CO_3-Lsg. behandelt, der Rückstand abfiltriert u. mit 10%ig. *Essigsäure*-Lsg. ausgezogen. Die Lsg. enthält das Pb. Der Rückstand aus dem Sodaauszug wird zur Gewinnung von Ag u. Au mit *NaCN*-Lsg. behandelt u. der Rückstand hiervon zur Gewinnung des restlichen Fe weiterverarbeitet. Aus den anfallenden Lsgg. können die Metalle in bekannter Weise gewonnen werden. — Fließschema. (**A. P. 2 927 017** vom 11/9. 1957, ausg. 1/3. 1960.) M. NECKERMANN. 6381

Friedrich Johannsen, Clausthal-Zellerfeld, **Reduktion von oxydischen Eisenverbindungen und Verbindungen ähnlicher Metalle,** z. B. *Ni, Co, W* u. *Mo* mittels fester Red.-Mittel in einem Drehofen mit erweitertem Durchmesser in der Red.-Zone. Das zu reduzierende Material wird durch den Ofen in die Red.-Zone in dicker Schicht u. mit einer derartigen Geschw. eingeführt, daß für die Red. 1—6 Std. Zeit verbleiben u. die Red. bei 600—800° durchgeführt wird. (**E. P. 832 598** vom 17/4. 1958, ausg. 13/4. 1960. D. Prior. 18/4. 1957.) M. NECKERMANN. 6381

Hüttenwerk Salzgitter Akt.-Ges., Salzgitter-Drütte, **Pneumatisches Rühren von Flüssigkeiten, insbesondere Metalle und Schlacken** in runden oder ovalen Behältern unter Ausnutzung der kinet. Energie des Verblasens mittels Lanzen oder Düsen auf oder unterhalb der Badoberfläche. Dem Gasstrahl wird eine solche Richtung gegeben, daß sich die Schmelze um ihre senkrechte Achse dreht. Beispiel: Entsilicierung von *Thomas-Roheisen*. — Abbildung. (**Belg. P. 564 539** vom 5/2. 1958, ausg. 15/7. 1960. D. Prior. 1/3. 1957.) M. NECKERMANN. 6381

Gesellschaft für Linde's Eismaschinen Akt.-Ges., Höllriegelskreuth, **Wärmedämmendes Pulver zur Bildung von metallurgischen Schlacken oder dergleichen** besteht aus mehreren Oxyden u. im wesentlichen aus einer Verb. der Zus. $Al_2O_3 \cdot SiO_2$, für welche ein natürliches Vork. von Ton mit heller Färbung verwendet wird. Der Ton wird zwischen 800 u. 1000°, vorzugsweise bei 900°, entwässert, wobei ein Pulver mit geeigneter Porosität entsteht. Das Pulver findet Verw. als Abdeckmittel beim Schmelzen von *Fe* oder als *Schweißpulver* für die Lichtbogenschweißung. (**Belg. P. 565 314** vom 1/3. 1958, ausg. 15/7. 1960. D. Prior. 29/5. 1957.) M. NECKERMANN. 6381

Duisburger Kupferhütte, Deutschland, **Reinigung von Erzen und metallurgischen Produkten für die Herstellung von Eisen mit chlorhaltigen Gasen.** Zwecks Entfernung von *As, Sb, Sn,* gegebenenfalls von *Pb, Cu* u. *Zn* werden die Ausgangsprodd. unterhalb 560° mittels gasförmigen Red.-Mitteln unter Vermeidung der Bldg. von metall. Fe red. u. dann in neutraler oder reduzierender Atmosphäre bei 300—500° mit Cl_2-Gas oder gasförmiger *HCl* behandelt. (**F. P. 1 230 101** vom 8/6. 1959, ausg. 13/9. 1960. D. Prior. 21/6. 1958.) M. NECKERMANN. 6391

McWane Cast Iron Pipe Co., Birmingham, Ala., V.St.A., **Herstellung von Eisenerz und Kohlenstoff enthaltenden festen Formlingen** unter Verw. von mehr Red.-Mittel als zur vollständigen Red. des Fe-Oxyds zu metall. Fe erforderlich ist. Die vorzugsweise kugeligen Formlinge werden zu einer Schicht von 75—125 mm Höhe aufgeschüttet u. an ihrer Oberfläche entzündet. Der von oben nach unten durchgesaugte

Luftstrom wird so gesteuert, daß die Temp. bei 870—1260° gehalten wird u. ca. 15—40% des gesamten Fe zu Metall red. werden, ferner noch mehr C in den Formlingen verbleibt als zur vollständigen Red. des Fe-Oxyds notwendig ist. Der noch vorhandene C liegt als graphit. Grundmasse vor, die das Fe-Erz u. die Fe-Partikel zusammenhält. — Abbildung. (**Oe. P. 208 900** vom 9/5. 1957, ausg. 10/5. 1960.) M. NECKERMANN. 6391

Metallgesellschaft Akt.-Ges., Deutschland (Erfinder: Kurt Meyer, Hans Rausch und Walter Koch), **Reduzierendes Rösten von Eisenerzen** mittels Red.-Gasen im Drehrohrofen. Ein Teil des Erzes mit einer Korngröße von weniger als 1 mm Ø wird nur in die Austragzone des Ofens chargiert u. macht 10—35% des Gesamteinsatzes an Erzen aus. Das in die Austragzone eingesetzte Material setzt sich ganz oder teilweise aus ausgetragenem u. unvollständig red. Staub zusammen. — Abbildung. (**F. P. 1 221 320** vom 12/3. 1959, ausg. 1/6. 1960. D. Prior. 14/3. u. 11/12. 1958.) M. NECKERMANN. 6391

General Electric Co., übert. von: Robert L. Fullman und Arno Gatti, Schenectady, N.Y., V.St.A., **Herstellung von Einkristallen aus Eisen** mit hoher Festigkeit durch Red. einer *Fe*-Verb. durch H_2 in Ggw. von NH_4-Halogenid in dem Temp.-Bereich zwischen 600 u. 800°. — Abbildung. (**A. P. 2 842 469** vom 26/8. 1957, ausg. 8/7. 1958.) M. NECKERMANN. 6391

Hüttenwerk Rheinhausen Akt.-Ges. (Erfinder: Walter Jänische, Günther Thiel und Cornelius Hücking), Rheinhausen, **Verwendung eines Stahles für Spannbetoneinlagen.** Verwendet wird ein Stahl, der außer C noch in einer den Sättigungsgrad bei Raum-Temp. übersteigenden Menge andere Elemente enthält, die bei dieser Geh.-Menge die Fähigkeit u. Neigung besitzen, unter stat. Beanspruchungen bei Raum-Temp., sobald eine bleibende Dehnung einsetzt, solche Ausscheidungen im Gefüge des Stahls hervorzurufen, die Gleithemmungen erzeugen, als Werkstoff für Spannbetoneinlagen. Zweckmäßig enthält der für diesen Zweck zu verwendende Stahl außer C noch über 0,012% *N*, über 0,2% Cu, über 0,05% *P* einzeln oder gemischt. — Diagramm. (**D. B. P. 973 768** Kl. 18d vom 2/10. 1948, ausg. 2/6. 1960. Anmeldung bekanntgemacht 26/10. 1950.) H. HOCHSTEIN. 6409

Gustav Blom Lundevall, Larvik, Norwegen, **Zinkraffination.** Eine Zn-haltige Leg. wird eingeschmolzen u. einer 1. Dest.-Zone zugeführt, in der eine Temp. herrscht, die etwa beim Kp. des Zn liegt. Hierbei entstehen reine Zn-Dämpfe. Die zurückbleibende Schmelze wird in eine 2. Dest.-Zone geleitet, die zur vollständigen Verdampfung des Zn auf einer höheren Temp. gehalten wird. Die in der 2. Zone sich bildenden Zn-Dämpfe sind durch andere Metalldämpfe verunreinigt u. werden kondensiert u. zur 1. Dest.-Zone zurückgeleitet. Die Rückstände aus der 2. Dest.-Stufe werden aus dem Ofen entfernt. — Abbildung. (**A. P. 2 939 783** vom 16/5. 1958, ausg. 7/6. 1960. Norw. Prior. 22/5. 1957.) M. NECKERMANN. 6427

Metallurgical Processes Ltd. und National Smelting Co. Ltd. (Erfinder: John Lumsden und Patrick Tempest Keeping), England, **Schmelzen von zinkhaltigem Material im Hochofen.** Die anfallende Schlacke soll folgende Zus. aufweisen: 9,7—17,7 (%) Al_2O_3, 23,0—36,0 *CaO*, 20—31,0 SiO_2, 47,0—64,0 CaO + SiO_2 (SiO_2 = CaO + 7, CaO = SiO_2 + > 13,0) sowie 16,0—34,0 *FeO*. Zwecks Verminderung des Zn-Geh. der Schlacke werden der Charge Al_2O_3-haltige Stoffe zugesetzt. — Abbildung. (**F. P. 1 223 375** vom 15/12. 1958, ausg. 16/6. 1960. E. Prior. 17/12. 1957 u. 22/10. 1958.) M. NECKERMANN. 6427

Horizons, Inc., Cleveland, übert. von: Eugene Wainer, Cleveland Heights, Ohio, V.St.A., **Gewinnung von Zink** aus verunreinigten metall. Rückständen oder reduzierbaren Zn-Verbindungen. Das zink. Material wird eingeschmolzen u. auf eine Temp. erhitzt, bei der das Zn in den freien Raum über dem Schmelzspiegel verdampfen kann. Die Kondens. des Zn-Dampfes erfolgt an Flächen, die sich im freien Ofenraum befinden u. auf 530—550° erhitzt sind. Das abtropfende Kondensat wird in Rinnen aufgefangen u. aus dem Ofen geleitet. — Abbildung. (**A. P. 2 936 234** vom 5/12. 1957, ausg. 10/5. 1960.) M. NECKERMANN. 6427

Horizons, Inc., Cleveland, übert. von: Eugene Wainer, Cleveland Heights, Ohio, V.St.A., **Zinkgewinnung** aus Zn-Staub, -abstrich, -rückständen u. reduzierbaren-Verbb. mit einem wesentlichen Geh. an Halogeniden u. Oxyden. Das Zn-haltige Material wird zusammen mit bas. Stoffen, wie *Kalk*, $CaCO_3$, *MgO*, *Dolomit* u. Mischungen hiervon trocken vermahlen, wobei eine exotherme Rk. stattfindet. Das hierbei entstehende Rk.-Prod. wird in eine Erdalkalihalogenidschmelze eingetragen u. darin mittels festen u. gasförmigen Red.-Mitteln behandelt, wobei dampfförmiges Zn entsteht, das durch Abtrennung von den begleitenden Gasen gewonnen wird. (**A. P. 2 936 233** vom 16/12. 1957, ausg. 10/5. 1960. **E. P. 842 248** vom 21/11. 1958, ausg. 27/7. 1960. A. Prior. 16/12. 1957.) M. NECKERMANN. 6427

Soc. des Mines et Fonderies de Zinc de la Vieille Montagne Soc. An., **Kondensation von Zinkdämpfen,** die aus horizontal liegenden Muffeln eines Zn-Dest.-Ofens entweichen. Die aus einer größeren Anzahl von Muffeln strömenden Zn-Dämpfe werden in einer an der Vorderseite des Muffelofens angebrachten, elektr. beheizten u. auf einer über dem Kp. des Zn gehaltenen Kammer gesammelt u. strömen von hieraus durch einen kurzen Rohrstutzen in einen Kondensator. — Abbildung. (**Belg. P. 564 745** vom 12/2. 1958, ausg. 15/7. 1960.) M. NECKERMANN. 6427

Metallgesellschaft Akt.-Ges., Frankfurt/M., **Entschwefeln von Kathodenkupfer,** das bei der Cu-Elektrolyse aus H_2SO_4- u./oder $CuSO_4$-haltigen Bädern gewonnen wird, dad. gek., daß die Kathoden unmittelbar nach der Entnahme aus den Produktionsbädern in ein getrenntes Bad gebracht werden, dessen Elektrolyt aus W. oder einer verd. wss. Lsg. besteht, wobei die Cu-Kathoden als Anoden geschaltet werden. Dem Elektrolyt wird noch ein Benetzungsmittel zugesetzt. (**E. P. 750 934** vom 1/12. 1953, ausg. 20/6. 1956. D. Prior. 12/12. 1952.) K. BAYER. 6433

International Nickel Co., Inc., New York, N.Y., übert. von: Clarence G. Bieber, Bayonne, und George N. Ziegler, Chatham, N.J., V.St.A., **Nickel-Legierungen** bestehen aus 6—9 (%) *Mo*, 10—17 *Cr*, 5—7 *Al*, 0,3—1,5 *Ti*, wobei die Summe von Al u. Ti mindestens 5,5 beträgt, 1—3 *Nb*, bis 0,1 *B*, bis 2 *Zr*, bis 15 *Co*, Rest *Ni*. Die Legg. können außerdem noch bis 8 *Si*, bis 2,5 *Mn*, bis 25 *Fe*, bis 0,25 *C* u. bis 2 *Cu* enthalten. Die hergestellten Gußstücke sind bruchfest bei Zugbeanspruchung bei 1700° F. (**A. P. 2 912 323** vom 16/9. 1957, ausg. 10/11. 1959.) C. GÖTZE. 6435

International Nickel Co. of Canada Ltd., Canada, **Gewinnung von Kobalt** aus Stoffen, die wenigstens eines der Metalle *Ni*, *Fe* u. *Cu* enthalten. Das Material wird bei mehr als 21 kg/cm² Druck u. bei einer Temp. von weniger als 177° in Ggw. von 2% S mit CO behandelt, wobei Co, Fe u. Ni als Carbonyle verflüchtigt werden, während *Cu* im Rückstand verbleibt. Die Carbonyle werden voneinander getrennt u. für sich zu Metallen hoher Reinheit zersetzt. (**F. P. 1 222 865** vom 5/2. 1959, ausg. 14/6. 1960. A. Prior. 6/2. 1958.) M. NECKERMANN. 6435

Ferrolegeringar Trollhätteverken Aktiebolag, Schweden, **Entfernung von Kupfer, Wismut oder Blei aus sulfidischen Molybdänerzen oder anderem sulfidischem Molybdän enthaltendem Material.** Das Material wird mit trockenem Cl_2 bei 300° nicht übersteigenden Temp. behandelt, wobei *Mo* prakt. unangegriffen bleibt, während die übrigen Metalle in wasserlösl. Form übergeführt werden. Die Chlorierung kann im Drehrohrofen, Etagenofen oder in der Wirbelschicht durchgeführt werden. (**F. P. 1 219 751** vom 6/4. 1959, ausg. 19/5. 1960. Schwed. Prior. 11/4. 1958.) M. NECKERMANN. 6441

Magnesium Elektron Ltd., übert. von: Edward F. Emley, Clifton Junction, Manchester, England, **Herstellung von zirkoniumhaltigen Magnesiumlegierungen,** in denen keine Legierungselemente vorhanden sind, die mit Zr in fl. Mg unlösl. Verbb. bilden. Eine geeignete Mischung zum Einbringen von Zr in Mg enthält folgende Bestandteile: 3—10 (%) (z. B. 8) *$ZrCl_4$*, 11—29 (z. B. 26) *ZrF_4*, 0—51 (z. B. 26) *KCl*, 0—51 *NaCl*, 0—51 *LiCl*, 0—35 (z. B. 27) *$BaCl_2$*, 0—35 *Chlorid eines Seltenen Erdmetalls*, 0—50 *$SrCl_2$* u. 0—15 (z. B. 13) *MgF_2* sowie reduzierbare Chloride mindestens eines der Metalle *Zn*, *Ag*, *Tl*, *Th*, *Cu*, *Bi*, *Pb*, *Be* u. *Cd* von 0—12%, bezogen auf den $ZrCl_4$-Geh. in der Mischung. Bei der Herst. einer solchen Mischung werden zuerst $ZrCl_4$ u. KF geschmolzen u. dann $BaCl_2$ zugesetzt, wobei ZrF_4 in Form eines feinen Nd. gebildet wird. (**A. P. 2 788 271** vom 5/1. 1953, ausg. 9/4. 1957. E. Prior. 9/1. 1952.) K. BAYER. 6445

Maxworth Metal Products Ltd., Norton Canes, Staffordshire, England, und John Owen Edwards, **Trennung des metallischen Aluminiums von Schlacken, Krätze und dergleichen,** wobei dieses z. B. beim Schmelzen von Al, Al-Legg. usw. entstandene Abfallmaterial in einem Stück oder nach dem Zerkleinern auf eine gelochte Platte gebracht u. dann ggf. unter Rühren in W. gewaschen wird. Dabei bleibt das Abfallmaterial ca. 24 Std. unter W., worauf der Schlamm abgezogen u. die auf der Platte zurückbleibenden Al-Teilchen gesammelt werden. (**E. P. 784 884** vom 30/6. 1955, ausg. 16/10. 1957.) K. BAYER. 6447

Imperial Chemical Industries Ltd., London, England, **Herstellung von Titan** durch Red. von $TiCl_4$ mit einem Alkalimetall oder Mg in inerter Atmosphäre in Ggw. von stückigem Ti bei einer Temp. zwischen dem F. des gebildeten Metallchlorides u. 1000°, wobei die Rk.-Prodd. durch Rotieren des Rk.-Behälters bewegt werden. — Abbildungen. (**E. P. 788 174** vom 7/2. 1955, ausg. 23/12. 1957. **F. P. 1 157 257** vom 14/8. 1956, ausg. 28/5. 1958. **A. P. 2 944 887** vom 7/2. 1956, ausg. 12/7. 1960. E. Prior. 7/2. 1955.) K. BAYER. 6449

Glacier Metal Co. Ltd., Alperton, Wembley, Middlesex, England, **Herstellung von Metallpulver** durch Einführung eines geschmolzenen Metallstromes in einem Gasstrom von hoher Geschw. u. mit einer Temp. von 40° oder weniger. — Abbildung. (**E. P. 840 323** vom 16/1. 1957, ausg. 6/7. 1960.) M. NECKERMANN. 6475

General Electric Co. Ltd., London (Erfinder: Hugh Wilson Davidson und John Walter Ryde, Wembley, Middlesex), England, **Verlöten von Gegenständen aus Graphit,** dad. gek., daß die Gegenstände in einer $Ni(CO)_4$-Atmosphäre auf 200—500° erwärmt u. mit *Ni* überzogen, dann gegeneinandergedrückt auf eine Temp. von ca. 1300° erwärmt werden, so daß die Ni-Überzüge zusammenschmelzen. Zwischen die Ni-überzogenen Oberflächen kann vor dem Gegeneinanderdrücken festes *Ni* oder *Zr* eingelegt werden. (**D. A. S. 1 096 147** Kl. 48b vom 28/10. 1957, ausg. 29/12. 1960. E. Prior. 29/10. 1956.) F. VIER. 6505

Fansteel Metallurgical Corp., North Chicago, übert. von: Roy I. Hardin, Chicago, Ill., V.St.A., **Lichtbogenschweißen von Molybdän** mit rißfreien Schweißstellen in einer inerten *Edelgas*-Atmosphäre u. in Ggw. eines KW-Stoffes, bes. CH_4 oder C_3H_8, der sich in der Hitze des Lichtbogens unter Bldg. von atomarem C in der Nähe der Schweiße zersetzt. (**A. P. 2 727 124** vom 29/12. 1950, ausg. 13/12. 1955.) K. BAYER. 6507

Engelhard Industries, Inc., V.St.A. (Erfinder: Harold W. Robinson), **Vorbehandeln von Titan vor dem elektrolytischen Überziehen mit Rhodium.** Die Gegenstände aus Ti werden nach der Entfettung in CCl_4 in einer sauren Fluorid-Lsg., z. B. in einer phosphorsauren Lsg. von NH_4F, behandelt u. nach dem Spülen in W. in das galvan. Rh-Bad gebracht. (**F. P. 1 229 467** vom 8/7. 1959, ausg. 7/9. 1960. A. Prior. 22/7. 1958.) F. MARKHOFF. 6513

Phoenix-Rheinrohr Akt.-Ges. Vereinigte Hütten- und Röhrenwerke (Erfinder: Ewald Baerlecken, Klaus Lorenz und Gerhard Kalwa), Düsseldorf, **Bleiüberzug auf Hohlkörpern aus hochfesten Stählen.** Hohlkörper aus vergüteten, ferrit., unlegierten oder legierten Stählen mit einer Mindestfestigkeit von 85 kg/mm², die den zur Spannungsrißkorrosion durch H_2S-haltige Lsgg. oder Kondensate führenden Einfl. ausgesetzt sind, werden mit *Pb* galvan., durch Tauchen in schmelzfl. Bäder oder durch Abdecken mit Pb-Folie überzogen. Der Pb-Überzug kann mit Poren durchsetzt sein. — Diagramm. (**D. A. S. 1 092 267** Kl. 48b vom 2/8. 1957, ausg. 3/11. 1960.) F. VIER. 6517

Metallwerk Plansee Akt.-Ges., Reutte, Tirol, Österreich, **Herstellung von Schutzschichten auf hochschmelzenden Metallen, beziehungsweise Legierungen,** dad. gek., daß Formstücke aus solchen Metallen mit einer Si- u./oder Cr-haltigen Cu-Schmelze behandelt werden u. nach Bldg. der Schutzschicht die überschüssig anhaftende Schmelze mittels einer Si- oder Cr-freien bzw. -armen Metallschmelze aus Zn, Sn, Cu oder deren Legg., ggf. mit Zusätzen von Al, Bi, Cd oder Pb abgelöst u. die dabei gebildete Metallschicht chem. oder elektrochem. entfernt wird. Auf Metallen, wie Mo, W, Nb oder Ta bilden sich dabei *Si-* oder *Cr-haltige Diffusionsschichten* aus, die zunderfest sind. Die gebildete *Cu*-Schicht wird abgelöst. Die Si- oder Cr-haltige Cu-Schmelze kann Sr, Zn, Al oder Ag einzeln oder in Kombination miteinander bis zu 50% enthalten. (**Oe. P. 208 675** vom 6/2. 1959, ausg. 25/4. 1960.) F. VIER. 6517

General Electric Co. Ltd., London (Erfinder: Hugh Wilson Davidson und John Walter Ryde, Wembley, Middlesex), England, **Vernickeln von Graphit,** wobei dieser mit $Ni(CO)_4$ in Berührung gebracht wird, das unter Bldg. eines Ni-Überzuges zersetzt wird, dad. gek., daß mit gasförmigem $Ni(CO)_4$ bei Raum-Temp. vernickelt wird u. daß nach Absaugen des unverbrauchten $Ni(CO)_4$-Restes u. des gebildeten CO bei ca. 500° in nichtoxydierender Atmosphäre geglüht wird. Auf diese Weise gelingt es, Ni tiefer in den Graphit eindringen zu lassen, als wenn die Zers. des $Ni(CO)_4$ bei höherer Temp. vorgenommen wurde. (**D. A. S. 1 094 549** Kl. 48b vom 28/10. 1957, ausg. 8/12. 1960. E. Prior. 29/10. 1956.) F. VIER. 6521

Jean Mermillod und René Rochat, Genf, Schweiz, **Erzeugen dicker, glänzender, mattgelber Goldlegierungsüberzüge.** Die Gegenstände werden zunächst elektrolyt. mit einen dicken Überzug einer *Au–Cu*-Leg. versehen, in die dann therm. ein hellfärbendes Metall, wie *Ag, Zn, Cd, Se, Cs, Rb,* eindiffundiert wird. Die therm. Diffusion wird zweckmäßig in inerter Atmosphäre unter geringem Überdruck bei 350 bis 380° vorgenommen. (**E. P. 844 266** vom 1/10. 1957, ausg. 10/8. 1960. Schwz. Prior. 12/10. 1956.) F. MARKHOFF. 6527

Metallgesellschaft Akt.-Ges., Frankfurt/M. (Erfinder: Arnold Münster, Frankfurt/M., und Günter Schlamp, Offenbach/M.), **Gasplattieren von Gegenständen,** deren Oberfläche ganz oder teilweise aus einem oder mehreren Nitriden u./oder Carbiden der Metalle der III. bis VI. Gruppe des Period. Syst. besteht, wobei auf den Gegenständen ein *Borid*-Überzug der gleichen Metalle aufgebracht wird, dad. gek., daß der zu überziehende Gegenstand vor dem Aufbringen des Boridüberzuges durch

Glühen oberhalb 900° in einer B-Halogenid-H_2-Atmosphäre an seiner Oberfläche in die Boride der dort befindlichen Metalle umgewandelt wird. Das Aufbringen des Boridüberzuges durch therm. Zers. von B-Halogenid u. einem Halogenid des betreffenden Metalls in H_2 kann sich unmittelbar ohne Zwischenabkühlung anschließen. **(D. A. S. 1 092 271** Kl. 48b vom 17/1. 1958, ausg. 3/11. 1960.) F. VIER. 6529

General Electric Co., V.St.A. (Erfinder: Gordon Dixon Oxx jun. und Louis Fussell Coffin jun.), **Herstellung von Schutzschichten auf Molybdän und seinen Legierungen.** Auf die zu behandelnde Oberfläche wird ein poriger *Mo*-Überzug aufgebracht u. der erhaltene Körper in eine Schmelze, die aus 1—30% *Si*, Rest *Au* besteht, getaucht. Dadurch bildet sich auf der Oberfläche eine *Mo-Silicid*-Schicht aus, die gegen Oxydation, Abtrieb, Erosion u. Temp.-Schock schützt. **(F. P. 1 208 392** vom 9/6. 1958, ausg. 23/2. 1960. A. Prior. 12/6. 1957.) F. VIER. 6529

Metallgesellschaft Akt.-Ges. (Erfinder: Werner Rausch und Willi Werner), Frankfurt/M., **Aufbringen von dünnen Phosphatüberzügen auf Eisen und Stahl** mit Hilfe wss. Lsgg., die saure Alkalipyrophosphate u. Oxydationsmittel enthalten. Im Anschluß an die Phosphatierung wird eine *CrO_3*- u./oder *Dichromat* enthaltende Lsg. aufgebracht, die bei Verw. von CrO_3 mindestens 4 mg/m², jedoch nicht mehr als 30 mg/m², u. bei Verw. von Dichromat mehr als 7 mg CrO_3/m², vorzugsweise mindestens 10 mg CrO_3/m², behandelter Oberfläche in die Schicht liefert. **(D. A. S. 1 093 167** Kl. 48d vom 20/4. 1957, ausg. 17/11. 1960. **Zusatz zu D. A. S. 1 088 310; C. 1961. 10358.)** H. BAUR. 6533

Institut Français du Pétrole, des Carburants et Lubrifiants, Paris, Frankreich, **Schutz von Stahl gegen die Wasserstoffkorrosion in wässerigen den Stahl angreifenden Flüssigkeiten.** H_2S u. HCN enthaltende Fll. bilden in Berührung bes. mit ferrit. Stählen atomaren H, der von den Stählen absorbiert wird u. dann zu Rissen u. anderen Fehlern Anlaß gibt. Dies wird verhindert durch Einstellung des pH-Wertes der Fl. auf 4—10, Zusatz eines Inhibitors, wie *Tetradecylamin, quatern. NH_4-Verbb.*, deren H-Atome durch KW-Stoff-Gruppen ersetzt sind, *Mercaptane* u. andere Verbb., sowie durch Anlegen einer kathod. Stromdichte, deren Größe durch Vorverss. unter gleichen Arbeitsbedingungen ermittelt werden muß. — Diagramme. **(E. P. 844 227** vom 7/7. 1958, ausg. 10/8. 1960. F. Prior. 5/7. 1957.) F. MARKHOFF. 6539

Kennecott Copper Corp., New York, N.Y., V.St.A., *Schaumflotation von Niob aus Erzen.* **(E. P. 826 827** vom 6/6. 1958, ausg. 20/1. 1960. A. Prior. 10/10. 1957. — **C. 1960.** 14856 [A. P. 2 875 896].)

Diamond Alkali Co. (Erfinder: **Norman P. Goss**), V.St.A., *Behandlung von geschmolzenem Metall.* **(F. P. 1 177 003** vom 27/5. 1957, ausg. 20/4. 1959. A. Prior. 28/5. 1956. — **C. 1960.** 9371 [A. P. 2 866 703].)

British Iron & Steel Research Association, übert. von: **Sidney Klemantaski**, London, England, *Behandlung von metallhaltigen Materialien.* **(A. P. 2 865 734** vom 16/7. 1956, ausg. 23/12. 1958. E. Prior. 19/7. 1955. — **C. 1960.** 9714 [Aust. P. 215 083].)

Badische Anilin- & Soda-Fabrik Akt.-Ges., Ludwigshafen/Rh., *Behandlung von Kiesabbränden.* **(Belg. P. 562 872** vom 2/12. 1957, ausg. 3/6. 1960. D. Prior. 5/12. 1956. — **C. 1959.** 613 [D. A. S. 1 025 917].)

Paul August Franz Bäumert, Deutschland, *Reinigung von Metallen und Carbiden unter gleichzeitiger Gewinnung von flüchtigen Fluorverbindungen.* **(F. P. 1 194 073** vom 1/4. 1958, ausg. 6/11. 1959. D. Prior. 4/9. 1957. — **C. 1960.** 7291 [D. A. S. 1 053 193].)

Foundry Services Ltd., England, *Beseitigung von in Metallschmelzen, bes. in Stahlschmelzen, gelösten Gasen, bes. von H_2.* **(F. P. 1 188 886** vom 20/12. 1957, ausg. 25/9. 1959. E. Prior. 21/12. 1956 u. 4/2. 1957. — **C. 1960.** 16925 [E. P. 815 847].)

Corn Products Refining Co., New York, N.Y., V.St.A. (Erfinder: **Charles Jennings Gogek**), *Bindemittel für Gießereiformsand.* **(Belg. P. 541 051** vom 3/9. 1955, ausg. 14/8. 1959. A. Prior. 23/5. 1955. — **C. 1960.** 7669 [E. P. 807 044].)

Karl Paul Cassart und **Léon Schmit**, Brüssel, Belgien, *Herstellung von Gießkernen und -formen aus Sand oder Zirkoniumsilicat.* **(Holl. P. 92 074** vom 23/12. 1954, ausg. 15/9. 1959. Luxemburg. Prior. 16/2. 1954. — **C. 1960.** 7669 [E. P. 801 931].)

Elly Maria Dorothea Croning geb. **Börnsen**, Hamburg, *Herstellung von Formmassen für Gießformen.* **(Holl. P. 92 709** vom 10/11. 1955, ausg. 16/11. 1959. D. Prior. 16/11. 1954. — **C. 1960.** 8334 [D. A. S. 1 040 192].)

Rolls-Royce Ltd., England (Erfinder: **Harold Garton Emblem** und **Desmond Joseph Cloherty**), *Präzisionsgießform.* **(F. P. 1 110 896** vom 30/7. 1954, ausg. 17/2. 1956. E. Prior. 18/8. 1953. — **C. 1959.** 7624 [E. P. 768 232].)

Roy Al Halversen, Dearborn, Mich., V.St.A., *Herstellen von Eisen aus Titaneisenerzen.* **(E. P. 830 707** vom 28/10. 1957, ausg. 16/3. 1960. — **C. 1959.** 6287 [A. P. 2 814 558].)

Houillères du Bassin de Lorraine, Merlebach, Mosel, Frankreich, *Raffination von feinkörnigem Eisenerz, insbesondere für die Herstellung von Eisenkoks.* **(E. P. 835 058** vom 20/5. 1957, ausg. 18/5. 1960. F. Prior. 23/7. 1956. — **C. 1959.** 12994 [F. P. 1 156 500].)

Friedrich Kocks, Düsseldorf, *Unmittelbares Herstellen von Eisen aus Erzen.* **(Oe. P. 205 987** vom 23/8. 1957, ausg. 26/10. 1959. D. Prior. 12/9. 1956. — **C. 1960.** 7998 [F. P. 1 182 647].)

Inland Steel Co., V.St.A. (Erfinder: **James W. Halley**), *Reduktion von Eisenerz.* **(F. P. 1 195 374** vom 26/12. 1957, ausg. 17/11. 1959. A. Prior. 28/12. 1956. — **C. 1960.** 11102 [A. P. 2 889 219].)

General Electric Co., Schenectady, N.Y., V.St.A., *Züchten von Eiseneinkristallen.* **(E. P. 802 251** vom 27/10. 1955, ausg. 1/10. 1958. A. Prior. 24/11. 1954. — **C. 1960.** 3369 [F. P. 1 135 699].)

Bergische Stahl-Industrie, Remscheid, und **Indugas Ges. für Industrielle Gasverwendung m. b. H.**, Essen. (Erfinder: **Otto Hilger** und **Hellmut Friedrichs**), *Tempern und Entkohlen von Temperguß*. (**E. P. 835 463** vom 20/6. 1957, ausg. 18/5. 1960. D. Prior. 20/6. 1956. — C. **1960**. 12501 [F. P. 1 177 412].)

Dortmund-Hörder Hüttenunion Akt.-Ges., Dortmund, übert. von: **Fritz Harders**, Post Ergste über Schwerte (Ruhr), *Reduktion von Eisenerzen zu Stahl*. (**A. P. 2 895 820** vom 29/10. 1957, ausg. 21/7. 1959. D. Prior. 8/11. 1956. — C. **1960**. 7997 [F. P. 1 184 456].)

Eisenwerke Mülheim-Meiderich Akt.-Ges., Mülheim/Ruhr, *Erzeugung von hochwertigem Stahl im basischen Lichtbogenofen*. (**E. P. 818 697** vom 24/7. 1957, ausg. 19/8. 1959. **Belg. P. 559 526** vom 25/7. 1957, ausg. 8/4. 1960. Beide D. Prior. 8/8. 1956. — C. **1960**. 15900 [F. P. 1 180 541].)

P. Coheur, Lüttich, Belgien, *Herstellung von Stahl aus phosphorhaltigem Roheisen im Konverter*. (**Belg. P. 548 770** vom 18/6. 1956, ausg. 20/11. 1959. — C. **1960**. 15900 [F. P. 1 175 728].)

Gesellschaft der Ludw. von Roll'schen Eisenwerke Akt.-Ges., Gerlafingen, Schweiz, *Herstellung von Stahl aus flüssigem, mehr als 0,5 % P enthaltendem Roheisen und Stahlschrott*. (**Oe. P. 205 529** vom 1/7. 1957, ausg. 10/10. 1959. **E. P. 828 376** vom 2/7. 1957, ausg. 17/2. 1960. **Belg. P. 559 269** vom 16/7. 1957, ausg. 8/4. 1960. Alle D. Prior. 27/7. 1956. — C. **1960**. 16926 [F. P. 1 179 602].)

Hüttenwerk Oberhausen Akt.-Ges., Oberhausen/Rhld., *Bestimmung des Schmelzbadgehaltes an P, Mn*. (**Belg. P. 559 097** vom 10/7. 1957, ausg. 8/4. 1960. D. Prior. 30/8. 1956. — C. **1960**. 15168 [F. P. 1 178 300].)

Firth-Vickers Stainless Steels Ltd., Sheffield, England, *Schmiedbare ferritische Stahllegierung von hoher Dauerstandfestigkeit bei erhöhter Temperatur*. (**Oe. P. 202 171** vom 13/3. 1957, ausg. 10/2. 1959. E. Prior. 29/3. 1956. — C. **1960**. 6991 [F. P. 1 173 565].)

Deutsche Edelstahlwerke Akt.-Ges. (Erfinder: **Karl Bungardt, Herbert Briefs** und **Otto Mülders**), Krefeld, *Stahl für dynamisch beanspruchte Kaltarbeitswerkzeuge*. (**D. A. S. 1 104 545** Kl. 18d vom 30/3. 1957, ausg. 13/4. 1961. **E. P. 820 705** vom 27/3. 1958, ausg. 23/9. 1959. **F. P. 1 193 876** vom 27/3. 1958, ausg. 5/11. 1959. Beide D. Prior. 30/3. 1957. — C. **1960**. 12499 [Oe. P. 205 057].)

Gebr. Böhler & Co. Akt.-Ges., Wien, Österreich, handelnd durch die **Zweigniederlassung Stuttgart-Untertürkheim**, *Herstellung von Flachstahl aus chromlegierten ledeburitischen Werkzeugstählen*. (**D. A. S. 1 073 518** Kl. 18c vom 27/8. 1957, ausg. 21/1. 1960. Oe. Prior. 3/9. 1956. — C. **1960**. 12501 [F. P. 1 181 887].)

Soc. des Forges et Ateliers du Creusot, übert. von: **Paul Gaston Bastien**, Paris, Frankreich, *Herstellung von Teilen aus legiertem Stahl mit feinen, in der ferritischen Grundmasse gleichmäßig verteilten Carbidkügelchen mit Spannungsrißkorrosionsbeständigkeit in einer feuchten, H_2S-haltigen Atmosphäre*. (**A. P. 2 895 861** vom 13/11. 1957, ausg. 21/7. 1959. F. Prior. 28/5. 1957. — C. **1960**. 10753 [F. P. 1 177 028].)

Firth-Vickers Stainless Steels Ltd., Sheffield (Erfinder: **Henry William Kirkby**, Totley-Rise, und **Charles Sykes**, Sheffield), England, *Verwendung eines schmiedbaren ferritischen Stahles*. (**D. A. S. 1 073 520** Kl. 18d vom 20/3. 1957, ausg. 21/1. 1960. E. Prior. 29/3. 1956 u. 11/1. 1957. — C. **1960**. 11103 [A. P. 2 880 085].)

General Motors Corp. (Erfinder: **James Carl Holzwarth** und **Robert Francis Thomson**), Detroit, Mich., V.St.A., *Niedriglegierter, gegen Atmosphärilien korrosionsbeständiger Stahl*. (E. P. **818 908** vom 20/1. 1958, ausg. 26/8. 1959. **F. P. 1 198 523** vom 23/1. 1958, ausg. 8/12. 1959. Beide A. Prior. 31/1. 1957. — C. **1960**. 10752 [A. P. 2 867 531].)

Pechiney Comp. de Produits Chimiques et Électrométallurgiques (Erfinder: **Charles Daniel Menegoy** und **André Jacques Galy**), *Herstellen von Metallen durch Dissoziation ihrer Carbide*. (**Aust. P. 221 154** vom 26/9. 1957, ausg. 7/5. 1959. F. Prior. 28/9. 1956. — C. **1959**. 12994 [F. P. 1 158 908].)

New Jersey Zinc Co., New York, N.Y., V.St.A., *Schmelzen von Zinkerzen*. (**Schwed. P. 157 307** vom 2/9. 1950, ausg. 18/12. 1956. A. Prior. 2/9. 1949. — C. **1955**. 4448 [F. P. 1 024 031].)

Soc. Minière et Métallurgique de Penarroya, Frankreich (Erfinder: **M. Rey** und **V. Formanek**), *Aufbereiten von Zinkblende-Calamin-Mineralien*. (**F. P. 1 073 364** vom 9/9. 1952, ausg. 24/9. 1954. — C. **1960**. 7998 [It. P. 500 940].)

Bolidens Gruvaktiebolag, Skelleftehamn (Erfinder: **Sölve Carlén**, Västerås, und **Sven Anders Lundqvist**, Skelleftehamn), Schweden, *Herstellen von Gegenständen aus bleihaltigem Elektrolytkupfer*. (**D. A. S. 1 067 225** Kl. 40d vom 3/2. 1956, ausg. 15/10. 1959. Schwed. Prior. 24/8. 1955. — C. **1960**. 5635 [E. P. 803 102].)

General Electric Co., New York, N.Y., V.St.A., *Herstellung magnetischer Nickel-Eisen-Legierungen*. (**E. P. 831 129** vom 14/6. 1956, ausg. 23/3. 1960. A. Prior. 14/6. 1955. — C. **1960**. 5635 [F. P. 1 156 872].)

Dow Chemical Co., übert. von: **Douglas S. Chrisholm** und **William P. Saunders**, Midland, Mich., V.St.A., *Behandlung von flüssigem Magnesium*. (**A. P. 2 779 672** vom 30/10. 1953, ausg. 29/1. 1957. — C. **1957**. 10059 [E. P. 751 455].)

Kaiser Aluminum & Chemical Corp., Oakland, Calif., V.St.A., *Aluminium-Elektrolyse*. (**E. P. 814 031** vom 15/11. 1956, ausg. 27/5. 1959. A. Prior. 28/11. 1955. — C. **1960**. 14177 [Aust. P. 217 737].)

Deutsche Gold- und Silber-Scheideanstalt vormals Roessler, Frankfurt/M., und **Leybold-Hochvakuum-Anlagen G. m. b. H.**, Köln, *Herstellung von metallischem Thorium*. (**D. A. S. 1 062 433** Kl. 40a vom 25/5. 1954, ausg. 30/7. 1959. — C. **1960**. 6991 [Holl. P. 91 798].)

Farbenfabriken Bayer Akt.-Ges., Leverkusen, übert. von: **Engelbert Walaschewski**, Köln-Bayenthal, und **Dieter Goerrig**, Lohmar, *Herstellung von Erdalkalimetallen*. (**A. P. 2 893 862** vom 19/9. 1956, ausg. 7/7. 1959. D. Prior. 26/9. 1955. — C. **1960**. 11108 [Holl. P. 92 990].)

William Jessop & Sons Ltd. (Erfinder: **Geoffrey Thomas Harris** und **Henry Cave Child**), *Titanlegierungen*. (**Aust. P. 219 498** vom 12/11. 1956, ausg. 29/1. 1959. E. Prior. 19/11. 1955. — C. **1960**. 16928 [Oe. P. 201 868].)

Ciba Akt.-Ges., Schweiz, *Herstellung eines Elektrolyten zur Gewinnung von Nb und Ta durch Schmelzflußelektrolyse*. (**F. P. 1 180 810** vom 5/8. 1957, ausg. 9/6. 1959. Schwz. Prior. 14/8. 1956. — C. **1960**. 17608 [Aust. P. 219 049].)

Richard J. Fletcher, Montreal, Quebec, Canada, *Herstellung von Titan, Zirkonium und Tantal*. (**A. P. 2 820 722** vom 3/9. 1954, ausg. 21/1. 1958. E. Prior. 4/9. 1953. — C. **1959**. 16474 [Aust. P. 206 320].)

Deutsche Gold- und Silber-Scheideanstalt vormals Roessler, Frankfurt/M., *Herstellung von Metallpulver durch thermische Zersetzung von Metallcarbonylen*. (**E. P. 832 318** vom 3/4. 1958, ausg. 6/4. 1957. D. Prior. 5/4. 1957. — C. **1959**. 8324 [D. A. S. 1 036 834].)

General Aniline & Film Corp., New York, N.Y., übert. von: **Hans Beller**, Watchung, N.J., V.St.A., *Herstellung von feinteiligen Metallen.* (**A. P. 2 900 245** vom 24/1. 1957, ausg. 18/8. 1959. **E. P. 825 740** vom 16/12. 1957, ausg. 23/12. 1959. A. Prior. 24/1. 1957. — C. **1960.** 15901 [F. P. 1 190 402].)

Deutsche Gold- und Silber-Scheideanstalt vormals Roessler, Frankfurt/M. (Erfinder: **Ewald Wagner**, Pforzheim), *Hartlote insbesondere für schwer lötbare Werkstoffe.* (**Oe. P. 197 163** vom 11/7. 1956, ausg. 10/4. 1958. D. Prior. 27/8. 1955. — C. **1960.** 9375 [D. A. S. 1 055 922].)

Imperial Chemical Industries Ltd., übert. von: **Donald C. Moore**, Sutton Coldfield, und **Dennis A. Edge**, Kings Norton, Birmingham, England, *Verlöten von Teilen aus Leichtmetall-Legierungen.* (**A. P. 2 837 450** vom 26/10. 1953, ausg. 3/6. 1958. E. Prior. 27/10. 1952. — C. **1957.** 10876 [F. P. 1 085 668].)

Babcock & Wilcox Ltd., London, England, *Verschweißen von austenitischen Stahlwerkstücken.* (**E. P. 829 114** vom 8/5. 1956, ausg. 24/2. 1960. A. Prior. 9/5. 1955. — C. **1959.** 9725 [F. P. 1 154 087].)

General Motors Corp., Detroit, Mich. (Erfinder: **James D. Thomas**, Grosse Pointe, Mich., **William L. Grube**, Berkeley, Mich., und **James O. McCaldin**, Malibu Beach, Calif.), V.St.A., *Herstellen poröser Oberflächen auf verchromten Zylinderbüchsen von Verbrennungsmotoren mit guter Ölhaftung.* (**D. A. S. 1 083 617** Kl. 48b vom 26/7. 1957, ausg. 15/6. 1960. A. Prior. 27/7. 1956. — C. **1960.** 14513 [F. P. 1 179 062].)

Langbein-Pfannhauser Werke Akt.-Ges., Düsseldorf (Erfinder: **Karl Guggenberger**, Nürnberg), *Galvanisches Bad zum anodischen Glänzen von Gegenständen aus Aluminium und Aluminiumlegierungen.* (**D. A. S. 1 089 237** Kl. 48a vom 12/5. 1953, ausg. 15/9. 1960. — C. **1956.** 13253 [E. P. 743 692].)

DEHYDAG Deutsche Hydrierwerke G. m. b. H., Düsseldorf, *Saure galvanische Kupferbäder.* (**Oe. P. 205 824** vom 18/9. 1958, ausg. 26/10. 1959. D. Prior. 17/12. 1957. — C. **1960.** 12158 [D. A. S. 1 055 912].)

Deutsche Edelstahlwerke Akt.-Ges., Krefeld (Erfinder: **Carl Ballhausen**, Krefeld, und **Alfons Fuchs**, Büderich bei Düsseldorf), *Herstellung von metallischen Überzügen auf Trägerkörpern.* (**Oe. P. 201 389** vom 30/4. 1957, ausg. 27/12. 1958. D. Prior. 24/5. 1956. — C. **1960.** 9375 [F. P. 1 175 713].)

DEHYDAG Deutsche Hydrierwerke (Erfinder: **Alfred Kirstahler, Wennemar Strauss** und **Wolf-Dieter Willmund**), Düsseldorf, *Glanzzusatz für galvanische Bäder zur Abscheidung von Kupfer, Zink, Cadmium, Nickel, Silber, Bronze und Messing.* (**A. P. 2 849 352** vom 25/10. 1956, ausg. 26/8. 1958. D. Prior. 15/6. 1956. — C. **1960.** 11815 [D. A. S. 1 053 274].)

Arnošt Hrubý, Tschechoslowakei, *Schutz von Metallteilen, besonders Eisenteilen, gegen Oxydation.* (**F. P. 1 163 556** vom 20/12. 1956, ausg. 29/9. 1958. Tschech. Prior. 23/12. 1955. — C. **1960.** 13519 [Oe. P. 204 064].)

Dansk Industri Syndikat Co. Madsen A/S, Kopenhagen, Dänemark, *Nachbehandeln von verchromten Innenflächen von Kanonenrohren und der Oberflächen von gleitenden Maschinenteilen.* (**Belg. P. 545 614** vom 28/2. 1956, ausg. 9/10. 1959. — C. **1960.** 10054 [E. P. 810 494].)

Chromalloy Corp. White Plains, N.J., V.St.A., *Herstellung von Metallüberzügen.* (**E. P. 810 051** vom 19/4. 1956, ausg. 11/3. 1959. A. Prior. 2/5. 1955. — C. **1960.** 15902 [A. P. 2 837 442].)

General American Transportation Corp., Chicago, Ill., V.St.A. (Erfinder: **W. G. Lee**), *Chemische Vernickelung nichtmetallischer Oberflächen.* (**Oe. P. 203 315** vom 27/12. 1955, ausg. 11/5. 1959. **Belg. P. 543 850** vom 22/12. 1955, ausg. 25/9. 1959. Beide A. Prior. 31/12. 1954 u. 11/4. 1955. — C. **1960.** 14859 [Aust. P. 214 057].)

Esso Standard Soc. An. Française, Paris (Erfinder: **Jean-Baptiste Signouret**, Pau, und **Robert Tirtiaux**, N. D. de Gravenchon, Seine-Maritime), Frankreich, *Rostschutzmittel auf der Grundlage von Ölen.* (**D. A. S. 1 067 955** Kl. 22g vom 21/6. 1957, ausg. 29/10. 1959. F. Prior. 11/7. 1956. — C. **1960.** 8677 [E. P. 807 670].)

Lidiya Iosifovna Sokol'skaya, Gases in light metals. Oxford, London: Pergamon. 1961. (VIII + 142 S. m. Abb., Tab. u. Diagr.) 60 s.

W. I. Karmasin, Moderne Methoden der magnetischen Anreicherung von Eisenerzen. Moskau: Gossgortechisdat. 1961. (20 Bogen.) 1 Rbl. 10 Kop. [Russ.]

IX. Organische Industrie

Katalytische Entschwefelung von Kohlenwasserstoffölen. Tōzō Amemiya. (Rep. Resources Res. Inst. [Kawaguchi], B **1960.** Nr. 8 (45). 1—51. März.) (Jap.; Auszug: Engl. S. 52—54.)

Bzn., Petroleum u. Heizöl aus schwefelreichen Rohölen des Mittleren Ostens, auch Rohbenzole werden in Ggw. von H_2 an natürlich vorkommenden Ockern, hauptsächlich Goethit ($Fe_2O_3 \cdot H_2O$), in Gas- oder Flüssigphase katalyt. entschwefelt. Durch Zusätze von Metalloxyden der 6. Gruppe des Period. Syst., bes. Mo, läßt sich die Wrkg. des Katalysators noch erhöhen. Optimale Bedingungen: Temp. 375°, H_2-Druck 30 kg/cm², Mol-Verhältnis für Einsatz-Prod.: H_2 = 1 : 10. W. PRESTING. 6598□

Strahleninduzierte Reaktion von Kohlenwasserstoffen mit n-Butylmercaptan. T. D. Nevitt, W. A. Wilson und H. A. Seelig. (Ind. Engng. Chem. **51.** Nr. 3. [Part I] 311—12. März 1959. Whiting, Ind., Standard Oil Co., Res. Dep.) (Engl.)

Vff. untersuchten im Hinblick auf das „Süßen" von Benzinen die strahleninduzierte Rk. von n-Butylmercaptan (I) mit einzelnen bzw. Gemischen solcher KW-Stoffe, die im Petroleum vorkommen. Für KW-Stoffe, wie n-Hexan, Methylcyclohexan u. Bzl. mit einem Geh. an **I** von 10—200 mMol/Liter bleiben die G-Werte (berechnet als reagierende Moll. pro 100 eV durch die Lsgg. absorbierter Energie) konst. u. die **I**-Umwandlung ist der eingestrahlten Energie direkt proportional. Bei Olefinen (**II**) (1- u. 2-Octen) hängen die erhaltenen G-Werte von der **I**-Konz. ab u. sind größer als bei gesätt. KW-Stoffen.

In letzteren werden hauptsächlich Disulfide, in **II** Sulfide gebildet. Bei Gemischen inhibieren geringe Menge von Bzl. in **II** die Rk., während geringe Mengen von **II** in Bzl. die Rk. fördern. GERNOT SCHULZ. H 500□

Trimethyloläthan aus Propionaldehyd und Formaldehyd. G. J. Laemmle, J. G. Milligan und W. J. Peppel. (Ind. Engng. Chem., int. Edit. **52.** 33—36. Jan. 1960. Austin, Tex., Jefferson Chem. Co., Inc., North Austin Stat.) (Engl.)

Vff. untersuchten die Rk.-Bedingungen für die Darst. von reinem Trimethyloläthan (I) im Labor. u. als kontinuierlicher Prozeß in einer Vers.-Anlage. Bei Temp. von 15—25° u. 10%ig. NaOH als Katalysator wurden Ausbeuten von ca. 95% erhalten. Die Reinigung von I geschieht bei kleinen Mengen durch Vakuumsublimation oder Vakuum-Dest., bei größeren Mengen durch Extraktion der heißen Methylisobutylketon-Lsg. mit wenig Wasser. GERNOT SCHULZ. H 580□

Einige Fragen der Organisation der Gewinnung von Methyläthylketon. I. Ja. Fingrut. (Химия и Технология Топлив и Масел [Chem. Technol. Brennstoffe Öle] **4.** Nr. 9. 42—48. Sept. 1959.)

Vff. beschreiben die Herst. von Methyläthylketon nach einem verbesserten Verf., dessen Grundlagen bereits 1936 erarbeitet wurden. Die aus therm. Prozessen der Erdölverarbeitung anfallende C_4H_{10}—C_4H_8-Fraktion ist der Ausgangsstoff für den Prozeß $C_4H_8 \rightarrow H_3C \cdot HCOSO_3H \cdot CH_2—CH_3 \rightarrow H_3C \cdot HCOH \cdot CH_2 \cdot CH_3 \rightarrow H_3C \cdot CO \cdot CH_2 \cdot CH_3$. Wichtig ist die Reinigung des Ausgangsstoffes von Isobutylenen. Als Nebenprod. findet sich Acrolein. H. VOGEL. H 710□

Gewinnung von wasserfreiem Natriumacetat aus Methylacetat in wässerigem Methanol. A. G. Ssajadjan und A. Je. Akopjan. (Журнал Прикладной Химии [J. angew. Chem.] **32.** 233—35. Jan. 1959. Jerewansk, Polytechn. Inst.) (Russ.)

Es wurde ein neues Reinigungs-Verf. einer W.–Methanol-Lsg. von Methylacetat entwickelt, das es ermöglicht, neben Methanol reines wasserfreies Natriumacetat zu gewinnen. Das Verf. kann auch in den Anlagen zur Regenerierung von Methanol bei der Gewinnung von Polyvinylbutyral durchgeführt werden. H. TREUMANN. H 810□

Untersuchung der Ausblasekolonne für Ammoniak bei der Cyanwasserstoffsynthese nach Andrussow. Zoltán Ferenczy. (Veszprémi Vegyipari Egyetem Közleményei. [Mitt. Univ. Chem. Ind. Veszprém] **4.** 41—50. 1961. Veszprém, Lehrstuhl für chem. Technol.) (Ung.)

Um den zur Synth. nötigen 13% NH_3 enthaltenden Luftstrom zu erhalten, wurden Temp., Höhe der Ausblasekolonne u. Luftstrom-Geschw. bestimmt. Es ergab sich, daß NH_3 aus einer konz. wss. Lsg. prakt. vollständig ausgetrieben wird, wenn die Luft mit 60° u. einer Geschw. von 0,2—0,4 m/Sek. eine mit RASCHIG-Ringen gefüllte Kolonne von 90 cm Höhe durchströmt u. die spezif. Oberfläche der Füllung 0,9 m^2/Liter beträgt. Das Abgas enthält ca. 13% NH_3. J. PLANK. H 890

Verfahren zur Darstellung reiner Organohalogensilane aus ihren Mischungen. Mihailo Jaćović. (Chim. et Ind. **82.** 687—89. Nov. 1959. Belgrad, Univ., Fac. Technol.) (Franz.)

Nach Erörterung der Schwierigkeiten bei der Reindarst. von Organohalogensilanen aus ihren Mischungen wird ein neues Verf. auf der Grundlage einer Phenolyse beschrieben, das gute Ausbeuten bringt. Bei Kondens.-Verss. bivalenter Phenole mit Methylchlorsilanen wurde nämlich gefunden, daß in Ggw. von $AlCl_3$ oder $FeCl_3$ die Aryloxygruppe u. das Halogenatom sich wechselseitig austauschen können. Es handelt sich bei der Rk. der Organoaryloxysilane mit Organohalogensilanen oberhalb 150° um eine allg. Erscheinung. R. SCHÄFF. H 1380□

Farbwerke Hoechst Akt.-Ges., vormals Meister Lucius & Brüning, Frankfurt/M. (Erfinder: Hans Fernholz, Bad Soden/Taunus, und Eberhard Mundlos, Frankfurt/M.), **Katalytisch wirksame, wasserfreie Aluminiumchloridaufschlämmungen für organisch-chemische Reaktionen** erhält man dadurch, daß man Al, das eine möglichst große Oberfläche hat, wie Folien, Drehspäne, Pulver, Grieß, u. das mit Br_2, J_2 oder bes. mit 0,1—20, bes. 1—10% $HgCl_2$ aktiviert werden kann, mit trockenem HCl in einer inerten Fl. (gesätt. Paraffin-KW-Stoffe, Cyclopentan, Cyclohexan, Benzine mit Kp. ca. 100°, Bzl., Tetrachloräthan) bei ca. 10 bis ca. 50° in $AlCl_3$ überführt u. die entstandenen $AlCl_3$-Teilchen in üblicher Weise in Lsgm. oder Verdünnungsmitteln, bes. durch Rühren suspendiert. — In eine gerührte Mischung aus 750 cm^3 Bzl., 50 g zerkleinerter Al-Folie u. 5 g $HgCl_2$ leitet man in 15 Min. 60 Liter u. dann bei 25—30° 90 Liter HCl je Std. ein; nach 3 Std. gibt man 10 g p-Toluylaldehyd, 36 g CuCl, 184 g Toluol, 60 Liter HCl u. 120 Liter CO innerhalb von 3 Std. zu, wodurch 168 g p-Toluylaldehyd erhalten werden; (Ausbeute) 75%. — Bzl. → Benzaldehyd;

89,2%. — Diphenyl → Diphenyl-4-aldehyd; 86%. (**D. A. S. 1 101 420** Kl. 12o vom 28/11. 1958, ausg. 9/3. 1961.) G. KRAUSS. 6557

Virgiliu Vasilescu, Dessau, **Kontinuierliche Durchführung von unter Wasserabspaltung verlaufenden Reaktionen** (Veresterungen, Verätherungen) in Ggw. oder Abwesenheit wasserabspaltend wirkender Stoffe. Man läßt die Komponenten durch ein beheiztes horizontales oder schwach geneigtes Rk.-Rohr oder Rk.-Gefäß von nicht kreisförmigem Querschnitt strömen, welches an mehreren Stellen am jeweils höchsten Punkt mit Dampfabzugsrohren versehen u. mit Zwischenwänden derart ausgestattet ist, daß das Gemisch abwechselnd von oben nach unten u. umgekehrt strömt. Die Wasserabspaltung kann bei Verw. einer druckfesten App. unter erhöhtem Druck u. bei erhöhter Temp. vorgenommen werden. — Beispiel für die *Veresterung* von Fettsäuren aus der Paraffinoxydation mit techn. n-Butanol in Ggw. von konz. H_2SO_4. (**D. P. [DDR] 15 825** Kl. 12o vom 17/8. 1956, ausg. 25/11. 1958 [Wirtschaftspatent].) H.-J. NITZSCHKE. 6573

N. V. de Bataafsche Petroleum Mij., Den Haag, Holland, **Durchführung von endothermen Dehydrierungen.** Man führt einen feinverteilten Dehydrierungskatalysator im Fließbett von oben nach unten durch ein vertikales Rk.-Gefäß, in dessen mittlerer Höhe der zu dehydrierende Stoff, vermischt mit etwas H_2, zugeführt wird. Die dehydrierten Stoffe werden oben abgezogen u. die H_2-haltigen Restgase daraus nach Aufheizen dem Rk.-Gefäß unten wieder zugeführt. Der Katalysator wird unten abgezogen u. mittels eines H_2-Stromes oben wieder eingeführt. — Zeichnung. (**It. P. 514 142** vom 11/3. 1954. A. Prior. 13/3. 1953.) K. KOEBKE. 6583

Otto Priese, Miltitz, Bez. Leipzig, **Selektive Hydrierung von Acetylenverbindungen,** z. B. 2.6-Dimethyloctin-(7)-ol-(6) zu *Dihydrolinalool,* Methylbutinol zu *Methylbutenol,* 2.5-Dimethylhexin-(3)-diol-(2.5) zu *2.5-Dimethylhexen-(3)-diol-(2.5)* bzw. Heptin-(1)-carbonsäure-(1)-methylester zu *Hepten-(1)-carbonsäure-(1)-methylester,* erfolgt bei 100—160° u. 40—120 at an Kieselgurkatalysatoren mit 0,25—1% Ni. — Diagramme. (**D. P. [DDR] 16 912** Kl. 12o vom 28/10. 1956, ausg. 27/5. 1959 [Wirtschaftspatent].) S. BÖTTCHER. 6585

Universal Oil Products Co., Des Plaines, übert. von: Herman S. Bloch, Skckie, und Bruno Kvetinskas, Chicago, Ill., V.St.A., **Olefine und Diolefine.** Paraffine, bes. mit 4—6 C-Atomen, werden bei 450—750, bes. 400—600° C in Ggw. von Metalloxyden oder -sulfiden der Metalle der 4., 5., 6., 7. u. 8. Gruppe des Period. Syst., die auf Al_2O_3, SiO_2, Kohle, Kieselgur oder andere poröse Stoffe aufgebracht sind, bes. Oxyde u. Sulfide von Ni, Mo, Zr, Th, V, Cr, W auf Al_2O_3, dehydriert, die Rk.-Prodd. mit einer Mischung aus 0—20, bes. 0,1—5% W., 15—40% Adipinsäurenitril u. wasserlösl. Alkoholen oder Ketonen als Rest, deren Kp. höchstens 100° beträgt, extrahiert, die nicht umgesetzten Paraffine in den Kreislauf zurückgeführt u. aus der Lsg. die Olefine bei 150—220, bes. 170° F ausgetrieben. Die entstandenen Monoolefine werden in Ggw. des gleichen Katalysators unter den gleichen Bedingungen dehydriert, die entstandene Rk.-Mischung wird mit der gleichen vorst. Lsgm.-Mischung, die jedoch einen höheren Wasser-Geh., bes. 5—20%, enthalten soll, extrahiert; aus dem Auszug werden die Diolefine dann abgetrennt. — Aus n-Butan → 2-Buten u. 1.3-Butadien. — Vorr., Zeichnung. (**A. P. 2 886 614** vom 17/10. 1956, ausg. 12/5. 1959.) G. KRAUSS. H 520

California Research Corp., San Francisco (Erfinder: Lloyd F. Brooke, Berkeley Highland Terrace, William E. Elwell und Richard L. Meier, Berkeley), Calif., V.St.A., **Kontinuierliche Herstellung von verzweigtkettigen, aliphatischen, über 163° siedenden polymeren Olefinen (I)** erfolgt dadurch, daß man eine Mischung aus Propylen mit $<$ 182° sd., 6—11 C-Atome enthaltenden Olefinen bei ca. 190—260° in Ggw. eines sauren Katalysators, bes. H_3PO_4, polymerisiert u. durch Fraktionieren der entstandenen Mischung die zwischen 163 u. 271° sd. I abtrennt, ferner die gebildeten niedrigsd. polymeren Olefine in den Kreislauf zurückführt u. die entstandenen gesätt. KW-Stoffe aus dem Kreislauf durch Dest. abtrennt. — Die I dienen zum Alkylieren von Aromaten, die dann nach dem Sulfonieren als Reinigungsmittel verwendet werden. Die I geben nach der Hydrierung durch Rk. mit $SO_2 + Cl_2$ oberflächenakt. Alkylsulfonate. Durch Hydrochlorieren der I u. Hydrolyse der entstandenen Alkylchloride entstehen Alkohole. I gibt mit Phenol in Ggw. von HF oder H_2SO_4 Alkylphenole, die Stabilisierungsmittel für Schmieröle sind. Die I lassen sich mit Isobutan in Ggw. von HF oder H_2SO_4 alkylieren. — Vgl. Schwed. P. 127 426; C. **1951.** I. 1552. — Vorr., 3 Zeichnungen. (**D. B. P. 973 919** Kl. 12o vom 29/9. 1950, ausg. 21/7. 1960. Anmeldung bekanntgemacht 6/5. 1954. A. Prior. 21/5. 1946 u. 5/4. 1947.) G. KRAUSS. H 520

Farbwerke Hoechst Akt.-Ges., vormals Meister Lucius & Brüning, Frankfurt/M. (Erfinder: Günter Rummert, Burghausen/Salzach), **Herstellung von Vinylchlorid durch thermische Spaltung von Äthylenchlorid** (1.2-Dichloräthan), dad.

gek., daß die Rk. mit extern überhitztem Wasserdampf u. Verweilzeiten von 0,1—0,01 Sek. bei 450—900° zweckmäßig in Rk.-Räumen aus feuerfestem, keram. Material durchgeführt wird u. daß die als Nebenprodd. auftretenden Cl-Verbb. des Acetylens, wie Chlor- oder Dichloracetylen, durch Anlagerung von HCl, bes. unter Verw. von Katalysatoren ($HgCl_2$ auf Aktivkohle) in höhersd. Verbb. übergeführt u. letztere von dem entstandenen Vinylchlorid durch Dest. abgetrennt werden. — Vorrichtung. (**D. A. S. 1 100 616** Kl. 12o vom 10/9. 1957, ausg. 2/3. 1961.) W. GRÄGER. H 520

Bergwerksgesellschaft Hibernia Akt.-Ges., Deutschland, **Gewinnung von reinem Propylen** aus Rohpropylen durch Dest. unter Zusatz von 0,1—0,8 (Gewichtsteilen) Rohpetroleum auf 1 Rohprod. bei 5—20 at u. unter gleichzeitiger Zuführung von Aceton während der Dest. als Extraktionsmittel für das in geringer Menge vorhandene Methylacetylen. — Schema der Kolonnenanlage. — Das gewonnene reine Propylen ist bes. geeignet zur Polymerisation. (**F. P. 1 195 133** vom 28/4. 1958, ausg. 16/11. 1959. D. Prior. 20/5. 1957.) M. F. MÜLLER. H 520

E. I. du Pont de Nemours & Co., Wilmington, Del. (Erfinder: Martin Broadbooks und Clarence Eugene Painter, Louisville, Ky.), V.St.A., **Kontinuierliche Herstellung von 2-Chlorbutadien-(1.3)** durch laufende Rk. von überschüssigem Monovinylacetylen (**I**) mit HCl in Ggw. einer wss. salzsauren CuCl-Lsg. als Katalysator u. einer mit W. nichtmischbaren, inerten Fl., dad. gek., daß ein Mol-Verhältnis **I** : HCl = > 1 angewendet wird, daß man in der Katalysator-Lsg. ca. 5—40, bes. 8—12 Vol.-% (der gesamten Lsg.) eines fl., nichtviscosen KW-Stoffes oder chlorierten KW-Stoffes, der möglichst frei von Äthylen- oder Acetylenbindungen ist (Petroleumfraktionen, Solventnaphtha, Toluol, Cymol, Mesitylen, n-Hexadecan, Cetylchlorid, Monochlorbenzol, Chlorcyclohexan, Chlornaphthalin, bes. Kerosin, Xylol, Dekahydronaphthalin, o-Dichlorbenzol oder Heizöle mit ca. 50% Aromaten), unter Zusatz von geeigneten, nichtion. Dispergiermitteln (mit Phenolen, Alkoholen oder Mercaptanen zum Kettenabbruch gebrachte Polyäthylenoxyde, Polyester von Glykolen u. zweibas. Säuren, Ester von Polyoxy-Verbb. mit Fettsäure) dispergiert u. daß man das gebildete 2-Chlorbutadien-(1.3) aus dem laufend austretenden **I**-Strom abtrennt. Durch den Zusatz der KW-Stoffe wird die Bldg. von 1.3-Dichlorbuten-(2) stark herabgesetzt. (**D. A. S. 1 105 408** Kl. 12o vom 25/3. 1958, ausg. 27/4. 1961. A. Prior. 28/3. 1957.) W. GRÄGER. H 520

Pan American Petroleum Corp., übert. von: Scott W. Walker, Tulsa, Okla., V.St.A., **Gewinnung von sauerstoffhaltigen Verbindungen aus ihren Mischungen mit Kohlenwasserstoffen,** die durch Rk. von CO mit H_2 in Ggw. eines alkalihaltigen Fe-Katalysators bei erhöhter Temp. unter Druck erhalten wurden, erfolgt dadurch, daß man die Mischung in den mittleren Teil einer Extraktionskolonne leitet u. im Gegenstrom dazu eine wss. Lsg. eines nichtoberflächenakt. Salzes einer bes. öllösl. Carbonsäure. Aus einem Teil der wss. Salz-Lsg. werden die O-haltigen Verbb. teilweise ausgetrieben, u. die Salz-Lsg. wird in den oberen Teil der Kolonne zurückgeführt. Aus dem anderen Teil der Salz-Lsg. werden die O-haltigen Verbb. vollkommen ausgetrieben u. die Salz-Lsg. dann in den Kreislauf zurückgegeben. — Vorr., 3 Zeichnungen. (**A. P. 2 842 581** vom 26/5. 1955, ausg. 8/7. 1958.) G. KRAUSS. H 550

Hans Groß, Berlin-Friedrichshagen, und Alfred Rieche, Berlin-Wendenschloß, **Herstellung von asymmetrischem Dichlordimethyläther,** Kp. 84—86,5°, dad. gek., daß man Monochlordimethyläther (I) unter UV-Bestrahlung in der Dampfphase chloriert, fraktioniert u. den nebenbei entstehenden symm. Dichloräther mit Methanol in Ggw. von $CaCl_2$ wieder in I überführt. — Schemat. Zeichnung. (**D. P. [DDR] 20 975** Kl. 12o vom 16/8. 1958, ausg. 28/2. 1961 [Wirtschaftspatent].) S. BÖTTCHER. H 560

Knapsack-Griesheim Akt.-Ges., Knapsack (Erfinder: Kurt Sennewald, Armin Götz, Knapsack, und Heinrich Rehberg, Hermülheim bei Köln), **Herstellung von Alkinolen und Alkindiolen** durch Rk. von Carbonyl-Verbb. mit Acetylen oder dessen Derivv. in Ggw. von KOH u. von inerten organ. Lsgm., dad. gek., daß man in einer 1. Stufe Acetylen oder Acetylen-Derivv. mit mindestens einem H-Atom an der Äthylengruppe (Monovinylacetylen) auf eine durch Dest. weitgehend entwässerte Suspension von KOH in einem höhersd., mit W. ein Azeotrop bildenden KW-Stoff (bes. Xylol oder Benzinfraktionen mit Kp. ca. 100—180°) bes. bei 0—130° einwirken läßt, das Rk.-Gemisch in einer 2. Stufe ggf. unter weiteren Einleiten von Acetylen oder des Acetylen-Deriv. mit einer Carbonyl-Verb. (Aceton, Methyläthylketon oder Diäthylketon) bes. bei —10° bis +80° behandelt u. das Rk.-Gemisch in einer 3. Stufe in üblicher Weise hydrolysiert, die organ. Schicht abtrennt u. destillativ aufarbeitet. Die nicht umgesetzte Carbonyl-Verb. wird im Kreislauf der Rk. wieder zugeführt. Zwecks Förderung der Rk. wird in der 1. u. 2. Stufe intensiv gerührt. Man erhält so aus Acetylen u. Aceton je nach der verwendeten Acetonmenge *2-Methylbutin-(3)-ol-(2)* bzw. *1.1.4.4-Tetramethylbutin-(2)-*

diol-(1.4); aus Acetylen u. Diäthylketon → *Diäthyläthinylcarbinol*, Kp. 135—140°; Monovinylacetylen u. Aceton → *2-Methylhexen-(5)-in-(3)-ol-(2)*, Kp. 41—43°. Das Verf. erübrigt die Verw. bes. Entwässerungsmittel (CaC_2) u. von Lsgm. u. Kondens.-Mittel (Äther, Acetale, Alkohole). (**D. A. S. 1 101 404** Kl. 12o vom 29/10. 1957, ausg. 9/3. 1961.) W. GRÄGER. H 570

M. F. Schostakowskij, A. W. Bogdanowa und G. I. Plotnikowa, **Herstellen von 1.4-Disulfiden und 1.4-Äthersulfiden des Butadiens-(1.3)** aus [Äthinylvinyl]-äthern bzw. -thioäthern u. Mercaptanen: HC≡C·CH:CH—[OR] bzw. [SR] + HSR' → *R'S·CH:CH·CH:CH—[OR]* bzw. *[SR]* (R u. R' = organ. Reste). — Man vermischt äquimol. Mengen Äthyl-[äthinylvinyl]-thioäther u. Thiophenol mit 0,5% (bzgl. des Äthers) Azoisobuttersäurenitril u. hält 30 Min. bei Selbsterhitzung auf 60—70°: *1-Phenylmercapto-4-äthylmercaptobutadien-(1.3)*, $Kp._{2,5}$ 165°; n_D^{25} 1,6698; $D._4^{20}$ 1,0990. — Weitere Butadiene-(1.3): Aus Äthylmercaptan ohne Zusatz eines Initiators *1.4-Di-[äthylmercapto]-*, $Kp._5$ 120°; n_D^{20} 1,6062; $D._4^{20}$ 1,0134. — Entsprechend *1.4-Di-[phenylmercapto]-*, $Kp._{1,5}$ 203—205°; F. 40—40,5°. — *1-Butoxy-4-äthylmercapto*, $Kp._2$ 102,8°; n_D^{20} 1,5198; $D._4^{20}$ 0,9461. — *1-Butoxy-4-phenylmercapto-*, $Kp._8$ 153—153,5°; n_D^{20} 1,5929; $D._4^{20}$ 1,0261. — *1-Hexoxy-4-äthylmercapto-*, $Kp._3$ 134°; n_D^{20} 1,5468; $D._4^{20}$ 1,0013. — *1-Hexoxy-4-phenylmercapto-*, $Kp._2$ 183—183,5°; n_D^{20} 1,6122; $D._4^{20}$ 1,0663. (**UdSSR. P. 117 495** vom 29/4. 1958.) B. PANKOW. H 600

Esso Research and Engineering Co., V.St.A. (Erfinder: Vincent L. Hughes und Isidor Kirshenbaum), **Carbonylierungen** von Olefinen mit 2—12 C-Atomen, z. B. Propylen oder Hepten-(1), bei 30—120° unter Druck in Ggw. von 1% Co-Carbonyl, wobei der Geh. an W. <1% betragen soll. — Diagramme. (**F. P. 1 190 638** vom 27/11. 1957, ausg. 14/10. 1959. A. Prior. 31/12. 1956.) S. BÖTTCHER. H 660

Union Carbide Corp., V.St.A. (Erfinder: Philip Colony Johnson und Norman Russell Cox), **Hydroformierung von Olefinen,** z. B. Äthylen, Tetrapropylen oder Nonen, dad. gek., daß man diese bei 100—500° u. 140—700 kg/cm² in Ggw. einer Lsg. von Co-Formiat, -Acetat oder -Propionat in Methanol, A. oder Propanol mit CO u. H_2 umsetzt, wobei die Anteile des Katalysators u. des Alkohols, bezogen auf das Olefin, 0,1—5 bzw. 1—60 Gew.-% betragen. (**F. P. 1 192 296** vom 27/11. 1957, ausg. 26/10. 1959. A. Prior. 27/11. 1956.) S. BÖTTCHER. H 670

Ruhrchemie Akt.-Ges., Oberhausen/Rhld.-Holten (Erfinder: Karl Büchner, Oberhausen/Rhld.-Sterkrade, und Josef Meis, Oberhausen/Rhld.-Osterfeld), **Kontinuierliche Reinigung der durch Oxo-Synthese gewonnenen metall- und acetalhaltigen Aldehyde und Dialdehyde** mit W. unter erhöhtem Druck bei 150—200, bes. 180°, dad. gek., daß der zu reinigende Aldehyd (I) in einem erhitzten, keine Verteilungs-Vorr. besitzenden, von der Aldehyd-Herst. getrennten Rohr derart mit W. behandelt wird, daß der Eintritt des I oberhalb des unteren Rohrendes erfolgt, der gereinigte I als obere Schicht zusammen mit den bei der Behandlung entstehenden gasförmigen Bestandteilen am Kopf des Rohres kontinuierlich abgezogen wird, während ein Teil des W. gemeinsam mit den während der Behandlung ausgefällten Metallhydroxyden am unteren Ende des Rohres abgeleitet wird. Man leitet den I in Mischung mit W. in das Rohr ein, wobei die Verweilzeit des I im Rohr 10—30 Min. betragen soll. Nach dem Verf. werden >90% des im I vorhandenen Co u. Fe entfernt; gleichzeitig erfolgt eine Aufhellung, wobei die J-Farbzahlen von ca. 300 auf ca. 40—15 erniedrigt werden. Gereinigt werden: *Tricyclodecandimethylal* (aus Dicyclopentadien + CO + H_2) u. *Isodecanal*. — Vorr., Zeichnungen. (**D. A. S. 1 105 863** Kl. 12o vom 15/5. 1957, ausg. 4/5. 1961.) G. KRAUSS. H 680

Minnesota Mining & Mfg. Co., V.St.A., **Herstellung von Perfluorcarbonsäurederivaten,** dad. gek., daß man eine Perfluorchlormono- oder -dicarbonsäure mit 4—20 C-Atomen oder deren Chloride mit einem Alkohol verestert. Die ungesätt. unter den entstehenden Estern können *polymerisiert* oder mit einem Olefin, wie Chlortrifluoräthylen, in wss. Dispersion u. in Ggw. eines Peroxyds im Verhältnis 0,05:1 *copolymerisiert* werden. — $Cl(CF_2CFCl)_2CF_2COCl$, Kp. 179,5°, $Cl(CF_2CFCl)_3CF_2COCl$, $Kp._{50}$ 145°, n_D^{20} 1,3964, $D._4^{20}$ 1,860, aus $Cl(CF_2CFCl)_2CF_2COOH$ (I) bzw. $Cl(CF_2CFCl)_3CF_2COOH$ (II) u. PCl_5. — Folgende Ester werden beschrieben: I-*Methylester*, $Kp._{10}$ 87°; $n_D^{21,5}$ 1,3834 $D._4^{20}$ 1,74. — II-*Methylester*, Kp. 131,5—133°; n_D^{20} 1,3952; $D._4^{20}$ 1,826. — II-*Butylester*, $Kp._{0,45}$ 105—107°; n_D^{20} 1,4001; $D._4^{20}$ 1,635. — II-*n-Octylester*, $Kp._{0,1}$ 155°; n_D^{19} 1,4104; $D._4^{20}$ 1,41. — II-*Octadecylester*, $Kp._{0,1}$ 200°; $n_D^{19,5}$ 1,4279; $D._4^{24}$ 1,290. — II-*Pentaerythritmonoester*, n_D^{20} 1,4217. — II-*Allylester*, $Kp._1$ 160°; n_D^{20} 1,4026; $D._4^{20}$ 1,704. — I-*Allylester*, $Kp._{10}$ 100—101,5°; $n_D^{21,5}$ 1,3960; $D._4^{24}$ 1,62. — II-*Phenylester*. — $n\text{-}C_3H_7OOC\cdot(CF_2CFCl)_3COO\text{-}n\text{-}C_3H_7$, $Kp._{0,6}$ 118—122°, n_D^{20} 1,3952, $D._4^{20}$ 1,49, aus $(CF_2CFCl)_3(COOH)_2$. — $CH_3(CH_2)_7OOC(CFClCF_2)_3COO(CH_2)_7CH_3$, $Kp._{0,07}$ 180°; n_D^{19} 1,420; $D._4^{20}$ 1,265. —

$Cl(CF_2CFCl)_3CF_2COO(CH_2)_5OOC\cdot CF_2(CFClCF_2)_3Cl$, n_D^{20} 1,4118, $D._4^{20}$ 1,750, aus Pentamethylenglykol. — *$Cl(CF_2CFCl)_3CF_2COO(CH_2)_5OOC(CF_2CFCl)_3COO(CH_2)_5OCC(CF_2\cdot CFCl)_3CF_2Cl$*, $n_D^{21,5}$ 1,4157; $D._4^{20}$ 1,734. (**F. P. 1 202 156** vom 7/2. 1958, ausg. 8/1. 1960.)
S. Böttcher. H 800

Badische Anilin- & Soda-Fabrik Akt.-Ges. (Erfinder: Konrad Ranch, Martin Decker und Hans Jürgen Nienburg), Ludwigshafen/Rh., **Herstellung von gesättigten Fettsäurenitrilen** durch Rk. von gerad- oder verzweigtkettigen gesätt. aliphat. Aldehyden, die bes. 2—8 C-Atome enthalten, mit NH_3 in Ggw. eines Cr-Oxyd oder dieses u. ZnO enthaltenden Trägerkatalysators, der bes. ein Alkalioxyd enthält, dad. gek., daß man als Katalysatorträger SiO_2 oder ein Silicat verwendet u. bei einer Temp. von 350—500°, bes. 400—500°, arbeitet. — Beispiel zur Herst. von *Isobutyronitril* (Kp. 102—105°) u. *Isovaleronitril* (Kp. 124—129°). — Zwischenprodukte. (**D. A. S. 1 100 611** Kl. 12o vom 17/9. 1958, ausg. 2/3. 1961.)
O. Müller-Meiningen. H 810

General Aniline & Film Corp., New York, N.Y., übert. von: Charles F. Montross, Union, Fred E. Woodward, Scotch Plains, und Fritz Wuerth, Elizabeth, N.J., V.St.A., **Kontinuierliche Herstellung von festen Estern** der allg. Zus. R·COO—R'—A—Me (R = aliphat. Rest, bes. Alkyl C_7—C_{17}; R' = aliphat. oder aromat. Rest, bes. Alkylen C_2—C_6, A = Acyl-, bes. Carbon- oder Sulfonsäurerest; Me = Alkalimetall oder NH_4) erfolgt durch Einbringen eines Gemisches aus äquimol. Mengen eines fl. Carbonsäurechlorids der allg. Zus. RCOX (X = Halogen, bes. Cl) u. eines festen Hydroxycarbon- oder sulfonsauren Salzes der Zus. HO—R'—A—Me in einen um seine Längsachse rotierenden liegenden Zylinder (I), wobei das Gemisch das ganze I-Vol. ausfüllt u. das entwickelte Gas, bes. HCl, für eine Fluidisierung des I-Inhalts sorgt. Beispiele zur Herst. von *Lauroyl-Na-isäthionat* durch 20 Min. lange Rk. von Lauroylchlorid mit Na-Isäthionat bei 125°. Palmitoylchlorid + 1-Hydroxy-1-butan-Na-sulfonat. Steraoylchlorid + β-(p-Hydroxyphenyl)-Na-propionat. Octanoylchlorid + p-Phenyl-Na-sulfonat. — Zeichnung. (**A. P. 2 920 088** vom 8/11. 1956, ausg. 5/1. 1960.)
O. Müller-Meiningen. H 810

Distillers Co. Ltd., Edinburgh, Schottland (Erfinder: Bertram Yeomans), **Alkoxymethylacetate** erhält man durch Erhitzen von $(CH_3CO)_2O$ (**I**) mit einem Dialkoxymethan, das mindestens 4 C-Atome enthält, unter Wasserausschluß u. in Ggw. von 0,1—1,0 Gew.-% (berechnet auf beide Rk.-Teilnehmer) eines sauren Katalysators, z.B. p-Toluolsulfonsäure, nach: I + $CH_2(OR)_2$ → $CH_3COO\cdot CH_2\cdot OR$ + CH_3COOR. Beispiele zur Herst. von *n-Butoxymethylacetat* ($Kp._{760}$ 171—172°) u. *Äthoxymethylacetat*, $Kp._{760}$134 bis 135°. — Lsgm. u. Weichmacher. (**E. P. 830 850** vom 7/11. 1957, ausg. 23/3. 1960.)
O. Müllller-Meiningen. H 810

Imperial Chemical Industries Ltd., London, England (Erfinder: Alec Victor Mercer Gerald Scott), **Diacylhyponitrite** erhält man durch Rk. von untersalpetriger Säure (I) mit einem Acylhalogenid, bes. CH_3COCl, Octanoyl-, 3.3.5-Trimethylhexanoylchlorid, Naphthensäurechloriden, Chloriden der bei der Carbonylierung von Propylentrimeren erhaltenen Carbonsäuregemische, bei —80 bis —50° in Ggw. einer der I äquivalenten Menge einer organ. N-Base, wie eines Trialkylamins, Arylamins, Alkylarylamins, von Pyridin (**II**), Chinolin oder deren Salzen u. eines Lsgm. wie Aceton (**III**), Toluol (**IV**), Dimethyläther, Dimethylsulfoxyd, Dimethylformamid (**V**) in inerter Atmosphäre. — Beispiele zur Herst. von *Bis-Isobutyrylhyponitrit* (Zers. bei —20°) aus Ag-Hypernitrit, HCl u. Isobutyrylchlorid in Ggw. von **II**, **III**, **IV** u. **V** unter N_2 bei —60° u. von *Bis-acetylhyponitrit* (Zers. bei —5°). Initiatoren für die Polymerisation von Olefinen. (**E. P. 848 492** vom 4/6. 1958, ausg. 21/9. 1960.) O. Müller-Meiningen. H 810

E. I. du Pont de Nemours & Co., Wilmington, Del., V.St.A. (Erfinder: George Robert Coraor und Walter Zygfried Heldt), **Nitrile** erhält man durch Rk. von fl. HCN mit einer ungesätt. Verb. der allg. Formel $R^1R^2C=CR^3X$ (R^1—R^3 = H, Alkyl, Cycloalkyl, Aryl, Alkaryl, Aralkyl; X = CN, CO, NO_2, COOH oder COO-Alkyl) bei 50—150° in Ggw. von K_4- oder $Na_4Ni(CN)_4$ oder $CaK_2Ni(CN)_4$ unter einem N_2-Druck von 500—1000 lbs. — Beispiele: Äthylacrylat → *β-Cyanpropionsäureäthylester*. — Acrylnitril → *Bernsteinsäuredinitril*. — Mesityloxyd → *4-Cyan-4-methyl-2-pentanon*. — β-Nitrostyrol → *1-Phenyl-2-nitropropionitril*. — Butadien → Gemisch aus *Mono-* u. *Dicyanbutan*. Methylmethacrylat → *3-Cyan-2-methylpropionsäuremethylester*. (**E. P. 845 086** vom 18/3. 1959, ausg. 17/8. 1960.) O. Müller-Meiningen. H 820

O. Ju. Magidsson und R. G. Gluschkow, **Darstellung von 1-Acetoxy-1-carbmethoxybuten-(2)** (**I**) durch Umsetzung von Crotonaldehyd mit Acetanhydrid u. Metallcyaniden, Verseifung des erhaltenen Acetoxycyanbutens, Darst. des Methylesters u. erneute Acetylierung in Ggw. von Sulfosalicylsäure. — Zu 100 (g) NaCN in 200 W. werden unter Kühlung 100 Crotonaldehyd in techn. Dichloräthan zugesetzt, dann während

1½ Std. bei 0 bis −5° 190 Acetanhydrid. Es wird 3 Std. bei dieser Temp. gerührt, filtriert, mit Dichloräthan nachgewaschen u. die Lsg. aufgearbeitet: *1-Acetoxy-1-cyanbuten-(2)* (II), $Kp._5$ 78—80°; 76% (Ausbeute). 139 g II werden in 400 ml Methanol mit 400 ml 20%ig. methanol. HCl 1½ Std. gekocht, 27 konz. HCl zugesetzt u. weitere 4 Std. gekocht. Nach Abkühlen, Filtrieren u. Eindampfen Eingießen in 150 Eis u. Extraktion mit Dichloräthan: *1-Hydroxy-1-carbomethoxybuten-(2)* (III), $Kp._{15}$ 82—85°; 58,9%. Acetanhydrid u. 0,3 Sulfosalicylsäure werden während 10 Min. 76,5 III zugesetzt, 30 Min. wird gekocht u. nach Abkühlen mit Bzl. extrahiert: I, $Kp._{12}$ 100—120°; 94,3%. (**UdSSR. P. 121 122** vom 11/10. 1958.) L. GROSSNER. H 850

E. I. du Pont de Nemours & Co., Wilmington, Del. (Erfinder: David Maley Marquis, Salt Lake City, Utah), V.St.A., **Herstellung von Thiocarbonylfluorid**, dad. gek., daß eine Halogenmethan-Verb. der Formel CF_2HX oder CF_2X_2 (X = Cl oder Br) u. entweder H_2S oder S bei ca. 500—900° in Kontakt gebracht, wobei das Mol-Verhältnis der Halogenmethan-Verb.: S-Verb. zwischen 2:1 u. 1:4 liegt, u. anschließend das gebildete *C(:S)F₂* abdest. wird. Beispiel: Aus einem Gemisch von CF_2HCl u. S im Mol-Verhältnis 1:2 wird durch Abdest. bei 700—750° eine 96,4 (Mol.-%) $C(:S)F_2$, 1,0 COS u. 2,6 Rest enthaltende Fraktion in einem durch Trockeneis gekühlten Behälter erhalten. (**D. A. S. 1 108 189** Kl. 12i vom 18/8. 1959, ausg. 8/6. 1961. A. Prior. 26/8. 1958. **A. P. 2 962 529** vom 26/8. 1958, ausg. 29/11. 1960.) K. DEMMLER. H 880

Wolfgang Voigtländer, Radebeul, **Herstellung von β-Dialkylaminoäthylaminen**, z. B. *Piperidino-*, $Kp._{14}$ 70—73°, *Diäthylamino-*, Kp. 144—149°, u. *Dimethylaminoäthylamin*, Kp. 106—110°, dad. gek., daß man 1-[β-Dialklyaminoäthyl]-phthalimide mit Hydrazinhydrat in 1-[β-Dialkylaminoäthylamino]-4-hydroxyphthalazine überführt u. diese verseift. (**D. P. [DDR] 17 068** Kl. 12q vom 19/7. 1957, ausg. 18/6. 1959 [Wirtschaftspatent].) S. BÖTTCHER. H 910

Rohm & Haas Co., übert. von: Peter L. de Benneville und Charles S. Hollander, Philadeplhia, Pa., V.St.A., **Aminoacetamidoxime** der allg. Formel $R-N(R')(CH_2)_n-C(=NOH)-NH_2$ (R = H, Methyl oder Äthyl; R' = Alkyl mit 1—18 C-Atomen, das auch sek. oder tert. sein kann, Cycloalkyl, Alkylcycloalkyl, Phenyl; R u. R' können zusammen mit dem N auch einen Pyrrolidin-, Piperidin-, Morpholin- oder Thiamorpholinring bilden, die am C auch Alkyl enthalten können; n = 1 oder 2) erhält man durch Rk. von 1 Mol eines Hydroxylaminsalzes mit 1 Mol des entsprechenden Aminoacetonitrils der allg. Formel $R-N(R')(CH_2)_nCN$ bei 0—80°, ggf. in Ggw. eines Lsgm. (W., niedrigmol. Alkanole). — Aus 42 (Teilen) Dimethylaminoacetonitril in 100 A. 35 u. Hydroxylaminhydrochlorid oder -sulfat in 35 W., nach Aufhören der Wärme-Entw. Zusatz von 26,5 festem Na_2CO_3 → *Dimethylaminoacetamidoxim*, aus Isopropanol, F. 113—115°. — Cyclohexylaminoacetonitril → *Cyclohexylaminoacetamidoxim*, aus Isopropanol, F. 146 bis 148°. — Cyclopentylaminoacetonitril + Hydroxylaminhydrobromid → *Cyclopentylaminoacetamidoxim*. — tert.-Octylaminoacetonitril → *tert.-Octylaminoacetamidoxim*, aus Methanol-W., F. 95—96°. — tert.-Dodecylaminoacetonitril + Hydroxylaminphosphat → *tert.-Dodecylaminoacetamidoxim*. — Octadecylaminoacetonitril → *Octadecylaminoacetamidoxim*, F. 97—98°. — *Butylaminoacetamidoxim*, aus Äthylacetat, F. 85°. — Morpholinoacetonitril → *Morpholinoacetamidoxim*, aus Äthylacetat, F. 152°. — *Diäthylaminoacetamidoxim*, aus W., F. 80°. — N-Phenylglycinnitril → *Anilinoacetamidoxim*, aus Äthylacetat, F. 149—150°. — *N-Methyl-N-phenylaminoacetoxim*, aus Äthylacetat, F. 80—82° — tert.-Octylaminopropionitril → *tert.-Octylaminopropionamidoxim*, aus Methanol-W. (2:1), F. 103—104°. — *Dodecylaminopropionamidoxim*. — *Cyclohexylaminopropionamidoxim*. — *Morpholinopropionamidoxim*. — Ferner können umgesetzt werden: Propylamino-, Hexadecylamino-, Tetradecylamino-, Methylaminoacetonitril, N-Cyanmethylpiperidin, -pyrrolidin, Diäthylaminoacetonitril. — Chelatbildner für Fe. Fungicide, bes. gegen Stemphylium sarcinaeforme u. Monilinia fructicola. (**A. P. 2 947 782** vom 23/12. 1957, ausg. 2/8. 1960.) G. KRAUSS. H 930

Hans-Jürgen Maecker, Berlin-Baumschulenweg, **Herstellung von DL-N-Benzylasparaginsäure**, F. 194°, durch Rk. von Maleinsäure (I) mit Benzylamin (II) in wss. Lsg. bei 90—100°, Versetzen der heißen Lsg. mit kaltem W. u. NaOH u. Ausziehen von II mit $CHCl_3$. — Lösen von 3,5 kg I in 7 (Liter) W. bei 76°, langesames Zugeben von 6,8 kg II bei 55°, Rühren bei 95°, Addition von 6 kaltem W. + 2,76 33%ig. NaOH, dreimaliges Ausrühren mit je 4 Chlf. u. Versetzen der alkal. Lsg. mit 3,2 HCl bis pH 3 liefert die gewünschte Verb.; Ausbeute 95,5%. (**D. P. [DDR] 15 797** Kl. 12q vom 30/11. 1956, ausg. 24/11. 1958 [Wirtschaftspatent].) H.-J. NITZSCHKE. H 950

General Mills, Inc., übert. von: David Aelony, Minneapolis, Minn., V.St.A., **N-Alkylalanine** der Formel $RNH-C_2H_4-COOR_1$, in der R aliphat. KW-Stoffrest mit 8—22 C-Atomen, R^1 = Alkylgruppe mit 1—4 C-Atomen werden durch Rk. des entsprechenden Amins RNH_2 mit dem entsprechenden Acrylsäurealkylester, welcher in 10 bis 30%ig. Überschuß angewendet wird, bei 50—120° hergestellt. (**A. P. 2 816 911** vom 23/2. 1954, ausg. 17/12. 1957.) A. DANDL. H 950

Imperial Chemical Industries Ltd., England, **Herstellung von N-Alkyltaurinen,** dad. gek., daß man Na-2-Hydroxy- oder -2-Chloräthan-sulfonat im Autoklaven bei 200° in Ggw. von wss. NaOH mit Aminen (Isopropyl-, sek.-Butyl-, Isobutylamin) umsetzt. — *N-Isopropyl-*, F. 264°, *N-[sek.-Butyl]-*, F. 205—207°, *N-Isobutyltaurin*, F. 282—284° u. daraus durch Acetylierung *N-Acetyl-N-isopropyl-*, F. 190,5°, *-N-[sek.-butyl]-*, F. 191° u. *-N-isobutyltaurin*, F. 100—104°. (**F. P. 1 189 691** vom 10/1. 1958, ausg. 6/10. 1959. E. Prior. 14/1. u. 18/12. 1957.) S. BÖTTCHER. H 950

International Minerals & Chemical Corp., Chicago, Ill. (Erfinder: Joseph L. Purvis, Cincinnati, Ohio), V.St.A., **Herstellung von Gemischen aus α-Halogenglutarsäure, α-Hydroxyglutarsäure und deren Lacton,** dad. gek., daß man ein 3-Halogen-, bes. 3-Chlorcyclopenten, bei —20 bis —40° mit O_3 oder einem O_3-haltigen Gas, z. B. einem 2—15 Gew.-% O_3 enthaltenden O_3-Luft- oder O_3–O_2-Gemisch behandelt, u. auf das hierbei erhaltene Ozonid (I) ein oxydierendes Mittel (II) einwirken läßt. Hierfür verwendet man z. B. H_2O_2 bei Rückfluß-Temp. in Ggw. von H_2SO_4. Die Ozonisierung kann man in einem inerten organ. Lsgm., die Zerlegung des I mit einem gasförmigen II durchführen. — *Ausgangs-Prodd.* zur Herst. von *Glutaminsäure*. — Vgl. A. PP. 2 833 786 u. 2 837 532; C. **1960.** 10760. (**D. A. S. 1 072 610** Kl. 12o vom 25/2. 1957, ausg. 7/1. 1960. **E. P. 820 517** vom 19/2. 1957, ausg. 23/9. 1959. **Belg. P. 550 010** vom 14/2. 1957, ausg. 12/2. 1960. Alle A. Prior. 28/2. 1956.) O. MÜLLER-MEININGEN. H 950

Hoffmann-La Roche & Co. Akt.-Ges., Basel (Erfinder: Jean Battegay und Peter Treadwell, Binningen), Schweiz, **Herstellung von Organomagnesiumhalogeniden** durch Rk. eines organ. Halogenids mit Mg in Ggw. eines wasserfreien Lsgm., dad. gek., daß das Mg in Form von groben Stücken, bes. mit einem Vol. von >50 cm³, verwendet wird. — Vorrichtung. (**D. A. S. 1 107 226** Kl. 12o vom 21/3. 1960, ausg. 25/5. 1961. Schwz. Prior. 16/4. 1959.) J. MÜHLEISEN. H 980

Jacobus Rinse, Bernardsville, N.Y., V.St.A., **Herstellung organischer Aluminiumverbindungen.** Man erhält cycl. trimere Al-Alkoxyde der Formel $(OAlOR)_3$ (OR = Alkoxy mit 2—5 C-Atomen) als unschmelzbare, feste, in aromat. Lsgm. leicht lösl. Prodd., wenn man entsprechende Al-Trialkoxyde mit 0,95—1,05 Mol Wasserdampf, ggf. in Ggw. eines Lsgm., reagieren läßt. Die Herst. von trimerem Al-Isopropoxyd u. Al-Äthoxyd ist beschrieben. — Zwischenprodd. zur Herst. stabiler Al-Harze. (**Holl. P. 97 074** vom 3/4. 1958, ausg. 15/2. 1961.) F. BÖHM. H 980

Shell Development Co., New York, N.Y., übert. von: George J. Carlson, Berkeley, und George W. Gaertner, Oakland, Calif., V.St.A., **Kontinuierliche Herstellung von Aluminiumalkoholaten** in Abwesenheit eines Katalysators erfolgt dadurch, daß man in den unteren Teil eines mit Al-Grieß von 80—250, bes. 80—150°, gefüllten Rohres Alkanole mit 3—9 C-Atomen oder deren Mischungen, ggf. in Ggw. eines Lsgm., einleitet, einen solchen Druck aufrecht erhält, daß der Alkohol fl. bleibt u. fortlaufend am unteren Ende Alkoholat abzieht u. oben frischen Al-Grieß nachfüllt. — Al-Propy-, Buty-, -Amy-, -Hexy-, -Hepty-, -Octy- u. -Nonylat u. das der entsprechenden sek. Alkohole. Ferner sind herstellbar: Al-Carnauby- u. -Cerylat. — Zwischenprodukte. — Vorr., Zeichnung. (**A. P. 2 845 447** vom 8/4. 1954, ausg. 29/7. 1958.) G. KRAUSS. H 980

Farbwerke Hoechst Akt.-Ges., vormals Meister Lucius & Brüning, Frankfurt/M. (Erfinder: Helmut Klug und Josef Kaupp, Gersthofen über Augsburg), **Herstellung von reinem Hexachlorbenzol (I)** durch Rk. von Verbb. des Cyclohexantyps mit Cl_2 bei $>180°$ unter erhöhtem Druck, ggf. in Ggw. von inerten Verdünnungsmitteln, dad. gek., daß man Cyclohexan oder seine 1—7fach Cl-substituierten Derivv. als Ausgangsstoffe verwendet u. die Rk. bei 200—350° in Abwesenheit von Katalysatoren ausführt. — In einen 1 Liter fassenden Autoklav, der 250 g I u. 87,5 g eines rohen, durch direktes Chlorieren von Bzl. erhaltenen Isomerengemisches (12—15% γ-Anteile) enthält, werden 125 g fl. Cl_2 einkondensiert, worauf durch Erhitzen die Rk. eingeleitet wird, die nach 1 Std. bei Erreichung von 70 atü u. 200° beendet ist. Man erhält prakt. reines I in fast quantitativer Ausbeute. (**D. A. S. 1 100 610** Kl. 12o vom 23/11. 1955, ausg. 2/3. 1961.) J. MÜHLEISEN. H 1010

Farbenfabriken Bayer Akt.-Ges., Deutschland (Erfinder: Robert Seydel und Rudolf Stroh), **Herstellung von o-substituierten p-Alkylphenolen,** dad. gek., daß man 3.5-disubstituierte 4-Hydroxybenzyläther reduziert. — *2.6-Di-[tert.-butyl]-4-methylphenol*, F. 69°, durch langsames Eintragen von Zn-Pulver in eine Lsg. von 3.5-Di-[tert.-butyl]-4-hydroxybenzylmethyläther in Eisessig bei 100—110° u. anschließende Wasserdampfdestillation. — *4-Äthyl-*, F. 46° (Phenylurethan, F. 162°) u. *4-Isobutyl-2.6-di-[tert.-butyl]-phenol*, $Kp._{10}$ 149°, aus 3.5-Di-[tert.-butyl]-4-hydroxymethyl-

bzw. -4-hydroxyisopropylbenzylmethyläther (F. 44°). — *4-Methyl-2.6-dicyclohexyl-*, F. 64°, *-di-[tert.-amyl]-*, $Kp._{20}$ 165°, *-dicumyl-*, F. 123°, *-di-[1-phenyläthyl]-phenol*, $Kp._{10}$ 241°, *4-Methyl-2-[tert.-butyl]-6-cyclohexyl-*, $Kp._{10}$ 185° u. *-6-methylcyclohexylphenol*, $Kp._{10}$ 193°, aus 3.5-Dicyclohexyl-, -Di-[tert.-amyl]-, -Dicumyl-, -Di-[1-phenyläthyl]-, 3-[tert.-Butyl]-5-methylcyclohexyl- bzw. 3-[tert.-Butyl]-5-cyclohexyl-4-hydroxybenzylmethyläther (F. 104—105°, aus 2-[tert.-Butyl]-6-cyclohexylphenol u. HCHO in Methanol) — *Antioxydationsmittel*. (**F. P. 1 192 847** vom 12/3. 1958, ausg. 28/10. 1959. D. Prior. 12/3. 1957.) S. BÖTTCHER. H 1060

Phenolchemie G.m.b.H. (Erfinder: Heinrich Sodomann, Bruno Hauschulz und Meinloh Hanke), Gladbeck/Westf., **Gewinnung von reinen Hydroperoxyden aus den Oxydationsprodukten von dialkylierten, aromatischen Kohlenwasserstoffen** der allg. Formel $R-CH(R)-Ar-CH(R)_2$ (Ar = Arylen; R = Alkyl oder H) erfolgt durch Abtrennen des entstandenen Dihydroperoxyds vom Monohydroperoxyd durch Extraktion mit verd., wss. Alkali dadurch, daß man die durch Extraktion gewonnene, mehr als 5% Dihydroperoxyde enthaltende Emulsion entweder in einer hochtourigen Zentrifuge u./oder durch Zusatz eines Emulsionsbrechers (Siliconöle oder höhermol. Alkohole) oder von W. in eine wss.-alkal. u. eine das Monohydroperoxyd enthaltende organ. Fl. bes. mit <1 g Alkali je kg organ. Fl. trennt, die dann zur weiteren Oxydation geeignet ist. Die Oxydation kann dann bei pH <7, bes. 4,5—6,5, durchgeführt werden, wodurch weniger Nebenprodd. als bei der alkal. Oxydation entstehen. — Nach dem anderen Verf. werden die z. B. mit 1—12%ig. wss. NaOH erhaltenen Alkaliextrakte mit organ. Lsgm. (Dialkylaromaten, Methyläthyl-, Methylpropyl-, Methylisopropyl-, Methylbutylketon, CCl_4, Ae., Diisopropyläther, Butanole, Pentanole) ausgezogen u. der erhaltene Auszug vor der weiteren Oxydation zu Hydroperoxyden ein- oder mehrstufig mit H_2 hydriert, bes. in Ggw. von feinverteiltem Ni auf Trägern, bes. SiO_2, bei 140° u. 15 atü oder Pd auf Al_2O_3 bei 80° u. 5 atü u. anschließend W-Sulfid bei 290° u. 110 atü. Die z.B. durch Extraktion erhaltene organ. Fl. besteht aus 99,2 (%) m-Diisopropylbenzol, 0,24 Monohydroperoxyd, 0,9 m-Hydroxyhydroperoxyd, 0,15 m-Dicarbinol, 0,02 m-Dihydroperoxyd u. 0,3 W. u. ist nach der Hydrierung peroxyd- u. carbinolgruppenfrei. — Aus der alkal. Dihydroperoxyd enthaltenden Lsg. entstehen bei der Spaltung *Dihydroxybenzole*. Durch die Anwendung der Hydrierung sind zur Herst. von 1 kg *Resorcin* höchstens 2 kg m-Diisopropylbenzol, ohne Hydrierung jedoch 2,5 kg erforderlich; außerdem wird bei der Spaltung die Bldg. von Nebenprodd. stark zurückgedrängt. (**D. A. SS. 1 102 740** u. **1 102 741** Kl. 12o vom 13/7. 1959, ausg. 23/3. 1961.) G. KRAUSS. H 1060

Mid-Century Corp., Chicago (Erfinder: Alfred Saffer, Bayside, Long Island), Ill., V.St.A., **Herstellung von Benzoldicarbonsäuren** durch Oxydation von Diäthylbenzolen mit O_2 bei erhöhter Temp. u. Druck in fl. Phase, in Ggw. einer aliphat. Monocarbonsäure mit 1—6 C-Atomen als Lsgm., z. B. Capron- oder Essigsäure, mit Hilfe von 0,1—5%, bezogen auf das Gew. des Diäthylbenzols, eines organ. Mn-Salzes, bes. cuminsauren Mn. — Herst. von *Tere-* u. *Isophthalsäure*. (**D. A. S. 1 097 972** Kl. 12o vom 9/3. 1955, ausg. 26/1. 1961. A. Prior. 16/3. 1954.) L. STADELMANN. H 1220

Imperial Chemical Industries Ltd., London, England, **Oxydation von Xylolen.** Man erhitzt ein Gemisch von Xylolen, das 10—15% Äthylbenzol enthält, in Ggw. von Bromiden des Mn oder Co u. von Benzoesäure unter Durchleiten von O_2 auf 150° u. erhält ein Gemisch von Iso- u. Terephthalsäure in 88%ig. Ausbeute. (**Belg. P. 561 738** vom 18/10. 1957, ausg. 20/5. 1960. E. Prior. 18/10. 1956 u. 7/10. 1957.) L. STADELMANN. H 1220

Imperial Chemical Industries Ltd., London, England (Erfinder: Gordon Howard Whitfield, Colin Bertie Cottervill und Fred Dean), **Aromatische Carbonsäuren** erhält man durch Oxydation von alkyl- oder halogenalkylsubstituierten oder polare Gruppen enthaltenden aromat. Verbb. mit O_2 oder O_3 in fl. Phase in Ggw. von Schwermetallkatalysatoren u. von HCl in Abwesenheit von Br_2 oder Br enthaltenden Verbb. bei Temp. bis zu 300°, bes. 50—200°, u. bis zu 200 at, wobei man HCl, als Grammatom Cl pro g-Mol Ausgangsmaterial berechnet, in einer Menge von 0,1—10 einsetzt. Beispiel: p-Toluylsäure → Terephthalsäure. (**E. P. 850 536** vom 1/11. 1957, ausg. 5/10. 1960.) L. STADELMANN. H 1220

Bergwerksverband G. m. b. H., Essen (Erfinder: Anton Benning, Essen, und Kurt Handrick, Düsseldorf), **Herstellen von Chlorterephthalsäure** durch Chlormethylieren von Toluol, Oxydation der Chlormethylierungs-Prodd. mit HNO_3 in erster Stufe unter normalem Druck, in 2. Stufe unter erhöhtem Druck, dad. gek., daß man die erste Stufe in Ggw. von HCl oder Alkalichloriden durchführt, wobei man vorzugsweise die anorgan. Chlor-Verbb. erst gegen Ende der Rk. in der ersten Oxydationsstufe zugibt. (**D. A. S. 1 102 129** Kl. 12o vom 22/8. 1959, ausg. 16/3. 1961.) L. STADELMANN. H 1220

Badische Anilin- & Soda-Fabrik Akt.-Ges., Ludwigshafen/Rh. (Erfinder: Hermann Spänig, Ludwigshafen/Rh., und Willibald Schönleben, Weinheim), **Trimesinsäureester** erhält man in guten Ausbeuten, wenn man einem Propiolsäureester von gesätt. Alkanolen mit 1—6 C-Atomen oder höheren Alkanolen, cycloaliphat. oder araliphat. Alkoholen in fl. alkancarbonsaurem Medium ein tert. Amin, z. B. Trimethylamin, Triäthanolamin, tert. Aminogruppen enthaltende Ionenaustauscher oder aromat. u. aromat.-heterocycl. Amine zusetzt. Die Cyclisierung erfolgt bei normaler Temp., vorteilhafter bei 50—150°. (**D. A. S. 1 102 130** Kl. 12o vom 26/1. 1960, ausg. 16/3. 1961.) L. STADELMANN. H 1230

Monsanto Chemical Co., St. Louis, Mo., V.St.A. (Erfinder: John Joseph D'Amico und Ching Chen Tung), **Herstellung von Dinitrosoanilinen.** Zur Herst. eines N.C-dinitroso-N-substituierten Anilins setzt man ein C-nitroso-N-substituiertes Anilin, bei welchem der N-Substituent ein ggf. halogensubstituierter aliphat. oder cycloaliphat. KW-Stoffrest ist, mit salpetriger Säure im kalten wss. Medium um, wobei die Rk. in Ggw. einer Mineralsäure, wie HCl, in solcher Menge erfolgt, daß man Ende der Rk. nicht mehr als 0,3—0,4 Mol auf 1 Mol C-Nitrosoanilin vorhanden ist. — Man setzt z. B. eine mol. Menge von $NaNO_2$ einer gekühlten Lsg. von N-Äthylanilin in alkohol. HCl zu. Dann verd. man durch so viel W. die HCl-Konz. so weit, daß sie gerade ausreicht, eine zusätzliche Menge salpetriger Säure aus $NaNO_2$ frei zu machen, die nicht mehr als 0,4 Mol auf 1 Mol des verwendeten Anilins beträgt. Dann wird allmählich eine 2. mol. Menge $NaNO_2$ zur gekühlten Mischung gegeben. Durch die betreffende Säure-Konz. soll eine bes. gute Ausbeute erreicht werden. (**E. P. 852 595** vom 22/5. 1958, ausg. 26/10. 1960.) E. FUCHS. H 1310

General Aniline & Film Corp., New York, N.Y., übert. von: Eugene V. Hort, Westfield, N.J., V.St.A., **Stabilisierte aromatische Amine.** Um Mono- u. Polyamine, wie o-, m-, p-Toluidin, Xylidin, o-, m-, p-Aminophenol oder -Phenylendiamin, Benzidin, α- oder β-Naphthylamin, Chloranilin, 2.4- oder 2.6-Toluoldiamin, Methylenbis-anilin, Naphthalindiamin gegen die Verfärbung beim Lagern in Ggw. von Fe, z. B. in Behältern aus Fe, zu schützen, setzt man ihnen 0,01—1,0% der Verb. $(R)_3PO_3$ hinzu, worin R Äthyl-, Butyl-, Isoamyl-, Decyl-, Cetyl-, Cyclohexyl-, Phenyl-, Kresyl- u. Benzylreste bedeuten. (**A. P. 2 950 290** vom 21/6. 1956, ausg. 23/8. 1960.) E. FUCHS. H 1320

Hardmann & Holden Ltd., Manchester, England (Erfinder: Stanley Gordon Kemp), **Herstellung organischer Aluminiumverbindungen** der allg. Zus. Cl—Al(X)Y (X u. Y = Alkoxy, Phenoxy, Acyloxygruppen). Zur Herst. von *Al-Monochloridmonoisopropylatmonostearat* schmilzt man z. B. 8,09 (g) $AlCl_3$ (**I**), 50,0 Al-Tristearat (**II**) u. 12,41 Al-Isopropylat (**III**) bei 80° zusammen u. erhitzt die Schmelze noch 20 Min. unter Rühren, oder man löst 30 **I** in 200 cm³ heißem Xylol, setzt 184 **II** u. 46 **III** zu, erhitzt ½ Std., dest. das Lsgm. im Vakuum ab u. erhält beim Abkühlen ein wachsartiges Endprod., das man auch durch Rk. folgender Gemische erhält: **I** + Al-Monostearatdiisopropylat + Al-Distearatmonoisopropylat; Al-Dichloridmonoisopropylat (**V**) + Al-Distearatmonoisopropylat; Al-Dichloridmonostearat + Al-Diisopropylatmonostearat; Al-Distearatmonochlorid (**IV**) + Al-Diisopropylatmonochlorid. 119,0 **IV** + 50,1 Al-Monochloriddiphenolat + 200 cm³ Xylol 1½ Std. unter Rückfluß → 169,1 *Al-Monochloridmonophenolatmonostearat.* — **V** + Al-Monoisopropylatdiphenolat → *Al-Monochloridmonophenolatmonoisopropylat.* — Al-Monochloriddi-sek.-butylat + Al-Dichloridmono-sek.-butylat + Al-Tripalmitat in Bzl. → *Al-Monochloridmono-sek.-butylatmonopalmitat.* (**E. P. 831 346** vom 14/2. 1957, ausg. 30/3. 1960.) O. MÜLLER-MEININGEN. H 1380

Walter H. Prahl, Snyder, N.Y., V.St.A., **Triarylester der Orthophosphorsäure** werden durch Erhitzen eines Diarylorthophosphorsäureesters mit einer wasserfreien Hydroxylaryl-Verb. auf 115—300° erhalten, wobei man das entstehende W. entfernt. — Vorr., Zeichnungen. (**A. P. 2 805 240** vom 29/10. 1953, ausg. 3/9. 1957. **E. P. 763 311** vom 30/9. 1954, ausg. 12/12. 1956. A. Prior. 29/10. 1953.) A. DANDL. H 1381

Hans-Dieter Selle und Angela Ruhnau, Berlin, **Herstellung eines Ketalgemisches** aus cyl. Ketonen u. mehrwertigen Alkoholen durch Rk. bei 90—100° in Ggw. von Acetalisierungskatalysatoren u. wasseraufnahmenden Salzen (bes. Na_2SO_4) u. anschließende Kühlung auf 30° u. darunter. — Erhitzen von 250 (kg) techn. Cyclohexanon, 230 1.3-Butylenglykol, 40 calciniertem Na_2SO_4 u. 7 konz. H_2SO_4 auf 90—100°, ¼std. Rühren, Kühlen auf 30°, Neutralisieren mit calciniertem Na_2CO_3 u. Zugabe von W. liefert 210 Ketalgemisch. — Diagramm. (**D. P. [DDR] 15 547** Kl. 12o vom 14/9. 1956, ausg. 4/10. 1958 [Wirtschaftspatent].) H.-J. NITZSCHKE. H 1960

Richter Gedeon Vegyészeti Gyár R. T., Budapest, Ungarn (Erfinder: Béla Stefko, János Kreidl und Miksa Just), **Herstellung von disubstituierten Nitrilen** der allg. Formel $R_1R_2CH \cdot CN$ (R_1 = aromat. oder alicycl. Rest; R_2 = Alkylgruppe) durch Rk. von disubstituierten Cyanessigsäureestern $R_1R_2C(CN) \cdot COOR_3$ (R_3 = Alkylgruppe) mit Alkoholen in stöchiometr. Menge in wasserfreiem Medium (abs. A.) $>50^0$ in Ggw. von Metallalkoholaten (Na-Äthylat; 5—10 Mol-%). — 221 g Methylcyclohexenylcyanessigsäureäthylester wird mit 23 g Na entsprechenden Mengen Na-Methylat (7,6%ig. Lsg., auf Na berechnet) 4 Std. gekocht. Nach Abdampfen des A. wird mit 5—10%ig. HCl bis pH 3—4 angesäuert. Aus der nicht wss. Phase erhält man *Methylcyclohexenylacetonitril*, $D.^{20}$ 0,931; n_D^{18} 1,4770; Ausbeute 80%. (**Ung. P. 148 999** vom 22/9. 1960, ausg. 20/5. 1961.) F. LANDSBERGER. H 2010

Rütgerswerke Akt.-Ges., Frankfurt/M., **Gewinnung von Naphthalin aus Ölgemischen.** Das Öl wird durch katalyt. Hydrierung entschwefelt u. hierauf durch Mischen mit einer kalten wss. Fl. gekühlt. (**E. P. 851 698** vom 17/7. 1959, ausg. 19/10. 1960. D. Prior. 26/7. 1958.) E. KAHLES. H 2700

American Cyanamid Co., New York, übert. von: Samuel W. Tribit; Hawthorne, N.Y., Wesley O. Fugate, Old Greenwich, und James Kenneth Dixon, Riverside, Conn., V.St.A., **1.4-Naphthochinon** erhält man durch Oxydation von dampfförmigem Naphthalin mit O_2 oder Luft im Verhältnis 5—20 zu 95—80 in Ggw. eines Fließbettkatalysators aus V_2O_4 u. V_2O_5 im Verhältnis 75:25 bis 95:5 bei 250—400, bes. 275—350°, wodurch die Bldg. von Phthalsäureanhydrid zurückgedrängt wird. — Vorr., Zeichnung. (**A. P. 2 863 884** vom 7/3. 1956, ausg. 9/12. 1958.) G. KRAUSS. H 2700

DEHYDAG Deutsche Hydrierwerke G.m.b.H., Düsseldorf, **Kristallines 1.2.3.4-Tetrahydronaphthalin-1-hydroperoxyd (I)**, F. 55°, wird dadurch erhalten, daß man 1.2.3.4-Tetrahydronaphthalin in fl. Zustand mit O_2 oder diesen enthaltenden Gasen bei erhöhter Temp., bes. 70—75°, oxydiert, bis der I-Geh. 10% beträgt; die Lsg. wird dann über einem Adsorptionsmittel (Silicagel, Al_2O_3, Mg- u. Zr-Oxydgele, adsorptiv wirkende Erden, Tierkohle, Cellulose oder deren Mischungen) filtriert, der Rückstand mit einem nichtpolaren Lsgm. (Pentan, Hexan, Heptan, PAe., Cyclopentan, Cyclohexan) gewaschen u. anschließend das **I** mit einem polaren Lsgm. (Alkanole, Ketone, Äther, Propylacetat, Chlf., Dichloräthan, Acetonitril, CS_2, bes. Methanol u. Aceton) herausgelöst. — Oxydations-, Kondens.- u. Polymerisationskatalysator; Stabilisierungsmittel für Polyvinylchlorid; Zusatzmittel zu Flotationsmitteln u. Treibstoffen; Zwischenprod. zur Herst. von Alkoholen, Ketonen u. Carbonsäuren. (**E. P. 854 355** vom 19/2. 1959, ausg. 16/11. 1960. D. Prior. 20/2. 1958.) G. KRAUSS. H 2700

Stone & Webster Engineering Corp., V.St.A. (Erfinder: John M. Chambers und Hermann C. Schutt), **Herstellung von Olefinoxyden,** dad. gek., daß man ein Gemisch von Olefin u. >7 Vol.-% O_2 bei 220—290° über einen feinverteilten Katalysator aus Ag-Erdalkalimetall-Leg. leitet, nach einer Oxydation von 20—40% des Olefins das Oxyd abtrennt u. das zurückbleibende Gemisch weiter oxydiert. — Vorr., Zeichnungen, Diagramme. (**F. P. 1 192 370** vom 12/12. 1957, ausg. 26/10. 1959. A. Prior. 13/12. 1956.) S. BÖTTCHER. H 3030

Columbia-Southern Chemical Corp. (Erfinder: Malcolm Korach und Walker Henry Rideout), Pittsburgh, Pa., V.St.A., **Trennen des Butandienmonoxyds von einer wasserlöslichen Carbonsäure** (bes. mit bis zu 4 C-Atomen). Das in einem inerten, mit W. nicht mischbaren, organ. Lsgm. (Äthylendichlorid, CCl_4, Trichloräthylen, 1-Chlor-2-methylbutan, Chlf., o-Dichlorbenzol, Ae., Methylchlorid oder Methylenchlorid) bei ca. 40° aus Butadien u. einer Percarbonsäure (Peressig- oder Perpelargonsäure) erhaltene Rk.-Gemisch wird auf $<25^0$, bes. $<15^0$, gekühlt u. z. B. bei 0° mit W. oder zweckmäßig mit einer gesätt. wss. Lsg. eines Alkalisalzes (Na_2SO_4, NaCl, NaBr) ausgewaschen. (**E. P. 852 097** vom 3/6. 1958, ausg. 26/10. 1960. A. Prior. 4/6. 1957.) W. GRÄGER. H 3030

Union Carbide Corp., V.St.A., **Herstellung von 2.3-Epoxycyclopentanol,** seinen *Äthern* u. *Estern,* dad. gek., daß man Cyclopenten-(2)-ol, dessen Äther oder Ester bei 10—90° mit Peressigsäure behandelt. — *1-Chlorcyclopenten-(2)*, $Kp._4$ 17—23°, aus Cyclopentadien u. HCl. — *Cyclopenten-(2)-ol* (**II**), $Kp._{50}$ 74—75°, n_D^{30} 1,4705, durch HCl-Abspaltung mit NaOH. — *2.3-Epoxycyclopentanol* (**I**), $Kp._5$ 72°, n_D^{30} 1,4718. — **I**-*Allyläther*, $Kp._{10}$ 78°, n_D^{30} 1,4624, aus **II**-*Allyläther* (**III**), $Kp._{53}$ 74°, n_D^{30} 1,4550. — **I**-*Phenyläther*, $Kp._{0,6}$ 84—87°, n_D^{30} 1,5360, aus **II**-*Phenyläther*, $Kp._3$ 78—88°, n_D^{30} 1,5395 (dieser aus Cyclopentenylchlorid u. Phenol). — **I**-*Glycidyläther*, $Kp._3$ 92—100°, n_D^{30} 1,4647 bis 1,4653, aus **III**. — **I**-*Crotonat*, $Kp._{1,5}$ 69°, n_D^{30} 1,4738, aus **II**-*Crotonat*, $Kp._7$ 73°, n_D^{30} 1,4739. — Analog **I**-*9.10-Epoxystearyläther*, *-3.4-Epoxycyclohexyläther*, *-3.4-Epoxy-*

cyclohexylmethyläther, I-*Acetat*, -*Benzoat*, -*9.10-Epoxystearat*, -*3.4-Epoxycyclohexancarbonylat*, I-*Stearyl*-, *1-Methyl-1-isoamyl-3-[2.2.6-trimethylcyclohexyl]-propyl*-, -*2.2.6.6-Tetrapropylcyclohexyläther*, I-*Stearat*, -*2-Hexyl-6-cyclohexylcaproat*, -*11-[1-Äthylcyclopenten-(2)-yl]-hendecanoat* aus den entsprechenden Äthern u. Estern von **II**. — *Ausgangs-Prodd.* für *plast. Massen*. (**F. P. 1 195 266** vom 4/12. 1957, ausg. 16/11. 1959.) S. Böttcher. H 3030

Union Carbide Corp., übert. von: Arthur B. Steele, Ossining, N.Y., V.St.A., **Alkyl- und hydroxyalkylsubstituierte Oxazolidone** erhält man durch Rk. von aliphat. sek. Aminen, die mindestens eine 2-Hydroxypropylgruppe enthalten, mit CO_2 bei 120 bis 175° u. einem Druck von 175—700 lbs./sq.in. — In einem Autoklaven wird eine wss. Lsg. von Diisopropanolammoniumcarbonat 20 Std. auf 150° bei einem Anfangsdruck von 500 lbs./sq.in. erhitzt. Nach Entfernen von W. erhält man in 75%ig. Ausbeute bei der Dest. im Vakuum viscoses *3-(2-Hydroxypropyl)-5-methyloxazolidon-(2)*, $Kp._{0,2}$ 132—133°, $D._{20}^{20}$ 1,1398, n_D^{20} 1,4690. Durch Erhitzen von N-Methyl-, N-Äthyl- u. N-Butylisopropanolamin in Form der Carbonatsalze erhält man *3.5-Dimethyloxazolidon-(2)*, $Kp._{1,5}$ 92°, $D._{20}^{20}$ 1,089, n_D^{21} 1,4464; *3-Äthyl-5-methyloxazolidon-(2)*, $Kp._1$ 87°, $D._{20}^{20}$ 1,057, n_D^{21} 1,4458, u. *3-Butyl-5-methyloxazolidon-(2)*, $Kp._1$ 107°, $D._{20}^{20}$ 1,009, n_D^{21} 1,4482. — Lsgm. zur Trennung von aliphat.-aromat. KW-Stoffgemischen. (**A. P. 2 868 801** vom 6/11. 1956, ausg. 13/1. 1959.) J. Mühleisen. H 3132

Ethyl Corp., New York, N.Y., V.St.A., *Alkylierung von Aminen*. (**E. P. 807 229** vom 21/4. 1955, ausg. 14/1. 1959. A. Prior. 29/4. 1954. — **C. 1959.** 15838 [F. P. 1 164 202].)

General Aniline & Film Corp., New York, N.Y., V.St.A., *Katalytische Hydrierung von aromatischen Polynitroverbindungen*. (**Ind. P. 59 504** vom 29/1. 1957, ausg. 19/11. 1959. — **C. 1960.** 15568 [F. P. 1 172 211].)

Dow Chemical Co., Midland, Mich., V.St.A., *Entfernung von Acetylen aus im Wesentlichen aus Äthylen bestehenden Gasgemischen*. (**Holl. P. 96 008** vom 29/12. 1956, ausg. 15/11. 1960. — **C. 1960.** 4350 [F. P. 1 169 080].)

E. I. du Pont de Nemours & Co., Wilmington, Del., V.St.A., *Herstellung von Fluorolefinen*. (**E. P. 778 750** vom 14/10. 1955, ausg. 10/7. 1957. A. Prior. 29/10. 1954. — **C. 1959.** 3968 [F. P. 1 140 390].)

Diamond Alkali Co. (Erfinder: **Maxwell James Skeeters** und **Joseph Riley Baldridge**), Cleveland, Ohio, V.St.A., *Stabilisieren von chlorierten Kohlenwasserstoffen*. (**E. P. 773 632** vom 19/8. 1955, ausg. 1/5. 1957. A. Prior. 23/8. 1954. — **C. 1960.** 1324 [D. A. S. 1 048 572].)

Distillers Co. Ltd., Edinburgh, Schottland, übert. von: **Clifford William Capp**, Ewell, **Henry Peter Crocker**, **Lower Kingswood** und **Francis Edward Salt**, Banstead, England, *Herstellung von Dichlorbuten*. (**A. P. 2 948 760** vom 7/5. 1957, ausg. 9/8. 1960. E. Prior. 15/5. 1956. — **C. 1961.** 8468 [Holl. P. 94 650].)

Shell Development Co., New York, N.Y., V.St.A., übert. von: **Aloysius Ignatius Marie Keulemans** und **Ariën Kwantes**, Amsterdam, Holland, *Olefine durch Cracken von hochsiedenden Kohlenwasserstoffen mit < 25% Aromaten*. (**A. P. 2 824 148** vom 17/5. 1954, ausg. 18/2. 1958. Holl. Prior. 20/5. 1953. — **C. 1958.** 1426 [F. P. 1104 908] u. **C. 1959.** 8387 [D. A. S. 1 032 246].)

Chemische Werke Hüls Akt.-Ges., Marl/Kr. Recklinghausen, *Herstellung von Butadien durch katalytische Dehydrierung von n-Butan oder seinen Mischungen mit n-Buten*. (**E. P. 803 042** vom 13/11. 1956, ausg. 15/10. 1958. D. Prior. 13/1. 1956. — **C. 1958.** 9344 [D. A. S. 1 019 292].)

Uclaf, Paris, Frankreich, *1.2.3.4-Tetrachlorbuten-(2) und 2.3-Dichlor-1.4-bis-[carboxymethylmercapto]-buten-(2)*. (**E. P. 836 644** vom 23/7. 1957, ausg. 9/6. 1960. F. Prior. 25/7. 1956. — **C. 1960.** 645 [F. P. 1 156 550].)

Distillers Co. Ltd. (Erfinder: **Alexander Dalgleish** und **Richard Norman Lacey**), Edinburgh, Schottland, *Herstellung von Äthylidenaceton*. (**E. P. 745 689** vom 21/8. 1953, ausg. 29/2. 1956. — **C. 1959.** 13313 [D. A. S. 1 025 867].)

N. V. de Bataafsche Petroleum Mij. (Erfinder: **Gerrit Jan Sleutelberg**), *Herstellung von aliphatischen Ketonen*. (**Aust. P. 204 974** vom 28/6. 1955, ausg. 24/1. 1957. Holl. Prior. 30/6. 1954. — **C. 1959.** 2964 [F. P. 1 135 329].)

Lonza Elektrizitätswerke und Chemische Fabriken Akt.-Ges., Basel, Schweiz, *Reinigen von gasförmigem Keten*. (**Oe. P. 204 538** vom 14/7. 1958, ausg. 25/7. 1959. Schwz. Prior. 5/8. 1957. — **C. 1960.** 12847 [D. A. S. 1 068 248].)

Studien- und Verwertungsgesellschaft m. b. H., Mülheim/Ruhr, *Herstellung von Carbonsäuren*. (**Ind. P. 49 244** vom 24/3. 1953, ausg. 27/6. 1955. — **C. 1956.** 7363 [F. P. 1 076 357].)

Bergwerksverband zur Verwertung von Schutzrechten der Kohlentechnik G. m. b. H., Dortmund, *Aufarbeitung von bei der Salpetersäureoxydation von fossilen oder recenten Brennstoffen erhaltenen rohen Carbonsäuregemischen*. (**Belg. P. 540 511** vom 11/8. 1955, ausg. 14/8. 1959. D. Prior. 12/8. 1954. — **C. 1958.** 2276 [D. B. P. 954 152].)

American Cyanamid Co., New York, N.Y., V.St.A., *Acrylsäurenitril*. (**E. P. 816 249** vom 11/12. 1956, ausg. 8/7. 1959. A. Prior. 19/12. 1955. — **C. 1960.** 648 [F. P. 1 162 028].)

American Cyanamid Co., New York, N.Y., V.St.A., *Acrylsäurenitril*. (**E. P. 811 136** vom 8/11. 1956, ausg. 2/4. 1959. A. Prior. 19/12. 1955. — **C. 1960.** 15219 [F. P. 1 160 200].)

Badische Anilin- & Soda-Fabrik Akt.-Ges., Deutschland, *Acrylsäureester*. (**F. P. 1 196 050** vom 17/12. 1957, ausg. 20/11. 1959. D. Prior. 18/12. 1956 u. 23/2. 1957. — **C. 1960.** 8009 [D. A. SS. 1 060 382 u. 1 064 503].)

Knapsack-Griesheim Akt.-Ges., Knapsack b. Köln, *Reinigung von Acrylnitril.* (**Oe. P. 205 018** vom 9/1. 1958, ausg. 25/8. 1959. D. Prior. 13/2. 1957. — **C. 1961.** 1012 [E. P. 820 692].)

Rohm & Haas Co., V.St.A. (Erfinder: **Harold Frederick Wilson**), *2.3-Dichlorisobutyrate.* (**F. P. 1 190 181** vom 16/1. 1958, ausg. 9/10. 1959. A. Prior. 25/1. 1957. — **C. 1959.** 9732 [A. P. 2 823 232].)

Usines de Melle, Saint-Léger-les-Melle, Frankreich, *Entwässern von wasserhaltiger Essigsäure.* (**Norw. P. 90 114** vom 23/12. 1953, ausg. 7/10. 1957. F. Prior. 5/1. 1953. — **C. 1957.** 3392 [D. B. P. 946 799].)

Union Carbide & Carbon Corp., New York, N.Y., V.St.A., *Disproportionierung von Chlorsilanen.* (**It. P. 514 667** vom 24/3. 1954. A. Prior. 25/3. 1953. — **C. 1957.** 267 [A. P. 2 732 280].)

Farbwerke Hoechst Akt.-Ges., vormals Meister Lucius & Brüning (Erfinder: **Claus Beermann**), Frankfurt/M., *Herstellung von Alkyltitanhalogeniden.* (**D. A. S. 1 100 022** Kl. 12o vom 18/8. 1956, ausg. 23/2. 1961. Zusatz zu D. A. S. 1 023 766; C. 1958. 12822. — **C. 1960.** 9383 [F. P. 1 170 237].)

Petrochemicals Ltd. (Erfinder: **Ralph William King**), *Aluminiumalkylchloride.* (**Aust. P. 221 904** vom 3/12. 1957, ausg. 25/6. 1959. E. Prior. 5/12. 1956 u. 19/9. 1957. — **C. 1960.** 9383 [E. P. 811 076].)

Farbwerke Hoechst Akt.-Ges., vormals Meister Lucius & Brüning (Erfinder: **Ludwig Orthner** und **Martin Rueter**), Frankfurt/M., *Organische Al-Verbindungen.* (**Schwz. P. 350 275** vom 24/5. 1954, ausg. 14/1. 1961. D. Prior. 26/5. 1953. — **C. 1957.** 1829 [F. P. 1 110 286].)

Chemische Werke Hüls Akt.-Ges., Marl, *Herstellung von Phosphorigsäureestern höherer Alkohole.* (**Schwed. P. 156 714** vom 28/6. 1954, ausg. 30/10. 1956. D. Prior. 21/10. 1953. — **C. 1959.** 11405 [D. A. S. 1 011 866].)

Dow Corning Corp., V.St.A. (Erfinder: **Cecil L. Frye**), *Organosiliciumverbindungen.* (**F. P. 1 156 029** vom 24/7. 1956, ausg. 12/5. 1958. A. Prior. 17/8. 1955. — **C. 1959.** 4939 [A. P. 2 814 572].)

Union Carbide Corp., New York, N.Y., V.St.A. (Erfinder: **Victor Bird Jex** und **John Eugene McMahon**), *Herstellung von Cyanalkylsilanen.* (**E. P. 847 802** vom 21/12. 1956, ausg. 14/9. 1960. A. Prior. 23/12. 1955. — **C. 1961.** 1732 [F. P. 1 169 052].)

Imperial Chemical Industries Ltd., London, England (Erfinder: **Geoffrey John Sleddon**), *Herstellung von Organosilanen.* (**E. P. 847 397** vom 13/9. 1957, ausg. 7/9. 1960. — **C. 1960.** 5315 [D. A. S. 1 064 062].)

N. V. de Bataafsche Petroleum Mij., Den Haag, Holland, *Herstellung von Durol.* (**Holl. P. 96 232** vom 20/12. 1954, ausg. 15/12. 1960. A. Prior. 21/12. 1953. — **C. 1958.** 10783 [F. P. 1 117 740].)

Mid-Century Corp., Chicago, Ill. (Erfinder: **Ralph Landau**, Roslyn Heights, und **Alfred Saffer**, Bayside, N.Y.), V.St.A., *Herstellung von Trimethylbenzolen.* (**Schwz. P. 349 964** vom 24/8. 1956, ausg. 31/12. 1960. A. Prior. 24/8. 1955. — **C. 1959.** 4968 [E. P. 794 693].)

Imhausen Werke G. m. b. H., Witten/Ruhr, *Herstellung von Derivaten aromatischer Polycarbonsäuren.* (**Ind. P. 49 841** vom 2/7. 1953, ausg. 4/11. 1955. — **C. 1957.** 10615 [D. P.[DDR] 12 949].)

E. I. du Pont de Nemours & Co., Wilmington, Del., V.St.A., *Kontinuierliche Umesterung von Estern leicht flüchtiger Alkohole.* (**Holl. P. 95 562** vom 25/11. 1953, ausg. 15/10. 1960. A. Prior. 26/11. 1952. — **C. 1958.** 857 [F. P. 1 092 662].)

Rottweiler Kunstseidefabrik Akt.-Ges., Rottweil, *Herstellung von Äthandiolestern von Benzoldicarbonsäure-(1.4).* (**Holl. P. 95 422** vom 7/2. 1956, ausg. 15/9. 1960. D. Prior. 4/3. 1955. — **C. 1957.** 8071 [D. B. P. 956 040].)

Badische Anilin- & Soda-Fabrik Akt.-Ges., Ludwigshafen/Rh. (Erfinder: **Walter Schenk**, Heidelberg, und **Georg Schiller**, Mannheim), *Herstellen von Terephthalsäure.* (**Schwz. P. 349 968** vom 17/4. 1956, ausg. 31/12. 1960. D. Prior. 4/5. 1955. — **C. 1958.** 2278 [D. B. P. 960 986].)

Badische Anilin- & Soda-Fabrik Akt.-Ges., Ludwigshafen/Rh. (Erfinder: **Heinz Bille**, **Friedrich Ebel**, **Hans-Georg Trieschmann** und **Hans Weidinger**), *Reinigen von roher Terephthalsäure.* (**E. P. 849 189** vom 24/3. 1959, ausg. 21/9. 1960. D. Prior. 26/3. 1958. — **C. 1960.** 3379 [D. A. S. 1 061 771].)

Mid-Century Corp., Chicago, Ill. (Erfinder: **Mitchel Becker**, Plainview, N.Y.), V.St.A., *Trennung von Gemischen aus Terephthal- und Isophthalsäure.* (**D. A. S. 1 095 266** Kl. 12o vom 14/6. 1956, ausg. 22/12. 1960. A. Prior. 14/7. 1955. — **C. 1959.** 6959 [E. P. 792 612].)

Imperial Chemical Industries Ltd., London, England, *Herstellung von Isophthalsäure und Terephthalsäure.* (**It. P. 512 686** vom 2/2. 1954. E. Prior. 11/2. 1953. Zusatz zu It. P. 488 077; C. 1958. 14539. — **C. 1957.** 5705 [E. P. 748 276].)

Imperial Chemical Industries Ltd., London, England, *Herstellung von Terephthalsäure.* (**It. P. 512 585** vom 16/1. 1954. E. Prior. 26/1. 1953. Zusatz zu It. P. 488 077; C. 1958. 14539. — **C. 1956.** 14496 [E. P. 735 074].)

Bergwerksverband G. m. b. H., Essen (Erfinder: **Anton Benning**, **Heinrich Frühbuss**, Essen, und **Otto Grosskinsky**, Dortmund), *Herstellung drei- und mehrbasischer Benzolcarbonsäuren.* (**Holl. P. 96 148** vom 7/4. 1955, ausg. 15/12. 1960. D. Prior. 8/4. 1954 u. 29/1. 1955. — **C. 1959.** 2618 [F. P. 1 133 845].)

A/S Sadolin & Holmblad, Kopenhagen, Dänemark, *Hydrierte Furan- und Pyridinderivate.* (**E. P. 778 871** vom 14/2. 1955, ausg. 10/7. 1957. — **C. 1958.** 11954 [A. P. 2 801 252].)

Ciba Ltd., Basel, Schweiz, *Herstellung von Isoindulinen.* (**Ind. P. 60 136** vom 8/4. 1957, ausg. 9/3. 1959. — **C. 1960.** 9728 [D. A. S. 1 058 059].)

American Cyanamid Co., New York, N.Y., V.St.A., *ω-[1'.2'-Dithiolanyl-(3')]-alkancarbonsäuren.* (**Ind. P. 49 319** vom 7/4. 1953, ausg. 11/8. 1954. Can. Prior. 27/10. 1952. — **C. 1959.** 15193 [D. A. S. 1 029 007].)

Ciba Ltd., Basel, Schweiz, *Herstellung von Pyrazolen.* (**E. P. 854 632** vom 11/2. 1957, ausg. 23/11. 1960. Schwz. Prior. 10/2., 7/4., 16/7., 28/9. 1956 u. 2/1. 1957. — **C. 1960.** 11119 [Oe. P. 200 575].)

Badische Anilin- & Soda-Fabrik Akt.-Ges., Ludwigshafen/Rh., *Herstellung von N-monosubstituierten 4.5-Dihydroxyimidazolidonen.* (**Holl. P. 96 287** vom 7/2. 1956, ausg. 15/12. 1960. D. Prior. 8/2. 1955. — **C. 1957.** 9778 [D. B. P. 962 795].)

J. R. Geigy Akt.-Ges., Basel, Schweiz, *4-Substituierte 1.2-diaryl-3.5-dioxopyrazolidine.* (**Schwed. P. 156 619** vom 5/8. 1956, ausg. 23/10. 1956. Schwz. Prior. 6/8. 1954. — **C. 1961.** 2446 [F. P. 1 162 118].)

Farbenfabriken Bayer Akt.-Ges., Leverkusen, *Benzimidazole und Benzimidazoliniumverbindungen.* (**E. PP. 849 793** vom 27/1. 1959, ausg. 28/9. 1960 u. **853 374** vom 27/1. 1959, ausg. 9/11. 1960. Beide D. Prior. 29/1. 1958. — **C. 1959.** 17308 [D. A. S. 1 064 951] u. **C. 1960.** 3314 [D. A. S. 1 067 026].)

Ciba Ltd., Basel, Schweiz, *Herstellung von Bis-[oxazolyl]-verbindungen.* (**Ind. P. 57 677** vom 19/6. 1956, ausg. 18/8. 1958. — **C. 1959.** 5301 [F. P. 1 154 529].)

Ciba Ltd., Basel, Schweiz, *Herstellung von Bis-[oxazolyl]-verbindungen.* (**Ind. P. 57 621** vom 14/4. 1956, ausg. 9/6. 1959. — **C. 1959.** 5301 [F. P. 1 154 528].)

Ciba Ltd., Basel, Schweiz, *α.β-Di-[aryloxalyl-(2)-]-äthylene.* (**Ind. P. 57 629** vom 15/6. 1956, ausg. 23/7. 1958. — **C. 1960.** 7000 [A. P. 2 842 545].)

Bergwerksverband zur Verwertung von Schutzrechten der Kohlentechnik G. m. b. H. (Erfinder: **Wolfgang Gietl, Otto Grosskinsky** und **Walter Klempt**), Dortmund, *Herstellung von Melamin.* (**Schwz. P. 350 659** vom 10/11. 1956, ausg. 31/1. 1961. D. Prior. 28/11. 1955. — **C. 1957.** 8362 [D. A. S. 1 005 071].)

F. Hoffmann-La Roche & Cie. Soc. An., Schweiz, *Herstellung von 15.15'-cis-β-Carotin.* (**F. P. 1 179 945** vom 20/12. 1955, ausg. 29/5. 1959. Schwz. Prior. 24/12. 1954. — **C. 1958.** 2518 [D. A. S. 1 002 343].)

Stamicarbon N. V., Heerlen, Holland, *Reinigen von Lactamen.* (**It. P. 514 636** vom 18/3. 1954. **Holl. Prior.** 19/3. 1953. — **C. 1957.** 13184 [F. P. 1 095 772].)

X. Färberei. Organische Farbstoffe

Chemismus der Reaktivfarbstoffe. Heinrich Zollinger. (Angew. Chem. **73.** 125—36. 21/2. 1961. Zürich, ETH, Techn.-Chem. Labor.) (Dt.)

Es wird ein Überblick über die wichtigsten Gruppen der Reaktivfarbstoffe gegeben u. deren Reaktivität sowie der Mechanismus der Fixierung auf der Faser diskutiert. — 110 Literaturstellen. B. Föhlisch. 7002□

Der Reaktionsmechanismus bei der Färbung mit Procionfarbstoffen. 1. Mitt. **Der Reaktionsmechanismus bei der Alkaliadsorption an Cellulose.** H. H. Sumner. (J. Soc. Dyers Colourists **76.** 672—78. Dez. 1960. Manchester, ICI, Dyestuff Div. Hexagon House.) (Engl.)

Die Unterss. an Baumwolle u. Viscosereyon sollten zwischen den 3 Möglichkeiten der Alkaliadsorption an Cellulose entscheiden, Verbindungs-Bldg. zwischen Alkali u. Cellulose, Affinität der OH-Gruppen zur Cellulose oder Neutralisation des Alkali durch die Cellulose. Die Alkali-Konz. wurde konduktometr. gemessen. Die experimentellen Ergebnisse stimmten mit den thermodynam., theoret. Ansätzen für die Neutralisation des Alkali durch die Cellulose überein. H. Grimm. 7002□

Untersuchungen über die Absorptionsspektren von Farbstoffen. 7. Mitt. **Über die Veränderung der Absorptionsspektren einiger Farbstoffe in PVA-Folien durch trockenes Erhitzen.** Yoshiji Ishii. (J. Soc. Textile Cellulose Ind., Japan [Sen-i-Gakkaishi] **15.** 582—88. Juli 1959. Kiryu, Japan, Gunma Univ., Fac. of Engng.) (Jap.; Auszug: Engl.) — 6. vgl. C. **1960.** 16598.

Mit *Benzoazurin G* (I), *Enianilazurin J* (III), *Benzopurpurin 10 B* (IV), *Kongorot* (V) oder einem Farbstoff aus *tetrazotiertem Dianisidin* + *γ-Säure* (II) gefärbte PVA-Folien wurden vor oder nach dem Färben bei 125, 150, 180 u. 200° getempert u. die Änderung der Absorptionskurven bestimmt: Die Spektren von **I** u. **II** werden durch Erhitzen vor dem Färben verändert. Durch Tempern der gefärbten Folien erfolgt bei **I** u. **II** eine Verschiebung des langwelligen „Peak" nach kürzeren λλ u. der Extinktions-Koeff. ist reduziert. Bei **IV** u. **V** erfolgt keine Verschiebung, jedoch ist die gesamte Absorption geringer. Bei **III** erfolgt eine komplexe Deformation. Die durch Tempern der gefärbten Folien erfolgte Farbänderung ist irreversibel. Durch Benetzen u. Trocknen der Folie läßt sich die Ausgangsfarbe jedoch zurückerhalten. M. Reiher. 7002□

Die Adsorption von nichtionogenen Farbstoffen an Cellulose. J. R. Aspland und C. L. Bird. (J. Soc. Dyers Colourists **77.** 9—12. Jan. 1961. Leeds, Univ., Dep. of Chemistry and Dyeing.) (Engl.)

Viscosereyon (150/25) wurde im Flottenverhältnis 1:80 mit der wss. Lsg. verschiedener nichtionogener Farbstoffe bei verschiedenen Temp. bis zur Erreichung des Gleichgewichtes gefärbt. Die Farbstoffaufnahme ist wie auch bei Benzidin, o-Toluidin, m-Toluidin, Aminoazobenzol u. dessen Derivv. linear von der Farbstoff-Konz. der Flotte abhängig. Die Affinität der Farbstoffe nimmt mit steigender Temp. zu, o-Toluidin zeigt größere Affinität als m-Toluidin. Es wird angenommen, daß die Farbstoffe durch van der Waalssche Kräfte an die Fasern gebunden werden. H. Grimm. 7002□

Die Acetylierung von Polyvinylalkoholfasern mit hydroaromatischen Aldehyden und ihre chemische Färbung, beruhend auf der Kupplung mit Diazoverbindungen. Kenichi Tanabe und Kanji Matsubayashi. (J. Soc. Textile Cellulose Ind., Japan [Sen-i Gakkaishi] **13.** 623—28. Sept. 1957. Kurashiki, Japan, Kurashiki Rayon Co., Ltd.) (Jap.; Auszug: Engl.)

Kochecht gefärbte Polyvinylalkoholfasern erhält man, wenn man durch Umsetzung mit CH_2O oder Benzaldehyd das Acetal in Ggw. einiger Zehntel-Mol-% eines aromat. Aldehyds mit einer oder mehreren Hydroxylgruppen im Kern bildet. Letzterer läßt sich dann mit einer Diazo-Verb. zum Farbstoff kuppeln. Durch Variation der Komponenten lassen sich verschiedene Färbungen herstellen. Während elektronegative Gruppen im aromat. Ring des Aldehyds der Acetal-Bldg. förderlich sind, wirken sie ungünstig bei der Farbstoff-Entw. durch die Kupplungsreaktio. H. STEFFENS. 7020☐

Das Färben von Wolle bei niedriger Temperatur. Pavel Schwanzer. (Textil [Praha] **12.** 266—68. Juli 1957. Liberec, Faser, Versorgungslager MSP.)

Vf. bespricht das Färben bei niedrigeren Temp. mit Küpenfarbstoffen, Indigosolen, unlösl. Azonaphtholen (*Oftalan* HÖCHST) u. 2:1-Komplexen (ohne Sulfogruppen) u. sauren Farbstoffen in Ggw. organ. Lösungsmittel. H. DEMUS. 7020☐

Färben und Ausrüsten von Stoffen, die Tricel-Triacetatfasern enthalten. R. J. Mann. (J. Soc. Dyers Colourists **76.** 665—72. Dez. 1960. Spondon Derby Courtaulds Ltd., Marketing Div.) (Engl.)

Tricel ist thermoplastisch. Die zweckmäßigste Fixierung ist die Dampffixierung. Sie bewirkt die geringste Festigkeitsabnahme u. die geringste Herabsetzung des Farbstoffaufnahmevermögens. Tricel schrumpft während der Fixierung nicht, sondern längt sich in geringem Maß. Trockenhitzefixierung kann mit Heißluft oder durch heiße Oberflächen erreicht werden, sie führt zu einer Versteifung der Fasern. Tricel ist sehr beständig gegenüber Alkali. Oberflächliche Verseifung von Tricel führt zu einer Verbesserung der Gas-fading-Echtheit der Färbungen mit Dispersionsfarbstoffen. Tricel wird mit ausgewählten Dispersionsfarbstoffen unter HT-Bedingungen oder mit Carrieren gefärbt. Entsprechende Farbstoffe, Carrier u. Hilfsmittel zur Finish-Ausrüstung werden angegeben. H. GRIMM. 7020☐

Untersuchungen über das Färben schwer anfärbbarer Fasern. 5. Mitt. **Das Färben unter Verwendung einer molekularen Verbindung oder ihrer Kondensationsprodukte.** Kimiho Yamada und Chiro Shinomiya. (J. Soc. Textile Cellulose Ind., Japan [Sen-i Gakkaishi] **14.** 183—87. März 1958. Kumamoto, Japan, Kumamoto Univ., Fac. of Engng.) (Jap.; Auszug: Engl.) — 6. vgl. C. **1961.** 4170.

Vinylon u. Polyvinylchloridfaser bzw. Folien lassen sich durch Behandlung in kochendem W. mit einer Mischung aus z. B. Trinitrobenzol/α-Naphthylamin oder Chloranil/Benzidin färben., Die hierbei erhaltenen Lichtechtheiten sind allerdings gering. Bei Verw. von Kondens.-Prodd. aus Chinonen u. Aminen sind die aromat. Amine u. die p-Chinone am besten geeignet. Die gleichzeitige Anwesenheit von sauren Gruppen erhöht die Wasserlöslichkeit u. die egalisierenden Eigg., setzt jedoch gleichzeitig die Substantivität herab. Die erreichten Farbtöne zeigen ein Absorptionsmaximum m Bereich von 570—620 mμ. — 6 Tabellen. H. G. FRÖHLICH. 7020☐

General Aniline & Film Corp., V.St.A., **Färben von synthetischen polymeren Stoffen,** bes. von Celluloseacetat, unter Verw. von Farbstoffen der allg. Formel **I**, worin R = aromat. Rest ist, z. B. ein Phenyl-, Diphenyl- oder Naphthylrest, der z. B. mit CH_3, C_2H_5, CH_3O, C_2H_5O, NO_2 oder Cl substituiert ist. — Als synthet. polymere Stoffe sind außerdem genannt: Viscose, Polyacrylonitril, Polyvinylchlorid, Polyvinylacetat, Polyvinylidenchlorid, Polyäthylene, Polyäthylenterephthalat, Nylon oder Gemische davon. Als Zusatzstoffe werden dem Färbebad Dispergiermittel zugesetzt, z. B. Xylol, Äthylacetat, Butylacetat oder Gemische davon. (**F. P. 1 163 069** vom 20/9. 1956, ausg. 22/9. 1958.) M. F. MÜLLER. 7021

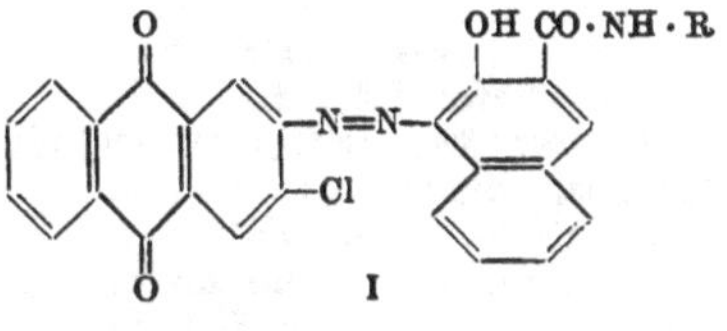

I

Soc. An. Organico, Paris, Frankreich (Erfinder: Jacques Beghin), **Färben von Superpolyamiden** im Zuge ihrer Herst. u. Bldg. oder nach erfolgter Polykondens. unter Einw. eines halogenierten, aminierten oder nitrierten Deriv. einer aromat. Polysäure, welche 2 Carboxylgruppen in o-Stellung enthält, oder durch Einw. eines halogenierten, aminierten, nitrierten oder OH-Gruppen enthaltenden Deriv. einer aliphat. Polysäure, welche 2 Carboxylgruppen in α-, β-, γ-, δ- oder ε-Stellung zueinander enthält; Einw.-Temp. mindestens 140°. Das gepulverte Prod. wird als Farbstoffzusatz zu plast. Massen verwendet. — 100 Teile Polyundecanamid werden z. B. mit je 10 Teilen Citronensäure, Weinsäurebutylester, 3-Nitrophthalsäureanhydrid, 3-Aminophthalsäureanhydrid, Brombernsteinsäureanhydrid, Chlormaleinsäure, 4-Brom-1.8-naphthalindicarbonsäure (5 Teile) zusammengeschmolzen. Mit Tetrachlorphthalsäure bildet 11-Aminoundecanamid bei 255° in Ggw. eines inerten Gases eine orangegefärbte Masse. (**F. P. 1 157 080** vom 31/7. 1956, ausg. 27/5. 1958. **Belg. P. 559 639** vom 29/7. 1957, ausg. 8/4. 1960. F. Prior. 31/7. 1956.) M. F. MÜLLER. 7021

British Rayon Research Association, Manchester, England, **Färben von Geweben, Garnen und Folien aus Polyäthylterephthalsäureestern, Nylon, Cellulosetriacetat und ähnlichen synthetischem Material.** Man führt das zu färbende Material durch ein glycerinhaltiges Färbebad u. ein durch heiße Luft aufgewirbeltes Bett aus heißem Sand. (**Ind. P. 57 216** vom 2/5. 1956, ausg. 19/11. 1958. E. Prior. 7/5. 1955.)
C. Lüttgen. 7021

Ulster Print Works Ltd., Nord-Irland, **Erzeugung von Zeichnungseffekten auf Textilstoffen** durch Bedrucken mit einer Druckpaste, welche eine Emulsion auf Siliconbasis enthält. Man verwendet z. B. eine Siliconemulsion auf Öl-in-W.-Basis, ferner eine Emulsion eines Sn-Salzes einer organ. Säure u. eine wss. Na-Alginat-Lsg. als Dickungsmittel. Außerdem enthält die Druckpaste ein Gemisch von wärmehärtbaren Harzen u. Thermoplasten, z. B. aus Harnstoff–Formaldehyd- oder Melamin–Formaldehyd-Halb-Kondens.-Prodd., Acryl- u. Methacrylpolymeren sowie Vinylpolymeren als Thermoplaste, die ggf. hinterher pigmentiert werden. (**F. P. 1 164 103** vom 9/1. 1957, ausg. 6/10. 1958. E. Prior. 9/1. 1956.) M. F. Müller. 7023

Polymark Ltd., England (Erfinder: Hans Meyer und Peter Meyer), **Nichtentfernbare Markierung oder Etikettierung von Geweben,** z. B. durch Bedrucken eines Etiketts aus Gewebe oder Papier u. durch Aufkleben durch Druck u. Wärme. Als Klebmittel dient eine thermoplast. Substanz. Die Masse, welche zum Bedrucken verwendet wird, enthält Farbstoffe oder Pigmentfarbstoffe, z. B. Methylviolett, Alizarin, $AgNO_3$, Anilinblau, welche mit einem Fixierungsmittel, z. B. Akaziengummi, zusammen mit Glycerin, Gerbsäure u. $SnCl_4$ oder $ZnCl_2$ zusammengerührt u. aufgebracht werden. — 2 Zeichnungen. (**F. P. 1 157 831** vom 13/8. 1956, ausg. 4/6. 1958.)
M. F. Müller. 7023

Farbenfabriken Bayer Akt.-Ges., Leverkusen (Erfinder: Walther Wolf, Georg Rösch, Leverkusen, Helmut Klappert, Köln, und Eberhard Degener, Leverkusen), **Herstellung von 1.3-Diimino-4.7-dithia-4.5.6.7-tetrahydroisoindolinen,** dad. gek., daß man entweder a) ein ggf. substituiertes 1.2-Dicyano-3.6-dithiacyclohexen-(1) (I) mit NH_3 oder einem prim. oder sek. Amin umsetzt oder b) ein ggf. substituiertes I mit einem Halogenwasserstoff in Ggw. von Eisessig behandelt u. das erhaltene Imidhalogenid mit NH_3, einem prim. oder sek. Amin umsetzt oder c) ein I mit einem Alkohol u. einem Halogenwasserstoff in einem inerten Lsgm. behandelt u. den erhaltenen Iminoäther mit NH_3, einem prim. oder sek. Amin umsetzt. — Als Lsgm. werden CH_3OH, A., Äthylenglykol oder dessen Monomethyl- oder -äthyläther u. Formamid genannt. Geeignete prim. oder sek. Amine sind z. B. Hydroxylamin, Butylamin, Anilin oder Morpholin. Die Umsetzung wird zweckmäßig bei etwas erhöhter Temp. u. in Ggw. von Katalysatoren, wie Metallhydroxyde, -amide u. -alkoholate sowie Raney-Ni, Cu-Acetat oder Co-Chlorid durchgeführt. — *Zwischenprodd.* für die Herst. von phthalocyaninähnlichen *Farbstoffen.* (**D. A. S. 1 101 422** Kl. 12p vom 18/3. 1957, ausg. 9/3. 1961.)
W. Heyer. 7049

Badische Anilin- & Soda-Fabrik Akt.-Ges. (Erfinder: Otto Kaufmann), Ludwigshafen/Rh., **Herstellung sulfonsäurefreier metallisierbarer Monoazofarbstoffe und ihrer Metallkomplexverbindungen.** Diazo-Verbb. aromat. Amine ohne SO_3H-Gruppen, die in o-Stellung zur Diazoniumgruppe eine Alkoxygruppe enthalten, werden mit 4-Hydroxydiphenyl gekuppelt u. ggf. für sich oder in Mischung mit sulfonsäuregruppenfreien o.o'-Dihydroxy-, o-Alkoxy-o'-hydroxy- oder o-Carboxy-o'-hydroxyazo- oder -azomethinfarbstoffen in ihre (1 : 1) oder (1 : 2) Metallkomplex-Verbb. übergeführt. — 10,1 (Gewichtsteile) *1-Amino-2-methoxybenzol-5-sulfonsäureamid* → 9 *4-Hydroxydiphenyl.* Die Co-Komplex-Verb. färbt Wolle aus schwach saurem Bad boreauxrot u. sehr gut lichtecht. 6 weitere Beispiele. (**D. A. S. 1 060 521** Kl. 22a vom 24/1. 1957, ausg. 2/7. 1960. **F. P. 1 190 438** vom 24/1. 1958, ausg. 12/10. 1959. **E. P. 852 689** vom 27/11. 1957, ausg. 26/10. 1960. Beide D. Prior. 24/1. 1957.) F. Rath. 7053

Badische Anilin- & Soda-Fabrik Akt.-Ges. (Erfinder: Hans Baumann und Dieter Leuchs), Ludwigshafen/Rh., **Herstellung von metallhaltigen Farbstoffen.** Diazotierte aromat. Amine ohne SO_3H-, jedoch mit OH- oder COOH-Gruppen in o-Stellung zu NH_2, werden mit 2-Hydroxynaphthalinen oder Enolen (frei von SO_3H) gekuppelt. Die Diazo- u./oder die Azokomponente müssen mindestens 1 cycl. Sulfonsäureamidingruppe der allg. Formeln I oder II enthalten (x = 3—7). Die erhaltenen

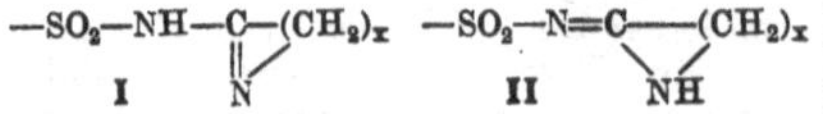

I II

Farbstoffe werden für sich oder im Gemisch mit anderen metallisierbaren Azo- oder Azomethinfarbstoffen (ohne SO_3H) metallisiert. Die Farbstoffe können auch durch Umsetzung von Azofarbstoffen der angegebenen Konstitution, die mindestens 1 unsubstituierte Sulfonsäureamidgruppe enthalten, mit Lactim-O-alkyläthern erhalten werden. Die Farbstoffe eignen sich zum Färben von Lacken, Harzen, Polyestern u. Polyamiden; sie ziehen aus neutralem bzw. schwach saurem Bad auf Wolle. — 25,0 (Teile) 2-Hydroxynaphthalin-6-sulfonsäureamid in 100 A. werden mit 10 Vol. Pyridin u. 16,5-Caprolactim-O-methyläther versetzt u. 8 Std. unter Rückfluß erhitzt, dann in 300 Eiswasser u. 20 NaOH (50%) eingetragen u. mit 15 diazotiertem 4-Chlor-2-amino-1-hydroxybenzol gekuppelt. Der wie üblich isolierte Farbstoff wird mit $COCl_2$ in die (1 : 2) Metallkomplex-Verb. übergeführt. Der metallhaltige Farbstoff färbt Wolle u. Polyamidfasern rotviolett u. sehr gut licht- u. naßecht. Ein weiteres Beispiel u. Tabellenbeispiele. — Abwandlung des Verf. gemäß D. A. S. 1 098 646: 20 (Teile) der 1 : 2 Cr-Komplex-Verb. 2-Amino-1-hydroxybenzol-4-sulfonsäureamid → 1-Phenyl-3-methylpyrazolon-(5) in 200 A. werden mit 1 Triäthylamin u. 12,5 Caprolactim-O-methyläther versetzt u. mehrere Std. unter Rückfluß erhitzt. Der entstehende krist. Nd. wird durch Eingießen in 600 kaltes W. vervollständigt, filtriert u. bei 50° im Vakuum getrocknet. Der Farbstoff färbt Wolle rotstichigorange u. sehr gleichmäßig u. lichtecht. — Drei weitere Beispiele u. Tabellenbeispiele. (**D. A. SS. 1 098 641** u. **1 098 646** Kl. 22a vom 22/12. 1956, ausg. 2/2. 1961. **F. P. 1 195 357** vom 23/12. 1957, ausg. 17/11. 1959. **E. P. 853 786** vom 20/12. 1957, ausg. 9/11. 1960. **A. P. 2 954 370** vom 18/12. 1957, ausg. 27/9. 1960. Alle D. Prior. 22/12. 1956). F. RATH. 7055

Ciba Ltd. (Erfinder: **Otto Albrecht**), Basel, Schweiz, *Herstellung neuer Polyglykolätherderivate.* (**Jap. A. S. 8343/1959** vom 12/10. 1956, ausg. 4/5. 1959. Schwz. Prior. 28/11. 1955 u. 26/7. 1956. — C. **1960.** 8354 [D. A. S. 1 048 027].)

Ciba Soc. An., Basel, Schweiz, *Neue Diazoaminoverbindungen.* (**Schwed. P. 156 555** vom 27/8. 1954, ausg. 16/10. 1956. Schwz. Prior. 28/8. 1953 u. 5/7. 1954. — C. **1957.** 11721 [Oe. P. 188 707].)

Star Stampa Tessuti Artistici S. p. A., Mailand, Italien, *Zeugdruckverfahren.* (**Schwed. P. 156 612** vom 23/2. 1954, ausg. 23/10. 1956. It. Prior. 28/2. 1953. — C. **1957.** 4539 [F. P. 1 093 871].)

Farbwerke Hoechst Akt.-Ges., vormals Meister Lucius & Brüning, Frankfurt/M., *Herstellung fester, stabiler Diazoniumverbindungen.* (**E. P. 851 858** vom 20/12. 1956, ausg. 19/10. 1960. D. Prior. 20/12. 1955, 23/8., 24/8. u. 19/9. 1956. — C. **1958.** 270 [D. A. S. 1 008 310], C. **1959.** 6963 [D. A. S. 1 040 562], C. **1959.** 9057 [D. A. S. 1 047 787] u. C. **1960.** 4033 [D. A. S. 1 045 414].)

J. R. Geigy Akt.-Ges., Basel, Schweiz, *Herstellung von schwermetallhaltigen Monoazofarbstoffen.* (**E. P. 778 262** vom 20/4. 1955, ausg. 3/7. 1957. Schwz. Prior. 21/4. 1954. — C. **1960.** 11828 [Holl. P. 92 674].)

Ciba Akt.-Ges., Basel, Schweiz, *Herstellung kupferhaltiger Polyazofarbstoffe.* (**Oe. P. 194 501** vom 5/11. 1956, ausg. 10/1. 1958. Schwz. Prior. 7/11. 1955. — C. **1961.** 1382 [Holl. P. 93 211].)

Farbenfabriken Bayer Akt.-Ges. (Erfinder: **Fritz Baumann** und **Hans Samuel Bien**), Leverkusen, *Küpenfarbstoffe.* (**Schwz. P. 350 055** vom 20/4. 1956, ausg. 31/12. 1960. D. Prior. 10/5. 1955. — C. **1959.** 6642 [E. P. 788 433].)

Cassella Farbwerke Mainkur Akt.-Ges. (Erfinder: **Werner Zerweck** und **Ernst Heinrich**), Frankfurt/M., *Küpenfarbstoffe.* (**Schwz. P. 349 725** vom 28/8. 1956, ausg. 15/12. 1960. D. Prior. 30/8. 1955. — C. **1959.** 9407 [E. P. 789 120].)

Badische Anilin- & Soda-Fabrik Akt.-Ges., Deutschland, *Anthrachinonderivate.* (**F. P. 1 190 391** vom 23/1. 1958, ausg. 12/10. 1959. D. Prior. 8/5. 1957. — C. **1960.** 5324 [D. A. S. 1 061 793].)

Ciba Ltd., Basel, Schweiz, *Anthronfarbstoffe.* (**Holl. P. 93 146** vom 19/8. 1955, ausg. 15/1. 1960. Schwz. Prior. 20/8. 1954. — C. **1959.** 1614 [A. P. 2 805 225].)

Ciba Soc. An., Basel, Schweiz, *1,4-Dihydrazinophthalazine.* (**Schwed. P. 156 617** vom 12/12. 1952, ausg. 23/10. 1956. Schwz. Prior. 28/2. 1952. — C. **1950/54.** 4297 S [F. P. 1 072 787].)

Badische Anilin- & Soda-Fabrik Akt.-Ges., Ludwigshafen/Rh. (Erfinder: **Arnold Tartter**, Lambsheim/Pfalz), *Wasserlösliche Farbstoffe der Azaporphinreihe.* (**E. P. 848 782** vom 5/3. 1959, ausg. 21/9. 1960. — C. **1960.** 5010 [D. A. S. 1 061 009].)

XIa. Farben. Anstriche. Lacke. Naturharze

Technische Informationen über die Sandmühle. W. Kraus und G. Giersiepen. (Farbe u. Lack **67.** 302—06. Mai 1961. Leverkusen, Farbenfabriken Bayer A.G.) (Dt.)
Beschreibung der zur Naßvermahlung, bes. von Pigmenten, verwendeten Sandmühle, die noch Agglomerate bis ca. 70 μ gut aufschließt. Als Mahlkörper dient Quarzsand, der mittels eines aus etagenförmig angeordneten, ebenen Kreisscheiben bestehenden Rührers zusammen mit dem Mahlgut bewegt wird. In den Sandschichten zwischen den Etagen treten Scherkräfte auf, die die Zerkleinerung verursachen. W. WESLY. 7092 □

Wissenswertes über die Herstellung von Farblacken. H. Anders. (Farbe u. Lack **67.** 307—08. Mai 1961.) (Dt.)
Übersicht über die Aufgaben natürlicher u. synthet. Substrate, den Einsatz verschiedener Farbstoffgruppen u. Angaben von Ansätzen für eine Reihe von Farblacken. W. WESLY. 7092 □

Probleme bei Einsatz organischer Pigmente in Einbrennlacken. G. G. Kositzke. (Farbe u. Lack **67.** 200—08. April 1961. Frankfurt/M.-Höchst, Farbwerke Hoechst AG.) (Dt.)

Allg. Behandlung u. Charakterisierung des Ausblüheffekts bei Einbrennlacken mit organ. Pigmenten sowie Besprechung von 5 Faktoren, die das Ausblühen bedingen.
L. KEMPF. 7092

Trocknende Öle, Sikkative u. Lacke. G. H. Hutchinson. (Rep. Progr. appl. Chem. **44.** 557—61. 1959. Edinburgh, A. B. Fleming & Co. Ltd.) (Engl.) — Vgl. C. **1959.** 4638 u. 4977.

Fortschrittsbericht. — 12 Literaturangaben u. zusätzliche Bibliographie.
G. TREWENDT. 7096□

Über die Beständigkeit eingebrannter Phenolharzlacke bei Schwarzblech-Konservendosen. J. Herrmann und B. Müller. (Fette, Seifen, Anstrichmittel **59.** 1084—89. Dez. 1957. Berlin, Humboldt-Univ., Inst. für Technol. u. Vorratspflege.) (Dt.) — Vgl. C. **1957.** 12902.

Untersucht wurden die Alterungserscheinungen eingebrannter Phenolharzlacke bei Schwarzblechkonservendosen. Während Porosität u. Korrosionsfestigkeit bei bestimmten Vers.-Bedingungen keine Änderung erfahren, unterliegt die Fe-Abgabe durch den Lackfilm hindurch an Füllgüter, bes. aber auch die Tiefziehfähigkeit, also Elastizität u. Haftfähigkeit des Lackfilms, gewissen Einfl. von Temp. u. Feuchtigkeit bei der Lagerung. Die Alterung erreicht bei gewissen Vers.-Bedingungen einen Endpunkt. Ferner wurde der Einfl. von Sterilisation u. Bebrütung mit Modellflüssigkeiten auf die mechan. Widerstandsfähigkeit der Lackierung untersucht. Hierbei ergab sich, daß stark NaCl-haltige Substanzen ein Nachlassen der Tiefziehfähigkeit bewirken. B. SCHEIFELE. 7106

Der Einfluß von Porenfüllmaterialien für Holzmöbel auf ungesättigte Polyesterlacke. K. Weigel und H. Gehring. (Fette, Seifen, Anstrichmittel **59.** 1089—91. Dez. 1957. Lage/Lippe.) (Dt.) — Vgl. C. **1958.** 5811.

Untersucht wurde der Einfl. von Naturharzen, mineral. Füllstoffen, organ. Bindemitteln u. Füllmitteln sowie von Schwebestoffen auf ungesätt. Polyester-Lackfilme. Der Ablauf der Aushärtung des 380 μ dicken Polyesterfilms auf Glas wurde mittels Schaukelhärteprüfer nach ZEIDLER verfolgt. Resultate: Nicht nur Öle, sondern auch bestimmte Porenfüllmaterialien, bes. Schwebemittel, sind für anschließende Polyesterbeschichtung nicht oder nur in gewissen Grenzen geeignet. B. SCHEIFELE. 7106□

Celluloseester und -äther-Lacke. E. H. Davies. (Rep. Progr. appl. Chem. **44.** 562—66. 1959. Croydon, Slick Brands, Ltd.) (Engl.) — Vgl. C. **1959. 4638.**

Fortschrittsbericht. — 40 Literaturangaben. G. TREWENDT. 7106□

Silicon-Möbelpolituren. John R. Stapp. (Chem. Products chem. News **24.** 26—27. Jan. 1961.) (Engl.)

Angaben über Eigg. u. Zus. von Silicon-Polishes. B. SCHEIFELE. 7118□

Die polarographische Titanbestimmung in Eisenrot. Jaroslav Stabryn. (Chem. Průmysl **10 (35).** 584—85. Nov. 1960. Ostrava, Moravské chemické závody, n.p.) (Tschech.; Auszug: Engl.)

Es wurde eine einfache polarograph. Meth. der Ti-Best. in Eisenrot ausgearbeitet. Die Best. wird von NO_3^-, alkal. Cl^- u. SO_4^{2-} gestört. Diese Meth. eignet sich für die Betriebskontrolle, wozu bisher die ungenaue colorimetr. Meth. verwendet wurde.
J. SCHNEIDER. 7152□

Charles Ritter, Frankreich, **Mineralisches Weißungs- und Füllmittel** für die *Papier-*, *Farbstoff-*, *Kautschukindustrie* u. für *plast. Massen*, bestehend aus 10—50 (Gew.-%) feingemahlenem krist. Dolomit (I), 1—5 TiO_2, Rest aus oolith. $CaCO_3$, welche alle auf weniger als 50 μ gemahlen sind. **I** enthält 45—60 (%) $MgCO_3$, 30 $CaCO_3$, geringe Mengen Al, Si u. Spuren von Mn. — Nach dem Beispiel enthält das Gemisch 40 (%) $CaMg(CO_3)_2$, 2 TiO_2 u. 58 $CaCO_3$. (**F. P. 1 220 785** vom 30/4. 1959, ausg. 27/5. 1960.)
M. F. MÜLLER. 7093

Esso Research and Engineering Co., Del., übert. von: John F. McKay, Cranford, und Anthony H. Gleason, Westfield, N.J., V.St.A., **Stabilisierung der Viscosität von synthetischen, trocknenden Ölen (I)** auf Basis von *Butadien-Styrol-Mischpolymeren* erfolgt beim Blasen dieser **I** in Ggw. von aromat. KW-Stoffen u. von 0,2—1 Gewichtsteilen von Di-tert.-amylhydrochinon. (**A. P. 2 942 996** vom 20/7. 1956, ausg. 28/6. 1960.) M. BÖTTCHER. 7097

Union Chimique Belge Soc. An., Brüssel, Belgien, **Erzeugung von Schutzschichten auf Küchengeräten,** wie Pfannen, die auf dem Metall gut haften u. das Ansetzen von Speisen verhindern. Man bringt in an sich bekannter Weise mehrere Schichten (bes. 2—4) auf, die aus einem *Polysiloxan* (I) u. *Polytetrafluoräthylen* (**II**)

bestehen u. deren Geh. an I von innen nach außen abnimmt. Die 1. Schicht kann aus reinem I u. die 2. aus reinem II bestehen, oder die 1. Schicht besteht z. B. aus gleichen Teilen Methylphenylpolysiloxan (III) u. II u. die 2. Schicht aus 10 (%) III u. 90 II. (**Holl. P. 95 764** vom 1/11. 1957, ausg. 15/10. 1960. Belg. Prior. 16/11. 1956.)
F. BÖHM. 7107

Mannesmann Akt.-Ges., Düsseldorf (Erfinder: Otto Ewald Dietzel, Wanne-Eickel), **Herstellung von gelierten plastischen Massen aus Vinylharzen** (bes. Polyvinylchlorid) u. Teeröl, dad. gek., daß von kristallinen Ausscheidungen befreites Teeröl (bes. raffiniertes Anthracenöl mit einem Siedebeginn von ca. 300°) mit dem Vinylharz vermischt wird (80:20—75:25), diese Mischung (vor dem Versand) angeliert u. nach Formgebung bei 100—180°, bes. bei ca. 160°, ausgeliert wird. — Korrosionsverhindernde, klebrige Überzugsmassen für im Erdreich zu verlegende Rohrleitungen. (**D. A. S. 1 070 818** Kl. 39b vom 15/9. 1953, ausg. 10/12. 1959.) O. SCHÖN. 7107

Celanese Corp. of America, New York, N.Y., V.St.A., **Herstellung einer Polyvinylesteremulsion** durch Polymerisieren eines Vinylfettsäureesters in wss. Emulsion, die ein wasserlösl. koll. Emulgiermittel (I) u. ein mit W. nicht mischbares, nicht ion., oberflächenakt. Mittel (II), das eine Polyalkylenoxydkette enthält, u. mit dem Polymerisat verträglich ist, enthält. Die Ausgangsstoffe sind nach den Beispielen Vinylacet (u. Dibutylfumarat oder Di-n-butylitaconat); I ist Hydroxyäthylcellulose (u. Na-Dodecylbenzolsulfonat); II ist ein Polypropylenglykol mit Molgew. 1500—1800 (u. ein Alkylphenylpolyäthylenglykoläther.) Gearbeitet wird bei 60—95° in Ggw. von z. B. $K_2S_2O_8$ u. einer aminogruppenhaltigen Carbonsäure, bes. einem Alkalisalz der Äthylendiamintetraessigsäure. Die erhaltenen (Misch-) Polymerisatlatices dienen nach Zusatz von Weichmachern u. Pigmenten, z. B. TiO_2, z. B. zur Herst. von stabilen *Lacken* oder klaren *Filmen*. (**E. P. 834 900** vom 10/9. 1956, ausg. 11/5. 1960. A. Prior. 8/9. 1955.)
H. SCHINDLER. 7107

Chemische Werke Hüls Akt.-Ges. (Erfinder: Wilhelm Klingmann), Marl, **Herstellung korrosionsverhindernder Überzüge** aus Füllstoffe enthaltenden, wärmehärtbaren Kunstharzen auf Metallen, dad. gek., daß man Platten aus einer 20—30 (%) Asbest, 30—40 Graphit, 10 Bleiglätte u. 30 wärmehärtbaren, noch fließfähigen Kunstharz-Kondensations-Prodd. (Phenolformaldehydharz) enthaltenden kittartigen Masse auf die Metalloberfläche aufklebt u. in der Wärme aushärtet. — Mengenbeispiel. (**D. A. S. 1 069 040** Kl. 75c vom 13/1. 1956, ausg. 12/11. 1959.)
E. WEISS. 7107

Mauser K. G., Köln, **Verbessern der Haftfestigkeit von Überzügen aus ungesättigten Polyestern auf Metallen,** bes. Fe, Cr-Ni-Stahl und Al, dad. gek., daß diese zunächst mit einer Mischung aus Triphenylmethantriisocyanat u. ungesätt. Polyester überzogen werden, worauf nach Trocknung der Zwischenschicht u. vor völliger Rk. der in ihr enthaltenen beiden Komponenten ein Lack auf Basis von Polyester aufgetragen wird. — Mengenbeispiele. (**D. A. S. 1 073 913** Kl. 75c vom 8/7. 1955, ausg. 21/1. 1960.) E. WEISS. 7107

Distillers Co. Ltd., Edinburgh, England (Erfinder: Thomas Edward Lewis), **Herstellung eines ölmodifizierten Alkydharzes** durch Erhitzen von Leinöl, Tungöl oder dehydratisiertem Ricinusöl mit einer α,β-ungesätt. Dicarbonsäure (I), z. B. Malein-, Itacon- oder Citraconsäure, auf wenigstens 100°, wobei auf 10—40 (Teile) trocknenden Öls 1 I kommen. Dann wird ein mehrwertiger Alkohol mit mindestens 3 OH-Gruppen, z. B. Pentaerythrit, zugegeben u. so lange erhitzt, bis die SZ. auf 20 abgesunken ist. Schließlich wird bei 150—160° Vinyltoluol in Ggw. von Di-tert.-butylperoxyd einpolymerisiert. Harte glänzende *Lacke*. (**E. P. 837 876** vom 5/6. 1958, ausg. 15/6. 1960.)
H. SCHINDLER. 7107

Soc. An. pour les Applications de l'Électricité et de Gaz Rares, Établissements Claude-Paz et Silva, Paris, Frankreich, *Herstellung von Leuchtstoffen.* (**It. P. 514 070** vom 12/5. 1954. F. Prior. 18/5. 1953. — C. **1956.** 11855 [F. P. 1 083 543].)

Ciba Akt.-Ges. (Erfinder: **Armin Caliezi**), Basel, Schweiz, *Farbpigmente in leicht verteilbarer Form.* (**Schwz. P. 350 746** vom 20/7. 1956, ausg. 31/1. 1961. — C. **1959.** 12391 [Oe. P. 199 775].)

H. P. Kaufmann, Münster, *Molekülvergrößerung bei trocknenden Ölen, die konjugierte Doppelbindungen besitzen.* (**It. P. 514 304** vom 26/8. 1953. — C. **1957.** 6290 [Oe. P. 185 914].)

Svenska Oljeslageri A/B, Göteborg, Schweden, *Herstellung von wasserlöslichen Kondensationsprodukten aus Formaldehyd und Amidverbindungen.* (**Ind. P. 56 422** vom 30/1. 1956, ausg. 23/5. 1958. — C. **1959.** 13326 [F. P. 1 146 797].)

Glidden Co. (Erfinder: **David K. Bickel** und **Stephen J. Mittl**), *Herstellung von Polyester-Überzugsmitteln.* (**Aust. P. 209 579** vom 24/6. 1955, ausg. 22/8. 1957. A. Prior. 2/7. 1954. — C. **1959.** 17502 [A. P. 2 817 619].)

Imperial Chemical Industries Ltd. (Erfinder: **William Elliott Frew Gates**), *Herstellung von Polyäthylenterephthalat-Überzügen.* (**Aust. P. 209 575** vom 21/4. 1955, ausg. 22/8. 1957. E. Prior. 21/5. 1954. — C. **1958.** 10212 [F. P 1 122 933].)

Tee-Pak, Inc., V.St.A. (Erfinder: **Douglas Joseph Bridgeford**), *Polymerisationsverfahren.* (**F. P. 1 140 362** vom 23/7. 1955, ausg. 19/7. 1957. A. Prior. 23/7. u. 1/11. 1954. — C. **1961.** 8128 [E. P. 818 412].)

Esso Research and Engineering Co., Elizabeth, N. J., V.St.A., *Herstellung fester Polymerisate.* (**D. A. S. 1 100 284** Kl. 39c vom 19/4. 1956, ausg. 23/2. 1961. A. Prior. 29/4. 1955. — C. **1959.** 6307 [E. P. 795 899].)

N. V. de Bataafsche Petroleum Mij., Den Haag, Holland, *Bitumensol, das bei erhöhter Temperatur in Gelform übergeht.* (**Holl. P. 95 447** vom 25/6. 1956, ausg. 15/9. 1960. A. Prior. 27/6. 1955. — C. **1959.** 7642 [D. A. S. 1 038 680].)

René Droessaert, Paris, Frankreich, *Glasbehälter.* (**Holl. P. 95 414** vom 20/10. 1955, ausg. 15/9. 1960. F. Prior. 21/10. 1954. — C. **1957.** 13189 [F. P. 1 116 447].)

Deutsche Gold- und Silber-Scheideanstalt vormals Roessler, Frankfurt/M., *Feuerschutzmittel.* (**Schwed. P. 156 828** vom 10/11. 1954, ausg. 6/11. 1956. D. Prior. 19/12. 1953. — C. **1957.** 11445 [D. B. P. 962 824].)

XIb. Plaste (Kunstharze. Plastische Massen)

Überblick über die Anwendungsmöglichkeiten von spritzbarem Schaumstoff. H. Baumann. (Gummi Asbest — plast. Massen **12.** 831—35. Nov. 1959.) (Dt.)

Verw. als schwerentflammbares Isoliermaterial (Temp., Schall), das von organ. Lsgm. (Bzn, Bzl., Aceton, A., Methanol, Ae., Chlf.) nicht angegriffen wird u. mit wss. H_3PO_4-Lsg. hochwirksame Schutzschichten auf Metallen bildet (Parker-, Bonder-, Atrament-Verfahren). J. LEHMBERG. 7170☐

Untersuchungen über den Verlauf der Synthese von Epoxyweichmachern. Stanisław Penczek. (Przemysł chem. **39.** 232—36. April 1960. Warszawa, Inst. Tworzyw Sztucznych.) (Pol.)

Die Oxydation von *Sojaöl* u. *Fettsäurebutylester* mittels Perameisensäure (**I**) u. Peressigsäure (**II**) wurde näher untersucht. Die Bldg. von **I** u. **II** erfolgt im Reaktionsgemisch durch Behandeln von HCOOH u. CH_3COOH mit 26—30%ig. H_2O_2. Es wird der Einfl. der mol. Verhältnisse der Substrate u. der Rk.-Bedingungen geschildert. Das Verhältnis Epoxygruppen:esterifizierte Glykolreste ist von den Rk.-Bedingungen stark abhängig. Die Geschw. der Rk. mit **I** ist 2mal größer als mit **II**. Es wird gefunden, daß bei maximalem Epoxygruppen-Geh. 82—86% oxydierte Doppelbindungen an der Rk. teilgenommen haben. H. DAHLIG. 7170☐

Korrosionsbeständige Schläuche: Wo kann Teflon zur Anwendung kommen? E. M. Ramberg. (Chem. Engng. **68.** Nr. 4. 180. 182. 184. 186. 20/2. 1961. TITEFLEX Inc.) (Engl.)

Schläuche aus Teflon füllen die Lücke zwischen Gummi- u. Metallschläuchen aus, sie sind beweglicher u. korrosionsbeständiger als die anderen Schläuche. F. ROSENDAHL. 7172☐

Beziehungen zwischen physikalischen Eigenschaften und Molekularstruktur von Polypropylen. H. N. Shearer jun., J. E. Guillet und H. W. Coover jun. (SPE Journal **17.** Nr. 1. 83—88. Jan. 1961. Eastman Kodak Co., Div. Tennessee Eastman Co., Res. Labor.) (Engl.)

An gespritzen bzw. gepreßten Stücken aus hochkrist. Polypropylen (**I**) von hohem bis niedrigem Molgew., teils durch Zumischen von amorphem I oder Copolymerisat von I u. Hexen-(1) modifiziert, wurden die Abhängigkeit der physikal. Eigg. von Molgew. (gemessen als Schmelzviscosität bei 230°), von der Kristallinität (KR) u. vom Grad der Verzweigung (GV) gemessen. Die Dichte nimmt ab mit wachsendem Molgew., mit sinkender KR u. mit wachsendem GV. Härte u. Steifheit verhalten sich ähnlich. Elastizitätsmodul u. Formbeständigkeit in der Wärme bleiben mit wachsendem Molgew. relativ konst., aber fallen rasch mit sinkender KR u. wachsendem GV. Die Zugfestigkeit steigt mit wachsendem Molgew. an gespritzten, aber sinkt an gepreßten Proben. Sie nimmt ab mit sinkender KR u. mit wachsendem GV. Die Bruchdehnung hat bei mittl. Molgew. an gespritzten Proben ein Maximum u. nimmt an gepreßten mit wachsendem Molgew. zu. Sie nimmt zu mit sinkender KR u. mit wachsendem GV. Die Bruchfestigkeit (tensile break) wächst bei gespritzten u. sinkt bei gepreßten Proben mit wachsendem Molgewicht. Sie nimmt mit sinkender KR ab u. bleibt bis 5% GV prakt. konstant. Die Kerbschlagzähigkeit nimmt zu mit wachsendem Molgew., mit sinkender KR u. wachsendem GV. R. JUNGE. 7172☐

Delrin, ein neuer Kunststoff. Friedrich Klema. (Mitt. chem. Forsch.-Inst. Wirtsch. Österreichs **15.** 1—3. Febr. 1961. Innsbruck.) (Dt.)

Eigg., Verarbeitung u. Verw. als Spritzguß- u. Extrudertype von *Delrin* (DU PONT DE NEMOURS u. Co.), einem neuen, langkettigen unverzweigten Polymerisat des Formaldehyds. B. SCHEIFELE. 7176☐

Triäthylendiamin. Neues bicyclisches Zwischenprodukt und Katalysator zur Herstellung von Polyurethanschäumen. Adalbert Farkas, G. A. Mills, W. E. Erner und J. B. Maerker. (Ind. Engng. Chem., int. Edit. **51.** 1299—1300. Okt. 1959. Marcus Hook, Pa., Houdry Process Corp.) (Engl.)

Einige physikal. u. chem. Eigg. von Triäthylendiamin, Kp. 174°, F. 158° (1.4-Diaza-bicyclo-[2.2.2]-octan = *Dabco* von HOUDRY PROCESS CORP.), werden mitgeteilt u. sein katalyt. Einfl. als Katalysator bei Isocyanat-Rkk. (Herst. von Polyurethanschäumen) kurz erörtert. R. SCHÄFF. 7180□

Verbund-Konstruktionen mit PVC-Zellmaterial. Herbert Lindemann. (Kunststoffe **50.** 331—34. Juni 1960. Sins, Aargau, Schweiz, Lonza AG.) (Dt.)

Es werden verwindungssteife Verbund–Leichtkonstruktionsmaterialien mit Decklagen aus glasfaserverstärktem Polyesterharz u. einem Kern aus Hart-PVC-Zellmaterial beschrieben u. deren Eigg. gegenüber Stoßbeanspruchung in Vgl.-Verss. dargestellt. I. KALZENDORF. 7204□

Die Bestimmung der Querdehnzahl eines spannungsoptisch aktiven Materials durch einen spannungsoptischen Versuch. Hans Bufler. (Z. angew. Physik **12.** 334—35. Juni 1960. München, TH, Inst. für techn. Mech.) (Dt.)

Auf eine Platte aus homogenem u. spannungsfreiem *Araldit B* als Halbscheibe wird ein Stahlstab bei 90° mit wärmehärtendem Araldit aufgeklebt. Der Verbundkörper Scheibe–Stab wird ca. 30 Std. bei 90° belassen, bis eine feste Verbindung zustande gekommen ist. Nach dem Abkühlen wird eine Isochromatenaufnahme gemacht. Aus der Lage der Nullisochromate bei diesem spannungsopt. Vers., der keine Belastungsvorrichtung erfordert, läßt sich die Größe der Querdehnzahl des verwendeten spannungsopt. akt. Materials mit Hilfe eines dafür errechneten Diagramms bestimmen. H. FRIES. 7210□

Der Nachweis von „zusätzlichen Elementen" in Kunststoffen durch die Verbrennungsmethode im Sauerstoffkolben. J. Haslam, J. B. Hamilton und D. C. M. Squirrell. (Analyst **86.** 239—48. April 1961. Welwyn Garden City, Herts., ICI Ltd., Plastics Div.) (Engl.)

Vff. beschreiben eine Meth. zum Nachw. der „zusätzlichen Elemente", außer C, H u. O, wie N, Cl, F, P u. S, in Polymeren, Polymermischungen u. Weichmachern. Die Probe wird in O_2 verbrannt, die Verbrennungs-Prodd. in NaOH-Lsg. aufgefangen u. die einzelnen Elemente mit Hilfe neuerer colorimetr. Meth. bestimmt. Man erzielt halbquant. Ergebnisse bes. bei niedrigeren Konz. ($<$ 2%). Es wird festgestellt, daß n-NaOH-Lsg. zur Absorption der Verbrennungs-Prodd. ausreicht, obwohl nur ca. 25% des N erfaßt werden. Durch Einwickeln der Feststoffe u. nichtflüchtigen vicsosen Fll. in Filterpapier (WHATMAN Nr. 541) u. Verw. von Dochten aus hochreiner Baumwolle erreicht man vollständige Verbrennung. Die Probe (ca. 20 mg) wird auf ein Stück Filterpapier (ca. 0,1 g) gebracht, nach Einwickeln mit dem Docht (ca. 6 mg) versehen u. im O-Kolben, der 5 ml n-NaOH-Lsg. enthält, verbrannt. Nach ca. 15 Min. wird mit dest. W. auf 25 ml verdünnt. *N* bestimmt man mit Resorcin in Eisessig u. NH_4–Fe (II)-sulfat (Grünfärbung gegen die blaßgelbe Farbe der Vgl.-Lsg.), zur halbquant. Best. mißt man die Extinktion bei 690 mμ. *S* weist man durch Ausfällen mit $BaCl_2$ in Ggw. eines Schutzkolloids qual., halbquant. durch Messung der Extinktion bei 700 mμ nach. Best. mit 4-Amino-4'-chlordiphenyl (Trübung der S-haltigen Lsg.; Extinktion bei 700 mμ) u. nach der Ba-Chloranilat-Meth. (purpurote Färbung gegen die schwächere Farbe der Blind-Lsg.; Extinktion bei 530 mμ) ist ebenfalls möglich. *P* wird mit NH_4-Molybdat u. Ascorbinsäure (Blaufärbung gegen blaßgelbe Farbe der Blind-Lsg.), *F* mit 3-Aminomethylalizarin-N.N-diessigsäure u. $Ce(NO_3)_3$ (hellviolett gegen rosafarben; 600 mμ), *Cl* nach der $Hg(SCN)_2$-Meth. (orangefarben gegen gelb; 460 mμ), *Br* u. *J* gemeinsam mit der Fluorescein-Meth. u. J mit Stärke nachgewiesen. Beispiele für Extinktionsmessungen bei den einzelnen Best.-Verff. auch für Mischungen verschiedener Elemente sowie Anwendungsbeispiele sind angegeben. P. FRENZEL. 7210□

G. Herring (Australia) Pty. Ltd. (Erfinder: Heinz Hunsdiecker), **Herstellung von plastischen Massen mit Silber- oder Perlmutterglanz.** Man mischt ein transparentes Kunstharz mit einem Material, das beim Erhitzen Gas entwickelt, z. B. mit Bicarbonaten, Malonsäure u. ihren Estern, Acetylessigsäure, Acetondicarbonsäuren u. ihren Estern, aliphat. Azoverbb., u. erhitzt auf Temp., bei denen sich die Gas entwickelnden Stoffe zersetzen. — Zum Beispiel werden 100 (Gew.-Teile) Polyester mit 2 Azoisobuttersäurenitril unter Zusatz von Benzoylperoxyd als Katalysator u. einer Co-Verbb. als Beschleuniger in einer Preßform erhitzt, wobei das Harz durch die zahlreichen N-Bläschen u. Lichtreflektion einen silbrigen Glanz erhält. (**Aust. P. 221 098** vom 30/9. 1957, ausg. 30/4. 1959. D. Prior. 17/10. 1956.) K. DEMMLER. 7171

Ciba Akt.-Ges., Basel (Erfinder: Max Dünnenberger, Birsfelden, Adolf-Emil Siegrist, Basel, und Erwin Maeder, Münchenstein), Schweiz, **Hydroxyketone**

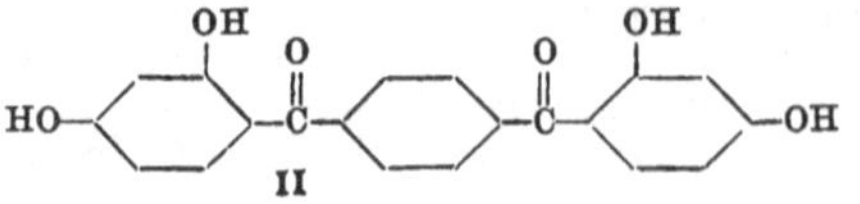

II

(I) werden als *Lichtschutzmittel* gegen UV-Strahlen in den *verschiedensten Kunststoffen* verwendet. Diese I entsprechen der Formel: $R_1-CO-R_2-CO-R_1$, wobei R_1 = Benzolrest, der in o-Stellung zur CO-Gruppe eine Hydroxygruppe u. ggf. noch weitere Substituenten, wie freie oder verätherte OH-, Carbonsäure-, Alkyl-, Amino-, Sulfosäuregruppen oder Halogenatom enthält. R_2 = cycl. Rest. — Zum Beispiel hat ein I die Zus. II. Die I absorbieren UV-Strahlen von 250 bis 400 mμ. (**Schwz. P. 350 461** vom 6/12. 1957, ausg. 14/1. 1961.) F. KOCH. 7171

UCLAF, Frankreich (Erfinder: H. Guinot und Ph. Le Henaff), **Herstellung von Alkylenpoly-[thioglykolsäureestern]** der Formel $R-[C(S-CH_2-COOR')_2]_n-R''$ (R u. R'' = H oder Alkyl; R' = Alkyl; n = 1—2) durch Kondens. von Thioglykolsäure (I) oder ihren Estern mit einem Aldehyd oder Keton u. ggf. nachfolgende Veresterung. — *Butan-2.2-bis-thioglykolsäure-butylester*], aus Methyläthylketon u. Thioglykolsäurebutylester (II) durch azeotrope Dest. in Ggw. von $ZnCl_2$ in Cyclohexan; Fl.; D_4^{20} 1,035; n_D^{15} 1,490; η^{22} 13,3 cP; 90% (Ausbeute). — *Butan-1.1-bis-[thioglykolsäurebutylester]*, aus Butyraldehyd u. II; Öl; $D._4^{18}$ 1,048; n_D^{15} 1,487; η^{19} 15,8 cP; 95%. — *Äthan-1.1.2.2-tetrakisthioglykolsäurebutylester*], aus I u. Glyoxal durch azeotrope Dest. in Ggw. von Butanol u. HCl oder durch 3 std. Kochen in wss. Lsg. u. nachfolgende Veresterung in Butanol/HCl; gelbe Fl.; $D._4^{20}$ 1,112; n_D^{15} 1,502; η^{21} 44 cP; 87 bzw. 75%. — *Weichmacher für plast. Massen.* (**F. P. 1 186 842** vom 6/12. 1956, ausg. 2/9. 1959.) EBERHARD RIEDEL. 7171

Ruhrchemie Akt.-Ges., Deutschland (Erfinder: Friedrich Rappen und Theodor Lattenkamp), **Herstellung von Olefinpolymeren** bei < 100 at u. bis 100° mit dem Rk.-Prod. aus 1 Mol $TiCl_4$ u. 1,5—2,5 Mol Al $(Alkyl)_3$, das von anderen organ. Al-Verbb. durch Filtrieren u. Waschen, bes. mit KW-Stoffen, befreit ist. — Man gibt unter N_2 zu 150 (Gew.-Teilen) gut gereinigter C_{8-10}-KW-Stoff-Fraktion aus der CO-Hydrierung 0,86 $Al(C_2H_5)_3$ u. 0,72 $TiCl_4$, rührt ½ Std., filtriert, wäscht mit gut gereinigter Benzinfraktion aus u. füllt mit dem Bzn. auf das alte Vol. auf. Zur Polymerisation gibt man zu der suspendierten Ti-Verb. 0,42 $Al(C_2H_5)_3$, rührt 2—3 Min. bei Raum-Temp., gibt in hochgereinigte C_{8-10}-KW-Stoff-Fraktion der CO-Hydrierung unter N_2, führt vorher Äthylen ein u. polymerisiert bei 75°. (**F. P. 1 194 658** vom 14/4. 1958, ausg. 12/11. 1959. D. Prior. 6/5. 1957.) M. PANKOW. 7173

Ruhrchemie Akt.-Ges., Oberhausen-Holten, **Herstellung von Polyolefinen,** bes. von *Polyäthylen* mit Katalysatoren, in denen das Mol-Verhältnis von Alkyl-Al-$(Halogen)_2$:Ti''':Ti'''' = 1:(0,5—2):(0,05—0,5), bes. 1:(0,75—1,5):(0,1—4) beträgt; z. B. nimmt man auf 1 Mol $C_2H_5AlCl_2$ 1,5 Mol $TiCl_3$ u. 0,5 Mol $TiCl_4$. (**Oe. P. 212 014** vom 28/11. 1958, ausg. 25/11. 1960. D. Prior. 15/1. 1958.) M. PANKOW. 7173

Natural Rubber Producers Research Association, London (Erfinder: Derek John Angier, William Ferguson Watson und Raimond John Ceresa, Melwyn Garden City, Hertfordshire), England, **Herstellung von Pfropfmischpolymerisaten** aus einer Mischung von einem an sich nicht kautschukartigen Polymeren, einer polymerisierbaren Olefin-Verb. u. ggf. einem das nicht kautschukartige Polymere plastizierenden Lsgm. mittels mechan. Behandlung der Mischung in einer mindestens teilweise von O_2 befreiten Atmosphäre, dad. gek., daß die Bestandteile der Mischung u. ihre Anteile so bemessen wurden, daß das Gemisch bei der Mastifikations-Temp. kautschukähnlich ist u. dieses Gemisch einer Mastifikation unterworfen wird. Nach einem Beispiel wird Styrol (I) in Polymethylmethacrylatspäne eingebracht u. das kautschukähnliche Gemisch durch eine Presse geleitet, deren Trommel auf 40° u. deren Kopfstück auf 100° erhitzt ist. Es werden 95% des I polymerisiert. Entsprechend den Variationsmöglichkeiten hinsichtlich Polymeren, Monomeren, plastizierendes Lsgm., Behandlungsdauer u. -Temp. weitere 85 tabellar. Mengenbeispiele. Beschreibung u. Abb. des erforderlichen Knetwerkzeugs. (**D. A. S. 1 104 180** Kl. 39c vom 9/11. 1956, ausg. 6/4. 1961. E. Prior. 9/11. 1955 u. 7/5. 1956.) H. SCHINDLER. 7173

Ruhrchemie Akt.-Ges., Deutschland (Erfinder: Walter Rottig), **Hydrieren von Polyolefinen.** Polyäthylen u./oder keine polymeren Homologen werden mit H_2 behandelt, bis ihre ungesätt. Bindungen z.T. oder ganz mit H abgesätt. sind. Man arbeitet zweckmäßig in leicht saurer Lsg. oder in Emulsion in Ggw. fester oder suspendierter Hydrierungskatalysatoren bei ca. 10—200 at u. 50—250, bes. 75—200°. (**F. P. 1 198 386** vom 3/7. 1958, ausg. 7/12. 1959. D. Prior. 15/7. 1957.) M. PANKOW. 7173

Dow Chemical Co., übert. von: Fred D. Hoerger und Harry W. Smeal, Midland, Mich., V.St.A., **Halogenieren von Polyolefinen,** welche aus nichtaromat. Monoolefinen mit 2—4 C-Atomen hergestellt sind, bes. von linearem, nicht verzweigten Polyäthylen, wird in 2 Stufen vorgenommen: 1. Das Polymer wird als Pulver, dessen Teilchengrößen einer Maschenweite zwischen 15 u. 400 (U. S. sieve series) entsprechen, bei einer Temp. zwischen —20° u. der Sinter-Temp. des Polyolefins direkt halogeniert. Dazu wird in eine senkrechte, das Pulver enthaltende Kolonne von unten ca. 6 Std. F_2, Cl_2 oder Br_2-Dampf oder Mischungen von Cl_2 u. SO_2 zusammen mit N_2 eingeblasen, wobei eine intensive Bewegung der feinen Polyolefinteilchen erfolgt. 2. Aus dem erhaltenen Prod. mit ca. 20—28% Halogen-Geh. wird dann z. B. mit Perchloräthylen oder CCl_4 eine 1—5%ig. Lsg. hergestellt u. in die ca. 110° warme Lsg. nach Zusatz eines Katalysators, z. B. Lauroyl-, Benzoyl- oder Ditertiärbutylperoxyd, Cl_2, Br_2 oder ein Gemisch von Cl_2 u. SO_2 eingeleitet. Nach beendetem Halogenieren wird das z. B. 42% Cl enthaltende Prod. durch Zusatz von Methanol aus der Lsg. ausgeschieden. Bei Anwendung eines Cl_2–SO_2-Gemisches wurde ein Prod. mit einem Cl-Geh. von ca. 62% erhalten. — Prodd. mit Flammen widerstehenden u. Feuer verzögernden Eigg.; Verw. zur Herst. von Garnen für Textilien, von Folien u. von Schäumen. (**A. P. 2 913 449** vom 18/1. 1957, ausg. 17/11. 1959.) F. LAASS. 7173

Ruhrchemie Akt.-Ges., Oberhausen-Holten, **Herstellung schwefelhaltiger Polyolefine** durch Behandlung von Polyäthylen u./oder Polypropylen mit Cl-Verbb. des S, bes. S_2Cl_2, wobei man z. B. in Lsg. u. bei Temp. $> 50°$ 15—150 Min. arbeitet. (**Oe. P. 213 052** vom 23/4. 1959, ausg. 25/1. 1961. D. Prior. 2/5. 1958.) M. PANKOW. 7173

Dow Chemical Co., übert. von: David P. Sheetz, Midland, Mich., V.St.A., **Beständige kolloidale Dispersionen von Polymeren** werden hergestellt aus einer Mischung von W., von 100 (Gew.-Teilen) einer ungesätt. fl. polymerisierbaren Verb., z. B. Styrol, 1.3-Butadien oder Vinylidenchlorid oder deren Mischungen, u. von 0,1—10 eines in W. lösl. Sulfoesters (I) der allg. Formel: $R—CO_2—Q—SO_3M$, in der R Vinyl oder ein α-substituiertes Vinyl, -Q- ein zweiwertiger KW-Rest u. M ein Kation ist. Die Mischung wird in Ggw. eines Katalysators, z. B. H_2O_2, $K_2S_2O_8$ oder $\alpha.\alpha'$-Azobisisobutyronitril, auf 40—100° erhitzt. Es entsteht eine Dispersion, deren Teilchen auch bei Abwesenheit eines Emulgiermittels oder Stabilisators gegen Koagulation erheblich resistent sind, z. B. auch bei heftigem Rühren der Dispersion oder bei Zugabe von konz. $CaCl_2$-Lösung. Für I ist das techn. Na-Sulfobutylacrylat bevorzugt genannt, welches aus einer Mischung von 1-Na-Sulfo-2-butylacrylat, 2-Na-Sulfo-1-butylacrylat u. wenig Na-Sulfobutyl-β-chlorpropionat besteht u. durch Einw. von Acryloylchlorid auf eine Mischung von 2-hydroxy-1-butansulfonsaures Na u. von 1-Hydroxy-2-butansulfonsäure erhalten wird. — Verw. zur Herst. von gegen W. beständigen Überzügen, zum Imprägnieren u. zur Filmherstellung. (**A. P. 2 914 499** vom 25/3. 1957, ausg. 24/11. 1959.) F. LAASS. 7173

Petrochemicals Ltd., London, England (Erfinder: Edward Teggin Borrows und Dhafir Yusuf Waddan), **Entfernen von Katalysatorrückständen aus Niederdruck-Polyolefinen,** die z. B. mittels $TiCl_4$ u. einer organ. Al-Verb. erhalten wurden, durch Behandeln der Polymerenaufschlämmung mit niederen Alkoholen, z. B. Methanol, A. oder Butanol, unter gleichzeitiger oder anschließender Einw. von O_2, O_2-haltigen Gasen, z. B. Luft. Mengenbeispiele für Polyäthylen. — Tabellen. (**E. P. 840 841** vom 1/1. 1958, ausg. 13/7. 1960.) H. SCHINDLER. 7173

Stamicarbon N. V., Heerlen (Erfinder: Cornelis van den Berg, Geleen), Holland, **Flüssige Polymerisate von Diolefinen** erhält man durch Polymerisieren bei einem Druck von $<$ 100 at in Ggw. eines aus Dialkylaluminiumhydrid u./oder Trialkylaluminium u. $TiCl_4$ bestehenden Katalysatorgemisches, das die Metalle Al u. Ti im atomaren Verhältnis 2:1—3,5:1 enthält. — Aus Butadien erhält man im wesentlichen *Cyclododekatrien-1,5,9* u. wachsartiges Polybutadien. (**D. A. S. 1 106 962** Kl. 39c vom 6/7. 1959, ausg. 18/5. 1961. Holl. Prior. 16/7. 1958.) L. STADELMANN. 7173

Marks & Clerk, London, England (Erfinder: William Warren Triggs), **Verhindern der Sproßpolymerisatbildung** bei der destillativen Entfernung von Monomeren aus dem Latex eines Polymerisats oder Mischpolymerisats von Dienen durch Zusatz von 0,005—1 (Teil) Hydrazin u./oder Dimethylhydrazin pro 100 Monomere. (**E. P. 838 289** vom 27/1. 1959, ausg. 22/6. 1960.) L. STADELMANN. 7173

Gerhard Geiseler, Leuna, und Wolfgang Knothe, Merseburg, **Herstellung von Al-Trialkylätheraten,** z. B. *Al-Tributyldiäthyl-*, Kp.$_3$ 110—120°, *-Triäthylisobutyl-*, *-Triäthylanisol-*, Kp.$_2$ 90—100° u. *-Triäthylphenetolätherat*, dad. gek., daß man Al–Mg-Legg. oder -Gemische in Ggw. von Äthern (Ae., Isobutyläther, Anisol, Phenetol) mit Alkylhalogeniden (Butyl- u. Äthylbromid) in stöchiometr. Mengen umsetzt. — *Katalysatoren* für die *Herst.* von *Niederdruckpolyolefinen.* (**D. P. [DDR] 17 611** Kl. 12o vom 17/7. 1957, ausg. 30/9. 1959 [Wirtschaftspatent].) S. BÖTTCHER. 7173

Phillips Petroleum Co., übert. von: John E. Cottle, Bartlesville, Okla., V.St.A., **Wiedergewinnung des bei der Polymerisation von Olefinen verwendeten festen Katalysators,** der aus auf SiO_2, Al_2O_3, ZrO_2 oder ThO_2 niedergeschlagenem CrO_3 besteht. Zum Beispiel wird ein aus dem Polymerisationsgefäß kommendes, ca. 285° F heißes u. unter einem Druck von ca. 500 p.s.i.a. stehendes Gemisch aus Polyäthylen, Cyclohexan u. feinen Katalysatorteilchen mit Cyclohexan so weit unter Erwärmen verd., bis das Polymere vollständig gelöst ist. In einer ersten Zentrifuge wird dieses Gemisch in eine katalysatorfreie Lsg. u. in ein Gemisch (I) aus Katalysatorteilchen u. Lsg. geteilt. Nach weiterer Zugabe von Cyclohexan, wird **I** einer zweiten Zentrifuge zugeführt, in welcher ein Gemisch (**II**) aus wenig Katalysatorteilchen u. der Lsg. u. ein Gemisch (**III**) aus der Hauptmenge der Katalysatorteilchen u. wenig Lsg. erhalten wird. **II** wird zur ersten Zentrifuge zurückgeführt, u. **III** wird nach Vermischen mit reinen Katalysatorteilchen — um ein Zusammenbacken beim Trocknen zu vermeiden — getrocknet u. regeneriert. Die Zentrifugen arbeiten bei Temp. von 200—400° F u. Drücken von 25—200 lbs./sq.in. mit inerter Atmosphäre, z. B. mit N_2. — Es kann auch so vorgegangen werden, daß das aus dem Polymerisationsgefäß kommende Gemisch durch Einleiten von kaltem Lsgm. so weit abgekühlt wird, daß feste Polymerisatteilchen von der Größe 0,01—200 μ ausfallen. Vor dem Einleiten des die Katalysatorteilchen enthaltenden Gemisches in die zweite Zentrifuge, muß jedoch dieses bis zum Lösen der geringen Mengen des Polymeren erhitzt werden. — Zeichnungen. (**A. P. 2 914 518** vom 24/8. 1956, ausg. 24/11. 1959.) F. LAASS. 7173

Solvay & Cie., Brüssel, Belgien, **Reinigung der Hilfsflüssigkeiten zur Wiederverwendung bei der Olefinpolymerisation.** Man führt die Polymerisation von Olefinen mittels Katalysatoren aus dem Rk.-Prod. von Verbb. der 4a—6a-Gruppe des Period. Syst. mit Metallen, Hydriden oder Organometall-Verbb. der Metalle der 4b—6b-Gruppe des Period. Syst. und einer FRIEDEL-CRAFTS-Verb. in Ggw. einer für die folgenden Polymerisationen wieder verwendbaren Hilfsflüssigkeit (I) aus, die vor ihrer Wiederverw. in der Weise behandelt wurde, daß die Zahl der in 1 kg der I vorhandenen C=C-Gruppen, ausgedrückt in Milligrammäquivalenten, auf < 2, bes. < 1 red. wird. Die Behandlung besteht bes. in einer Hydrierung (z. B. mit RANEY-Ni oder Pd) u. zusätzlich einer Chlorierung der ungesätt. Oligomeren, die bei der direkten Wiederverw. der I als bes. störend bezüglich der Polymerisationsausbeute gefunden wurden. Die Oligomeren können auch durch selektive Absorption mit konz. H_2SO_4 entfernt werden. — Steigerung der Ausbeute bei Wiederverw. der gereinigten **I.** (**Belg. P. 556 683** vom 13/4. 1957, ausg. 26/2. 1960.) M. MAIERHAUSER. 7173

Farbwerke Hoechst Akt.-Ges., vormals Meister Lucius & Brüning, Deutschland, **Herstellung von Formkörpern aus Niederdruckpolyäthylen.** Folien, Schläuche, Flaschen werden aus einer Mischung aus Niederdruckpolyäthylen u. 10 bis 70 Gew.-% (der Gesamtmischung) eines Äthylen–Propylen-Mischpolymerisats hergestellt. Das Mol-Verhältnis Äthylen/Propylen im Mischpolymeren ist 2:1—12:1, bes. 3:1—10:1. Gute mechan. Eigg. u. geringe Wasserdampfdurchlässigkeit. (**F. P. 1 192 428** vom 20/12. 1957, ausg. 26/10. 1959. D. Prior. 22/12. 1956.) M. PANKOW. 7173

Dunlop Rubber Australia Ltd. (Erfinder: Wyndham Mobberley), **Polyvinylharzplastisole,** bestehend aus einem Polyvinylharz, einem Weichmacher u. einem 2wertigen aliphat. Alkohol als Stabilisator für die Viscosität. Beispiele: 100 (Teile) Polyvinylchloridharz, 70 Di-„Alphanol"-phthalat, worin „Alphanol" ein Gemisch von 1-wertigen Alkoholen mit 7—9 C-Atomen bedeutet, 2 Dibutyl-Sn-maleat, 3 Hexylenglykol. An Stelle von Hexylenglykol können auch 3 (Teile) Diäthylen- oder 3 Äthylenglykol verwendet werden. (**Aust. P. 220 940** vom 16/12. 1957, ausg. 23/4. 1959.) K. DEMMLER. 7173

Kobunshi Kasei Kogyo Kabushiki Kaisha, Osaka (Erfinder: Hei Okuda und Sachio Mitsuoka), Japan, **Polymerisation von Vinylverbindungen** in wss. Medium mit wasserlösl. Peroxyden u. l-Ascorbinsäure (Vitamin C) oder deren Derivv. als Katalysatoren. — Z. B. nimmt man als Ansatz eine Mischung aus 50 (g) Vinylacetat, 3 Polyoxyäthylenlaurylläther, 0,5 30%ig. H_2O_2, 0,8 Ascorbinsäure, 50 W., der bei 30—40° eine Polymerisatemulsion gibt. (**Jap. A. S. 8340/1959** vom 24/7. 1957, ausg. 17/9. 1959.) M. PANKOW. 7173

Asahi Kasei Kogyo Kabushiki Kaisha, Osaka (Erfinder: Yuji Kobayashi und Kunio Satake, Nabeoka), Japan, **Stabilisierungsmittel für Vinylidenchlorid-**

polymere oder -mischpolymere gegen Erwärmen, bestehend aus Di-[o.p-dimethylbenzyl]-äther. (**Jap. A. S. 8339/1959** vom 26/4. 1957, ausg. 17/9. 1959.)

M. PANKOW. 7173

Dow Chemical Co., übert. von: Wilhelm E. Walles und William F. Tousignant, Midland, Mich., V.St.A., **Wasserlösliche Mischpolymerisate von ringsubstituierten N-Vinyl-5-alkyl-2-oxazolidinonen,** bes. N-Vinyl-5-methyl- u./oder N-Vinyl-5-äthyl-2-oxazolidinon der Formel I, worin R = CH_3 oder C_2H_5 ist, erhält man mit N-Vinyl-2-pyrrolidon, -2-piperidon, -2-caprolactam, -3-morpholinon u. -succinimid oder deren Gemischen. Das Oxazolidinon soll zu 1—99, bes. 60—80%, vorhanden sein. Die Herst. erfolgt nach den Beispielen in Ggw. von üblichen Azo- oder Peroxyd-Verbb. bei 50—100° in Lsg., Emulsion oder Dispersion. Die Endprodd., deren K-Wert 5—100 u. Molgew. 22000—360000 beträgt, eignen sich *zur Erhöhung der Farbstoffaufnahme von Fasern u. Textilien*, zum *Niederschlagen von Trübungsstoffen* in z. B. Bier u. Wein. Anwendungsbeispiele. Kurven für Trübungspunkte von wss. Lsgg. der Prodd. durch Wärmekoagulation im Vgl. zur Kurve von Homopolymerisaten der Oxazolidinone. (**A. PP. 2 946 772** vom 27/2. 1958, **2 946 773** vom 7/5. 1958, beide ausg. 26/7. 1960 u. **2 948 708** vom 3/4. 1958, ausg. 9/8. 1960.)

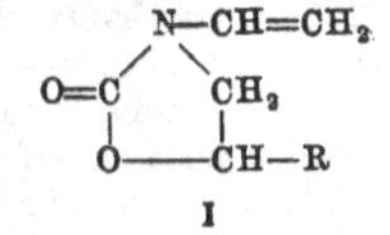

I

H. SCHINDLER. 7173

Stockholms Superfosfat Fabriks Aktiebolag, Stockholm (Erfinder: Olaf Sundén und Sten Erik Arne Lennart Tunefors, Ljungaverk, und Sven Hugo Sönnerskog, Brämhult), Schweden, **Herstellung vernetzter Acrylnitrilpolymerisate** durch Polymerisation von Acrylnitril mit so viel polyfunktionellen Verbb., wie Divinylbenzol, daß eine vernetzende Bindung auf 2—12 Mol des linearen Polymeren kommen u. es vernetzen. — Vgl. Schwz. P. 344176; C. **1960.** 13890. (**Jap. A. S. 4291/1959** vom 25/10. 1955, ausg. 28/5. 1959. Schwed. Prior. 25/10. 1954 u. 11/5. 1955.)

M. PANKOW. 7173

Dow Chemical Co., Midland, Mich. (Erfinder: Forrest A. Ehlers und George W. Stanton, Walnut Creek, Calif.), V.St.A., **Gegen Licht- und Wärmeeinwirkung stabilisierte geformte Gebilde** auf der Grundlage von aus > 60% aus *Acrylnitril* aufgebauten Polymerisaten, gek. durch einen Geh. an 2—20% einer Verb. der allg. Formel Y—CO—N(X)—C_2H_4OH, in der X CH_3-, C_2H_5- oder eine 2-Hydroxyäthylgruppe u. Y ein H-Atom oder eine CH_3-Gruppe bedeuten. — Fäden, Folien. (**D. A. S. 1 045 645** Kl. 39b vom 2/4. 1954, ausg. 4/12. 1958.) O. SCHÖN. 7173

Minnesota Mining & Mfg. Co., St. Paul, Minn. (Erfinder: Billy Frank Landrum, Belleville, und Louis Anthony Errede, Westfield, N.J.), V.St.A., **Flüssige oder feste, polymerisierbare, cyclische Verbindungen** der allg. Formel $H_2C=R=CH_2$ (R = ggf. durch Halogen oder Methyl substituierter, aromat. oder heterocycl.-chinoider Rest) erhält man dadurch, daß man die durch übliche Pyrolyse von Verbb. der allg. Formel $H_3C—R'—CH_3$ (R' = aromat. oder heterocycl., ggf. durch Halogen oder Methyl substituierter Rest) bei 700—1300, bes. 950—1300°, u. höchstens 400, bes. 10—150 mm Hg, u. einer Verweilzeit von höchstens 1, bes. 0,1—0,01 Sek., erhaltenen Dämpfe mit einer kalten Fl. von wenigstens —45° (Hexan, PAe., Cyclopentan, 1.4-Dimethylcyclohexan, Toluol, Äthylbenzol, o-Äthyltoluol, n-Diäthylbenzol, o-Fluortoluol, 1.1-Dichloräthan, o-Chloräthylbenzol, Äthylacetat, Methylisobutyrat, Isobutylformiat, Aceton, Methyläthylketon, Methylisobutylketon, Ae., Tetrahydrofuran, Methanol, A., Isopropanol, CS_2, deren Mischungen), ggf. in Ggw. eines Polymerisationsverzögerers u. bes. unter Ausschluß von O_2 abschreckt. — Aus p-Xyloldampf bei 1000°, 5 mm Hg, 0,05 Sek. Verweilzeit u. Abschrecken der Dämpfe mit einer Mischung aus Chlf. u. CCl_4 im Verhältnis 1:1 unter Kühlen auf —80° mit Trockeneis-Aceton → I; beim Erwärmen der Mischung auf Raum-Temp. entsteht aus I ein *unlösl. Polymeres*. — 2-Fluor-p-xylol → I. — 1.4-Dimethylnaphthalin → **II**. — Pseudocumol → **III**. — 2.5-Dimethylpyrazin → **IV**, das bei Raum-Temp. polymerisiert; das Polymere wird in verd., wss. HCl gelöst, mit Aktivkohle entfärbt u. verd. NaOH ausgefällt, F. > 300°. Die Verbb. reagieren bei —55° mit J_2 zur *Dijodverbindung*. Weitere Ausgangsstoffe sind: Durol, Isodurol,

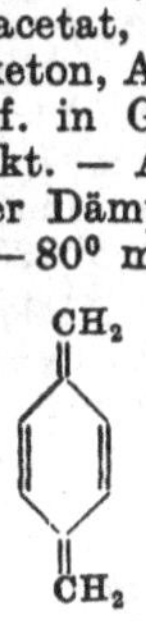

I

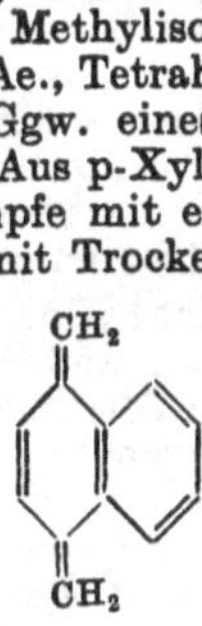

II

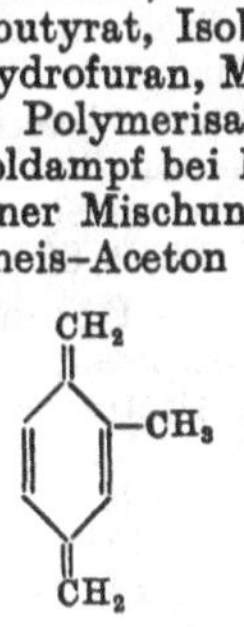

III

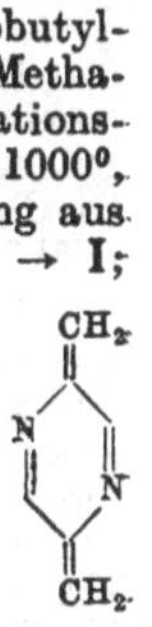

IV

Prehnitol, Pentamethyl-, Hexamethylbenzol, 1.2.3.4.6.7-Hexamethylnaphthalin, 2.5-Lutidin, 2.5-Dimethylpyrimidin, 5.8-Dimethylchinolin, 1.4-Dimethylisochinolin, 5.8-Dimethylisochinolin, 5.8-Dimethylchinazolin, 5.8-Dimethylchinoxalin, 2.3.5-Trimethylpyrazin, 2.3.5.6-Tetramethylpyrazin, 2.3.5-Trimethylpyrazolin, 2.4.5-Trimethylpyrazin, 5.6.8-Trimethylchinolin, 2-Chlor-, 2.5-Dichlor-, 2.5-Difluor-, 2.3.5-Trichlor-, 2.3.5-Trifluor-, 2.3.5.6-Tetrachlor-, 2.3.5.6-Tetrafluor-p-xylol, 2-Chlor-3.5.6-trimethylbenzol, 6-Chlor-1.4-dimethylnaphthalin, 2.3.6.7-Tetrachlor-1.4-dimethylnaphthalin u. 2.5-Dimethyl-6-chlorpyrazin. (**D. A. S. 1 081 461** Kl. 12o vom 14/10. 1954, ausg. 12/5. 1960. A. Prior. 14/10. 1953.) G. KRAUSS. 7173

Dow Chemical Co., übert. von: Wallis R. Bennett und Claude A. Cummins, Midland, Mich., V.St.A., **Entfärben von alkenylaromatischen Polymeren,** welche mit anorgan., in organ. Lsgm. unlösl. Pigmenten, wie z. B. Cd-S- oder -Se-Verbb., TiO_2 oder Cr-Oxyden, gefärbt sind. Die Polymeren werden in einem organ. Lsgm. gelöst u. in die Lsg. 5—$^1/_{10}$% einer aliphat. Monocarbonsäure mit nicht mehr als 5 C-Atomen u. die gleiche Menge Diatomeenerde (I) als Filterhilfe eingemischt, wobei sich die Pigmente zusammen mit I als grobe Flocken absetzen. Nach dem Abfiltrieren kann das Polymere aus der Lsg. zurückgewonnen werden. — Bes. geeignet für in Toluol gelöstes *Polystyrol,* dem Essigsäure zugefügt wird. (**A. P. 2 914 492** vom 5/4. 1957, ausg. 24/11. 1959.) F. LAASS. 7173

Riken Gosei Jushi Kabushiki Kaisha (Erfinder: Tsutomu Akita und Jumpei Okazawa), Tokyo, Japan, **Herstellung nichtentflammender ungesättigter Polyesterharze.** Man löst in den chlorhaltigen Polyesterharzen Phosphornitrilhalogenide oder deren Polymere, deren Halogene ganz oder teilweise durch Amidgruppen ersetzt sind. — Zu 100 (Teilen) eines Polyesters aus Äthylenglykol, Tetrachlorphthalsäureanhydrid u. Maleinsäureanhydrid, dem man 30% Styrol zugesetzt hat, gibt man 2—4 Triphosphornitrilchloramid u. polymerisiert mit Benzoylperoxyd. (**Jap. A. S. 6291/1959** vom 9/3. 1956, ausg. 18/7. 1959.) M. PANKOW. 7177

Riken Gosei Jushi Kabushiki Kaisha (Erfinder: Tsutomu Akita und Shin Oishi), Tokyo, Japan, **Stabilisieren von ungesättigten Polyesterharzen.** Man gibt zu den fl. ungesätt. Polyesterharzen Disulfide RS·SR' (R u. R' = Alkyl-, Aryl- oder Aralkylrest) in einem beliebigen Verf.-Stadium von der Herst. der Harze bis zur Formung, wodurch die Stabilität des Harzes bei Raum-Temp. nach Katalysatorzusatz erhöht wird. — Man kondensiert 2,1 (Mol) Propylenglykol mit je 1 Malein- u. Phthalsäureanhydrid unter CO_2 bei 160—200°, gibt zu 70 (Teilen) des Alkydharzes 0,02 Hydrochinon, 30 Styrol u. 0,3 Diphenyldisulfid u. zu 100 dieser Mischung 2 Katalysator (60%ig. Lsg. von Methyläthylketonperoxyd in Dimethylphthalat). Bei der Verarbeitung gibt man 2 Co-Naphthenat zu u. vergelt bei 20° in 20 Minuten. (**Jap. A. S. 7443/1959** vom 8/1. 1957, ausg. 25/8. 1959.) M. PANKOW. 7177

Celanese Corp. of America, New York, N.Y., V.St.A., **Ungesättigte Polyester** werden aus üblichen mehrwertigen Alkoholen, einer oder mehreren ungesätt. mehrbas. Säuren (ggf. Cl-haltig), hergestellt. Die Veresterung wird bei höherer Temp. u. in 2 Stufen durchgeführt, wobei die 2. Stufe bei vermindertem Druck (100—650, dann gegen Ende $<$ 35 mm Hg) erfolgt, so daß das Schutzgas (CO_2) durch das Rk.-Prod. hindurchperlt. (**E. P. 836 436** vom 1/11. 1956, ausg. 1/6. 1960. A. Prior. 1/11. 1955.) F. KOCH. 7177

Distillers Co. Ltd. (Erfinder: Edward James Gasson, David James Hadley und Barrie Wood), Edinburgh, England, **Herstellung von Polyäthylenglykolterephthalat.** Terephthalsäurenitril (I; Herst. gemäß A. P. 2 838 558; C. **1959.** 14881) wird mit W. u. wss. NH_3-Lsg. (D. 0,880), z. B. im Verhältnis von 40:70:12 (Teilen), durch Erhitzen unter Druck zu Ammoniumterephthalat umgesetzt u. letzteres dann mit Äthylenglykol, z. B. in Ggw. von MgO u. Na-Methylat, polykondensiert. Das I kann auch durch wss. Mineralsäure oder Alkali zur freien Säure, bzw. deren Salz, hydrolysiert, ggf. anschließend mit Methanol in den Phthalsäuredimethylester übergeführt werden. Die Polykondensation erfolgt dann in üblicher Weise. — Vgl. F. P. 1 161 141; C. **1960.** 11517. (**E. P. 805 855** vom 27/9. 1955, ausg. 17/12. 1958.) G. TEWES. 7177

Dow Chemical Co., Midland, Mich., übert. von: Arthur E. Gurgiolo, Lake Jackson, Tex., und Harvey D. Ledbetter, Walnut Creek, Calif., V.St.A., **Polymerisation von Olefinoxyden,** welche nicht mehr als 4 C-Atome enthalten, z. B. Äthylen- oder Propylenoxyd, erfolgt durch Zumischen von 1—6 Gew.-% eines Katalysators (I), welcher ein Co- oder Mn-Salz einer aliphat. Carbonsäure mit 2—30 C-Atomen oder einer bis zu 3 Ringe enthaltenden aromat. Säure ist, u. 18—120 Std. Erhitzen der Mischung auf 30—150°. Bevorzugt genannte I sind: Co-Acetat, Mn-Stearat, Co- oder Mn-Naphthenat. Diese I bewirken keine Verfärbung in dem erhaltenen Prod., wie z. B. Fe-haltige Katalysatoren. — Mit Hilfe dieser I werden Propylen-Mischpolymere hergestellt, welche bis zu 50% Chlorpropylenoxyd, Isobutylenoxyd, 1.2-Butylenoxyd, die isomeren 2.3-Butylenoxyde oder Styroloxyd enthalten. (**A. P. 2 911 377** vom 7/8. 1958, ausg. 3/11. 1959.) F. LAASS. 7177

Henkel & Cie. G.m.b.H. (Erfinder: Manfred Budnowski, Edgar Lieske und Manfred Dohr), Düsseldorf, **Kunststoffe auf Grundlage von Polyepoxyden** werden hergestellt durch Aushärten von mehr als eine Epoxydgruppe enthaltenden esterartigen Derivv. der α.α'-[9.10-Dihydroanthrylen-(9.10)]-bernsteinsäure, hergestellt bes. durch Rk. der verseiften Prodd. aus Anthracen u. Maleinsäureanhydrid mit Epichlorhydrin, durch übliche Polyepoxydhärter, wie mehrbas. Carbonsäuren u. deren Anhydride, Amine, Carbonsäure- u. Sulfonamide, Dicyandiamid u. niedermol. Phenol-CH_2O-Harze. Die härtbaren Massen dienen bes. als *Klebstoff* u. *Lack* u. ergeben bei Zusatz von Füllmitteln (Gesteinsmehle, Quarz, Ton, Zement, Kreide, Metalle, Metalloxyde, Glasfasern u. gepulverte gehärtete Phenolplaste) bes. hitzefeste Produkte. (**D. A. S. 1 103 579** Kl. 39b vom 11/7. 1959, ausg. 30/3. 1961.) G. Tewes. 7177

Union Carbide Corp., New York, N.Y., übert. von: Benjamin Phillip und Paul S. Starcher, Charleston, W.Va., V.St.A., **Polyester** aus 4,5-Epoxycyclohexan-1.2-dicarbonsäuren, die ggf. mit einer Alkylgruppe mit nicht > 5 C-Atomen substituiert sind, sowie mehrwertigen Alkoholen. (**A. P. 2 967 840** vom 27/12. 1956, ausg. 10/1. 1961.) F. Koch. 7177

Chas. Pfizer & Co., Inc., New York, übert. von: Abraham Bavley, Brooklyn, Charles J. Knuth, Flushing, und Francis W. Michelotti, Brooklyn, N.Y., V.St.A., **Härten von Epoxyharzen** aus Polyphenolen oder Polyalkoholen, z. B. Bis-(4-hydroxyphenyl)-2.2-propan, u. Epihalogenhydrin, erfolgt durch Zusatz von Methylbernsteinsäureanhydrid u. geringen Mengen N.N-Dimethylbenzylamin u. Erhitzen auf 80—170°. Harte, unlösl. Harze mit guter Wärmebeständigkeit. (**A. P. 2 938 014** vom 4/10. 1957, ausg. 24/5. 1960.) H. Schindler. 7177

Imperial Chemical Industries Ltd. (Erfinder: George Isaac Maurice Bloom und Rex Percival Palmer), London, England, **Formpulver aus Polyamiden** bestehen aus einem Gemisch von zwei Polyamiden (I), wobei das eine I aus einem linearen I (Polyhexamethylensebacinamid) u. das 2. (< 10% der Masse) einen um 5—100° höheren F. als das 1. aufweist, z. B. Polyhexamethyladipamid. Das Mischen erfolgt in der Schmelze, Abkühlen u. Granulieren der Masse. (**E. P. 850 986** vom 11/7. 1958, ausg. 12/10. 1960.) G. Tewes. 7181

United States Rubber Co., V.St.A. (Erfinder: John Burkus), **Trimerisation von Isocyanaten,** dad. gek., daß man sie bzw. ein Urethanoarylisocyanat in einem organ. Lsgm., in dem das Trimere unlösl. ist, in Ggw. eines tert. Amins u. eines Alkylenoxyds trimerisiert. — Beschrieben wird die Trimerisation von Phenylisocyanat in Toluol in Ggw. von Triäthylamin u. Äthylenoxyd: *Trimeres*, F. 268—270°. — *Trimeres p-Tolylisocyanat*, F. 255—258°. *Tri-[urethanotolyl]-isocyanurat* aus Toluol-2.4-diisocyanat. — Die Rk. kann auch in Ggw. von Propylenoxyd, N-Methylmorpholin, Diäthylcyclohexylamin, Di-[β-diäthylaminoäthyl]-adipat durchgeführt werden. — Polyester, z. B. aus Adipinsäure u. Glykolen, können mit den genannten Prodd. in der Weise modifiziert werden, daß man dem mit Diisocyanaten modifizierten Polyester ein tert. Amin u. ein Alkylenoxyd zusetzt. (**F. P. 1 191 765** vom 20/2. 1958, ausg. 21/10. 1959. A. Prior. 26/3. 1957.) S. Böttcher. 7181

Eikichi Ishida, Tokyo, Japan, **Herstellung von Epoxypolysulfidharzen** durch Rk. von 2wertigen Phenolen oder Bis-[hydroxyphenyl]-alkanen mit Epichlorhydrinen in Ggw. von NaOH u. Na-Polysulfid, wobei vermutlich Verbb. mit der Gruppe $CH_2CH\cdot$ (mit O-Brücke) $CH_2\cdot S\cdot S\cdot CH_2\cdot CH(OH)\cdot CH_2\cdot S\cdot S\cdot CH_2CH(OH)\cdot CH_2O\cdot C_6H_4\cdot C(CH_3)_2\cdot C_6H_4O\cdot CH_2\cdot$ $CH\cdot CH_2$ (mit O-Brücke) entstehen. — Man rührt 185 (g) Epichlorhydrin u. 115 4.4'-Dihydroxydiphenylpropen 30 Min. bei 70°, tropft langsam eine Mischung aus 370 einer wss. Lsg. von Na_2S_2 u. 40 NaOH bei 60° zu, rührt 1 Std. bei 80°, filtriert warm, trennt die untere wss. Schicht nach einiger Zeit ab, setzt eine geeignete Menge Epichlorhydrin zu, löst, dest. bei Unterdruck, entfernt NaCl u. erhält 260 eines leicht gelben *Harzes*, von dem 50, mit 0,5 Diäthylenaminotriamin versetzt, 2 Std. bei 80° u. 1 Std. bei 120° gehalten werden. (**Jap. A. S. 7 941/1959** vom 17/4. 1956, ausg. 8/9. 1959.) M. Pankow. 7185

Eastman Kodak Co., Rochester, N.Y., übert. von: John R. Caldwell und Edward H. Hill, Kingsport, Tenn., V.St.A., **Polysulfonharze aus Bicycloheptenderivaten und Schwefeldioxyd.** Bicyclohepten-Derivv. der Formel **I**, in der X u. Y ein H-, Cl- oder Br-Atom oder verschiedene organ. Reste bedeuten können, z. B. Bicyclo-(2.2.1)-hept-5-en, -2-carbonitril, -2-carbonsäuremethylester, -2.3-dicarbonsäure-2-äthylhexylester oder Gemische dieser Verbb., werden im mol. Verhältnis mit SO_2 bei −30 bis +50° in Ggw. eines O abgebenden Katalysators, z. B. Benzoylperoxyd, umgesetzt, wobei man Kunstharze erhält, die zu therm. festen Filmen, Fasern u. Formkörpern verarbeitet werden können. (**A. P. 2 899 412** vom 19/5. 1958, ausg. 11/8. 1959.) K. Sarre. 7185

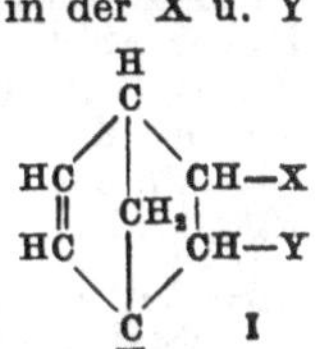
I

Imperial Chemical Industries Ltd., London, England (Erfinder: James Jack), **Siliciumhaltige Kondensationsprodukte** werden durch Rk. einer oder mehrerer aromat. Dihydroxy-Verbb. (II) mit mindestens 2 aromat. Kernen, von denen 2 entweder direkt oder über ein C-Atom miteinander verbunden sind u. jeder in o-Stellung zur Brücke eine OH-Gruppe trägt, mit einem oder mehreren Silanen (I) der Formel R_nSiX_{4-n} (R = H oder einwertiger KW-Stoff-Rest; X = Halogen, z. B. Cl, oder niedere Alkoxygruppe; n = 1—3) in Ggw. von Lsgm. u. Halogenwasserstoffacceptoren erhalten. Als I dienen Trimethylchlor-, Methyltrichlor-, Dimethyldiäthoxy-, Methyltriäthoxy-, Phenyltrichlor-, Diphenyldichlor-, Diphenyldiäthoxy-, Naphthyltrichlor-, Vinyltrichlorsilan u. andere, als II Diphenylmethan-Derivv., Di-β-naphthol. — 29,9 g CH_3SiCl_3 werden zu einer Lsg. von 55,8 2.2'-Dihydroxydiphenyl in 47,4 Pyridin u. 172 Bzl. während 15 Min. unter Rühren gegeben, 2 Std. am Rückfluß erhitzt; dabei wird ein bei 300°/0,35 destillierbares Harz, F. 70°, gewonnen. (**E. P. 857 153** vom 26/7. 1957, ausg. 29/12. 1960.) A. DANDL. 7189

Norman Frank Barty, Old Winsor, England, **Formmasse aus Organopolysiloxanharzen oder Polyamiden (Nylon) und 50—95% Aluminiumpulver** (bezogen auf das Harz). Die Komponenten werden in Ggw. eines Lsgm. gemischt, dann heiß verformt u. gehärtet. (**E. P. 818 301** vom 22/11. 1954, ausg. 12/8. 1959.) A. DANDL. 7189

Midland Silicones Ltd., London, England, **Organopolysiloxanmassen**, bestehend im wesentlichen aus a) einem Organopolysiloxan, das bei einem Substitutionsgrad von 1,3—1,7 u. nicht > 0,8% siliciumgebundenen OH-Gruppen pro Si-Atom > 0,85 Phenylgruppen trägt, u. im übrigen aus 15—45 Mol-% Monophenylsiloxan-, 5—55 Phenylmethylsiloxan- u./oder Dimethylsiloxan-, 0—35 Monomethylsiloxan- u. 0—25 Diphenylsiloxaneinheiten besteht, b) 0,01% einer Verb. der Formel RR'_2NOR'' (bezogen auf Organopolysiloxan), in der R ein ggf. hydroxylgruppentragender aliphat. oder cycloaliphat. KW-Stoff-Rest oder Aralkylrest ist; R' = Alkyl mit < 3 C-Atomen; R'' = Benzoylrest oder aliphat. Acylrest mit < 5 C-Atomen u. nicht > 1 Halogen in β-Stellung zur CO-Gruppe, c) genügend Benzoesäure oder eine aliphat. Monocarbonsäure mit < 5 C-Atomen u. nicht > 1 Halogen in β-Stellung zur CO-Gruppe, um die Mischung neutral zu machen. Als Säuren werden verwendet: Benzoe-, Bromessig-, Butter-, Isobutter-, 2.4-Dichlorbutter-, β-Fluorpropion-, Monobromessig- u. Essigsäure. (**E. P. 848 373** vom 1/9. 1958, ausg. 14/9. 1960.) A. DANDL. 7189

British Industrial Plastics Ltd., London England (Erfinder: Francis Schollick und David Charles Rex), **Flüssiges, lagerstabiles Kunstharz,** das in der Hitze durch eine Säure (H_3PO_4, p-Toluolsulfonsäure) gehärtet werden kann, besteht aus einem Äthergruppen enthaltenden Harnstoffformaldehyd- oder Melaminformaldehydharz (30—80%) u. einem Epoxyharz aus Epichlorhydrin u. einem 2wertigen Phenol (70 bis 20%). (**E. P. 848 678** vom 7/3. 1957, ausg. 21/9. 1960.) F. KOCH. 7205

Wilhelm Neu, Saarland, **Herstellung einer für Wasserbehälter geeigneten plastischen Masse** aus 25—85% Bitumen, 0,5—25% Steinkohlenteer oder Lignitteer, 0,5—18% Kohle-Dest.-Prodd., wie Cumaronharz, 0,5—25% Silicone, Kunstkautschuk, Neopren, 0,3—20% Harze, wie Kopal, Terpentin, Kautschuk, 0,2—16% Wollfett, 0—35% Asbest, Steinmehl oder abbindenden Stoffen, wie Zement oder Magnesit. (**F. P. 1 186 870** vom 13/3. 1957, ausg. 3/9. 1959.) M. PANKOW. 7205

Farbenfabriken Bayer Akt.-Ges., Leverkusen (Erfinder: Günther Nischk und Karlheinz Andres, Leverkusen), **Herstellung durchsichtiger, gewellter, glasfaserverstärkter Kunststoffplatten.** Es werden ungesätt. Polyester verwendet, die 10—30 Gew.-% an α.β-ungesätt. Dicarbonsäuren sowie Alkohole der allg. Formel $HO\cdot(CH_2)_x-C:(R, R')-(CH_2)_x\cdot OH$. — z. B. 2.2-Dimethylpropandiol-(1.3); 2.2-Dicyclohexylpropandiol-(1.3); 3.3-Diäthylpentandiol-(1.5) — einkondensiert enthalten. Spannungsrisse, die infolge des zu raschen Aushärtens auftreten können, werden vermieden. (**D. A. S. 1 105 610** Kl. 39b vom 26/9. 1958, ausg. 27/4. 1961.) F. KOCH. 7205

Forschungsinstitut für Textiltechnologie, Karl-Marx-Stadt (Erfinder: Heinrich Knapp, Bad Blankenburg/Thür., und Ernst Sonntag, Karl-Marx-Stadt), **Mitläuferstoff mit gummiabweisendem Effekt,** bestehend aus einer Textilbahn, die ein- oder beidseitig mit einem Gemisch von Polyvinylalkohol u. Weichmacher, z. B. Glycerin oder Glykol, beschichtet ist. (**D. A. S. 1 102 698** Kl. 8 l vom 30/7. 1959, ausg. 23/3. 1961.) M. BÖTTCHER. 7205

Union Carbide Corp., New York, übert. von: **John W. Lynn**, Charleston, W. Va., V.St.A., *Ester von N.N-Bis-(2-cyanäthyl)-carboxaminsäuren.* (**A. P. 2 837 557** vom 22/4. 1953, ausg. 3/6. 1958. — C. 1958. 3755 [E. P. 773 406].)

Food Machinery & Chemical Corp., New York, N.Y., V.St.A., *Stabilisierung von als Weichmacher dienenden Epoxyfettsäureestern.* (**E. P. 847 343** vom 12/12. 1958, ausg. 7/9. 1960. A. Prior. 16/12. 1957. — C. **1961.** 5626 [D. A. S. 1 087 121].)

Hercules Powder Co., V.St.A. (Erfinder: **Edwin James Vandenberg**), *Olefinpolymerisation.* (**F. P. 1 153 323** vom 16/5. 1956, ausg. 5/3. 1958. A. Prior. 18/5. 1955. — C. **1959.** 14268 [E. P. 790 399].)

Hercules Powder Co., V.St.A. (Erfinder: **Edwin James Vandenberg**), *Polymerisation von Olefinen.* (**F. P. 1 154 075** vom 29/3. 1956, ausg. 2/4. 1958. A. Prior. 7/4. 1955. — C. **1959.** 5967 [E. P. 789 781].)

Hercules Powder Co., V.St.A. (Erfinder: **Reginald William Ivett**), *Vernetzen von Polyäthylen.* (**F. P. 1 154 109** vom 18/5. 1956, ausg. 2/4. 1958. A. Prior. 24/5. 1955. — C. **1959.** 6648 [E. P. 789 116].)

B. F. Goodrich Co., V.St.A. (Erfinder: **Richard Milton Kreager** und **Edward James Leeson**), *Herstellung von körnigem Polyvinylchlorid.* (**F. P. 1 158 257** vom 2/10. 1956, ausg. 12/6. 1958. A. Prior. 6/10. 1955. — C. **1959.** 4319 [A. P. 2 812 318].)

Montecatini Soc. Gen. per l'Industria Mineraria e Chimica, Mailand, Italien, *Herstellung von Polymerisaten.* (**Holl. P. 96 025** vom 12/3. 1957, ausg. 15/11. 1960. It. Prior. 14/3. 1956. — C. **1960.** 8027 [F. P. 1 172 920].)

Titan Co., Inc., New York, N.Y., V.St.A., *Stabilisierte Vinylharzmischung.* (**Schwed. P. 157 223** vom 10/8. 1951, ausg. 11/12. 1956. — C. **1955.** 9919 [Schwz. P. 301 452].)

N. V. de Bataafsche Petroleum Mij., Den Haag, Holland, *Mischpolymerisate.* (**Schwed. P. 156 850** vom 30/1. 1951, ausg. 6/11. 1956. Holl. Prior. 1/2. 1950. — C. **1955.** 229 [E. P. 697 991].)

E. I. du Pont de Nemours & Co. (Erfinder: **Archibald Miller Hyson** und **Ralph Courtenay Schreyer**), Wilmington, Del., V.St.A., *Herstellung von als Treibmittel geeigneten Azoverbindungen.* (**D. A. S. 1 102 169** Kl. 12q vom 3/6. 1955, ausg. 16/3. 1961. A. Prior. 18/8. 1954. — C. **1958.** 11965 [E. P. 768 787].)

Standard Oil Co., Chicago, Ill., V.St.A. (Erfinder: **Morris Feller** und **Edmund Field**), *Polymerisieren von Äthylen.* (**F. P. 1 163 451** vom 6/11. 1956, ausg. 26/9. 1958. **Jap. A. S. 2992/1959** vom 19/11. 1956, ausg. 24/4. 1959. — C. **1959.** 4980 [A. P. 2 795 574].)

Farbwerke Hoechst Akt.-Ges., vormals Meister Lucius & Brüning, Frankfurt/M., *Färben von Gegenständen aus Polyolefinen.* (**Belg. P. 566 695** vom 11/4. 1958, ausg. 29/7. 1960. D. Prior. 11/4. 1957. — C. **1960.** 12517 [Oe. P. 207 115].)

Montecatini Soc. Gen. per l'Industria Mineraria e Chimica, Mailand, Italien, und **Karl Ziegler**, Mülheim/Ruhr, *Polymerisieren von Olefinen.* (**Ind. P. 56 197** vom 31/12. 1955, ausg. 23/4. 1958. E. Prior. 29/11. 1955. — C. **1959.** 10740 [F. P. 1 138 290].)

Karl Ziegler, Mülheim/Ruhr, *Herstellung von hochmolekularen Polyäthylenen.* (**Ind. P. 56 109** vom 20/12. 1955, ausg. 15/4. 1958. E. Prior. 7/11. 1955. — C. **1959.** 11744 [Oe. P. 193 601].)

Montecatini Soc. Gen. per l'Industria Mineraria e Chimica, Mailand, Italien, *Herstellung von festen hochmolekularen kristallinen Polymerisaten aus α-Olefinen.* (**Ind. P. 56 894** vom 23/3. 1956, ausg. 17/5. 1958. — C. **1959.** 2977 [F. P. 1 144 545].)

Esso Research and Engineering Co., V.St.A. (Erfinder: **John L. Ernst** und **Augustus Bailey Small**), *Polymerisationsverfahren.* (**F. P. 1 153 908** vom 17/5. 1956, ausg. 28/3. 1958. A. Prior. 23/5. 1955. — C. **1959.** 12067 [D. A. S. 1 046 885].)

Dow Chemical Co., V.St.A. (Erfinder: **James Lawrence Amos** und **Arthur Foster Roche**), *Nachbehandlung thermoplastischer Polymerer.* (**F. P. 1 155 933** vom 7/7. 1956, ausg. 9/5. 1958. A. Prior. 7/7. 1955. — C. **1959.** 16491 [E. P. 795 999].)

Dow Chemical Co. (Erfinder: **Gerald A. Clark**, Midland, und **Carl B. Havens**, Hope), Mich., V.St.A., *Stabilisieren von polymerisierten Olefinen.* (**F. P. 1 157 854** vom 17/8. 1956, ausg. 4/6. 1958. **Jap. A. S. 2295/1959** vom 10/8. 1956, ausg. 9/4. 1959. **E. P. 796 003** vom 31/7. 1956, ausg. 4/6. 1958. Alle A. Prior. 27/9. 1955. **A. P. 2 852 488** vom 27/9. 1955, ausg. 16/9. 1958. — C. **1960.** 8027 [Aust. P. 214 955].)

Dow Chemical Co., V.St.A. (Erfinder: **Earles Burdette Barnes, John Edmund Thomson** und **Georges Alfred Klumb jun.**), *Polymerisieren von α-Olefinen.* (**F. P. 1 161 737** vom 20/9. 1956, ausg. 3/9. 1958. A. Prior. 10/10. 1955. — C. **1961.** 1028 [A. P. 2 882 264].)

Badische Anilin- & Soda-Fabrik Akt.-Ges., Ludwigshafen/Rh., *Herstellung von Styrolmischpolymeren.* (**It. P. 513 043** vom 4/2. 1954. D. Prior. 5/2. 1953. — C. **1957.** 1808 [D. B. P. 937 918].)

VEB Leuna-Werke „Walter Ulbricht", Leuna, *Härtungsmittel für Glycidylpolyäther.* (**E. P. 838 652** vom 27/11. 1956, ausg. 22/6. 1960. — C. **1959.** 5642 [D. A. S. 1 032 920].)

N. V. de Bataafsche Petroleum Mij., Den Haag, Holland, *Herstellung von Epoxyharzen.* (**Holl. P. 96 228** vom 12/11. 1954, ausg. 15/12. 1960. A. Prior. 13/11. 1953. — C. **1958.** 4945 [F. P. 1 116 459].)

Ciba Ltd., Basel, Schweiz, *Herstellung von styrolisierten Epoxyharzen.* (**Holl. P. 95 570** vom 29/4. 1954, ausg. 15/10. 1960. E. Prior. 1/5. 1953. — C. **1957.** 6296 [F. P. 1 106 304].)

Farbenfabriken Bayer Akt.-Ges., Leverkusen, *Herstellung von hydrophoben Polyäthern.* (**Ind. P. 57 859** vom 12/7. 1956, ausg. 23/9. 1958. E. Prior. 11/11. 1955. — C. **1957.** 10078 [D. B. P. 959 948].)

Devoe & Raynolds Co., Inc., Louisville, Ky., V.St.A., *Herstellung von härtbaren Polyestern.* (**Aust. P. 161 098** vom 22/10. 1952, ausg. 24/2. 1955. A. Prior. 22/10. 1951. — C. **1958.** 2580 [D. B. P. 943 494].)

Henkel & Cie. G. m. b. H., Düsseldorf, *Pyrrol-α,α'-dicarbonsäuren.* (**E. P. 847 246** vom 5/2. 1957, ausg. 7/9. 1960. D. Prior. 7/2. 1956. — C. **1960.** 5017 [D. A. S. 1 058 996].)

Union Carbide Corp., New York (Erfinder: **Eugene Alfred Kraiman**, Niagara Falls), N.Y., V.St.A. *Herstellung von Polymerisaten.* (**D. A. S. 1 100 291** Kl. 39c vom 26/11. 1957, ausg. 23/2. 1961. A. Prior. 28/11. 1956. — C. **1960.** 15240 [Jap. A. S. 4743/1958].)

Goodyear Tire & Rubber Co., V.St.A. (Erfinder: **Jonas Kahlet**), *Herstellung von Polyamiden.* (**F. P. 1 153 182** vom 7/5. 1956, ausg. 3/3. 1958. A. Prior. 24/5. 1955. — C. **1959.** 12396 [E. P. 795 755].)

B. F. Goodrich Co., V.St.A. (Erfinder: **Charles Sundy Schollenberger** und **Jacob Eden Jansen**), *Behandlung von Polyestern und Polyglykoläthern.* (**F. P. 1 152 623** vom 1/3. 1956, ausg. 21/2. 1958. A. Prior. 1/3. 1955. — C. **1959.** 16493 [D. A. S. 1 049 090].)

Herbert Kurth, *Herstellung eines wasserlöslichen flüssigen synthetischen Materials.* (**Aust. P. 204 977** vom 12/7. 1955, ausg. 24/1. 1957. Schwz. Prior. 13/7. 1954. — C. **1960.** 3059 [D. A. S. 1 034 860].)

Ciba Soc. An., Basel, Schweiz, *Härten von Aminoplasten.* (**Schwed. P. 157 222** vom 13/5. 1950, ausg. 11/12. 1956. Schwz. Prior. 25/7. 1949. — C. **1954.** 4740 [Dän. P. 74 697].)

Spumalit-Anstalt, Vaduz, Liechtenstein, *Herstellung feinporiger Schaumstoffe aus Harnstoff-Harzen.* (**Aust. P. 167 885** vom 18/3. 1954, ausg. 5/7. 1956. Schwz. Prior. 14/4. 1953. — C. **1956.** 14196 [F. P. 1 096 187].)

Karl Hubert Nicolaas Schulpen, Den Haag, Holland, *Verwertung von Schaumstoffabfällen.* (**Ind. P. 59 559** vom 4/2. 1957, ausg. 24/12. 1958. — C. **1960.** 1015 [E. P. 806 693].)

Ciba Ltd., Basel, Schweiz, *Härtbare Derivate von Formaldehyd-Aminotriazin- oder -Harnstoffkondensationsprodukten.* (**E. P. 818 844** vom 24/8. 1955, ausg. 26/8. 1959. Schwz. Prior. 24/8. 1954. — C. **1959.** 1958. [E. P. 1 132 052].)

Imperial Chemical Industries Ltd., London, England, *Herstellung von Polyestermethanen.* (**Belg. P. 566 279** vom 31/3. 1958, ausg. 29/7. 1960. E. Prior. 3/4. 1957 u. 24/3. 1958. — C. **1961.** 4177 [E. P. 821 368].)

Perfogit S. p. A., Mailand, Italien, *Polymerisieren von cyclischen Amiden.* (**Schwed. P. 156 274** vom 11/2. 1954, ausg. 25/9. 1956. It. Prior. 20/3. 1953. — C. **1957.** 5426 [F. P. 1 093 319].)

Dow Corning Corp., Midland, Mich. (Erfinder: **Donald R. Weyenberg**, University Park, Pa.), V.St.A., *Symmetrisches Diphenyldimethyldivinyldisiloxan und seine Verwendung.* (**F. P. 1 165 649** vom 27/12. 1956, ausg. 28/10. 1958. A. Prior. 5/1. 1956. **A. P. 2 897 221** vom 5/1. 1956, ausg. 28/7. 1959. — C. **1959.** 5314 [D. A. S. 1 028 778].)

Wacker-Chemie G. m. b. H., München (Erfinder: **Manfred Wick** und **Siegfried Nitzschke**, Burghausen), *Herstellung blasenfreier Organopolysiloxanelastomerer.* (**D. A. S. 1 097 133** Kl. 39b vom 27/7. 1957, ausg. 12/1. 1961. — C. **1961.** 4907 [F. P. 1 200 680].)

Centre Technique Industriel dit: Institut Textile de France, Paris, übert. von: **Jules Pinte, Maurice Coupez,** und **Paul Rochas**, Lyon, Frankreich, *Kunstharzüberzogene Glasfasern und -Gewebe.* (**A. P. 2 893 892** vom 7/12. 1954, ausg. 7/7. 1959. F. Prior. 10/12. 1953. — C. **1959.** 7649 [D. A. S. 1 036 201].)

N. V. de Bataafsche Petroleum Mij., Den Haag, Holland, *Härtbare Produkte mit einem Gehalt an Glycidyläthern.* (**Ind. P. 49 272** vom 27/3. 1953, ausg. 10/5. 1955. — C. **1956.** 11578 [Oe. P. 183 962].)

B. B. Chemical Co. Ltd., Leicester, England, *Plastische Masse.* (**Ind. P. 49 159** vom 11/3. 1953, ausg. 28/6. 1954. — C. **1959.** 642 [Aust. P. 165 083].)

Ciba Soc. An., Basel, Schweiz, *Härtbare Harzmischungen.* (**Schwed. P. 156 569** vom 29/9. 1953, ausg. 16/10. 1956. A. Prior. 30/9. 1952. — C. **1957.** 6298 [F. P. 1 088 020].)

XII. Kautschuk

Substrat für die Bildung von flüchtigen Fettsäuren in Naturkautschuklatex. J. S. Lowe. (Trans. Proc. Instn. Rubber Ind., Trans. **36.** T 202—T 210. Aug. 1960. Batang Malaka, Negri Sembilan, Malaya, Dunlop Res. Centre.) (Engl.) — Vgl. C. **1960.** 5664.

Vf. untersuchte bei variablen Bedingungen die Bldg. von flüchtigen Fettsäuren in Latices, zu denen verschiedene mögliche Substrate zugefügt wurden. Experimentell wird die Folgerung bewiesen, daß das prim. Substrat für die Bldg. flüchtiger Fettsäuren in NH_3-behandeltem Latex ein Glucose–Aminosäure-Komplex ist. Quebrachit trägt nicht zu Änderungen bei den Nichtkautchukkomponenten von gelagertem Latex bei. — Diskussionsbemerkungen. R. Schäff. 7222□

Gelatinierung von Carboxyllatexen. A. M. Ssawinkowa, Ss. Ss. Wojutzki und W. W. Tschernaja. (Каучук и Резина [Kautschuk u. Gummi] **19.** Nr. 6. 34—40. Juni 1960. Forschungsinst. für Gummi- u. Latexartikel.) (Russ.)

Verschiedene *carboxyluthaltige Latices*, wie SKS-50-1,5; 50-3; 50-5 mit 50% Styrol (**I**) 30-1,5 u. 30-3 mit 30% **I**, wo die Zahl hinter dem Bindestrich den %-Geh. an Methacrylsäure (**II**) angibt, werden auf ihr Gelatinierungs-Verh. untersucht. Im Gegensatz zur Ionenausfällungs-Meth. verbessert ein erhöhter pH-Wert nicht die physikal.-mechan. Kennwerte u. verzögert nur die Gelatinierung. Die Wrkg. der Gelierungsmittel ZnO (bis 30%), NH_4Cl (bis 3,5%) u. einer 25%ig. NH_4OH-Lsg. (bis 15%) auf die physikal.-mechan. Eigg. des Latexfilms (roh u. vulkanisiert) u. die Gelierungszeit wird ermittelt. Die Defohärte des Kautschuks beeinflußt die Eigg. des rohen Latexfilms, wobei für jede Type sich ein optimale Defohärte ergibt (SKS 30-1,5 ca. 2000 g). Überschreitet der **II**-Geh. im Latex 1,5%, verschlechtern sich die Eigg. des rohen Films. Diese ungünstige Beeinflussung der Eigg. des rohen Films durch niedrige Defohärte u. hohen **II**-Geh. wird durch Erniedrigung der Autohäsion u. der Koalenszenz der Globularpartikel erklärt. Die Möglichkeit einer Fertigung von Gummiartikeln, bes. des Schuhbedarfs, nach der Gelierungs-Meth. wird durch Verss. bestätigt. O. Kramm. 7224□

Bestimmung der Dichte der Kohäsionsenergie einiger synthetischer Kautschuke. W. Je. Bassin und A. G. Schwarz. (Высокомолекулярные Соединения [Hochmolekulare Verbind.] **2.** 1470—74. Okt. 1960. Forsch.-Inst. der Reifenind.) (Russ.; Auszug: Engl.)

Die Werte der Kohäsionsenergiedichte der Butadienkautschuke SKS-30 A u. SKS-30 SchChP, der Butadienmethylvinylpyridinkautschuke SKMBP-5 tr. u. SKMBP-15 A sowie der carboxylhaltigen Butadien- bzw. Butadienstyrolkautschuke SKD-1 u. SKS-30-1 liegen bei 68—75 cal/cm³. Kautschuk mit 2-Methyl-5-vinylpyridingruppen haben erhöhte Ölfestigkeit, ebenso Vulkanisate mit Polychlor-Verbb. infolge Festigung der Querbindungen u. Änderungen der Art der zwischenmol. Bindungen Lsgm.-Kautschuk. Kautschuke mit Carboxylgruppen haben erhöhte Kohäsionsenergie, ihre Rk. mit dem Lsgm. ist unbedeutend. Durch Einführung von Methylvinylpyridin wird die Kohäsionsenergie nur wenig verändert. J. v. Schroeder. 7224□

Aktivierter Diatomit als Kautschukverstärker. F. D. Owtscharenko, G. A. Bloch, N. W. Gudowitsch und S. W. Schtschitschko. (Доповіді Академії Наук Української РСР [Ber. Akad. Wiss. UkrainSSR] **1961.** 504—07. Inst. für allg. u. anorgan. Chem. der Akad. der Wiss. der UkrainSSR; Dnepropetrowsk, Chem.-Technol. Inst.) (Ukrain.; Auszug: Engl.)

Untersucht wurde die aktivierende Wrkg. von *Armin-2HT* (I; R_2NH, wo R = Margarine- oder Nonadecansäurerest), *Diamin-S* (II; $RNHCH_2CH_2CH_2NH_2$, wo R = Pentadecan- u. Margarinesäurerest), *Arquad-2HT* (III; nebenst. Formel) u. *Armid-O* (IV; $C_{17}H_{33}CONH_2$) auf Diatomit (V). Hierbei wurden I u. III in der Benzol-Lsg., II in Dichloräthan, IV in Isoamylalkohol angewandt. Wurde V durch Auftragen von 0,5—1,0% I, II, III oder IV aktiviert, so wurde bei Verw. des aktivierten V als Füllmitttel die Festigkeit des Gummis um 10—25% erhöht (25% mit II), die Vulkanisationsdauer im Vgl. zur Vulkanisation mit nichtaktivierten V vermindert. Bei Zugabe von 0,5—1,0% I, II, III oder IV direkt zum Kautschuk wurde die Festigkeit um mehr als 50% erhöht, die Vulkanisationsdauer auf $^1/_2$—$^1/_3$ im Vgl. zur Vulkanisation mit aktiviertem V vermindert. Die besten Ergebnisse wurden mit I u. II erzielt. O. Lebtag. 7226□

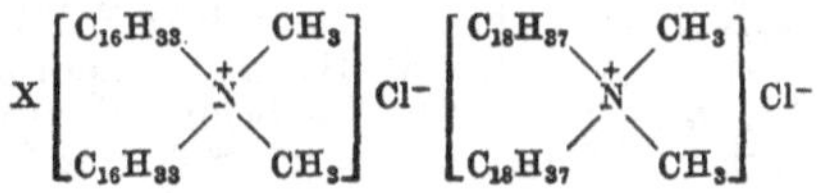

Untersuchung des Einflusses einer vorzeitigen Vulkanisation auf die Eigenschaften von Gummi. A. Ss. Kusminski und R. Sch. Frenkel. (Каучук и Резина [Kautschuk u. Gummi] **19.** Nr. 11. 18—20. Nov. 1960. Forsch.-Inst. für Gummiindustrie.) (Russ.)

In Verss. mit Vulkanisaten (I) auf Naturkautschukgrundlage, die mit Thiuram, jedoch ohne S (monosulfid. Bindungen) oder mit S u. Diphenylguanidin (polysulfid. Bindungen) erhalten wurden, wird gezeigt, daß die I mit einem Gleichgewichtsmodul = 3—4 kg/cm² sich rasch auf den Walzen auflösen u. bald darauf bilden sie eine dauerhafte Haut. I mit monosulfid. Bindungen erreichen den plast. Zustand schneller als die I mit polysulfid. Bindungen. Mit zunehmender Netzdichte der mono- u. polysulfid. I verlängert sich die Bearbeitungszeit u. verschlechtern sich die physikal.-mechan. Eigg. der aus diesen I erhaltenen Gummisorten. Bei der angeführten Veränderung kann bei den polysulfid. I eine Verschlechterung der Widerstandsfähigkeit gegen Wärmealterung auftreten. C. Kozák. 7228□

Eigenschaften von Mischungen und Vulkanisaten auf Grundlage von Brombutylkautschuk. K. F. Kalushenina, Ss. K. Sherebkow, T. M. Ssuchotina und W. Ss. Ssergeitschewa. (Каучук и Резина [Kautschuk u. Gummi] **18.** Nr. 7. 13—18. Juli 1959. Forschungsinst. der Gummiind.) (Russ.)

Es wird *Brombutylkautschuk* (I) erhalten durch Bromierung von *Butylkautschuk* (II) mit Bromacetamid auf Walzen durch Mastikation bzw. in Lsg., dem amerikan. Handels-Prod. *Hycar 2202* (III) u. II gegenübergestellt. Mit Ruß u. Weißruß gefüllte Mischungen von I zeigen bis auf niedrigere Festigkeitswerte (ca. 150 statt 220; ca. 140 statt 210 kg/cm²) gegenüber II prakt. gleichwertige Kennzahlen. Der Verschnitt von I mit *Naturkautschuk* (IV) ergibt über den ganzen Bereich etwas ungünstigere Werte als der Verschnitt von III mit IV, liegt aber günstiger als der II–IV-Verschnitt. Die Verschweißung von I oder III im Verschnitt mit IV gegenüber II u. IV wird an Rohplatten, die zusammenvulkanisiert werden, untersucht. Die Trennwerte von I sind dabei nur wenig ungünstiger gegenüber den sehr guten von III. Das gleiche gilt für die Bindung zu Metall. Mit einer Zwischenschicht von I erhält man eine gute Bindung von II zu Metall (Festigkeit 40,5 kg/cm², Scherfestigkeit 11,35 kg/cm). O. Kramm. 7230□

Nichtlinearität bei dynamischen Prüfungen. 2. Mitt. **Schlagteste und Prüfungen mit rollenden Rädern.** V. E. Gough. (Trans. Proc. Instn. Rubber Ind., Trans. **36.** T 195—T 201. Aug. 1960. Erdington, Birmingham, Dunlop Rubber Co. Ltd.) (Engl.) — 1. vgl. Trans. Proc. Instn. Rubber Ind., Trans. **36.** [1960.] T 91.

Vf. erörtert Probleme bei Schlagtesten u. Prüfungen mit rollenden Rädern, wobei Energiewerte gemessen werden. Beide Prüf-Meth. können nicht die Probleme lösen, die durch Nichtlinearität in der Zugdehnungskurve von Kautschuk, dessen Eigg. untersucht werden sollen, auftreten. Diese Probleme sind komplexer als die früher (bei Vibrations-Meth., vgl. 1. Mitt.) erörterten. Die beiden Prüf-Meth. eignen sich aber besser für einen empir. Vgl. von Kautschuk-Eigg. als ein fundamentales Verstehen der physikal.

Kautschuk-Eigg., das dann erforderlich ist, wenn diese Eigg. zu der mol. Struktur in Beziehung gebracht werden sollen. R. SCHÄFF. 7248□

Antiozonantien und ihre Wertbestimmung. J. Payne. (Chem. in Canada **13.** Nr. 3. 29—33. März 1961. Fulmer Slough, Buckinghamshire, Monsanto Chemicals Ltd.) (Engl.)

Zur Best. von Antiozonantien, die Gummimischungen oft zugesetzt werden, werden 3 Teste besprochen, die ausschlaggebend für die Beurteilung sind: Labor.-Teste, Freiluftteste u. Reifenteste. N. PETERS. 7248□

Socfin Co. Ltd., Kuala Lumpur, Malaya (Erfinder: Jack Douglas Hastings und Pierre Robert Gyss), **Rohkautschukgewinnung.** Abgerahmte Kautschukmilch (skin rubber) wird mit Seife, z. B. Na- oder Ammoniumlaurat oder -palmitat, versetzt u. nach einiger Zeit z. B. mit $MgCl_2$ koaguliert. Das Koagulat wird zerschnitzelt u. erst in Säure, z. B. H_2SO_4, u. dann in der alkal. Lsg. eines proteolyt. Enzyms, z. B. Trypsin, eingeweicht. Die Schnitzel werden dann mastiziert, gewaschen u. mit z. B. Zn- oder Mg-Stearat gepudert. (**E. P. 846 290** vom 21/3. 1957, ausg. 31/8. 1960.) W. OVERBECK. 7223

Elmar Profft und Otto Wolniak, Magdeburg, **Herstellung von Furfurolderivaten,** dad. gek., daß man Difurfuraldialkylketone mit organ. Thio-Verbb. oder Furfurol u. einen anderen Aldehyd mit Dialkylketon u. das Rk.-Prod. mit organ. Thio-Verbb. umsetzt. — Beschrieben wird die Rk. von Difurfuralaceton mit Thio-p-kresol u. -o-, -p-kresolgemisch, von Furfuralthiophenalaceton u. Furfuralpicolalaceton mit Thio-p-kresol. — *Mastifizierungsmittel* in der *Gummiindustrie.* (**D. P. [DDR] 16 968** Kl. 12q vom 1/3. 1957, ausg. 1/6. 1959 [Wirtschaftspatent]. **Zusatz zu D. P. DDR] 13 163; C. 1959. 2970.**) S. BÖTTCHER. 7227

Continental Can Co., Inc., New York, N.Y. (Erfinder: George Julius Foss, La Grange Park, und Harold William Unger, Mt. Prospect, Ill.), V.St.A., **Herstellen einer Dichtungsmasse aus Butylkautschuk,** wobei dieser mit Rußen vermischt wird, die Mischung zum Schlauch stranggepreßt u. der Schlauch auf einem Dorn vulkanisiert wird, auf den ein Überzug von Siliconharz aufgetragen wurde, dad. gek., daß eine Mischung aus einem Ruß kettenförmiger Struktur u. einem Ruß aus kugelförmigen Einzelteilchen in Mengen verwendet wird, die ausreichend sind, um eine Blasen-Bldg. der Mischung im Innern des Schlauches während der Vulkanisation zu verhindern. (**D. A. S. 1 107 930** Kl. 39b vom 7/10. 1957, ausg. 31/5. 1961.) W. OVERBECK. 7229

Dunlop Rubber Australia Ltd. (Erfinder: Sydney Clarke und Richard Vincent Taggart), **Herstellung von elastischem Material aus mit einer Schicht von nichtzellularen synthetischen Harzkompositionen oder natürlichen oder synthetischen Kautschukkompositionen bedeckten Polyurethanschaumprodukten.** Auf eine Unterlage bringt man eine Schicht aus Kunstharz oder Kautschuk auf, wobei wenigstens die zugängliche Oberfläche dieser Schicht fl. sein soll; die fl. Oberfläche wird mit einem elast. Polyurethanschaumkörper bedeckt u. durch Erhitzen auf z. B. 160—180° unter Erstarren mit dem Schaumkörper fest verbunden. — Eine Vinylharzkomposition wird z. B. durch Mahlen von 124 (Teilen) Weichmacher vom Phthalatestertyp, 7 Stabilisator u. 5 Pigment unter Zusatz eines Gemisches aus 70 Polyvinylchlorid u. 30 Mischpolymerisat aus Vinylchlorid u. Vinylidenchlorid als eine fließende Paste erhalten. (**Aust. P. 220 733** vom 7/2. 1957, ausg. 9/4. 1959.) K. DEMMLER. 7231

Wingfoot Corp., Akron, Ohio, V.St.A., *Polyisocyanatelastomere.* (**Schwed. P. 156 272** vom 19/6. 1951, ausg. 25/9. 1956. A. Prior. 1/11. 1950. — C. **1955.** 6870 [F. P. 1 043 008].)

Montecatini Soc. Gen. per l'Industria Mineraria e Chimica, Mailand, Italien, *Herstellung von Elastomeren* (**Ind. P. 60 260** vom 22/4. 1957, ausg. 5/8. 1959. E. Prior. 18/4. 1957. — C. **1960.** 3399 [D. P. [DDR 16 701].)

Monsanto Chemicals Ltd., London (Erfinder: **Peter Richard Aeschbach,** Llangollen, und **Bertrand Ernest Wilde,** Marchwiel, Wrexham, Denbigshire, Wales), England, *Tablettieren feinteiliger fester Stoffe.* (**D. A. S. 1 100 269** Kl. 39b vom 15/7. 1953, ausg. 23/2. 1961. E. Prior. 17/7. 1952 u. 3/7. 1953. — C. **1956.** 11037 [E. P. 736 969].)

Imperial Chemical Industries Ltd., London, England, *Alterungsschutzmittel für Kautschuk.* (**Ind. P. 49 078** vom 2/3. 1953, ausg. 11/2. 1955. E. Prior. 11/3. 1952. — C. **1955.** 10153 [E. P. 719 241].)

Monsanto Chemicals Ltd., London, England, *Alterungsschutzmittel für Kautschuk.* (**It. P. 514 821** vom 10/2. 1953. E. Prior. 12/2. 1952. — C. **1955.** 10872 [E. P. 712 447].)

Wingfoot Corp., Akron, Ohio, V.St.A., *Vulkanisationsbeschleuniger für Polyesterelastomere.* (**Schwed. P. 156 847** vom 25/8. 1952, ausg. 6/11. 1956. A. Prior. 27/9. 1951. — C. **1955.** 4719 [F. P. 1 054 420].)

Imperial Chemical Industries Ltd., London, England, *Vulkanisation von Kautschuk.* (**Ind. P. 57 381** vom 21/5. 1956, ausg. 19/3. 1958. E. Prior. 31/5. 1955. — C. **1959.** 6316 [Aust. P. 207 771].)

Farbenfabriken Bayer Akt.-Ges., Leverkusen (Erfinder: **H. Freytag, F. Lober** und **H. Pohle**), *Vulkanisationsbeschleuniger.* (**Belg. P. 565 576** vom 11/3. 1958, ausg. 15/7. 1960. D. Prior. 12/3. 1957. — C. **1959.** 11424 [D. A. S. 1 051 487].)

Wingfoot Corp., Akron, Ohio, V.St.A., *Vulkanisieren von Polyestern.* (**Schwed. P. 156 849** vom 28/8. 1952, ausg. 6/11. 1956. A. Prior. 27/12. 1951. — **C. 1956.** 8770 [F. P. 1 059 074].)

Imperial Chemical Industries Ltd., London, England, *Vulkanisationsbeschleuniger für Kautschuk.* (**Ind. P. 57 968** vom 24/7. 1956, ausg. 6/10. 1958. E. Prior. 2/8. 1955. — **C. 1960.** 4695 [E. P. 802 079].)

Dunlop Rubber Co. Ltd., London, England, *Herstellung von Gegenständen aus Kautschuk.* (**Ind. P. 49 309** vom 6/4. 1953, ausg. 28/8. 1955. — **C. 1956.** 6824 [E. P. 723 995].)

Farbenfabriken Bayer Akt.-Ges., Leverkusen, *Herstellung von Schaumstoffen.* (**Schwed. P. 156 468** vom 5/2. 1954, ausg. 9/10. 1956. D. Prior. 16/6. 1953. — **C. 1957.** 3409 [D. B. P. 950 151].)

Goodyear Tire & Rubber Co., Akron, Ohio, V.St.A., *Herstellung von verbessertem, verstärktem Kautschuk.* (**Ind. P. 56 413** vom 30/1. 1956, ausg. 8/3. 1958. — **C. 1960.** 5022 [F. P. 1 140 485].)

British Rubber Producers' Research Association, London, England (Erfinder: **William Ferguson Watson** und **Raymond John Ceresa**), *Herstellen von Umsetzungsprodukten aus vernetztem Kautschuk.* (**E. P. 842 205** vom 10/12. 1956, ausg. 20/7. 1960. — **C. 1960.** 14539 [Belg. P. 549 696].)

XIII. Ätherische Öle. Parfümerie. Kosmetik

Das Vorkommen von Linalool in ätherischen Ölen nach Untersuchungen in den letzten 30 Jahren. Ernst Brigl. (Seifen-Öle-Fette-Wachse **85.** 293—94. 13/5. 347 bis 348. 10/6. 590—92. 30/9. 1959.) (Dt.)

Übersicht über 118 Pflanzen, deren äther. Öle *Linalool* enthalten, unter Angabe der Bearbeiter u. Literaturzitate. E. BOYE. 7262□

Aromatherapie mit dem ätherischen Thymianöl. Paolo Rovesti. (Riv. ital. Essenze, Profumi, Piante officin., Olii veget., Saponi **43.** 117—25. März 1961. Milano, Ist. die Ricerche sui Deriv. Vegetal.) (Ital.)

Wird das äther. Öl von *Thymus vulgaris L.* (*T. serpyllum L.* oder *T. capitatus Hoffm.*) von Terpenen u. Sesquiterpenen befreit, nochmals dest. u. anschließend ozonisiert, so fällt ein peroxydhaltiges (2,4%) Öl an, das in seinen antisept. u. baktericiden Eigg. dem Ausgangsmaterial deutlich überlegen ist u. auf Grund dieser Eigg., wie dies orientierende Verss. bestätigen, mit Vorteil in der Aromatherapie eingesetzt werden kann. — 20 Literaturangaben. H. P. FIEDLER. 7262□

Lanolinderivate. Hans Wagner. (Amer. Perfumer **75.** 23—26. Juli 1960. Mamaroneck, N.Y., Robinson-Wagner Comp., Inc.) (Engl.)

In neuerer Zeit sind aus dem komplexen Gemisch „Lanolin" (I) viele Komponenten abgetrennt worden. Vf. schildert Herst. u. Verw. folgender I-Modifikationen u. -Derivv.: I-Alkohole, Absorptionsbasen, I-Säureamide, „Entwachstes" I, fl. I-Extrakte, I-„Wachs", I-Sole, hydriertes I, äthoxyliertes I u. seine Derivv., I-Ester. Zur Vervollständigung sind für jede Gruppe die Namen entsprechender Handels-Prodd. angeführt.

G. LOSSNER. 7284□

Verwendung von Wachsen in kosmetischen Erzeugnissen. Eine 45-Millionen-Dollar-Industrie. W. Schweisheimer. (Parfumerie, Cosmét., Savons **3.** 147—51. April 1960. New York.) (Franz.)

Übersicht über die Verw. von Wachsen u. (in ihrer Konsistenz) wachsartigen Stoffen (Stearinsäure, Lanolin, Ozokerit, Paraffin, Cetaceum, Cetylalkohol, Stearylalkohol) in der Kosmetik. E. LÜCK. 7284□

Phosphorsäurederivate in Kosmetika. Joseph Nusslein. (Amer. Perfumer Aromatics **75.** 43—46. Juli 1960. Farbwerke Hoechst Akt.-Ges.) (Engl.)

H_3PO_4-Abkömmlinge werden vom Organismus in starkem Maße produziert, so auch zur Löslichmachung von Fettderivaten. Lecithin u. Kephalin sind natürliche H_3PO_4-Abkömmlinge; sie können jedoch die Anforderungen der modernen Kosmetik nicht erfüllen wegen ihrer geringen techn. Reinheit, Instabilität gegen Licht, Luft usw. u. wegen ihrer geringen Löslichkeit. Durch Einsatz eines langkettigen Alkohols (C_{12}—C_{18}), Ersatz des Glycerins durch Glykol oder Polyglykol u. anschließender Veresterung mit H_3PO_4 erhält man lecithinähnliche Produkte. Die einzelnen Estertypen lassen sich zu Präpp. mit ausgezeichneten Eigg. kombinieren. Speziell werden die „Hostaphate" der FARBWERKE HOECHST AKT.-GES. in Aufbau u. Wrkg. erläutert. Neben ihrem Einsatz als Emulgatoren bei Öl-ni-W.-Emulsionen für Mineralöle, Vaseline, Hartparaffin, Ceresin, Fettsäureester, Fettsäuren u. -alkohole werden einige kosmet. Grundrezepturen empfohlen. G. LOSSNER. 7284□

Untersuchungen über die Hautwirkung lipoidlöslicher Derivate der Vitamin B-Gruppe. G. Roccheggiani. (Parfumerie, Cosmét., Savons **3.** 288—94. Juli 1960. Wisconsin, Sheboygan Falls, Curt G. Joa, Inc.) (Franz.)

Inhaltlich ident. mit der C. **1961.** 13746 referierten Arbeit. E. BOYE. 7284□

Kutane Wirkung von Hydrolysaten des ganzen Embryo. V. Lodi und P. Rovesti. (Perfum. essent. Oil. Rec. **51.** 496—98. Sept. 1960.) (Engl.) — Vgl. C. **1959.** 1542.

Auf enzymat. Wege wurde aus einem Rinderembryo ein Hydrolysat (I) gewonnen. Der Gesamt-N-, Amin-N u. Asche-Geh., die Löslichkeit in W. u. A. sowie das Chromatogramm werden mitgeteilt. Die kosmetolog. Prüfung des mit 2,5% in Bentonitgel (für fette Haut) eingearbeiteten I zeigte die gleiche Wrkg. wie die früher untersuchten I jedoch in wesentlich kürzerer Zeit (9—10 Tage). B. T. Lasser. 7284□

XIV. Zucker. Kohlenhydrate. Stärke

Einige Fragen zu den Meßgeräten und zur Automatisierung in der Zuckerindustrie. Miklós Tegze. (Cukoripar [Zuckerind., Budapest] **14.** 37—40. Febr. 1961.) (Ung.)

Besprechung der Möglichkeiten u. als Beispiel Beschreibung der bei der J-Diffusion angewendeten App. zur automat. Regelung. J. Plank. 7400

Mikrobiologische Kontrolle in den Zuckerfabriken. Aleksander Wrężel. (Gaz. Cukrownicza **62.** 277—80. Sept. 1960.) (Pol.)

Die Hauptursachen für die starke bakterielle Verseuchung des in Zuckerfabriken benötigten W. sind die verunreinigten u. beschädigten Rüben u. ungenügende Desinfektion des Rückwassers. Die Bakterien bewirken nicht nur einen höheren Zuckerverlust bei der Verarbeitung der Rüben, sondern erschweren auch durch Abbau des Zuckers zu Nichtzuckerstoffen den Prozeß. F. Urban. 7400□

Die Nährstoffanhäufung und Verwendung in der vegetativen bzw. generativen Zuchtperiode der Rübe. Imre Holly. (Cukoripar [Zuckerind., Budapest] **14.** 93—97. April 1961. Sopronhorpács, Forsch. Inst. Pflanzenveredlung u. Pflanzenbau.) (Ung.)

Zur Erkenntnis der Verhältnisse im Wachstum u. Zus. wurden vom Aussäen bis zur technolog. Reife zweiwöchentlich je 100 Pflanzen untersucht. Schon nach wenigen Tagen, im Keimblattalter, enthält die Pflanze ca. 0,5% polarisierbaren Zucker. Der Zucker-Geh. steigt stetig an bis zur Reife bzw. solange das Blattwerk nicht beschädigt wird. Wenn infolge Dürre oder durch *Cercospora* das Blattwerk vernichtet wird, hört die Zucker-Bldg. auf, es wird sogar zur Entw. neuer Blätter Zucker aufgebraucht, der Zucker-Geh. der Rüben nimmt ab. Der Asche-Geh. ist in den Keimpflanzen am größten u. nimmt stetig ab. Die Menge des schädlichen N blieb vom 2. Monat bis zur Reife annähernd konst., ebenso der Rohfasergehalt. In der generativen Zuchtperiode verbraucht die Pflanze außer der vom Boden aufgenommenen, auch die im ersten Jahre aufgespeicherten Nährstoffe, vom Zucker-Geh. 9—10%. Der N-Geh. sinkt von ca. 15 mg auf 9 mg/100 g Rübe, der Asche-Geh. erreicht zur Samenreife einen Höchstwert. J. Plank. 7406

Eindickung der Suspensionen von Feststoffen aus Zuckersäften und Abwässern unter Benutzung des Hydrocyclons. Karel Číhal. (Listy Cukrovarnické **73.** 12—14. 15/1. 1957; Zucker **10.** 102—05. 1/3. 1957.)

Beschreibung der Arbeitsweise von Hydrocyclonen bei der Reinigung von Kalkmilch, Zuckersäften u. Waschwässern. Die empir. Formeln von Dahlstrom u. Tarján u. die wichtigsten Zusammenhänge zwischen den Parametern der Hydrocyclone werden angeführt. — 20 Literaturangaben. E.-L. Schmeling. 7412□

Ein Schema zur Vorbereitung des Wassers für den Diffusionsprozeß. G. Ss. Benin. (Сахарная Промышленность [Zucker-Ind.] **34.** Nr. 6. 21—24. Juni 1960. Krasnodarsk, Technolog. Inst. der Nahrungsmittel-Ind.) (Russ.)

Die Mineralbestandteile des bei der Diffusion der Zuckerrübenschnitzel verwendeten W. verschlechtern die Qualität des Diffusionssaftes. Vf. schlägt hierfür ammoniakal. W. mit einem NH_3-Geh. von 0,015% vor, das vor dem Diffusionsprozeß durch Kationenaustauscher demineralisiert wird u. dann einen pH-Wert von 6 aufweist. Das W. soll eine Temp. von 80° haben. Es können beliebige wärmebeständige Kationenaustauscher mit hohem Aufnahmevermögen, das sich bis zu Temp. um 80° nicht verschlechtert, benutzt werden. Zur Regeneration der Austauscher wird H_2SO_3 empfohlen. H.-P. Pietsch. 7412□

Verbesserung der Wirksamkeit der Filtration beim Saturationsprozeß. Ein vorläufiger Versuch in einer Versuchsanlage über die Verwendung des Schumacher-Porzellanfilters. Wei Chen, S. H. Wu, Y. C. Cheng und M. T. Tsai. (Rep. Taiwan Sugar Exp. Stat. **1960.** 39—48. Aug. Taiwan, Sugar Exp. Stat.) (Chin.; Auszug: Engl.)

Bei der Verw. von Schumacher-Porzellanfiltern für den Saft der II. Saturation wurde bei konst. Filtrationsdruck die Komprimierbarkeit des Kuchens u. der spezif. Kuchenwiderstand zu 1,25 bzw. $2{,}90 \cdot 10^{-2}$, bei konst. Durchflußmenge (Optimum 1,880 Liter/Std.·m^2) die Komprimierbarkeit zu 0,54 bestimmt. Die Durchflußmenge sollte anfangs 2200 nicht übersteigen u. bei 1400—2000 gehalten werden. 0,8—1,25 kg Filterhilfsmittel pro m^2 werden als notwendig angesehen. W. Willenberg. 7412□

Der Grad der Wirksamkeit von Hydrocyclonen bei der Abtrennung von Schlammsaft der zweiten Saturation. O. Asp. (Socker, Hand. II **16.** 31—35. 1960. [Engl.]; Zucker **14.** 192—94. 15/4. 1961. [Dt.])

Es werden die Voraussetzungen für eine 100%ig. Abtrennung der Teilchen u. die mit der App. gemachten Erfahrungen mitgeteilt. W. WILLENBERG. 7412□

Methodik zur Berechnung der Ausbeute an roher Raffinade. I. F. Selikman. (Сахарная Промышленность [Zucker-Ind.] **34.** Nr. 6. 25—27. Juni 1960. Mittelasiat. Polytechn. Inst.) (Russ.)

Eine Formel zur Berechnung der Ausbeute an roher Raffinade wird abgeleitet u. an Hand eines prakt. Beispiels erläutert. H.-P. PIETSCH. 7416□

Eine Untersuchung über den Borbedarf der Zuckerrübe. Toa-tze Yang. (Rep. Taiwan Sugar Exp. Stat. **1960.** 17—25. Aug. Taiwan, Sugar Exp. Stat.) (Chin.; Auszug: Engl.)

Topf-Verss. zeigten, daß die Zugabe von 0,06 g Borax zu 40 kg Boden zur Verhinderung des Bormangels bei Zuckerrüben ausreicht. Die Blätter von unter Bormangel leidenden Rüben enthalten ca. 20 ppm u. die von normal wachsenden 40—65 ppm B. Bei mit Kalk neutralisierten Böden stellt sich eher Bormangel ein als bei sauren Böden. Bei Feld-Verss. in 3 Bereichen genügten 10—30 kg Borax pro ha zur Verhinderung des Bormangels. Bei Böden, die nur mit Regen bewässert werden, besteht die Gefahr eines Bormangels eher als bei Versorgung mit Grundwasser. W. WILLENBERG. 7440□

Zweistufenverfahren zur Herstellung von Dialdehydstärke unter Anwendung der elektrolytischen Regeneration von Perjodsäure. V. F. Pfeifer, V. E. Sohns, H. F. Conway, E. B. Lancaster, S. Dabic und E. L. Griffin jun. (Ind. Engng. Chem., int. Edit. **52.** 201—06. März 1960. Preoria, U. S. Dep. of Agric., Northern Reg. Res. Labor.) (Engl.)

Beschreibung der Arbeit einer Vers.-Anlage zur Gewinnung von *Dialdehydstärke* (I) hoher Alkalilöslichkeit unter Verw. von HJO_4, die elektrolyt. regeneriert wird. Wichtig ist die Reinheit der Säure. Eine vorteilhafte Oxydation bis zu Prodd. mit über 90% I erreicht man in 2—4 Std. bei 95—100° F, Mol-Verhältnis HJO_4/Stärke = 1—1,6, günstigstes pH 1,0—1,5. Der gesamte Arbeitsgang kann kontinuierlich geleitet werden. M. ULMANN. 7448□

Wirkungen von Fetten und nichtionischen oberflächenaktiven Agentien auf Stärkepasten. Elizabeth M. Osman und Marion R. Dix. (Cereal Chem. **37.** 464—75. Juli 1960. Urbana, Ill., Univ. of Illinois, Dep. of Home Economics.) (Engl.)

Unterss. mit dem Amylographen nach BRABENDER zeigten, daß die Viscosität in einer 6%ig. Maisstärkepaste bei um so niedrigeren Temp. ansteigt, je mehr Fett hinzugefügt wurde. Verschiedene Fette mit unterschiedlichen Anteilen ungesätt. Fettsäuren ergaben stets das gleiche Verh., jedoch in unterschiedlicher Stärke. Die Zugabe oberflächenakt. Agentien zu Stärke-W.-Fett-Gemischen erhöhte die Temp., bei welcher die Viscosität anstieg, bedeutend. Diese Wrkg. schien mit der Länge u. der Anzahl der KW-Stoff-Ketten im Mol. des oberflächenakt. Agens in Zusammenhang zu stehen. H. HAEVECKER. 7448□

Vereinfachte Berechnung der anfallenden Preßlingsmenge. Rudolf Loserth. (Zucker **13.** 484—89. 1/10. 1960. Heilbronn, Zuckerfabrik der Südd. Zucker-Akt.-Ges. Mannheim.) (Dt.)

Einfache Berechnung der Preßlingsmenge durch Ermittlung des Mark-Geh. von Frischschnitzeln. Die Mark-Best. liefert im allg. hinreichend genaue Werte. M. REIHER. 7472□

Konduktometrische Messungen an Zuckersirupen von hoher Reinheit. G. Pidoux (Ind. aliment. agric. **77.** 787—92. Nov. 1960. Marseille, Raffineries de Sucre de Saint Louis.) (Franz.)

Es werden Messungen bzgl. der Abhängigkeit der Leitfähigkeit von der Konz. u. der Reinheit von Zuckersäften mitgeteilt. Reinheit u. Leitfähigkeit geben bei verschiedenen Konzz. eine Anzahl linearer Funktionen, die durch den Ausdruck $P = 100 - k \cdot mS$ (P = Reinheit, mS = Millisiemens) dargestellt werden. Weiter werden die Abhängigkeit des Faktors k von der Konz. u. die der Leitfähigkeit von der Temp. behandelt. Aus den abgeleiteten Formeln läßt sich während des Kochprozesses die Reinheit des Saftes bestimmen. Die Beziehungen zwischen Reinheit, Leitfähigkeit u. Sättigungsgrad sowie Temp., Konz. u. Sättigungsgrad werden dargestellt. W. WILLENBERG. 7474□

Über melassierte Trockenschnitzel mit angetrocknetem Saturations-Schlamm und analytische Untersuchungsmethoden. H. Hörning. (Z. Zuckerind. **10** (85). 192—94. 20/4. 1960.) (Dt.)

Die Eigg. von melassierten Trockenschnitzeln mit angetrocknetem Saturationsschlamm als Futtermittel werden besprochen. Es wird bei der Diskussion der Unters.-Meth. dieses Prod. auf die Schwierigkeiten der Best. des Geh. der Schnitzel an Melasse u. Saturationsschlamm hingewiesen. W. WILLENBERG. 7476□

Das Molekulargewicht von kristallisierter Amylose einiger Reissorten. Hsiu Ying Tsai, Allen T. Phillips und Virginia R. Williams. (J. agric. Food Chem. **8.** 364—68. Sept./Okt. 1960. Louisiana, Univ., Dep. of Agric. Chem. and Biochem.) (Engl.)

Best. des Molgew. nach der Perjodat-Meth. von durch Butyl- oder Isoamylalkohol ausgefällter krist. *Amylose* (I) von Stärken von 4 verschiedenen Reissorten ergab Werte von 29000, 41000, 41000 u. 48000. Die verschiedenen I-Präpp. lösten sich nicht vollständig in heißem Wasser. Auch colorimetr. Best. des Geh. an I, wie auch die amperometr. Best. des J-Bindungsvermögens (15,0—18,1%) wies darauf hin, daß die einzelnen Präpp. nicht gleich waren, sondern teilweise noch Beimengungen enthielten. — 22 Literaturangaben. M. ULMANN. 7490□

XV. Gärungsindustrie

Einfluß der Mischung auf die Sauerstoffzufuhr in der Hefefabrikation. M. Grodovský, M. Čunderliková, P. Hanula und A. Peštuková. (Kvasný Průmysl **7.** 32—35. Febr. 1961. Bratislava, Ústred. výsk. úst. potravinárskeho.) (Tschech.)

Unterss. über den O_2-Verbrauch im Verlauf der Gärung bei der Hefefabrikation (Einfl. der Wasser-Temp., Höhe der belüfteten Fl.-Schicht, Rührwerksumdrehungen usw.) zeigen, daß gleichzeitige Mischung u. Belüftung eine Lufterspamis bis 50% bewirken. W. WESLY. 7506□

Reinigung und Desinfektion im Spirituosenbetrieb. Lorand Macher. (Alkohol-Ind. **73.** 504—08. 1/10. 1960.) (Dt.)

Zur Verhinderung von Infektionen im Spirituosenbetrieb genügen einfache Rohwasserspülungen u. mechan. Laugenreinigung allein nicht, sondern müssen durch zweckdienliche Desinfektion ergänzt werden. Die prakt. Durchführung dieser Maßnahmen, bei denen als Reinigungsmittel vor allem Ätznatron, calcinierte Soda, Phosphate (Di- oder Trinatriumphosphat) u. die Polyphosphate in Form der Tripoly- bzw. Hexametaphosphate sowie als Desinfektionsmittel die neutralen, korrosionsfreien quart. Ammonium-Verbb. („Quats"), z. B. Octozon, Dimanin u. Polacid, dienen, werden beschrieben. W. KREIPE. 7536□

Pulque und Tequila. G. Hartmann. (Alkohol-Ind. **73.** 635—37. 1/12. 1960.) (Dt.)

Unter *Pulque* (Pulcre, Pulperia) versteht man ein gegorenes Getränk aus dem Saft der *Agave mexicana Lam.* (I) oder *Agave americana L.*, das in den mittelamerikan. Staaten, bes. Mexiko, hergestellt wird. Vork. u. Anbau der Agaven sowie Gewinnung u. Vergärung des Agavensaftes werden eingehend beschrieben. Man unterscheidet zwischen 2 Pulquesorten: *Pulque fino* u. *Tlachique*. Erstere enthält durchschnittlich 88—90% W., 2—3% Gummi u. Schleimstoffe, 2% Säuren u. Salze, 2% Zucker, 5% A., ist verhältnismäßig reich an Fuselölen, Aldehyden u. Glycerin u. weist pro Liter ca. 100 mg Vitamin B_1 sowie ca. 300 mg Vitamin C auf. *Tequila* oder *Mezcal* stellt einen aus der Wurzel von I oder der *Sobolagave* gewonnenen Branntwein dar, der häufig mit Zuckerrohrbranntwein verschnitten wird. Vergärung (3—4 Vol.-% A.) u. Dest. (70 Vol.-% A.) werden beschrieben. Die Trinkstärken liegen zwischen 46 u. 49 Vol.-%. W. KREIPE. 7536□

Milchzucker und Malzzucker. G. Hartmann. (Alkohol-Ind. **73.** 501—04. 1/10. 1960.) (Dt.)

Vork., Eigg., Herst., Verw. u. Vergärbarkeit von Milch- u. Malzzucker werden eingehend beschrieben. In der Spirituosenfabrikation eignen sich Zusätze von Milchzucker-Lsgg. zur Abrundung, Beseitigung von Geschmacksfehlern u. als natürliches Schnellreifungsmittel bei den verschiedensten Spirituosen. Ferner kann Milchzucker zur Herst. von Kristallikören ohne einen bes. hohen A.-Geh. verwendet werden, da er wegen seines geringen Lsg.-Vermögens in wss. bzw. alkohol. Fll. bereits bei den üblichen A.-Konzz. auskrist., wenn er auch nicht ausschließlich große Zuckerkristalle bildet. Malzzucker, bes. in Form des Malzextraktes, dient als abrundender Geschmacksstoff bei bestimmten Kräuter- u. Magenbitteren. W. KREIPE. 7536□

Der Honig in der Spirituosenherstellung. G. Hartmann. (Alkohol-Ind. **73.** 581 bis 585. 1/11. 1960.) (Dt.)

Die wichtigsten Honigsorten u. ihre Eigg. werden aufgezählt. Für die Spirituosen-Herst., bes. von Honiglikören, eignen sich vor allem Heide- u. Lindenblütenhonig, wobei jedoch zur Verhinderung von Trübungen bes. Maßnahmen der Filtration u. Schönung (mit Bentoniten, span. Erde, Kieselgur oder Tannin) erforderlich sind. Honig, in kleinen Mengen Trinkbranntweinen zugesetzt, mildert den spritigen Geschmack u. rundet ihn angenehm ab. Auch für Kräuter-, Frucht- u. verschiedene andere Liköre eignet sich Honig als sehr brauchbares Aromatisierungs- u. Verfeinerungsmittel. Die Herst. von Met durch Vergärung von Honig–W.-Gemischen unter Zusatz von würzenden Kräutern wird beschrieben. W. KREIPE. 7536□

Bericht über die Welke-, Nematoden- und Virusforschung im Hopfenbau in den Jahren 1958 und 1959. F. Zattler. (Brauwissenschaft **13.** 159—61. Mai 1960, Beilage zu: Brauwelt, Ausg. B München.) (Dt.)

Vf. führt Unterss. über Ursachen der Welke-, Nematoden- u. Viruskrankheiten beim Hopfen an, geht auf die Biologie der Erreger, auf die Anfälligkeit der einzelnen Hopfensorten, auf die Abhängigkeit des Auftretens von verschiedenen Faktoren u. auf die Bekämpfung der Krankheiten ein. Die Bekämpfung ist schwierig, weil chem. Mittel nur sehr bedingt in Betracht kommen. K.-U. RIEDEL. 7540□

Über die Nachgärung von Bier auf dem bei der Hauptgärung entstandenen Hefesatz. M. W. Sasirnaja. (Известия Высших Учебних Заведений, Пищевая Технология [Hochschulnachr., Nahrungsmittel-Technol.] **1960.** Nr. 5. 72—75. Kiew, Technol. Inst. für Lebensmittelind., Lehrstuhl für Technol. des Gärgewerbes.) (Russ.)

Die Nachgärung von Bier auf dem bei der Hauptgärung entstandenen Hefesatz bzw. die Autolyse der präcipitierten Hefe verschlechtert den Geschmack des Bieres u. seinen Gesamt-Geh. an Eiweiß- u. Amino-N nicht. S. BARYSCHNIKOW. 7550

Die kolloidale Stabilität des Bieres. E. Urion und L. Chapon. (Petit J. Brasseur **68.** 285—93. 6/5. 303—05. 13/5. 1960. Nancy, École de Brasserie u. Fac. des Sci.) (Franz.)

In einer allg. Übersicht werden zusammenfassend Ursache u. Art der Eiweiß- u. Polyphenoltrübungen, der Mechanismus ihrer Kondens. sowie die Bedeutung der Oxydation beim Bier behandelt. — 18 Literaturangaben. W. KREIPE. 7550□

Verwendung eines lokalen Bentonits zum Weinschönen. Sh. K. Issabajew. (Виноделие и Виноградарство СССР [Weinbereit. Weinbau UdSSR] **20.** Nr. 8. 46—47. 1960. Alma-Ata, Kombinat für Champagner- u. Markenweine.) (Russ.)

Durch Zugabe von 0,1% Bentonit der Manrak-Lagerstätte (Ost-Kasachstan) wurde eine gute Schönung auch bei sehr trüben Weinen erzielt; die Eigg. der behandelten Prodd. blieben unverändert. Vf. ist der Ansicht, daß das Verf. eine zusätzliche Schönung mit Leim-Lsgg. überflüssig macht. Nach der Klärung sollen die Weine abfiltriert werden. S. BARYSCHNIKOW. 7554

Methoden zur Erzeugung süßer Tischweine. M. A. Amerine und C. S. Ough. (Wines and Vines **41.** Nr. 12. 23—29. Dez. 1960. Davis, Univ. of California.) (Engl.)

Es wird gezeigt, daß Tischweine (11—13 Vol.-% A.) mit einem hohen Geh. an Zucker vorteilhaft durch einen Zusatz von Mostkonzentrat hergestellt werden können. Zur Vermeidung eines „Konzentrat"- oder „Koch"-Geschmackes müssen normale Vakuumkonzentrate vor der Gärung zugesetzt werden. Bei niedriger Temp. hergestellte Hochvakuumkonzentrate können auch nach der Gärung dem fertigen Wein zugefügt werden, ohne daß eine Geschmacksbeeinträchtigung erfolgt. Die zweite Meth. ist einfacher, da dabei die Gärung nicht unterbrochen werden muß. F. RADLER. 7554□

Aminosäuren des Branntweinessigs. 1. Mitt. **Nachweis der Aminosäuren im Branntweinessig und in Essigbakterien.** K. G. Bergner und H. R. Petri. (Z. Lebensmittel-Unters. u. -Forsch. **111.** 319—33. 20/1. 1960. Stuttgart, Chem. Landesuntersuchungsanst.) (Dt.)

Um die bei der Essiggärung ablaufenden Vorgänge u. bes. die durch die Bakterientätigkeit entstehenden Aminosäuren zu untersuchen, wurde aus genau bekannten Ausgangssubstanzen (10 Vol.-% A., 1,28 g/Liter Glucose (I), 0,078 g/Liter Ammoniakstickstoff, 0,006 g/Liter Nitratstickstoff u. 1,4 g/Liter Mineralsalze) ohne jeden Zusatz organ. N-Verbb. nach dem Submers-Verf. Essig hergestellt. Dieser enthielt nach der Gärung keinen Nitratstickstoff mehr, jedoch noch (g/Liter) ca. 0,36 reduzierende Substanzen (berechnet als I) u. 0,56 Phosphorsäure (berechnet als Phosphat). Zur Verhinderung der MAILLARD-Rk. wurde der Essig durch Dest. im Vakuum bei < 1 mm Hg konzentriert. Dieses Essigkonzentrat trennte man von den in großem Überschuß vorhandenen Begleitstoffen durch eine Ionenaustauscher-Meth. (Absorption an den Kationenaustauscher Amberlite IR-120 H u. dann an den Anionenaustauscher Nalcite SAR OH), die sehr eingehend beschrieben wird. In dem Aminosäurekonzentrat ließen sich papierchromatograph. mit verschiedenen Lsgm.-Syst. u. Verff. die 18 Aminosäuren: *Alanin, Arginin, Asparaginsäure, γ-Aminobuttersäure* (**II**), *Cystin, Glutaminsäure* (**III**), *Glykokoll, Histidin, Isoleucin, Leucin, Lysin, Methionin, Phenylalanin, Prolin, Serin, Threonin, Tyrosin* u. *Valin* nachweisen. Peptide konnten nicht gefunden werden. Alle im Branntweinessig enthaltenen Aminosäuren waren mit Ausnahme von **II** in den verwendeten Submersessigbakterien sowie in ORLÉANS-Bakterien (Reinkultur) nach salzsaurer u. alkal. Hydrolyse papierchromatograph. ebenfalls nachweisbar. Ferner war in allen Bakterien *Tryptophan* in geringer Menge vorhanden, das im Branntweinessig nicht gefunden, aber vermutlich wegen seiner Säuremepfindlichkeit bei der Isolierung aus dem Branntweinessigextrakt zerstört wurde. Das Fehlen von **II** in den Bakterien läßt sich nicht auf diese Weise erklären. Vielmehr könnte bei der Autolyse der Bakterien unter anaeroben Verhältnissen **III** fermentativ zu **II** abgebaut werden. Die früher von anderen Autoren in geringer Menge in einigen Bakterienarten entdeckte $\alpha.\varepsilon$-Diaminopimelinsäure ließ sich nicht nachweisen. Jedoch waren in allen Essigbakterien Spuren von Aminozuckern feststellbar. Nach elektrophoret. Unterss. handelt es sich bei den im Gärungsessig bereits früher nachgewiesenen fluorescierenden Stoffen u. der allg. beobachteten UV-Fluorescenz offenbar um Nucleinsäure-Spaltprodd. oder Flavine. — 56 Literaturangaben. W. KREIPE. 7564□

Gunther Müller, Die Hefen. Wittenberg: Ziemsen. 1961. (92 S. m. 64 Abb.) 8° = Die neue Brehm-Bücherei. 279. DM 5.20.

XVI. Nahrungs-, Genuß- und Futtermittel

Untersuchung der Reinheit von Lebensmittelfarbstoffen. L. Piekarski und S. Krauze. (Roczniki państwowego Zakładu Hig. **11.** 551—55. 1960. Warszawa, Akad. Med., Zakł. Bad. Grodków spoz.) (Pol.)

Lebensmittelfarbstoffe poln. u. ausländ. Produktion (Tartrazin, Orangegelb S, Neucoccin, Amarant, Indigotin, Brillantschwarz BN, Säuregelb, Azorubin u. Scharlach GN) wurden papierchromatograph. mit n-Butanol-A.-W. (2 : 1 : 1) untersucht. Alle Farbstoffe enthielten mehrere farbige Verunreinigungen. F. URBAN. 7638□

Abhängigkeit der Wirksamkeit von Begasungsmitteln vom Feuchtigkeitsgehalt und Temperatur der gelagerten Getreidekörner im Kreislauf. D. L. Lindgren und L. E. Vincent. (J. econ. Entomol. **53.** 1071—77. Dez. 1960. Riverside, Calif., Univ. of California Citrus Exp. Stat.) (Engl.)

Der Abfall der Konz. von *Tetrachlorkohlenstoff* (**I**), *Blausäure* (**II**) oder *Methylbromid* (**III**) war stärker bei Mais als bei Weizen, bei höheren Feuchtigkeits-Geh. (15%) als bei niedrigeren (10%), was in der Sterblichkeit von Tribolium confusum Duv. (**a**) u. Sitophilus oryzae L. (**b**) zum Ausdruck kommt. Die Aufnahme von **I** durch die Körner war am höchsten bei 50° F, am geringsten bei 90°, bei **II** u. **III** war der Einfl. der Temp. gering. Vollkerfe von **b** waren weniger empfindlich gegen **I** oder **II** als die von **a**, bei **III** war das Umgekehrte der Fall. Die Insekten waren bei höheren Temp. empfindlicher gegen die Begasungsmittel. — 5 Literaturangaben. FRITZ MÜLLER/Ludwigshafen. 7664□

Der gegenwärtige Stand unserer Kenntnisse über die Wirkung der Amylasen bei der Brot-, Zwieback- und Keksherstellung. R. Drapron. (Bull. anciens Élèves École franç. Meunerie **1961.** 69—80. März/April. Paris, Inst. Nat. de la Rech. Agronom., Labor. de Biochim. et Physicochim. des Céréales.) (Franz.)

Vortrag. — 29 Literaturangaben. J. LEHMBERG. 7674□

Grundlagen der Zwiebackherstellung. Rotsch und E. Tessmer. (Gordian **61.** Nr. 1451/1452. 31—34. Mai 1961. Detmold, Bundesforschungsanstalt für Getreideverarbeitung.) (Dt.) J. LEHMBERG. 7674□

Einige Komponenten der Veränderung des spezifischen Gewichtes von Kartoffeln. Robert L. Plaisted. (Proc. Amer. Soc. horticult. Sci. **70.** 391—96. Dez. 1957. Ithaca, N.Y., Cornell Univ.) (Engl.)

Vf. bestimmte die Dichte von Kartoffeln verschiedener Herkunft u. berichtet über die statist. Auswertung der Ergebnisse. E. WIEHR. 7678□

Auswirkungen der Lagertemperaturen auf Bataten der Sorten Porto Rico, Allgold und Goldrush. L. J. Kushman und M. T. Deonier. (Proc. Amer. Soc. horticult. Sci. **70.** 425—31. Dez. 1957. Meridian, Miss., U.S. Dep. of Agric.) (Engl.)

Vff. berichten über die Haltbarkeit, die Kochqualität u. die Eignung als Pflanzkartoffel sowie die CO_2-Abgabe u. O_2-Absorption von Bataten während der Lagerung bei verschiedenen Temp. (50, 60 u. 70° F). E. WIEHR. 7678□

Zucker und Stärke in reifenden Erbsen. Carl Erik Danielson. (Acta Agric. scand. **9.** 181—88. 1959. Bjuv, Findus Res. Labor.) (Engl.)

Vf. untersucht 3 Jahre lang (1954—1956) den Geh. an Stärke u. Zucker in Erbsen (Pisum sativum var. Profusion), deren Zuchtgebiet innerhalb eines Areals mit einem Radius von 10 km liegen. Der *Zucker*-Geh. ist fast während des gesamten Reifungsprozesses konst. u. fällt erst zuletzt ab, während der *Stärke*-Geh. in zwei Phasen erst langsam u. dann schneller zunimmt. Die tenderometr. Messung des Stärke-Geh. ist nur für Vegetationsperioden mit durchschnittlicher Witterung geeignet, im extrem heißen u. trockenen Sommer 1955 versagt sie. R. LENSCHAU. 7684□

Untersuchung über die Wirkung von γ-Strahlen auf Äpfel. R. M. Smock und A. H. Sparrow. (Proc. Amer. Soc. horticult. Sci. **70.** 67—69. Dez. 1957. Ithaca, N.Y., Cornell Univ., und Upton, N.Y., Brookhaven Nat. Labor.) (Engl.)

Zwei verschiedene Sorten Äpfel (Rhode Island Greening u. Cortland) wurden mit γ-Strahlen (Co-Quelle) bestrahlt u. festgestellt, daß dadurch geringe Veränderungen des Respirationsquotienten erreicht werden konnten, die Haltbarkeit jedoch nicht beeinflußt wurde. E. WIEHR. 7688□

Die spezifische Wärme und Wärmeleitfähigkeit von Citrusfrüchten. F. M. Turrell. (Proc. Amer. Soc. horticult. Sci. **70.** 261—65. Dez. 1957.) (Engl.)

Messungen der spezif. Wärme u. der Wärmeleitfähigkeit wurden an verschiedenen Arten von Citrusfrüchten, z. B. Grapefruit, Citronen, Orangen u. Nabelapfelsinen durchgeführt. Weiter wurde der Temp.-Verlauf in Citrusfrüchten während plötzlichen Erhitzens oder Abkühlens verfolgt u. beschrieben. E. WIEHR. 7688□

Die Bewertung von Polyäthylenfilmverpackung zur Aufbewahrung von Emperor-Trauben. M. Uota. (Proc. Amer. Soc. horticult. Sci. **70.** 197—203. Dez. 1957. Fresno, Calif., U.S. Dep. of Agric.) (Engl.)

Vf. beschreibt erfolgreiche Verss. zur Haltbarmachung von Emperor-Trauben, die mit $NaHSO_3$ behandelt in Polyäthylenbeuteln versiegelt oder in perforierten Beuteln SO_2 ausgesetzt wurden. E. WIEHR. 7688□

Unterschiede in der Zusammensetzung von normalen und geplatzten Washington Nabelapfelsinen. Louis C. Erickson. (Proc. Amer. Soc. horticult. Sci. **70.** 257—60. Dez. 1957. Riverside, Calif., Univ., Citrus Exp. Stat.) (Engl.)

In zahlreichen Verss. wurde festgestellt, daß bei geplatzten Nabelapfelsinen der Wasser-Geh. von Schale u. Pulpe geringer, der P- u. N-Geh. der Schale höher u. der Ca-Geh. in der Pulpe höher ist als bei normalen Früchten. E. WIEHR. 7688□

Anatomische Veränderungen in der Frucht von Rubel-Blaubeeren während der Lagerung in kontrollierter Atmosphäre. Gerhard Bünemann, D. H. Dewey und Donald P. Watson. (Proc. Amer. Soc. horticult. Sci. **70.** 156—60. Dez. 1957. East Lansing, Mich., Mich. State Univ.) (Engl.)

Vff. untersuchten die Natur u. das Ausmaß der anatom. Veränderungen in den Zellen von Blaubeeren in Beziehung zu deren Reifezustand während der Ernte u. während der Lagerung unter verschiedenen Kombinationen von Temp. u. CO_2- u. O_2-Geh. der Luft. E. WIEHR. 7688□

Über Betanin, den Farbstoff der roten Rübe. Elżbieta Zielińska. (Przemysł Spożywczy **14.** 208—13. 1960. Warszawa.) (Pol.)

Übersicht über Meth. zur Isolierung von *Betanin* (I) aus roten Rüben. Vf. beschreibt eigene, vorerst noch unbefriedigende Verss. zur Konzentrierung wss. I-Extrakte durch Adsorption an Cu-Hexacyanoferrat(II), Stärke, Lactose u. akt. SiO_2. F. URBAN. 7690□

Die Beziehung zwischen der Beschaffenheit eines Teeaufgusses und der Härte des Wassers. D. Schurer. (Voeding **21.** 605—11. 15/12. 1960. Joure, N.V. Douwe Egberts Kon. Tabaksfabriek, Koffiebrandeij en Theehandel. Labor.) (Holl.)

Unterss. über die Beziehungen zwischen der Beschaffenheit eines Teeaufgusses u. der Härte des verwendeten W. zeigen, daß die darin enthaltenen Ca- u. Mg-Salze mit den Teebestandteilen reagieren können, wodurch sich ein trübes, fahles Getränk von flauem Geschmack ergibt u. eine Haut auf dem Tee u. an den Teegefäßen entsteht. Eine Verminderung der Härte, z. B. durch Beimischung von belüftetem, dest. W. führt zu einer Verbesserung des Getränks. Am einfachsten erreicht man eine Härteverminderung u. eine Verhütung der Haut-Bldg. durch längeres Wasserkochen. W. WESLY. 7724□

Der pH-Wert als Kriterium in der Technologie des Tabaks. M. Giovannozzi. (Tabacco **64.** 263—67. Juli/Sept. 1960. Roma, Ist. Scientifico Sperimentale per i Tabacchi, Labor. di Zimologia.) (Ital.)

Unterss. an Kentucky-Tabak zeigen, daß bei der Fermentation ein pH-Wert <6 die Möglichkeit von Schimmel-Bldg. anzeigt, da ein regulärer Reifungsprozeß einen pH-Wert zwischen 7,6—8,2 aufweist. J. LEHMBERG. 7734□

Einfluß neuer Filter für Raucher auf den Tabakrauch. Jaime González Carrero, O. Carballido und M. Hidalgo. (Medicamenta [Madrid] **8 (16).** Nr. 141. 287—93. 6/12. 1956. Santiago de Compostela, Univ., Fac. de Farmacia.) (Span.)

Durch Best. des Verbrauchs an 0,1n NaOH vor u. hinter dem Filter durch den Rauch wird die Wirksamkeit von verschiedenen Filterstoffen gegenüber dem Zigarettenrauch untersucht. Am wirksamsten erweist sich Knochenkohle, deren Wrkg. durch 15% Äthanolamin nur wenig vermindert wird. Weniger wirksam sind NH_4-Alaun u.

Silicagel, am wenigsten wirksam Glasperlen. Auch die Körnung ist für die Filter-Wrkg. der Rauchsiebstoffe von Bedeutung. R. K. MÜLLER. 7734□

Gewicht und chemische Zusammensetzung des Seebarsches. W. I. Petschatina und A. P. Leonowa. (Рыбное Хозяйство [Fischerei-Wirtsch.] **36.** Nr. 9. 66—68. 1960. Balt. Forsch.-Inst. für Fischereiwesen u. Ozeanographie.) (Russ.)

Die chem. Zus. des Seebarsches nach Gewicht u. Größe wird erörtert. Der Geh. an W., Eiweiß u. Fett in Fleisch, Köpfen, Innereien u. Rogen wird zahlenmäßig angegeben. S. BARYSCHNIKOW. 7752

Ein Trockenpräparat für die Herstellung von Biomycineis. Je. A. Smotrjajewa. (Рыбное Хозяйство [Fischerei-Wirtsch.] **37.** Nr. 2. 71—72. 1961. Forsch.-Inst. des Minist. für die Fischind.) (Russ.) — Vgl. C. **1959.** 6325.

Bei der Herst. von *Biomycin* (I)-Eis für die Fischlagerung muß der Lsg. ein Stoff zugesetzt werden, der die gleichmäßige Verteilung des I im Eisblock fördert. Das früher verwendete Agaroid wurde durch *Carboxymethylcellulose* (*CMC*) ersetzt, die für ihre Lsg. keine vorherige Erwärmung erfordert. Das Präp. ist ein in W. lösl. Celluloseester, enthält 35—40% Feuchtigkeit u. als Zusatz NaCl u. eine geringe Menge ungebundener Lauge. Zwecks Stabilisierung des Präp. wurde eine geringe Menge Citronensäure hinzugefügt. Das trockene antibiot. Präp. enthält folgende Komponenten: **I** 5 g, CMC 100 g, NaCl 400 g, Citronensäure 200 g. H. TREUMANN. 7752□

Ein Versuch zur Anwendung von biomycinhaltigem Eis auf Trawlern. G. B. Dubrowa, Ju. A. Rawitsch-Schtscherbo und Je. A. Smotrjajewa. (Рыбное Хозяйство [Fischerei-Wirtsch.] **36.** Nr. 7. 73—74. 1960. Forsch.-Inst. des Minist. für Fischindustrie.) (Russ.)

85—95% des Fischfangs (Kabeljau u. Seebarsch), der 16—18 Tage mit 50% seines Gewichts mit Biomycin (I)-enthaltendem Eis (0,0005% I) bei einer Außentemp. von 4—6° gelagert wurde, wurde als Nahrungsmittel der 1. bzw. 2. Sorte anerkannt. Kontroll-Verss. ohne I ergaben zu 100% ein den Standardforderungen nicht entsprechendes Produkt. Die I-Konz. in der Haut u. dem Muskelgewebe von behandeltem Kabeljau betrug nach 18 Tage langer Lagerung ≤ 2 bzw. $< 1\ \gamma/g$. Der entsprechende Geh. bei Seebarsch (14 Tage lange Lagerung) war 0,8 bzw. 0,1 γ/g. S. BARYSCHNIKOW. 7752

Die Anwendung von Biomycin für die Bearbeitung von frischem Fischfilet. T. N. Ssacharowa. (Рыбное Хозяйство [Fischerei-Wirtsch.] **36.** Nr. 7. 74—77. 1960. Forsch.-Inst. des Minist. für Fischindustrie.) (Russ.)

Eine vorherige Behandlung der im Eis aufbewahrten frischen Fischfilets mit einer 0,005%ig. *Biomycin* (I)-Lsg. erhöht die Lagerfähigkeit des Prod. um mehr als das 2fache. Der I-Geh. im Muskelgewebe des behandelten Karpfen- bzw. Bleifilets betrug $\leq 4{,}6$—5,1 γ/g. Nach einer Lagerung von 20—22 Tagen bei 0° erniedrigt sich der I-Geh. auf 1—1,5 γ/g. Durch Kochen wird I in eine biolog. inakt. Verb. umgewandelt. S. BARYSCHNIKOW. 7752

Der Einfluß einiger Faktoren auf die Haltbarkeit von Preßkaviar bei der Lagerung. Ju. I. Raninskaja. (Рыбное Хозяйство [Fischerei-Wirtsch.] **36.** Nr. 7. 77—84. 1960. Forsch.-Inst. des Minist. für Fischindustrie.) (Russ.)

Die Umwandlung der Fett- u. Eiweißstoffe von Preßkaviar ist ein autolyt. Prozeß. Durch Gefrieren u. Aufbewahren bei —20°, welche die Autolyse des Prod. fast vollständig aufheben, kann die Lagerfrist auf über 2,5 Jahre verlängert werden. Das Salzen soll in einer Salzlake von 40—45° (u. nicht 38—39°) durchgeführt werden. Das verwendete NaCl soll nicht mit Ca- u. Mg-Salzen bzw. mit Na_2SO_4 verunreinigt sein. Die Verpackung in Glasbehälter unter Vakuum ist zweckmäßig. Der Kaviar 1. Sorte ist durch eine SZ. des Fettes von ≤ 10, einen Geh. an Nichteiweiß-N bzw. an Aminosäuren-N von ≤ 9 bzw. ≤ 3% des Gesamt-N u. durch einen Geh. an flüchtigen N-Verbb. von ≤ 20 mg% gekennzeichnet. S. BARYSCHNIKOW. 7752

Zusammensetzung der Phenole im geräucherten Fisch. A. I. Juditzkaja und T. M. Lebedewa. (Рыбное Хозяйство [Fischerei-Wirtsch.] **36.** Nr. 9. 69—73. 1960. Allunions Forsch.-Inst. für Fischereiwesen u. Ozeanographie.) (Russ.)

Die aus 5 geräucherten Fischarten bei verschiedenen Räucher-Verff. isolierten Phenole erwiesen sich papierchromatograph. immer als ein Gemisch von Guajacol, Phenol, m- u. o-Kresol. Das Vorhandensein von anderen „zusätzlichen" Phenolen u. Phenol-Derivv. wurde ebenso festgestellt. Ihre Natur ist von der Größe der Fische u. dem angewandten Räucher-Verf. abhängig. S. BARYSCHNIKOW. 7752

Neue Thunfisch-Konservensorten. Ss. A. Artjuchowa und N. N. Babtschenko. (Рыбное Хозяйство [Fischerei-Wirtsch.] **36.** Nr. 9. 59—65. 1960. Balt. Forsch.-Inst. für Fischereiwesen u. Ozeanographie; Balt. Fischtrust.) (Russ.)

Die Herst. von 4 neuen Thunfischkonservensorten wird genau beschrieben. S. BARYSCHNIKOW. 7752

Über die derzeitigen Auffassungen auf dem Gebiet der Biochemie der Kohlenhydrate der Milch. A. I. Ssolnzew und N. A. Muchina. (Известия Тимирязевской Сельскохозяйственной Академии [Nachr. landwirtsch. Timirjasew-Akad.] **1960.** Nr. 6. 198—203.) (Russ.; Auszug: Engl.)

Übersicht der Ergebnisse der letzten Jahre (1952—1960) zur Biochemie der Kohlenhydrate, Proteine u. Fette in der Milch. — 35 Literaturangaben.

A. v. WILPERT. 7756 □

Ricinusbohnen als Nahrungsmittel und Viehfutter. W. D. Raymond. (Trop. Sci. **3.** 19—24. 1 Tafel. 1961.) (Engl.)

Entgiftete Ricinusbohnen dienen in Nigeria als Nahrungsmittel. Ricinussamenkuchen als Viehfutter wird industriell gewonnen. Vf. gibt eine Übersicht über die Ursachen der Giftigkeit von Ricinusbohnen u. deren Entgiftung. — 7 Schrifttumshinweise.

W. WESLY. 7786 □

Der Gehalt von Futtermitteln an essentiellen Aminosäuren. Carl M. Lyman, K. A. Kuiken und Fred Hale. (J. agric. Food Chem. **4.** 1008—13. Dez. 1956. College Station, Texas, Texas Agric. Exp. Stat., Texas Agric. and Mechan. Coll.) (Engl.)

Zusammenstellung des Geh. zahlreicher Futtermittel (Algen, Tier-Prodd., Gärungsstoffe, Fisch-Prodd., Getreide u. Nebenprodd., Ölsaatrückstände, Erbsen, Bohnen) an den essentiellen Aminosäuren. W. WESLY. 7786 □

Quantitative Bestimmung von Sorbit in einigen Nahrungsmitteln. Anna Maria Manzone und Carla Jacobelli Turi. (Rend. Ist. super. Sanità **24.** 104—14. 1961. Roma, Ist. Sup. di Sanità, Labor. di Chim.) (Ital.)

Beschreibung einer neuen Best.-Meth. durch Ermittlung der opt. Aktivität eines *Sorbit*-$[(2\ MoO_3)NH_3]$-*Komplexes* in saurer Lösung. Sie ermöglicht die quant. Best. von Sorbit in Nahrungsmitteln in Ggw. von Glucose, Saccharose u. anderen Zuckern.

K. ZINGRAF. 7788 □

Veränderungen in Farbe und Festigkeit während des Reifens von abgepflückten Tomaten und der Gebrauch eines neuen Gerätes zur Festigkeitsmessung. A. A. Kattan. (Proc. Amer. Soc. horticult. Sci. **70.** 379—84. Dez. 1957. Fayetteville, Ark., Univ.) (Engl.)

Beschreibung eines Geräts zur Messung der Zusammenpreßbarkeit von Früchten durch eine gegebene Kraft u. Vgl. der erhaltenen Meßwerte von Tomaten mit den Ergebnissen des CORNELL-Prüfgeräts. E. WIEHR. 7808 □

Auswahl einer Methode zur Fettextraktion für Untersuchungen. R. R. Pereplettschik und Je. I. Nowikowa. (Рыбное Хозяйство [Fischerei-Wirtsch.] **35.** Nr. 11. 56—58. Nov. 1959.) (Russ.)

Als Schnellmeth. zur Fett-Best. in Fischen ist für Industrie-Labor. eine Arbeitsweise geeignet, bei der das Unters.-Material mit Chlf. unter Zusatz von wasserfreiem Na_2SO_4 geschüttelt wird. Das Fett wird nach SOXHLET bestimmt. G. HEDER. 7852 □

Die Rolle der Xanthinoxydase bei der Reduktion von Resazurin durch rohe Milch. J. J. R. Campbell und Lynette B. Keur. (J. Dairy Sci. **44.** 425—29. März 1961. Vancouver, Univ. of Brit. Columbia, Dairying Labor.) (Engl.)

Durch Zusatz einer Reihe von Substraten für *Xanthinoxydase* (XO) zu roher Milch wird *Resazurin* (I) fast augenblicklich reduziert. Ohne Substratzusatz bewirkt eine Verdoppelung der XO-Konz. in roher Milch durch Zusatz von reinem Enzym keine nennenswerte Steigerung der I-Reduktion. Milchproben mit geringem XO-Geh. zeigen vermehrte I-Red. auf Enzymzusatz; jedoch ist die Gesamt-Rk. zu gering, um einen Einfl. auf den Handelswert der Milch zu haben. Die Red.-Wrkg. der Milch wird durch Pasteurisieren zerstört; jedoch hat es nur geringen Einfl. auf die XO-Wirksamkeit. Folsäure als XO-Inhibitor vermag die I-Red. nicht merklich zu verlangsamen.

W. WESLY. 7856 □

Die Dichte von Milch bei tiefen Temperaturen. P. D. Watson und R. P. Tittsler. (J. Dairy Sci. **44.** 416—24. März 1961. Washington, D.C., U. S. Dep. of Agric., Eastern Utilizat. Res. and Dev. Div.) (Engl.)

Die spezif. Gew. zahlreicher Milchproben betrugen bei 0,95°: 1,0312—1,0386, bei 4,95°: 1,0322—1,0373, bei 9,85°: 1,0298—1,0368. Ferner betrugen die Geh. an Fett: 3,1—6,4, Gesamtfeststoffen: 11,6—16,1 u. an Nichtfettfeststoffen: 8,2—10,2%. Aus den Ergebnissen werden Gleichungen zur Berechnung des spezif. Gew. abgeleitet. Das spezif. Gew. steht mit dem Geh. der Milch an Nichtfettfeststoffen in besserer Wechselbeziehung als mit dem Fettgehalt. W. WESLY. 7856 □

Die Verdaulichkeit von Eiweiß. W. P. Elmslie. (J. Assoc. off. agric. Chemists **43.** 320—28. Mai 1960.) (Engl.)

Eine Nachprüfung des von ELMSLIE (C. **1959.** 15865; C. **1960.** 14216) vorgeschlagenen Verf. zur Best. der Verdaulichkeit von Eiweiß führt zu seiner Empfehlung mit den nachst. Abwandlungen: Extraktion des Fetts im Extraktor oder in der Zentrifuge, Verw. von Zentrifugierröhrchen mit kon. statt rundem Boden zum Auswaschen der Rückstände, Verw. von GOOCH-Tiegeln mit Glasfaserfilterpapier an Stelle von HIRSCH-Trichtern. W. WESLY. 7868□

Untersuchung chlorhaltiger Lösungsmittel für Rohfette in Futtermitteln. Harold H. Hoffman. (J. Assoc. off. agric. Chemists **43.** 315—17. Mai 1960. Tallahassee, Fla., Florida Dep. of Agric.) (Engl.)

Die von mehreren Labor. ausgeführte Extraktion von Rohfetten aus Futtermitteln mit CCl_4, Chlf., Perchloräthylen (u. Ae.) läßt auf Grund des Verh. der Lsgm. (Extraktions-Wrkg., Kp., Giftigkeit, Korrosions-Wrkg.) noch weitere Unterss. über ihre Verwendbarkeit nötig erscheinen. W. WESLY. 7868□

Flammenphotometrische Bestimmung von Calcium in Viehfutter. Mary Heckman. (J. Assoc. off. agric. Chemists **43.** 337—40. Mai 1960. St. Louis, Mo., Ralston Purina Co.) (Engl.)

Das von GETTKANDT (C. **1957.** 10301) vorgeschlagene Verf. zur flammenphotometr. Best. von Ca in Viehfutter gibt (mit geringfügigen Abwandlungen) hinreichend genaue Werte (— 1,22%) im Vgl. mit dem zeitraubenden Oxalatverfahren. W. WESLY. 7868□

Gossypol-Essigsäure als Bezugsstoff für die Bestimmung von Gossypol. Carroll L. Hoffpauir, James A. Harris und J. P. Hughes. (J. Assoc. off. agric. Chemists **43.** 329—31. Mai 1960. New Orleans, La., Southern Reg. Res. Labor.) (Engl.)

Gossypol (**I**)-*Essigsäure* (**II**), eine Additions-Verb. von je 1 Mol **I** u. **II**, Molgew. 578,5, eignet sich als Bezugsstoff für die Best. von **I**, weil **I** sich bei der Aufbewahrung zers., wogegen **I-II** beständiger ist u. sich leichter u. reiner herstellen läßt als **I**. Weitere Unterss. über die Lagerfähigkeit von **I-II** erscheinen nötig. W. WESLY. 7868□

Furazolidon und Bifuran in Futtermitteln. Chester A. Luhman. (J. Assoc. off. agric. Chemists **43.** 310—13. Mai 1960. Sacramento, Calif., California Dep. of Agric., Feed Control and Livestock Remedy Labor.) (Engl.)

Man gibt eine Lsg. der Probe in 50% ig. Dimethylformamid auf eine Al_2O_3–$Mg(OH)_2$-Säule, pipettiert je 5 ml Eluat in 2 Prüfrohre (1 Vgl.-Probe), versetzt mit 2 Tropfen frischer 2% ig. $NaHSO_3$-Lsg., läßt 20 Min. stehen, schüttelt mehrmals in 5 Min. Abstand, versetzt mit 5 ml Phenylhydrazinhydrochlorid-Lsg., erwärmt auf 70°, kühlt ab, versetzt mit 10 ml Toluol, schüttelt, filtriert oder zentrifugiert u. ermittelt die Absorption bei 440 mμ. W. WESLY. 7868□

Die polarographische Bestimmung von Nitrofuranen in Futtermitteln. H. P. Moore und C. R. Guertal. (J. Assoc. off. agric. Chemists **43.** 308—09. Mai 1960. Reynoldsburg, Ohio, Dep. of Agric. Labor.) (Engl.)

Unterss. über die Anwendbarkeit des von SASAKI (C. **1956.** 5237) empfohlenen polarograph. Verf. zur Best. von Nitrofurazon u. Furazoliden zeigen, daß ein Gemisch von NH_4-Citrat u. N.N-Dimethylformamid der geeignetste Elektrolyt ist. Das Verf. führt zu etwas geringeren Werten als die C. **1959.** 7896 angegebene Arbeitsweise, kann aber zur Best. von Nitrofuranen in Futtermitteln empfohlen werden. W. WESLY. 7868□

Ein verbessertes Verfahren zur Bestimmung von Trithiadol (Bithionol) in Futtermitteln. C. A. Kelly, E. W. McChesney und M. E. Auerbach. (J. Assoc. off agric. Chemists **43.** 301—04. Mai 1960. Rensselaer, N.Y., Sterling-Winthrop Res. Inst.) (Engl.)

Das Verf. stellt eine Verbesserung der von AUERBACH (C. **1960.** 14217) vorgeschlagenen Arbeitsweise dar u. beruht auf der Kondens. von Phenolen mit 4-Aminoantipyrin u. nachfolgender Oxydation zu rot gefärbten chinoiden Verbb. mit einem Absorptionshöchstwert bei 490—520 mμ. Von den gefundenen Werten weichen 95 bis zu 10% vom richtigen Wert ab, so daß das Verf. empfohlen wird. W. WESLY. 7868□

Die Bestimmung von Glycarbylamid in Futtermitteln. C. R. Szalkowski. (J. Assoc. off. agric. Chemists **43.** 284—86. Mai 1960.) (Engl.) — Vgl. C. **1960.** 14217.

Zur Best. von *Glycarbylamid* (**I**) extrahiert man die Probe mit Dimethylformamid, reinigt den Extrakt chromatograph. über Al_2O_3 u. einem stark bas. Anionenaustauscher, oxydiert mit Br_2, adsorbiert **I** mit HgO u. ermittelt **I** in alkal. Lsg. durch Differentialspektrophotometrie bei 283 mμ. Die Ergebnisse entsprechen 93—102,8 bzw. 94,7 bis 105,6% der Theorie. W. WESLY. 7868□

Prüfung auf Nithiazide in Futtermitteln. C. R. Szalkowski. (J. Assoc. off. agric. Chemists **43.** 295—300. Mai 1960. Rahway, N. J., Merck and Co., Inc., Chem. Div.) (Engl.)

Eine erneute Nachprüfung der C. **1960.** 14217 beschriebenen 2 Verff. zur Best. von Nithiazid ergibt teilweise abweichende Werte. Das durch Verw. von Procain-Lsg. gek. Verf. wird empfohlen, soll aber überprüft werden. W. WESLY. 7868□

Verfahren zur Bestimmung von Ethoxyquin (Santoquin) in Futtermitteln. Richard S. Gordon. (J. Assoc. off. agric. Chemists **43.** 332—34. Mai 1960. St. Louis, Mo., Monsanto Chem. Co., Organ. Res. Dep.) (Engl.)

Zur Best. von *Ethoxyquin* (*1.2-Dihydro-6-äthoxy-2.2.4-trimethylchinolin*) in Geflügelfutter wird das Verf. von BICKOFF u. Mitarbeitern (C. **1957.** 5082) geringfügig dahin abgewandelt, daß keine Blindprobe erforderlich ist. Die Unters. soll fortgesetzt werden. W. WESLY. 7868□

Zoalene in Futtermitteln. M. E. Getzendaner. (J. Assoc. off. agric. Chemists **43.** 287—90. Mai 1960. Midland, Mich., Dow Chem. Co.) (Engl.)

Zur Best. von *Zoalene* (*3.5-Dinitro-o-toluamid*) in Futtermitteln extrahiert man diese mit Acetonitril (90 Vol.-%), filtriert den Extrakt, versetzt mit Äthylendiamin u. bestimmt die Farbstärke der Komplex-Verb. bei 560 mμ. Da die gefundenen Werte manchmal zu tief liegen, wird eine weitere Überprüfung des Verf. empfohlen. W. WESLY. 7868□

Swift & Co., Chicago, übert. von: Theodore J. Weiss, Park Forest, Ill., V.St.A., **Herstellung eines Kürzungsmittels** mit einem breiten plast. Bereich u. geeignet zum *Backen* von Kuchen. Man fügt zu Talg eine kleine Menge einer Mischung aus Glyceriden, die eine kleinere Menge langkettiger Säuregruppen u. eine größere Menge von kurzkettigen Säuregruppen mit 2—4 C-Atomen, z.B. ein acetyliertes Fett, enthalten. (**A. P. 2 966 411** vom 14/8. 1958, ausg. 27/12. 1960.) H. MAASS. 7675

Swift & Co., Chicago, übert. von: Harland H. Young, Western Springs, und Kurt H. Spitzmueller, Clarendon Hills, Ill., V.St.A., **Kürzungsmittel,** bestehend aus einer größeren Menge von Glyceriden, wie Schmalz, u. einer geringeren Menge eines Rk.-Prod. aus β-Propriolacton u. Fettsäuren mit 6—22 C-Atomen, wie Palmitinsäure. — *Bäckereihilfsmittel.* (**A. P. 2 963 371** vom 14/10. 1957, ausg. 6/12. 1960.) H. MAASS. 7675

Marino Golinelli, Bologna, Italien, **Herstellung eines Diätpräparates aus Honig** unter Erhaltung der Enzyme u. Vitamine. Rohhonig wird in der gleichen Menge warmen W. in einer inerten sterilen Atmosphäre, z. B. unter UV-Bestrahlung, gelöst. Die Lsg. wird in der Ultrazentrifuge ca. 25 Sek. zur Entfernung der Proteinstoffe behandelt, filtriert, mit Hilfe von Asbest u. Kieselgur geklärt u. konzentriert. Das Konzentrat wird auf -40^0 tiefgekühlt u. bei $< -220^0$ gefriergetrocknet. (**E. P. 844 633** vom 19/3. 1959, ausg. 17/8. 1960.) W. KRANZ. 7701

Ogilvie Flour Mills Co. Ltd., übert. von: Kenneth M. Gaver, Preville, und Allan Alfred Eisenbraun, Montreal, Quebec, Canada, **Aufarbeiten von Mutterlaugen der Glutaminsäuregewinnung** durch Weizenkleber-Hydrolyse erfolgt, indem man die Lauge durch Alkalizusatz auf ein pH 10,7—10,8 einstellt, dann 8—20 Std., bes. 14 Std., auf 100—175° F, bes. 140° F, erhitzt, durch Zusatz von W. das Gemisch auf einen Trockengeh. von ca. 41% bringt u. anschließend sprühtrocknet. — Das Prod. dient als *Zusatz* zu *Suppen-*, *Saucen-* u. *Würzepräparaten.* (**A. P. 2 946 686** vom 17/4. 1958, ausg. 26/7. 1960.) O. MÜLLER-MEININGEN. 7715

Lever Brothers Co., New York, N.Y., übert. von: James I. Broderick, River Edge, und Lino L. Linteris, Demarest, N.J., V.St.A., **Gewürzmittel mit Fleischgeschmack,** bestehend aus einem stabilisierten Deriv. des Mercaptoacetaldehyds (I), z. B. dem Diäthylacetal von **I,** oder 2.5-Dihydroxy-1.4-dithian, das allein oder im Gemisch mit anderen Würzmitteln, z. B. Glutamat, Proteinhydrolysat, Capronsäure, Isovalerianthioaldehyd, Maltol, Propionaldehyd, Eugenol, Skatol, Indol, in Mengen von 0,01—0,02% zur Anwendung kommt. Als Stabilisierungsmittel dient ein Zusatz von z. B. Xylose. (**A. P. 2 955 041** vom 11/12. 1958, ausg. 4/10. 1960.) W. KRANZ. 7751

Hodges Research & Development Co., New York, N.Y., übert. von: Beverly E. Williams, Hilsborough, Calif., V.St.A., **Frischhaltung von Fleisch in frischem Zustand.** Man verpackt Fleischscheiben unter einem O_2-freien, durch Verbrennung erzeugten Gas, das 1% CO enthält, u. bestrahlt die verpackten Scheiben bei einer Dosis von $1 \cdot 10^3 - 1 \cdot 10^5$ rep, die zur vollständigen Sterilisation des Fleisches nicht ausreicht. (**A. P. 2 965 494** vom 8/7. 1957, ausg. 20/12. 1960.) H. MAASS. 7751

William O. Fraesdorf jun., Tucson, Ariz., V.St.A., **Zartmachen von Fleisch und Gemüse,** wie *Erbsen.* Man behandelt diese Lebensmittel entweder mit einer Mischung in Trockenform, bestehend aus 1 (Teil) eines proteolyt. Enzyms, wie Papain, 12 hydrolysierten Proteinen animal. oder vegetabil. Ursprungs u. 4 Mono-Na-glutamat oder mit einer verd. wss. Lsg. dieser Mischung. (**A. P. 2 961 324** vom 29/5. 1957, ausg. 22/11. 1960.) H. MAASS. 7751

Swift & Co., Chicago, übert. von: John M. Hogan, Oak Lawn, und Jack F. Beuk, Hinsdale, Ill., V.St.A., **Herstellung eines Fleischerzeugnisses.** Man behandelt das Fleisch mit einem proteolyt. Enzym, wie Papain, in Höhe von 1500 mg pro lbs. bei 50—210° F, hält diese Temp. genügend lange, hebt dann die Enzym-Wrkg. auf u. zerkleinert das Fleisch. (**A. P. 2 963 376** vom 14/7. 1958, ausg. 6/12. 1960.) H. MAASS. 7751

Wm. J. Stange Co., Chicago, übert. von: Harry R. Ansel, Elmwood Park, Ill., V.St.A., **Herstellung eines stabilen, magere und fette Teile enthaltenden Fleischerzeugnisses.** Man zerkleinert u. zerreißt Fleisch u. verleibt ihm ein Antioxydans ein, wie Propylgallat, wenn sich der Fettanteil des Fleisches in fl. Zustand befindet. Das Antioxydans dispergiert man in dem Fettanteil in ausreichender Menge, um ein Ranzigwerden zu verhindern. (**A. P. 2 952 552** vom 7/8. 1958, ausg. 13/9. 1960.) H. MAASS. 7751

American Viscose Corp., Philadelphia, Pa., V.St.A., übert. von: Mathilde Hartwig, Bomlitz/Walsrode, und Heinz Reissmann, Fallingsbostel/Walsrode, **Herstellung von künstlichen Alginatdärmen** mit herabgesetzter Quellfähigkeit. Eine 8%ig. wss. Lsg. von Na-Alginat wird in einer 10%ig. Lsg. von $CaCl_2$ in Schlauchform ausgefällt. Der Schlauch wird durch eine Säure-Lsg., z. B. HCl, $CHCl_2 \cdot COOH$, $CCl_3 \cdot COOH$, Benzolsulfonsäure, bei 20—50° während 2—18 Min. hindurchgeführt, mit W. gewaschen u. durch ein 10%ig. Bad von $CaCl_2$, enthaltend 1% $Ca(OH)_2$, geleitet. Der zurückgebildete Ca-Alginatschlauch wird mit einer plastifizierenden Lsg., enthaltend 15% Glycerin u. 15% $CaCl_2$, nachbehandelt. Zur noch stärkeren Reduzierung der Quellfähigkeit kann die Behandlung im Säure- u. $CaCl_2$-Bad wiederholt werden. (**A. P. 2 965 498** vom 16/7. 1958, ausg. 20/12. 1960.) W. KRANZ. 7751

E. I. du Pont de Nemours & Co., Wilmington, übert. von: Frederick B. Hill jun., New Castle, Del., V.St.A., **In Aerosolbehältern verpackte schaumbildende Nahrungsmittel,** z. B. *Zucker-* oder *Eiercremes.* Das in den Aerosolbehälter eingefüllte Nahrungsmittel wird unter Druck mit einem Gasgemisch, bestehend aus 47—15 (Mol-%) Perfluorcyclobutan u. 53—85 N_2O, CO_2 oder einem Gemisch derselben, versetzt. Hohe Stabilität des ausgespritzten Schlamms. (**A. P. 2 952 547** vom 20/3. 1959, ausg. 13/9. 1960.) W. KRANZ. 7757

American Cyanamid Co., New York, N.Y., übert. von: Harry Pearson Broquist und John A. Brockmann jun., Woodcliff Lake, N.J., V.St.A., ***l*-Lysin,** $H_2N-(CH_2)_4-CH(NH_2)-COOH$, erhält man durch aerobe Hefegärung (bes. in Ggw. von *Saccharomyces cerevisiae* oder *Torulopsis utilis*) von 250 γ/cm³ bis 2 Gew.-% 5-Formyl-2-ketovaleriansäure, $OCH-(CH_2)_3-CO-COOH$, bei 5—50° u. einem pH 2,5 bis 8,5, bes. 3,0—5,0. — *Zusatz zu Futtermitteln.* (**A. P. 2 965 545** vom 19/8. 1957, ausg. 20/12. 1960.) O. MÜLLER-MEININGEN. 7787

Christian Schmid, Stuttgart, **Bestimmung des Aschegehalts von Getreide, Mehlen** u. dgl., dad. gek., daß die Erhitzung der Prodd. durch an sich bekannte Hochfrequenzerwärmung so erfolgt, daß durch sehr hohe Temp.-Steigerung ein Verbrennen der Prodd. eintritt, u. daß die Feldstärke zwischen den Platten des Erhitzungskondensators durch Regeln der Kapazität der Kondensatoren u. Regeln der Kopplung der Schwingkreise von Hand oder selbsttätig dem Zustand der Veraschungs-Prodd. angepaßt wird. (**D. B. P. 929 450** Kl. 42 l vom 1/1. 1952, ausg. 27/6. 1955. Anmeldung bekanntgemacht 11/11. 1954.) W. v. HUHN. 7799

Eastman Kodak Co., New York, N.Y., V.St.A., *Mürbungsmittel für Backzwecke.* (**E. P. 810 525** vom 1/11. 1956, ausg. 18/3. 1959. A. Prior. 3/11. 1955. — C. **1960.** 6696 [A. PP. 2 871 124, 2 871 125 u. 2 871 128].)

Henkel & Cie. G. m. b. H., übert. von: **Rudolf Köhler und Wolfgang Dierichs,** Düsseldorf, *Geliermittel.* (**A. P. 2 919 198** vom 12/2. 1958, ausg. 29/12. 1959. D. Prior. 22/2. 1957. — C. **1960.** 10094 [F. P. 1 191 625].)

Goodyear Tire & Rubber Co., übert. von: **James E. Snyder,** Akron, und **George W. Ferner,** Cuyahoga Falls, Ohio, V.St.A., *Konservieren der roten Farbe von rotem Fleisch.* (**A. P. 2 900 260** vom 30/1. 1956, ausg. 18/8. 1959. — C. **1960.** 6684 [E. P. 802 240].)

XVII. Fette. Seifen. Wasch- u. Reinigungsmittel. Wachse. Bohnermassen usw.

Hydrierung. R. R. Allen. (J. Amer. Oil Chemists' Soc. **37.** 521—23. Okt. 1960. Sherman, Tex., Anderson, Clayton and Co., Foods Div.) (Engl.)

Vortrag. Von der Zielsetzung ausgehend, daß für Nahrungszwecke die Öle in streichfähige Form übergeführt u. der Geh. an Dien- u. Trienfettsäuren im Hinblick auf die

Haltbarkeit (Verderben) herabgesetzt werden soll (Bldg. von Monoenfettsäuren, ohne daß gesätt. Vertreter entstehen), wird die Selektivität der Hydrierung in den Vordergrund gestellt. Es werden die verschiedenen Operationen in der Technik (App., Temp., Druck, Katalysatorart u. -menge, Rührung des Gutes, Katalysatorgifte) behandelt. Die bei der Hydrierung erfolgende Isomerisierung unter Bldg. von Stellungs- (Verschiebung der Lückenbindung) bzw. von geometr. Isomeren (trans-Verbb.) wird besprochen sowie die Problematik Fetthydrierung u. Ernährung diskutiert. Ausführungen über die künftige Entw. der Fetthärtung. K. TÄUFEL. 7880□

Darstellung und Reinigung von Monoglyceriden. 1. Mitt. **Glycerinolyse von Ölen.** R. Basu Roy Choudhury. (J. Amer. Oil Chemists' Soc. **37.** 483—86. Okt. 1960. Ames, Iowa, Iowa State Univ. of Sci. and Technol., Iowa Engng. Exp. Stat.) (Engl.)

Vf. berichtet über die prakt. Bedeutung der Monoglyceride (I) u. deren Darst. durch partielle Veresterung von Fettsäuren bzw. durch Glycerinolyse von Ölen; letzteres Verf. wird auf analyt. charakterisiertes Cocos-, Erdnuß-, Sesam-, Lein- u. Sardinenöl unter Heranziehung der üblichen Arbeitsweise (Erhitzen auf 180—250°, 0,05—0,2% NaOH bzw. Na-Alkoholat als Katalysator, Einzelheiten im Original) angewendet. Im Rk.-Prod. werden der Geh. an α-I nach der offiziellen Meth. der A.O.C.S., die Hydroxylzahl nach HIND u. Mitarbeiter [1954] ermittelt; aus beiden Daten wird rechner. der Geh. an Mono-, Di- u. Triglycerid abgeleitet. Nach den graph. u. tabellar. mitgeteilten Befunden hängt die Ausbeute an I nicht von der Zus. der Gesamtfettsäuren des Öles ab, sondern von der Löslichkeit des Glycerins im Ausgangsöl; diese Löslichkeit wird mehr oder weniger stark durch die Temp. beeinflußt. Ein Überschuß an Glycerin über den mit Öl mischbaren Anteil hinaus erhöht in keiner Weise die Glycerinolyse; bei 180° sind maximal 45% I zu erhalten. K. TÄUFEL. 7888□

Dampf-Flüssigkeits-Gleichgewicht von Fettsäuren im Vakuum. J. Holló und T. Lengyel. (Fette, Seifen, Anstrichmittel **62.** 913—18. Okt. 1960. Budapest, TU, Inst. für landwirtsch.-chem. Technol.) (Dt.)

Vff. schildern eine Modifikation der PERRY-FUGUITT-App. für Gleichgewichtsmessungen an Fettsäuren im Vakuum. Angegeben werden die Dampf-Fl.-Gleichgewichtsdaten, die Aktivitäts-Koeff. der reinen Komponenten in Abhängigkeit von der Zus. der Gemische, die Änderung der freien Enthalpie des Gemisches sowie die relativen Flüchtigkeiten, beide in Abhängigkeit von der Zus. der fl. Phase, für die Syst. Ölsäure (I)–Ricinolsäure, Palmitinsäure (II)–I u. II–Stearinsäure. Alle drei Syst. weichen von dem RAOULT-DALTONschen Gesetz negativ ab. Vff. geben eine Rechenmeth., die auf Grund von Kp.-Daten eine Kontrolle bzw. den Ersatz von Gleichgewichtsmessungen bedeutet. S. v. SCHIESZL. 7908□

Duftstoffe in Feinseifen. Eibel. (Riechstoffe u. Aromen **9.** 376—77. Nov. 1959.) (Dt.)

Allg. Ausführungen mit Rahmenrezepten von für Feinseifen geeigneten Parfümkompositionen. M. WINIKER. 7910□

Die Anforderungen an Waschmittel und Waschmaschinen von der textilen Seite aus. A. Engeler. (Schweiz. Arch. angew. Wiss. Techn. **24.** 337—45. Nov. 1958. St. Gallen, Eidg. Mat.-Prüf.- u. Vers.-Anst., Hauptabt. C.) (Dt.)

Ausführliche Diskussion der auf dem 247. Diskussionstag des SVMT gehaltenen Vorträge, die zu einer Reihe von Forderungen an die Textilien, Waschmittel u. Waschmaschinen zusammengefaßt werden: Kennzeichnung der verschiedenen Textilien nach ihrer Waschbarkeit in einem international anerkannten Syst., hohe Reinigungs-Wrkg. der Waschmittel bei weitgehendster Schonung des Waschgutes, Vermeidung von Wäscheinkrustierungen u. Erhaltung der Ausrüstungseffekte u. hinreichend tragbare Beständigkeit der Waschmaschinenbaustoffe in chem. u. mechan.-physikal. Hinsicht. H. SPOHN. 7912□

Die Wirkung der Alkalien beim Einweichen. Die Entfernung farbiger Flecken während des Einweichens. S. V. Vaeck und G. E. Boorsma. (Ind. chim. belge **24.** 233—37. März 1959.) (Franz.)

Es wird der Einfl. von 9 Alkalien auf die Entfernung von Flecken beim Einweichen, das dem Waschen vorausgeht, untersucht. Wie beim Waschen sind pH, Ionen-Konz. u. Polymerisationsgrad die wichtigsten Faktoren bei der Fleckenentfernung. In dieser Hinsicht ist das Einweichen der wichtigste Vorgang bei der Wäsche. Der Zusatz eines oberflächenakt. Hilfsmittels ist hierbei vorteilhaft, dagegen dürfen Alkalien nicht verwendet werden, da die Fleckentfernung nachläßt, wenn das pH ansteigt, im Gegensatz zum Waschprozeß. Nur der Zusatz von komplexen Phosphaten vom Typ des Hexametaphosphats kann in bestimmten Fällen einen günstigen Einfl. haben. L. JENTGEN. 7912□

Ampholytische Waschrohstoffe. D. L. Andersen. (Amer. Perfumer Aromatics **72.** Nr. 4. 59—60. Okt. 1958. General Mills Centr. Res. Labor.) (Engl.)

Nach der Definition ampholyt. Verbb. als grenzflächenakt. Stoffe mit ein oder mehreren kation. (gewöhnlich eine Aminogruppe oder quatern. N) u. anion. (Sulfat-, Ester- oder Sulfonsäuregruppe) hydrophilen Gruppen neben einer hydrophoben Gruppe (langkettige, unverzweigte KW-Stoffgruppe) gibt Vf. Hinweise auf die Eigg. dieser Stoffklasse u. deren vielseitige Einsatzmöglichkeiten. Eine Reihe von Handels-Prodd., die in den USA u. Europa zur Verfügung stehen, werden namentlich aufgeführt. H. SPOHN. 7912□

Zusammensetzung und Leistung neuzeitlicher Waschmittel. H. Stüpel. (Schweiz. Arch. angew. Wiss. Techn. **24.** 346—54. Nov. 1958. Seifenfabrik Hochdorf AG.) (Dt.)

Vf. erläutert an 3 Standardwaschmitteln auf Basis Seife–Soda, Seife–Tripolyphosphat u. modernem Vollwaschmittel auf synthet. Grundlage Theorie des Waschprozesses, Wrkg. der waschakt. Substanzen u. der Waschhilfsstoffe u. gibt Hinweise auf einige Spezialprobleme, wie opt. Aufheller, Hautschutz u. Textilschonung bzw. Schädigung. H. SPOHN. 7912□

Filme aus Bohnerwachsemulsionen. Kurt Gutfreund. (Soap chem. Specialties **36.** Nr. 12. 115. 117. 119. 143. 145. 147. Dez. 1960. Chicago, Ill., Amour Res. Foundat., Illinois Inst. of Technol.) (Engl.)

Die Eigg. der Bohnerwachsfilme (I) bzgl. Zugbeanspruchung u. Entspannung sind abhängig von der Zus. der I u. der Feuchtigkeit. Messungen, die bei verschiedenen Dehnungen durchgeführt wurden, ergaben, daß eine viscose Komponente vorhanden sein muß, die mit steigendem Wasser-Geh. immer stärker hervortritt, was auf eine Plastifizierung mit W. zurückgeführt wird. Bei 52% relativer Feuchtigkeit (RF) zeigten Harzfilme ein ausgesprochen elast. Verh., während Filme auf Polymerbasis eine Neigung zum Fließen zeigten. Vgl. zwischen Harz- u. Harz–Polymer-Filmen ergaben bei 52% RF einen größeren Geh. an einer viscosen Komponente bei den letzteren. Bei 20% RF war der relative Unterschied unbedeutend. Das Gleichgewicht im Feuchtigkeits-Geh. bei einem bestimmten Feuchtigkeits-Geh. der Umgebung war bei den einzelnen Proben verschieden. Ein relativ hoher Wasser-Geh. bei den Harzfilmen gegenüber den I aus Polymeren oder I aus Gemischen von Polymeren u. Harzen verursacht nicht immer die Zähigkeit. Die chem. Zus. der Emulsion ist ausschlaggebend für die mechan. Eigg. von I. Das Verh. bei Zugbeanspruchung läßt die Verbesserung eines Films erkennen. Bei Berücksichtigung der Feststellungen des Vf. ist man in der Lage, eine wesentliche Verbesserung der I herbeizuführen. F. ROSENDAHL. 7926□

Spektrophotometrische Bestimmung der Ranzidität von Olivenölen mittels 2-Thiobarbitursäure. Luciano Usseglio-Tomasset. (Chim. e Ind. [Milano] **42.** 1114—16. Okt. 1960. Asti, Staz. enolog. speriment.) (Ital.)

Zur Best. der Ranzidität von Olivenölen wird das bereits von SEDLACEK u. Mitarbeitern [1958] beschriebene Verf. empfohlen: Ca. 5 g Öl werden in einem 300-ml-Schliffkolben genau eingewogen, dazu werden 100 ml dest. W. u. 5 ml 3n HCl gegeben. In 6 Min. werden bei entsprechend starker Beheizung (BABO-Trichter) über einen 50 cm langen Kühler 30 ml in einen Meßzylinder abdestilliert. Von dem Destillat werden 20 ml abpipettiert, in eine Küvette gegeben u. mit 1 ml 2-Thiobarbitursäure (I)-Lsg. (1 g I werden in 50 ml W. gelöst, mit 2 ml 3n NaOH erwärmt u. nach dem Abkühlen mit 0,4 ml 3n HCl versetzt; auf 100 ml auffüllen) u. 1 ml 85%ig. H_3PO_4 versetzt. Nach kräftigem Mischen wird für 35 Min. in einem sd. Wasserbad. erwärmt. Nach dem Abkühlen wird die entstandene Rotfärbung bei 530 mμ spektrophotometriert. Die anfallenden Werte sind, wie an mehreren Beispielen gezeigt wird, reproduzierbar u. können zur Klassifizierung der Olivenöle herangezogen werden. H. P. FIEDLER. 7932□

Swift & Co., Chicago, übert. von: Stephen S. Chang, Park Forest, und Patrick E. More, Oak Lawn, Ill., V.St.A., **Stabilisieren von Speisefetten** gegenüber der Einw. von zu langem Erhitzen bei der Verw. durch Zusatz von 0,001—2% *α-Sitosterin.* (**A. P. 2 966 413** vom 24/4. 1957, ausg. 27/12. 1960.) C. LÜTTGEN. 7901

Unilever Ltd., Port Sunlight, England (Erfinder: Douglas Holness und Bertram James Frank Hudson), **Präservieren von Seife und seifenhaltigen Gemischen** durch Beimischen von 0,1—1% eine Hydrazons, z. B. N-Lauroyl-N'-heptyliden-, N-[γ-Hydroxybutyryl]-N'-isopropyliden-, N-Lauroyl-N'-isopropyliden-, N-[p-Toluolsulfonyl]-N'-[2.3.4.5.6-pentahydroxyhexyliden]-, N-[γ-Hydroxybutyryl]-N'-anisyliden-, N-Benzoyl-N'-isopropylidenhydrazin. (**E. P. 838 018** vom 28/8. 1956, ausg. 22/6. 1960. **A. P. 2 955 120** vom 22/8. 1957, ausg. 4/10. 1960. E. Prior. 28/8. 1956.) C. LÜTTGEN. 7911

Chemische Fabrik Düren G. m. b. H. (Erfinder: Heinz Praetorius und Alwin Hiller), Düren/Rhld., **Herstellung von in hartem Wasser beständigen Seifen,** dad. gek., daß Seifen oder Seifen-Lsgg., die anorgan. oder organ. Salze der Halbamide

oder Halbester organ. Dicarbonsäuren mit solchen Derivv. von Harnstoff (I), Thioharnstoff, Dicyandiamid, Melamin sowie von Alkylendi-I, Alkylen-bis-dicyandiamid, Dialkylentri-I, von Polyalkylen-I u. von cycl. I-Verbb., die einen Alkyl-, Acyl-, Hydroxyalkylester- oder Hydroxyalkylätherrest mit > 6 C-Atomen im Mol. aufweisen, z. B. das Na-Salz des Maleinsäurehalbamids des N-Hydroxyäthylharnstoffmonolaurinsäureesters oder des Maleinsäurehalbesters von N.N'-Dihydroxyäthylharnstoffmonolaurinsäureesters, zugesetzt werden. (**D. A. S. 1 103 499** Kl. 23e vom 13/11. 1959, ausg. 30/3. 1961.)
C. LÜTTGEN. 7913

Henkel & Cie. G. m. b. H. (Erfinder: Ernst Götte, Alfred Kirstahler und Karl Goldann), Düsseldorf, **Kochwaschmittel** auf Basis synthet. Waschrohstoffe mit Sulfonsäure- oder Schwefelsäureestergruppe u. einem Geh. an Schaumstabilisatoren (I) sowie evtl. weiteren üblichen Waschmittelzusätzen, dad. gek., daß sie als I Verbb. der allg. Formel $\genfrac{}{}{0pt}{}{R}{R'}\!\!>N-(CH_2)_n-NHCO-CH_2OCH_2-COOMe$ enthalten, wobei R einen aliphat. oder cycloaliphat. KW-Stoffrest von 8—22 C-Atomen, bes. 10 bis 18 C-Atomen, R' H oder einen aliphat. KW-Stoffrest mit 1—4 C-Atomen, Me ein einwertiges Metall u. n = 3—6 bedeuten, wobei die H-Atome von R' durch aliphat., ggf. zu cycloaliphat. Resten verbundene, KW-Stoffreste bis zu einer Höchstzahl von insgesamt 6 C-Atomen ersetzt sein können. — Beispiel: 18 (Teile) Alkylbenzolsulfonat, 32 $Na_4P_2O_7$, 5 Wasserglas, 9 NaBO, 3 $MgSiO_3$, 1 Carboxymethylcellulose, 32 Na_2SO_4 u. 5 $C_{12}H_{25}NH(CH_2)_3NHCOCH_2OCH_2COONa$. (**D. A. S. 1 102 956** Kl. 23e vom 12/11. 1959, ausg. 23/3. 1961.)
C. LÜTTGEN. 7913

Soc. Monsavon-l'Oréal, Frankreich (Erfinder: Roger Charles und Jean Pomot), **Anionenaktive Waschmittel** in Form von Aerosolen, dad. gek., daß man in einem Lsgm. aus unter Druck verflüssigten Gasen, wie chlorfluorierte Äthane oder Methane, u. niederen KW-Stoffen, wie Butan oder Propan, im korrosionsbeständigen Autoklaven bei 110—130° Sulfaminsäure mit einem Polyoxyäthylenalkohol oder einem Polyoxyäthylenalkylphenol umsetzt. (**F. P. 1 204 531** vom 14/4. 1958, ausg. 26/1. 1960.)
S. BÖTTCHER. 7913

Colgate-Palmolive Co., New York, N.Y., übert. von: Jack Vair Schurman, Caldwell, N.J., V.St.A., **Fettsäuredihydroxyalkylamide** der allg. Formel $R-CO-N\cdot[(CH_2)_nOH]_2$ (R—CO = Fettsäurerest, bes. mit 10—18 C-Atomen; n = ganze Zahl) mit geringem Geh. an Fettsäuremonoesteramid erhält man durch Rk. eines niedermol. Fettsäurealkylesters mit einem Dihydroxyalkylamin der allg. Formel $HO(CH_2)_nNH\cdot(CH_2)_nOH$ bei 70—175° in Ggw. von Alkalimetall, Alkalialkoholaten u. -amiden als Katalysator. Die fl. Masse wird dann < 55° u. bes. < 10° in Ggw. eines freien Dihydroxyalkylamins u. wenigstens 0,05% des vorst. Katalysators wenigstens 2 Tage lang im geschmolzenen Zustand gehalten. — Diäthanolamin wird mit Cocosnußfettsäuremethylester im Verhältnis 17,5 : 32 bei 114° u. 100—125 mm Hg in Ggw. von K unter Abdestillieren des gebildeten Methanols umgesetzt; das Cocosnußfettsäurediäthanolamid, F. ca. 30°, wird auf 35° abgekühlt (K-Geh. 0,2%, Monoester-Geh. 10%) u. 3 Tage lang bei dieser Temp. gehalten; die Masse bleibt dann klar u. läßt sich mit fl. Reinigungsmitteln, wie Alkylbenzolsulfonsäuretriäthanolammoniumsalz, mischen. Ferner können umgesetzt werden: Die niedermol. Ester von Laurin-, Myristin-, Palmitin-, Stearin-, Linol-, Ölsäure, Fisch- u. Tallölfettsäuren, die auch hydriert sein können, mit Diäthanol-, Diisopropanol-, Dibutanol-, Dipentanolamin. — *Zusatzmittel zu fl. Reinigungsmitteln.* (**A. P. 2 877 246** vom 17/3. 1958, ausg. 10/3. 1959.)
G. KRAUSS. 7913

Thomas Hedley & Co. Ltd., Newcastle-upon-Tyne, England (Erfinder: Alexander Ritchie und John Urwin), **Waschmittel**, das der Wäsche einen Geruch erteilt, gek. durch den Geh. eines auf Leinen u. Baumwolle substantiv aufziehenden Parfüms, z. B. Ketonmoschus, Ambrette-Moschus, Vetiveröl. (**E. P. 838 240** vom 10/10. 1957, ausg. 22/6. 1960.)
C. LÜTTGEN. 7913

Emery Industries, Inc., übert. von: Joseph A. Piepmeyer, Cincinnati, Ohio, V.St.A., **Geruchlosmachen trockener Reinigungslösungsmittel auf Erdölbasis mit Diglykolsäure.** Man dest. das Lsgm. u. behandelt es mit Diglykolsäure (I), indem man es durch ein Tuchfilter leitet, das mit I imprägniert ist. (**A. P. 2 944 964** vom 24/12. 1958, ausg. 12/7. 1960.)
P. UNGER. 7915

Chemische Fabrik Budenheim Rudolf A. Oetker K.G., Budenheim/Rh. (Erfinder: Otto Pfrengle, Wiesbaden, und Christel Pietruck, Budenheim/Rh.), **Herstellung nichtstäubender Wasch-, Reinigungs-, Spül- und Entfettungsmittel,** dad. gek., daß ein durch Aufdüsen einer nichtionogenen waschakt. Substanz auf ein durch einen Sprühprozeß gewonnenes Alkaliphosphat mit einem Schüttgewicht von < 550 g/Liter gewonnenes Vorprod. mit einem feinkörnigen Wasch- u. Reinigungsmittel mechan.

gemischt wird. (**D. A. S. 1 107 870** Kl. 23e vom 22/1. 1959, ausg. 31/5. 1961. **Zusatz zu D. A. S. 1 098 132; C. 1961. 10022.**) C. LÜTTGEN. 7917

Thomas Hedley & Co. Ltd., Newcastle (Erfinder: Peter John Pengilly, Stocksfield), Northumberland, England, **Herstellung von kornförmigen, sulfonierten Reinigungsmittelgemischen** aus den sauren Sulfonierungs-Prodd. von organ. Materialien, die Sulfonsäuren mit Reinigungsmittel-Eigg. bilden, durch Neutralisation mit pulverförmigen Alkalien, dad. gek., daß zu einem derartigen sauren Prod. $\geqq$2,5 (%) Toluolsulfonsäure u. dann 30 W. hinzugefügt werden u. das so bereitete Prod. innig in ein Pulvergemisch hineindispergiert wird, das im wesentlichen ein alkal. Material (I) u. eine dem I wenigstens gleiche Menge eines Alkalipolyphosphats umfaßt, wobei das I ausreichend, jedoch nicht wesentlich mehr als ausreichend ist, um das Säure-Prod. zu neutralisieren. (**D. A. S. 1 106 018** Kl. 23e vom 8/2. 1958, ausg. 4/5. 1961.) C. LÜTTGEN. 7917

VEB (K) Chemische Fabrik Gotha, Gotha (Erfinder: Hans Bährens, Halle/Saale), **Herstellung von Schaumwaschmitteln in Trockenform für Fahrzeuge u. dgl.**, dad. gek., daß akt. Waschmitteln, wie Pyrophosphaten u. Mersolaten, ein katalyt. wirkender Zusatz von koll. Ag beigegeben wird unter Gestaltung des Pulvers bei 3,5 atü u. genau auf 270° eingestellter Temp. mit Hilfe der Mol.-Zerstäubung u. anschließender Kühlung bei Verlassen des Trockenschachts mit Kaltluftstrom. (**D. A. S. 1 103 503** Kl. 23e vom 23/1. 1959, ausg. 30/3. 1961.) C. LÜTTGEN. 7917

Böhme Fettchemie G. m. b. H. (Erfinder: Ernst Götte), Düsseldorf, **Flüssiges Geschirrspülmittel,** enthaltend schwerlösl., gemischte höhermol. Äthylenoxyd–Propylenoxyd-Polymerisations-Prodd. mit einem Molgew. von bes. 1000—2000. Man löst 5 Teile des Anlagerungs-Prod. von 10% Äthylenoxyd (I) an ein Polypropylenoxyd (Molgew. 1500, Trübungs-Temp. 26°), 4 des Anlagerungs-Prod. von 20 Mol I an Nonylphenol u. 8 Isopropanol in Wasser. (**D. A. S. 1 106 907** Kl. 23e vom 16/4. 1960, ausg. 18/5. 1961. **Zusatz zu D. A. S. 1 093 507; C. 1961. 5648.**) C. LÜTTGEN. 7917

Procter & Gamble Co., Cincinnati (Erfinder: **George William Holman**, Wyoming, **Thomas Benthy Laycock** und **Robert Louis Wille**, Cincinnati), Ohio, V.St.A., *Umesterung von Fettsäureestern in Gegenwart von Alkalimetallhydroxyd.* (**Schwz. P. 348 861** vom 21/1. 1956, ausg. 31/10. 1960. — C. **1959.** 3332 [D. A. S. 1 032 652].)

W. Pfaff, Oberaudorf/Obb., *Verbesserung des Nährwertes von fetthaltigen Lebensmitteln durch Emulgieren des Fettes mit Proteinen.* (**Belg. P. 566 121** vom 27/3. 1958, ausg. 29/7. 1960. D. Prior. 27/3. 1957. — C. **1960.** 13558 [F. P. 1 193 976].)

Unilever N. V., Rotterdam, Holland, *Herstellung eines Hartfettes.* (**Belg. P. 556 778** vom 17/4. 1957, ausg. 26/2. 1960. E. Prior. 17/4. 1956. — C. **1960.** 17313 [F. P. 1 171 689].)

Unilever Ltd., Port Sunlight, England (Erfinder: **Allan Alsbury, Kenneth Albert Phillips** und **Bernard Taylor**), *Herstellung von Fettsäureaminomethansulfonaten.* (**E. P. 830 054** vom 15/7. 1957, ausg. 9/3. 1960. — C. **1960.** 13560 [Oe. P. 206 554].)

Procter & Gamble Co., Cincinnati, Ohio, V.St.A., *Flüssiges Grobwaschmittel.* (**Belg. P. 558 423** vom 15/6. 1957, ausg. 25/3. 1960. A. Prior 29/6. 1956. — C. **1960.** 10797 [A. P. 2 877 185].)

Monsanto Chemical Co., St. Louis, Mo., V.St.A., *Herstellung von mit Schwefeltrioxyd sulfonierten Produkten.* (**Aust. P. 168 179** vom 5/4. 1954, ausg. 20/12. 1956. A. Prior. 7/4. 1953. — C. **1958.** 10530 [E. P. 761 095].)

Procter & Gamble Co., Cincinnati (Erfinder: **William Clarence Krumrei**, Springdale), Ohio, V.St.A., *Flüssiges, stark schäumendes Reinigungsmittel.* (**D. A. S. 1 075 779** Kl. 23e vom 25/5.1957, ausg. 18/2. 1960. **Belg. P. 558 422** vom 15/6. 1957, ausg. 25/3. 1960. Beide A. Prior. 29/6. 1956. — C. **1960.** 10797 [A. P. 2 877 186].)

J. Zakarias und **L. Zakarias**, Clifton, England, *Bleichendes Reinigungsmittel.* (**Belg. P. 537 539** vom 21/4. 1955, ausg. 8/5. 1959. E. Prior. 21/4. 1954. — C. **1960.** 14561 [E. P. 812 627].)

XVIIIa. Holz. Cellulose. Zellstoff. Papier. Papierdruck. Celluloid. Linoleum

Untersuchungen zum Zusammenhang zwischen Alkalilöslichkeit und Kurzkettengehalt nativer und regenerierter Cellulosen. Alfred Keil, Burkart Philipp und Roland Jacob. (Faserforsch. u. Textiltechn. **12.** 94—105. März 1961. Pirna, Forsch.- u. Entw.-Stelle des VEB Sächs. Kunstseidenwerk „Siegfried Radek"; Dt. Akad. der Wiss. zu Berlin, Inst. für Faserstoff-Forsch. in Teltow-Seehof.) (Dt.)

Die Erhöhung der Natronlaugelöslichkeit von Celluloseproben durch Zusatz von Zinkoxyd zur Extraktionslauge u. durch Erniedrigung der Lösetemp. wurde untersucht, der Einfl. einer unterschiedlichen Vorbehandlung des Cellulosematerials wurde geprüft, u. es wurde festgestellt, wie sich der DP des herausgelösten Anteils in Abhängigkeit von den Lösebedingungen u. der Art des eingesetzten Cellulosematerials ändert. Anschließend wird über die Entw. einer Meth. zur Kurzkettenfraktionierung von Zellstoffen, Alkalicellulosen u. Cellulosefasern berichtet, bei der mit zinkhaltiger NaOH bei ver-

schiedenen Temp. extrahiert u. dann der DP der Extrakte direkt viscosimetr. bestimmt wird. Einige bisher erhaltene Ergebnisse werden mitgeteilt. — 23 Literaturnachweise.
P. ECKERT. 7954□

Eignung dichter Eucalyptushölzer für die Papierherstellung. 1. Mitt. **Wirkung physikalischer Behandlungsmethoden und chemischer Zusätze auf Sulfatzellstoff aus Eucalyptus hemiphloia.** W. E. Cohen. (APPITA — J. Austral. Pulp Paper Ind. **14.** 108—26. Nov. 1960. Div. of Forest Prod., C.S.I.R.O.) (Engl.)

Es wurde versucht, die Festigkeits-Eigg. eines Zellstoffs zu verbessern, der aus dickwandigen Fasern dichter Eucalyptushölzer besteht. Dabei zeigte sich, daß physikal. Meth. allein hierfür nicht geeignet sind. Eine bessere Wrkg. wird erzielt, wenn zusätzlich noch ein Quellmittel angewandt wird. Dieses soll billig u. nicht korrodierend sein.
A. SEUFFERT. 7956□

Die Gewinnung von Sulfatzellstoff für Isolationszwecke aus Laubholz. O. W. Wjatkina und D. G. Wjatkin. (Бумажная Промышленность [Papier-Ind.] **35.** Nr. 9. 19—22. Sept. 1960. Mariisker Cellulose- u. Papier-Kombinat.) (Russ.)

Beim Arbeiten nach dem Sulfat-Verf. lassen sich aus Nadelholz mit Zusätzen von bis zu 30% Laubholz (Espe u. Birke) für die Kabelindustrie geeigneteIsolationspapiere erhalten. Auch hat man bei Mitverwendung von Laubholz die Möglichkeit, größere Zellstoffmengen bei Vorliegen von Aufschlußkesseln bestimmter Größe bei einem gleichzeitigen geringeren Verbrauch an weißer Lauge zu gewinnen. M. ULMANN. 7960□

Untersuchungen zur Steuerung des Sulfitaufschlusses von Hölzern in Methanol-Wasser bei Gegenwart von Na_2SO_4 beziehungsweise $NaHSO_4$ beziehungsweise Na_2SO_3. Paul Schorning. (Faserforsch. u. Textiltechn. **12.** 105—08. März 1961. Dt. Akad. der Wiss. zu Berlin, Inst. für Faserstoff-Forsch. in Teltow-Seehof.) (Dt.)

Es wird nachgewiesen, daß ähnlich wie bei der Hydrolyse bzw. Vorhydrolyse von Hölzern in Ab- u. Anwesenheit von schwefliger Säure auch beim Sulfitaufschluß in Alkohol-Ggw. anorgan. Zusätze den Aufschlußvorgang beeinflussen bzw. steuern. Die Variierung von Na_2SO_4 bzw. $NaHSO_4$-Zusätzen in alkohol.-wss. Lsgg. von SO_2 erlaubt nicht nur Schnellaufschlüsse, sondern auch „Ziel"-Kochungen mit jeweils vorher festgelegter Viscosität. Diese Vorgänge werden diskutiert u. es wird gezeigt, daß auch Kiefernholz in gleichem Medium in Ggw. von geringen Na_2SO_3-Zusätzen beschleunigt aufgeschlossen wird. P. ECKERT. 7962□

Die Beschleunigung der Sulfitkochung. Rudolf Borišek, Josef Schmied und Václav Enderšt. (Papír a Celulosa **16.** 2—4. Jan. 1961. Bratislava, Výsk. úst. papieru e celulózy.) (Slovak.)

Verf. für Betriebe, die noch nicht mit $NaHSO_3$ (u. Rückgewinnung der Chemikalien) kochen können: 2 Std. lange Vorimprägnierung mit (Konz. 5,5 g/100 ml) 4% Na_2SO_3/Holz bis 140°; die Lsg. dringt gut in das Holz ein, bremst den Abbau der Hemicellulose, erlaubt höhere Sulfonierungs-Temp.; dann 2 Std. kochen bei 140° unter Zusatz der $Ca(HSO_3)_2$-Lsg.: Gesamt (gebundenes) SO_2 4,5 (0,9—1) % mit einer Stoffdichte 1 : 5, pH 4—5, wobei die Kochlsg. nach Mischung mit der Imprägnierlsg. enthält: Gesamt (gebundenes)-SO_2 3,75 (1—1,3) %. Bei ca. 61% Ausbeute hatte der Papierzellstoff bereits bei 10 bis 18° SR: Reißlänge 9000—11400 m, Berstdruck 6—7 kg/cm², Falzzahl 500—629, Einreißfestigkeit (ELMENDORF) 127—100 g. Diese Werte nähern sich den Werten, wo vergleichsweise mit $NaHSO_3$ gekocht wurde, u. sind besser, als mit $Ca(HSO_3)_2$-Lsg. mit einem Zusatz von Sulfit. H. DEMUS. 7962□

Die Halbzellstoffverfahren. Eine Kurzübersicht nach dem gegenwärtigen Stand. Roland Runkel. (Wbl. Papierfabrikat. **89.** 97—103. Febr. 1961.) (Dt.)

Übersicht an Hand von 20 Literaturnachweisen. P. ECKERT. 7964□

Die katalytische Hydrierung von Holz und anderen Pflanzenmaterialien. N. A. Wassjunina, A. A. Balandin, Ss. W. Tschepigo und G. Ss. Baryschewa. (Известия Академии Наук СССР, Отделение Химических Наук [Nachr. Akad. Wiss. UdSSR, Abt. chem. Wiss.] **1960.** 1522—23. Aug. Zelinsky-Inst. für organ. Chem. der Akad. der Wiss. der UdSSR; Forschungsinst. für die Hydrolysenind.) (Russ.) — Vgl. C. **1961.** 13762.

Bei Anwendung von *Ru* (auf Kohle) als Katalysator lassen sich aus *Holz* oder anderen *Cellulose* enthaltenden Materialien nach Hydrolysierung u. Hydrierung unter H_2-Druck in saurem Medium die Polysaccharide in *Hexite* u. *Pentite* umwandeln (Ausbeute 95%), nachfolgend im alkal. Medium das *Lignin* in *Phenole* (Ausbeute ca. 35%).
M. ULMANN. 7966□

Die Acetylierung von Holocellulse in Faserform. Toshikazu Fujimura. (Bull. chem. Soc. Japan **28.** 248—53. Juni 1955. Kumamoto, Kokoku Rayon and Pulp Co. Ltd., Yatsushiro Mill.) (Engl.)

Vf. untersuchte kinet. die Acetylierung von Holocellulose in Faserbrei, u. zwar von Reyonzellstoff (Buchenholz), von Bemberg-Reyon u. den gleichen Materialien nach einer alkal. Vorbehandlung zur Entfernung von Pentosan (I). Zur Acetylierung diente das Syst. Essigsäureanhydrid–Bzl.–H_2SO_4. Es ergab sich für die in jedem Falle diffusionskontrollierte Rk., daß bei I-haltigem Material der die Rk.-Geschw. bestimmende Prozeß der Durchgang des Reagens durch die Grenzschicht zwischen Flotte u. Faser ist. Bei Materialien, deren I durch Alkalibehandlung entfernt worden ist, wird die Rk. von der Geschw. bestimmt, mit der das Reagens durch die bereits acetylierte Faserschicht diffundiert, um den noch nicht umgesetzten Anteil zu erreichen. Als Meth. verwendete Vf. die Änderung der Konz. von Essigsäure in der Faser u. die der Doppelbrechung in Abhängigkeit von der Rk.-Zeit. H. STEFFENS. 7970□

Natriumaluminat als Papierhilfsmittel. Willy Schumann. (Wbl.Papierfabrikat. **89.** 100—03. Febr. 1961.) (Dt.)

Die Ausführungen haben die vielseitige Verw.-Möglichkeit des Na-Aluminats u. die damit zu erreichenden Verbesserungen gezeigt. Es wird ferner gezeigt, daß die gebildete Natronlauge in fast neutralem bis alkal. Bereich in erster Linie für die Verbesserung verantwortlich ist. Während eine Konz. von Al-Hydroxyd in zu saurem Bereich sich als ein Nachteil herausstellt. Der erwünschte Erfolg richtet sich vor allem nach der Stoff-Zus. u. einer genauen Kontrolle des Arbeitsvorgangs. P. ECKERT. 7978□

Struktur und Eigenschaften von Papier. 12. Mitt. **Ursache der Festigkeitsunterschiede bei aus Sulfat- und Sulfit-Zellstoff hergestellten Papieren.** A. W. McKenzie und H. G. Higgins. (APPITA — J. Austral. Pulp Paper Ind. **14.** 127—41. Nov. 1960. Div. of Forest Prod., C.S.I.R.O.) (Engl.) — 10. vgl. C. **1960.** 1367.

Sulfatkochung verschlechterte bei von Lignin befreiten Fasern die Festigkeitseigenschaften. Sulfitkochung verursachte ebenfalls geringere Festigkeit, wenn die Säure-Konz. den Normalwert erreichte, aber unter gemäßigten Bedingungen war die Festigkeit höher als nach Sulfatkochung. Normalerweise bewirkt der Einfl. von Alkali die Erniedrigung der Festigkeit von Sulfatzellstoffen, während Säure bei Sulfitzellstoffen die Festigkeit herabmindert. A. SEUFFERT. 7984□

Bestimmung des Gelbgehalts von Zellstoff und Faserproben mit dem „Elrepho". Richard Stahn. (Papier **15.** 1—5. 5/1. 1961. Labor. der Rottweiler Kunstseidefabrik AG.) (Dt.)

Der vom Grau-Geh. unabhängige Gelb-Geh. von Zellstoff oder Reyon wird im „*Elrepho*" auf Grund der prozentualen Zunahme des rot-gelb-grünen Spektralbereichs (= 50% im Weiß) auf Kosten des grün-blau-violetten (= 50% im Weiß) gemessen. Als Beispiel wird der Gelb-Geh. G_1 eines Zellstoffs u. der Gelb-Geh. G_2 des daraus hergestellten Reyons angeführt. Die Größe G_2–G_1 wird als Vergilbung bezeichnet. Es werden Modell-Verss. durchgeführt. Zur Erzeugung eines Grau-Geh. werden weiße Pigmente bzw. Salze mit Paraffinöl transparent gemacht, wodurch die Remission um 5—35% zurückgeht. Zur Erzeugung eines Gelb-Geh. bzw. eines kombinierten Grau-Gelb-Geh. werden Mischungen von weißem u. gelbem Pigment ohne u. mit Öl gemessen. Der Gelb-Geh., auch von Zellstoff, vervielfacht sich durch das Transparentieren. Hierauf beruht größtenteils das „Vergilben" des Zellstoffs bei der Verwandlung in Reyon. P. ECKERT. 8006□

Über die Verwendung von Cadoxen zur Bestimmung der Grenzviscosität (des DP) und der Kettenlängenverteilung von Cellulosen. Georg Jayme und Peder Kleppe. (Papier **15.** 6—10. 5/1. 1961. Darmstadt, TH, Inst. für Cellulosechem. mit Holzforschungsstelle.) (Dt.)

Es wird gezeigt, daß sich die Lösekraft des Cadoxens durch kurze Vorquellung der aufzulösenden Cellulose-Präpp. in W. erheblich erhöhen läßt. Es ist daher nicht nötig, gemäß dem Vorschlag von HENLEY dem Cadoxen noch NaOH zuzusetzen. Auf dieser Grundlage wird eine Meth. zur Best. der Grenzviscosität (DP-Best.) an Zellstoffen in Cadoxen (JAYME) entwickelt. Es wird eine Formel für die rechner. Extrapolation der Grenzviscositäten gegeben. Die Luftsauerstoffempfindlichkeit der Cellulose–Cadoxen-(HENLEY)-Lsgg. u. der Cellulose–Cadoxen-(JAYME)-Lsgg. wird untersucht u. verglichen, wobei die Cadoxen-(HENLEY)–Cellulose-Lsg. nach 24 Std. einen [η]-Abfall von 4%, die entsprechende Cellulose–Cadoxen-(JAYME)-Lsg. einen solchen von nur 1,7% erlitt. Daneben besitzt Cadoxen (JAYME) noch den Vorteil, einfacher herstellbar zu sein. Die Grenzviscositäten für 6 Zellstoffe in Cadoxen EWNN werden gemessen u. das Verhältnis [η] EWNN/[η] Cadoxen zu 1,3 bestimmt. Eine einfache Best. der Kettenlängenverteilung der Zellstoffe durch fraktionierende Auflösung in Cadoxen nach der summativen Meth. wird beschrieben u. an Hand eines Beispiels näher erläutert.
P. ECKERT. 8006□

Ercole Adami und Romano Brotto, Padua, Italien, **Imprägnieren von Holzrahmen.** Zur Vermeidung des Verziehens durch atmosphär. Einfl. überzieht man das Holz mit einem *Polyester*, dem man auch Pigmente oder Metallpulver beimischen kann. (**It. P. 514 119** vom 18/2. 1954.) K. Koebke. 7953

R. J. Reynolds Tobacco Co., V.St.A. (Erfinder: Kenneth Harry Hoover), **Zigarettenpapier,** welches beim Abbrennen einen aromat. Geruch verbreitet, mit einem Zusatz von 0,25—4% (berechnet auf das Papiergewicht) des Na- oder K-Salzes einer aromatisierenden flüchtigen Monocarbonsäure mit 3—8 C-Atomen. Genannt sind *Na-* u. *K-Propionat.* (**F. P. 1 195 958** vom 16/5. 1958, ausg. 20/11. 1959. A. Prior. 17/6. 1957.) M. F. Müller. 7987

British Insulated Callender's (Submarine Cables) Ltd., London (Erfinder: Edward Leslie Davey, Hale Cheshire), England, **Überziehen oder Tränken von porösen schichtförmigen Materialbahnen, wie Papier, Gewebe** u. dergleichen. Zwei oder mehr Materialbahnen werden, während sie miteinander in Berührung stehen, in eine Vorwärmvorrichtung, eine Unterdruckkammer u. anschließend in eine unter höherem Druck stehende Imprägniermittelkammer geführt u. anschließend auf getrennten Rollen aufgerollt. — Vorrichtung. (**D. A. S. 1 100 451** Kl. 55f vom 5/2. 1957, ausg. 23/2. 1961. E. Prior. 6/2. 1956.) P. Mayer. 7987

Farbwerke Hoechst Akt.-Ges., vormals Meister Lucius & Brüning, Frankfurt/M. (Erfinder: Wieland Joos, Frankfurt/M., und Erich Lück, Wiesbaden), **Mittel zum Schwerentflammbarmachen brennbarer Substanzen.** Bromhaltige aliphat. Carbonsäuren mit mehr als 50% organ. gebundenem Br u. mindestens 3 C-Atomen, ihre Säure-Derivv. u. Mischungen dieser Stoffe werden brennbaren Stoffen zugesetzt (Papier, Textilien, Holz, Kunststoffe). (**D. A. S. 1 105 705** Kl. 55f vom 18/6. 1959, ausg. 27/4. 1961.) P. Mayer. 7987

Edward D. Hill, Cleveland, Ohio, V.St.A., **Herstellung von Farbwalzen für Druckerei.** Bei gewöhnlicher Temp. bis ca. 250° F werden ca. 100 (Gewichtsteile) Polyvinylchlorid mit 50—500 eines niedrigpolymeren fl. Butadienacrylnitrils innig gemischt u. bei 200—250° F gehalten, ohne daß das Polyvinylharz merkbar erweicht. Dann wird die Masse in die Walzenform gebracht u. auf 250—400° F gehalten (**A. P. 2 927 346** vom 16/4. 1954, ausg. 8/3. 1960.) K. Kittler. 7989

British Cellophane Ltd., Bridgwater, England, *Feuchtigkeitsbeständiger, verschweißbarer Cellulosehydratfilm.* (**Aust. P. 162 883** vom 8/12. 1953, ausg. 2/6. 1955. E. Prior. 7/1. 1953. — C. **1957.** 823 [E. P. 731 630].)

Oskar von Kohorn, New York, N.Y., V.St.A., *Gewinnung von gereinigtem Zellstoff aus markhaltigen Pflanzen.* (**Ind. P. 49 909** vom 14/7. 1953, ausg. 15/7. 1955. — C. **1956.** 12153 [E. P. 742 916].)

Stora Kopparbergs Bergslags A/B, Falun, Schweden, *Rückgewinnung von Alkali und Schwefel aus der Schmelze von Sulfitablaugen.* (**Schwed. P. 156 499** vom 9/9. 1955, ausg. 9/10. 1956. — C. **1958.** 6422 [D. A. S. 1 015 308].)

Hercules Powder Co., Wilmington, Del., V.St.A., *Unlöslichmachen von Celluloseacetosorbat.* (**Aust. P. 160 704** vom 28/7. 1953, ausg. 3/2. 1955. A. Prior. 2/10. 1952. — C. **1956.** 7385 [E. P. 737 516].)

Sandoz Akt.-Ges., Basel, Schweiz, *Acylierung von Cellulose.* (**Schwed. P. 156 528** vom 26/2. 1953, ausg. 16/10. 1956. Schwz. Prior. 28/2. 1952. — C. **1956.** 6833 [E. P. 736 618].)

Deutsche Gold- und Silber-Scheideanstalt vormals Roessler, Frankfurt/M., *Entfernen von Harzen bei der Papierfabrikation.* (**Ind. P. 49 233** vom 12/3. 1953, ausg. 26/8. 1954. — C. **1956.** 2619 [F. P. 1 070 275].)

M. J. Jalkanen, Rauma, Finnland, *Waschen und Bleichen von Cellulosepülpe.* (**Schwed. P. 156 501** vom 10/3. 1953, ausg. 9/10. 1956. Finn. Prior. 25/2. 1953. — C. **1960.** 9763 [Aust. P. 209 119].)

A/B Svenska Kullagerfabriken, Göteborg, Schweden, *Rostschützendes Verpackungsmaterial.* (**Schwed. P. 156 585** 21/5. 1946, ausg. 16/10. 1956. — C. **1956.** 12714 [D. B. P. 939 726].)

General Mills, Inc., V.St.A., *Herstellung von Regeneratcelluloseschwamm.* (**F. P. 1 166 131** vom 19/12. 1956, ausg. 3/11. 1958. — C. **1961.** 1413 [Belg. P. 553 483].)

XVIIIb. Textilfasern

Schnelle Entschlichtung durch Diastaphor. József Sármány und Tiborné Szentpáli. (Magyar Textiltechn. [Ung. Textiltechn.] **13.** 98—101. März 1961. Budapest, Textilindustr. Forsch. Inst.) (Ung.)

Vff. untersuchten die optimalen Bedingungen für die Entschlichtung mit *Diastaphor* u. stellten fest, daß mit einer Lsg. von 5 g/Liter bei pH 4,5—6 u. 65° eine Behandlung von 30 Min., dann ein 2std. Belassen in wärmegeschütztem Raum genügen. Bei so kurzer Behandlungsdauer wird der größte Teil der Stärke nicht bis zum Zucker abgebaut, sondern nur aufgelockert; dieses Prod. kann aber mit genügender Menge heißen W. ausgewaschen werden. J. Plank. 8030

Vergleichende Untersuchung der Wirksamkeit antistatischer Präparate. József Hornung, Károly Ramaszéder und Ferenc Tobisch. (Magyar Textiltechn. [Ung. Textiltechn.] **13.** 163—69. April 1961.) (Ung.)

Vff. untersuchten die antistat. Wrkg. von 10 entsprechenden in- u. ausländ. Präpp. an Geweben aus reiner Wolle bzw. aus Wolle mit 35% Polyesterfasern. Es wurde die von dem Gewebe gebundene Menge nach Eintauchen in 0,2–10%ig. Lsgg., die Feuchtigkeitsaufnahme bei 66–85% relativer Feuchte u. die elektrostat. Aufladung bestimmt. Die Wrkg. der antistat. Präpp. war auf den verschiedenen Textilien sehr unterschiedlich, die Feuchtigkeitsaufnahme kam weniger stark zum Ausdruck. Die Präpp. mit geringerer Wrkg. haben eine größere spezif. Wasseraufnahmefähigkeit. Die präparierten Gewebe laden sich nach dem Auswaschen wieder auf. J. Plank. 8032

Bügelbeständige Ausrüstung. Károlyné Zimmer. (Magyar Textiltechnika [Ung. Textiltechn.] **13.** 101–04. März 1961. Budapest, Textilindustr. Forsch. Inst.) (Ung.)

Behandelt wird das Verh. der entsprechenden Kunstharze, der Einfl. der Temp. u. die Dauer der Kondens., die Art der Imprägnierung, die Vorbehandlung des Textilgutes sowie die Meth. der Unters. der ausgerüsteten Textilien. J. Plank. 8032

Neue Methoden bei der Veredlung von Leinen. František Dokládal. (Textil (Praha) **12.** 264–66. Juli 1957. Sumperk, Bastfaser Forsch.-Anst.)

$NaClO_2$ kann beim Bleichen (im Gegensatz zu Hypohalogeniten) die Cellulose kaum schädigen. Leinengarn auf Kreuzspulen kann mit Hilfe fl. Cl_2 vorgebleicht u. sparsam mit $NaClO_2$ fertig gebleicht werden. Garn oder dichtes Gewebe werden vorteilhaft mit einer konz. Lsg. von $NaClO_2$ imprägniert, worauf durch Erhitzen Bleiche eintritt. Einsatz opt. Bleichmittel ist von Fall zu Fall zu prüfen. Garn auf Kreuzspulen oder dichte Gewebe färbt man vorteilhaft mit ultramikrodispersen Farbstoffen. Sie dringen feindispers, daher gleichmäßig u. tief in die Faser, werden verküpt u. entwickelt. In Segeltuch wird die Fixierung des Farbstoffes in der Imprägnierung (Aminoplast, Thermoplast) durch Kondens. bei 140° durchgeführt. Beständige Ausrüstungen von Geweben erhält man mit Hilfe verschiedener Plaststoffe. Verschiedene Syst. zur Ausrüstung mit Aminoplasten, die bei höherer Temp. kondensiert werden, werden besprochen. Ein Jigger (Benninger) mit einem Vibrationskörper verkürzt die Zeit der Naßoperation um 20–30%. H. Demus. 8050□

Das Ausrüsten von Wollgeweben. 3. Mitt. **Der Einfluß des Bad-pH-Wertes.** 4. Mitt. **Der Einfluß des Kühlens bei der Ausrüstung.** Fujio Bekku. (J. Soc. Textile Cellulose Ind., Japan [Sen-i Gakkaishi] **15.** 35–45 Jan. 1959. (Jap.; Auszug: Engl.) — 2. vgl. C. **1961.** 3857.

Vers.-Ergebnisse über den Einfl. des pH-Wertes auf Ausrüstungseffekte von Wollgeweben u. Wollfasern u. über den Einfl. der Kühlwasser-Temp. auf die mechan. Eigg. der Wollfaser. H. Rossow. 8060□

Beziehungen zwischen den Trockenspinnbedingungen und dem Kriechverhalten von Triacetatfasern. Saburo Ishikawa und Yutaka Ōkawa. (J. Soc. Textile Cellulose Ind., Japan [Sen-i Gakkaishi] **14.** 311–15. Mai 1958. Yokohama, Textile Res., Inst. of Japanese Gov.) (Jap.; Auszug: Engl.)

Eine Trockenspinn-App. für Triacetatfasern u. eine App. für die Messung des Kriechverh. werden beschrieben. Vff. finden, daß das Kriechverh. der Fasern von der Mol.-Orientierung abhängt, die während des Spinnprozesses erzeugt wird. Mit zunehmender Spinntemp. nimmt das Kriechen der Faser zu, u. das Maximum im Retardationsspektrum verschiebt sich nach kürzeren Zeiten. Je besser das Lsgm., um so geringer das Kriechen; ferner wird es von der Spinngeschw. beeinflußt. H. Steffens. 8076□

Fortschritte in der Theorie des Perlongleichgewichts. A. Matthes. (Kolloid-Z. **153.** 28–34. Juli 1957. Filmfabrik Agfa Wolfen, Kr. Bitterfeld.)

Es werden die Anteile einzelner Autoren an der Erforschung des Perlongleichgewichtsverhältnisses, soweit sie die wesentlichen Punkte betreffen, einander gegenübergestellt u. die Ergebnisse in übersichtlicher Weise wiedergegeben, wobei auf einige in Zweifel gezogene Punkte näher eingegangen wird. Der das Grundsätzliche berührende Fortschritt der letzten Jahre besteht in dem von Hermans geführten Nachw., daß die ernstlich nicht bezweifelte Schulz-Flory-Verteilung auch für das Instabile Geltung hat, welcher Umstand eine gewisse Vereinfachung der aufgestellten Gleichgewichtsbeziehungen möglich macht. 15 Literaturnachweise. P. Eckert. 8080□

Nachtrag zu der Arbeit: Fortschritte in der Theorie des Perlongleichgewichts. A. Matthes. (Kolloid-Z. 158. 62. Mai 1958.) P. Eckert. 8080

Zu einer Arbeit von A. Matthes. Fritz Wiloth. (Kolloid-Z. **158.** 63. Mai 1958.) — Vgl. vorst. Referate. P. Eckert. 8080□

Mechanische Eigenschaften von Nylon. 1. Mitt. **Spannungsrelaxation in Nylon.** Iwao Matsumoto und Kinzo Ishikawa. (J. Soc. Textile Cellulose Ind., Japan

[Sen-i Gakkaishi] **13.** 601—06. Sept. 1957. Tokyo, Tokyo Inst. of Technology, Dep. of Textile.) (Jap.; Auszug: Engl.) — 2. vgl. C. **1961.** 8526.

Das Spannungsrelaxations-Verh. von Nylon-6 wurde bei verschiedenen Dehnungsgraden in Abhängigkeit von Temp. u. relativer Luftfeuchtigkeit untersucht, u. zwar bei 25°, 40° u. 55° bei 55% relativer Luftfeuchte, dazu bei 25° bei relativen Luftfeuchten von 8, 33, 55 u. 75% u. in Wasser. Es ergab sich, daß bei kleinen Dehnungen (um 2%) das Spannungsrelaxations-Verh. sehr stark von Temp. u. relativer Luftfeuchte beeinflußt wird. Bei niedriger relativer Luftfeuchte u. kleiner Dehnung liefert die Spannungsrelaxation sehr hohe Werte, bei hoher relativer Luftfeuchte u. großer Dehnung niedrige Werte. Angenähert läßt sich das Spannungsrelaxations-Verh. mit folgender Formel beschreiben: $\log t - \log t_0 = 1{,}4\ [1/(E - E_0) - (E - E_0)]$, wobei t die Zeit, E das Zug–Spannungs-Verhältnis, t_0 u. E_0 Konst. sind. H. STEFFENS. 8080□

Die Verbesserung der Lichtbeständigkeit von Nylon. 1. Mitt. **Die Behandlung mit Phenol.** Takeshi Hashimoto. (J. Soc. Textile Cellulose Ind., Japan [Sen-i Gakkaishi] **14.** 321—25. Mai 1958. Otsu, Japan, Toyo Rayon Co., Research Dep.) (Jap.; Auszug: Engl.) — 3. vgl. C. **1960.** 7042.

Vf. versucht dem durch Licht bewirkten oxydativen Abbau von Nylon durch die Anwesenheit reduzierend wirkender Phenole zu begegnen. Geprüft wurden Phenol, m-Kresol, 2.4.6-Trichlorphenol, Na-Pentachlorphenolat, α-Naphthol, β-Naphthol, Brenzcatechin (I), Resorcin (II), Hydrochinon (III), Gallussäure, o-Hydroxyacetophenon u. 2.4.5-Trihydroxyacetophenon. Dabei erwiesen sich I, II u. III als am wirksamsten bei geringster Schädigung der Faser. Am besten geeignet waren 0,5%ig. wss. Lsgg. bei Temp. unter 60°. Mit steigender Temp. u. Konz. nimmt die Schädigung der Faser durch Quellung zu. H. STEFFENS. 8080□

Die Verbesserung der Lichtbeständigkeit von Nylon. 2. Mitt. **Die Kupfersulfatbehandlung.** Takeshi Hashimoto. (J. Soc. Textile Cellulose Ind., Japan [Sen-i Gakkaishi] **14.** 325—28. Mai 1958.) (Jap.; Auszug: Engl.) — 1. vgl. vorst. Referat.

Mit wss. $CuSO_4$-Lsg. behandelte Nylonfasern wurden auf Lichtbeständigkeit u. Kupferabsorption geprüft. Oberhalb einer krit. Menge absorbierten Cu bleibt die Lichtbeständigkeit konstant. Die Absorption von Cu wächst mit der Zeit, Temp., Bad-Konz. u. dem pH-Wert. Wichtig für die Verbesserung der Lichtbeständigkeit ist eine gleichmäßige Verteilung des Cu in der Faser. Durch Acetylierung wie auch durch Belichten nimmt das Absorptionsvermögen der Faser für Cu ab, woraus zu schließen ist, daß die Aminoendgruppen für die Kupferabsorption verantwortlich sind. H. STEFFENS. 8080□

Zur Initiierung der homogenen Lösungspolymerisation von Acrylnitril. Joachim Ulbricht. (Faserforsch. u. Textiltechn. **12.** 108—12. März 1961.) (Dt.)

Die Polymerisation von Acrylnitril in Dimethylformamid kann bei Abwesenheit von Sauerstoff mit tert.-Butylhydroperoxyd in Ggw. von p-Thiokresol bzw. p-Toluolsulfinsäure bereits bei Zimmer-Temp. ausgelöst werden. Bei Verwendung von Sulfinsäure erhält man spinnfähige Polymerlösungen. Die Aktivierungsenergie der Start-Rk. sowie die Übertragungs-Konst. des Acrylnitrils zum p-Thiokresol werden ermittelt.

P. ECKERT. 8080□

Über die Vergilbungserscheinungen von Polyacrylnitrilfasern. W. Weiss. (Mitt. Inst. Textiltechnol. Chemiefasern Rudolstadt **4.** 27—41. Sept. 1960.) (Dt.)

Zur Unters. der durch Alkalien verursachten Vergilbung von Polyacrylnitril (I) wurde I mit 1—4%ig. NaOH bei verschiedenen Temp. u. unterschiedlich langer Zeit behandelt. Die dadurch eingetretene Veränderung wurde durch Messung der Löslichkeit, des N-Geh., des Cu-Aufnahmevermögens u. der Zahl der Carboxylgruppen verfolgt. Die gleichen Unterss. wurden nach dem Entfärben der Fasern mit Säure wiederholt. Vf. kommt zu dem Ergebnis, daß die Vergilbung von I durch wss. Alkalien über eine Polarisierung der Nitrilgruppen zur Bldg. von Ring-Syst. vom Typ der Naphthyridine führt. Dabei bilden sich Syst. konjugierter Doppelbindungen, von deren Anzahl die Farbtiefe abhängt. Daneben bilden sich Carboxyl- u. Säureamidgruppen. Bei der Entfärbung durch Säure werden die Ring-Syst. wieder gespalten. Analoge Unterss. der therm. Vergilbung von I führten zu dem Ergebnis, daß dieser Vorgang ebenso beginnt wie ersterer, daß dem aber noch eine Abspaltung von HCN u. NH_3 folgt, die die Naphthyridinring-Syst. in aromat. Ringe überführt. Dadurch werden letztere stabil gegen Hydrolyse, so daß durch Hitze-Einw. eingetretene Verfärbung von I durch Säurebehandlung nicht mehr beseitigt werden kann. H. STEFFENS. 8080□

Untersuchung von Polyvinylalkoholfasern mittels Dichroismus. 7. Mitt. **Änderung des Kristallinitätsgrades von Polyvinylalkoholfasern beim Strecken, festgestellt an Hand der Dichteänderung.** Saburo Okajima und Yasuji Kobayashi. (J. chem. Soc. Japan, ind. Chem. Sect. [Kogyo Kagaku Zassi] **59.** 800—03. Juli 1956. Tokyo Tōritsu-Daigaku Kōgakubu Kōgyō-Kagakuka.) (Jap.) — 8. vgl. C. **1961. 4934.**

Zur Beurteilung der Kristallinität verschieden behandelter *Polyvinylalkoholfasern* dient deren Dichte-Best. (Verf. des Dichte-Gradientenrohrs) bei verschiedenen Erhitzungs- u. Streckbedingungen: 1. 108° in gesätt. $(NH_4)_2SO_4$-Lsg. (I), 2. 108° u. 3. 140° in fl. Paraffin (II), je 30 Min.; Streckung (1—6fach); a) in W., b) in gesätt. Wasserdampf, c) in 5%ig., d) in 10%ig. I bei 20°, e) in gesätt. I, f) in fl. II, bei 108° u. g) in fl. II bei 180°. Bei Streckung nach b) zeigt die Dichte ein Maximum bei 100—200% Dehnung, darauf eine Abnahme u. ein 2. Ansteigen bei stärkerer Dehnung. Streckung nach a) ergibt (evtl. nach kurzem Anstieg) einen langsamen Dichteabfall mit dem Streckungsgrad. Die Diagramme für Streckung in fl. II sind fast gleich wie in W., aber bei stärkerer Streckung (>3—4fach) erfolgt nach kurzem Minimum starker Dichteanstieg (z. B. von 1,26 auf 1,304). Die Kurven in I ähneln denen in Wasser. L. SCHULER. 8080□

Die Reibungskoeffizienten und die Größe des Klemmdruckes in Garnfestigkeitsprüfgeräten. Jaroslav Kunst. (Textil [Praha] **12.** 271—73. Juli 1957. Ústí nad Orlici, Kovostav, nár. podnik.) (Tschech.)

Bei Schlupf in der Klemme gilt die Garnspannung $P = N \cdot 2 \cdot f$, N = Klemmendruck, f = Reibungs-Koeff. (2 Flächen). Experimentell wird wegen verspäteter Beobachtung des Schlupfes P zu hoch bestimmt. Neuer Weg: Die Garnfestigkeiten schwanken um einen Mittelwert P_m (GAUSS-Verteilung); die zugehörige Reibungskraft wird durch den Klemmendruck N_m bewirkt. Bei $P \leqq N_m \cdot 2\,f$ reißt das Garn, bei $P > N_m \cdot 2\,f$ schlüpft es. Verf.: Für verschiedene Klemmen- u. Garnmaterialien wurde jeweils das N festgestellt, bei dem noch keine, bzw. schon alle Fäden reißen. Innerhalb dieses, in 10 Teile geteilten, N-Intervalls werden je 10 Fäden gespannt u. Zahl u. Festigkeit der zerrissenen Fäden vermerkt. Summe der Festigkeiten der zerrissenen Fäden/Zahl = P_m. Aus der graph. Darstellung, Zahl zerrissener Fäden (Ordinate) gegen P (Abszisse) wird gefolgert, daß bis P_m $^1/_4$ aller reißenden Fäden reißen. Man zählt nun bei den Festigkeitsprüfungen bis zum ersten Viertel aller zerrissenen Fäden, wo der zugehörige N_m liegt. f errechnet man aus $P_m = 2\,N_m\,f$. Für f werden für verschiedene Garne u. Klemmen Werte angegeben. H. DEMUS. 8096□

Die Bestimmung der Porengrößenverteilung in Ansammlungen von Fasern. Shigetake Kinoshita und Torajiro Namikata. (J. Soc. Textile Cellulose Ind., Japan [Sen-i Gakkaishi] **14.** 288—93. Mai 1958. Kiryu, Japan, Gumma Univ., Fac. of Engng.; Yonezawa, Yamagata Univ., Fac. of Engng. (Jap.; Auszug: Engl.)

Mit der Hg-Eindringungs-Meth. zur Best. der Porengrößenverteilung in porösen Materialien wurden bei Drucken von 10^{-4} mm Hg bis 2 at gewebte Stoffe u. Krempelbänder untersucht. Für Gewebe mit ebener u. diagonaler Bindung ergab sich mit wachsender Fadenzahl eine Verschiebung des Maximums in der Verteilungsfunktion nach kleineren Durchmessern. Die gleiche Verschiebung ergab sich bei gepreßten Krempelbändern mit zunehmendem Pressungsverhältnis, bei gedrehten mit zunehmender Drehungszahl. H. STEFFENS. 8096□

Probleme der Viscositätsmessung von Stärke-Schlichtemitteln im Betrieb. Károly Ramaszéder. (Magyar Textiltechn. [Ung. Textiltechn.] **13.** 170—72. April 1961.) (Ung.)

Die Viscosität einer Stärke-Lsg. ist von der Art der Stärke, der Kochdauer u. Temp. abhängig, sie wird sogar durch jede mechan. Einw., wie Intensität des Rührens, Transport in Rohrleitungen usw. beeinflußt. Viscosimeter oder die einfache Bläschen-Meth. geben deshalb nicht die Viscosität an, sondern lediglich nicht wiederholbare Vgl.-Werte. Auch der Amylograph gibt keine echten Viscositätswerte. Für den Betrieb ist die Luftbläschen-Meth. in fachgeübten Händen zur Feststellung des augenblicklichen Zustandes der Schlichte-Lsg. am geeignetsten. J. PLANK. 8098

Antistatische Präparate in der Textilindustrie. Magda Horovitz und Mária Fehérvari. (Magyar Textiltechn. [Ung. Textiltechn.] **13.** 160—62. April 1961.) (Ung.)

Übersicht über die Meth. u. Geräte zur Best. der elektrostat. Aufladung, sowie über hierfür geeignete Präpp., deren Eigg. u. Wrkg.-Art. J. PLANK. 8098

Betriebskontrolle von Schlichtemitteln auf Grund polarographischer Maximumverdrängung. Iván Králik und Agnes Gy. Gergely. (Magyar Textiltechn. [Ung. Textiltechn.] **13.** 97—98. März 1961. Budapest, Textilindustr. Forsch. Inst.) (Ung.)

Die polarograph Meth. ist zur Unters. des Stärkeaufschlusses u. der hydrolyt. Prodd. geeignet. Es konnte so festgestellt werden, daß der saure Aufschluß schneller zu guten Stärkeschlichtern führt, als der Aufschluß mit NaOCl. J. PLANK. 8098

Farbenfabriken Bayer Akt.-Ges., Leverkusen (Erfinder: Jenö Szita, Hechtsheim, Kr. Mainz), **Herstellung von Polyvinylhydrogensulfat,** dad. gek., daß Polyvinylalkohol (I) in Pyridin mit Chlorsulfonsäure-Pyridin-Salz (II) verestert wird. Auf 1 (Mol) I sollen 1—5 II u. 1—10 Pyridin kommen. I soll ein Mol.-Gew. von 10000—100000 besitzen. Die Rk. wird bei 75—115° ausgeführt. Das mit Methanol gefällte Prod. wird nach Trocknung in W. wieder gelöst, 10%ig. NaOH-Lsg. zugegeben, frei gewordenes Pyridin im Vakuum abdest. u. die Lsg. eingedickt. Nach Fällung mit Methanol wird das getrocknete Polyvinylsulfat-Na zu 3% in W. gelöst u. die Lsg. über einen Sulfonsäuregruppen enthaltenden Kationenaustauscher geschickt, wonach das End-Prod. mit n-Butanol ausgefällt u. getrocknet wird. *Schlichte- u. Antistatikmittel*, Unterlage für Acrylnitril-Propfpolymerisate, deren Anfärbbarkeit u. Hitzebeständigkeit erhöht wird. (**D. A. S. 1 086 434** Kl. 39c vom 17/1. 1959, ausg. 4/8. 1960.) H. Schindler. 8031

Ciba Akt.-Ges., Basel (Erfinder: Max Dünnenberger, Birsfelden, und Adolf-Emil Siegrist, Basel), Schweiz, **Diimidazolderivate** der allg. Formel I, in der A = ggf. substituierter Benzolring, in dem 2 vicinale C-Atome mit den beiden N-Atomen des Imidazols verbunden sind; R u. R' = H oder gleiche oder verschiedene Substituenten, werden durch Wasser-Abspaltung aus Verbb. der Formel II hergestellt, indem man ent-

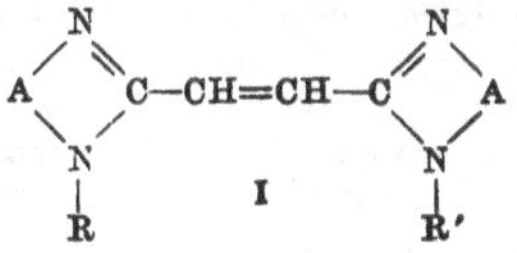

I

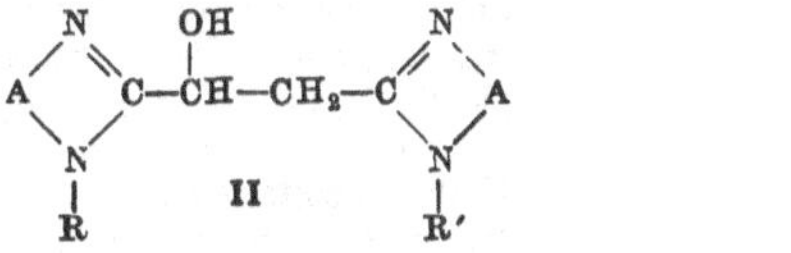

II

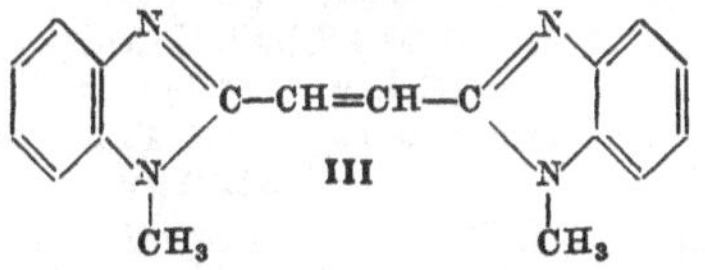

III

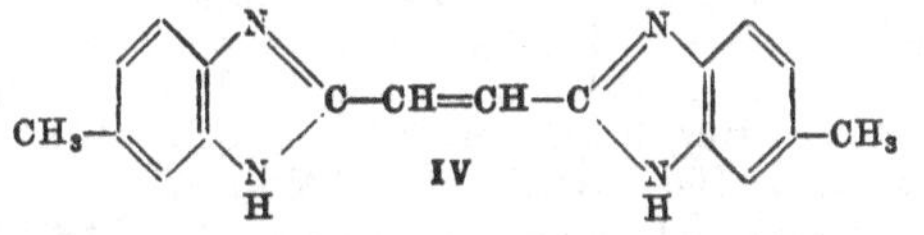

IV

weder die II oder die Bldg.-Gemische der II, welche im wesentlichen aus den entsprechenden o-Diaminobenzol-Verbb. der Formel NH_2—A—NHR u. Äpfelsäure bzw. deren funktionellen Derivv. in phosphorhaltigen Säuren der Formel $H_{n+2}P_nO_{3n+1}$ bestehen, auf 130—220° unter Luftabschluß erhitzt. — 21,6 (g) 1.2-Diaminobenzol, 13,4 Äpfelsäure u. 200 Polyphosphorsäure der annähernden Formel $H_6P_4O_{13}$ werden unter Luftausschluß bei 140° geschmolzen, dann wird unter Rühren während 2 Std. auf 160° gesteigert u. nach Eintragen in 750 W. bei pH 8 *α.β-Di-[benzimidazyl-(2)]-äthylen* in Form von gelben Kristallen, F. >350°, isoliert. — Analog werden hergestellt die Diimidazole der Formeln III u. IV. — *Opt. Aufheller.* (**D. A. S. 1 105 423** Kl. 12p vom 12/8. 1959, ausg. 27/4. 1961. **E. P. 861 431** vom 31/7. 1959, ausg. 22/2. 1961. Beide Schwz. Prior. 13/8. 1958.) A. Dandl. 8033

Aldo Roberto Venturi, Italien, **Appreturmittel für Textilien,** bestehend aus einem Pulver, das in Form einer koll. Lsg. mittlerer Viscosität angewandt wird. Das Mittel enthält 400—700 (Gew.-Teile) Kartoffelmehl, 250—400 lösl. Reisstärke, 10—30 Borsäure, 20—80 isländ. Moospulver, 5—55 Talkpulver, 10—45 Na-Alginat, 15—35 Na-Perborat, 10—15 Na-Phthalat, 5—25 Na-Citrat, 5—30 K-Alaunpulver, 5—20 $MgCl_2$. Die Appretur erhöht die Elastizität u. die mechan. Widerstandsfähigkeit, bes. Abriebfestigkeit. (**F. P. 1 194 605** vom 11/4. 1958, ausg. 10/11. 1959. It. Prior. 11/4. 1957.) M. F. Müller. 8033

Riegel Textile Corp., V.St.A. (Erfinder: Julian W. Shirley), **Erhöhung der mechanischen Widerstandsfähigkeit von Textilgeweben** durch Auftragen von thixotrop., thermoplast. Material in Pünktchenform. Das Auftragen geschieht beim Hindurchpressen des plast. Materials durch einen gelochten Metallzylinder oder durch Erzeugung von feinen Harztröpfchen auf dem Gewebe, z. B. unter Verw. einer rakelähnlichen Streichvorrichtung. Das thermoplast. Material besteht z. B. aus einem polymeren Vinylchlorid u. einem Plastizierungsmittel, ggf. zusammen mit einem anderen polymeren Vinylchlorid, das das Gemisch thixotrop macht. Solche 2 verschiedenen Vinylpolymeren sind z. B. die beiden Handels-Prodd. Géon 121 (I) u. 126 (II) von Goodrich Co. — Nach dem Beispiel werden 22,70 (kg) I (Teilchengröße 3—5 μ), 22,70 II (2—8 μ), 22,7 Weichmachungsmittel Flexol A-26 (Di-[2-äthylhexyl]-adipat), 0,908 Stabilisierungsmittel A-5 (Diglycidyläther von Bis-(oxyphenyl)-propan), 0,454 Motorschmieröl verwendet. Das Schmieröl hat den Zweck zu verhindern, daß die Harzmasse an dem gelochten Zylinder hängenbleibt u. um eine leichte Trennung des umlaufenden Zylinders von dem Gewebe zu ermöglichen. (**F. P. 1 199 424** vom 25/2. 1958, ausg. 14/12. 1959. A. Prior. 22/11. 1957.) M. F. Müller. 8037

Badische Anilin- & Soda-Fabrik Akt.-Ges., Ludwigshafen/Rh., **Flammenschutzmittel** für *Textilien*, bestehend aus einer Emulsion, deren äußere Phase eine wss. Lsg. wasserlösl. Polymere u. ggf. anorgan. Stoffe enthält u. deren innere Phase aus einem schwerflüchtigen, stark chlorierten KW-Stoff besteht. (**It. P. 514 303** vom 24/7. 1953. D. Prior. 25/7. 1952.) K. KOEBKE. 8037

Commonwealth Engineering Co. of Ohio, übert. von: Leo J. Novak und Walter S. Hogue, Dayton, Ohio, V.St.A., **Filme und Folien aus regenerierter Cellulose** mit vermindertem Wasseraufnahmevermögen. Vor dem Vergießen oder *Verspinnen* wird der *Viscose* in W. unlösl., alkalilösl. Dextran zugesetzt, bes. 2—15% des Cellulosegewichts. Die Filme können mit wetterfestmachenden Lacken, z. B. auf Basis von Nitrodextran oder Benzyldextran, überzogen werden. (**A. P. 2 914 414** vom 8/3. 1954, ausg. 24/11. 1959.) K. FABEL. 8075

E. I. du Pont de Nemours & Co., V.St.A., **Behandlung von Viscose.** Man verspinnt eine Viscose mit wenigstens 28% (auch >40%) des aus der Viscose gewinnbaren Cellulose-Geh. an S u. mit >0,05%, bes. >0,1% (des Viscosegewichts), eines Polyäthylenoxyds mit einem Molgew. zwischen 200 u. 5000, bes. <1000, in ein Bad mit wenigstens 3, bes. >9%, $ZnSO_4$. Die Fäden zeigen geringen Quellungskoeffizienten. (**F. P. 1 162 737** vom 30/10. 1956, ausg. 16/9. 1958.) M. PANKOW. 8075

Imperial Chemical Industries Ltd. (Erfinder: Walter Lamb Davidson), **Unlöslichmachen von Eiweißfäden.** Die Fäden werden mit einer konz., von NaCl freien Lsg. von Alkali-, NH_4- oder Mg-Sulfat bei pH <7 imprägniert, auf 40—98° gehalten, bis eine Probe nach Waschen u. Trocknen einzelne Fäden ergibt, bei <80° mit einer wss. CH_2O-Lsg., die ein pH = 4—7 aufweist u. >200 g/Liter Na_2SO_4, frei von NaCl, enthält, u. anschließend mit einer weiteren CH_2O-Lsg. imprägniert, die >340 (g/Liter) Na_2SO_4 u. >200 H_2SO_4 enthält. — Verfahrensschema. (**Aust. P. 219 468** vom 24/8. 1955, ausg. 29/1. 1959.) K. DEMMLER. 8079

Imperial Chemical Industries Ltd., England, **Entölen und Degummieren von Kunstseide enthaltenden Textilmaterialien.** Diese werden bei erhöhter Temp. durch ein Lsgm.-Bad (Tri- oder Perchloräthylen) geleitet. Anschließend wird durch ein wss. Medium bei so hoher Temp. hindurchgeleitet, daß das Lsgm. verdampft. Danach wird das Textilmaterial mit einer alkal. Lsg. einer H_2O_2-Verb. (Na_2O_2) bei pH 11 u. nachfolgend mit Wasserdampf behandelt. (**F. P. 1 199 344** vom 13/2. 1958, ausg. 14/12. 1959. E. Prior. 13/2. 1957 u. 24/1. 1958.) M. F. MÜLLER. 8081

General Aniline & Film Corp., V.St.A., **Polyvinylhalogenidmischung.** Um eine an Glas, bes. an Glasfasern, gut haftende Harzmischung zu erhalten, mischt man Polyvinylhalogenide mit einem Polymeren eines N-Vinylpyrrolidons der Formel I (R u. R′ = H, CH_3 oder C_2H_5), wobei man 80—97% des Polyvinylhalogenids u. 20—3% des Pyrrolidonpolymeren anwendet. — 10 g Polyvinylchloridharz in 100 cm³ Tetrahydrofuran u. 0,5 g Poly-N-vinyl-pyrrolidon-(2) in 5 cm³ A. werden auf Glasgewebe gebracht u. 6 Min. bei 110—130° u. 280 kg/cm² gepreßt. Gute Haftung. (**F. P. 1 160 752** vom 21/9. 1956, ausg. 5/8. 1958.) M. PANKOW. 8083

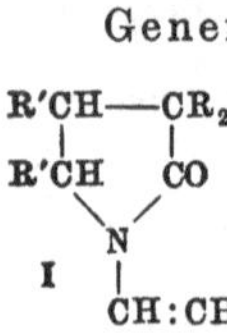

I

Ciba Ltd., Basel, Schweiz, *Herstellung von Polyglykolätherderivaten.* (**E. P. 835 267** vom 13/7. 1956, ausg. 18/5. 1960. Schwz. Prior. 15/7. 1955. — **C. 1959.** 15540 [Oe. P. 195 413].)

Hardman & Holden Ltd., Manchester, England, und **Jacobus Rinse** (Erfinder: **Jacobus Rinse**), Bernardsville, N. J., V.St.A., *Oxoaluminiumacylate.* (**Schwz. P. 345 638** vom 16/8. 1955, ausg. 31/5. 1960. Holl. Prior. 10/9. 1954. — **C. 1959.** 3338 [F. P. 1 130 416].)

Ciba Ltd., Basel, Schweiz, *Herstellung von polymerisierbaren quaternären Ammoniumverbindungen.* (**E. P. 777 488** vom 29/10. 1954, ausg. 26/6. 1957. Schwz. Prior. 30/10. 1953 u. 5/10. 1954. — **C. 1960.** 17322 [D. A. S. 1 077 207].)

Farbwerke Hoechst Akt.-Ges., vormals Meister Lucius & Brüning, Deutschland, *Organische P-Verbindungen.* (**F. P. 1 191 566** vom 14/2. 1958, ausg. 20/10. 1959. D. Prior. 16/2. 1957. — **C. 1959.** 5666 [D. A. S. 1 040 549].)

Rohm & Haas Co., Philadelphia, Pa., V.St.A., *Faservliese.* (**E. P. 840 127** vom 6/8. 1957, ausg. 6/7. 1960. A. Prior. 13/8. 1956. — **C. 1961.** 1060 [F. P. 1 181 170].)

International Cellucotton Products Co., Chicago, Ill., V.St.A., *Bleichen von Baumwollwaren.* (**Aust. P. 162 862** vom 11/2. 1953, ausg. 2/6. 1955. A. Prior. 25/6. 1952. — **C. 1957.** 8681 [E. P. 739 172].)

Cassella Farbwerke Mainkur Akt.-Ges., Deutschland, *Egalisieren der Einwirkung von Chlor auf Wolle.* (**F. P. 1 196 218** vom 20/5. 1958, ausg. 23/11. 1959. D. Prior. 21/5. 1957. — **C. 1958.** 14482 [D. A. S. 1 028 526].)

Xetal Products Ltd., London, England, *Polster- und Dämpfmaterial.* (**Ind. P. 49 825** vom 30/6. 1953, ausg. 11/2. 1956. — **C. 1956.** 10629 [E. P. 734 594].)

Courtaulds Ltd., London, England, *Viscosekunstfasern.* (**Schwed. P. 156 555** vom 26/7. 1951, ausg. 16/10. 1956. E. Prior. 11/8. 1950. — **C. 1956.** 8512 [Schwz. P. 303 509].)

Courtaulds Ltd., London, England, *Verstärken von Regeneratcellulosefäden mit Polyvinylchlorid.* (**Aust. P. 162 894** vom 8/3. 1954, ausg. 2/6. 1955. E. Prior. 9/3. 1953. — **C. 1957.** 2363 [E. P. 748 701].)

Unilever Ltd., Port Sunlight, Chester, England, *Herstellung von Proteinfäden.* (**Aust. P. 167 367** vom 4/2. 1954, ausg. 19/4. 1956. E. Prior. 13/2. 1953. — **C. 1957.** 7822 [F. P. 1 097 281].)

Perfogit S. p. A., Mailand, Italien, *Schmelzspinnen von linearen Polymeren.* (**Ind. P. 49 947** vom 21/7. 1953, ausg. 15/2. 1955. — C. **1950/54.** 2199 S [F. P. 1 082 282].)

N. V. Onderzoekingsinstituut Research, Arnhem, Holland, *Schmelzspinnen von hochpolymeren Stoffen* (**Aust. P. 162 933** vom 16/1. 1953, ausg. 2/6. 1955. Holl. Prior. 13/2. 1952. — C. **1960.** 16985 [Schwz. P. 311 024].)

Uclaf, Paris, Frankreich, *Diaminsalze und Polymere hiervon.* (**E. P. 840 204** vom 24/7. 1958, ausg. 6/7. 1960. F. Prior. 6/8. 1957. — C. **1960.** 12881 [F. P. 1 180 854].)

Courtaulds Ltd., London, England, *Herstellung von Fäden aus Polyacrylnitril.* (**Schwed. P. 156 458** vom 10/11. 1953, ausg. 9/10. 1956. E. Prior. 27/11. 1952 u. 14/1. 1953. — C. **1956.** 8513 [E. P. 738 304].)

Kodak-Pathé, Seine, Frankreich (Erfinder: **Harry Wesley Coover jun.** und **John Richard Caldwell**), *Herstellung modifizierter Polyacrylnitrile.* (**F. P. 67 527** vom 3/2. 1955, ausg. 13/3. 1958. A. Prior. 3/2. 1954. Zusatz zu F. P. 1 107 466; C. 1958. 14527. — C. **1959.** 1284 [E. P. 781 434].)

Kodak-Pathé, Seine, Frankreich (Erfinder: **Harry Wesley Coover jun.**), *Herstellung von Acrylnitrilpolymeren.* (**F. P. 67 528** vom 3/2. 1955, ausg. 13/3. 1958. A. Prior. 3/2. 1954. Zusatz zu F. P. 1 085 506; C. 1956. 10130. — C. **1959.** 7336 [E. P. 781 435].)

Kodak-Pathé, Seine, Frankreich (Erfinder: **Harry Wesley Coover jun.**), *Herstellung modifizierter Polyacrylnitrile.* (**F. P. 67 529** vom 3/2. 1955, ausg. 13/3. 1958. A. Prior. 3/2. 1954. Zusatz zu F. P. 1 090 184; C. 1958. 14526. — C. **1959.** 7336 [E. P. 781 436].)

Chemstrand Corp., Decatur, Ala., V.St.A. (Erfinder: **David Bridgman Capps**), *Pfropfpolymerisate auf Acrylnitrilbasis.* (**E. P. 841 830** vom 18/10. 1956, ausg. 20/7. 1960. — C. **1960.** 17323 [A. P. 2 850 479].)

Vereinigte Glanzstoff-Fabriken Akt.-Ges., Deutschland, *Behandlung von Fasern und Fäden aus Polyäthylenglykolterephthalat.* (**F. P. 1 196 488** vom 30/5. 1958, ausg. 24/11. 1959. D. Prior. 28/6. 1957. — C. **1959.** 17569 [Oe. P. 202 546].)

Nederlandse Organisatie voor Toegepast-Natuurwetenschappelijk Onderzoek ten Behoeve van Nijverheid, Handel en Verkeer, Haag (Erfinder: **Gerrit Johann Meine Van Der Kerk**, Utrecht), Holland, *Herstellung von linearen Polyharnstoffderivaten.* (**Jap. A. S. 3089/1959** vom 6/10. 1956, ausg. 27/4. 1959. Holl. Prior. 15/10. 1955. — C. **1959.** 14292 [Holl. P. 86 610].)

Ciba Ltd. (Erfinder: **Otto Albrecht**), Basel, Schweiz, *Herstellung von neuen Derivaten von Harnstoff- oder Aminotriazin-Formaldehydkondensationsprodukten.* (**Jap. A. S. 2593/1959** vom 25/5. 1955, ausg. 17/4. 1959. Schwz. Prior. 26/5., 12/7., 23/8. u. 24/8. 1954 u. 12/5. 1955. — C. **1959.** 1958 [F. P. 1 132 052] u. C. **1960.** 14917 [Schwz. P. 344 730].)

XIX. Brennstoffe. Erdöl. Mineralöle

Einfluß der petrographischen Zusammensetzung auf die Eigenschaften der Kohlen von Angren. I. N. Ssemaschewa, I. Ss. Ssofijew und A. T. Tadshijew. (Узбекский Химический Журнал [Usbek. chem. J.] **1959.** Nr. 3. 50—58. Chem. Inst. der Akad. der Wiss. der UsbekSSR.) (Russ.; Auszug: Usbek.)

Bei den Angren-Kohlen unterscheidet man nach RUSSNOWA 9 Typen, davon sind 4 am meisten verbreitet (insgesamt 90%); sie werden kurz als blättriger (1), Strich- (2), erdiger (3) u. Pelittyp (4) bezeichnet u. sind gek. durch ihr Verh. beim Halbverkoken, Oxydieren durch Luft u. bei der Prüfung auf Hydrophilie. Mit einem Druck von 1500 kg/cm² wurden Briketts hergestellt u. auf Biegung geprüft. Die Festigkeit betrug bei 1 10—14, bei 2 18—25, bei 4 30—31, bei 3 34—39 kg/cm². Die Glanzkomponenten des Typs 1 haben geringe Festigkeit, fusenisierte fast gar keine (0—1,5 kg/cm²), während die schwach fusenisierten gequollenen recht feste Briketts liefern. Dieselben Festigkeitswerte weisen die Komponenten allein auf. Die Angren-Kohlen sind recht hydrophil, oxydabel u. wenig wasserfest. A. v. WILPERT. 8126□

Verkokungseigenschaften von Wyomingkohlen. W. S. Landers, V. F. Parry, Manuel Gomez, E. O. Wagner, J. B. Goodman und C. R. Nelson. (U. S. Dep. Interior, Bur. Mines, Rep. Invest. **1961.** Nr. 5731. 1—74.) (Engl.)

Für bestimmte hochflüchtige bituminöse u. subbituminöse Kohlen wurden die möglichen Verkokungsausbeuten, sowie Koks u. Teer zur weiteren Unters. ermittelt. Allg. werden hohe Teerausbeuten bei niederer Verkokungs-Temp. erhalten. Die meisten Kohlen können in Fließkohlen-Syst. verarbeitet werden. Die bei niederen Temp. erhaltenen Kokse enthalten 17—23% flüchtige Bestandteile. Die Ausbeuten an Teer + Leichtölen liegen zwischen 58 u. 166 kg/t Rohkohle. Koks bei über 760° hergestellt, ist prakt. frei von flüchtigen Bestandteilen. E. BOYE. 8126□

Ein Fall der Koksbildung in Kohlen unter der Einwirkung von Sulfidadern. Je. N. Ssuchanowa. (Геология Рудных Месторождений [Geol. d. Erzlagerstätten] **1959.** Nr. 6. 85—89. Krasnojarsk, geolog. Verwaltung, Norilsk-Expedition.) (Russ.)

In der Cu-Ni-Lagerstätte Norilsk wurde die Bldg. von natürlichem Koks aus Steinkohle unter der Einw. sulfid. Schmelzen festgestellt. Die Bldg.-Temp. lag nicht unter 600°. Bei der Umwandlung der Kohle in Koks änderte sich die Zus. (erhebliche Verringerung der leichtflüchtigen Bestandteile). Es traten charakterist. Strukturbesonderheiten, wie die Entstehung einzelner Säulen, auf. Die große Porosität ist auf den Verlust an leichtflüchtigen Stoffen zurückzuführen. Beim Kristallisationsprozeß der Schmelze setzte eine Differentation u. Neuverteilung der einzelnen Metalle ein. Hierbei spielte der gebildete Koks häufig die Rolle eines „Siebes", dessen große Poren u. Risse sich im Endresultat vorzugsweise mit Pyrrhotin, aber auch mit Chalkopyrit, füllten. H. NOACK. 8126

Das Verhalten von Schwefel während der Chlorierung von Kohlen. B. I. Lossew, N. Ss. Worobjewa, W. K. Ninin und Je. A. Simakowa. (Журнал Прикладной Химии [J. angew. Chem] **32.** 2300—03. Okt. 1959.) (Russ.)

Durch Chlorierung der Kohle wird die organ. Substanz tiefgreifend verändert; es tritt eine starke Entaschung u. Entschweflung ein. Vff. führten Verss. mit Donezkohlen durch. Nach Feststellung ihrer Konst. wurden die Kohleproben zerkleinert, gesiebt (0,25 mm), mit dem 7fachen Gewicht W. vermischt u. in einem Dreihalskolben unter Rühren chloriert. Die Gas-Geschw. betrug 70—80 cm^3/min. Es wurde festgestellt, daß die Abnahme des S-Geh. direkt proportional der Cl-Aufnahme war, die ihrerseits von der Gas-Geschw., der Dauer der Chlorierung u. der Temp. abhing. Die größte Entschwefelung (56% der Gesamtmenge) wurde bei der Fettkohle erzielt. Sulfat, Sulfid, organ. u. freier S zeigen bei der Chlorierung verschiedenes Verhalten. Pyrit-S vermindert sich bis 40%, Sulfat-S wird völlig ausgewaschen. Organ. S verringert sich weniger. Eine wiederholte Chlorierung bei Zimmer-Temp. u. 6 Std. langer Begasung u. einer Gas-Geschw. von 70 cm^3/min entfernte bei der Fettkohle 80% des vorhandenen S. In Chlorierungs-Verss. mit Kohlechargen, denen chlorierte Kohle (1—20% Cl) zugesetzt wurden, ergaben für den anschließend hergestellten Koks eine Verminderung des S-Geh. um 10—15%. N. HVIID. 8126□

Säureniederschläge in ölgefeuerten Kesseln: Vergleichende Versuche mit Additiven und verschiedenen Untersuchungsmethoden. P. A. Alexander, R. S. Fielder, P. J. Jackson, E. Raask und T. B. Williams. (J. Inst. Fuel **34.** 53—72. Febr. 1961.) (Engl.)

In zwei Kraftwerken, die Heizöle mit einem S-Geh. von 2,9 u. 4,6% verwendeten, wurden Verss. unternommen, um mit festen Additiven das Absetzen von Säure zu vermeiden, was vor allem die Best. von SO_3 an verschiedenen Stellen der Feuerung erforderlich macht. Der beste Weg zur Analyse der Rauchgase war der, die Säuremenge zu bestimmen, die sich an einer bestimmten Stelle im Lufterhitzer abgeschieden hatte. Der elektr. Taupunkt, mit Ausnahme der Verss. unter Einspritzen von Zn, hatte keinerlei Beziehungen zu anderen Best. (einschließlich der Best. der elektr. Leitfähigkeit) die Neigung des Gases Säure abzuscheiden. $MgCO_3$ u. Zn-Staub vermindern sehr stark den Nd. von Säure am Ein- u. Ausgang des Lufterhitzers. Von diesen Additiven war $MgCO_3$ das billigste (35 Pfennige je t Heizöl), während Zn einen Aufwand von 95 Pfennigen erfordert. Ein spezielles Additiv unbekannter Natur erforderte 50 Pfennige je t Heizöl. Ein Brennstoffgemisch (Kohle u. Öl 1 :10) u. pulverisierte Brennstoffasche verursachte starke Zerstörungen im Lufterhitzer durch die Asche u. die Säure. Es bestand dabei gegenüber der Luft- oder Dampfzerstäubung kein Unterschied. Der Anteil des S der in SO_3 übergeführt wird, hängt ab von dem O_2-Geh. des Rauchgases u. ebenso vom S-Geh. des Öles. F. ROSENDAHL. 8128□

Über die Untersuchung des Laufes von Dieselmotoren auf Schweröl. F. M. Agajewa und K. G. Kulijew. (Известия Академии Наук Азербайджанской ССР, Серия Физико-Математических и Технических Наук [Nachr. Akad. Wiss. AserbaidshanSSR, Ser. physik.-math. techn. Wiss.] **1959.** Nr. 4. 83—88.) (Aserbaidshan.; Auszug: Russ.)

Der Motor W 2-200 läßt sich mit Schwerölen (Masut) betreiben, wenn dieselben durch die Auspuffgase auf 75° erwärmt werden, er arbeitet dabei ruhig u. ohne Klopfen. In den Auspuffgasen wurde etwas CO gefunden. Rauch-Bldg. u. Rußansatz im Zylinder lassen sich nur durch Antirußmittel verhindern. J. v. SCHROEDER. 8128□

Untersuchungen zur Beeinflussung der Konsistenz von Schwertrüben durch oberflächenaktive Mittel. W. Schonefeld. (Aachener Bl. Aufbereiten-Verkoken-Brikettieren **10.** 121—31. 1960. Aachen.) (Dt.)

Als oberflächenakt. Mittel wurden verwendet: Stokopol 2475 (Na-Salz eines Sulfonsäureesters), Stokopol N, konz. (Alkylbenzolsulfonat), Stokopol C 2680 (Na-Salz eines Alkylsulfonats), Stokolan NS 9 (**I**, nichtionogenes Äthylenoxyd-Kondens.-Prod). Als Schwertrüben wurden Aufschlämmungen von Schwerspat verwendet mit Korngrößen von 0,1—0,06 mm (10%), 0,06—0,005 mm (80%) u. $<$0,005 mm (10%). Die Vers.-Kohle hatte Korngrößen zwischen 5 u. 18 mm. Die Verss. ergaben, daß bei oberflächenakt. Netzmitteln bei der Sortierung in Schwertrüben der gleiche Gewichtsanteil an Schwimmgut u. ein gleicher Aschen-Geh. wie bei Sink- u. Schwimmanalysen mit Schwer-Fll. erreicht werden kann. **I** zeigt keine Wirkung. E. BOYE. 8134□

Untersuchung über die Beziehung zwischen Brikettierungsdruck und Kornzusammensetzung bei der Brikettierung der Kohle mit Bindemittel. I. Blum, M. Rosenberg und M. Opris. (Rev. Minelor **10.** 134—39. April 1959. București, Inst. Politehn.)

Betrachtung der Beziehungen zwischen den Hauptparametern der Brikettierung (Korn-Zus., Brikettierungsdruck, Bindemittelmenge) u. Wahl der günstigsten Art der Brikettierung von Kohle mit Bindemitteln. W. Wesly. 8136□

Bestimmungsmethode für die optimale Zeit der Verkokung. Franciszek Byrtus, Jan Janowski, Ryszard Benesch und Aleksander Długosz. (Zeszyty naukowe Akad. Górniczo-Hutniczej, Metalurgia i Odlewnictwo **1959.** Nr. 3. 45—65. Kraków, AGH. Kat. Metalurg. Surówki, Kat. Koksownictwa.) (Pol.)

Die Best. der optimalen Verkokungszeit in Koksöfen mit Gasheizung wurde bei verschiedenen Temp. u. bei verschiedener Verdichtung der Kohle durchgeführt. Die Verkokung ist beendet, wenn die Temp. in der Mittelachse des Ofens 940—960° erreicht hat. Koks mit optimalen Eigg. für die Metallurgie wird durch 22std. Erhitzen bei einer Heiz-Temp. von 1280—1300° in den Heizkanälen erzielt. Gutes Verdichten des Einsatzes verbessert die Eigg. des Kokses bedeutend. F. Urban. 8142□

Zersetzung des Phenolwassers im Prozeß der Kohleentgasung. Andrzej Konkiel. (Szkło i Ceram. **10.** 303—08. Okt. 1959. Kraków, Akad. Górn.-Hutn., Kat. Gospod. cieplnej.)

Phenolhaltige Abwässer mit 3—4 g Phenol/Liter können bei der Vergasung von Steinkohle zur Befeuchtung der Verbrennungsluft verwendet werden. Es werden techn. Lösungen dieser Maßnahme diskutiert. F. Urban. 8148□

Die Regeneration von Gasreinigungsmassen durch Abröstung. Gerhard Hoffmann. (Gas- u. Wasserfach, Ausg. Gas **102.** 166—68. 17/2. 1961. Lünen.) (Dt.)

Die durch Abrösten einer mit S gesätt. Masse erhaltene regenerierte Gasreinigungsmasse kann wieder zur Entschwefelung des Gases herangezogen werden. Die Abröstung wird in einem Drehrohrofen vorgenommen, wobei die Masse durch Schaufeln immer wieder durch eine Gasflamme geschleudert wird. Die Temp. soll dabei 650° nicht überschreiten, da sonst die Masse ihre Aktivität verliert. Am Austritt des Ofens fällt ein Gas der Zus. (%) O_2 (8—12), SO_2 (4—5), SO_3 (5—6), Rest CO_2 u. N_2 an. Die Zus. des Gases ist von der Temp. stark abhängig. In einem ERG wird das Gas vom Staub bei 480° befreit u. kann dann auf H_2SO_4 verarbeitet werden. Die abgeröstete Masse ist ein feines rotes Pulver, das sofort nach dem Abrösten mit organ. Substanz (Torf, Sägespäne) bis zu 20% vermischt u. mit NH_3-W. angefeuchtet wird. Die Feuchtigkeit wird auf 35—40% eingestellt. Die so behandelte Masse wird noch 2—3 Monate gelagert u. ist dann wieder voll einsatzfähig. F. Rosendahl. 8172□

Besondere polyazeotrope Gemische. W. Świętosławski. (Bull. Acad. polon. Sci., Cl. III **5.** **1141—43.** **1957.** Polish Academy of Sci., Inst. of Phys. Chem.) (Engl.)

Vf. diskutiert die charakterist. Unterschiede zwischen zwei Arten polyazeotroper Gemische am Beispiel der im Fischer-Tropsch-Verf. gewonnenen Fl. u. dem Tieftemp.-Steinkohlenteer. Die erstere Mischung enthält zwei Reihen Homologer u. ihrer Isomeren: Paraffine u. Olefine, wobei die normalen Paraffine überwiegen. Der Tieftemp.-Steinkohlenteer enthält 5 Reihen Homologer u. ihrer Isomeren; daher werden im Verlauf der fraktionierten Dest. eine große Vielfalt bin., tern. sowie vermutlich auch quatern. u. sogar quintenärer Sattelazeotrope (positiv-negativ) gebildet. Hochtemp.-Steinkohlenteer kann dabei als dritter Typus eines polyazeotropen Gemisches angesehen werden, das durch Vorliegen von Hauptdest.- u. -kristallisationskomponenten gek. ist.
M. Schenk. 8200□

Synthetische Schmierstoffe für Gasturbinen. J. S. Elliott und E. D. Edwards. (J. Inst. Petroleum **47.** 39—56. Febr. **1961.** Castrol Ltd.) (Engl.)

Vff. geben einen Überblick über die Entw. synthet. Schmierstoffe in den USA u. England unter Einbeziehung der verschiedenen Meth., die zur Verbesserung der Schmierstoffe beitragen. Die Bldg. von Ndd. bei den Gasturbinen von Flugzeugen beruht auf der Anwendung von Phenothiazin bei den meisten Schmierstoffen. Wird die Temp. begrenzt, so arbeiten sie ohne Anstand. Beim Zusatz von Reinigungsölen mit einer neuen Kombination von Antioxydantien kann die Temp. wieder erhöht werden. Vff. machen kurze Angaben über Schmierstoffe für Überschallflugzeuge. Umfangreiche Diskussion. — 40 Schrifttumsangaben. F. Rosendahl. 8220□

Veränderung der Eigenschaften von verdickten Ölen während der Erhitzung. W. N. Gussewski, Ss. S. Kaplan und Ss. Ss. Altman. (Химия и Технология Топлив и Масел [Chem. Technol. Brennstoffe Öle] **4.** Nr. 1. 53—59. Jan. 1959.) (Russ.)

Spindelöl, Transformatoröl u. synthet. *Mineralöl 36-1* zeigen beim Verdicken mit Vinipol (I) u. Methacrylat (II) bei 40std. Erwärmen auf 150° ein rascheres Ansteigen der SZ. als ohne I oder II u. eine Abnahme der Viscosität, während ohne I oder II die Viscosität zunimmt. Ein Zusatz von p-Hydroxydiphenylamin zu den mit I oder II verdickten Ölen vermindert die Viscositätsabnahme beim Erwärmen u. hemmt die Zers. von I u. II. G. SCHREIBER. 8220

Polymere als Additive in Mineralölen. M. Bornengo. (Materie plast. **26.** 1039—43. Nov. 1960.) (Ital.)

Die als Additive in Motorenölen verwendeten Polymeren, wie Polyisobutylen, Polymethacrylsäureester u. Polystyrol, werden im einzelnen in ihrer Wrkg.-Weise besprochen. Als multifunktionelles Additivum in *Schmierölen* für Dieselmotoren ist bes. ein Copolymeres aus 90% Lauroylmethacrylat u. 10% Diäthylaminoäthylmethacrylat geeignet. G. PIEKARSKI. 8220□

Dielektrische und rheologische Untersuchung plastischer Pseudoseifen. Ju. F. Deinega. (Доповіді Академії Наук Української РСР [Ber. Akad. Wiss. Ukrain SSR] **1960.** 60—63. Inst. für allg. u. anorg. Chem. der Akad. der Wiss. der UkrainSSR.) (Ukrain.; Auszug: Engl.)

Bei der Unters. dielektr. u. rheolog. Eigg. plast. disperser Syst., wie konsistenter Schmiermittel, wurde eine unterschiedliche Empfindlichkeit ihrer dielektr. Parameter gegenüber Deformationen festgestellt. Bei Na-Schmiermitteln fällt die DK mit Erhöhung der Deformations-Geschw. infolge Orientierung der Teilchen der dispersen Phase in Richtung der Strömung. Der Verlustwinkel (tgδ) u. die Leitfähigkeit des Syst. steigen dabei an. Beim schnellen Anhalten wurden DK-Werte erhalten, die denen unter dynam. Bedingungen erhaltenen gleichen. Das weist auf Bldg. erstarrter orientierter Strukturen der Strömung hin, welche den Geschw.-Gradienten entsprechen.
J. v. SCHROEDER. 8220□

Oxydation von technischem Paraffin unter der Wirkung von γ-Strahlen. Ju. L. Chmelnitzki, A. T. Slepnewa und I. I. Melechonowa. (Химия и Технология Топлив и Масел [Chem. Technol. Brennstoffe Öle] **4.** Nr. 1. 25—27. Jan. 1959. Allunion. Forschungsinst. der Erdölind.) (Russ.)

Es wurde festgestellt, daß die radioakt. Austrahlung des ^{60}Co bei 130° bei einer Dosierung von ca. 200 r/s die Oxydation von *Paraffin* während einer bestimmten Anfangsperiode beträchtlich beschleunigt; jedoch ist die Rk. nachher weder von der Stärke noch von der Dauer der Strahlung abhängig. G. SCHREIBER. 8226

Das Problem der Kontrolle der Asphaltmaterialien. Alfredo Pinilla. (Ind. y Quím. **18.** 169—72. 1957.) (Span.)

Vf. bestimmt vergleichend das Spezif. Gew., die Penetration u. die Duktilität bei 25°, den Erweichungspunkt u. die Löslichkeit in CS_2 sowie den kinet. Äquivalentradius u. die Micellen-Molgew. der Teilchen von Bitumenproben aus verschiedenen Vork. in Argentinien u. erörtert ihre Verw.-Möglichkeiten. R. K. MÜLLER. 8228□

Untersuchungen über die chemische Zusammensetzung von Pech aus Gasgeneratorholzteer. 1. Mitt. **Verfahren zur Vereinfachung der hochmolekularen Stoffe von Pech.** A. Kisslitzyn und D. Tischtschenko. (Журнал Прикладной Химии [J. angew. Chem.] **32.** 391—95. Febr. 1959. Leningrad, Labor. für organ. Chemie der Waldtechn. Akad.) (Russ.)

Es wird die chem. Natur einzelner, bei der Thermolyse von Holzstoff entstehender Bestandteile untersucht. Bei der Entw. von Verff. zur Spaltung der hochmol. Stoffe wurde festgestellt, daß die wichtigsten strukturellen Kettenglieder der Phenolsäuren (I) durch eine C—C-Bindung zu verhältnismäßig niedermol. Prodd. mit einem Molgew. von 300—800 verknüpft sind. Letztere werden durch eine Ätherbindung, die sich bei der Poly-Kondens. auf Kosten von Hydroxylen verschiedener Moll. bildet, zu hochmol. I vereint. Als beste Meth. der Mol.-Spaltung erwies sich die alkal. Hydrolyse.
E. PEZOLD. 8228□

Gaschromatographie. J. H. Knox. (Petroleum Times **64.** 787—88. 18/11. 1960. (Engl.)

Vf. beschreibt den apparativen Aufbau der Gaschromatographie einschließlich der Capillargaschromatographie u. gibt ihre Anwendungsmöglichkeiten für die verschiedensten Bereiche der organ.-chem. Industrie, bes. für die Petroleumindustrie, an.
R. EIDNER. 8242

Radioaktive Methode zur Bestimmung des Vermischungsgrades von Kohlen. I. L. Liplawk und Je. P. Boliter. (Заводская Лаборатория [Betriebs-Lab.] **25.** 1079—81. 1959. Allunions-Inst. für Arbeitsschutz.) (Russ.)

Zur Feststellung der Effektivität zweier verschiedenartiger Mischmaschinen für Kohle wurde eine von 2 Sorten mit ^{32}P markiert, wobei die Meth. unter Anwendung

von ^{35}S ausgearbeitet wurde. Die Meßgenauigkeit der Meth. wurde zu $\pm 2-3\%$ bestimmt. Um bei der Auswertung der Verss. 1000—2000 Impulse/min·g zu erhalten, wurden je 36 kg einer Kohlesorte mit 9 Liter einer NaH_2PO_4-Lsg. benetzt, die insgesamt 2,5 mc ^{32}P enthielten. Diese markierte Kohle wurde mit je 36 kg einer anderen Kohlesorte in den beiden Maschinen gemischt, wobei sich verschiedene Ungleichheiten in der Verteilung der Sorten sowie eine unterschiedliche Wrkg. der Maschinen herausstellten.
G. EWALD. 8246□

Gegenstromverteilung von hochsiedenden Phenolen aus Tieftemperaturkohleteer. Clarence Karr jun., Patricia A. Estep und Lester I. Hirst jun. (Analytic. Chem. **32.** 463—75. April 1960. Morganstown, W.Va., U. S. Dep. of Interior, Bureau of Mines, Low Temperature Tar Labor.) (Engl.)

Das aus bituminösem Tieftemp.-Kohleteer stammende Gemisch von Teersäuren wurde nach destillativer Vortrennung (21 Fraktionen) durch Gegenstromverteilung im Syst. Cyclohexan–Phosphatpuffer-Lsg. getrennt u. in ihm die Ggw. von 84 verschiedenen Verbb. mit UV- u. IR-Spektren nachgewiesen. Die Absorptionsmaxima sowie Verteilungs-Koeff. werden angegeben. Folgende Verbb. wurden identifiziert: *3.4-* u. *3.5-Xylenol, Indanol-(4)* u. *-(5), 3-Äthyl-5-methylphenol, 3-Äthyl-4-methylphenol, 4-n-Propylphenol, 2.3.5-* u. *3.4.5-Trimethylphenol, 2.3.5.6-Tetramethylphenol, Indenol-(4)* u. *-(5), 2-, 3-* u. *4-Phenylphenol, 1-, 2-* u. *3-Methylindenol-(4), 7-Methylindanol-(5), 2-Naphthol, 5.6.7.8-Tetrahydro-2-naphthol, 5.6.7.8-Tetrahydro-1-naphthol, 4-Methyl-1-naphthol, 1-Methyl-2-naphthol* u. *2-Cyclohexylphenol.* Von weiteren 36 Komponenten wurden die jeweiligen Verbindungsklassen angegeben. U. UHLICH. 8248□

Verwendung des „Volumendeprimometers" zur Messung der Volumina von Naturgas. M. Sénès. (Chim. analytique **42.** 136—45. März 1960. Serv. des Instruments de Mesure.) (Franz.)

Vf. beschreibt die theoret. Grundlagen u. den Aufbau einer neuen Kategorie von Meßinstrumenten, die bes. für Handelszwecke verwendet werden kann.
C. GOTTFRIED. 8250

Bestimmung von Schwefelverbindungen in Petroleumnaphtha. Das Humble-Schema. J. H. Karchmer. (Analytic. Chem. **30.** 80—85. Jan. 1958. Baytown, Tex., Humble Oil and Refining Co., Refining Dep.) (Engl.)

Vf. entwickelte ein verbessertes Analysenschema in Form eines Fließbildes für die Best. von Mercaptanen, H_2S, elementarem S, aliphat. u. cycl. Sulfiden, Disulfiden, Thiophenen u. dem Gesamtschwefel in Petroleum-Naphtha. Die wichtigsten Schritte von sieben Hauptbest.-Meth. unter Benutzung polarograph., potentiometr., spektrophotometr., massenspektrometr. u. chem. Verff. u. ihre Abwandlungen werden graph. skizziert. Bes. werden die Analysemöglichkeiten unter dem Gesichtspunkt betrachtet, daß eine oder mehrere Komponenten einer Probe die Best. einer anderen Komponente stören. Hinweise auf detaillierte Verff., auf bes. Lsgm. u. Apparateteile, sowie charakterist. Polarogramme u. potentiometr. Titrationskurven werden angegeben.
H. FRIES. 8252□

Die Bestimmung von Benzol im Druckraffinat und den hieraus gewonnenen Erzeugnissen mit Hilfe der Gaschromatographie. Franz Trefny. (Gas- u. Wasserfach, Ausg. Gas **102.** 115—18. 3/2. 1961. Gelsenkirchen.) (Dt.)

Für die Unters. des durch Hydrierung unter Druck gereinigten Bzl. hat sich die Gaschromatographie bestens bewährt. Verss. mit Modellgemischen u. Betriebserzeugnissen zeigten gute Übereinstimmung. F. ROSENDAHL. 8254□

Fließeigenschaften von schwerem Heizöl bei tiefen Temperaturen. Bericht des Ausschusses „Heizölfließeigenschaften" beim IP. Anonym. (J. Inst. Petroleum **47.** 57—73. Febr. 1961.) (Engl.)

Der Ausschuß wurde gegründet, um eine Meth. auszuarbeiten, mit der die Fließ-Eigg. von schweren Heizölen vorausgesagt werden können, bes. im Hinblick auf die Pumpfähigkeit. Es konnte ein Test ausgearbeitet werden, der in zwei Stufen zerfällt: a) eine therm. Vorbehandlung der Probe, um die Einw. der Lagerung in der Praxis zu erreichen u. b) Best. der Beweglichkeit der vorbehandelten Probe bei verschiedenen Temp. unter solchen Kräften, die etwa denen der Praxis entsprechen. Die Vorbehandlung der Probe dient dazu, um die Veränderung des Öles durch das längere Lagern, also das Altern, zu berücksichtigen, weil das Altern als das wichtigste Moment in bezug auf die Pumpfähigkeit erkannt wurde. Ein gutes Kennzeichen für das Altern des Öles ist auch das, wenn beim Aufwärmen u. Abkühlen Wachs ausgeschieden wird, wodurch die Pumpfähigkeit des Öles beim Altern von der Temp. abhängig ist. — 24 Tabellen einschließlich Verh. von Ölmischungen. F. ROSENDAHL. 8256□

Differentialthermoanalyse auf dem Schmierfettgebiet. Otto Henning und Norbert Trzebowski. (Freiberger Forschungsh., Reihe A, Heft **164.** Symposium Schmierstoffe und Schmierung 16/19. 1959. 293—300. Jena, Univ., Inst. für physikal. Chem.) (Dt.)
Beschreibung einer einfachen DTA-App. zur Messung der Änderung der Wärmeleitung von Syst. aus 0,02 m *Na-Stearat,* 0,002, 0,004 u. 0,010 m *Stearinsäure* u. Bzl., Toluol, Fluorbenzol, Chlorbenzol, n-Hexan u. Cyclohexan, sowie von *Mg-* u. *Sr-Stearat,* 0,004 m Stearinsäure u. Bzl. bei der Gel-Bildung. Entw. einer Meth. zur linearen Aufheizung bzw. Abkühlung von NaCl-Küvetten des ZEISS-IR-Spektralphotometers UR 10 u. Messung der Änderung der dimeren CO-Bande bei 1700 cm^{-1} u. der monomeren CO-Bande bei 1746 cm^{-1} von 0,01 m *Benzoesäure*-Lsg. in Benzol. O. HENNING. 8258□

Office National Industriel de l'Azote, Frankreich (Erfinder: Théophile Cambon und Samuel Pupko), **Katalytische Umwandlung von Kohlenwasserstoffen,** bes. von Raffinerierückstandsgasen, welche reich an Propan sind u. z. B. im m^3 60 g mineral. oder organ. S-Verbb. enthalten, in Ggw. von Wasserdampf. Als Katalysator wird Ni auf Mg verwendet; Rk.-Temp. 800—1000°. Während der Erhitzungsphase werden die Heizgase, welche einen Überschuß an Heiz-KW-Stoffen enthalten, durch Einleiten eines O_2-haltigen Gases so hoch erhitzt, daß die Temp. 100—200° über die Umwandlungs-Temp. der KW-Stoffe steigt. Dabei werden Schwefelverunreinigungen entfernt. Bei der Rk. wird die Bldg. von freiem C vermieden. Das aus der Rk.-Kammer entweichende Gas enthält vornehmlich H_2 u. *CO,* z. B. 58,9% H_2 u. 26,6% CO u. daneben 7,4% CO_2, 4,2 CH_4 u. 2,9 N_2. — 2 schemat. Zeichnungen. (**F. P. 1 145 781** vom 16/2. 1956, ausg. 29/10. 1957.) M. F. MÜLLER. 8131

Salimuzzaman Siddiqui und Mohammed Naseem Ahmed, Karachi, Pakistan, **Entschwefeln und Entharzen von Steinkohle.** Man behandelt die gepulverte Kohle (I) — bevorzugte Teilchengröße 20—60 Maschen B.S.S. — ca. 10 Std. mit überhitztem Dampf bis zu 330°, bei 160° beginnend, dest. harzige u. wachsartige Bestandteile ab, bei 250—280° entstehende H_2S-Dämpfe. Nach Ind. P. 49 402 wird I mit ca. 1% NaOH, CaO oder anderen alkal. Stoffen gemischt. (**Ind. PP. 49 402** vom 20/4. 1953, ausg. 17/4. 1955 u. **49 403** vom 20/4. 1953, ausg. 18/4. 1955.) C. LÜTTGEN. 8135

Erich Engel, Dortmund, **Reinigen von Koksofengas,** aus dem NH_3 bereits in üblicher Weise abgeschieden wurde. Man komprimiert das Gas, kühlt es indirekt auf maximal 25° ab, wodurch sich ein Teil der KW-Stoffe u. Naphthalin (I) abscheiden u. kühlt weiter auf —20 bis —50°, wodurch Bzl. u. I in fester Form abgeschieden werden. — Zeichnung. (**Ind. P. 57 235** vom 2/5. 1956, ausg. 10/3. 1958.) C. LÜTTGEN. 8143

Council of Scientific & Industrial Research, Neu-Delhi (Erfinder: Adi Nath Lahiri, Amarendra Nath Basu und Saroj Sen Gupta, Jealgora), Indien, **Gewinnung von Koks aus nicht-, schwach- oder halbbackenden Kohlen,** dad. gek., daß man diese einer Vorbehandlung durch dielektr. Erhitzen mit hochfrequenten elektr. Wellen unterwirft. (**Ind. P. 57 013** vom 9/4. 1956, ausg. 18/8. 1958.) C. LÜTTGEN. 8145

VEB Projektierungs-, Konstruktions- und Montagebüro PKM Kohleverarbeitung, Leipzig (Erfinder: Karla Wencke, Berlin), **Erzeugung von normgerechtem Stadtgas durch Methanisierung CO und H_2 enthaltender S-haltiger Gasgemische,** dad. gek., daß das S-haltige Gas unter Drücken bis 50 at bei 250—450°, bes. 400—420°, der Behandlung an einem aus Mo u. Al_2O_3 bestehenden Katalysator unterworfen wird u. erst nachher die Gasreinigung von S-Verbb. u. CO_2 erfolgt. (**D. A. S. 1 105 552** Kl. 26a vom 28/3. 1960, ausg. 27/4. 1961.) E. KAHLES. 8157

Esso Research and Engineering Co., Elizabeth, N.J., V.St.A., **Abtrennen von Kohlenwasserstoffen.** Ein KW-Stoffgemisch wird durch ein Molekularsieb geleitet u. dabei auf 200—500° F gehalten. Während der Desorption der festgehaltenen KW-Stoffe wird auf 500—1000° F u. 400—50 mm Hg eingestellt — Zeichnung. (**E. P. 842 139** vom 11/3. 1959, ausg. 20/7. 1960. A. Prior. 1/4. u. 28/5. 1958.) E. KAHLES. 8195

Fram Corp., V.St.A. (Erfinder: Joseph N. Fitzgerald, John W. Gernhardt und Owen C. Redmon), **Wasserabscheider aus Benzinen und Schmierölen,** bestehend aus einem stehenden zylindr. Gefäß, welches Hochdruck- u. Niederdruckkammern enthält, die Fasergewebefilter enthalten, an denen das agglomerierte W. angesammelt u. von dort entfernt wird. — 9 Zeichnungen. (**F. P. 1 146 069** EOM 30/1. 1956, ausg. 6/11. 1957. A. Prior. 20/6. 1955.) M. F. MÜLLER. 8195

Nalco Chemical Co., übert. von: David G. Braithwaite, Chicago, Ill., V.St.A., **Herstellung von Kieselsäure-Tonerde-Crack-Katalysatoren.** Kieselsäure wird durch Zugabe einer wss. Alkalisilicat-Lsg. zu einer Mineralsäure bei pH 5, wie H_2SO_4 oder HCl gegeben. Zu dem sauren Nd. wird Al-Sulfat-Lsg. oder $AlCl_3$-Lsg. gegeben.

Dann wird so viel Na-Aluminat-Lsg. zugegeben, daß das Ganze neutral reagiert. (**A. P. 2 933 456** vom 7/6. 1954, ausg. 19/4. 1960.) E. Kahles. 8197

Comp. Française des Procédés Houdry, Frankreich (Erfinder: George A. Mills, Thomas H. Milliken jun., Donald H. Stevenson und Heinz Heinemann), **Katalytische Spaltung von rohen Erdölrückständen und Schwerölen** unter Zuführung von Wasserdampf in die Rk.-Zone. Der den Rk.-Raum verlassende Katalysator enthält auf seiner Oberfläche schädliche Schwermetalle, wie V oder Ni, welche eine starke Koks-Bldg. an der Katalysatoroberfläche verursachen. Zur Entaktivierung dieser Schwermetalle werden diese mit Metallen oder Metall-Verbb. zusammengebracht, z. B. mit As-, Sb-, Bi-, Sn-, Pb-, Hg-, Cd- oder Zn-Verbb., bes. mit den Sulfiden, Fluoriden, Chloriden oder Phosphaten. Die Entaktivierung der schädlichen Stoffe wird auch durch Behandlung des durch Abbrennen regenerierten Katalysators mit einem Sulfurierungsgas erreicht. (**F. P. 1 128 498** vom 5/4. 1955, ausg. 7/1. 1957. A. Prior. 6/4. u. 15/6. 1954.) M. F. Müller. 8197

Esso Research and Engineering Co., Elizabeth, N.J., V.St.A., **Dampfcracken von Schwerbenzin-Kohlenwasserstoffen** bei 1350—1500° F u. einem KW-Stoffpartialdruck von mindestens 50% des Gesamtdruckes zur Gewinnung von ungesätt. KW-Stoffen. Die die Crackzone verlassenden Crack-Prodd. werden mit einem Abschrecköl zur raschen Senkung der Temp. auf $<$ 650° F gewaschen; in der Wasch- u. Fraktionierzone wird eine Fraktion vom Kp. $>$ 430° F erhalten, während die leichter sd. Dämpfe abgezogen werden. — Zeichung. (**E. P. 847 781** vom 17/4. 1959, ausg. 14/9. 1960. A. Prior. 9/6. 1958.) E. Kahles. 8197

Esso Research and Engineering Co., übert. von: Walter A. Rex und Charles E. Hemminger, Westfield, N.J., V.St.A., **Hydroformieren von Schwerbenzin.** Dieses wird vorerhitzt bei 100—500 lbs./sq.in. u. 850—950° F in die Rk.-Zone eingebracht u. gleichzeitig werden für sich 2000—7000 cu.ft. H_2-haltiges Gas je barrel Öl mit einer Temp. von 1000—1300° F in die Rk.-Zone eingeleitet. Die Dämpfe u. das Gas steigen im Wirbelbett mit einer Geschw. von 0,1—1 ft./s nach oben, wobei der Katalysator stark gewirbelt wird. Der abgezogene Katalysator wird in einem Wirbelbett mit Wärmeträger von $>$ 1000° F in Kontakt gebracht u. nach Aufnahme der Wärme wieder der Hydroformierzone zugeführt. — Zeichnungen. (**A. P. 2 913 403** vom 25/8. 1955, ausg. 17/11. 1959.) E. Kahles. 8201

Esso Research and Engineering Co., übert. von: Charles Newton Kimberlin jun., Baton Rouge, La., V.St.A., **Hydroformieren von Erdölfraktionen,** die im Leichtbenzinbereich sieden. Das Leichtbenzin wird mit einem H_2-reichen Kreislaufgas vorerhitzt u. das Gemisch durch ein Fixbett von Pt-haltigem Katalysator bei Hydroformierungsbedingungen geleitet. Mit dem Katalysatorbett wird ein dichtes Bett von heißen Wärmeträgerteilchen in Kontakt gebracht. Nach Abgabe ihrer Wärme werden diese Wärmeträger wieder zur Erhitzungszone geleitet. — Zeichnung. (**A. P. 2 931 770** vom 2/12. 1955, ausg. 5/4. 1960.) E. Kahles. 8201

California Research Corp., San Francisco, Calif., V.St.A. (Erfinder: John W. Scott jun.), **Katalytisches Reformieren von Schwerbenzin.** Der verwendete Katalysator besteht aus einer Hydrierkomponente auf einem akt. Crackträger. Der H_2-Zusatz je barrel Schwerbenzin beträgt 500—6000 cu.ft. In der Isocrackzone wird bei 500—2000, bes. $>$ 600 lbs./sq.in., mit einer Raumströmungs-Geschw. von 1—3 Vol./Vol./Std. gearbeitet. — Zeichnungen. (**E. P. 850 600** vom 17/4. 1957, ausg. 5/10. 1960.) E. Kahles. 8201

M. W. Kellogg Co., Jersey City, übert. von: Earl W. Riblett, Tenafly, und William P. Burton, Little Silver, N.J., Herman S. Kaufman, Brooklyn, N.Y., und Philip A. Lefrancois, Cranford, N.J., V.St.A., **Reformieren von Schwerbenzin.** Das Schwerbenzin wird unter Reformierungsbedingungen an einem Katalysator reformiert, der ein Sulfid oder Oxyd eines Metalls der VI. Gruppe auf einem η-Al_2O_3 enthält u. 60—99 Gew.-% η-Al_2O_3 aufweist. (**A. P. 2 913 398** vom 23/4. 1952, ausg. 17/11. 1959.) E. Kahles. 8201

Esso Research and Engineering Co., Del., übert. von: Byron M. Vanderbilt, Westfield, John P. Thorn, Union, und George E. Serniuk, Roselle, N.J., V.St.A., **Treibstoff auf Gasolinbasis.** Derselbe enthält als Antieismittel 4—20 (Vol.-%) aliphat. C_4-KW-Stoffe, 1—3 Isopropanol u. 1—9 sek.-Butanol. (**A. P. 2 850 368** vom 27/4. 1955, ausg. 2/9. 1958.) E. Drews. 8205

Pierre A. Gérard, Frankreich, **Mittel zur Erhöhung der mechanischen Energie bei der Verbrennung von Motortreibmitteln,** bestehend aus einem Gemisch von 25 bis

60 g Campher, 45—90 g Naphthalin, 1—3 ml Ae. u. 2,5—4,5 ml Nitrobenzol, welches mit Leichtbenzin auf 1 Liter aufgefüllt wird. Danach werden noch 950 Leichtbenzin u. 50 Mineralöl zugegeben. (**F. P. 1 148 379** vom 7/5. 1956, ausg. 6/12. 1957.)
M. F. MÜLLER. 8205

Badische Anilin- & Soda-Fabrik Akt.-Ges. (Erfinder: Günther Nottes und Erwin Rotter), Ludwigshafen/Rh., **Stabilisierung des Farbtons von N-substituierten aromatischen Aminen,** die z. B. zur Verbesserung der Klopffestigkeit von Treibstoffen dienen, erfolgt, indem man sie mit Gemischen aus festen Alkali- oder Erdalkalisulfiden u. -hydroxyden oder -oxyden behandelt oder sie über diesen Stabilisatoren aufbewahrt. Beispiele für *N-Monomethyl-* u. *N.N-Dimethylanilin.* (**D. A. S. 1 102 168** Kl. 12q vom 27/2. 1958, ausg. 16/3. 1961.) O. MÜLLER-MEININGEN. 8209

Gulf Research & Development Co., V.St.A. (Erfinder: Donald R. Stevens und Ronald L. Sweet), **Herstellung von Gemischen von Kohlenwasserstoffen mit Metallocyclopentadienylverbindungen** der allg. Formeln **I, II** u. **III** (R = H oder Alkyl-, Alkenyl-, Cycloalkyl- oder Arylrest; M = Metall, bes. Fe, Cu, Zn, Sn, Pb, Al, Mg, K, Na, Bi, Se, Ni, Co, Cd, Sb; x = Wertigkeit des Metalls). Als Cyclopentadiene sind z. B. genannt: Cyclopentadien u. seine Alkylsubstitutions-Prodd., wie die Mono-, Di-, Tri-, Tetra- u. Pentamethyl-Verbb., Äthyl-, Methyläthyl-, n-Propyl-, Isopropyl-, Propenylcyclopentadiene, Cyclopentyl- u. Cyclohexylcyclopentadiene, Phenyl-, Diphenyl- u. Pentaphenylcyclopentadiene, Inden, Fluoren u. analoge. — Von den Metall-Verbb. ist bes. das *Dicyclopentadienyleisen* (**IV**) genannt, welches den Motortreibstoffen (0,05—5 g auf 1 Liter Bzn.) als *Antiklopfmittel* zugesetzt wird. — Es dient auch zur Erhöhung der *insekticiden Wrkg.* von Naphthainsekticiden, in Mengen von 1—10% zugesetzt. — **IV** wird z. B. hergestellt aus Cyclopentadien u. C_2H_5MgBr u. anschließende Rk. mit wasserfreiem $FeCl_3$ in äther. Lösung. (**F. P. 1 140 411** vom 16/11. 1955, ausg. 22/7. 1957. A. Prior. 22/11. 1954.) M. F. MÜLLER. 8209

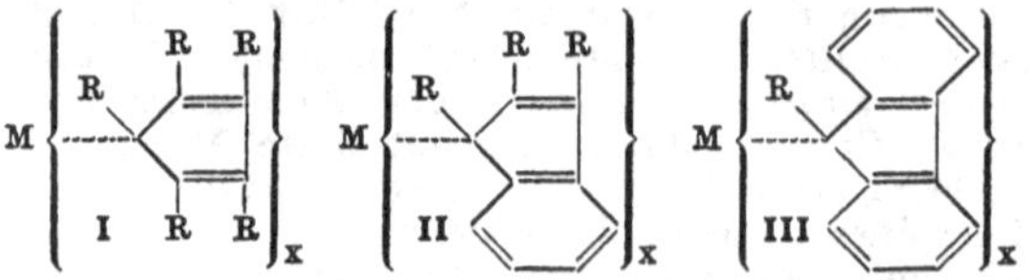

Robert Valentine Heinze und Lloyd Hilton Reyerson, V.St.A., **Herstellung von flüssigen Braunkohlenumwandlungsprodukten** für *Heizzwecke,* ggf. nach vorangegangener Umwandlung der fl. Prodd. durch Cracken, Hydrieren, Dehydrieren, Hydroraffinieren u. Reformieren. Die Verflüssigung der Braunkohle geschieht durch partielle Oxydation mit einem Stickstoffoxyd oder durch Behandlung der Kohle mit einem freien Halogen unter gleichzeitiger Halogenierung. Als Nebenprodd. entstehen Polycarbonsäuren. — Schema der Anlage u. Abbildungen. (**F. P. 1 140 910** vom 8/12. 1955, ausg. 21/8. 1957. A. Prior. 23/12. 1954.) M. F. MÜLLER. 8217

Metallgesellschaft Akt.-Ges., Frankfurt/M. (Erfinder: Karl-Heinz Eisenlohr, Buchschlag, Otto Ludwig Garkisch und Erich Arnold, Frankfurt/M.), **Katalytische hydrierende Raffination von Schmierölen oder Schmierölfraktionen** unter Druck u. bei erhöhter Temp. an S-festen Katalysatoren, durch die die Schmieröle u. H_2 oder ein H_2-haltiges Gas geleitet werden. Das Behandlungsgut wird in fl. Phase aufsteigend, zusammen mit dem erforderlichen H_2 durch den Katalysator geführt. Ein Teil des Raffinators wird dem Ausgangsgut vor oder bei seinem Eintritt in den Katalysator zugefügt. — Zeichnung. (**D. A. S. 1 094 904** Kl. 23b vom 20/4. 1957, ausg. 15/12. 1960.)
P. UNGER. 8221

Esso Research and Engineering Co., Elizabeth, N.J., V.St.A. (Erfinder: Roy Trevor Davies, Michael Frederick Hoare und Hans Georg Krischal), **Synthetische Schmieröle** auf der Basis von Gemischen aus Komplexestern u. Dicarbonsäureestern enthalten als Korrosionsschutzmittel ein öllösl. Alkylbenzotriazol, z. B. mit bis 12 C-Atomen („Triazol B"). (**E. P. 793 115** vom 23/8. 1955, ausg. 9/4. 1958.)
E. DREWS. 8221

Esso Research and Engineering Co., Elizabeth, N.J., V.St.A. (Erfinder: James Alexander Lyon Spiers und Graeme Wyatt Hayward), **Schmierölzusätze,** bestehend aus Mineralöl-Lsgg. von sulfurierten Terpenen. Die Herst. erfolgt durch Sulfurieren mono- oder dicycl. Terpene in Abwesenheit von Schmieröl (**I**), Dampf-Dest. nach beendeter Sulfurierung u. Zufügen von **I** in einer Dampf-Dest.-Zone während der Dampfdestillation. (**E. P. 780 605** vom 31/12. 1954, ausg. 7/8. 1957.)
E. DREWS. 8221

Rhein-Chemie G. m. b. H., Deutschland (Erfinder: Rudolf Kern und Hans Scheurer), **Motorenschmieröle** mit Zusätzen von Metallnaphthenaten. Zum Löslichmachen der Naphthenate werden capillarakt. Sulfonate, z. B. Pb-, Zn- oder Sn-Salze, zugesetzt. Hierfür geeignet sind Mineralölsulfonsäuren, Alkylbenzol-, Dialkylnaphthalinsulfonsäuren, höhermol. Alkylschwefelsäureester, Naphthenylbenzolsulfonsäuren. (**F. P. 66 722** vom 6/7. 1954, ausg. 19/8. 1957. D. Prior. 7/7. 1953. **Zusatz zu F. P. 1 076 375; C. 1956. 13588.**) M. F. MÜLLER. 8221

Institut Français du Pétrole, des Carburants et Lubrifiants, Frankreich (Erfinder: L. Boisselet und J. Artozoul), **Dispergier- und Reinigungsmittelzusatz zu Motorenschmierölen.** Als Zusatzmittel kommen Sulfonsäuren bzw. deren Salze der allg. Formel $N-Ar(R_1)(R_2)(SO_3X)$ in Betracht, worin Ar = Benzolring, N = Cyclohexan- oder Methylcyclohexanrest, R_1 u. R_2 = KW-Stoffreste mit 8 bis 18 C-Atomen u. X = Kation. Die Zusatzmenge beträgt 0,5—7%. Das Zusatzmittel verhindert das Absetzen von Verunreinigungen in den Ölleitungen unter Bldg. von Suspensionen mit den Verunreinigungen. — Folgende Sulfonate sind genannt: *Ca-Äthylhexylcyclohexylbenzolsulfonat, Ba-Dodecylcyclohexylbenzolsulfonat, Zn-Palmitylcyclohexylbenzolsulfonat, Ba-Stearylcyclohexylbenzolsulfonat* u. *Sr-Äthylhexylcyclohexylbenzolsulfonat.* (**F. P. 1 114 299** vom 1/4. 1954, ausg. 10/4. 1956.) M. F. MÜLLER. 8221

Comp. Française Thomson-Houston, Frankreich, bzw. General Electric Co. (Erfinder: Alfred R. Gilbert), Schenectady, N.Y., V.St.A., **Synthetische Schmiermittel, Weichmachungsmittel für Kunstharze, Insekticide** aus Alkylphosphonatreste enthaltenden *Organosilicium-Verbb.* der allg. Formel $Si(CH_2)_nPO(OR)_{x-1}\cdot R'_{3-x}$, worin n = 1—10, R u. R' = KW-Stoffreste, x = 1, 2 oder 3. Die Verbb. werden hergestellt durch Rk. einer Si-Halogenalkyl-Verb. u. organ. Phosphiten, z. B. $(CH_3)_3SiCH_2\cdot Cl + P(OC_2H_5)_3 \rightarrow (CH_3)_3SiCH_2-P(O)(OC_2H_5)_2 + C_2H_5Cl$. Als Ausgangsstoffe sind z. B. genannt: Chlormethyltrimethyl-, Bis-(chlormethyl]-dimethyl-, Chlormethylpentamethyldi-, Chloräthyltriäthyl-, Brommethyltrimethyl-, Jodäthyltriäthylsilan, Chlormethylpentamethyldisiloxan, Chlormethylheptamethyltrisiloxan, Chlormethylheptamethylcyclotetrasiloxan, Triäthyl-, Triisopropyl-, Tributyl-, Trioctyl- u. Triphenyl-, Tritolyl-, Tribenzyl-, Methyldiäthyl-, Methyläthylphenylphosphit, sowie Phosphonite, z. B. Dimethylmethyl- u. Diphenyläthylphosphonit. (**F. P. 1 120 750** vom 23/2. 1955, ausg. 11/7. 1956. A. Prior. 23/2. 1954. **A. P. 2 768 193** vom 23/2. 1954, ausg. 23/10. 1956.) M. F. MÜLLER. 8223

Manchester Oil Refinery (Holdings) Ltd., England (Erfinder: Edwin Fenton Chandley und Herbert Max Emil Steiner), **Synthetische Motorenschmiermittel,** bestehend aus Diestern der allg. Formel, $R_1-O-(X)_m-CO-(CH_2)_p-CO-(Y)_n-O-R_2$ mit Molgew. 300—1000 (R_1 u. R_2 = Alkylreste mit 5—12 C-Atomen; $(X)_m$ u. $(Y)_n$ = Hydroxyäthylen- oder Hydroxypropylengruppen; m u. n = ganze Zahlen; p = 4—11), z. B. $R-O-(C_2H_4O)_r(C_3H_6O)_s-CO-(CH_2)_p-CO-(OC_6H_3)_s(OC_2H_4)_r-O-R$, mit R = Alkylrest mit 5—12 C-Atomen, r u. s = ganze Zahlen u. p = 4—11. Gelierung der Diester $< -45^0$. Als Säurekomponente kommen bes. Sebacin- u. Adipinsäure in Betracht. Die Alkoholkomponente wird z. B. aus 2-Äthylhexanol u. Äthylenoxyd oder einem Gemisch von Äthylenoxyd u. 1.2-Propylenoxyd gewonnen. (**F. P. 1 131 525** vom 13/5. 1955, ausg. 22/2. 1957. E. Prior. 14/5. 1954.) M. F. MÜLLER. 8223

Pure Oil Co., Chicago, übert. von: Thomas W. Martinek, Crystal Lake, Ill., V.St.A., **Wasserfeste Schmierfette,** die aus einem mit Silicagel verdickten Schmieröl bestehen, enthalten ein Gemisch aus 1. 4—10 (Gewichtsteilen) eines öllösl. Polyoxyalkylenglykol-Monoalkyläthers, hergestellt aus einem einwertigen aliphat. Alkohol u. 1.2-Propylenoxyd, vom Molgew. 800—1600 (Acetylwert) u. 2. 1 eines öllösl. Monoaryläthers von Polyoxyalkylenglykol, hergestellt aus C_{1-18} alkylsubstituierten Phenolen u. Äthylenoxyd vom Molgew. 200—500. Die Menge Gemisch beträgt 9—10 Gew.-% des Silicagels. (**A. P. 2 891 010** vom 7/12. 1955, ausg. 16/6. 1959.) E. DREWS. 8223

Dow Corning Corp., V.St.A. (Erfinder: Earl L. Warrick), **Herstellung von Organosiliciumverbindungen** mit verbesserten *Schmiermittel-Eigg.* durch Rk. von Organo-Si-Verbb., welche einen Alkylrest mit wenigstens 5 C-Atomen enthalten, mit olefin. Verbb. in Ggw. eines aromat. Acylperoxyds, z. B. Benzoylperoxyd, bei 50—150°. Als Ausgangs-Si-Verbb. sind z. B. genannt: Dimethyldichlor-, Äthyltriisopropoxy-, Butyltrichlor-, Phenylmethyldiphenoxy-, Tetramethyl-, Dimethyldiphenyl-, Äthylphenyldicyclohexylsilan, Dimethylsilazan, Phenylmethylsilazan, Dimethyltetramethyldisalazan, ferner Organo-Si-Sulfide, Polysilane, Silanole, sowie die Salze von Silanolen u. Polysiloxanen. Als olefin. Ausgangsstoffe sind z. B. genannt: Äthylen, Butadien, Cyclohexen, Styrol, Vinyltoluol, Divinylbenzol, Isopren, Hexadecen, Tetrafluoräthylen, Vinylchlorid, Allylchlorid, Trifluorchloräthylen, Hexachlorbutadien, Vinylidenchlorid, Dichloräthylen, Chlorcyclohexen, Crotonaldehyd, Acrylaldehyd, Allylalkohol, Cyclohexenol, 4-Methylpenten-(3)-ol-(1), Acrylsäure, Crotonsäure, Vinylessigsäure, Maleinsäure, Ölsäure, Linolensäure, Diallyläther, Allyläthyläther, Acrylsäuremethylester, Vinylacetat, Allylacetat, Crotonamid, Acrylamid, Acrylonitril, Allylmercaptan, Allylamin, Allyläthylamin, Allylsulfid, Vinylsulfid, Methylvinylketon, Diallylketon, Benzalacetophenon, Allylisocyanat. — 100 (g) Dimethylpolysiloxan (I), 6 Divinylbenzol u. 1 tert.-Butylperbenzoat werden 1½ Std. auf 150° erhitzt: Milchigweiße, viscose Flüssigkeit. — Ein ähnliches Prod. erhält man aus 157 (g) Siloxan I, 52,2 Acrylonitril u. 3 Benzoylperoxyd durch Erwärmen (3 Std. bei 65—75°). — Weitere Beispiele u. zahlreiche Tabellen. (**F. P. 1 131 119** vom 12/4. 1955, ausg. 18/2. 1957. A. Prior. 13/4. 1954.) M. F. MÜLLER. 8223

Esso Research and Engineering Co., Elizabeth, N.J., V.St.A. (Erfinder: Delmer Leroy Cottle und David Wilson Young), **Monoformale aliphatische Hydroxycarbon- oder Carbonsäureglykol- oder -polyglykolester,** die mindestens 20 C-Atome enthalten u. als *Schmierstoffe* dienen. Man verestert z. B. α-Hydroxydecansäure (I) mit C_8-Oxoalkohol in Ggw. von p-Toluolsulfonsäure u. einer C_8-KW-Stofffraktion als Wasserschleppmittel, setzt anschließend eine stöchiometr. Menge Paraformaldehyd zu, treibt das W. bis zur maximalen Fl.-Temp. von 109° ab u. erhält nach Waschen u. Dest. bei 160 bis 180°/1,5 mm I-*Isooctylesterformal;* Gießpunkt —25°F, Flammpunkt 385°F, Viscosität 65,3 cSt./100° F u. 6,74 cSt./210°F. Die entsprechenden Werte für *Isotridecyllactatformal* ($Kp._1$ 205—240° C): Viscosität in cSt. bei 210°F = 3,32, bei 100°F = 15,36, Flammpunkt 400°F, Gießpunkt —70°F ; *Isodecyllactatformal* ($Kp._2$ 160—195° C): Viscosität in cSt. bei 210°F = 3,32, bei 100°F = 15,36, Flammpunkt 400°F, Gießpunkt —70°F; *Pelargonsäureglykolmonoesterformal* ($Kp._{0,4} > 145$°C): Viscosität in cSt. bei 210° F = 3,06, bei 100°F = 11,75, Flammpunkt 390°F, Gießpunkt < —75°F. (**E. P. 833 574** vom 29/3. 1957, ausg. 27/4. 1960.) O. MÜLLER-MEININGEN. 8223

Shell Internationale Research Mij. N. V., Den Haag, Holland (Erfinder: Walter Howard Peterson, Pt. Richmond, Calif., V.St.A.), **Schmierfett** auf der Basis eines durch einen bentonit. Ton bis zur Schmierfettkonsistenz verdickten hydrophoben Schmieröls mit einem Geh. an geringen Mengen öllösl., wasserunlösl. Aminoamide, gek. durch einen Geh. an Aminoamiden, die durch 1- bis 4std. Erhitzen auf 200 bis 225° von Fettsäuren mit 16—20 C-Atomen pro Mol., von denen mindestens 50 Gew.-% mindestens eine Doppelbindung pro Mol enthalten, u. einer Mischung von Polyäthylenpolyaminen mit einem Geh. von 20—80 Gew.-% an Diäthylentriamin u. einem restlichen Anteil eines durchschnittlichen Molgew. von 250—400 im Verhältnis von 0,4—0,5 Äquivalenten Fettsäuren pro Äquivalent Polyamingemisch erhalten worden sind. — Diagramme. (**D. A. S. 1 100 216** Kl. 23c vom 26/5. 1959, ausg. 23/2. 1961. **E. P. 850 913** vom 26/5. 1959, ausg. 12/10. 1960. Beide A. Prior. 26/5. 1958.) E. DREWS. 8223

Ulric Bannister Bray, V.St.A., **Herstellung von öllöslichen Metallsulfonaten von Mineralölkohlenwasserstoffen.** Die KW-Stoffe werden mit überschüssiger H_2SO_4, z. B. Oleum, sulfoniert, danach wird das saure Öl von der H_2SO_4 u. dem Säureschlamm getrennt. Das saure Öl wird mit NH_3 neutralisiert u. durch anschließendes Erhitzen mit einer bas. Metall-Verb., z. B. NaOH, $Ba(OH)_2$ oder $Ca(OH)_2$, das Metallsulfonat unter NH_3-Entw. gebildet. — *Schmiermittel.* — 2 Anlageschemata. — Vgl. D. B. P. 880 300; C. **1955.** 2344. (**F. P. 1 149 011** vom 9/4. 1956, ausg. 19/12. 1957.) M. F. MÜLLER. 8223

Institut Français du Pétrole, des Carburants et Lubrifiants, Frankreich (Erfinder: Boisselet und Avico), **Antioxydations- und Antikorrosionsmittel** als Zusatz zu *Hochdruckschmiermitteln,* bei der *Herst. von Kautschuk, plast. Massen* u. *Kunstharzen,* bestehend aus organ. Thiophosphaten der allg. Formel $S{=}P(X_1R_1)(X_2R_2)(X_3R_3)$, worin X_1, X_2 u. X_3 = O oder S, R_1, R_2 u. R_3 = Alkyl, Alkylester- oder Arylreste, z. B. *Di-[2-äthylhexyl]-butyl-, Distearyl-[2-äthylbutyl]-, Dixylenyl-p-kresyl-, Di-[p-kresyl]-[p-chlorkresyl]-, Di-[2-chloräthyl]-xylenyl-, Dixylenylbutyl-, Di-[octylkresyl]-butoxyäthyl-, Tri-n-hexyl-, Tri-n-octyl-, Trilauryl-, Tricetyl-, Tristearyl-, Tri-[2-äthylhexyl]-thionophosphat* u. *-tetrathiophosphat.* — In zahlreichen Beispielen ist die Herst. der Verbb. beschrieben. (**F. P. 1 137 298** vom 4/5. 1955, ausg. 27/5. 1957.) M. F. MÜLLER. 8223

Dow Chemical Co., Midland, Mich., V.St.A. (Erfinder: F. C. Bersworth), **Kühl- und Schmierlösung beim Ausziehen von Berylliumkupferdrähten.** Die Lsg. besteht aus einer wss. Lsg. des Dinatriummonocadmiumsalzes der Äthylendiamintetraessigsäure u. 1—20% Metallseife, z. B. Na-Stearat. (**Schwed. P. 155 348** vom 29/1. 1953, ausg. 24/7. 1956.) K. H. KÄHLER. 8223

Préparation Industrielle des Combustibles Soc. An., Frankreich, **Gewinnung von Ölen und Bitumen** aus natürlichen oder künstlichen bituminösen Prodd., wie Schiefern oder Asphalten, durch Extrahieren mit Leuchtpetroleum oder Petroleumraffinat vom Kp. 100—250° bei erhöhter Temperatur. (**F. P. 1 119 421** vom 17/2. 1955, ausg. 20/6. 1956.) M. F. MÜLLER. 8225

Standard Oil Co., Chicago, Ill., übert. von: Gordon D. Kerns, Hammond, Ind., V.St.A., **Entparaffinieren von Kohlenwasserstoffölen,** die eine Viscosität von 4 —300 SUS bei 100°F aufweisen. Mindestens 3 lbs. Harnstoff je lbs. Paraffin in

dem Öl u. 0,5—10 Vol.-% Methanol sowie 0,1—3 Vol. eines inerten KW-Stoffs je Vol. Öl werden bei 40—120°F gemischt. Nach der Addukt-Bldg. werden die Addukte abgetrennt u. einer Zers.-Zone zugeleitet, um dort bei >180°F zersetzt zu werden. Die Methanoldämpfe werden abgezogen u. kondensiert. Die Paraffin-Lsg. wird zur Gewinnung des Lsgm. abgestreift. Der Harnstoff wird nach der Regenerierung gewaschen u. wieder verwendet. — Zeichnung. (**A. P. 2 911 350** vom 8/3. 1957, ausg. 3/11. 1959.)
E. KAHLES. 8227

Standard Française des Pétroles, Seine, Frankreich (Erfinder: P. Taupin), **Verbesserung der Emulgierbarkeit von Bitumen** durch Zusatz von 3% Sulfitpech-Dest.-Rückständen u. Oxydation der Mischung bei 250° oder durch Zusatz einer bereits oxydierten Mischung aus Rückständen der Ölraffination u. der Papierfabrikation. (**F. P. 62 057** vom 17/10. 1951, ausg. 2/6. 1955. **Zusatz zu F. P. 1030515; C. 1955. 3539.**)
O. KAYSER. 8231

Esso Standard Soc. An. Française, Seine, Frankreich (Erfinder: L. Valla und J. B. Signouret), **Verbesserung der Emulgierbarkeit von Bitumen** durch Zusatz von 3 (%) Sulfitpech, das > 180° mit 1—10 SCl, SCl_2, PS_3 oder PS_5 behandelt worden ist. Oder es wurden in der Kälte 5—25 Cl_2 oder Br_2 dem Sulfitpech einverleibt, u. die Mischung wurde dann auf 250° erhitzt. (**F. P. 62 982** vom 23/6. 1952, ausg. 1/7. 1955. **Zusatz zu F. P. 1030515; C. 1955. 3539.**) O. KAYSER. 8231

I. B. E. Ltd., Slough, England (Erfinder: A. E. T. Lawrence und I. Gillespie), **Bituminöser Belag für Straßen und Flugplatzstartbahnen,** bestehend aus einer Mischung von 100 (Teilen) Kies 2—20 hydraul. Zement u. 10—20 einer bituminösen Emulsion, hergestellt aus Steinkohlenteer u. Stearinpech, emulgiert in alkal. Casein-Lsg., mit Zusatz von etwas Bentonit sowie einer Polyvinylacetatemulsion. (**Schwed. P. 155 837** vom 23/7. 1954, ausg. 28/8. 1956.) K. H. KÄHLER. 8237

Stream-Line Filters Ltd., England, **Anzeigen der Anwesenheit von Wasser in Benzinen und anderen Kohlenwasserstoffen.** In die Benzinleitung u. dgl. wird eine mit W. quellbare Masse in Form eines Filters eingebaut, welche im gequollenen Zustand den Durchfluß des KW-Stoffes drosselt u. ggf. Warninstrumente in Tätigkeit setzt. — 6 Abbildungen. (**F. P. 1 142 807** vom 7/3. 1956, ausg. 23/9. 1957.) M. F. MÜLLER. 8255

Texaco Development Corp., New York, N.Y., V.St.A., *Herstellung von hauptsächlich Kohlenoxyd und Wasserstoff enthaltenden Gasen.* (**Aust. P. 167 334** vom 22/9. 1953, ausg. 12/4. 1956. — C. **1956.** 9891 [E. P. 734 914].)

Montecatini Soc. Gen. per l'Industria Mineraria e Chimica, Mailand, Italien, *Herstellung von Synthesegas aus flüssigen, kohlenwasserstoffhaltigen Brennstoffen.* (**Ind. P. 49 812** vom 26/6. 1953, ausg. 15/2. 1955. — C. **1957.** 5153 [Oe. P. 187 610].)

Anglo -Iranian Oil Co. Ltd., London, England, *Entschwefeln von Rohpetroleum.* (**Aust. P. 161 511** vom 26/3. 1952, ausg. 17/3. 1955. E. Prior. 6/4. 1951. — C. **1955.** 10170 [E. P. 721 357].)

Gesellschaft für Forschung und Patentverwertung Akt.-Ges., Basel, Schweiz, *Kontinuierliche Raffination von Mineralölen mit festen Adsorbentien.* (**E. P. 828 649** vom 8/8. 1957, ausg. 24/2. 1960. D. Prior. 4/9. u. 5/9. 1956. — C. **1959.** 17579 [Oe. P. 203 126].)

Comp. Française de Raffinage, Paris, übert. von: **Joseph Quiquerez,** Gonfreville-L'Orcher, und **Edouard Weisang,** Le Havre, Frankreich, *Oxydation von Mercaptanen (Mercaptiden) zu Disulfiden.* (**A. P. 2 918 426** vom 7/5. 1958, ausg. 22/12. 1959. F. Prior. 10/5. 1957. — C. **1960.** 12889 [D. A. S. 1 075 249].)

Frank Joseph Jenny, New York, N.Y., V.St.A., *Herstellung von Synthese-Gasen.* (**Aust. P. 167 342** vom 24/7. 1953, ausg. 12/4. 1956. A. Prior. 23/8. 1952. — C. **1957.** 6325 [F. P. 1 088 264].)

National Aluminate Corp., Chicago, Ill., V.St.A. (Erfinder: **Nicolas Michael Adams**), *Schmiermittel für die Metallverformung.* (**E. P. 841 651** vom 25/2. 1958, ausg. 20/7. 1960. — C. **1959.** 15880 [D. A. S. 1 053 126].)

„Shell" Refining & Marketing Co. Ltd., London, England, *Herstellung von Schmierfetten.* (**Aust. P. 162 916** vom 3/8. 1953, ausg. 2/6. 1955. — C. **1956.** 613 [E. P. 718 391].)

Soc. Chimique et Routière de la Gironde, Paris, Frankreich, *Bindemittel für Überzugsmassen.* (**E. P. 836 131** vom 13/11. 1956, ausg. 1/6. 1960. F. Prior. 25/5. 1956. — C. **1960.** 12219 [A. P. 2 886 458].)

XXI. Leder. Gerbstoffe

Die Elastase Aktivität einiger Enzyme in Beziehung zu ihrer enthaarenden Wirkung
T. C. Cordon, A. L. Everett, H. Jones, W. Windus und J. Naghski. (J. Amer Leather Chemists Assoc. **56.** 68—79. Febr. 1961. Philadelphia, Pa., U.S. Dep. of Agricult Eastern Reg. Res. Labor.) (Engl.)

Bei der Best. der Aktivität handelsüblicher Enzym-Präpp. gegenüber *Elastin* (I) u. gegenüber der ganzen Haut ergaben die angewandten Prüfmeth. (Formoltitration, histolog. Unters. u. Best. der in Lsg. gegangenen Hautsubstanz) für die 15 untersuchten Enzyme völlig unterschiedliche Aktivitäten, die in keiner Beziehung zur enthaarenden

Wrkg. standen. Außderdem deuten die ausgeführten Unterss. daraufhin, daß die Haarlockerung durch die Verdauung des in der Haut vorhandenen I nicht gefördert wird. Eine bes. hohe Aktivität gegenüber I zeigt die aus *Streptomyces fradiae* gewonnene *Keratinase.* — Diskussion u. 12 Literaturangaben. H. G. FRÖHLICH. 8334□

Der Abbau von Gelatine durch Enzyme im Zusammenhang mit ihrer enthaarenden Wirkung. H. W. Jones, T. C. Cordon, J. Naghski und W. Windus. (J. Amer. Leather Chemists Assoc. **56.** 123—31. März 1961. Philadelphia, Pa., U.S. Dep. of Agricult., Eastern Reg. Res. Labor.) (Engl.)

Im Zusammenhang mit Unterss. über die enthaarenden Eigg. von 21 handelsüblichen Enzymen wurde deren Angriff auf Gelatine, ermittelt durch Formoltitration, aus der Änderung der Viscosität u. aus der Höhe der Verflüssigung, untersucht. Hierbei wurden für die verschiedenen Test-Meth. völlig unterschiedliche Werte ermittelt, so daß angenommen wird, daß jede Test-Meth. andere Aktivitäten erfaßt. Außerdem wurde keinerlei Relation zwischen der enthaarenden Wrkg. u. dem Angriff der Enzyme auf die Gelatine gefunden, so daß derselbe nicht als Test für die enthaarende Wrkg. der Enzyme herangezogen werden kann. H. G. FRÖHLICH. 8334□

Der Einfluß organischer Säuren auf die Bindung von Chrom und Zirkon durch chemisch verändertes Kollagen. R. L. Sykes und D. A. Williams-Wynn. (J. Soc. Leathers Trades' Chemists **45.** 83—92. März 1961. Grahamstown, Südafrika, Rhodes Univ., Leather Ind. Res. Inst.) (Engl.)

Methylierte, acetylierte u. carboxylierte Ziegenhaut wird mit 0,5m Cr- u. Zr-Sulfat- u. Chlorid-Lsgg. (50%ig. Basizität) in Ggw. von HCOOH, $H_2C_2O_4$, Milchsäure, Buttersäure, Citronensäure, Adipinsäure, Aminobuttersäure u. Aminocapronsäure gegerbt. Die Ergebnisse zeigen, daß die Blockierung der COOH-Gruppen des Kollagens die Cr-Aufnahme u. die Schrumpfungs-Temp. (Ts) des Cr-Leders herabsetzt, während die Zr-Aufnahme beim Zr-Leder erhöht wird bei unveränderter Ts. Die zusätzliche Einführung von COOH-Gruppen führt beim Cr-Leder bei unveränderter Ts zu einer starken Erhöhung der Cr-Aufnahme, während beim Zr-Leder die Zr-Aufnahme abfällt. Die Acetylierung führt beim Cr- u. Zr-Leder zu einer Abnahme des Cr- u. Zr-Gehalts. Außerdem wird auch die Ts beim Zr-Leder herabgesetzt. Die gerbenden Eigg. der Chloride sind geringer als die der Sulfate. Der Zusatz der organ. Säuren auf die gerbenden Eigg. wird durch die Beständigkeit der gebildeten Metallkomplexe bestimmt. Zusammenfassend zeigen die Verss., daß die Bindung des Cr an das Kollagen auf einer Bindung der COOH-Gruppen in den Proteinseitenketten des Kollagens mit dem Cr-Komplex beruht, während bei der Zr-Gerbung neben einer Bindung an die NH_2-Gruppen noch Restvalenzen der vielkernigen Zr-Komplexe eine Rolle spielen. — 25 Literaturangaben.
H. G. FRÖHLICH. 8336□

Die Extraktion von Weidenrinde unter Anwendung von Natriumsulfit. N. W. Wolkow und M. I. Karpman. (Кожевенно-Обувная Промышленность [Leder- u. Schuhwaren-Ind.] **3.** Nr. 3. 32—33. März 1961.) (Russ.)

Zugabe von 0,45% SO_2 als Phenolsulfit zur Extraktion von Weidenrinde erhöht die Gerbstoffausbeute um ca. 2%. J. v. SCHROEDER. 8336□

Einfluß der Lagerbedingungen auf die Eigenschaften von Weidenrinde. N. W. Wolkow, M. I. Karpman und P. M. Swirin. (Кожевенно-Обувная Промышленность [Leder- u. Schuhwaren-Ind.] **2.** [1960.] Nr. 11. 30—31. Nov.) (Russ.)

Betriebs-Verss. über die Lagerung von Weidenrinde im gedeckten Raum u. im Freien bei Einw. der Luft ergaben nach 1 Jahr eine Abnahme des Gerbstoffs bei der bedeckten Rinde von 15,8 auf 12,6%, der unbedeckten auf 8%, nach 14 Monaten auf 10,5 bzw. 7,2%. J. v. SCHROEDER. 8336□

Die Herstellung von Juchtenleder und Schuhen nach der Methode der heißen Vulkanisation. M. L. Derbaremdiker, K. M. Surabjan, G. I. Lajewskaja, M. R. Litwinow, A. I. Metelkin, Ss. B. Slutzki und W. G. Ssutschkow. (Кожевенно-Обувная Промышленность [Leder- u. Schuhwaren-Ind.] **3.** Nr. 3. 17—20. März 1961.) (Russ.)

Das gewöhnliche Juchtenleder ist zur Herst. von Schuhen nach der Meth. der Heißvulkanisation wegen seines hohen Fett-Geh. nicht geeignet. Verringerung des Fett-Geh. erhöht die Wasserdurchlässigkeit. Daher wurden Verss. zur Imprägnierung des Leders mit Emulsionen verschiedener Polymeren ausgeführt, von denen ein Teil, bes. in höheren Konzz. (30%), befriedigende Ergebnisse zeitigte. Ein zweites Verf. ist die Imprägnierung mit bas. Stearaten einiger Metalle, von denen Cr sich am besten bewährt hat. Auch die Kombination beider Verff. ist erfolgreich. J. v. SCHROEDER. 8340□

Die Herausarbeitung von Velour aus Schweinehäuten. N. W. Tschisstjakowa und W. A. Slobina. (Кожевенно-Обувная Промыпленность [Leder- u. Schuhwaren-Ind.] **1960.** Nr. 12. 27—29. Dez.) (Russ.)

Zur Chromgerbung wird ein stark bas. (45—46%) Extrakt oder das Chromemulsions-Verf. benutzt, bei dem die Blößen vor der Zugabe der 36% bas. Brühe mit einer 3%ig. Emulsion aus 90 (Teile) Spindelöl u. 5 Netzmittel OP-10 bei 40° 5—10 Min. gewalkt werden. Das Emulsions-Verf. gibt einen kurzen, dichten Velour. Nach Neutralisieren u. Fetten werden die Leder getrocknet, nach dem Stollen aufgeweicht u. mit 10% Farbstoff gefärbt, worauf noch mit 3% bas. Farbstoffen nachgefärbt wird.

J. v. Schroeder. 8340□

Mit Butylpolymeren imprägnierte Sohlen. M. Lorant. (Kunststoffe — Plastics [Solothurn] **7.** 483. 1960. London.) (Engl.)

Nach dem von U.S. National Bureau of Standards entwickelten Verf. wird luftgetrocknetes Leder ca. 3 Std. in eine Lsg. von Polyisobutylen (I; Molgew. 50000 bis 100000) in einem der üblichen Lsgm. getaucht, abgewischt u. das Lsgm. abgedampft. Man kann Leder verwenden, dessen Haarseite man vorher 40 mils tief abspaltet. Imprägniertes Leder ist als Ober-, Sohlen- oder Feinleder verwendbar. Bei Sohlenleder wird durch Imprägnieren mit 10—17% I die Abriebfestigkeit verdoppelt, die Wasserabsorption auf die Hälfte gesenkt u. die Lebensdauer um ca. 80% erhöht.

R. Junge. 8340□

Bemerkungen zum heutigen Stand der analytischen Beurteilung nach den ČSR-Standards. Ladislav Minařík und Drahoslav Kokeš. (Kožařství **10.** 44—46. Febr. 1960. Gottwaldov, Výzk. úst. Kožed.; Otrokovice, koželužský výzk.) (Tschech.)

Beurteilung des Leders nach Zugfestigkeit, Stichausreißfestigkeit, Weiterreißfestigkeit, Narbenbruch, Festigkeit bei Doppelbiegung, Schlüsselprobe, Wasseraufnahme u. anderem. E. Knopp. 8368□

Die Bestimmung des Schwefelgehaltes im Gerbmittel und Leder. A. Vos. (J. Soc. Leather Trades' Chemists **45.** 62—66. Febr. 1961. Waalwijk, Holland, Lederinst. T.N.O.) (Engl.)

Nach einem krit. Überblick über die üblichen S-Best.-Meth. (Best. als $BaSO_4$ nach verschiedenen Aufschlüssen) im Leder wird darauf hingewiesen, daß sich zum Aufschließen des Leders am besten ein Gemisch aus 10 ml HNO_3 konz. u. 5 ml 70%ig. $HClO_4$ eignet. Bei Anwesenheit größerer Cr-Mengen red. man mit Hydrazinhydrat u. fällt dann Cr mit NaOH im kochenden Wasserbad aus. H. G. Fröhlich. 8368□

XXIV. Photographie

Zur Erscheinung der photographischen Umkehrung. 1. Mitt. **Einfluß von Bromiden, Desensibilisatoren, Oxydations- und Reduktionsmitteln auf die photographische Umkehrung.** Je. A. Galaschin und W. M. Tatewski. (Журнал Научной и Прикладной Фотографии и Кинематографии [J. wiss. angew. Photogr. Kinematogr.] **4.** 175—82. Mai/Juni 1959. Moskau, Lomonossow-Univ., Chem. Fak.) (Russ.) — Vgl. C. **1957.** 8403.

Gegen Rotlicht unempfindliche positive Platten werden einem gemischten lang- u. kurzwelligen Licht (Maxima 800 u. 260—410 mμ, Intensitäten 2,7 bzw. $0{,}02 \cdot 10^{-3}$ mW/cm²) oder nur kurzwelligem Licht ausgesetzt, u. zwar nach Behandlung mit Lsgg. von KBr (0,01—5,0%), Chinon (I; 0,001—0,1%), Pinakryptolgrün (II; 10^{-5} bis 10^{-3}%), Hydrochinon (III; 0,001—0,1%), Na_2SO_3 (0,025—0,1%) oder $NaNO_2$ (0,5%). Bei Belichtungsdauer t zeigen die Diagramme D — logt, daß nach Behandlung mit KBr, I oder II Zunahme der Konz. rasche Abnahme der Empfindlichkeit u. Verschiebung von D_{max} nach kleinerem t bewirkt, umgekehrt bei III, Na_2SO_3 u. $NaNO_2$. Der Mechanismus der der Solarisation ist der gleiche wie beim Herschel-Effekt. Es wird angenommen, daß durch Red. der Quantenausbeute an Ag u. Bldg. neuer Ag-Kerne Koagulation u. Rekristallisation von Ag-Teilchen, Verlust ihrer katalyt. Wirksamkeit u. Abnahme der akt. Zentren eintritt; Red.-Mittel (Br-Acceptoren) hindern die Koagulation.

R. K. Müller. 8598□

Zur Erscheinung der photographischen Umkehrung. 2. Mitt. **Photometrierung des latenten Bildes und Mechanismus der photographischen Umkehrung.** Je. A. Galaschin. (Журнал Научной и Прикладной Фотографии и Кинематографии [J. wiss. angew. Photogr. Kinematogr.] **4.** 253—58. Juli/Aug. 1959. Moskau, Lomonossow-Univ., Chem. Fak.) (Russ.) — 1. vgl. vorst. Referat.

Mit einem Differentialphotometer wird die opt. Dichte (OD) des latenten Bildes gemessen, das in AgBr-Emulsionen bei Belichtung mit langwelligen Strahlen (Orange- u. Rotlicht) entsteht. Die OD nimmt in allen Fällen mit einer mit der Zeit steigenden Geschw. ständig zu, bei Belichtung mit aktin. Licht nach einem Minimum. Vf. nimmt an, daß der autokatalyt. Charakter des Wachsens des latenten Bildes u. die Abnahme der Entwickelbarkeit auf allmählicher Inaktivierung der Ag-Zentren beruht. Beim

Herschel-Effekt wird die anfängliche Abnahme der OD auf Abnahme der Lichtabsorption des Ag durch Koagulation zurückgeführt; bei weiterer Koagulation nehmen die Ag-Zentren normale Metallstruktur an u. verlieren ihre katalyt. Aktivität für die Entwicklung. R. K. Müller. 8598□

Das Silber in der Photographie. E. Klein. (Metall **14.** 682—84. Juli 1960. Leverkusen, Agfa AG., Wissenschaftl.-Photograph. Labor.) (Dt.)

Vf. gibt einen kurzen Überblick über die Eigg. des Ag u. seiner Verbb., soweit es für photograph. Zwecke von Bedeutung ist. Herst. von Halogensilberemulsionen, photograph. Elementarprozeß, Entw.-Vorgänge, Schwärzungskurve, Anwendung der Photographie W. Günther. 8600□

Lichtstreuung in der Emulsionsschicht und Auflösungsvermögen des photographischen Materials. P. Ch. Pruss und W. I. Makssina. (Журнал Научной и Прикладной Фотографии и Кинематографии [J. wiss. angew. Photogr. Kinematogr.] **4.** 259—68. Juli/Aug. 1959. Opt. Wawilow-Inst.) (Russ.)

Bei der Ausbreitung eines Lichtstroms in der Emulsionsschicht der photograph. Materialien werden in einer bestimmten Tiefe der Schicht maximale Helligkeiten des gestreuten Lichts erreicht; Helligkeit u. Tiefe nehmen mit abnehmender Konz. an Ag-Halogenid (AgHal) zu. Bei steigender AgHal-Konz. erreicht das Auflösungsvermögen der Schicht ein Minimum, wobei jedoch auch die Schichtdicke eine Rolle spielt; je dicker die Schicht ist, desto ausgeprägter ist das Minimum. Mit zunehmender Schichtdicke nehmen Kontrast-Koeff. u. Schwärzungsdichte zu; das Auflösungsvermögen nimmt ab. R. K. Müller. 8604□

Streuende Diabilder. Je. A. Bukatin. (Журнал Научной и Прикладной Фотографии и Кинематографии [J. wiss. angew. Photogr. Kinematogr.] **4.** 298—99. Juli/Aug. 1959.) (Russ.)

Wenn photograph. Bilder nicht mit dunklen lichtabsorbierenden, sondern mit weißen lichtstreuenden Substanzen hergestellt werden, lassen sich Wärmeschädigungen bei der Vorführung von Dias oder beim Lesen von Mikrofilmen vermeiden. Die techn. Ausführung erfolgt durch Bleichen des fertigen Ag-Bildes, Einführung von fertigem Pigment (Pigment-Meth., Ozobrom), Bldg. lichtstreuender Ndd. (Pinatypie), Einführung von Gas in die Schicht usw. Wenn das Bleichen in der Lsg. eines Oxydationsmittels wie CuJ_2, erfolgt, wird restliches $Na_2S_2O_3$ in der Schicht zerstört; solche Bilder sind über 10 Jahre ohne Alterung oder Abschwächung aufbewahrt worden. R. K. Müller. 8624□

General Aniline & Film Corp., New York (Erfinder: Fritz Dersch und Millet Rodger de Angelus, Binghamton), N.Y., V.St.A., **Stabilisatoren für Halogensilberschichten** bilden Verbb. der allg. Formeln **I** u. **II**. Hierbei ist R ein H-, Na-, K- oder Ag-Atom oder eine Alkylgruppe, eine Hydroxyalkyl-, Carboxyalkyl Phenyl-, Tolyl-, Naphthyl-, Carboxyphenyl-, Sulfophenyl- oder Aralkylrest oder die NH_4-Gruppe, n = 1—3, u. die Seitenkette steht in 2- oder 4-Stellung im Pyridin- bzw. Chinolinring.

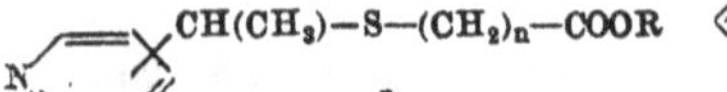
I

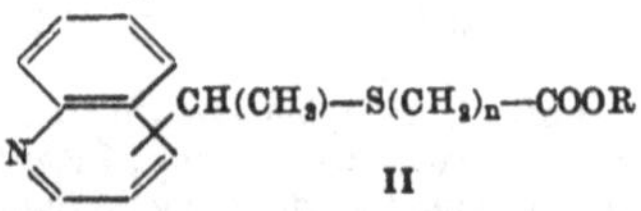
II

Herst. nach bekannten Verff. aus den entsprechenden Vinylpyridinen bzw. -chinolinen u. Mercaptosäuren in Ggw. von Polymerisationsinhibitoren. Beispiele: *α-2-Pyridyläthylthioessigsäure,* ihre K-, Na-, Ag- u. NH_4-Salze, *α-4-Pyridylthioessigsäure,* ihr Methyl-, Benzyl- u. Phenylester; *β-(α-2-*[oder *4*]*-Pyridyläthylthio)-propionsäure,* ihre Na- oder NH_4-Salze; *γ-(α-2-*[oder *4*]*-Pyridyläthylthio)-buttersäure* u. der Butylester; *α-2-*[oder *4*]*-Chinolyläthylthioessigsäure,* Methyl-, Butyl- u. Benzylester, sowie Na- u. K-Salze; *β-(α-2*[oder *4*]*-Chinolyläthylpropion-* u. *-buttersäure.* — Dosierung: 1—100 mg bei der Reifung u. 10—300 mg als Gießzusatz auf 0,6 Mol Halogensilber in der lichtempfindlichen oder einer ihr benachbarten Schicht. (**D. A. S. 1 106 169** Kl. 57b vom 12/3. 1959, ausg. 4/5. 1961. A. Prior. 13/3. 1958.) A. Kalix. 8601

Kodak-Pathé, Frankreich, bzw. Kodak Soc. An., Brüssel, Belgien, **Farbenempfindliche lichtleitfähige Schichten.** Als lichtleitfähiger Stoff wird ZnO mit einer Korngröße von 0,5 μ verwendet, z. B. das Handels-Prod. „Protox 168", als Schichtbildner ein Kunstharz, das ein sehr starkes Dielektrikum darstellt, z. B. Mischpolymerisate aus Styrol u. Butadien, Silicon-, Polyvinylchlorid- u. Polyvinylacetat-Harze, modifizierte Alkydharze usw. Als opt. Sensibilisatoren werden den Schichten die in der Halogensilberphotographie zum gleichen Zwecke angewandten Farbstoffe zugesetzt, z. B. Cyanine (**I**), Merocyanine (**II**), Carbo-, Dicarbo-, Merocarbo-, Merodicarbo- u. Hemicyanine, sowie Styrylfarbstoffe, bes. solche **I** u. **II**, die COOH- oder SO_3H-Gruppen enthalten oder eine an ein N-Atom des Heterocyclus gebundene Carboxyalkylgruppe. Die Sensibilisatoren werden der ZnO-Kunstharz-Dispersion als Lsgg. in A., Methanol, Aceton, Pyridin usw. (in Mengen von ca. 0,1 g auf 60 g ZnO) zugegeben, oder das fertige ZnO-Papier mit einer 0,01—0,1%ig. Lsg. davon behandelt, z. B. mit einer solchen von 3-Äthyl-5 [(3-carboxymethyl-2-(3H)-benzoxazoliden)-äthyliden]-rhodanin. (**F. P. 1188943** vom 23/12. 1957, ausg. 28/9. 1959. A. Prior. 26/12. 1956. **Belg. P. 563443** vom 21/12. 1957, ausg. 17/6. 1960. A. Prior. 25/12. u. 26/12. 1956.) A. KALIX. 8601

Perutz Photowerke G. m. b. H., München (Erfinder: Kurt Herrmann, Pullach, und Wilhelm Brandstätter, München), **Verbesserung der Naßhaftfestigkeit von photographischen Schichten auf ihren Trägern.** Halogensilberschichten mit hohem Weichmacher-Geh. zur Verminderung ihrer Knickempfindlichkeit werden zur Verbesserung ihrer Haftfestigkeit in den photograph. Bädern nach einer gewissen Lagerzeit, z. B. von 2 Tagen, therm. nachbehandelt, z. B. durch 15 Min. lange Einw. von Luft von 85° u. einem relativen Feuchtigkeits-Geh. von 85°. Darauf folgt die übliche Klimatisierung. (**D. A. S. 1105711** Kl. 57b vom 2/8. 1958, ausg. 27/4. 1961.) A. KALIX. 8619

Walter J. Bushell, North Hollywood, Calif., V.St.A., **Naßbehandlung von belichtetem (bandförmigem) Photomaterial.** Die belichtete Film- oder Papierbahn wird über eine sich langsam drehende Trommel mit großem Durchmesser geführt u. mit einem feinen Nebel der Behandlungs-Lsgg. besprüht, wobei jede Lsg. (Entwickler, Unterbrecher, Fixierbad, Tönungs-Lsg. usw.) nach der notwendigen Einw.-Zeit durch Druckluft abgeblasen u. wieder aufgefangen wird. Begonnen wird der Cyclus zweckmäßig mit reinem W. zum Anfeuchten der Bildschicht u. damit auch beendet (zum Auswaschen), zum Schluß wird eine Warmluft- oder Hochglanz-Heißtrocknung durchgeführt. — Vorrichtung. (**A. P. 2920960** vom 16/8. 1952, ausg. 12/1. 1960.) A. KALIX. 8619

Haloid Xerox, Inc., Rochester, übert. von: Richard E. Hayford, Pittsford, N.Y., V.St.A., **Kontinuierliches Verfahren für die xerographische Bilderzeugung und Übertragung.** Die photoleitfähige Schicht befindet sich auf der Außenseite einer großen Trommel (I), um die herum die Vorr. für die Belichtung, Aufladung, Bild-Entw. u. Übertragung angeordnet sind. Die Innenseite von I besteht aus einer gut leitenden, geerdeten Schicht, meist aus Metall. Aufladung u. Belichtung der Bildschicht erfolgen in der üblichen Weise, wobei sich I an den entsprechenden Vorr. vorbeidreht. Die Entw. erfolgt jedoch erfindungsgemäß unter Einw. einer gebogenen Elektrode (II), die im Abstand von ca. 0,1 inch gegenüber einer kurzen Strecke des Umfangs von I angeordnet ist. Über ihre konkave Seite läuft eine Metallfolie, ein Metalldrahtnetz oder eine Bahn von metallisiertem Gewebe (III), das auf das gleiche Potential wie die Innenseite von I aufgeladen ist. Zwischen I u. II wird ein Aerosol des Entw.-Pigments eingeblasen, während sich I langsam an II vorbeidreht. Das entwickelte Bild läuft dann durch die Übertragungs-Vorr., worauf I u. III von den Entwicklerresten gereinigt werden. Die Anwendung von II hat den Vorteil, daß größere Flächen gleichmäßig geschwärzt werden u. nicht mehr die bekannten aufgehellten Mittelteile aufweisen. (**A. P. 2844123** vom 16/6. 1955, ausg. 22/7. 1958.) A. KALIX. 8625

Haloid Xerox, Inc., Rochester, N.Y., übert. von: Lewis E. Walkup, Columbus, Ohio, V.St.A., **Entwicklung von latenten elektrostatischen Bildern.** Für die Herst. von xerograph. Bildern, die auf Papier übertragen werden sollen, wird die photoleitfähige Schicht vor ihrer Aufladung mit einem feinen Mehl von isolierenden Stoffen (I) eingepudert, das eine Korngröße $< 1\,\mu$ hat. Als I können verwendet werden: Glas, Glimmer, Asbest u. Polystyrolharz. Die Schicht aus I darf nur wenige μ dick sein, damit sie die Bild-Entw. u. Erzeugung nicht stört. Beim Abdruck der entwickelten Bilder auf Papier verhindern die I an den bildfreien Stellen die direkte Berührung desselben mit der photoleitfähigen Schicht an den pigmentfreien Stellen. Auf diese Weise kann zur Übertragung Papier mit beliebigem Wasser-Geh. u. damit beliebiger Leitfähigkeit verwendet werden. (**A. P. 2892708** vom 3/1. 1955, ausg. 30/6. 1959.) A. KALIX. 8625

Hans von Fraunhofer und Harry Edward Coote, London, England, **Herstellung von farbenphotographischen Duplikatnegativen.** Das Originalnegativ wird auf ein Mehrschichthalogensilbermaterial aufgenommen, dessen Schichten für die Farbtrennung unterschiedlich sensibilisiert sind. Die entsprechenden Farbkuppler sind nur in den unteren Schichten, jedoch nicht in der obersten Schicht (I) vorhanden, so daß bei der Entw. des Materials in I nur ein Schwarzweißbild entsteht. Dieses allein wird fixiert u. ausgebleicht, z. B. mit K-Ferricyanid- oder mit $K_2Cr_2O_7$-Lösung. Es wird dann im Kontakt-Verf. in Ggw. von $Na_2S_2O_3$-Lsg. auf einen Film mit einer Gelatineschicht übertragen, die CdS oder TiS_2 enthält. In dieser Schicht entsteht nach 30—40 Sek. ein kopierfähiges Ag_2S-Bild. Das schwache in I verbliebene Restbild wird dann ausfixiert. Schließlich werden die Teilbilder (einschließlich des Na_2S-Bildes) nacheinander auf ein Mehrschicht-Umkehrmaterial kopiert, das entsprechend dem Material für das Originalnegativ sensibilisiert u. in allen Schichten mit Farbkupplern versehen ist. (**E. P. 795 186** vom 2/3. 1953, ausg. 21/5. 1958.) A. KALIX. 8631

Agfa Akt.-Ges. (Erfinder: Gustav Schaum, Hildegard Haydn, Anita von König und Heinrich Seibert), Leverkusen, **Photoleitfähige Schichten** sind Derivv. von mehrkernigen cycl. kondensierten KW-Stoffen, bes. von Anthracen u. Benzanthron. Als Substituenten kommen hierbei Halogenatome, OH-, CN-, NO_2-, NH_2-, Alkyl-, Aryl-, Acyl-, Aminoacyl-, Aminoalkyl-, Acylamino-, Alkylamino-, Arylamino- u. Aldehydgruppen in Frage. Diese Substitutionsprodd. sind lichtempfindlicher als die unsubstituierten Verbindungen. Die gleichen Eigg. besitzen Derivv. der allg. Formel I. Hierbei sind Z die zur Bldg. eines Bzl.-, Pyridin-, Pyridon-, Pyrimidin- oder Pyrimidonringes nötigen Atome, R′ u. R″ sind H- oder Halogenatome, CN-, NO_2-, Alkyl-, Aryl-, Alkylamino- oder Arylaminogruppen; R‴ = R″ oder eine Acylaminogruppe; ist jedoch Z ein Pyridin- oder Pyrimidinring, so ist R‴ kein weiterer Substituent, bildet Z einen Pyridon- oder Pyrimidonring, dann ist R‴ ein H-Atom oder eine N-Alkyl- oder N-Arylgruppe; außerdem dürfen R′, R″ u. R‴ nicht alle zugleich H-Atome sein. Beispiele: 2-Hydroxyanthracen, 9.10-Dichloranthracen, Anthrapyrimidon u. 4-Aminoanthrapyrimidin, 4-p-Toluidino-N-methylanthrapyrimidon, 4-Brom-N-methylanthrapyridon. Zur Herst. von photoleitfähigen Schichten werden diese Verbb. in Lsgg. oder Dispersionen von Schichtbildnern, wie Cellulose- oder Polyvinyl-Derivv., Siliconharzen usw., ganz oder teilweise gelöst oder dispergiert u. auf eine leitfähige Unterlage aufgetragen. (**D. A. S. 1 102 556** Kl. 57b vom 14/11. 1956, ausg. 16/3. 1961.) A. KALIX. 8647

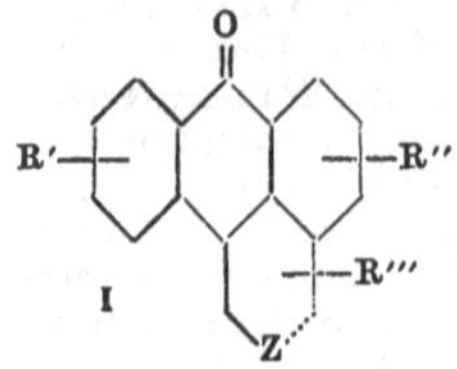

I

Ionics, Inc., Cambridge, Mass., V.St.A. (Erfinder: **Joseph Lawrence Noble**), *Auswaschen von Halogensilber-Emulsionen.* (**E. P. 850 958** vom 19/3. 1958, ausg. 12/10. 1960. — C. **1960.** 8601 [A. P. 2 827 428].)

Kodak (Australasia) Proprietary Ltd., Abbotsford, Australien, *Gefärbter Rohfilm.* (**Aust. P. 162 976** vom 11/7. 1952, ausg. 9/6. 1955. A. Prior. 20/10. 1951. — C. **1954.** 3615 [A. P. 2 622 026].)

Kodak Ltd., London, England (Erfinder: **Burt Haring Carroll, Jean Elmore Jones und John Spence**), *Supersensibilisierung.* (**E. P. 852 067** vom 11/10. 1956, ausg. 26/10. 1960. A. Prior. 12/10. 1955. — C. **1959.** 13681 [D. A. S. 1 054 325].)

Gevaert Photo-Producten N. V., Mortsel, Belgien, *Lichtempfindliches Material für das Silbersalz-Diffusionsverfahren.* (**E. P. 852 340** vom 18/2. 1957, ausg. 26/10. 1960. Belg. Prior. 17/2. 1956. — C. **1960.** 11879 [F. P. 1 166 232].)

Agfa Akt.-Ges., Leverkusen (Erfinder: **Armin Ossenbrunner, Helfried Klockgether und Peter Kruck**), *Haftschichten für Halogensilber-Gelatineemulsionen auf hydrophoben Filmen.* (**F. P. 1 204 417** vom 28/3. 1958, ausg. 26/1. 1960. D. Prior. 29/3. 1957. — C. **1959.** 12741 [D. A. S. 1 055 949].)

Nig Mfg. Co., London, übert. von: **C. & M. Sumrie Ltd.**, Leeds, England, und **Cyril Holman**, *Diazotypiematerial für die Schablonenherstellung.* (**E. P. 852 903** vom 2/2. 1956, ausg. 2/11. 1960. — C. **1960.** 2067 [D. A. S. 1 057 450].)

Kodak (Australasia) Proprietary Ltd., Abbotsford, Australien, *Rollfilmschutzpapier.* (**Aust. P. 162 117** vom 4/2. 1954, ausg. 7/4. 1955. A. Prior. 10/4. 1953. — C. **1959.** 5680 [E. P. 751 797].)

REDAKTIONSSCHLUSS: 22. September 1961

Herausgeber: Prof. Dr. Heinrich Bertsch, Berlin, u. Prof. Dr. Dr. h. c. Wilhelm Klemm, Münster. Chefredakteure und verantwortlich für den Inhalt: Dr. Willi Barz (komm.), Berlin N 4, Schiffbauerdamm 19, Fernsprecher: 425571, u. Dr. Eugen Klever, Berlin W 30, Geisbergstraße 39, Fernsprecher: 249541.

Verlag: Akademie-Verlag GmbH, Berlin W 8, Leipziger Str. 3—4 (Fernsprecher: 220441, Telex-Nr. 011773, Postscheckkonto Berlin 35021), und Verlag Chemie, GmbH, Weinheim/Bergstr. (Fernsprecher: Weinheim 3635 [Sammelnummer]; Fernschreiber: 0465516 chemieverl wnh; Postscheckkonten: Frankfurt/M. 145314 u. Berlin [West] 7430). Bestellnummer: 1007/132. Das Chemische Zentralblatt erscheint wöchentlich. Preis des Jahrganges einschl. Autoren-, Patent-, Sach- u. Formelregister: DM 960,—; einseitig bedruckte Ausgabe: DM 1050,—. Abgabe der Zeitschrift nur mit sämtlichen Registern. Abbestellungen nur bis spätestens 6 Wochen vor Ablauf des Kalenderjahres.

Satz u. Druck: VEB Leipziger Druckhaus, Leipzig, III/18/203. XI. 61.
Veröffentlicht unter der Lizenznummer ZLN 5002 des Ministeriums für Kultur, Hauptverwaltung Verlagswesen.
Printed in Germany.

FSC
www.fsc.org
MIX
Papier | Fördert
gute Waldnutzung
FSC® C083411

Kolibri 360 GmbH
Ferdinand-Jühlke-Straße 7
99095 Erfurt, Deutschland
produktsicherheit@kolibri360.de